U0790098

农业科学技术理论研究丛书

天然产物：纯化、性质与功能

谢联辉　林奇英　吴祖建　著

科学出版社
北　京

内 容 简 介

本书汇集了福建农林大学植物病毒研究所有关天然产物研究的原创性论文，其中包括源自植物、菌物、海洋生物等的天然产物的纯化、性质和功能，以及拮抗微生物的筛选与利用的科研成果。

本书可供从事天然产物纯化与开发应用的科研人员、高校师生和生产一线人员参考。

图书在版编目（CIP）数据

天然产物：纯化、性质与功能/谢联辉等著. —北京：科学出版社，2009
（农业科学技术理论研究丛书）
ISBN 978-7-03-024609-7

Ⅰ. 天… Ⅱ. 谢… Ⅲ. 天然有机化合物-文集 Ⅳ. O629-53

中国版本图书馆 CIP 数据核字（2009）第 079306 号

责任编辑：甄文全 / 责任校对：张 琪
责任印制：徐晓晨 / 封面设计：北极光视界

科学出版社出版
北京东黄城根北街 16 号
邮政编码：100717
http://www.sciencep.com
北京凌奇印刷有限责任公司印刷
科学出版社发行 各地新华书店经销
*
2009 年 6 月第 一 版 开本：A4（880×1230）
2025 年 3 月第七次印刷 印张：30
字数：880 000

定价：168.00元

（如有印装质量问题，我社负责调换）

前　　言

福建农林大学植物病毒研究所，其前身为福建农学院植物病毒研究室（1979～1994）、福建农业大学植物病毒研究所（1994～2000），2000年改为现名。

本所成立30年来，先后获得植物病理学科的硕士学位授予点（1984）、博士学位授予点（1990）、博士后科研流动站（1994）、福建省211重点学科（1995）、农业部重点学科（1999）和国家重点学科（2001，2006），获准建设福建省植物病毒学重点实验室（1993）、福建省植物病毒工程研究中心（2003）、教育部生物农药与化学生物学重点实验室（2004）、财政部植物病原学特色专业实验室（2007）和农业部亚热带农业生物灾害与治理重点开放实验室（2008）。

30年来本所以一个中心（培养高层次人才）、三个推动（科技进步、经济发展和社会文明）为宗旨，以“献身、创新、求实、协作”为所训，以“敬业乐群、达士通人”为目标，主要从事以水稻为主的植物病毒和病毒病害的研究，期间随着学科发展和生产实际的需要，拓展了植物病害和天然产物的研究，先后主持和参加这些研究的有谢联辉、林奇英、吴祖建、周仲驹、胡方平、王宗华、欧阳明安、徐学荣和王林萍等教授，参与研究的博士后有蒋继宏等7位（已出站5位）、博士研究生有周仲驹等68位（已毕业51位）、硕士研究生有陈宇航等136位（已毕业94位），发表学术论文440多篇，出版专著、教材6部，为了及时总结、便于查阅，特将论文部分汇成三集出版，即《植物病毒：病理学与分子生物学》（其中2001年上半年以前发表的水稻病毒论文，已于2001年10月由福建科学技术出版社出版）、《植物病害：经济学、病理学与分子生物学》和《天然产物：纯化、性质与功能》。

考虑到全书格式的一致性，将原文中的作者简介和通讯作者予以删除。在编辑出版过程中，本所何敦春、高芳銮、张宁宁、欧阳明安、徐学荣、陈启建、庄军、出泽宏、蔡丽君、胡梅群、周剑雄、祝雯、丁新伦、林白雪、郑璐平、谭庆伟等同志做了大量工作，并得到科学出版社甄文全博士的指导和支持，谨此致以衷心的感谢！

谢联辉

2009年4月16日

目　录

Ⅳ 植物源天然产物

V　陆生拮抗菌微生物

I　综述·评论

自然界中存在许多化学结构新颖、生理活性显著和作用机理独特的天然活性物质。近年来，福建农林大学植物病毒研究所先后在大型真菌、植物、海洋微生物中的蛋白质和多糖等大分子活性物质以及植物中小分子活性物质的分离纯化、理化特性、抗病毒抗肿瘤活性等方面进行了研究。作者们分别就各自研究相关领域的国内外研究现状、研究热点、研究进展及存在的问题进行了综述，并对其发展前景进行了评述和展望。主要包括：①蛋白质对植物病毒的抑制作用；②小分子物质对植物病毒的抑制；③天然大分子物质抗烟草花叶病毒；④我国植物源农药研究；⑤海洋细菌活性物质。这些文献综述对准确把握该研究领域的研究动态、瞄准科学前沿、选定研究内容及后人从事该领域的研究均会有很大的帮助。

抗病毒蛋白抑制植物病毒的应用前景

付鸣佳[1,2]，谢荔岩[1]，吴祖建[1]，林奇英[1]，谢联辉[1]

（1 福建农林大学植物病毒研究所，福建福州 350002；2 江西师范大学生命科学学院，江西南昌 330027）

摘　要：探索应用外源性抗植物病毒蛋白进行植物病毒病的防治，已经取得了一定的成效；但不同来源的抗植物病毒蛋白，它们的作用机理是不完全一样的。根据近年的研究结果，对这类蛋白的抗病毒作用的机理进行了综述，并对抗病毒蛋白的应用前景进行了展望。

关键词：植物病毒；抗病毒蛋白；抗植物病毒蛋白的来源；抗病毒机理

中图分类号：Q939.46　**文献标识码：**A　**文章编号：**1007-7847（2005）01-0001-05

Application and prospect of antiviral protein on inhibiting plant virus

FU Ming-jia[1,2]，XIE Li-yan[1]，WU Zu-jian[1]，LIN Qi-ying[1]，XIE Lian-hui[1]

（1 Institute of Plant Virology，Fujian Agriculture and Forestry University，Fuzhou 350002；
2 College of Life Sciences，Jiangxi Normal University，Nanchang 330027）

Abstract：Some methods of successful controlling plant viral disease has been achieved because of the application of foreign antiphytoviral protein，Different sources of proteins have different antiviral mechanism. Based on recent process，the active mechanism，present application and future prospect of foreign antiphytoviral protein are reviewed.

Key words：plant virus；antivirus protein；source of antiphytovirus protein；antiviral mechanism

植物病毒病是农作物的主要病害，可对多种作物造成不同程度的危害，对农业生产构成了严重的威胁，目前大约 1000 多种植物病毒病已被世人所认识。从经济角度来看，这类病害的重要性仅次于真菌病害。由于引起作物的严重经济损失，植物病毒病的防治早已是研究者关注和研究的重要对象。对于这类病害的防治，已经发展了多种防治策略来控制这类病害。由于病毒在植物细胞中绝对寄生，其复制所需的物质、能量和场所完全依赖寄主，且植物没有完整的免疫代谢系统，因此迄今为止，几乎没有能有效地从感染病毒的植株上完全除去病毒的化学药剂。此外，采用切断病毒的感染途径、组织脱毒和抗病毒育种等传统方法都无法从根本上减轻病毒病的危害。近 20 年发展起来的抗病毒转基因植物，在农业生产方面应用前景广阔；其主要是将病毒的外壳蛋白基因、复制酶基因、蛋白酶基因、移动蛋白基因等导入植物体中，对植株产生不同程度的保护作用；但应用病毒基因组来源的抗病毒转基因植物存在一定的环境风险。

来自植物和其他生物的多种蛋白质在防治植

生命科学研究，2005，9（1）：1-5

收稿日期：2004-09-27　修回日期：2004-12-25

物病毒病的研究方面已经取得了有益的进展。应用这类蛋白质，可直接抑制植物病毒的增殖，而以这类蛋白质的基因转入植物中，在植物体中表达可抑制病毒的侵入和增殖。应用这类蛋白质的基因转化植株，不仅仅是获得了不同来源的基因，而且有植物病毒本身的基因转化植株所获得的抗病毒植株所无法取代的优点，那就是存在的环境风险要小，在环境中无病毒和所转基因的重组，显然这是一个非常值得研究和探索的抗植物病毒途径。

1 抗植物病毒蛋白的来源

植物来源的抗病毒蛋白是十分丰富的，已经从多种科属的植物中发现了抗病毒蛋白。从不同季节和植株的不同部位的美洲商陆（*Phytolacca amercana*）上可分离到数种抗病毒蛋白，即春叶上合成的 PAP（phytolacca antiviral protein，PAP）[1]，夏叶上产生的 PAPⅡ[2]，以及从种子[3]和根部[4]分别可获得 PAP-S 和 PAP-R。从紫茉莉（*Mirabilis jalapa*）上可分离到一种抗病毒蛋白 MAP（mirabilis antiviral protein，MAP）[5]。此外从康乃馨（*Dianthus caryophyllus*）、*Dianthus barbatus*[6]、苋色藜（*Chenopodium amaranticolor*）[7]、*Celosia cristata*[8,9]和苦郎树（*Clerodendrum inerme*）[10]等植物上都发现有抗植物病毒蛋白质。Hajj 等[11]检测了 15 种豆类植物汁液，结果都有抗植物病毒侵染的作用，推测这类抑制物是与凝集素有关的高分子蛋白类物质。这类蛋白从目前的报道来看，大都集中来源于数种植物。

在其他生物中也发现有限的数种抗植物病毒蛋白质，如在大型真菌子实体中[1,12-14]以及在蜂毒中均发现有这类蛋白质[15]。但这并不意味着这类蛋白质在其他生物中存在不多或有限，原因是在其他生物中也发现有难以计数的多种活性蛋白质。

2 抗病毒机理

2.1 抗病毒蛋白使核糖体脱嘌呤，抑制蛋白质合成，从而达到抗病毒的效果

目前研究较为详细的抗病毒机理是在美洲商陆抗病毒蛋白上。PAP 作为一类从商陆中提取的抗病毒蛋白，实际上是一类同工酶，它们可使真核细胞核糖体活性丧失，和蓖麻毒素 A 一样属核糖体失活蛋白（ribosome inactivating protein，PIP）。PIP 显示 *N*-糖苷酶活性，可特异地水解去除 28S RNA 中一个保守环上特异位点（4324 位）的腺嘌呤，使核蛋白无法结合延伸因子 2(EF-2)[16]，因此抑制蛋白质的合成。Watanabe 等[17]加 0.33mmol/L 的 PAP 到接种有烟草花叶病毒（*Tobacco mosaic virus*，TMV）的原生质体中，引起对 TMV 的完全抑制；同样的 PAP 浓度可抑制感染病毒的原生质体中蛋白质合成，并杀死细胞，但不影响未感染的原生质体；浓度依赖的 PAP 抑制蛋白质的合成与抑制病毒增殖有关。Ready 等[18]用电子显微镜研究了 PAP 抗体在美洲商陆细胞壁间的定位，表明细胞壁和细胞膜的渗漏和破裂可让 PAP 这种酶进入细胞质，并可能抑制蛋白质的合成，损伤细胞。Bonness 等[19]证明 PAP 可使美洲商陆核糖体失活，对美洲商陆细胞有潜在的毒性，因此以原位自杀模式（local suicide model）作为美洲商陆中 PAP 的抗病毒机制，同时强调了 PAP 和细胞中核糖体在空间上的分离。在对 MAP 的研究时也有类似的情况出现，当内源 MAP 通过细胞的破裂进入细胞质中时，就能关闭自身细胞的蛋白质的合成。因此推测 MAP 是通过细胞的自杀行为来诱导对病毒抗性[20]。Taylor 等[21]通过比较包括 PAP 在内的几个 RIP，推断 RIP 抗病毒活性正是通过核糖体失活起作用。Chen 等[22]的研究结果也表明寄主核糖体的脱嘌呤和核糖体失活是 PAP 抑制病毒侵染的原因。

2.2 抗病毒蛋白直接作用于病毒的核酸上，导致脱嘌呤，使病毒不能正常复制

有学者研究后认为病毒中的核酸也可受到抗病毒蛋白的破坏。Rajamohan 等[23]采用定量高效液相色谱分析，认为 PAPⅠ（来自春叶）、PAPⅡ（来自早夏叶）和 PAPⅢ（来自晚夏叶）能引起人 HIV-Ⅰ（*Human immunodeficiency virus* Ⅰ）和植物 TMV 的基因组 RNA 的脱嘌呤；在抑制外周单核血细胞中 HIV-Ⅰ的复制时，它们的 IC_{50} 分别为 17nmol/L、25nmol/L 和 16nmol/L。由这一结果表明 PAP 的抗病毒活性也包括对病毒本身 RNA 的脱嘌呤作用。

2.3 抗病毒蛋白识别加帽 RNA 并特异地使之脱嘌呤，导致病毒核基因信息不能正常翻译

PAP 据知是通过去除大 rRNA 上 sarcin/ricin

(S/R) 环的一个特异腺嘌呤而使核糖体失活，因此抑制翻译。除了以前已确定的腺嘌呤（A4324）以外，PAP 还去除真核细胞大 rRNA 的另一个腺嘌呤（A4321）和一个鸟嘌呤（G4323）。最近的结果表明 PAP 的抗病毒活性可能并非是由于寄主核糖体的脱嘌呤。使用不会导致烟草 rRNA 和网织红细胞（retieulocyte lysate）rRNA 脱嘌呤的 PAP 突变体，证明 PAP 在没有脱嘌呤的情况下，可抑制雀麦花叶病毒（*Brome mosaic virus*，BMV）和马铃薯 X 病毒 RNA 的翻译。此外，只有在加帽的翻译上，如荧光素酶（luciferase）的转录本就可受到 PAP 的抑制，而不加帽的翻译却并非如此。这证明 PAP 和 PAP 的突变体能够识别加帽和不加帽的转录。在预先提高帽的类似物 m7GpppG 的浓度的情况下，可克服 PAP 对 BMV RNA 翻译的抑制，而 GpppG 和 GTP 无此效果，表明 PAP 可识别帽结构。MV RNA 或者加帽的荧光素酶转录本同 PAP 共同孵育也可导致 RNA 脱嘌呤。相应地，相同浓度的 PAP 在同未加帽的荧光素酶转录本孵育以后，未脱嘌呤。这些结果证明 PAP 抑制翻译的主要机制是识别帽结构，并使加帽 RNA 特异地脱嘌呤，而非使核糖体脱嘌呤[24]。

2.4　抗病毒蛋白诱导植物病程相关蛋白的表达

Zoubenko 等[25]在研究 PAP 及它的突变体转基因时，发现转基因植物中Ⅰ类和Ⅱ类异构体病程相关蛋白（pathogensis related protein，PR）过表达。在表达 PAP 确转基因系中，也有 PR1 的构成性表达[26]。此外，也有学者通过研究 PAP 的一个突变体 PAP-v，发现 PAP-v 在转基因植物中诱导表达病程相关蛋白的合成和水杨酸的微弱提高[27]。

2.5　抗病毒蛋白诱导其他蛋白或物质的产生，使植株产生系统抗性

在研究其他抗病毒蛋白时，也有学者发现这些蛋白可诱导寄主的系统抗性。当 MAP 用在基部叶片上，而后将 TMV 接种在上一叶时，烟草可抗 TMV，表明 MAP 可诱导系统抗性[5]。在黄细心[28]中所获得的抗病毒蛋白也属系统诱导抗性。在黄细心中的诱导与聚丙烯酸诱导的抗性相同，可被放线菌素-D（actinomycin-D）抑制。将 *Celosia-cristata* 中获得的一种抗病毒蛋白与放线菌素-D 一起应用在心叶烟叶表面上，其抑制活性是不可逆的；而这种抗病毒蛋白与 TMV 一起混合，再通过超离心的方法，TMV 可恢复侵染活性，而离心的悬浮液却无像 TMV 一样的侵染活性，因此这种抗病毒蛋白的作用机制是干扰病毒在寄主中的重建[8,9]。至于在黄细心和 *Clerodendrum aculeatum* 上所获得的抗病毒蛋白据认为是诱导植物合成抗病毒蛋白，而本身并不具有抗病毒活性，因此这类蛋白质也称为系统抗性诱导者（systemic resistance inducer，SRI）[29]。

2.6　抗病毒蛋白作为酶抑制剂，可特异地抑制与病毒复制相关的蛋白酶，从而抑制病毒复制

Gutierrez-Campos 等[30]根据马铃薯 Y 病毒属（*Potyviruses*）的作用机制都涉及巯基蛋白酶这一特点，将一水稻巯基蛋白酶抑制剂基因导入烟草中进行构成性表达，结果发现不同的烟品种中表达这一基因时可对烟草蚀纹病毒（*Tobacco etch virus*，TEV）和马铃薯 Y 病毒有抗性，但对 TMV 无抗性，这是因为 TMV 的侵染过程不涉及巯基蛋白酶，这一结果表明巯基蛋白酶抑制剂对马铃薯 Y 病毒属病毒有抗性，对其他复制时涉及巯基蛋白酶的病毒也可能有抗性。

3　抗病毒蛋白在植物上的抗病毒谱

Duggar 等在 1925 年报道了美洲商陆汁液抑制黄瓜花叶病毒（*Cucumber mosaic virus*，CMV）和烟草花叶病毒（*Tobacco mosaic virus*，TMV）。从目前的报道来看，PAP 属于广谱性抗植物病毒蛋白。Holling（1959）研究了商陆汁液在一些寄主上对 TMV、烟草坏死病毒（*Tobacco necrosis virus*，TNV）和苜蓿花叶病毒（*Alfalfa mosaic virus*，AIMV）的抑制作用。Wyatt 等（1969）指出 PAP 抗南方菜豆花叶病毒（*Southern bean mosaic virus*，SBMV）。Tomlinson 等（1974）研究了 PAP 抗 CMV。Chen 等[31]报道，纯化自商陆叶片中的 PAP 用枯斑寄主测试时，抗 5 种 RNA 植物病毒，即 TMV、CMV、A1MV、马铃薯 X 病毒（*Potato virus X*，PVX）和马铃薯 Y 病毒（*Potato virus Y*，PVY）；用系统寄主测试时，花椰菜花叶病毒（*Cauliflower mosaic virus*，CaMV）和一种单链 DNA（ssDNA）病毒非洲木薯花叶病

毒（*African cassava mosaic virus*，ACMV）。此外，采用基因工程获得的转PAP基因植物，所抗病毒的种类有芜菁花叶病毒（*Turnip mosaic virus*，TuMV）[32]、PVX、PVY和CMV[33]。在紫茉莉上也存在属于RIP（ribosome inactivating protein）的抗病毒蛋白MAP，对机械传播的病毒如TMV、PVY、黄瓜绿斑驳病毒（*Cucumber green mottle virus*）和芜菁花叶病毒[5]有极高的抗性。在TMV接种前24h MAP的用量达0.8mg/L时，几乎可完全抑制接种在Xanthinc烟叶表面上的TMV。而当MAP用量达10mg/L并接种在叶下表面时，抑制率可达50%。Stevens等[34]检测了Momordica charantia inhibitor（MCI）、gelonin（来自*Gelonium multiflorum*）和另外3种毒素，即ricin、abrin和modeccin（分别来自*Ricinus communis*的种子、*Abrus precatorius*的种子和*Adenia digitata*的根）的抗TMV活性，表明或多或少对TMV有一定的抗性。此外，两种植物，即*Bryonia dioica*种子和康乃馨叶片的汁液可以100%地抑制TMV的侵染。在康乃馨叶片上也分离到两个蛋白质Dianthin30和Dianthin32，当它们和TMV共接种在心叶烟上时，抑制率达100%[35]。Cho等[36]检测了6种植物，即菠菜（*Spinacia oleracea*）、*Amaranthus lividus*、*Dianthus superbus*、*Dianthus sinensis*、*Celosia cristata*、*Oenanthe stolonifera*的粗蛋白质在心叶烟上抗TMV的活性，结果表明这5种植物的粗蛋白质对病毒抑制率在70%～90%。这些结果表明，植物中的抗病毒蛋白形式多样，都具有非常好的抗病毒活性，且许多这类蛋白质抗病毒谱都很广。

4 问题和展望

对于作物上植物病毒的危害，目前还没有更多特别有效的防治方法。由于植物病毒生物学功能的特殊性，带给抗病毒的研究许多困难。从目前获得的小分子类抗植物病毒剂来看，还没有非常特效的制剂。同时这些小分子抗病毒药剂的持续能力也是有限的，必须多次给药，缺陷是不言而喻的。而应用病毒来源的基因转入植株，所产生的转基因抗病毒植物，可以说突破了传统的一些筛选抗病毒基因的方法，在短期内可获得抗病毒转基因作物。但这种方法也存在不少问题，一方面抗性范围比较窄；另一方面存在一定的环境风险，导致病毒间基因的重组等情况，新的有害生物的产生也会给农业生产带来更严重的问题。这为我们寻找新的可用于转基因的抗病毒蛋白提出了更高的要求。

关于植物抗病毒的研究，许多学者在多方面进行了有益的尝试和探索，这为我们从多方面和多角度的寻求抗植物病毒途径展开了更为丰富的思路。应用抗植物病毒蛋白进行植物病毒病的防治，通过一些学者的努力已经有所突破。从所发现的这类蛋白质来看，大部分都具有酶的活性，或者作为酶的抑制剂；也有的蛋白质在进入植物体以后可以诱导其他抗性物质的产生，显然这类蛋白质是基因的调控者，这种结果也间接告诉我们，植物当中本身就存在抗病毒基因，一旦有合适的诱导蛋白存在就可导致抗生物质的产生。因此，我们可以针对这类作物来寻找其中的抗性基因的诱导者。

根据某些抗病毒蛋白的作用机理，已经获得了数种抗植物病毒转基因作物[32,33]，但无论是应用还是理论研究，这是远远不够的。从目前来看，国外这方面的研究明显处于研究的前沿。无论从抗病毒蛋白的发现和纯化到抗病毒蛋白的分子生物学研究，国外都做了较为系统而细致的工作，而且这些工作许多都得到了延伸而进入了其他领域。例如，美洲商陆抗病毒蛋白的研究，最初的发现仅是抗植物病毒活性，但目前已经知道该蛋白质是一个核糖体失活蛋白，具有多种生物活性，因此在农业和医学方面都有应用。但抗病毒蛋白在实际应用方面还不够普遍。除了个别抗病毒蛋白的应用取得了一定的成功外，许多蛋白质的研究还处于理论的研究状态。因此，要对这类蛋白质做出一个恰如其分的评价，还不容易做到。但是应用这类蛋白质作为转基因工程植株的材料，无论从环境、生物的多样性以及基因资源的开发利用来看，肯定会带来良好的前景。

参考文献

[1] Irvin JD. Purification and partial characterization of the antiviral protein from *Phytolacca americana* which inhibits eukaryotic protein synthesis. Arch Biochem Biophys，1975，169：522-528

[2] Irvin JD，Kelly T，Robertus JD. Purification and properties of a second antiviral protein from *Phytolacca americana* which inactivates eukayotic ribosomes. Arch Biochem Biophys，1980，200：418-425

[3] Barbieri L，Arong M，Irvin JD，et al. Purification and partial characterization of another form of the antiviral protein from the

seeds of *Phytolacca americana* L. (pokeweed). Biochem J, 1982, 203(1): 55-62

[4] Bolognesis A, Barbieri L, Abbondanza A, et al. Purification and properties of new ribosome inactivating proteins with RNA *N*-glycosidase activity. Biochem Biophys Acta, 1990, 1087: 293-302

[5] Kubo S, Ikeda T, Imaizumi S, et al. A potent plant virus inhibitor found in *Mirabilis jalapa* L. Ann Phytopath Soc Japan, 1990, 56: 481-487

[6] Taniguchi T. Inhibition of plant virus infection by extracts from seeds of *Dianthus barbatus* L. Ann Phytopath Soc Japan, 1980, 46: 628-633

[7] Taniguchi T, Goto T. Purification of an inhibitor of plant virus infection occurring in the leaves of *Chenopodium amaranticolor*. Ann Phytopath Soc Japan, 1976, 42: 42-45

[8] Baranwal VK, Verma HN. Localized resistance against virus infection by leaf extract of *Celosia cristata*. Plant Pathology, 1992, 41: 633-638

[9] Baranwal VK, Verma HN. Characteristics of a virus inhibitor from the leaf extract of *Celosia cristata*. Plant Pathology, 1997, 46: 523-529

[10] Prasad V, Srivastava S, Verma HN. Two basic proteins isolated from *Clerodendrum inerme* Gaertn. are inducers of systemic antiviral resistance in susceptible plants? Plant Science, 1995, 110: 73-82

[11] Haj jB, Stevens WA. The effects of legume seed extracts of plant virus infection. Experientia, 1979, 35(11): 1460-1462

[12] Hiramatsu A, Hiramatsu A, Akatsuka A. Purification and chemical properties of an inhibitor of plant virus infection from fruiting bodies of *Lentinus edodes*. Agric Biol Chem, 1987, 51 (3): 883-890

[13] Hiramatsu A, Kobayashi N, Naofuumi O. Properties of two inhibitors of plant virus infection from fruiting bodies of *Lentinus edodes* and from leaves of *Yucca recurvifolia* Slisb. Agr Biol Chem, 1987, 51(3): 897-904

[14] 孙慧，吴祖建，谢联辉等. 杨树菇(*Agrocybe aegerita*)中一种抑制TMV侵染的蛋白质纯化及部分特性. 生物化学与生物物理学报，2001, 33(3): 351-354

[15] Perez-Paya E, Houghten RA, Blondell SE. The role of amphipathicity in the folding, self-association and biological activity of multiple subunit small proteins. J Biol Chem, 1995, 270: 1048-1056

[16] Gessner SL, Irvin KD. Inhibition of elongation factor-dependent translocation by the pokeweed antiviral protein and ricin. J Biol Chem, 1980, 255: 3251-3253

[17] Watanabe K, Kawasaki T, Sako N, et al. Actions of pokeweed antiviral protein on virus-infected protoplasts. Biosei Biotechnol Biochem, 1997, 61(6): 994-997

[18] Ready MP, Brown D, Roberts JD. Extracellular localization of pokeweed antiviral protein. PNAS, 1986, 84: 5053-5056

[19] Bonness MS, Ready MP, Irvin JD, et al. Pokeweed antiviral protein inactivates pokeweed ribosomes implications for the antiviral mechanism. Plant J, 1994, 5(2): 173-183

[20] Kataoka J, Habuka N, Miyano M, et al. Adenine depurination and inactivation of plant ribosomes by an antiviral protein of *Mirabilis jalapa* (MAP). Plant Mol Biol, 1992, 20: 1111-1119

[21] Taylor S, Massiah A, Lomonossoff G, et al. Correlation between the activities of five ribosome-inactivating proteins in depurination of tobacco ribosomes and inhibition of *Tobacco mosaic virus* infection. The Plant Journal, 1994, 5(6): 827-835

[22] Chen ZC, Antoniw JF, Lin Q, et al. A possible mechanism for the antiviral activity of pokeweed antiviral protein. Physiol Mol Plant Pathol, 1993, 42(4): 249-258

[23] Rajamohan F, Venkatachalam TK, Irvin JD, et al. Pokeweed antiviral protein isoforms PAP-Ⅰ, PAP-Ⅱ, and PAP-Ⅲ depurinate RNA of *Human immunodeficiency virus* (HIV)-l. Biochem Biophys Res Commun, 1999, 260(2): 453-458

[24] Hudak KA, Wang P, Tumer NE. A novel mechanism for inhibition of translation by pokeweed antiviral protein: depurination ofthe capped RNA template. RNA, 2000, 6(3): 369-380

[25] Zoubenko O, Uckun F, Hur Y, et al. Plant resistance to fungal infection induced by nontoxic pokeweed antiviral protein mutants. Nature Biotechnology, 1997, 15(10): 992-996

[26] Wang P, Zoubenko O, Tumer NE. Reduced toxicity and broad spectrum resistance to viral and fungal infection of transgenic plants expressing pokeweed antiviral protein Ⅱ. Plant Molecular Biology, 1998, 38: 957-964

[27] Smironv S, Shulaev V, Tumer NE. Expressing of pokeweed antiviral protein of transgenic plants induced virus resistance in grafted wild-type plants independently of salicylic acid accumulation and pathogenesis-related protein synthesis. Plant Physiology Lancaster Pa, 1997, 114(3): 1113-1121

[28] Verma HN, Awasthi LP, Saxena KC. Isolation of the virus inhibitor from root extract of *Boerhaavia difusa* inducing systemic resistance in plants. Can J Bot, 1979, 57: 1214-1217

[29] Verma HN, Baranwal VK, Srivastava S. Antiviral substance of plant origin. *In*: Hadidi A, Khtarpal RK, Koganezawa H. Plant virus disease control. St Paul, Minnesotm: The American Phytopathological Society, 1998, 684

[30] Gutierrez-Campos R, Torres-Acosta JA, Sauce-Do-Arias LJS, et al. The use of cysteine proteinase inhibitors to engineer resistance against potyviruses ill transgenic tobacco plants. Nature Biotechnology, 1999, 17: 1223-1226

[31] Chen ZC, White RF, Antoniw JF, et al. Effect of pokeweed antiviral protein on the infection of plant viruses. Plant Pathol, 1991, 40: 612-620

[32] 张海燕，田颖川，周奕华等. 将商陆抗病毒蛋白(PAP)cDNA导入油菜获得抗病毒转基因植株. 科学通报，1998, 43(23): 2534-2537

[33] Lodge JK, Kaniewski WK, Tumer NE. Broad-spectrum virus resistance in transgenic plants expressing pokeweed antiviral protein. PNAS, 1993, 90: 7089-7093

[34] Stevens WA, Spurdon C, Ongon LJ, et al. Effect of inhibitors

of protein synthesis from plants of *Tobacco mosaic virus* infection. Experientia, 1981, 37: 257-259

[35] Stirpe F, Wiluams DG, Onyon LJ, el al. Dianthins, ribosome-damaging proteins with antiviral properties from *Dianthus caryophyllus* L. (carnation). Biochem J, 1981, 195(2): 399-405

[36] Cho HJ, Lee SJ, Kim S, et al. Isolation and characterization of cDNAs encoding ribosome inactivating protein from *Dianthus sinensis* L. Mol Cells, 2000, 10(2): 135-141

小分子植物病毒抑制物质研究进展*

孙慧，吴祖建，林奇英，谢联辉

（福建农林大学植物病毒研究所，福建福州 350002）

摘 要：论述了小分子病毒抑制物的结构及对病毒的抑制机理，讨论了植物病毒抑制剂研究中存在的问题及研究前景。

关键词：小分子植物病毒抑制物质；结构；抑制机理

中图分类号：S432 **文献标识码**：A **文章编号**：1006-7817（2002）03-0311-06

Advances in study on low molecular mass phytoviral inhibitors

SUN Hui，WU Zu-jian，LIN Qi-ying，XIE Lian-hui

（Institute of Plant Virology，Fujian Agriculture and Forestry University，Fuzhou 350002）

Abstract：The structures and inhibiting virus mechanisms of low molecular mass phytoviral inhibitors were reviewed，and the problems and perspective of the study were discussed.

Key words：low molecular weight phytoviral inhibitor；structure；inhibiting mechanism

植物病毒病害每年都给农业生产造成巨大损失，如全世界每年因烟草花叶病毒（TMV）危害就造成1亿多美元的损失[1]。但由于植物病毒的绝对寄生性，其生命周期需要寄主细胞能量与酶系统的参与；因此，植物病毒病的防治一直是植物病毒学研究中的难点和热点问题。一些能防治植物病毒病的保护剂、治疗剂和可以诱导植物抗病性药剂已开始投入使用。植物病毒抑制物质按其分子质量可划分为化学小分子和生物大分子物质两大类，其中小分子的抗病毒物质按其来源可归纳为人工合成的化学物质和天然活性物质。本文就小分子抗病毒物质作一简要综述。

1 化学合成类小分子植物病毒抑制剂

1.1 有机酸类

有机酸类主要包括羧酸类和磺酸类。羧酸类中十二烷基氨基乙酸、阿司匹林、乙酰水杨酸和聚丙烯酸（PA）对TMV都有较好的抑制作用[2]。它们的抗病毒机理是诱导植物获得系统抗病性，产生病程相关蛋白（pathogenesis-related protein，PR-P）。

此外，多种氨基酸的衍生物具有较好的抑制病毒效果。Schuster 把乙基硫氨酸施用于三生烟（*Nicotiana tabaccum* Samsum）叶片上，能显著抑制马铃薯X病毒（PVX）的复制，对-氟苯丙氨酸和5-甲基-DL-色氨酸具有同样的作用[3]。日本学

福建农林大学学报（自然科学版），2002，31（3）：311-316

收稿日期：2001-04-06

* 基金项目：福建省科技厅资助项目（99-Z-193）

者 Hirki 等报道了一系列甘氨酸衍生物能很好地防止 TMV 和马铃薯病毒的传染[4]。刘润玺开发出的菌毒清［N-(二辛胺乙基）甘氨酸］可用于防治大白菜、番茄、瓜类、水稻和花生等作物的多种病毒病。

1978～1979 年，日本的 Shigematsu 等报道了多种磺酸类化合物具有抗 TMV 和黄瓜花叶病毒(CMV) 活性[3]。20 世纪 90 年代初，德国的 Hofferek 等把磺酸基引入到二苯乙烯（炔）类化合物中，后来又引入到三嗪杂环[3]中。这些化合物可有效地抑制 TMV 对烟草的侵染[3]。

1.2 具有杂环结构的植物病毒抑制剂

这类病毒抑制剂的研究主要集中在嘌呤和嘧啶类物质。多种嘌呤和嘧啶类物质及其衍生物对植物病毒有较强的抑制作用，一直是植物病毒抑制剂筛选的重点目标。20 世纪 70 年代 Meyer 等发现 2-硫尿嘧啶对 TMV、CMV 和苜蓿花叶病毒（AMV）有一定的抑制效果，但药害严重；并认为它会抑制三生烟 TMV-RNA 中磷的掺入，以^{32}P 掺入 25S 的核糖体，掺入量越多，对 TMV-RNA 的抑制作用越强；同时证明 TMV-RNA 在染病叶组织中的积累减少，二氮杂嘧啶的作用与之相似[2]。Kluge 合成了硫代尿嘧啶类化合物，作为植物病毒抑制剂它能使豌豆植株上的红三叶草病毒明显减少[5]。

Willam 等检测了 10 种碱基或核酸类似物（共 131 种）对叶圆片中的 TMV、豇豆褪绿斑驳病毒(CCMV) 的抑制效果，发现糖基修饰以及稀有基团修饰的类型大多具有较高的抗病毒活性；并鉴定了 8 种新的高效植物病毒复制抑制物即 6-氨基胞嘧啶（6-aminocytosin，6-AC)、6-乙基巯基嘌呤（6-ethylmercap-topurine，6Emp)、异戊烯基腺苷(isopentenyladenosine)、2-硫代嘧啶（2-thiopyrimidine)、2,4-二硫嘧啶（2,4-dithiopyrimidine)、melamine、5′-碘代-5′-脱氧腺苷（5′-iodo-5′-deoxyadenosine）和 5′-甲基-5′-硫代脱氧腺苷（5′-methyl-5′-deoxythioadenosine)[6]。

Huber 等研究了 17 种嘌呤和嘧啶衍生物，发现 8-氮杂鸟嘌呤、8-氮杂腺嘌呤和 6-丙基-2-硫代尿嘧啶在对叶圆片没有药害的浓度下对 PVX 有抑制活性[7]；6-氮杂尿嘧啶和 8-氮杂鸟嘌呤在病毒复制时期起作用；8-氮杂腺嘌呤和 6-丙基-2-硫代尿嘧啶在病毒复制晚期起作用；8-氮杂鸟嘌呤对黄瓜、心叶烟、普通烟上的 TMV、CMV 和 AMV 有很强的抑制作用，甚至可完全抑制发病；8-氮杂鸟嘌呤进入豌豆后，很快转化为 8-氮杂黄嘌呤、紫色荧光物质和蓝色荧光物质。故推测后 2 种物质可能与抗病毒作用有关。在感病的番茄品种中施用 8-氮杂鸟嘌呤可使番茄中与病毒复制有关的高分子蛋白质的合成受抑制[2]。

Sapanekar 等[8]发现，在接种前后喷施体积分数为 50×10^{-6} 的 6-氮杂尿嘧啶（6-azauracil）和 5-硝基尿嘧啶（5-nitrouracil)，对番茄斑萎病毒(TSWV) 有较好的抑制效果。

Schuster 等[9]发现激动素 Kinetin（6-糠胺基嘌呤）是较好的核苷酸衍生物，对病毒的专一性较强，而对寄主的药害较弱；1994 年又发现 6-氨基尿嘧啶、6-氨基胸腺嘧啶和 9-(2,3-二羟基丙基）腺嘌呤能够抑制 TMV 和 PVX 的复制酶活性，抑制病毒复制。

Yordanova 等[10]发现：DD13［1-morpholino methyl-tetrahydro-2(1H)-pyrimidinone］是一种对病毒可特异抑制、对植株没有药害的病毒抑制剂；对原生质体、活体组织和温室植株上的病毒侵染都有抑制作用，在体外对病毒的抑制率为 96%；对感染番茄花叶病毒（ToMV）和 CMV 的植株保护率为 97%～100%；它对病毒的抑制机理可能是抑制了病毒 RNA 的合成。

在对含三唑杂环的植物病毒抑制剂的研究中，对病毒唑的研究最为深入。病毒唑（Ribavirinor Virazole，1-B-D-呋喃糖苷-1,2,4-三唑-3-氨基甲酸酯）是一种羟基酰胺，最初是作为人和动物体内病毒抑制剂被研究开发的，后来发现它可以抗多种植物病毒，如对 PVX、TMV、豇豆花叶病毒(CoMV)、CMV、马铃薯 Y 病毒（PVY)、芜菁黄花叶病毒（TuMV)、雀麦花叶病毒（BMV)、马铃薯 M 病毒（PVM)、苹果花叶病毒（ApMV)、烟草坏死病毒（TNV）及柑橘裂皮病毒（CEV）等十几种植物病毒都有不同程度的防治效果（大田防效为 30%～60%)[11]；DHT 和 DA·DHT 对 PVX 有特殊功效，同时对 PVY、马铃薯 A 病毒(PVA)、马铃薯 S 病毒（PVS)、PVM、TMV、甜菜坏死黄脉病毒（BNYVV)、黄瓜绿斑驳花叶病毒（CGMMV)、西瓜花叶病毒（WMV)、CMV、马铃薯卷叶病毒（PLRV)、烟草脆裂病毒(TRV）和紫色坏死斑病毒（PNRV)、草莓皱缩病毒（SCrV)、草莓斑驳病毒（SmoV）等许多植物病毒也都有不同程度的治疗效果[12-14]。它们不仅可以有效地抑制 PVX 的增殖，还有一定的增产作用，若与病毒唑混合使用，可显著提高其防效。中国武汉大学化学学院进行 DHT 衍生物的合成及其抗病毒作用的研究，并取得了一定的进展[15,16]。日本的 Noguchi 最早报道噻二唑衍生物具有抗病毒活性[3]。Walter 等发现苯并（1,2,3）噻二唑-7-羧酸衍生物［benzo(1,2,3) thiasiazole-7-carbothioic acid S-methylester，BTH］对 PVY 有较好的抑制效果。BTH 能激发植物获得系统抗病性，提高植株对病毒病害、真菌病害和细菌病害的抗性，应用于多种作物的大田生产中以抵抗广谱病原菌的侵染[17]。另外，还有许多研究报道含有咪唑环、吡啶环和噻唑环的化合物可作为植物病毒抑制剂[13]。

1.3 （硫）脲类植物病毒抑制剂

早在 20 世纪 70 年代，人们知道硫脲类化合物对植物病毒有一定的抑制作用，如硫半缩二氨基脲（TSC）的衍生物对菽麻花叶病毒（SHMV）和千日红花叶病毒（SMV）有抑制作用，但有寄主专一性[2]。德国的 Schuster 等[9] 对硫脲类化合物进行了较详细的研究，报道了某些脲和硫脲衍生物存在 *N*,*N*′位取代和 S 取代，具有较强的抑制病毒活性作用。Davarski 等[18] 发现二硫脲金属复合物（bis-tiourea metal complex）也具有抑制植物病毒的能力。二硫脲与 Cu^{2+}、Ni^{2+} 和 Co^{2+} 等结合可以极大地增强其抗病毒活性，而 Fe^{2+} 和 Cd^{2+} 则对抗病毒活性没什么影响，但它们的光谱特性相似。故可推测二硫脲与金属离子之间互作竞争细胞上的阳离子结合位点有关。

2 天然小分子植物病毒抑制剂

对天然小分子植物病毒抑制剂的研究远不如对人工合成制剂那么广泛和深入，目前主要研究的是激素类和植物中天然活性物质。

2.1 植物激素类

植物激素类包括 2,4-D、赤霉素、抗病毒醚、胞激素和激动素等，它们可刺激寄主生长，其中一些激素也可抑制病毒的增殖。2,4-D 对 PVX 和 PVY 有疗效，可使马铃薯卷叶病症状潜隐；萘乙酸可抑制 TMV 的增殖；赤霉酸（GA）可用来恢复 PVX、PVY 混合侵染引起的马铃薯矮化；在患有伪桃病的桃树上连续 2 个夏季喷施体积分数为 264×10^{-6} 的 GA，可使病枝恢复正常生长[19]。以质量浓度为 25μg/mL 的激动素（kinetin）施在曼陀罗上，可显著减少 TMV 产生的枯斑数，同时也能抑制 TMV 在叶片中的积累。胞激素不能抑制 TMV 的增殖，但可使对 TMV 过敏的烟草获得耐病性；吲哚-3-乙酸和吲哚丁酸可抑制 TMV 的增殖[12]。植物激素常常作为其他病毒抑制剂的辅助药剂使用，如与病毒唑混合使用以减轻药害；与某些药剂混合使用，可以刺激植物生长，减轻症状。

2.2 植物中的抗植物病毒物质

多种植物的粗提液对植物病毒有较强的抑制作用，如石竹科和藜科等植物、苔藓和蕨类植物及多种中草药植物。此外，昆虫和微生物粗提液对植物病毒也有较好的抑制作用[4]。对类黄酮抑制植物病毒的活性方面的研究较为深入，类黄酮是具有生物活性的物质，在植物中广泛存在，可以抗动物病毒和植物病毒[20]，如 3-*O*-甲基槲皮黄酮对脊髓灰质炎病毒（*Poliomyelitis virus*）有抑制作用[21]；椴木素（ayanin）可抑制 TMV 对心叶烟的侵染；槲皮素（quercetin，3，5，7，3′，4′-pentahydroxyflavone）、桑色素（morin，3，5，7，2′，3′-pentahydroxyflavone）和 3-*O*-高姜良素（3-*O*-methylgalangin）可使 PVX 在昆诺藜（chenopodiumquinoa）上形成的枯斑数减少[22]。

Christopher 等研究了类黄酮的构效关系[23]：甲基化的槲皮黄酮如 3-*O*-甲基、5-*O*-甲基和 7-*O*-甲基的修饰使类黄酮降低了抑制效果；对 6 位羟基化的万寿菊黄素（quercetagatin）有活性；槲皮素上 2 苯基苯并吡喃环（flavylium）的^{4}C 位饱和度使抑制活性降低。植物中研究过的抗植物病毒成分还有单宁、酚类和蒽醌类物质[24]。

3 植物病毒抑制剂的抗病毒机理

3.1 抑制侵染

植物病毒抑制剂的作用原理是在病毒进入寄主体内之前，能够有效地阻止病毒进入寄主细胞。钝化病毒与植物病毒外壳蛋白或核酸作用，或占据病毒在寄主上的结合位点，是抑制侵染的重要途径。植物病毒的外壳蛋白在整个生命过程中起着重要作用。病毒的外壳蛋白与寄主的受体作用，导致过敏反应或系统侵染[25]。有些植物病毒核酸的侵染活性只有装配完整的病毒粒体的 0.1%～1%；未被装配的病毒核酸还不能有效地在寄主体内进行长距离传播；TMV的衣壳蛋白对植株花叶病起了决定性作用[26]。

抗植物病毒剂干扰病毒衣壳蛋白的聚合过程是它作用于病毒颗粒组装过程的重要内容之一。江山等[27]发现，抗病毒剂NS-83、病毒唑、DHT、DA-DHT、大豆卵磷脂（PC）和E-30在温度高于22℃时，对TMV外壳蛋白的体外聚合有一定的干扰作用。E-30与TMV的CP作用时，使原有的衣壳蛋白寡聚体解离；与TMV颗粒直接作用时，可使病毒颗粒断裂。很多种黄酮都可以抑制TMV的侵染，可能是因为它们削弱了外壳蛋白亚基之间的结合力，而对寄主的RNase敏感[22]。槲皮黄酮影响PVX侵染过程中外壳蛋白和寄主受体间关键的互作步骤，可能是因为它阻断了病毒外壳蛋白上的识别位点[23]。TMV与槲皮素和万寿菊素结合后，在UV光谱的320nm处有一强吸收。3,7,3′,4′-tetra-*O*-methylquercetin与TMV温育后，TMV的粒体形态有所改变，侵染活性降低[22]。

Kubo等发现的抗病毒农药海藻酸多聚体及Meada提取的香菇素都具有使TMV聚集的能力，其抑制作用的原理是使病毒粒体聚集而失去侵染活性[28]。

3.2 抑制病毒增殖

抑制病毒增殖药剂为植物病毒治疗剂，多为碱基类似物或碱基前体类似物。它们通过对病毒RNA复制过程和病毒蛋白表达过程的抑制或干扰，实现抗病毒活性。

DHT是作用于病毒复制的前期阶段[9]，作为尿嘧啶的类似物，它可能是通过干扰UMP的形成来抑制病毒RNA的复制。^{32}P标记试验证明，DHT可抑制RNA的合成，而对植物RNA的合成没影响。

病毒唑是一种应用广泛的植物抗病毒剂，无论对DNA病毒还是对RNA病毒（ssRNA或dsRNA）都具有一定的防治效果，通过多种途径实现对植物病毒增殖过程的干扰和抑制作用。其一磷酸化产物RMP对MP脱氢酶（MP dehydrogenase）的反馈抑制能力是GMP的1000倍[6]，使细胞中GMP的生物合成量急剧降低，继而导致GDP和GTP枯竭，并使病毒RNA的复制受到抑制。它的三化产物RTP对*N*′-甲基转移酶（*N*′-methyl transfersase）和鸟苷转移酶（guanyl transferase）有很强的抑制作用[29]。病毒唑在植物体内对病毒的抗性主要是通过抑制病毒RNA及有关蛋白质的生物合成实现的，它的作用对象是核糖核酸酶（RNase）。另有一些试验证明病毒唑的作用对象是RNA聚合酶和mRNA。此外病毒唑还具有抑制核糖核蛋白体生物合成的功能，干扰植物体内GMP的生物合成、消耗植物细胞内GTP及干扰植物体激素平衡的作用[15]。

Yanagi发现，栗疫病菌（*Endosthia parasitica*）生成的色素——栗疫病菌素（也称醌茜素）可有选择地阻碍水稻矮缩病毒（RDV）的RNA转录；RDV的外壳蛋白多肽V可特异性地与RNA结合。栗疫病菌素与RDV的外壳蛋白多肽V结合从而阻止了RNA的转录，而对于植物组织没有渗透性，不能被植物细胞吸收，这使得它的应用受到限制[19]。Schulze等[30]认为碱基和核苷类似物在体外对TMV和PVX的RdRp具有抑制作用。

3.3 诱导寄主产生抗病性

在没有对病毒特效的抑制剂存在的情况下诱导寄主产生抗性，显得尤为重要。在生产上应用的大多数植物病毒抑制剂都可诱导植物产生抗性。江山等[31]用几种抗植物病毒剂如NS-83、褐藻胶、板蓝根、病毒唑、DHT和DA-DHT，在烟草和甜菜上都可以诱导PR-蛋白的产生，但产生的种类和含量有一定差异。

水杨酸（salicylic acid，SA）作为植物抗病反应的重要信号分子，参与了植物的过敏性反应（hypersensitive response，HR）和系统获得抗性（systemic acquired resistance，SAR）过程，在植物抗病反应中起关键作用。SA可与过氧化氢酶结合，提供一个电子，同时SA变为SA自由基（SA^*），抑制了过氧酶活性，从而提高了H_2O_2含量。H_2O_2或活性氧的衍生物激活抗病途径中的抗病相关基因的表达，同时，SA^*能够启动脂质过氧化反应，产生许多小分子脂质物，如花生四烯酸、茉莉酸、肌醇-1,4,5-三磷酸和双酰甘油等，并且能修饰其他大分子[32]。SA及大量的抗病性诱导化合物通过直接或间接的过程调节过氧化氢酶的作用，如磷酸化和去磷酸化的发生及膜的过氧化，并涉及离子流和活性氧的产生，诱导植物的抗病防卫反应。

3.4 促进植株生长

长期的生产实践表明，良好的营养条件可以提高植物的抗病能力，增强植物对病毒的忍受力，使病毒危害症状减轻或推迟发生。许多植物激素或其类似物的抗病毒活性都是通过这一途径实现的，如赤霉酸的植物组织内病毒的含量并没有减少，甚至在某些试验中病毒的含量还有所增加，却能减轻病症，而且感病作物的产量比未施该制剂的对照有所提高。其他的生长激素也有类似的效果。赤霉酸、植物激动素、乙烯利等药剂与病毒唑复合使用不仅可以抑制病毒的增殖，而且避免了病毒唑对植物造成的危害。

4 存在的问题及展望

植物病毒抑制剂的开发远不及农用杀虫剂、杀菌剂和除草剂，这与病毒本身的侵染特性有关。因为病毒对寄主植物的绝对寄生性使对病毒有抑制作用的药物对寄主也产生药害。病毒的传播方式极为多样，包括介体传播、无性繁殖材料带毒传播等，病毒在寄主体内呈几何级数递增。另一个重要原因是未能建立起统一、简便而实用的药剂筛选和药效评定体系。

为了获得一个有效的筛选植物病毒抑制剂的方法，人们做了很多尝试。根据在320nm处的TMV衣壳蛋白的光密度与其自身的聚合程度成正比这一原理[33]，江山等[31]研究了几种植物病毒抑制剂对TMV外壳蛋白聚合的影响。邱德文[34]测试了600个10大类型新结构化合物的抗TMV活性，并确定了其构效关系；在此基础上进行了新化合物的设计和对其抗病毒活性的预测，据此进行的田间试验取得了较好的药剂筛选效果。李重九等[35]用病毒RNA（TMV-RNA）、寄主mRNA（烟草mRNA）及植物核糖体，建立了离体核酸核糖体反应体系及分析检测方法；测定了TMV-RNA、mRNA与核糖体结合的饱和量及竞争系数；将此体系用于筛选植物病毒选择性治疗药剂，对原生质体和整株植物进行检测与筛选。王继伟等[36]、侯玉霞等[37]发现，TMV侵染的烟草叶片的叶绿素含量随TMV侵染时间的延长而提高。因此，他们建议以叶绿素含量和荧光光谱特征作为筛选抗植物病毒剂的指标之一。这些新的抗植物病毒剂的筛选方法虽然需要借助一定的仪器设备，且试验步骤较为烦琐，但这些研究在药剂的筛选方面做了有益的尝试，为寻找新的更有效的方法开辟了新的思路。随着人们对病毒侵染机理和抗病毒药剂作用机制研究的深入，可针对病毒侵染、复制过程设计新的筛选指标和新的方法，而这些新的方法与常规的枯斑寄主筛选、原生质体筛选及叶圆片筛选方法相结合，抗植物病毒剂的筛选方法和药效评定系统将会更加完善和实用。

由于植物病毒抑制剂的成本较高，其应用与研究受到限制，因此植物病毒抑制剂远没有抗动物病毒抑制剂发展得迅速。Dawson[38]发现27种动物病毒抑制剂中有14种对植物病毒的TMV和菜豆褪绿斑驳病毒（BCMV）有效，说明这些抗病毒的药剂可能对植物病毒有广谱抑制作用。William等研究核苷及其衍生物对植物病毒的抗性时，发现大多数糖基化修饰对植物病毒有抗性，抗动物病毒药剂也有相似的构效关系，说明抗植物病毒和抗动物病毒的药剂之间有很多共同之处[10]。具有较强的抗动物病毒活性的物质，抗植物病毒的活性未必也高。植物中的木脂体类物质具有很强的抗动物病毒活性，如足叶草（*Podophyllum peltatum*）粗提物可以减轻Ⅱ型单纯疱疹病毒、流感病毒A和痘苗病毒对细胞的侵染程度，可能是通过与微管蛋白结合，抑制了病毒的复制[39]。从木脂体对动物病毒的抑制机理看，它对植物病毒可能有抑制作用。

目前对许多植物病毒的本质认识不多，特别是对植物、病毒、药剂间的相互作用关系研究不够深入，这也是抗病毒剂发展受限制的一个主要原因。虽然病毒对寄主有绝对寄生性，它生命过程的物质和能量来源都与寄主紧密相关。

参 考 文 献

[1] 吴云峰. 生物病毒农药筛选及应用. 世界农业，1995，5：35-36

[2] 裘维蕃. 植物病毒学. 北京：农业出版社，1984，201-202

[3] 李在国，黄润秋. 杨华铮等. 化学合成植物病毒制剂研究进展. 农药，1998，37(5)：3-6

[4] 刘学端，张碧峰. 抗植物病毒剂的研究和应用. 国外农学-植物保护，1994，7(3，4)：8-10

[5] Schuster G，Arinhov ELC，Golov N，et al. Analogues of pyrimidine base precursors as antiphytoviral agents. Antiviral Research，1987，7：179-184

[6] Streeter DG，Witkowski JT，Khare GP，et al. Mechanism of action of 1-p-D-ribofurano syl-1，2，4-triazole-3-carboxamide（virazole），a new broad-spectrum antiviral agent. PNAS，1973，70：1174

[7] Huber S，Schuster G. Investigations on the inhibitory activities of purine and pyrimidine base analogues against potato virus X as well as on the site of action in the virus replication cycle. Z Pflanzenkrankh Pflanzenschutz，1992，99（3）：319-329

[8] Sapanekar HG，Sawan TDM，Kale PN. Effect of virazole，6-azauracil and 5-nit rouracil on *Tomato spotted wilt virus*. Ma-

hatashtra Journal of Horticulture，1992，6（2）：89-91

[9] Schuster G，Huber S. Evidence for the inhibit ion of *Potato virus X* replication at two stages dependent on the concentration of ribavine，5-azadehyt rouracil as 1，5-diacety-5-azadehyt rouracil. Biochem Physiol Pflanzen，1991，187：429-438

[10] Yordanova A，Karparov A，Stoimenova E，et al. Antiphytoviral activity of 1-morpholinomethyl-tetrahydra-2（1H）-pyrimideine（DD13）. Plant Pathology，1996，45：547-551

[11] 江山，韩熹莱. 植物病毒病化学防治的研究进展. 中国病毒学，1995，10（1）：1-7

[12] Schuster G，Horigklee W，Winter H，et al. Dioxohexa-hydrotriazine，eneneue voll synthetische antiphy-toviral verbndung. Zentralbl Bakteriol Mikrobiol Hyg，1979，1334：64-69

[13] Schuster G. Synthetic antiviral substance. Applied Virol Research，1988，1：256-283

[14] Schuster G，Horigklee W，Winter H，et al. Antiphytoviral activity of 2，4-dioxohexahydrotriazine. Acta Virol，1979，23：412-420

[15] 曲凡歧，戴志群，陈洪等. 植物病毒病化学防治的探寻Ⅺ. 三羧酸乙基 DHT 酯的合成及抗病毒活性. 武汉大学学报（自然科学版），1999，45（2）：143-146

[16] 戴志群，龙思会，陈洪等. 植物病毒病化学防治剂的探寻Ⅷ. 5-二乙酰基-3-乙基-DHT 羧酯的合成. 武汉大学学报（自然科学版），1999，45（2）：165-167

[17] Friedrich L，Lawton K，Dincher S，et al. Benzothliadiazole induces systemic acquired resistance in tobacco. Plant J，1996，10：61-70

[18] Davarski KA，Schuster G，Vassilev GN. B is thiourea metal complexes with enhanced antiphytoviral activity. J Phytopathol，1989，125：133-138

[19] 张际中，齐显章译. 近代植物病化学. 上海：上海科学技术出版社，1985，228-239

[20] Cody V，Middleton E，Harborn EJ，et al. Plant flavonoids in biology and medicine：biochemical，cellularandmedical properties. New York：Alan *Rliss*，1996，283-299

[21] Castrillo JL，Vanden BD，Carrasco L. 3-methlquercet in is a potent and selective inhibitor of poliovirus RNA synthesis. Viology，1986，152：219-227

[22] French CJ，Elder M，Leggett F，et al. Flavlnoids inhibit infectivity of *Tobacco mosaic virus*. Can J Plant Pathology，2001，13：1-8

[23] French CJ，Towers NG. Inhibition of infectivity of *Potato virus X* by flavoniods. Phytochemistry，1992，31（9）：3017-3020

[24] Pennazio S，Roggero P. Biological compounds inactivating plant virus infectivity *in vitro*. Difesadelle Piante（Italy），1991，19（1）：1-13

[25] Knorr DA，Dawson WO. A point mutation in the *Tobacco mosaic virus* capid protein gene induces hypersensitive. PNAS，1988，85：17

[26] Hodgson RAJ. Selective inhibition of PVS in spinach by TMV and the effect of the viral coat protein. FEBS Lett，1989，245：267-270

[27] 江山，郭雪柳，韩熹莱. 一些抗植物病毒剂对烟草花叶病毒衣壳蛋白体外聚合过程的影响. 中国病毒学，1996，11（1）：77-79

[28] 郭明. 植物病毒抑制剂的研究进展. 甘肃农业科技，1992，7：28-29

[29] Schuster G，Ballschu HD，Ohme R，et al. Antiphytoviral thiuronium compounds. Pflanzenschutz，1994，101（4）：419-422

[30] Schulze S，Kluge S. The mode of inhibition of TMV and PVX induced RNA dependent RNA polymerases by some antiphytoviral drugs. Journal of Phytopathology（Germany），1994，141（1）：77-85

[31] 江山，韩熹莱. 抗植物病毒剂对烟草和甜菜病程相关蛋白的诱导作用. 植物病理学报，1995，25（3）：243-246

[32] Durner J，Kluge S. The mode of inhibition of TMV and mammalian catalases. J Biol Chem，1996，27：28492-28501

[33] Smith CE，Lauffer MA. Polymerization-depolymerization of *Tobacco mosaic virus* proteinⅧ. Light-Scattering Studies. Biochem，1967，6：2457-2464

[34] 邱德文. 抗植物病毒化合物的计算机辅助分子设计及其作用方式. 北京农业大学硕士论文，1995

[35] 李重九，侯玉霞，王蔚霞等. 植物病毒病选择性治疗药剂的筛选研究. 植物病理学报，1997，27（4）：343-348

[36] 王继伟，李怀方，严衍录等. TMV 侵染后烟叶叶绿体的荧光光谱与生理学特性. 植物保护学报，1995，22（4）：315-318

[37] 侯玉霞，李重九，刘仪等. 抗病毒剂对烟草花叶病毒与烟草叶绿体互作的影响. 植物保护，1998，2：10-13

[38] Dawson WO. Effects of animal antiviral chemicals on plant viruses. American Phytopathological Society，1984，74：211-213

[39] Macraed M，Towers NH. Biological activities of lignans. Phytochemistry，1984，23（6）：1207-1220

天然抗烟草花叶病毒大分子物质研究进展*

吴艳兵[1,2]，颜振敏[1]，谢荔岩[2]，林奇英[2]，谢联辉[2]

（1 河南科技学院资源与环境学院，河南新乡 453003；
2 福建农林大学植物病毒研究所，福建福州 350002）

摘 要：天然大分子物质主要包括蛋白、核酸和糖类。本文主要阐述了植物、动物和微生物中天然抗烟草花叶病毒大分子物质的研究与应用现状。关于这些大分子物质的抗病毒机理是多方面的，主要包括抑制病毒的侵染、对植物病毒增殖过程中的干扰和抑制作用、诱导植物的抗病性反应等，并对今后的研究进行了展望。

关键词：天然大分子物质；烟草花叶病毒；作用机理

Recent development in research of natural anti-TMV big molecular substances

WU Yan-bing[1,2], YAN Zhen-min[1], XIE Li-yan[2], LIN Qi-ying[2], XIE Lian-hui[2]

(1 Department of Resource and Environment, Henan College of Science and Technology, Xinxiang 453003;
2 Institute of Plant Virology, Fujian Agriculture and Forestry University, Fuzhou 350002)

Abstract: Natural big molecular substances mainly include protein, nucleic acid and sugars. In this paper, the anti-TMV recent research, application and action mechanism of these big molecular substances from high plants, zoos and microorganisms were reviewed. Antiviral action mechanism of these natural substances had multiple aspects and available results indicated that inhibitory and interference activity of virus multiplication and induced resistance activity.

Key words: natural big molecular substances; *Tobacco mosaic virus*; action mechanism

烟草花叶病毒（*Tobacco mosaic virus*，TMV）作为世界上最先发现并确定的病毒，已经有了一百多年的历史，由其引起的烟草花叶病在世界各烟区普遍发生。以我国为例，在我国南北烟区均有发生，尤其南方烟区受害较重，田间株发病率一般5%～20%，个别田块可高达90%～100%，早期发病的损失可达50%～70%，甚至失收。此外，病叶在烤晒后颜色不均，烟味差，品质大为降低。TMV引起的病毒病不但危害严重，其防治也相当困难。烟草花叶病毒具有寄主范围广、抗逆性强和在生产上造成的危害大等特点。TMV的寄主范围很广，可侵染十字花科、茄科、菊科、藜科及苋科

微生物学通报，2008，35（7）：1096-1101

收稿日期：2007-12-10 接受日期：2008-01-31

* 基金项目：河南科技学院自然科学基金项目（No. 07005021）、福建省教育厅专项科学基金项目（No. K04037）、福建省科技厅重点资助项目（No. 99-Z-193）

等36科350种植物，包括烟草、番茄、茄子、辣椒、菠菜等；TMV体外失活温度为90～93℃，稀释终点为10^4～10^6倍，汁液中的病毒经75℃处理40d才失去致病力，干病叶在120℃经30min仍不失致病力，干冻贮存52年病叶中的病毒仍有致病力，在榨出液中病毒致病力也能维持数年。全世界每年因TMV而造成的经济损失就超过1亿美元[1-3]。由于病毒一旦侵入寄主，其增殖就与寄主的代谢融为一体，抑制病毒增殖的药剂很难不伤害寄主，因此，该病毒病的防治一直以来是植物病害防治的难点。

从自然界生物中寻找抗植物病毒活性物质是筛选、获取抗病毒物质的重要途径，这方面的研究一直是植物病毒病防治研究中的热点与难点，现已取得了很大的进展，小分子物质[4-6]、蛋白类、核酸类和糖类等方面都不断有新的报道出现。本文主要综述了天然抗烟草花叶病毒大分子物质蛋白类、核酸类和糖类的研究进展。

1 抗烟草花叶病毒蛋白类物质研究

目前国内外的专家学者已从植物、动物和微生物中筛选出大量的蛋白类抗烟草花叶病毒活性物质。其中从植物中筛选并提取的抗病毒物质所占比例较大，动物源和微生物源抗病毒物质的研究也取得了一定的进展。

1.1 植物源蛋白类物质

蛋白类抑制物是在植物中研究最早、最深入的一类抗植物病毒活性物质，自1914年Allard首次报道商陆（*Phytolacca acinosa*）的汁液中存在病毒抑制物，1925年Duggar等从商陆上发现一种抗病毒物质，由此引起一系列研究。目前已有多种植物蛋白被报道具有抗烟草花叶病毒作用，下表列出了部分已报道的具有抗植物病毒活性的植物蛋白。

植物	成分	参考文献
美洲商陆（*Phytolacca americana*）	蛋白质	[7～11]
香石竹（*Dianthus caryophyllus*）	蛋白质	[12]
苦郎树（*Clerodendrum inerme*）	蛋白质	[13，14]
黄细心（*Boerhaavia diffusa*）	蛋白质	[15]
臭茉莉（*Clerodendrum fragrans*）	蛋白质	[15]
美国石竹（*Dianthus barbatus*）	蛋白质	[16]
大花菟丝子（*Cuscuta reflexa*）	蛋白质	[17]
香石竹（*Dianthus caryophyllus*）	蛋白质	[18]
菠菜（*Spinacia oleracea*）	蛋白质	[19]

续表

植物	成分	参考文献
弯叶丝兰（*Yucca recurvifolia*）	蛋白质	[20]
紫茉莉（*Mirabilis jalapa*）	蛋白质	[21，22]
鸡冠花（*Celosia cristata*）	蛋白质	[23～25]
栝楼（*Trichosanthes kirilowii*）	蛋白质	[26]
苋色藜（*Chenopodium amaranticolor*）	蛋白质	[27]
烟草（*Nicotiana* spp.）	蛋白质	[28，29]
Clerodendrum aculeatum	蛋白质	[30]
皱果苋（*Amaranthus viridis*）	蛋白质	[31]
落葵（*Basella rubra*）	蛋白质	[32，33]
叶子花（*Bougainvillea spectabilis*）	蛋白质	[32]
Silene schafta	蛋白质	[34]
Mirabilis expansa	蛋白质	[35，36]
Bougainvillea xbuttiana	蛋白质	[37]
豆薯（*Pachyrhizus erosus*）	蛋白质	[38]
西洋接骨木（*Sambucus nigra*）	蛋白质	[39]
绞股蓝（*Gynostemma pentaphyllum*）	蛋白质	[40]

1.2 动物和海藻类来源蛋白类物质

动物和藻类来源的抗植物病毒物质的研究相对更少。抗植物病毒蛋白蜂毒肽（melittin）及其类似物对TMV具有高度特异的抑制活性，蜂肽类似物与TMV-CP的一个结构域类似程度多少与抗TMV活性程度有关[41,42]；从动物胸腺中分离到抗TMV组蛋白[43]。祝雯等[44]从海洋软体动物河蚬（*Corbicula fluminea*）中分离到一种抗TMV的活性蛋白CFp-a，并对其抗TMV活性进行了研究。从海藻类孔石莼中提取到抗TMV凝集素蛋白[45,46]。

1.3 微生物源蛋白类物质

食用菌中的抗病毒活性物质主要是多糖，蛋白质类的抗病毒活性物质近年来研究较多。Kobayashi等[47]从香菇的子实体中获得一个抗植物病毒的子实体蛋白（fruiting body protein，FBP），其对TMV的抑制中浓度为6.3μg/mL。Hiramatsu等也从香菇中获得了对植物病毒侵染具有抑制作用的蛋白质。孙慧等[48]从杨树菇（*Agrocybe aegerita*）中分离纯化了一种抑制TMV侵染的蛋白AAVP，该蛋白亚基分子质量为15.8kD，等电点为3.75，为酸性蛋白；其浓度为200mg/mL时，对TMV的枯斑抑制率为84.32%。付鸣佳[49-51]对几种食用菌中的抗病毒蛋白进行了系列研究，分别从榆黄蘑（*Pleurotus citrinopileatus*）、金针菇

(*Flammulina velutipes*)、杏鲍菇（*Pleurotus eryngii*）鲜菇中分离到抗 TMV 蛋白 YP46-46、Zb 和 xb68Ab，其分子质量分别为 27.4kD、30kD 和 23.7kD，半叶枯斑法检测 Zb 蛋白抗 TMV 活性发现抑制率达 50% 时该蛋白浓度为 4.4μg/mL，xb68Ab 在心叶烟和苋色藜上对 TMV 侵染的抑制率能够分别达到 99.43% 和 98.9%。吴丽萍等[52]从新鲜食用菌毛头鬼伞（*Coprinus comatus*）中子实体中分别分离纯化出一种碱性蛋白 y3，蛋白活性检测结果显示：当蛋白 y3 浓度为 12.5μg/mL 时，在心叶烟枯斑寄主上对烟草花叶病毒的侵染抑制率达 83.0%。

2　抗烟草花叶病毒核酸类物质研究

核酸及其衍生物在抗病毒中作用也得到广泛的关注。1967 年 Michigan 州立大学的 Ackland 及 Shibata 等报道蘑菇提取液可以抑制病毒的增殖。1969 年日本学者从香菇中分离了一种 dsRNA，能刺激机体产生干扰素。它在香菇的子实体，菌丝体和孢子体内都存在。dsRNA 是一种对热很稳定的物质，Ryttee 研究了 25 个香菇品种，23 种含有 dsRNA，大多数分子质量为 730kD，其他为 200～500kD，并认为 dsRNA 的发生率与病毒的侵染有关。目前，在蘑菇、香菇、姬松茸中发现了抗病毒活性的 dsRNA。dsRNA 在瓜类和萝卜等药用植物中也有发现。1968 年 Gicherman 等利用异质 RNA（酵母 RNA）提高寄主植物的诱导抗病性，其后 Stein 等发现双链 RNA 上的多聚肌苷酸多聚胞苷酸（polycytidylic acid-polyinosinic acid, PolyC-PolyI）具有诱导抗病作用。

3　抗烟草花叶病毒糖类物质研究

糖类应用于植物病害的研究相对其他方面而言还不多，一般多糖来源是甲壳素脱乙酰基后的衍生物壳聚糖、低聚糖、真菌源寡聚糖等。

Uteh 和 Johnson 报道软腐细菌（*Erwinia carotovora*）、红酵母（*Rhodotorula* sp.）、玉米枯萎杆菌（*Bacterium stewartii*）、枯草芽饱杆菌（*Bacillus subtilis*）、产气杆菌（*Aerobacter aerogens*）等的代谢物质具有抑制或钝化 TMV 的能力，这种钝化物可用无水乙醇或丙酮抽提出来。根瘤菌、酵母菌都能产生对 TMV 有一定的钝化作用的多糖。

有许多真菌的代谢物质对植物病毒病害有防治作用。粉霉（*Trichothecium roseum*）产生的多糖类物质——粉霉素（trichothecin）对 TMV 有防效。丰田秀吉从番茄凋萎病菌（*Fusarium oxysporum*）的培养液中得到粗抗病毒组分（CAVF），该组分是分子质量为 70～400kD 的高分子物质。赤霉菌（*Gibberella subinetti*）、黑足根霉（*Rhizopus nigruicans*）、菜豆炭疽菌（*Colletotrichum circinans*）、褐腐核菌（*Sclerotinia fructicola*）等的代谢物质都有抑制或钝化 TMV 的能力。

日本 1985 年报道食用香菇 β-1,3-葡聚糖对 TMV，1987 年 Hatsutori 报道伞菌多聚糖和 1989 年 Aoki 报道裂褶菌多聚糖对 TMV 等都具有一定的抑制作用。1993 年日本烟草公司 Yoichi Mikami 等报道，采用多糖 F-Ab 10μg/mL 对烟草花叶病毒抑制率达 76.6%。2001 年日本 Tayca 公司尾崎等报道采用粗多糖产物（CFERMP-17459）对烟草花叶病防效达 50%。日本报道的香菇菌的培养基抽提液，有抑制 TMV 的活性，主要成分是 3 种含氮多糖体[53]。王启燕和王先彬也证实该物质对病毒有钝化和抑制增殖的作用[54]。张超等[55]利用食用菌平菇、金针菇和香菇中提取的多糖，在寄主苋色藜上分别对烟草花叶病毒进行抑制作用试验，结果表明，在不同浓度多糖的寄主上，3 种食用菌多糖对 TMV 有明显的抑制作用。吴艳兵等[56]报道毛头鬼伞多糖对 TMV 有显著的控制作用，其中当多糖与病毒混合接种时，其对病毒的抑制率基本都在 90%以上。黄金光等从病毒体外钝化、抑制病毒初侵染、抑制病毒增殖和诱导抗性 4 个方面测定了树舌灵芝菌（*Ganoderma applanatum*）MP-01 菌株多糖提取液对烟草花叶病毒（TMV）生物活性的影响，结果表明，MP-01 菌株多糖提取液对 TMV 体外钝化效果显著；对 TMV 侵染、增殖有一定的抑制作用，且能诱导烟草产生一定的抗病性。

苏小记和贾丽娜[57]用 2.0%氨基寡糖素水剂防治烟草病毒病药效实验表明，在烟草苗期或病毒病发病初期每隔 7d 连续喷施 2.0%氨基寡糖素 3～4 次，对烟草病毒病的抑制作用明显，防治效果达到 72.4%～77.9%，最佳使用浓度为 300～400 倍液。商文静等[58]以海洋寡糖中科 6 号为材料，对寡糖类化合物抗病毒性质进行了研究，室内生测结果表明，烟草用中科 6 号预防处理 24h 再接烟草花叶病毒，对烟草花叶病的相对防效为 84.73%。赵小明等[59]总结了氨基寡糖素防治烟草、辣椒及番茄 3 种作物上烟草花叶病毒病的田间实验结果，表明氨基寡糖防治烟草病毒病防效达 77.9%，辣椒病毒病防效 77.0%，番茄病毒病防效 74.45%，喷雾使用，浓度为稀释 300～400 倍。

4 天然抗病毒大分子物质的作用机理

天然大分子物质对病毒产生抑制作用的机理还不完全清楚，但从现有的研究结果来看，其对植物病毒增殖过程中的干扰和抑制作用是多方面的。

4.1 抑制病毒的侵染

对于天然大分子而言，不像小分子那样在寄主叶片表面容易被寄主吸收，现在的研究结果更倾向于天然大分子物质在植物的叶片表面形成一层很薄的膜，保护植物免受机械损伤，因此这类物质只有预防作用而无治疗作用，也就是说对于已被病毒亲染的寄主植物无效。Yoshii 和 Sako 证明这些植物病毒抑制物能够改变寄主对病毒的接受位点，使寄主细胞对病毒的敏感性降低而不能吸附病毒粒子，导致不能成功侵染；而 Verma 和 Baraka 则认为一些大分子抑制物占据了植物病毒的接受位点，而使病毒侵染受阻。

但是有些蛋白可以在体外对病毒产生钝化作用，这种钝化作用是多方面的，可以使病毒粒体发生聚集、体外脱衣壳破坏病毒衣壳蛋白或者是破坏病毒粒体的完整性，从而使病毒粒体对寄主植物失去侵染能力。吴丽萍等[52]从毛头鬼伞子实体中分离的蛋白 y3 与 TMV 混合后用 RNase 处理，测得侵染率为 61.74%，比未用 RNase 处理的对照降低了 38.26%，说明 y3 蛋白对 TMV 的外壳蛋白具有一定的破坏作用；蛋白 y3 能抑制 TMV-CP 在体外的聚合，还能阻止 TMV-CP 与其抗体的结合；另外电镜观察发现 y3 可使部分 TMV 粒体发生裂解，变短。

4.2 抑制病毒的增殖

一种病毒要完成复制，至少要经过病毒吸附、脱壳、核酸复制加工、衣壳蛋白的转录、组装和细胞间病毒的扩散等步骤，任何一个步骤的中断均能抑制病毒的复制。PAP 类蛋白能抑制植物病毒在寄主内的复制，它们是一类同工酶，可使真核细胞核糖体活性丧失。正常情况下 PAP 存在于细胞壁与细胞膜之间的基质中，当病毒侵入植物细胞后，病变的细胞可以使 RIP 进入细胞质，由于 PAP 具有 *N*-糖苷酶活性，可特异地水解去除 28S rRNA 中一个保守环上特异位点的腺嘌呤，失活自身的核糖体，使受损的核糖体不能依附于延长因子-2，限制了蛋白质合成引起细胞死亡，从而阻止了病毒的繁殖及对周围其他细胞的扩大侵染，而非直接作用于病毒。抗病毒蛋白还可以作为酶抑制剂，特异地抑制与病毒复制相关的蛋白酶，从而抑制病毒复制。

4.3 诱导抗性

活性物质还可以通过间接的方式抑制植物病毒，即作用于植物使植物产生抗病毒物质或提高植物的抵抗力从而干扰病毒的复制或长距离运输。在植物病毒抑制剂中，多糖类、蛋白类、核酸类等都可以诱导寄主产生系统抗病性。

当紫茉莉蛋白 MAP 用在基部叶片上，而后将 TMV 接种在上一叶时，烟草可抗 TMV，表明 MAP 可诱导系统抗性[21]。在黄细心和苦郎树中所获得的抗病毒蛋白也属系统诱导抗性[13,15]。叶子花属植物 *Bougainvillea xbuttiana* 中产生的一种抗病毒蛋白在心叶烟能诱导系统抗性[37]。

多糖，作为一种可以诱导植物产生抗性的物质也受到了相当的瞩目。中国科学院大连化学物理研究所制备的壳寡糖经诱导烟草枯斑寄主试验表明其对 TMV 侵染有保护作用，体外对 TMV 粒子有钝化作用。大连化学物理研究所还从真菌 DL603 的细胞壁中提取寡聚糖对棉花黄萎病的防效比 25% 多菌灵的防效高出 36%[60]。采用来自赤星病菌弱毒株的糖蛋白可以诱导烟草对赤星病强毒株的系统抗性增强[61]。山东农业大学研究发现壳聚糖不仅对烟草黑胫病菌（*Phytophthora parasitica*）有抑制作用还能提高多种防御酶活性从而诱导烟草植株的抗病性[62]。法国科学家不但研究发现脱氧半乳聚糖硫酸盐能够提高对 TMV 的局部和系统性抗性，而且发现将 β-1，3-葡聚糖硫酸酯化后可以诱导烟草等植物上的水杨酸信号传导途径从而提高对 TMV 侵染的防御反应[63,64]。南非科学家从分子机制角度通过对从一种革兰氏阴性细菌 *Burkholderia cepacia* 提取的脂多糖（lipopoly-saccharies，LPS）与悬浮培养的 *Nicotiana tabacum* 烟草细胞早期感知研究发现它能够使 Ca^{2+} 快速进入细胞质实现信号传导提高植物抗病性[65]。中国科学院海洋研究所通过对海洋活性物质氨基多糖进行化学改性研制的烟草专用生长调节剂“农乐二号”不仅能显著提高烟草的产量和品质而且对烟草赤星病和烟草花叶病毒病的防效超过了80%，已申报国家发明专利2项和PCT国际发明专利1项[66]。杜昱光等[67]研究壳寡糖对烟草防御酶活性及同工酶谱的影响表明，壳寡糖可导致烟草叶片POD、CAT、PPO、PAL和β-1,3-葡聚糖酶活性不同程度地提高。吴艳兵等[68]报道当喷施毛头贵伞多糖CCP60a后，能诱导寄主烟草POD、PPO、PAL、β-1,3-葡聚糖酶和几丁质酶等防御酶活性的增加，可以诱导寄主体内SA含量的增加，并减轻病毒侵染对寄主叶绿体造成的破坏，从而提高寄主抵御病毒侵染的能力。

5　开发天然抗植物病毒大分子药剂的展望

随着人们对病毒本质认识的深入，药物作用机理的揭示和药物开发水平的提高，抗病毒制剂的研制有了较快的进展，迄今全世界已研制出30多种抗植物病毒制剂并商品化生产，其中以天然大分子物质为主要活性成分的抗病毒药剂有“Mosanon水剂”、“0.5%菇类蛋白多糖”、“X-75制剂”、“农乐二号”、“2.0%氨基寡糖素水剂（中科6号）”等，但是这些对植物病毒活性较高的药剂蛋白质和多糖等大分子物质，其进入植物和在植物体内的运输能力差，尤其是蛋白质，还存在着易变性问题。

随着环境与安全问题的日益严重，化学农药的使用受到越来越多的限制，因而植保工作者把研究重点逐渐放在资源丰富的天然抗病毒物质上。通过对大量来自植物源、微生物源和动物源的天然物质的筛选，寻找和挖掘新的抗植物病毒蛋白和糖类物质。这有利于扩大蛋白类和糖类植物病毒抑制物的筛选谱，获得新的抗植物病毒抑制物，为研制出具有自主知识产权的新型多功能蛋白质和糖类药物打下良好的基础，为我国生物农药的研究开发服务。

参 考 文 献

[1] Freser RSS. Special aspects of resistance to viruses. Mechanisms of resistance to plant disease. Netherlands: Kluwer Academic Publishes，2000

[2] 邱并生，王敏. 植物病毒学的研究进展. 中国病毒学，2004，19(3)：309-312

[3] 吴云峰，曹让，魏宁生等. 生物病毒农药筛选及应用. 世界农业，1995，5：35-36

[4] 刘国坤，谢联辉，林奇英等. 15种植物的单宁提取物对烟草花叶病毒(TMV)的抑制作用. 植物病理学报，2003，33(3)：279-283

[5] 沈建国，吴祖建，谢联辉等. 药用植物抗烟草花叶病毒活性的研究. 中草药，2006，37(2)：259-261

[6] 陈启建，刘国坤，吴祖建等. 大蒜精油对烟草花叶病毒的抑制作用. 福建农林大学学报，2005，34(1)：30-33

[7] Kassanis BB，Kleczkowski A. The isolation and some properties of a virus-inhibiting protein from *Phytolacca esculenta*. J Gen Microbiol，1948，22：143-153

[8] Irvin JD. Purification and partial characterization of the antiviral protein from *Phytolacca americana* which inhibits eukaryotic protein synthesis. Arch Biochem Biophys，1975，169：522-528

[9] Irvin JD，Kelly T，Robertus，JD. Purification and properties of a second antiviral protein from *Phytolacca americana* which inactivates eukayotic ribosomes. Arch Biochem Biophys，1980，200：418-425

[10] Barbieri L，Aron GM，Irvin JD，et al. Purification and partial characterization of another form of the antiviral protein from the seeds of *Phytolacca americana* L.（pokeweed）. Biochem J，1982，203(1)：55-62

[11] Park SW，Lawrence CB，Linden JC. Isolation and characterization of a novel ribosome-inactivating protein from root cultures of pokeweed and its mechanism of secretion from roots. Plant Physiol，2002，130(1)：164-178

[12] Van A，Kammen，Noordam. The mechanism of inhibition of infection with *Tobacco mosaic virus* by an inhibitor from carnation sap. Virology，1961，41：100-108

[13] Prasad V，Srivastava S，Varsha，Verma VHN. Two basic proteins isolated from *Clerodendrum inerme* Gaertn. are inducers of systemic antiviral resistance in susceptible plants. Plant Science，1995，110：73-82

[14] Olivieri F，Prasad V，Valbonesi P，et al. A systemic antiviral resistance-inducing protein isolated from *Clerodendrum inerme* Gaertn. is a polynucleotide: adenosine glycosidase（ribosome-inactivating protein）. FEBS Lett，1996，396(2-3)：132-134

[15] Verma HN，Awasthi LP，Saxena KC. Isolation of the virus inhibitor from root extract of *Boerhaavia diffusa* inducing systemic resistance in plants. Can J Bot，1979，57：1214-1217

[16] Taniguchi T. Inhibition of plant virus infection by extracts from seeds of *Dianthus barbatus* L. Ann Phytopath Soc Japan，1980，46：628-633

[17] Awasthi LP. The purification and nature of an antiviral protein from *Cuscuta reflexa* plants. Arch Virol，1981，70（3）：215-223

[18] Stirpe F，Williams DG，Onyon LJ，et al. Dianthins，ribosome-damaging proteins with anti-viral properties from *Dianthus caryophyllus* L.（carnation）. Biochem J，1981，195（2）：399-405

[19] Facine K，Takeshi T. Properties of a virus inhibitor from spinach leaves and mode of action. Ann Phytopath Soc Japan，1987，53：159-167

[20] Naofumi O，Akira H. Purification and chemical properties of an inhibitor of plant virus infection from leaves of *Yucca recurviflia* Salisb. Agric Biol Chem，1987，1(3)：891-896

[21] Kubo S，Ikeda T，Imaizumi S，et al. A potent plant virus inhibitor found in *Mirabilis jalapa* L. Ann Phytopath Soc Ja-

pan, 1990, 56: 481-487

[22] Yoichi T, Shigeru K. Purification and characterization of the antiplant viral protein from *Mirabilis jalapa* L. Ann Phytopath Soc Japan, 1990, 56: 488-494

[23] Baranwal VK, Verma HN. Localized resistance against virus infection by leaf extract of *Celosia cristata*. Plant Pathology, 1992, 41: 633-638

[24] Baranwal VK, Verma HN. Characteristics of a virus inhibitor from the leaf extract of *Celosia cristata*. Plant Pathology, 1997, 46: 523-529

[25] Balasubrahmanyam A, Baranwal VK, Lodha ML, et al. Purification and properties of growth stage-dependent antiviral proteins from the leaves of *Celosia cristata*. Plant Science, 2000, 154(1): 13-21

[26] 鲍一明，储瑞银，韩晋华．天花粉蛋白基因的克隆测序及在大肠杆菌和烟草中表达．中国科学 B 辑，1992，944-950

[27] de Oliveira MM, Sampaio MR, Noronha AB, et al. Detection of antiviral and antitumoral fractions of *Chenopodium amaranticolor* leaf extract. Microbios. 1993, 76(309): 213-221

[28] 安德荣．植物病毒化学防治的研究现状和所面临的问题．生命科学，1994，6(2)：15-18

[29] Edelbaum O, Neta I, Gideon G, et al. Two antiviral proteins from tobacco: purification and characterization by moloclone antibodies to human β-interferon. PNAS, 1990, 87(1): 588-592

[30] Verma HN, Srivastava S, Kumar D. Induction of systemic resistance in plants against viruses by a basic protein from *Clerodendrum aculeatum* leaves. Phytopathology, 1996, 86: 485-492

[31] Kwon SY, An CS, Liu JR, et al. A ribosome-inactivating protein from *Amaranthus viridis*. Biosci Biotechnol Biochem. 1997, 61(9): 1613-1614

[32] Bolognesi A, Polito L, Olivieri F, et al. New ribosome-inactivating proteins with polynucleotide: adenosine glycosidase and antiviral activities from *Basella rubra* L. and *Bougainvillea spectabilis* Willd. Planta, 1997, 203(4): 422-429

[33] Balasaraswathi R, Sadasivam S, Ward M, et al. An antiviral protein from *Bougainvillea spectabilis* roots; purification and characterization. Phytochemistry. 1998, 47(8): 1561-1565

[34] Alexandre MAV, Guzzo SD, Harakava R. Partial purification of a virus inhibitor from *Silene schafta* leaves. Fitopatologia Brasileira, 1997, 22(2): 171-177

[35] Jorge MV, Hector EF. Purification, characterization and biological activity of two ribosome inactivating proteins from *Mirabilis expansa*. Phytopathology, 1998, 88(9): 133

[36] Vivanco JM, Savary BJ, Flores HE. Characterization of two novel type Ⅰ ribosome inactivating proteins from the storage roots of the Andean crop *Mirabilis expansa*. Plant Physiology, 1999, 119(4): 1447-1456

[37] Narwal S, Balasubrahmanyam A, Lodha ML, et al. Purification and properties of antiviral proteins from the leaves of *Bougainvillea xbuttiana*. Indian J Biochem Biophys, 2001, 38(5): 342-347

[38] 蔡建华，林玉娟，叶晓明等．豆薯种子中一种具有抗植物病毒活性的蛋白质的初步晶体学研究．结构化学，2001，20(3)：149-150

[39] Chen Y, Peumans WJ, van Damme EJ. The Sambucus nigra type-2 ribosome-inactivating protein SNA-I' exhibits in plant antiviral activity in transgenic tobacco. FEBS Lett, 2002, 516(1-3): 27-30

[40] 林毅，吴祖建，林奇英等．绞股蓝抗 TMV 蛋白的分离及编码基因的序列分析．农业生物技术学报，2003，11(5)：365-369

[41] Perez-Paya E, Houghten RA, Blondell SE. The role of amphipathicity in the folding, self-association and biological activity of multiple subunit small proteins. J Biol Chem, 1995, 270: 1048-1056

[42] Marcos JF, Beachy RN, Houghton RA. Inhibition of a plant virus infection by analogs of melittin. PNAS, 1995, 92(6): 12466-12469

[43] Ladygina ME, Sokolovskaia IV, Rubin BA, et al. Comparative study of the antiviral properties of histones of animal and plant origin. Vopr Virusol, 1978, 6: 686-690

[44] 祝雯，林志铿，吴祖建等．河蚬中活性蛋白 CFp-a 的分离纯化及其活性．中国水产科学，2004，11(4)：349-353

[45] Wang S, Zhong FD, Zhang YJ, et al. Molecular characterization of a new lectin from the marine alga *Ulva pertusa*. Acta Biochimica et Biophysica Sinica, 2004, 36(2): 111-117

[46] 刘振宇，谢荔岩，吴祖建等．孔石莼(*Ulva pertusa*)中一种抗 TMV 活性蛋白的纯化及其特性．植物病理学报，2005，35(3)：256-261

[47] Kobayashi N, Hiramastru A, Akatuka T. Purification and chemical properties of an inhibitor of plant virus infection from fruting bodies of *Lentinula edodes*. Agricultural and Biological Chemistry, 1987, 51(3): 883-890

[48] 孙慧，吴祖建，谢联辉等．杨树菇(*Agrocybe aegetita*)中一种抑制 TMV 侵染的蛋白质纯化及部分特征．生物化学与生物物理学报，2001，33(3)：351-354

[49] 付鸣佳，吴祖建，林奇英等．榆黄蘑中一种抗病毒蛋白的纯化及其抗 TMV 和 HBV 的活性．中国病毒学，2002，17(4)：350-353

[50] 付鸣佳，吴祖建，林奇英等．金针菇中一种抗病毒蛋白的纯化及其抗烟草花叶病毒特性．福建农林大学学报，2003，32(1)：84-88

[51] 付鸣佳，林健清，吴祖建等．杏鲍菇抗烟草花叶病毒病毒蛋白的筛选．微生物学报，2003，43(1)：29-34

[52] 吴丽萍，吴祖建，林奇英等．毛头鬼伞(*Coprinus comatus*)中一种碱性蛋白的纯化及其活性．微生物学报，2003，43(6)：793-798

[53] 前田浩明．关于植物病毒剂 Retemin．今月 & 农业，1982，26(6)：42-47

[54] 王启燕，王先彬．植物病毒生防制剂-“X-75”的初步研究．北京农业科学，1989，1：39-40，3

[55] 张超，操海洋，陈莉．食用菌多糖对植物病毒抑制作用的初步研究．安徽农业大学学报，2005，32(1)：15-18

[56] 吴艳兵，谢荔岩，谢联辉等. 毛头鬼伞多糖抗烟草花叶病毒(TMV)活性研究初报. 中国农学通报，2007，23(5)：338-341

[57] 苏小记，贾丽娜. 2.0%氨基寡糖素水剂防治烟草病毒病药效试验. 陕西农业科技，2005，3：55-56

[58] 商文静，赵小明，杜昱光. 壳寡糖诱导植物抗病毒病研究初报. 西北农林科技大学学报(自然科学版)，2005，33(5)：73-75

[59] 赵小明，杜昱光，白雪芳. 氨基寡糖素诱导作物抗病毒病药效试验. 中国农学通报，2004，20(4)：245-247

[60] 石瑛，辛毅，白雪芳等. 真菌寡糖诱导植物抗性活性成分的分离纯化. 中国生物化学与分子生物学报，2004，20(1)：138-142

[61] 商明清，梁元存，刘爱新等. 烟草赤星病菌糖蛋白激发子诱导烟草抗病防卫反应. 南京农业大学学报，2003，26(1)：20-23

[62] 赵蕾，梁元存，刘延荣. 壳聚糖对烟草抗黑胫病的作用. 应用与环境生物学报，2000，6(5)：436-439

[63] Klarzynski O，Descamps V，Plesse B，et al. Sulfated fucanoligosaccharides elicit defense responses in tobacco and local and systemic resistance against *Tobacco mosaic virus*. Mol Plant Microbe Interact，2003，16(2)：115-122

[64] Menard R，Alban S，de Ruffray P，et al. Beta-1,3 glucan sulfate，but not beta-1,3 glucan induces the salicylic acid signaling pathway in tobacco and *Arabidopsis*. Plant Cell，2004，16(11)：3020-3032

[65] Gerber I B，Zeidler D，Durner J，et al. Early perception responses of *Nicotiana tabacum* cells in response to lipopolysaccharides from *Burkholderia cepacia*. Planta，2004，218(4)：647-657

[66] 海洋生物多糖在提高烟草品质和抗病性方面取得进展[EB/OL]. 中国科学院网站，2004-11，http：//www.cas.cn/html/Dir/2004/11/16/5418.htm

[67] 杜昱光，白雪芳，赵小明. 壳寡糖对烟草防御酶活性及同工酶谱的影响. 中国生物防治，2002，18(2)：83-86

[68] 吴艳兵，谢荔岩，谢联辉等. 毛头鬼伞多糖对烟草酶活性和同工酶谱的影响. 微生物学杂志，2007，27(5)：29-33

美洲商陆抗病毒蛋白研究进展*

付鸣佳，吴祖建，林奇英，谢联辉

（福建农林大学植物病毒研究所，福建福州　350002）

摘　要：美洲商陆抗病毒蛋白（pokeweed antiviral protein，PAP）是一类具多种生物功能和活性的蛋白，本文在阐述了该类蛋白的生化等特性的同时，综述了该类蛋白在抗植物病毒、抗动物病毒以及用作免疫毒素等方面的研究进展。

关键词：美洲商陆抗病毒蛋白；核糖体失活蛋白；抗病毒；免疫毒素

中图分类号：Q946-33；R9392.1　**文献标识码**：A　**文章编号**：1009-0002（2002）01-0066-06

Prospect of study on pokeweed antiviral proteins

FU Ming-jia，WU Zu-jian，LIN Qi-ying，XIE Lian-hui

（Institute of Plant Viology，Fujian Agriculture and Forestry University，Fuzhou 350002）

Abstract：Pokeweed antiviral proteins（PAP）abstracted from *Phytolacca americana* is a group of proteins having many kinds of biological functions and biological activities. The paper reviews partial characteristics of PAP and practical application in antivirus and preparation of immunotoxins containing PAP.

Key words：pokeweed antiviral protein；ribosome-inactivating protein；antivirus；immunotoxins

美洲商陆抗病毒蛋白（pokeweed antiviral protein，PAP）是在美洲商陆（*Phytolacca americana*）的不同组织或不同生长阶段合成的一类具酶功能的核糖体单链失活蛋白（ribosome-inactivating protein，RIP）。由于它们的抗病毒活性和对细胞蛋白质合成的抑制，而受到许多研究者的关注，除了对它们的分子结构、理化特性和生物活性进行研究以外，还作为植物的广谱抗病毒抑制剂，通过遗传工程技术导入植物体中，获得了抗病毒植株。也有一些学者应用 PAP 的细胞毒特性，将 PAP 与特定的抗体结合而制成免疫毒素，应用于治疗人体的一些病毒病、癌症和肿瘤。关于 PAP 的研究目前更侧重于实际应用，但也不乏基础理论研究方面的报道，本文就 PAP 的研究状况作一综述。

1　PAP 的种类和理化特性

1.1　种类和来源

目前从美洲商陆中分离到数种 PAP，随季节和植株的部位不同而形成 PAP 的不同形式。纯化自美洲商陆中的有两种，一种是在春叶上合成的称为

生物技术通报，2002，13（1）：66-71

收稿日期：2002-04-27

* 基金项目：福建省科技厅重点项目（99-Z-193）

PAP[1]；另一种是 PAPⅡ，产生自夏叶[2]。PAP-s 纯化自美洲商陆的种子[3]，而从根部获得的为 PAP-R[4]。此外，以 PAP-s 序列为引物，可获得核基因组编码的抗病毒蛋白 a-PAP，这个蛋白与 PAP-s 类似但不相同（比 PAP-s 在氨基和羧基端分别多 24 个和 9 个氨基酸残基）[5]。Lin 等[6]将来自商陆生长期叶片 cDNA 编码的抗病毒蛋白称为 c-PAP。

1.2 PAP 的理化特性

1.2.1 生化特性及同源性

根据研究，PAP 的分子质量为 29kD，等电点为 8.1[1]；通过反相高效液相色谱分析发现 PAP 最少由两个成分，即 a 和 b 组成，而 SDS-PAGE 有相同迁移率，它们共同享有同一 N 端氨基酸序列，无细胞翻译体系检测有类似的特异活性[7]。PAPⅡ 分子质量为 30kD，等电点为 8.3[2]；Poyet 等[8]测定了编码夏叶中 PAPⅡ 的 cDNA 序列，共有 1187 个核苷酸，编码 287 个氨基酸组成的 PAPⅡ 成熟蛋白。胰蛋白酶谱表明，PAP 和 PAPⅡ 基本结构很少有同源性，两种蛋白可能产生于美洲商陆不同时期表达的不同基因上，PAPⅡ 同 PAP 抗血清无交叉反应也证明这一点[2]。此外，PAPⅡ 氨基端额外多肽（25 个残基）类似但不同于 PAP 的额外多肽[8]。

至于 PAP-s，其分子质量为 31kD，同 PAP 抗血清有部分交叉反应[3]。PAP 和 PAP-s 氨基端序列分析表明，它们是同源的，可比较的 28 个残基中有 11 个不同[9]。PAP-s 氨基酸全序列已被 Kung 等[10]测定，这个蛋白由 261 个氨基酸组成，有两对二硫键，位置分别是 cys-34 对 cys-258、cys-84 对 cys-105，由此得出的分子质量为 29167D。Poyet 等[11]分离和测序了编码 PAP-s 的 cDNA 全序列，它由 1249 个核苷酸组成，编码 262 个氨基酸组成的蛋白，预期的氨基酸序列同 PAPⅡ（31%的类似性）相比，更类似于 PAP（76%的类似性）。

1.2.2 PAP 的毒性

PAP、PAPⅡ、PAP-s、PAP-R 和 PAP-C 对鼠的毒性（LD_{50}）和在无细胞系中以及在 HeLa 细胞中对蛋白合成的抑制效果（LC_{50}）各不相同（表 1）。

表 1 PAP 的毒性

名 称	来 源	对鼠的毒性 LD_{50}/(mg/kg)	对蛋白合成的抑制效果		文献
			无细胞系* LC_{50}/(nmol/L)	HeLa 细胞系 LC_{50}/(nmol/L)	
PAP	春叶		0.24		[1]
PAPⅡ	夏叶		0.25		[2]
PAP-s	种子	2.6	0.037	33 000	[3]
PAP-R	根	1.2	0.05	>3300	[4]
PAP-C	细胞液	0.95	0.067	3400	[12]

* 兔网织红细胞裂解液系统

1.2.3 PAP 晶体结构的研究

Monzingo 等[13]对分离自美洲商陆叶片的 PAP 进行 X 射线晶体学分析，通过 0.25nm 分辨率分析 PAP 三维结构，发现同蓖麻毒素（ricin）A 链有类似的折叠方式，主要活性位点残基也类似。

曾宗浩等[14]用分子置换法在 0.25nm 分辨率确定了 PAP-s 蛋白晶体结构的初始模型，通过与 PAP 和 a-PAP 结构的比较，发现连接 5 条 β 链段和第 2 个 α 螺旋的环套区位于活性中心附近，并且为序列和结构的多变区，其上分布着可能的活性残基。

2 抗病毒活性及其作用机理

2.1 抗病毒活性

2.1.1 抑制植物病毒的活性

自 Duggar 等在 1925 年报道了美洲商陆汁液抑制黄瓜花叶病毒（*Cucumber mosaic virus*，CMV）和烟草花叶病毒（*Tobacco mosaic virus*，TMV）的研究以来，随后有许多研究者对之进行了抗植物病毒的研究。从目前的报道来看，PAP 属于广谱性抗植物病毒蛋白。Holling[15]研究了商陆汁液在一些寄主上对 TMV、烟草坏死病毒（*Tobacco necrosis virus*，TNV）和苜蓿花叶病毒（*Alfalfa mosaic virus*，AlMV）的抑制作用。Wyatt 等[16] 指出 PAP 抗南方菜豆花叶病毒（*Southern bean mosaic virus*，SBMV）。Tomlinson 等[17]研究了 PAP 抗 CMV。Chen 等[18]报道，纯化自商陆叶片中的 PAP 用枯斑寄主测试时，抗 5 种 RNA 植物病毒，即 TMV、CMV、AlMV、马铃薯 X 病毒（*Potato virus X*，PVX）和马铃薯 Y 病毒（*Potato virus Y*，PVY）；用系统寄主测试时，抗两种 DNA 病毒，即一种双链 DNA（dsDNA）病毒花椰菜花叶病毒（*Cauliflower mosaic virus*，CaMV）和一种单链 DNA（ssDNA）病毒非洲木薯花叶病毒（*African cassava mosaic virus*，ACMV）。此外，采用基因工程获得的转 PAP 基因植物，所抗病毒的种类有芜菁花叶病毒（*Turnip mosaic virus*，TuMV）[19]、PVX、PVY 和 CMV[21]。

2.1.2 抗动物病毒活性

PAP 也显示抗动物病毒活性。PAP 抑制脊髓灰质炎病毒（*Polio virus*）[22]和流感病毒（*Influenza virus*）[17]。Zarling 等[23]报道，PAP 结合在单克隆抗体上，以 CD4＋细胞为靶细胞，从而抑制人类免疫缺陷病毒（*Human immunodeficiency virus*，HIV-1），在 CD4＋T 细胞中的复制使得抗病毒能力提高 1000 倍，显然这是一种人工免疫毒素起作用的特例，为开发定向杀死感染病毒细胞的人工药物提供了很好的启示。此外，在 Vero 和 HeLa 细胞中培养的情况下，PAP 对Ⅰ型单纯疱疹病毒（*Herpes simplex virus* typeⅠ）的复制具有抑制作用[24]，这种抑制是由 PAP 缓慢进入受侵染细胞并导致了抑制效果的累积作用。同样，PAP-s 也抑制Ⅰ型单纯疱疹病毒[3]。Ussery 等[22]还证明 PAP 不能够进入完整的、未受脊髓灰质炎病毒侵染的 HeLa 细胞，即病毒和细胞的互作促进了 PAP 进入寄主细胞，随后导致了寄主细胞核糖体的失活。

2.2 作用机理

PAP 作为一类从商陆中提取的抗病毒蛋白，实际上是一类同工酶，它们可使真核细胞核糖体活性丧失，和蓖麻毒素 A 一样属核糖体失活蛋白。PIP 显示 *N*-糖苷酶活性，可特异地水解去除 28S rRNA 中一个保守环上特异位点（4324 位）的腺嘌呤，使核蛋白无法结合延伸因子 2（EF-2）[25]，因此抑制蛋白质的合成。Ready 等[26]用电子显微镜研究了 PAP 抗体在美洲商陆细胞壁间的定位，表明细胞壁和细胞膜的渗漏和破裂可让 PAP 这种酶进入细胞质，并可能抑制蛋白质的合成，损伤细胞。Bonness 等[27]证明 PAP 可使美洲商陆核糖体失活，对美洲商陆细胞有潜在的毒性，因此以原位自杀模式（local suicide model）作为美洲商陆中 PAP 的抗病毒机制，同时强调了 PAP 和细胞中核糖体在空间上的分离。Tumer 等[28]在酿酒酵母（*Saccharomyces cerevisiae*）中检测了控制程序性核糖体移码（programmed ribosomal frame shifting）的分子机制，认为 PAP 在完整酵母细胞和离体检测系统中特异地抑制 Ty1，指导正向一个核糖体移码。使用活体检测，证明 PAP 特异抑制 Ty1 逆向重排（retrotransposition），Ty1 病毒粒子形态建成在受侵染细胞中被抑制。Taylor[29]通过比较包括 PAP 在内的几个 RIP，推断 RIP 抗病毒活性正是通过核糖体失活起作用。Chen 等[30]的研究结果也表明寄主核糖体的脱嘌呤和核糖体失活是 PAP 抑制病毒侵染的原因。

此外，还有学者认为病毒中的核酸也可受到破坏。Teltow 等[31]认为单纯疱疹病毒的 DNA 的合成受 PAP 的抑制，而细胞 DNA 的合成不受影响。Rajamohan 等[32]采用定量高效液相色谱分析，认为 PAPⅠ（来自春叶）、PAPⅡ（来自早夏叶）和 PAPⅢ（来自晚夏叶）能引起人 HIV-Ⅰ和植物 TMV 的基因组 RNA 的脱嘌呤；在抑制外周单核血细胞中 HIV-Ⅰ的复制时，它们的 IC_{50} 分别为 17nmol/L、25nmol/L 和 16nmol/L。由这一结果表明 PAP 的抗病毒活性也包括对病毒本身 RNA 的脱嘌呤作用。

Zoubenko 等[33]在研究 PAP 及它的突变体转基因时，发现转基因植物中Ⅰ类和Ⅱ类异构体病程相关蛋白（pathogensis-related protein，PR）过表达。在表达 PAPⅡ的转基因系中，也有 PR1 的构成性表达[34]。此外，也有学者通过研究 PAP 的一个突变体 PAP-v，发现 PAP-v 在转基因植物中诱导表达病程相关蛋白的合成和水杨酸的微弱提高[35]。

3 用于制备免疫毒素（immunotoxins）

PAP 的细胞毒特性已广泛被许多学者所注意，他们设计用这类毒素来杀死癌细胞和肿瘤细胞。其原理是 PAP 通过一些特定的蛋白交联剂，与某些癌细胞和肿瘤细胞或特定抗原的抗体相结合，可定向地杀死体内的癌细胞和肿瘤细胞。

目前，PAP、PAPⅡ、PAP-s 和 PAP 的突变体等都被一些研究者用来制备免疫毒素。含有 PAP 的免疫毒素在目标真核细胞中可作为潜在的蛋白合成抑制剂[36]。PAP 被用作抗急性淋巴癌（acute lymphoblastic leukemia）的免疫毒素，这种含有 PAP 的免疫毒素有极强的抗白血病（antileukemic activity）活性[37]。Ramakrishnan 等[38]应用可切除的 *N*-琥珀酰亚胺基-3（2-吡啶基二硫）丙酸酯［*N*-succinimidyl-3（2-pyridyldithio)-propionate］和不可切除的间-马来酰亚胺基苯甲酰-*N*-羟基琥珀酰亚胺酯（m-maleimidobenzoyl-*N*-hydrixysuccinimide ester）作为二硫交联剂，可将 PAP 和蓖麻毒素 A 连接到抗 Thy1.1 抗原的单克隆抗体上，特异抑制 Thy1.1 阳性的白血病（leukemia）细胞（AKR SL3）的蛋白合成，并比较了这两者对细胞的毒性及其他特性，认为 PAP 更适合合成免疫毒素。此外，Ramakrishnan 等[39]还通过氯喹（chloroquine）来增强 PAP 免疫毒素（由 PAP 和人 T 细胞或人铁传递蛋白受体的单克隆抗体组成）杀死急性成淋巴细胞的白血病细胞（acute lymphoblastic leukemia cell）的能力，LC_{50} 的量减少为原先的 1/65。Anderson 等[40]发展了一种免疫毒素 TP-3-PAP，可用于治疗骨肉瘤（osteosarcoma）和某些软组织肉瘤（sarcomas）。PAPⅡ以二硫键共价结合到铁传递蛋白受体（transferrin receptor）的单克隆抗体上，抑制乳房肿瘤细胞系 MCF-7 的蛋白合成，50％的抑制剂量为 0.7nmol/L[7]。Goldmacher 等[41]以光裂解蛋白交联剂（photocleavale protein cross-linking reagent）连接 PAP-s 和 5E9（人铁传递蛋白受体的单克隆抗体），350nm 紫外光照射后，连接物光解释放出原来的毒素，行使细胞毒功能。应用于体内，经光照后可增强对 HeLa 细胞的毒性。Dore 等[42]构建了 PAP9（PAP 的一个突变体）和白细胞介素-2（IL-2）的蛋白复合体（PAP9-IL-2），和 PAP9 单独存在时有一样的活性，可抑制真核无细胞系翻译体系，同时也可抑制表达 IL-2 受体的 CTLL-2 细胞系的蛋白翻译，说明 PAP 可作为重组免疫毒素（recombinant immunotoxin）。

4 PAP 基因克隆及转基因作物

PAP 除了可在大肠杆菌（*Escherichia coli*）中得到表达[43]外，由于 PAP 的抗病毒活性，许多研究者在 PAP 测序后，都开始了 PAP 的转基因研究，以其开发利用这一类特异蛋白。Lodge 等[21]分离获得 PAP 的 cDNA，通过农杆菌（*Agrobacterium tuefaciens*）的转化，将这一 cDNA 引入烟草和马铃薯，表达的 PAP 表现对多种机械传染和蚜传病毒的抗性［包括 PVX、PVY 和马铃薯卷叶病毒（*Potato leafroll virus*，PLRV）］。Dore 等[44]采用 PCR 技术克隆了 PAP 的开放阅读框（open reading frame），研究了抑制真核翻译过程、但对大肠杆菌无毒性的两个不同于野生型 PAP 蛋白的 cDNA，两个 cDNA 的序列显示蛋白仅有 1 个和 2 个点突变，突变位点的氨基酸参与原核核糖体的识别。因此，这两个 PAP 突变体可用于构建免疫毒素。国内张海燕等[19,20]对 PAP 的 cDNA 进行克隆、测序，而后构建了植物表达载体 pBP21，经农杆菌转化，将 PAP 的 cDNA 导入油菜，获得抗 TuMV 的油菜植株。

PAPⅡ的 cDNA 也在大肠杆菌中得到表达，转化株的生长受到强烈抑制，其中表达的 PAPⅡ抑制免网织红细胞翻译系统中蛋白的合成。因此，PAPⅡ抑制原核细胞和真核细胞中蛋白的合成[8]。Wang 等[34]获得的表达 PAPⅡ转基因烟草对 TMV U_1 株系、PVX 以及对立枯丝核菌（*Rhizoctonia solani*）有一定抗性。

a-PAP 在大肠杆菌中表达，N 端和 C 端外肽被切除，其中一个变异体在细胞内表达且 N 端带有蛋氨酸，另一个变异体带有 ompA 信号肽，以便能分泌；两者的产率不同，但都抑制小麦核糖体上的 RNA N 端糖苷酶活性和兔网状细胞的蛋白合成[45]。

PAP-s 的 cDNA 在大肠杆菌中也得到了表达。在兔网织细胞的翻译系统中，重组 PAP-s 和 PAP 的 LC_{50} 分别为 0.07nmol/L 和 0.29nmol/L。尽管种子中的 PAP-s 糖基化，大肠杆菌中表达的PAP-s 仍有很强的活性[11]。

5 其他相关研究

5.1 其他活性

有学者试图知道 PAP 抗真菌和细菌的活性。Chen 等[18]检测了 PAP 对 6 种真菌（*Colletotrichum coccodes*、*Fusarium sulphureum*、*F. solani*、*Phoma foveata*、*Rhizzoctonia solani* 和 *Phytoph-*

thora infestans）以及两种细菌（*Erwinia carotovora* subsp. *carotovoro* 和 *E. carotovora* subsp. *atroseptica*）的影响，发现这6种真菌和2种细菌的生长并没有受到抑制。但是在表达PAP或无毒性PAP突变体的转基因烟草中可抵抗立枯丝核菌[33]。

5.2 PAP突变体的研究

Southern杂交分析表明PAP由多基因家族编码[6]，无疑这存在多个突变位点。同时，突变体的研究为该类蛋白的应用和作用机理研究提供了参考。Zoubenko等[33]通过在酵母中随机诱变和筛选的方法，可分离到两个PAP无毒性突变体。Smironv等[35]用嫁接试验证明，表达一个突变体PAP-v的转基因烟作砧木，可诱导烟（*Nicotiana tobacum*）植株（NN和nn幼芽）对TMV和PVX侵染的抗性。同时通过该实验证明PAP完整的活性位点是必要的。Tumer等[46]描述了PAP的两个突变体NT123-2和NT124-3，其中NT123-2在活性位点有一个点突变（E176V）而造成失去酶活性。NT124-3有一个无意义突变，导致C端25个氨基酸残基删除。在转基因烟中表达NT124-3，不显示毒性。经比较，C端删除突变体有抗病毒活性，而活性位点突变体无抗病毒活性。研究结果表明，PAP完整活性位点对病毒活性、毒性和核糖体脱嘌呤是必需的；完整C端对毒性和体内核糖体脱嘌呤有要求，但对抗病毒活性无需求。Hur等[47]将PAP的cDNA处于诱变的半乳糖GAL1启动子的控制下，转化进入酿酒酵母。通过N端附近的点突变和237残基位点的无意义突变，证明PAP的毒性不完全等同于酶的活性，PAP的毒性似乎是多级过程，可能包括蛋白的不同区域。

5.3 PAP在分子生物学方面和相关活性影响的研究

PAP作为核糖体失活蛋白有*N*-糖苷酶活性，并可使28S rRNA的sarcin/ricin环上脱去一个腺嘌呤，前已叙及。最近有研究表明PAP可通过去除嘌呤而损伤单链DNA[48]，还有结果表明，利用rRNA脱嘌呤所要求的相同活性位点，PAP可切开双链超螺旋DNA（double-stranded supercoiled DNA），由于脱嘌呤处理过的双链DNA含有apurinic/apyrimidinic（AP）位点，切开的超螺旋DNA呈松散的线性结构[49]。

Kumon等[50]以莹光素异硫氰酸标记PAP（PAP和PAPⅡ），研究了TMV、PAP和烟细胞之间的交互影响，发现离子强度、pH影响PAP与TMV的结合；离子强度影响抗病毒蛋白吸附到细胞壁上，从而确定PAP对TMV的抑制作用。

6 展望

PAP作为一类具多种功能（抗植物病毒、抗动物病毒和抗肿瘤等）的蛋白，已引起人们的高度重视。首先，在抗植物病毒方面，由于还无有效的抗病毒化学制剂，病原性的转基因工程植物存有一定的环境风险。因此，作为非病原性的一类毒蛋白基因，用作抗病毒的转基因材料，具有一定的优势。但是，PAP基因直接转基因存在一定的细胞毒性，利用它们的无毒性突变体可解决这个问题。其次，该类毒蛋白在对人类疾病防治的研究方面，为我们提供了很好的启示。许多研究者在弄清了该类毒蛋白的生化和分子生物学功能后，认为该类蛋白不但可抑制人的某些肿瘤病毒，同时又不杀死或很少杀死正常细胞，这为人类研制免疫毒素提供了必要的依据。目前，利用一些特殊的交联剂可制备PAP的重组免疫毒素。但由于这些毒素应用的局限性，还无法完全用于人类疾病防治。预计不远的将来，PAP的免疫毒素将应用于人类多种疾病的防治。

PAP的研究为我们开发利用自然界中的活性蛋白提供了一定的启示，而且自然界中存在有许多与PAP有类似作用的植物蛋白，许多都是RIP。RIP与单克隆抗体结合后在肿瘤治疗等方面，无疑将存在广泛的应用前景。

参考文献

[1] Irvin JD. Purification and partial characterization of the antiviral protein from *Phytolacca americana* which inhibits eukaryotic protein synthesis. Arch Biochem Biophysiol, 1975, 169: 522-528

[2] Irvin JD, Kelly T, Robertus JD. Purification and properties of a second antiviral protein from *Phytolacca americana* which inactivates eukayotic ribosomes. Arch Biochem Biophysiol, 1980, 200: 418-425

[3] Barbieri L, Aron GM, Irvin JD, et al. Purification and partial characterization of another form of the antiviral protein from the seeds of *Phytolacca americana* L. (pokeweed). Biochem J, 1982, 203(1): 55-62

[4] Bolognesis A, Barbieri L, Abbondanza A, et al. Purification and properties of new ribosome inactivating proteins with RNA

N-glycosidase activity. Biochem Biophysiol Acta，1990，1087：293-302

[5] Kataoka J，Ago H，Habuka N，et al. Expression of a pokeweed antiviral protein in *Escherichia coli* and its characterization. FEBS Lett，1993，320(1)：31-34

[6] Lin Q，Chen ZC，Antoniw JF，et al. Isolation and characterization of a cDNA clone encoding the anti-viral protein from *Phytolacca americana*. Plant Mol Biol，1991，17：609-614

[7] Bjorn MJ，Larrick J，Piatak M，et al. Characterization of translational inhibitors from *Phytolacca americana*. Amino-terminal sequence determination and antibody-inhibitor conjugates. Biochim Biophysiol Acta，1984，790(2)：154-163

[8] Poyet JL，Radom J，Hoeveler A. Isolation and characterization of a cDNA clone encoding the pokeweed antiviral protein Ⅱ from *Phytolacca americana* and its expression in *E. coli*. FEBS Lett，1994，347(2-3)：268-272

[9] Houston LL，Ramkrishnan S，Hermodson MA. Seasonal variation in different forms of pokeweed antiviral protein，a potent inactivator of ribosomes. J Biol Chem，1983，256：9601-9604

[10] Kung SS，Kimura M，Funatsu G. The complete amino acid sequence of antiviral protein from the seeds of pokeweed (*Phytolacca americana*). Agric Biol Chem，1990，54(12)：3301-3318

[11] Poyet JL，Hoeveler A. cDNA cloning and expression of pokeweed antiviral protein from seeds in *Escherichia coli* and its inhibition of protein synthesis *in vitro*. FEBS Lett，1997，406(1-2)：97-100

[12] Kahn JO，Kaplan LD，Gambertoglio JG，et al. The safety and pharmacokinetics of GLQ233 in subjects with AIDS and AIDS-related complex：a phase 1 study. AIDS，1990，4：1197-1204

[13] Monzingo AF，Collins EJ，Ernst SR，et al. The 2.5A structure of pokeweed antiviral protein. J Mol Biol，1993，233(4)：705-715

[14] 曾宗浩，金雷，李宏民等. 商陆种子抗病毒蛋白的 0.25nm 分辨率晶体结构. 中国科学(C辑)，1998，28(5)：431-436

[15] Holling M. Host rang studies with fifty-two plant virus. Ann Appl Biol，1959，47：98-108

[16] Wyatt SD，Shepherd RJ. Isolation and characterization of a virus inhibitor from *Phytolacca americana*. Phytopathology，1969，59：1787-1794

[17] Tomlinson JA，Walker VM，Flewett TH，et al. The inhibition of infection by extracts from *Phytolacca americana*. J Gen Virol，1974，22：225-232

[18] Chen ZC，White RF，Antoniw JF，et al. Effect of pokeweed antiviral protein (PAP) on the infection of plant virus. Plant Pathology，1991，40：612-620

[19] 张海燕，田颖川，周奕华等. 将商陆抗病毒蛋白(PAP)cDNA导入油菜获得抗病毒转基因植株. 科学通报，1998，43(23)：2534-2537

[20] 张海燕，刘桂珍，陈正华. 商陆抗病毒蛋白 cDNA 的克隆、测序及其植物表达载体的构建. 植物学报，1999，41(2)：226-228

[21] Lodge JK，Kaniewski WK，Tumer NE. Broad spectrum virus resistance in transgenic plants expressing pokeweed antiviral protein. PNAS，1993，90：7089-7093

[22] Ussery MA，Irvin JD，Hardesty B. Inhibition of poliovirus replication by a plant antiviral peptide. Ann New York Acad Sci，1977，284：431-440

[23] Zarling JM，Moran PA，Haffer O，et al. Inhibition of HIV replication by pokeweed antiviral protein targeted to $CD4^+$ cells by monoclonal antibodies. Nature，1990，347：92-95

[24] Aron GM，Irvin JD. Inhibition of herpes simplex virus multiplication by the pokeweed antiviral protein. Antimicrob Agents Chemother，1980，17：1032-1033

[25] Gessner SL，Irvin KD. Inhibition of elongation factor-dependent translocation by the pokeweed antiviral protein and ricin. J Biol Chem，1980，255：3251-3253

[26] Ready MP，Brown DT，Robertus JD. Extracellular localization of pokeweed antiviral protein. PNAS，1986，83(14)：5053-5056

[27] Bonness MS，Ready MP，Irvin JD，et al. Pokeweed antiviral protein inactivates pokeweed ribosomes；implications for the antiviral mechanism. Plant J，1994，5(2)：173-183

[28] Tumer NE，Parikh BA，Li P，et al. The pokeweed antiviral protein specifically inhibits Ty1-directed ＋1 ribosomal frame shifting and retro transposition in *Saccharomyces cerevisiae*. J Virol，1998，72(2)：11036-11042

[29] Taylor S，Massiah A，Lomonossoff G，et al. Correlation between the activities of five ribosone-inactivating proteins in depurination of tobacco ribosomes and inhibition of *Tobacco mosaic virus* infection. The Plant Journal，1994，5(6)：827-835

[30] Chen ZC，Antoniw JF，Lin Q，et al. A possible mechanism for the antiviral activity of pokeweed antiviral protein. Physiol Mol Plant Pathol，1993，42(4)：249-258

[31] Teltow GJ，Irvin JD，Aron GM. Inhibition of *Herpes simplex virus* DNA synthesis by pokeweed antiviral protein. Antimicrob Agents Chemother，1983，23(3)：390-396

[32] Rajamohan F，Venkatachalam TK，Irvin JD，et al. Pokeweed antiviral protein isoforms PAP-Ⅰ，PAP-Ⅱ，and PAP-Ⅲ depurinate RNA of *Human immunodeficiency virus* (HIV)-1. Biochem Biophys Res Commun，1999，260(2)：453-458

[33] Zoubenko O，Uckun F，Hur Y，et al. Plant resistance to fungal infection induced by nontoxic pokeweed antiviral protein mutants. Nature Biotechnology，1997，15(10)：992-996

[34] Wang P，Zoubenko O，Tumer NE. Reduced toxicity and broad spectrum resistance to viral and fungal infection on transgenic plants expressing pokeweed antiviral protein Ⅱ. Plant Mol Biol，1998，38：957-964

[35] Smironv S，Shulaev V，Tumer NE. Expressing of pokeweed anti-coral protein on transgenic plants induced virus resistance in grafted wild-type plants independently of salicylic acid accumulation and pathogenesis-related protein synthesis. Plant Physiology Lancaster Pa. 1997，114(3)：1113-1121

[36] Masuho Y，Kishida K，Hara T. Targeting of the antiviral protein from *Phytolacca americana* with an antibody. Biochem

Biophysiol Res Commun, 1982, 105: 462-469

[37] Irvin JD, Uckun LM. Pokeweed antiviral protein: ribosome inactivation and therapeutic applications. Pharmacol Ther, 1992, 55: 279-302

[38] Ramakrishnan S, Houston LL. Comarson of the selective cytotoxic effects of immunotoxins containing ricin A chain or pokeweed antiviral protein and anti-Thy1. 1 monoclonal antibodies. Cancer Research, 1984, 44: 201-208

[39] Ramakrishnan S, Houston LL. Inhibition of human acute lymphoblastic leukemia cells by immunotoxins: potentiation by chloroquine. Science, 1984, 223(4631): 58-61

[40] Anderson PM, Meyers DE, Hasz DE, et al. *In vitro* and *in vivo* cytotoxicity of an anti-osteosarcoma immunotoxin containing pokeweed antiviral protein. Cancer Research, 1995, 55(6): 1321-1327

[41] Goldmacher VS, Senter PD, Lambert JM, et al. Photoactivation of toxin conjugates. Bioconjug Chem, 1992, 3(2): 104-107

[42] Dore JM, Gras E, Wijdenes J. Expression and activity of a recombinant chimeric protein composed of pokeweed antiviral protein and of human interleukin-2. FEBS Lett, 1997, 402(1): 50

[43] Chen ZC, Antoniw JF, Lin Q, et al. Expression of pokeweed (*Phytolacca americana*) antiviral protein cDNA in *Escherichia coli* and its antiviral activity. Physiol Mol Plant Pathol, 1993, 42(4): 237-247

[44] Dore JM, Gras E, Depierre F, et al. Mutations dissociating the inhibitory activity of the pokeweed antiviral protein on eukaryote translation and *Escherichia coli* growth. Nucleic Acids Res, 1993, 21(18): 4200-4205

[45] Kataoka J, Noriyuki H, Chikara M, et al. Isolation and analysis of a genomic clone encoding a pokeweed protein. Plant Mol Biol, 1992, 20: 879-886

[46] Tumer NE, Hwang DJ, Bonness M. C-terminal deletion mutant of pokeweed antiviral protein inhibits viral infection but does not depurinate host ribosomes. PNAS, 1997, 94(8): 3866-3871

[47] Hur Y, Hwang OF, Tumer NE. Isolation and characterization of pokeweed antiviral protein mutations in *Saccharomhces cerevisiae*: Identification of residues important for toxicity. PNAS, 1995, 92(18): 8448-8452

[48] Nicolas E, Beggs JM, Haltiwanger BM, et al. A new class of DNA glycosylase/apurinic/apyrimidinic lyases that act on specific adenines in sing-stranded DNA. J Biol Chem, 1998, 273: 17216-17220

[49] Wang P, Tumer NE. Pokeweed antiviral protein cleaves double-stranded supercoiled DNA using the same active site required to dipurinate rRNA. Nucleic Acids Research, 1999, 27(8): 1900-1905

[50] Kumon K, Sasaki J, Sejima M, et al. Interactions between *Tobacco mosaic virus*, pokeweed antiviral proteins and tobacco cell wall. Phytopathology, 1990, 80(7): 636-641

臭椿化学成分及生物活性研究进展*

谭庆伟[1]，吴祖建[1,2]，欧阳明安[1,2]

（1 福建农林大学植物病毒研究所，福建福州 350002；
2 福建农林大学生物农药与化学生物学教育部重点实验室，福建福州 350002）

摘 要：本文介绍了20世纪60年代至今有关臭椿的植物化学及生物活性研究进展。着重介绍臭椿中含有的苦木科植物的特征性成分—苦木苦味素类物质，主要为臭椿内酯和臭椿醇，同时对其生物碱、脂类和脂肪酸组成，以及挥发性组分进行阐述。对臭椿中活性物质在医药和生物农药领域的应用研究现状进行了概述，并对其应用前景作以简短评述。

关键词：臭椿；臭椿内酯；臭椿醇；生物碱；脂肪酸

中图分类号：R284.1；R282.71；Q946.91 **文献标识码：**A **文章编号：**1001-6880（2008）04-0748-08

Research progress in chemical constituents and bioactivities of *Ailanthus altissima*

TAN Qing-wei[1]，WU Zu-jian[1,2]，OUYANG Ming-an[1,2]

（1 Institute of Plant Virology，Fujian Agriculture and Forestry University，Fuzhou 350002；
2 Key Laboratory of Biopesticide and Chemical Biology of Ministry of Education，
Fujian Agriculture and Forestry University，Fuzhou 350002）

Abstract：The research progress in chemical constituents and their bioactivities of *Ailanthus altissima* since the 1960s were reviewed with respect to shinjulactones and ailantinols. The alkaloids，volatile components，lipids and fatty acids were also introduced. The research status and application potential of bioactive components of *Ailanthus altissima* inmedical and agriculture fields were briefly presented.

Key words：*Ailanthus altissima*；shinjulactone；ailantinol；alkaloid；fatty acid

臭椿（*Ailanthus altissima* Swingle）属苦木科（Simaroubaceae）落叶乔木，为中国本土树种，除黑龙江、吉林和海南外，全国各地均有分布。臭椿喜光、耐寒；繁殖方式多样；对病虫害抗性高；抗旱耐瘠薄，较耐盐碱；速生；有化感物质分泌。于18世纪作为观赏植物及药用植物传入北美和欧洲，到今天，臭椿已经在欧洲广泛分布。在美国多达42个州均有分布，现在已成为美国重点防治的

天然产物研究与开发，2008，20：748-755
收稿日期：2007-02-12 接受日期：2008-02-02
* 基金项目：福建省教育厅项目（2006F5016，K04037）

7 个树种之一[1,2]。

臭椿的根皮入中药，称为椿根皮、樗白皮或是椿白皮，是我国民间常用的中草药。国外在 20 世纪 60～80 年代对臭椿的化学成分进行了大量的研究[3]。本文就 20 世纪 60 年代至今，有关臭椿化学成分的分离、结构鉴定以及相关物质生物活性的研究进展作以介绍。

1 化学成分研究现状

植物化学研究表明，臭椿含有黄酮、吲哚生物碱、苦木苦味素类物质和 2,6-二甲氧基苯醌。臭椿的脂类和脂肪酸类组成，酚类衍生物以及叶片挥发性组分都有相关的研究报道[1,4]。

1.1 苦木苦味素

苦木苦味素多为四环二萜内酯及五环二萜内酯，是苦木科植物的特征性成分。臭椿属是苦木苦味素成分分布比较集中的属级单位[5,6]。臭椿是臭椿属中研究最多的一种药用植物。

1965 年，Casinovi 等报道了从臭椿树皮中分离到的两种新物质臭椿苦内酯（amarolide，$C_{20}H_{28}O_6$，**1**）和乙酰臭椿苦内酯（amarolide-11-acetate，$C_{22}H_{30}O_7$，**2**）的结构[7]。臭椿苦酮（ailanthone，$C_{20}H_{24}O_7$，**3**）是臭椿含有的苦味素类物质中的一种主要组分。臭椿苦酮是由 Casinovi 等 1963 年从臭椿种子中首先分离得到，Polonsky 等通过波谱学和化学方法对其化学结构进行了解析。其后，日本科学家 Naora 等从该植物茎干表皮分离到这种化合物，并通过 X 射线单晶衍射分析技术对其结构进行了修正，确定其化学结构为 11β,20-epoxy-1β,11α,12α-trihydroxypicrasa-3,13(21)-diene-2,16-dione[8,9]。

1983 年，Casinovi 等从臭椿树皮的乙醇提取物中分离到一种新的苦木苦味素——2-脱氧臭椿苦酮（2-dihydroailanthone，$C_{20}H_{26}O_7$，**4**），并且通过波谱学和化学方法确定了其化学结构[10]。Ishibashi 等 1981 年对臭椿根皮的水提取物和乙酸乙酯提取物进行分离，得到一种新的苦味素类物质臭椿双内酯（shinjudilactone，$C_{20}H_{24}O_7$，**5**），并于 1983 年结合波谱学和化学方法，通过 X 射线单晶衍射分析技术确定臭椿双内酯的结构为 1β,11α-dihydroxy-2,16-dioxo-13（12→11α）abeo-picras-3-en-12,20-olide[11,12]。同时，得到 7 种已知的苦木苦味素类物质（图 1）。

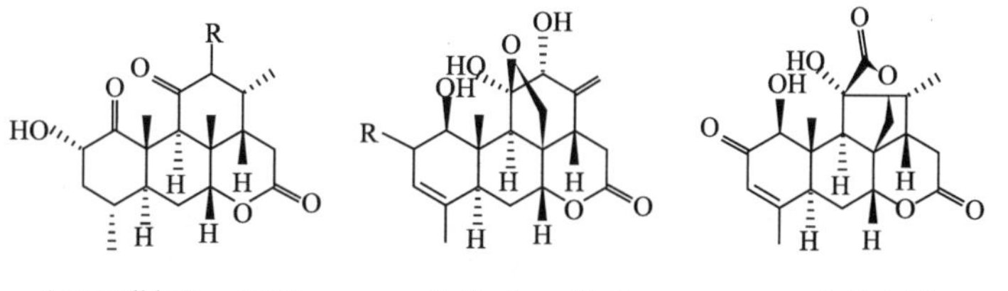

图 1 臭椿中分离到的 5 个新的苦木苦味素（至 1983 年）

分布于日本的苦木科植物有两种，即苦树（*Picrasma ailanthoides* Planchon）和臭椿，这两种植物的叶、茎、干、根部均含有苦木苦味素类物质。至 1983 年，Ishibashi 等和 Takemoto 等已经从苦树中分离得到超过 20 种苦木苦味素类物质，一些苦木苦味素类物质表现出很高的抗肿瘤活性，而且苦木苦味素类物质作为合成的目标化合物也引起了极大的关注[12]。

Ishibashi 等继而对臭椿中苦木苦味素的分离和结构鉴定作了深入的研究，于 1983～1987 年报道了从臭椿中分离到的新的苦木苦味素类物质臭椿内酯 A～N（shinjulactone A～N）的结构（表 1，图 2）[9,12-20]。

之后，Fukamiya 等分别于 1996 年和 2003 年报道了臭椿中苦木苦味素类物质臭椿醇 A～G（ailantinol A～G，图 3）的分离和结构鉴定[21-23]。

表 1　臭椿内酯 A～N

化合物	部位	溶剂	系统命名	结构式
shinjulactone A	茎皮	甲醇	11β,20-epoxy-1β,2α,11α,12α-tetrahydroxyp icrasa-3,13(21)-dien-16-one	$C_{20}H_{26}O_7$[6]
shinjulactone B	茎皮 根皮	水 水	(5R,10S)-11,20-dihydroxy-12,16-dioxo-1,2-seco-1-nor-6(5→10) abeo-picrasa-3,9(11)-dien-2,5-olide	$C_{19}H_{22}O_7$[14]
shinjulactone C	根皮	水	1α,12α: 5α, 13α-dicycb-1β, 12β, 20-trihydroxy-9βH-picras-3-ene-2, 11,16-trione	$C_{20}H_{30}O_7$[16]
shinjulactone D	根皮	水	11β,20-epoxy-1β,2α,11α,12α-tetrahydroxypicrasan-16-one	$C_{20}H_{22}O_7$[15]
shinjulactone E	茎皮	甲醇	1β,20-epoxy-1β, 2α, 11α, 12α-tetrahydroxypicrasa-3, 13(21)-diene-2,16-dione	$C_{20}H_{24}O_5$[7]
shinjulactone F	根皮	水	1α, 11-epoxy-1β, 20-dihydroxy-5βH-picrasa-3, 9(11)-diene-2, 12, 16-trione	$C_{20}H_{22}O_7$[17]
shinjulactone G	根皮	水	1β,11β,12α,20-tetrahydroxypicras-3-ene-2,16-dione	$C_{20}H_{26}O_7$[18]
shinjulactone H	根皮	水	2α,12β-dihydroxypicrasane-1,11,16-trione	$C_{20}H_{28}O_6$[10]
shinjulactone I	根皮	水	11α-acetoxy-2α,12α-dihydroxypicrasane-1,16-trione	$C_{22}H_{32}O_7$[11]
shinjulactone J	根皮	水	1β,12β-dihydroxypicrasane-2,11,16-trione	$C_{20}H_{26}O_5$[19]
shinjulactone K	根皮	水	12α-acetoxy-2α,11α-dihydroxypicrasane-1,16-dione	$C_{22}H_{32}O_7$[12]
shinjulactone L	根皮	水	12β-acetoxy-2α-hydroxypicrasane-1,11,16-trione	$C_{22}H_{30}O_7$[13]
shinjulactone M	根皮	水	11β, 20-epoxy-1β, 11α, 12α, 13β, 21-pentahydroxypicras-3-ene-2, 16-dione	$C_{20}H_{26}O_9$[8]
shinjulactone N	根皮	水	11β,20-epoxy-1β, 2α, 11α, 12α, 15β-pentahydroxypicras-3, 13(21)-dien-16-one	$C_{20}H_{26}O_5$[9]

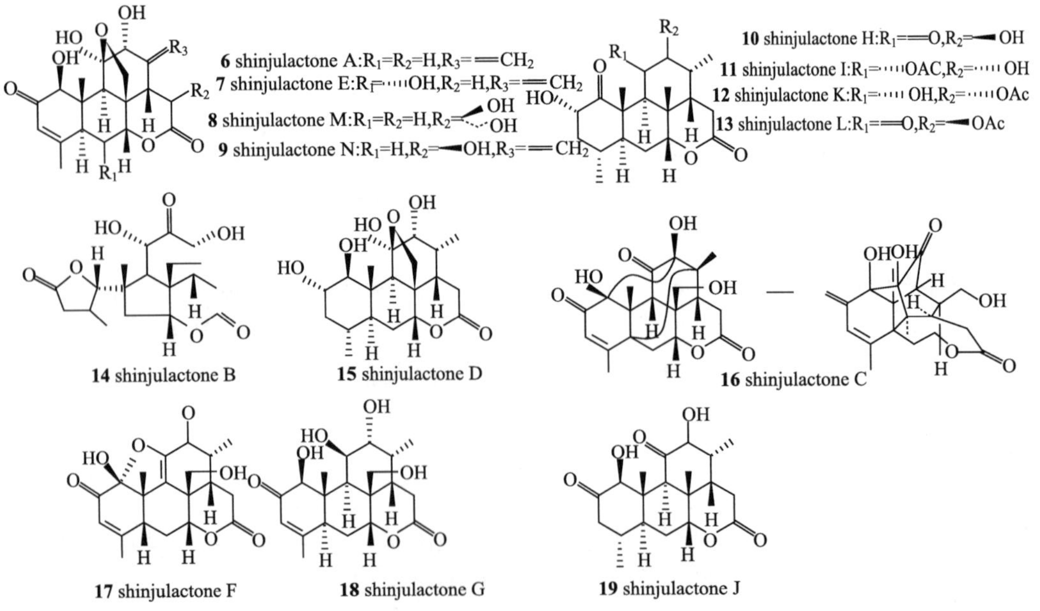

图 2　臭椿内酯 A～N 的化学结构

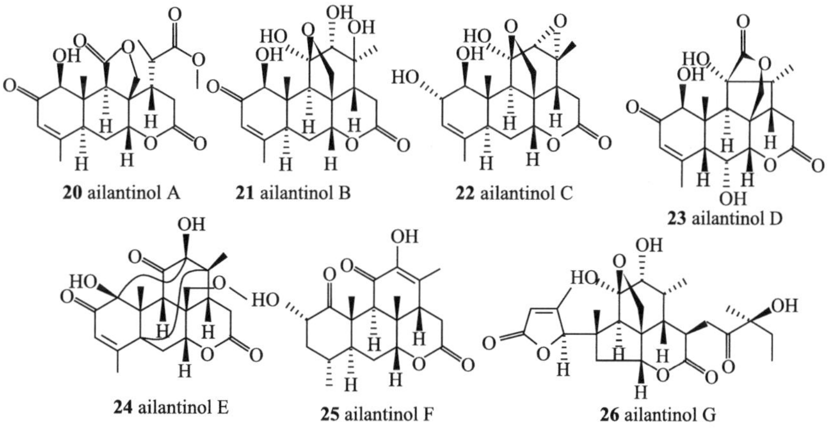

图 3 臭椿醇 A～G 的化学结构

1.2 苦木苦味素配糖体

Yoshimura 等 1984 年从臭椿种子的甲醇提取物中分离到 4 种苦木苦味素的配糖体 shinjuglycoside A（$C_{26}H_{38}O_{12}$，ca. 0.015%）、shinjuglycoside B（$C_{26}H_{36}O_{12}$，ca. 0.03%）、shinjuglycoside C（$C_{28}H_{40}O_{12}$，ca. 0.005%）和 shinjuglycoside D（$C_{26}H_{38}O_{11}$，ca. 0.002%），通过波谱学分析和酶解或酸催化水解，确定其分别为 chaparrin、shinjulactone A（**6**）、amarolide-11-acetate（**2**）和 amarolide（**1**）的 2-β-D-葡萄糖配糖体[24]。

Niimi 等 1987 年从臭椿根皮水提取物中分离到两种新的苦木苦味素配糖体 shinjuglycoside E（$C_{26}H_{40}O_{11}$，ca. 0.0002%）和 shinjuglycoside F（$C_{26}H_{38}O_{11}$，ca. 0.00005%），分别为 aglycone 和 shinjulactone H（**10**）的 2-β-D-葡萄糖配糖体[25]。

1.3 吲哚生物碱

1981 年 Ohmoto 等从臭椿根皮的甲醇提取物中分离到 3 种新的生物碱，1-(2′-hydroxyethyl)-4-methoxy-β-carboline（**28**）、1-(1′,2′-dihydroxyethyl)-4-methoxy-β-carboline（**29**）和 1-methoxycanthin-6-one-3N-oxide（**33**）以及 4 种已知的化合物 1-acetyl-4-methoxy-β-carboline（**27**）、canthin-6-one（**30**）、1-methoxycanthin-6-one（**31**）和 canthin-6-one-3N-oxide（**32**）[26]（图 4）。Souleles 等 1989 年又从臭椿叶片的甲醇提取物中分离到一种具有 β-carboline 结构的新的吲哚生物碱 1-methoxycarbonyl-4,8-dimethoxy-β-carboline（**34**），以及一种已知的生物碱 1-methoxy-carbonyl-β-carboline（**35**）[27]。

1.4 甾醇和萜类化合物

赵春超等[29] 2003 年从臭椿果实中分离得到 6 种甾醇类和 3 种萜类化合物，分别鉴定为 stigmast-4-ene-3,6-dione（**36**）、6β-hydroxystigmast-4-en-3-one（**37**）、stigmast-4-ene-3β，6β-diol（**38**）、β-sitosterol（**39**）、daucosterol（**40**）、5α,8α-epidioxyergesta-6,22-dien-3β-ol（**41**）、12β,20（*S*）-dihydroxydammar-24-en-3-one（**42**）、3-epi-ursoloiacid（**43**）和 9,19-cyclo-la-nost--3（*Z*）-ene-3β,25-diol（**44**）。其中，除化合物 39 外，其余化合物均是从本属首次分离得到[28]。2005 年赵春超等又报道了从臭椿果实中分离到的一种新的天然存在的甾醇类化合物 5α-stigmastane-3β，6β-diol（**46**），以及 6 种已知的豆甾醇 5α-stigmastane-3,6-dione（**45**）、6α-hydroxystigmast-4-en-3-one（**47**）、stigmast-4-ene-3β,6α-diol（**48**）、3β-hydroxystigmast-5-en-7-one（**49**）、stigmast-5-ene-3β,7α-diol（**50**）和 stigmast-5-ene-3β,7α,-0ξ-triol（**51**）（图 5）。

1.5 脂类和脂肪酸组成

Bory 等 1989 年对臭椿种子的脂类和脂肪酸组成进行了研究，并且对胚乳和子叶的脂类和脂肪酸组成进行了对比研究。臭椿种子中总脂含量为 39%，胚乳和子叶中三酸甘油酯的含量分别为 93%和 89%。极性脂类中，磷脂是最主要的组分，半乳糖脂质仅存在于子叶中。脂肪酸组成主要为 18∶2 亚油酸、18∶2 油酸和 16∶0 棕榈酸[30]。

1.6 挥发性化合物组成

2002 年，Masteli 等首次采用气相色谱-质谱联

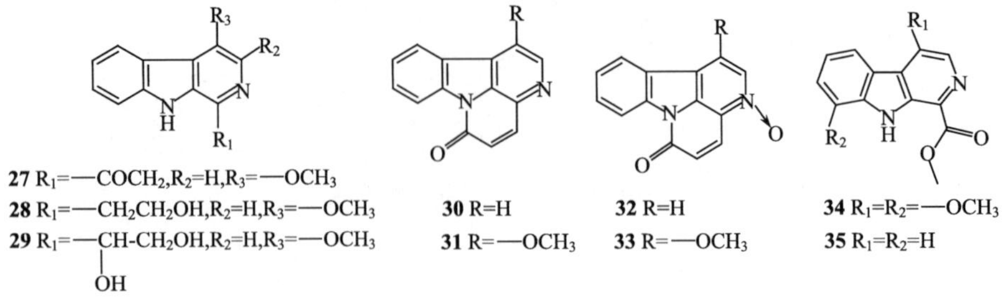

图 4　臭椿中生物碱的化学结构

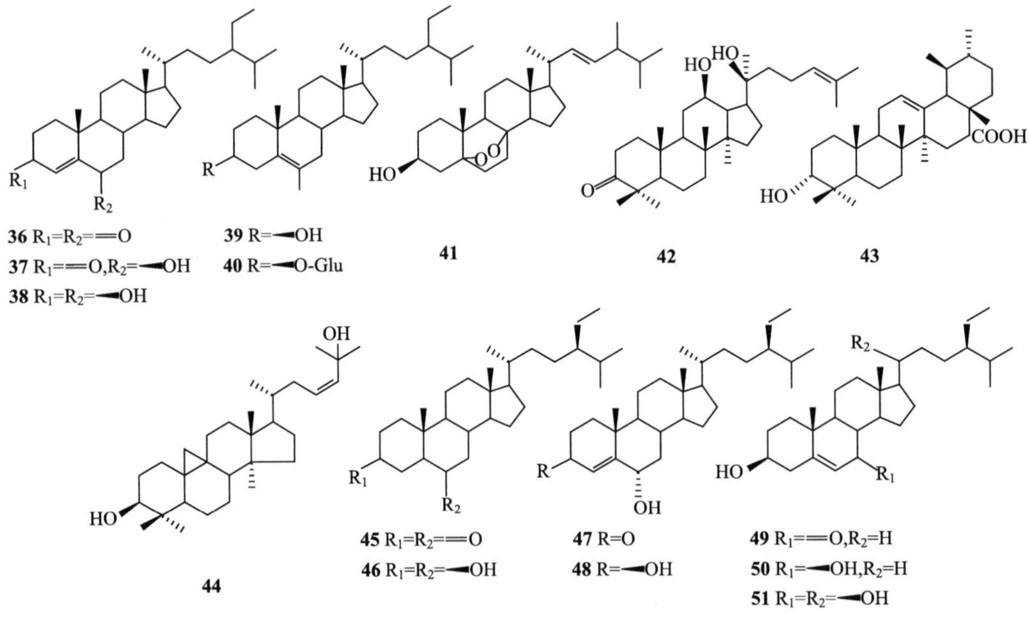

图 5　臭椿中甾醇类和萜类化合物的化学结构

用技术（GC-MS）对臭椿叶片的挥发性成分进行分析，确定了 49 种化合物，占挥发性物质总量的 88.5%～96.3%。其中，脂肪族六碳化合物（醇，醛，酸，酯）为主要的组分（30.8%～59.7%）；其次为倍半萜类化合物（11.3%～12.0%），尤其是一些碳水化合物，如 β-丁香烯、α-律草烯、γ-杜松烯、δ-水菖蒲烯等[31]。

吕金顺等 2003 年采用水蒸气蒸馏法对甘肃天水干旱地区的臭椿种子挥发油进行提取，挥发油得率约为 2.1%；用 GC-MS 技术对挥发性成分进行了分析，鉴定了 43 个化合物，占挥发油相对含量的 96.3%；主要成分为脂肪酸及酯、脂肪烃和甾族化合物，含量较高的有亚油酸、油酸、蓖麻油酸、蓖麻酸甲酯、正十六酸和麦角甾酮等[3]。

2　生物活性研究现状

2.1　抗病毒作用

Tamura 等 2000 年测定了来源于苦木科植物鸦胆子（*Brucea javanica*）、抗痢鸦胆子（*Brucea antidysenterica*）、日本苦树（*Picrasma ailanthoides*）和臭椿的 59 种天然苦木苦味素和 3 种衍生物以及 5 种半合成的化合物对 TPA（12-O-tetradecanoylphorbol-13-acetate）诱发的 EB 病毒早期抗原（EBV-EA）活化的抑制作用。抑制作用最突出的是一些 A 环具有羰基和羟基，C-8 位和 C-13 位具有亚甲基，以及 C-15 位具有酯侧链的糖苷。活性最低的苦木苦味素类物质缺少亚甲基和酯侧链[32]。

Okano 等 1996 年测定了 18 种苦木苦味素配糖体以及 9 种已知的苦木苦味素对人类免疫缺损性病毒（HIV）在 H9 淋巴细胞中的复制的抑制活性。其中，苦木苦味素物质 shinjulactone B（**14**）、shinjulactone C（**16**）和 ailantinol A（**20**）表现出较高的抑制活性，EC_{50} 分别为 28.0μmol/L、10.6μmol/L 和 30.0μmol/L，治疗指数分别为 >10.0、>25.0 和 >8.2，shinjulactone C 最具开发潜力[33]。

Ohmoto 等 1988 年测定了从苦木科植物苦树和臭椿中分离到的 21 种 β-carboline 和 canthinone 生物碱对Ⅰ型单纯性疱疹病毒（HSV-1）的抗病毒作用。其中，分离自臭椿的生物碱 1-(1′,2′-dihydroxy-ethyl)-4-methoxy-β-carboline（**29**）的最小有效剂量为 25μg/mL，细胞毒性最小剂量值为 100μg/mL，治疗指数为 4，表现出较好的治疗作用[34]。

2.2 抗肿瘤活性

早在 1978 年就出现有关臭椿活性物质抗肿瘤活性的研究。6α-tigloyloxychaparrinone（ED_{50} 0.015μg/mL）相对于 chaparrinone（ED_{50} 0.1μg/mL）对人类鼻咽癌 KB 细胞具有更高的体外抑制活性。同时，针对 P-388 淋巴瘤，6α-tigloyloxychaparrinone 在剂量 0.6mg/kg、0.3mg/kg 和 0.15mg/kg 时的 T/C 值分别为 163%、142%和134%[35]。

Polonsky 等 1980 年采用美国癌症协会的小鼠 P-388 淋巴瘤测定二羟基醇 6α-tigloyloxy-chaparrin 和 6α-tigloyloxychaparrinone（α-酮）的抗肿瘤活性。6α-tigloyloxychaparrin 和 6α-tigloyloxychaparrinone 分别在 0.24μg/mL 和<0.01μg/mL 浓度水平表现出体外抑制细胞生长活性。体内测试表明，6α-tigloyloxychaparrin 在剂量达到 2.0mg/kg 时仍没有活性，而 6α-tigloyloxy-chaparrinone 剂量在 0.08～0.60mg/kg 范围内可使小鼠寿命分别延长 34%～63%[36]。

2.3 抗疟活性

19 世纪 60 年代，东南亚和南美出现了对磷酸氯喹产生抗性的恶性疟原虫的株系，当时迫切需要发现一种新型的抗疟药，因此出现了苦木苦味素类作为抗疟药的研究。

O'Neill 等 1986 年测定了 14 种苦木苦味素对恶性疟原虫的磷酸氯喹抗性株系 K-1 的体外抗疟活性。其中，10 种苦木苦味素的 IC_{50} 小于 0.02μg/mL。有报道从臭椿中分离得到的 chaparrin、ailanthinone 和 glaucarubinone 的 IC_{50} 分别为 0.180μg/mL、0.009μg/mL 和 0.004μg/mL，均小于对照药剂磷酸氯喹在同次实验中 IC_{50} 值（0.21μg/mL）[37]。

Okunade 等 2003 年首次从臭椿中分离得到 6α-tigloyloxychaparrinone，并报道了其具有抗疟活性，其研究证明，ailanthone（**3**）和 6α-tigloyloxychaparrinone 均具有对恶性疟疾的磷酸氯喹抗性和敏感性的株系的体外抑制活性，但是 ailanthone 显示出较高的细胞毒性[38]。

2.4 抗阿米巴活性

苦木苦味素类物质 ailanthone（**3**）、amarolide（**1**）和 acetyl-amarolide（**2**）具有抗阿米巴活性，但其细胞毒性较高，尚难应用于临床[10]。

2.5 杀菌作用

臭椿中 canthin-6-one 的分离与鉴定早有报道。canthin-6-one 对 15 株供试真菌在较低的浓度(5～80μg/mL）表现出抑制其生长的活性[39]。

2.6 化感作用

Mergen 于 1959 年首次对臭椿的植物毒性进行了研究，实验表明，臭椿的叶片提取物对除了 *Fraxinus americana* L. 以外的供试的 34 种裸子植物和 11 种被子植物，均表现出毒性[40]。臭椿中具有化感活性的物质有 ailanthone（**3**）、ailanthinone、chaparrine、chaparrinone 和 ailanthinol B 等（**21**）[1,41,42]。另有报道，臭椿提取物对埃及伊蚊（*Aedes aegypti*）具有轻微的毒杀作用[43]。

2.7 抗植物病毒活性

沈建国 2005 年完成了对 164 种药用植物抗烟草花叶病毒（TMV）活性的筛选，结果表明，臭椿和鸦胆子对 TMV 抑制作用最强。两种植物的提取物对 TMV，黄瓜花叶病毒（CMV），马铃薯 Y 病毒（PVY）具有显著的体外抑制活性。进一步的研究表明，两种植物的提取物对 TMV 在寄主植物普通烟体内的增殖具有较好的抑制作用，盆栽和田间小区试验表明，两种植物的提取物对 TMV 引起的烟草花叶病毒病具有较好的防治效果，具有开发成为植物源抗病毒剂的潜力[44]。

3　苦木苦味素的构效分析

O'Neill 等对 15 种苦木苦味素的化学结构与其抗疟活性关系的分析表明：①C-15 位的酯基侧链对苦木苦味素的活性极其重要，酯基侧链性质的改变对其活性会产生很大的影响，C-15 位具有酯基侧链相对于 C-6 位具有酯基侧链，更能增强其生物活性，如果 C-15 位已经被酯化，C-6 位的酯化对其活性则表现出微弱的增强；②A 环的取代类型是影响化合物抗疟活性的重要因素；③C-20 与 C-11 位出现环氧键或者是 C-20 与 C-13 位出现环氧键对化合物的生物活性没有明显的影响[37]。

Rahman 等测定了苦木科植物中分离到的 63 种苦木苦味素的抗结核病活性，结果表明它们的抗结核病活性很低（0～19%）。作者对其中 18 种具有抗结核病活性的苦木苦味素的构效关系进行了分析：①A 环的羰基对活性的产生可能具有很重要的作用；②C-15 位具有侧链的一些苦木苦味素具有活性，而且具有酯基侧链的活性高于具有芳香基侧链的化合物；③酯基侧链的乙酰化会降低活性；④D 环具有半缩醛结构的化合物活性高于内酯结构化合物；⑤糖苷的存在会降低活性[45]。

4　总结和展望

本文着重介绍 20 世纪 60 年代至今，有关臭椿植物化学成分及其生物活性的研究，未及详尽。从臭椿中分离得到的苦木苦味素已达 30 种之多，大都具有相似的化学结构，而又具有与所属苦木科其他属植物中分离到的苦木苦味素类物质相异的独特的主环和侧链结构。例如，来源于臭椿的苦木苦味素类物质环氧键出现于 C-20 位和 C-11 位之间，而来源于鸦胆子的苦木苦味素类物质，环氧键还会出现于 C-20 位与 C-13 位之间。这使得该植物成为研究苦木苦味素类物质的生物活性与其化学结构的构效关系的良好材料。同时，臭椿中的一些化学结构新颖的苦木苦味素具有较高的生物活性，上述这些特点使该植物材料得到了较为深入的研究。

近些年，关于该植物材料的化学及其生物活性方面的研究明显减少，在天然产物化学研究领域，最新的报道是 2003 年有关臭椿醇类物质的分离，距该植物天然产物化学研究的鼎盛时期间隔将近 10 年，究其原因：①关于该植物的化学研究已较为深入，使得从该植物中发现具有新颖结构的化合物难度变大，因而植物化学工作者对该材料的关注程度降低；②天然产物研究具有其固有的限制因素，具有新颖结构的化合物往往分离纯化难度大，只能得到微量的纯品化合物，而且对于一种新的化合物的生物活性研究往往集中于某一研究领域，尤其是医学研究领域中人们所关注的热点。因此，当化合物在该领域中的应用研究受阻时。例如，臭椿中苦木素具有较高的细胞毒性，便会使得该植物材料的开发利用陷入困境。

要解决上述问题，必须拓宽天然产物活性的研究领域，发现天然产物可供开发利用的生物活性，进而将天然产物化学研究和以天然产物为合成前体的合成研究引向深入，最终寻求天然产物的综合开发利用。

就臭椿而言，对于其生物活性的研究主要集中于医药研究领域，其具有抗肿瘤、抗病毒、抗疟疾、抗阿米巴以及消炎杀菌活性。但是，由于化合物的生物活性往往与其高细胞毒性相伴而生，使其应用受限，因此要寻求该植物资源的合理开发利用途径，应该加大臭椿在其他领域的活性研究力度。臭椿在农业领域的研究表明，具有除草活性以及植物生长调节功能。但是，这些研究并未得到足够的重视，而新近的研究表明臭椿提取物具有较高的抗 TMV 活性，这使其具有良好的开发成为新型植物源生物农药的应用前景。因此，下一步应该注重臭椿中抗 TMV 活性物质的分离和分析研究，以及以此为基础的活性物质抗 TMV 机理机制研究，从而为开发新型植物源生物农药提供基础。

参 考 文 献

[1] DeFeo V, DeMartino L, Quaranta E, et al. Isolation of phytotoxic compounds from tree-of-heaven (*Ailanthus altissima* Swingle). J Agric Food Chem, 2003, 51: 1177-1180
[2] Liu M, Ding JQ, Fu WD, et al. Possibility in biological control of *Ailanthus altissima* of the united states by pathogens. Beijing: Collections of the 3rd National Conference on New Technique and Method of the environment-Safe Pesticides and the 2nd National Conference on Biopesticide. 2004
[3] Lv JS, Liu L, Deng QY. Chemical components of the volatile oil from the seeds of *Ailanthus altissima* (Mill.) Swingle. J Instrumental Anal, 2003, 22: 39-41
[4] Souleles C, Waigh R. Indole alkaloids of *Ailanthus altissima*. J Nat Prod, 1984, 47: 741
[5] Wang Q, Zhou LX, Luo XD. Progress in studies on chemical constitutents and bioactivities of Simaroubaceae plants. Foreign Med Sci, 2004, 26: 277-280
[6] Yu RM, Lin SX, Zhang WC, et al. Progress in studies on bitter principles during 1985-1993. Chinese J Med Chem, 1994, 4:

224-232

[7] Casinovi CG. Occurrence of bitter substances related to quassin in *Ailanthus glandulosa*. Tetrahedron Lett，1965，27：2273-2279

[8] Naora H，Furuno T，Ishibashi M，et al. On the structure of ailanthone，a bitter principle from *Ailanthus altissima*. Chem Lett，1982，661-662

[9] Ishibashi M，Murae T，Hirota H，et al. Shinjulactone C，a new quassinoid with a 1α，12α，5α，13α，-dicyclo-9βHpicrasane skeleton from *Alanthus altissima* Swingle. Tetrahedron Lett，1982，23：1205-1206

[10] Casinovi CG，Ceccherelli P，Fardella G，et al. Isolation and structure of a quassinoid from *Ailanthus glandulosa*. Phytochemistry，1983，22：2871-2873

[11] IshibashiM，Murae T，Hirota H，et al. Shinjudilactone，a new bitter principle from *Ailanthus altissima* Swingle. Chem Lett，1981. 1597-1598

[12] IshibashiM，Tsuyuki T，Murae T，et al. Constituents of the root bark of *Ailanthus altissima* Swingle isolation and X-ray crystal structures of shinjudilactone and shinjulactone C and conversion of ailanthone into shinjudilactone. Bull Chem Soc Japan，1983，56：3683-3693

[13] Naora H，IshibashiM，Furuno T，et al. Structure determination of bitter principles in *Ailanthus altissima* structure of shinjulactone A and revised structure of ailanthone. Bull Chem Soc Japan，1983，56：3694-3698

[14] Furuno T，IshibashiM，Naora H，et al. Structure determination of bitter principles of *Ailanthus altissima* structures of shinjulactones B，D，and E. Bull Chem Soc Japan，1984，57：2484-2489

[15] IshibashiM，Furuno T，Tsuyuki T，et al. Structures of shinjulactones D and E，new bitter principles of *Ailanthus altissima* Swingle. Chem Pharm Bull，1983，31：2179-2182

[16] IshibashiM，Yoshimura S，Tsuyuki T，et al. Shinjulactone F，a new bitter principle with 5βH-picrasane skeleton from *Ailanthus altissima* Swingle. Chem Lett，1984，555-556

[17] IshibashiM，Yoshimura S，Tsuyuki T，et al. Structure determination of bitter principles of *Ailanthus altissima* structures of shinjulactones F，I，J，and K. Bull Chem Soc Japan，1984，57：2885-2892

[18] IshibashiM，Yoshimura S，Tsuyuki T，et al. Shinjulactones G and H，new bitter principles of *Ailanthus altissima* Swingle. Bull Chem Soc Japan，1984，57：2013-2014

[19] IshibashiM，Tsuyuki T，Takahashi T. Structure determination of a new bitter principle，shinjulactone L，from *Ailanthus altissima*. Bull Chem Soc Japan，1985，58：2723-2724

[20] Niimi Y，Tsuyuki T，Takahashi T，et al. Structure determination of shinjulactones M and N，new bitter principles from *Ailanthus altissima* Swingle. Bull Chem Soc Japan，1986，59：1638-1640

[21] Kubota K，Fukamiya N，Hamada T，et al. Two new quassinoids，ailantinols A and B，and related compounds from *Ailanthus altissima*. J Nat Prod，1996，59：683-686

[22] Kubota K，Fukamiya N，Okano M，et al. Two new quassinoids，ailantinols C and D，from *Ailanthus altissima*. Bull Chem Soc Japan，1996，69：3613-3617

[23] Tamura S，Fukamiya N，Okano M，et al. Three new quassinoids，ailantinol E，F，and G，from *Ailanthus altissima*. Chem Pharm Bull，2003，51：385-389

[24] Yoshimura S，IshibashiM，Tsuyuki T，et al. Constituents of seeds of *Ailanthus altissima* Swingle. isolation and structures of shinjuglycosides A，B，C，and D. Bull Chem Soc Japan，1984，57：2496-2501

[25] Niimi Y，Tsuyuki T，Takahashi T，et al. Bitter principles of *Ailanthus altissima* Swingle structure determination of shinjuglycosides E and F. Chem Pharm Bull，1987，35：4302-4306

[26] Ohmoto T，Koike K，Sakamoto Y. Studies on the constituents of *Ailanthus altissima* Swingle. II. Alkaloidal constituents. Chem Pharm Bull，1981，29：390-395

[27] Souleles C，Kokkalou E. A new β-carboline alkaloid from *Ailanthus altissima*. Planta Medica，1989，55：286-287

[28] Zhao CC，Wang JH，Li W，et al. Study on the chemical constituents of fruits of *Ailanthus altissima* Swingle. Chinese J Med Chem，2003，13：211-214

[29] Zhao CC，Shao JH，Li X，et al. Antimicrobial constituents from fruits of *Ailanthus altissima* Swingle. Arch Pharm Res，2005，10：1147-1151

[30] Bory G，Clair-Maezulajtys D. Lipid content and fatty acid composition of seeds of *Ailanthus altissima* (Mill.) Swingle (Simaroubaceae). Indian J Plant Physiol，1989，32：12-16

[31] Masteli J，Jerkovi I. Volatile constituents from the leaves of young and old *Ailanthus altissima* (Mill.) Swingle tree. Croatica Chemica Acta，2002，75：189-197

[32] Tamura S，Fukamiya N，Mou XY，et al. Conversion of quassinoids for enhancement of inhibitory effect against Epstein-Barr virus early antigen activation. Introduction of lipophilic side chain and esterification of diosphenol. Chem Pharm Bull，2000，48：876-878

[33] OkanoM，Fukamiya N，Tagahara K，et al. Anti-HIV activity of quassinoids. Bioorganic & Medicinal Chem Lett，1996，6：701-706

[34] Ohmoto T，Koike K. Antiherpes activity of Simaroubaceae alkaloids in vitro. Shoyakugaku Zasshi，1988，42：160-162

[35] Seida AA，Kinghorn AD，Cordell GA，et al. Potential anticancer agents isolation of a new simaroubolide，6α-tigloyloxychaparrinone，from *Ailanthus integrifolia* ssp. *calycina* (Simaroubaceae). Lloydia，1978，41：584-587

[36] Polonsky J，Varon Z，Moretti C，et al. The antineoplastic quassinoids of *Simaba cuspidate* Spruce and *Ailanthus grandis* Prain. J Nat Prod，1980，43：503-509

[37] O'Neill M，Bray DH，Boardman P，et al. Plants as sources of antimalarial drugs：*in vitro* antimalarial activities of some quassinoids. Antimicrob Agents Chem other，1986，30：101-104

[38] Okunade AL，Bikoff RE，Casper SJ，et al. Antiplasmodial ac-

tivity of extracts and quassinoids isolated from seedlings of *Ailanthus altissima* (Simaroubaceae). Phytother Res, 2003, 17: 675-677

[39] Ohmoto T, Sung YI. Antimycotic substances in the crude drugs Ⅱ. Shoyakugaku Zasshi, 1982, 36: 307-314

[40] Mergen F. A toxic principle in the leaves of *Ailanthus*. Bot Gaz, 1959, 121: 32-36

[41] L in LJ, Peiser G, Ying BP, et al. Identification of plant growth inhibitory principles in *Ailanthus altissima* and *Castela tortuosa*. J Agric Food Chem, 1995, 43: 1708-1711

[42] DeFeo V, De Martino L, Santoro A, et al. Antiproliferative effects of tree-of-heaven (*Ailanthus altissima* Swingle). Phytother Res, 2005, 3: 226-230

[43] Tsao R, Romanchuk FE, Peterson CJ, et al. Plant growth regulatory effect and insecticidal activity of the extracts of the tree of Heaven (*Ailanthus altissima* L.). BMC Ecology, 2002, 2: 1

[44] Shen JG. Biological activity of medicinal plants on plant virus and three vector insects. Fuzhou: Fujian Agriculture and Forestry University, PhD, 2005

[45] Rahman S, Fukamiya N, Okano M, et al. Antituberculosis activity of quassinoids. Chem Pharm Bull, 1997, 45: 1527-1529

我国植物源农药研究进展*

沈建国，翟梅枝，林奇英，谢联辉

（福建农林大学植物病毒研究所，福建福州 350002）

摘 要：综述了我国植物源农药（杀虫剂、杀菌剂、抗病毒剂和除草剂等）的研究进展，并就其发展趋势作一展望。

关键词：植物源农药；研究进展

中图分类号：S482.1 **文献标识码**：A **文章编号**：1006-7817（2002）01-0026-06

Advances of studies on botanical pesticides in China

SHEN Jian-guo，ZHAI Mei-zhi，LIN Qi-ying，XIE Lian-hui

（Institute of Plant Virology，Fujian Agriculture and Forestry University，Fuzhou 350002）

Abstract：Advances of studies on botanical pesticides（including botanical insecticides，germicides，virucides，herbicides）in China was reviewed，its future tendency was also prospected.

Key words：botanical pesticide；research advance

农药不仅能防治各种有害生物，提高作物产量，还能提高作物抗逆性，调节作物生长，改善作物品质。然而由于化学农药长期不合理使用，也带来了诸多弊端，如造成环境污染、对非靶标生物的直接毒害、害虫易产生抗药性等。近年来，随着IPM理论的实施、可持续发展战略的发展和人类对自身健康要求的提高，环境兼容性好、安全、低残留、经济的植物源农药的研究与开发日益受到人们的重视。

植物源农药是利用植物根、茎、叶、花、果实等部分或分离到的活性成分加工成的制剂。我国地域辽阔，植物资源极其丰富，利用植物防治病虫害的历史悠久，因而在我国进行植物源农药的研制存在着巨大的潜力和优势。本文试对我国植物源农药研究进展作一概述，并就其发展趋势作一展望。

1 植物源杀虫剂

半个世纪以来，大量使用有机杀虫剂，导致了严重的“3R”问题，人们越来越重视与环境有较高和谐度的植物源杀虫剂的研究[1]。目前，植物源杀虫剂是植物源农药中研究最多的一类，已取得了很大的进展，开发研制出了一系列新型无公害杀虫剂。

1.1 杀虫植物资源及其有效成分

植物产生的次生代谢物质种类繁多，已超过400 000种[2]。我国约有高等植物30 000余种，其中很多具有杀虫或抑菌活性[3]。目前我国杀虫植物

福建农林大学学报（自然科学版），2002，31（1）：26-31

收稿日期：2001-10-13

* 基金项目：福建省科技厅重点资助项目（99-Z-193）

中研究较多的主要有楝科、卫矛科、杜鹃花科、瑞香科、柏科等植物。

1.1.1 楝科植物

楝科植物约52属1400种，我国约有15属64种。楝科植物杀虫剂应用较早，其中印楝（*Azadirachta indica*）、川楝（*Melia toosendan*）和苦楝（*Melia azedarach*）是该科中主要的杀虫植物。印楝是世界上公认的理想杀虫植物，其活性成分主要分布在种核和叶中。从其种子中已分离、鉴定出数十种柠檬素类化合物，其中最主要的活性成分是一种四环三萜类化合物——印楝素。印楝素具有多种生物活性，其中最重要的是对害虫的拒食作用和生长调节作用[4]。自美国Vikwood公司最早开发出以印楝种核为原料的杀虫剂马格杀后，至今全世界已有近20个国家建立了印楝农药生产厂，并已有十几个产品投放市场，用于防治8目400余种害虫[5]。

苦楝和川楝是我国主要的楝科植物，两者的有效杀虫成分均为四环三萜类化合物——川楝素。研究发现，川楝素对昆虫活性主要有拒食、胃毒及一定的生长发育抑制作用，可有效防治菜青虫、小菜蛾、柑橘螨类等多种害虫[4]。以川楝素为主要活性成分研制成的楝素杀虫乳油（蔬果净），对多种农业害虫、仓库害虫和蔬菜害虫有较好的防治效果[6]。

1.1.2 卫矛科植物

卫矛科植物约有30属450种，我国有12属200种以上。该科植物的杀虫有效成分为二氢沉香呋喃类化合物。雷公藤和苦皮藤是该科中重要的杀虫植物。

雷公藤（*Tripterygium wilfordii*）的杀虫有效成分主要为wilfordine、wilforgine、wilfortrine、wiforzine及雷公藤碱，多存在于根皮之中[4]。雷公藤对多种害虫具有胃毒、拒食、抑制生长发育和忌避产卵等杀虫活性，且药效快，为其他一般植物性杀虫剂所不及。因而，雷公藤作为一种良好的杀虫植物，有着很大的研究与开发潜力[7]。苦皮藤（*Celastrus angulatus*）的杀虫活性物质主要分布于根皮中，其次分布于叶中。苦皮藤对小菜蛾、粘虫、黄守瓜等多种害虫具有较好的防效[8]。目前，已从苦皮藤根皮中分离、鉴定出5种活性物质（苦皮藤素Ⅰ～Ⅴ）[9,10]，从苦皮藤种油中得到4种结晶物质（苦皮藤酯Ⅰ～Ⅳ）[11]。经结构鉴定，认为上述物质均属二氢沉香呋喃倍半萜酯类化合物。

1.1.3 杜鹃花科植物

杜鹃花科植物约50属1300余种，我国有14属700种。该科植物黄杜鹃（*Rhododendron molle*）在我国作为杀虫植物使用的历史较早。黄杜鹃中有3种活性较高的物质：闹羊花素-Ⅲ（简称R-Ⅲ）、Kalmanol和Grayanotoxin-Ⅲ，其中以R-Ⅲ为主要杀虫有效成分[12]。R-Ⅲ属于四环三萜类化合物，在黄杜鹃的花、嫩叶、根、茎不同部位含量各异，以花中含量最高（0.20%）[13]。R-Ⅲ对粘虫、马铃薯象甲、斜纹夜蛾、美洲斑潜蝇、甜菜夜蛾等多种害虫有强烈的拒食、毒杀及生长发育抑制作用[12,14-18]。此外，R-Ⅲ对小菜蛾还具有显著的产卵忌避作用和较明显的杀卵作用[19]。研究表明，R-Ⅲ能明显降低昆虫血淋巴和肌肉中的海藻糖含量，从而破坏昆虫的正常生理功能[20,21]。

1.1.4 瑞香科植物

瑞香科植物约有50属500余种，我国有9属70余种。瑞香狼毒（*Stellera chamaejasme*）为该科多年生草本植物，有较高的杀虫活性。张国洲等[22]发现，瑞香狼毒根乙醇提取物（简称SCEE）对菜粉蝶幼虫、亚洲玉米螟幼虫和桃蚜有很强的生物活性。采用活性跟踪方法，从SCEE中已分离鉴定出4种活性成分（伞形花内酯、瑞香亭、狼毒色原酮和B2谷甾醇）[23]。研究表明，瑞香亭、狼毒色原酮和B2谷甾醇能破坏昆虫体内环境，干扰昆虫正常代谢[24]。

唐古特瑞香（*Daphne tangutica*）为该科常绿灌木，其毒性成分主要是二萜内酯类和香豆素类化合物。生物活性测定表明，唐古特瑞香除对害虫有较高的拒食作用外，还有一定的触杀、胃毒和抑制生长发育等作用[25,26]。

1.1.5 柏科植物

柏科植物约20属145种，我国约有8属近40种。该科植物砂地柏（*Sabina vulgaris*）是一种杀虫作用特殊、活性高而稳定的植物，具有很高的研究开发价值[27]。砂地柏对多种害虫具有胃毒、拒食、熏杀等作用。据研究，砂地柏提取物对棉铃虫的生长发育也有一定程度的影响，其中以其果实提取物对棉铃虫的影响最大[28,29]。张兴等[30]在对其杀虫活性成分的研究中，分离出的一种活性成分——脱氧鬼臼毒素对害虫具有很高的拒食和毒杀活性。研究表明，砂地柏提取物对羧酸酯酶、蛋白酶及酯酶的活性有不同程度的激活作用，而对主要解毒酶系多功能氧化酶的环氧化作用具有强烈的抑制作用[31]。

除上述植物外，近10年来国内工作者还对紫背金盘[32,33]、辣蓼[34]、骆驼蓬[35]、苦参[36]、紫穗槐[37]、苦豆子[38]、红果米仔兰[39]、大火草[40]、羊角扭[41]、非洲山毛豆[42]等植物的杀虫活性进行了相关的研究和报道。

1.2 植物源光活化毒素

光活化毒素在自然界中普遍存在，至少存在于30个科的植物中。现今已发现的植物源光活化毒素主要有：呋喃香豆素类、a-噻吩和聚乙炔类、醌类以及由色氨酸和酪氨酸衍生出来的生物碱（呋喃喹啉碱）和异喹啉碱。目前，关于光活化毒素的作用机理有光动力作用（phytodynamication）和光诱发毒性（photohenotoxic）2种[43]。徐汉虹等[44]认为猪毛蒿精油中的活性成分茵陈二炔对斜纹夜蛾具有明显的光活化活性；乐海洋等[45]研究发现，万寿菊提取物对白蚊伊蚊和致倦库蚊4龄幼虫具有非常明显的光活化毒杀作用。与传统的化学杀虫剂相比，光活化杀虫剂具有对害虫高效、对非靶标生物安全、在环境中易分解、选择性强等优点，因而将其作为新型的无公害杀虫剂有着很大的开发潜力。

1.3 植物精油

植物精油具有良好的驱虫、杀虫作用，对昆虫有一定的引诱、拒食、驱避、抑制生长发育等作用[46]。吴照华等[47]报道，茴蒿精油对小菜粉蝶幼虫有拒食作用，拒食有效成分主要为丁香酚。高聪芬等[48]发现，砂地柏精油对玉米象、赤拟谷盗、粘虫等具有较强的熏蒸毒杀作用。李云寿等[49]指出，黄花蒿精油对米象、玉米象、绿豆象和蚕豆象等4种重要仓库害虫有很强烈的熏杀活性。此外，研究发现，猪毛蒿精油、芸香精油、肉桂油、齿叶黄皮精油、沉水樟精油及八角茴香对仓库害虫均有较好的防治效果[50-55]。植物精油除对害虫有较高的活性外，还具有对人畜无毒、不污染环境、害虫不易产生抗药性等优点，因此是一种具有广阔应用前景的植物源杀虫剂。

1.4 作用方式与机理

植物源杀虫剂具有多种作用方式与机理。

1.4.1 胃毒作用

具有胃毒作用的植物源杀虫物质较多，但它们的作用机理并不完全相同。如苦皮藤素Ⅴ主要是破坏中肠肠壁细胞膜及细胞器膜，对主要消化酶系的活性无影响[56]；川楝素则破坏中肠组织，阻断神经传导而导致害虫麻痹、昏迷、死亡[6]。

1.4.2 触杀作用

目前，具有触杀作用的植物源杀虫植物不多，主要有除虫菊、鱼藤、烟草等。研究认为，除虫菊中的除虫菊素作用于昆虫神经系统，但其具体作用机理比较复杂，尚有许多问题不清楚[57]；鱼藤中的有效杀虫成分鱼藤酮主要作用于呼吸链中电子转移复合体Ⅰ[4]；烟碱是烟草中的主要杀虫成分，作用于乙酰胆碱受体[4]。

1.4.3 忌避和拒食作用

忌避主要是利用某些药剂（如茴蒿精油、菊蒿精油）在使用后散发出的特殊气味，使昆虫感觉器官难以忍受而离去。拒食产生的主要原因是某些药剂（如印楝素、川楝素、R-Ⅲ、脱氧鬼臼毒素[58]等）抑制了昆虫的味觉功能而表现出拒食效应。

1.4.4 麻醉作用

某些植物源杀虫物质对害虫具有特殊的麻醉作用。如雷公藤总碱对5龄菜青虫有很强的麻醉作用（麻醉中量ND_{50}为$2.29\mu g/g$）[59]：苦皮藤素Ⅳ是苦皮藤根皮中的麻醉有效成分，对多种害虫有麻醉作用，研究证明，该成分除了作用于神经-肌肉接头处以抑制兴奋性接头电位（EIP）外，还使昆虫体内解毒酶系受到抑制，导致外源毒物在昆虫体内不能及时被清除[60]。

1.4.5 其他作用

除上述几种作用方式外，植物源杀虫剂还有其他生物活性。例如，砂地柏、黄花蒿等精油对害虫的熏杀作用[48,49]；从喜树中分离出来的喜树碱具有极强的不育作用；还有一些植物精油对害虫具有引诱作用。

2 植物源杀菌剂

植物源杀菌剂是利用有些植物里含有的某些抗菌物质（如大蒜中的大蒜素、蚕豆中的蚕豆酮等[61]），杀死或有效抑制某些病原菌的生长发育。目前在植物源农药中，有关植物源杀菌剂方面的研究不多。

吴恭谦等[62]报道，原白头翁提取液对小麦赤霉病菌菌丝有较高的抑制率，不仅可抑制菌丝扩展，还可使病原菌碟上菌丝萎缩。910512-5 制剂是由原白头翁提取液加工成的，其大田试验结果表明，该制剂具有较好的防治效果和明显的增产作用[63]。黄连体内含有大量的生物碱，这些生物碱除对许多植物病原真菌的菌丝生长和孢子萌发有抑制作用外，对水稻白叶枯病菌也有很强的抑制作用[64]。从麻黄和细辛中提取的挥发油对植物病原菌 *Alternariapanax*、*Phytophthoracathorum*、*Rhizoctoniasolani* 等均有较强的抑制作用[65]。厚朴叶粗提物对多种植物病原真菌有很强的抑制作用，在盆栽和大田试验中均表现出较高的防治效果[66]。银杏粗提液对多种果树病害具有一定的防治效果[67]。以银杏中生物活性物质 B 的化学结构为模板，莱阳农学院仿生中心成功地合成了拟银杏杀菌剂——绿帝，它对多种病原菌有显著的抑菌和杀菌作用[68]。冯俊涛等[69]对 56 种植物进行抑菌活性筛选，结果表明，莴苣、苍耳、苦豆子等多种植物具有较强的抑菌作用。苦参提取物抑菌活性的研究表明，苦参乙酸乙酯提取物对多种真菌和细菌有显著的抑制作用，抑菌圈直径为 10～42nm[70]。

另外，还发现许多植物具有较强的抑菌活性，如茶子[71]、花椒[72]、某些红树以及蕨类植物[73,74]等。由此可见，植物源杀菌物质在自然界中广泛存在，是寻找理想杀菌剂的重要来源。

3 植物源抗病毒剂

植物病毒病有“植物癌症”之称，目前已知的约有 1000 余种，在农业上具有很大的危害性，其危害程度仅次于真菌病害。据统计，全世界每年因植物病毒病害造成的损失就超过 150 亿美元[75]。由于植物病毒大多具有绝对内寄生性和系统侵染性，所以植物病毒病的防治较为困难。

自 1914 年 Allard 首次报道商陆汁液具有抗病毒活性后，国内外学者对许多植物的提取液抗病毒活性进行了广泛的研究。林存銮等[76]发现，小藜和玉簪的抽提液对番茄花叶（TMV-T）病有一定的治疗作用；朱水方等[77]报道，连翘、大黄、板蓝根的提取液对 TMV 具有稳定的疗效；郭兴启等[78]报道，大黄提取物不仅影响番茄植株内 ToMV（番茄花叶病毒）的含量，还影响其症状表现。秦淑莲等[79]研究表明，紫杉皮提取液对植物病毒具有较明显的抑制作用。据研究，由商陆、甘草、连翘等几种植物抽提物配制而成的复配剂 MH1124 对植物病毒有较好的防治效果[80]。

植物提取液虽对植物病毒病有一定的防效，但因其成分复杂，受环境影响后作用机制相互制约，在实际生产应用上往往稳定性较差[81]。因此，要从植物中开发出安全、有效的抗病毒剂，还需对植物提取液中抗病毒活性物质以及其抗病毒作用机理等方面进行深入研究。

4 植物源除草剂

目前世界上已在 30 多个科的植物及许多微生物中发现了上百种具有杀草活性的天然化合物，其中一部分已被开发成天然除草剂[82]。但是在天然除草剂领域中，人们对作为除草剂及其先导物质的天然化合物的兴趣偏重于微生物源的化合物而非植物源化合物[83]。

植物间的异株克生作用对农业上杂草的综合治理及天然植物源除草剂的开发有重要意义。具有异株克生作用的化合物是植物的次生代谢产物，对植物的生长发育及代谢过程均能产生影响[84]。杨善超等[85]报道，小麦对白茅有异株克生作用，耕翻种麦能够彻底防除白茅。李善林等[86]进一步研究发现，小麦颖壳的甲醇洗脱物对白茅有很高的抑制率，可望开发成防除白茅等杂草的植物源除草剂。李善林等[87]在进行化感效应测定时发现，小麦中还存在显著抑制反枝苋和繁缕两种杂草生长的克生物质。此外，人们还对水稻、紫泽茎兰、狼毒等植物中的异株克生现象进行了研究，证实了这些物质中异株克生作用现象的存在[88-90]。

在大量的异株克生化合物中必定存在许多高活性的先导化合物，从中筛选出理想的先导物，进而人工模拟合成新型、高效、低毒的植物源除草剂，已成为当前除草剂研究领域的一大热点。

5 展望

植物源农药的开发利用可分为两方面：一是直接利用，即对植物中的活性物质进行粗提取后，直接加工成可利用的制剂。这种利用方式的主要优点是能够发挥粗提物中各种成分的协同作用，而且投资少，开发周期短。目前，我国在这方面做的工作较多，已开发出楝素乳油、苦皮藤乳油、鱼藤酮乳油、双素碱水剂、油酸烟碱等多种商品化制剂[91]。二是间接利用，即研究活性物质的结构、作用机制、结构与活性间的关系，进而人工模拟合成筛选，从中开发新型植物源农药制剂[92]。间接利用是当前国外植物源农药研究开发的重点，也是我国植物源农药研究发展的方向。

近年来，我国植物源农药的研究与开发虽已取得了较大进展，但是从整体上看，还存在许多问题。主要表现在：①直接利用多，间接利用少。目前，大多植物源农药还停留在粗提物或复配阶段，对植物中活性物质及其作用机制缺乏深入研究。②成本较高，作用缓慢，田间持效期短，往往要重复用药或与其他合成农药混用才能达到预期防治目的[93]。③药物稳定性差。一些植物源农药制剂的防治效果在生产实际应用上稳定性不高，易受环境因素影响。④植物源农药品种和类型不多，其中主要是植物源杀虫剂类。

为了最大限度地发挥植物源农药的优点，开发出在实践中具有推广价值的植物源农药制剂，我们尚需在以下几个方面开展研究工作：①植物中活性成分结构、作用机制及构效关系的研究；②发现先导化合物进而人工合成；③植物源农药剂型加工工艺与合理使用技术的研究。总而言之，我国植物资源丰富，发展植物源农药的条件得天独厚，随着生物、信息、分离鉴定和仪器分析等技术的发展，我国植物源农药的研究将不断取得新的突破。

参考文献

[1] 赵善欢. 美国植物杀虫剂最近的研究的一些进展. 农药译丛，1990，12(1)：30-32

[2] Swain T. Secondary compounds as protective agents. Ann Rev Plant Physiol，1977，28：479-501

[3] 王小艺. 中国植物源杀虫剂的研究与应用. 世界农业，2000，(2)：30-32

[4] 吴文君. 天然产物杀虫剂——原理·方法·实践. 西安：陕西科学技术出版社，1998，58-59，318

[5] 王智勋. 我国生物农药研制前景广阔. 海峡科技，2001，3：43

[6] 张兴，王兴林，冯俊涛. 植物性杀虫剂川楝素的开发研究. 西北农业大学学报，1993，21(40)：1-5

[7] 罗都强，张兴，冯俊涛. 杀虫植物雷公藤研究进展. 西北农业大学学报，2000，28(3)：84-89

[8] 吴文君. 杀虫植物苦皮藤研究概况. 植物保护，1991，7(3)：34-35

[9] 吴文君. 杀虫植物苦皮藤研究概况. 农药，1991，30(6)：10-12

[10] 吴文君，刘惠霞，朱靖博. 杀虫天然产物苦皮藤Ⅱ、Ⅲ、Ⅳ的结构鉴定. 农药，1993，32(3)：7-9

[11] 南玉生，柯治国. 植物源昆虫拒食剂苦皮藤种油化学成分的拒食效果. 武汉植物学研究，1994，12(1)：95-96

[12] 胡美英，赵善欢. 黄杜鹃花杀虫活性成分及其对害虫毒杀作用的研究. 华南农业大学学报，1992，13(3)：9-15

[13] 程东美，胡美英，张志祥. 黄杜鹃不同部位有效成分含量及对害虫拒食作用的研究. 华南农业大学学报，2000，21(2)：25-27

[14] Hu MY，Klocke JA，Chiu SF. Response of five insects to botanical insecticides，rhodojaponin-Ⅲ. J Econ Entomol，1993，86(3)：706-711

[15] 冯夏，赵善欢. 黄杜鹃提取物对几种害虫的生物活性及其作用机理的初步研究. 华南农业大学学报，1990，11(2)：68-76

[16] 李晓东，陈文奎，胡美英. 印楝素、rhodojaponin-Ⅲ对斜纹夜蛾的生物活性及作用机理的研究. 华南农业大学学报，1995，16(2)：80-85

[17] Hu MY，Zhong GH，Wu QS，el al. Studies on the biological activities of yellow azalea，*Rhododendron molle* G. Don against the vegetable leafminer，*Liriom zasativae*. Entomologia Sinica，2000，7(1)：65-70

[18] 钟国华，胡美英，翁群芳. 黄杜鹃花提取物对甜菜夜蛾的生物活性. 西北农业大学学报，2000，28(2)：98-102

[19] 钟国华，胡美英，章玉苹等. 黄杜鹃提取物对小菜蛾的产卵忌避和杀卵作用. 西北农业大学学报，2000，21(3)：40-43

[20] 钟国华，胡美英，林进添等. 闹羊花素-Ⅲ对菜粉蝶幼虫血淋巴和中肠酯酶的影响. 华中农业大学学报，2001，20(1)：15-19

[21] 钟国华，胡美英，林进添等. 闹羊花素-Ⅲ对菜青虫海藻糖含量及海藻糖酶活性的影响. 华中农业大学学报，2000，19(2)：119-123

[22] 张国洲，王亚维，徐汉虹等. 瑞香狼毒提取物对昆虫的生物活性的研究. 湖南农业大学学报，2000，26(3)：190-192

[23] 张国洲，王亚维，徐汉虹等. 瑞香狼毒根提取物杀虫活性成分的分离与鉴定. 湖北农学院学报，2000，20(1)：19-22

[24] 张国洲，王亚维，徐汉虹等. 瑞香狼毒杀虫活性成分对昆虫生理生化的影响. 湖南农业大学学报，2000，26(5)：366-367

[25] 陈立，徐汉虹，赵善欢. 唐古特瑞香对斜纹夜蛾的拒食活性研究. 华南农业大学学报，2000，21(1)：44-46

[26] 徐汉虹，陈立，赵善欢等. 唐古特瑞香提取物对菜粉蝶幼虫的毒杀作用. 昆虫学报，2000，43(4)：364-372

[27] 张兴，杨崇珍，王兴林. 西北地区杀虫植物的筛选. 西北农业大学学报，1999，27(2)：21-27

[28] 刘建宏，段立超，张兴等. 砂地柏提取物对棉铃虫生长发育的影响初探. 吉林农业大学学报，2000，22(2)：34-37

[29] 王兴林，杨崇珍，崔婧芳等. 10种植物提取物对棉铃虫生长发育的影响. 西北农业大学学报，1996，24(6)：99-101

[30] 张兴，高蓉，田暄等. 砂地柏果实中杀虫活性成分的结构鉴定. 西北农业大学学报，1999，27(4)：16-18

[31] 付昌斌，张兴. 砂地柏提取物对粘虫幼虫体内几种酶系活性的影响. 植物保护学报，2000，27(1)：75-78

[32] 张业光，邱宇彤，赵善欢等. 紫背金盘提取物对四种鳞翅目害虫作用活性的初步研究. 华南农业大学学报，1992，13(4)：63-68

[33] 邱宇彤，赵善欢，刘秀琼. 紫背金盘提取物对小菜蛾的作用研究. 华南农业大学学报，1993，14(4)：26-31

[34] 张钟宁，刘旬，娄照祥等. 蓼二醛对蚜虫的拒食活性. 昆虫学报，1993，36(2)：172-176

[35] 赵国林. 骆驼蓬粗提物对植食性螨类的药效试验初报. 西北农业大学学报，1997，25(4)：111-113

[36] 张牢牢，张淑梅，殷美玲. 植物农药苦参生物碱的研究. 农药，

1997，36(5)：26-27

[37] 屈秋耘，白志诚，石得玉等. 紫穗槐叶杀虫成分的研究. 西北植物学报，1998，18(2)：311-313

[38] 罗万春. 苦豆子提取物对两种蔬菜害虫的活性. 植物保护学报，1996，23(3)：281-282

[39] 李晓东，赵善欢. 红果米仔兰杀虫活性成分及毒力的初步研究. 植物保护学报，1998，25(3)：267-269

[40] 王俊儒. 大火草化学成分及其拒食活性研究初报. 西北植物学报，1998，18(4)：643-644

[41] 胡美英，徐汉虹，程东美等. 羊角扭对菜粉蝶幼虫的生物活性及药效的研究. 华南农业大学学报，2000，21(1)：41-43

[42] 张业光，徐汉虹，黄继光等. 非洲山毛豆对几种鳞翅目害虫的拒食作用. 华南农业大学学报，2000，21(4)：26-29

[43] 徐汉虹，赵善欢. 光活化毒素与杀虫剂开发的新领域. 华南农业大学学报，1995，16(1)：127-132

[44] 徐汉虹，赵善欢. 猪毛蒿精油的杀虫作用研究. 华南农业大学学报，1993，14(1)：97-102

[45] 乐海洋，赵善欢. 万寿菊提取物对白纹伊蚊幼虫的光活化活性及有效成分研究. 华南农业大学学报，1998，19(2)：8-12

[46] 侯华民. 植物精油防治害虫的研究现状. 江苏农药，2000，(1)：24-26

[47] 吴照华，王军，李金军等. 茼蒿精油的拒食活性和化学组分. 天然产物研究与开发. 1994，6(1)：1-4

[48] 高聪芬，砂地柏. 砂地柏精油的熏蒸杀虫活性初探. 南京农业大学学报，1997，20(3)：50-53

[49] 李云寿，唐绍宗. 黄花蒿提取物的杀虫活性. 农药，2000，39(10)：25-26

[50] 徐汉虹，赵善欢. 猪毛蒿精油杀虫的有效成分. 昆虫学报，1994，37(4)：411-416

[51] 徐汉虹，赵善欢. 芸香精油的化学成分和杀虫活性初探. 天然研究与开发，1991，6(4)：56-60

[52] 徐汉虹，赵善欢. 肉桂油的杀虫作用和有效成分分析. 华南农业大学学报，1994，15(1)：27-33

[53] 徐汉虹，赵善欢，朱亮锋等. 齿叶黄皮精油的杀虫作用与有效成分研究华南农业大学学报，1994，15(2)：56-60

[54] 徐汉虹，赵善欢. 沉水樟精油的杀虫活性与化学成分研究. 华南农业大学学报，1996，17(1)：10-14

[55] 徐汉虹，赵善欢. 八角茴香精油的杀虫活性与化学成分研究. 植物保护学报，1996，23(4)：238-241

[56] 董育新，吴文君. 植物杀虫剂毒理学研究新进展. 昆虫知识，1997，34(2)：112-116

[57] 张宗炳，冷欣夫，尚稚珍等. 杀虫药剂毒理及应用. 北京：化学工业出版社，1993. 52-53，189

[58] 高蓉，田暄，张兴. 3种鬼臼毒类物质杀虫活性测试. 西北农林科技大学学报，2001，29(1)：71-74

[59]罗都强，冯俊涛，胡瓒. 雷公藤总生物碱分离及杀虫活性研究. 西北农林科技大学学报，2001，29(2)：61-64

[60] 刘惠霞，赵德金，钱洪. 苦皮藤麻醉成分对粘虫生理生化指标的影响. 西北农业大学学报，1992，20(3)：37-41

[61] 费有春. 简明农药词典. 北京：化学工业出版社，1985

[62] 吴恭谦. 三种毛茛科植物提取物及原白头翁素的活性研究. 安徽农学院学报，1989，(1)：21-31

[63] 吴恭谦. 拟白头翁素 910512-5 防治小麦赤霉病简报. 植物保护学报，1995，22(4)：375-376

[64] 朱振东，周茂繁，卫杨斗. 黄连生物碱对植物病原菌的抑菌作用及其应用的初步研究. 华中农业大学学报，1991，10(4)：342-346

[65] 张国珍，樊瑛，丁万隆等. 麻黄和细辛挥发油的抗真菌作用. 植物保护学报，1995，22(4)：373-374

[66] 赵纯森，黄俊斌，周茂繁等. 厚朴叶中抑菌活性成分鉴别及其防病效果. 华中农业大学学报，1994，13(4)：373-377

[67] 孟昭礼，吴献忠，高庆霄等. 银杏提取液对四种植物病原菌的抑菌作用. 植物病理学报，1995，25(4)：357-360

[68] 孟昭礼，袁忠林，曲宝涵等. 人工模拟杀菌剂绿帝的研制和应用. 中国农业科学，2001，34(2)：168

[69] 冯俊涛，石勇强，张兴. 56种植物抑菌活性筛选试验. 西北农林科技大学学报，2001，29(2)：65-68

[70] 郑永权，姚建仁，邵向东等. 苦参杀虫抑菌生物活性的初步研究. 植物保护学报，1999，25(6)：17-19

[71] 钮绪燕，吴文君，刘虎奇等. 虎耳草科植物杀菌活性的初步研究. 西北农业学报，1996，5(2)：61-65

[72] 蒋小龙. 花椒对玉米象、储粮曲霉和青霉防效的初步研究. 郑州粮食学院学报，1992，(3)：30-39

[73] 苏美灵. 数种红树植物抗菌之活性试验. 植物病理学报，1991，21(1)：80

[74] 庄惠如，吴文珊，卢海声. 福建福州25种蕨类植物抑菌活性筛选研究. 亚热带植物通讯，2000，29(1)：5-8

[75] 吴云峰，曹让，魏宁生等. 生物病毒农药筛选及应用. 世界农业，1995，(5)：35-36

[76] 林存銮，裘维蕃. 一些植物抽提液对番茄花叶病毒病的治疗作用. 植物保护学报，1987，14(4)：217-220

[77] 朱水方，裘维番. 几种中草药抽提物对黄瓜花叶病毒引起的辣椒花叶病治疗作用初步研究. 植物病理学报，1989，19(2)：123-127

[78] 郭兴启，朱汉城，严敦余等. 大黄提取物对番茄花叶病毒(ToMV)病防治作用的研究. 山东农业大学学报，1998，29(2)：171-175

[79] 秦淑莲，辛玉成，姜瑞敏等. 紫杉皮提取液对黄瓜花叶病毒的作用机制初探. 莱阳农学院学报，1997，14(3)：200-202

[80] 刘学瑞，朱宏志，何昆等. 植物源泉农药防治烟草花叶试验. 湖南农业大学学报，2000，26(3)：193-195

[81] 梁训生，谢联辉. 植物病毒学. 北京：中国农业出版社，1994. 154-155

[82] 由振国. 天然杀草化合物的开发与利用. 杂草学报，1993，7(1)：40-48

[83] 李效飞，冯化成. 治理杂草的天然化合物. 世界农药，2000，22(3)：20-24

[84] 苏少泉. 杂草学. 北京：中国农业出版社，1993. 68-80

[85] 杨世超，李孙荣，杨学君等. 小麦对白茅他感作用影响研究. 1992，6(2)：23-28

[86] 李善林，王南金. 小麦化感作用物的提取、分离及其对白茅的杀除效果. 植物保护学报，1997，24(1)：81-84

[87] 李善林，由振国，李孙荣等. 小麦提取物对反枝苋、繁缕生长的化感效应研究. 中国生物防治，1996，12(4)：168-170

[88] 余柳青，徐正浩，郭怡卿等. 水稻对无芒稗的异株克生研究初报. 杂草科学，2001，1：2-8
[89] 和爱军，刘伦辉. 紫茎泽兰浸提液对几种植物发芽的影响. 杂草学报，1990，4(4)：35-38
[90] 周淑清，黄祖杰，阿荣. 狼毒异株克生现象的初步研究. 中国草地，1998，4：52-55
[91] 王启坤. 天然产物害虫控制剂的研究进展. 西北农药学报，1993，2(2)：45-49
[92] 吴文君，胡兆农. 我国植物源害虫控制剂的研究与开发. 农药，34(2)：6-8
[93] 钟国华，马安勤. 植物源农药研究开发中几个问题的探讨. 李典谟. 走向21世纪的中国昆虫学. 北京：中国科学技术出版社，2000，1077-1080

海洋细菌活性物质的研究进展*

林白雪[1,2]　黄志强[1]　谢联辉[1,2]

（1 福建农林大学植物病毒研究所，福建福州　350002；
2 福建农林大学生物农药与化学生物学教育部重点实验室，福建福州　350002）

摘　要： 由于海洋细菌有产生多种新颖独特的生物活性物质的巨大潜力，使其成为新药筛选的重要资源，在药品开发研究中具有良好的发展前景。综述了海洋细菌中具有药物开发前景的活性物质的研究和应用现状及其存在的问题。

关键词： 海洋药物；海洋细菌；生物活性物质

中图分类号： Q939.9　**文献标识码：** A　**文章编号：** 0001-6209（2005）04-0657-04

Advance in researches of drugs derived from marine bacteria

LIN Bai-xue[1,2], HUANG Zhi-qiang[1], XIE Lian-hui[1,2]

(1 Institute of Plant Virology, Fujian Agriculture and Forestry University, Fuzhou 350002;
2 Key Laboratory of Biopesticide and Chemical Biology of Ministry of Education,
Fujian Agriculture and Forestry University, Fuzhou 350002)

Abstract: Marine bacteria are capable of producing a lot of unique bioactive substances, and therefore provide a luxuriant resource for screening new drugs. Bioactive substances derived from marine bacteria have bright prospect in marine drugs development and research.

Key words: marine drugs; marine bacteria; bioactive substances

海洋是生命之源，人类物质资源的天然宝库。海洋生物量约占地球生物总量的80%，生物种类20万种以上，蕴藏着丰富的药用资源。但是，目前人们对海洋生物的认识仍相当有限，利用率仅1%左右。

海洋生态环境十分独特，使海洋微生物产生了与陆地微生物不同的代谢系统和防御体系，特别是从海洋微生物中提取的生物活性物质，常常具有新颖的化学结构和特异的生理功能，在抗菌、抗病毒、抗肿瘤、保健等方面具有独特效应，已成为开发新药、特药的主要研究方向之一。海洋细菌是海洋微生物中的优势类群，同时具有产生生物活性物质的巨大潜力，无疑成为药物筛选的重要来源，是目前国际研究的热点。本文简要评述国内外海洋细菌及其具有药物应用前景的活性物质的开发和应用现状，并针对存在问题展望了今后研究发展的方向。

1　海洋细菌资源

海洋中常见的细菌主要属于以下几个系统类

微生物学报，2005，45（4）：657-660

收稿日期：2004-12-27　修回日期：2005-05-08

* 基金项目：福建省科技计划重点项目（2003F011）

群：变形细菌（*Proteobacteria*）类群、革兰氏阳性细菌类群（包括高 G+C 和低 G+C）、噬纤维菌属-黄杆菌（*Cytophaga-Flavobacterium*）类群、浮霉状菌（*Planctomycetales*）、衣原体类群、疣微菌（*Verrucomicrobiales*）类群及一些人工尚未培养成功的系统类群等。其他一些细菌类群也存在于海洋生态环境中，但研究报道较少[1]。

早期人们从海水中分离得到的海洋细菌有 90%以上是革兰氏阴性细菌，对这些细菌的研究较多也较集中。随着研究的深入，发现海洋中同样存在许多革兰氏阳性细菌，但大多分布于海洋沉积物和海洋生物共生系统中，并常在系统学上形成独特的分支。海洋中的革兰氏阳性细菌包括产芽孢和不产芽孢的属群，主要有：芽孢杆菌属（*Bacillus*）、类芽孢杆菌（*Paenibacillus*）、葡萄球菌属（*Staphylococcus*）、链球菌属（*Streptococcus*）、消化球菌属（*Peptococcus*）、微球菌属（*Micrococcus*）、梭菌属（*Clostridium*）、八叠球菌属（*Sarcina*）、动性球菌属（*Planococcus*）、盐芽孢杆菌属（*Halobacillus*）、放线菌属（*Actinomycetes*）[1]。

2 海洋细菌药物研究

2.1 抗菌活性物质

抗菌活性物质主要包括抗细菌、抗真菌、抗病毒物质三类，其中主要以抗细菌活性物质为主。许多海洋细菌可产生抗生素，包括链霉菌属（*Streptomyces*）、交替单胞菌属（*Alteromonas*）、假单胞菌属（*Pseudomonas*）、黄杆菌属（*Flavobacterium*）、微球菌属、着色菌属（*Chromatium*）、钦氏菌属（*Chainia*）、*Madurmacetes* 等菌及许多未定菌。已报道海洋细菌产生的抗生素有溴化吡咯、α-n-pentylquinolind、magnesidins、istamycins、aplasmomycins、altermicidin、macrolactins、diketopiperazines、3-氨基-3-脱氧-D-葡萄糖、oncorhyncolide、maduralide、salinamides、靛红、对羟苯基乙醇、醌、thiomarinds B、thiomarinds C、trisindoline、pyrolnitrim 等，其中有些种类在陆生菌中从未见过[2]。

王书锦等[3]对分离得到的 5608 株海洋细菌研究表明，约有 25%的海洋细菌具有不同程度的抗病原真菌、病原细菌的能力。刘全永等[4]从海洋细菌 LUB02 中分离得到广谱抗真菌活性物质，对人体病原真菌白色念珠菌（*Candidaalbicans*）有较强的抑菌作用。Jaruchoktaweechai 等[5]从海泥里分离出一株芽孢杆菌（*Bacillus* sp.）Sc026，并从其培养液中分离出 3 个大环内酯化合物对枯草杆菌和金黄色葡萄球菌均有抑制活性。Fudou 等[6]从海藻中分离出一种新属黏细菌 *Halisngium luteum*，其培养液的丙酮浸膏中分离出一个新的抗真菌抗生素——haliangicin。

一些海洋细菌产生的活性物质对海洋微生物具有专一性抑制作用。Yoshikawa 等[7]从绿藻中分离到的一株交替假单孢菌，在 75%人工海水培养基中可产生一种抗菌物质，该物质能抑制海洋细菌的生长而对陆地微生物不起作用。

虽然海洋放线菌不是主要的海洋微生物区系，但近年来研究表明海洋放线菌代谢产物却是寻找新抗生素的重要来源[8]。头孢菌素、硫酸小诺霉素就是由海洋放线菌分泌产生并已得到临床应用的抗生素。黄维真等[9]从福建沿海海泥中分离到一株海洋放线菌——鲁特格斯链霉菌鼓浪屿亚种（*S. rutgersensis* subsp. *gulangyunensis*），能够产生广谱、低毒性的抗菌物质 minobiosamine 和肌醇胺霉素等，对绿脓杆菌和一些耐药性革兰氏阴性菌具有较强的活性；另外一株嗜碱性放线菌则能够产生一种典型的氨基苷类抗生素。Kala[10]从红树林底泥分离出的放线菌中获得抗生素，对鱼类病原菌等有一定的拮抗作用。

2.2 抗肿瘤活性物质

海洋细菌是海洋微生物抗肿瘤活性物质的一个重要来源，主要集中在假单胞菌属、弧菌属（*Vibrio*）、微球菌属、芽孢杆菌属、肠杆菌属（*Enterubacrerium*）、交替单孢菌属（*Alteromonas*）、链霉菌属、钦氏菌属、黄杆菌属和小单孢菌属（*Micromonospora*）[11, 12]。但是，自 1966 年 Burkholder 从海洋假单胞菌分离得到具抗癌作用的抗生素硝吡咯菌素（pyrolintrin）开始，直到 20 世纪末人们才对海洋细菌的筛选、培养及代谢产物的研究重视起来，以期从中得到新的特效抗癌药物。

1983 年，Umezawa 等[13]就从海洋湿润黄杆菌（*Flavobacterium uliginosum*）的代谢产物中得到一种杂多糖 Marinactan，具有增强免疫活性、促进体液免疫和细胞免疫功能，对小鼠肉瘤 180 有明显抑制作用，还能抑制动物移植肿瘤，与化疗药物在抗肿瘤方面协同作用，已作为治疗肿瘤的佐剂上市。

近几年又从海洋细菌中分离到多种抗肿瘤活性物质如新的异香豆素 PM-94128[14]、赛可拉林(thiocoraline)和 IB-96212[15]等对肿瘤细胞 P388、肺腺癌 A-549、结肠癌 HT-29 及小鼠红白血病 Mel-28 表现出很强的细胞毒性。大环内酯化合物 Macrolactins A 是深海底泥中一株革兰氏阳性细菌 C-237 发酵产生的，对小鼠黑素瘤细胞 B16-F10 的 IC_{50}为 3.5μg/mL[16]。醌环类抗生素 Kosinostatin 对人的骨髓性白血病 U937 细胞有明显的细胞毒性(IC_{50}为 0.09μmol/L)，并对 21 种人类癌细胞具有抑制作用(IC_{50}小于 0.1μmol/L)[17]。新萘醌类抗生素 Neomarinone[18]在体外对 HCT-116 有中等细胞毒性(IC_{50}=0.8mg/L)，对 60 个人类肿瘤细胞群 IC_{50}平均值为 10μmol/L。Fenical 研究组从一种新的海洋放线菌分离出结构新颖的生物碱类化合物 Sesbanimide A 和 Sesbanimide C，对血癌细胞 L1210 的 IC_{50} 达 0.8ng/mL[19]；其中 Salinosporamide A [20]对大肠癌细胞株 HCT-116 肿瘤细胞的 IC_{50}为 11ng/mL。分离自海藻表面的细菌在含海水培养基中发酵能产生多糖类化合物，对小鼠实体瘤具有抑制作用[4]。

2.3 酶

在海洋生态环境下，极端微生物的发现和研究，促进了新酶源的开发应用。海洋细菌产生的酶常常具有特殊的理化性质，特别是在极端环境下的高活性和稳定性[21]。

各国在海洋蛋白酶领域都有较多的研究，其中以低温蛋白酶的研究最多。这些产蛋白酶海洋细菌通常具有嗜低温的特性，有些海洋细菌适宜在偏碱性的条件下生长并产酶[22,23]。笔者在这方面也进行了相关的研究，取得了可喜的进展。某些高温蛋白酶的酶活性和热稳定性可随压力升高而提高，而且升压可以提高深海细菌某些酶的产量[24, 25]。另外，Sunog 等从海洋交替假单胞菌(*Pseudoalteromonas* sp.) A28 分离出一种蛋白酶，还具有杀灭 *S. costatum* NIES-324 的活性[26]。

王鹏等[27]筛选到一株产岩藻多糖酶的海洋芽孢杆菌，可用于催化生产低分子质量的岩藻多糖。医药上用于治疗消化不良、食欲不振的纤维素酶[22]、脂肪酶[28]也逐渐在海洋细菌中寻求发现。日本科学家 Sugano 等较为系统地研究了海洋弧菌(*Vibrio* sp.) JT0107 的琼脂糖酶[29]。杨承勇等[30]从南海海水中分离到产几丁质酶的弧菌(*Vibrio* sp.)。

此外，新型碱性金属内肽酶、碱性磷酸酶、海藻解壁酶、葡萄糖降解酶、甘露聚糖酶、过氧化物酶、褐藻胶裂解酶等各种酶类在海洋细菌中均有发现[31,32]。

2.4 酶抑制剂

在酶抑制剂研究这方面有突出贡献的是日本梅泽宾夫的工作，他们筛选了 50 多种酶抑制剂，已应用于临床的有 tation。Cathestatins 是海洋细菌产生的一种热稳定性的组织蛋白酶抑制剂，在治疗骨病等方面具有一定的应用前景[33]。Dioctatin 是一种分离自放线菌的新型物质，对二肽酰氨基肽酶有抑制作用，可望用于治疗关节炎等疾病[7]。在海洋假单胞菌中，一种新型的几丁质酶抑制剂也被发现。分离自日本油壶湾海水水样的一种交替单孢菌 B-1-31，能产生蛋白酶抑制剂 marinostatins，这是多组分的活性物质，研究结果表明 marinostatin C 活性位点的氨基酸序列明显地不同于陆栖微生物产生的蛋白酶抑制剂。

Kobayashi 等[34]从一种黄杆菌(*Flavobacterium* sp.)中分离出 flavocristamides A 和 flavocristamides B，其对真核 DNA 复制酶——DNA 聚合酶 a 显示出抑制活性[35]。Kono 等从海洋细菌 SANK 71896 的培养液中分离出了一系列新的活性代谢物 B-5354a、B-5354b 和 B-5354c，均能抑制鞘氨醇激活酶，其 IC_{50} 分别为 21μmol/L、58μmol/L、38μmol/L[35]。此外半胱氨酸蛋白酶抑制剂 B1371A 和 B1371B、新的内皮肽转化酶抑制剂 B90063[36]等诸多酶抑制剂都从海洋细菌培养液中分离得到。因此，海洋细菌成为新型酶抑制剂筛选的一个重要来源。

2.5 多不饱和脂肪酸(PUFA)

海洋多不饱和脂肪酸(polyunsaturated fatty acid，PUFA)的代表是二十碳五烯酸(EPA)和二十二碳六烯酸(DHA)。海洋细菌中的 EPA 是磷脂型的，优于鱼类的中性脂质 EPA，没有特殊的鱼腥味，因此从海洋细菌中获取 EPA 和 DHA 具有广阔的应用前景。

1973 年，Oliver 等在海洋细菌中发现有多不饱和脂肪酸存在。1977 年，Johns 等从海洋的多形屈挠杆菌(*Flexibacter polymorphus*)分离得到 EPA，证明了原核生物也具有合成 PUFA 的能力。

目前发现的PUFA产生菌全部是深海细菌和极地细菌。Rossello-Mora等[37]通过5S rDNA和16S rDNA序列分析，确认这些海洋细菌为革兰氏阴性菌，分别属于*Colwellia*、希瓦氏菌（*Shewanella*）、交替单胞菌、交替假单胞菌（*Pseudoalteromonas*）和*Ferrimonas*。其中*Colwellia*和希瓦氏菌被认为是生产PUFA的主要海洋细菌种属。

Yazawa[38]分离到的一株海洋细菌中，EPA含量占总脂的24%～40%，占细胞干重的2%。王黎等[39]从海鱼中分离到一株细菌WL-1021，其合成的PUFA与美国产深海鱼油制品结构近似，PUFA中的EPA和DHA含量较高。

2.6 其他活性物质

从海洋细菌中分离筛选的天然活性产物还有多糖、维生素、氨基酸等[40]，如Miki等（1996）从一种屈挠杆菌（*Flexibacter* sp.）分离出类胡萝卜素；方金瑞等（1996）分离到类胡萝卜素和β-胡萝卜素。

3 存在问题和展望

海洋细菌有产生多种新颖独特的生物活性物质的巨大潜力，在药物开发研究中具有良好的应用前景，吸引了国内外研究机构进行了大量的研究和开发，但仍存在着一些问题：①活性物质筛选等基础性工作薄弱，有必要建立系统化、规模化、高通量的活性物质筛选方法。②利用现代生物技术手段进行海洋生物活性物质开发刚刚起步，大部分项目还是处于研究的初期。③产业化水平低。

今后，海洋细菌活性物质的研究重点在于：①继续寻找能产生新颖或高活性的生物活性物质的海洋细菌。②海洋细菌发酵条件的研究。对于海洋细菌蛋白类活性物质（如酶等），可采用基因工程手段实现海洋细菌酶的大量生产，克服海洋细菌培养需要高盐环境、培养液中浓度稀等不足，加速产业化进程。③海洋细菌中特定功能基因的研究。比如将海洋细菌酶与陆地酶进行结构和功能上的比较和研究，然后通过蛋白质工程进行酶的分子修饰和改造。④海洋细菌活性物质的人工合成研究。随着现代生物技术、生化技术、医学等多学科的介入和联合重点攻关，海洋细菌天然活性物质的研究、开发和应用将取得更快的发展。

参考文献

[1] 林永成，周世宁. 海洋微生物及其代谢产物. 北京：化学工业出版社，2002

[2] 刘志鸿，程力，牟海津. 海洋微生物活性物质的研究概况. 中国水产科学，1999，6(4)：99-103

[3] 王书锦，胡江春，薛德林等. 中国黄、渤海、辽宁近海地区海洋微生物资源的研究. 锦州师范学院学报，2001，22(1)：1-5

[4] 刘全永，胡江春，薛德林等. 海洋微生物生物活性物质研究. 应用生态学报，2002，13(7)：901-905

[5] Jaruchoktaweechai C，Suwanborirux K，Tanasupawatt S. et al. New macrolactins from a marine *Bacillus* sp. Sc026. Nat Prod，2000，63：984-986

[6] Fudou F，Iizuka T，Yamanaka S. Haliangicin，a novel antifungal metabolite produced by a marine *Myxobacterium*. J Antibiotics，2001，54(2)：149-153

[7] Yoshikawa K，Takadera T，Adachi K，et al. Korormicin，a novel antibiotic specifically active against marine Gram-negative bacteria，produced by a marine bacterium. J Antibiot (Tokyo)，1997，50：949-955

[8] 徐怀恕，张晓华. 海洋微生物技术. 青岛海洋大学学报，1998，28(4)：573-581

[9] 黄维真，方金瑞. 福建沿海底栖放线菌及其产生的抗菌物质. 中国海洋药物，1991，10(3)：1-6

[10] Kala RR. Microbial production of antibiotics from mangrove ecosystem. CMFRI Special Publication：Cochin，1995，61：117-122

[11] 阎莉萍，洪葵. 海洋微生物合成的抗肿瘤活性物质. 国外医药抗生素分册，2003，24(5)：213-217

[12] 李盛英，郑忠辉. 国外海洋抗肿瘤活性物质的研究与开发. 海洋通报，2003，22(2)：76-81

[13] Umezawa H，Okami Y，Kurasawa S，et al. Marinactan，antitumor polysaccharide produced by marine bacteria. J Antibiot，1983，36(5)：471-477

[14] Canedo LM，Femandez-Puentes JL，Baz JP，et al. PM-94128，a new isocoumrin antitumor agent produced by a marine bacterium. J Antibiot，1997，50：175-176

[15] Cusatfson K，Roman M. Antimicrobial macrolactin isolated from a marine bactertium. J Amer Chem Soc，1998，20(11)：7519-7524

[16] Fernandez-Chimeno RI，Romero F. IB-96212，a novel cytotoxic macrolide produced by a marine Micromonospora. I. Taxonomy，fermentation，isolation，and biological activities. J Antibiot，2000，53(5)：474-479

[17] Hardt IH，Jensen PR，Fedcal W. Neomarinone，and new cytotoxic marinone derivatives，produced by a marine filamentous bacterium (Actinomycetales). Tetrahedron Lett，2000，41(13)：2073-2076

[18] Gerwick WH，Tan LT，Sitachitta N. Nitrogen-containing from marine cyanobacteria. Alkaloids Chem Biol，2001，57：175-184

[19] Kosinostalin FT. A quinocycline antibiotic with antitumor activity from *Micromonospora* sp. TP-A0468. J Antibiotics，2002，55(2)：128-133

[20] Felin RH，Buchanan GO，Fenical W，et al. Salinosporamide

A: a highly cytotoxic proteasome inhibitor from a novel microbial source, a marine bacterium of the new genus *Salinospora*. Angew Chem Int Ed, 2003, 42(3): 355-357

[21] 王伯婧，冯雁，王师钰等. 嗜热酶的特性及其应用. 微生物学报，2002，42(2)：259-262

[22] 曾胤新，陈波. 极区低温海洋细菌及其产酶情况的初步研究. 生物技术，2002，12(1)：10-12

[23] 陈静，王淑军，潘建梅. 产碱性蛋白酶的海洋适冷细菌 CHS 的初步研究. 淮海工学院学报，2004，13(4)：61-67

[24] Michels PC, Clark DS. Pressure-enhanced activity and stability of hyperthermophilic protease from a deep-sea methanogen. Appl Envir Microbiol, 1997, 63: 3985-3991

[25] Kato C, Suzuki S, Hata S, et al. Theproperties of a protease activated by high pressure from *Sporosarcina* sp. strain DSK25 isolated from deep-sea sediment. Jamstecr, 1995, 32: 7-13

[26] Sunog L, Junichi K, Noboru T, et al. Involvement of an extracellular protease in algicidal activity of the marine bacterium *Pseudoalteromonas* sp. Strain A28. Appl Envir Microbiol, 2000, 66(10): 4334-4339

[27] 王鹏，蔡敬民，秦松等. 海洋细菌 *Bacillus* sp. H-TP2 岩藻多糖酶的生产和酶学性质. 食品与发酵工业，2004，30(3)：47-51

[28] 邵铁娟，孙谧，郑家声等. Bohaisea-9145 海洋低温碱性脂肪酶研究. 微生物学报，2004，44(6)：789-793

[29] Sugano Y, Nagae H, Inagaki K, et al. Production and characteristics of some new β-agarases from a marine bacterium *Vibrio* sp. Strain JT0107. J Ferment Bioeng, 1995, 79(6): 549-554

[30] 杨承勇，周世宁，周毅频等. 海洋细菌 11211 的生长条件及其几丁质酶研究. 中山大学学报，2000，39(6)：91-94

[31] 孙谧，洪义国，李勃等. 海洋微生物低温酶特性及其在工业中的潜在用途. 海洋水产研究，2002，23(3)：44-49

[32] 李京宝，于文功，韩峰等. 从海洋中分离的弧菌 QY102 褐藻胶裂解酶的纯化和性质研究. 微生物学报，2003，43(6)：753-757

[33] Woo JT, Ono H, Tsuji T. Cathestatins, new cysteine protease inhibitors produced by *Penicillium citrinum*. Biosci Biotechnol Biochem, 1995, 59(2): 350-352

[34] Kobayashi J, Mikami S, Shigemori H, et al. Flavocristamides A and B, new DNA polymerase a inhibitors from a marine bacterium *Flavobacterium* sp. Tetrahedron, 1995, 51(38): 10487-10490

[35] Kono K, Tanaka M, Mizuno T, et al. B-535a, b and c, new sphingosine kinase inhibitors, produced by a marine bacterium; taxonomy, fermentation, isolation, physio-chemical properties and structure determination. J Antibiotics, 2000, 53(8): 753-758

[36] Takaishi S, Tuchiya N, Sato A, et al. B-90063, a novel endothelin converting enzyme inhibitor isolated from a new marine bacterium, *Blastobacter* sp. SANK 71894. J Antibiot (Tokyo), 1998, 51(9): 805-815

[37] Rossello-Mora RA, Ludwig W, Kämpfer P, et al. *Ferrimonas balearica* gen. nov., spec. nov., a new marine facultative Fe (III)-reducing bacterium. Syst Appl Microbiol, 1995, 18: 196-202

[38] Yazawa K. Production of cicosapentaenoic acid from marine bacteria. Lipids, 1996, 31(1): 297-300

[39] 王黎，郑龙熙. 富产多烯不饱和脂肪酸(PUFA)细菌的分离. 东北大学学报(自然科学版)，1999，20(5)：529-532

[40] 黄耀坚，黄益丽，刘三震等. 具有免疫活性多糖海洋细菌菌株的筛选. 台湾海峡，2004，23(1)：38-42

Ⅱ　菌物源天然产物

植物和微生物中的蛋白质对植物病毒的侵染和复制具有不同程度的抑制作用，迄今已有多种抗植物病毒活性蛋白被报道。福建农林大学植物病毒研究所以具有抗癌、抗衰老等特殊功效的葫芦科植物——绞股蓝（*Gynostemma pentaphyllum*）为材料，对其抗病毒活性蛋白成分及绞股蓝 RIP 的基因克隆、原核表达以及转基因植物进行了一系列研究，取得了较好的研究结果。食用菌中富含蛋白质、氨基酸、维生素及微量元素等活性物质，从中分离和纯化的物质，表现出很好的免疫调节、抗肿瘤、抗病毒、抗细菌和抗其他寄生物等活性。近年来，我们先后完成了杨树菇、杏鲍菇、灰树花，毛头鬼伞，榆黄蘑、灵芝等多种食用菌的活性蛋白的筛选，从中分离得到了数种具有抗 TMV 侵染、抗 TMV 增殖活性的蛋白，明确了这些蛋白 N 端氨基酸序列及其抗病毒生物活性；对具有抗病毒活性的毛头鬼伞多糖的化学结构与活性、灵芝金属硫蛋白基因进行了研究，为毛头鬼伞、灵芝的抗植物病毒作用的应用打下了良好的基础。

杨树菇（*Agrocybe aegerita*）中一种抑制TMV侵染的蛋白质纯化及部分特性*

孙慧，吴祖建，谢联辉，林奇英

（福建农林大学植物病毒研究所，福建福州　350002）

摘　要：用硫酸铵分级沉淀、离子交换（DEAE-Sepharose）和分子筛（S-200）的方法，从食用菌杨树菇的子实体中分离提纯了一种具有抑制烟草花叶病毒（TMV）侵染活性的蛋白质，称作为AAVP。用SDS-PAGE、IEF等方法分析AAVP，结果均呈现为单一条带。经SDS-PAGE测定其亚基的分子质量为15.8kD，IEF-PAGE计算其等电点为3.75。氨基酸组成的分析结果表明，AAVP中不含Cys，含有少量的His和Met，而富含酸性氨基酸。AAVP是一种N端焦谷氨酰环化封闭的蛋白质，经N端去封闭后测得N端氨基酸序列为QGVNIYNIVAGA。当AAVP的浓度为200mg/L时，对TMV的抑制率为84.32%。而它对供试的3种植物病原真菌——绿色木霉、香蕉炭疽菌和甘薯蔓割病菌的菌丝生长没有任何抑制作用。

关键词：抗病毒蛋白；分离纯化；理化特性

Purification and characterization of AAVP, a protein inhibitor of TMV infection from the edible fungus, *Agrocybe aegerita*

SUN Hui, WU Zu-jian, XIE Lian-hui, LIN Qi-ying

(Institute of Plant Virology, Fujian Agriculture and Forestry University, Fuzhou　350002)

Abstract: A protein with activity of inhibiting TMV infection on *Nicotiana glutinosa*, named AAVP, was isolated and purified from the fruiting bodies of edible fungus *Agrocybe aegerita* by precipitation of 40%-80% saturation of $(NH_4)_2SO_4$ followed by DEAE-Fast Flow and S-200 column chromatography. The protein was proved to be homogeneous by SDS-PAGE and IEF. Analysis of the composition of amino acids showed that this protein contained no cysteine, poor in methionine and phenylalanine and rich in acidic and hydroxyl amino acids. The inhibition of TMV was 84.32% when the concentration of AAVP was 200mg/L. N-terminus of this protein was blocked by pyroglutamyl, and the N-terminal sequence was QGVNIYNIVAGA. On potato-sucrose agar medium, the purified protein did not inhibit the growth of three plant pathogen fungi, *Trichoderma viride*, *Colletotrichum musae* and *Fusarium oxysporum*.

Key words: antiphytoviral protein; purification; characterization

---

生物化学与生物物理学报，2001，33（3）：351-354

收稿日期：2000-10-09　接受日期：2000-12-19

* 基金项目：福建省科委重点资助项目（99-Z-193）

由于植物病毒病害，每年给农业生产造成巨大损失。全世界每年仅烟草花叶病毒（TMV）一项危害就造成1亿多美元的损失[1]。由于植物病毒的绝对寄生性，其生命周期过程需要寄主细胞能量与酶系统的参与，因此植物病毒病的防治一直是植物病毒学研究中的难点和热点问题。早在19世纪70年代，人们就发现多种担子菌子实体对植物病毒有拮抗作用，并证明食用菌深层发酵液和固体培养物的水浸液对植物病毒有阻抑作用[2-4]。因此，分析其中的有效抗病毒成分有重要的理论和实践意义。目前，只有少数的几种抗病毒蛋白从香菇、金钱菌等几种真菌中的子实体中被提纯[5]。从杨树菇中提取到抗植物病毒蛋白还是首次报道。

1 材料和方法

1.1 材料

杨树菇（*Agrocybe aegerita*）由福建三明真菌研究所郭美英研究员提供。DEAE-Sepharose Fast Flow 和 Sephacryl S-200 为 Pharmacia 产品；低分子质量标准蛋白质为 Promega 产品；焦谷氨酰肽酶为 Sigma 产品；Ampholine 为北京经科公司产品；其余试剂为分析纯。福建农业大学植保系真菌室提供植物病原真菌：绿色木霉（*Trichoderma viride*）、香蕉炭疽菌（*Colletotrichum musae*）和甘薯蔓割病菌（*Fusarium oxysporum*）。真菌培养基为PDA培养基（马铃薯200g，蔗糖15g，琼脂16g，以水定容至1000mL，高压灭菌30min）。

1.2 杨树菇抗植物病毒蛋白的纯化和纯化方法的优化

称取杨树菇烘干子实体15g，粉碎，分别用200mL、100mL的蒸馏水浸提两次，每次10h，离心后收集上清液。加硫酸铵进行40%～80%分级沉淀，透析脱盐，对0.01mol/L 磷酸缓冲液（pH6.0）（磷酸钠-磷酸二氢钠）充分透析。上样于同样缓冲液平衡的DEAE-Sepharose柱（1.6cm×10cm），上样缓冲液充分洗涤，0～0.3mol/L 的 NaCl 梯度洗脱，得到2个吸收峰D1、D2。合并D2透析脱盐浓缩，对0.025mol/L 磷酸缓冲液（pH7.1）充分平衡，过同样缓冲液平衡的S-200柱（1.6cm×80cm），得到1个主要的洗脱峰，浓缩冻干后即为杨树菇抗植物病毒蛋白（AAVP）。

优化方法：40%～80%硫酸铵粗提蛋白质上样于DEAE-Sepharose柱（同上），先用0.1mol/L 的 NaCl 阶段洗脱，再用0.1～0.3mol/L 的 NaCl 梯度洗脱，即可得到AAVP。

1.3 分子质量的测定

SDS-PAGE参考Laemmli方法[6]进行，分离胶浓度为15%，浓缩胶浓度为4%。考马斯亮蓝R-250染色。

1.4 等电点的测定

采用垂直板等电聚焦电泳的方法（参考Catsimpoolas方法[7]稍有改动）。200V恒压电泳约10h左右直至电流恒定，考马斯亮蓝R-250染色；另一部分的胶间隔一定距离（1cm）切割成条，加入1mL 10mmol/L KCl溶液浸泡，24h后测定其pH，作出pH曲线，测量蛋白质等电聚焦的位置，从曲线中查得其等电点pI。

1.5 氨基酸组成分析

由中国科学院上海生物化学研究所测定。将样品用6mol/L HCl在110℃水解18h后，在氨基酸自动分析仪上分析。

1.6 N端序列分析

由福州大学生物工程研究所分析。参考夏其昌方法进行[8]，蛋白质转印采用半干式转印；采用去除*N*-乙酰丝氨酸和*N*-乙酰苏氨酸、去除*N*-甲酰甲硫氨酸和去除*N*端焦谷氨酸3种处理对蛋白质封闭的N端进行去封闭。

1.7 蛋白质浓度的测定

蛋白质浓度测定用考马斯亮蓝G-250比色法[8]。

1.8 抑制TMV侵染心叶烟的抑制率计算

采用半叶法。将充分发病的幼嫩叶片以1∶300加蒸馏水研磨过滤后，作为病毒粗提液。蛋白质溶液和等浓度的BSA分别与病毒粗提液等体积混合后，立即接种于心叶烟的左、右半叶。待出现枯斑后，分别记录左、右半叶的枯斑数。抑制率=1−[（病毒粗提液+蛋白质溶液）的枯斑数/对照（病毒粗提液+BSA）的枯斑数]×100%。接种不同植株的叶片5～6片。

1.9 对病原真菌抑制活性检测

在培养皿中加入 PDA 培养基，将病原真菌的菌丝接种于培养皿中间培养，待菌丝向外蔓延约 3cm 时，取无菌滤纸片（直径 0.5cm）放在菌丝生长前方，每皿 4 片滤纸，在滤纸上分别滴加浓度为 10g/L、1g/L 和 0.1g/L 的蛋白质溶液及蒸馏水 10μL，使最终的蛋白质含量为 100μg、10μg 和 1μg，蒸馏水作对照，3 次重复。

2 结果

2.1 蛋白质分离纯化

方法 1：经硫酸铵沉淀粗分离的样品经过 DEAE-Sepharose 离子交换柱（0.01mol/L 磷酸缓冲液，pH6.0），0～0.3mol/L NaCl 梯度洗脱后得到穿过峰和两个洗脱峰 D1、D2（图 1A）。将 D2 收集浓缩后上 S-200 凝胶过滤柱，洗脱后得到一主峰 S1（图 1B），浓缩冻干后，得到蛋白质纯品。

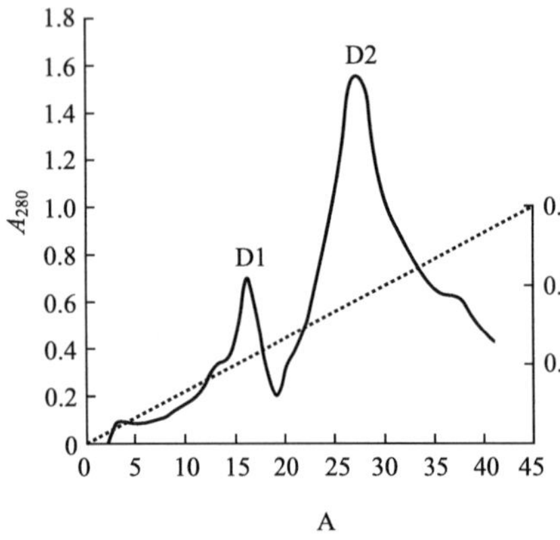

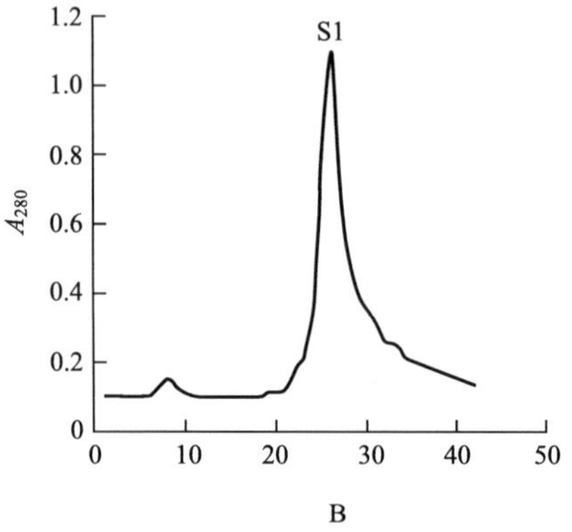

图 1 AAVP 的纯化（方法 1）

A. 蛋白质粗体物上 DEAE-Sepharose 离子交换柱（1.6cm×10cm）（0.01mol/L 磷酸缓冲液，pH6.0），0～0.3mol/L NaCl 梯度洗脱。B. D2 组分上 S-200 凝胶柱（1.6cm×80cm），25mmol/L 磷酸缓冲液洗脱

方法 2（优化方法）：40%～80%硫酸铵粗提蛋白质经脱盐、离心后，上 DEAE-Sepharose 柱（0.01mol/L 磷酸缓冲液，pH6.0），先用 0.1mol/L 的 NaCl 阶段洗脱，得到一阶段洗脱峰 T1，然后用 0.1～0.3mol/L 的 NaCl 梯度洗脱，即可得到一尖锐的洗脱峰 T2（图 2），透析、浓缩冻干 T2 即可得到 AAVP。方法 1 最终的得率为 0.35mg/g 干粉。方法 2 最终的得率为 0.65mg/g 干粉。方法 2 的提纯步骤简单，并提高了得率。

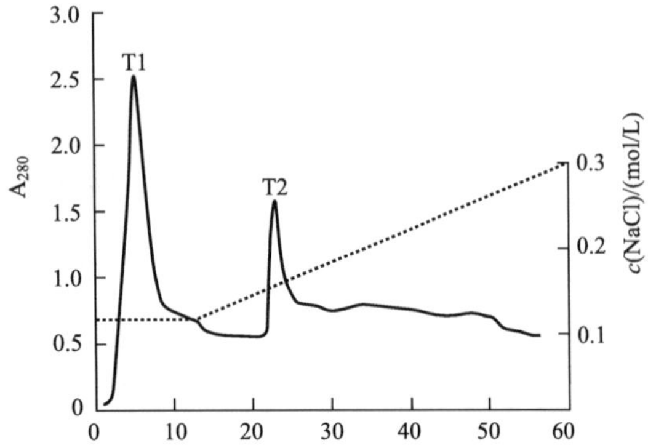

图 2 AAVP 的纯化（方法 2）

蛋白质粗体物上 DEAE-Sepharose 离子交换柱（1.6cm×10cm），先用 0.1mol/L 的 NaCl 阶段洗脱，得到一阶段洗脱峰 T1，然后用 0.1～0.3mol/L 的 NaCl 梯度

2.2 蛋白质的分子质量和等电点

经过 SDS-PAGE 电泳（图 3）和 IEF 电泳（图 4），都得到单一的条带，说明 AAVP 为一纯蛋白质。由 SDS-PAGE 测得的单亚基的分子质量为 15.8kD。

IEF 电泳后，将离加样孔不同距离的凝胶切下，浸泡于 10mmol/L KCl 溶液中 24h，测定 pH 并绘图，根据 AAVP 在凝胶中的迁移距离，计算 AAVP 的等电点（pI）为 3.75。

2.3 氨基酸组成分析

AAVP 的氨基酸组成见表 1。在水解过程中色氨酸（Trp）全部被破坏，无法计算。谷氨酰胺（Gln）、天冬酰胺（Asn）分别转化为谷氨酸（Glu）和天冬氨酸（Asp），进行合并计算。

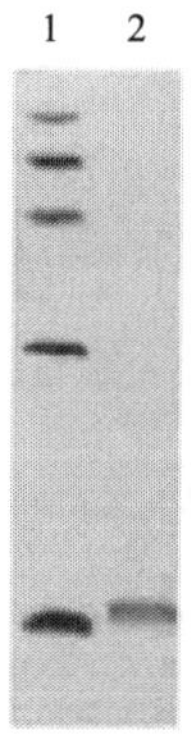

图 3 AAVP 的 SDS-PAGE
1. maker；2. AAVP

图 4 AAVP 的 5% PAGE（Ampholine 3.0-9.5）等电聚焦电泳

表 1 AAVP 的氨基酸组成

氨基酸	含量	每分子中的残基数
Asx	8.183	16
Thr	5.637	10
Ser	4.488	8
Glx	6.546	12
Pro	1.674	3
Gly	6.119	11
Ala	6.381	12
Cys	0	0
Val	7.496	14
Ile	4.273	8
Leu	5.448	10
Tyr	2.447	5
Phe	3.435	6
Met	0.323	1
Lys	2.201	4
His	0.904	2
Try	ND	ND
Arg	1.780	3

注：Glx 是 Glu 和 Gln 的和；Asx 是 Asp 和 Asn 的和；ND 是未测到

从表 1 中可以看出，AAVP 不含 Cys，含有少量的 His 和 Met，而酸性氨基酸和亲水性氨基酸的含量较高，这与它的低等电点和极好的水溶性（浸提过程中用蒸馏水而不是缓冲液）是符合的。

2.4 N 端序列分析

AAVP 经 SDS-PAGE，半干转印，发现在氨基酸测序仪上不能直接测序，确定其为一种 N 端封闭的蛋白质。经过去除 N 端的乙酰丝氨酸和 *N*-乙酰苏氨酸及 *N*-甲酰甲硫氨酸的处理后，仍然不能测序。最终确定其为焦谷氨酰环化封闭，经焦谷氨酸肽酶消化处理后，测得的氨基酸序列为 QGVNIYNIVAGA。可能由于测得的 N 端序列太短，在 GenBank 中没有找到同源序列。

2.5 对植物病毒和病原真菌的抑制活性

以半叶法测得，当 AAVP 的浓度为 200mg/L 时，对 TMV 在枯斑寄主心叶烟上的抑制率为 83.42%。绿色木霉、香蕉炭疽菌、甘薯蔓割病菌为实验中所用的 3 种病原真菌，AAVP 即使在 10g/L 的高浓度下对供试病原真菌的菌丝生长也没有抑制作用，说明 AAVP 具有抗病毒活性而没有抗真菌活性。

3 讨论

已有多种具有生物活性的蛋白质从食用菌中提取出来，但其中具有抗植物病毒活性的蛋白质只有 3～4 种[5-9]。研究得较为深入的是从香菇中提取的香菇子实体蛋白质（FBP）[5]。FBP 为碱性蛋白，等电点为 9.2，AAVP 为酸性蛋白，但它们的氨基酸组成却很相似，都没有 Cys，含有少量的 His 和 Met，氨基酸组成的这种特点与抗病毒活性是否有联系还有待于进一步证实。AAVP 已证明是一种食用菌凝集素，其生物活性和其他特性正在进一步研究并将另文发表。很多抗植物病毒蛋白的理化性质都很稳定，能够忍受 70～80℃ 的高温，能够忍受蛋白酶的降解和较宽的 pH 区域[10]。AAVP 是从烘干的子实体中提取出来的，烘干过程并没有使其失活，说明 AAVP 对高温有一定的耐受性。AAVP 可以抗植物病毒而不能抗真菌，与商陆核糖体失活蛋白（PAP）的活性相似[11]，PAP 可以抗病毒而不能抗真菌和细菌，而 AAVP 是否是核糖体失活蛋白还有待于实验进一步证明。Ticha 等[12]也从杨树菇中分离了一种凝集素，但分子质量（44kD）及理化特性与 AAVP 完全不同，且 AAVP 的 N 端氨基酸序列在 GenBank 中没有找到同源序列，这表明 AAVP 可能是一种新的抗植物病毒蛋白资源。AAVP N 端序列的测定为 AAVP 基因的克隆和转化打下了很好的基础。进一步研究 AAVP 的其他生物活性和特性及对 AAVP 基因的克隆具有重要意义。

参考文献

[1] Wu YF, Cao R, Wei NS, et al. Screening and usage of bioanti-

viral pesticide. World Agriculture, 1995, 193:35-36

[2] Wang JY, Zheng YY, Zhang JG, et al. Usage of edible fungi component on agriculture. Edible Fungi of China, 1997, 16(2): 6-7

[3] Takagi Y, Shimada K. Inhibitory effect of aqueous extracts from the saw dust-rice bran media with grown mycelia of hymenomycetes on *Tobacco mosaic virus* infection. Ann Phytopathol Sco Japan, 1977, 43:211-214

[4] Wang XB, Wang QY, Inhibition effect of extraction from cultural media of *Lentinus edodes* on *Tobacco mosaic virus* (TMV) infection on *Nicotiana glutinosa*. Acta Microbiological Sinica, 1986, 26(4):363-365

[5] Kobayashi N, Hiramastru A, Akatuka T. Purification and chemical properties of an inhibitor of plant virus infection from fruiting bodies of *Lentinus edodes*. Agri Biol Chem, 1987, 51(3):883-890

[6] Laemmliu K. Cleavage of structural proteins during the assembly of the head of bacteriophage T4. Nature, 1970, 227: 680-685

[7] Catsimpoolas N. Microisoelectric focusing in polyacrylamide gel columns. Anal Biochem, 1968, 26:480-482

[8] Xia QC. Technology and progression of protein chemical. Beijing:Science Press, 1999

[9] Wang HX, Bun TN, Ooi VEC. Lectins from mushrooms. Mycologist Research, 1998, 2(8):897-906

[10] Prasad V, Srivastava S, Verma VHN. Two basic protein isolated from *Clerodendrumi nerme* Gaertn. are inducers of systemic antiviral resistance in susceptible plants. Plant Science, 1995, 110:73-82

[11] Chen ZC, White RF, Antoniw JF, et al. Effect of pokeweed antiviral protein (PAP) on the infection of plant viruses. Plant Pathology, 1991, 40:612-620

[12] Bog HTC, Breborowicz J. Lectins-biology, biochemistry, clincal biochemistry, Vol. 4. Berlin: Walter de Gruyter, 1985, 505-514

毛头鬼伞（*Coprinus comatus*）中一种碱性蛋白的纯化及其活性*

吴丽萍，吴祖建，林奇英，谢联辉

（福建农林大学植物病毒研究所，福建福州 350002）

摘 要：用离子交换层析（CM-sepharose FF）和凝胶层析（Superdex™ 75）方法，从新鲜食用菌毛头鬼伞（*Coprinus comatus*）子实体中分离纯化出一碱性蛋白 y3，经 SDS-PAGE 初步确定其分子质量约为 14.4kD。活性检测结果显示：当其浓度为 12.5μg/mL 时，对烟草花叶病毒（TMV）在心叶烟枯斑寄主上的侵染抑制率达 83.0%；y3 对兔血凝集活性滴度为 2^5，对人血凝集活性滴度为 2^6，其浓度分别为 1.562μg/mL 和 0.781μg/mL；利用胃癌细胞株 MGC-803 检测 y3 体外抗肿瘤活性，其 IC_{50} 为 12μg/mL。y3 N 端序列为 NRDVAACARFIDDFCDTLTP，可能为一新的蛋白序列。在 SWISS-PORT 上登录号为 P83477。

关键词：分离纯化；烟草花叶病毒；凝集素；抗肿瘤

中图分类号：S432.41　**文献标识码**：A　**文章编号**：0001-6209（2003）06-0793-06

Purification and activities of an alkaline protein from mushroom *Coprinus comatus*

WU Li-ping, WU Zu-jian, LIN Qi-ying, XIE Lian-hui

(Institute of Plant Virology, Fujian Agriculture and Forestry University, Fuzhou 350002)

Abstract: An alkaline protein, y3, can be purified from the fruiting bodies of mushroom *Coprinus comatus* by means of CM-sepharose FF ion-exchange column chromatography and Superdex™ 75 high resolution molecular sieve chromatography. The protein has a molecular weight of about 14.4kD by SDS-PAGA. Some activities of y3 have been detected, and the result is the following: the inhibition rate against *Tobacco mosaic virus* is 83.0% when the concentration of y3 is 12.5μg/mL. y3 is able to agglutinate rabbit and human erythrocytes at the concentration of 1.562μg/mL and 0.781μg/mL. Using an assay system based on mach cancer cell line MGC-803, y3 was studied for its inhibitory ability against celles multiplication, and the IC_{50} is 12μg/mL. The N-terminal sequence is NRDVAACARFIDDFCDTLTP, which has no homology with other sequences in GenBank.

Key words: purification; *Tobacco mosaic virus*; lectin; anti-tumor

---

微生物学报，2003，**43**（6）：793-798

收稿日期：2002-11-20　修回日期：2003-06-10

* 基金项目：教育部骨干教师资助项目（2000-65）

食用菌中富含蛋白质、氨基酸、维生素及微量元素，从其中分离和纯化的物质，表现出很强的抗肿瘤、免疫调节、抗病毒、抗细菌和抗其他寄生物，还有治疗糖尿病、心血管病和高胆固醇症的作用。目前，已经从糙皮侧耳（*Pleurotus ostreatus*）、双孢蘑菇（*Agaricus bisporus*）、口蘑（*Tricholoma mongolicum*）和斑玉蕈（*Hypsizygus marmoreus*）等分离到多个蛋白，它们能抑制鼠白血病细胞、细胞单核细胞和巨噬细胞等肿瘤细胞的增殖[1-5]；从金针菇（*Flammulina velutipes*）、皱盖罗鳞伞（*Rozites caperata*）、水粉蕈（*Clitocybe nebularis*）和 *Lyophyllum shimeji* 等食用菌中分离得到能抑制艾滋病病毒（*Human immunodeficiency virus*，HIV)-1、单纯疱疹病毒和流感病毒等的活性蛋白[6-8]。食用菌蛋白抗病毒活性研究主要集中在抗动物病毒方面，抗植物病毒蛋白研究则报道不多，仅有几个抗植物病毒蛋白从香菇（*Lentinus edodes*）、杨树菇（*Agrocybe aegerita*）、榆黄蘑（*Plearotus citrinopileatus*）等食用菌中得到提纯[9-11]。

本文从毛头鬼伞（*Coprinus comatus*）中分离出一种具有抗病毒、抗肿瘤活性的碱性蛋白。毛头鬼伞俗名为鸡腿蘑或鸡腿菇，入药能益胃、清神、治痔，其中含有的抗肿瘤碱性蛋白尚未见报道，毛头鬼伞提取到抗植物病毒蛋白也是首次报道。

1　材料和方法

1.1　材料

毛头鬼伞（*Coprinus comatus*）子实体鲜样购自福州市场，存放于−70℃超低温冰箱中备用。

烟草花叶病毒（*Tobacco mosaic virus*，TMV）保存于本实验室，检测抗 TMV 活性所用枯斑寄主为心叶烟（*Nicotiana glutinosa*），普通烟 K326（*N. tabacum* var. K326）作为保存和繁殖 TMV 的寄主；番茄青枯菌（*Ralstonia solanaceance*）和水稻白叶枯病菌（*Xanthomonas canpestris* pv. *oryzae*）由福建农林大学植物病理实验室提供；人胃癌细胞株 MGC-803 由厦门大学陈瑞川老师提供，所用培养基为 RPMI1640（Gibco BRL)，内含 10%的小牛血清（杭州四季青生物工程有限公司）、100μg/mL 青霉素、100μg/mL 链霉素，MTT 干粉为 Fluka 公司产品；人新鲜血液由福州空军医院免疫室的刘小朋主任提供。

CM-sepharose Fast Flow 和 Superdex™ 75 均购自 Amersham Pharmacia Biotech 公司；超滤离心管 Centricon-YM10（浓缩范围为 10～100kD）为 Millipore 公司产品；丙烯酰胺、甲叉双丙烯酰胺、Tris、十二烷基硫酸钠（SDS）等购于上海生工生物工程技术服务有限公司；低分子质量标准蛋白为上海生物化学所产品；其他生化试剂为国产分析纯。

1.2　TMV 的提纯

按 Gooding 方法[12]提纯。经 200～300nm 紫外扫描确定其纯度及浓度。

1.3　蛋白的分离纯化及条件优化

取毛头鬼伞鲜样若干，加入 2 倍体积蒸馏水，浸提 4～5h，10 000r/min 离心 25min，收集上清液，用 PBS 液（Na_2HPO_4-NaH_2PO_4，pH7.2）调上清液使其含 PBS 液最终浓度为 0.01mol/L；以此混合液上 CM-sepharose Fast Flow 离子交换柱（上样前用相同浓度 PBS 平衡），缓冲液洗涤交换柱后用 0～0.5mol/L NaCl 梯度洗脱，收集洗脱峰浓缩透析得 A，B 液；B 液过 Superdex™ 75 凝胶层析柱，用相同浓度缓冲液（内含 0.15mol/L NaCl）洗脱，收集洗脱峰，聚乙二醇 20000 浓缩，透析脱盐。检测浓缩液抗 TMV 活性并收集具活性部分，即得纯化蛋白 y3。

优化方法：搅碎后立即离心并上样，不需浸提可减少杂蛋白，浓缩后得 C 液。

1.4　蛋白的分子质量、浓度和含糖量的测定

采用 SDS-PAGE 方法[13]测定分子质量，浓缩胶浓度为 4%，分离胶浓度为 15%。Bradford 法[14]确定蛋白浓度，考马斯亮蓝 G-250 比色。测定待测样品的 OD_{490} 值，查标准曲线得到糖的浓度，根据 Bradford 法所测蛋白浓度，推算出蛋白质糖含量[15]。

1.5　N 端序列分析

由湖南师范大学生命科学院测定。

1.6　y3 蛋白对 TMV 侵染抑制率测定

采用半叶法，用 0.01mol/L 的 PBS 液（pH7.2）及等体积的 y3 蛋白溶液分别与浓度为 20μg/mL 病毒液等量混合接种在枯斑寄主的左、右半叶上，每

个样品接种 5～6 片叶，待出现明显枯斑后，及时记录枯斑数，取平均值。

抑制率＝[1－(处理的枯斑数／对照的枯斑数)]×100％

1.7 对植物病原细菌抑菌试验

供试样品对病原细菌的生长抑制作用采用抑菌圈法，取浓度为 10^7～10^8 个/mL 的菌液 100μL，加入 7mL 牛肉胨培养基制成带菌培养基，然后在培养基上打孔，孔内加入供试样品提取液，观察抑菌圈的大小，并记录对菌株的抑制作用。抑制率计算方法如下：

抑制率＝[(菌圈直径－打孔器直径)／菌圈直径]×100％

1.8 y3 蛋白体外抑制肿瘤细胞生长测定(MTT 测定法)[16]

细胞接种于 96 孔培养板，培养过夜后加入样品处理 24h，对照组加等量培养基，PBS 洗涤后每孔加 100μL 含 0.2mg/mL MTT 的 PBS 液，37℃温育 4h，去除 MTT 液，加 200μL 碱化二甲亚砜 DMSO（90％ DMSO/10％ 0.1mol/L 甘氨酸-NaOH，pH9.8），37℃温育 30min，测定 OD_{570} 值。设 3～6 个重复，取平均值。按下式计算药物对肿瘤细胞生长的抑制率：

肿瘤细胞生长抑制率＝

[1－(实验组 OD 值／对照组 OD 值)]×100％

抗肿瘤药物活性以 IC_{50} 衡量，IC_{50} 是抑制率为 50％时的样品浓度。

1.9 y3 蛋白凝集素活性测定

参照文献 [17]，略加修改。在血凝板中每孔加入 25μL 红细胞缓冲液（0.02mol/L PBS 液-0.2mol/L 氯化钠，pH7.2），取样品 25μL 作倍比稀释，振荡血凝板，同时每孔加入 25μL 2％红细胞悬液，继续振荡 1min，室温或 4℃静置 1.5～2h，显微镜下观察结果。用凝集素样品的稀释倍数即效价表示其活性。

2 结果

2.1 y3 蛋白的纯化

样品搅碎后置冰箱浸提，然后离心并经过 CM-Sepharose FF 阳离子交换柱洗脱后可得到两个吸收峰 A 和 B（如图 1），A、B 两峰互相交叉，经 SDS-PAGE 及 PAGE 方法可检测到多种蛋白。B 液中一种蛋白与 y3 蛋白分子质量非常接近，采用 Superdex™75 凝胶层析柱无法将其提纯，还需要进一步纯化。而采用优化方法，样品粉碎后不需浸提直接离心并经过离子交换柱洗脱可得到一个主峰 C（如图 1），虽然跟前者比较采用等量材料时其洗脱峰中所含蛋白量偏低，但是 C 液经 SDS-PAGE 及 PAGE 方法仅可检测到含两个蛋白，且其分子质量相差大，收集 C 液经过 Superdex™75 凝胶层析柱即可得到纯化蛋白 y3（图 2、图 3）。因此，采用优化方法虽然得率较低，但是简化了纯化步骤。

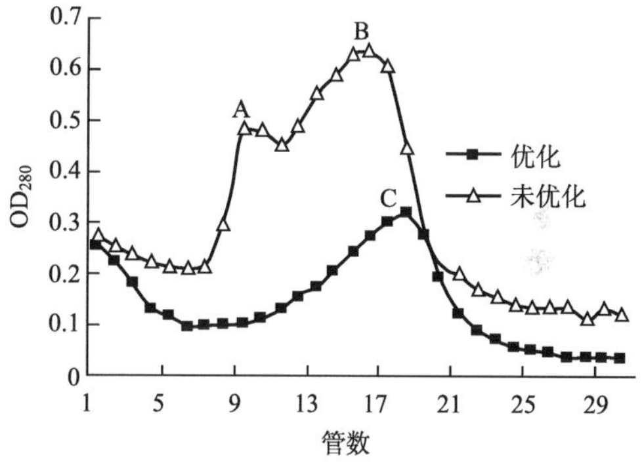

图 1 鸡腿菇初提液过 CM-Sepharose FF 阳离子交换柱

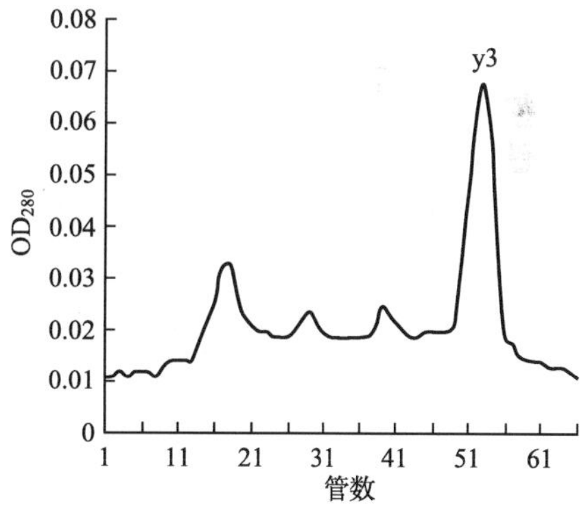

图 2 y3 在 Superdex™75 凝胶层析柱上的纯化

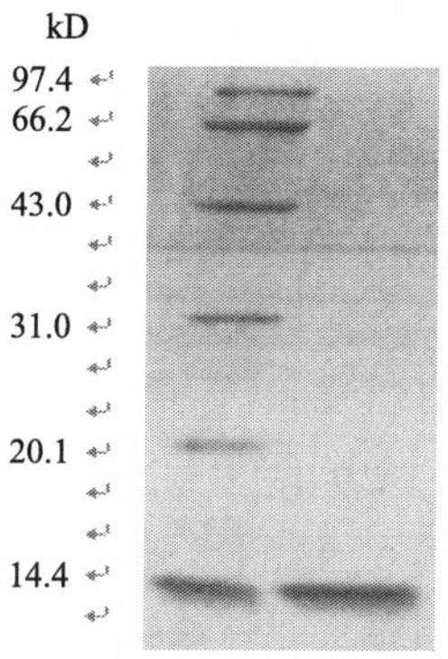

图 3 y3 的 SDS-PAGE

2.2 纯化蛋白 y3 的 SDS-PAGE 电泳

收集 Superdex™ 75 凝胶层析柱洗脱液 y3 经 SDS-PAGE 后，得一条蛋白带（图 3），说明已纯化，其分子质量约 14.4kD。由于电泳条带接近原点，对其分子质量的估计可能存在较大误差。并且极有可能偏小。需要通过质谱或其他方法进一步确定分子质量。

2.3 y3 蛋白 N 端氨基酸序列及含糖量检测结果

y3 蛋白 N 端氨基酸序列由湖南师范大学生命科学院测定，其序列为 NRDVAACARFIDDF-CDTLTP，GenBank 中没找到其同源序列，可能为一新的蛋白序列，在 SWISS-PORT 上登录号为 P83477。经酚-硫酸法检测各收集管中的含糖量，结果表明各收集管的 OD_{490} 与其 OD_{280} 相对应，说明在蛋白上结合有糖基。另用此方法检测出 y3 蛋白含糖量高达 30%，说明 y3 为一糖蛋白。

2.4 y3 蛋白抗 TMV 及抗病原细菌检测结果

经半叶法测定当 y3 浓度约为 12.5μg/mL 时，在枯斑寄主心叶烟上对 TMV 的侵染抑制率达 83.0%。y3 蛋白与其他抗植物病毒蛋白活性比较结果显示其抑制 TMV 活性明显高于 AAVP，但低于 FBP 及 YP46-46。经检测 y3 蛋白对番茄青枯菌及水稻白叶枯病菌无抑制作用（表 1）。

表 1　y3 与其他抗植物病毒蛋白对 TMV 抑制率比较

作者	菌源	蛋白质	分子质量/kD	浓度/(μg/mL)	侵染率/%
Sun H	*Agrocybe aegerita*	AAVP	15.8	200	84.3
Kobayashi	*Lentinus edodes*	FBP	23.0	6300	50.0
Fu MJ	*Plearotus citrinopileatus*	YP46-46	27.4	0.24	50.0
Wu LP	*Coprinus comatus*	y3	14.4	12.5	83.0

2.5 y3 蛋白的凝集素及抗肿瘤活性检测结果

经血凝滴度检测到该蛋白对兔血的凝集素滴度在 2^5，此时的蛋白浓度为 1.562μg/mL；对人 A、B、O 和 AB 4 种血型的凝集素滴度在 2^6，此时的蛋白浓度为 0.781μg/mL。表明该蛋白具一定凝集素活性，同时用 MTT 法检测其抗肿瘤活性 IC_{50} 为 12μg/mL。

3 讨论

约有 30%～50%的食用菌中含有凝集素[18]，但是目前从食用菌中获得的凝集素不多，对其生化特性及功能研究不够深入，食用菌凝集素是否类同于植物凝集素或应归属于植物凝集素的哪一类尚未涉及，其功能研究也仅集中在抗肿瘤活性及提高免疫力等方面，对其是否具有类似植物凝集素的其他功能研究还未展开。

植物病毒是影响农作物产量和质量的病原物，有的能通过植物表面微伤口直接侵染作物，有的需通过病毒介体如蚜虫、褐飞虱、叶蝉等昆虫导入植物体内。植物凝集素能有效防治这类介体昆虫。研究结果表明 y3 蛋白是一凝集素，能抑制植物病毒（如 TMV）侵染，如果进一步研究发现其具有抗虫功能，则利用 y3 蛋白基因所产生的转基因作物不仅可以直接抗植物病毒，还能通过抑制传毒昆虫达到抗病毒的目的。这就能有效克服目前转基因作物抗病毒谱窄的缺点，目前抗病毒转基因所利用的基因大多为病毒基因。

y3 蛋白具有一定凝集素活性，这可能与其所含糖基有关，显微镜下观察 y3 蛋白对胃癌细胞 MGC-803 具有裂解作用，它对肿瘤细胞造成裂解是否由于糖基识别细胞表面并使蛋白发生作用？这也是一值得探讨的问题。在实验中发现 y3 蛋白对细菌无抑制作用，其等电点偏碱性，这与商陆核糖体失活蛋白（phytolacca antiviral protein，PAP）的活性相似，目前已从食用菌中提取到多种核糖体失活蛋白，它们与植物源核糖体失活蛋白生化特性相差很远。y3 是否为核糖体失活蛋白还有待进一步证实。

y3 蛋白在 GenBank 中没找到同源序列，这预示其为一抗病毒，抗肿瘤蛋白新资源。y3 的 N 端序列测定为其基因的克隆和转化打下了很好的基础，进一步研究它的其他活性和生化特性对基因工程具有重要意义。此工作正在进行之中。

参考文献

[1] Wang HX, Ng TB. Isolation of a novel ubiquitin-like protein from *Pleurotus ostreatus* mushroom with anti-human immunodeficiency virus, translation-inhibitory, and ribonuclease activities. Biochem Biophys Res Commun, 2000, 276(2): 587-593

[2] Yu LG, Fernig DG, White MR, et al. Edible mushroom (*Agaricus bisporus*) lectin, which reversibly inhibits epithelial cell proliferation, blocks nuclear localization sequence-dependent nuclear protein import. J Biol Chem, 1999, 274(8): 4890-4899

[3] Wang HX, Ng TB, Liu WK, et al. Isolation and characterization of two distinct lectins with antiproliferative activity from the cultured mycelium of the edible mushroom *Tricholoma mongolicum*. Int J Pept Protein Res, 1995, 46(6): 508-513

[4] Wang HX, Ooi VE, Ng TB, et al. Hypotensive and vasorelaxing activities of a lectin from the edible mushroom *Tricholoma mongolicum*. Pharmacol Toxicol, 1996, 79(6): 318-323

[5] Lam SK, Ng TB. Hypsin, a novel thermostable ribosome-inactivating protein with antifungal and antiproliferative activities from fruiting bodies of the edible mushroom *Hypsizigus marmoreus*. Biochem Biophys Res Commun, 2001, 285 (4): 1071-1075

[6] Wang H, Ng TB. Isolation and characterization of velutin, a novel low-molecular-weight ribosome-inactivating protein from winter mushroom (*Flammulina velutipes*) fruiting bodies. Life Sci, 2001, 68(18): 2151-2158

[7] Piraino F, Brandt CR. Isolation and partial characterization of an antiviral, RC-183, from the edible mushroom *Rozites caperata*. Antiviral Res, 1999, 43(2): 67-78

[8] Lam SK, Ng TB. First simultaneous isolation of a ribosome inactivating protein and an antifungal protein from a mushroom (*Lyophyllum shimeji*) together with evidence for synergism of their antifungal effects. Arch Biochem Biophys, 2001, 93(2): 271-280

[9] Kobayashi N, Hiramastru A, Akatuka T. Purification and chemical properties of an inhibitor of plant virus infection from fruting bodies of *Lentinula edodes*. Agri Biol Chem, 1987, 51 (3): 883-890

[10] 孙慧，吴祖建，谢联辉等. 杨树菇(*Agrocybe aegerita*)中一种抑制 TMV 侵染的蛋白质纯化及部分特性. 生物化学与生物物理学报，2001，33(3)：351-354

[11]付鸣佳，吴祖建，林奇英等. 榆黄蘑中一种抗病毒蛋白的纯化及其抗 TMV 和 HBV 的活性. 中国病毒学，2002，17(4)：350-353

[12] Gooding GVJr, Hebert TT. A simple technique for purification of *Tobacco mosaic virus* in large quantities. Phytopathology, 1967, 57(11): 1285

[13] Laemmli UK. Cleavage of structural proteins during the assembly of the head of bacteriophage T4. Nature, 1970, 22: 680-685

[14] 汪家政，范明. 蛋白质技术手册. 北京：科学出版社，2000. 42-47

[15] 李如亮. 生物化学实验. 武汉:武汉大学出版社，1998. 57-58

[16] Mosmann T. Rapid colorimetric assay for cellular growth and survival: Application to proliferaton and cytoxicity assays. Immunol Methods, 1983, 65(1): 55-63

[17] 孙册. 凝集素活力及纯度鉴定的一般方法. 见:张惟杰. 复合多糖生化研究技术. 上海:上海科学技术出版社，1987. 341-344

[18] 王贺祥，黄荣春，吴子斌等. 蕈菌凝集素. 中国食用菌，1997，16(1)：3-4

Characterization and amino acid sequence of y3, an antiviral protein from mushroom *Coprinus comatus* *

WU Li-ping[1,2], WU Zu-jian[1], LIN Dong[1], FANG Fang[1], LIN Qi-ying[1], XIE Lian-hui[1]

(1 Institute of Plant Virology, Fujian Agriculture and Forestry University, Fuzhou 350002; 2 College of Life Science, Nanchang University, Nanchang 330031)

Abstract: Many proteins from mushrooms can be used as potential antiviral agents and in plant protection. An antiviral protein, designated as y3, was isolated from fruiting bodies of the fungus *Coprinus comatus* by fast-flow ionexchange column chromatography coupled with high-resolution molecular sieve chromatography. This glycoprotein was detected in both fruiting body and mycelium by Western blot analysis. According to its N-terminal sequence, an amino acid sequence and a partial cDNA sequence of the y3 gene were obtained. Protein y3 at 2.0μg/mL achieved 50.0% inhibition of tobacco mosaic virus (TMV, 20μg/mL) lesions in *Nicotiana glutinosa* leaves. It also inhibited multiplication of TMV in *Nicotiana tabacum* var. K326.

Key words: mushroom; *Coprinus comatus*; protein; antiviral activity; clone

毛头鬼伞（*Coprinus comatus*）中一种抗病毒蛋白 y3 特性和氨基酸序列分析

吴丽萍[1,2]，吴祖建[1]，林董[1]，方芳[1]，林奇英[1]，谢联辉[1]

（1 福建农林大学植物病毒研究所，福建福州 350002；2 南昌大学生命科学学院，江西南昌 330031）

摘 要：食用菌中含有多种抗病毒蛋白，可用于植物保护。利用离子交换层析技术和凝胶层析技术，从食用菌毛头鬼伞中提取到抗植物病毒蛋白 y3。实验结果表明，y3 是一种糖蛋白，利用 Western 杂交方法可以在发酵菌丝体和子实体中同时检测到，说明可能是组成型表达。根据其 N 端氨基酸序列，使用 RACE-PCR 克隆技术，获得了蛋白的氨基酸序列和部分 cDNA 序列。浓度为 2.0μg/mL 时，蛋白 y3 对烟草花叶病毒（TMV，20μg/mL）侵染心叶烟的抑制率为 50%，实验同时表明，y3 还可抑制病毒在寄主普通烟 *Nicotiana tabacum* var. K326 中的复制。

关键词：食用菌；毛头鬼伞；蛋白；抗病毒活性；克隆

中图分类号：Q78

中国生物化学与分子生物学报，2008，24 (7)：597-603

Received: October 8, 2007 Accepted: January 22, 2008

* Supported by Key Program of Science and Technology Commission, Fujian Province (No. 2006NZ0002-2) and Natural Science Foundation of Jiangxi Province (No. 2007GQN2001)

Every year, billions of dollars are lost because of plant viruses and some of them have a wide range of hosts. For example, *Tobacco mosaic virus* (TMV) has hosts, including tomato and the related plants of eggplant, nightshade weeds, pepper, potato, and tobacco. TMV is seen on apple, beet, sugar beet, buckwheat, currant, grape, pear, spinach and turnip, as well[1]. Therefore, there is an urgent need to seek antiviral agents to control the diseases and confer long-term sustainability to farming worldwide. In addition to extensive studies on viral morphology and molecular biology, much work has been done to defend the hosts against viral infections.

Antiviral substances that have been identified ranged from small molecules such as diterpene and triterpene alkaloids to complex molecules such as proteins, amylose, and nucleic acids[2]. Since the first isolation of an antiviral protein, pokeweed antiviral protein (PAP), isolated from *Phytolacca americana*[3], many antiviral proteins had been purified from higher plants, including *Mirabilis jalapa*[4], *Clerodendrum inerme*[5,6], *Silene schafta*[7], *Dianthus sinensis* L.[8], *Phytolacca insularis*[9], *Cucumis figarei*[10], *Sambucus nigra* L.[11], *Beta vulgaris* L.[12], and *Celosia cristata*[13,14]. These proteins come from different plants, and share different characterization and antiviral effect. Proteins such as PAP have been used as a biopesticide and sprayed directly on the crop[15,16], and have been the gene sources for transgenic plants[17,18]. Many of them inhibit not only plant viruses but also human viruses and tumors[19].

Except higher plants, many other organisms proved to contain lots of proteins, especially mushroom. Although a lot of edible mushrooms have medicinal properties and important biotechnological applications, only a few have yielded antiviral proteins: *Lentinus edodes*[20], *Agrocybe aegerita*[21], *Pleurotus citrinopileatus*[22], and *Flammulina velutipes*[23]. An extract of *Coprinus comatus* has been shown to be effective against murine sarcoma S180[24]. The present paper reports the isolation, structural elucidation and bio-activities of an antiviral protein, y3, from this species. This adds to preliminary information already reported elsewhere[25,26].

1 Materials and Methods

1.1 Materials

Fresh fruiting bodies of *Coprinus comatus* were collected in Fuzhou, China, and stored at −70℃. *Tobacco mosaic virus* (TMV), antiserum of TMV, *Nicotiana glutinosa*, *N. tabacum* var. K326, antiserum of y3 and *Coprinus comatus* cell line were supplied by the Institute of Plant Virology of Fujian Agriculture and Forestry University, China. The gastric cancer cell line MGC-803 was a gift from Dr. Chen Rui-Chuan (Xiamen University, China). The liver cancer cell line SMMC-7721 and lung cancer cell line SPC-A1 were obtained from China Center for Type Culture Collection. Molecular weight markers were from the Shanghai Institute of Biochemistry and Cell Biology, Chinese Academy of Sciences. Other chemicals and reagents were of analytical grade.

1.2 Isolation and molecular mass determination of protein y3

According to reference[25], one hundred and fifty grams of mushroom fruiting bodies were added to 300mL double-distilled water, ground and centrifuged twice at 13 000×*g* for 25min at 4℃. The supernatant was absorbed on a CM-Sepharose fast-flow ion-exchange column (Amersham Pharmacia Biotech Co.) in 0.01mol/L buffer (2.8mmol/L disodium hydrogen phosphate with 7.2mmol/L sodium dihydrogen phosphate, pH7.2), and eluted with the same buffer with a linear gradient of 0～0.5mol/L NaCl. The fractions containing TMV-resistant activity were collected and applied to a Superdex™ 75 high-resolution molecular sieve chromatography column (Amersham Pharmacia Biotech Co.) equilibrated with the same buffer (containing 0.15mol/L NaCl). This yielded purified y3. The protein was detected and its molecular weight determined by SDS-PAGE and native PAGE according to the method of Laemmli[27]. Electrophoresis was performed on a 15% (VPV) polyacrylamide gel stained with Coomassie blue R-250. Carbohydrate-containing bands were detected with periodic acid-Schiff reagent[28].

1.3 Concentration of y3 and expression in mycelium of *Coprinus comatus*

The concentration of y3 was determined by the method of Bradford[29]. *C. comatus* mycelium was fermented by shaking at 100×*g* and 25℃ in potato dextrose agar (PDA) liquid medium for a week, and y3 was detected by ELISA and Western blotting. The first antiserum was anti-y3 from rabbit supplied by our laboratory, and the second one was goat-anti-rabbit IgG-AP bought from Sigma Co.

1.4 Protein sequence analysis

The N-terminal amino acid sequence of y3 was determined at Hunan Normal College, China, by the automated Edman degradation method with an Applied Biosystems model 477, a protein sequencer and an on-line phenylthiohydantoin analyzer.

1.5 Sequencing and analysis of partial cDNA of the y3 gene

Amplification of the 3′end was performed with rapid amplification of cDNA ends (RACE)-PCR kit and nest-PCR. Total RNA was extracted from *C. comatus* fruiting bodies with a Trizol reagent kit[30]. mRNA was reverse-transcribed to 3′-RACE-ready cDNA with PowerScript Reverse Transcriptase and 3′-CDS primer (pA-A-G-C-A-G-T-G-G-T-A-T-C-A-A-C-G-C-A-G-A-G-T-A-Y-30V-N) supplied by RACE-PCR kit (Clontech). Two degenerate 5′-terminal primers were synthesized based on the N-terminal sequences of y3, primer A (pC-G-N-G-A-Y-G-T-N-G-C-N-G-C-N-T-G-Y-G-C) and primer B (pG-C-N-T-G-Y-G-C-N-C-G-N-T-T-Y-A-T-H-G-A-Y-G-A-Y-T-T), and 3′-terminal primers UPM (pC-T-A-A-T-A-C-G-A-C-T-C-A-C-T-A-T-A-G-G-G-C-A-A-G-C-A-G-T-G-G-T-A-T-C-A-A-C-G-C-A-G-A-G-T and pC-T-A-A-T-A-C-G-A-C-T-C-A-C-T-A-T-A-G-G-G-C) and NUP (pA-A-G-C-A-G-T-G-G-T-A-T-C-A-A-C-G-C-A-G-A-G-T) were supplied by kit. The reactions, amplified by primers A and UPM, were subjected to 35 cycles of heat denaturation at 94℃ for 1min, annealing the primers to the DNAs at 59.5℃ for 1min, and DNA chain extension with *Taq* polymerase at 72℃ for 1min; These cycles were followed by a final extension at 72℃ for 15min. Nest-PCR was performed in essentially the same program as that of the former by primers B and NUP. All PCR products were subcloned into the pMD18-T vector (TaKaRa), then transformed into *Escherichia coli* strain DH5α. DNA sequencing was performed by the Biochemistry Institute of Shanghai, China.

The amino acid sequence was analyzed by DNAMAN, a biology software. A sequence search against the GenBank database revealed a low degree of similarity of the protein y3 sequence to those of antiviral proteins.

1.6 Detection the action of protein y3 to TMV

The half leaf method was used to measure the inactivation to TMV *in vitro*. TMV (20mg/L) was mixed with a sample of y3 protein or with a similar volume of distilled water, and then inoculated into the right and left half of a *Nicotiana glutinosa* leaf, respectively. The number of local lesions was recorded, and inhibition (%) was calculated according to the formula

$I=[1-(Ls/Lw)]\times 100$, where I is inhibition rate, Ls is the number of local lesions after treatment with sample and Lw is the number of local lesions after treatment with water.

Inhibition of TMV multiplication: TMV particles were inoculated into leaves of tobacco, *N. tabacum* var. K326. After 6 hours, round leaves of 12mm diameter were suspended in solutions with various concentrations of y3. After a further 48 hours, the leaves were ground and centrifuged, and the resultant suspension was screened by ELISA. The first antiserum was anti-TMV from rabbit, and the second was goat-anti-rabbit IgG-AP. The reactant substrate was *p*-nitrophenyl phosphate. The A_{405} of each well was measured.

Stability of antiviral activity of y3 *in vitro*:

subsamples of y3 (25mg/L) were maintained in a water bath at a range of temperatures (40℃, 50℃, 60℃, 70℃, 80℃, respectively), for 10min and then cooled to room temperature. Each sample was then served for inactivation assays.

2 Results

2.1 Isolation and characteristics of y3

Ion-exchange chromatography of an extract from the fruiting bodies of *C. comatus* revealed one main peak (Fig. 1), which displayed antiviral activity and was determined by SDS-PAGE to be two proteins (Fig. 2A). These two proteins had almost the same molecular weight. Gel filtration of this fraction gave a peak b containing nearly a protein with a molecular mass of 14.4kD when analyzed by SDS-PAGE (Fig. 1B; Fig. 2A) and apparent homogeneity in PAGE (Fig. 2B). Because it is a alkaline protein, we used an alkaline buffer system (β-alanine-acetic acid) in the course of electrophoresis. This protein was designated as y3. The pI was investigated with the Pharmacia Multiphor Ⅱ system and an ampholyte with pH from 2 to 10, but this was inconclusive. A positive reaction to stain with periodic acid-Schiff reagent (Fig. 2C) indicated that y3 was a glycoprotein and like most functional proteins in plants. ELISA and Western blot analysis were conducted using antiserum raised against the protein and the results showed that the protein were expressed in both fruiting body and mycelium phase of *C. comatus* (Fig. 3).

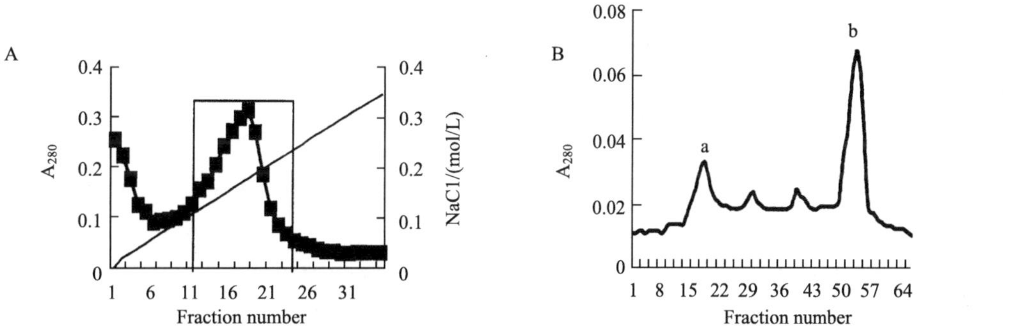

Fig. 1　Ion-exchange chromatography and gel filtration of *Coprinus comatus* extract

A. Elution profile of y3 from a CM-Sepharose FF column. Fractions were eluted with a linear gradient of 0-0.5mol/L sodium chloride (----). A_{280} was indicated (■). Inhibitory effect of the fraction (----) was analyzed with a local lesion assay on tobacco leaves. Active fractions in tubes 12-22 were collected. B. Elution profile of y3 from a Superdex^{TM}75 high resolution column. Fractions containing antiviral activity from (A) were applied to a column previously equilibrated with the same buffer as (A). Inhibitory effect of the fractions (peaks a and b) was also analyzed as (A)

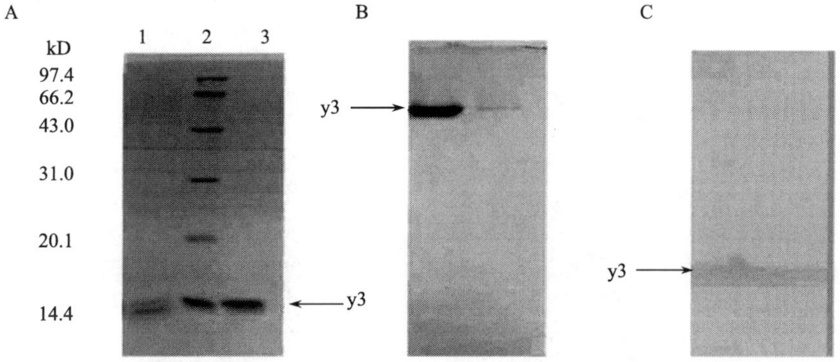

Fig. 2　Electrophoresis analysis of purified fractions

A. Protein samples at each purification step electrophoresed on a 15% SDS-polyacrylamide gel, and stained with Coomassie brilliant blue R-250. Lane1: fractions from CM-Sepharose FF ion-exchange chromatography; lane 2: molecular mass markers; lane3: active fractions from gel filtration on Superdex^{TM}75 High Resolution. B. Fractions from gel filtration on Superdex^{TM}75 High Resolution. Electrophoresed on a 15% polyacrylamide gel, and stained with Methyl Green. C. Periodic acid-schiff (PAS) staining of y3. Purified y3 was electrophoresed in a 15% SDS-polyacrylamide gel and immersed in 0.5% periodic acid, washed and reacted in Schiff' s reagent

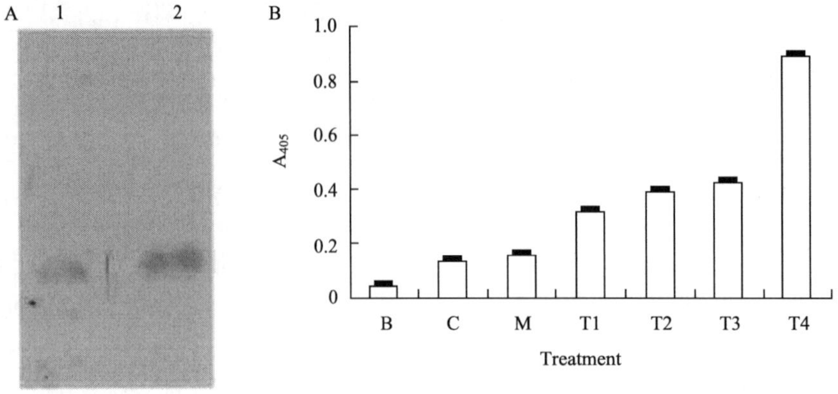

Fig. 3　ELISA analysis of y3 in mycelium of *Coprinus comatus*

A. Western blot of the y3 from fruiting bodies and mycelium of *C. comatus*. Purified figaren was electrophoresed in a 15% SDS-polyacrylamide gel and blotted onto an Immobilon-NC Transfer membrane. Lane 1: sample from fruiting bodies; lane 2: sample from mycelium. B. Detect protein in mycelium of *C. comatus* by ELISA. *C. comatus* mycelium was fermented by shaking at 100×g and 25℃ in PDA liquid mediumfor a week. B: blank control, C: fresh medium; M: medium having been used to cultivate mycelium; T1: mycelium ground and diluted in double2distilled water; T2: ground mycelium; T3: 6.25mg/L y3; T4: 12.5mg/L y3

2.2　Molecular cloning and sequence analysis of y3 gene

The cDNAs was prepared from fruiting bodies. A cDNA fragment of approximately 420 bases was obtained by cDNA amplification coupled with 3′-RACE using designed primers for y3 (Fig. 4). Sequence analysis of the cDNA clone revealed that it was 414 bases in length (Fig. 5). A partial cDNA sequence containing an open reading frame of 288 bases corresponded to a polypeptide of 96 residues, when added the left 5 residues that wasn't cloned, it had a calculated molecular weight of 11.6kD. Amplification of the 5′cDNA clone was unsuccessful. The deduced protein sequence was identical to that determined by the Swiss-Prot, the submission number was P83811. There are several potential glycosylation sites (results not shown), and the presence of carbohydrate might account for the discrepancy between the actual coding molecular weight and that estimated by SDS-PAGE. Assessed by DNAMAN software, the pI of y3 differed markedly according to the number of sulfur bonds in the molecule, formed by 7 Cys residues of the protein.

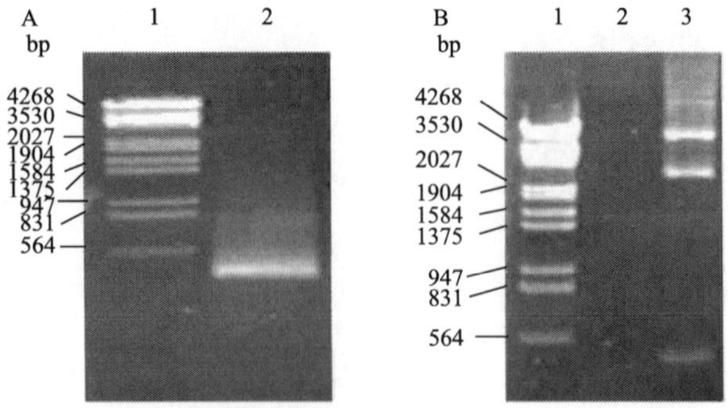

Fig. 4　Analysis by gel electrophoresis of gene clone of y3

A. Agarose gel electrophoresis of 3′-RACE PCR products of y3. DNA was extracted from fresh fruit body of *C. comatus* and suffered with 3′-RACE PCR. 1: Molecular markers, λDNA cleaved with *Hind*Ⅲ/*Eco*RⅠ; 2: PCR products. B. Restriction analysis of recombinant plasmid. 1: Molecular markers, λDNA cleaved with *Hind*Ⅲ/*Eco*RⅠ; 2: Blank; 3: Recombinant plasmid

GCG TGT GCG CGG TTT ATA GAC GAC TTC TGC GAC 33

1 N R D V A A C A R F I D D F C D 16

34 ACT CTT ACT CCC AAC ATC TAT CGC CCC AGA GAC AAC GGC CAA CGC TGC 81

17 T L T P N I Y R P R D N G Q R C 32

82 TAC GCA GTC AAT GGA CAC AGA TGT GAC TTC ACC GTC TTC AAC ACT AAT 129

33 Y A V N G H R C D F T V F N T N 48

130 AAT GGT GGA AAT CCC ATC AGG GCT AGC ACT CCC AAC TGT AAG ACT GTC 177

49 N G G N P I R A S T P N C K T V 64

178 CTC AGA ACG GCT GCT AAC AGA TGT CCC ACC GGT GGA AGG GGA AAG ATT 225

65 L R T A A N R C P T G G R G K I 80

226 AAC CCC AAC GCT CCT TTC CTG TTT GCT ATT GAT CCT AAT GAT GGT GAT 273

81 N P N A P F L F A I D P N D G D 96

274 TGC AGC ACC AAC TTC **TAA** AGG CTG AGC TGG CTC TTT GGA AGC CAA AGT 321

97 C S T N F stop 105

322 CAT ACA GTA GCC ACT AGG ATG TGA ACT ATT TAT CCT TGC GTT GAA TAT 369

370 GAA TAC TGG TTG GTC TTA AAA AAA AAA AAA AAA AAA AAA 418

Fig. 5 Nucleotide and amino acid sequences encoding y3

Nucleotides and predicted amino acid residues are numbered at right and left. The predicted protein sequence is numbered from 6 to 101. Regions encoding the poly (A) tail are underlined

2.3 Activities to TMV by protein y3

When mixed with TMV (20μg/mL), y3 had a 50.0% inhibition rate against TMV infection of *N. glutinosa* leaves at a concentration of 2.0μg/mL (Fig. 6A), which indicated that y3 could function *in vitro*. This antiviral activity was retained over a range of temperatures (Fig. 6B). Not only could y3 inhibit infection by TMV, but also it affected TMV multiplication in its systemic host, *N. tabacum* var. K326 (Fig. 6C), although the effect on multiplication was far less than on inactivation.

3 Discussion

In this study, we purified an antiviral protein from *Coprinus comatus* by two steps of ion-exchange chromatography on CM-Sepharose FF and gel filtration on Superdex™75 High Resolution and designated it y3. It was a 14.4kD glycoprotein. The failure to detect the pI with an ampholyte of pH 2-10could be because the pI of the y3 was beyond the scale used. Analysis by DNAMAN software indicated a pI that differed markedly according to the number of sulfur bonds within the molecule, formed by 7 Cys residues of the protein. This work shows that y3 is a basic protein (data not shown). This protein was similar to some ribosome-inactivating proteins (RIPs), such as PAP from Phytolacca americana, MAP from *Mirabilis jalapa* and the dianthins from *Dianthus caryophyllus*[31,32]. Several other antiviral proteins have been isolated from mushrooms[20-23], but none is RIPs.

Among these proteins from mushrooms, only y3 has been sequenced and its partial cDNA and amino acid sequence was obtained. The full-length amino acid sequence deduced from the partial cDNA sequence has 96 residues with a calculated molecular mass of 11.6kD when added with 5 amino acids without being amplified of 5′cDNA. Neither the nucleic acid nor amino acid sequence has any homology with any other integrated sequences in GenBank. Since the codon of the 5 amino acids and 5′-untranslated sequence could not be obtained,

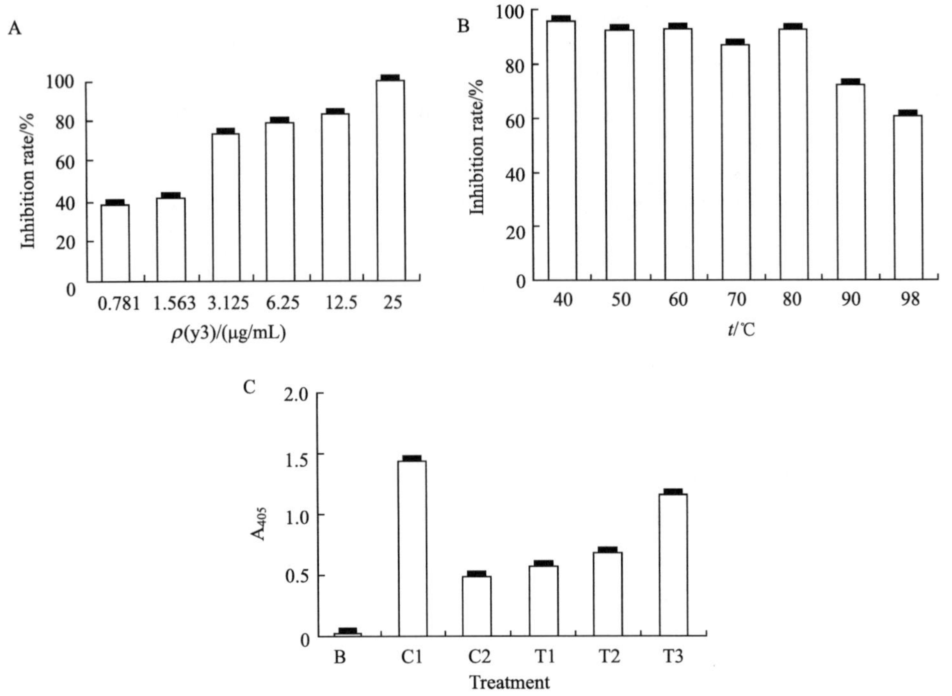

Fig. 6 Activities detection of y3 inhibiting TMV

A. Effect of y3 inactivating TMV. The half leaf method was used and the host was *Nicotiana glutinosa*; B. Effect of y3 inactivating TMV in different temperature. Subsamples of y3 (25mg/L) were maintained in a water bath at different temperatures for 10min and then cooled to room temperature; C. Effect of y3 inhibiting the TMV replication in the systemic host *N. tabacum* var. K326. B: blank control; C1: leaf disc inoculated with TMV and distilled water; C2: healthy leaf disc and distilled water; T1: leaf disc inoculated with TMV and y3 at 100μg/mL; T2: leaf disc inoculated with TMV and y3 at 50μg/mL; T3: leaf disc inoculated with TMV and y3 at 25μg/mL

this will require further work. The protein had homology with several discrete amino acids in a membrane-bound protein; if y3 has similar conformation, this would facilitate its entry into cells. All of these properties would help to explain why y3 can enter into plant cells and inhibit the multiplication of TMV in cells. The characteristics of y3 and other proteins from mushrooms differ widely. They are different from numbers of subunits, molecular weight of subunit, and saccharine, to inhibition rate against TMV. Since enough information about other proteins did not supply from the references, we could not compare them in detail. But we still knew that the concentration of y3 that achieved 50.0% inhibition of TMV (2.0mg/L) was lower than that of Zb from *Flammulina velutipes*[23], but higher than that of AAVP from *Agrocybe aegerita*[21], FBP from *Lentinula edodes*[20], YP46246 from *Pleurotus citrinopileatus*[22]. The result was not effected when y3 was suffered from high tempreture even to 80℃, but much different when treated with various pH. The reason may be that y3 was a glycoprotein, and the sugar base would protect y3 from high temperature, while it was also an alkali protein, the activity was depressed in the condition of acidity. In addition to its inactivation of the virus, y3 also reduced TMV multiplication in its systemic host, although the mode of action is unknown. Other antiviral proteins may inactivate virus *in vitro*[33] or interfere with mechanical transmission, e.g. those from spinach[34] and *Mirabilis jalapa*[31], and sometimes may induce systemic resistance[4] when applied at least some time prior to virus challenge. Although the antiviral activity of RIPs against plant viruses is well documented, the underlying mechanisms have not yet been elucidated.

Protein y3 could inhibit the multiplication of

tumor cells including MGC-803, SMMC-7721 and SPC-A1. The results showed that y3 had same effect on supplied three kinds of cells. Protein had impact on not only multiplication of cells, but also the conformation of SPC-A1, which appeared to apoptosis (data not shown). In these characteristics y3 had some similarity to many antiviral proteins from plants, such as PAP[35], MAP30 and GAP31[36], which also possess antitumor properties.

Protein y3 may be a new resource in plant virology. However, before it can be developed as a potential gene source for antiviral transgene engineering and for biopesticide production, further studies, including full-length cDNA sequencing, identification of antiviral and antitumor mechanisms, field testing of antiviral activity, and analysis of toxicity and pharmacology, would be completed.

References

[1] Sherf AF, MacNab AA. Vegetable diseases and their control. 2nd. New York: John Wiley, 1986, 256-260

[2] Jassim SAA, Naji MA. Novel antiviral agents: a medicinal plant perspective. J Appl Microbiol, 2003, 95(3): 412-427

[3] Kassanis B, Kleczkowski A. The isolation and some properties of a virus-inhibiting protein from *Phytolacca esculenta*. J Gen Microbiol, 1948, 2: 143-153

[4] Kubo S, Ikeda T, Imaizumi S, et al. A potent plant virus inhibitor found in *Mirabilis jalapa*. Ann Phytopathol Soc Japan, 1990, 56 (4): 481-487

[5] Prasad V, Srivastava S, Varsha, et al. Two basic proteins isolated from *Clerodendrum inerme* Gaertn. are inducers of systemic antiviral resistance in susceptible plants. Plant Sci, 1995, 110(1): 73-82

[6] Praveen S, Tripathi S, Varma A. Isolation and characterization of an inducer protein (Crip-31) from *Clerodendrum inerme* leaves responsible for induction of systemic resistance against viruses. Plant Sci, 2001, 161(3): 453-459

[7] Alexandre MAV, Guzzo SD, Harakava R, et al. Partial purification of a virus inhibitor from *Silene schafta* leaves. Fitopatologia Brasileira, 1997, 22(2): 171-177

[8] Cho HJ, Lee SJ, Kim S, et al. Isolation and characterization of cDNAs encoding ribosome inactivating protein from *Dianthus sinensis* L. Mol Cells, 2000, 10(2): 135-141

[9] Sang SK, Choi Y, Moon YH, et al. Systemic induction of a *Phytolacca insularis* antiviral protein gene by mechanical wounding, jasmonic acid, and abscisic acid. Plant Mol Biol, 2000, 43 (4): 439-450

[10] Fujiware M, Kanamori T, Ohki S T, et al. Purification and partial characterization of Figaren, an RNase-like novel antiviral protein from *Cucumis figarei*. J Gen Plant Pathol, 2001, 67(2): 152-158

[11] Vandenbussche F, Desmyter S, Ciani M, et al. Analysis of the in plants antiviral activity of elderberry ribosome-inactivating proteins. Eur J Biochem, 2004, 271(8): 1508-1515

[12] Iglesias R, PerezY, de Torre C, et al. Molecular characterization and systemic induction of single-chain ribosome-inactivating proteins (RIPs) in sugar beet (*Beta vulgaris*) leaves. J Exp Bot, 2005, 56(416): 1675-1684

[13] Balasubrahmanyam A, Baranwal VK, Lodha. ML, et al. Purification and properties of growth stage-dependent antiviral proteins from the leaves of *Celosia cristata*. Plant Sci, 2000, 154(1): 13-21

[14] Begam M, Narwal S, Roy S, et al. An antiviral protein having deoxyribonuclease and ribonuclease activity from leaves of the pos-flowering stage of *Celosia cristata*. Biochemistry (Mosc), 2006, 71(Suppl1): 44-48

[15] Verma HN, Baranwal VK, Srivastava S. Antiviral substances of plant origin. *In*: Hadidi A, Khtarpal RK, Koganezawa H. Plant virus disease control. Paul: American Phytopathological Society Press, 1998: 684

[16] Rajamohan F, Doumbia SO, Engstrom CR, et al. Expression of biologically active recombinant pokeweed antiviral protein in methylotrophic yeast *Pichia pastoris*. Protein Expr Purif, 2000, 18(2): 193-201

[17] Tumer NE, Hwang DJ, Bonness M. C-terminal deletion mutant of pokeweed antiviral protein inhibits viral infection but does not depurinate host ribosomes. PNAS, 1997, 94: 3866-3871

[18] Dai WD, Bonos S, Guo Z, et al. Expression of pokeweed antiviral proteins in creeping bentgrass. Plant Cell Rep, 2003, 21 (5): 497-502

[19] Irvin JD, Uckun FM. Pokeweed antiviral protein: ribosome inactivation and therapeutic applications. Pharmacol Ther, 1992, 55(3): 279-302

[20] Kobayashi N, Hiramastru A, Akatuka T. Purification and chemical properties of an inhibitor of plant virus infection from fruiting bodies of *Lentinula edodes*. Agric Biol Chem, 1987, 51(3): 883-890

[21] Sun H, Wu ZJ, Xie LH, et al. Purification and characterization of AAVP, a protein inhibitor of TMV infection, from the edible fungus, *Agrocybe aegerita*. Acta Biochem Biophys Sin, 2001, 33(3): 351-354

[22] 付鸣佳，林奇英，吴祖建等. 榆黄蘑中一种抗病毒蛋白的纯化及其抗 TMV 和 HBV 的活性. 中国病毒学，2002，17(4)：350-353

[23] 谢联辉，林奇英，吴祖建等. 金针菇中一种抗病毒蛋白的纯化及其抗烟草花叶病毒特性. 福建农林大学学报(自然科学)，2003，32(1)：84-88

[24] 黄连来. 中国大型真菌原色图鉴. 北京：中国农业出版社，1998，290

[25] 吴丽萍，吴祖建，林奇英等. 毛头鬼伞中一种碱性蛋白的纯化及其活性. 微生物学报，2003，43(6)：793-798

[26] 谢联辉，林奇英，吴祖建等. 一种食用菌提取物 y3 对烟草花叶病毒的钝化作用及其机制. 中国病毒学，2004，19(1)：54-57

[27] Leammli UK. Cleavage of structural proteins during the assembly ofthe head of bacteriophage 74. Nature，1970，227(5259)：680-685

[28] Kahn JO，Gorelick KJ，Gatti G，et al. Safety，activity，and pharmacokinetics of GLQ223 in patients with AIDS and AIDS-related complex. Antimicrob Agents Chemother，1994，38(2)：260-267

[29] Bradford MM. A rapid and sensitive method for the quantitation of microgram quantities of protein utilizing the principle of protein-dye binding. Anal Biochem，1976，72(122)：248-254

[30] Chomczynski P，Sacchi N. Single-step method of RNA isolation by acid guanidinium thiocyanate phenol-chloroform extraction. Anal Biochem，1987，162(1)：156-159

[31] Verma HN，Varshas，Baranwal VK. Endogenous virus inhibitors from plants，their physical and biological properties. *In*：Chessin M，Deborde D，Zipf A. Antiviral proteins in higher plants. Boca Raton：CRC Press，1995：1-22

[32] Wang P，Tumer NE. Virus resistance mediated by ribosome inactivating proteins. Adv Virus Res，2000，55：325-355

[33] Kumon K，Sasaki J，Sejima M，et al. Interactions between tobacco mosaic virus，pokeweed antiviral proteins，and tobacco cell wall. Phytopathology，1990，80(7)：636-641

[34] Kalo F，Taniguchi T. Properties of a virus inhibitor from spinach leaves and mode of action. Ann Phytopathol Soc Japan，1987，53(2)：159-167

[35] Kreitman RJ，Pastan I. Immunotoxins for targeted cancer therapy. Adv Drug Deliv Rev，1998，31(122)：53-88

[36] Arazi T，Lee HP，Huang PL，et al. Production of antiviral and antitumor proteins MAP30 and GAP31 in cucurbits using the plant virus vector ZYMV-AGII. Biochem Biophys Res Commun，2002，292(2)：441-448

一种食用菌提取物y3对烟草花叶病毒的钝化作用及其机制*

吴丽萍，吴祖建，林奇英，谢联辉

（福建农林大学植物病毒研究所，福建福州 350002）

摘 要：测定了从食用菌毛头鬼伞（*Coprinus comatus*）中提纯的y3蛋白对烟草花叶病毒（*Tobacco mosaic virus*，TMV）的钝化作用，结果表明y3对TMV有较强的体外钝化作用，在心叶烟枯斑寄主上对TMV的抑制中浓度约为2.0μg/mL；y3在pH 9.0时较稳定；TMV与y3混合后用RNase处理，测得侵染率为61.74%，比未用RNase处理的对照降低了38.26%，说明y3具有一定的体外脱衣壳作用；另外电镜观察发现y3可使部分TMV粒体发生裂解，变短。

关键词：烟草花叶病毒；钝化

中图分类号：S436.341 **文献标识码**：A **文章编号**：1003-5152（2004）01-0054-04

Study on inactivation to *Tobacco mosaic virus* by y3 from mushroom（*Coprinus comatus*）

WU Li-ping，WU Zu-jian，LIN Qi-ying，XIE Lian-hui

（Institute of Plant Virology，Fujian Agriculture and Forestry University，Fuzhou 350002）

Abstract：A antiviral protein y3，from mushroom *Coprinus comatus*，could inactivate *Tobacco mosaic virus*（TMV）*in vitro*. The inhibition rate against is 50.0% when the concentration of y3 is 2.0μg/mL. When RNase was added to the mixture of TMV and y3，the infection rate of TMV was 61.74%，decreased by 38.26% in contrast with the control. It was also shown that y3 can break TMV particles when observed under electron microscope.

Key words：*Tobacco mosaic virus*；inactivation

植物病毒病害给农作物生产带来严重的经济损失，据估计全世界每年仅由烟草花叶病毒（*Tobacco mosaic virus*，TMV）造成的损失就达一亿美元以上。由于病毒在植物细胞中专性寄生，其复制所需的物质、能量和场所完全依赖寄主，且植物没有完整的免疫代谢系统，使得植物病毒病的防治尤为困难，至今尚无完全有效的化学治疗药剂[1,2]。研究表明，许多健康植物和微生物的提取物或代谢物质能在一定程度上抑制植物病毒的侵染和复制[3]，这些天然的抗植物病毒物质具有无污染、无药害等优点，在生产实践中的潜力非常巨大。本实验室从食用菌毛头鬼伞中提取到活性物质

中国病毒学，2004，19（1）：54-57

收稿日期：2003-07-11 修回日期：2003-10-08

* 基金项目：教育部骨干教师资助项目（2000-65）、福建科委重点项目（98-2-178，99-2-193）

y3，实验证明 y3 具有抗肿瘤、凝集素等活性。在此基础上，初步探讨 y3 对 TMV 的钝化作用机理，为其应用于生产提供可靠的理论依据。

1　材料与方法

1.1　材料

烟草花叶病毒（TMV）保存于本实验室，检测抗 TMV 活性所用枯斑寄主为心叶烟（*Nicotiana glutinosa*），系统侵染寄主为普通烟（*Nicotiana tobacum*）K326 品种。y3 蛋白为本实验室从毛头鬼伞菌提取。

1.2　TMV 的提纯

按 Gooding 方法[4]提纯，略加修改。经 200～300nm 紫外扫描确定其纯度及浓度。

1.3　y3 蛋白对 TMV 侵染抑制率测定

采用半叶法，分别用 0.01mol/L PBS pH7.2 液及等体积的 y3 蛋白溶液稀释病毒液，使其最终浓度为 20μg/mL，稀释液等量接种在枯斑寄主的左、右半叶上，每个样品接种 5～6 片叶。待出现明显枯斑后，及时记录枯斑数，取平均值，实验重复 3 次，按下面公式计算抑制率：

$$抑制率 = [1-(处理的枯斑数/对照的枯斑数)] \times 100\%$$

1.4　y3 抑制 TMV 侵染的温度稳定性测定

取 25μg/mL y3 蛋白溶液数份，分别在不同温度的水浴中处理 10min，迅速冷却至室温；然后加入 TMV，按照方法 1.3（以清水为对照）接种心叶烟，计算抑制率。

1.5　y3 抑制 TMV 侵染的酸碱稳定性测定

取等量 25μg/mL y3 蛋白溶液数份于透析袋中，分别放入用 HCl、NaOH 溶液调的不同 pH 的蒸馏水中，平衡 4h 后用蒸馏水透析 12h，期间换水 3 次。加入 TMV，按照方法 1.3（以清水为对照）接种心叶烟，计算抑制率。

1.6　TMV 病毒粒体电镜观察

提纯的 TMV 粒体溶液（100μg/mL）加入纯化的 y3 蛋白，采用负染法[5]进行 TMV 粒体电镜观察。TMV 病毒和 y3 蛋白的混合液中加入特异性的抗体进行免疫胶体金标记负染[6]。

1.7　ELISA 检测 y3 蛋白对 TMV 外壳蛋白的裂解作用

TMV 粒体（20μg/mL）与 y3 蛋白的混合液作为抗原，一抗为 TMV 抗血清。采用间接 ELISA 法。

1.8　y3 对 TMV 的体外脱衣壳作用[7,8]

0.5mL 的 100μg/mL TMV 精提液中加入 500μL 的 25μg/mL y3，于 25℃下放置 30min；加入 1μL 的 2.5μg/mL RNase（以不加入 RNase 为对照），于 25℃下放置 10min，半叶法接种于心叶烟，每个处理 12 张叶片，重复 3 次，4d 后调查枯斑数并计算枯斑抑制率。

2　结果与分析

2.1　y3 蛋白抑制 TMV 侵染检测结果

采用不同浓度 y3 蛋白检测其抑制 TMV 浸染作用，从表 1 中可以看出 y3 蛋白对 TMV 的抑制作用强弱与蛋白浓度呈相关性，中浓度约为 2.0μg/mL。

表 1　不同浓度 y3 蛋白对 TMV 的体外抑制效果

浓度/(μg/mL)	25	12.5	6.25	3.125	1.563	0.781
抑制率/%	100	83.0	79.6	73.7	42.7	38.7

2.2　不同温度下处理的 y3 蛋白对 TMV 的抑制效果

经不同温度处理的结果表明 y3 蛋白能耐高温，温度高达 80℃时对 TMV 的抑制率依然很高（表 2）。这可能与此蛋白的特性有关。y3 蛋白含糖量丰富，可能在一定程度上保护蛋白质活性中心。

表 2　不同温度下 y3 蛋白对 TMV 的抑制效果

温度/℃	40	50	60	70	80	90	98
抑制率/%	96.25	92.53	93.25	87.32	92.33	70.51	60.27

2.3　不同 pH 下处理的 y3 蛋白对 TMV 的抑制效果

y3 蛋白在中性偏碱条件较稳定，最适 pH9 左右，pH4 以下则对 TMV 不再有抑制作用（表 3）。这可能与蛋白的等电点有关。由于 y3 为碱性蛋白，强酸环境可能会破坏其活性中心。

表 3 不同 pH 下 y3 蛋白对 TMV 的抑制效果

pH	4	5	6	7	8	9	10	11
抑制率/%	0	54.37	66.11	74.5	77.8	100	88.4	75.0

2.4 y3 蛋白对 TMV 形态的影响

提纯的 TMV 经负染后电镜观察，视野中很容易见到典型 TMV 粒体形态，且病毒粒体数量较多，无降解现象（图 1B）。当 y3 蛋白与 TMV 孵育以后电镜观察，则视野中所见病毒粒体数量大大减少，且病毒粒体长度也有所缩短，表明病毒粒体已经受到破坏（图 1A）。

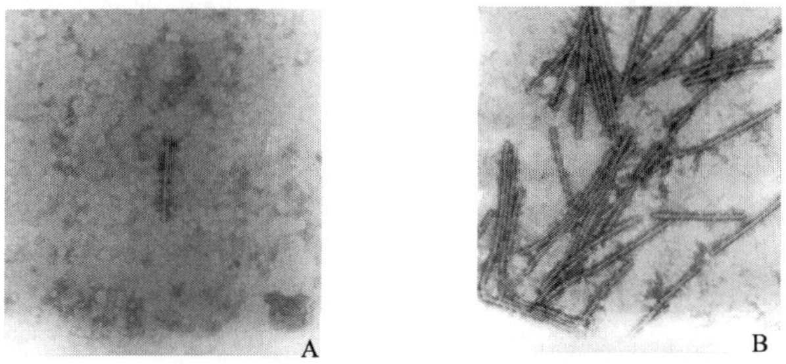

图 1 y3 蛋白处理的烟草花叶病毒粒体电镜图
A. 被 y3 蛋白包裹的 TMV 病毒粒子；B. 对照

TMV 与 y3 蛋白一起孵育后，以 TMV 抗血清为第一抗体加入免疫胶体金进行电镜观察，视野中很少看见 TMV 粒体的完整结构，多为游离的胶体金（图 2A），而对照病毒溶液中没有加 y3 蛋白以 TMV 抗血清为第一抗体加入免疫胶体金进行电镜观察可见 TMV 粒体完整，胶体金吸附在病毒外壳上（图 2B）。这进一步表明病毒粒体已经受到破坏。

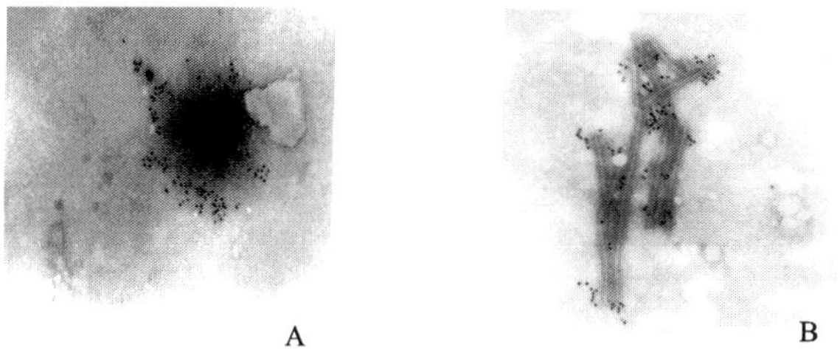

图 2 y3 蛋白与 TMV 孵育以后的胶体金染色电镜图
A. 被 y3 蛋白包裹的 TMV 病毒粒子；B. 对照

2.5 ELISA 检测结果

以不同浓度的 y3 蛋白溶液与相同浓度 TMV 混合后加入 96 孔板中，以提纯的 TMV 为阳性对照，y3 蛋白液为阴性对照，空白对照为相同体积的包被缓冲液。重复 3 次。表 4 结果表明不同浓度下蛋白能对 TMV 造成不同程度的破坏。

2.6 y3 对 TMV 的体外脱衣壳作用

TMV 与 y3 混合后经 RNase 处理，用枯斑半叶法接种，结果见表 5。RNase 可以消化从 TMV 衣壳蛋白中脱离出的核酸，而对 TMV 粒子没有直接的作用[8]。由表 5 可知，RNase 处理后 TMV 的侵染率为 61.74%，枯斑抑制率为 38.26%，表明 y3 对 TMV 有一定的体外脱衣壳作用。

表 4 不同浓度 y3 蛋白破坏 TMV 粒体的 ELISA 测定结果

y3/(μg/mL)		y3/(μg/mL)+TMV 蛋白和 TMV						TMV	Blank
		25	12.5	6.25	3.125	1.563	0.781		
1	0.086	0.142	0.16	0.154	0.159	0.206	0.433	0.871	0.004
2	0.081	0.142	0.143	0.147	0.163	0.217	0.244	0.817	0.006
3	0.09	0.141	0.15	0.145	0.166	0.187	0.338	0.714	0.006

表 5 TMV 与 y3 混合后经 RNase 处理的 TMV 侵染率

处理	局部枯斑数				侵染率	抑制率
	1	2	3	平均		
TMV+y3+ RNase	35	45	41	40.33	61.74	38.26
CK（TMV+y3）	59	69	68	65.33		

3 讨论

随着实验手段的日臻完善，许多天然抑制剂的有效成分得到分离纯化，这些抑制剂对靠机械传播的病毒特别有效。从现有的研究结果看，高等植物中，抑制病毒的有效成分属于碱性蛋白或蛋白类似物，诸如多肽、酶等。这些蛋白或多肽对其所来源的植物或近缘植物上的病毒没有抑制作用。这似乎表明这些物质所表现出的抑制作用依赖于不同的寄主，而非病毒本身。本文所提取的抗 TMV 有效成分 y3 也是一碱性蛋白，分子质量约为 12.0kD。而由于 y3 来源于低等的真核生物，它与高等植物的近缘关系较远，这有可能可以克服其他类似抗病毒抑制物的具有寄主选择性这一缺陷。目前从食用菌中提取的抗植物病毒蛋白种类不多，研究较为深入的有从香菇（*Lentinus edodes*）、杨树菇（*Agrocybe aegerita*）、金针菇（*Flammulina velutipes*）、榆黄蘑（*Plearotus citrinopileatus*）等食用菌中纯化的蛋白 FBP、AAVP、Zb 及 YP46-46，但是均侧重对此类蛋白生化特性的研究，对植物病毒（如 TMV）的抑制仅进行了初测，很少涉及机理，且未有后续报导[9-12]。

本试验初步明确了 y3 对 TMV 具有显著的体外钝化作用，当 y3 浓度为 2.0mg/mL 时经钝化后的 TMV 侵染率降低为 50%。这一作用强弱与蛋白浓度呈相关性，在中性偏碱环境下蛋白较为稳定，而土壤环境略偏酸性，对其抗 TMV 活性可能会有一定影响，y3 经 80℃处理后对 TMV 仍具有 73.25%的抑制率，这可能与此蛋白含糖量较高，能在一定程度上保护蛋白结构有关。通过电镜观察发现 y3 可使 TMV 粒体发生裂解现象，使之失去侵染活力，而经 RNase 处理的结果证明 y3 对 TMV 具有体外脱衣壳作用，ELISA 检测结果进一步表明 y3 蛋白对 TMV 具有破坏作用。由此推测，y3 通过对 TMV 体外钝化而降低病毒侵染率可能是由于 y3 阻断了病毒衣壳蛋白亚基之间的作用力，使病毒粒体衣壳蛋白结构松散，导致病毒粒体的裂解，不完整的病毒粒子侵染率较低；y3 蛋白与衣壳蛋白结合，使病毒核酸暴露于寄主组织后受寄主体内 RNase 的消化，从而降低了病毒的侵染率。至于 y3 蛋白能否作为一种酶消化降解 TMV 的外壳蛋白，则还需要通过其他分子生物学手段如 SDS-PAGE，酵母双杂交系统等进一步确定。y3 可能对植物病毒的初侵染具有抑制作用。本试验在寄主体外测定了 y3 对 TMV 的钝化作用，如果试验模拟能准确反应 y3 对 TMV 的体内钝化作用，将更有实际意义。

参考文献

[1] 江山，韩熹莱．植物病毒病化学防治的研究进展．中国病毒学，1995，10(1)：1-7

[2] 安德荣．植物病毒化学防治的研究现状和所面临的问题．生命科学，1994，6(2)：15-18

[3] 刘学端，张碧峰．抗植物病毒剂的研究和应用．国外农学·植物保护，1994，7(3-4)：8-11

[4] Gooding GVJr，Hebert TT．A simple technique for purification of *Tobacco mosaic virus* in large quantities. Phytopathology，1967，57(11)：1285

[5] 田波，裴美云．植物病毒研究方法．北京：科学出版社．1987，201-203

[6] Muller G，Baigent CL．Antigen controlled immuno diagnosis-'ACID test'．J Immunol Methods，1980，37(2)：185-190

[7] French CJ．Flovonoid inhibit infectivity of *Tobacco mosaic virus*．Can J Plant Pathol，1991，13(1)：1-6

[8] 李红霞，康绍兰，李兴红等．植物源抗病毒制剂 VA 对烟草花叶病毒(TMV)体外钝化作用的初步研究．河北农业大学学报，2000，23(4)：67-70

[9] Kobayashi N，Hiramastru A，Akatuka T．Purification and chemical properties of an inhibitor of plant virus infection from fruting bodies of *Lentinula edodes*．Agri Biol Chem，1987，51(3)：883-890

[10] 孙慧，吴祖建，谢联辉等．杨树菇(*Agrocybe aegerita*)中一种抑制 TMV 侵染的蛋白质纯化及部分特性．生物化学与生物物理学报，2001，33(3)：351-354

[11] 付鸣佳，吴祖建，林奇英等．金针菇中一种抗病毒蛋白的纯化及其抗烟草花叶病毒特性．福建农林大学学报，2003，32(1)：84-88

[12] 付鸣佳，吴祖建，林奇英等．榆黄蘑中一种抗病毒蛋白的纯化及其抗 TMV 和 HBV 的活性．中国病毒学，2002，17(4)：350-353

杏鲍菇抗烟草花叶病毒蛋白的筛选*

付鸣佳，林健清，吴祖建，林奇英，谢联辉

（福建农林大学植物病毒研究所，福建福州　350002）

摘　要：采用离子交换层析和凝胶层析方法，从杏鲍菇干样中分离得到多个蛋白组分，经枯斑寄主检测，发现多个蛋白组分都有抗烟草花叶病毒（TMV）的活性，对 TMV 的抑制率均在 70% 以上，高者可达 99%。其中 xb68Ab 已得到了纯化，分子质量约为 23.7kD，在心叶烟和苋色藜上它对 TMV 侵染的抑制率分别达到 99.43%和 98.9%。

关键词：杏鲍菇；抗病毒蛋白；烟草花叶病毒蛋白

中图分类号：S432.4　**文献标识码**：A　**文章编号**：0001-6209（2003）01-0029-06

Screening of proteins anti-*Tobacco mosaic virus* in *Pleurotus eryngii*

FU Ming-jia，LIN Jian-qing，WU Zu-jian，LIN Qi-ying，XIE Lian-hui

（Institute of Plant Virology，Fujian Agriculture and Forestry University，Fuzhou　350002）

Abstract：Proteins were obtained by ion-exchange chromatography and gel filtration from the dry sample of *Pleurotus eryngii*. In terms of detection on local lesion host，these components were confirmed to be anti-TMV and their inhibition rates reach more than 70%，or even 99%. The protein named xb68Ab of MW 23.7kD was purified by ion-exchange chromatography and gel filtration. Its inhibition rates against TMV are 99.43% and 98.9% on *Nicotiana glutionosa* and *Chenopodium amaranticolor*，respectively.

Key words：*Pleurotus eryngii*；antiviral protein；*Tobacco mosaic virus*

植物病毒病防治一直是一个世界性难题，解决这一难题有多种防治策略，其中之一就是应用抗病毒蛋白。目前发现的抗植物病毒蛋白大多数是植物毒蛋白，许多这类蛋白都属核糖体失活蛋白[1]。而在食用菌中也发现有多种活性蛋白，曾有报道从香菇中纯化一种抗烟草花叶病毒（*Tobacco mosaic virus*，TMV）蛋白 FBP（fruiting body protein），其分子质量 23kD，为碱性单亚基蛋白[2,3]。孙慧等[4]从杨树菇中分离到一种抗 TMV 的酸性蛋白，分子质量为 1518kD。由于食用菌种类多，是一类非常丰富的资源，可从中筛选出抗病毒蛋白，这无疑具有较大的理论意义和应用前景。为此，本研究从杏鲍菇中进行了抗烟草花叶病毒蛋白的筛选。

微生物学报，2003，43（1）：29-34

收稿日期：2002-01-14　修回日期：2002-05-24

* 基金项目：福建省科技厅重点项目（99-Z-193）

1 材料和方法

1.1 材料

杏鲍菇（*Pleurotus eryngii*）自然风干样品粉碎备用。以普通烟 K326（*Nicotiana tabacum* var. K326）作为 TMV 繁殖寄主：以心叶烟（*N. glutionosa*）、苋色藜（*Chenopodium amaranticolor*）作为 TMV 枯斑检测寄主。

凝胶介质 DEAE-Sepharose FF、Superdex^{TM} 75Prep Grade 和 Sephacryl^{TM} S-200 High Resolution 均为 Phamacia 公司产品，蛋白标准低分子质量标准蛋白为上海博亚生物技术有限公司产品，分子质量（kD）为：兔磷酸化酶 B（rabbit phosphorylase B）97.4、牛血清白蛋白（bovine serum albumin）66.2、兔肌动蛋白（rabbit actin）43.0、牛碳酸酐酶（bovine carbonic anhydrase）31.0、胰蛋白酶抑制剂（trypsin inhibitor）20.1；鸡蛋清溶菌酶（hen egg white）14.4。

1.2 方法

1.2.1 TMV 的提纯

用 Gooding 方法[5]，经 200～300nm 紫外扫描确定纯度和病毒含量。

1.2.2 杏鲍菇中各抗病毒蛋白组分的获得

方案 1：称杏鲍菇子实体风干粉碎样品 15g，分别用 200mL 和 100mL 的蒸馏水浸提两次，每次 10h，用四层纱布过滤，合并浸提液；浸提液 10 000r/min 离心 10min，得上清液 1；用 40%饱和度的（NH_4）$_2$ SO_4 沉淀，10 000r/min 离心 10min，得上清液 2；再用 40%～80%饱和度的（NH_4）$_2$$SO_4$沉淀，10 000r/min 离心 10min，弃上清得沉淀 1。沉淀 1 用蒸馏水溶解，10 000r/min 离心 10min，得上清液 3，留待上样用。

DEAE-Sepharose FF 装柱（1.6cm×15cm），用 0.01mol/L 磷酸缓冲液（pH7.0）平衡。

将上清液 3 上样，用 0.01mol/L 磷酸缓冲液洗涤 30～40min，然后用 0～0.5mol/L 的 NaCl 梯度洗脱，分部收集流出液，将收集的各管在 280nm 处测紫外吸收值。以管号和紫外吸收值绘图，得到 7 个组分：xb1、xb2、xb3、xb4、xb5、xb6 和 xb7。通过抗 TMV 活性检测后，收集有活性的三个组分：xb2、xb3 和 xb4，对蒸馏水透析 24h，换水 3～4 次，再用聚乙二醇（PEG20000）浓缩，然后分别上 Superdex^{TM} 75 Prep Grad 柱（1.6cm × 40cm），用 0.01mol/L 磷酸缓冲液（pH7.0）（含 0.15mol/L NaCl）洗脱，得到以下主要的组分：xb2a、xb2b、xb2c、xb3a、xb3b、x3c、xb3d；xb4a、xb4b 和 xb4c，将它们分别浓缩透析后，即为待筛选的杏鲍菇蛋白。

方案 2：除了（NH_4）$_2$$SO_4$饱和度定为 40%～60%和 60%～80%，平衡、上样和洗脱缓冲液为 0.01mol/L 浓度的 Tris-HCl（pH7.8），NaCl 梯度为 0～0.6mol/L，凝胶层析介质改为 Sephacryl^{TM} S-200 High Resolution 外，其他过程均与方案 1 基本相同。

1.2.3 抗病毒活性检测

采用半叶法接种，以心叶烟和苋色藜作为 TMV 的枯斑寄主。用蒸馏水与病毒的混合液（V/V=1）接种在枯斑寄主的左半叶上（病毒含量为 20μg/mL），作为对照；用等量的蛋白溶液与病毒的混合液（V/V=1）接种在枯斑寄主的右半叶上，作为处理。每个样品接种 5～6 片叶，待出现明显枯斑后，及时记录枯斑数。

抑制率=［1－(处理的枯斑数/对照的枯斑数)］×100%

1.2.4 SDS-聚丙烯酰胺凝胶电泳与蛋白定量

采用 Laemmli 方法[6]，浓缩胶浓度 3%，分离胶浓度 12%或 15%。蛋白的定量是将已纯化的未知浓度的蛋白与已知浓度的牛血清蛋白按一定比例混合后进行 SDS-PAGE，然后在凝胶成像仪上进行这两个蛋白的面积积分，根据面积比推算出未知浓度蛋白的含量。

2 结果和讨论

2.1 杏鲍菇中各蛋白组分的获得

根据方案 1，用 40%～80%饱和度的硫酸铵沉淀得到的杏鲍菇蛋白粗品，经 DEAE-Sepharose FF 柱层析后，大致分为七个组分：xb1、xb2、xb3、xb4、xb5、xb6、xb7（图 1），收集前 6 个组分，检测其抗 TMV 活性，从中筛选出对 TMV 有较强抑制作用的三个组分；xb2、xb3、xb4；再将这三个组分分别浓缩透析后，经 Superdex^{TM} 75 Prep Grade 凝胶层析，分别又可细分为一些组分：xb2a、xb2b、xb2c；xb3a；xb3a、xb3b、xb3c、xb3d；xb4a、xb4b、xb4c（图 2、图 3 和图 4）。

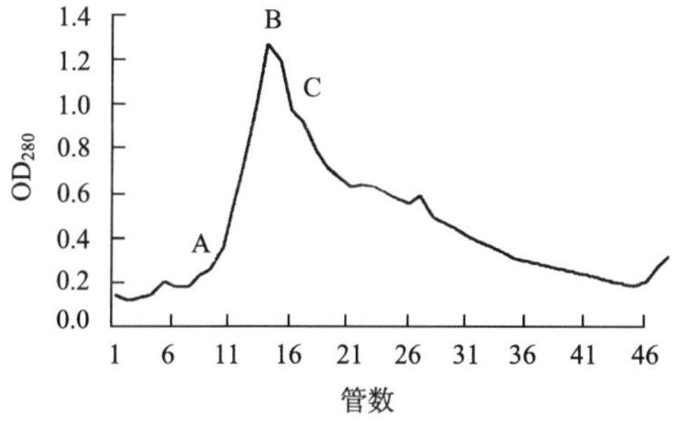

图 1 杏鲍菇蛋白粗品的 DEAE-Sepharose FF 柱层析

A. xb2；B. xb3；C. xb4

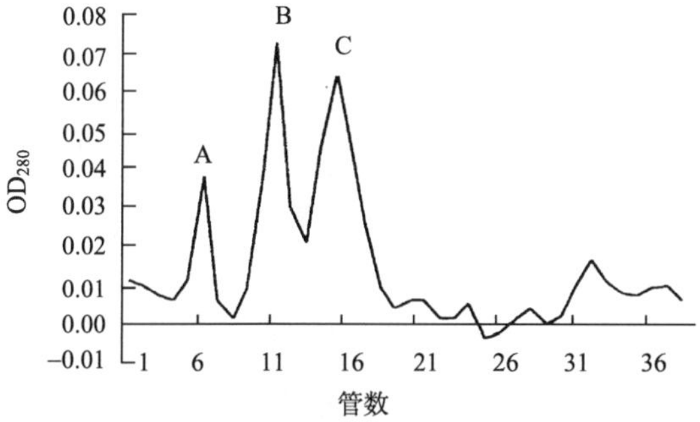

图 2 xb2 的 Superdex 75 凝胶层析图

A. xb2a；B. xb2b；C. xb2c

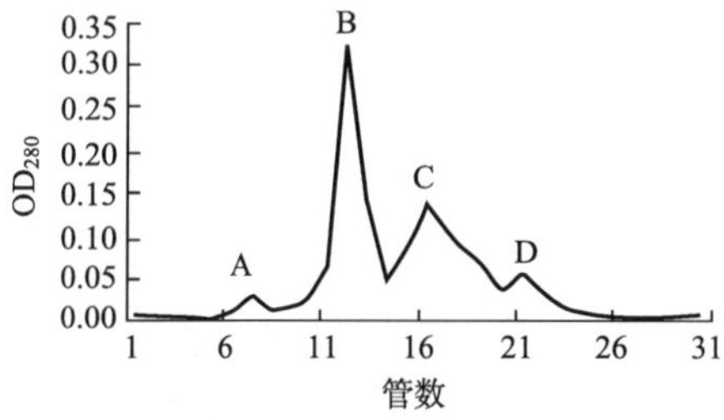

图 3 xb3 的 Superdex 75 凝胶层析图

A. xb3a；B. xb3b；C. xb3c；D. xb3d

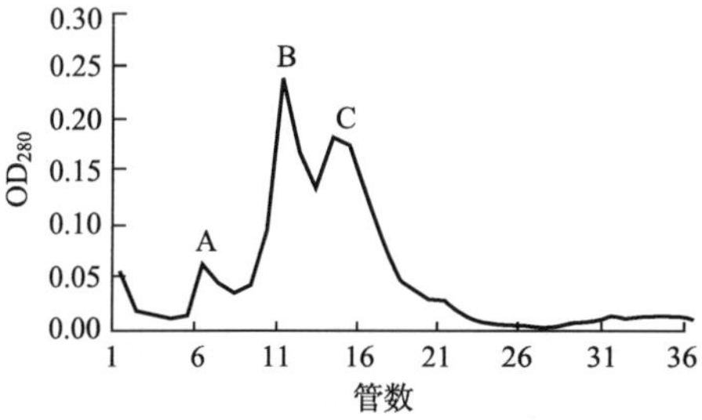

图 4 xb4 的 Superdex 75 凝胶层析图

A. xb4a；B. xb4b；C. xb4c

根据方案 2，用 40%～60%和 60%～80%饱和度的硫酸铵沉淀得杏鲍菇蛋白粗品 xb46 和 xb68。分别经 DEAE-Sepharose FF 柱层析后，xb46 各组分抗 TMV 活性不高，xb68 出现二个主要组分：xb68A 和 xb68B（图 5）。检测 xb68A 和 xb68B 抗 TMV 活性，将抑制效果较好的 xb68A，浓缩透析后上 Sephacryl™ S-200High Resolution 柱，得到较纯的杏鲍菇蛋白组分：xb68Aa、xb68Ab（图 6）。

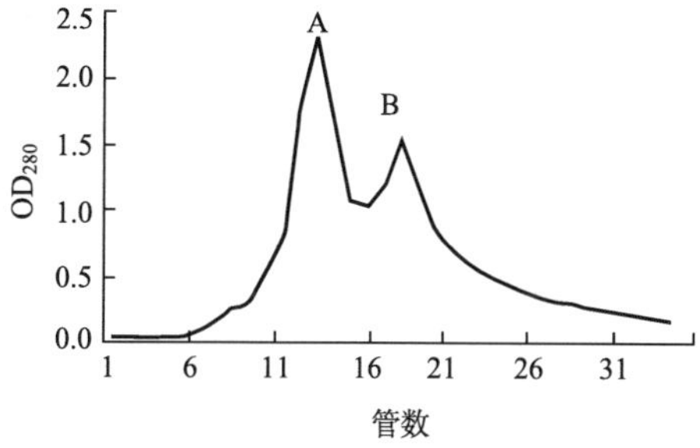

图 5 xb68 的 DEAE-Sepharose FF 柱层析图

A. xb68A；B. xb68B

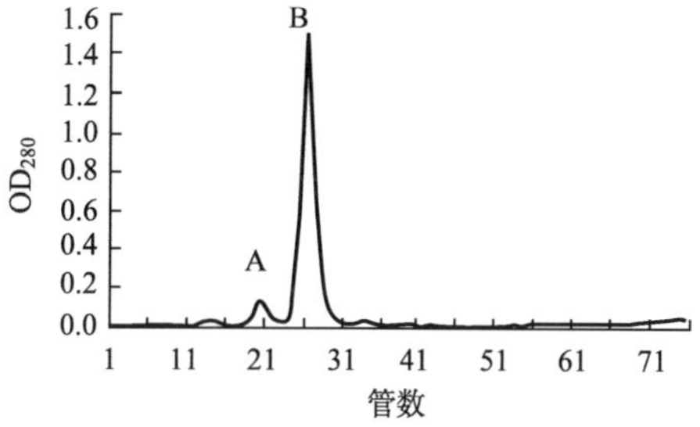

图 6 xb68A 的 Sephacryl™ S-200 high Resolution 凝胶层析图

A. xb68Aa；B. xb68Ab

2.2 杏鲍菇蛋白抑制 TMV 侵染枯斑寄主的活性

表 1 是用 40%～80%饱和度硫酸铵沉淀得到的蛋白粗品，经 DEAE-Sepharose FF 柱层析后得到的蛋白组分，在心叶烟和苋色藜上进行抗 TMV 活性检测所得到的结果。从表 1 可以看出，这些蛋白组分在 TMV 枯斑寄主上均有一定的抑制 TMV 的效果。在心叶烟上，xb2、xb3、xb4 三个组分的抑制效果较好，它们各自的平均抑制率都超过 70%，其中抑制效果最好的是 xb4，它的平均抑制率达到 91.27%；在苋色藜上，xb2、xb3、xb4 三个组分各自的平均抑制率都超过 90%，其中抑制效果最好的是 xb2，它的平均抑制率达到 97.77%。这一研究结果表明，xb2、xb3、xb4 三个组分不论在心叶烟上还是在苋色藜上都表现很强的抑制 TMV 活性。

表 1　杏鲍菇蛋白粗品经 DEAE-Sepharose FF 柱层析后得到的蛋白组分抗 TMV 活性

枯斑寄主	平均抑制率/%					
	xb1	xb2	xb3	xb4	xb5	xb6
N. glutionosa	3354	71.83	70.18	91.27	37.72	42.30
C. amaranticolor	/	97.77	96.71	92.98	/	/

表 2 是用 60%～80%饱和度的硫酸铵沉淀得到的杏鲍菇蛋白粗品，经 DEAE-Sepharose FF 柱层析后得到的组分在心叶烟和苋色藜上进行抑制 TMV 活性检测所得到的结果。从表 2 可以看出，在心叶烟和苋色藜上，xb68A 和 xb68B 对 TMV 表现极强的抑制活性，且抑制效果非常稳定。除 xb68A 在苋色藜上的抑制率低以外，它们的平均抑制率都超过 98%，最高达 100%。由此可见，xb68A 和 xb68B 中存在抗 TMV 活性蛋白。

表 2　xb68 经 DEAE-Sepharose FF 柱层析后得到的蛋白组分抗 TMV 的活性

枯斑寄主	平均抑制率/%	
	xb68A	xb68B
N. glutionosa	100	96.63
C. amaranticolor	98.27	98.68

表 3 是 xb68A 经 S-200 凝胶层析后得到的蛋白组分在心叶烟和苋色藜上进行抑制 TMV 活性检测所得到的结果。从表 3 看出，xb68Ab 在心叶烟和苋色藜上都表现极显著的抑制 TMV 的效果，平均抑制率几乎达到 100%，可见 xb68Ab（蛋白浓度为 0.217mg/mL）具有较强的抑制 TMV 活性。另一个组分 xb68Aa 表现的抑制 TMV 的效果不太稳定，其在心叶烟上的抑制效果明显好于在苋色藜上的抑制效果。

表 3　xb68A 经 Sephacryl™ S-200 High Resolution 凝胶层析后得到的蛋白组分抗 TMV 的活性

枯斑寄主	平均抑制率/%	
	xb68A	xb68B
N. glutionosa	100	99.43
C. amaranticolor	32.56	98.90

2.3　各蛋白组分的 SDS-PAGE

图 7 是 xb2、xb3、xb4 的 SDS-PAGE，从图中可以看出，xb2 电泳显示多条蛋白带，分子质量从 10kD 到大于 100kD 不等，图中还显示其中所含蛋白种类非常多；xb3 电泳显示的蛋白带分子质量范围和 xb2 的差不多，但所含蛋白种类有所不同，其中在 24kD 左右有主蛋白带；xb4 电泳表明所含蛋白带的数量要少很多，大约在 21kD 左右有主要蛋白带存在。这一电泳结果表明所获得的 xb2、xb3 和 xb4 均可能有多种蛋白在起作用。

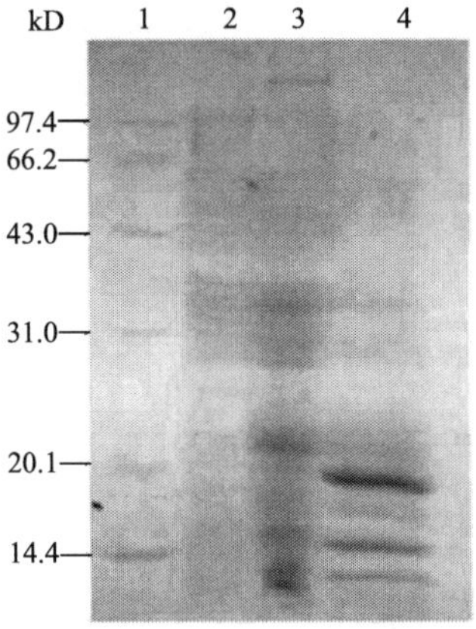

图 7　杏鲍菇 xb2、xb3 和 xb4 的 SDS-PAGE

1. maker；2. xb4；3. xb3；4. xb2

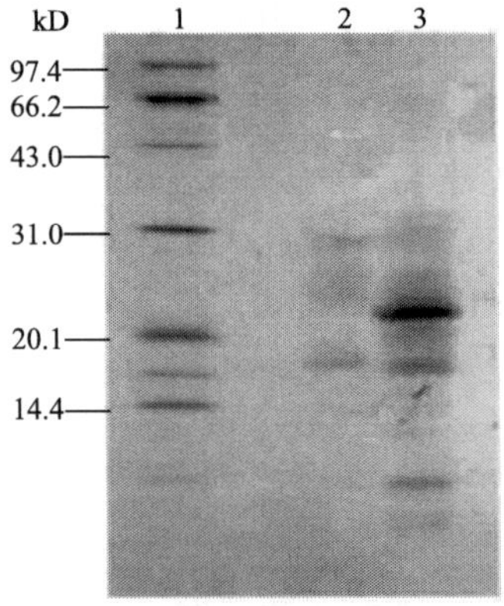

图 8　杏鲍菇 xb2b 和 xb3b 的 SDS-PAGE

1. maker；2. xb2b；3. xb3b

图 8 表明 xb2b 和 xb3b 是由多蛋白组成。xb2b 电泳显示一条主蛋白带，分子质量约为 16.8kD，另有一些不清晰的蛋白带。xb3b 电泳显示一条主蛋白带，分子质量约为 23.7kD，此外还存在一些淡的蛋白带，其中也包括 16.8kD。

图 9 表明 xb68Ab 基本得到纯化，它的抗病毒活性是由单一蛋白在起作用，检测表明这个蛋白的分子质量为 23.7kD。

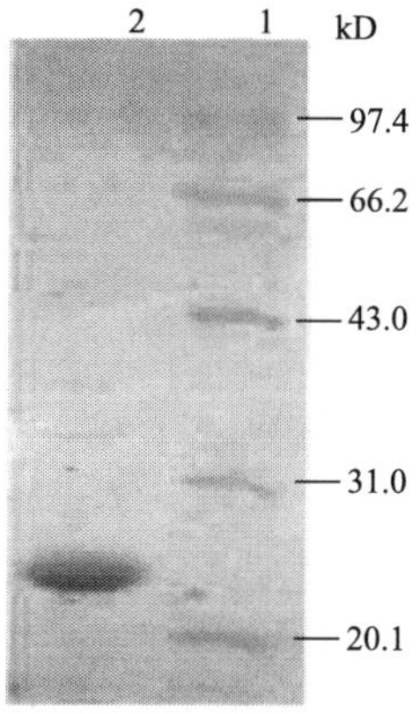

图 9 xb68Ab 的 SDS-PAGE

1. maker; 2. xb68Ab

2.4 讨论

杏鲍菇是福建省栽培十分丰富的一种食用菌，比较容易获得。对杏鲍菇干样的浸提液进行硫酸铵分步沉淀以后，设计了不同的方法进行抗病毒蛋白的分离，结果发现有不同种的蛋白在起着抗 TMV 的作用。通过枯斑寄主测定，这些蛋白组分对 TMV 的平均抑制率均可达 70%以上，高者可达 99%。在纯化过程中，发现一个抑制 TMV 较好的蛋白 xb68Ab，其分子质量为 23.7kD，并已得到纯化，但它的生化特性和抗 TMV 的机制有待进一步研究。

参考文献

[1] Verma HN, Baranwal VK, Srivastava S. Antiviral substance of plant origin. *In*: Hadidi A. Plant virus disease control. Minnesota: The American Phytopathological Society, 1998, 154-162

[2] Kobayashi N, Hiramatsu A, Akatsuka T. Purification and chemical properties of an inhibitor of plant virus infection from fruiting bodies of *Lentinus edodes*. Agric Biol Chem, 1987, 51(3): 883-890

[3] Hiramatsu A, Kobayashi N, Osawa N. Properties of two inhibitors of plant virus infection from fruiting bodies of *Lentinus edodes* and from leaves of *Yucca recurvifolia* Salisb. Agric Biol Chem, 1987, 51(3): 897-904

[4] 孙慧，吴祖建，谢联辉等. 杨树菇(*Agrocybe aegerita*)中一种抑制 TMV 侵染的蛋白质纯化及部分特性. 生物化学与生物物理学报，2001，33(3)：351-354

[5] Gooding GVJr, Hebert TT. A simple technique for purification of *Tobacco mosaic virus* in large quantities. Phytopathology, 1967, 57(11): 1285

[6] Laemmli UK. Cleavage of structural protein during the assembly of the head of bacteriophage. Nature, 1970, 22: 680-685

榆黄蘑中一种抗病毒蛋白的纯化及其抗 TMV 和 HBV 的活性*

付鸣佳，吴祖建，林奇英，谢联辉

（福建农林大学植物病毒研究所，福建福州 350002）

摘 要： 采用阴离子交换层析和凝胶层析方法从新鲜食用菌榆黄蘑（*Plearotus citrinopileatus*）中进行了抗病毒蛋白的纯化，结果获得了一个纯化蛋白 YP46-46，经 SDS2PAGE 可确定其分子质量为 27.4kD。以半叶法在枯斑寄主心叶烟上检测该蛋白对烟草花叶病毒（TMV）的抑制率，发现有较好的抗 TMV 活性，其抑制 TMV 的中浓度为 0.24μg/mL。同时以 Hep G2.2.2.15 细胞株为模型，对所获得的蛋白进行体外抗乙型肝炎病毒效果的评价。结果表明该蛋白对 HBsAg 的 50%抑制时的浓度为 0.08μg/mL，但对 HBeAg 效果不大。

关键词： 抗病毒蛋白；烟草花叶病毒；乙型肝炎病毒

中图分类号： S432.41；R373.2 **文章标识码：** A **文章编号：** 1003-5125（2002）04-0350-04

Purification of a antiviral protein in *Plearotus citrinopileatus* and its activities against *Tobacco mosaic virus* and *Hepatitis B virus*

FU Ming-jia, WU Zu-jian, LIN Qi-ying, XIE Lian-hui

(Institute of Plant Virology, Fujian Agriculture and Forestry University, Fuzhou 350002)

Abstract: A antiviral protein, YP46-46, was isolated and purified to homogeneity from the mushroom, *Plearotus citrinopileatus*, by precipitation of 40%-60% saturation of ammonium sulfate followed by DEAE-sepharose FF ion-exchange column chromatography, Sephacryl ™ S-200 High Resolution molecular sieve chromatography. The protein has a molecular weight of about 27.4kD by SDS-PAGE. The concentration of the protein was 0.24μg/mL when the inhibition rate against *Tobacco mosaic virus* was 50%. Using an assay system based on Hep G2.2.2.15 cell line, YP46-46 was studied for its inhibitory ability against *Hepatitis B virus*. The result shows that the concentration of 50% inhibition of HBsAg was 0.08μg/mL, but low effect on HBeAg.

Key words: antiviral protein; *Tobacco mosaic virus*; *Hepatitis B virus*

中国病毒学，2002，17（4）：350-353

收稿日期：2002-02-26 修回日期：2002-03-21

* 基金项目：教育部骨干教师资助项目

应用抗病毒蛋白防治植物病毒病和人类的某些病毒病，已成为病毒病治疗和防治研究的重要内容。目前已经发现多种既可用于抗植物病毒病，又可治疗人病毒病的蛋白[1,2]，如美洲商陆抗病毒蛋白，该蛋白可用于防治多种植物病毒病[3]和人类病毒病[4-6]。目前已经培育出该类蛋白的转基因作物，在农业生产上用于防治作物的病毒病[7,8]；而将抗病毒蛋白与单克隆抗体等具有导向性的分子结合，可定向地杀死细胞内的病毒[2]。我国为乙型肝炎病毒（*Hepatitis B virus*，HBV）感染的高发区，抗乙肝病毒药物的研究一直受到普遍重视。在药物筛选方面，许多研究者在非蛋白类药物方面做了不少工作。国内应用蛋白类药物防治 HBV 的研究还不多，在蛋白类药物筛选方面还存在不少空白。本研究在从榆黄蘑中筛选抗烟草花叶病毒（*Tobacco mosaic virus*，TMV）蛋白的同时，应用 HepG2.2.2.15 细胞株[9]筛选抗 HBV 的蛋白类药物。

1　材料与方法

1.1　材料

榆黄蘑（*Plearotus citrinopileatus*）子实体鲜样得自福建农林大学菌草研究所，冻干或贮存于超低温冰箱中备用。

心叶烟（*Nicotiana glutinosa*）作为筛选和检测用的枯斑寄主，普通烟 K326（*Nicotiana tabacum* var. K326）作为保存繁殖 TMV 的寄主。

阴离子交换介质 DEAE-Sepharose FF 和凝胶层析介质 Sephacryl^{TM} S-200 High Resolution 均购于 Amersham Pharmacia Biotech 公司。超滤管 Centricon-YM10 为 Millipore 公司产品。

低分子质量标准蛋白：兔磷酸化酶 B（rabbit phosphorylase B，MW 97 400）、牛血清白蛋白（bovine serum albumin，MW 66 200）、兔肌动蛋白（rabbit actin，MW 43 000）、牛碳酸酐酶（bovine carvonic anhydrase，MW 31 000）、胰蛋白酶抑制剂（trypsin inhibitor，MW 20 100）、鸡蛋清溶菌酶（hen egg white lysozyme，MW 14 400）为上海生化所产品。

Hep G2.2.2.15 细胞株由福建医科大学免疫室李丹硕士惠赠；用 Eagle's MEM 液培养，内含 10%的胎牛血清（杭州江滨生物技术公司产品）、0.03% L-谷氨相酰胺、100mg/L G418、100IU/mL 青霉素、100IU/mL 链霉素、100IU/mL 卡那霉素，5% NaH_2CO_3 调 pH7.0。

MTT 干粉为 Fluka 公司产品；HBsAg 和 HBeAg 检测试剂盒为厦门新创科技有限公司产品。

1.2　方法

1.2.1　TMV 的提纯

采用 Gooding 方法[10]，经 200～300nm 紫外扫描确定纯度和病毒含量。

1.2.2　榆黄蘑中的抗病毒蛋白的获得

称取榆黄蘑子实体鲜样 150g，加入 300mL 蒸馏水和 1%的 β-巯基乙醇，捣碎，浸提 4～5h，后经 10 000r/min 离心 10min；上清液 40%～60%饱和度的 $(NH_4)_2SO_4$ 沉淀，10 000r/min 离心 10min，弃上清得沉淀。将沉淀对蒸馏水溶解，10 000r/min 离心 10min，弃沉淀再得上清液，并以此上清液上 DEAE-Sepharose FF 阴离子交换柱，0～0.5mol/L 的 NaCl 梯度洗脱，收集洗脱峰，浓缩后上 Sephacryl^{TM} S-200 High Resolution 凝胶层析柱，洗脱缓冲液为 0.01mol/L 磷酸缓冲液（pH7.2）（内含 NaCl 浓度为 0.15mol/L），收集洗脱峰，Centricon-YM10 脱盐和浓缩，进行活性检测，收集活性成分，即得纯化蛋白 YP46-46。

1.2.3　SDS-PAGE

采用 Laemmli 方法[11]，浓缩胶浓度 3%，分离胶浓度 15%。

1.2.4　蛋白浓度的确定

45μL 未知浓度的 YP46-46 蛋白液同 5μL 浓度为 10mg/mL 的牛血清白蛋白液（作为标准蛋白液）混合，按 1∶1 的比例加入 50μL 加样缓冲液，上样进行 SDS-PAGE（方法同 1.2.3），每孔上样 30μL，3 次重复；电泳结束后，经染色、脱色处理，最后在凝胶成像仪上观察拍照，对各加样泳道进行蛋白条带的面积积分，按面积比推算出 YP46-46 蛋白浓度。

1.2.5　YP46-46 蛋白抗 TMV 活性检测

采用半叶法接种，实验在 28℃ 温室中进行。以心叶烟作为 TMV 的枯斑寄主。用 0.01mol/L pH7.2 的磷酸缓冲液与浓度为 20μg/mL 病毒液混合（V/V=1）接种在枯斑寄主的左半叶上（病毒含量为 20μg/mL），作为对照；用等量的 YP46-46 蛋白溶液（缓冲体系为 0.01mol/L pH7.2 的磷酸缓冲液）与上述相同浓度的病毒液混合（V/V=1）接种在枯斑寄主的右半叶上，作为处理。每个样品接种 5～6 片叶，待出现明显枯斑后，及时记录枯斑数。计算公式：

抑制率＝[1－(处理的枯斑数/对照的枯斑数)]×100%

1.2.6 YP46-46 蛋白体外抗 HBV 检测

1.2.6.1 抗病毒蛋白

YP46-46 应用于 HepG2.2.2.15 细胞中：用胰蛋白酶将 HepG2.2.2.15 细胞分散成单个细胞悬液，按 10^5 细胞/孔分别接种于 96 孔培养板，分别加入 100μL 培养液，于 5% CO_2 培养箱中 37℃培养 48h 后换入含 YP46-46 蛋白的培养液，每 3 天换新鲜含 Zb 蛋白培养液，共 4 次，换出的细胞上清液－20℃保存，12h 后检测 HbsAg 和 HbeAg 及细胞存活率。

1.2.6.2 细胞存活率测定

参考 Mosmann 的 MTT 法测细胞存活率[12]。具体方法是：吸去培养板各孔中的培养液，加入 0.5mg/mL 的 MTT 液，100μL/孔，37℃培养 4h，加入 0.04mol/L 盐酸化异丙醇充分溶解，570nm 波长测 OD 值。细胞存活率＝(实验孔 OD 值/对照孔 OD 值)×100%；50%毒性浓度（CD_{50}）为实验孔存活细胞为对照孔 50%时的药物浓度。

1.2.6.3 YP46-46 蛋白抗 HBV 药效测定

以 HB-sAg 和 HBeAg 检测试剂盒检测 YP46-46 蛋白抗 HBV 的药效，检测方法参考说明书。以不含 YP46-46 蛋白培养液同时培养的 2.2.15 细胞上清液的检测结果为对照。抑制率＝[（对照孔 OD 值－实验孔 OD 值)/(对照孔 OD 值－阴性对照 OD 值)]×100%；50%抑制浓度（ID_{50}）为 HBsAg 或 HBeAg 抑制率为 50%时的药物浓度。

1.2.6.4 结果的评价

YP46-46 蛋白抗 HBV 的效果以治疗指数（TI）评价，即 TI＝CD_{50}/ID_{50}，以药物第 9 天时的 TI 为标准，其中 TI>2 为有效低毒，1<TI<2 为低效有毒，TI<1 为毒性作用。

1.2.7 YP-46-46 的凝集素活性

采用孙册方法[13]，略加修改。第 1 孔 YP-46-46 蛋白的浓度为 56μg/mL，然后倍比稀释，25μL/孔，所用缓冲液为 pH7.2 的 0.02mol/L PBS（内含 0.2mol/L 的 NaCl)；每孔加等体积 2%的兔血红细胞，1h 后肉眼观察和显微镜观察结果。

2 结果

2.1 抗病毒蛋白 YP46-46 的纯化

榆黄蘑 40%～60%的 $(NH_4)_2SO_4$ 沉淀悬浮液经 DEAE-Sepharose FF 阴离子交换柱，可获得一个主要的蛋白峰（图 1）。收集该峰进行浓缩后再上 Sephacryl™ S-200 High Resolution 凝胶层析柱，可得 3 个峰，其中第 3 个峰为纯化的 YP46-46 蛋白（图 2）。

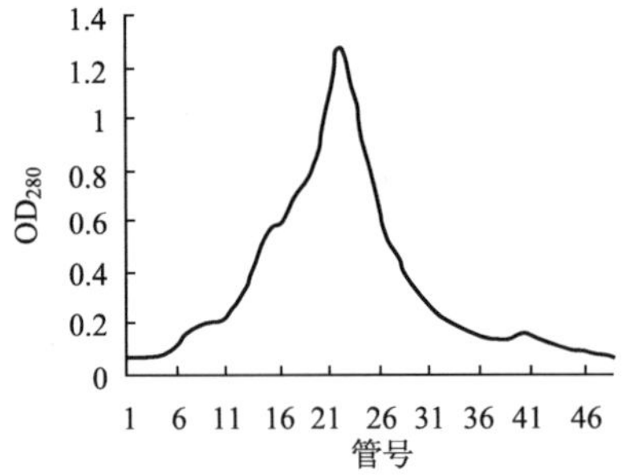

图 1 榆黄蘑粗汁液过 DEAG-Sepharose FF 阴离子交换柱

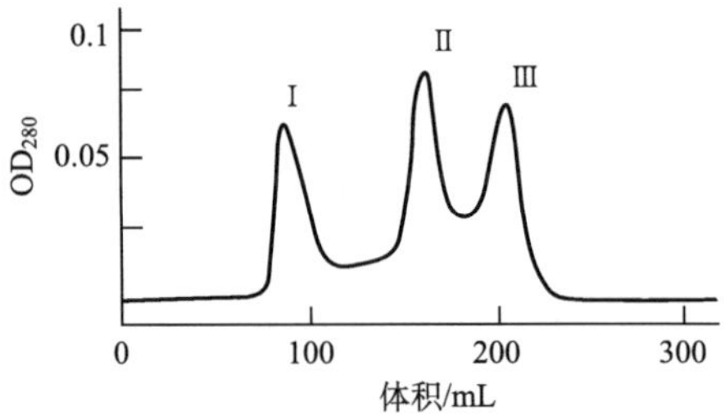

图 2 YP46-46 在 Sephacryl™ S-200 凝胶层析柱上的纯化

2.2 纯化蛋白 YP46-46 的 SDS-AGE 电泳

纯化的 YP46-46 经 SDS-PAGE 以后，只可见一条蛋白带（图 3），该蛋白带的分子质量为

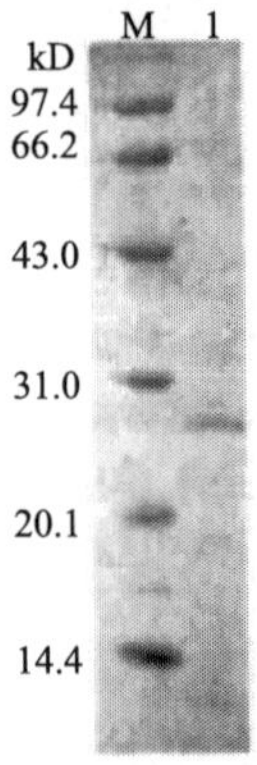

图 3 YP46-46 的 SDS-PAGE

M. maker；1. YP46-46

27.4kD，同时说明 YP46-46 蛋白得到纯化。

2.3 YP46-46 蛋白的抗 TMV 活性

以初始浓度为 1.751μg/mL 的 YP46-46 蛋白进行倍比稀释，心叶烟为检测对象，检测了 YP46-46 对 TMV 的抑制活性（表 1）。从表 1 可看出 YP-46-46 蛋白的抑制中浓度大约为 0.240μg/mL。在此浓度以下，该蛋白对 TMV 的抑制率急剧下降。

表 1 YP46-46 的抗 TMV 的活性

YP46-46 浓度/(μg/mL)	0.976	0.488	0.244	0.122
抑制率/%	86.8	63.1	53.0	0

2.4 YP46-46 蛋白对 HBsAg 和 HBeAg 的抑制率

以初始浓度为 9.23μg/mL 的 YP46-46 蛋白进行 5 倍稀释，设重复。从表 2 可看出 YP46-46 蛋白对 HBsAg 有一定的抑制作用，但在检测对 HBeAg 的抑制作用时发现效果不理想；同时从实验中还可看出，抑制 HBsAg 时 TI＞2，为有效低毒。

表 2 YP46-46 对 HBsAg 和 HBeAg 的抑制效果

YP46-46 的浓度/(μg/mL)	HBsAg/%	HBeAg/%	细胞存活率/%
1.92	65.2	12.6	42.8
0.38	63.3	1.20	49.2
0.08	52.1	11.5	62.0
ID_{50}	0.08		
CD_{50}	0.38		
TI	4.75		

2.5 YP46-46 蛋白的凝集素活性

经血凝滴度检测，观察后发现该蛋白的凝集素滴度在 27，此时的蛋白工作浓度为 0.219μg/mL，表明该蛋白确有凝集素活性。

3 讨论

在从食用菌中筛选抗植物病毒蛋白时，我们对榆黄蘑进行了粗测，发现确实存在抗植物病毒成分。以榆黄蘑的 40%～60% $(NH_4)_2SO_4$ 沉淀悬浮液过 DEAE-Sepharose FF 阴离子交换柱，可见一个主要的蛋白峰；收集该峰浓缩后上 Sephacryl™ S-200 High Resolution 凝胶层析柱，收集第 3 峰的后一部分，浓缩后经 SDS-PAGE 可确定一条分子质量为 27.4kD 的单一条带，表明该蛋白基本纯化，该蛋白暂时定名为 YP46-46 蛋白。将该纯化蛋白定量后进行抗植物病毒检测，发现有较好的抗植物病毒活性，其抑制中浓度为 0.240μg/mL，但是在此浓度以下，抗病毒活性很快下降，由此可推测在此浓度时存在一个抑制 TMV 的临界点。

以此纯化蛋白进行抗 HBV 的初步检测，发现有抑制 HBsAg 的作用；但在所测浓度范围内，对 HBeAg 作用不明显或者说基本无作用。从目前研究的一些抑制 HBV 的药物来看，大多数药物都是分子质量不很大的大分子或低分子质量化合物[14-16]，这一类药物易被细胞吸收，因此作用较为均匀。而本实验所纯化的 YP46-46 蛋白分子质量为 27.4kD，是否多亚基还未测定；同时发现该蛋白有血凝活性，可以预测在肿瘤细胞上或许有结合该蛋白的受体存在，使得该蛋白进入细胞的情况较为复杂或者完全不能进入细胞中，药物的作用显然受到影响，因此这也正是本实验需要深入研究的方面。此外，在研究中发现在蛋白浓度较低的情况下，细胞毒作用还是较强的（表 2），尽管抑制 HBsAg 时的 TI＞2。综合这些情况，应用某些蛋白类药物在 HepG2.2.2.15 细胞株上检测抗 HBV 的药效，在评价指标和给药方式上都值得商榷和研究。

参考文献

[1] Verma HN, Baranwal VK, Srivastava S. Antiviral substance of plant origin. *In*: Plant Virus Disease Control. Paul: The American Phytopathological Society, 1998, 684

[2] Barbieri L, Battelli MG, Stirpe F. Ribosome-inactivating protein from plants. Bioch Biophy Acta, 1993, 1154: 237-282

[3] Chen ZC, White RF, Antoniw JF, et al. Effect of pokeweed antiviral protein (PAP) on the infection of plant virus. Plant Pathology, 1991, 40: 612-620

[4] Ussery MA, Irvin JD, Hardesty B. Inhibition of poliovirus replication by a plant antiviral peptide. Ann New York Acad Sci, 1977, 284: 431-440

[5] Zarling, JM, Moran PA, Haffer O, et al. Inhibition of HIV replication by pokeweed antiviral protein targeted to $CD4^+$ cells by monoclonal antibodies. Nature, 1990, 347: 92-95

[6] Aron GM, Irvin JD. Inhibition of *Herpes simplex virus* multiplication by the pokeweed antiviral protein. Antimicrob Agents Chemother, 1980, 17: 1032-1033

[7] 张海燕，田颖川，周奕华等. 将商陆抗病毒蛋白(PAP) cDNA

导入油菜获得抗病毒转基因植株. 科学通报，1998，43：2534-2537

[8] Lodge JK，Kaniewski WK，Tumer NE. *Broad-spectrum virus* resistance in transgenic plants expressing pokeweed antiviral protein. PNAS，1993，90：7089-7093

[9] Sells MA，Chen ML，Acs G，et al. Production of *Hepatitis B virus* particles in HepG2 cells transfectted with cloned *Hepatitis B virus* DNA. PNAS，1987，84：1005-1009

[10] Gooding GVJr，Hebert TT. A simple technique for purification of *Tobacco mosaic virus* in large quantities. Phytopathology，1967，57：1285

[11] Laemmli UK. Cleavage of structural proteins during the assembly of the head of bacteriophage T4. Nature，1970，22：680-685

[12] Mosmann T. Rapid colorimetric assay for cellular growth and survival：application to proliferation and cytoxicity assays. J Immunol Methods，1983，65：55-63

[13] 张惟杰. 复合多糖生化研究技术. 上海：上海科学技术出版社，1987，341-344

[14] 米抒，傅希贤，张国庆等. 用2215细胞株筛选抗乙型肝炎病毒药物的研究. 中华医学杂志，1992，72：612-615

[15] 傅希贤，张乃临，张国庆等. 试用2215细胞进行乙肝病毒药物试验的初步结果. 中华实验和临床病毒学杂志，1992，6：143-146

[16] 吴婷，黄海，周佩. 恩拉霉素抗乙型肝炎病毒的体外实验. 中国病毒学，1998，13：45-49

金针菇中蛋白质含量的变化和其中一个蛋白质的生物活性*

付鸣佳，吴祖建，林奇英，谢联辉

（福建农林大学植物病毒研究所，福建福州　350002；
福建农林大学生物农药与化学生物学教育部重点实验室，福建福州　350002）

摘　要：在对金针菇（*Flammulina velutipes*）子实体活性蛋白质纯化过程中发现，金针菇在不同环境条件下不同蛋白质的表达量有差异。通过阴离子交换层析、凝胶层析和高压液相色谱，从金针菇中分离纯化获得了一种蛋白质 Zb。经 SDS-PAGE 测定该蛋白分子质量为 30kD，等电聚焦电泳表明该蛋白质的等电点为 4.7，且该蛋白质不含糖。N 端测序表明，该蛋白质 N 端的 20 个氨基酸为 PQVKTSWEDLANLGWPIQQV。此外，在 HepG2.2.2.15 细胞株上检测该蛋白质体外对肝炎病毒的抑制作用，发现对 HBsAg 抑制作用明显，抑制中浓度为 0.117μg/mL，但对 HBeAg 几乎无作用。以胃癌细胞株 MGC80-3 为研究对象，检测表明，该蛋白质对 MGC80-3 抑制率在 50%时的蛋白质浓度约为 0.75μg/mL。以起始浓度为 0.296mg/mL 的 Zb 检测它的血凝活性时发现，Zb 对兔血红细胞和人 A、B、O 血红细胞的血凝滴度为 2^{-12}。但同时观察到 Zb 处理后的兔血红细胞形态发生改变。

关键词：金针菇；活性蛋白质；乙肝病毒；抗肿瘤；血凝活性

Change in protein content of *Flammulina velutipes* and biological activities of one protein

FU Ming-jia, WU Zu-jian, LIN Qi-ying, XIE Lian-hui

(Institute of Plant Virology, Fujian Agriculture and Forestry University, Fuzhou　350002; Key Lab of Biopesticide and Biochemistry, Ministry of Education, Fujian Agriculture and Forestry University, Fuzhou　350002)

Abstract: The protein contents in fruiting body of an edible mushroom, *Flammulina velutipes*, were found varying with parts and seasons, while a protein component, named Zb, was present in either the stipe or the pileus and in summer or winter. This protein was purified to homogeneity by DEAE-Sepharose FF ion exchange, Superdex 75 (or 200) gel filtration and high performance liquid chromatography. The protein has a *M*r of 30×10^3, a pI of 4.7, and contains no sugar. Its N -terminal sequence is PQVKTSWEDLANLGWP IQQV. The protein was shown to possess antitumor activities. Its IC_{50} was 0.75μg/mL against a carcinoma cell line MGC80- 3 and 0.117μg/mL against the HBsAg of a hepatitis B virus HepG2. 2. 2. 15 cell line. No significant inhibition was found against the HBeAg of the same HBV cell line. At a start concentration of

应用与环境生物学报，2005，11（1）：40-44
收稿日期：2004-03-23　接受日期：2004-06-02
* 基金项目：教育部骨干教师资助项目（教技司［2000］65 号）、福建省科技厅重点项目（99-Z-193）、福建省教育厅重点项目（K04037）

0.296mg/mL, the protein showed hemagglutination activity on human erythrocytes of type A, B and O, and the rabbit erythrocytes with a titer of 2^{-12}. The rabbit erythrocytes treated with Zb was also significantly changed under microscope. Fig 6, Tab 1, Ref 15.

Key words: *Flammulina velutipes*; active protein; *Hepatitis B virus*; antitumor; hemagglutination activity

金针菇（*Flammulina velutipes*）是一种营养丰富的食用菌，栽培十分普遍。研究表明，金针菇含有多种活性蛋白质成分，其中曾报道有凝集素活性的蛋白质 FVA[1]，免疫调节蛋白质 FIP-fve[2] 和核糖体失活蛋白 velutin[3]，且这些蛋白质所具有的大小和功能是不一样的。我们在用金针菇作材料进行抗病毒物质的筛选时，分离纯化了一个对烟草花叶病毒具有良好抑制作用的蛋白质 Zb，且已作了初步报道[4]。深入研究表明，该蛋白质还具有其他生物学活性，为此对该蛋白质进行了多方面的研究。在研究中还发现，同一品种金针菇子实体在不同的条件下或同一条件下子实体的菌柄和菌盖上，其蛋白质成分和含量会存在一些差异，这表明某些蛋白质在金针菇子实体中具有时空性的特异表达。

1 材料与方法

1.1 材料

金针菇子实体鲜样为白色品种。阴离子交换介质 DEAE-Sepharose FF 和凝胶层析介质 Superdex75、Superdex200 均购于 Amersham Pharmacia Biotech 公司，强阴离子交换柱 Poros20HQ 为 PE 公司产品。丙烯酰胺、甲叉双丙烯酰胺、tris、十二烷基硫酸钠（SDS）等购于上海生工。超滤离心管 Centricon-YM10 为 Millipore 公司产品。

HepG2.2.2.15 细胞株用 Eagle's MEM 液培养，内含 10%的胎牛血清（杭州江滨生物技术公司产品）、0.03% *L*-谷氨酸酰胺、100mg/L G418、100IU/mL 青霉素、100IU/mL 链霉素、100IU/mL 卡那霉素，5% $NaHCO_3$ 调 pH7.0。MTT 干粉为 Fluka 公司产品；HBsAg 和 HBeAg 检测试剂盒为厦门新创科技有限公司产品。胃癌细胞株 MGC80-3 为本所培养和保存。

1.2 方法

1.2.1 金针菇子实体粗蛋白质的柱层析和活性蛋白质的纯化

新鲜金针菇子实体 150g 加 150～200mL 蒸馏水捣碎后，10 000r/min 离心，上清经 55%～70%硫酸铵沉淀，11 000r/min 离心收集沉淀。沉淀悬浮后经 0～0.5mol/L 氯化钠梯度过 DEAE-Sepharose FF 柱（缓冲体系为 0.01mol/L PBS），得到一个主要吸收峰 Z，收集、脱盐并浓缩；浓缩液 1～2mL 上凝胶层析柱 Supperdex75 或 Superdex200（柱子用 0.15mol/L NaCl + 0.01mol/L pH7.2 PBS 平衡），在 AKTA prime 蛋白纯化系统（Pharmacia 公司产品）上以 0.3mL/min 的流速过柱，收集各峰，超滤管 Centricon-YM10（Millipore 公司产品）脱盐和浓缩，可获较纯蛋白。进行 HPLC 时，以 0.02mol/L pH7.8 的 Tris-HCl 缓冲液平衡强阴离子柱 Poros20HQ，上样后同一缓冲液冲洗 10min，梯度为 0～0.2mol/L NaCl 过柱得洗脱峰并收集，同样 Centricon-YM10 浓缩，活性检测和 SDS-PAGE 检测纯度。蛋白质的定量采用 Bradford 法[5] 以及凝胶成像仪上蛋白质电泳条带扫描面积积分的方法。

1.2.2 蛋白质的 SDS-PAGE

参照 Laemmli 方法[6]，其浓缩胶浓度为 3%，分离胶浓度为 10%或 12%。

1.2.3 蛋白质等电点的测定

采用薄层聚丙烯酰胺凝胶等电聚焦电泳测蛋白质的等电点[7]，Ampholine pH 范围为 3.5～9.5，胶浓度为 5.0%。

1.2.4 纯化蛋白质 N 端测序

纯化蛋白质 SDS-PAGE 后转 PVDF 膜，而后在 Procise 491 型（美国应用生物系统公司）蛋白质测序仪上 N 端测序。蛋白质中性糖含量检测用过碘酸-Schiff 染色法[8] 和苯酚-硫酸法[9]。

1.2.5 Zb 的体外抗乙型肝炎病毒（*Hepatitis B virus*，HBV）检测

HepG2.2.2.15 细胞培养参考傅希贤等方法[10]，用胰蛋白酶将 HepG2.2.2.15 细胞分散成单个细胞悬液，按 10^5 细胞孔分别接种于 96 孔培养板，分别加入 100μL 培养液，于 5% CO_2 培养箱中 37℃培养 48h 后换入含抗病毒蛋白的培养液，

每 3 天换新鲜含抗病毒蛋白的培养液，共 4 次，换出的细胞上清液-20℃保存，12h 后检测 HBsAg 和 HBeAg 及细胞存活率。

参考 Mosmann 的 MTT 法[11]测细胞存活率。具体方法是：吸去培养板各孔中的培养液，加入 0.5mg/mL 的 MTT 液，100μL/孔，37℃培养 4h，加入 0.04mol/L 盐酸化异丙醇充分溶解，570nm 波长测 D 值。细胞存活率=(实验孔 D 值/对照孔 D 值)×100%；50%毒性浓度（CD_{50}）可用实验孔存活细胞为对照孔 50%时的药物浓度表示。

以 HBsAg 和 HBeAg 检测试剂盒检测 Zb 抗 HBV 的药效，检测方法参考说明书。以不含抗病毒蛋白的培养液同时培养的 2.2.15 细胞上清液的检测结果为对照。抑制率=[（对照孔 D 值－实验孔 D 值）/(对照孔 D 值-阴性对照 D 值)]×100%；50%抑制浓度（ID_{50}）为 HBsAg 或 HBeAg 抑制率为 50%时的药物浓度。

抗病毒蛋白抗 HBV 的效果以治疗指数（TI）评价，即 $TI=CD_{50}/ID_{50}$，以药物第 9 天时的 TI 为标准，其中 TI>2 为有效低毒，1<TI<2 为低效有毒，TI<1 为毒性作用。

1.2.6 Zb 蛋白质对肿瘤细胞的抑制作用检测[12]

MGC80-3 细胞于含 10%小牛血清、100U/mL 青霉素、100μg/mL 链霉素及50μg/mL 卡那霉素的 RPMI1640 全培养液中，37℃、5% CO_2 及饱和湿度环境下培养、传代。接种时以胰酶消化液（0.25%胰酶/D-Hank's 液）消化，加细胞培养液吹打成单细胞悬液。细胞均按 5×10^4～10×10^4 细胞/mL 接种，培养过夜后按实验所需浓度加入 Zb，对照组仅加等量药物溶剂，隔天换液及 Zb。

Zb 对 MGC80-3 细胞生长的抑制采用 MTT 法测定。细胞接种于 96 孔培养板。加一定浓度的 Zb 处理后于实验要求的时间点取出细胞培养板，去除培养液，PBS 或 D-Hank's 液洗涤 1～2 次，每孔加 100μL 含 0.2mg/mL MTT 的 D-Hank's 液，37℃温育 4h，去除 MTT 液，加 200μL 碱化 DMSO（905DMSO/10% 0.1mol/L 甘氨酸-NaOH，pH10.0），37℃温育 30min 并不时摇动，于酶标仪上测定 λ/nm=570 值（以碱化 DMSO 液调零）。每实验组安排 3～6 孔，取平均值。实验重复 3 次，结果基本一致，以其中 1 次实验值为准，绘制曲线。抑制率=($D_{对照组}-D_{实验组}$)/D 对照组×100%。

1.2.7 纯化的 Zb 蛋白质血凝活力检测

参照孙册方法[8]。缓冲液为 0.02mol/L 磷酸缓冲液－0.2mol/L 氯化钠，pH7.2。结果在显微镜下观察并拍照。

2 结果

2.1 不同季节金针菇蛋白质成分的差异

以冬季和夏季人工栽培的金针菇鲜样（夏季为人工气候调节）进行相同的硫酸铵沉淀步骤以后，过阴离子交换柱 DEAE-Sepharose FF，分别都可以得到一个主要的蛋白质峰 Z1 和 Z2。从峰形可以看出，它们有所不同，且均为不对称峰。Z1 似为两个峰的合并（图 1A），但右边的显然低于左边的；Z2 也应为两个峰的合并（图 1A），但与 Z1 不同，它是右边的高于左边的。使用相同量的金针菇提取粗蛋白质过 DEAE-Sepharose FF 后，比较发现 Z1 峰和 Z2 峰的最大 A_{280} 值是不一样的，Z2 明显超过 Z1。

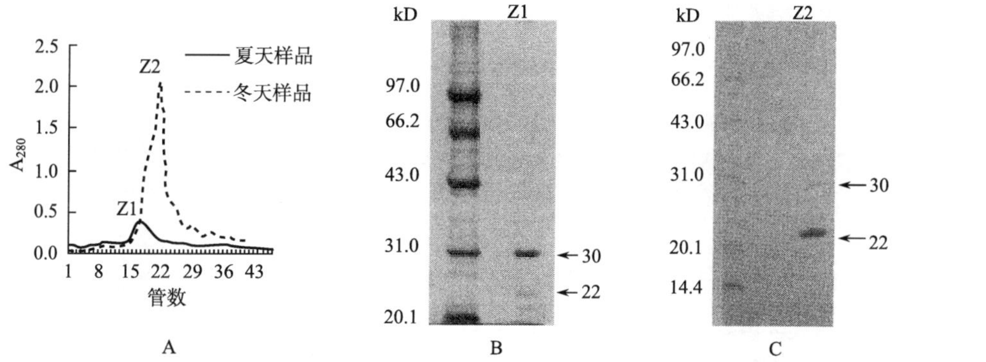

图 1 金针菇粗蛋白质溶液过阴离子交换柱 DEAE-Sepharose FF 柱以及两个主峰 Z1 和 Z2 的 SDS-PAGE

A. 夏天和冬天样品硫酸铵沉淀后粗蛋白质溶液的阴离子交换层析；B. Z1 的 SDS - PAGE；C. Z2 的 SDS - PAGE

收集Z1和Z2这两个峰，脱盐并浓缩成2mL左右，经SDS-PAGE后，各蛋白质条带的相对含量也与上述结果相应：取10μL的Z1浓缩液经SDS-PAGE后，可见明显的分子质量为30kD蛋白质带，22kD蛋白质带很弱（图1B）；Z2浓缩液稀释5倍后，仍可见有30kD蛋白质带（如果不考虑被稀释的话，其含量应和Z1的接近），但22kD蛋白质带非常清晰（图1C），表明Z1和Z2所存在的差异主要来自22kD蛋白质表达量的差异。

2.2 金针菇菌柄和菌盖蛋白质成分的差异

以春天获得的金针菇子实体菌盖和菌柄粗汁液分别进行硫酸铵沉淀以后，过阴离子交换柱DEAE-Sepharose FF。从柱层析图可以看出，菌柄过柱以后蛋白质成分要比菌盖复杂（图2A），收集两个主峰Zs和Zp，脱盐并浓缩成2mL左右，经SDS-PAGE分析以后也可见这两个峰的蛋白质成分有所不同。由菌柄所获得的蛋白质成分Zs经SDS-PAGE后，除了有30kD主要蛋白质带外，在非常靠近它的上方清晰地可见有一31kD蛋白质，另外还有49kD和37kD两蛋白质，在30kD蛋白质的下方有清晰的25kD蛋白质及隐约的19kD和18kD两蛋白质（图2B）。而由菌盖所获得的蛋白质成分Zp也有30kD的蛋白质主带，但其邻近的上方没见有31kD蛋白质带，也未见有37kD蛋白质带，其下方也缺少19kD和18kD两蛋白质（图2B）。经柱层析后，最终获得了纯化蛋白质。经SDS-PAGE以后，可见单一蛋白质带（图3），表明获得纯化Zb蛋白质。

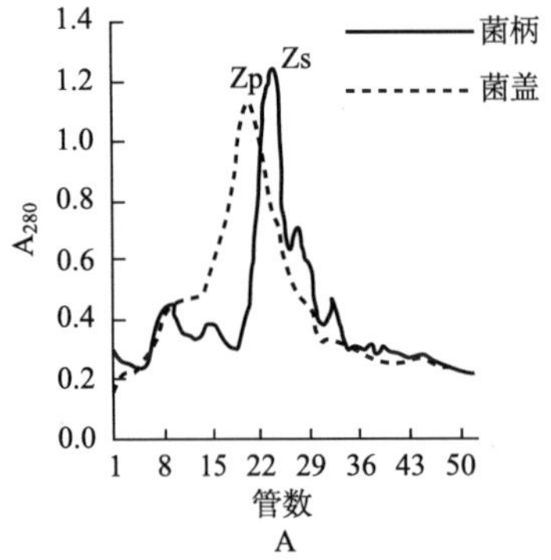

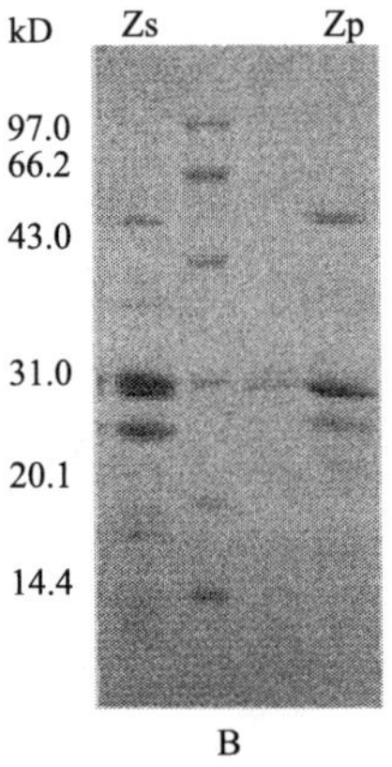

图2　菌柄和菌盖粗蛋白质溶液过阴离子交换柱DEAE-Sepharose FF column以及Zs和Zp蛋白质成分的SDS-PAGE

A. 菌柄和菌盖粗蛋白质溶液硫酸铵沉淀后过阴离子交换柱；B. 来自菌柄的Zs和来自菌盖的Zp的SDS-PAGE

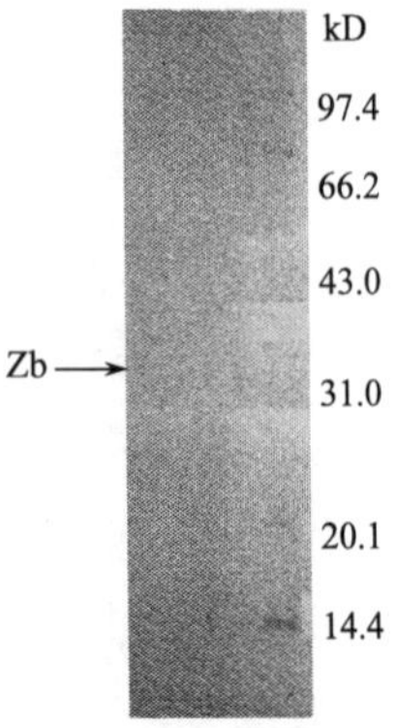

图3　Zb蛋白质的SDS-PAGE

2.3 Zb的等电聚焦电泳

经等电聚焦电泳后，纯化的Zb呈现一条蛋白质带（图4），根据依次切胶后对各凝胶块的pH测定，发现该蛋白质条带正处于pH4.7位置，表明该蛋白质的pI=4.7。

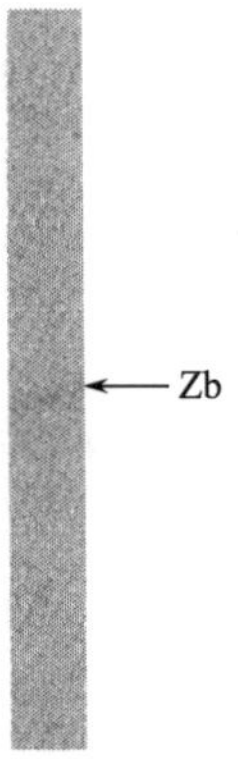

图4　Zb蛋白质的等电聚焦电泳

2.4 Zb 的含糖量和 N 端测序

Zb 以过碘酸-Schiff 染色法，在进行 SDS-PAGE 以后，采用 Schiff 试剂染色，结果在凝胶上并没发现有任何被染色的蛋白质条带。根据苯酚-硫酸法对糖的定量和 Bradford 法对蛋白质的定量所得数据，推算出 Zb 蛋白质的糖含量为 0.896%。由这两个实验结果，说明该蛋白质含糖量极低或不含糖。

转 PVDF 膜以后，在 Procise 491 型蛋白测序仪上测定了 Zb 的 N 端 20 个氨基酸序列，结果是：PQVKTSWEDLANLGWPIQQV。

2.5 金针菇中 Zb 体外抑制乙型肝炎病毒的活性

根据前期的预备试验，以起始浓度 0.586μg/mL 的 Zb 在 HepG2.2.2.15 细胞株上检测它的体外抗 HBV 活性。从表 1 可知，Zb 对 HBsAg 的抑制是浓度依赖的，抑制中浓度约为 0.117μg/mL。而对于 HBeAg，这 3 个浓度的 Zb 对它的抑制率都很低，在所检测的范围内，这种抑制效果是不理想的。从实验中还可看出，抑制 HBsAg 时 TI＞2，为有效低毒。

表 1 Zb 对 HBsAg 和 HbeAg 的抑制效果

ρ（Zb）/(μg/mL)	HBsAg /%	HBeAg /%	存活的细胞数/%
0.5860	68.6	68.6	49.2
0.1172	50.2	11.3	48.4
0.0234	34.4	2.16	54.3
ID_{50}	0.117		
CD_{50}	0.6000		
T1	5.13		

2.6 Zb 对肿瘤细胞的体外抑制作用

Zb 对胃癌细胞株 MGC80-3 在较低浓度的情况下就有强烈抑制作用（图 5）。在浓度为 8.79μg/mL 时，其抑制率为 96.72%，然后随着浓度的下降，抑制率也下降，表明 Zb 对胃癌细胞株 MGC80-3 的抑制是浓度依赖性的。从图中的趋势可知，对胃癌细胞株 MGC80-3 的抑制率在 50%时的 Zb 浓度约为 0.75μg/mL。

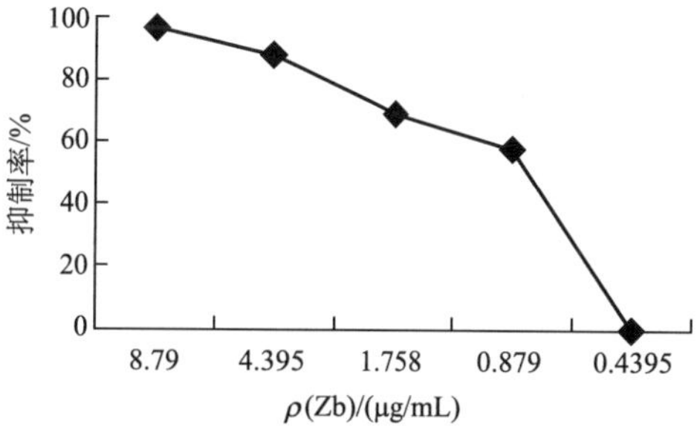

图 5 Zb 蛋白对胃癌细胞株 MGC80- 3 的抑制效果

2.7 血凝活性

检测了 Zb 对兔血红细胞及人的 O 型血、A 型血和 B 型血红细胞的凝集活性。图 6B 是凝集兔血红细胞的照片，从照片中可见，Zb 蛋白的凝血方式似很特别，血红细胞尽管聚集在一起，但同正常血红细胞（图 6A）相比，细胞形态已发生了明显变化，细胞已成固缩状。当 Zb 的初始浓度为 0.296mg/mL 时，Zb 对人 O 型血、A 型血、B 型血和兔血的血凝滴度均为 2^{-12}。

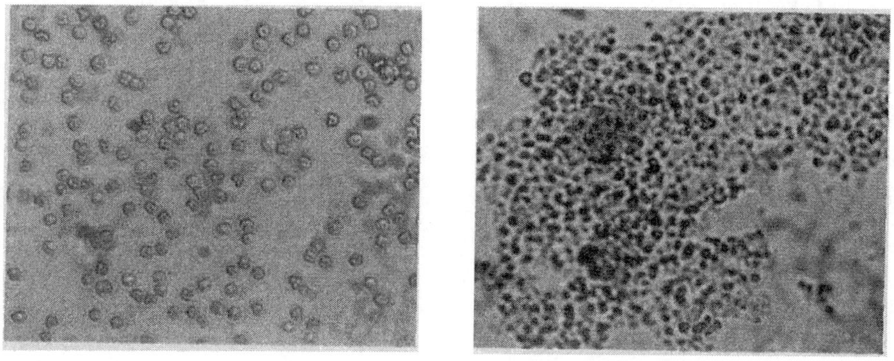

A　　B

图 6 Zb 蛋白质凝集兔血红细胞（100×）

A. 正常血红细胞；B. 由 Zb 凝集的血红细胞

3 讨论

金针菇是一种适宜在冬季生长栽培的食用菌，但在人工调节气候的情况下，一年四季都可栽培。一般情况下冬季可让它自然生长，无需调节温度。但在气温较高的情况下，靠人工调节，使其生长在一个较为恒定的环境中。我们在活性蛋白质的纯化过程中，从夏季和从冬季获得的金针菇样品，采用相同的纯化方法，却有不一样的结果。在粗汁液过阴离子交换柱 DEAE-Sepharose FF 以后，分子质量大约 30kD 的蛋白质含量基本不变，但 22kD 的蛋白质含量却明显改变，冬季的含量明显增多。

以春天获得的子实体的菌柄和菌盖的粗汁液过 DEAE-Sepharose FF 柱后，SDS-PAGE 电泳图表明，菌柄明显比菌盖多出蛋白带，尤其在 30kD 蛋白质带附近，菌柄多出一条 31kD 的蛋白质带（图 6B），而另外 37kD、19kD 和 18kD 三条蛋白质带也是菌柄上所特有的。关于这些蛋白质的具体功能还需更多的研究。

经阴离子交换层析、凝胶层析和高效液相色谱可从金针菇中获得一个分子质量为 30kD 的蛋白质 Zb，经 N 端测序表明，该蛋白质与曾经报道的 Flammulin 或 TDK[13,14]完全一样。曾经发现 Zb 对植物病毒 TMV 有非常好的抑制作用[15]，在这里，我们首次报道了该蛋白质有良好的抑制 HBsAg 的作用，尽管对 HBeAg 作用不明显或者说基本无作用。在研究该蛋白质抑制烟草花叶病毒的侵染时发现，该蛋白质可与 TMV 外壳蛋白相互作用，并导致病毒粒体崩解。但该蛋白质与 HBV 的作用并不清楚，还有待于进一步研究。我们也首次报道了该蛋白质对胃癌细胞株 MGC80-3 的抑制作用以及对血红细胞的作用，但其机理仍然不明，也有待进一步探究。

参考文献

[1] Tsuda M. Purification and characterization of a lectin from the mushroom, *Flammulina velutipes*. J Biochem, 1979, 86: 1463-1468

[2] Ko JL, Hsu CI, Lin RH, et al. A new fungal immunomodulatory protein, FIP-fve isolated from the edible mushroom, *Flammulina velutipes* and its complete amino acid sequence. Eur J Biochem, 1995, 228(2): 244-249

[3] Wang H, Ng TB. Isolation and characterization of velutin, a novel low-molecular-weight ribosome- inactivating protein from winter mushroom (*Flammulina velutipes*) fruiting bodies. Life Sci, 2001, 68(18): 2151-2158

[4] Fu MJ, Wu ZJ, Xie LH, et al. The purification of antiviral protein in *Flammulina velutipes* and characteristic against *Tobacco mosaic virus*. J Fujian Agric & For Univ(Nat Sci Ed), 2003, 32(1): 84-88

[5] Bradford MM. A rapid and sensitive method for the quantitation of microgram quantities of protein utilizing the principle of protein - dye binding. Anal Biochem, 1976, 72: 248-254

[6] Laemmli UK. Cleavage of structural proteins during the assembly of the head of bacteriophage T4. Nature, 1970, 227: 680-6851

[7] 王重庆，李云兰，李德昌等. 高级生物化学实验教程. 北京：北京大学出版社，1994

[8] 孙册. 凝集素活力及纯度鉴定的一般方法. 见：张惟杰. 复合多糖生化研究技术. 上海：上海科学技术出版社，1987，341-344

[9] 鲁子贤. 蛋白质和酶学研究方法. 北京：科学出版社，1989

[10] 傅希贤，张乃临，张国庆. 试用 2215 细胞进行乙肝病毒药物实验的初步结果. 中华实验和临床病毒学杂志，1992，6 (2)：143

[11] Cao H, Tao P. Anti-hepatitis B virus effects of lamivudine and other five drugs *in vitro*. Zhonghua Yixue Zazhi, 2001, 81: 1004-1007

[12] Mosmann T. Rapid colorimetric assay for cellular growth and survival: Application to proliferaton and cytoxicity assays. J Immunol Methods, 1983, 65(1): 55-63

[13] 郑耘，杨善民，颜江华等. MTT 比色法在测定细胞活性中的影响因素. 福建医学院学报，1995，29 (2)：195-198

[14] Tomita T, Ishikawa D, Noguchi T, et al. Assembly of flammutoxin, a cytolytic protein from the edible mushroom *Flammulina velutipes*, into a pore-forming ring-shaped oligomer on the target cell. Biochem J, 1998, 333: 129-137

[15] Watanabe H, Narai A, Shimizu M. Purification and cDNA cloning of a protein derived from *Flammulina velutipes* that increases the permeability of the intestinal Caco-cellmonolayer. Eur J Biochem, 1999, 262(3): 850-857

灰树花中一种抗烟草花叶病毒的蛋白质的纯化及其性质*

陈宁，吴祖建，林奇英，谢联辉

（福建农林大学植物病毒研究所，福建福州　350002；
福建农林大学生物农药与化学生物学教育部重点实验室，福建福州　350002）

摘　要：通过硫酸铵分级沉淀、阴离子交换柱层析及凝胶过滤柱层析，从灰树花子实体中分离到了一种具有抑制烟草花叶病毒（TMV）侵染活性的热稳定蛋白-GFAP。经常规凝胶电泳和等电聚焦电泳显示为单一条带，而SDS-聚丙烯酰胺凝胶电泳结果证明该蛋白质含有两个亚基，其分子质量分别为34kD、40kD。等电聚焦测定蛋白质pI为3.76，含糖量约为2%。GFAP的40kD条带N端氨基酸序列为ACCVPSVTEFENAINSDPVM，将其与GenBank中的氨基酸序列检索比较后没有发现同源序列，预示可能为一新的氨基酸序列。GFAP与TMV混合接种心叶烟，当GFAP浓度为32μg/L时即可完全抑制浓度为10μg/L的TMV的侵染，而4μg/L的GFAP对浓度为40μg/L的TMV的抑制率仍可达60%以上。

关键词：灰树花；抗病毒蛋白；纯化；理化性质

学科分类号：Q94

Purification and partial characterization of a protein inhibitor of *Tobacco mosaic virus* infection from the maitake (*Grifola frondosa*)

CHEN Ning，WU Zu-jian，LIN Qi-ying，XIE Lian-hui

(Institute of Plant Virology，Fujian Agriculture and Forestry University，Fuzhou　350002；Key Lab of Biopesticide and Chemical Biology，Ministry of Education，Fujian Agriculture and Forestry University，Fuzhou　350002)

Abstract：A heat stable protein，named GFAP，was isolated and purified from the fruiting bodies of edible fungus *Grifola frondosa* by a procedure of $(NH_4)_2SO_4$ precipitation，and ion-exchange chromatography on DEAE-Sepharose column and gel filtration on Sepharose-6B column. According to PAGE and IEF，GFAP had a single band with pI 3.67. And it consisted of two subunits of 34kD and 40kD when encounted by SDS-PAGE. GFAP is identified as a glycoprotein containing 2% sugar. The N-terminal amino acid sequence of the 40kD. subunit is ACCVPSVTEFENAINSDPVM，which has no homology with other sequences in GenBank. GFAP possesses the inhibitory activity against the infection of *Tobacco mosaic virus*. When mixed with TMV (10mg/L) and inoculated in local lesion host，*Nicotiana glutinosa*，GFAP was able to completely inhibit the in-

---

生物化学与生物物理进展，2004，31（3）：283-286

收稿日期：2003-08-06　接受日期：2003-10-13

* 基金项目：高等学校骨干教师资助计划（2000-65）

fection of TMV, and with TMV (40mg/L), it still had an infection effect of higher than 60% at the concent ration of 4mg/L.

Key words: maitake; antiviral protein; purification; characterization

植物病毒病是农业生产上的一类重要病害，由于病毒对寄主的绝对寄生性，植物病毒病的防治一直是病毒学研究中的难点和重点。20 世纪 60 年代就有报道说食用菌的浸提物或深层发酵液有抗植物病毒活性[1,2]，孙慧等[3]曾报道过几种食用菌蛋白对烟草花叶病毒的抑制效果，认为食用菌中的蛋白质具有抑制烟草花叶病毒侵染的作用。但迄今只有少数食用菌的几种抗病毒蛋白被纯化[4,5]。我们从食用菌灰树花中提纯到一种抗 TMV 侵染的蛋白质，并对其部分性质进行了研究。

1　材料与方法

1.1　材料

灰树花（*Grifola frondosa*）购于福州市绿健食用菌商行。DEAE-Sepharose、Sepharose-6B 为 Pharmacia 公司产品；蛋白质电泳分子质量标准为上海生物化学研究所东风生化试剂厂产品；丙烯酰胺、甲叉双丙烯酰胺、SDS 为上海生工生物工程有限公司产品，其他试剂为分析纯。烟草花叶病毒（*Tobacco mosaic virus*，TMV）由本所纯化，并保存在−70℃超低温冰箱中。

1.2　方法

1.2.1　灰树花子实体粗提液的制备

树花干子实体粉碎，蒸馏水浸提 10h，四层纱布过滤，10 000*g* 离心 10min，上清液中加入固体硫酸铵至 45%的饱和度，放置过夜，10 000*g* 离心 10min，往上清液中加入硫酸铵使饱和度增至 90%，同上处理，弃上清，沉淀物用最小体积的蒸馏水溶解，对蒸馏水透析脱盐，浓缩，以上各步骤均在 4℃下进行。

1.2.2　蛋白质的提纯

将粗提液经离子交换柱层析、凝胶过滤柱层析后得到纯化的灰树花抗病毒蛋白（*Grifola frondosa* antiviral protein，GFAP）。

1.2.3　蛋白质含量测定

按 Bradford 方法测定，以牛血清白蛋白作标准对照绘制标准曲线。

1.2.4　含糖量计算

参照酚-硫酸法[6]进行，以葡萄糖为计算标准。

1.2.5　电泳分析

纯度的鉴定采用聚丙烯酰胺凝胶常规电泳，分子质量及等电点的测定参考文献[7,8]。

1.2.6　GFAP 抗 TMV 侵染活性测定

采用半叶法，用蒸馏水及等体积的系列浓度 GFAP 蛋白溶液分别与浓度为 10mg/L 病毒液等量混合接种在枯斑寄主的左、右半叶上，每个样品接种 5～6 片叶，待出现明显枯斑后，及时记录枯斑数，取平均值。

抑制率＝[1－(处理的枯斑数/对照的枯斑数)]×100%[9]

1.2.7　40kD 亚基 N 端氨基酸序列分析

SDS-聚丙烯酰胺凝胶电泳（SDS-PAGE）后去除浓缩胶。将凝胶和硝酸纤维素（NC）滤膜分别在转移缓冲液中浸泡 20min，采用 Bio-Rad 公司的 Mini Trans-Blot Cell 装置，以 200mA 稳流 1h 将蛋白质从凝胶电转移到 NC 膜上。将滤膜置于 100%甲醇中润湿几秒后在染色液中浸泡 1min，50%甲醇脱色至蛋白质条带清楚显现并在超纯水中漂洗后自然晾干。40kD 亚基 N 端氨基酸序列测定由湖南师范大学蛋白质化学研究室完成。

1.2.8　TMV 的提纯和定量

按 Gooding 方法[10]提纯，略加修改。经 200～300nm 紫外扫描确定其纯度及浓度。

1.2.9　温度对 GFAP 抗 TMV 侵染活性的影响

将 7 份纯化的 GFAP 用蒸馏水稀释至 4mg/L，分别在 40℃、50℃、60℃、70℃、80℃、90℃、98℃水浴处理 10min，取出后立即放在冷水中冷却，与等量的 10mg/L 提纯 TMV 混合后立即半叶法接种心叶烟，计算抑制率。

2　结果

2.1　GFAP 的分离和纯化

2.1.1　离子交换柱层析

蛋白质浓缩后，装入透析袋，4℃下在 0.01mol/L

Tris-HCl（pH7.2）缓冲液中充分透析。透析后的样品上样于经 0.01mol/L Tris-HCl（pH7.2）缓冲液充分平衡的 DEAE-Sepharose（1.6cm × 15cm）层析柱，用 200mL 含 0～1mol/L NaCl 作线性梯度洗脱，经 280nm 紫外检测（图 1），收集各蛋白质吸收峰，并用半叶法测定其抗 TMV 侵染的活性。结果发现，图 1 中的峰 2（40～47 管）含抗 TMV 活性的蛋白质，合并40～47 号管进行下一步的纯化。

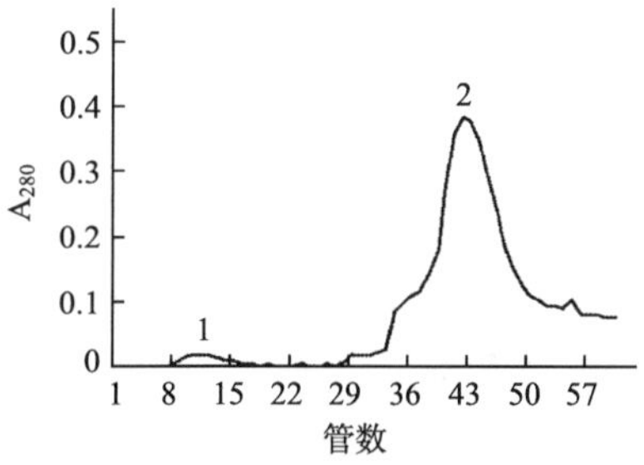

图 1 蛋白质粗体物经 DEAE-Sepharose 离子交换柱层析

2.1.2 凝胶过滤柱层析

经离子交换柱层析分离后的活性级分经脱盐、浓缩，4℃下在 0.01mol/L Tris-HCl（pH7.2）的缓冲液中充分透析，上样于经同种缓冲液充分平衡的 Sepharose 6B（1.6cm×70cm）层析柱，然后用缓冲液淋洗，经 280nm 紫外检测，结果见图 2。收集各蛋白质吸收峰，并测定其抑制 TMV 侵染的活性，结果发现图 2 中的峰 3（28～32 管）具有抗 TMV 侵染的活性。合并 28～32 管，4℃下在蒸馏水中透析 48h，其间换水 2～3 次，再用聚乙二醇 20000 浓缩，得到灰树花抗病毒蛋白（GFAP）。

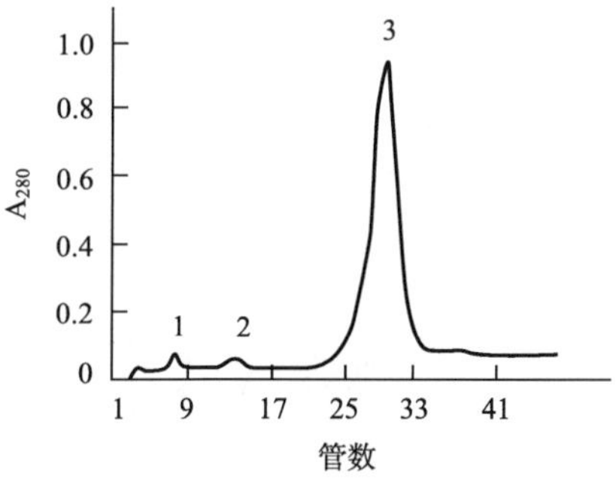

图 2 Sepharose 6B 凝胶过滤层析

2.2 纯度、分子质量、等电点、含糖量测定

从聚丙烯酰胺凝胶常规电泳图（图 3）和等电聚焦凝胶电泳图（图 4）中可以看出，染色后，纯化样品显示一条均一的蛋白质条带，说明 GFAP 已达到电泳纯经等电聚焦电泳测定（图 4），pI 为 3.76，说明 GFAP 是一种酸性蛋白。从 SDS-PAGE（图 5）中可以看出，GFAP 具有两个亚基，其分子质量分别为 34kD、40kD，由酚-硫酸法测得含糖量约为 2%。

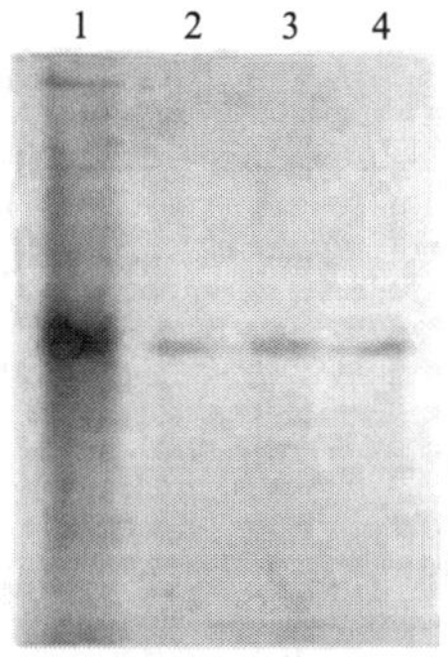

图 3 聚丙烯酰胺凝胶常规电泳

1. 经 DEAE-Sepharose 纯化；2～4. 经 Sepharose 6B 纯化

图 4 GFAP 的等电聚焦凝胶电泳

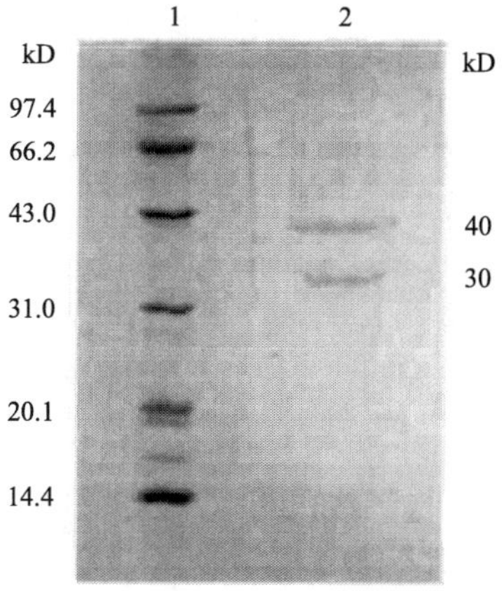

图 5 SDS-PAGE 方法测定 GFAP 的分子质量

1. maker；2. GFAP

2.3 温度对GFAP抗TMV侵染活性的影响

将温度对抑制率作图（图6），从图6中可以看出，在80℃水浴10min后GFAP仍可保持约80%的活性，这和未经热处理的蛋白抗TMV活性接近，而经90℃和98℃水浴10min后，抗TMV的活性才迅速下降，这说明GFAP为一个热稳定性蛋白。

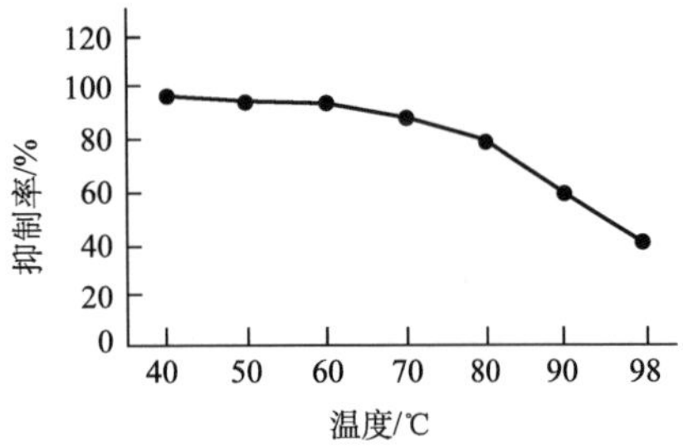

图6 GFAP的热稳定性

2.4 GFAP抗TMV侵染活性测定

将浓度为1g/L的GFAP纯蛋白按倍比稀释成2^{-9}～2^{-2}g/L，分别与浓度为10mg/L的TMV等量混合，半叶法接种心叶烟，计算抑制率。结果见表1。

表1 GFAP对10mg/L的TMV的最低有效浓度

ρ (GFAP) /(g/L)	0.25	0.125	0.063	0.032	0.016	0.008	0.004	0.002
抑制率/%	100	100	100	100	98.8	96.3	82.8	42.6

从表1可以看出，当GFAP浓度为32mg/L时即可完全抑制浓度为10mg/L TMV的侵染，而GFAP浓度为4mg/L时，对10mg/L TMV的侵染抑制率仍可达80%以上。

将浓度为4mg/L的GFAP蛋白分别与20mg/L、30mg/L、40mg/L、50mg/L的TMV等量混合，半叶法接种心叶烟，计算抑制率。结果见表2。

表2 浓度为4mg/L的GFAP对TMV的最高抑制率

ρ (GFAP)/(g/L)	20	30	40	50
抑制率/%	88.9	77.8	63.9	14.0

从表2可以看出，4mg/L的GFAP对浓度为40mg/L TMV的抑制率仍可达60%以上。

以上结果说明GFAP是一种有效的抗TMV侵染的蛋白。

2.5 GFAP的40kD亚基N端氨基酸序列分析

GFAP的40kD亚基N端氨基酸序列为：AC-CVPSVTEFENAINSDPVM。经GenBank蛋白质序列检索，没有找到同源序列。

3 讨论

已有多种抗植物病毒蛋白从植物中提纯出来，并已用于抗病毒植物基因工程的研究。从食用菌中提纯的抗植物病毒的蛋白质还很少。Kobayashi等[4]从香菇中提纯出一种抗TMV侵染的蛋白质-FBP，是一种碱性单亚基蛋白质，分子质量为22kD，含糖量低于0.1%。孙慧等[5]从杨树菇中提纯到一种抗TMV侵染酸性蛋白-AAVP，分子质量为15.8kD，也是单亚基蛋白质。FBP和AAVP中都没有Cys。我们从灰树花的子实体中提纯出这种抑制TMV侵染的蛋白质-GFAP，含糖量为2%，含有两个亚基，为酸性蛋白，其等电点与AAVP相近。从GFAP的40kD亚基N端氨基酸序列分析结果中可以看出，GFAP中含有Cys。GFAP是一种热稳定性蛋白质，它可以耐受80℃高温。从灰树花中提纯出抗病毒蛋白尚属首次报道。GFAP的40kD亚基N端氨基酸序列在GenBank中没找到同源序列。

参考文献

[1] 王晶英，郑雅莺，张建元等. 食用菌代谢产物研究及其在农业上的应用. 中国食用菌，1997，16(2)：6-7

[2] 王先彬，王启燕. 香菇培养物水浸液对烟草花叶病毒(TMV)侵染心叶烟的抑制作用. 微生物学报，1986，26(4)：363-365

[3] 孙慧，吴祖建，林奇英等. 微生物农药及其产业化. 北京：科学出版社，2000. 199-206

[4] Kobayashi N，Hiramatsu A，Akatsuka T. Purification and chemical properties of an inhibitor of plant virus infection from fruiting bodies of *Lentinus edodes*. Agri Biol Chem，1987，51(3)：883-890

[5] 孙慧，吴祖建，谢联辉等. 杨树菇(*Agrocybe aegerita*)中一种抑制TMV侵染的蛋白质纯化及部分特性. 生物化学与生物物理学报，2001，33(3)：351-354

[6] 鲁子贤. 蛋白质和酶学研究方法(第一册). 北京：科学出版社，1989，37-39

[7] 赵永芳. 生物化学技术原理及其应用. 武汉：武汉大学出版社，1994，331-335

[8] Leammli UK. Cleavage of structural proteins during the assembly of the head of bacteriophage T4. Nature，1970，227：680-685

[9] Baranwal VK，Verma HN. Localized resistance against virus infection by leaf extract of *Celosia cristata*. Plant Pathology，1992，41：633-638

[10] Gooding GVJr，Hebert TT. A simple technique for purification of *Tobacco mosaic virus* in large quantities. Phytopathology，1967，57(11)：1285

灵芝中一种新的脱氧核糖核酸酶的纯化及特征*

谢东扬，祝雯，吴祖建，林奇英，谢联辉

（福建农林大学植物病毒研究所，福建福州　350002；
福建农林大学生物农药与化学生物学教育部重点实验室，福建福州　350002）

摘　要：通过 $(NH_4)_2SO_4$ 沉淀，利用 Blue Sepharose 6 Fast Flow 和 SP Sepharose Fast Flow 层析方法从灵芝中分离纯化了一种脱氧核糖核酸酶，命名为 GLDNase。通过质谱分析确定 GLDNase 精确分子质量为 13 807 D。SDS-PAGE 电泳表明 GLDNase 为单亚基多肽，其 N 端氨基酸序列为 PLDTGRYHIYTW/T/CDGG。GLDNase 可作用于 ssDNA 和 dsDNA，是一种非限制性内切酶，酶活性依赖于二价金属阳离子 Mg^{2+}，10mmol/L EDTA 可完全抑制其活性。最适 pH8.4，40℃时相对活性最高。GLDNase 水解 DNA 的产物末端的基团为 3′-OH、5′-磷酸。

关键词：灵芝；脱氧核糖核酸酶；纯化

中图分类号：Q291　**文献标识码**：A　**文章编号**：1671-5470（2007）05-0486-05

Purification and characterization of a novel deoxyriboendonuclease from *Ganoderma lucidum*

XIE Dong-yang，ZHU Wen，WU Zu-jian，LIN Qi-ying，XIE Lian-hui

（Institute of Plant Virology，Fujian Agriculture and Forestry University，Fuzhou　350002；Key Laboratory of Pesticide and Biochemistry，Ministry of Education，Fujian Agriculture and Forestry University，Fuzhou　350002）

Abstract：A novel deoxyribonuclease from the fruiting bodies of *Ganoderma lucidum* has been purified and designated as GLDNase. It was purified by ammonium sulphate precipitation，Blue Sepharose 6 Fast Flow and SP Sepharose Fast Flow. GLDNase showed a single protein band on SDS-PAGE. It showed a major mass peak of 13807 D analyzed in an electrosp ray-mass analyzer. Amino acid analysis of the N-terminus indicated that the sequence was PLDTGRYH IYTW/T/CDGG. GLDNase acted on both ssDNA and dsDNA. Its optimum pH and temperature were 8.4 and 40℃ respectively. It was a kind of non-restriction-endonuclease. Mg^{2+} was required for the endonuclase activity as a co-factor. The activity of the purified enzyme was completely inhibited by 10mmol/L EDTA. The oligonucleotides produced by GLDNase had a phosphate group at the 5′-termini and a hydroxyl group at the 3′-termini.

Key words：*Ganoderma lucidum*；deoxyribonuclease；purification

福建农林大学学报（自然科学版），2007，36（5）：486-490

收稿日期：2007-04-06　修回日期：2007-06-12

* 基金项目：福建省教育厅资助项目（2006F5014）

脱氧核糖核酸酶参与DNA复制、修复、重组及突变，控制基因表达，参与基因的置换、转座及重组；并作为宿主系统中的重要组分降解外源核酸分子，同时在免疫方面也具有重要作用[1,2]。随着人们对脱氧核糖核酸酶重要性的认识，脱氧核糖核酸酶的分离纯化及性质研究也成为热点之一，目前大量的研究集中在动物的脱氧核糖核酸酶，对植物和微生物的脱氧核糖核酸酶研究较少。尽管已经从多种大型真菌中分离到核糖核酸酶，但对脱氧核糖核酸酶的研究则相对较少。据报道，从冬虫夏草（*Cordyceps sinensis*）和灰盖鬼伞（*Coprinus cinereu*）中分离纯化了多种脱氧核糖核酸酶[3-5]，从杨树菇（*Agrocybe aegerita*）中提取的一种凝集素，能够抑制多种癌细胞增殖活性，分析表明该凝集素同时具有脱氧核糖核酸酶活性[6]。

灵芝（*Garnoderma lucidum*）是一种重要的食用菌和药用菌，含有多种活性物质，已从中分离到免疫调节蛋白[7]、核糖核酸酶[8]、抗真菌蛋白[9]等多种功能蛋白。但目前仍未见有关脱氧核糖核酸酶的报道。本研究从灵芝中纯化了一种低分子质量脱氧核糖核酸酶，命名为GLDNase，并分析其活性。

1 材料与方法

1.1 材料

灵芝子实体由福建农林大学菌草研究所提供。小牛胸腺DNA（dsDNA）、鲑鱼精DNA（ssDNA）、磷酸二酯酶Ⅰ（*Crotalus adamanteus* venom phosphodiesteraseⅠ）和磷酸二酯酶Ⅱ（Bovine spleen phosphodiesteraseⅡ）均购自Sigma公司。阳离子交换介质SP Sepharose Fast Flow和Blue Sepharose 6 Fast Flow购自瑞典安玛西亚公司。

1.2 方法

1.2.1 蛋白质的分离纯化

鲜灵芝经冷冻干燥后粉碎，取冻干粉100g加入15倍体积的磷酸缓冲液（0.02mol/L，pH6.2），4℃浸提16h，然后离心（12000g，20min），取上清液。加入$(NH_4)_2SO_4$进行20%～80%的饱和度分级沉淀。离心（12000g，20min），收集沉淀，并用蒸馏水透析除盐后再用Tris-HCl（0.02mol/L，pH7.5）进行充分透析平衡。再经Blue Sepharose 6 Fast Flow和SP Sephorose Fast Flow分离纯化。

1.2.2 SDS-聚丙烯酰胺凝胶电泳（SDS-PAGE）

分离胶浓度为12%，浓缩胶浓度为5%。

1.2.3 精确分子质量测定

将上述纯化的蛋白质经充分透析脱盐后在武汉大学测试中心测定。仪器为美国ABI公司（Applied Biosystems Incorporation）的MALDI-TOF质谱仪。

1.2.4 N端氨基酸序列分析

将纯化的蛋白质样品进行12%的SDS-PAGE电泳，采用半干式转移至PVDF膜上，由湖南师范大学蛋白质组学与发育生物学省部共建国家重点实验室进行N端氨基酸序列测定。

1.2.5 脱氧核糖核酸酶活性分析

（1）紫外分光光度法。酶反应体系为Tris-HCl（0.02mol/L，pH8.0），5mmol/L $MgCl_2$，5μg dsDNA或ssDNA，酶样品溶液10μL，37℃水浴1h。加入等体积的100g/L三氯乙酸终止反应，冰上10min，离心（12 000g，20min）。测定上清液体在260nm的吸收值。1min内使反应液的260nm吸光度增加0.001所需要的酶量定义为1个酶活性单位[10]。

（2）琼脂糖凝胶电泳的方法。5μL样品加入20μL反应体系，底物DNA为通过碱法提取的超螺旋DNA质粒（pMD-18T），水浴适当时间。通过10g/L的琼脂糖凝胶电泳检测DNA的酶切产物[5]。

1.2.6 对不同DNA底物的酶活性分析

GLDNase对不同DNA底物（ssDNA、dsDNA、超螺旋DNA和λDNA）的酶活性分析采用琼脂糖凝胶电泳方法。通过紫外分光光度法分析GLDNase对ssDNA、dsDNA活性与时间的关系。

1.2.7 GLDNase酶活的最适pH和最适温度

采用紫外分光光度法测定GLDNase的最适pH，以测得的最高酶活作为100%，求出不同pH条件下的相对酶活。以不同pH为横坐标，相对酶活性为纵坐标作图，确定反应的最适pH。

采用琼脂糖凝胶电泳方法测定GLDNase在不同温度条件下对超螺旋DNA的活性。设定的温度分别为15℃、37℃、45℃、50℃和55℃。另外，将 GLDNase 预先分别在 60℃水浴 30min，65℃水浴 15min、70℃水浴 15min 后，再与 pMD-18T 在 37℃条件下反应。

1.2.8　金属离子对酶活性的影响

采用琼脂糖凝胶电泳的方法测定金属离子对 GLDNase 活性的影响。分析 0mmol/L、0.5mmol/L、1.0mmol/L、2.5mmol/L、5.0mmol/L、10mmol/L、25mmol/L Mg^{2+} 浓度条件下，GLDNase 作用于超螺旋 DNA 的活性。分析 0.5mmol/L、1mmol/L、5mmol/L、10mmol/L、20mmol/L、50mmol/L EDTA 浓度条件下，GLDNase 作用于超螺旋 DNA 的活性。

1.2.9　酶切产物的末端磷酸化位点分析

GLDNase 酶切产物的末端磷酸化位点分析方法参照 Ikeda 等[11]的方法。

2　结果与分析

2.1　灵芝脱氧核糖核酸酶的纯化和 SDS-PAGE 电泳分析

采用 Blue Sepharose 6 Fast Flow 亲和层析将 $(NH_4)_2SO_4$ 沉淀得到的粗提蛋白质分为能够被 Blue Sepharose 6 Fast Flow 吸附组分和不能被其吸附组分。其中能够与 Blue Sepharose 6 Fast Flow 吸附的组分经 0～1.0mol/L NaCl 梯度洗脱得到一蛋白质组分。此蛋白质组分经过 SP Sephorose Fast Flow 离子交换层析得到前洗脱峰，并经 0～0.3mol/L NaCl 梯度洗脱得到 3 个洗脱峰（图 1）。通过酶活性分析证明其中 SP 峰为一种脱氧核糖核酸酶，命名为 GLDNase。经 SDS-PAGE 检测得到单一的蛋白质条带（图 2）。

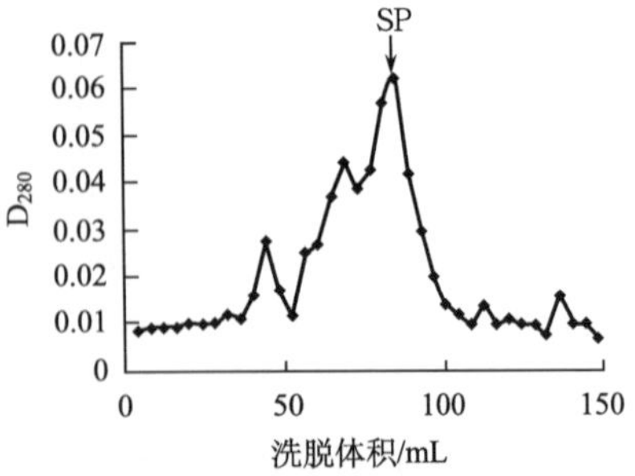

图 1　与 Blue Sepharose 6 Fast Flow 结合的组分的 SP Sepharose Fast Flow 离子层析

2.2　精确分子质量测定

质谱仪测定 GLDNase 的分子质量为 13807 D。

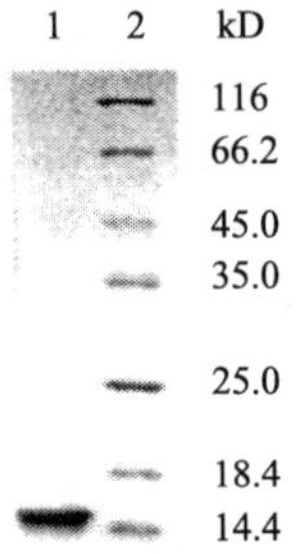

图 2　GLDNase 的 SDS-PAGE

1. GLDNase；2. maker

SDS-PAGE 分析其分子质量为 14.7kD。差异的原因可能是 SDS 与蛋白质结合降低其电泳迁移率。

2.3　N 端氨基酸序列测定与比较

对电转印至 PVDF 膜上的纯化蛋白样品进行 N 端氨基酸序列测定，共测定了 15 个氨基酸残基，序列为：PLDTGRYHIYTW/T/CDGG。BLAST 分析没有找到 N 端氨基酸序列与其相似的多肽。

2.4　GLDNase 对不同 DNA 底物的活性

GLDNase 对超螺旋 DNA（pMD-18T）和 λDNA 的活性分析采用琼脂糖凝胶电泳方法，结果见图 3。同一种质粒 DNA 分子一般具有 3 种结构形式：共价闭合环型 DNA 为超螺旋 DNA（S）；带单链切口的双链环型为松弛环型 DNA（N）；完全开放的线型 DNA（L）。GLDNase 作用 5min 时，即可将超螺旋 DNA（S）切割成环状 DNA（N）和线状 DNA（L）。随着时间增加，线状 DNA 量逐渐增加，60min 时最高。90min 后 DNA 开始降解，出现弥散的现象。120min，大部分 DNA 降解。对 λDNA 的酶解结果见图 4。随时间延长，λDNA 逐渐降解，并未产生特异性条带，说明纯化的 GLDNase 是一种非限制性内切酶。GLDNase 对 ssDNA 和 dsDNA 的作用活性与时间

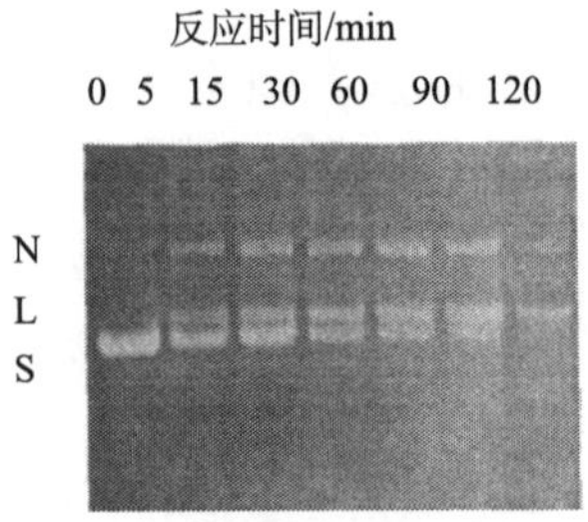

图 3　不同时间段 GLDNase 对超螺旋 DNA 的活性分析

N. 松弛环型 DNA；L. 线性 DNA；S. 超螺旋 DNA

的关系见图 5。GLDNase 对 ssDNA 和 dsDNA 均有活性，对 ssDNA 的活性略高于 dsDNA。

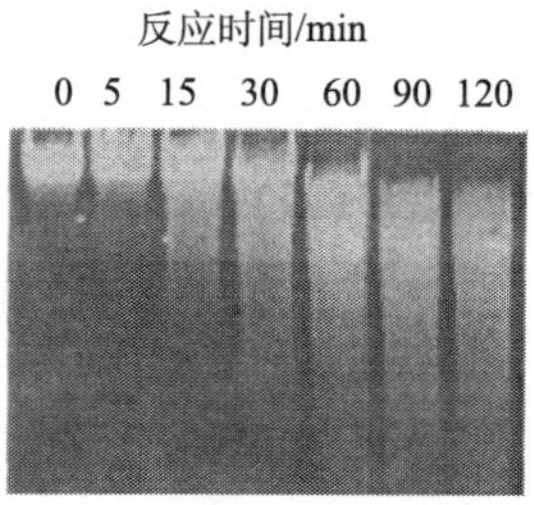

图 4 不同时间段 GLDNase 对 λDNA 的活性分析

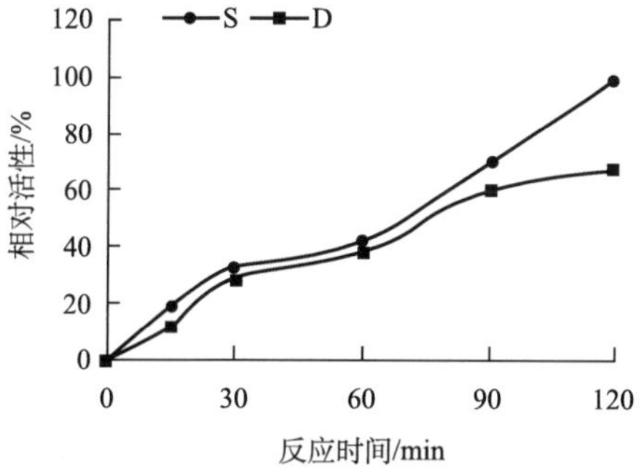

图 5 GLDNase 对 ssDNA 和 dsDNA 活性与时间的关系

S、D 分别为 GLDNase 对 ssDNA 和 dsDNA 的活性与时间的关系；GLDNase 作用于 ssDNA 2h 的活性设为 100%

2.5 GLDNase 的酶活性特点

GLDNase 的最适 pH8.0～9.0，在此范围内活性较高，相对酶活性均在 70%以上，在 pH8.4 下活性最高（图 6）。

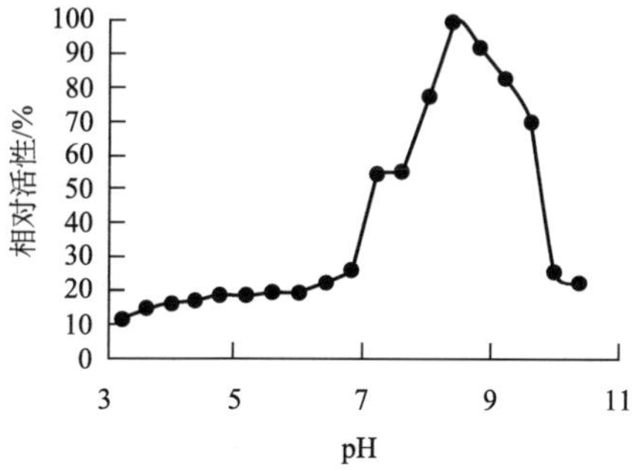

图 6 pH 对 GLDNase 酶解 ssDNA 的活性的影响

将 pH8.4 下的 GLDNase 酶活性设为 100%

在 15℃下，GLDNase 具有酶活性，可以将超螺旋 DNA 切割成环状 DNA，并进一步切割成线状 DNA。随温度增高，其酶活性增强，40℃时相对活性最高。此酶在 60℃加热 30min 或 65℃加热 15min 或 70℃加热 15min 后，只能将超螺旋 DNA 切割成环状 DNA，不能再进一步切割成线状 DNA（图 7）。另外，GLDNase 在 80℃下加热 15min 完全丧失酶活性。

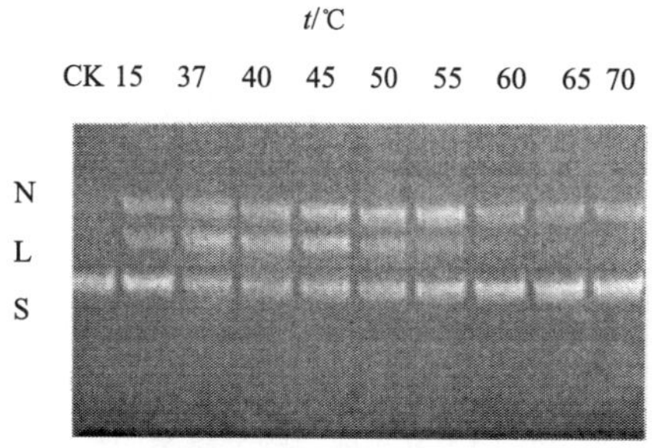

图 7 温度对 GLDNase 酶活性的影响

N. 松弛环型 DNA；L. 线型 DNA；S. 超螺旋 DNA

Mg^{2+} 对 GLDNase 酶活性的影响见图 8。随着 Mg^{2+} 浓度增加，GLDNase 活性增强。Mg^{2+} 为 5mmol/L 时，GLDNase 活性最高，当达到 25mmol/L 时，部分酶活性被抑制，超螺旋 DNA 虽被酶解成环状 DNA 和线状 DNA，但不能进一步降解成低分子质量核酸。随着 EDTA 浓度提高，GLDNase 活性降低。EDTA 为 10mmol/L 时，GLDNase 活性被完全抑制。所以 GLDNase 的酶活性依赖于二价阳离子。

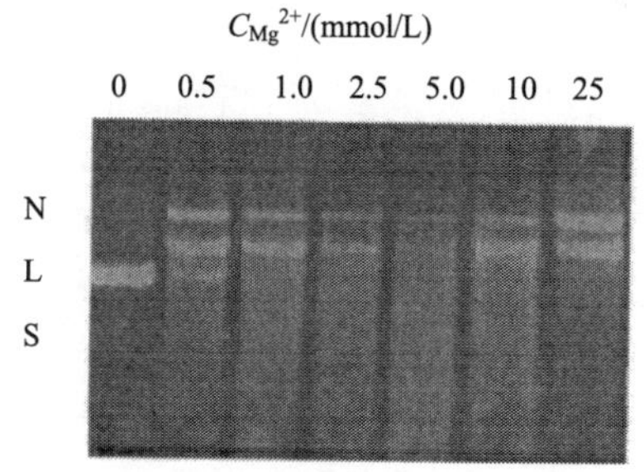

图 8 Mg^{2+} 对 GLDNase 酶活性的影响

N. 松弛环型 DNA；L. 线型 DNA；S. 超螺旋 DNA

2.6 GLDNase 酶切产物的末端磷酸化位点分析

GLDNase 酶切产物的末端磷酸化位点分析结果见图 9。约 25% ssDNA 被 GLDNase 降解后的产物分别作为磷酸二酯酶Ⅰ和磷酸二酯酶Ⅱ的底物，被 GLDNase 酶解 DNA 很容易被磷酸二酯酶Ⅰ降解，但不能被磷酸二酯酶Ⅱ降解。但当被牛小肠碱性磷酸酶作用后可被磷酸二酯酶Ⅱ降解。以上结果说明，GLDNase 水解 DNA 的产物末端为 3′-

OH、5′-磷酸。这证明了 GLDNase 水解 DNA 的特点与 DNase Ⅰ相类似。

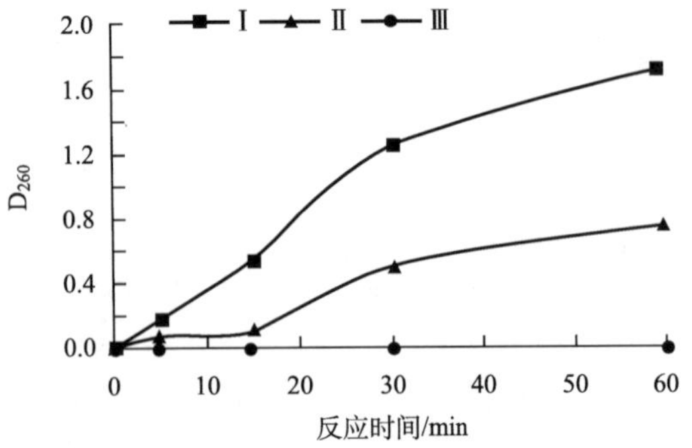

图 9　GLDNase 酶解产物末端基团的验证
Ⅰ. 磷酸二酯酶Ⅰ对 GLDNase 酶解产物的活性；Ⅱ. 磷酸二酯酶Ⅱ对 GLDNase 酶解产物的活性；Ⅲ. 磷酸二酯酶Ⅱ对 GLDNase 酶解+碱性磷酸酶产物的活性

3　讨论

本试验通过 Blue Sepharose 6 Fast Flow 将灵芝粗提蛋白分为两个组分，然后进一步通过离子交换层析纯化到一种脱氧核糖核酸酶 GLDNase。GLDNase 可作用于ssDNA 和dsDNA，其酶活性依赖于二价金属阳离子 Mg^{2+}，EDTA 对其酶活性具有抑制作用。最适 pH 和最适温度分别为 8.4 和 40℃。GLDNase 水解 DNA 的产物末端基团为 3′-OH、5′-磷酸。GLDNase 水解 DNA 的特点与 DNaseⅠ相类似。

目前已经从多种生物中分离纯化了脱氧核糖核酸酶Ⅰ，尤其是动物的脱氧核糖核酸酶Ⅰ研究较为广泛和深入。据报道[12]已经分离纯化的脱氧核糖核酸酶Ⅰ的分子质量都在 30～40kD，如人类的脱氧核糖核酸酶Ⅰ为 38kD，牛的脱氧核糖核酸酶Ⅰ为 31kD。从昆虫 *Choristoneura fumiferana* 中分离到一种分子质量为 23kD 的脱氧核糖核酸酶Ⅰ[13]；从金色链霉菌中分离的脱氧核糖核酸酶Ⅰ分子质量为 31kD[14]；灰盖鬼伞（*C. cinereus*）的脱氧核糖核酸酶Ⅰ为 60kD 的单亚基多肽[5]。从总状共头霉（*Syncephalastrum racemosum*）中分离的脱氧核糖核酸酶Ⅰ为分子质量 56kD 的双亚基多肽[15]。与已报道的脱氧核糖核酸酶Ⅰ相比较，本试验分离纯化的 GLDNase 是一种低分子质量的脱氧核糖核酸酶。GLDNase 的 N 端氨基酸序列为：PLDTGRYHIYTW/T/CDGG。在 GenBank 中采用 BLAST 分析未找到 N 端氨基酸序列与其相似的多肽，说明 GLDase 是一新的蛋白质。

参考文献

[1] Schofield MJ, Hsieh P. DNA mismatch repair: molecular mechanisms and biological function. Annu Rev Microbiol, 2003, 57: 579-608

[2] Krogh BO, Symington LS. Recombination proteins in yeast. Annu Rev Genet, 2004, 38: 233-271

[3] Maoqing Y, Zheng HU, Ying F, et al. Purification and characterization of an acid deoxyribonuclease from the cultured mycelia of *Cordyceps sinensis*. J Biochem Mol Bio, 2004, 37(4): 466-473

[4] Benjaminc L, Kengo S. An endo-exonuclease from meiotic tissues of the basidiomycete *Coprinus cinereus*. J Biol Chem, 1991, 266(31): 21060-21066

[5] Kitamura A, Kouroku Y, Onoue M, et al. A new meiotic endonuclease from *Coprinus meiocytes*. Biochimica Biophysica Acta, 1997, 1342: 205-216

[6] Zhao C, Sun H, Tong X, et al. An antitumour lectin from the edible mushroom *Agrocybe aegerita*. Biochem J, 2003, 374: 321-327

[7] Kino K, Yamashita A, Yamaoka K, et al. Isolation and characterization of a new immunonodulatory protein, Lingzhi-8 (LZ-8), from *Ganoderma lucidum*. J Biol Chem, 1989, 264(1): 472-478

[8] Wang HX, NG TB, Chiu SW, et al. A distinctive ribonuclease from fresh fruiting bodies of the medicinal mushroom *Ganoderma lucidum*. Biochem BiopHys Res Commun, 2003, 314: 519-522

[9] Wang HX, NG TB. Ganodermin, an antifungal protein from fruiting bodies of the medicinal mushroom *Ganoderma lucidum*. Peptides, 2006, 27(1): 27-30

[10] Baker KP, Baron WF, Henzel WJ, et al. Molecular cloning and characterization of human and murine DNase Ⅱ. Gene, 1998, 215: 281-289

[11] Ikeda S, Takata N. Deoxyribonuclease Ⅱ purified from *Euglena gracilis* SM-ZK, a chlorop last-lacking mutant: comparison with porcine with porcine spleen deoxyribonuclease Ⅱ. Comp Biochem PHysiol, 2002, 131: 519-525

[12] Koichiro K, Toshihiro Y, Haruo T. DNase Ⅰ: structure, function, and use in medicine and forensic science. Legal Medicine, 2001, 3: 69-83

[13] Schernthaner JP, Milner E, Kaplan H, et al. Characterization of a novel insect digestive DNase with a highly alkaline pH optimum. Insect Biochem Mol Biol, 2002, 32(3): 255-263

[14] Brnakova Z, Godany A, Timko J, et al. An extracellular endodeoxyribonuclease from *Streptomyces aureofaciens*. Biochim BiopHys Acta, 2005, 1721(1-3): 116-123

[15] Chen LY, Ho HC, Tsaiy C, et al. Deoxyribonuclease of Syncephalastrum racemosum-enzymatic properties and molecular structure. Arch Biochem BiopHys, 1993, 303(1): 51-56

灵芝金属硫蛋白基因的克隆及序列分析*

谢东扬，祝雯，吴祖建，林奇英，谢联辉

（福建农林大学生物农药与化学生物学教育部重点实验室，福建福州　350002；
福建农林大学植物病毒研究所，福建福州　350002）

摘　要：采用 RT-PCR 和 3′-RACE 相结合的方法获得了灵芝（*Ganoderma lucidum*）金属硫蛋白的 cDNA 序列。该序列全长为 315bp，5′-端非翻译区为 47bp，3′-端非翻译区具有 166bp，开放阅读框长度为 102bp（包括一个终止密码子），可编码 33 个氨基酸。在其编码的氨基酸序列中半胱氨酸（Cys）含量最高，占 21.2%，其次是丝氨基酸（Ser）和丙氨基酸（Ala），均占 12.1%。对其编码的氨基酸序列进行分析发现该序列具有金属硫蛋白的保守序列模式，是金属硫蛋白家族的成员。

关键词：灵芝；金属硫蛋白；cDNA

中图分类号：Q936　**文献标识码**：A

Cloning and sequence analysis of metallothionein gene from *Ganoderma lucidum*

XIE Dong-yang, ZHU Wen, WU Zu-jian, LIN Qi-ying, XIE Lian-hui

(Key Laboratory of Pesticide and Biochemistry, Ministry of Education, Fujian Agriculture and Forestry University, Fuzhou　350002; Institute of Plant Virology, Fujian Agriculture Forestry University, Fuzhou　350002)

Abstract: A partial sequence of *Ganoderma lucidum* metallothionmerin (MT) gene was identified by RT-PCR and 3′RACE method. The full-length cNDA of *Glucidum* MT was of 315bp by including a 5′untranslated region (UTR) of 47bp, a 3′UTR of 166bp and an open reading frame (ORF) of 102bp encoding a polypeptide of 33 amino acids. The predicated protein from *G. lucidum* MT gene sequence contained 7 cysteine residues organized in concerve motifs as classically described for MTs. The contents of cysteine is 21.2%, glycine and alanine were 12.1%. The result sequence analysis indicated that MT gene from *G. lucidum* was the member of metallothionmerin family.

Key word: *Ganoderma lucidum*, metallothionmerin, cDNA

金属硫蛋白（metallothionein，MT）是一类富含半胱氨酸、低分子质量的重金属结合蛋白，普遍存在于真核和原核生物体内[1]。MT 具有很强的金属结合能力和氧化还原能力，在生物体内具有参与细胞内金属离子水平的调节，重金属解毒、清除自由基等重要的生物学功能[2]。目前对真核微生物

中国农学通报，2007，23（5）：87-90

收稿日期：2007-04-05　修回日期：2007-04-16

* 基金项目：福建省教育厅资助项目（2006F5014）

金属硫蛋白的研究主要集中于酵母菌[3-5]。对大型真菌的金属硫蛋白研究较少。对这些基因的研究将有助于了解食用菌的一些重要的生理过程。灵芝作为一种药食用真菌，具有重要研究价值。笔者于2006年10月至2007年1月在福建农林大学植物病毒研究所克隆了灵芝的金属硫蛋白基因，为进一步研究灵芝金属硫蛋白的性质与功能打下基础。

1 材料方法

1.1 材料

灵芝的菌种由福建农林大学菌草研究所提供。大肠杆菌 DH5α 为教育部生物农药重点实验室保存；SMARTTMRACE cDNA Amplification Kit 为 BD Biosciences Clontech 公司；QIAEXII Gel Extraction Kit 为 Qiagen 公司产品；pMD-18T 载体为宝生物工程（大连）有限公司产品。

1.2 方法

1.2.1 灵芝菌丝体总 RNA 的提取

利用 Trizol 试剂提取灵芝菌丝体总 RNA。用液氮迅速研磨菌丝体，然后用 Trizol 溶解。室温培育 5min，加人氯仿/异戊醇（24：1），剧烈震荡 15s，室温培育 2～3min；4℃，12 000r/min 离心 15min。将液相转至无菌离心管中，加入 0.5mL 异丙醇，室温培育 10min。4℃，12 000r/min 离心 10min，RNA 形成边缘和底部沉淀。弃上清，用 75%乙醇 1mL 洗涤沉淀。4℃，12 000r/min 离心 5min。空气中干燥 RNA 约 5～10min，30～50L DEPC-H_2O 溶解 RNA。

1.2.2 cDNA 第一链的合成和 PCR 扩增灵芝 MT 基因

按 SMARTTMRACE cDNA Amplification Kit 提供的方法进行 cDNA 第一链的合成。设计金属硫蛋白基因 5′-端非编码区上游简并引物 P1：5′-GNTAYCAYATHTAYAC -3′。3′-端引物为试剂盒中的 UPM，5′-CTAATACGACTCACTATAGGGC-3′。反应条件为：95℃预变性 3min；进入梯度 PCR：5 个循环：94℃，30s；55℃，30s；72℃，45s；5 个循环：94℃，30s；50℃，30s；72℃，45s；25 个循环：94℃，30s；47℃，30s；72℃，45s；最后 72℃延伸 10min。PCR 产物经 1%琼脂糖凝胶电泳检测扩增片段的大小和特异性。

1.2.3 目的基因克隆与测序

回收 PCR 产物后，按照 TaKaRa 公司的连接试剂盒说明将产物连接到载体 pMD18T。转染感受态细胞 *E. coli* DH5α。提取质粒，进行电泳检测和酶切鉴定，选取阳性单克隆菌落进行测序分析。

1.2.4 序列分析

用 NCBI 的 ORF founder 程序确定金属硫蛋白基因的开放读码框。通过 BlastP 于 GenBank 中进行相似性检索。再采用 ClustalX 软件对相应的氨基酸序列进行分析，经 MEGA V3.1 软件构建系统进化树。

2 结果

2.1 RT-PCR 扩增灵芝 MT 基因

采用 Trizol 从菌丝体中提取总 RNA，电泳分析显示 28S rRNA 和 18S rRNA 条带清晰，说明提取的总 RNA 具有很好的质量。利用 3′RACE 技术，RT-PCR 扩增到两条 cDNA 片段。第一条 DNA 片段大小为 550bp 左右，第二条在 400bp 左右（图 1）。从凝胶中回收目的 DNA 片断，将其连接到 pMD18-T 载体上，再转化到感受态大肠杆菌细胞中，提取质粒，酶切鉴定，电泳检测 550bp 左右的 cDNA 没有得到转化子。只得到约 400bp 的转化子（图 2）。

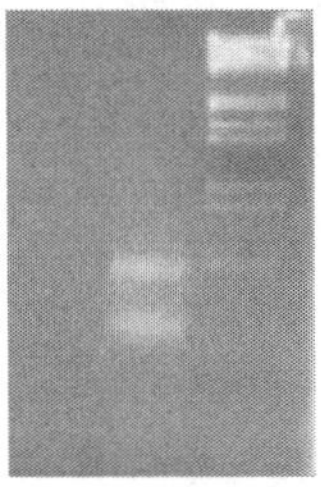

图 1 RT-PCR 扩增的灵芝金属硫蛋白产物的琼脂糖凝胶电泳分析

1. 空白对照（无 cDNA 为模板）；2. RT-PCR 扩增结果。M. maker

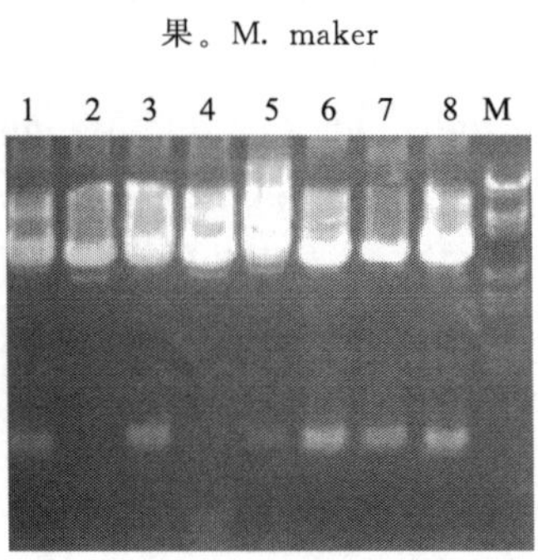

图 2 重组质粒酶切鉴定结果

M. maker；

1～8. *Bam*H Ⅰ/*Hind* Ⅲ 酶切重组质粒

2.2 克隆基因的序列测定和分析

取阳性克隆测序，得到的 cDNA 扩增产物的序列如图 3。结果表明获得的 cDNA 长为 315bp。用 NCBI 的 ORF founder 程序确定含金属硫蛋白基因的开放读码框。5′-端非翻译区为 47bp，3′-端非翻译区 166bp，其中末尾有 15bp 的 poly（A）。含有一个长 102bp 的开放阅读框（包括一个终止密码子），编码 33 个氨基酸。氨基酸序列分析显示该金属硫蛋白含有 7 个半胱氨酸，排列特征为 cys-x-cys，cys-x-x-x-cys，cys-x-x-x-x-cys，表明具有 MT 基因特征序列。

```
GACACACATCCCACTTCCACTCACTTCCACTCACCTCAACAACCACC
ATGTACTCTACCACCGACGTCGTCAAGAACGCTGCTTGCGGCTCC
 M  Y  S  T  T  D  V  V  K  N  A  A  C  G  S
TCGTCCTGCAACTGTGGCGCTACTTGCGCTTGCAAGCCGGGCGAG
 S  S  C  N  C  G  A  T  C  A  C  K  P  G  E
TGCAAGTGCTGAACGCTCAACCACGCCCATCAGGCCCCCCGTTCCC
 C  K  C
TGCAACCCTCAGTCCCCGAGGGTCGTACCAAGCCTGCATGTAGGATAA
GCTGTTTGTAATGGATGTATATGAAAATCATATGAGCCGATACGGAGAC
ATTCCCGTCAAAAAAAAAAAAAAAAAAAAAAAAAA
```

图 3 灵芝金属硫蛋白基因序列及由此推导的氨基酸序列

阴影标注 ATG 和 TGA 分别为起始密码子和终止密码

上述氨基酸序列用 BlastP 程序与基因数据库序列比较结果见表 1。几种大型真菌的金属硫蛋白多序列比对结果见图 4。结果表明灵芝金属硫蛋白氨基酸序列与其他许多物种的金属硫蛋白的序列具有同源性。并且与几种大型真菌的金属硫蛋白具有较高同源性，特别是 C 端的部分。其中与卷缘桩菇和双孢蘑菇的金属硫蛋白的氨基酸同源性分别达到 80%和 61%。因此可以说明该序列属于金属硫蛋白基因家族。

表 1 灵芝金属硫蛋白氨基酸序列 BlastP 比较结果

物种	氨基酸个数	score	同源性	GenBank 登录号	e-value
卷缘桩菇	34	50.1	17/21（80%）	AAS19463.1	3e-05
双孢蘑菇	54	50.1	19/31（61%）	CAC85298.1	3e-05
珠状巨孢囊霉	65	42.4	16/31（51%）	CAD13456.1	0.007
甘薯	82	35	13/21（61%）	AF177760_1	1.1
大车前	77	34.3	12/23（52）	CAH59434.1	1.9
赤子爱胜蚓	65	33.9	10/19（52%）	ABC48927.1	2.5
贻贝	74	32.7	10/30（33%）	CAE11855.1	5.6
牡蛎	62	32.7	9/24（37%）	AAQ23918.1	5.6

```
G. lucidum    ---MYSTT--------------------DVVKNA----ACGSSSCNCGATCACKPGECKC
P. involutus  ---MNTIT--------------------SVPVNFN---NCGSNSCGCGSSCACKPGECKC
A. bisporus   ---MPATTCASKCGEACACANNCQCCSNNEVPKNQ----HCGMSSCGCGDSCGCKPDECKC
C. cinerea    MMFIENTTPVSFCAN-CKCGNACGCGNSCGCTKNQASNSGCGSSSCTC-TNCACKAGECKC
                -*                    --*      ** -** *    *-**--****
```

图 4 几种大型真菌的 MT 蛋白多序列比对

灵芝［*Ganoderma lucidum*］（EF489399）为实验结果；卷缘桩菇［*Paxillus involutus*］（AAS19463.1）；双孢蘑菇［*Agaricus bisporus*］（CAB85689.1）；灰盖鬼伞［*Coprinopsis cinerea*］（EAU90187.1）

*表示该位置序列完全一致；–表示该位置序列高度相似

将灵芝金属硫蛋白的氨基酸序列与来自其他12个物种的金属硫蛋白氨基酸序列以ClustalX比队后，利用MEGA3.1软件，以临位相接法，构件了金属硫蛋白的系统进化树（图5）。其中Ganoderma lucidum的MT氨基酸序列为实验结果，其他来自GenBank：CAB85689.1 双孢蘑菇（*Agaricus bisporus*）；AAS19463.1 卷缘桩菇（*Paxillus involutus*）；EF489399 灵芝（*Ganoderma lucidum*）；EAU90187.1 灰盖鬼伞（*Coprinopsis cinerea*）；CAD13456.1 巨孢囊霉（*Gigaspora margarita*）；AAD54339.1 番薯（*Ipomoea batatas*）；CAD54078.1 大麦（*Hordeum vulgare*）；AAR88776.1 小果野蕉（*Musa acuminata*）；AAQ23917.1 牡蛎（*Crassostrea virginica*）；AAQ55281.1 嗜热四膜虫（*Tetrahymena thermophila*）；CAA06719.1 蚯蚓（*Lumbricus rubellus*）；P55942 骆驼（*Bos taurus*）；NP783320.2 人类（*Homo sapiens*）。

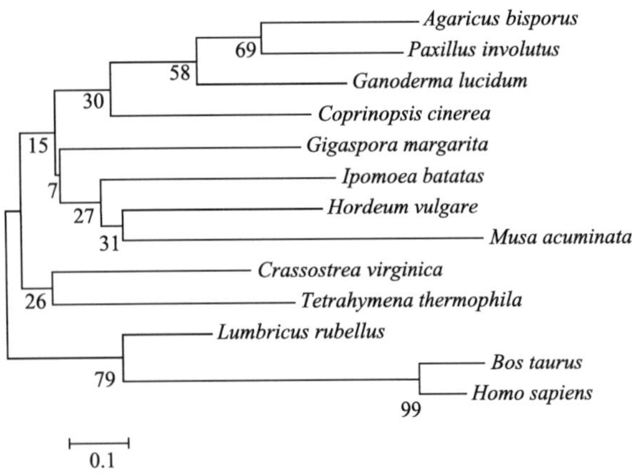

图5　金属硫蛋白氨基酸序列构建的NJ系统树

3　讨论

金属硫蛋白的分子生物学研究是目前研究的热点之一。在动物、植物和微生物的金属硫蛋白基因的结构及调控方面取得了较大的进展。对真核微生物的金属硫蛋白的研究除了主要集中在酿酒酵母、椭圆酿酒酵母、光滑求拟酵母和粗糙脉孢菌等外，目前仅有双孢蘑菇（*Abisporus*）[6,7]、柱状田头菇（*Agrocybe cylindracea*）[8]、卷缘桩菇（*Pinvolutus*）[9,10]、柄孢壳（*Podospora anserina*）[11]和菌根真菌珠状巨孢囊霉（*Gmargarita*）[12]等较少几种真菌的金属硫蛋白基因的报道。

本文采用cDNA末端快速扩增技术，获得了灵芝金属硫蛋白的cDNA序列。氨基酸序列分析显示该金属硫蛋白含有7个半胱氨酸，具有金属硫蛋白基因特征序列。与同为担子菌亚门（Basidiomycotina）层菌纲（Hymenomycetes）的卷缘桩菇（*Pinvolutus*）和双孢蘑菇（*Abisporus*）的金属硫蛋白的氨基酸同源性分别达到80%和61%。灵芝金属硫蛋白基因编码区的获得为利用5′RACE技术获得其启动子，进一步研究其金属硫蛋白基因的调控，灵芝金属硫蛋白的生理功能等提供理论基础。

参考文献

[1] Vasák M, Hasler D. Metallothioneins: new functional and structural insights. Curr Opin Chem Biol, 2000, 4: 177-183

[2] Vallee BL. The function of metallothionein. Neurochem Int, 1995, 27: 23-33

[3] 林兰雅，常立梅. 真核微生物的类金属硫蛋白. 生物工程进展，1996，16(3)：33-43

[4] Cobine PA, McKay RT, Zangger K. Solution structure of Cu6 metallothionein from the fungus *Neurospora crassa*. Eur J Biochem, 2004, 271(21): 4213-4221

[5] Culotta VC, Howard R, Liu XF. CRS5 encodes a metallothionein-like protein in *Saccharomyces cerevisiae*. J Biol Chem, 1994, 269(41): 25295-25302

[6] Muenger K, Lerch K. Copper metallothionein from the fungus *Agaricus bisporus*: chemical and spectroscopic properties. Biochemistry, 1985, 24: 6751-6756

[7] Eastwood DC, Kingsnorth CS, Jones H, et al. Genes with increased transcript levels following harvest of the sporophores of *Agaricus bisporus* have multiple physiological roles. Mycol Res, 2001, 105(10): 1223-1230

[8] 刘安玲，朱必凤，刘主等. 柱状田头菇(茶薪菇)金属硫蛋白的分离纯化与特性研究. 菌物系统，2002，22(1)：112-117

[9] Courbot M, Diez L, Ruotolo R, et al. Cadmium-responsive thiols in the ectomycorrhizal fungus *Paxillus involutus*. Appl Environ Microbiol, 2004, 70(12): 7413-7417

[10] Bellion M, Courbot M, Jacob C, et al. Metal induction of a *Paxillus involutus* metallothionein and its heterologous expression in *Hebeloma cylindrosporum*. New Phytol, 2007, 174 (1): 151-158

[11] Averbeck NB, Borghouts C, Hamann. A. Molecular control of copper homeostasis in filamentous fungi: increased expression of a metallothionein gene during aging of *Podospora anserine*. Mol Gen Genet, 2001, 264(5): 604-612

[12] Lanfranco L, Bolchi A, Ros EC, et al. Differential expression of a metallothionein gene during the presymbiotic versus the symbiotic phase of an arbuscular mycorrhizal fungus. Plant Physiol, 2002, 130(1): 58-67

杨树菇中一种脱氧核糖核酸酶的纯化及其性质*

祝雯，谢东扬，林奇英，谢联辉，吴祖建

（福建农林大学植物病毒研究所，福建福州 350002；福建省植物病毒工程研究中心，福建福州 350002；
福建农林大学生物农药与化学生物学教育部重点实验室，福建福州 350002）

摘 要：目的 分离纯化杨树菇子实体中脱氧核糖核酸酶，并对其性质进行分析。**方法** 通过80%饱和（NH_4）$_2SO_4$ 沉淀、Blue Sepharose 6 Fast Flow、DEAE-Sepharose Fast Flow 和 SP-Sepharose Fast Flow 层析方法，从杨树菇子实体中分离纯化一种脱氧核糖核酸酶。SDS-PAGE 和活性 SDS-PAGE 测定分子质量，采用琼脂糖凝胶电泳和紫外分光光度法分析其酶学性质，并检测 pH、温度、Mg^{2+} 和 EDTA 浓度对酶活性的影响。**结果** 经纯化得到了一种脱氧核糖核酸酶，其分子质量为 31kD。该酶对超螺旋质粒 DNA、λDNA、ssDNA 和 dsDNA 均具有降解活性，对 dsDNA 的降解活性略高于 ssDNA，且酶活性依赖于二价金属阳离子。该酶的最适 pH 范围为 7.5～9.6，50℃时相对酶活性最高。结论 从杨树菇子实体中纯化的脱氧核糖核酸酶属于一种非限制性脱氧核糖核酸内切酶。

关键词： 杨树菇；脱氧核糖核酸酶；纯化；酶学性质

中国图书分类号： Q291 **文献标识码：** A

Purification and enzymological properties of deoxyriboendonuclease from *Agrocybe aegerita*

ZHU Wen，XIE Dong-yang，LIN Qi-ying，XIE Lian-hui，WU Zu-jian

（Institute of Plant Virology，Fujian Agriculture Forestry University，Fuzhou 350002；
Plant Virus Engineer Center of Fujian Province，Fuzhou 350002；Key Laboratory of Biopesticide and Chemical Biology，Ministry of Education，Fujian Agriculture and Forestry University，Fuzhou 350002）

Abstrac：Objective To isolate and purify deoxyriboendonuclease (DNase) from *Agrocybe aegerita* and study its enzymological properties. **Methods** DNase was purified from *Agrocybe aegerita* by 80% saturated ammonium sulfate precipitation as well as Blue Sepharose 6 Fast Flow，DEAE-Sepharose Fast Flow and SP Sepharose Fast Flow chromatography，then determined for relative molecular mass by SDS-PAGE and activity SDS-PAGE and analyzed for enzymological properties by agarose gel electrophoresis and ultraviolet spectrophotometry. The effect of pH value，temperature as well as magnesium ion and EDTA concentrations on activity of the purified DNase were observed. **Results** A DNase with relative molecular mass of 31 000 was purified.

中国生物制品学杂志，2008，21（10）：869-872

* 基金项目：福建省科技厅、教育厅资助项目（2007L2002、2006F5014）、福建省青年创新基金（2007F3016）

The DNase showed bivalent metal positive ion-dependent degradation activity to supercoil plasmid DNA，λDNA，ssDNA and dsDNA，and the activity to dsDNA was slightly higher than that to ssDNA. The optimal pH value and temperature for the purified DNase were 7.5-9.6 and 50℃ respectively. **Conclusion** The DNase purified from *Agrocybe aegerita* was a kind of non-restriction endonuclease.

Key word：*Agrocybe aegerita*；deoxyribonuclease DNase；purification；enzymological property

脱氧核糖核酸酶（deoxyriboendonuclease，DNase）广泛存在动植物体内，在 DNA 复制、修复、免疫等方面具有重要功能[1]。根据其在反应中对金属离子和反应 pH 的要求不同，一般将 DNase 分为两大类：酶活性依赖二价金属离子，在中性条件或碱性条件下活性最高的 DNaseⅠ类酶（EC 3.1.21.1）和在低 pH 下有高酶活性但不依赖金属离子的 DNaseⅡ类酶（EC 3.1.22.1）[2]。

杨树菇（*Agrocybe aegerita*）又名柱状田头菇、柳松茸、茶菇、茶树菇，隶属于真菌门、担子菌杨树菇纲、伞菌目、粪锈伞科、田蘑属，是一种食用价值很高的木生食用真菌[3]。杨树菇具有多种活性物质，包括多种活性酶类[4]、抗菌活性[5]和抑制肿瘤细胞的活性凝集素等[6]。但迄今未见有关杨树菇 DNase 纯化的报道。本文从杨树菇中纯化了一种依赖金属离子的 DNase，并分析其部分酶活性。

1　材料与方法

1.1　材料

杨树菇子实体由福建古田食用菌研究所提供。小牛胸腺 DNA（dsDNA），鲑鱼精 DNA（ssDNA）购自 Sigma 公司，DEAE Sepharose Fast Flow、SP Sepharose Fast Flow 和 Blue Sepharose 6 Fast Flow 购自瑞典安玛西亚公司。

1.2　脱氧核糖核酸酶的分离纯化

将杨树菇子实体干燥粉碎后，取 30g 子实体粉末，加入 300mL 缓冲液 A（20mmol/L Tris-HCl，pH7.5），4℃浸提 16h，然后 12 000*g* 离心 20min，取上清液。加入固体 $(NH_4)_2SO_4$ 至 80%饱和度。12 000*g* 离心 20min，收集沉淀。经缓冲液 A 进行充分透析平衡。离心除去变性蛋白质后，进行 Blue Sepharose 6 Fast Flow（2.0cm×5.0cm）层析，以缓冲液 A 洗脱至 A_{280} < 0.02。用含 200mmol/L NaCl 的缓冲液 A 洗脱，收集酶活组分，用缓冲液 B（20mmol/L Tris-HCl，pH7.2）透析。DEAE Sepharose Fast Flow 层析，收集缓冲液 B（20mmol/L Tris-HCl，pH7.2）洗脱组分，浓缩后，用缓冲液 C（20mmol/L PBS，pH6.5）透析。再经 SP Sepharose Fast Flow 层析，用缓冲液 C 洗脱至 A_{280}<0.02，用含有 100～300mmol/L NaCl 的缓冲液 C 梯度洗脱，收集酶活组分。透析，浓缩，在含有 20%（v/v）甘油的 10mmol/L Tris-HCl（pH7.5）缓冲液中－20℃保存。

1.3　脱氧核糖核酸酶活性分析

1.3.1　紫外分光光度法

酶反应体系为：20mmol/L Tris-HCl（pH7.5），5mmol/L $MgCl_2$，8μg dsDNA 或 ssDNA，酶样品溶液 2μL，37℃水浴 30min。加入预冷的三氯乙酸，终浓度为 10%（w/v），冰上 10min，12 000*g* 离心 20min。测定上清液在 260nm 处的吸收值。以 1min 内使反应液的 260nm 吸光度增加 0.001 所需要的酶量定义为 1 个酶活性单位[7]。

1.3.2　琼脂糖凝胶电泳法

取 2μL 酶样品，加入 20μL 上述酶反应体系，底物 DNA 分别为通过碱法提取的超螺旋 DNA 质粒（pMD-18T）和 λDNA。37℃水浴 10min。1%（w/v）琼脂糖凝胶电泳检测 DNA 的酶切产物[8]。

1.4　SDS-PAGE 分析

非变性 SDS-PAGE 的分离胶浓度为 10%，浓缩胶为 5%；SDS-PAGE 的分离胶浓度为 12%，浓缩胶为 5%[9]。样品上样缓冲液中加入巯基乙醇，但不煮沸。

1.5　活性 SDS-PAGE 分析

参考 Blank[10]等的方法，有改动。SDS-PAGE 的 12%分离胶浓度中加入 1μg/mL dsDNA，浓缩胶浓度为 5%。样品上样缓冲液中加入巯基乙醇，但不煮沸。电泳后，将胶放入 25%（v/v）异丙醇的缓冲液 D（10mmol/L Tris-HCl，pH7.5）

中，轻摇 15h，其间换 2 次缓冲液。将胶转入含 5mmol/L Mg^{2+} 的缓冲液 D 中，轻摇 15min，期间换 1 次缓冲液。再将转入新的含 5mmol/L Mg^{2+} 的缓冲液 D 中，37℃反应 30min。0.5μg/mL 的 EB 染色 15min。凝胶成像系统（IS-1000）检测拍照。

1.6 pH 和温度对酶活力的影响

取纯化的酶样品，分别在 10mmol/L NaAc/HAc（pH4.2、pH4.6、pH5.0、pH5.4），10mmol/L PBS（pH6.2、pH6.6、pH7.0），10mmol/L Tris-HCl（pH7.5、pH8.5）和 10mmol/L 甘氨酸-氢氧化钠（pH9.2、pH9.6、pH10.4）缓冲液条件下，以 dsDNA 为底物，紫外分光光度法比较 pH 对酶活力的影响。

取纯化的酶样品，以 dsDNA 为底物，分别在 25℃、37℃、45℃、50℃、60℃、70℃和 80℃下，采用紫外分光光度法比较温度对酶活力的影响。

1.7 Mg^{2+} 和 EDTA 浓度对酶活性的影响

取纯化的酶样品，以 dsDNA 为底物，分别在 0mmol/L、1mmol/L、5mmol/L、8mmol/L、10mmol/L、20mmol/L、50mmol/L Mg^{2+} 浓度条件下，采用紫外分光光度法比较 Mg^{2+} 对酶活性的影响。

取纯化的酶样品，以 dsDNA 为底物，在 0mmol/L、1mmol/L、2.5mmol/L、5mmol/L、10mmol/L、25mmol/L、50mmol/L 的 EDTA 浓度条件下，采用紫外分光光度法比较 EDTA 对酶活性的影响。

1.8 蛋白质定量

采用 BCA 方法。以牛血清白蛋白为标准。

2 结果

2.1 DNase 的纯化

杨树菇浸提液经 $(NH_4)_2SO_4$ 盐析，得到粗蛋白，采用 Blue Sepharose 6 Fast Flow 亲和层析，DEAE Sepharose Fast Flow 层析后，再经 SP Sepharose Fast Flow 层析，100～300mmol/L NaCl 梯度洗脱。通过 DNase 活性分析证明，其中 SPI 为活性峰，见图 1。其分子质量为 31kD，见图 2。DNase 得率为 0.97 mg/30g。

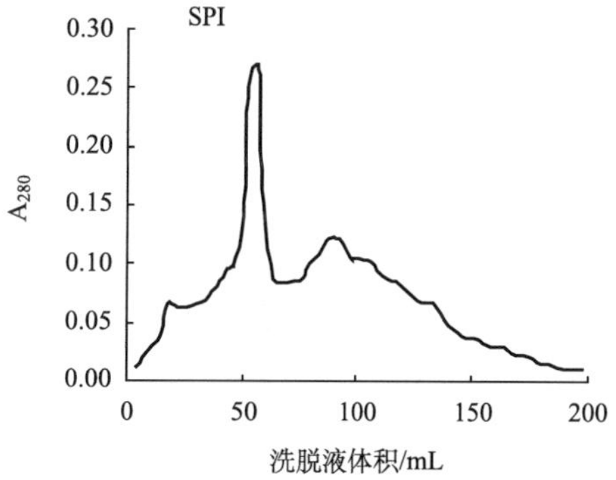

图 1 SP Sepharose Fast Flow 离子层析

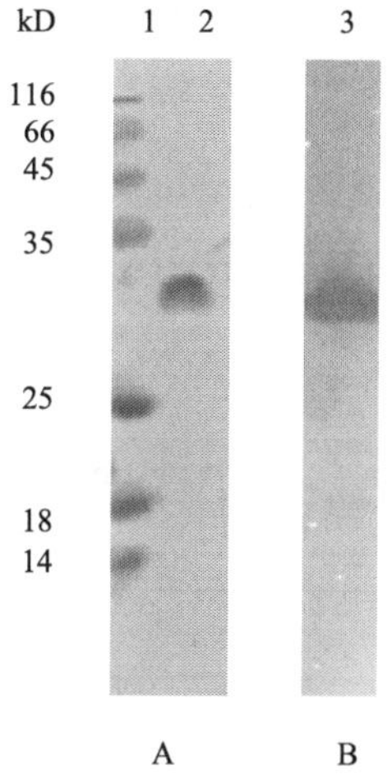

图 2 纯化的脱氧核糖核酸酶的 SDS-PAGE 和活性 SDS-PAGE 图谱

1. maker；2，3. 纯化的 DNase

2.2 DNase 的活性

纯化的 DNase 不仅在 pMD-18T 超螺旋 DNA 上形成松弛环型 DNA（N），同时还产生了线型 DNA（L）。随着酶浓度增加，质粒 DNA 出现弥散的现象，见图 3。底物为 λDNA 时，随酶浓度增

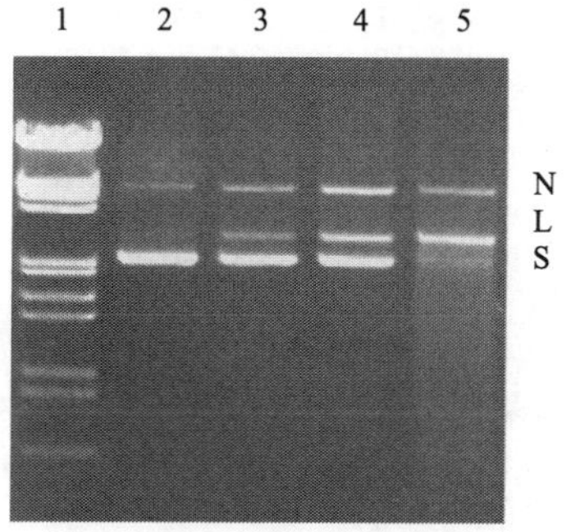

图 3 纯化的脱氧核糖核酸酶对质粒 pMD-18T 活性分析

1. 标准 DNA；2. pMD-18T 质料 DNA；3～5. pMD-18T 质料 DNA 中分别加入 0.02，0.06 和 0.1units 的 DNase；N. 松弛环型 DNA；L. 线型 DNA；S. 超螺旋 DNA

加，λDNA 逐渐降解，并未产生特异性条带，见图 4。表明纯化的 DNase 是一种非限制性内切酶。DNase 对 dsDNA 降解活性略高于对 ssDNA 的降解活性，见图 5。

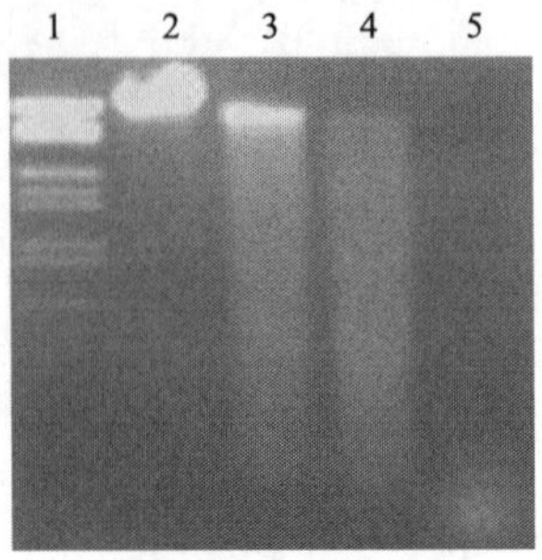

图 4　纯化的脱氧核糖核酸酶对 λDNA 的活性分析

1. maker；2. λDNA；3～5. λDNA 中分别加入 0.5，2 和 5units 的 DNase

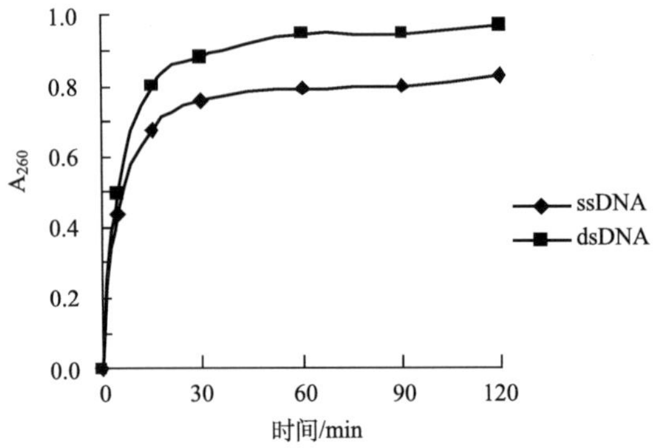

图 5　纯化的脱氧核糖核酸酶对 ssDNA 和 dsDNA 的降解活性

2.3　酶的最适 pH 和温度

酶最适 pH 范围为 7.5 ～ 9.6，见图 6。最适温度为 50℃，见图 7。

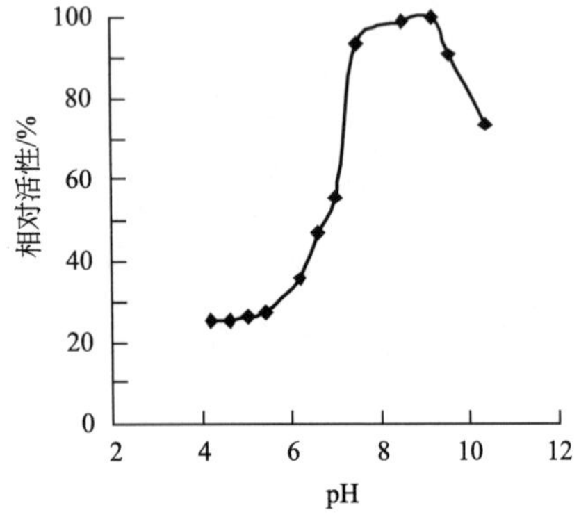

图 6　pH 对纯化的脱氧核糖核酸酶活力的影响

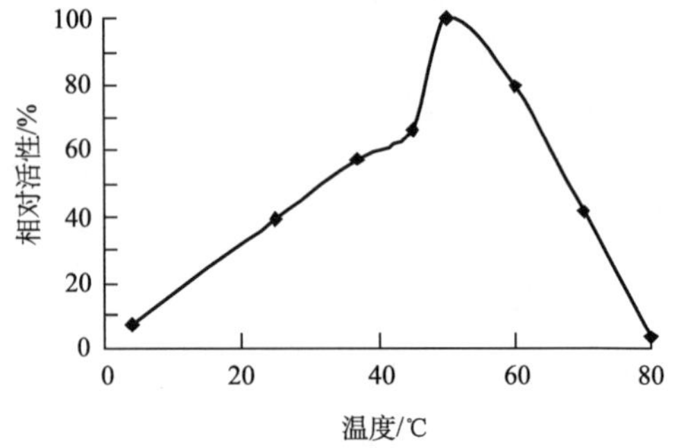

图 7　温度对纯化的脱氧核糖核酸酶活力的影响

2.4　Mg^{2+} 和 EDTA 浓度对酶活性的影响

Mg^{2+} 浓度为 5mmol/L 时，酶活性最高，当达到 50mmol/L 时，酶活性被抑制，见图 8。EDTA 浓度高于 10mmoL/L 时，酶活性被完全抑制，见图 9。

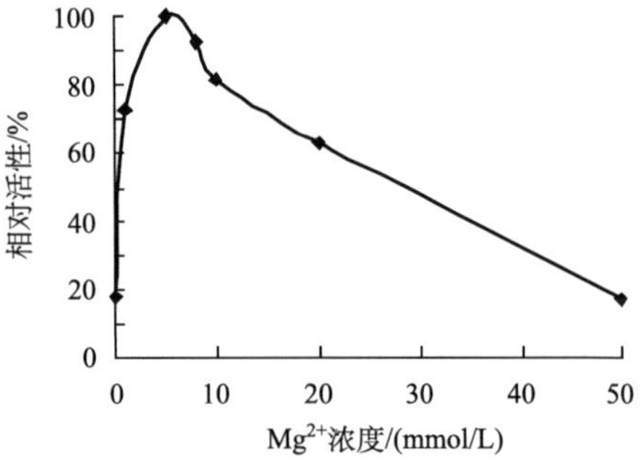

图 8　Mg^{2+} 浓度对纯化的脱氧核糖核酸酶活性的影响

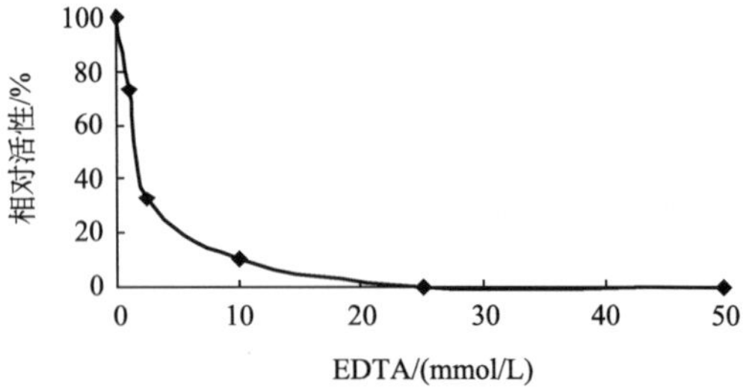

图 9　EDTA 浓度对纯化的脱氧核糖核酸酶活性的影响

3　讨论

目前已经从多种生物中分离纯化了 DNaseⅠ，尤其是动物的 DNaseⅠ的研究较为广泛和深入。据报道除 1 种新型蚯蚓 DNase 的分子质量为 157kD 以外[11]，动物的 DNaseⅠ的分子质量均在 30～40kD[12]。从微生物中分离的 DNase 相对分子质量变化范围较大，如从耻垢分枝杆菌（*Mycobacterium smegmatis*）中提取的 DNase 分子质量为 43kD[13]，从金色链霉菌中分离的 DNase 分子质量为 31kD[14]，灰盖鬼伞（*Coprinus cinereus*）的两种 DNase 分子质量分别为 43kD[15] 和 60kD[8]。灵芝中提取的非限制性内切酶 GLDNase 分子质量为 13 807D[16]。灰盖鬼伞中的分子质量为 43kD 的非限制性内切酶只切割 ssDNA，对 dsDNA 没有活性。反应最适温度在 50℃，Mg^{2+} 浓度为 20mmol/L 时酶活性最高；而灰盖鬼伞中的分子质量为 60kD 的非限制性内切酶对 ssDNA 和 dsDNA 均具有活性，但对 ssDNA 的活性高于 dsDNA，反应最适温度在 45～50℃，Mg^{2+} 浓度为 2～5mmol /L 时活性最高，20mmol/L 时酶活性明显降低。从灵芝中提取的非限制性内切酶 GLDNase 对 ssDNA 的活性高于 dsDNA，Mg^{2+} 浓度为 5mmol/L 时酶活性最高，反应最适温度在 40℃。本文从杨树菇中分离纯化的 DNase 分子质量为 31kD，对 dsDNA 降解活性略高于 ssDNA，Mg^{2+} 浓度为 5mmoL/L 时活性最高，酶反应最适温度在 50℃，而与上几种酶活性依赖金属离子的 DNase 的反应最适 pH 都在 8.0 以上。

随着人们对 DNase 重要性的认识，其分离纯化及性质研究也成为热点之一。本研究从杨树菇中首次分离纯化了一种 DNase，并分析了其部分酶的性质。关于该酶的氨基酸序列和其他生物学功能还有待于进一步研究。

参 考 文 献

[1] Schofield MJ, Hsieh P. DNA mismatch repair: molecular mechanisms and biological function. Annu Rev Microbiol, 2003, 57(10): 579-608

[2] Baranovskii AG, Buneva VN, Nevinsky GA. Human deoxyribonucleases. Biochemistry, 2004, 69(6): 587-601

[3] 应建浙，卯晓岚．中国药用真菌图鉴．北京：科学出版社，1987，316-317

[4] 王南，沈锋，谭琦等．柱状田头菇生长发育中 9 种胞外酶活性的测定．菌物系统，2000，19(4)：540-546

[5] 李德舜，李鹏，王臻等．杨树菇抑菌活性提取物理化性质的初步研究．山东大学学报，2007，42(9)：7-11

[6] Zhao C, Sun H, Tone X, et al. An antitumour lectin from the edible mushroom *Agrocybe aegerita*. Biochem J, 2003, 374(Pt2): 321-327

[7] Baker KP, Baron WF, Henzel WJ, et al. Molecular cloning and characterization of human and murine DNase Ⅱ. Gene, 1998, 21(2)5: 281-289

[8] Kitamura A, Kouroku Y, Onoue M, et al. A new meiotic endonuclease from *Coprinus meiocytes*. Biochimica Biophysica Acta, 1997, 1342(6): 205-216

[9] 萨姆布鲁克，弗里奇，曼尼阿蒂斯．分子克隆实验指南．第二版．金冬雁译．北京：科学出版社，1998，1713-1720

[10] Blank A, Sugiyama RH, Dekker CA. Activity staining of nucleolytic enzymes after sodium dodecyl sulfate polyacrylamide gel electrophoresis: use of aqueous isopropano to remove detergent from gels. Anal Biochem, 1982, 120(2): 267-275

[11] 王晓媛，姚建强，康慧芳等．一种新型蚯蚓脱氧核糖核酸酶酶学性质的研究．中国生化药物杂志．2008，29(1)：12-15

[12] Kishi K, Yasuda T, Takeshita H. DNase I: structure, function, and use in medicine and forensic science. Legal Medicine, 2001, 3(2): 69-83

[13] Mandal P, Chakraborty P, Sau S, Mandal NC. Purification and characterization of a deoxyriboendonuclease from *Mycobacterium smegmatis*. J Biochem Mol Biol. 2006; 39(2): 140-144

[14] Brnáková Z, Godány A, Timko J, et al. An extracellular endodeoxyribonuclease from *Streptomyces aureofaciens*. Biochim Biophys Acta, 2005, 1721(1-3): 116-123

[15] Benjamin CL, Kengo S. An endo-exonuclease from meiotic tissues of the Basidiomycete *Coprinus cinereus*. Biol Chem, 1991, 266(31): 21060-21066

[16] 谢东扬，祝雯，吴祖建等．灵芝中一种新的脱氧核糖核酸酶的纯化及特征．福建农林大学学报，2007，36(5)：486-490

Ⅲ 海洋生物源天然产物

海洋是生命之源，人类物质资源的天然宝库。海洋生态环境独特，使海洋微生物产生了与陆地微生物不同的代谢系统和防御体系，特别是从海洋微生物中提取的生物活性物质，具有新颖的化学结构和特异的生理功能，在抗菌、抗病毒、抗肿瘤、保健等方面具有独特效果，已成为开发新药、特药的主要研究方向之一。本所对藻胆蛋白、海藻凝集素、多酚氧化酶、碱性蛋白酶等生物活性物质进行了研究，同时还测定了福建沿海几种常见海藻乙醇提取物及粗提物的抗真菌活性、分析了孔石莼质体蓝素氨基酸序列，并对孔石莼中分离的抗烟草花叶病毒蛋白（UPCM40）抗真菌作用进行了研究，为进一步开展海洋生物活性物质的研究提供了良好的积累。

珊瑚藻藻红蛋白分离纯化技术及光谱学特性*

王盛，吴祖建，林奇英，谢联辉

（福建农林大学植物病毒研究所，福建福州 350002）

摘 要：藻红蛋白（PE）具有特征性吸收光谱和荧光光谱，是一种新颖的荧光分子探针。经反复探索研究建立了盐析、离子交换层析、羟基磷灰石吸附层析和凝胶过滤层析的分离纯化方案，从珊瑚藻中分离纯化出R-藻红蛋白（R-PE），其纯度［D_{565}/D_{280}］高达11。

关键词：珊瑚藻；藻红蛋白；柱色谱层析；荧光光谱

中图分类号：Q2251 **文献标识码**：A **文章编号**：1006-7817（2002）04-0495-05

Isolation and purification of phycoerythrin from *Corallina officinalis* and its spectrum characteristics

WANG Sheng, WU Zu-jian, LIN Qi-ying, XIE Lian-hui

(Institute of Plant Virology, Fujian Agriculture and Forestry University, Fuzhou 350002)

Abstract: The phycoerythrin (PE) was a kind of fluorescence molecular probe with the characteristics of absorption spectra and fluorescence spectra. The successive procedures of fraction precipitation of ammonium sulfate, ion exchange, modified hydrorylapatite and gel filtration chromatography were set up. A kind of R-phycoerythrin (R-PE) from *Corallina officinalis* was separated and purified, the purity [ratio of D_{565}/D_{280}] of R-PE reached 11.

Key words: *Corallina officinalis*; phycoerythrin; column chromatography; fluorescence spectrum

荧光免疫分析是最早使用的一种标记免疫分析法，其灵敏度高，在传染病诊断上有着极为广泛的用途。但生物样品的荧光（400～600nm）与常用的荧光标记物的荧光的发射光谱相重叠，影响检测的灵敏度。藻红蛋白是一种独特的荧光标记物，克服了人工合成荧光素价格高、存在有毒物质以及长期保存后与蛋白质结合能力减弱甚至消失等缺点[1]。国外许多公司已相继开发出藻红蛋白产品，但售价高（126 美元/mg）[2]，而目前国内使用的这类产品全部依赖进口，所以开发这类高新技术产品，对我国具有重要意义。本文对珊瑚藻的藻红蛋白分离纯化方案和光谱学性质进行了研究。

1 材料与方法

1.1 供试材料

供试样品采自福建省福清高山、江阴和莆田南日岛等海域。采回后用清水洗去藻体表面附生物，

福建农林大学学报（自然科学版），2002，31（4）：495-499

收稿日期：2001-07-30

* 基金项目：福建省科技厅重大资助项目（2000H004 和 2001H127）

编号分装后置于超低温冰箱中于－50℃保存备用。同时留下少许相应编号样品，以供藻种鉴定。

1.2 离子交换和凝胶过滤介质

试验中使用的离子交换介质为DEAE-Sepharose FF，凝胶过滤介质为Superdex 200HR、Sephacryl S-200HR和Sepharose 6B等。以上产品由Amersham Pharmacia公司提供。

1.3 主要仪器

BSZ-100自动部分收集器和梯度混合器为上海沪西仪器公司产品；Z型系列层析柱购自上海精科实业有限公司；恒流泵（YZ1515）购自保定兰格恒流泵有限公司；UV-1600紫外分光光度计为北京瑞利公司产品；荧光分光光度计（850型）为Hitachi公司产品。

1.4 藻红蛋白的粗提和盐析

1.4.1 粗提

取珊瑚藻材料20g于研钵中充分磨碎，用50mL蒸馏水浸提；三层纱布过滤后，4℃下于高速离心机中15 000*g*离心20min，取出的上清液即为藻红蛋白粗提液。

1.4.2 盐析

在上清液中加入固体$(NH_4)_2SO_4$至30%饱和度，于4℃冰箱中静置12h；之后在4℃下25 000*g*离心20min，除去沉淀，再加入$(NH_4)_2SO_4$至45%饱和度，4℃静置盐析过夜；4℃下25 000*g*离心20min，弃上清液，收集红色沉淀，加少量蒸馏水溶解后置于透析袋中；于4℃下在蒸馏水中连续透析36h，换水4～5次；截留液再用PEG20000浓缩，然后用0.01mol/L PBS（pH7.0）缓冲液平衡透析12h，将截留液在4℃下25 000*g*离心20min，取上清液。

1.5 珊瑚藻藻红蛋白的柱色谱层析分离纯化

1.5.1 DEAE-Sepharose FF柱层析

将装好的DEAE-Sepharose FF柱（1.6cm×20cm），以0.01mol/L PBS（pH7.0）缓冲液平衡，直至流出液的pH7.0；将平衡好的样品上样于柱顶，用上样缓冲液洗柱30～40min；再用0～0.5mol/L NaCl作线性梯度洗脱，洗脱液总体积为200mL，流速1.5mL/min。每管收集洗脱液约5mL，并测其D_{280}和D_{565}，作出280nm层析曲线。根据洗脱峰和D_{565}/D_{280}比值，收集较纯的样品，经反复透析、浓缩、离心后备用。

1.5.2 羟基磷灰石（HA）的制备

参考韦萍等[3]的方法。

1.5.3 Test tube法确定的HA操作初始条件及洗脱盐浓度的测定

参考殷钢等[4]的方法。

1.5.4 HA柱层析

根据Test tube法测定的离子强度，用0.01mol/L的PBS（pH7.0）缓冲液平衡已装好的HA柱；层析柱平衡好后，将预先用相同缓冲液平衡好的、经DEAE-Sepharose FF柱层析的样品，上样于柱顶；待样品完全进入层析柱后，再用平衡缓冲液洗柱过夜后，用离子强度为0.01～0.1mol/L的PBS作线性梯度洗脱，洗脱液总体积为100mL，流速0.5mL/min。每管收集洗脱液3mL，并测其D_{280}和D_{565}，作出280nm层析曲线。根据洗脱峰，收集D_{565}/D_{280}比值大于4的样品。以上缓冲液中均含有0.2mol/L的NaCl，以消除非特异性吸附。

1.5.5 凝胶过滤层析

将上述经HA纯化后的样品再进行一次凝胶过滤，介质为Superdex 200HR、Sephacryl S-200HR或Sepharose 6B中的任何一种。向1.6cm×80cm的凝胶过滤柱顶上样400μL，待样品进入柱中后用洗脱液洗脱，流速9mL/h。每管收集洗脱液3mL，并测其D_{280}和D_{565}，作出280nm层析曲线。根据洗脱峰和D_{565}/D_{280}比值，收集样品。洗脱液为0.01mol/L的PBS（pH7.0，含0.1mol/L或0.2mol/L NaCl）。

1.6 藻红蛋白纯度的光学表示法

藻红蛋白纯度以藻红蛋白溶液在最大可见吸收峰波长下的光密度值与蛋白质的特征光密度值之比［D_{565}/D_{280}］来表示。

1.7 藻红蛋白Native-PAGE纯度的测定

参考文献[5]和郭尧君[6]的方法。电泳条件为含质量分数为4%的浓缩胶和质量分数为7.5%的分离胶，电泳缓冲液为Tris-甘氨酸缓冲液。

1.8 藻红蛋白可见光光谱特性的测定

在室温下将上述分离纯化的藻红蛋白（pH7.0，

0.01mol/L PBS)，用 UV-1600 紫外分光光度计对其 400～700nm 的可见光吸收区域进行扫描分析。

1.9 藻红蛋白荧光光谱特性的测定

在室温下将纯化的藻红蛋白（pH7.0，0.01mol/L PBS）在 Hitachi850 型荧光分光光度计上测定其荧光激发光谱。在已知激发波长的情况下，测定其荧光发射光谱。

2 结果与分析

2.1 珊瑚藻藻红蛋白柱色谱层析的分离纯化

2.1.1 DEAE-Sepharose FF 柱层析

样品上样后被压缩吸附在柱层顶端，形成一层红色区带，随洗脱梯度的增加，依次出现 3 个蛋白峰。首先出现 2 个低而宽的无色蛋白峰，紧接着是一红色蛋白峰（图 1)，即目的蛋白峰。

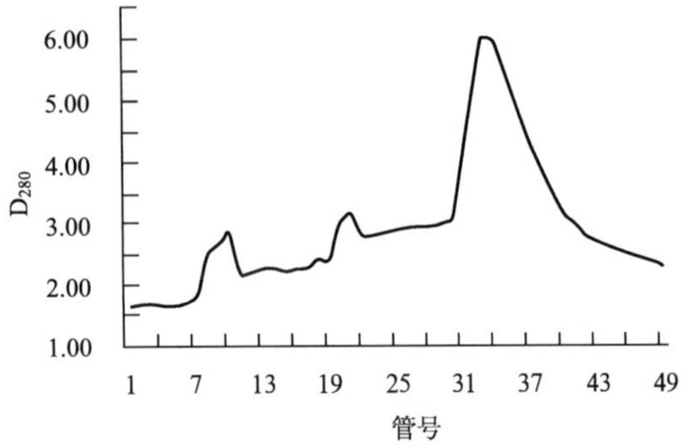

图 1 珊瑚藻藻红蛋白 DEAE-Sepharose FF 柱层析图谱

2.1.2 HA 柱层析

上样后，样品被吸附于柱子上端，形成一层红色区带，洗去其中不能吸附的部分时，流出少量淡红色液体，向其中加入体积分数为 10%的三氯乙酸（TCA)，无沉淀反应，加入固体（$(NH_4)_2SO_4$ 至 100%饱和度，静置 1 周后仍无沉淀出现，据此推测该淡红色液体为藻红蛋白脱落的色基。在洗脱过程中，红色区带随磷酸盐离子浓度的提高而逐渐出现一个明显的红色洗脱峰（图 2)。

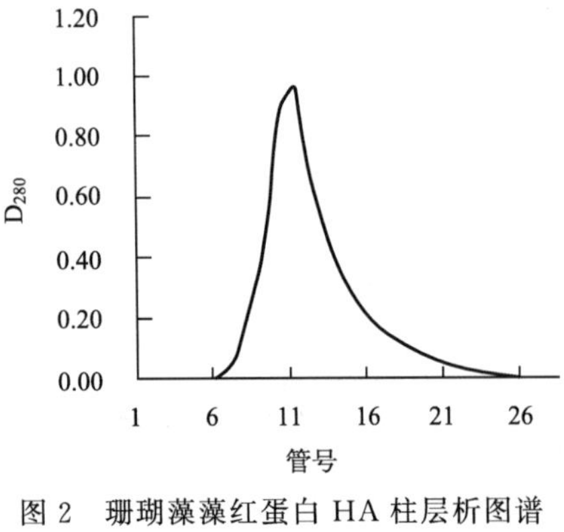

图 2 珊瑚藻藻红蛋白 HA 柱层析图谱

2.1.3 凝胶过滤层析

先后使用 3 种凝胶过滤介质对上述样品进行进一步纯化，从纯度来看，Superdex 200HR 和 Sephacryl S-200HR 的分离效果比 Sepharose 6B 的好。样品经过不同介质的凝胶过滤后，出现的 2 个相连的蛋白质吸收峰均呈红色，第 2 个峰颜色较淡（图 3)，第 1 个峰为目的蛋白峰。

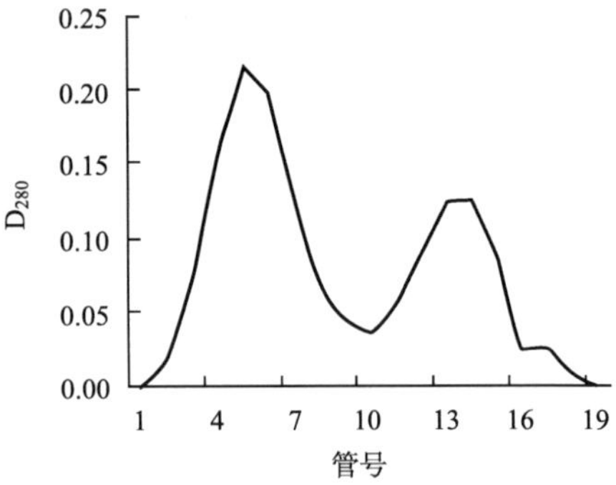

图 3 珊瑚藻藻红蛋白凝胶过滤层析图谱

2.2 藻红蛋白的各级纯化结果

表 1 中列出了 3 种不同的分离纯化程序。粗提液中 R-藻红蛋白纯度很低（仅 0.23)，经 $(NH_4)_2SO_4$ 分级沉淀后，有所上升（0.60)；经 DEAE-Sepharose FF 和 HA 柱层析后，纯度高达 5.60。据文献报道[7]，纯度在 4.5 以上的为藻红蛋白纯品。对纯度为 5.60 的样品进行凝胶过滤，纯度高达 11.19。从表 1 可知：方法Ⅱ中，不经 HA 纯化的样品，即使进行凝胶过滤，纯度仍然达不到要求；而方法Ⅲ中，粗提液经 HA 就可达到与方法Ⅱ相近的纯度。说明 HA 柱层析是提取藻红蛋白乃至藻胆蛋白的一有效手段，同时也说明我们自制的 HA 介质可以较好地应用于藻红蛋白的纯化。

表 1 R-藻红蛋白各级纯化结果

分离程序	D_{565}/D_{280}		
	方法Ⅰ	方法Ⅱ	方法Ⅲ
粗提液	0.23	0.23	0.23
$(NH_4)_2SO_4$盐析	0.60	0.60	—
DEAE-Sepharose FF 层析	3.00	3.00	—
HA 层析	5.60	—	4.37
凝胶过滤层析	11.19	4.39	—

2.3 藻红蛋白纯度的 PAGE 鉴定

经凝胶过滤和 HA 纯化后的 R-藻红蛋白，经 PAGE 电泳后，未经染色，在胶上只有 1 条红色电泳带；经染色后（图 4），仍然只见 1 条染色带，说明经上述方法纯化的藻红蛋白已经达到电泳纯。而 HA 纯化后的 R-藻红蛋白在胶上部可见 1 条微弱的杂蛋白带，可见凝胶过滤步骤不可缺省。

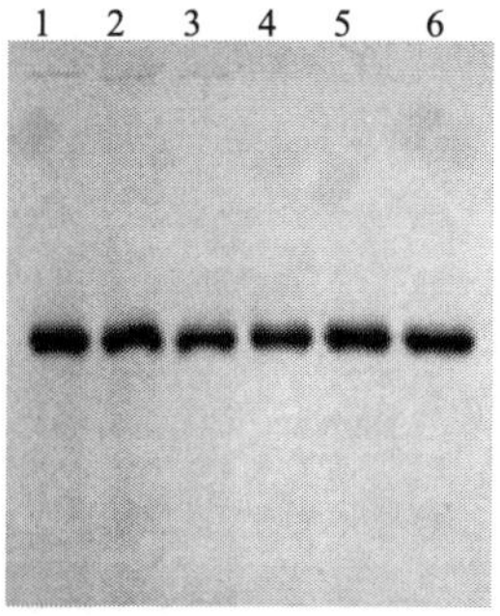

图 4 藻红蛋白 PAGE 图谱

1～3. HA 柱层析样品；4～6. 凝胶过滤样品

2.4 藻红蛋白可见光光谱学特性

R-PE 在 565nm 和 498nm 处存在 2 个完全吸收峰，545nm 为吸收肩峰，565nm 为最大吸收峰（图 5），这与前人报道[8]的双峰型 R-藻红蛋白可见光光谱特性基本一致。

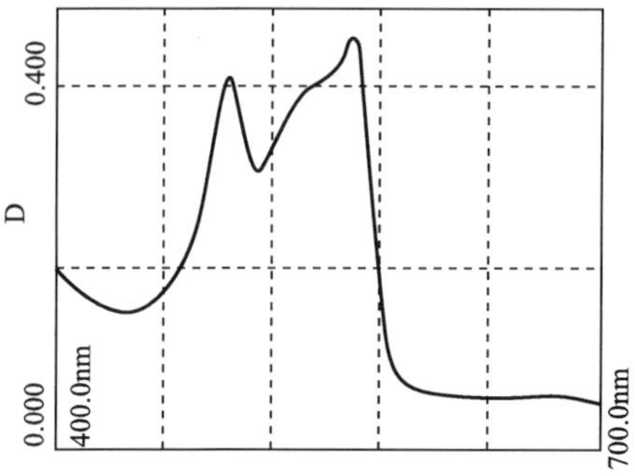

图 5 R-PE 的可见光光谱

2.5 藻红蛋白荧光光谱特性

对 R-PE 进行 200～500nm 的荧光激发情况进行研究，结果表明 R-PE 在此范围内存在 458nm、376nm 和 310nm 3 个荧光激发峰。分别用 3 种不同波长对 R-PE 的荧光发射情况进行研究（图 6），在 3 个不同波长激发下，R-PE 的发射峰位置基本一致，位于 584nm 左右，其中 458nm 的荧光激发强度最大。因此，选用 458nm 和 584nm 作为其最适荧光激发和发射波长。前人研究认为，R-PE 的最适荧光激发和发射波长分别为 490nm 和 578nm[9]，这与我们的研究结果不同，可能是 R-PE间色基含量差异较大造成的。此外，珊瑚藻 R-PE 的 Stokes 位移为 126nm，远远超过一般荧光试剂的 Stokes 位移（80nm），因此可作为理想的荧光标记试剂。

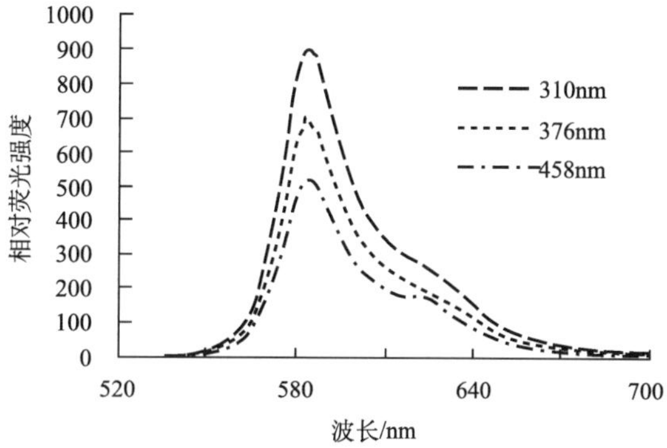

图 6 R-PE 的荧光发射光谱

3 讨论

以珊瑚藻为材料，对其进行分离纯化和光谱学性质研究。在最初分离纯化程序中，我们选用了离子交换和凝胶过滤 2 种分离纯化手段，但都很难达到令人满意的效果。后来引入自制的羟基磷灰石（HA）柱层析后，藻红蛋白分离纯度高达 11 左右。为了进一步验证 HA 在藻红蛋白分离纯化中的作用，用珊瑚藻粗提液进行 HA 柱层析，分离纯度与离子交换层析加凝胶过滤层析的相差不大。此外，还以另一种未知种属的红藻为材料，用 HA 进行分离纯化，也获得了满意的结果，说明 HA 在藻红蛋白的分离纯化上极具应用价值。由于其可自行制备，成本较低，因此可以广泛应用于藻红蛋白的纯化。但是在试验中还发现：仅用 HA 柱层析进行分离纯化，得到的样品经 PAGE 鉴定，发现其中还存在杂蛋白；经凝胶过滤后，杂蛋白带消失，但光谱学纯度并未大幅度提高。将该样品进行琼脂糖凝胶电泳，发现其中存在大量核酸；用链霉素处理后，核酸带消失，但是其纯度仍未提高，反而有不同程度的下降。在 HA 柱层析洗柱过程中，发现有大量红色洗脱液流出，据此推测链霉素对其色基影响较大，不能用来去除样品中的核酸。由于盐析和离子交换层析可去除部分核酸，因此最终选择了盐析、离子交换、HA和凝胶过滤的分离纯化程序。王勇等[10]在螺旋藻藻蓝蛋白的分离纯化中先使用凝胶过滤，再进行离子交换、HA，最后再经凝胶过滤的分离纯化程序，获得了纯度高达14的藻蓝蛋白产品。但是，一般认为一个较好的分离纯化方案中各纯化方法的排布，应先选用粗放、快速，有利于缩小样品体积和后续处理的方法，精确、费时及需样品量少的方法应后选[11]，这有利于获得大量样品以及该产品在工业化生产上的应用。

参考文献

[1] 吴萍．藻胆蛋白与荧光免疫分析．生理科学进展，2000，31(1)：82-84

[2] 范晓，张士璀，秦松等．海洋生物技术新进展．北京：海洋出版社，1999．196-211

[3] 韦萍，李环，张成武．极大螺旋藻藻蓝蛋白的提取与纯化．南京化工大学学报，1999，21(3)：62-65

[4] 殷刚，尹进，刘铮等．阴离子交换和羟基磷灰石色谱从螺旋藻中提纯藻胆蛋白的研究．离子交换与吸附，2000，16(2)：128-133

[5] Amersham Pharmacia Biotech. Probe in Electrophoresis-Technical Manual. Uppsala：Amersham Pharmacia，1999，36

[6] 郭尧君．蛋白质电泳技术．北京：科学出版社，1999，36-47

[7] 曾繁杰，杨紫萱，蒋丽金．多管藻中R-藻红蛋白的性质和超微结构．生物化学与生物物理学报，1985，17(1)：97-101

[8] 王广策，邓田，曾呈奎．藻胆蛋白研究概况(Ⅱ)．藻胆蛋白结构与光谱特性．海洋科学，2000，24(3)：19-22

[9] 杨苍珍，马金石，蒋丽金．R-藻红蛋白光谱分析．生物化学与生物物理进展，1988，15(3)：200-203

[10] 王勇，钱凯先，董强．高纯度藻蓝蛋白分离纯化及光谱特性研究．生物化学与生物物理进展，1999，26(5)：457-460

[11] 赵永芳．生物化学制备技术．武汉：武汉大学出版社，1988，7-9

珊瑚藻藻红蛋白 α 亚基脱辅基蛋白基因克隆与序列分析*

王盛，钟伏弟，吴祖建，林奇英，谢联辉

（福建农林大学植物病毒研究所，福建福州 350002）

藻胆体是红藻的光合作用捕光器官。藻红蛋白位于藻胆体的尖端，在能传递体系中位于第一环节，是第一级捕光色素，直接吸收和传递光能，对藻体的生理活动有重要影响[1]。藻红蛋白的光吸收区位于蓝绿光区（498～565nm），可以利用高等植物不能利用的光能。如能通过基因导入而将高等植物的光合作用器加以改造，使其光吸收范围扩大，可大大地促进高等植物的生长发育[2]。此外，藻红蛋白是一类丰富的天然蛋白质资源，在深入研究藻红蛋白基因结构和功能的基础上，利用基因工程手段获得高效表达的基因工程菌株，可以通过发酵生产藻红蛋白[3]。同时亦可利用藻红蛋白的基因对大型经济海藻进行基因功能改良[1]，本研究利 RT-PCR 和 nested PCR 技术克隆了珊瑚藻藻红蛋白 α 亚基基因全序列，并进行了序列比较分析。

1 材料和方法

1.1 材料

珊瑚藻（*Corallina officinalis*）采自福建省莆田海域。

1.2 方法

根据已报道的藻红蛋白基因序列保守区设计、合成简并引物 P1、P2 和 P5，在 P1-P2 片段序列测定的基础上设计、合成特异引物 Gsp1 和 Gsp2。Gsp2-5 片断的扩增，首先用引物 Gsp1 和 P5 作第 1 次扩增，然后用引物 Gsp2 和 P5 作第 2 次嵌套扩增。将获得的个片断进行序列拼接后，得到全长的 α 亚基基因序列。DNA 提取采用隋正红等[2]的方法。

PCR 扩增仪为 Whatman Biomentra T3，反应体系为 20μL，反应条件为 95℃预变性 5min，之后 95℃ 80s，56～42℃（每降低 2℃，做 2 个循环，片段 Gsp2-P5）或 62℃（片段 P1-P2）120s，72℃ 80s，循环 30 次后 72℃延伸 10min。PCR 扩增产物经回收纯化，克隆到 pGEM-T easy 载体上，经蓝白斑筛选、碱裂解法提取质粒，酶切鉴定。由上海生工生物工程技术服务有限公司进行序列测定。

2 结果和分析

2.1 序列测定与分析

序列长为 905bp，包括 β 亚基编码的 309bp（编码 102 个氨基酸），101bp 的间隔区以及 α 亚基编码区的 495bp（编码 164 个氨基酸），基因排列顺序为 β 亚基-间隔区-α 亚基。与红藻门红藻已报道的基因序列相比，它们在基因排列顺序和编码区碱基数目上基本一致，在间隔区长度上差异较大。例如，龙须菜（*Gracilaria lemaneiformis*）藻红蛋白基因间隔区只有 54bp[4]，Aglaothamnion negleccture 的间隔区长度为 108bp[5]。不但间隔区长度的变异大，而且彼此之间的碱基组成差别也比较大。由于间隔区序列很短，不足以起始新的转录，所以推测与其他红藻藻胆蛋白的基因转录相似，珊瑚藻藻红蛋白 β 亚基和 α 亚基也是同时转录的，以维持细胞中两亚基的等存在。在基因排列方式上，此序列与已报道的红藻 *Rhodella vioacea* 的基因排列方式不同。在 *Rhodella vioacea* 中，除两亚基间的非编码间隔区外，β 和 α 亚基编码区中还含有不同数和长度的内含子，呈不连续的排列方式[6]。

农业生物技术学报，2004，12（6）：733-734

收稿日期：2003-10-17　修回日期：2004-01-09

* 基金项目：福建省科技厅重大项目（No. 2000H004，2000Z127）

序列的G/C含量较低，珊瑚藻藻红蛋白α亚基的G/C含量为40%（其中T=31%>A=29%>G=22%>C=18%）。同时该序列还表现出很强的密码子偏倚性，α亚基三联体密码子第3位碱基A/T偏倚性位84.2%。序列G/C含量低和偏倚性现象也出现在其他已知的红藻藻红蛋白基因中。

2.2　α亚基与已知PE基因序列比较分析

将珊瑚藻（*C. officinalis*，AF510986）藻红蛋白α亚基编码的氨基酸序列与红藻门红藻 *R. violacea*（L02188）、*Porphyra purpurea*（U38804）、*P. tenera*（D89877）、*P. yezoensis*(D89878)、*Polysiphocia boidii*（Z14094）、*Griffithsia monilis*（Z98528）、*A. neglectum*（Z11907）和 *G. lemaneiformis*（AF275685）的基因序列进行同源性比较。从中可以看出，在不同红藻中α亚基序列保守性较高。相互间的同源性比较结果表明，α亚基核酸序列间同源性为71%～99%，氨基酸序列同源性为75%～99%。其中以 *A. neglectum* 与 *R. violacea* 之间的同源性最低，*P. tenera* 和 *P. yezoensis* 的同源性最高。氨基酸序列的保守性高于核苷酸序列蛋白质序列的高度保守对维持光合作用器结构和功能上的稳定性是必要的。Klotz 和 Glazer[7] 确定了红藻 *Gastroconnium coulteri* 中藻红蛋白各亚基色基结合部位氛基酸序列[7]。分析结果表明氛基酸序列在色基结合位点区域上极为保守，这对维持其稳定的光谱特性有重要意义。

2.3　进化树与传统分类学

从α亚基氛基酸序列图进化树（图1）与传统分类地位的对照来看，两者基本相吻合。说明α亚基可以作为红藻分子生物学分类的标准之一。

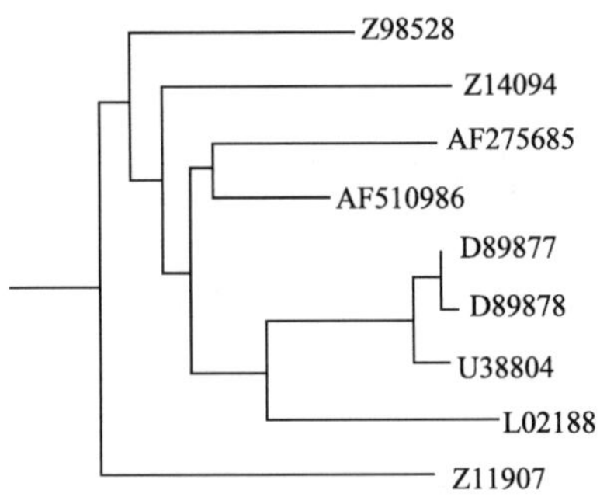

图1　9种红旅燕红蛋白α亚基的系统进化树

Z98528. *Griffithsia monilis*；Z14094. *Polysiphocia boidii*；AF510986. *Corallina officinalis*；D89877. *P. tenera* D89878. *P. yezoensis*；U38804. *Porphyra purpurea*；L02188. *R. violacea*；Z11907. *A. neglectum*

本研究报道了珊瑚藻的藻红蛋白亚基的基因全序列（GenBank accession No：AF510986），测定序列长为905bp，包括β亚基编码的309 vp（编码102个氨基酸），101bp的间隔区以及α亚基编码区的495bp（编码164个氨基酸），基因排列顺序为β亚基-间隔区-α亚基，编码区连续排列，无内含子。与已报道的红藻门9种红藻基因序列相比，它们在基因排列顺序和编码区碱基数目上基本一致，在间隔区长度和碱基组成上差异较大，推测间隔区可能不具有实际功能。序列表现出很强的密码子偏倚性，这种偏倚性也体现在其他已知序列的藻红蛋白基因中，可见在红藻中这种现象极为普遍，同时这种偏倚性也表现出典型的原核基因性质。在不同红藻中序列保守性较高，而且蛋白质序列的保守性高于核昔酸序列的保守性，这可能对维持光合作用器结构和功能上的稳定性是必要的。

从国内外的资料来看，原核蓝藻和蓝细菌的藻红蛋白基因结构及其功能已有了比较多的研究，而对真核藻类藻红蛋白的研究仅限于为数不多的几种红藻，尤其有关分子生物学研究报道很少。本研究通过克隆珊瑚藻藻红蛋白α亚基全基因序列，并对其进行序列比较分析，有助于进一步了解藻红蛋白的基因结构，对藻红蛋白的功能研究及其应用具有重要意义。

参考文献

[1] Sui ZH, Zhang XCh, Review on phycoerythrin research. Marine Sci, 1998, 22(4): 24-27

[2] Sui ZH, Zhang XCh, Kong J. Cloning and detecting of subnit gene of phycoerythrin of *Gracilaria kemaneiformis*. Marine Sci, 2000, 24(2): 9-11

[3] Sui ZH, Zhang XCh. Cloning of subnit genes of phycoerythrin of *Gracilaria lemaneiformis* and its expression in *E. coli*. High Technol Lett, 2001, 11(7): 14-19

[4] Sui ZH, Zhang XCh. Cloning and analysis of partial sequence of

phycoerythrin gene from *Gracilaria lemaneiformis*. J Ocean Univ Qingdao, 1999, 29(1): 81-85

[5] Apt KE, Grossman AR. Characterization and transcription analysis of the major phycobiliprotein subunit genes from *Aglaothamnion neglecttum* (Rhodophyta). Plant Mol Biol, 1993, 21: 27-38

[6] Bernard C, Thomas JC, Mazel D, et al. Characterization of the genes encoding phycoerythrin in the red agla *Rbodella violacer*. Evidence for a splitting of the *rpeB* gene by an intron. PNAS, 1992, 89:9564-9868

[7] Klotz AV, Glazer AN. Characterization of the bilin attachment sites in R-phycoerythrin. J Bio Chem, 1985, 260:4856-4863

珊瑚藻藻红蛋白β亚基脱辅基蛋白基因克隆与序列分析*

王盛，钟伏弟，吴祖建，林奇英，谢联辉

（福建农林大学植物病毒研究所，福建福州 350002；
福建农林大学生物农药与化学生物学教育部重点实验室，福建福州 350002）

摘 要：首次报道珊瑚藻R-藻红蛋白β亚基基因的全序列。测定的基因序列长为983个碱基，包括β亚基起始密码子上游的10个碱基、β亚基编码区的534个碱基（编码177个氨基酸）、101个碱基的间隔区以及α亚基编码区近5′端的338个碱基（编码112个氨基酸）。对其序列在核酸和氨基酸水平上的同源性与已知基因序列的9种红藻作了比较分析，认为β亚基氨基酸序列在红藻分类上具有重要意义。

关键词：珊瑚藻；藻红蛋白基因；β亚基；克隆

中图分类号：Q2251 **文献标识码：**A **文章编号：**1671-5470（2005）03-0334-05

Cloning and analysis of beta subunit sequence of phycoerythrin gene from *corallina officinalis*

WANG Sheng, ZHONG Fu-di, WU Zu-jian, LIN Qi-ying, XIE Lian-hui

(Institute of Plant Virology, Fujian Agriculture and Forestry University, Fuzhou 350002;
Key Laboratory for Biopesticide and Chemical Biology, Ministry of Education,
Fujian Agriculture and Forestry University, Fuzhou 350002)

Abstract: Cloning and sequencing of the gene encoding β subunit of phycoerythrin of a red alga-*Corallina officinalis* were reported firstly. The sequence contained 983 nucleotides, including 10 nucleotides of up stream before the initiation codon of β subunit, 534 nucleotides of β subunit (encoding 177 amino acids), 101 nucleotides for gene spacer and 338 nucleotides of 5′-terminal of α subunit (encoding 112 amino acids). Similarities in the nucleotide level and amino acid level with nine known red alga PE genes were analyzed. The important taxonomic value of β subunit was suggested in alga taxonomy.

Key words: *Corallina officinalis*; phycoerythrin-gene; β subunit; cloning

藻胆体是红藻光合作用捕光色素的蛋白复合体，是由不同藻胆蛋白按照一定的顺序排列而成的。藻红蛋白位于藻胆体的尖端，藻蓝蛋白位于中间，变藻蓝蛋白形成核心通过锚蛋白附着在类囊体

福建农林大学学报（自然科学版），2005，34（3）：334-338

收稿日期：2004-06-21 修回日期：2004-12-28

* 基金项目：福建省科技厅资助项目（200H004和2001Z127）

的基质膜上[1]，与光反应中心连接，藻胆蛋白之间通过多肽相连。光能从藻红蛋白传递到藻蓝蛋白，再传递到变藻蓝蛋白，最后传递到光反应中心[2]。藻红蛋白在能量传递体系中位于第 1 环节，是第 1 级捕光色素，直接吸收和传递光能，对藻体的生理活动影响很大[3]。

珊瑚藻藻红蛋白的分子质量及亚基组成均与前人报道的有所不同，其藻胆体不含有藻蓝蛋白和异藻蓝蛋白，在结构上与其他红藻不同，是一种新的藻红蛋白[4]。珊瑚藻藻红蛋白的基因组研究尚未见报道，通过基因克隆以及研究藻红蛋白基因结构、功能，有助于进一步阐明其分子机制。

目前，对原核蓝藻藻红蛋白亚基基因结构的研究报道较多，而对红藻的研究报道不多。本文利用 PCR 方法从珊瑚藻总 DNA 中克隆了藻红蛋白基因 β 亚基的全序列，并进行了序列比较分析。

1　材料与方法

1.1　材料

珊瑚藻采自福建省莆田海域；PCR 试剂、Lambda DNA/*Eco*RⅠ+ *Hind*Ⅲ marker、*Eco*RⅠ、IPTG、X-Gal 购自上海生工生物工程技术服务有限公司；大肠杆菌 DH5α 由本所自行保存；凝胶回收试剂盒 QIAEXⅡGel Extraction Kit 为 Qiagen 公司产品；克隆载体连接试剂盒 pGEM-T Easy Vector Systems 为 Promega 公司产品。

1.2　DNA 提取

DNA 提取采用隋正红等[5]的方法。

1.3　PCR 扩增

根据已报道的藻红蛋白基因序列保守区设计合成引物 P1 和 P2，在 P1～P2 片段序列测定的基础上设计引物 P3 和 P4。引物序列如下：

P1　5′-AAC CGC CGT ATG GC（AT）GCT T-3′

P2　5′-GCA CC（TCA）GC（GA）ATA CCC CAT T-3′

P3　5′-GGA GAG C（A）TC AAT GCT T（A）GA-3′

P4　5′-CTG CTT CTA ATC TTG CCG-3′

PCR 扩增仪为 Biometra T3 Thermocycler，反应体系 20μL，含 1μL 珊瑚藻总 DNA、2μL 引物（10μmol/L）、0.4μL dNTPs（每种 10mmol/L）、2μL 10×反应缓冲液、1.2μL 25mmol/L $MgCl_2$ 及 0.4μL *Taq* DNA 聚合酶（4U/μL）。反应条件为 95℃预变性 5min，之后，95℃ 80s，42℃（片段 P3-P4）或 62℃（片段 P1-P2）120s，72℃ 80s，循环 30 次后 72℃延伸 10min，最后冷却至 4℃。PCR 产物经质量分数为 1%的琼脂糖电泳检测、回收后，与 pGEM-T Easy Vector 连接，转化大肠杆菌 DH5α。挑取在加有 IPTG 和 X-Gal 的 LB 平板上生长的白色菌落，进行质粒酶切鉴定。上海基康生物技术有限公司对序列进行测定。序列分析采用 EBI 序列比较分析软件 ClustalW 和 NCBI 序列比较分析软件 Blast。

2　结果与分析

2.1　片段 P1-P2 的克隆

从图 1 中可以看出，扩增产物在泳道中只有 1 条特异性染色带，片段大小约 750bp 左右，包含 β 亚基 3′端和 α 亚基 5′端的部分序列，与预计的目的片段大小一致。PCR 扩增产物经回收、连接、转化后克隆到 pGEM-T easy 载体上，经蓝白斑筛选，采用碱裂解法小量提取克隆质粒，酶切后的质粒进行琼脂糖凝胶电泳鉴定。从图 2 可以看出，所挑选的 2 个菌落都含有插入目的片段的重组子，片段大小与 PCR 产物带大小一致。

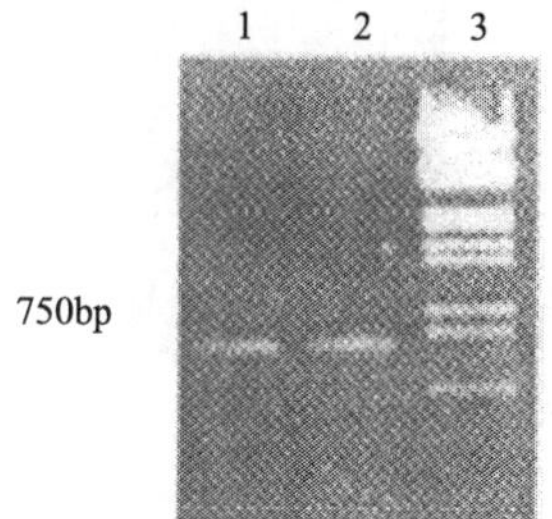

图 1　P1-P2 片段 PCR 扩增产物的琼脂糖凝胶电泳

1，2. PCR 扩增；3. marker

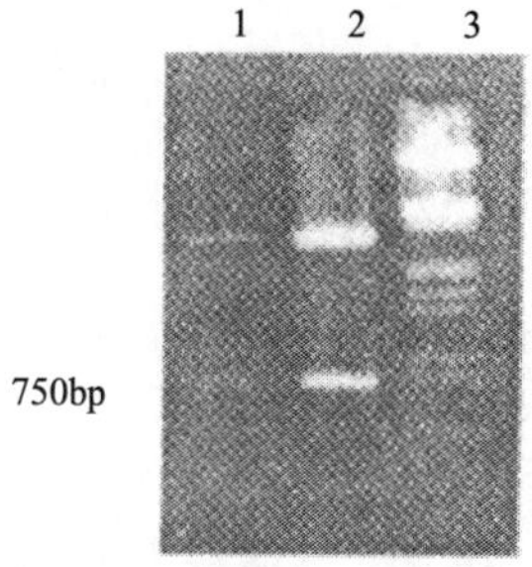

图 2　重组质粒的 *Eco*RⅠ酶切电泳鉴定

1、2. 重组质粒 *Eco*RⅠ酶切；3. marker

2.2　片段 P3-P4 的克隆

从图 3 可以看出，产物在泳道中只有 1 条特异性染色带，片段包含 β 亚基和 α 亚基 5′端的部分序列，大小约 750bp，与预计的目的片段大小一致。PCR 扩增产物经回收纯化，克隆到 pGEM-T easy 载体上，经蓝白斑筛选，采用碱裂解法提取质粒，酶切后的质粒进行琼脂糖凝胶电泳鉴定。从图 4 中可以看出，所挑选的菌落含有插入目的片段的重组子，片段大小与 PCR 产物条带大小一致。

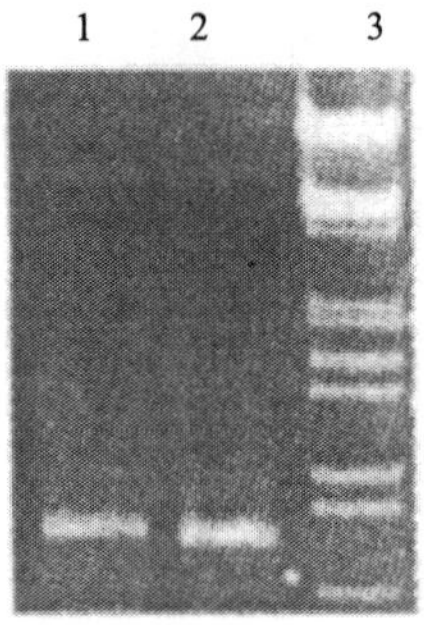

图 3　P3-P4 片段 PCR 扩增产物的琼脂糖凝胶电泳

1、2. PCR 扩增；3. marker

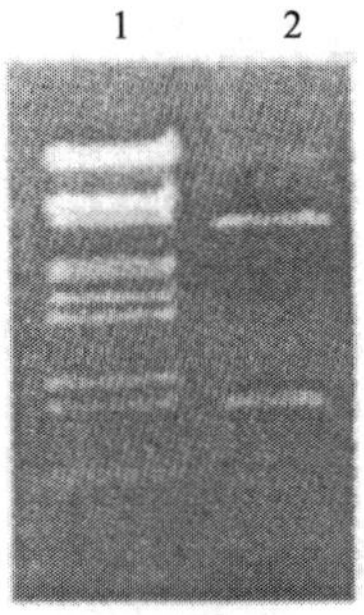

图 4　重组质粒的 *Eco*R Ⅰ 酶切电泳鉴定

1. 重组质粒 *Eco*R Ⅰ 酶切；2. marker

2.3　测序及序列分析结果

通过测定 2 个克隆子及拼接获得一长为 983 个碱基的基因序列，包括 β 亚基起始密码子上游的 10 个碱基、β 亚基编码区的 534 个碱基（编码 177 个氨基酸）、101 个碱基的间隔区以及 α 亚基编码区近 5′端的 338 个碱基（编码 112 个氨基酸），基因排布顺序为 β 亚基-间隔区-α 亚基。该序列的 G/C 含量较低，β 亚基 G/C 含量为 39%（其中 T、A、G、C 的含量分别为 34%、27%、21%及 18%），在其他几种已知序列红藻基因序列中也存在类似现象。同时，该序列还表现出很强的密码子偏倚性，β 亚基三联体密码子第 3 位碱基 A/T 的偏倚性为 80.9%，这一偏倚性也体现在其他已知序列的藻红蛋白基因中。序列酶切位点分析结果表明，多数酶切位点为稀有酶切位点，而常见酶在此序列上没有酶切位点，因此就可方便地进行基因操作（如基因表达、转基因等）。

2.4　β 亚基与已知 PE 基因序列的比较

将珊瑚藻（*Corallina officinalis*，AF510986）藻红蛋白 β 亚基编码区的 177 个氨基酸与已知基因序列红藻门红藻 *Rhodella reticulata*（AF114823）、*R. violacea*（L02188）、*Porphyra purpurea*（U38804）、*P. tenera*（D89877）、*P. yezoensis*（D89878）、*Polysiphonia boldii*（Z14094）、*Griffithsia monilis*（Z98528）、*Aglaotham nionneglectum*（Z11907）、*Gracilaria lemaneiformis*（AF275685）的同源性序列进行比较（图 5）。

从图 5 可以看出，在不同红藻中 β 亚基氨基酸序列保守性较高，其中 5′端保守性高于 3′端。其相互间的同源性比较结果表明，β 亚基核酸序列间同源性为 68%～98%，氨基酸序列同源性为 71%～100%。其中以珊瑚藻与 *R. reticulata* 之间的核酸和氨基酸同源性最低，*P. tenera* 和 *P. yezoensis* 的核酸和氨基酸同源性最高。氨基酸序列的保守性高于核苷酸序列，这是因为大多数核苷酸的变异发生在密码子的第 3 位。蛋白质序列的高度保守对维持光合作用器结构和功能的稳定是必要的。Klotz 和 Glazer 确定了红藻 *Gastroconium coulteri* 中藻红蛋白亚基色基结合部位氨基酸序列[6]。经氨基酸序列比较，推测在珊瑚藻的藻胆素结合位点区域（图 5 中阴影部分）中，半胱氨酸（C）是其色基的结合位点。

从图 5 可以看出，氨基酸序列在此区域上极为保守，这对于维持其稳定的光谱特性极为重要。

2.5　进化树与传统分类学

将 β 亚基氨基酸序列（图 6）进化树与传统分类地位进行对比，发现这两者基本吻合，说明 β 亚基氨基酸序列在红藻分类上具有一定价值。

```
AF510986    MLDAFSRVVVNSDTKAAYVGGSDLQALKKFIADGNKRLDSVNAIVSNASCIVSDAVSGMI   60
Z98528      MLDAFSRVVVTSDAKAAYVGGSDLQALKSFINDGNKRLDAVNYIVSNASCIVSDAVSGMI   60
Z11907      MLDAFSKVVIQSDAKAAYIGGSDLTALKTFISEGNKRLDAVNYIASNASCIVSDAVSGMI   60
Z14094      MLDAFSRVVVNSDSKAAYVSGSDLQALKTFINDGNKRLDAVNYIVSNSSCIVSDAISGMI   60
D89877      MLDAFSRVVVNSDSKAAYVGGSDLQALKKFIADGNKRLDSVNAIVSNASCIVSDAVSGMI   60
D89878      MLDAFSRVVVNSDAKAAYVGGSDLQALKKFIADGNKRLDSVNAIVSNASCIVSDAVSGMI   60
U38804      MLDAFSRVVVNSDAKAAYVGGSDLQALKKFIADGNKRLDSVNAIVSNASCIVSDAVSGMI   60
AF275685    MLDAFSRVVVNSDAKAAYVGGSDLQALKTFIAEGNKRLDAVNSIVSNASCIVTDAVSGMI   60
L02188      MLDAFSRVVVNSDTKAAYVGGSDLQALKKFIADGNKRLDSVNAIVSNASCVVSDAVSGMI   60
AF114823    MLDAFSKVIVNSDTKTTYVSGTDLDSLRNFIKDGNKRLDAVNSIVSNASCLVSDAVSGMI   60
             ******:*::        **:*::*:.*:**   :*:.**       :******:**     *.*::**:*:**:****

AF510986    CENTGLISPGGNCYTNRRMAACLRDGEIILRYASYALLSGDASVLEDRCLNGLKETYIAL   120
Z98528      CENPGLIAPGGNCYTNRRMAACLRDGEIILRYVSYALLAGDSSVLDDRCLNGLKETYIAL   120
Z11907      CENPGLIAAGGNCYTNRRMAACLRDGEIILRYVSYALLAGDSSVLEDRCLNGLKETYIAL   120
Z14094      CENPGLITPGGNCYTNRRMAACLRDGEIILRYVSYALLAGDASVLEDRCLNGLKETYIAL   120
D89877      CENPGLIAPGGNCYTNRRMAACLRDGEIILRYVSYALLAGDPSVLEDRCLNGLKETYIAL   120
D89878      CENPGLIAPGGNCYTNRRMAACLRDGEIILRYVSYALLAGDPSVLEDRCLNGLKETYIAL   120
U38804      CENPGLIAPGGNCYTNRRMAACLRDGEIILRYVSYALLAGDPSVLEDRCLNGLKETYIAL   120
AF275685    CENPGLISPGGNCYTNRRMAACLRDGEIILRYVSYALLAGDPSVLEDRCLNGLKETYIAL   120
L02188      CENPGLITPGGNCYTNRRMAACLRDGEIIIRYVSYALLSGDPSVLEDRCLNGLKETYIAL   120
AF114823    CENPSLIASGGNCYTNRRMAACLRDGEIILRYISYALLAGDASVLDERCISGLKETYAAL   120
            ***..  ***:. *******************:**           *****:**.***::**:.******  **

AF510986    GVPTNSSVRAVTIMKSAATAFINNTASQRKIETIDGDCSSLAAEVAAYFDRVATAIS   177
Z98528      GVPTASSSRAVSIMKATATAFITNTASGRKVEVAAGDCGALQAEAASYFDKVGSSID   177
Z11907      GVPTNSTARAVAIMKAAAVAFVTNTASQRKVEVAAGDCSALAAEVGTYFDKVESSI-   177
Z14094      GVPTNSTVRAVSIMKAAAVCFISNTASQRKVEVIEGDCSALASEVASYCDRVVAACS   177
D89877      GVPTNSSVRAVSIMKAAAVAFITNTASQRKMATADGDCSALASEVASYCDRVAAAIS   177
D89878      GVPTNSSVRAVSIMKAAAVAFITNTASQRKMATADGDCSALASEVASYCDRVAAAIS   177
U38804      GVPTNSSVRAVSIMKASAVAFITNTASQRKMATADGDCSALASEVASYCDRVAAAIS   177
AF275685    GVPTNSSVRAVSIMKAAAVAFISNTASQRKMDTTSGDCSALSSEIASYCDRVCSAIS   177
L02188      GVPTNSNARAVDIMKASVVALINNTATLRKMPTPSGDCSALAAEAGSYFDRVNSALS   177
AF114823    GVPTDSAIRAIGIMKASSVAFVNNKATEKKLTITSGDCSSLASETASYFDRVISALS   177
            ****    *   **:   ***::    ..::.*.*:      :*.        ***.:*    :*   .:*   *:*   :::
```

图 5 珊瑚 R-藻藻红蛋白 β 亚基氨基酸序列比较

* 完全相同的氨基酸

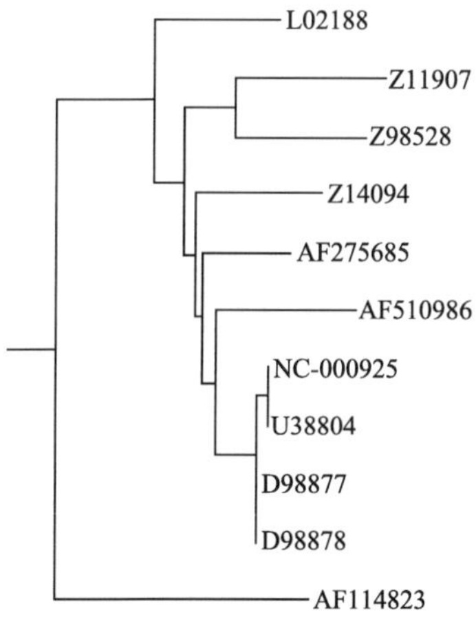

图 6 β 亚基氨基酸序列进化树

3 讨论

本文首次报道了真核红藻-珊瑚藻的藻红蛋白 β 亚基的基因全序列（GenBank 登录号 AF510986），该基因序列长为 983 个碱基，编码 β 亚基以及 α 亚基近 5′端序列；基因排布顺序为 β 亚基-间隔区-α 亚基，且 β、α 亚基编码区中不含内含子，编码区连续排布。与已报道的红藻基因序列相比，它们在基因排布顺序和编码区碱基数上基本一致，在间隔区长度上差异较大。例如，龙须菜（*Glem aneiformis*）藻红蛋白基因间隔区只有 55 个碱基[7]，珊瑚藻（*C. officinalis*）的间隔区长度为 101 个碱基，*A. neglectum* 的间隔区长度为 108 个碱基[8]。不但间隔区长度变异大，而且彼此之间的碱基组成差异也比较大。由于间隔区序列很短，不足以起始新的转录，所以推测它与其他红藻藻胆蛋白的基因转录相似，珊瑚藻藻红蛋白 β、α 亚基也是同时转录的，以维持细胞中两亚基的等量存在。在基因排布方式上，此基因序列与已报道的红藻门海藻 *R. reticulata* 和 *R. violacea* 的基因排布方式不同。*R. reticulata* 和 *R. violacea* 除两亚基间的非编码间隔区外，其 β、α 亚基编码区中还含有不同数量和长度的内含子，形成编码区不连续的排布方式[9]。此基因序列与已报道的红藻门 9 种红藻的基因序列相比，其基因排布顺序基本一致，但间隔区长度和碱基组成差异较大，其基因功能尚不清楚。

在不同红藻中 β 亚基核苷酸和氨基酸序列保守性较强，而且 5′端保守性强于 3′端。蛋白质序列的保守性高于核苷酸序列，这可能对于维持光合作用器结构和功能的稳定性是必要的。此外，推测在两亚基藻胆素结合位点附近，序列保守性较高，这对维持其稳定的光谱特性有重要意义。将β亚基氨基酸序列进化树与传统分类地位进行对比，发现这两者基本相吻合，说明β亚基氨基酸序列可以作为红藻分子生物学分类的标准之一。

国内外对原核蓝藻和蓝细菌的藻红蛋白基因结构及功能已有较多研究，而对真核藻类的研究仅限于为数不多的几个藻种，本研究有助于进一步了解真核红藻的基因结构，对藻红蛋白的功能研究及应用具有重要意义。

参 考 文 献

[1] 蒋丽金，赵井泉．藻类天线系统的结构与功能研究进展．科学通报，1997，42(1)：1-8

[2] Glazer AN. Phycobilisome, a macromolecular complex optimized for light energy transfer. Biochimica Biophysica Acta, 1984, 768：29-51

[3] 隋正红，张学成．藻红蛋白研究进展．海洋科学，1998，22(4)：24-27

[4] 王盛，钟伏弟，吴祖建等．一种新的藻红蛋白的亚基组成分析．福建农林大学学报(自然科学版)，2004，32(2)：68-71

[5] 隋正红，张学成，孔杰．龙须菜藻红蛋白亚基基因的克隆与监测．海洋科学，2000，24(2)：9-11

[6] Klotz AV, Glazer AN. Characterization of the bilin attachment sites in R-phycoerythrin. The Journal of Biological Chemistry, 1985, 260(8)：4856-4863

[7] 隋正红，张学成．藻红蛋白基因部分序列克隆和序列分析．青岛海洋大学学报，1999，29(1)：81-85

[8] Apt KE, Grossman AR. Characterization and transcript analysis of the major phycobili-protein subumit genes from *Aglaothamnion neglectum* (Rhodophyta). Plant Mol Biol, 1993, 21：27-38

[9] Bernard C, Thomas JC, Mazel D, et al. Characterization of the genes encoding phycoerythrin in the red alga *Rhodella violacea*：evidence for a splitting of the *rpeB* gene by an intron. PNAS, 1992, 89(20)：9564-9568

一种新的藻红蛋白的亚基组成分析*

王盛，钟伏弟，吴祖建，林奇英，谢联辉

（福建农林大学植物病毒研究所，福建福州　350002）

摘　要：经盐析、离子交换层析、羟基磷灰石吸附层析和凝胶过滤层析等分离纯化，从珊瑚藻中分离纯化出 R-藻红蛋白（R-PE），对其分子质量和亚基组成进行研究，结果表明：R-PE 的分子质量为 194kD，而目前报道的 R-藻红蛋白分子质量为 240kD；α、β 亚基分子质量均为 20kD 左右，γ 亚基分子质量约为 31kD，推测的亚基组成为（αβ）4γ［不同于其他红藻中（αβ）6γ 的藻红蛋白组成］。

关键词：珊瑚藻；藻红蛋白；亚基组成

中图分类号：Q2251　**文献标识码**：A　**文章编号**：1006-7817（2004）01-0068-04

Analysis on subunit composition of a new phycoerythrin

WANG Sheng，ZHONG Fu-di，WU Zu-jian，LIN Qi-ying，XIE Lian-hui

(Institute of Plant Virology，Fujian Agriculture and Forestry University，Fuzhou　350002)

Abstract：By using fraction precipitation methods such as ammonium sulfate，ion-exchanging，modified hydrorylapatite and gel filtration chromatography，a kind of phycoerythrin (R-PE) from *Corallina officinalis* was purified. The results of physical and chemical characteristics showed that the molecular mass of R-PE was 194kD，which had been reported to be 240kD；the molecular masses of α and β subunits were about 20kD；the molecular mass of γ subunit was about 31kD；subunit composition was not（αβ）6γ（in other kinds of phycoerythrins）but（αβ）4γp resumably.

Key words：*Corallina officinalis*；phycoerythrin；subunit composition

全世界藻类约有 30 000 余种[1]，海藻是生长在海洋中的低等隐花植物。在严酷的自然选择中，这些进化程度较低的藻类得以生存的关键得益于其独特的代谢途径和代谢产物。这些代谢产物用途广泛，因而日益受到人们重视[2]。藻胆蛋白（phycobiliproteins）是其中最具代表性和极具应用潜能的藻类蛋白类天然产物。

藻胆蛋白存在于蓝藻、红藻、隐藻和少数甲藻中[3-6]，是藻红蛋白（phycoerythrin，PE）、藻蓝蛋白（phycocyanin，PC）、异藻蓝蛋白（allophycocyanin，APC）和藻红蓝蛋白（phycoerythrocyanin，PEC）的总称[6]。由脱辅基蛋白和几种以四吡咯为基本结构的色基组成，基本构建单位是 α 和 β 亚基。在藻红蛋白中还存在少量 γ 亚基[7]。藻胆蛋白先由 α

福建农林大学学报（自然科学版），2004，33（1）：68-71

收稿日期：2002-06- 20　修回日期：2003-12-06

*　基金项目：福建省科技厅重大资助项目（2000H004，2001H127）

和β亚基形成稳定的单体（$\alpha\beta$），再由单体聚合成多聚体（$\alpha\beta$）$_n$。在溶液中，它的聚集态形式往往受其种类、浓度、溶液 pH、温度和离子强度等因素影响。对于藻红蛋白来说，通常以稳定的六聚体形式存在。Glazer 报道[8,9]，在一个相当宽的 pH 范围内，R-藻红蛋白和 B-藻红蛋白以六聚体（$\alpha\beta$）6γ的形式存在。这一推论先后在海洋绢丝藻（*Callithamnion rubosum*）、腹枝藻（*Gastroclonium coulteri*）和条斑紫菜（*Porphyra yezoensis*）的试验结果中得到证实[10-12]。我们从珊瑚藻中分离出一种 R-藻红蛋白，其分子质量与亚基组成均与前人报道的不同。

1 材料与方法

1.1 供试海藻样品

供试样品采自福建省福清高山海域，用清水洗去藻体表面附生物，置超低温冰箱中于－50℃保存备用。

1.2 离子交换介质

试验中使用的离子交换介质 CM-Sepharose FF 为 Amersham Pharmacia 公司产品。

1.3 主要仪器

BSZ-100 自动部分收集器和梯度混合器为上海沪西仪器公司产品；紫外/可见光分光光度计为 PELambda3UV/Vis 分光光度计；凝胶成像系统（IS-1000）为 Alpha Innotech 的产品。

1.4 藻红蛋白的纯化

参考王盛等[13]的方法。

1.5 藻红蛋白 Native-PAGE 线性梯度胶分子质量的测定

参考文献［14］和郭尧君[15]的方法。

1.6 藻红蛋白亚基分子质量和亚基组成的测定

参考文献［14］和郭尧君[15]的方法。

1.7 藻红蛋白亚基的 CM-Sepharose FF 柱层析分离

参考喻玲华等[16]、伍华菊等[12]和王慧等[17]的方法。

2 结果与分析

2.1 R-藻红蛋白分子质量的测定

从图 1 可以看出，采用体积分数为 5％～30％的聚丙烯酰胺凝胶进行电泳，测得藻红蛋白分子质量为 194kD 左右，与前人报道的 R-PE 分子质量大多为 240kD 不同，可能是因为红藻在亚基组成上有差异。

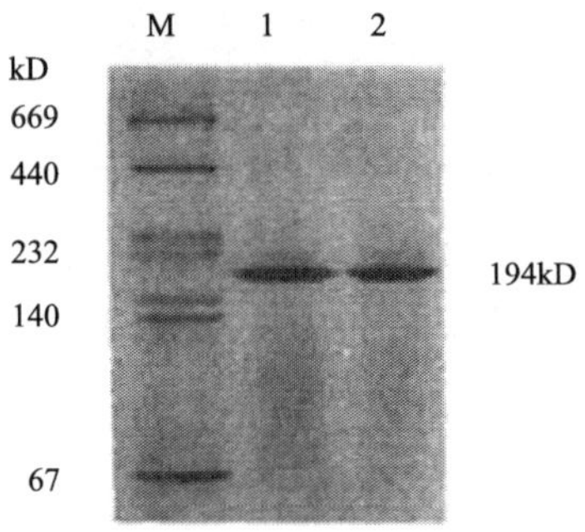

图 1　5％～30％（体积分数）聚丙烯酰胺凝胶电泳图谱

M. maker；泳道 1、2. 纯化的藻红蛋白样品

2.2 R-藻红蛋白亚基分子质量和亚基组成

从图 2 可以看出经 SDS-PAGE 电泳后，R-PE 泳道（泳道 1）中出现 3 条染色带，1 条着色较深的约 20kD 左右，其余 2 条较浅，分别为 31kD 和 16kD。一般认为，R-PE3 个亚基中，α亚基和β亚基的分子质量接近，约 20kD 左右，γ亚基分子质量较大，约 31kD。所以，31kD 的染色带是γ亚基，20kD 的染色带可能是α亚基和β亚基。分别使用了不同浓度的凝胶，甚至是 4％～20％（体积分数）的线性 SDS-PAGE，结果都显示在 20kD 处只出现 1 条染色带。可能是两亚基分子质量大小十分接近，无法将其通过电泳的方式完全分开。16kD 染色带有可能是部分降解的氨基酸残基的染色带。

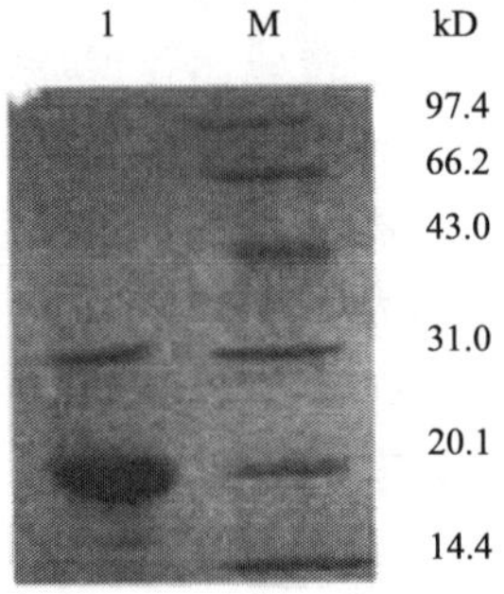

图 2　R-藻红蛋白的 SDS-PAGE 图谱

M. maker；泳道 1. R-PE 样品

用 Alpha Innotech 公司的凝胶成像系统（IS-1000），将 R-PE 泳道染色带转化成峰值图形式，并对 31kD 和 20kD 的染色带进行积分，将积分后的面积除以各自分子质量，得到的值为摩尔比。结果表明，31kD 染色带与 20kD 染色带的摩尔比约为 1∶4。

2.3　R-藻红蛋白亚基的 CM-Sepharose FF 柱层析分离

为了进一步证实，在变性条件（缓冲液中加入 8mol/L 脲和巯基乙醇）下，对 R-PE 亚基进行了分离。从图 3 可以看出，纯的 R-PE 经 8mol/L 脲和 0.02mol/L 乙酸铵缓冲液（pH5.0）解聚 12h 后，565nm 处的吸收峰和 535nm 处的吸收肩峰合并为一个 555nm 的吸收峰，说明 R-PE 已经彻底变性，可进行下一步柱层析分离。

用含 0～0.1mol/L 的 NaCl 层析一段时间后，柱上呈现 3 条明显的色带，下面带呈暗红色，中间带呈紫红色，柱顶还滞留 1 条红色带。分步收集前 2 条带后，用 0.1～0.4mol/L 的 NaCl 将柱顶红色带洗脱收集。从收集结果和层析图谱（图 4）看，存在 3 个明显的收集峰。从其洗脱峰位置、吸收光谱（图 5）以及前人报道[12,16,17]推测，3 个收集峰依次为 β 亚基、α 亚基和 γ 亚基。

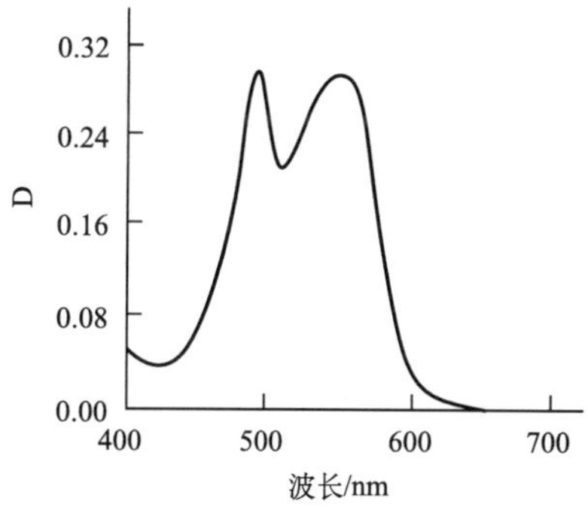

图 3　变性条件下 R-PE 的可见光扫描图谱

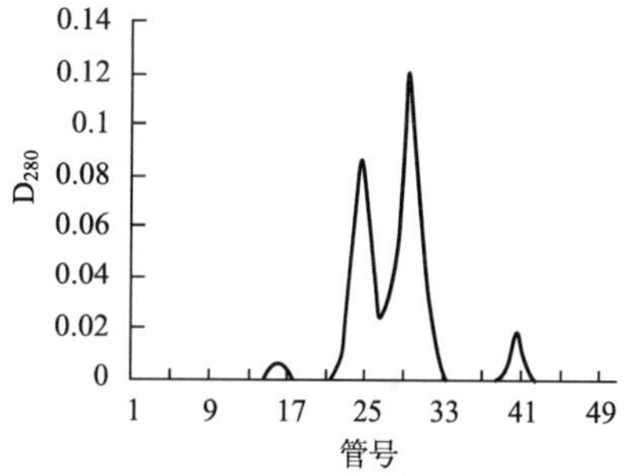

图 4　R-藻红蛋白亚基的 CM-Sepharose FF 柱层析分离

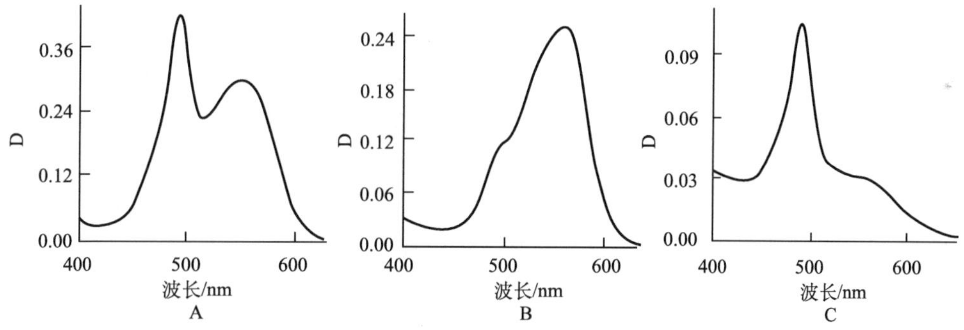

图 5　R-PE 亚基的可见光光谱

A. 峰 2（β 亚基）；B. 峰 3（α 亚基）；C. 峰 4（γ 亚基）

3　讨论

将收集到的 α 亚基和 β 亚基的收集峰进行 SDS-PAGE 电泳分析。从电泳图谱（图 6）看，R-PE 中 20kD 的染色带确实是由 2 条分子质量极其接近的染色带组成。因此，推测珊瑚藻 R-PE 的亚基组成为 (αβ) 4γ，不同于大多数红藻中 (αβ) 6γ 的藻红蛋白组成。

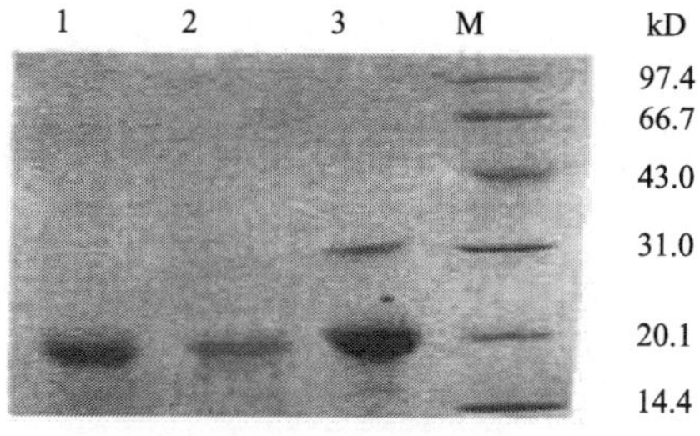

图 6　R-PE 及其部分亚基的 SDS-PAGE

M. maker；泳道 1. α 亚基；泳道 2. β 亚基；泳道 3. R-PE

上述结果表明，从珊瑚藻中得到一种分子质量为 194kD 的藻红蛋白，推测其亚基组成可能为 (αβ)4γ。至今，从不同藻种中得到的各种类型的藻红蛋白的分子质量为 200～300kD，只是从江篱中得到较小分子质量的 R-藻红蛋白，它的分子质量只有 180kD[17]，但是它的化学结构推测是 $(\alpha_2)_3$；其他红藻中的藻红蛋白的化学结构是 $(\alpha\beta)$ 6 或 $(\alpha\beta)$ 6γ；尚未见有报道分子质量为 194kD、亚基组成为 $(\alpha\beta)$ 4γ 的藻红蛋白，因此认为从珊瑚藻中分离纯化出的这种 R-藻红蛋白是一种新的藻红蛋白。在大多数红藻中，藻胆体是由藻红蛋白、藻蓝蛋白和异藻蓝蛋白按照一定顺序排列而成的；藻红蛋白位于藻胆体的尖端，藻蓝蛋白位于中间，它们都以六聚体形式被装配到 6 个分离的"天线杆"上；异藻蓝蛋白形成核心，附着在类囊膜体的基质膜上，与光反应中心连接[18]。珊瑚藻不含有藻蓝蛋白和异藻蓝蛋白，因此其藻胆体在结构上与其他红藻不同。从这一点来看，我们之所以能分离到这种特殊组成的藻红蛋白，也许正是这一原因造成的。

参考文献

[1] 苏普．海藻有效成分的研究与开发．药物生物技术，1998，5(1)：60-64

[2] 刘洪兵，展翔天，顾谦群等．近三年我国海洋中药研究进展．中国海洋药物杂，1999，72(4)：29-32

[3] Gantte. Light-harvesting pigment complexes. Biosciences，1975，25：781-787

[4] Cohen BA，Zire G，Bryan TDA. Phycobilisome structure and composition. *In*：Carr NG，Whitton BA. The biology of cyanobacteria. Berkeley：University of California Press，1982，143-190

[5] Glazer AN. Comparative biochemistry of light-harvesting systems. Ann Rev Biochem，1983，248：663-671

[6] Glazer AN. Phycobilisome，a macromolecular complex optimized for light energy transfer. Biochimica Biophysica Acta，1984，768：29-51

[7] Scheer H. Phycobili proteins：molecular aspects of a photo synthetic antenna system. Mol Biol Bbiophys，1982，35：7-45

[8] Glazer AN. Structure and molecular organization of photo synthetic accessory pigments of *Cyanobacteria* and red algae. Mol Cell Biochem，1977，18：125-140

[9] Glazer AN. Photosynthetic accessory proteins with bilin prosthetic groups. *In*：Stumpfp K，Conn EE. The biochemistry of plants. New York：Academic Press，1981，51-59

[10] Stadnichuk IK. Molecular organization and the pigments composition of R-phycoerythrin. Mol Biol，1984，18：271

[11] Klotza V，Glazer AN. Characterization of the billin attachment sites in R-phycoerythrin. The Journal of Biological Chemistry，1985，260(8)：4856-4863

[12] 伍华菊，张建平，夏安东等．条斑紫菜中 R-藻红蛋白的生化特性．生物化学与生物物理学报，1994，26(5)：491-496

[13] 王盛，吴祖建，林奇英等．珊瑚藻藻红蛋白分离纯化及光谱学特性．福建农林大学学报（自然科学版），2002，31(4)：495-499

[14] Amersham PB. Protein electrophores istechnical manual. Uppsala：Amersham Pharmacia，1999. 36

[15] 郭尧君．蛋白质电泳技术．北京：科学出版社，1999. 36-47

[16] 喻玲华，曾繁杰，蒋丽金等．海洋多管藻 R-藻红蛋白的亚基组成和发色团含量．生物化学与生物物理学报，1990，22(3)：221-227

[17] 王慧，赵井泉，蒋丽金．变藻蓝蛋白单体亚基的光谱特性、量子产率和荧光寿命．生物物理学报，1997，13(3)：388-391

[18] Grossman AR，Schaefer MR，Chian GGG，et al. The phycobilisome，a light-harvesting complex responsive to environmental conditions. Microbiol Rev，1993，57：725-749

抗病虫基因新资源：海洋绿藻孔石莼凝集素基因*

王盛，钟伏弟，吴祖建，谢联辉，林奇英

（福建农林大学植物病毒研究所，福建福州　350002）

摘　要：植物凝集素（lectin）具有抵抗植物病原菌和农业害虫的活性以及抗病毒活性，在植物保护上具有广阔的应用前景。从海洋绿藻孔石莼中分离到一种凝集素基因序列，为培育抗病虫作物新品种提供了新资源。

关键词：抗病虫基因；孔石莼；凝集素；转基因植物

Novel gene resource against insect pests and diseases of plants: lectin genes from the marine green alga (*Ulva pertusa* L.)

WANG Sheng, ZHONG Fu-di, WU Zu-jian, XIE Lian-hui, LIN Qi-ying

(Institute of Plant Virology, Fujian Agriculture and Forestry University, Fuzhou　350002)

Absrtract: Much interest has been devoted to construct transgenic crops with gene coding for lectins for the protection from pests and pathogens infection. A novel lectin gene sequences isolated from *Ulva pertusa* L., a kind of the marine green alga, would play potential use in the breeding of new crop varieties against plant diseases and insect pests.

Keywords: *Ulva pertusa*; lectin; anti-TMV; transgenic plant

植物凝集素（lectin）是一类具有至少一个非催化结构域，并能可逆地结合特异单糖或寡聚糖的植物蛋白。自从 Stillmark（1888）首次在蓖麻（*Ricinus communis* L.）种子提取物中发现一种凝血因子和 1936 年 Sumner 第一次分离纯化到植物凝集素-伴刀豆球蛋白 A（ConA）以来，人们已经从豆科、茄科、大戟科、禾本科、百合科和石蒜科等众多植物类群中发现 1000 多种植物凝集素，并对它们的性质、结构以及生物功能做了大量研究[1-4]。近年来，越来越多的分子生物学、生物化学、细胞学、生理学及进化学上的证据表明，大多数植物凝集素在植物生长发育的各个阶段，以不同的方式保护植物免受病虫害的侵害[5,6]。凝集素的防卫作用可应用于抗病虫基因工程，为抗病虫育种提供新的途径。近年的研究表明，许多植物凝集素对鳞翅目、同翅目等害虫及棉枯萎病菌、绿色木霉等真菌和某些细菌有很好的防治作用[1]。目前成功地用于植物抗病虫害基因工程的植物凝集素基因主要有雪花莲凝集素基因、豌豆外源凝集素基因、麦胚凝集素基因及苋菜凝集素基因等[7]。雪花莲凝集素（galanthus nivalis agglutinin，GNA）是第一个被发现受植物生长调节的凝集素，研究表明它对稻飞虱、叶蝉、蚜虫等同翅目害虫及线虫均有很好的毒杀作用，对咀嚼式口器的害虫也有中等毒杀作

分子植物育种，2004，2（1）：153-155

* 基金项目：福建省科学技术厅重大项目（200H004）

用[8,9]。因为GNA对哺乳动物的毒性相对较小，故目前有关GNA的研究比较多。迄今为止，GNA基因已经转入到马铃薯、番茄、烟草、莴苣等9种作物[10-12]。Gatehouse等[13]证明，转GNA马铃薯显著降低桃蚜的生殖力并且对番茄夜蛾的抗性加强，表现为转GNA基因的马铃薯对番茄夜蛾有一定的拒食性，但无毒杀作用。Hilder等[8]将GNA基因导入烟草，对桃蚜的平均抑制率达50%。周岩等[14]的转化烟草试验也得到了类似结果。目前，中国农业科学院已人工合成优化GNA基因，并与Bt构建成双价抗虫基因载体，获得既抗棉铃虫又抗蚜虫的双价抗虫烟草[15]。豌豆外源凝集素基因（pealectin，P-lec）转入烟草、马铃薯、棉花等作物，对烟草夜蛾、棉铃虫等均有明显抗性，对蚜虫也有一定的抗性。Boulter等[16]同时表达P-lec和CpT1（豇豆胰蛋白酶抑制剂）的双价转基因烟草，抗虫能力显著增强。王伟等[17]获得同时表达P-lec和CpT1的双价转基因棉花，棉铃虫的存活率、平均体重、生物总量及蜕皮指数均明显低于对照。周永刚等[18]从苋属植物千穗谷（*Amaranthus hypochondriacus* L.）中获得苋菜凝集素（*Amaranthus hypochondriacus* agglutinin，AHA）的基因片段，转化烟草的研究结果表明转基因烟草对蚜虫的平均抑制率达到50%以上，有的植株有强烈的抗蚜活性，最高抑制率可达90%。

我们从海洋绿藻孔石莼（*Ulva pertusa* L.）中分离的抗烟草花叶病毒（tobacco mosaic virus，TMV）的蛋白是一种新型的海藻凝集素UPL，其分子质量约为23kD。该蛋白在pH6～8范围内活性较高；80℃仍可保持一半活性，具有较高的热稳定性。与陆生植物凝集素不同，其凝集活性可被一些蛋白质所抑制，对植物病毒TMV抗性机制也可能与对病毒粒体的凝集作用有关[19]。测定此凝集素蛋白N端20个氨基酸序列（P83209），并依此设计合成引物，采用PCR-RACE技术，克隆了编码这一凝集素蛋白的全长cDNA序列（GenBank登录号AY433960）。根据全长cDNA序列推导这一cDNA序列编码一个203个氨基酸的前体蛋白，而分离得到的凝集素蛋白为一个150个氨基酸残基的成熟蛋白，在基因库中未找到同源序列。综合分析，认为UPL是一种新的海藻凝集素。研究结果为利用孔石莼UPL基因培育抗病虫作物新品种奠定了坚实基础。

参考文献

[1] 赵寅生．凝集素生物学功能及应用．安徽农业大学学报(自然科学版)，2001，28(4)：445-447

[2] 高燕会，李润植，毛雪等．植物凝集素的防卫功能及其研究进展．世界农业，2000，2：33-35

[3] 梁峰，常团结．植物凝集素的研究进展．武汉大学学报(理学版)，2002，48(2)：232-238

[4] 董朝蓬，杜林方，段真．植物凝集素研究进展．天然产物研究与开发，2003，15(1)：71-76

[5] Chrispeels MJ，Raikhel NV. Lectins，lectingenes and their role in plant defense. Plant Cell，1991，3(1)：1-9

[6] Peumans WJ，van Damme EJM. Lectins as plant defense proteins. Plant Physiol，1995，109(2)：347-352

[7] 王志斌，李学勇，郭三堆．植物凝集素与抗虫基因工程．生物技术通报，1998，2：5-10

[8] Hilder VA，Powell KS，Gatehouse AMR，et al. Expressing of snowdrop lectin in transgenic tobacco plants results in added protection against aphids. Transgenic Research，1995，4：18-25

[9] 周岩，田颖川，陶慧中等．雪花莲外源凝集素基因的克隆及序列分析．生物工程学报，1996，12(4)：495-498

[10] 王志斌，张秀梅，郭三堆．在转基因植物中利用植物凝集素防治害虫的研究．植物学通报，2000，17(2)：108-113

[11] 路子显，常团结，朱祯．植物外源凝集素及其在植物基因工程中的应用．中国生物工程杂志，2002，22(2)：3-9

[12] 常团结，朱祯．植物凝集素及其在抗虫植物基因工程中的应用．遗传，2002，24(4)：493-500

[13] Gatehouse AMR，Down RE，Powell KS，et al. Transgenic potato plants with enhanced resistance to the peachpotato aphid *Myzus persicae*. Entomologia Experimentalis et Applicata，1996，79：295-307

[14] 周岩，田颖川，吴标，莽克强．转雪花莲外源凝集素基因烟草对桃蚜的抑制作用．生物工程学报，1998，14(1)：13-19

[15] 王志斌，郭三堆．表达*cryIA/gna*双价抗虫基因烟草兼抗棉铃虫和蚜虫．科学通报，1999，44(19)：2068-2074

[16] Boulter D，Edward GA，Gatehouse AMR，et al. Additive protective effects of different plant-derived insect resistance genes in transgenic tobacco plants. Crop Protection，1990，9：351-354

[17] 王伟，朱祯，高越峰等．双价抗虫基因陆地棉转化植株的获得．植物学报，1999，41(4)：384-388

[18] 周永刚，田颖川，莽克强．苋菜凝集素基因的克隆及在转基因烟草中抗蚜性研究．生物工程学报，2001，17(1)：34-39

[19] 王盛，钟伏弟，张永江等．海藻孔石莼中一种抗病毒蛋白的分离纯化和基因克隆．云南农业大学学报，2003，18(4)：43-44

孔石莼质体蓝素氨基酸序列分析和分子进化*

刘振宇[1,3]，谢荔岩[1]，吴祖建[1]，林奇英[1,2]，谢联辉[1,2]

（1 福建农林大学植物病毒研究所，福建福州 350002；
2 福建农林大学生物农药与化学生物学教育部重点实验室，福建福州 350002；
3 山东农业大学植物保护学院，山东泰安 271018）

摘　要：以孔石莼（*Ulva pertusa*）质体蓝素氨基酸序列在 NCBI 以 BlastP 进行同源性检索，将获得具有一定同源性的不同生物的质体蓝素氨基酸序列进行生物信息学分析。共比较 37 种生物的 38 个氨基酸序列，包括 13 种藻类、1 种苔藓、23 种陆生被子植物的 24 个氨基酸序列。发现孔石莼质体蓝素的氨基酸序列与其他序列的同源性从 26.4%～88.8%不等，所有生物的质体蓝素氨基酸序列表现出较大的保守性和进化性；基于不同生物质体蓝素成熟肽的氨基酸序列之间的同源性，构建了它们的系统进化树，这些系统进化树能够较准确地表现各种生物系统进化关系，可以说生物的质体蓝素的氨基酸序列可作为生物系统进化的一个分子依据。

关键词：孔石莼；质体蓝素；生物信息学；分子进化

Amino acid sequence and molecular evolution analysis of plastocyanin from *Ulva pertusa*

LIU Zhen-yu[1,3]，XIE Li-yan[1]，WU Zu-jian[1]，LIN Qi-ying[1,2]，XIE Lian-hui[1,2]

（1 Institute of Plant Virology，Fujian Agriculture and Forestry University，Fuzhou 350002；
2 Key Laboratory of Biopesticide and Chemical Biology，Ministry of Education，
Fujian Agriculture and Forestry University，Fuzhou 350002；
3 College of Plant Protection，Shandong Agricultural University，Tai'an 271018）

Abstract：Plastocyanins are found in cyanobacteria，algae，and plants，where they play a role in the photosynthetic process by shuttling electrons. An amino acid sequence of plastocyanin from *Ulva pertusa* was obtained and searched in Swiss Prot protein bank with BlastP. All the platocyanin sequences obtained were analyzed，including 13 algae，1 moss，and 23 angiosperms，which were 38 amino sequences together. Amino acid sequence of plastocyanin from *U. pertusa* shared 26.4%～88.8% homology with other sequence of plastocyanin，which partly implied that amino sequence of plastocyanin showed biggish evolution and conservation. Phylogenetic tree was created based on the amino acid sequence of plastocyanin which can exhibited the phylogenetic relationship of the organisms tested. We could included the sequence of plastocyanin can be used as

---

分子植物育种，2005，3（2）：203-208
* 基金项目：福建省科技厅重大研究资助项目（No. 2000H004，2001Z127）

the molecular proof of molecular evolution and phylogenetics.

Key words: *Ulva pertusa*; plastocyanin; bioinformatics; molecular evolution

质体蓝素（plastocyanin）是含有铜原子的蛋白质，在光合作用的过程中起着电子传递作用，它存在于多数生物中，其物种跨度大、家族成员较多。在研究中我们对编码孔石莼（*U. pertusa*）质体蓝素的 cDNA 进行了克隆，并获得了其编码的氨基酸序列，探讨了孔石莼质体蓝素氨基酸序列特征。通过对比其他生物质体蓝素的氨基酸序列，发现质体蓝素氨基酸序列的特征能够反映不同生物的系统进化，揭示出它作为分子进化标尺的潜在价值。

经典的进化学家已经得出有机体进化历史的主要框架，然而形态和生理性状的进化极其复杂，很难产生无可争议的进化历史的清晰图像。随着分子生物学的进展，这种局面得到了改变。由于生命是由基本组成物质（蛋白质、核酸等）经过漫长的进化演变形成的复杂系统，因此生物大分子的进化研究对揭示生命的起源与进化机制有重要意义[1]。氨基酸序列和基因序列在研究生物的系统进化都有重要作用，重要的是得到合适的可供比较的某类氨基酸或某类基因的大量序列。本文在比较孔石莼质体蓝素氨基酸序列特征基础上，分析了其作为分子进化依据的可能，期望能为分子进化的研究提供一点素材。

1 材料与方法

1.1 氨基酸序列

孔石莼质体蓝素的氨基酸序列：本实验室经过克隆，获得其 cDNA 序列，经过翻译后得到。

其他 36 种生物的 37 个质体蓝素的氨基酸序列均来自 SwissProt 非冗余蛋白质数据库。截至 2004-11-21 的 01：24 AM，从 158 509 个序列中搜索得到的与孔石莼质体蓝素氨基酸序列具有同源性的质体蓝素氨基酸序列。

1.2 方法

将获得的孔石莼质体蓝素的氨基酸序列在 http://www.ncbi.nlm.nih.gov/BlastP 进行同源性检索，并编辑检索得到的所有具有同源性的不同生物的质体蓝素氨基酸序列，保留其成熟肽序列部分，利用 DNAMAN（http：//www.lynnon.com）进行序列的比较分析。

2 结果分析

2.1 孔石莼质体蓝素的氨基酸序列

将编码孔石莼质体蓝素的 cDNA 的 ORF 翻译后，得到其氨基酸序列如下：MSFTLNTAKVANGPRMAVQKVAKTVAAGVVAVGLSAGAANAAAIVKLGGDDGSLAFVPNKITVAAGEAIEFINNAGFPHNIVFDEDEVPAGVDADAISYDEYLNGKGQTVVRKLSTAGTYGVYCEPHAGAGMKMTITVQ。

该序列共包括 139 个氨基酸残基，登录 http：//www.cbs.dtu.dk/services/SignalP/，用 SignalP 分析发现，该序列为孔石莼质体蓝素的前体肽序列，其中 N 端前 41 个氨基酸为信号肽序列，其后的 98 个氨基酸序列为质体蓝素的成熟肽。

2.2 质体蓝素氨基酸序列的保守性和进化性

将 SwissProt 非冗余蛋白质数据库中与孔石莼质体蓝素具有一定同源性的其他生物的质体蓝素序列进行编辑，全部整理为只有成熟肽的序列。将供试 37 种生物的 38 个质体蓝素氨基酸序列，以 DNAMAN 进行序列比对分析。根据这 38 个氨基酸序列的同源性矩阵可以看出，孔石莼质体蓝素的氨基酸序列与其他序列的同源性从 26.4%～88.8%不等，这个数据也是孔石莼质体蓝素氨基酸序列与其他 12 种藻类生物的质体蓝素氨基酸序列比较的同源性。而这 38 个序列之间的同源性，最小为 16.8%，最大为 99.0%。可见生物的氨基酸序列存在着较大的变异性。同样我们也可从孔石莼与其他生物质体蓝素氨基酸序列的同源性比较和 38 个氨基酸序列间的同源性可以看出，生物质体蓝素的氨基酸序列存在着较大的保守性。从试验结果中可以看到，孔石莼与同属于石莼属的 *U. arasakii*（P13133）、*U. prolifera*（P07465）的同源性分别为 88.8%和 87.8%，而单独将供试的 24 种被子植物的质体蓝素氨基酸序列进行同源性比较，发现其之间的同源性最小为 61.5%，最大可达 98.0%；可见这 24 种被子植物间的质体蓝素氨基酸序列的保守性更高。

2.3　孔石莼质体蓝素氨基酸序列与其他序列的共有保守氨基酸残基

在38个供比较的生物序列中，有15个氨基酸残基是完全相同的。主要是非极性氨基酸残基G7、G25、G88、G90和P17、P37、P85，以及A89、M91、V97；3个不带电荷的极性残基N33、N39、C83；2个带正电荷的极性残基H38、H86。比较于其他从原核生物至低等的藻类植物到高等的被子植物的37个质体蓝素的氨基酸序列，孔石莼中完全保守的氨基酸残基数占孔石莼质体蓝素氨基酸残基的15.3%，从这一点上也可见质体蓝素在进化上具有很高的保守性。

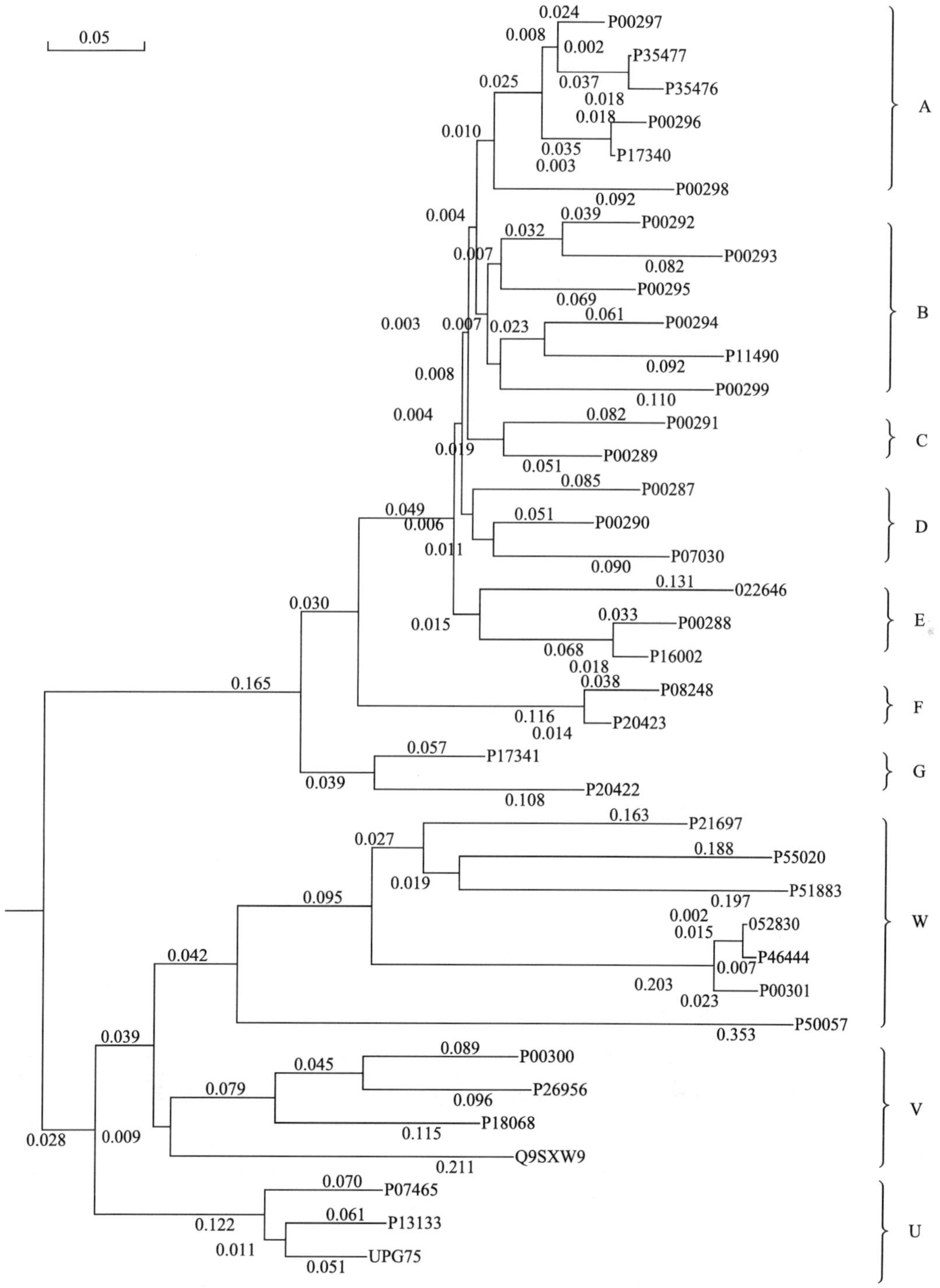

图1　基于质体蓝素氨基酸序列的38个生物的系统进化树

2.4 基于质体蓝素氨基酸序列的供试生物的系统进化

鉴于质体蓝素氨基酸序列存在的保守性和变异性，这就为以质体蓝素氨基酸序列为依据进行生物的系统进化提供了可能。我们将 38 个质体蓝素的氨基酸序列以 DNAMAN 进行系统进化树构建，得到的树状图（图 1）。图 1 所构建的是系统进化的有根树，从此系统进化树图可以看到，在假定供比较的 38 个序列的生物均起源于共同祖先的前提下，38 个序列所代表的生物共进化为 2 簇：X 和 Y，其中簇 X 由 24 个被子植物的质体蓝素氨基酸序列组成的，簇 Y 则包括 6 种属于原核生物的藻类、6 种属于真核生物的藻类和 1 种苔藓植物。我们再将其细分为 A～G 7 个簇和 U、V、W 3 个簇。对比当代较流行的系统发育系统中的柯朗奎斯特（A. Cronquist）系统所揭示的物种的分类，这些不同的簇分别包括了一些在系统进化上相近的生物种类。

将 13 种藻类生物单独进行系统进化的比较，得系统进化树（图 2）。图 2 所示为无根树。

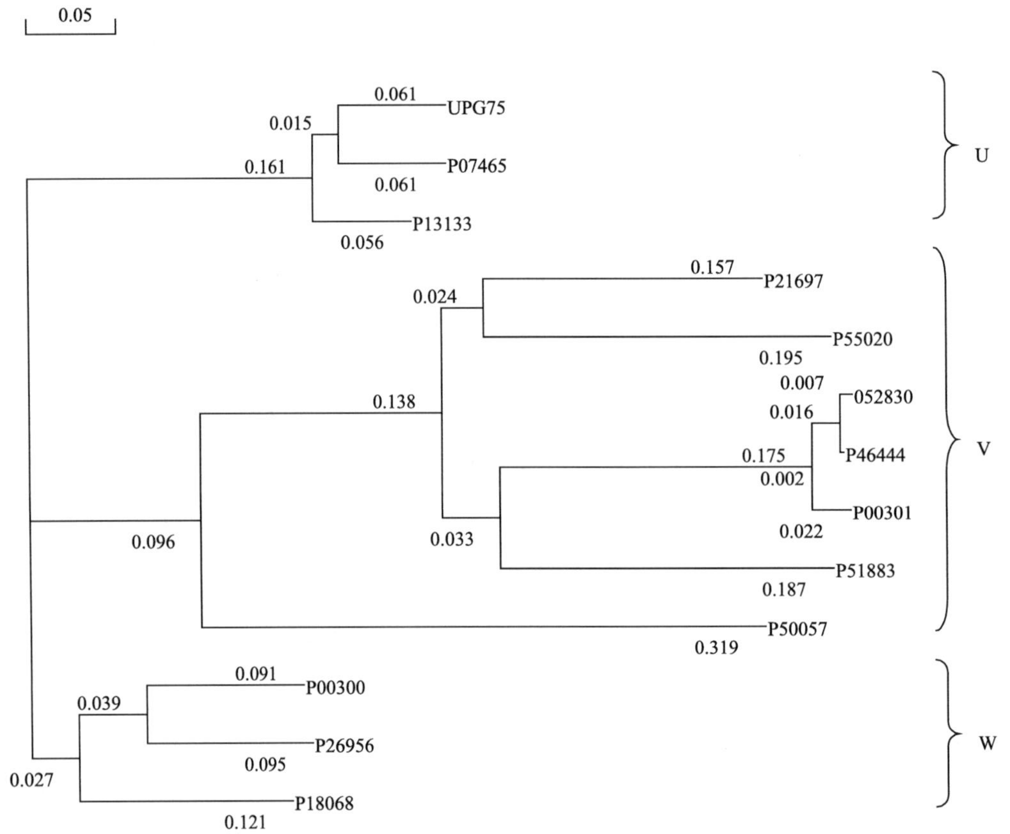

图 2　基于质体蓝氨基酸序列的 13 种藻类生物的系统进化树

由图 2 可见，按其质体蓝素氨基酸序列的同源性，供比较的 13 种藻类可分为 3 簇。属于原核生物蓝藻门（Cyanobacteria）的 7 种生物组成了簇 W；簇 U 包括 *U. prolifera*（P56274，孔石莼，UPG75）和 *U. prolifera*（P07465，浒苔）及 *U. arasakii*（P131333），它们同属于绿藻门（Chlorophyta）、石莼目（Ulvales）、石莼科（Ulvaceae）、石莼属（Ulva）；同属于绿藻纲（Chlorophyceae）的 *Chlorella fusca*（P00300，小球藻）、*Scenedesmus obliquus*（P26956，斜生栅列藻）以及 *Chlamydomonas reinhardtii*（P18068，莱茵衣藻），它们分别属于属于绿球藻目（Chlorococcales）、栅藻科（Scenedesmaceae）、栅藻属（Scenedesmus）以及团藻目（Volvocales）、衣藻科（Chlorococcales）、衣藻属（Chlamydomonas），这 3 种生物构成了簇 V。

簇 U 和簇 V 属于真核生物，在我们所构建的系统进化树中，它们并列为 2 簇。从系统发育上看，雷氏衣藻（*Chlamydomonas reinhardtii*）是最简单最原始的原植体结构，单细胞，具有 2 条顶生等长的鞭毛，小球藻（*Chlorella fusca*）也是单细胞生物，而斜生栅列藻（*Scenedensmus* obliquus）也仅仅是 2～8 个细胞组成的单列或双列的群体，它们都属于陆生淡水藻类；而簇 U 的 3 种藻类，则是生活在海水中的盐生藻类，它们来源于进化的简单的不分枝的丝状体。可见依据质体蓝素的氨基酸序列构建的系统进化树在反映其系统进化上是合适的。

簇 U 中的浒苔（*U. prolifera*），原来在归类上定为浒苔属的 *Enteromorpha prolifera*，现在根据其有关的特性，将其归于石莼属。但从此系统进化树看来，它的亲缘关系还是要远于原就划归为石莼属的两种生物。簇 W 中的 P46444 和 O52830 及 P00301 的同源性分别为 99.0% 和 96.2%，而 P00301 和 O52830 的同源性也达 95.2%，它们表现出很高的亲缘关系。研究其归属关系，可见它们同属于念珠藻目（Nostocales）、念珠藻科（Nostocaceae）；而 P46444 和 O52830 质体蓝素氨基酸序列的相似性高达 99%，暗示着这两种生物高度相近。P46444 的氨基酸序列是由 1994 年 Ghassemian 等[2] 和 2001 年 Kaneko 等[3] 克隆编码 *Anabaena* sp.（鱼腥藻）质体蓝素的基因翻译而来，其时他们把研究对象定为 *Anabaena*. sp.（鱼腥藻）并递交基因序列，现在根据这些生物的特征，在 GenBank 上登录的生物体已经被修改为 *Nostoc* sp.（念珠藻）。由此也可看出，质体蓝素作为生物进化的分子依据的可靠性。

鉴于供试的 23 种被子植物在进化上的相近性，按照图 1 所构建的有根树不是十分准确地反映其进化关系，因此根据 24 生物的质体蓝素氨基酸序列构建了系统进化树的无根树，发现：其与根据 38 个氨基酸序列构建的有根树中 24 个被子植物的系统亲缘关系有所不同。我们可以将 24 个植物的氨基酸序列构建的无根树中的生物分为 5 个簇，其中簇 A、B、C、E 所包括的生物都没有变化，簇 D、F、G 则共同组成了一个新的簇与簇 A、B、C、E 并列。

结合柯朗奎斯特系统，研究所比较质体蓝素氨基酸序列所在的生物的归属关系，从目这一级分类阶元上尚不能看出这 5 簇生物系统归属关系，但是从科这一级分类阶元上看，属于同一科的生物其同源性更高，基本上，在系统进化树上都在各簇的分支中并列一起。如禾本科的大麦（*Hordum vulgare*，P08248）和水稻（*Oryza sativa*，P20423），其同源性达 95%（图 3），构成了簇 F；蚕豆（*Vicia faba*，P00288）和豌豆（*Pisum sativum*，P16002）的同源性也达 95%（图 3），归属于簇 E 的分支；十字花科（*Brassicaceae*）的拟南芥（*Arabidopsis thaliana*，P11490）和荠菜（*Capsella bursa-pastoris*，P00294），其同源性为 84.7%，归属于 B 簇；同源性为 87.9% 的黄瓜（*Cucumis sativus*，P00292）和西葫芦（*Cucurbita pepo*，P00293）则同属于葫芦科（Cucurbitaceae），也归属在 B 簇生物中。茄科的 5 个质体蓝素氨基酸序列和属于石竹目蓼科的 P00298 的同源性更高，而被归属为同一簇，簇 A，这其中 P35476 和 P35477 的同源性高达 98.0%（图 3），这 2 个质体蓝素的氨基酸序列其实是来自同样生物烟草（*Nicotiana tabacum*）的不同个体测定的结果，应该说这是必然的结果。同属的马铃薯（*Solanum tuberosum*）

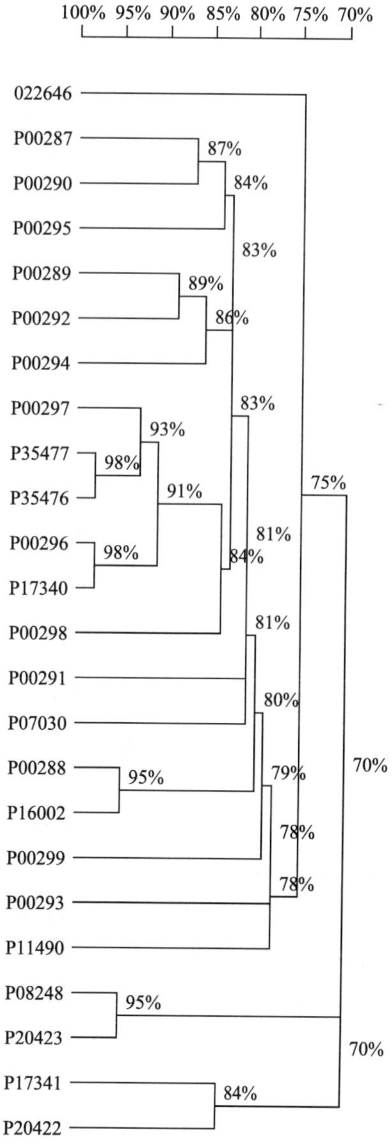

图 3 24 个植物质体蓝素氨基酸序列的同源性

和番茄（*Lycopersicon esculentum*，P17340）质体蓝素氨基酸序列之间的同源性也高达 98.0%。

但也有特殊的结果，如属于豆科的菜豆（*Phaseolus vulgaris*，P00287）则属于簇 D，即使在构建的无根树中，它与蚕豆和豌豆也不属于同一簇；而石竹目（Caryophyllales）的 *Silene latifolia* subsp. *alba*（P07030）、*Spinacia leracea*（P00289）以及 *Rumex obtusifolius*（P00298）却归属于 3 个不同的簇 D、C、A，即使在构建的无根树中其也属于不同的 3 个簇。其中原因尚需进一步分析。但总的来看，质体蓝素的氨基酸序列基本上能够反映这 23 种生物系统进化关系。

总之，以上的进化都部分地验证了生物进化的由原核细胞到真核细胞、由单细胞到多细胞、由非维管植物到维管植物、由简单到复杂、由水生到陆生的生物进化趋势。也表明依据生物的质体蓝素的氨基酸序列构建的系统进化树是科学合适的，可以提供生物系统进化的科学信息。质体蓝素的氨基酸序列可以作为生物系统进化的分子依据。

3　讨论

本试验中在比对 24 个植物的质体蓝素氨基酸序列后得出的植物系统进化关系上，存在着一定的误差，甚至同属一个目的植物不在一个系统进化的簇上，可能的原因是多个方面的，序列比对的软件的使用是其中之一。本试验中采用的是较为常用的生物信息学软件 DNAMAN，它本身存在的一些逻辑和计算方法上的缺漏使得难以在系统发育分析上准确无误，相信随着系统分析方法论的提高，利用基因和蛋白质序列来更准确地得到生物间的系统进化关系是完全可能的。误差存在的另外一个原因就是在本试验中所使用的序列数目的偏少，尽管能够大致反映生物之间的系统进化关系，但还不能完全和准确。我们可以设想，如果在比对各种生物的系统进化关系时，所选取的生物数量更大、代表性更强、不同的进化单元都有一些代表种以供比较，则其所表现出亲缘关系的改变也是可能。本试验中苔藓同供试的 23 种被子植物一样，同属于有胚植物，但在系统进化树图 1 中，苔藓属于簇 Y，与 13 种藻类生物表现亲缘关系更近，这应当是因为所比对的 23 种被子植物进化上更为高级，与它们相比，苔藓在质体蓝素的进化上更趋近于这些水生的藻类生物。假如在供试的 23 种被子植物与苔藓植物之间，再增加一些中间种类生物的质体蓝素氨基酸序列，则苔藓的系统进化关系表现得与这些有胚植物更近一些，这是可能的。Mark 等曾对 475 和 499 种种子植物的 DNA 序列进行了探索性分析，这些种类代表了种子植物种所有的主要分类群，他们发现这些探索性分支中的某些主要分支是与经典的分类系统是一致的。相信随着生物的基因和氨基酸序列的逐渐增加，数据库中数据的大量积累会使利用质体蓝素的氨基酸序列来分析生物的系统进化表现的更加成熟。

分子进化即微观进化，它依赖于核酸、蛋白质序列的信息，阐明物种进化的分子基础。在研究从病毒到人类的各种生物的进化历史中，DNA 或蛋白质序列的系统发育分析已经成为一个重要工具[1]。分子生物学的发展使得我们在追溯进化谱系时不仅仅依据表型（形态的、生理的、行为的）特征，而且能够直接比较不同生物的基因型特征，并在此基础上建立了分子系统学（molecular systematics）。相信随着各种生物的基因和氨基酸序列的大量获得，以及比较方法学的完善，分子系统学必定会有更大的发展，依据其验证传统的进化系统已成必然，甚至依靠分子特征的比较，提出和改善经典的系统进化谱系也是可能。

从供比较的生物的质体蓝素的氨基酸序列可以看到，这类具有重要生物学功能的大分子在多处氨基酸序列和残基上都具有高度的保守性，经分析这些高度保守的氨基酸残基及其构成的序列是质体蓝素重要的功能位点（结果在另文讨论），可见这种保守性对维持蛋白质功能的重要意义。同时也可见质体蓝素分子结构的局部进化保守性并不是完全随机的。相信必然存在着某种制约因素或控制机制，而能够其维持这种进化保守性，进一步研究分析这些序列特征的方法并深入比较这些序列，也许能够得出这方面的一定的结论。

参 考 文 献

[1] Nel M, Kumar S. Molecular evolution and phylogenetics. Beijing: Higher Education Press, 2002, 1-14

[2] Ghassemian M, Wong B, Ferreira F, et al. Cloning, sequencing and transcriptional studies of the genes for cytochrome c-553 and plastocyanin from *Anabaena* sp. PCC 7120, Microbiology, 1994, 140(5): 1151-1159

[3] Kaneko T, Nakamura Y, Wolk CP, et al. Complete genomic sequence of the filamentous nitrogen-fixing cyanobacterium *Anabaena* sp. strain PCC 7120. DNA Res, 2001, 8(5): 205-213

孔石莼质体蓝素的柱色谱纯化及其 N 端氨基酸序列的分析测定*

刘振宇[1,2]，吴祖建[1]，林奇英[1]，谢联辉[1]

（1 福建农林大学植物病毒研究所，福建福州 350002；
2 山东农业大学植物保护学院，山东泰安 271018）

摘　要：通过 DEAE-Sepharose Fast Flow 阴离子交换柱和 Sephadex G-75 凝胶过滤柱分离纯化得到了孔石莼（*Ulva pertusa*）的质体蓝素。其步骤为：将孔石莼样品以 0.02mol/L 磷酸盐缓冲液（pH7.2）进行匀浆，然后离心去除沉淀，将上清液用硫酸铵分级盐析获得饱和度为 40%～80%的盐析蛋白；通过 DEAE-Sepharose 柱色谱，在含有0～1.0mol/L NaCl 的 0.01mol/L 磷酸盐缓冲液线性梯度洗脱下，盐析蛋白有 3 个主要的洗脱峰，然后在 SephadexG-75 凝胶过滤色谱柱中进一步纯化。十二烷基硫酸钠-聚丙烯酰胺凝胶电泳（SDS-PAGE）显示，该蛋白质被纯化为单一条带。根据蛋白质电泳迁移率，纯化蛋白质的分子质量约为 10kD。该蛋白质不含糖。纯化的蛋白质经电转移至聚偏二氟乙烯（PVDF）膜后，以 Edman 降解法进行 N 端氨基酸序列测定，前 20 个氨基酸残基序列为 AAIVKLGPDDGSLAFVPSKI。通过对相关蛋白质数据库的检索，发现该序列与 3 种已报道的海藻的质体蓝素具有较高的序列同源性，其同源性分别为 85%、85%和 90%。据此，认为孔石莼的质体蓝素已获得纯化，其 N 端 20 个氨基酸残基与已报道的海藻质体蓝素的氨基酸残基有较大的同源性，也存在着一定的变异。

关键词：柱色谱；质体蓝素；孔石莼；纯化；N 端氨基酸序列

中图分类号：0658　**文献标识码**：A　**文章编号**：1000-8713（2006）03-0275-04

Purification of plastocynin from *Ulva pertusa* by column chrom atography and analysis of its N-terminal amino acid sequence

LIU Zhen-yu[1,2]，WU Zu-jian[1]，LIN Qi-ying[1]，XIE Lian-hui[1]

（1 Institute of Plant Virology，Fujian Agriculture and Forestry University，Fuzhou 350002；
2 College of Plant Protection，Shandong Agricultural University，Tai'an 271018）

Abstract：Protein plastocyanin from a green alga，*Ulva pertusa*，has been purified. Samples were homogenized in 0.02mol/L phosphate buffer（pH7.2）and then centrifuged to removedebris and subjected to ammonium sulfate fractionation（40%-80%saturation）. Ion exchange columnhrom atography with DEAE-Sepharose Fast Flow and gel filtration column chromatography with Sephadex G-75 were then employed for further purification of plastocyanin. Three peaks，A，B

色谱，2006，24（3）：275-278
收稿日期：2005-05-22
* 基金项目：福建省科委重大项目（2000H004，2001Z127）

and C, were eluted with 0.01mol/L phosphate buffer, containing a NaCl lineargradient from 0mol/L to 1.0mol/L at the flow rate of 32mL/h through DEAE-Sepharose chrom atography. The protein fractions containing the plastocyanin were then purified further with Sephar-dex G-75 colum n chromatography Sodium dodecyl sulfate-polyacrylamide gel electrophores (SDS-PAGE) is analysis indicates that the protein was purified to homogeneity and its relativem olecular mass is 10 000. N-terminal amino acid sequence was used to identify the protein. The protein was transblotted to PVDF membrane and N-terminal amino acid sequence was performed via Edman degradation with an automated amino acid sequence. The 20 N-terminal amino acid residues are AAIVKLGPDDGSLAFVPS-KI, which share 85% homology with the 20 N-terminal amino acid sequence of *U. prolifera* and *U. arasakii*, and share 90% homology with the ones of *U. pertusa* formerly reported.

Key words: columnchrom atography; plastocynin; *Ulva pertusa*; purification; N-terminal amino acid sequence

质体蓝素（plastocyanin）是重要的金属酶。在包括蓝细菌、绿藻和高等植物在内的能进行有氧光合作用的广泛物种中，它扮演着从光合系统Ⅱ传递电子到光合系统Ⅰ的重要作用。质体蓝素包含近100个氨基酸残基的多肽链以及Ⅰ型铜离子（也称铜蓝位点）；该铜离子结合在多肽链的4个氨基酸残基（即2个组氨酸残基、1个半胱氨酸残基和1个甲硫氨酸残基）[1-3]上。鉴于质体蓝素的重要意义和它复杂的分子结构，人们对其结构、晶体几何学、活性位点、铜结合特性等已有了较多的研究[2-5]。这些研究都基于对质体蓝素进行纯化的基础上。就藻类而言，研究者曾经从不同种类的藻类（包括小球藻（*Chlorella fusca*）、石莼（*Ulva arasakii*）、浒苔［*U. prolifera*（*Enteromorpha prolifera*）］等）中纯化了质体蓝素。孔石莼（*Ulva pertusa* Kjellm）是属于绿藻门（Chlorophyta）、石莼科（Ulvaceae）的一种绿藻，在世界范围内广泛分布，生物量巨大。为了深入了解质体蓝素的结构、功能和其编码基因，我们从孔石莼中纯化了质体蓝素，并对其N端氨基酸序列进行了分析测定。

1 材料与方法

1.1 材料与仪器

孔石莼鲜样采集自福建省莆田市南日岛海域。将其去除杂藻、沙石及其他类生物，并以蒸馏水洗净后存放于－70℃超低温冰箱中保存备用。阴离子交换介质DEAE-Sepharose Fast Flow、凝胶过滤色谱介质Sephadex G-75和透析袋（截留分子质量为10 000）均为Amersham Pharmacia Biotech公司产品。聚偏二氟乙烯（PVDF）膜为PALL公司的产品；低分子质量标准蛋白为上海生化所产品；丙烯酰胺、甲叉双丙烯酰胺、三羟甲基氨基甲烷（Tris）、十二烷基硫酸钠（SDS）等购于上海生工生物工程技术有限公司。其他生化试剂为国产分析纯或化学纯试剂。

BSZ-100自动部分收集器和梯度混合器为上海沪西仪器公司产品；Z型系列色谱柱购自上海精科实业有限公司；恒流泵（YZ1515）购自保定兰格恒流泵有限公司；Ultrospec 2100 Pro分光光度计为Amersham Pharmacia Biotech公司产品；高速离心机（J2-21）为Beckman公司产品；电泳仪（PAC30）为Bio-Rad公司产品。

1.2 方法

1.2.1 样品浸提及硫酸铵分级盐析

将孔石莼样品用0.02mol/L磷酸盐缓冲液（pH7.2）在组织匀浆器中充分匀浆，放置于4℃下浸提12～24h。以10 000r/min的速率在4℃下冷冻离心20min，弃沉淀，上清液即为粗蛋白浸提液。将固体硫酸铵加至粗蛋白浸提液中使其饱和度达40%，于4℃下过夜，同法离心，弃沉淀，取上清液。在该上清液中再加入固体硫酸铵至饱和度达80%，于4℃下过夜，同法离心，收集沉淀，以少量0.01mol/L磷酸盐缓冲液（pH7.2）溶解，用该缓冲液和蒸馏水充分透析，至无SO_4^{2-}，即获得硫酸铵饱和度为40%～80%的盐析蛋白。

1.2.2 阴离子交换色谱纯化

将DEAE-Sepharose Fast Flow离子交换色谱柱（12cm × 1.6cm，20mL柱床体积）预先用0.01mol/L磷酸盐缓冲液（pH7.2）平衡。取

3mL“1.2.1”节中得到的盐析蛋白上样。先用0.01mol/L磷酸盐缓冲液（pH7.2）进行洗脱，至该洗脱液在波长为280nm时的吸收值（OD_{280}）<0.01；再用含0～1.0mol/L NaCl溶液的0.01mol/L磷酸盐缓冲液（总体积为200mL）进行线性梯度洗脱（洗脱液流速为32mL/h），每2.7mL洗脱液收集为一管。测定每管的OD_{280}。将呈现不同蛋白质特征吸收峰的组分分别合并，充分透析，浓缩保存。

1.2.3 凝胶过滤色谱纯化

将“1.2.2”节中得到的蛋白质样品5mL上样于已预先用0.01mol/L磷酸盐缓冲液（pH7.2）平衡的Sephadex G-75凝胶过滤色谱柱（90cm×1.6cmi.d.，180mL柱床体积）。以与“1.2.2”节所述同样的缓冲液进行洗脱，流速为0.2mL/min。收集洗脱液，每管收集2.7mL。测定每管的OD_{280}。同“1.2.2”节所述，将呈现不同蛋白质特征吸收峰的组分分别合并，充分透析。

1.2.4 蛋白质纯度和分子质量的测定

蛋白质纯度和分子质量以SDS-聚丙烯酰胺凝胶电泳（PAGE）和非变性聚丙烯酰胺凝胶电泳（native-PAGE）测定，方法参考文献[10]。浓缩胶浓度（以质量分数计，下同）为4%，分离胶浓度为15%。用考马斯亮蓝R-250染色。

1.2.5 蛋白质含糖量的测定

纯化蛋白的含糖量以苯酚/浓硫酸法测定，以葡萄糖溶液为测定标准溶液[11]；以Schiff试剂染色观察在SDS-PAGE上的可能糖蛋白条带[12]。

1.2.6 蛋白质N端氨基酸序列的测定

纯化蛋白经SDS-PAGE测定后，将电泳胶和PVDF膜置于电转系统（Mini Trans-Blot Cellequipment，Bio-Rad）蛋白质在100 V条件下电转1h至PVDF膜。将该PVDF膜以0.1%考马斯亮蓝R-250染色，然后用含10%乙酸的50%甲醇溶液脱色。切取目标条带，以苯异硫氰酸酯法（即Edman降解法）在Procise 491蛋白质测序仪上测序，共测定N端20个氨基酸残基序列。

2 结果与讨论

2.1 阴离子交换色谱纯化

取“1.2.1”节中获得的盐析蛋白样品3mL上样于DEAE-Sepharose Fast Flow阴离子交换色谱柱。当用0.01mol/L磷酸盐缓冲液（pH7.2）洗脱至第25管时，OD_{280}已小于0.01。经含0～1.0mol/L NaCl的0.01mol/L磷酸盐缓冲液线性梯度洗脱后（洗脱曲线见图1），蛋白质被分离为A、B、C共3个显著的洗脱峰。将峰B下的各管组分合并、浓缩、透析、保存，记为UPDFB，以供进一步进行凝胶过滤色谱研究。

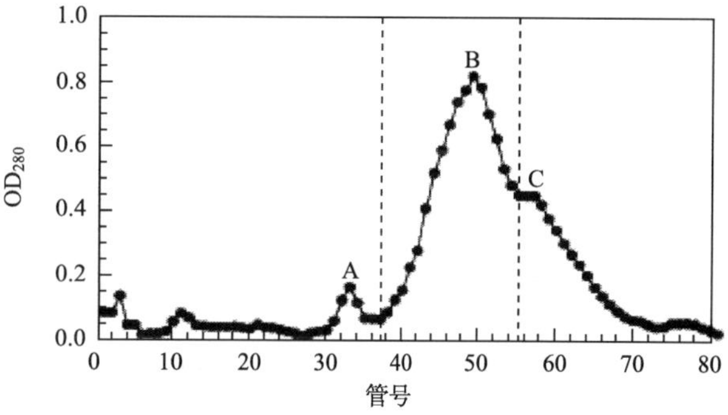

图1 硫酸铵饱和度为40%～80%的孔石莼盐析蛋白在DEAE离子交换色谱柱上的洗脱曲线

2.2 凝胶过滤色谱纯化

将蛋白质组分UPDFB进行进一步纯化，在Sephadex G-75色谱柱中，蛋白质被分为D、E、F、G和H共5个主要洗脱峰（图2）。峰F和峰G处的蛋白质组分被合并、浓缩、透析，记为GF和GG。

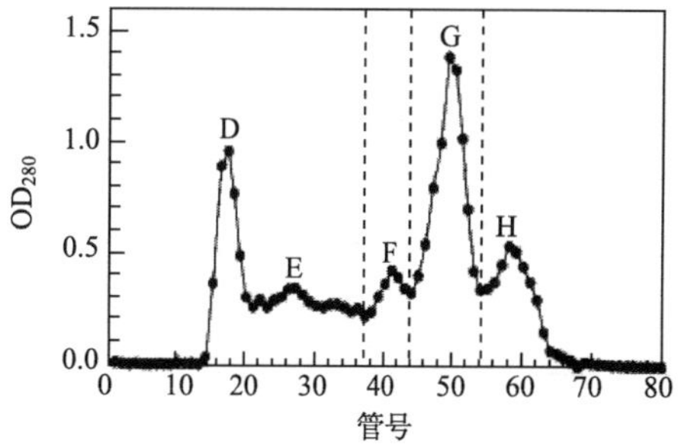

图2 蛋白组分UPDFB在G-75凝胶过滤色谱柱上的洗脱曲线

2.3 蛋白质的分子质量的测定和含糖量的分析

将GF样品进行不连续SDS-PAGE和Native-PAGE分析，结果显示，图2中F峰下的蛋白质组分经PAGE分析后只有一个条带，表明已得到电泳纯的蛋白质，该蛋白质为单体蛋白质。根据蛋白质在SDS-PAGE的电泳迁移率，计算其分子质量约为10kD（图3）。

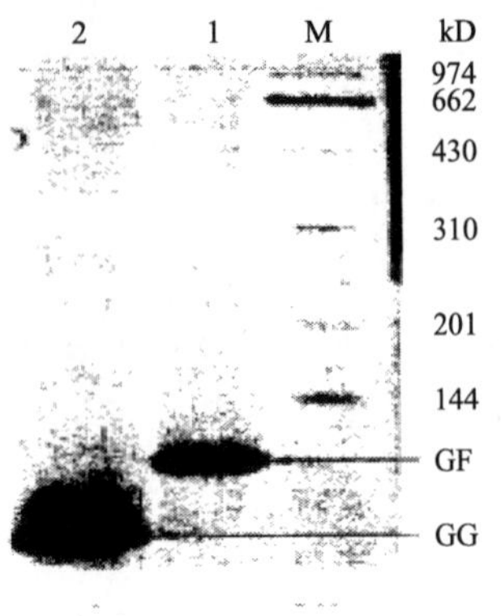

图 3　GF 和 GG 蛋白质的 SDS-PAGE 测定
1. GF 样品（图 2 中 F 峰组分）；2. GG 样品
（图 2 中 G 峰组分）M. maker

Schiff 试剂染色后的蛋白质电泳胶上没有特征性的条带出现，显示该蛋白质不含糖；同样，以苯酚/浓硫酸法测定蛋白质糖含量，也未发现糖的存在。

2.4　N 端氨基酸序列

对电转印至 PVDF 膜上的纯化蛋白 GF 进行 N 端氨基酸序列测定，共测定了 20 个氨基酸残基，依次为：AlaAlaIleValLysLeuGlyProAspAspGlySerLeuAlaPheValProSerLysIle。

在 SWISS-PROT 蛋白质数据库[13]中，将所测得的 20 个氨基酸序列进行同源性检索，检索结果发现，GF 蛋白的 N 端 20 个氨基酸残基序列与 3 种海藻的质体蓝素的前 20 个氨基酸序列具有很高的同源性，与 *U. prolifera*[7] 和 *U. arasakii*[8] N 端 20 个氨基酸序列的同源性达 85%，与 Shibata 等[2]测定的 *U. pertusa* 的质体蓝素 N 端 20 个氨基酸序列的同源性达 90%。与 Shibata 等测定的氨基酸序列相比，GF 的序列分别在 2 位和 8 位以 Ala-2 和 Pro-8 替换其 Gln-2 和 Gly-8。*U. arasakii* 的 Gln-2、Gly-8 和 Ala-12 在 GF 中分别成为 Ala-2、Pro-8 和 Ser-12；而 *U. prolifera* 的前 20 个氨基酸序列中，Gly-8、Asn-18 和 Asn-19 在 GF 中分别变为 Pro-8、Ser-18 和 Lys-9。然而，GF 的 N 端序列中的第 8 位的氨基酸残基为脯氨酸（Pro-8），它和供比较的 3 种海藻质体蓝素氨基酸序列的第 8 位氨基酸残基（Gly-8）均不同（表 1）。鉴于所获得的 GF 氨基酸序列与其他 3 种源于海藻的质体蓝素氨基酸序列的同源性，以及以上所测定的 GF 的其他特征，认为 GF 即为从孔石莼纯化获得的质体蓝素。GF 的 N 端 20 个氨基酸残基中，有 2 个氨基酸不同于 Shibata 等所得到的质体蓝素氨基酸序列，其同源性为 90%，这可能是由于孔石莼的来源不同造成的。

表 1　4 种海藻质体蓝素氨基酸序列的同源性

海藻	序列	同源性/%	数字
Ulva pertusa	AAIVKLGPDDGSLAFVPSKI		20
Ulva prolifera[7]	AAIVKLG GDDGSLAFVP NNI	85	20
Ulva arasakii[8]	A QIVKLG GDDGAL AFVPSKI	85	20
Ulva pertusa[2]	A QIVKLG GDDGSLAFVPSKI	90	20

3　讨论

已有前人采用不同的方法，从一些生物体，主要是高等植物中获得了质体蓝素。本研究经过两步柱色谱法，获得了纯化的孔石莼质体蓝素，这是对其进行深入研究的基础。下一步，我们将开展对孔石莼质体蓝素光学特性的观察，测定其氨基酸序列，研究其电子传递动力学及其晶体结构等。本研究获得的 N 端氨基酸序列也为孔石莼质体蓝素的基因克隆奠定了基础。部分工作正在进行中。

参考文献

[1] Redinbo MR, Yeates TO, Merchant S. Plastocyanin structural and functional analysis. J Bioenerg Biomembr, 1994, 26(1):49-66

[2] Shibata N, Inoue T, Nagano C, et al. Novel insight into the copper-ligands geometry in the crystal structure of *Ulva pertusa* plastocyanin at 1.6-Å resolution. J Biol Chem, 1999, 274(7): 4225-4230

[3] Bertini I, Bryant DA, Ciurli S, et al. Backbone dynamics of plastocyanin in both oxidation states. J Biol Chem, 2001, 276 (50):47217-47226

[4] Guss JM, Bartunik HD, Freeman HC. Accuracy and precision in protein structure analysis: restrained least-squares (1992). Acta Crystallogr., Sect. B, 1992, 48(6):790-811

[5] Sato K, Crowley PB, Dennison C. Transient homodimer interactions studied using the electron self-exchange reaction. J Biol Chem, 2005, 280(19):19281-19288

[6] Kelly J, Ambler RP. The amino acid sequence of plastocyanin from *Chlorella fusca*. Biochem J, 1974, 143(3):681-690

[7] Simpson RJ, Moritz RL, Nice EC, et al. Micropreparative procedures for high sensitivity sequencing of peptides and proteins. Eur J Biochem, 1986, 157(3): 497-506

[8] Yoshizaki F, Fukazawa T, Mishina Y, et al. Some properties and amino acid sequence of plastocyanin from a green alga, *Ulva arasakii*. J Biochem, 1989, 106(2):282-293

[9] Collyer CA, Guss JM, Sugimura Y, et al. Crystal structure of

plastocyanin from a green alga, *Enteromorpha prolifera*. J Mol Biol, 1990,211(3):617-632

[10] Laemmli UK. Cleavage of structural proteins during the assembly of the head of bacteriophage T4. Nature, 1970, 227(259): 680-685

[11] Lowry OH, Rosebrough NJ, Farr AL, et al. Protein measurement with the folin phenol reagent. J Biol Chem 1951, 193(1): 265-275

[12] Segrest P, Jackson RL. Methods in Enzymology Vol. 28, New York: Academic Press, 1972, 28:54-63

[13] Blast Database. [2004-11-21] http://www.ncbi.nlm.nih.gov/BLAST

孔石莼凝集素蛋白基因的克隆与表达*

郑璐平[1,2]，谢荔岩[1]，姚锦爱[1]，钟伏弟[1]，林奇英[1]，吴祖建[1,2]，谢联辉[1,2]

（1 福建农林大学植物病毒研究所；2 福建农林大学生物农药与化学生物学教育部重点实验室，福建福州 350002）

摘 要： 根据孔石莼（*Ulva pertusa*）凝集素（lectin）蛋白 cDNA 全长序列（GenBank 登录号 AY433960）设计引物，以其总 DNA 为模板，采用 PCR 技术扩增蛋白 DNA 序列，经克隆、测序获得基因序列。结果表明，孔石莼凝集素蛋白（UPL）基因序列长约为 670bp，含有一个大小为 56bp 的内含子。此外，设计带酶切位点的引物，以 UPL-cDNA 为模板，扩增其开放阅读框，并与表达载体 pGEX-2T 连接，构建原核表达载体 pG2T-UPL，并在大肠杆菌 BL21（DE3）中成功表达大小约为 47kD 的目的蛋白。

关键词： 孔石莼；凝集素；cDNA；基因克隆；原核表达

Cloning and Expression of Lectin Gene of *Ulva pertusa*

ZHENG Lu-ping[1,2], XIE Li-yan[1], YAO Jin-ai[1], ZHONG Fu-di[1],
LIN Qi-ying[1], WU Zu-jian[1,2], XIE Lian-hui[1,2]

(1 Institute of Plant Virology, Fujian Agriculture and Forestry University, Fuzhou 350002;
2 Key Laboratory of Biopesticide and Chemical Biology, Ministry of Education,
Fujian Agriculture and Forestry University, Fuzhou 350002)

Abstract: Based on the known cDNA sequence of lectin protein gene of *U. pertusa* (GenBank accession number: AY433960), a pair of primers were designed and used to clone, and sequenced the lectin protein gene with PCR technique by using the genomic DNA of *U. pertusa* as the template. The result showed that the lectin protein gene consisted of 670bp, with a 56bp intron. A pair of primers with restriction enzyme sites were designed to amplify the ORF using the genomic cDNA of *U. pertusa* as the template. The ORF was inserted into the expression vector pGEX-2T and a protein with molecular weight of 47kD was successfully expressed in *Escherichia coli* BL21 (DE3) .

Key words: *Ulva pertusa*; lectin; cDNA; gene cloning; prokaryotic gene expression

凝集素（lectin）是一类非免疫起源、非酶的、可促使细胞凝集的蛋白或糖蛋白，其分子中含有一个或多个可与单糖或寡糖特异可逆结合的非催化的结构域，对糖、糖脂、糖蛋白具有高度亲和性，并能专一结合[1]。目前，凝集素已被应用于免疫学、肿瘤、生殖生理和细胞生物学等诸多方面。

激光生物学报．2008，17（6）：762-767

收稿日期：2008-02-20 修回日期：2008-06-12

* 基金项目：福建省科技厅重大项目（项目编号：2000H004，2001Z127）

海藻石莼属作为一种潜在的、可开发性的凝集素来源，人们对石莼（*Ulva lectuca*）凝集素进行了分离纯化及部分性质研究[2]，而孔石莼（*U. pertusa*）作为绿藻石莼属的一种，其资源十分丰富。Hori[3]对日本海域53种海藻凝集素活力研究发现，孔石莼等14种海藻凝集素对兔、马、绵羊、鸭、鸡、人（A、B、O、AB）的红细胞有血凝活力，但未进行相关性质的研究；Rogers[4]报道了唾液糖蛋白对孔石莼凝集素活性具有抑制作用；王盛等[5]对福建沿海部分海藻进行了筛选，并对绿藻孔石莼凝集素的性质、活性和分离纯化等进行了较为详细的研究，发现该凝集素蛋白具有抗烟草花叶病毒（*Tobacco mosaic virus*，TMV）特性，该蛋白在pH6.0～8.0范围内活性较高；80℃仍可保持50%的活性，具有较高的热稳定性。与陆生植物凝集素不同，其凝集活性可被一些蛋白质所抑制，对植物病毒TMV抗性机制也可能与对病毒粒体的凝集作用有关，并对纯化的蛋白进行了N端序列测定，发现可能是一种新的凝集素。此外，王盛等[6]还首次克隆获得孔石莼凝集素cDNA全长序列（GenBank登录号AY433960），为1084bp，其中起始密码子上游5′非编码区为124bp，编码区612bp，编码203个氨基酸，在终止密码子下游，还包含有长348个碱基的3′非编码区，其中包括22个腺苷酸的poly（A），但是孔石莼凝集素（UPL）的基因结构、功能位点等方面的许多问题尚不清楚。因此，在此基础上，本研究进一步扩增孔石莼凝集素的蛋白基因，并进行表达，以期为凝集素的结构和功能研究提供理论基础。

1 材料与方法

1.1 供试菌种和海藻

供试海藻孔石莼采自莆田沿海，采回后用清水洗去藻体表面附生物，编号分装后置于－70℃保存备用。大肠杆菌（*Escherichia coli*）DH5α、BL21（DE3）由本所保存。

1.2 酶和试剂

限制性内切酶及其他工具酶、总RNA抽提试剂盒购自上海生工生物工程技术服务有限公司，DNA提取试剂盒为杭州维特洁生物技术有限公司产品，克隆载体pMD18-T Vector Systems为宝生物工程（大连）有限公司产品，表达载体pGEX-2T购于Promega公司。

1.3 孔石莼凝集素总RNA和总DNA的提取

提取方法参照总RNA抽提试剂盒说明书和DNA提取试剂盒说明书。

1.4 PCR鉴定

根据孔石莼凝集素（UPL）cDNA序列，设计合成引物，用于PCR扩增，PCR所用引物如表1。

表1 本研究中所用到的引物

引物名称	引物序列	酶切位点	重组子
UPL-D1（-118＋）	5′-CGCAAGCATGATCAACATCCTTC-3′		pMD18T-UPL-D12
UPL-D2（-749-）	5′-TACAGCCATGGCCTTATCCAGGT-3′		
UPL-EP4（-124＋）	5′-GCGGATCCATGATCAACATCCTTCATGTG-3′	*Bam*HⅠ	pG2T-UPL -EP45
UPL-EP5（-737-）	5′-GCGAATTCTTATCCAGGTCGGGGGTGAT-3′	*Eco*RⅠ	

1.4.1 凝集素DNA片断（UPL-D12）的PCR扩增

取1μL DNA模板，引物UPL-D1、UPL-D2各2μL，*Taq* DNA聚合酶0.5μL，dNTPs（10mmol/μL）0.5μL，10×PCR缓冲液2.0μL，加无菌水至总体积为20μL。

PCR扩增条件：95℃预变性4min，按程序（95℃ 45s，58℃ 60s，72℃ 100s）扩增30个循环，72℃延伸10min，冷却至室温。

1.4.2 UPL蛋白（UPL-EP45）基因的PCR扩增

cDNA的合成：取UPL-RNA 3μL，与1μL 3′端引物UPL-EP4（10pmol/μL）混合，95℃水浴处理7min，迅速冰浴5min，再加入5×MuLV反转录酶缓冲液2.5μL，10mmol/μL dNTPs 0.5μL，M-MuLV反转录酶0.5μL，RNase 0.5μL，无菌水4.0μL，37℃水浴处理90min，95℃水浴3min。

PCR反应：取1μL cDNA模板，引物UPL-

EP4、UPL-EP5 各 2μL，*Taq* DNA 聚合酶 0.5μL，dNTPs（10mmol/μL）0.5μL，10×PCR 缓冲液 2.0μL，加无菌水至总体积为 20μL。

PCR 扩增条件：95℃ 预变性 4min，按程序（95℃ 60s，55℃ 60s，72℃ 90s）扩增 30 个循环，72℃延伸 10min，冷却至室温。

1.5　克隆与测序

将上述两个 PCR 产物回收，并与克隆载体 pMD18-T 进行连接、转化，得到重组质粒 pMD18T-UPL-D12 和 pMD18T-UPL-EP45，序列由上海博亚生物技术有限公司测定。

1.6　UPL 蛋白基因在大肠杆菌 BL21 中的表达

重组质粒 pMD18-T-UPL-EP45 经 *Eco*RⅠ 和 *Bam*HⅠ 双酶切，与经同样处理的表达载体 pGEX-2T 连接，转化 *E. coli* DH5α，筛选得到重组质粒 pG2T-UPL-EP45，将质粒转入 BL21 中，从转化平板上挑取含重组质粒的菌落，接种于含 100μg/mL Amp 的 LB 液体培养基中，37℃振荡培养至 OD_{600} =0.6 左右。培养液中加入 IPTG 至终浓度为 1mmol/L，继续振荡培养 3h。取 1mL 菌液于 Eppendorf 管中，在台式微量离心机上 13 000r/min 离心 1min。收集菌体，悬浮于 50μL 10mmol/L Tris-HCl，pH8.0 缓冲液中。

取适量蛋白上样溶液，加适量 2×SDS-PAGE 上样缓冲液，混匀后于 100℃加热 3min，上样电泳。电泳条件为：5%的浓缩胶，13%分离胶，电泳缓冲液为 Tris-甘氨酸缓冲液，恒压 200V，电泳至溴酚蓝指示剂离凝胶底部 2cm 左右停止电泳。电泳结束后，用考马斯亮蓝染色液染色，脱色液脱色后的凝胶在 IS-1000 数据成像系统中处理。

2　结果与分析

2.1　UPL-DNA 的序列

2.1.1　凝集素蛋白 DNA 序列(UPL-D12)的 PCR 扩增与克隆

以 UPL 总 DNA 为模板，UPL-D1/UPL-D2 为引物，扩增目的基因，结果如图 1 所示，发现泳道 1 有一条大小约为 670bp 特异性条带，与预计的目的片断大小一致。将该片断回收，连接到 pMD-18T 载体上，该载体大小为 2692bp，插入目的片断，获得重组质粒 pMD18T-UPL-D12，大小为 3362bp，将其进行 *Bam*HⅠ/*Hind*Ⅲ 双酶切，酶切产物大小应为 670bp。结果如图 2 所示，其中泳道 1 和泳道 2 为两个不同的重组质粒，酶切后，发现泳道 2 有大小为 670bp 的条带，说明该质粒是含有插入目的片断的重组子，而泳道 1 的重组质粒未成功插入目的片断。

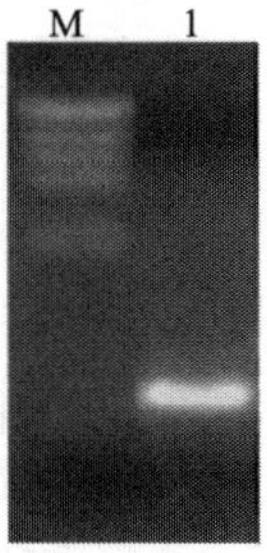

图 1　UPL-D12 片断 PCR 产物琼脂糖凝胶电泳

M. Lambda DNA/*Hind*Ⅲ marker；1：PCR 扩增产物

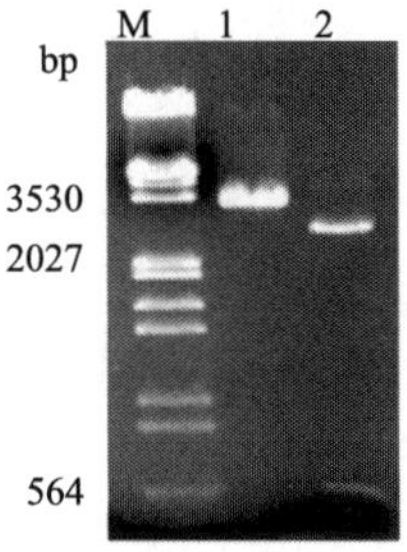

图 2　重组质粒的酶切电泳鉴定

M. Lambda DNA/*Eco*RⅠ+*Hind*Ⅲ marker；

1，2. *Bam*HⅠ/*Hind*Ⅲ酶切后的 pMD18T-UPL-D12

2.1.2　凝集素蛋白的 DNA 序列分析

应用生物学分析软件 DNAMAN，对凝集素蛋白 DNA 序列与 cDNA 序列（GenBank 登录号 AY433960）进行比较分析（上行为 cDNA 序列，下行为 DNA 序列），发现凝集素蛋白存在一个 56bp 长的内含子（图 3，斜体，列出的为 ORF 序列）。

2.2　UPL 蛋白基因（UPL-EP45）的扩增与克隆

以 cDNA 为模板，UPL-EP4/UPL-EP5 为引物，扩增 UPL ORF 基因，结果如图 4 所示，发现泳道 1、泳道 2 均有大小约 630bp 特异性的染色带，与预计的目的片断大小一致。将该产物回收，连接到 pMD18-T 载体上，pMD-18T 大小为 2692bp，插入目的片断，获得重组质粒 pMD18-T-UPL-EP45，大小为 3322bp，将其进行 *Bam*HⅠ/

*Eco*RⅠ双酶切，酶切产物大小应为 630bp，结果如图 5 泳道 2 所示，并通过测序证明序列的正确性。将该重组质粒用 *Eco*RⅠ和 *Bam*HⅠ双酶切，再与经同样处理的表达载体 pGEX-2T 连接，pGEX-2T 大小为 4948bp，插入大小约为 630bp 的片断后，得到重组质粒 pG2T-UPL-EP45，大小为 5578bp，对其进行双酶切鉴定，酶切产物大小应为 620bp，结果如图 5 所示，泳道 1 的质粒经酶切后大小为 620bp，证明目的片断准确插入到 pGEX-2T 上，说明表达载体构建成功。

```
1cDNA  ......ATGATCAACATCCTTCATGTGATTGCAGGCCTCGCGCTTGCTAGCGTGGGCGT
             |||||||||||||||||||||||||||||||||||||||||||||||||||
1DNA   CGCAAGCATGATCAACATCCTTCATGTGATTGCAGGCCTCGCGCTTGCTAGCGTGGGCGT
54     TGACGCCCGCCAGGTAGGCGTCGGGGCTGACGTGCTTCACGCGGTGGAGAACACCATTGA
       ||||||||||||||||||||||||||||||||||||||||||||||||||||||||||||
61     TGACGCCCGCCAGGTAGGCGTCGGGGCTGACGTGCTTCACGCGGTGGAGAACACCATTGA
114    CAGCATTACCGGCGTTGAGGCATCACACAGCGCACTCGAGGTTGGCGGTGGGATTACCAA
       ||||||||||||||||||||||||||||||||||||||||||||||||||||||||||||
121    CAGCATTACCGGCGTTGAGGCATCACACAGCGCACTCGAGGTTGGCGGTGGGATTACCAA
174    TACTGACAACTGGGAAACGTTTGCCGGGCTGCCCCTTACGGGTGCGATCAAGGTGAACGA
       ||||||||||||||||||||||||||||||||||||||||||||||||||||||||||||
181    TACTGACAACTGGGAAACGTTTGCCGGGCTGCCCCTTACGGGTGCGATCAAGGTGAACGA
234    TGGCAACAGTGTTGTCCATATCTCAGCGTACTTCCCCGAGGACAGGCGGGGCAAGTACAG
       ||||||||||||||||| ||||||||||||||||||||||||||||||||||||||||||
241    TGGCAACAGTGTTGTCCACATCTCAGCGTACTTCCCCGAGGACAGGCGGGGCAAGTACAG
294    CTACTATGCGGCGACGAGTGATGAGCTCCAGAAGACAGTCGTCTTCCTCTTTGTCGTTGA
       ||||||||||||||||||||||||||||||||||||||||||||||||||||||||||||
301    CTACTATGCGGCGACGAGTGATGAGCTCCAGAAGACAGTCGTCTTCCTCTTTGTCGTTGA
354    GGACGACGGCCTCCTCCTGCAGGCGGTGAAGAACAACGCACATTACCCCGTCACCAACGG
       ||||||||||||||||||||||||||||||||||||||||||||||||||||||||||||
361    GGACGACGGCCTCCTCCTGCAGGCGGTGAAGAACAACGCACATTACCCCGTCACCAACGG
414    CATGTACCTCGCCTCACACCGGTACTACCCGAAGGACAGCAAGTACGAGGGCATGGTCCG
       ||||||||||||||||| ||||||||||||||||||||||||||||||||||||||||||
421    CATGTACCTCGCCTCACGCCGGTACTACCCGAAGGACAGCAAGTACGAGGGCATGGTCCG
474    CCTGATGGTGCATGCCGACCCCGCCAAGGCCGTCATCTGGGAGTTTGTGACGGTGGGCGG
       ||||||||||||||||||||||||||||||||||||||||||||||||||||||||||||
481    CCTGATGGTGCATGCCGACCCCGCCAAGGCCGTCATCTGGGAGTTTGTGACGGTGGGCGG
534    CAAGCAGTACCTCAAGGTGAAGGAGAACCGGGACTACA......................
       ||||||||||||||||||||||||||||||||||||||
541    CAAGCAGTACCTCAAGGTGAAGGAGAACCGGGACTACACAGCCCCGGACACCGCCGGCTG
572    ..................................CAGCACTCCAAATACCTCGCCATCAC
                                         ||||||||||||||||||||||||||
601    GTTCGTTGCCGTGCCGCCCGACAGCGACCGTGACCAGCACTCCAAATACCTCGCCATCAC
598    CCCCGACCTGGATAA
       |||||||||||||||
661    CCCCGACCTGGATAAGGCCATGGCTGTA
```

图 3　孔石莼凝集素蛋白 *UPL*-cDNA 与 *UPL*-DNA 序列比较

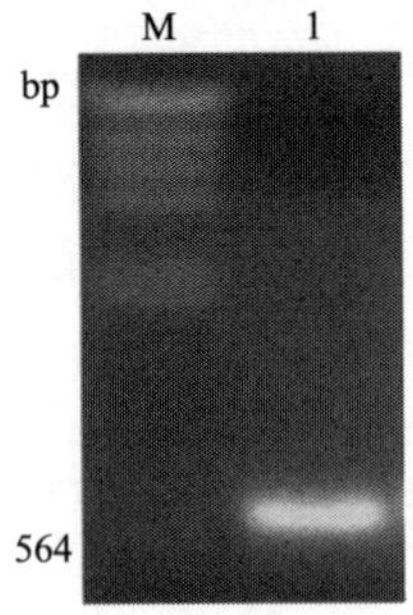

图 4　UPL-EP45 片段的 PCR 扩增产物的琼脂糖凝胶电泳分析

M. Lambda DNA/*Hind*Ⅲ marker；
1，2. PCR 扩增产物

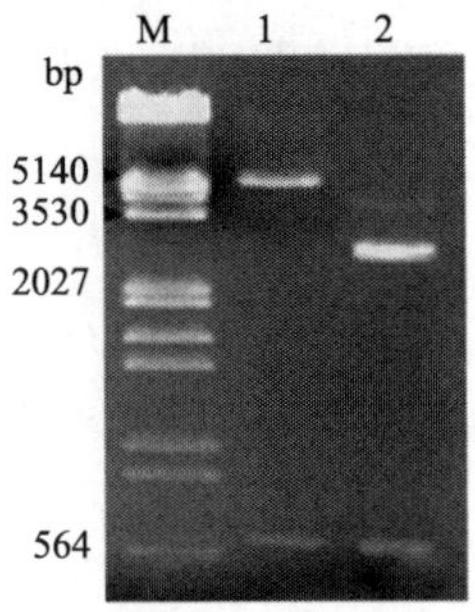

图 5　重组质粒的 *Bam*HⅠ/*Eco*RⅠ 酶切电泳鉴定 M. DNA/*Eco*RⅠ＋*Hind*Ⅲ marker；

1. *Bam*HⅠ/*Eco* RⅠ 酶切后的 pG2T-UPL-EP45；
2. *Bam*HⅠ/*Eco* RⅠ 酶切后的 pMD18-T-UPL-EP45

2.3　融合蛋白的诱导表达

将重组表达载体转入 BL21（DE3）中，从转化平板上挑取含重组质粒的菌落，进行诱导表达，由 pGEX-2T 驱动表达的融合蛋白前半部为质粒本身编码的谷胱甘肽转移酶（GST），后半部为外源基因编码的蛋白。GST 蛋白分子质量为 26kD，而外源基因编码的蛋白分子质量约为 21kD，故融合蛋白的分子质量约为 47kD。结果如图 6 所示，在目的大小的蛋白条带处，诱导后比诱导前的染色明显加深了。选取其中一个表达菌株，对质粒进行序列测定，结果表明外源基因准确地插入到载体的 *Bam*HⅠ/*Eco*RⅠ 位点，这说明外源基因在大肠杆菌中实现了融合表达。

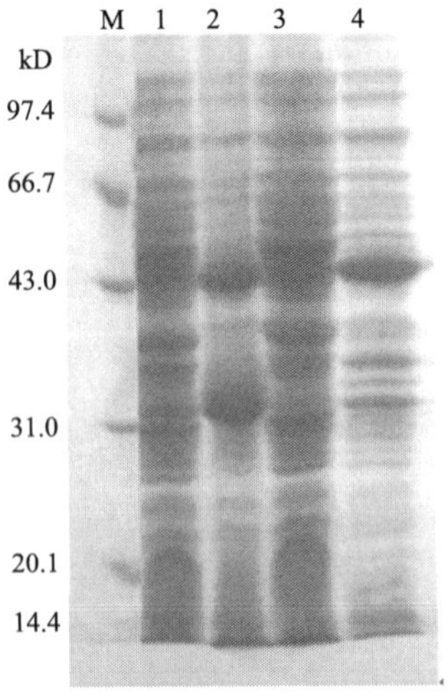

图 6　SDS-PAGE 电泳

M. marker；1，3：重组菌 BL21/pG-UPL-EP45 未诱导；
2，4：重组菌 BL21/pG-UPL-EP45 经 IPTG 诱导

3　讨论

自从雪花莲凝集素（galanthus nivalis agglutinin，GNA）被首次发现是植物生长调节的凝集素，它对叶蝉、蚜虫等同翅目害虫及线虫均有很好的毒杀作用，对咀嚼式口器的害虫也有中等毒杀作用[7,8]，近年的研究表明，许多植物凝集素对鳞翅目、同翅目等害虫及棉枯萎病菌、绿色木霉等真菌和某些细菌也有很好的防治作用[9,10]，凝集素被应用于抗病虫基因工程，为抗病虫育种提供了新的途径。本研究根据凝集素蛋白 cDNA 序列设计引物，保证了样品的一致性，并成功得到相应的基因组 DNA 序列。通过生物信息软件对该序列与 cDNA 序列进行对比分析，发现凝集素蛋白含有一个大小为 56bp 的内含子，可能存在两个功能结构域，为凝集素结构域拼接、功能的预测、分析和研究提供理论依据。

同时，根据 UPL 的 ORF 序列设计引物，以 UPL-cDNA 为模板，扩增凝集素蛋白基因，并将其与表达融合蛋白的 pGEX-2T 载体连接，构建了原核表达体系，在 37℃ 经 IPTG 诱导得到大小为 47kD 的蛋白，诱导时间以 2～3h 为佳。这为凝集素表达蛋白活性的测定，筛选更高活性、低毒性的功能蛋白打下了基础，同时，为通过转基因途径来研究凝集素的抗病、抗虫的研究提供了良好的渠道。

目前，对海藻的研究仍较为薄弱，主要问题是：一是海藻样品采集的不便，多数海藻的生物量不是很大，且生长具有季节性，因此在研究材料的选择上就有较高的要求。二是相当于陆生植物叶、茎中含量的水平，海藻凝集素的收率就比较低，加上纯化方法上的困难，限制了后面诸如理化性质、

生理功能及应用的研究。因此，目前关于孔石莼凝集素的研究仍是很有限，还有许多方面值得深入研究，如对表达产物进行纯化以及进行抗血清的制备等，至于其基因结构、基因功能更值得探讨。因此，我们将进一步克隆它的启动子及对其功能和结构进行研究，以及对孔石莼凝集素蛋白进行重组改造研究并测定表达蛋白的活性，以筛选更高活性蛋白。

参 考 文 献

[1] 孙册．谈谈凝集素作用的基本原理和糖蛋白的寡糖结构．生命的化学，1994，14(1)：36-37

[2] Sampaio AH，Rogers DJ，Barwell CJ，et al. A new procedure and further characterization of the lectin from the red alga *Ptilota serrata*. J Appl Phycol，1998，10：539-546

[3] Hori K，Miyazaw K，Itou K. Hemagglutinins in marine algal. Bull Japanese Soc Sci Fish，1981，41：427-433

[4] 黄方．海藻凝集素．中国海洋药物，1991，2：54-56

[5] 王盛，钟伏弟，吴祖建等．抗病虫基因新资源：海洋绿藻孔石莼凝集素基因．分子植物育种，2004，2(1)：153-155

[6] Wang S，Zhong FD，Zhang YJ，et al. Molecular characterization of a new lectin from the marine alga *Ulva pertusa*. Acta Biochimica Biophysica Sincia，2004，36(2)：111-117

[7] Hilder VA，Powell KS，Gatehouse AMR，et al. Expressing of snowdrop lectin in transgenic tobacco plants results in added protection against aphids. Transgenic Research，1995，4：18-25

[8] 周永刚，田颖川，莽克强．苋菜凝集素基因的克隆及在转基因烟草中抗蚜性研究．生物工程学报，2001，17(1)：34-39

[9] 赵寅生．凝集素生物学功能及应用．安徽农业大学学报(自然科学版)，2001，28(4)：445-447

[10] 邓智年，李楠，魏源文等．野苋菜凝集素的克隆及抗蚜性．广西师范大学学报(自然科学版)，2007，25(3)：86-90

海藻蛋白质提取物对香蕉炭疽菌的抑制作用*

刘振宇，谢荔岩，吴祖建，林奇英，谢联辉

（福建农林大学植物病毒研究所，福建福州　350002）

摘　要：以香蕉炭疽菌（*Gloeosporium musarum*）为作用靶标，测定了8种海藻的硫酸铵分级盐析蛋白对其菌丝生长和分生孢子萌发的作用效果。发现8种海藻的不同蛋白质组分对香蕉炭疽菌菌丝生长和分生孢子萌发的作用效果不同，其中有些蛋白质组分能抑制菌丝生长；有些能抑制其分生孢子的萌发，使其萌发率降低，并对孢子萌发的芽管长度、着生位置、芽管数产生影响。表明海藻中存在对香蕉炭疽菌具有抑制作用的蛋白质组分。

关键词：海藻；蛋白质；香蕉炭疽菌；抑制作用

中图分类号：S476　**文献标识码**：A　**文章编号**：1671-5470（2006）01-0021-03

The inhibition effect of proteins extracted from algae against *Gloeosporium musarum*

LIU Zhen-yu, XIE Li-yan, WU Zu-jian, LIN Qi-ying, XIE Lian-hui

(Institute of Plant Virology, Fujian Agriculture and Forestry University, Fuzhou　350002)

Abstract: The activities of different proteins extracted and salted out with ammonium sulfate from 8 algae were examined. The result showed some component of proteins could inhibit the mycelia growth of *Gloeosporium musarum* although the effect of different samples is different. Some proteins could inhibit the conidia germinating of *G. musarum* and affect the length, the numbers and the position of the germ tubes germinated. All the results implied that there were proteins which could inhibited the mycelia growth and conidia germination of *Gloeosporium musarum* in algae.

Key words: algae; protein; *Gloeosporium musarum*; inhibition effect

环境相容性农药的创制是农药发展的必然趋势。其中，从自然界生物中获取对病原生物具有抑制作用的天然产物直接用于防治植物病害，或根据天然产物的化学结构进行仿生合成，以防治植物病害，是环境相容性农药发展的一条行之有效的途径。海藻（algae）是海洋中一类重要的生物，海藻活性物质是海洋生物学研究的热点之一。从海藻中可以得到多种具有抗肿瘤、抗氧化、抗细菌、抗真菌、抗病毒活性的物质[1-3]。

对海藻中抗植物病害的活性物质的研究少见报道，关于海藻中小分子物质和多糖的抗植物病害的初步研究有见报道[4,5]，而有关蛋白质类抗植物病害物质的研究甚少。近年来我们对海藻中的抗病原物的活性物质进行了系列研究。本研究以香蕉炭疽

福建农林大学学报（自然科学版），2006，35（1）：21-23

收稿日期：2004-11-02　修回日期：2005-07-14

* 基金项目：福建省科技厅重大资助项目（2000H004，2001Z127）

菌（*Gloeosporium musarum*）为研究对象，测定了几种海藻的蛋白质提取物对植物病害的作用效果，为进一步开发利用海藻的天然活性物质和植物病害的防治提供借鉴。

1 材料与方法

1.1 供试材料

海藻均采自福建省沿海海域，主要包括莆田市南日岛、福清市高山镇、江阴等海域。采回后用蒸馏水洗去藻体表面杂质，编号分装，置于−50℃或−70℃超低温冰箱中保存备用。海藻种类由福建师范大学庄惠如教授协助鉴定。

1.2 方法

1.2.1 海藻蛋白浸提液的制备

分别取各种海藻（适量），加入3倍体积的0.01mol/L磷酸缓冲液（pH7.2），充分匀浆后，于4℃浸提12～24h，其间搅动数次。将浸提液用4层纱布过滤后，在4℃以11 000r/min离心25min，弃沉淀得上清液，即获得海藻蛋白粗提液。

1.2.2 硫酸铵分级盐析蛋白的制备

将上述获得的上清液加入固体$(NH_4)_2SO_4$，达20%饱和度，静置6～12h；在4℃下以11 000r/min离心25min，得到沉淀；加少量缓冲液溶解沉淀后，装入透析袋（截留分子质量12kD和10kD，Amersham Pharmacia公司产品）中，先用蒸馏水透析2h，后用缓冲液透析12h以上，中间换缓冲液4～5次以去除$(NH_4)_2SO_4$，再用聚乙二醇PEG20000浓缩，即得到20%饱和度$(NH_4)_2SO_4$的盐析蛋白。于−20℃下保存备用。向20%饱和度$(NH_4)_2SO_4$盐析后获得的上清液中加入固体$(NH_4)_2SO_4$，达到40%的饱和度。静置、离心、透析、浓缩之后，得到20%～40%饱和度的$(NH_4)_2SO_4$盐析蛋白。同法获得40%～60%、60%～80%饱和度的$(NH_4)_2SO_4$盐析蛋白。0～40%饱和度的$(NH_4)_2SO_4$盐析蛋白和40%～80%饱和度的$(NH_4)_2SO_4$盐析蛋白亦以同法获得。

1.2.3 香蕉炭疽菌菌丝生长的抑制试验

参考方中达[6]方法。取保存菌种，接种在PDA培养基上，25℃下培养至菌落直径约3～4cm。

沿菌落边缘挑取ϕ5mm左右的圆形菌碟，接种于PDA培养基平板中央。待菌落生长至1.5cm左右时，在距菌落中央3.0cm处点加不同种类和含量的蛋白质溶液。或者将生长速率基本一致的不同真菌接种在距离PDA平板中央约2.5cm处，待菌落生长至1.0cm左右时，在PDA平板中央滴加不同种类或含量的蛋白质溶液。对照为灭菌的磷酸缓冲液（pH7.2）。每处理重复3次。

1.2.4 香蕉炭疽菌分生孢子萌发的抑制试验

参考方中达[6]方法。将香蕉炭疽菌菌丝体接种在PDA培养基上，25℃下培养，待菌落上产生砖红色分生孢子堆黏液后，挑取部分黏液于灭菌的磷酸缓冲液（pH7.2）中，制备孢子悬浮液，使每个视野中孢子数为50～60个。取不同含量及种类的蛋白质溶液，与孢子悬浮液等量混合，在25℃下采用悬滴法进行孢子萌发抑制试验。孢子萌发抑制率＝（1−处理孢子萌发数/对照孢子萌发数）×100%

2 结果与分析

2.1 海藻蛋白粗提液对香蕉炭疽菌菌丝生长的作用

将海藻进行浸提和浸提液的硫酸铵分级盐析，获得不同分级盐析的蛋白质组分样品，测定各样品对香蕉炭疽菌菌丝生长的抑制效果，同时以根霉（*Rhizopus* sp.）和立枯丝核菌（*Rhizoctonia solani*）为对照（表1）。

表1 海藻蛋白粗提液对香蕉炭疽菌菌丝生长的抑制效果

供试真菌	对真菌生长的抑制效果													
	UP1	UP2	HC1	HC2	IO1	IO2	IO3	IO4	SG1	SG2	CO1	CO2	SF1	SF2
Rhizopus sp.	—	—	—	—	—	—	—	—	—	+	—	—	—	—
Gloeosporium musarum	+	+	—	—	+	—	+	++	+	++	—	+	+	+++
Rhizoctonia solani	—	+	—	—	+	—	+	—	+	+	—	—	+	++

+++表示效果非常好，++表示效果次之，+表示有一定作用，−表示没有作用；UP为孔石莼盐析蛋白，UP1、UP2分别代表0～40%、40%～80%盐析蛋白；IO为铁钉菜盐析蛋白，IO1、IO2、IO3、IO4分别表示0～20%、20%～40%、40%～60%、60%～80%盐析蛋白；SG为草叶马尾藻盐析蛋白，SG1、SG2分别表示0～40%、40%～80%盐析蛋白；CO为珊瑚藻盐析蛋白，CO1、CO2分别表示0～40%、40%～80%盐析蛋白；HC为沙菜盐析蛋白，HC1、HC2分别代表0～40%、40%～80%盐析蛋白；SF为羊栖菜盐析蛋白，SF1、SF2分别代表0～40%、40%～80%盐析蛋白

从表1可见，几种供试海藻蛋白对香蕉炭疽菌菌丝生长的抑制作用不同。其中，沙菜（*Hypnea cervicorrnis*）0～40%盐析蛋白（HC1)、沙菜40%～80%盐析蛋白（HC2)、铁钉菜（*Ishige okamurai*）20%～40%盐析蛋白（IO2)、珊瑚藻（*Corallina officinalis*）0～40%盐析蛋白（CO1)，对香蕉炭疽菌菌丝生长没有抑制作用；而孔石莼（*Ulva pertusa*）0～40%盐析蛋白（UP1)、40%～80%盐析蛋白（UP2）和铁钉菜（*Ishige okamurai*）0～20%盐析蛋白（IO1)、40%～60%盐析蛋白（IO3)、60%～80%盐析蛋白（IO4）和草叶马尾藻（*Sargassum graminifolium*）0～40%盐析蛋白（SG1)、40%～80%盐析蛋白（SG2)、珊瑚藻（*C. officinalis*）40%～80%盐析蛋白（CO2)，以及羊栖菜（*Sargassum fusiforme*）0～40%盐析蛋白（SF1)、40%～80%盐析蛋白（SF2)，对香蕉炭疽菌菌丝生长均有不同程度的抑制作用；褐藻铁钉菜（*I. okamurai*)、草叶马尾藻（*S. graminifolium*）以及羊栖菜（*S. fusiforme*）对菌丝生长的抑制作用比孔石莼（*U. pertusa*）和珊瑚藻（*C. officinalis*）好。另外，从2种对照菌的生长状况来看，海藻蛋白提取物对这2种真菌的抑制效果不如对香蕉炭疽菌的抑制效果。可见，海藻中存在对香蕉炭疽菌菌丝生长具有抑制作用的蛋白质，但不同海藻的作用效果不同。从表1还可看出，同一种海藻不同分级盐析蛋白组分的抑菌效果不同，珊瑚藻（*C. officinalis*）0～40%盐析蛋白（CO1）对菌丝生长没有抑制效果，但是40%～80%盐析蛋白（CO2）对菌丝生长却有一定程度的抑制作用，羊栖菜（*S. fusiforme*）40%～80%盐析蛋白（SF2）对菌丝生长的抑制效果好于0～40%盐析蛋白（SF1)。

2.2 海藻蛋白粗提液对香蕉炭疽菌分生孢子萌发的抑制作用

几种海藻蛋白对香蕉炭疽菌（*Gloeosporium musarum*）分生孢子萌发的抑制作用见表2。

表2　海藻蛋白粗提液对分生孢子的抑制作用

海藻种类	盐析蛋白组分	孢子萌发抑制率/%	萌发孢子描述
沙菜 *Hypnea cervicorrnis*	0～40%	45.2	孢子膨大成近圆形，多单极萌发，少数2端萌发；萌发孢子产生菌丝
	40%～80%	−12.3	菌丝大量生长，颜色加深
草叶马尾藻 *Sargassum graminifolium*	0～40%	37.2	芽管长度是孢子长度的0.5～1倍
	40%～80%	45.1	芽管长度为孢子长度的0.5～1倍
半叶马尾藻 *Sargassum hemiphyllum*	0～40%	44	芽管长度为孢子长度的0.8倍
	40%～80%	38	萌发孢子菌丝生长长度为孢子长度的5倍
瓦氏马尾藻 *Sargassum vachellianum*	0～40%	−18.5	孢子大量萌发，产生菌丝并已经开始分支
	40%～80%	37.2	孢子多以单极萌发
羊栖菜 *Sargassum fusiforme*	0～40%	16.8	较多菌丝生长
	40%～80%	40.3	生长菌丝变褐
铁钉菜 *Ishige okamurai*	0～40%	20.1	部分菌丝较长生长
	40%～80%	57.6	芽管长度为孢子长度的0.5倍
孔石莼 *Ulva pertusa*	0～40%	21.5	少数菌丝生长较长
	40%～80%	51.3	萌发孢子多单极萌发
CK			菌丝大量生长，分支较多，菌丝光滑细腻

从表2可知，在7种供试海藻中，多数海藻蛋白对香蕉炭疽菌分生孢子的萌发具有抑制作用，抑制率为16.8%～57.6%，其中铁钉菜40%～80%的盐析蛋白溶液对其孢子萌发抑制率达57.6%，抑制效果最好。这些蛋白质溶液不仅对该真菌孢子萌发具有抑制活性，同时，对孢子的萌发状态、形态和萌发后菌丝的生长具有抑制作用。用某些蛋白质溶液处理孢子后，孢子在萌发过程表现为首先膨大变为圆形，然后萌发；有些则在椭圆形的基础上萌发。在相同时间处理后，萌发孢子产生的芽管的生长位置不同，有的是单极萌发，有的两极萌发。芽管长度也是衡量蛋白质溶液抑制活性的一个指

标，用不同蛋白质溶液处理孢子，孢子萌发后在相同时间表现的芽管长度不同。芽管生长出菌丝后，不同蛋白质处理的菌丝生长量和颜色表现有差异。

在试验中还发现，在供试的几种海藻蛋白中，沙菜（*H. cervicornis*）40%～80%的硫酸铵盐析蛋白质溶液和瓦氏马尾藻（*Sargassum vachellianum*）的40%硫酸铵盐析蛋白质溶液对孢子萌发有促进作用，孢子萌发率分别比对照提高了12.3%和18.5%。

3 结论

本研究以生产上危害严重的香蕉炭疽菌为靶标，对海藻中抗真菌的活性蛋白进行了初步探索。利用8种海藻（包括1种绿藻、2种红藻和5种褐藻），获得了不同的硫酸铵分级盐析蛋白，部分蛋白溶液对香蕉炭疽菌的菌丝生长或分生孢子的萌发具有不同程度的抑制作用。因此，海藻中存在着对供试真菌具有一定抑制作用的蛋白质，但是来源不同的海藻的蛋白粗提液的抑菌谱和抑菌效果不同。

本试验初步测定了8种海藻抗香蕉炭疽菌的活性，发现其中含有活性蛋白组分。在此基础上，对活性蛋白质的作用机制、纯化以及编码蛋白质的基因克隆工作也正在进行，并获得了一定的进展，该部分的结果将另文报道。

参考文献

[1] 许实波．海洋生物制药．北京：化学工业出版社，2002，1-62

[2] 黄知清，严兴洪．海藻研究开发的发展概述．海洋技术，2002，21(3)：21-25

[3] Nekhoroshev MV，Vorornova OK，The black sea algae are potential source of terapevtic antitumor drugs. Al'-gologiya，1996，6(1)：86-90

[4] 沈东风，孔祥东，贾之慎．壳聚糖及其衍生物的抗菌活性研究进展．海洋科学，2000，24(7)：28-30

[5] 郭跃伟．海洋天然产物的应用前景展望．中国海洋药物，2000，19(2)：51-55

[6] 方中达．植病研究方法．北京：中国农业出版社，1999，95

羊栖菜多酚氧化酶特性*

刘振宇，吴祖建，林奇英，谢联辉

（福建农林大学植物病毒研究所，福建福州 350002）

摘 要：对羊栖菜（*Sargassum fusiforme*）多酚氧化酶（PPO）进行浸提和硫酸铵分级盐析粗提，并测定了酶的特性。结果表明：在供试反应体系中，当邻苯二酚量为0.3～1.2mL时，酶活力呈直线增长，底物含量太高会产生抑制作用，当底物含量：酶含量=2∶1时，酶活力表现最高；其酶活力的最适温度为40～45℃，在35～60℃范围内酶均能保持较高的活力，但超过60℃时，其活力则迅速下降；在50～100℃下水浴处理1h，酶活力丧失50%～75%；酶活力的适宜pH相对偏碱，在pH9.1时表现为一个活力高峰，在pH11.0和pH12.0时酶活力仍很高。提取的羊栖菜多酚氧化酶，存在不同特性的同工酶。5种供试抑制剂对该酶均有一定的抑制效果，其中$NaHSO_3$和L-半胱氨酸的抑制作用最强，在浓度为50μmol/L时，抑制率达100%。

关键词：多酚氧化酶；羊栖菜；酶活力；特性

中图分类号：Q178.53；Q55 **文献标识码**：A **文章编号**：1006-7817（2004）01-0056-04

Study on the properties of polyphenoloxidase from *Sargassum fusiforme*

LIU Zhen-yu，WU Zu-jian，LIN Qi-ying，XIE Lian-hui

（Institute of Plant Virology，Fujian Agriculture and Forestry University，Fuzhou 350002）

Abstract：Crude polypheno loxidase (PPO) was obtained from *Sargassum fusiforme* by lixiviat ion and salting-out with $(NH_3)_2SO_4$, and the enzyme properties were examined. The results were as follows：the PPO activity increased linearly with the increase of catechol substrate volume if the volume of catechol substrate was 0.3-1.2mL，and decreased when the volume of the substrate was greater than 1.2mL in the reaction system；the enzymatic activity was the highest when the ratio of the catechol substrate content to PPO content was 2∶1；the suitable temperature for the PPO activity was 35-60℃ and the optimum temperature was 40-45℃，The enzymatic activity declined sharply when the temperature exceeded 60℃；in the condition of 50-100℃ hot water treating for 1h，the activity of enzyme lost 50%-75%；the PPO could act at alkaline conditions，the best enzymatic activity was detected in the condition of pH9.1，and the activity remained high even in the condition of pH11 and pH12. The result showed that the PPO extracted

福建农林大学学报（自然科学版），2004，33（1）：56-59

收稿日期：2003-08-07 修回日期：2003-11-06

* 基金项目：福建省科技厅重大资助项目（2000H004，2001Z127）

from S. *fusiforme* was different from that extracted from terricolous plants, for example, the latter had normal enzymatic activity in acidic conditions. Isoenzymes in the crude PPO extracted from S. *fusiforme* were also found in this study. All the fivematerials tested showed some degree of inhibition to PPO activity, but the most effective inhibitors were $NaHSO_3$ and L-cysteine, which inactivated the PPO completely at the concentration of 50μmol/L.

Key words: polyphenol oxidase; *Sargassum fusiforme*; enzymatic activity; characteristic

多酚氧化酶（polyphenol oxidase，PPO）具有多种生理功能，如免疫抗病性，降解木质素，调控IAA、叶绿体的能量转移等。当前对PPO与植物的酶促褐变关系以及以其作为关键酶类对茶品质的决定性作用[1-9]的研究较多。因此，PPO具有较高的经济价值，与食品工业、三废处理、医药卫生关系较为密切。如利用PPO增强植物对病原菌的抗性，改善红茶品质和啤酒风味，抑制果蔬、动物制品的褐化，以及利用PPO生物传感器和固定化酶制品检测环境中多酚类物质，处理工业“三废”、化学农药降解产生的酚和芳胺等，故PPO具有较大的开发价值[1-3,9,10]。

对PPO的生化、生理学性质方面的研究已取得了较大进展，但PPO还有很多功能尚未探知，其结构方面的研究亦较薄弱。国内这方面的研究主要集中在酶与果蔬褐变的关系以及酶与植物抗病性的关系上，对于PPO在环境、医药卫生上的应用研究较少[1-10]。

海洋生物活性物质具有独特的生物学和生理学功能，研究和开发海洋中生物活性物质是当今研究的热点[11,12]，本研究对羊栖菜［*Sargassum fusiforme*（Harv.）Setech.］中PPO进行了部分分离和特性研究。

1 材料与方法

1.1 材料与设备

羊栖菜采自福建省莆田市南日岛、平潭县沿海海域，采后去杂保存于－70℃冰箱中备用。反应底物邻苯二酚及其他试剂均为国产分析纯。VIS-7220型可见光分光光度计为北京瑞利分析仪器公司产品。

1.2 试验方法

1.2.1 酶液制备

取保存羊栖菜样品，按质量∶体积＝1∶2的比例，以0.01mol/L PB缓冲液（pH7.2），将样品在组织匀浆器中充分匀浆，放置于4℃下浸提12～24h。尔后，以10 000r/min、4℃冷冻离心20min，弃沉淀，得上清液。在上清液中缓慢加入固体硫酸铵达40%饱和度，4℃下12h，同法离心，弃沉淀取上清。再将上清液再加入固体硫酸铵达80%饱和度，4℃下12h浸提，同法离心，收集沉淀，以少量0.01mol/L PB缓冲液（pH7.2）溶解，对蒸馏水和0.01mol/L PB缓冲液（pH7.2）进行充分透析，即获得多酚氧化酶粗酶液，收集保存于－20℃备用。

1.2.2 PPO活力的测定

方法参考有关文献[4-9]。取保存酶液，以0.01mol/L PB缓冲液（pH7.2）稀释2倍。酶活反应体系包括：1.0mL酶液、1.0mL 0.1mol/L邻苯二酚，以及3.0mL 0.01mol/L PB缓冲液（pH7.2）。将酶液与底物和缓冲液混合后，即放置于VIS-7220型可见光分光光度计中，在525nm处测定吸光度A值，每30s记录其吸光度。计算酶活力单位，酶活力单位（U）定义为：在测定条件下，每分钟引起吸光度改变0.001定义为一个酶活力单位。

1.2.3 底物浓度与PPO活力的关系

在3.0mL反应体系中，分别取梯度为0.3mL的0.3～2.4mL 0.1mol/L邻苯二酚，以及0.6mL的酶液，以0.01mol/L PB缓冲液（pH7.2）补足至3.0mL。室温27℃同1.2.2法测定PPO活力。

1.2.4 温度对PPO活力的影响

取0.6mL的PPO酶液，以及0.6mL 0.1mol/L邻苯二酚和1.8mL 0.01mol/L PB缓冲液（pH7.2）的混合液，分别在温度梯度为5℃的25～65℃不同温度下水浴5min，迅速混匀后同1.2.2法测定PPO的活力。

1.2.5 酶的热稳定性测定

取0.6mL的PPO酶液，在50℃、60℃、70℃、80℃、90℃、100℃下水浴60min，取出冷却在8000r/min下离心5min，取上清，加入

0.6mL 0.1mol/L 邻苯二酚和 1.8mL 0.01mol/L PB缓冲液（pH7.2）的混合液，混匀后同 1.2.2 法测定 PPO 的活力。以未经热处理的酶液为对照。

1.2.6　不同酸碱度对酶活力的影响

以乙酸-乙酸钠配置 pH3.0、pH4.0、pH5.0 的缓冲液，磷酸氢二钠和磷酸二氢钠配置 pH6.0、pH6.6、pH7.2 的缓冲液，Tris-Hcl 配置 pH8.05、pH9.1 的缓冲液，以柠檬酸、磷酸二氢钾、硼酸、巴比妥和氢氧化钠配置 pH10.0、pH11.0、pH12.0 的缓冲液，反应体系包括 1.8mL 不同 pH 的缓冲液、0.6mL 邻苯二酚和 0.6mL PPO 酶液。酶活力测定方法同上。

1.2.7　抑制剂对 PPO 活力的影响

在 5.0mL 的反应体系中，取 1mL 酶液和 1mL 的 0.1mol/L 邻苯二酚溶液，以及 pH8.05 的 Tris-HCl 缓冲液，其中加入一定浓度的 NaCl、抗坏血酸、EDTA、$NaHSO_3$ 和 L-半胱氨酸。测定 PPO 的活力方法同 1.2.2。

2　结果与分析

2.1　底物浓度对 PPO 活力的影响

从图 1 可以看出，在供试反应体系中，当邻苯二酚量为 0.3～1.2mL 时，酶活力基本呈直线增长，但超过 1.2mL 时，酶活力反而变低，出现底物抑制现象。因此，该酶促反应存在一个适宜的邻苯二酚用量范围，在此范围内，底物对酶活没有明显的抑制作用。当底物含量：酶含量＝2：1 时，酶活表现最高；超过此值，酶活反而降低，最终趋于一个稳定值。

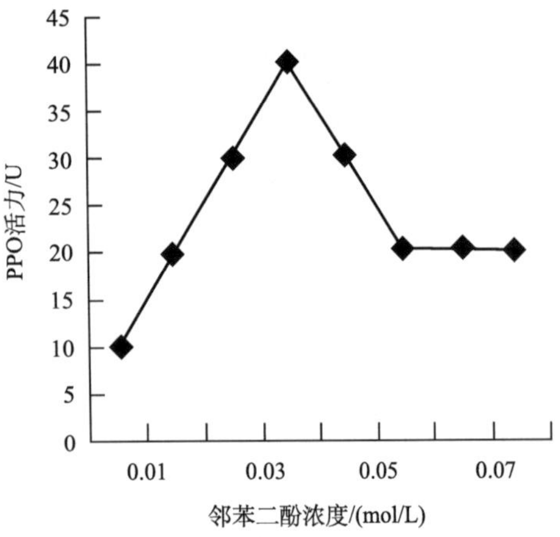

图 1　邻苯二酚浓度与 PPO 活力的关系

2.2　温度对 PPO 活力的影响

图 2 表明：羊栖菜 PPO 活力在 25～40℃范围内基本呈直线上升趋势，其最适温度为 40～45℃；在 35～60℃温度下，酶均能保持较高的活力；但温度超过 60℃时，其活力则迅速下降，如 55℃时的酶活力是 40℃的 75%，而 60℃时的酶活力则降为 12.5%。也以同样方法测定了酶在 70℃时的活力，发现在此温度下，酶与底物基本上没有反应，但是随着温度的降低，酶又与底物反应，表现出一定的活力；在室温 27℃下放置 5min 后测定的酶活力为 30 U，表明 PPO 还保持一定活力。

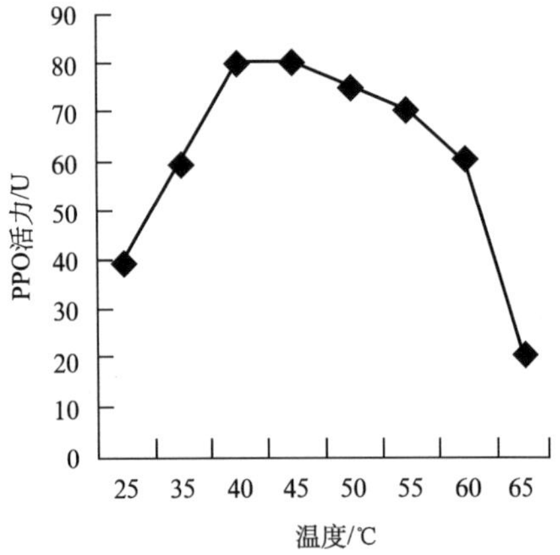

图 2　温度对 PPO 活力的影响

2.3　PPO 热稳定性

将酶液放置于 50～100℃温度下水浴处理 1h，冷却至室温后进行酶活力测定。发现在供试温度下，羊栖菜 PPO 均能保持 10～20 U 的酶活力，且不同温度处理中酶活力基本一致。但与不经过温度处理的对照相比，酶活力下降了 50%～75%（表 1）。结果表明：虽然酶在 50～60℃下活力较高，但经较长时间（1h）高温处理后，酶就会失去部分活力；短时间（5min）高温处理，基本不影响酶活力。

表 1　不同温度处理 PPO 的热稳定性

温度/℃	酶活力/U	酶活力降低/%
50	20	50
60	20	50
70	15	62.5
80	10	75
90	10	75
100	10	75
CK	40	/

2.4 pH对PPO活力的影响

配置了pH3.0～12.0的缓冲液进行酶活力测定，pH对PPO活力的影响如图3所示。从图3可以看出，在试验反应体系中，当以邻苯二酚为底物时，酶活力的适宜pH相对偏碱；在酸性条件下，酶活力甚小，pH为3.0和4.0时，酶没有表现活力；只有当pH为5.0时，羊栖菜PPO才表现出一定活力，但其活力仅仅是酶在pH9.1时的1%；pH6.6的酶活力是pH9.1的2.8%；即使在pH8.05的微碱条件下，该酶的活力也仅仅为pH9.1的6.6%。酶活力在pH9.1时出现第1个峰值，这与多数陆生植物PPO活力最适在酸性区域不同。该酶活力在pH10.0达到低谷，但随着pH增大，酶活又随之升高，在pH为11.0、12.0时酶活力仍很高，并有出现峰值的趋势。根据其走势，最大峰值应该在pH9.1处，因此该酶的最适pH为9.1。该结果也说明从羊栖菜提取的PPO存在不同特性的同工酶，这跟多数植物中存在的PPO的同工酶的结果是一致的。

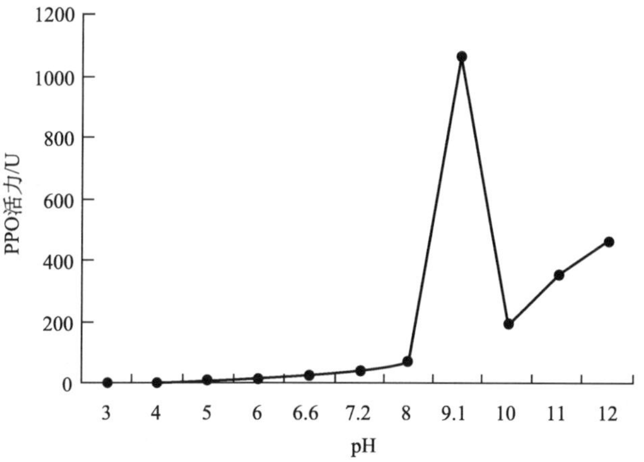

图3 pH对PPO活力的影响

2.5 抑制剂对PPO活力的影响

从表2可以看出，供试的几种抑制剂对PPO活力均有一定的抑制作用，其中$NaHSO_3$、L-半胱氨酸对羊栖菜PPO活力具有强烈的抑制作用。因为本试验是以邻苯二酚为底物，$NaHSO_3$既是还原剂又是醌偶合剂，所以其对PPO活力表现较强的抑制作用，当$NaHSO_3$浓度达50mol/L时，其对羊栖菜PPO活力的抑制率达100%；同样对醌有偶合作用的L-半胱氨酸在50mol/L浓度下，也具有100%的抑制效果。抗坏血酸也可以将酶促反应的中间产物醌氧化为酚，从而抑制了PPO活力。当其浓度为50mol/L时，对PPO活力的抑制率达82.5%。PPO是一种含铜的酶，抑制剂中EDTA能够螯合酶的Cu^{2+}，从而抑制PPO活力，抑制率达87.5%。在供试的几种抑制剂中NaCl的抑制效果相对较差，但抑制率也达到50%。

表2 抑制剂对PPO活力的影响

抑制剂	抑制剂浓度/(μmol/L)	酶活力/U	抑制率/%
EDTA	200	10	87.5
NaCl	200	40	50
$NaHSO_3$	50	0	100
抗坏血酸	50	30	82.5
L-半胱氨酸	50	0	100
Ck		80	

3 讨论

在以邻苯二酚为底物的供试反应体系中，底物量为0.3～1.2mL时，羊栖菜PPO酶活力曲线呈直线上升，但底物浓度太高会出现底物抑制作用，底物与酶的比例为2∶1时酶活力表现较高。酶活力的最适温度为40～45℃，当温度超过60℃时，其活力迅速下降；在50～100℃的温度下水浴处理1h，酶活力丧失50%～75%。5种供试抑制剂对该酶均有一定的抑制效果，其中$NaHSO_3$和L-半胱氨酸的抑制效果最好，在浓度为50L mol/L时，抑制率达100%。

由试验结果可知，羊栖菜PPO活力的适宜pH偏碱，在pH9.1时活力非常高，而在pH为11.0、12.0时酶活力仍然较高，而多数陆生植物的多酚氧化酶活力最适pH在酸性区域。该酶在pH为11和12时依然表现出很高的活力，这与笔者研究的另一种海藻即铁钉菜的PPO活力与pH的关系有相似之处，且铁钉菜PPO在pH11.0～12.0时具有最高酶活力。这可能是因为作为海藻的羊栖菜的特殊生境所致，但是夏栋等[13]测定提纯龙虾的PPO活力，最适pH为6.3，似乎生境特殊还不能解释羊栖菜PPO活力最适pH偏碱的现象。

参考文献

[1] 贺立红，宾金华．高等植物中的多酚氧化酶．植物生理学通讯，2001，37(4)：340-345

[2] 钞亚鹏，钱世钧．真菌漆酶及其应用．生物工程进展，2001，21(5)：23-28

[3] 彭世清．植物多酚氧化酶研究进展．热带农业科学，2000，85(3)：61-66

[4] Siddq M，Siniha NK，Cash JN. Characterization of polyphenol oxidase from stanly plums. J Food Sci，1992，57(50)：1177-1179

[5] Pipada TP. Polyphenol oxidase in tomato. Plant Physiol，1997，115：409-418

[6] 仲飞．红星苹果多酚氧化某些特性及抑制剂的研究．园艺学报，1998，25(2)：184-186

[7] 蔡金星，李秀锦，刘秀凤等．不同品种梨多酚氧化酶特性及抑制剂的研究．河北农业技术师范学院学报，1999,13(1)：55-58

[8] 田呈瑞，张京芳．杏多酚氧化酶动力学研究．西北农业学报，1997,6(3)：78-81

[9] Wu LQ，Chen TH，Wallance KK. Enzymatic coupling of phenol vapors onto chitosan. Biotechnol Bioeng，2001,76:325-332

[10] 雷福后，杨再环，石晓红．高分子络合树脂固定化多酚氧化酶的研究．生物化学与生物物理进展，2000,27(4):434-437

[11] 黄知清，严兴洪．海藻研究开发的发展概述．海洋技术，2002，21(3):21-25

[12] Cannell JPR. Algae as a source of biologically active products. Pesticide Science，1993,39:147-153

[13] 夏栋，卞疆．龙虾多酚氧化酶的纯化及其部分生化特性．江苏食品与发酵，2000,100(1):16-19

海藻乙醇提取物抗真菌活性*

李凌绪，翟梅枝，林奇英，谢联辉

（福建农林大学植物病毒研究所，福建福州 350002）

摘 要：采用生长速率法和孢子萌发法对福建沿海几种常见海藻的抗真菌活性进行了筛选。结果表明：孔石莼（*Ulva pertusa*）的乙醇提取物对链格孢菌（*Alternaria brassicae*），浒苔（*Enteromorpha* sp.）、沙菜（*Hypnea* sp.）、江蓠（*Gracilaria verrucosa*）的乙醇提取物对甜椒灰霉菌（*Botrytis cinerea*）的菌丝生长抑制率都在40%以上；江蓠、沙菜和蜈蚣藻（*Grateloupia filicina*）的乙醇提取物对香蕉炭疽菌（*Gloeosporium musarum*）和苹果青霉菌（*Penicillium expansum*）孢子萌发的抑制率都在90%以上；羊栖菜（*Sargassum fusiforme*）乙醇提取物对苹果青霉菌的孢子萌发抑制率也在90%以上。化学预试验法结果表明，抗菌活性成分可能为酚类、糖类、内酯或甾醇。

关键词：海藻；抗真菌活性；化学预试验

中图分类号：S482.1 **文献标识码**：A **文章编号**：1671-5470（2006）04-0342-04

The anti-fungi activity of the ethanol extracts of several algae

LI Ling-xu, ZHAI Mei-zhi, LIN Qi-ying, XIE Lian-hui

(Institute of Plant Virology, Fujian Agriculture and Forestry University, Fuzhou 350002)

Abstract: The antifungal activities of the ethanol extracts from several kinds of algae of Fujian coast were tested by means of the methods of hypha growth rate and spore germination. The results were as follows: the inhibiting rates of the ethanol extracts from *Ulva pertusa* to *Alternaria brassicae*, and the ethanol extracts from *Enteromorpha* sp., *Gracilaria verrucosa* and *Hypnea* sp. to *Botrytis cinerea* were above 40%; the inhibiting rates of the ethanol extracts from *Gracilaria verrucosa*, *Hypnea* sp. and *Grateloupia filicina* to *Gloeosporium musarum* and *Penicillium expansum* were higher than 90%; the inhibiting rate of the ethanol extracts from *Sargassum fusiforme* to *Penicillium expansum* was higher than 90%. The chemistry pretest indicated that the active substances could be phenolic compounds, lactone, sterol or saccharide.

Key words: algae; antifungal activity; chemical pretest

福建农林大学学报（自然科学版），2006，35（4）：342-345

收稿日期：2005-03-05 修回日期：2006-03-12

* 基金项目：福建省科技厅重大资助项目（2001Z127）

化学农药长期使用带来了诸如有害生物的抗药性、农药残留毒性以及环境污染等问题[1]。近年来，随着IPM理论的实施、可持续发展战略的发展和人类对其自身健康要求的提高，环境兼容性好、安全、低残留、经济的植物源农药的研究与开发日益受到人们的重视[2]。由于海藻的生存环境与陆地植物迥然不同，它所含有的生物活性物质也与陆地植物有很大差异。国外许多学者先后对世界不同地区的海藻进行了抗真菌活性筛选[3]。国内田黎等[4]报道了7种海洋微藻对蔬菜病原真菌的活性。Zheng等[5]采用纸碟法研究了福建沿海的海藻提取物对镰刀菌和链格孢菌的抗菌活性。为了进一步明确海藻提取物的农用抑菌活性，作者从福建海域采集了8种常见大型海藻，进行了抗植物病原真菌活性的筛选，并对其活性成分进行了初步探讨。

1　材料与方法

1.1　供试海藻

海藻样品于2002年5～6月采自福建省南日岛附近海域，由福建师范大学庄惠茹老师鉴定。对采集的鲜海藻挑去杂藻，用蒸馏水洗净后50℃烘干，粉碎后备用。

供试海藻有绿藻门的孔石莼（*Ulva pertusa*）、浒苔（*Enteromorpha* sp.），红藻门的江蓠（*Gracilaria verrucosa*）、沙菜（*Hypnea* sp.）、蜈蚣藻（*Grateloupia filicina*），褐藻门的半叶马尾藻（*Sargassum hemiphyllum*）、铁钉菜（*Ishige okamurai*）、羊栖菜（*Sargassum fusiforme*）。

1.2　供试菌种

供试真菌有立枯丝核菌（*Rhizoctonia solani*）、辣椒疫霉菌（*Phytophthora capsici*）、苹果干腐病菌（*Botryosphaeria dothidea*）、甜椒灰霉菌（*Botrytis cinerea*）、香蕉炭疽菌（*Gloeosporium musarum*）、镰刀菌（*Fusarium oxysporum*）、链格孢菌（*Alternaria brassicae*）、苹果青霉菌（*Penicillium expansum*）和玉米弯孢霉菌（*Curvularialunata*），由本实验室保存。

1.3　海藻乙醇提取物的制备

称取一定量海藻粉末，加入4倍体积的95%（体积分数）乙醇回流2h，重复2次。合并3次所得的滤液，经减压浓缩得到黑褐色浸膏，用乙酸乙酯配制0.05 g/mL海藻乙醇提取液，备用。

1.4　孢子悬浮液的制备

将活化后的真菌转移至PDA斜面，28℃恒温培养至产孢，用无菌水洗下孢子，用4层纱布过滤，以血球记数板记数，并将孢子悬浮液稀释至50 000个/mL，放在4℃冰箱中，备用。

1.5　抑菌实验

1.5.1　生长速率法

在PDA平板表面加100μL海藻提取液，并用刮铲涂抹均匀，然后在培养皿中心接种直径6mm的菌饼。以等量的乙酸乙酯作为对照，每处理重复3次。28℃恒温培养，待对照菌落生长至培养皿边缘时观察并测量菌丝生长直径。按慕立义[6]的方法计算抑制率：

菌丝生长抑制率=[1-(处理组生长直径-菌饼直径)/(对照组生长直径-菌饼直径)]×100%

1.5.2　孢子萌发法

往干燥洁净的无菌凹玻片凹孔中滴加100μL海藻提取液，在超净台上挥发至干；然后每孔滴加100μL配制好的孢子悬浮液，28℃恒温保湿培养6h，显微镜下观察并记录孢子萌发情况。以等量的乙酸乙酯为对照，每处理重复3次。按下面公式计算抑制孢子萌发率：抑制孢子萌发率=(1-处理萌发率/对照萌发率)×100%

1.6　海藻乙醇提取物抗菌活性成分的测定

选取抗菌活性较强的3种红藻，采用试管预试法[7]测定其活性成分。

2　结果与分析

2.1　海藻乙醇提取物对真菌菌丝生长的抑制作用

从表1可以看出：供试的8种海藻的乙醇提取物对苹果干腐病菌和链格孢菌都有一定的抑制作用；除羊栖菜提取物外，其他7种海藻提取物对立枯丝核菌和镰刀菌都有一定的抑制作用；除孔石莼提取物外，其他7种海藻提取物对甜椒灰霉菌均有一定的抑制作用；但供试8种海藻的提取物对辣椒疫霉菌都没有抑制作用；除孔石莼提取物外，其他7种海藻的提取物对苹果青霉菌也都没有抑制作用；2种绿藻的乙醇提取物对链格孢菌菌丝生长的抑制率都在30%以上，其中孔石莼乙醇提取物对链格孢菌的菌丝生长的抑制率为45.2%；浒苔乙醇提取物对甜椒灰霉菌的菌丝生长的抑制率为44.9%；3种红藻的乙醇提取物对甜椒灰霉菌菌丝生长的抑制率都在30%以上，其中江蓠乙醇提取物对立枯丝核菌和甜椒灰霉菌菌丝生长的抑制率分别达到了42.9%和72.6%，沙菜乙醇提取物对甜椒灰霉菌的菌丝生长抑制率为52.4%；3种褐藻的乙醇提取物中，半叶马尾藻的乙醇提取物对立枯丝核菌、甜椒灰霉菌，铁钉菜的乙醇提取物对甜椒灰霉菌，羊栖菜乙醇提取物对苹果干腐病菌的抑制率都在30%以上。

从表1可以看出，供试海藻的乙醇提取物对甜椒灰霉菌的抑制活性都很高，其中，江蓠的乙醇提取物对甜椒灰霉菌菌丝生长的抑制率最高，为72.6%。

表1 海藻的乙醇提取物对植物病原真菌菌丝生长的抑制率

不同海藻	抑制率/%							
	立枯丝核菌	辣椒疫霉菌	苹果干腐菌	甜椒灰霉菌	香蕉炭疽菌	镰刀菌	链格孢菌	苹果青霉菌
孔石莼	28.2	0	19.9	0	0	10.6	45.2	10.7
浒苔	15.5	0	17.5	44.9	11.7	10.6	31.4	0
江蓠	42.9	0	33.9	72.6	20.4	27.7	35.2	0
沙菜	26.8	0	25.8	52.4	0	7.6	23.8	0
蜈蚣藻	28.2	0	25.0	31.3	8.7	20.8	17.4	0
半叶马尾藻	38.2	0	11.7	39.6	0	5.0	15.2	0
铁钉菜	28.2	0	29.8	32.1	0	9.1	5.3	0
羊栖菜	0	0	31.2	28.9	11.2	—	23.8	0

2.2 海藻乙醇提取物对真菌孢子萌发的抑制作用

从表2可以看出：供试的3种红藻乙醇提取物对香蕉炭疽菌、苹果青霉菌、玉米弯孢霉菌的孢子萌发的抑制率都在70%以上，其中沙菜乙醇提取物对香蕉炭疽菌的孢子萌发的抑制率达到了96%；蜈蚣藻乙醇提取物对香蕉炭疽菌和苹果青霉菌的孢子萌发的抑制率分别达到98.4%和96.5%。3种褐藻的乙醇提取物中，除羊栖菜对苹果青霉菌孢子萌发有抑制作用外（抑制率为94.1%），其他抑制效果都不明显。

表2 海藻乙醇提取物对3种真菌孢子萌发的抑制作用

不同海藻	萌发抑制率/%		
	香蕉炭疽菌	苹果青霉菌	玉米弯孢霉菌
江蓠	92.5	92.2	74.9
沙菜	96.0	94.3	85.5
蜈蚣藻	98.4	96.5	80.5
半叶马尾藻	5.3	7.0	0
铁钉菜	1.9	0	7.1
羊栖菜	7.2	94.1	6.0

2.3 海藻乙醇提取物活性成分的确定

从表3可以看出，3种海藻乙醇提取物的活性成分非常一致，可能为酚类、糖类、内酯或甾醇。

表 3　3 种海藻乙醇提取物活性预试验结果

活性成分	试验方法	活性预试验结果		
		江蓠	沙菜	铁钉菜
酚性成分	三氯化铁试验	−	−	−
	重氮化试验	+	+	+
生物碱	硅钨酸试验	−	−	−
	碘化铋钾试验	−	−	−
	碘化汞钾试验	−	−	−
氨基酸、多肽和蛋白质	沉淀试验	−	−	−
	双缩脲试验	−	−	−
	茚三酮试验	−	−	−
糖、多糖和甙类	碱性酒石酸铜试验	−	−	−
	α-萘酚试验	+	+	+
	多糖试验	−	−	−
皂甙	泡沫试验	−	−	−
鞣质	氯化钠白明胶试验	−	−	−
	三氯化铁试验	−	−	−
黄酮或其甙类	盐酸-镁或锌粉试验	−	−	−
	荧光试验	−	−	−
蒽醌或其甙类	碱性试验	−	−	−
	醋酸镁试验	−	−	−
强心甙	3，5 二硝基苯甲酸试验	−	−	−
	碱性苦味酸试验	−	−	−
	亚硝酰铁氰化钠试验	−	−	−
内酯、香豆精或其甙类	异羟肟酸铁试验	+	+	+
	重氮化试验	+	+	+
植物甾醇、三萜	冰醋酸-浓硫酸试验	+	+	+
	氯仿-浓硫酸试验	+	+	+
	冰醋酸-乙酰氯试验	+	+	+

＋表示供试海藻可能含有此成分，－表示供试海藻不含有此成分

3　讨论

前人研究业已证明海藻中含有丰富的抗菌活性物质，并且有良好的抗细菌活性[3-8]。但对海藻提取物中是否有抗真菌活性尚存在争议。Pesando 和 Caram 研究表明，海藻提取物的抗细菌活性和抗真菌活性相当。而 Caccamese 和 Vidyavathi 的试验结果表明海藻提取物没有抗真菌活性[3]。Sreenivasa 和 Padmakumar 发现海藻提取物具有抗真菌活性，其中红藻提取物的抗真菌活性强于其他海藻[5]。陈灼华等[3]和 Zheng 等[5]的研究也都证明了海藻提取物的抗真菌活性，Zheng 等[5]还发现红藻乙醇提取物的抗真菌活性强于其他海藻的乙醇提取物。本试验同样发现红藻的乙醇的提取物抗真菌活性强于绿藻和褐藻，这进一步验证了 Zheng 等[5]的结果。本试验与 Zheng 等[5]的研究都表明：铁钉菜乙醇提取物对镰刀菌具有抑菌活性，羊栖菜乙醇提取物对链格孢菌具有抑菌活性。因此，铁钉菜和羊栖菜中可能含有丰富的抑菌活性物质。此外在本试验中还发现沙菜、孔石莼、浒苔的乙醇提取物对链格孢菌，羊栖菜乙醇提取物对镰刀菌都有明显的抑菌活性，而 Zheng 等[5]的研究结果并未发现其抑菌活性。采用不同的提取方法和抑菌试验方法可能是造成这种差异的原因。

徐年军等[8]和林雄平等[9]使用乙酸乙酯和水对海藻乙醇提取物进行萃取后，对两萃取相分别采用

薄层层析进行了初步分离，并测定了不同层析带的抑菌活性。结果发现大部分薄层层析分离组分的抗菌活性均强于分离前的粗提物。表明薄层层析可能是去除海藻提取物中活性屏蔽物质的一种好方法，这对进一步研究海藻提取物的抑菌活性和分离纯化出抗菌活性天然产物具有一定的参考意义。

参 考 文 献

[1] 操海群，岳永德，花日茂等. 植物源农药研究进展(综述). 安徽农业大学学报，2000，27(1)：40-44

[2] 沈建国，翟梅枝，林奇英等. 我国植物源农药研究进展. 福建农林大学学报(自然科学版)，2002，31(1)：26-31

[3] 陈灼华，郑怡，庄惠如. 10种红藻和褐藻抗细菌抗真菌活性的研究. 福建师范大学学报(自然科学版)，1994，10(4)：70-73

[4] 田黎，林学政，李光有. 海洋微藻对蔬菜生长及病原真菌的活性初探. 中国海洋药物，1999，18(4)：40-44

[5] Zheng Y，Chen YS，Lu HS. Screening for antibacterial and antifungal activities in some marine algae from the Fujian coast of China with three different solvents. Chinese Journal Oceanology and Limnology，2001，19(4)：327-333

[6] 慕立义. 植物化学保护研究方法. 北京：中国农业出版社，1994：80-81

[7] 中国医学科学院药物研究所. 中草药有效成分的研究. 北京：人民卫生出版社，1972：9-24

[8] 徐年军，范晓，韩丽君等. 海藻乙醇提取物抗菌活性的研究. 海洋与湖沼，2002，3(2)：265-270

[9] 林雄平，郑怡，陈晓清. 三种褐藻乙醇提取物抗动植物病原菌活性. 福建师范大学学报(自然科学版)，2005，21(1)：112-116

Cloning and sequencing the γ subunit of R-phycoerythrin from *Corallina officinalis* *

WANG Sheng, ZHONG Fu-di, WU Zu-jian, LIN Qi-ying, XIE Lian-hui

(Key Laboratory for Biopesticide and Chemical Biology, Ministry of Education,
Fujian Agriculture and Forestry University, Fuzhou 350002;
Institute of Plant Virology, Fujian Agriculture and Forestry University, Fuzhou 350002)

Abstracts: The full-length cDNA of the γ subunit of R-phycoerythrin from *Corallina officinalis* L. was cloned by rapid amplification of cDNA ends (RACE) method, and sequenced. The full-length cDNA is a 2308bp consisting of 5′ untranslated region (UTR) of 1203bp, an open reading frame (ORF) of 960bp that encodes 320 amino acids, and 3′ UTR of 145bp. The mature γ polypeptide contains two unique internal repeat domains as reported by Apt et al. [1] Sequence analysis of the different clones revealed different 3′-end sequences at the γ subunit. The difference between the 3′-end sequences suggests that the γ subunit may have more than one copy, or have gone through different post-transcriptional modification. By comparing the DNA and cDNA sequences, we found that the γ subunit is an intronless gene. This is the first report of the γ subunit gene of R-phycoerythrin from *C. officinalis*.

Key words: *Corallina officinalis*; R-phycoerythrin; γ subunit; rapid amplification of cDNA ends (RACE)

The major light-harvesting antennae in red alga and prokaryotic cyanobacteria are macromolecular complexes called phycobilisomes[2]. The phycobilisomes are highly ordered structures composed of two functionally different protein types: the major pigmented phycobiliproteins directly involved in light absorption and the linker polypeptides that serve a structural role and help maintain efficient energy transfer within the complex. There are three prominent classes of chromophorylated proteins in phycobilisomes: allophycocyanin (APC), A_{max}(650nm), phycocyanin (PC), A_{max}(620nm) and phycoerythrin (PE), A_{max}(565nm)[3].

The phycoerythrin has three dissimilar subunits: the α, β, and γ polypeptides. As main components of phycoerythrin, α and β subunits encoding genes that are located on the plastid genome[4] have been cloned in some kinds of red algae, such as *Rhodella reticulate*[5], *R. violacea*[6], *Porphyra purpurea*[7], *P. tenera*[8], *P. yecoensis*[9] *Polysiphonia boldii*[10], *Griffithsia monilis*, *Aglaothamnion neglectum*[11], and *Gracilaria lemaneiformis*[12]. In red algae, the PE linker polypeptides, referred as γ subunits, are chromophorylated and form a stable complex with α and β subunits of PE[13,14]. The γ subunits from several red algae are partially characterized[3]. They are located on the nuclear genome[15]. The number of γ subunits associated with PE varies with different red alga. *Callithamnion byssoides*, *C. roseum*, *Audouinella*

Acta Botanica Sinica, 2004, 46 (10): 1135-1140
Received 27 Oct. 2003 Accepted 25 Mar. 2004
* Supported by the Local Key Project of China in Fujian Province (2000H004, 2001Z127)

saviana, *G. coulteri*, and *A. neglectum* all have two γ subunits, while *Porphyridium purpureum* has three γ subunits and *Rhodella violaceae* has only one γ subunit[3]. So far only the γ subunit encoding gene of the red alga *A. neglectum* has been cloned[1,3]. As for the protein, only a few γ subunits, including a part of *R. violaceae* γ^{33} subunit[16], the N-terminal and C-terminal sequences of *Porphyridium purpureum* γ subunit[17], and the chromophores binding sites of *G. coulteri*, were sequenced[18].

As noted above, very limited sequence data are available on the γ subunit encoding gene of phycoerythrin. In this study, the cloning of the γ subunit gene from *C. officinalis* using RACE and PCR methods is presented.

1 Materials and Methods

1.1 Algae materials

Samples of *Corallina officinalis* L. were collected from Putian Bay, Fujian, China. They were rinsed with distilled water, and frozen in liquid nitrogen, and stored at −50℃ until use.

1.2 Purification of R-phycoerythrin and N-terminal sequence determination

The purification of R-phycoerythrin was performed as previously described[19]. Phycoerythrin was denatured, and the polypeptide components were resolved by SDS-PAGE. The resolved polypeptides then were electroblotted on PVDF membranes, which were stained with 0.1% coomassie brilliant blue G250. The target band of γ subunit was cut out of the PVDF membranes, and the N-terminal sequence was determined in the laboratory of protein chemistry of Hunan Normal University, Changsha, China.

1.3 RNA isolation and first-strand cDNA synthesis

The total RNA was extracted from *C. officinalis* using UNIQ-10 Spin Column Total RNA Isolation Kit (Shang hai Sangon Biological Engineering Technology and Service Co. Ltd., China). The cDNAs were synthesized according to the manufacturer's protocol, using primers, 5′-CDS, 3′-CDS and SMART Ⅱ A Oligo provided by the SMART™ RACE cDNA Amplification Kit (BD Bioscience Clontech Company, USA).

1.4 cDNA amplification

According to the N-terminal amino acid sequence of γ subunit, we designed the degenerate oligo nucleotide primers, R-Gsp1 and R-Gsp2 for the 3′ RACE of γ subunit, while based on the 3′ RACE results, we generated sequence-specific primers, R-Gsp3 and R-Gsp4 for the 5′ RACE of gamma subunit (Table 1). The 3′-end of cDNA was amplified by nested PCR with first amplification using R-Gsp1 and UMP, and followed by using R-Gsp2 and NUP. The 5′-end of cDNA was amplified by the same method as described above, using R-Gsp3 and UMP first, and then RGsp4 and NUP. The primers, UPM-long primer, UPM-short primer and NUP, were provided by the SMART™ RACE cDNA amplification Kit (BD Bioscience Clontech Company, USA).

Table 1 Primer sequences

Name of primer	Sequence of primer (5′→3′)
R-Gsp1	GGNTTT(C)GAT(C)GCNGCNA(T)G(C)NGTNGAG(A)T (N=A, C, G, or T)
R-Gsp2	AAT(C)GCNCCNA(T)G(C)NTTT(C)GCNGGNAAG(A)T (N=A, C, G, or T)
R-Gsp3	CGAGGAAAGTAGCAGCTGAGACGGGCA
R-Gsp4	GCTTCTGTGCCTGACGGAATGCCATCG
RD1	AAC TCG CAC AAC CAT GGA CAG
RD2	GCT CTA GTA CCT GCA GAA CG

1.5 DNA isolation and PCR amplification

The total DNA was extracted from *C. officinalis* using UNIQ-10 Spin Column DNA Isolation Kit (Shang hai Sangon Biological Engineering Technology and Service Co. Ltd., China). The target DNA fragment was PCR-amplified with primers RD1 and RD2 that were designed based on the full length cDNA sequence (Table 1). The PCR amplification was performed with 35 cycles at

95℃ for 1min, 55℃ for 45s, and 72℃ for 2min (Whatman Biometra Thermal Cycler Model T3, Germany). The PCR products were gel-purified using UltraClean™ 15 according to themanufacturer's protocol (MO BIO laboratories Inc., USA).

1.6 PCR production linking to the vector, cloning and sequencing

The purified PCR products were cloned to pMD18T-vector (TaKaRa Biotechnology Co. Ltd., Dalian, China), and screened with blue-white selection[20]. The clones were conformed by restriction digestion, and then sent to BioAsia Company (Shanghai, China) for sequence analysis.

2 Results

2.1 N-terminal amino acid sequence determination

Twenty amino acids were determined as follows: GGFDAASVEYPNAPSFAGKY. This sequence has been submitted in SWISS-PROT protein knowledgebase with accession number P83592.

2.2 The full-length cDNA

The full-length cDNA sequence was obtained by analysis of 3′-end and 5′-end sequences of the cDNA clones. It is 2308bp long consisting of a 5′ untranslated region (UTR) of 1203bp, an open reading frame (ORF) of 960bp that encodes 320 amino acids, and 3′ UTR of 145bp (accession number AY209894). The N-terminal sequence of the mature γ subunit polypeptide started at position 72 of the amino acid sequence deduced from the cDNA sequence, indicating that 71 amino acids were lost probably due to post-translational modification. The presequence is rich in hydroxylated aminoacids such as serine and threonine, similar as reported by Apt and Grossman[3] and Apt et al.[1] The predicted molecular mass of the mature protein, when including the four-tetrapyrrole chromophores, is 29.2kD, which is close to the observed value (about 30kD). The predicted pI of the matured polypeptide is 9.09. The 62%GC content reference at the 3′ site of this peptide triplet was significantly different from that of AN γ^{33} (99%) in *A. eglectum*.

The ORF is predicted using ATG as initiation codon and TAG as stop codon. The Kozak sequence (ribosome binding sites), ACCATGG, is identified at 3bp upstream of the initiation codon of γ subunit. However, the polyadenylation signal sequence AATAAA and a AU-rich element are not found in 3′ UTR, which may imply that the polyadenylation and degradation of algal mRNA may be different from other organisms. It is worthy to note that the 5′ UTR of this cDNA is longer than the encoding region.

2.3 Comparison with known γ PE subunit sequences

The *C. officinalis* γ subunit has various amino acid sequence homologies with other PE γ subunit, ranging from 6% to 62% (Fig. 1). The highest degree of homology is with the previously characterized *A. neglectum* PE γ^{33} polypeptide. It has no identifiable similarity to functionally related polypeptides present in cyanobacterial phycobilisomes or to any other polypeptides in the databases.

Comparing with the chromophore binding sites of GCBS, AN γ^{31}, and AN γ^{33}, we identified four potential chromophore-binding sites at cysteine residues 96 (PUB3), 135 (PUB1), 212 (PEB), and 299 (PUB2) in the CO γ polypeptide (Fig. 2).

The amino acid sequence derived from the nucleotide sequence, coupled with the information from N-terminal sequencing of the mature protein, suggested a presequence of 71 amino acids. Like chloroplast transit peptides of higher plants, the presequence has a high content of serine, threonine, alanine, valine, arginine, and lysine (42 out of 71 amino acids)[21]. Furthermore, this presequence showed similarity to the transit peptide of AN γ^{33} and AN γ^{31}. The CO γ subunit may utilize the same signal for importing proteins into plastids like AN γ. Unlike AN γ, the CO γ subunit has a much longer transit peptide (Fig. 3). The function of the additional sequence remains to be investigated.

$CO\gamma$	-------------------------------- gGfdaasVEyPNaPSfAGKYSIapCgqpsG
$AN\gamma^{33}$	vvdplqrkyqsigkigvdysrpkklatyvrSGysVg-mEfPNtPSmAGhySltdCdkaGG
$AN\gamma^{31}$	-- vlrtslrapIetfsvyGt
$PC\gamma^{CT}$	--
$RV\gamma^{33}$	------------------------KtfnylalSqrkVpyslrnmgGLIppswlrqeAKankK
$PC\gamma^{NT}$	-------------------------------------VamPqtGLvnsKfSarnAKKtaK

$CO\gamma$	ASKILMKYDEYCAKGVLQVfKRnAVPfGVYTTKCTEGTVaggAqEkRVFNRTmAFRQAQK
$AN\gamma^{33}$	AaKILMKYDEYCAKGmLQVgKRAAcrTGVYTTKCTEGTqpqmAfdvRVFNRTqAFRQAQK
$AN\gamma^{31}$	ySsImsKaDtYMAqcVkKQYIamAnPmGtfGVQCTEGsVKfaAevARVrslsadyRQkms
$PC\gamma^{CT}$	--
$RV\gamma^{33}$	ivgIvgnymaqCvmaqtKmiskgAtnnGVYGVQCTEGgykysqwEARadavyrrFRndhk
$PC\gamma^{NT}$	qrK nKvDEYMArsVqrQYKqAAVxTGVYGTQnTEcTVK--------------------

$CO\gamma$	pVnvRLaEQYEARrkCFiLANGCSREEdQFKsMPvSAATFLAGKhEslGTCFRvVtPsni
$AN\gamma^{33}$	pVaaRLREQYEARKACFVLAHnCSREEaQFKeMPmScATFLAsKMEAtGaCyRtVrPtSV
$AN\gamma^{31}$	spskaafdmYEnRKAaiVAAHGCHyEEgyFvdYkkvtsTyntaKsEAaGTCFkyAsPEtV
$PC\gamma^{CT}$	--
$RV\gamma^{33}$	pVtqqvREfYaAR prlqAvNmCHsEEmkviaYPKaAAalvmGyMEAsrsCnplAqPESt
$PC\gamma^{NT}$	--

$CO\gamma$	AEDYiAsgvRmQLVAKSNstGVYGVGsCmeGfAKGDAeARRVaALAAEYRAlQQSPaAVT
$AN\gamma^{33}$	AEDYMAgSvRaQLytKlNPKGVYGVGaCEdGhAKGDADqRRViALAsEYRAAaQSPStVT
$AN\gamma^{31}$	eEaaMvrymditqnnfaNPsGVYnmscnEgsvrGQAEDiRVA-ALnAqYRqAQKStnklm
$PC\gamma^{CT}$	------------------------------ GQAEiARVAsALgAaYRAAsKSaSAVi
$RV\gamma^{33}$	AEwYMskSVerQmVArSaPgGV -------------------------------------
$PC\gamma^{NT}$	--

$CO\gamma$	GrQYeS srmAvkLyAqnCSHEQEQlYKwPAtAAAfCRY-----
$AN\gamma^{33}$	GqQYkS AqlAtqLfAHdChHEQEQIYeYPAvAAAMCRY-----
$AN\gamma^{31}$	dEkYqqkkAg yaaAHGCtYEEglIstYaAIgAAfRpkSYhf
$PC\gamma^{CT}$	aErYnSmAAygrvhnAHGCSYEEqQgnKYPAaAAAMRsdSYgy
$RV\gamma^{33}$	--
$PC\gamma^{NT}$	--

Fig. 1 Amino acid sequence comparison between the *Corallina officinalis* PE γ^{31} ($CO\gamma$) and *Aglaothamnion neglectum* PE γ^{33} (AN γ^{33})[3], PE γ^{31} (AN γ^{31})[1], the partial sequence of the *Rhodella violaceae* γ^{33} subunit (RV γ^{33})[16], the N-terminal (PC γ^{NT}) and C-terminal (PC γ^{CT}) sequence of a *Porphyridium purpureum* γ *subunit*[17]. Identical amino acids between two sequences for a given position are in capital letters

PEB	GCBS	GTCYR	5
	$AN\gamma^{33}$	GACYR	5
	$AN\gamma^{31}$	GTCFK	5
	$CO\gamma^{31}$	GTCFR	5
		* *	
PUB1	GCBS	CAEGTVPQAAFEK	13
	$AN\gamma^{33}$	CTEGTQPQMAFDV	13
	$CO\gamma^{31}$	CTEGTVAGQAQEK	13
	$AN\gamma^{31}$	CTEGSYKFAA-EY	12
	$RV\gamma^{33}$	CTEGGYKYSQWEA	13
		* **	
PUB2	GCBS	CHHEETQIFQYPAV	14
	$CO\gamma^{31}$	CSHEQEQLYKWPAT	14
	$AN\gamma^{31}$	CTYEEGLISTYAAI	14
	$RV\gamma^{33}$	CHSEEMKVIAYPKA	14
	$AN\gamma^{33}$	CHHEQEQIYEYPAV	14
		* *	
PUB3	GCBS	SGYSGAALDFPYAPSLAGHYSLTNCGQPSGASK	33
	$CO\gamma^{31}$	GGFDAASVEYPNAPSFAGKYSIAPCGQPSGASK	33
	$AN\gamma^{33}$	SGYS-VGMEFPNTPSMAGHYSLTDCDKAGGAAK	32
		* * ** ** ** * * *	

Fig. 2 Chromophores binding sites sequence comparison between the *Corallina officinalis* PE γ^{31} (CO γ), *Aglaothamnion neglectum* PE γ^{33} (AN γ^{33})[3] and PE γ^{31} (AN γ^{31})[1], and the chromophores binding sites characterized for *G. coulteri* (GCBS)[18]. Identical amino acids for a given position aremarkedwith asterisks

```
COγ     MDS--PAFAVTGMFAAAKVGVTSFTGATEPVSTRRRTSGN-VTMAVDAFQKKFQTFGKIGVDYSRPKKLASYKR   71
ANγ33   MAS--PAFAVNGMFTPVKLSG-SFT-ASMPVDSKPAASATGVRMVVDPLQRKYQSIGKIGVDYSRPKKLATYVR   70
ANγ31   MAAFAP3TALVA3TKPATIQATPFATPLANR3AAVK33AP-TMVLRT3LRAPIETF3VYGTY33IM3KADTYMA   73
         * :  *: *: .   ...:.  .*: .    .:   :*.  . :   .::   :::.  *.   *  .*  :*
```

Fig. 3　Transit peptide sequence comparison between the *Corallina officinalis* PE γ^{31} (CO γ) and *Aglaothamnion neglectum* PE γ^{33} (AN γ^{33})[3] and PEγ^{31} (AN γ^{31})[1]. Identical amino acids for a given position are marked with asterisks. The mature protein sequences for a given position are underlined

Interestingly, the mature CO γ polypeptide has a large internal repeat like that of AN γ^{31}[1]. The first repeat begins at amino acid 109 and ends at amino acid 202, while the second repeat begins at amino acid 222 and ends at amino acid 317 (Fig. 4). Sequence comparison among the repeat domains from all γ subunits indicates that the greatest similarity among these sequences is contiguous to conserved cysteine, tyrosine, and arginine residues. Since each γ PE subunit contains two domains that are homologous to each other, Apt et al.[1] considered that these domains probably resulted from a gene duplication following by a fusion event. The diversity of two internal repeat domains of γ PE subunits may indicate their heterogenization.

```
COγA     DEYCAKGMLQVFKRNAVPFGVYTT-KCTEGTVAGQAQEKRVFNRTMAFRQAQKPVNVRLAEQYEARRKCF-ILANGCSREEDQFKSMPVSAATFL
COγB     EDYIASGVRMQLVAKSNSTGVYGVGSGNEGFAKGDAEARRVAALAAEYRALQQSPAAVTGRGYESSRMAVKLYAGNGSHEQEQLYKWPATAAAFC
         : :* * *:   :  :: . *** . .* ** . *: *: :**   :  :*  *:.  .  ..***: *  ..  : *:. **:*: :*: .  * .:**: *
ANγ33A   DEYCAKGMLQVGKRAACRTGVYTT-KCTEGTQPGMAFDVRVFNRTQAFRQAQKPVAARLREQYEARK-ACFVLAHNCSREEAQFKEMPMSCATFL
ANγ33B   EDYMAGSVRAQLYTKLNPKGVYGVGACEDGHAKGDADQRRVIALASEYRAAAQSPSTVTGGGYKSAQLATQLFAHDGHHEQEQIYEYPAVAAAMC
         : :* * . :          . *** .  * :*    * : **:  :. :* * :. ::   :**:: : *  : :** :* :*: *: * *  .*::
ANγ31A   DTYMACCVKKQYLAMANPMGTFGVQCTEGSVKFAAEVARVRSLSADYRQKMSSPSKAAFDMYEARKAAIVAAHGCHYEEGYFVDYKKVTSTYN
ANγ31B   FAAMVRYMDITQNNFANPSGVYNMSCNEGSVRGQAFDIRVAALNAQYRGAQKSTNKLMDEKYQQKKAGYAAAHGCTYEEGLISTYAAIGAAFR
         :: *.: :.      :*** *.:.:.*.****:  **  ** :*.*:***  .*..*   : *:::**. .***** **** :   *   : :::.
```

Fig. 4　Amino acid comparison between the domain regions A and B from the PE γ subunits from Fig. 3. Identical amino acids for a given position are marked with asterisks

2.4　Comparison between different 3′-end sequences of CO γ

Based on the restriction enzyme mapping of 3′ RACE, four different recombinant clones were sequenced, three out of which turned out to be correct. A remarkable difference is found upstream of the poly (A) sequence: the 3′-end sequence of the clone CO γ2 has a 26bp insertion, while the clone CO γ4 has an 18bp insertion as compared with CO γ3 (Fig. 5). The difference between the 3′-end sequences suggests that the γ subunit may have more than one copy, or have gone through different post-transcriptional modification.

```
COγ2   ······ATTATTACGCATCCCTTTTAAAAGTTTGTGATTTCTCTTCCCTTTGTCTTTCCTCCAAAAAAAAAAAAAAAAAAAAAAAAAAAAA
COγ4   ······ATTATTACGCATCCCTTTTAAAAGTTTGTGATTTCTCTTCCCTTTG------CCAAAAAAAAAAAAAAAAAAAAAAAAAAAAAAA
COγ3   ······ATTATTACGCATCCCTTTTAAAAGTTTGTGATTTCTC-----------------------AAAAAAAAAAAAAAAAAAAAAA
             *******************************************                *****************************
```

Fig. 5　Comparison between different 3′-end sequences of CO γ. CO γ2, CO γ3, and CO γ4 show the different recombinant clones. Identical sites for a given position are marked with asterisks

The secondary structures of different 3′-end sequences were predicted using RNAdraw (Fig. 6). Aremarkable difference was found in the size and number of their stem-loops. The secondary structures of 3′ UTR of the clone CO γ2 and CO γ3 have five stem-loops, but CO γ4 only has four stemloops. The difference in the secondary structures implied that those 3′-end sequences may have different effects on mRNA stability, and therefore, may affect their expression and regulation.

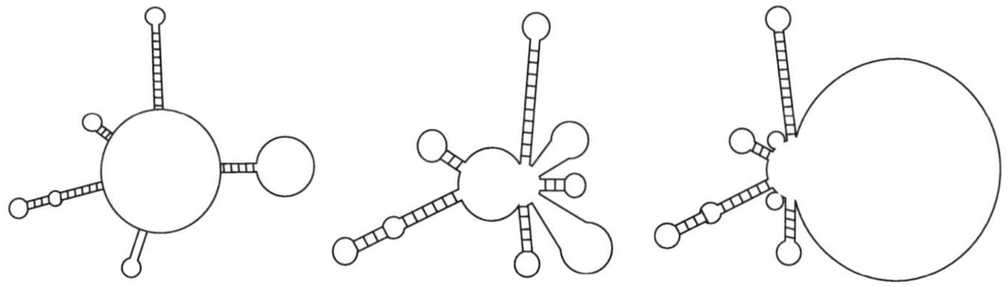

Fig. 6 Comparison of secondary structures between different 3′-end sequences of CO γ, CO γ2, CO γ3, and CO γ4 show the different recombinant clones

2.5 Analysis of DNA sequence of CO γ

The CO γ subunit DNA was PCR-amplified with primers RD1 and RD2. Sequence analysis indicates that the CO γ subunit is an intronless gene. This DNA sequence has been submitted in GenBank database with accession number AY308999.

3 Discussion

The PE protein of red alga has three distinct subunits, α, β, and γ. The γ and subunit genes have been well characterized in comparison with γ subunit. Only few PE γ gene sequences have been analyzed up to now. The only species of which the full-length sequence of γ subunit has been obtained is *Aglaothamnion neglectum*[1,3]. The full-length cDNA and intronless DNA fragment of γsubunit of R-Phycoerythrin from *C. officinalis* were now cloned and sequenced.

The presence of the γ subunit transcript in the poly (A) +RNA fraction confirms that this polypeptide is nuclear encoded in *C. officinalis*, which is identical with those previously reported[1,3]. In red algae, α and β subunits encoding genes have been located on the plastid genome[4]. Thus, it requires coordinated expression of genes located in two different cellular compartments for the synthesis of red algal phycobilisomes. The 71-amino acid transit peptide is predicted to be present at the amino acid terminus of the *C. officinalis* γ subunit primary translation product and the transit peptide would probably target the protein to the plastid, because phycobilisomes are located on the thylakoid membranes. The 71-amino acid presequence has considerable similarity to the transit peptide of AN γ^{33}. One might infer that the two peptides may utilize the same signal for importing proteins into plastids. However, the transit peptide of CO γ subunit is 31 amino acids longer than that of AN γ^{33} and it is not clear what kind of information is contained in the additional 31-amino acids.

The number of γ subunits associated with PE varies from one to three with different red algae[3] and the molecular mass of γ subunit is variable. *C. officinalis* only has one γ subunit (CO γ) and the molecular mass is about 31kD. In *A. neglectum*, there are two different γ subunits, one with an apparent molecular mass of 31kD (AN γ^{33}) and the other of 33kD (AN γ^{31})[3]. The two kinds of γ subunits are serologically distinguishable, and are spatially separated within the phycobilisomes[1]. Although the molecular mass of CO γ is equal to AN γ^{31}, the highest degree of homology is with the AN γ^{33} polypeptide. Hence, γ subunits cannot be properly classified on the basis of their sizes. A number of important questions remain unanswered regarding the γ subunits from red algae. We still do not understand the evolutionary origins of these subunits, the way in which they interact with and α and β PE subunits and the mechanism of regulation between plastid encoded α and β PE subunits and nuclear encoded γ PE subunits. The answers will require more sequence data and more detailed biochemical researches.

Acknowledgements We thank Dr. DUAN Yong-Ping (Institute of Plant Uirology, Fujian

Agriculture and Forestry University) and Prof. HU FAN γ-Ping (Department of Plant Pathology, Fujian Agriculture and Forestry University) for a thoughtful review of the manuscript.

References

[1] Apt KE, Metzner S, Grossman AR. The γ subunits of phycoerythrin from a red alga: position in phycobilisomes and sequence characterization. J Phycol, 2001, 37: 64-70

[2] Glazer AN. Light guides. J Biol Chem, 1989, 264: 1-4

[3] Apt K E, Grossman A R. Characterization and transcript analysis of the major phycobiliprotein subunit genes from *Aglaothamnion neglectum* (Rhodophyta). Plant Mol Biol, 1993, 21:27-38

[4] Shivji MS. Organization of the chloroplast genome in the red alga *Porphyra yezoensis*. Curr Genet, 1991, 19: 49-54

[5] Thomas JC, Passaquet C. Characterization of a phycoerythrin without a-subunits from a unicellular red alga. J Biol Chem, 1999, 274: 2472-2482

[6] Bernard C, Thomas JC, Mazel D, et al. Characterization of the genes encoding phycoerythrin in the red alga Rhodella violacea: evidence for a splitting of the *rpeB* gene by an intron. PNAS, 1992, 89: 9564-9568

[7] Reith ME, Munholland J. Complete nucleotide sequence of the *Porphyra purpurea* chloroplast genome. Plant Mol Biol Rep, 1995, 13: 333-335

[8] Kim BK, Chung GH, Fujita Y. Phycoerythrin-encodinggene from *Porphyra tenera*. Plant Physiol, 1997, 115:1287

[9] Kim B, Fujita Y. Phycoerythrin encoding gene from *Porphyra yezoensis*. Plant Physiol, 1997, 113:1003

[10] Roell MK, Morse DE. Organization, expression and nucleotide sequence of the operon encoding Rphycoerythrin alpha and beta subunits from the red alga *Polysiphonia boldii*. Plant Mol Biol, 1993, 21:47-58

[11] Apt KE, Hoffman NE, GrossmanAR. The γ subunit of Rphycoerythrin and its possible mode of transport into the plastid of red algae. J Biol Chem, 1993, 268:16208-16215

[12] Sui ZH, Zhang XC. Cloning and analysis of phycoerythrin genes in *Gracilaria lemaneiformis* (Rhodophyceae). Chin J Oceanol Limnol, 2000, 18:42-46

[13] Bernard C, Etienne AL, Thomas JC. Synthesis and binding of phycoerythrin and its associated linkers to the phycobilisomes in *Rhodella violacea* (Rhodophyta): compared effect of high and translation inhibitors. J Phycol, 1996, 32:265-271

[14] Ritter S, Hiller RG, Wrench PM, et al. Crystal structure of a phycourobilin-containing phycoerythrin at 1,90-a resolution. J Struct Biol, 1999, 126:86-97

[15] Egelhoff T, Grossman A. Cytoplasmic and chloroplast synthesis of phycobilisome polypeptides. PNAS, 1983, 80:3339-3343

[16] Lichtle C, Garnier F, Bernard C, et al. Differential transcription of phycobiliprotein components in *Rhodella violaceae*. Plant Physiol, 1996, 112:1045-1054

[17] Sidler WA. Phycobilisome and phycobiliprotein structures. *In*: Bryant DA. The molecular biology of Cyanobacteria. Dordrecht: Kluwer Academic Publishers. 1994, 139-216

[18] Klotz AV, Glazer AN. Characterization of the bilin attachment sites in Rphycoerythrin. J Biol Chem, 1985, 260:4856-4863

[19] Wang S, Wu ZJ, Lin QY, et al. Isolated and purification of phycoerythrin from *Corallina officinalis* and its spectrum characteristics. J Fujian Agr Forest Univ, 2002, 31:495-499

[20] Wang GL, Fang HY. Principle and technique of plant genetic engineering. Beijing: Science Press. 1998, 552

[21] Schleiff E, Soll J. Traveling of protein through membranes: translocation into chloroplast. Planta, 2000, 211:449-456

Cloning and sequence analysis of the full-length cDNAs encoding *rpeA* and *rpeB* of R-phycoerythrin from *Corallina officinalis* *

WANG Sheng, ZHONG Fu-di, WU Zu-jian, LIN Qi-ying, XIE Lian-hui

(Institute of Plant Virology, Fujian Agriculture and Forestry University, Fuzhou 350002)

Abstract: The full-length cDNAs encoding *rpeA* and *rpeB* from *Corallina officinalis* L. were cloned with the primers derived from the DNA sequence (AF510986) using RACE method. The sequences of these clones were analyzed, and there were two open reading frames (ORF) that were co-transcribed into a 2257bp polycistronic transcript (AF542554). The structure of this cDNA is arranged as 5′-UTR-*rpeB*-intergenic region-*rpeA*-3′- UTR with 493bp, 534bp, 101bp, 495bp and 634bp, respectively. Shine-Dalgarno (SD) sequences are found both at 13bp upstream to the initiator of *rpeA* and *rpeB*, which are TAAGGAGA for *rpeB* and TAAGGAAA for *rpeA*, respectively. According to the ORF finder prediction, another potential ORF was identified at 110bp downstream to the stop codon of *rpeA* with the SD-like motif at 9bp upstream to the predicted initiation codon. To the best of our knowledge, this is the first report of the cDNA sequence analysis for *rpeA* and *rpeB* of phycoerythrin from the marine red algae.

Key words: *Corallina officinalis* L. ; phycoerythrin ; rapid amplification of cDNA ends (RACE)

珊瑚藻 R-藻红蛋白 *rpeA* 和 *rpeB* 基因全长 cDNA 克隆与序列分析

王盛，钟伏弟，吴祖建，林奇英，谢联辉

(福建农林大学植物病毒研究所，福建福州 350002)

摘　要：依据珊瑚藻（*Corallina officinalis* L.）藻红蛋白 *rpeA* 和 *rpeB* 的 DNA 序列（AF510986）设计引物，通过 PCR-RACE 方法扩增得到 *rpeA* 和 *rpeB* 的 cDNA 序列。序列分析表明，该序列采用多顺反子转录策略，全长 2257bp（AF542554），排布顺序为 5′UTR-*rpeB*-间隔区-*rpeA*-3′ UTR。5′ 非编码区 493bp，*rpeB* 基因 534bp，基因间隔区 101bp，*rpeA* 基因 495bp，3′非编码区 634bp。在 *rpeA* 和 *rpeB* 的基因起始密码子上游均存在类似原核核糖体结合的 Shine-Dalgarno（SD）序列。在 *rpeA* 基因终止密码子下游 110bp 处还存在着一个可能的开放阅读框架。经检索 GenBank 发现，真核红藻藻红蛋白中尚无有关 cDNA 序列的报道。

关键词：珊瑚藻；藻红蛋白；快速分离 cDNA 端（RACE）

中图分类号　Q943.2

Chinese Journal of Biochemistry and Molecular Biology, 2004, 20 (4): 428-433

Received: October 17, 2003 Accepted: December 16, 2003

* Supported by the Key Project of Fujian Province (No. 2000H004 and No. 2001Z127)

Phycobiliproteins function as a major light harvesting protein-pigment complex in the cyanobacteria and the eukaryotic algae[1]. Among these proteins, phycoerythrins (PE) are characterized with strong absorption bands in the green region of the spectrum. These red-colored proteins fall into three spectroscopically distinct classes: C-phycoerythrins ($\lambda_{max}\sim$565nm), B-phycoerythrins ($\lambda_{max}\sim$540-560nm, shoulder$\sim$495nm), and R-phycoerythrins ($\lambda_{max}\sim$565nm, 545, and 495nm)[2]. Phycoerythrin allows high efficiency of light transfer to the photosynthetic centers in the thylakoid membrane through the associated pigments[3]. Only a single type of phycoerythrin is present in each organism[4].

Most of the genes encoding the components of phycobilisome have been cloned and characterized in cyanobacteria[5-8]. In red algae, the genes encoding phycobilisome components have been located[9,10], but so far only a few of them have been sequenced[11]. As the main components of phycoerythrin, the genes encoding alpha and beta subunits have been cloned only from a few kinds of red algae, such as *Rhodella reticulate*, *R. violacea*, *Porphyra purpurea*, *P. tenera*, *P. yecoensis*, *Polysiphonia boldii*, *Griffithsia monilis*, *Aglaothamnion neglectum* and *Gracilaria lemanneiformis*. On other aspects, such as gene structure, transcription and translation regulation, there is much less information available. Apt and Grossman[12] presumed that the sequence of *cpeB* and *cpeA* were co-transcribed in the red algae *Aglaothamnion neglectum*. At the same time, Roell and Morse[13] also reached the same conclusion in the macrophytic red alga *Polysiphonia boldii*. Kim and Fujita[14] confirmed the co-transcription of *cpeB* and *cpeA* genes in *Porphyra yezoensis* using the nested RT-PCR analysis. But there were no any direct evidence about the co-transcription of beta and alpha subunit genes. Moreover, the untranslated region (UTR) plays a very important role on translational regulation, and characterization of these sequences may be useful in understanding the mechanism of phycoerythrin's synthesis and algal photosynthesis.

In this study, we cloned the cDNA encoding R-phycoerythrin alpha and beta subunits from *C. officinalis* using RACE method, and analyzed these cDNA sequences. This is the first report of the full-length cDNA sequence coding for the alpha and beta subunits of phycoerythrin from red algae.

1 Materials and Methods

1.1 Algae materials

Samples of *Corallina officinalis* were collected from Putian Bay, Fujian, China. After collection, the materials were washed with distilled water, frozen in liquid nitrogen, and stored at −50℃ until use.

1.2 RNA isolation and first-strand cDNA synthesis

The total RNA was extracted from *Corallina officinalis* using UNIQ-10 Spin Column Total RNA Isolation Kit (Shanghai Sangon Biological Engineering Technology and Service CO. LTD., China). The cDNAs were synthesized according to the manufacturer's protocol, using primers, 3′-CDS, 5′-CDS and SMART Ⅱ A Oligo provided by the SMART™ RACE cDNA Amplification Kit (BD Bioscience Clontech Company, USA).

1.3 cDNA amplification

According to the corresponding of DNA sequence in the GenBank database (AF510986), the sequence-specific primers, from Gsp1 to Gsp8, were designed (Table 1). The cDNA sequences of *rpeA* were amplified by nested PCR. The 3′RACE was first amplified with Gsp1 and UPM (Universal Primer Mix), and then with Gsp2 and NUP (Nested Universal Primer). For the 5′RACE, the first amplification used Gsp3 and UPM, and then Gsp4 and NUP. The cDNA sequence of *rpeB* was amplified by the same method as described above, using Gsp5 and Gsp6 for 3′RACE, Gsp7 and Gsp8 for 5′ RACE. The primers, UPM-long primer, UPM-short primer and NUP, were provided by the SM-

ART™ RACE cDNA amplification Kit (BD Bioscience Clontech Company, USA).

Table 1 Primer sequence for RACE

Name of primer	Sequence of primer
Gsp1	5′-GCTGATGCAGCAGGACGTT-3′
Gsp2	5′-GCGGCAAGATTAGAAGCAGC-3′
Gsp3	5′-GCTTCTAATCTTGCCGCAGCTC-3′
Gsp4	5′-CGTCCTGCTGCATCAGCAGCGC-3′
Gsp5	5′-ATGGCTGCTTGTCTACGTGACG-3′
Gsp6	5′-GCTTAGCTGCAGAAGTTGCTGC-3′
Gsp7	5′-CACCGTCACGTAGACAAGCAG-3′
Gsp8	5′-GTGCTTGAAGGTCACTACCACC-3′

1.4 PCR production linking to the vector, cloning and sequencing

The PCR products were gel-purified using Ultra Clean™ 15 (MO BIO laboratories, Inc. USA) according to the manufacturer's protocol. The purified PCR products were cloned into pMD18T-Vector (TakaRa Biotechnology Co. Ltd. Dalian, China), and screened with blue-white selection[15]. The clones were confirmed by restriction analysis, and then sent to BioAsia Company (Shanghai, China) for sequence analysis.

2 Results

2.1 Analysis of full-length cDNA

The full-length cDNA of *rpeBA* was obtained using RACE method, and confirmed by 3′- end and 5′-end sequence analysis of the cDNA clones. The 3′-RACE cDNA clone of *rpeB* (clone C) contains all sequences of *rpeA*, while the 5′- RACE cDNA clone of *rpeA* (clone B) contains the sequences of *rpeB* (Fig. 1). Thus, we concluded that the gene of *rpeB* and *rpeA* were co-transcribed in the red algae *Corallina officinalis*. The full-length cDNA was a 2257bp-polycistronic transcript. The structure of this cDNA is arranged as 5′- UTR-*rpeB*-intergenic region-*rpeA*-3′-UTR with 493bp, 534bp, 101bp, 495bp and 634bp, respectively (Fig. 2). After searching the GenBank database, there were no any other cDNA sequences for *rpeBA* of phycoerythrin from the eukaryotic red algae.

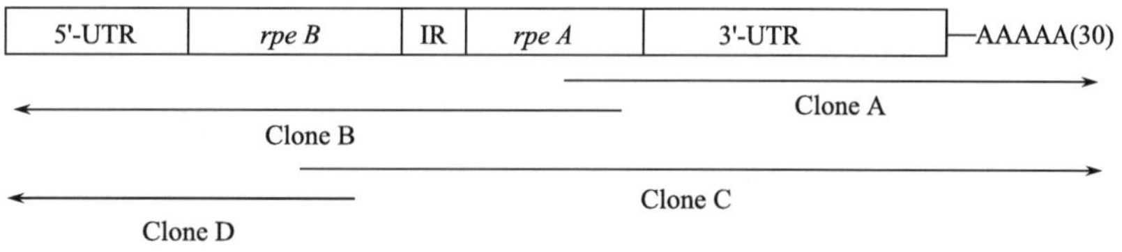

Fig. 1 Schematic diagram of the cloning for the full-length cDNA of *rpeBA*

IR shows the intergenic region. The clone A and B show the 3′and 5′RACE cDNAs of *rpeA*, respectively. The clone C and D show the 3′and 5′RACE cDNAs of *rpeB*, respectively

The predicted molecular mass of *rpeA* and *rpeB* was 17.6kD and 18.6kD, respectively, which were significantly lower than the observed value. The predicted molecular mass would be increased to 19kD and 21kD, respectively, if the two or three tetrapyrrole chromophores associated with the polypeptides are included in the calculation. The predicted pIs of the *rpeB* and *rpeA* polypeptides were 5.29 and 5.34, respectively. The AT content at the 3′site of the triplet was 84.2% for *rpeA* and 80.9% for *rpeB*, showing a tendency of AT enrichment at the third nucleotide of the genetic codes, the characteristics of chloroplast genes[16].

2.2 Comparison with known red algae sequences

The deduced amino acid sequence was compared with corresponding sequence of other eukaryotic red algae *Rhodella reticulata* (AF114823), *Rhodella violacea* (L02188), *Porphyra purpurea* (U38804), *Porphyra tenera* (D89877), *Porphyra yezoensis* (D89878), *Polysiphonia boldii* (Z14094), *Griffithsia monilis* (Z98528), *Aglaothamnion neglectum* (Z11907), *Gracilaria lemaneiformis* (AF275685) by alignment procedure (Fig. 3) . The shaded amino acids in Fig. 3 were the binding sites for the associated pigments. We identified these bilin attachment sites by comparing our sequences with the sequence of *Gastroconium coulteri*[4]. The *rpeB* and *rpeA* genes in the ten species of eukaryotic red algae were highly conservative, especially in the neighboring sites for bilin attachment . The similarities between those red algae and *Corallina officinalis* are from 68% to 81% at the nucleotide level and from 71% to 89% at amino acid level for *rpeB*. For *rpeA*, they share the similarities from 76% to 81% at the nucleotide level and 82% to 90% at amino acid level (Table 2) .

```
1    AGGTCAAACTTATGCTTTAGTGTCTGTCATCAAAATTATTATTTATATTGACTATACAGACTTCCATATAACTAAATGCTATCATAATG 90
91   AAAAACTTCGTTAAAGAATACTCAATTAAAGTACTCATTTTATAAACCTAAAAACGATTTAACCAAGATGTTGGTATAGTAAATTTTTGT 180
181  GCTTATTTCACAATTTGAAGAACTCTATTTTAATATTTACTTATTATTATGATACTTTTAATACAATATTTTATTTTTCAATAAATAAAA 270
271  CTAGTATCTATATATGAATTTTTTTAAAAACTACCTATAAAAGATAAAAATTCAAGATAATCAATTATTATCTAATTAATAAAAATATTA 360
361  CAGAATATTACTTTGTTACAAATATCAATCTGTAAATAAATTATAGTTCATACACGATACTAATACATCAGACTGTATAATAATTGACAG 450
451  CTGAAACAGCGAAGTCCTTGAAAAATATATTAAGGAGAGCTCAATGCTTGATGGATTTTCCCGAGTTGTAGTAAATTCTGATACTAAAGC 540
1                                               M  L  D  A  F  S  R  V  V  V  N  S  D  T  K  A  16
541  TGCTTATGTAGGTGGTAGTGACCTTCAAGCACTTAAAAAATTCATTGCAGATGGCAACAAACGCTTAGACTCTGTTAACGCAATTGTTTC 630
17   A  Y  V  G  G  S  D  L  Q  A  L  K  K  F  I  A  D  G  N  K  R  L  D  S  V  N  A  I  V  S  46
631  AAATGCAAGCTGCATCGTATCAGATGCTGTGTCTGGAATGATTTGTGAAAACACTGGTCTTATCTCACCAGGTGGTAACTGTTATACTAA 720
47   N  A  S  C  I  V  S  D  A  V  S  G  M  I  C  E  N  T  G  L  I  S  P  G  G  N  C  Y  T  N  76
721  TCGTCGTATGGCTGCATGTCTACGTGACGGTGAAATTATTTTACGTTATGCTTCATACGCACTTTTATGTGGTGATGCTTCTGTTTTAGA 810
77   R  R  M  A  A  C  L  R  D  G  E  I  I  L  R  Y  A  S  Y  A  L  L  S  G  D  A  S  V  L  E  106
811  AGATCGCTGCTTGAATGGTTTGAAAGAAACTTACATCGCTCTTGGAGTTCCAACTAACTCTTCAGTTAGAGCTGTGACTATTATGAAATC 900
107  D  R  G  L  N  G  L  K  E  T  Y  I  A  L  G  V  P  T  N  S  S  V  R  A  V  T  I  M  K  S  136
901  TGCTGCAACAGCATTTATTAATAATACAGCTTCTCAACGCAAGATTGAAACGATTGATGGTGATTGTTCTAGCTTAGCTGCAGAAGTTGC 990
137  A  A  T  A  F  I  N  N  T  A  S  Q  R  K  I  E  T  I  D  G  D  C  S  S  L  A  A  E  V  A  166
991  TGCTTACTTTGATAGAGTTGCTACTGCTATTTCATAATATAAATACTATGATTATGCTTATAAGCATAAGTAAATAGCATAACAAAGTAA 1080
167  A  Y  F  D  R  V  A  T  A  I  S  *                                                          177
1081 ATATACAAGCGACCTACGCTTTTTACAACTATCTCTAAGGAAAAATAAATGAAATCTGTTATTACTACTATTATTAGCGCTGCTGATGCA 1170
1                                                       M  K  S  V  I  T  T  I  I  S  A  A  D  A  14
1171 GCAGGACGTTTTCCTTCCTCTTCAGATCTTGAATCTGTACAGGGAAATATTCAAAGAGCTGCGGCAAGATTAGAAGCAGCAGAAAAATTA 1260
15   A  G  R  F  P  S  S  S  D  L  E  S  V  Q  G  N  I  Q  R  A  A  A  R  L  E  A  A  E  K  L  44
1261 GCTGGCAATCATGAAGCTGTTGTAAAAGAAGCTGGTGATGCTTGCTTTGCTAAGTATTCTTACCTAAAAAACTCTGGTGAAGCTGGTGAT 1350
45   A  G  N  H  E  A  V  V  K  E  A  G  D  A  C  F  A  K  Y  S  Y  L  K  N  S  G  E  A  G  G  74
1351 TCACAAGAAAAAATCAACAAATGCTATCGTGGTATTGACCACTATATGCGCCTAATTAACTACTCTTTAGTAGTTGGTGGCGCAGGCCCT 1440
75   S  Q  E  K  I  N  K  C  Y  R  D  I  D  H  Y  M  R  L  I  N  Y  S  L  V  V  G  G  A  G  Y  104
1441 CTTGATGAGTGGGGTATTGCTGGTGCACGTGAAGTATATCGTGCTCTAAATCTACCAGCTGCTTCTTATGTAGCTGCTTTTGCATTTACA 1530
105  L  D  E  W  G  I  A  G  A  R  E  V  Y  R  A  L  N  L  P  A  A  S  Y  V  A  A  E  A  F  T  134
1531 CGTGATAGATTATGTATACCACGTGATATGTCAGCACAAGCTGGTGTAGAGTATACTGCAGCATTAGATTATGTAATTAATTCTCTGTCA 1620
135  K  D  R  L  G  I  P  K  D  M  S  A  Q  A  G  V  E  Y  I  A  A  L  D  Y  V  I  N  S  L  S  164
1621 TAAATGCAATAAAATCTAGTAAAAAAAGATAAGCTTAATTTTTAAGTTATCTTTTTTTTATATATAATGATACAAGAATAACATAATTAC 1710
     *
1711 TTGTAAATAATACTGGAGCTATTATGAATTGGAATATTTTAGAAAATTCTCTTGTAAATACAGCATTCGGCTTACTATTAACGAGTCTGA 1800
1801 TCATTTTACTGGACAAATCTTTCACTACCTTACTTCAAACAATTAAATATAATAGGAAAAATAAGTATATTTGCATCAAATATATGCTTA 1890
1891 TTTATTGTTCTTCTATCAAGATGGATTATACATGGATACTTTCCACTAAGTAATCTCTATGAATCTCTTCTTTTTTTGACTTGGTGTATT 1980
1981 ACATTTACGAATTTAATACTAGAAGTTAAGCATAACAGCACAATAATTGGAGCAATTAGTGCTCCTATCAGCCTGTTTATAATTTCTTTT 2070
2071 GCTAGTTTCTCTTTACCAATAGAAATGCGAAAAGCTTCACCACTAGTACCAGCATTAAGGTCTAACTGGTTAATGATGCATGTAACAATC 2160
2161 ATGATGATTAGTTATGCAACCCTAATTATTGGTTCATTACTATCTATTTTATTTCTTATAATTGACCAAAAAAAAAAAAAAAAAAAAAAA 2250
2251 AAAAAAA                                                                                     2257
```

Fig. 2 Nucleotide sequences of cDNA and deduced amino acid sequences for *rpeA* and *rpeB*

The oligonucleotides in frame are SD core motifs. The asterisk indicates stop codon. The intergenic region are underline. Another potential ORF predicted by ORF finder are in the shadow. This cDNA sequence was submitted to GenBank database with accession number AF542554

β PE-subunit:

```
AF510986     MLDAFSRVVVNSDTKAAYVGGSDLQALKKFIADGNKRLDSVNAIVSNASCIVSDAVSGMI  60
Z98528       MLDAFSRVVVTSDAKAAYVGGSDLQSLKSFINDGNKRLDAVNYIVSNASCIVSDAVSGMI  60
Z11907       MLDAFSKVVIQSDAKAAYIGGSDLTALKTFISEGNKRLDSVNYIASNASCIVSDAVSGMI  60
Z14094       MLDAFSRVVVNSDSKAAYVSGSDLQALKTFINDGNKRLDAVNYIVSNSSCIVSDAISGMI  60
D89877       MLDAFSRVVVNSDAKAAYVGGSDLQALKKFIADGNKRLDSVNAIVSNASCIVSDAVSGMI  60
D89878       MLDAFSRVVVNSDAKAAYVGGSDLQALKKFIADGNKRLDSVNAIVSNASCIVSDAVSGMI  60
U38804       MLDAFSRVVVNSDAKAAYVGGSDLQALKKFIADGNKRLDSVNAIVSNASCIVSDAVSGMI  60
AF275685     MLDAFSRVVVNSDAKAAYVGGSDLQALKTFIAEGNKRLDAVNSIVSNASCIVTDAVSGMI  60
L02188       MLDAFSRVVVNSDTKAAYVGGSDLQALKKFIADGNKRLDSVNAIVSNASCVVSDAVSGMI  60
AF114823     MLDAFSKVIVNSDTKTTYVSGTDLDSLRNFIKDGNKRLDAVNSIVSHASCLVSDAVSGMI  60
             ******:*::  **:*::*:. *:**   :*:.**   :******:**  *.*::**:*:**:****

AF510986     CENTGLISPGGNCYTNRRMAACLRDGEIILRYASYALLSGDASVLEDRCLNGLKETYIAL  120
Z98528       CENPGLIAPGGNCYTNRRMAACLRDGEIILRYVSYALLAGDSSVLDDRCLNGLKETYIAL  120
Z11907       CENPGLIAAGGNCYTNRRMAACLRDGEIILRYVSYALLAGDSSVLEDRCLNGLKETYIAL  120
Z14094       CENPGLITPGGNCYTNRRMAACLRDGEIILRYVSYALLAGDASVLEDRCLNGLKETYIAL  120
D89877       CENPGLIAPGGNCYTNRRMAACLRDGEIILRYVSYALLAGDPSVLEDRCLNGLKETYIAL  120
D89878       CENPGLIAPGGNCYTNRRMAACLRDGEIILRYVSYALLAGDPSVLEDRCLNGLKETYIAL  120
U38804       CENPGLIAPGGNCYTNRRMAACLRDGEIILRYVSYALLAGDPSVLEDRCLNGLKETYIAL  120
AF275685     CENPGLISPGGNCYTNRRMAACLRDGEIILRYVSYALLAGDPSVLEDRCLNGLKETYIAL  120
L02188       CENPGLITPGGNCYTNRRMAACLRDGEIIIRYVSYALLSGDPSVLEDRCLNGLKETYIAL  120
AF114823     CENPSLIASGGNCYTNRRMAACLRDGEIILRYVSYALLAGDASVLDERCLSGLKETYAAL  120
              ***..**:.*******************:** *****:**.***::**:. ****** **

AF510986     GVPTNSSVRAVTIMKSAATAFINNTASQRKIETIDGDCSSLAAEVAAYFDRVATAIS   177
Z98528       GVPTASSSRAVSIMKATATAFITNTASQRKVEVAAGDCQALQAEAASYFDKVGSSID   177
Z11907       GVPTNSTARAVSIMKAAAVAFVTNTASQRKVEVAAGDCSALAAEVGTYFDKVESSI-   176
Z14094       GVPTNSTVRAVSIMKAAAVCFISNTASQRKVEVIEGDCSALASEVASYCDRVVAAVS   177
D89877       GVPTNSSVRAVSIMKAAAVAFITNTASQRKMATADGDCSALASEVASYCDRVAAAIS   177
D89878       GVPTNSSVRAVSIMKAAAVAFITNTASQRKMATADGDCSALASEVASYCDRVAAAIS   177
U38804       GVPTNSSVRAVSIMKASAVAFITNTASQRKMATADGDCSALASEVASYCDRVAAAIS   177
AF275685     GVPTNSSVRAVSIMKAAAVAFISNTASQRKMATTSGDCSALSSEIASYCDRVCSAIS   177
L02188       GVPTNSNARAVDIMKASVVALINNTATLRKMPTPSGDCSALAAEAGSYFDRVNSALS   177
AF114823     GVPTDSAIRAIGIMKASSVAFVNNKATEKKLTITSGDCSSLASETASYFDRVISALS   177
             **** *   **: ***::  ..::.*.*: :*:    ***.:* :* .:* *:* :::
```

α PE-subunit:

```
AF510986     MKSVITTIISAADAAGRFPSSSDLESVQGNIQRAAARLEAAEKLAGNHEAVVKEAGDACF  60
D89877       MKSVITTTISAADAAGRFPSSSDLESVQGNIQRAAARLEAAEKLAGNHEAVVKEAGDACF  60
D89878       MKSVITTTIGAADAAGRFPSSSDLESVQGNIQRAAARLEAAEKLAGNHEAVVKEAGDACF  60
U38804       MKSVITTTISAADAAGRFPSSSDLESVQGNIQRAAARLEAAEKLASNHEAVVKEAGDACF  60
L02188       MKSVITTVISAADAAGRFPTASDLESVQGNIQRAAARLEAAEKLAGNYEAVVKEAGDACF  60
AF275685     MKSVITTVISAADAAGRFPTSSDLESVQGNIQRAAARLEAAEKLADNHDAVVKEAGDACF  60
Z14094       MKSVITTTISAADAAGRYPSTSDLQSVQGNIQRAAARLEAAEKLGSNHEAVVKEAGDACF  60
Z98528       MKSVITTTISAADAAGRFPSSSDLESIQGNIQRAAARLEAAQKLSGNHEAVVKEAGDACF  60
Z11907       MKSVITTTISARDAAGRFPSRSDLESVQGNIQRSAARLEAAEKLSAGHEGVVKEAGDACF  60
             *******    *.*   *****:*:    ***:*:******::******:*:.    .::.**********

AF510986     AKYSYLKNSGEAGDSQEKINKCYRDIDHYMRLINYSLVVGGAGPLDEWGIAGAREVYRAL  120
D89877       AKYSYLKNPGEAGDSQEKVNKCYRDVDHYMRLVNYCLVVGGTGPVDEWGIAGAREVYRTL  120
D89878       AKYSYLKNPGEAGDSQEKVNKCYRDVDHYMRLVNYCLVVGGTGPVDEWGIAGAREVYRTL  120
U38804       AKYSYLKNPGEAGDSQEKVNKCYRDVDHYMRLVNYCLVVGGTGPVDEWGIAGAREVYRTL  120
L02188       AKYAYLKNAGEAGDSQEKINKCYRDVDHYMRLINYCLVVGGTGPVDEWGIAGAREVYRTL  120
AF275685     AKYSYLKNSGEAGENQEKINKCYRDIDHYMRLINYSLVVGGTGPLDEWGIAGAREVYRAL  120
Z14094       SKYGYLKNPGEAGENQEKINKCYRDIDHYMRLINYTLVVGGTGPLDEWGIAGAREVYRTL  120
Z98528       SKYSYLKNAGEAGDSPEKINKCYRDIDHYMRLINYSLVVGGTGPVDEWGIAGSREVYRAL  120
Z11907       AKYTYLKTSGEAGDSQDKVNKCYRDIDHYMRLINYSLVVGGTGPLDEWGIAGAREVYRAL  120
             :**  ***..  ****:.    :*:******:******:**  *****:**:*******:*****:*

AF510986     NLPAASYVAAFAFTRDRLCIPRDMSAQAGVEYTAALDYVINSLS 164
D89877       NLPTSAYVASFAFARDRLCVPRDMSAQAGVEYAGNLDYLINALS 164
D89878       NLPTSAYVASFAFARDRLCVPRDMSAQAGVEYAGNLDYLINALS 164
U38804       NLPTSAYVASFAFARDRLCVPRDMSAQAGVEYAGNLDYLINSLC 164
L02188       NLPTASYVAAFAFARNRLCCPRDMSAQAGVEYAAYLDYVINALS 164
AF275685     NLPTASYVAAFAFTRDRLGVPRDMSAQAGVEYSSALEFVIIALP 164
Z14094       NLPSAAYIAAFVFTRDRLGIPRDMSAQAGVEFCTALDYLINSLS 164
Z98528       NLPGSAYIAAFTFTRDRLGVPRDMSSQAGVEFTSALDYVINSLC 164
Z11907       NLPASAYIAAFAYTRDRVCVPRDMSAQAAVEFIGALDYVN-SLS 163
             ***  ::*:*:*.::*:*:*  *****:**.**:       *:::      :*
```

Fig. 3 Amino acid alignments of the PE *α* and *β* subunits of *Corallina officinalis*

Stars indicate identical amino acid residues in the different sequences

Table 2 Amino acid sequences identity (%) between the PE subunits aligned in the Fig. 3

	AF510986	AF114823	L02188	U38804	D89877	D89878	Z14094	Z98528	Z11907	AF275685
AF510986	—	71	84	89	89	89	84	80	80	85
AF114823	n	—	73	72	72	72	71	70	68	72
L02188	n	—	87	86	86	80	79	78	88	84
U38804	87	87	n	—	99	99	88	84	83	91
D89877	87	89	98	n	—	100	88	84	84	92
D89878	86	88	97	99	n	—	88	84	84	92
Z14094	86	81	84	84	84	n	—	82	81	87
Z98528	88	82	85	84	84	84	n	—	84	83
Z11907	82	76	80	80	79	79	82	n	—	81
AF275685	90	85	84	84	84	83	84	79	n	—

Similarities between β subunits are shown in the upper right half, and those between α subunits in the lower left . Abbreviations are as in the Fig. 3. There are not α subunit sequences of red algae *Rhodella reticulata* (AF114823) in GenBank, so "n" indicates that there is not a comparison.

2.3 Prediction of the secondary structure of amino acid sequence

The secondary structure of *rpeB* may contain helix 66.67%, coil 21.47%, extension 6.21% and turn 5.65%; the *rpeA* may contain helix 72.56%, coil 20.12%, extension 3.05% and turn 4.27% using the online predictive software-SOPMA.

2.4 Analysis of untranslated region (UTR)

The cDNA has long untranslated region (UTR), including 5′UTR of 493bp, an intergenic region of 101bp, and 3′UTR of 634bp. In the prokaryotes, the Shine-Dalgarno (SD) sequences act as ribosome binding sites (RBS) . However, most SD sequences vary in slightly the core sequence of GGAGG. The core SD motifs are GGAG, GAGG, and AGGA in bacteria[17] . In *Corallina officinalis*, such sequences are found both at 13bp upstream to the initiation codon of *rpeA* and *rpeB*, TAAGGAGA for *rpeB* and TAAGGAAA for *rpeA*. After analysis by ORF finder, another potential ORF was identified at 110bp downstream to the stop codon of *rpeA* with the typical SD-like motif at 9bp upstream to the predicted initiation codon. It uses ATGas initiation codon and TAA as stop codon. The predicted ORF is 210bp encoding 69 amino acid residues. But the conserved sequences, motifs and domains were not found at both amino acid and nucleic acid level by the online predictive softwares provided by the NPSA and NCBI.

The secondary structure of the untranslated region was predicted by the RNA draw software. The complex stem-loop was found at both 5′and 3′ UTR. The initiation codon and SD-like sequence of *rpeB* and *rpeA* were both buried in the stem-loops. As we know, the translation initiation region (TIR) is important for the translation regulation. Those stem-loops may affect the binding of ribosome initiation complex, and consequently may affect the efficiency of translation.

3 Discussion

Phycobilisomes are photosynthetic antenna apparatus in red algae and prokaryotic cyanobacteria, and consist of phycobiliproteins and linker polypeptides[11]. It is organized into two distinct structural domains, the core and rods. The core is composed of allophycocyanin (APC) and is in direct contact with thylakoid membranes. The rods are composed of stacked phycobiliprotein hexamers that radiate from the core.

Phycocyanin (PC) is located at the end proximal to the core on the rods, whereas phycoerythrin (PE) is at the distal end[18]. Light energy absorbed by PE is sequentially transferred to PC, then to APC and finally to chlorophyll[19]. It is interesting that phycobilisomes of *C. officinalis* do not contain phycocyanin and allophycocyanin[20] and thus differ from phycobilisomes of other red algae. We cloned and sequenced the *rpeB* and *rpeA* that are the main components of PE.

The obtained sequence is a sequence for polycistronic transcript and has SD-like motifs that act as ribosome binding sites in the prokaryotes. At the same time, it possesses a poly (A) tail that is the representative characteristic of eukaryotes. It has both prokaryotic and eukaryotic characteristics. Moreover, the AT content at the third nucleotide of the triplet shows a tendency of AT rich, characteristic of chloroplast genes[16]. So, the *rpeA* and *rpeB* must be located on the plasmid genome of *C. officinalis*.

PE has three distinct subunits: α, β, and γ polypeptides. The α and β subunit are present in a ratio of 1 : 1 in PE. The co-transcript of *rpeA* and *rpeB* may be useful to keep this ratio. After analyzing the UTR sequences, we found both of the two subunits have SD-like sequences 13bp upstream to their initiation codon. Studies on the expression of polycistronic transcripts of chloroplast suggest that, similar to prokaryotes, the chloroplast translation initiation complex binds internally to the chloroplast transcript but not to its 5′- terminus. The binding of initiation complex is mediated by the SD-like sequence in which the SD-like sequence is located inclose proximity to the initiation codon[21]. In prokaryotes, the direct RBS binding and internal initiation of translation is usually independent of upstream sequence and allows the simultaneous translation of several ORFs ina polycistronic transcript[22]. The sequences in close proximity to the initiation codon of two subunits do not share any homology at all. If ribosomes bind independently to each initiation site by making some initiation sites more attractive to ribosomes than others, the balance between the two subunits of PE may be broken. In order to keep the balance, the two subunits may be expressed one by one.

A number of important questions remain unanswered regarding the α and β subunits from red algae. We still do not understand the way by which they interact with γ PE subunits and the mechanism of regulation between plastidencoded α β PE subunits and nuclear-encoded γ PE subunits. The answers will require more sequence data and more detailed biochemical researches.

Acknowledgments We thank Dr. DUAN Yongping and Prof. HU Fangping for a thoughtful review of the manuscript.

References

[1] Glazer AN. Phycobilisome, a macromolecular complex optimized for light energy transfer. Biochim Biophys Acta, 1984, 768: 29-51

[2] Glazer A. Structure and molecular organization of photosynthetic accessory pigments of cyanobacteria and red algae. Mol Cell Biochem, 1977, 18: 125-140

[3] Gantt E. Phycobilisomes. Annu Rev Plant Physiol, 1981, 32: 327-347

[4] Klotz AV, Glazer AN. Characterization of the bilin attachment sites in R-phycoerythrin. J Biol Chem, 1985, 260: 4856-4863

[5] Mazel D, Guglielmi G, Houmard J, et al. Green light induces transcription of the phycoerythrin operon in the cyanobacterium Calothrix 7601. Nucleic Acids Res, 1986, 14: 8279-8290

[6] Anderson LK, Grossman AR. Structure and light-regulated expression of phycoerythrin genes in wild-type and phycobilisome assembly mutants of *Synechocystis* sp. strain PCC6701. J Bac, 1990, 172: 1297-1305

[7] Dubbs JM, Bryant DA. Molecular cloning and transcriptional analysis of the *cpeBA* operon of the cyanobacterium *Pseudonabaena* species PCC7409. Mol Microbiol, 1991, 5: 3073-3085

[8] Newman J, Mann NH, Carr NG. Organization and transcription of the class I phycoerythrin genes of the marine cyanobacterium *Synechococcus* sp. WH7803. Plant Mol Biol, 1994, 24: 679-683

[9] Stein M, Kaling K, Zetsche M. *In vitro* synthesis of phycobiliproteins and ribulose-1,5-biphosphate carboxylase by non-polyadenylated-RNA of *Cyanidium caldarium* and *Porphyridium aerugineum*. Planta, 1983, 159: 308-313

[10] Shivji MS. Organization of the chloroplast genome in the red alga *Porphyra yezoensis*. Curr Genet, 1991, 19: 49-54

[11] Sui ZH, Zhang XC. Cloning and analysis of phycoerythrin genes in *Gracilaria lemaneiformis* (Rhodophyceae). Chin J Oceanol Limnol, 2000, 18: 42-46

[12] Apt KE, Grossman AR. Characterization and transcript analysis of the major phycobiliprotein subunit genes from *Aglaothamnion neglectum* (Rhodophyta). Plant Mol Biol, 1993, 21: 27-38

[13] Roell MK, Morse DE. Organization, expression and nucleotide sequence of the operon encoding R-phycoerythrin alpha and be-

ta subunits from the red alga *Polysiphonia boldii*. Plant Mol Biol, 1993, 21: 47-58

[14] Kim B, Fujita Y. Phycoerythrin encoding gene from *Porphyra yezoensis*. Plant Physiol, 1997, 113: 1003-1005

[15] 王关林，方宏筠．植物遗传工程原理与技术．北京：科学出版社，1998，552-553

[16] Maid U, Valentin K, Zetsche K. The *pbsA* gene from red algae resembles those from cynobacteria and cyanelles. Curr Genet, 1990, 17: 255-259

[17] Schurr T, Nadir E, Margalit H. Identification and characterization of *E. coli* ribosomal binding sites by free energy computation. Nucleic Acids Res, 1993, 21: 4019-4023

[18] Apt KE, Metzner S, Grossman AR. The γ subunits of phycoerythrin from a red alga: position in phycobilisomes and sequence characterization. J Phycol, 2001, 37: 64-70

[19] Glazer AN. Comparative biochemistry of light harvesting systems. Ann Rev Biochem, 1983, 248: 663-671

[20] 王盛，吴祖建，林奇英等．珊瑚藻红蛋白分离纯化技术及光谱学特性．福建农林大学学报，2002，31：495-499

[21] Danon A. Translational regulation in the chloroplast . Plant Physiol, 1997, 115: 1293-1298

[22] Gold L. Posttranscriptional regulatory mechanisms in *Escherichia coli*. Annu Rev Biochem, 1988, 57: 199-233

Molecular characterization of a new lectin from the marine algae *Ulva pertusa* *

WANG Sheng, ZHONG Fu-di, ZHANG Yong-jiang,
WU Zu-jian, LIN Qi-ying, XIE Lian-hui

(Key Laboratory of Pesticide and Biochemistry, Ministry of Education, Fujian Agriculture and Forestry University, Fuzhou 350002; Institute of Plant Virology, Fujian Agriculture and Forestry University, Fuzhou 350002)

Abstract: A new lectin, named UPL1, was purified from a green alga *Ulva pertusa* by an affinity chromatography on the bovine-thyroglobulin-Sepharose 4B column. The molecular mass of the algal lectin was about 23kD by SDS-PAGE, and it specifically agglutinated rabbit erythrocytes. The hemagglutinating activity for rabbit erythrocytes could be inhibited by bovine thyroglobulin and *N-acetyl*-D-glucosamine. The lectin UPL1 required divalent cations for maintenance of its biological activity, and was heat-stable, and had higher activity within pH6-8. The N-terminal amino acid sequence of the purified lectin was determined (P83209) and a set of degenerate primers were designed. The full-length cDNA of the lectin was cloned by rapid amplification of cDNA ends (RACE) method (AY433960). Sequence analysis of *upl1* indicated it was 1084bp long, and encoded a premature protein of 203 amino acids. The N-terminal sequence of the mature UPL1 polypeptide started at amino acid 54 of the deduced sequence from the cDNA, indicating 53 amino acids lost due to posttranslational modification. The primary structure of the *Ulva pertusa* lectin did not show amino acid sequence similarity with known plant and animal lectins. Hence, this protein may be the paradigm of a novel lectin family.

Key words: *Ulva pertusa*; lectin; purification; cloning

Lectins constitute a group of proteins or glycoproteins of non-immune origin, and they bind reversibly to carbohydrates and usually agglutinate cells or precipitate polysaccharides and glycoconjugates [1]. Due to their chemical properties, lectins attract a great deal of attention in the fields of immunology, cell biology, membrane structure, cancer research and genetic engineering, etc.. In recent years, there have been many reports on the antimicrobial and pesticidal activities of lectins, and the application of lectins in agriculture[2,3].

Lectins are present in a wide range of organisms from bacteria to animals, being present in all classes and families, although not in all the kinds and species[4]. Lectins from terrestrial plants and animals have been isolated, characterized and exploited extensively in many aspects of biochemistry and biomedicine. Compared with land plant lectins, the occurrence of lectins from marine algae, however, was first reported in 1966[5]. The first agglutinin was isolated and characterized from marine algae in 1977[6,7]. Studies on marine alga lectins reveal a proteinaceous nature similar to those from land plants, but different in some of their

Acta Biochimica et Biophysica Sinica, 2004, 36 (2): 111-117
Received: October 21, 2003 Accepted: December 2, 2003
* This work was supported by a grant from the Local Key Project of China in Fujian Province (2000H004)

properties. They have generally lower molecular masses than most land plant lectins and are more specific for complex oligosaccharides or glycoproteins. Further, most of marine algal lectins do not require divalent cations for their biological activity[8]. They occur mainly in monomeric former and have a high content of acidic amino acid, with isoelectric points from 4 to 6[9-11]. Although several studies on lectins from marine algae have been reported[12-18], few lectins from algae have been characterized in detail[19], especially in the field of molecular biology. The amino acid sequence of the lectin from marine algae was first reported recently[20]. Up to now, there are only three full amino acid sequences of marine algae lectins reported from the marine red alga *Bryothamnion triquetrum* and *Hypnea japonica*[20,21]. Characterization of those lectin genes may help researchers to further understand the difference between land plant and marine alga lectins.

In this paper, we describe the purification, characterization and full-length cDNA sequence of a new lectin from the marine green algae *Ulva pertusa*.

1 Materials and Methods

1.1 Materials

Algae materials The samples of *Ulva pertusa* were collected from Putian Bay, Fujian, China. They were rinsed with distilled water, and frozen in liquid nitrogen, and stored at −50℃ until use.

Erythrocytes Rabbit and chicken erythrocytes were obtained by venous puncture of healthy animals. Human blood groups A, B and O erythrocytes were collected from donors in Fuzhou Air Hospital, Fujian, China.

Medium of chromatography CNBr activated Sepharose 4B was purchased from Amersham Biotech Company, Sweden.

Bacterial strains and vector *E. coli* HB101 and pMD18T vector were provided by TaKaRa Biotechnology (Dalian) Co. Ltd., China.

Primers According to the N-terminal sequence, we designed the degenerate oligonucleotide primers, KSC1 and KSC2 for the 3′ RACE of the lectin. Based on the 3′ RACE results, we further generated sequence-specific primers, KSC3 and KSC4 for the 5′ RACE (Fig. 1).

Reagents and kit UNIQ-10 Spin column total RNA isolation kit was purchased from Sangon Biological Engineering Technology and Service (Shanghai) Co., Ltd., China; SMART™ RACE cDNA amplification kit was provided by BD Bioscience Clontech Company, USA; Ultra-Clean™ 15 (DNA gel-purification kit) was provided by MO BIO Laboratories Inc. USA. Other reagents were of analytical grade.

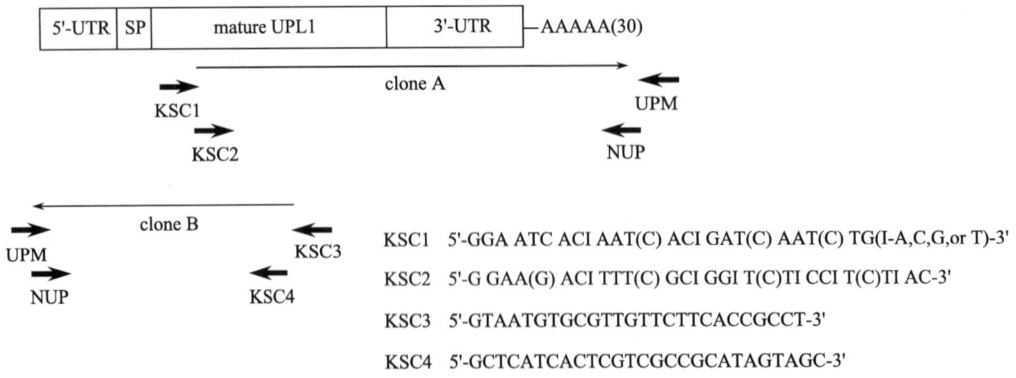

Fig. 1 Schematic diagram of the cloning for the full-length cDNA of UPL1

SP shows the signal peptide. The clones A and B show the 3′ and 5′ RACE cDNA clone of UPL1 respectively

1.2 Purification of UPL1

The frozen alga was macerated in domestic liquidizer with 0.015mol/L phosphate buffered saline (PBS, pH7.0, containing 0.15mol/L NaCl) and centrifuged at 5000r/min for 45min at 4 to remove particulate materials. The supernatant was transferred, and $(NH_4)_2SO_4$ was slowly added to the final concentration of 80% saturation. The suspension was incubated at 4h for 2h, and precipitated by centrifugation at 5000r/min for 45min at 4℃. The precipitate was dialyzed against PBS. After centrifugation as above, the sample was loaded onto bovine-thyroglobulin-Sepharose 4B column (1.6cm×14cm), equilibrated with the phosphate buffer at a flow rate 15mL/h. The column was washed with the same buffer until the column effluent showed an absorbance less than 0.02 at 280nm, and eluted with the phosphate buffer containing 1mol/L NaCl. Fractions of 3mL were collected and assayed for hemagglutinating activity using rabbit erythrocytes. The active fractions were pooled, dialyzed extensively against distilled water, freeze-dried and then stored at −20℃ until use. The bovine-thyroglobulin-Sepharose 4B column was prepared according to the manufacturer's protocol.

1.3 Homogeneity and molecular mass determination

The tests were performed as described by Costa et al.[9] using polyacrylamide gel electroph oresis (PAGE) and sodium dodecyl sulfate polyacrylamide gel electrophoresis (SDS-PAGE) method.

1.4 Hemagglutination and hemagglutination inhibition test

The hemagglutination and hemagglutination inhibition tests were performed as described by Costa et al.[9]

1.5 Effect of EDTA, bivalent cations, temperature and pH on lectin stability

The tests were performed as described by Costa et al.[9]

1.6 The neutral carbohydrate contents determination

Carbohydrate contents were determined by the phenol/sulphuric acid method[22], using glucose as standard.

1.7 The N-terminal sequence determination

UPL1 was resolved by SDS-PAGE and then was electroblotted on PVDF membranes. After being stained with Coomassie brilliant blue, the target band was cut out from the PVDF membrane, and the N-terminal sequence was determined in the laboratory of protein chemistry of Hunan Normal University.

1.8 Amplification of *upl*1

The 3′ end of cDNA was amplified by nested PCR with first amplification using KSC1 and UMP, and followed one with KSC2 and NUP. The 5′ end of cDNA was amplified by the same method as described above, using KSC3 and UMP first, then KSC4 and NUP (Fig. 1). The primers, UPM and NUP, were provided in the SMART™ RACE cDNA amplification kit.

The PCR products were gel-purified using UltraClean™ 15 according to the manufacturer's protocol. The purified PCR products were cloned into pMD18T vector, and screened with blue-white selection. The clones were confirmed by restriction digestion, and then sent for sequence analysis in BioAsia Company, Shanghai, China.

2 Results

2.1 Purification of UPL1

The lectin in *Ulva pertusa* extracts was purified by affinity chromatography on a column of the bovine-thyroglobulin-Sepharose 4B. UPL1 with full hemagglutinating activity in the aqueous extract was bound to the resin and could be eluted with 1mol/L NaCl (Fig. 2).

The homogeneity of the purified lectin was observed by a single band obtained by PAGE, while the purified lectin appeared as a single band with molecular weight of 23kD on SDS-PAGE (Fig. 3), suggesting that the lectin could be a monomeric protein.

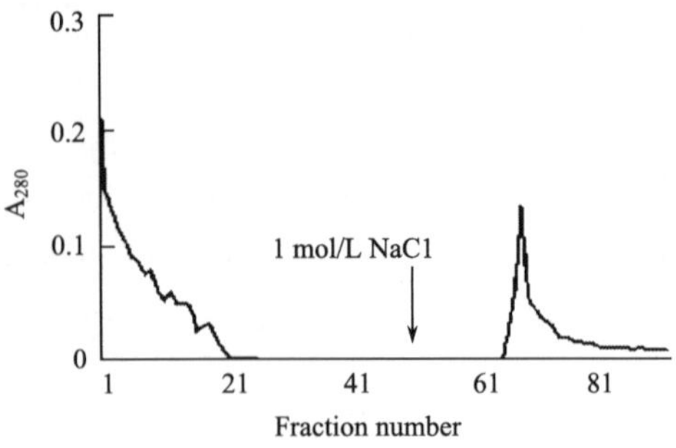

Fig. 2 Affinity chromatography of UPL1 on bovine-thyroglobulin-Sepharose 4B

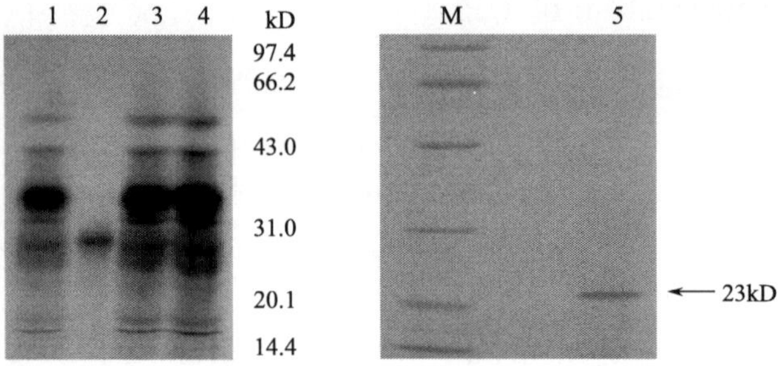

Fig. 3 PAGE and SDS-PAGE of UPL1

The electrophoresis pattern of PAGE is shown in the left, while that of SDS-PAGE is shown in the right. 1, 3 and 4, 80% $(NH_4)_2SO_4$ fractionations; 2 and 5, purified lectins; M, protein molecular weight marker

2.2 Hemagglutination and hemagglutination inhibition test

The purified lectin only showed high specificity for rabbit erythrocytes in all kinds of tested erythrocytes. The results of sugars inhibition tests using a large number of sugars and glycoproteins for UPL1 are presented in Table 1. The lectin did not show any inhibition by most of sugars test except *N*-acetyl-*D*-glucosamine. Of the glycoproteins tested, only bovine thyroglobulin was inhibitory requiring the minimum inhibitory concentration of 5.00g/L.

Table 1 Inhibition of hemagglutinating activity of UPL1 by sugars and glycoproteins

Sugars and glycoproteins	Initial concentration	Minimum inhibitory concentration
D-Mannose	0.5mol/L	—
D-Galactose	0.5mol/L	—
D-Fructose	0.1mol/L	—
Glucose	0.1mol/L	—
Sucrose	0.1mol/L	—
Maltose	0.1mol/L	—
Inulin	0.04mol/L	—
Rhamnose	0.04mol/L	—
Xylose	0.15mol/L	—
α-Lactose	0.15mol/L	—
L (-) -Fucose	0.2mol/L	—
N-acetyl-*D*-galactosamine	0.2mol/L	—
N-acetyl-*D*-glucosamine	0.2mol/L	0.0125mol/L
γ-Globulin	27.00 g/L	—
Albumin bovine	40.00 g/L	—
Bovine thyroglobulin	40.00 g/L	5.00 g/L

"—" indicated the absence of inhibition.

2.3 Effect of EDTA, bivalent cations, temperature and pH on lectin stability

To assess the requirement of the lectin for divalent cations in order to produce hemagglutina tion, titration of the lectin was performed in the presence of EDTA (Table 2). At a concentration of 0.005mol/L, EDTA totally abolished hemagglutination of rabbit erythrocytes. Addition of 0.01mol/L $CaCl_2$ to the reaction medium restored the hemagglutination titer to the value 2^6. $MnCl_2$ or $ZnCl_2$ at 0.01mol/L concentration also restored hemagglutination, but not in the same degree as that with $CaCl_2$.

The hemagglutination capacity of the lectin was not affected by exposure to 30-70℃ for 30min. At 80℃ under the same condition the lectin still retained 50% activity.

Studies of the pH effects on the lectin revealed that the hemagglutination activity of the lectin was unaltered at pH6-8, but lost its activity when buffer pH was below 3 or above 11.

Table 2 Effect of EDTA and divalent cations on hemagglutination by UPL1

Solutions used as diluents	Titer
0.15mol/L NaCl	2^3
0.15mol/L NaCl +0.005mol/L EDTA	2^0
0.15mol/L NaCl +0.005mol/L EDTA+0.01mol/L $CaCl_2$	2^6
0.15mol/L NaCl +0.005mol/L EDTA+0.01mol/L $MnCl_2$	2^2
0.15mol/L NaCl +0.005mol/L EDTA+0.01mol/L $ZnCl_2$	2^3
0.15mol/L NaCl +0.005mol/L EDTA+0.01mol/L $MgCl_2$	2^2

2.4 The neutral carbohydrate contents determination

The purified lectin was found to contain 1.2% neutral carbohydrate as determined by the phenol-sulphuric reaction.

2.5 N-Terminal amino acid sequence

Twenty amino acids at N-terminus were determined as follows: GGITNTDNWETFAGLPLTGA. The primers, KSC1 and KSC2, were synthesized according to the nucleotide sequence deduced from the underlined amino acids. This sequence has been submitted in SWISS-PROT protein knowledgebase with accession No. P83209.

2.6 The full-length cDNA

Degenerate oligonucleotides corresponding to N-terminus of UPL1 were used to amplify the gene encoding the lectin. The full-length cDNA and its deduced amino acid sequence were obtained by analysis of 3′ end and 5′ end sequences of the cDNA clones (Fig. 4). The full-length cDNA with 1084bp consists of 5′ untranslated region (UTR) of 124bp, an open reading frame (ORF) of 612bp, and 3′-UTR of 348bp including a poly (A) adenylation of 30bp. The cDNA clone putatively encoded a protein of 203 amino acids. The N-terminal amino acid residues derived from amino acid sequencing were confirmed in the cDNA clone. The N-terminal sequence of the mature UPL1 polypeptide started at amino acid 54 of the deduced sequence from the cDNA, indicating 53 amino acids were lost due to posttranslational modification. The predicted molecular mass of the matured protein (17kD) was significantly lower than the observed value, partially because it was a glycoprotein. The concentration of acidic amino acids is only 10.7% and the lectin does not contain cysteine. The predicted pI of the mature polypeptide was 8.74. The GC content preference at the third position of the triplet is 75%.

```
   1  GAA TCC TGC ACG GGG CGT ATG CCG ACA TAT ACT GCG ACG ATA TCT CAA ATC GCC GAC ACG    60
  61  TGG AGA CCA GAG CCT GAG GTC GAA AAC AGC CTA CTC CCG TCG CCG CTA CTA CAT TGT CGC   120
 121  AAG CAT CCA CAA CAT CCT TCA TGT GAT TGC AGG CCT CGC GCT TGC TAG CGT GGG CGT TGA   180
   1       M   I   N   I   L   H   V   I   A   G   L   A   L   A   S   V   G   V   D    19

 181  CGA CCG CCA GGT AGG CGT CGG GGC TGA CGT ACT TCA CGC GGT GGA GAA CAC CAT TGA CAG   240
  20   A   R   O   C   G   V   G   A   D   V   L   H   A   V   E   N   T   I   D   S    39

 241  CAT TAC CGG CGT TGA GGT ATC ACA GAG CGC ACT CGA GGT TGG CGG TGG GAT TAC CAA TAC   300
  40   I   T   G   V   E   A   S   H   S   A   L   E   V   G   E   G   T   T   N   T    59

 301  TGA CAA CTG GGA AAC GTT TGC CGG GCT GCC CCT TAC GGG TGC GAT CAA GGT GAA CGA TGG   360
  60   D   N   W   E   T   F   A   G   L   P   L   T   G   A   I   K   V   N   D   G    79

 361  GAA CAG TGT TGT CCA TAT GTC AGC GTA GTT CCC CGA GGA CAG GCG GGG CAA GTA GAG GTA   420
  80   N   S   V   V   H   I   S   A   Y   F   P   E   D   R   R   G   K   Y   S   Y    99

 421  CTA TGC GGC GAC GAG TGA TGA GCT GCA GAA GAC AGT CGT CTT CCT CTT TGT CGT TGA GGA   480
 100   Y   A   A   T   S   D   E   L   Q   K   T   V   V   F   L   F   V   V   E   D   119

 481  CGA CGG CCT CCT CCT GCA GGC GGT GAA GAA GAA CGC ACA TTA CCC CGT CAC CAA CGG CAT   540
 120   D   G   L   L   L   Q   A   V   K   N   N   A   H   Y   P   V   T   N   G   M   139

 541  GTA CCT CGC CTC ACA CCG GTA CTA CCC GAA GGA CAG CAA GTA CGA GGG CAT GGT CCG CCT   540
 140   Y   L   A   S   H   R   Y   Y   P   K   D   S   K   Y   E   G   M   V   R   L   159

 601  GAT GGT GCA TGC CGA CCC CGC CAA GGC CGT CAT CTG GGA GTT TGT GAC GGT GGG CGG CAA   660
 160   M   V   H   A   D   P   A   K   A   V   I   W   E   F   V   T   V   G   G   K   179

 661  GCA GTA CCT CAA GGT GAA GGA GAA CCG GGA CTA CAG AGC ACT CCA AAT ACC TCG CCA TCA   720
 180   Q   Y   L   K   V   K   E   N   R   D   Y   T   A   L   Q   I   P   R   H   H   199

 721  CCC CCG ACC TGG ATA AGG CCA TGG CTG TAG AGG TCG TGC ACG TCG GTC CTG ATG GGC TTT   780
 200   P   R   P   G   *                                                               203

 781  AGA CGA ACT GTG TCA AGG TGG TCG TCG AGG TTT GTT GCA TGT TGG CTG TAG GGT AGC CAA   840
 841  GAT GGC CCT GTG ACG TAT GCT TCG CTG GGT GCT AGG AGC CTC ATG TTG CCG AAT TGT CAC   900
 901  TGA TGA TTG CAG CTG GTT TTT GAT GGG AAT GGG GGA GCT CAA GGC TCG TTT TAC CAG CCC   960
 961  AGA GGC TCT GCA AAA TCT AGG GGT GGG GTA GGT GTG AAT TTA AGC TGC AAG TAC CGT GAG  1020
1021  GTC GGG CAT GCA GCT CTT GAC TGA TGT AAT CTA TTG GAT TTC AAA AAA AAA AAA AAA AAA  1080
1081  AAA A                                                                           1084
```

Fig. 4 The Nucleotide sequence of cDNA and deduced amino acid sequence for *upl*1

The N-terminal amino acid sequence is underlined. The asterisk indicates the stop codon. This cDNA sequence has been deposited in GenBank database with accession. NO: AY433960

The primary structure of the *Ulva pertusa* lectin does not show amino acid sequence similarity to any known plant and animal lectins. Hence, this protein might be the paradigm of a novel lectin family.

3 Discussion

Species of the green marine alga genus *Ulva* are widely distributed throughout the world. The attention of several research groups has been attracted to *Ulva* species, a potential source of exploitable lectin. For example, Gilboa-Garber et al.[23] have identified a fucose-binding lectin from *U. lactuca*. Other *Ulva* species have yielded lectins that are not inhibited by sample sugar, but are inhi -bited by more complex glycoproteins[24]. All lectins in those works have been examined in the crude or semi-purified extracts of the marine alga. The first description of purification of a lectin from the genus *Ulva* was not reported until 1996[25]. Since then, other two lectins were purified from the genus *Ulva*[26,27]. The partial properties of those purified lectins were summarized in the Table 3.

Table 3 Properties of the lectins from genus *Ulva*

Material	*U. laetevirens*[25]	*U. lactuca*[26]	*U. pertusa*[27]
MW (SDS-PAGE)	18, 900	17, 120	Nd
MW (gel filtration)	30, 300	8, 370	11, 047
pH stability	5.0—11.0	6.0—9.0	6.5—9.5
Heat stability	20—50	20—60	20—85
Inhibitor	Porcine stomach mucin Bovine submaxillary gland mucin Fucoidan	Porcine stomach mucin Bovine submaxillary gland mucin Fucoidan L-Fucose	Bovine thyroglobulin
Effect of EDTA	+	+	Nd

Nd, not detected; +, inhibition effect

Most characteristics of the lectin UPL1 are consistent with the previous descriptions about other *Ulva* lectins and other marine alga lectins. Like most lectins from *Ulva* species, the *U. pertusa* lectin UPL1 required divalent cations for maintenance of its biological activity, because the addition of EDTA to reaction medium could affect the hemagglutinating activity. Furthermore, the inhibition of the hemagglutinating activity by glycoprotein was also observed in other lectins from *Ulva* species and other marine algae, such as *Bryothamnion triquetrum*, *B. seaforthii*[28], and *Amansia multifida*[9].

The lectin UPL1 and another one purified by Li et al.[27] were both from *U. pertusa*. But they have obviousd ifference in molecular weight and other slight differences were also observed in basic properties. There are remarkable differences in terms of their basic properties among the lectins isolated from the same alga species in red alga *Gracilaria domigensis* and *Gelidium pusillum*[29], and green alga *Ulva lactuca*[30]. The variations could be related to different phases in the life cycle of plant[30].

Based on the N-terminal amino acid sequence, the full length cDNA sequence of UPL1 was cloned by PCR-RACE method, and sequenced. The full length of cDNA is 1084bp, and it encodes a premature product of 203 amino acids. The N-terminal sequence of the mature UPL1 polypeptide started at amino acid 53 of the deduced sequence from the cDNA, indicating 53 amino acids were lost due to posttranslational modification. The primary structure of the *Ulva pertusa* lectin does not show amino acid sequence similarity to known plant and animal lectins. Hence, this protein might be the paradigm of a novel lectin family. Apparently there is still much work to do on the sequences of algae lectins since only three amino acid sequences have been determined so far. More sequence studies will contribute to understanding their biochemistry and evolution differences between lectins present in land plants and those in marine algae.

Acknowledgements

We thank Dr. DUAN Yong-Ping and Prof. HU Fang-Ping for thoughtful review of the manuscript.

References

[1] Goldstein IJ, Hughes RC, Monsigny M, et al. What should be called a lectin? Nature, 1980, 285: 66

[2] Chrispeel MJ, Raikhel NV. Lectins, lectin genes and their role in plant defense. Plant Cell, 1991, 3(1): 1-9

[3] Peumans WJ, van Damme EJM. Lectins as plant defense proteins. Plant Physiol, 1995, 109(2): 347-352

[4] Lis H, Sharon N. Lectins in higher plants. *In*: Stumpf PK, Conn EE. The biochemistry of plants. New York: Academic Press Inc. , 1981, 6: 371-447

[5] Boyd WC, Almodovar LR, Boyd LG. Agglutinins in marine algae for human erythrocytes. Transfusion, 1966, 6(1): 82-83

[6] Rogers DJ, Blunden G, Evans PR. *Ptilota plumosa*, a new source of a bloodgroup B specific lectin. Med Lab Sci, 1977, 34 (3): 193-200

[7] Rogers DJ, Blunden G. Structural properties of the anti-B-lectin from the red alga *Ptilota plumosa*. Botanica Marina, 1980, 23 (3): 495-462

[8] Rogers DJ, Hori K. Marine algal lectins: new developments. Hydrobiologia, 1993, 260: 589-593

[9] Costa FHF, Sampaio AH, Neves SA, et al. Purification and characterization of a lectin from the red marine alga *Amansia multifida*. Physiol Mol Biol Plants, 1999, 5: 53-61

[10] Shiomi K, Yamanaka H, Kikuchi T. Purification and physicochemical properties of a hemagglutinin (GVA-1) in the red alga *Gracilaria verrucosa*. Bull Japanese Soc Sci Fisheries, 1981, 47: 1079-1084

[11] Hori K, Miyazawa K, Ito K. Some common properties of lectins from marine algae. Hydrobiologia, 1990, 204/205: 561-566

[12] Fabregas J, Mufioz AL, Carracedo A. Purification and partial characterization of tomentine. An *N*-acetyl- glucosamine-specific lectin from the green alga *Codium tomentosum* (Huds) Stackh. J Exp Mar Bio Eco, 1988, 124(1): 21-30

[13] Benevides NMB, Holanda ML, Melo FR, et al. Purification and partial characterization of the lectin from the marine green alga *Caulerpa cupressoides* (Vahl) C. Agardh. Botanica Marina, 2001, 44(1): 17-22

[14] Ferreiro CM, Criado MT. Purification and partial characterization of a *Fucus vesiculosus* agglutinin. Rev Esp Fisiol, 1983, 39(1): 51-59

[15] Sampaio AH, Rogers DJ, Barwell CJ. A galactose-specific lectin from the red marine alga *Ptilota filicina*. Phytochemistry, 1998, 48(5): 765-769

[16] Benevides NMB, Holanda ML, Melo FR, et al. Purification and partial characterisation of the lectin from the marine red alga *Enantiocladia duperreyi* (C. Agardh) Falkenberg. Botanica Marina, 1998, 41: 521-525

[17] Oliveira SRM, Nascimento AE, Lima MEP, et al. Purification and characterization of a lectin from the red marine alga *Pterocladiella capillacea* (S. G. Gmel.) Santel. & Hommers. Rev Bras Bot, 2002, 25(4): 397-403

[18] Okamoto R, Hori K, Miyazawa K, et al. Isolation and characterization of a new hemagglutinin from the red alga *Gracilaria bursa-pastoris*. Experientia, 1990, 46: 975-977

[19] Nagano CS, Moreno FBMB, Bloch CJr, et al. Purification and characterization of a new lectin from the red marine alga *Hypnea Musciformis*. Protein and Peptide Letters, 2002, 9 (2): 159-165

[20] Calvete JJ, Costa FHF, Saker-Sampaio S, et al. The amino acid sequence of the agglutinin isolated from the red marine alga *Bryothamnion triquetrum* defines a novel lectin structure. Cell Mol Life Sci, 2000, 57(2): 343-350

[21] Hori K, Matsubara K, Miyazawa K. Primary structures of two hemagglutinins from the marine red alga, *Hypnea japonica*. Biochim Biophys Acta, 2000, 1474(2): 226-236

[22] Dubois M, Gilles KA, Hamilton JK, et al. Colorimetric method for determination of sugar and related substances. Analy Chem, 1956, 28: 350-356

[23] Gilboa-Garber N, Citronbaum R, Levence C, et al. H blood group detection by the L-fucose binding lectin of the green marine alga *Ulva lactuca*. Dev Comp Immunol, 1988, 12(4): 695-705

[24] Chiles TC, Bird KT. A comparative study of animal erythrocyte agglutinins from marine algae. Comp Biochem Physiol B, 1989, 94(1): 107-111

[25] Sampaio AH, Rogers DJ, Barwell CJ. Characterization of a new lectin from the green marine alga *Ulva laetevirens*. Lectins: Biology, Biochemistry, Clinical Biochemistry, 1996, 11: 96-100

[26] Sampaio AH, Rogers DJ, Barwell CJ. Isolation and characterization of thelectin from the green marine alga *Ulva lactuca* L. Botanica Marina, 1998, 41: 427-433

[27] Li DT, Cui TJ, Lu Q, et al. Isolation, purification andproperties of lectin from *Ulva pertusa*. Chin J Biochem Mol Biol, 2000, 16(6): 774-778

[28] Ainouz IL, Sampaio AH, Freitas ALP, et al. Comparative study on hemagglutinins from the red algae *Bryothamnion seaforthii* and *Bryothamnion triquetrum*. Rev Bras Fisiol Veg, 1995, 7(1): 15-19

[29] Benevides NMB, Oliveira SRM, Holanda ML, et al. Seasonal variation in hemagglutinating activity and chemical composition of two red marine algae *Gracilaria domigensis* and *Gelidium pusillum*. Rev Bras Fisol Veg, 1999, 11(2): 91-95

[30] Sampaio AH, Rogers DJ, Barwell CJ, et al. Seasonal variation in production of lectins by *Ulva lactuca*. Lectins: Biology, Biochemistry, Clinical Biochemistry, 1996, 11: 101-106

Purification and characterization of an anti-TMV protein from a marin algae *Ulva pertusa* *

LIU Zhen-yu[1,2], XIE Li-yan[1], WU Zu-jian[1], LIN Qi-ying[1], XIE Lian-hui[1]

(1 Institute of Plant Virology, Fujian Agriculture and Forestry University, Fuzhou 350002;
2 College of Plant Protection, Shandong Agricultural University, Tai'an 271018)

Abstract: An antiviral protein UPCM40 was isolated and purified from the algae *Ulva pertusa* Kjellm through ammonium sulfate precipitation and CM-Sepharose FF ion-exchange column chromatography. It was shown that this kind of protein is a single band with molecular weight of about 36kD via SDS-PAGE electrophoresis. And it is of only single component under PAGE analysis. Whole waves scanning on UPCM40 showed characteristic peaks at 190-220nm and 250-300nm, and the maximum absorption on latter peak was 275nm. The activity of UPCM40 against the infection of *Tobacco mosaic virus* (TMV) was tested. The result showed that the inhibition rates were 85.6% and 90.2% on *Nicotiana glutinosa* and *Chenopodium amaranticolor* respectively. It also showed that the UPCM40 had certain inhibition activity to *Fusarium oxysporum* f. sp. *cucumerinum*, *Rhizoctonia solani* and *Gloeosporium musarum* at the concentration of 150μg/mL through Dual-culture experiments

Key words: *Ulva pertusa* Kjellm; positive ion-exchange protein purification; column chromatography; antivirus; TMV

孔石莼（*Ulva pertusa*）中一种抗 TMV 活性蛋白的纯化及其特性

刘振宇[1,2]，谢荔岩[1]，吴祖建[1]，林奇英[1]，谢联辉[1]

（1 福建农林大学植物病毒研究所，福建福州 350002；2 山东农业大学植物保护学院，山东泰安 271018）

摘　要：采用硫酸铵盐析、阳离子交换柱层析（CM-Sepharose Fast Flow），从孔石莼（*Ulva pertusa* Kjellm）藻体中分离纯化得到 1 个蛋白，命名为 UPCM40。经 SDS-PAGE 确定其分子质量约为 36kD，Native-PAGE 可知其为单一组分；该蛋白不含糖；其全波长扫描结果显示，该蛋白在 190～220nm 和 250～300nm 处有特征吸收峰，在 250～300nm 范围中的最大吸收峰在 270～275nm 处。经测定发现该蛋白具较好的抗烟草花叶病毒（*Tobacco mosaic virus*，TMV）的活性，当蛋白质浓度为 50μg/mL 时，对 TMV 的抑制效果为：在枯斑寄主心叶烟上的侵染抑制率达

Acta Phytothologica Sinica, 2005, 35, (3): 256-261
Received date: 2004-02-28　Revised date: 2004-07-28
* Foundation item: The Key Project of the Science Department of Fujian Province, China (2000H004, 2001Z127)

85.6%，在苋色藜上为 90.2%。测定该蛋白对 6 种供试真菌的抑制效果发现，对镰刀菌（*Fusarium oxysporum* f. sp. *cucumerinum*），立枯丝核菌（*Rhizoctonia solani*）和香蕉炭疽菌（*Gloeosporium musarum*）均有一定程度的抑菌作用，但抑制活性很低。

关键词：孔石莼；阳离子交换层析；蛋白纯化；抗病毒；TMV

中图分类号：S432.41；S968.411 **文献标志码**：A **文章编号**：0412-0914(2004)-03-0256-06

1 Introduction

Plant viruses as a significant pathogenic agent cause some severely damage to crops and plants. Since the first plant virus resistance protein—PAP was isolated from *Phytolacca amercana*[1], many scientists made attempts at finding out these kinds of protein similarly and some of the proteins had been obtained from different organisms[2,3]. These kinds of algae protein not only can be used in controlling viruses, but also be used as sources for transgene[4,5].

It had been found that the biological activities of the substance from marine algae gave a multi-efficacious in both medical and health use: anti-tumur, oxidation prevention, anti-bacteria, -fungi, and-virus, etc, consequently, studying on the active substance of algae has become one of the hot spots in this area. It is known that cultivative algae are so popular in the world currently and its area has been approximated to 200km^2[6-9]. Obviously, to reveal and develop the value of the antiviral property of proteins from algae is in a vast significance.

Ulva pertusa Kjellm is a kind of green algae belonging to Chlorophyta, Ulvaceae, distributes all over the world and has a large biomass. Many investigations on chemical compounds and pharmaceutical activities of *U. pertusa* Kjellm have been made recently and shown that it possess a vast range of prospects on pharmacy besides its edibility. But most of these investigations focus on amylose and small molecular compounds, few of them involved in active protein[10,11]. Recently an agglutinin purification and properties from *U. pertusa* and an alkaline phosphatase activities from *U. pertusa* have been reported[12,13]. As we know, TMV is one of the most popular and destructive virus in the world. A kind of anti-TMV protein from *U. pertusa* has been isolated and tested, that is what we concern in this paper.

2 Materials and Methods

2.1 Materials

Fresh samples of *U. pertusa* Kjellm were obtained from the sea areas of Nan-Ri island in Putian city, Fujian Province. After samples were picked out and chosen, washed and rinsed thoroughly in distilled water, then preserved in a freezer (−70℃).

Tobacco mosaic virus (TMV) was purified and preserved in our laboratory. *Nicotiana glutinosa* and *Chenopodium amaranticolor* were propagated and were used for anti-TMV activity evaluation. *Nicotiana tabacum* var. K326 was used for TMV preservation and multiplication.

CM-Sepharose Fast Flow (Pharmacia), acrylamide, bis-acrylamide, Tris and SDS (Shanghai Bio-engineering Technology Ltd., China); BSA (Sigma); low molecular weight standard protein (Shanghai Biochemical Institute); all other reagents (Chinese products, AR).

2.2 Methods

2.2.1 Sample digestion and proteins salting-out

Samples of *U. pertusa* Kjellm were homogenized with 0.02mol/L PB buffer, at pH7.2, placed at 4℃ for 12−24h, then centrifuged at 10 000*g* for 20min at 4℃. The ammonium sulfate was added into the supernatant to 40% saturation and kept at 4℃ overnight, then centrifuged at 10 000*g* for 20min at 4℃. The supernatant was retreated with $(NH_4)_2SO_4$, it was added to 80% for saturation other than the same processes as above. After centrifuged (10 000*g*, 20min,

4℃), the superuantant was discarded and the precipitation was collected and dissolved in 0.01mol/L PB buffer, pH7.2, and then dialyzed against distilled water then 0.01mol/L PB buffer, pH7.2.

2.2.2 CM-Sepharose Fast Flow ion exchange chromatography

Three milliliter of 40%, 80% salting-out protein was loaded on CM-Sepharose Fast Flow column (10cm × 1.6cm, id, 20mL bed volume) which was pre-equilibrated with the same buffer. Eluting liquid was collected for every 2.7mL under the flow speed of 32mL/h, and then it were monitored by the A_{280} measuring. After the OD value had lowed to the baseline, the further elution was carried out with the buffer containing a NaCl linear gradient from 0mol/L to 1.0mol/L at the flow rate of 32mL/h. Every fractions after tested to be with anti-TMV activity were pooled and purified through dialyzing extensively against distilled water then PB buffer (pH7.2) at 4℃. and then the proteins preparation were stored at −20℃ for further study.

2.2.3 Determination for purity and molecular mass of the algae protein

The purity and molecular mass of isolated proteins were determined by SDS-PAGE according to the procedure described by Laemmli[14]. The protein bands on running gels were visualized by staining with Coomassie brilliant blue.

2.2.4 Determination on protein concentration, total carbohydrate content and absorption spectrum

The concentration of purified protein was determined by the Bradford method, using BSA as the standard check[15]. Total carbohydrate content was determined by the phenol/sulfuric acid procedure with the AR glucose as the standard measuring[16]. The glycoprotein bands on the gel of SDS-PAGE and Native-PAGE were visualized by staining with periodic acid Schiff's reagent[17]. The absorption spectrum of the protein was detected by the spectrophotometer within 190-600nm (Ultrospec 2100 Pro., Amersham Pharmacia Biotech Product).

2.2.5 Inhibition to the TMV infection

TMV were purified according to the Gooding[18]. All of the algae protein solution tested were diluted in a series of concentration and mixed with the same volume of inoculum-TMV (20μg/mL) individually. The mixtures of inoculum were rubbed on the one side of basal leaves of *N. glutinosa* and *Ch. amaranticolor* using carborundum (600 mesh). And the another opposite side leaves were rubbed with TMV solution diluted with the same volume of PB buffer as control[19]. Each treatment was repeated for 5 or 6 times and was carried on in greenhouse. The necrotic lesions were counted after the infection symptoms appeased. Inhibition rate (%) = [1 − (number of necrotic lesions tested/number of necrotic lesions controlled)] ×100.

2.2.6 Inhibition to plant pathogenetic fungi

Pieces (Φ=5mm) of plant pathogenetic fungi pure culture were placed on a PDA plate in an equilateral triangle position. After 24-28h incubated, colonies had been grown up to 10-15mm in diameter, then a piece of filter paper dish saturated with 15μL of algae protein solution was placed at the center of the triangle. After it was inoculated under 28-30℃ for 24-72h, the inhibition zones between fungus colonies and paper dish were measured. Each treatment was in 3 repeated. The tested fungi were listed in the Table 2.

3 Results

3.1 Purification of UPCM 40

The preparation of proteins from *U. pertusa* were resolved via CM-Sepharose column. In Fig. 1, the OD value was plotted to the fractions of protein elution.

It is conspicuous that five protein peaks can be seen in the elution curve, the peak A and B are corresponding to algae proteins which could not be adhered to CM-Sepharose FF but can be eluted by PB buffer, C, D and E were proteins which could be adhered to CM-Sepharose FF and also can be

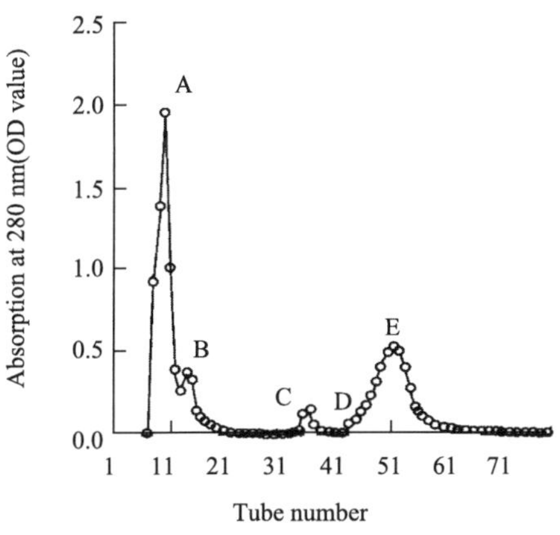

Fig. 1 Optical density curve of protein from *U. pertusa*

eluted by NaCl linear gradient from 0 to 1.0mol/L. Consequently, proteins of algae appeared in the peaks of C, D and E mainly, and it was considered to be some proteins with positive charge.

3.2 SDS-PAGE and Native-PAGE analysis and protein characteristics

The protein fraction collected from peak E was resolved by SDS-PAGE and Native-PAGE. It was only one single band appeared in SDS-PAGE gel, which implied that this protein is of monomeric protein and in electrophoretic purity. This kind of algae protein was named as UPCM 40 and the molecular mass of it was estimated to be about 36 000D according to the standard marker measuring (Fig. 2).

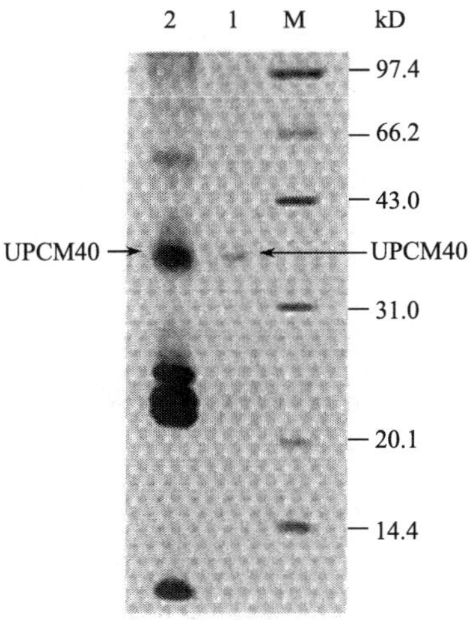

Fig. 2 SDS-PAGE electrophotogram of UPCM40
1. UPCM40; 2. the rude protein of 40% and 80% $(NH_4)_2SO_4$ saturation salting-out proteins; M. marker

No other conspicuous band had been observed while the electrophoretic gel was stained with periodic acid Schiff's reagent, which meant no carbohydrate contain in the protein. It was further confirmed by the phenol/sulfuric acid procedure.

The result also showed that there were two typical absorption peaks existed, under ultraviolet spectrophotometer, one is in 190-220nm, another in 250-300nm and its maximal peak was in 270-275nm, not in 280nm (Fig. 3, Fig. 4). Accordingly, the UPCM40 was considered to be different from ordinary protein from *U. pertusa* algae.

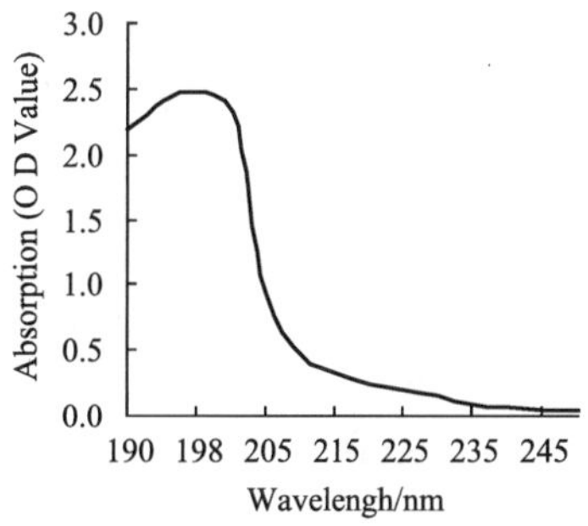

Fig. 3 The UV absorption spectrum of UPCM40 in 190-225nm

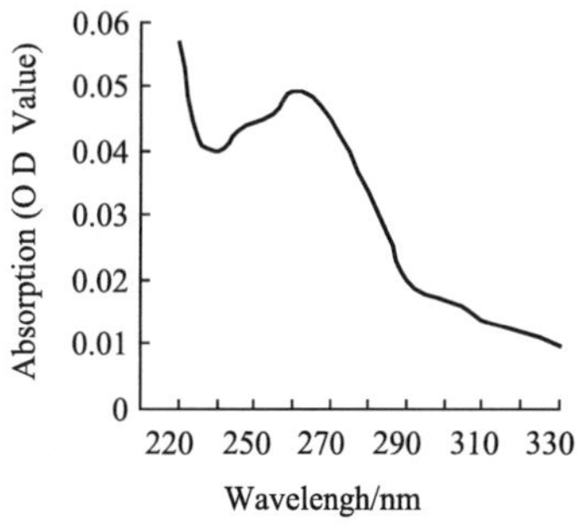

Fig. 4 The UV absorption spectrum of UPCM40 in 220-340nm

3.3 The inhibition effect of UPCM40 on TMV

TMV was purified and then examined by ultraviolet spectrophotometer, in which it presented a typical absorption feature, the maximal peak is in 260nm and the minimal peak is in 240nm. The concentration of the purified TMV was also estimated to be 60mg/mL.

Table 1　The inhibition rate of UPCM40 to TMV

Concentration of UPCM40/ (μg /mL)	Inhibition rate/%	
	Nicotiana glutinosa	*Chenopodium amaranticolor*
12.5	37.8	42.1
25.0	76.4	74.9
50.0	85.6	90.2
150.0	90.5	93.1

The purified TMV were diluted with PBS, and mixed with the UPCM40 of protein, and made a final concentration of TMV in 10μg /mL constantly and for UPCM in a series of range. Two kinds of host (necrosis response to TMV) were inoculated by TMV with different concentration of UPCM40. As the result showed in Table 1 the inhibition rate on *N. glutinosa* and *Ch. amaranticolor* was 85.6% and 90.2%, respectively while the concentration of UPCM40 was at 50μg/mL. The result also indicated that the higher concentration of the UPCM40 is, the higher inhibition it will take. But the inhibition rate increased steady after it got close to 50μg/mL.

3.4　The inhibition activity of UPCM 40 to some pathogenetic fungi of plant

Six kinds of plant pathogenetic fungi were evaluated for the inhibition activity of UPCM40 inc 150μg/mL concentration. The result showed that the UPCM 40 had a slight inhibition activity to *Fusarium oxysporum* f. sp. *cucumerinum*, *Rhizoctonia solani* and *Gloeosporium musarum*. Little effects had been observed to *Alternaria alternata*, *Botrytis cinerea* and *Phytophthora capsici* (Table 2).

Table 2　The inhibition activity of UPCM40 to six pathogenetic fungi of plant

Fungi tested	Inhibition activity
Alternaria alternata	—
Botrytis cinerea	—
Fusarum oxysporum f. sp. *cucumerinum*	+
Phytophthora capsici	—
Gloeosporium musarum	++
Rhizoctonia solani	+

++, + mean different level of inhibition activity respectively; — means no inhibition activity

4　Discussion

A purified UPCM 40 protein from the *Ulva pertusa* with anti-TMV activity was first reported. The protein could be adhered to cationic exchange agent under the condition of pH7.2. It was a monomeric protein with the molecular mass about 36kD and no carbohydrate contained in it. A slightly effect on *F. oxysporum*. f. sp. *cucumerinum*, *R. solani* and *G. musarum*. This kind of protein was supposed to be a new kind of algae protein found in *U. pertusa* even in *Ulraceae* before. Due to its properties were different from other proteins derived from *U. pertusa*, with these differences after checked to the protein database of Swiss-Prot, it is reasonable to consider that UPCM 40 is a new kind of protein from *U. pertusa*.

According to the low content of active component from *U. pertusa*, and particular growth conditions it acquired, it is difficult to get enough active substances from *U. pertusa*, directly. But possibly, It will be able to get enough supplement of active substance via genetic engineering. Because of its antiviral properties, this kinds of genes also possess some potential in increasing the plant disease resistant. The gene cloning of the protein UPCM 40 is in progress.

In dual facilities that TMV was chosen as a target for evaluating the antiviral activity of UPCM40 in this study, for its destructive significance in crops and plants, precedent and available both in information and protocol in TMV study. And from the results we gain, it is hopeful to develop the UPCM40 as a factor in virus diseases control through disease resistant transgenic research. In the consequence of the antiviral activity of the UP-

CM40 was revealed an advanced study on the mechanism of inhibition activity and some extensive study on animal viruses will be also carried on.

References

[1] Kassanis BB, Kleczkowski A. The isolation and some properties of a virus-inhibiting protein from *Phytolacca esculenta*. J. Gen. Microbiol. , 1948, 2(2): 143-153

[2] Baranwal VK, Verma H N. Characteristics of a virus inhibitor from the leaf extract of *Celosia cristata*. Plant Pathology, 1997, 46(4): 523-529

[3] Balasubrahmanyam A, Baranwal VK, Lodha ML, et al. Purification and properties of growth stage-dependent antiviral proteins from the leaves of *Celosia cristata*. Plant Science, 2000, 154(1): 13-21

[4] Wang P, Zoubenko O, Tumer NE. Reduced toxicity and broad spectrum resistance to viral and fungal infection on transgenic plants expressing pokeweed antiviral protein Ⅱ. Plant Molecular Biology, 1998, 38(6): 957-964

[5] Gutierrez-Campos R, Torres-Acosta JA, Saucedo-Arias LJ, et al. The use of cysteine proteinase inhibitors to engineer resistance against potyviruses in transgenic tobacco plants. Nature Biotechnology, 1999, 17(12): 1223-1226

[6] Schaeffer DJ, Krylov VS. Anti-HIV activity of extracts and compounds from algae and cyanobacteria. Ecotoxicology and Enviromental Safety, 2000, 45(3): 208-227

[7] Premanathan M, Kathiresan K, Chandra K. Antiviral evaluation of some marine plants against Semliki forest virus. International Journal of Pharmacognosy, 1995, 33(1): 75-77

[8] Rogers DJ, Hori K, Sampaio AH. Lectins from marine algae: history and current status. Cellular and Molecular Life Sciences, 2000, 57(2): 343-350

[9] Cannell J. Algae as a source of biologically active products. Pesticide Science, 1993, 39(2): 147-153

[10] Li WX, Zhu ZH, Liu FX. Marine Phycology. Shanghai: Shanghai Science and Technology Press, 1982

[11] Su XR, Li TW, Chang ShJ. A study on nutrition of *Ulva pertusa* Kjellm. Chinese Journal of Marine Drugs, 1997, 61(1): 33-35

[12] Li DT, Cui TJ, Lu O, et al. Isolation, purification and properties of lectin from *Ulva pertusa*. China Journal Biochemistry Molecular Biology, 2000, 16(6): 774-778

[13] Yang D, Wang J, Peng X, et al. Kinetics of inactivation of *Ulva pertusa* Kjellm alkaline phosphatase by ethylenediaminetetraacetic acid disodiumn. Enzyme Inhibition, 2001, 16(4): 313-319

[14] Laemmli UK. Cleavage of structural proteins during the assembly of the head of bacterophage T4. Nature, 1970, 227 (5259): 680-685

[15] Bradford MM. A rapid and sensitive method for the quantitation of microgram quantities of protein utilizing the principle of protein-dye binding. Ann Biochem, 1976, 72(1): 248-254

[16] Dudois M, Gilles KA, Hamilton J K, et al. Protein measurement with the Folin phenol reagent . Analytical Chemistry, 1956, 28(3): 350-356

[17] Segrest JP, Jacksons RL. Molecular weight determination of glycoproteins by polyacrylamide gel electrophoresis on sodium dodecylsulfate. *In*: Ginsburg V. Methods in enzymology, V. 28B. New York: Academic Press, 1972, 54-63

[18] Gooding GVJr, Hebert TT. A simple technique for purification of *Tobacco mosaic virus* in large quantities. Phytopathology, 1967, 57(11): 1285

[19] Chen ZC, White RF, Antoniw JF, et al. Effect of pokeweed antiviral protein on the infection of plant viruses. Plant Pathology, 1991, 40(5): 612-620

产碱性蛋白酶海洋细菌的筛选与鉴定*

黄志强，林白雪，谢联辉

（福建农林大学生物农药与化学生物学教育部重点实验室，福建福州　350002；
福建农林大学植物病毒研究所，福建福州　350002）

摘　要：从福建海域的海水、海泥及海藻样品中分离到3株产碱性蛋白酶的海洋细菌菌株3B、6CW、15E，采用16S rDNA分子生物学鉴定结合细菌的常规鉴定方法，确认分离到的3株产蛋白酶的海洋细菌菌株分别是荧光假单胞菌（*Pseudomonas fluorescens*）、黏质沙雷菌（*Serratia marcescens*）和氧化短杆菌（*Brevibacterium oxydans*），并对其发酵液中的蛋白酶活力做了初步研究。

关键词：海洋细菌；蛋白酶；筛选；鉴定

中图分类号：Q939.9　**文献标识码**：A　**文章编号**：1671-5470（2006）04-0416-05

Isolation and identification of alkaline protease-producing marine bacteria

HUANG Zhi-qiang，LIN Bai-xue，XIE Lian-hui

（Key Laboratory of Biopesticide and Chemical Biology，Ministry of Education，
Fujian Agriculture and Forestry University，Fuzhou　350002；
Institute of Plant Virology，Fujian Agriculture and Forestry University，Fuzhou　350002）

Abstract：Three alkaline protease-producing marine bacterial strains，named as 3B，6CW and 15E，were isolated form samples of sea-water，sea-mud and seaweed. These isolates were characterized and identified as species of *Pseudomonas fluorescens*，*Serratia marcescens*，and *Brevibacterium oxydans* respectively，based on their physiological and biochemical characteristics and analysis of 16S rDNA sequence. And proteolytic activity of protease from strains 3B，6CW and 15E were researched.

Key words：marine bacteria；alkaline protease；isolation；identification

碱性蛋白酶是商品蛋白酶中应用最广、产量最大的一类蛋白酶，主要应用于加酶洗涤剂、制革、丝绸、食品、医药等领域[1]。Keay将不同芽孢杆菌生产的碱性蛋白酶分成A型（Carlsberg型）和B型（Novo型）枯草杆菌碱性蛋白酶，二者在性能和结构方面很相似，最适反应温度都在50～55℃，最适工作pH为9～11[2]。

碱性蛋白酶作为在工业、农业、食品、环保等

福建农林大学学报（自然科学版），2006，35（4）：416-420
收稿日期：2005-11-13　修回日期：2006-06-19
*　基金项目：福建省自然科学基金资助项目（Z0516011）、福建省科技计划项目（2003F011）

方面重要的酶类，目前的研究重点在于寻找具有高产、高效、耐高温、耐高碱的四高型蛋白酶。浩瀚的海洋以其独特和多样的生态环境，形成了独特而丰富的海洋微生物资源，并产生种类繁多的生物活性物质。因此，从海洋微生物中寻找特异活性的碱性蛋白酶是一个值得研究的课题。本文对所分离到的 3 株产碱性蛋白酶的海洋细菌进行了初步研究并做了相应鉴定。

1 材料与方法

1.1 材料

从福建长乐、莆田、霞浦等沿海海域采集的海水、海泥、海藻等为试验材料。

1.2 培养基及试剂

1.2.1 ZoBell 2261E 培养基

参考文献［3］。

1.2.2 酪蛋白培养基

20g/L 酪蛋白，人工海水[2]配制，1.5%琼脂，pH7.5～8.0。

1.2.3 试验试剂

酪蛋白、蛋白胨、酵母膏、琼脂粉等为进口分装，其他试剂为国产分析纯。

1.3 试验方法

1.3.1 海洋细菌的分离

样品稀释后涂布于 ZoBell 2261E 培养基上，28℃培养，待菌落生成后，挑取菌落，进行划平板分离。反复分离至为单一菌落。

1.3.2 初筛[4-6]

在酪蛋白培养基上点接纯培养的细菌。如果培养的细菌产生蛋白酶，则会在菌落周围产生透明水解圈，根据水解圈直径（D）与菌落直径（d）的比值（D/d）大小确定产蛋白酶能力较强的菌株。

1.3.3 复筛

液体 ZoBell 2261E 培养基培养 48h，发酵液离心取上清，测蛋白酶活力。

1.3.4 酶活测定方法

Folin 酚法：参考文献［7］并略有修改。具体步骤如下：1mL 酶液中加入 20g/L 的酪蛋白液 1mL，适当温度水浴 10min，然后加入 0.4mol/L 的 TCA 液 2mL 终止反应。离心取上清 1mL，加入 Folin 酚 A 液 5mL，25℃放置 10min，之后加入 0.5mL Folin 酚 B 液，25℃保温 30min。在波长 680nm 处测 D 值。空白对照为先加入 TCA 使蛋白酶灭活，再加酪蛋白，其后步骤同测定样。

1.3.5 酶活定义

以 1mL 酶液在一定条件下每分钟水解酪蛋白产生 1μg 酪氨酸所需的酶量定义为 1 个酶活单位（U）。

1.3.6 16S rDNA 鉴定

细菌总 DNA 提取参照叶明亮[8]的方法。根据大肠杆菌 16S rDNA 上、下游两段高度保守序列设计了 1 对引物（27F：5′-AGAGTTTATCCTGGCTCAG -3′；1510R：5′-GGTTACCTTGTTACGACTT 3′-）进行 16S rDNA 的 PCR 扩增。PCR 反应条件为 94℃预变性 5min，然后 94℃ 1min，55℃ 1.5min，72℃ 2min，循环 30 次；72℃延伸 10min。扩增产物经 1.0g/L 琼脂糖凝胶电泳进行检测。细菌 16S rDNA 的克隆采用 T-载体进行[9]。

1.3.7 细菌常规鉴定

参照《微生物学实验》[10]。

2 结果与分析

2.1 产蛋白酶海洋细菌的筛选

2.1.1 初筛结果

利用酪蛋白培养基对分离纯化的 150 多株海洋细菌菌株进一步筛选，得到 20 株具有明显水解酪蛋白能力的菌株。

2.1.2 复筛结果

在初筛中得到的 20 株菌株中，利用酪蛋白培养基进一步筛选。接种后于 28℃培养，每隔 24h 测量一次水解圈与菌落的直径。根据水解圈与菌落直径比值的大小，选择了 6 株菌株进行液体发酵培养。从表 1 看出，菌株 3B、6CW、15E 的水解圈与菌落直径的大小呈正相关，而菌株 27B、27C 的比值较为无序，菌株 33A 的比值较为恒定。

表 1 水解圈/菌落直径比

$t_{(培养)}$/h	D/d					
	3B	6CW	15E	27B	27C	33A
24	1.905	4.400	3.000	3.000	3.500	3.750
48	3.333	5.625	3.667	3.375	2.857	3.667
72	3.767	5.778	4.571	2.750	3.222	3.333

2.2　温度、pH 对蛋白酶活力的影响

挑选 6 株具有较好酶活力的菌株利用液体酪蛋白培养基在 28℃进行发酵。培养 48h 后离心取上清，在不同温度、pH 条件下测定发酵液中的蛋白酶活力。

2.2.1　温度对蛋白酶活力的影响

从图 1 中可以看出，选定的 6 株菌株分泌的蛋白酶最适温度介于 40～50℃，属于中温蛋白酶。其中，菌株 3B、6CW、15E 的酶活力相对较高，三者分别为 716.4U/mL、649.2U/mL、528.4U/mL。

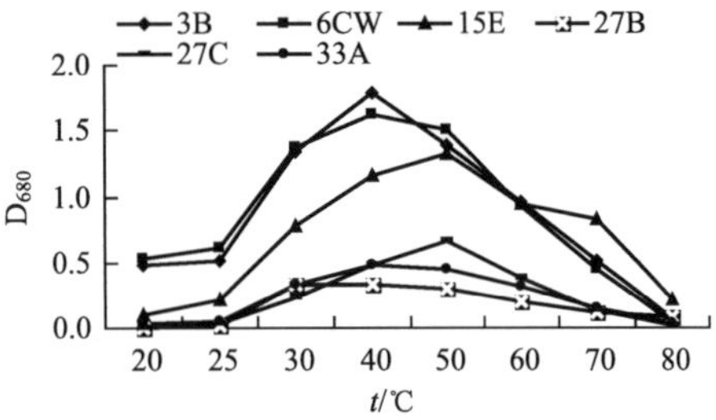

图 1　温度对酶活力的影响

2.2.2　pH 对蛋白酶活力的影响（图 2）

在 pH7.0～9.0 下菌株 3B、6CW、15E 的酶活力较高而且稳定。菌株 3B 在 pH8.0 时达到最高酶活力，为 336U/mL；菌株 6CW 最高酶活力在 pH8.4，为 480U/mL；菌株 15E 的最高酶活力出现在 pH8.2，为 526U/mL。另外 3 株菌株的蛋白酶虽然也属于碱性蛋白酶的范畴，但其酶活较弱。因此，选取菌株 3B、6CW、15E 作为后续工作的研究重点。

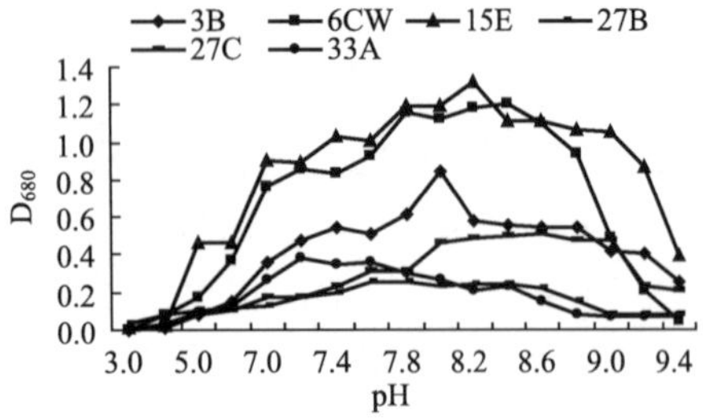

图 2　pH 对酶活力的影响

2.3　产碱性蛋白酶海洋细菌的鉴定

2.3.1　16S rDNA 鉴定

（1）目的片段的克隆。取总 DNA 模板约 20ng，利用细菌 16S rDNA 通用引物进行 PCR 扩增，扩增结果如图 3。将此 PCR 产物回收后克隆到 pMD18-T 载体上。经过筛选，结果显示（图 4），1～6 号克隆子中含有相关的细菌 16S rDNA 片段。

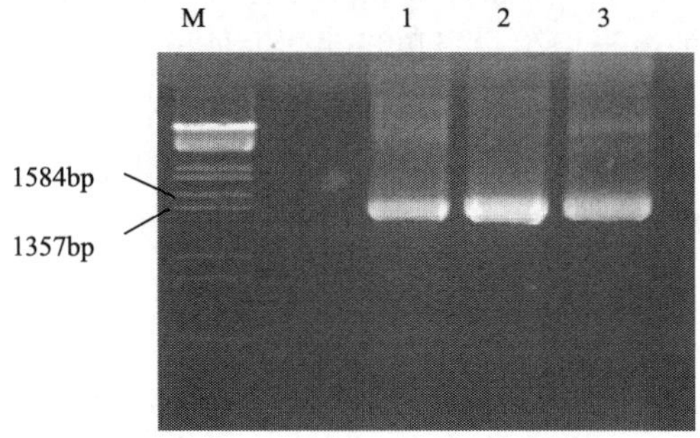

图 3　海洋细菌的 16S rDNA 扩增产物

M. λDNA/*Eco*RⅠ＋*Hind*Ⅲ Marker；

1，2，3 分别为菌株 3B，6CW 和 15E 的 PCR 产物

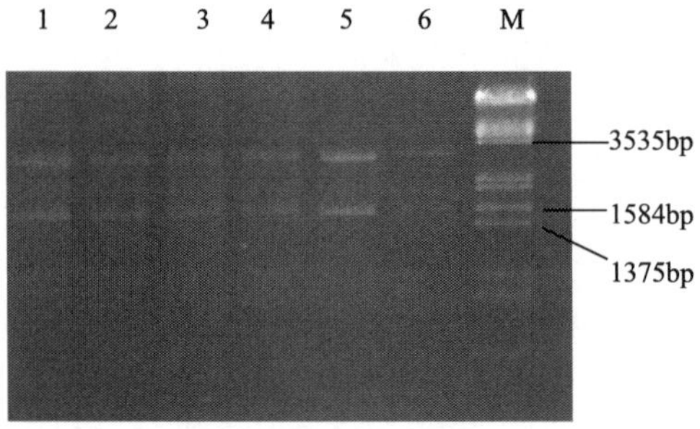

图 4　克隆载体双酶切鉴定

1～6：克隆载体采用 *pst*Ⅰ/*Bam*HⅠ酶切；

M，Lambda DNA/*Eco*RⅠ＋*Hind*Ⅲ Marker

（2）目的片段的测序[11,12]。细菌 16S rDNA 目的片段测序为：菌株 3B、6CW 和 15E 分别为 1399bp、1502bp、1380bp。获得的序列输入 GenBank，以 Blast 程序对数据库中所有的序列进行比较分析。同源性比较结果显示，菌株 3B、6CW 和 15E 分别与荧光假单胞菌、黏质沙雷菌、氧化短杆菌的 16S rDNA 序列同源性高达 99%以上。

（3）生命进化树的建立。选取 30 株细菌的 16S rDNA 全序列利用 Clustal X1.83 和 Mega 2.1 软件进行遗传距离计算，并绘制系统发育树（图 5）。所选取的菌株包括：菌株 3B、6CW、15E；数据库中与该菌株同属且同源性较高的细菌；各个系统发育分支中的代表性细菌。用 Bootstrap 测试系统进化树，重复次数设定为 1000，所得发育树基本一致。通过与已知的类群在系统分类上进行聚类分析可见，菌株 3B 和荧光假单胞菌处于同一个分支，6CW 和黏质沙雷菌处于同一个分支，15E 和 *B. oxydans* 处于同一个分支。该结果与序列同源性比较结果一致。

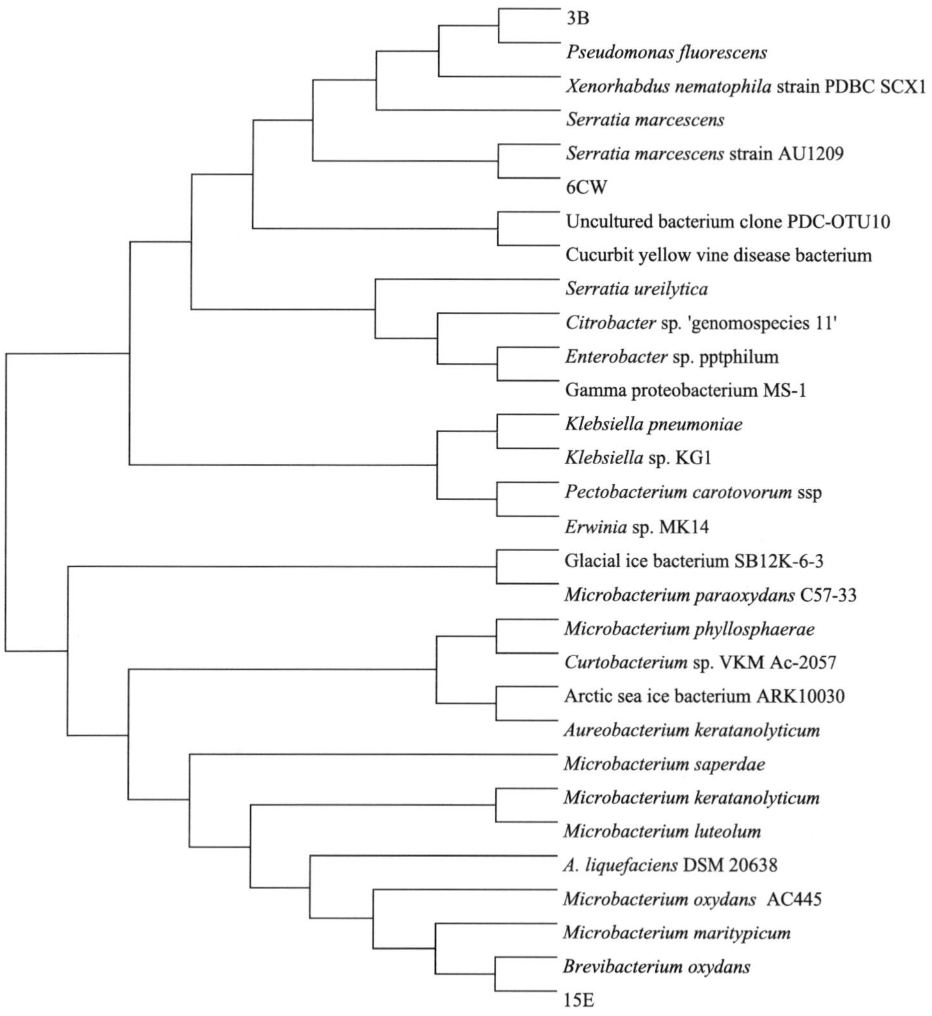

图 5 根据细菌 16S rDNA 序列的同源性构建的系统进化树

2.3.2 细菌生理生化鉴定

（1）细胞形态的观察（表 2）。革兰氏染色显示，菌株 3B 和 6CW 为革兰氏阴性菌，15E 为革兰氏阳性菌。3 株菌株均有鞭毛，具有运动性，无芽孢。

（2）细菌部分生理生化性质的研究（表 3）。菌株 3B、6CW、15E 都可以产生色素，生长温度范围较宽，需氧生长；甲基红试验（M. R.）呈阴性；菌株 3B、6CW、15E 在糖类发酵和利用、对碳源和无机氮源的利用存在差异。无 NaCl 条件下不长或生长不良，可以耐受 5g/L NaCl 盐度，这也说明了菌株 3B、6CW、15E 为海洋细菌或是经驯化已适应海洋高盐环境的陆源细菌。

表 2 菌株 3B、6CW、15E 的形态特征的比较

菌株	个体形状					菌落特征						
	形态	革兰氏染色	运动性	鞭毛	芽孢	形状	大小	表面	隆起	透明度	边缘	颜色
3B	杆状	－	＋	＋	－	圆形	小	光滑	凸透镜状	不透明	完整	棕黄
6CW	杆状	－	＋	＋	－	圆形	大	光滑	凸透镜状	不透明	完整	乳白
15E	椭圆状	＋	＋	＋	－	圆形	小	光滑	凸透镜状	不透明	完整	米黄

表 3　菌株 3B、6CW、15E 生理、生化特征的比较

菌株	色素的产生	生长温度/℃	好氧性	最适盐浓度	水解					
					明胶	淀粉	酪素	三丁酸甘油酯	纤维素	柠檬酸盐
3B	＋	4～40	＋	2	＋	－	＋	＋	－	－
6CW	＋	4～40	＋	2	＋	－	＋	＋	－	＋
15E	＋	4～40	＋	2	－	－	＋	－	－	＋

菌株	唯一碳源试验						无机氮		吲哚反应	V.P.反应	甲基红试验	H_2S反应	产H_2O_2酶	产卵磷脂酶
	蔗糖	葡萄糖	甘露醇	甘油	乳糖	甘氨酸	硫酸铵	硝酸铵						
3B	＋	＋	＋	＋	－	－	＋	＋	－	－	＋	＋	－	＋
6CW	＋	＋	＋	＋	－	－	－	－	－	＋	－	＋	＋	＋
15E	＋	＋	＋	＋	－	－	－	－	－	－	＋	＋	＋	＋

2.3.3　细菌鉴定结果

根据 16S rDNA 分子生物学鉴定和细菌的常规鉴定，确认分离到的 3 株产蛋白酶的海洋细菌菌株 3B、6CW、15E 分别是荧光假单胞菌、黏质沙雷菌、氧化短杆菌。

3　讨论

从获得纯培养的 150 多株海洋细菌菌株中筛选到 20 株具有产蛋白酶能力的菌株，其中 3 株菌株所分泌的胞外蛋白酶具有较高的活力。初步研究表明，菌株 3B、6CW、15E 的胞外蛋白酶都是中温性的，而且中等碱性条件下具有高活性和稳定性，可能在洗涤、制革、丝绸等领域具有潜在的开发和应用前景。有关这些海洋细菌菌株产酶条件的研究及其碱性蛋白酶性质的进一步研究结果，将另文发表。

目前鉴定海洋细菌的种类主要是根据《伯杰细菌鉴定手册》[13]，但该手册中描述的种类绝大多数来自陆地和淡水区域。因此，从海洋中分离的细菌的特征与该手册所记载完全一致的很少。在海洋细菌分类尚未成熟的阶段，如果目标菌株的主要特征与该手册中所描述的种类基本一致时，暂且认为隶属于此种或变种[14]。随着 16S rDNA 分子分类的理论和方法的日趋成熟以及数据库的不断完善，16S rDNA 的分子鉴定已经逐步成为微生物资源调查和环境生态研究的一种强有力的工具。本研究结合了 16S rDNA 分子生物学鉴定和细菌的常规鉴定方法，通过在 GenBank＋EMBL＋DDBJ＋PDB 库中搜寻所有序列进行比对，再依据《伯杰细菌鉴定手册》，确认分离到的 3 株产蛋白酶的海洋细菌菌株 3B、6CW 和 15E 分别是荧光假单胞菌、黏质沙雷菌和氧化短杆菌。菌株 3B、6CW、15E 作为能产碱性蛋白酶的海洋细菌，其相关研究，无论对海洋细菌分类学研究还是为研究开发具有自主知识产权的性能优良的海洋碱性蛋白酶都具有重要意义。

参 考 文 献

[1] Adil AM，Saleemuddin. Alkali protease：a review. Bioresource Technology，1998，64：175-183

[2] Markland FS，Smith EL. Subtilisin：primary structure chemical and physical properties. The enzymes，vol. 3. New York：Academic Press，Inc.，1971，561-648

[3] 林永成，周世宁. 海洋微生物及其代谢产物. 北京：化学工业出版社，2003

[4] Lee S，Kato J，Takiguchi N，et al. Involvement of an extracellular Protease in algicidal activity of the marine bacterium *Pseudoalteromonas* sp. strain A28. Applied and Environmental Microbiology，2000，66(10)：4334-4339

[5] Hoshino T，Ishizaki K，Sakamoto T，et al. Isolation of a *Pseudomonas* species from fish intestine that produces a protease active at low temperature. Letters in Applied Microbiology，1997，25：70-72

[6] 陈秀兰，张玉忠，高培基等. 对深海适冷菌 *Pseudomonas* sp. SM9915 分泌不同适冷蛋白酶的研究. 海洋与湖沼，2003，34(2)：155-160

[7] 陈敏荃. 生物化学实验方法和技术. 北京：科学出版社，2002

[8] 叶明亮，袁著忻，李晓娣等. 细菌随机扩增多态性 DNA 分析中模板提取方法的优化. 军事医学科学院院刊，2001，25(2)：100-102

[9] Sambrook J，Fritsch EF，Maniatis T. Molecular cloning-a laboratory manual. 2nd. New York：Cold Spring Habour Laboratory Press，1989

[10] 赵斌，何绍江. 微生物学实验. 北京：科学出版社，2002

[11] 戴欣，周惠，陈月琴等. 中国南海南沙海区沉积物中细菌 16S rDNA 多样性的初步研究. 自然科学进展，2002，12(5)：419-484

[12] 林念炜，张锐，赵晶等. 南极产低温蛋白酶菌株 *Marinobacter* sp. R2 的发酵条件及酶学性质研究. 厦门大学学报，2004，43(6)：865-868

[13] Buchnanan RE，Gbbons N. 伯杰细菌鉴定手册. 北京：科学出版社，1984

[14] 孙谧，张云波，洪义国等. 黄杆菌属中的一个新种. 海洋水产研究，2000，21(4)：6-13

海洋氧化短杆菌15E碱性蛋白酶的酶学性质*

林白雪，黄志强，谢联辉

（福建农林大学生物农药与化学生物学教育部重点实验室，福建福州　350002；
福建农林大学植物病毒研究所，福建福州　350002）

摘　要：对氧化短杆菌（*Brevibacterium oxydans*）15E菌株所产的碱性蛋白酶酶学性质研究表明，15E菌株所分泌的碱性蛋白酶分子质量为49.0kD、等电点为9.3。该酶的最适作用温度为60℃，最适pH为7.0～9.0；Ca^{2+}、Mg^{2+}、K^{+}对酶有激活作用。酶对一些变性剂如SDS、尿素、盐酸胍具有一定的耐受性；PMSF和AEBSF能抑制该蛋白酶，表明该酶属于丝氨酸蛋白酶；EDTA对该蛋白酶有抑制作用，说明该蛋白可能含有金属离子。

关键词：海洋细菌；碱性蛋白酶；酶学性质

中图分类号：Q936　**文献标识码**：A　**文章编号**：1671-5470（2008）02-0158-04

Enzyme properties of alkaline protease produced by marine bacterium strain 15E (*Brevibacterium oxydans*)

LIN Bai-xue, HUANG Zhi-qiang, XIE Lian-hui

(Key Laboratory of Biopesticide and Chemical Biology, Ministry of Education,
Fujian Agriculture and Forestry University, Fuzhou　350002;
Institute of Plant Virology, Fujian Agriculture and Forestry University, Fuzhou　350002)

Abstract: The enzyme properties of alkaline protease from marine bacterium (*Brevibacterium oxydans*) strain 15E were tested. The alkaline protease has molecular weight 49.0kD, isoelectric point 9.3. The optimum condition for the protease activity was 60℃ and pH 7.0 to 9.0. Ions such as Ca^{2+}, Mg^{2+} and K^{+} promoted the activity of the protease. The protease was tolerable to some denaturing agents such as SDS, urea, guanidine HCl, while it was inhibited by PMSF, AEBSF and EDTA, which indicated the alkaline protease belonged to the type of serine protease and some metal ions was important for catalytic activity.

Key words: marine bacterium; alkaline protease; enzyme properties

浩瀚的海洋以其独特和多样的生态环境，形成了丰富的有别于其他环境的海洋微生物资源，并产生种类繁多、具有独特结构和功能的生物活性物质，因此海洋微生物可能存在特异活性的碱性蛋白

福建农林大学学报（自然科学版），2008，37（2）：159-161

收稿日期：2007-02-08　修回日期：2007-04-11

*　基金项目：福建省自然科学基金（Z0516011）、福建省科技计划（2003F011）

酶。碱性蛋白酶是工业、农业、食品、环保等方面重要的酶类，微生物来源的碱性蛋白酶都是胞外酶，适合工业化生产，海洋微生物蛋白酶的研究始于20世纪70年代。海洋蛋白酶独特的性质，如作用pH范围宽、最适pH和反应温度适中、随反应温度的降低酶活性下降缓慢等，引起了各国研究人员的关注，相继开发出多种海洋微生物新型蛋白酶，并已广泛应用于生产上[1]。我们曾首次报道海洋氧化短杆菌（*Brevibacterium oxydans*）15E有较强的产碱性蛋白酶能力，并对其产酶的发酵条件进行了初步研究[2,3]。本文对氧化短杆菌15E碱性蛋白酶的分离纯化和酶学性质进行了研究。

1　材料与方法

1.1　菌种

氧化短杆菌15E菌株自福建省福清海域的海水样品经筛选而得到，由福建农林大学植物病毒研究所保存。

1.2　试剂

试剂：DEAE-Sepharose Fast Flow（Phormacia Biotech）；Superdex G200（Phormacia Biotech）；PMSF、AEBSF（Ameresco）。

1.3　方法

1.3.1　蛋白酶酶活力测定

按照Folin-酚法测定酶活力[4]，具体步骤如下。1mL酶液中加入20g/L酪蛋白液1mL，适当温度水浴10min，然后加入0.4mol/L三氯乙酸（TCA）2mL终止反应。离心取上清1mL，加入Folin-酚A液5mL，25℃放置10min，之后加入0.5mL Folin-酚B液，25℃保温30min。在波长680nm处测D_{680}。空白对照为先加入TCA使蛋白酶灭活，再加酪蛋白，其后步骤相同。1mL酶液1min内水解酪蛋白产生1μg酪氨酸所需的酶量定义为一个酶活单位（U）。

1.3.2　蛋白酶的分离纯化

①粗酶样的制备。发酵液8000r/min离心取上清，用0.4g/mL $(NH_4)_2SO_4$进行沉淀，0.01mol/L PBS溶液透析除盐后，PEG20000浓缩得到粗酶样。②层析分离纯化。粗酶样经过DEAE-Sepharose Fast Flow离子交换层析（0.01mol/L PBS洗脱）后，收集酶活组分；酶活组分经蒸馏水透析后，用PEG20000浓缩；浓缩液过Superdex G-200凝胶柱（0.01mol/L PBS洗脱），收集活性峰，即纯化的蛋白酶。蛋白酶用SDS-PAGE检验纯度[4-6]。

1.3.3　酶学性质研究

①最适温度。在不同温度条件下测定电泳纯碱性蛋白酶活力。②最适pH。于60℃下测定碱性蛋白酶样品在不同pH条件下的酶活力。③热稳定性。将该蛋白酶溶液分别在40℃、60℃、80℃下保温30～180min，测定其剩余酶活力。④金属离子对酶活性的影响。将酶液与10mmol/L各种金属离子溶液混合，50℃放置10min，以不加金属离子酶液为对照，测定酶活力[7-11]。⑤蛋白酶抑制剂对酶活性的影响。将酶液与10mmol/L金属螯合剂EDTA和丝氨酸蛋白酶专一抑制剂PMSF、AEBSF混合，测定酶活力[7-11]。

2　结果与分析

2.1　分离纯化

发酵上清液450mL经0.4g/mL $(NH_4)_2SO_4$盐析、脱盐获得粗酶样，再经DEAE-Sepharose Fast Flow离子交换层析，Superdex G200凝胶层析，获得单一的活性峰，收集酶活峰。纯化步骤数据总结见表1。

表1　碱性蛋白酶各步骤纯化结果

纯化步骤	体积/mL	酶活力/(U/mL)	蛋白浓度/(μg/mL)	总酶活/U	相对酶活力/(U/mg)	纯化倍数	回收率/%
发酵上清液	450	726	9.722	3.63×10^5	3.72×10^4	1	100
$(NH_4)_2SO_4$盐析	20	9787	2.129	1.96×10^5	9.19×10^4	2.5	53.9
DEAE-Sepharose Fast Flow离子交换层析	7	12 744	0.083	8.92×10^4	1.07×10^5	2.9	24.6
Superdex G-200凝胶层析	5.5	13 621	0.064	7.49×10^4	1.17×10^5	3.2	20.8

2.2　酶学性质

2.2.1　最适温度和最适 pH

在 10～100℃内测定电泳纯碱性蛋白酶活力。结果（图 1）表明：该碱性蛋白酶在 40～60℃内具有高且稳定的酶活力，在 60℃下活力最高。随着温度的升高，酶活力逐渐下降；当温度达到 90℃以上时，该蛋白酶才趋向于完全失活。

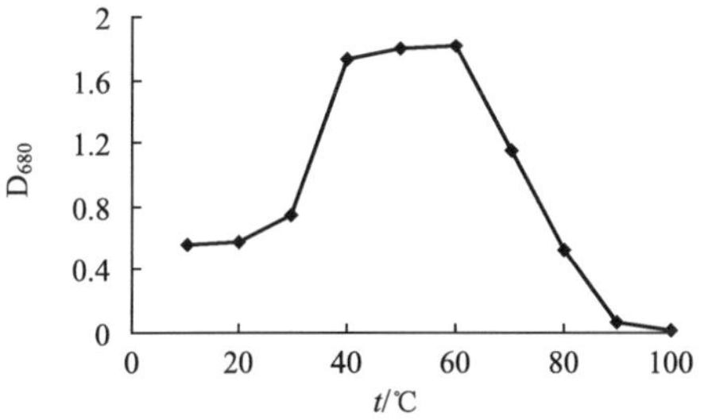

图 1　温度对酶活力的影响

于 60℃下分别测定蛋白酶样品在酸性和碱性条件下的酶活力（图 2）。从图 2 可见，该蛋白酶的最适 pH 为 7.0～9.0，具有较宽的 pH 范围。因此，在洗涤、制革、丝绸等领域具有潜在的商业应用价值。

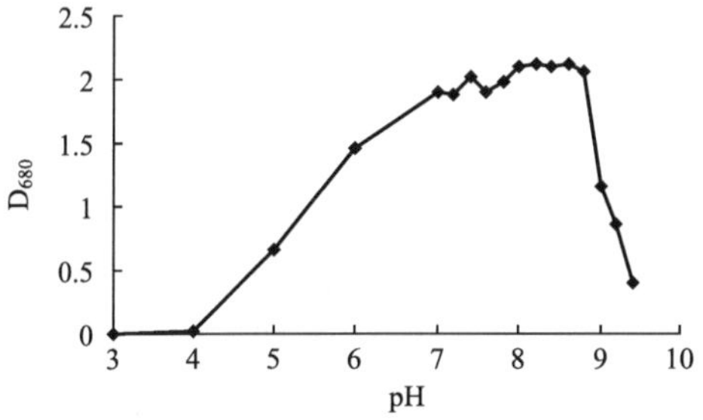

图 2　pH 对酶活力的影响

2.2.2　热稳定性

该碱性蛋白酶溶液在 60℃温浴 60min 后，酶活力基本保持不变；保温 120min 之后，酶活力下降了 44%；180min 后仍保留有 26%的剩余酶活力。该酶在 40℃保温 180min 后仍有 50%左右的酶活力。在 80℃下酶活力下降较快，150min 后接近完全失活（图 3）。以上说明该蛋白酶可应用于中温范围的反应过程。

2.2.3　分子质量和等电点

采用 SDS-PAGE 不连续系统。质样品经过浓缩胶时电压为 120V，之后电压调为 150V。从图 4 可见，该碱性蛋白酶的分子质量约为 49.0kD。

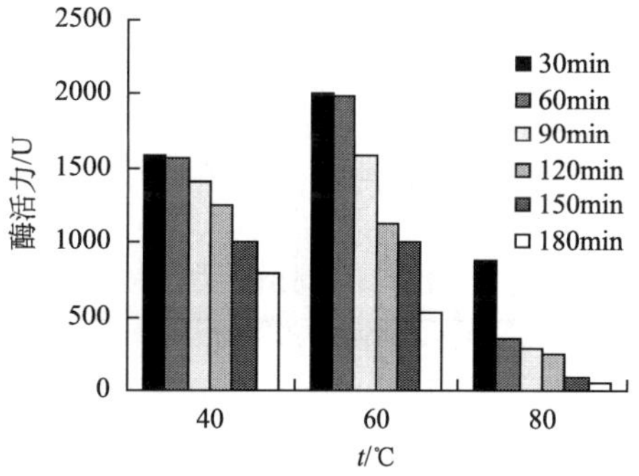

图 3　酶的热稳定性

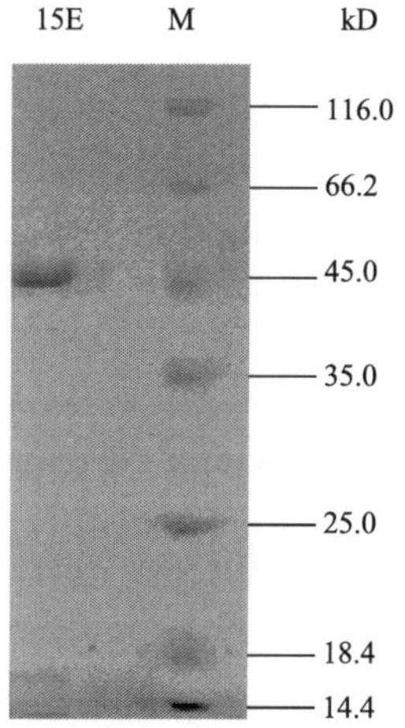

图 4　纯化后蛋白酶 SDS-PAGE 电泳结果

采用水平薄层聚丙烯酰胺等电聚焦电泳法进行碱性蛋白酶等电点的测定。根据样品在电泳中移动的方向和距离，从两性电解质标准曲线上找出相应的等电点。结果如图 5 所示。从图 5 可见，该蛋白酶的 pI 约为 9.3。

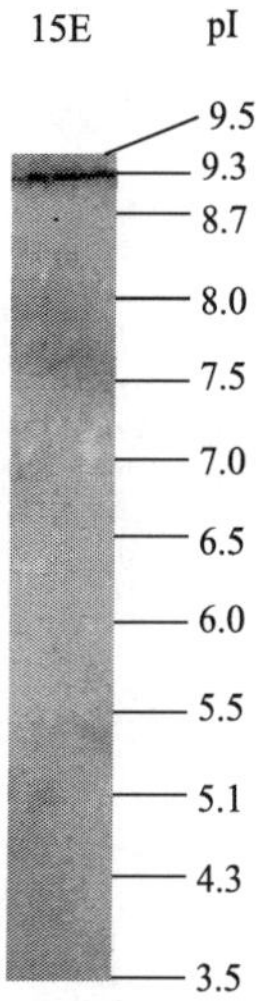

图 5　IEF-PAGE 测定纯酶等电点

2.2.4 金属离子对酶活力的影响

各种金属离子对酶活力的影响见表 2。Ca^{2+}、Mg^{2+}、K^{+}对酶有激活作用，而Ag^{+}、Hg^{2+}、Pb^{2+}、Co^{2+}、Zn^{2+}等对酶均有抑制作用。

表 2　金属离子对酶活力的影响

金属离子	浓度/(mmol/L)	相对酶活力/%
无	0	100.0
Na^{+}	10	99.9
K^{+}	10	103.0
Ag^{+}	10	19.2
Mg^{2+}	10	108.0
Zn^{2+}	10	78.0
Fe^{2+}	10	97.8
Ca^{2+}	10	110.0
Mn^{2+}	10	98.0
Hg^{2+}	10	45.6
Pb^{2+}	10	20.2
Co^{2+}	10	56.6
Fe^{3+}	10	99.5

2.2.5 蛋白酶抑制剂和变性剂对酶活力的影响

10mmol/L 金属螯合剂 EDTA 和丝氨酸蛋白酶专一抑制剂 PMSF、AEBSF 对该蛋白酶均有强烈的抑制作用（表 3）。PMSF 和 AEBSF 都能抑制该碱性蛋白酶，表明该酶属于丝氨酸蛋白酶；EDTA 对该蛋白酶有抑制作用，说明该蛋白可能含有金属离子，并且金属离子对活性中心构象存在影响。

表 3　蛋白酶抑制剂对蛋白酶活力的影响

蛋白酶抑制剂	浓度/(mmol/L)	相对酶活力/%
无	/	100.0
EDTA	10	11.2
PMSF	10	12.5
AEBSF	10	6.5

采用一些不同浓度的变性剂测定其对酶活的影响。表 4 表明，该碱性蛋白酶对变性剂具有较强的耐受性，只有较高浓度的变性剂如 50g/L 十二烷基硫酸钠、3mol/L 尿素、1mol/L 盐酸胍等才会对该碱性蛋白酶产生较为明显的抑制作用。

表 4　变性剂对蛋白酶活力的影响

变性剂	浓度	相对酶活力/%
尿素	1mol/L	92
	2mol/L	71
	3mol/L	21
盐酸胍	1mol/L	35
	5mol/L	11
二硫苏糖醇	1mol/L	69
	10mol/L	17
十二烷基硫酸钠	1g/L	86
	10g/L	61
	50g/L	32
2-巯基乙醇	10g/L	49
	50g/L	3
无	/	100

3 讨论

迄今尚未见有其他海洋氧化短杆菌产碱性蛋白酶的研究报道。我们自福建海域首次分离到具有较强的产碱性蛋白酶能力的氧化短杆菌 15E 菌株[2-3]。对该碱性蛋白酶的酶学性质研究表明，海洋氧化短杆菌 15E 菌株产生的碱性蛋白酶在 40～60℃ 内都有高酶活力，属中温蛋白酶，且热稳定性好。该蛋白酶具有良好的 pH 耐受性，在 pH 为 7.0～9.0 内均有高的酶活力。同时该酶还对变性剂具有较强的耐受性。这些独特的性质使该碱性蛋白酶在洗涤、制革、丝绸等领域具有潜在的商业应用价值。

该碱性蛋白酶对几种蛋白酶抑制剂敏感，表明该酶属于丝氨酸蛋白酶，推测金属离子对酶活性中心构象有着影响。变性剂对酶活力的影响说明氢键对维持酶的活力有着重要作用，且二硫键在维持酶的活性中起着关键的作用。本研究初步表明了海洋氧化短杆菌 15E 碱性蛋白酶的结构可能与陆地微生物的碱性蛋白酶结构大大不同，其独特的结构与碱性蛋白酶活力高、热稳定性好的关系有待深入研究，这些研究将为今后利用基因工程和蛋白质工程生产和改造酶奠定基础。

参 考 文 献

[1] 林永成，周世宁．海洋微生物及其代谢产物．北京：化学工业出版社，2003：1-200
[2] 黄志强，林白雪，谢联辉．产碱性蛋白酶海洋细菌的筛选与鉴定．福建农林大学学报(自然科学版)，2006，35(4)：416-420
[3] 路炳声，黄志强，林白雪等．海洋氧化短杆菌 15E 产碱性蛋白酶的发酵条件．福建农林大学学报(自然科学版)，2007，36

(6)：591-595

[4] 诸葛健，王正祥. 工业微生物实验技术手册. 北京：中国轻工业出版社，1995：167-209

[5] 林念炜，张锐，赵晶等. 南极产低温蛋白酶菌株 *Marinobacter* sp. R2 的发酵条件及酶学性质研究. 厦门大学学报(自然科学版)，2004，43(6)：865-869

[6] Ganesh-Kumar C，Han-Seung J，Yoon-Mo K，et al. Thermostable alkaline protease from a novel marine haloalkalophilic *Bacillus clausii* isolate. World Journal of Microbiology and Biotechnology，2004，20(4)：351-357

[7] 孙谧，修朝阳，王跃军等. 黄海黄杆菌 YS-9412-130 低温碱性蛋白酶性质鉴定. 海洋水产研究，2001，22(2)：1-10

[8] Kazan D，Denizci AA，Kerimalk MN，et al. Purification and characterization of a serine alkaline protease from *Bacillus clausii* GMBAE 42. Journal of Industrial Microbiology and Biotechnology，2005，32(8)：335-344

[9] Nilegaonkar SS，Kanekar PP，Sarnaik SS，et al. Production，isolation and characterization of extracellular protease of an alkaliphilic strain of *Arthrobacter ramosus*，MCM B-351 isolated from the alkaline lake of Lonar，India. World Journal of Microbiology and Biotechnology，2002，18(8)：785-789

[10] Bayoundh A，Gharsallah N，Chamkha M，et al. Purification and characterization of an alkaline protease from *Pseudomonas aeruginosa* MN1. Journal of Industrial Microbiology and Biotechnology，2000，24(4)：291-295

[11] Runying Z，Rui Z，Jing Z，et al. Cold-active serine alkaline protease from the psychrophilic bacterium *Pseudomonas* strain DY-A：enzyme purification and characterization. Extremophiles，2003，7(4)：335-337

海洋氧化短杆菌 15E 产碱性蛋白酶的发酵条件*

路炳声，黄志强，林白雪，谢联辉

（福建农林大学生物农药与化学生物学教育部重点实验室，福建福州　350002；
福建农林大学植物病毒研究所，福建福州　350002）

摘　要：对氧化短杆菌 15E 菌株（*Brevibacterium oxydans*）产碱性蛋白酶的发酵条件进行研究，结果表明，培养基初始 pH9.0、培养温度 28℃、摇床转速 200r/min 条件下培养 40h，菌体生长最适且总酶活力达到最大；菌株在添加有 0.5g/L 牛肉膏、0.1g/L 葡萄糖的酪蛋白培养基中生长和产酶均达到最佳；人工海水中的 K^+、Ca^{2+} 和 Mg^{2+} 浓度较为适合 15E 菌株生长和产酶，其中 K^+ 对菌株产酶起关键作用。

关键词：海洋细菌；碱性蛋白酶；发酵条件

中图分类号：Q936　**文献标识码：**A　**文章编号：**1671-5470（2007）06-0591-05

Fermentation conditions of alkaline protease from marine bacterium strain 15E (*Brevibacterium oxydans*)

LU Bing-sheng，HUANG Zhi-qiang，LIN Bai-xue，XIE Lian-hui

（Key Laboratory of Biopesticide and Chemical Biology，Ministry of Education，
Fujian Agriculture and Forestry University，Fuzhou　350002；
Institute of Plant Virology，Fujian Agriculture and Forestry University，Fuzhou　350002）

Abstract：Fermentation conditions of the alkaline protease of strain 15E（*Brevibacterium oxydans*）were researched. The results showed that the maximum enzyme activity and biomass could be achieved when the strain 15E was cultured at 28℃ for 40 hours in the casein medium（pH9.0）with shaking speed 200r/min. The casein medium with 5g/L beef extract and 0.1g/L glucose added was suitable for the growth of the bacteria and their production of protease. The concentration of K^+，Ca^{2+} and Mg^{2+} in artificial seawater was suitable for growth and protease synthesis of strain 15E，while K^+ was important for the protease production.

Key words：marine bacterium；alkaline protease；fermentation condition

碱性蛋白酶是应用最广、产量最大的商品蛋白酶，早已实现工业化生产，主要应用于加酶洗涤剂、制革、丝绸、食品、医药等领域[1]。Cupta 等[2]将不同芽孢杆菌生产的碱性蛋白酶分成 A 型

福建农林大学学报（自然科学版），2007，36（6）：591-595

收稿日期：2007-02-08　修回日期：2007-04-11

* 基金项目：福建省科技计划（2003F011）、福建省自然科学基金（Z0516011）

（Carlsberg 型）和 B 型（Novo 型），两种类型在性能和结构方面很相似，最适反应温度都在 50～55℃，最适工作 pH 为 9～11。

虽然对微生物产生的蛋白酶研究已有很久的历史，但对利用海洋微生物蛋白酶代谢产物方面的研究则是在 20 世纪 70 年代后。Kato 等[3]报道从海洋嗜冷菌中获得一种新型碱性蛋白酶并进行了酶的分离、纯化及性质研究。海洋蛋白酶具有作用 pH 范围宽、最适 pH 和反应温度适中、随反应温度的降低酶活性下降缓慢等独特性质，引起学术界高度重视，日、美等国就此展开了深入的研究，利用海洋微生物相继开发出多种新型蛋白酶，广泛应用于商品化生产[4]。我们从福建海域分离到一株产碱性蛋白酶能力较高的海洋氧化短杆菌（*Brevibacterium oxydans*）15E，并对其进行了分子鉴定[5]，本文对其产碱性蛋白酶的发酵条件进行了研究。

1 材料和方法

1.1 菌种

氧化短杆菌 15E 菌株采自福建省福清海域的海水样品经筛选而得到[5]，由福建农林大学植物病毒研究所保存。

1.2 培养基及试剂

人工海水、Zobel 2261E 培养基参照参考文献［4］配制。将 20g 酪蛋白溶于 1 L 人工海水，配制成酪蛋白培养基，调 pH 至 7.5～8.0。其中酪蛋白、蛋白胨、酵母膏等为进口分装，其他试剂为国产分析纯。

1.3 方法

1.3.1 生物量测定

在分光光度计 550nm 处（1.0cm 光径）测定菌体培养液的 D_{550}，以培养基为对照。

1.3.2 蛋白酶酶活力测定

按照 Folin-酚法测定酶活力[6]，具体步骤如下。1mL 酶液中加入 2g/L 酪蛋白液1mL，适当温度水浴 10min，然后加入 0.4mol/L 的三氯乙酸 2mL 终止反应。离心取上清 1mL，加入 Folin-酚 A 液 5mL，25℃放置 10min，之后加入 0.5mL Folin-酚 B 液，25℃保温 30min。在波长 680nm 处测 D_{680}。空白对照为先加入三氯乙酸（TCA）使蛋白酶灭活，再加酪蛋白，其后步骤相同。1mL 酶液 1min 内水解酪蛋白产生 1μg 酪氨酸所需的酶量定义为一个酶活力单位（U）。

1.3.3 菌株的培养方法

从 Zobel 2261E 平板上挑取单菌落接种至 5mL Zobel 2261E 培养基，于 28℃ 200r/min 振荡培养 20h。菌液按 2% 接种量转接至含 50mL 培养基（以酪蛋白培养基为基础）的 250mL 三角瓶，28℃ 200r/min 振荡培养 40h 后，测定生物量和蛋白酶酶活力[7,8]。

1.3.4 发酵条件的研究

研究某个因素对菌株生产和产酶的影响时，对应改变此因素的条件，其他发酵条件不变。按 1.3.3 所述的培养方法进行培养。

2 结果与分析

2.1 不同碳源、氮源影响

在酪蛋白培养基中添加不同的碳源，氧化短杆菌 15E 菌株对不同碳源的利用见表 1。15E 菌株能利用葡萄糖、蔗糖、甘露醇、甘油等碳源且生长良好，但生成的菌液蛋白酶活力较低，菌株不能很好利用乳糖、甘氨酸。

表 1 氧化短杆菌 15E 菌株对碳源的利用

15E 菌株	碳源						
	酪蛋白	葡萄糖	蔗糖	甘露醇	甘油	乳糖	甘氨酸
生物量/%	100	157	142	124	121	93	82
相对酶活力/%	100	120	104	102	98	85	79

表 2 显示氧化短杆菌 15E 菌株能充分利用牛肉膏、蛋白胨、酵母膏等天然有机氮源并生长良好，而且发酵液的蛋白酶活力高；而无机氮源对菌株的生长和产酶无明显作用。

表 2　氧化短杆菌 15E 菌株对氮源的利用

15E 菌株	氮源					
	酪蛋白	牛肉膏	蛋白胨	酵母膏	NH_4Cl	$(NH_4)_2SO_4$
生物量/%	100	252	182	152	89	86
相对酶活力/%	100	218	128	110	85	85

比较了在酪蛋白培养基中添加不同比例的牛肉膏和葡萄糖对菌株生长和产酶的影响（表 3）。从表 3 可见，在酪蛋白培养基中添加 0.5g/L 牛肉膏、0.1g/L 葡萄糖，生长和产酶均达到最佳，发酵上清液酶活力达 1200U/mL。

表 3　碳源和氮源的配比对氧化短杆菌 15E 菌株产酶的影响

碳源/氮源	酶活力/(U/mL)				
	0.1%牛肉膏	0.2%牛肉膏	0.3%牛肉膏	0.4%牛肉膏	0.5%牛肉膏
0.1%葡萄糖	854	912	1079	1099	1200
0.2%葡萄糖	562	895	932	1105	1142
0.3%葡萄糖	573	606	908	999	1153
0.4%葡萄糖	501	655	922	967	1098
0.5%葡萄糖	511	599	964	987	1142

2.2　无机盐离子的影响

去除人工海水中 K^+、Ca^{2+} 和 Mg^{2+} 中的一种或多种离子，以研究该 3 种离子对 15E 产酶的影响。从表 4 可以看出，K^+、Ca^{2+} 和 Mg^{2+} 均为该蛋白酶合成所必需的，其中 K^+ 对于产酶至关重要。只缺少 K^+ 的人工海水配制的培养基中，蛋白酶的产量只有完全酪蛋白培养基中的 43.1%；只缺少 Mg^{2+} 的非完全培养基中，酶产量减少了 28.7%；而只缺少 Ca^{2+} 的非完全培养基中酶产量仅仅减少 2.2%。在发酵培养基中适当提高 K^+ 的浓度，蛋白酶产量未见明显提高。以上结果表明，本试验人工海水中的 K^+、Ca^{2+} 和 Mg^{2+} 浓度较为适合 15E 菌株生长和产酶。

表 4　无机盐离子对氧化短杆菌 15E 菌株产酶的影响

0.009mol/L K^+	0.013mol/L Ca^{2+}	0.113mol/L Mg^{2+}	酶活力/(U/mL)	相对酶活力/%
+	+	+	592.1	100.0
+	+	−	422.0	71.3
+	−	+	578.8	97.8
+	−	−	262.4	44.3
−	+	+	255.2	43.1
−	−	+	192.0	32.4
−	+	−	88.4	14.9
−	−	−	18.0	3.0

2.3　发酵时间的影响

从图 1 可见，氧化短杆菌 15E 在 28℃下培养 8h 左右进入指数生长期，24h 后进入稳定期。此时，该菌开始大量产生蛋白酶并分泌到胞外，在稳定末期酶产量达到最高峰。因此，本研究初步确定 15E 菌株的培养时间为 40h。

2.4　培养基初始 pH 的影响

培养基初始 pH 对氧化短杆菌 15E 生长和产酶的影响见图 2。从图 2 可见培养基的初始 pH 在 7～10，菌株的生长良好而且酶活力高。当初始 pH 为 9.0 时，菌株生长和产酶均达到最适。

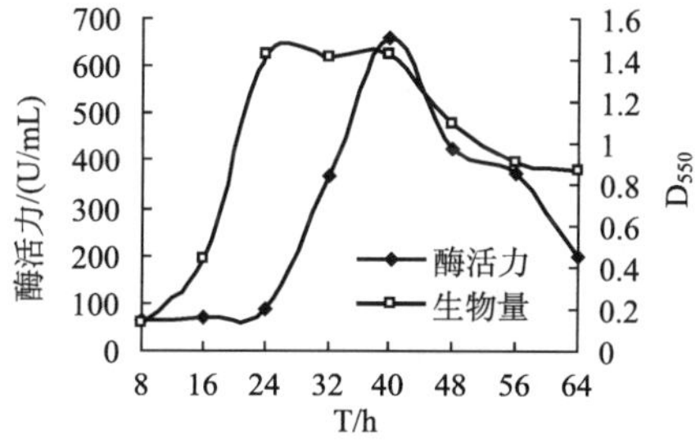

图 1 氧化短杆菌 15E 菌株生长曲线及产酶曲线

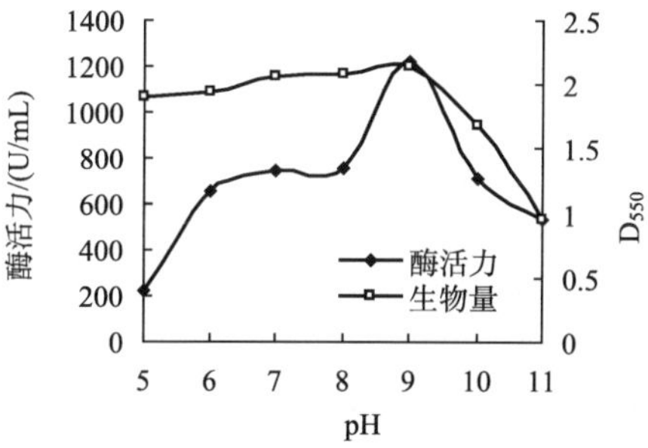

图 2 培养基初始 pH 对氧化短杆菌 15E 菌株生长及产酶的影响

2.5 装液量与摇床转速对氧化短杆菌 15E 生长和产酶的影响

装液量和摇床转速与溶氧密切相关，装液量与摇床转速对氧化短杆菌 15E 生长和产酶的影响见图 3 和图 4。从图 3 可见，装液量在 20%时，供氧的氧传递速率能有效保证充足的溶解氧浓度，此时菌体生长和产酶达到最大值。从图 4 可以看出，当摇床转速在 200r/min 时，溶解氧浓度充足，菌体生长和产酶达到峰值。

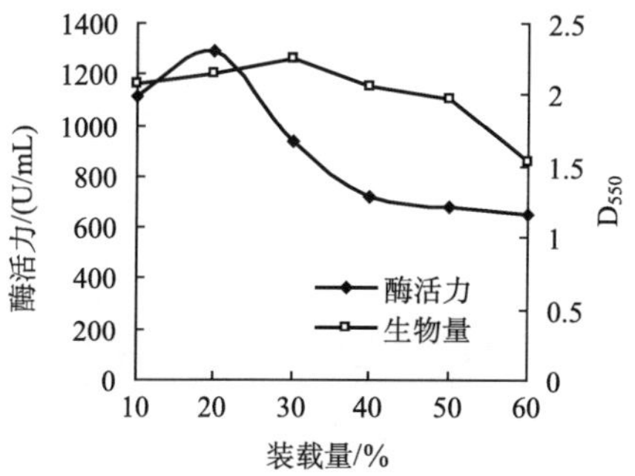

图 3 装液量对氧化短杆菌 15E 菌株生长及产酶的影响

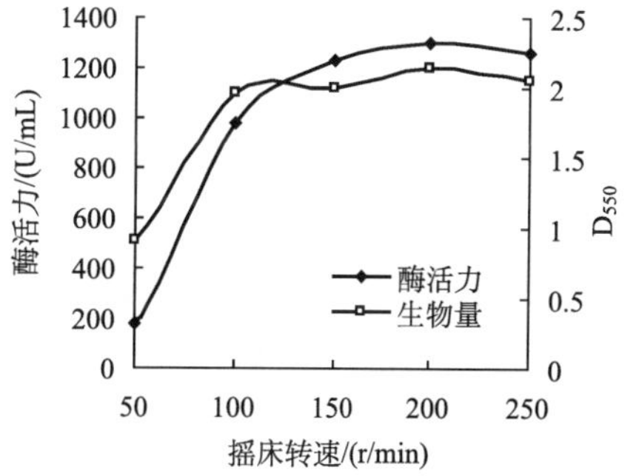

图 4 摇床转速对氧化短杆菌 15E 菌株生长及产酶的影响

2.6 培养温度和接种量对的影响

培养温度和接种量对氧化短杆菌 15E 生长和产酶的影响见图 5 和图 6。从图 5 可见，培养温度为 28℃时适合菌体的生长同时也适合蛋白酶的产生。从图 6 可见，在接种量为 2%时菌体生长较好，而且碱性蛋白酶活力达到最大。

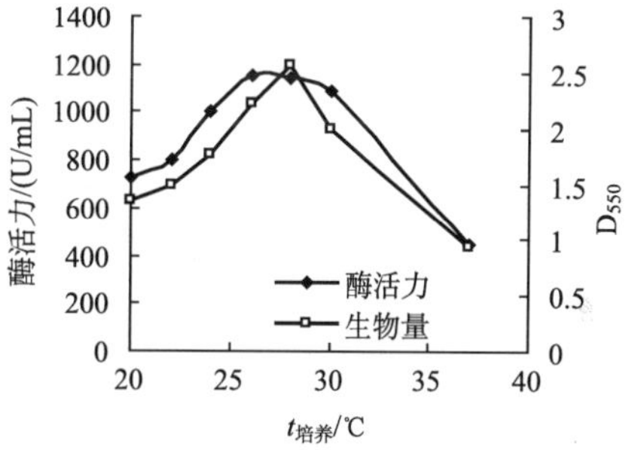

图 5 培养温度对氧化短杆菌 15E 菌株生长及产酶的影响

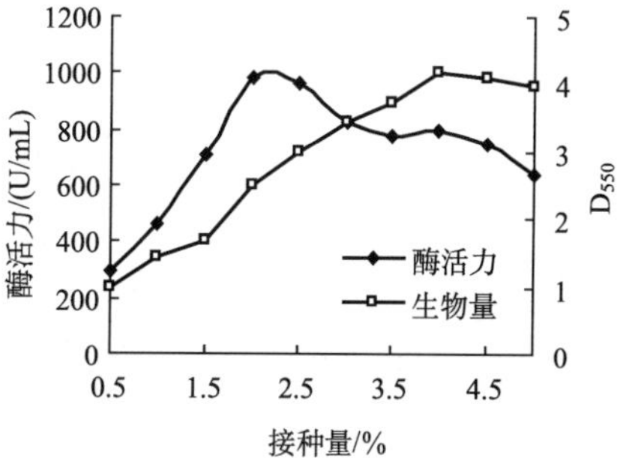

图 6 接种量对氧化短杆菌 15E 菌株生长和产酶的影响

3　讨论

迄今报道的产碱性蛋白酶的海洋细菌大多属于芽孢杆菌（*Bacillus* sp.）、假单胞菌（*Pseudomonas* sp.），未见有海洋氧化短杆菌产生碱性蛋白酶的报道。采自福建福清海域的海水样品中分离的海洋细菌氧化短杆菌 15E 菌株，在酪蛋白培养基的初始 pH9.0、装液量 20％、接种量 2％、培养温度 28℃、摇床转速 200r/min 条件下培养 40h 时，菌体生物量和产酶量均达到最大；菌株能利用部分有机碳源和氮源，在添加 0.5％牛肉膏、0.1％葡萄糖的酪蛋白培养基中生长和产酶达到峰值，发酵上清液酶活力达 1200U/mL。与其他已报道的海洋细菌所产碱性蛋白酶相比，此发酵条件下的碱性蛋白酶活力明显高于海洋细菌 *Pseudomonas* sp. 7-11（206U/mL）[7]、YS-9412-130（180U/mL）[8]以及 *Marinobacter* sp. R2（39U/mL）[9]，但低于海洋细菌 *Teredinobacter turnirae* 液体发酵所产的蛋白酶（8250U/mL）[10]。作为一株尚未改良的原始菌株，氧化短杆菌 15E 产蛋白酶的能力较强。本文是在实验室条件下对该菌产蛋白酶发酵条件的初步研究，若应用于生产，除用诱变方法进行高产菌株的选育外，尚需对大规模发酵条件做更深入的研究。

参 考 文 献

[1] Adil AM，Saleemuddin. Alkaline protease：a review. Bioresource Technology，1998，64：175-183

[2] Gupta R，Beg QK，Lorenz P. Bacterial alkaline proteases：molecular approaches and industrial applications. Applied Microbiology and Biotechnology，2002，59(1)：15-32

[3] Kato N，Adachi S，Takeuchi K，et al. Substrate specificities of the protease from a marine-psychrophilic bacterium，*Pseudomonas* sp. No 548. Agricultural and Biological Chemistry，1974，38：103-109

[4] 林永成，周世宁. 海洋微生物及其代谢产物. 北京：化学工业出版社，2003：1-200

[5] 黄志强，林白雪，谢联辉. 产碱性蛋白酶海洋细菌的筛选与鉴定. 福建农林大学学报：自然科学版，2006，35(4)：416-420

[6] 诸葛健，王正祥. 工业微生物实验技术手册. 北京：中国轻工业出版社，1995：167-209

[7] 冯静，荆谷，谢慧君. 海洋细菌 *Pseudomonas* sp. 7-11 产碱性蛋白酶的研究. 山东大学学报，2002，37(3)：264-267

[8] 林念炜，张锐，赵晶等. 南极产低温蛋白酶菌株 *Marinobacter* sp. R2 的发酵条件及酶学性质研究. 厦门大学学报，2004，43(6)：865-869

[9] 孙谧，王跃军，张云波等. 一株产低温碱性蛋白酶嗜冷海洋细菌 YS-9412-130 的分离和培养条件研究. 海洋水产研究，2000，21(4)：1-5

[10] Beshay U，Moreira A. Production of alkaline protease with *Teredinobacter turnirae* in controlled fed-batch fermentation. Biotechnology Letters，2005，27(19)：1457-1460

A simple and rapid method for the differentiation and identification of thermophilic bacteria*

LIU Bin[1], LI He-bin[2], WU Sui-jie[2], ZHANG Xiao-bo[2], XIE Lian-hui[1]

(1 Institute of Plant Virology, Fujian Agriculture and Forestry University, Fuzhou 350002;
2 Key Laboratory of Marine Biogenetic Resource, Third Institute of Oceanography,
State Oceanic Administration, Xiamen 361005)

Abstract: In total, 170 strains of thermophilic bacteria were isolated from deep-sea hydrothermal fields in Pacific and a hot spring in Xiamen of China. To facilitate the identification of thermophilic strains, SDS-PAGE of whole-cell proteins of these strains was firstly performed. The results showed that there existed four different protein patterns, indicating that the 170 strains might belong to four species or genera. The RAPD (Random Amplified Polymorphic DNA) profiles of nine representative strains were consistent with those of SDS-PAGE. To further identify the species of the nine strains, their 16S rDNA sequences were analyzed. The results showed that the nine strains fell into four species of three genera, which was the same as revealed by SDS-PAGE. Therefore, SDS-PAGE of whole-cell proteins could be used as a rapid and simple method for the discrimination of thermophilic bacteria as the first step of species identification.

Key words: thermophilic bacteria; SDS-PAGE; whole-cell protein; discrimination

1 Introduction

Thermophiles have become very important resources for their potential value in scientific research and industrial application. These years, thermostable enzymes from extreme thermophiles are of great interests due to their intrinsic thermostability and resistance to denaturing physical and chemical factors. The thermostable enzymes are interesting candidates for biotechnological and industrial applications, such as those in molecular biological techniques for research and diagnostic use (DNA and RNA processing enzymes), and in the starch (starch-converting enzymes), food, waste treatment, organic synthesis, paper manufacture and leather industries. Up to date, more than 70 genera and 140 species of thermophiles have been isolated from a variety of thermal environment[1]. Among them, the genomic DNAs of at least 14 extreme thermophiles and hyperthermophiles have been sequenced[2,3]. This will facilitate the identifications of thermostable enzymes, novel proteins and metabolic pathways of biological interest.

Thermophilic bacteria were isolated from hot springs, solfataric fields and hydrothermal vents throughout the world[4-11]. In deep-sea hydrothermal vent environment, however, most thermophiles had been thought to be strict anaerobes until the recent discovery of facultatively aerobic or obligate aerobic thermophiles from deep-sea hydrothermal vent chimneys[11-13]. The identification of thermophilic species is usually performed by 16S rDNA sequence and DNA hybridization, although there is not a perfect and simple identification system. During the isolation and identification of thermophiles, hundreds to thousands colonies are of-

* Can. J. Microbiol, 2006, 52: 753-758

ten found at the same time. In this case, a rapid and efficient tool for species discrimination is apparently required, prior to further species identification by 16S rDNA analysis and (or) DNA hybridization. Based on the analysis of complete genomic DNA sequences, it was found that the thermophilic species could be identified by their global amino acid composition alone[14]. In mesophiles, SDS-PAGE of pathogenic bacteria was used to differentiate closely related strains[15]. These suggested that the whole-cell protein profiles of thermophiles might provide differentiations between species, with high resolution.

In this study, in total, 170 strains of obligate aerobic thermophilic bacteria were isolated from deep-sea hydrothermal fields in Pacific and a hot spring in China. In an attempt to differentiate these thermophiles prior to species identification by 16S rRNA sequence and (or) DNA hybridization, SDS-PAGE of whole-cell proteins of these strains was firstly performed. Based on the SDS-PAGE patterns, 4 species or genera were revealed, which were further confirmed by RAPD and 16S rDNA sequences analysis. The results indicated that SDS-PAGE could be used as a rapid and simple method for the discrimination of thermophilic bacteria as the first step of species identification.

2 Materials and Methods

2.1 Sample collection and isolation of thermophilic bacteria

Offshore samples were collected from a hot spring in Xiamen of China, at a depth of 100m in November 2003. Deep-sea samples (sea water and sediments) were obtained from East-Pacific and West-Pacific hydrothermal fields at three points. The sea water was collected from East-Pacific (12°42′29″N, 104°02′01″W) at a depth of 3083m using a suction bucket. The sediments were obtained from East-Pacific (12°39′52″N, 104°08′12″W) at a depth of 3101m with a grab sample deployed from the mother oceanic vessel NO. 1 during the DY105-12/14 geomicrobiology cruise in November 2003, and from West-Pacific (19°24′08″N, 148°44′79″E) at a depth of 5060m with a grab sample deployed from the mother oceanic vessel NO. 4 during the DY105-13 geomicrobiology cruise in May 2002, respectively.

The sediment (approximately 15g) was suspended with 30mL sterilized MJ synthetic seawater[14] in 100mL flask. The suspension and seawater were centrifuged at 5000*g*, respectively. Then the precipitate was suspended in 0.1mL MJ synthetic sea water and inoculated onto ZoBell medium[16] containing (per liter): tryptone (BBI, Canada), 5g; yeast extract (BBI, Canada), 1g and agar (BBI, Canada), 15g, pH7.0. Meanwhile, the supernatant was filtered through 0.22μm filter, followed by centrifugation of the filtrate at 30 000*g*. After suspension of the precipitate in MJ synthetic seawater, 0.1mL suspension was inoculated onto ZoBell plate. The plates were incubated at three different temperatures (65℃, 75℃ or 85℃) for 1-3 days. Subsequently the colonies were picked and further purified by inoculation in fresh liquid 2216E medium at 65℃ or 75℃ for three times.

2.2 SDS-PAGE (sodium dodecyl sulphate-polyacrylamide gel electrophoresis) of whole-cell proteins

After incubation at 68℃ overnight, 50μL of bacteria were inoculated into 5mL of fresh ZoBell medium. The cultures were grown at 68℃. According to the method described by Frederick M. Ausubel[17], cells of mid-exponential growth phase were lysed with 2×SDS sample buffer [4% (w/v) SDS, 0.1mol/L Tris pH8.9, 2mmol/L EDTA, 0.001% (w/v) bromophenol blue, 20% (w/v) glycerol, 0.25M DTT] in boiling water for 15min. Subsequently the proteins were separated by 12% SDS-PAGE gel.

2.3 Random amplified polymorphic DNA (RAPD)

Genomic DNAs from bacteria were extracted as previously described[17]. Then PCR was performed with the genomic DNA using a pair of arbitrary primers: 5′-GCGGCTGGAG-3′ and 5′-CC-CCCCAGAT-3′. The condition for PCR amplification was as follows: 94℃/5min, 40 cycles at 94℃/1min, 35℃/40 seconds and 72℃/90 seconds, 72℃/10min. The PCR products were separated on a 1.5% agarose gel[18].

2.4 16S rDNA sequence analysis

The 16S rDNA gene was amplified by PCR using 27F (5′-AGAGTTTGATCCTGGCTCAG-3′) and 1492R (5′-GGTTACCTTGTTACGAC TT-3′) primers[19] with the genomic DNA[17]. The PCR product was cloned into pMD 18-T Vector (TaKaRa, Dalian, China) and sequenced by Shanghai Sangon Biological Engineering Technology and Service in China. Homology was analyzed in GenBank using the BLAST program. Alignments and similarity levels were obtained by DNAMAN software (Lynnon BioSoft, Vaudrieuil, Canada) and the Clustal X1.8[20,21]. Phylogenetic analysis was restricted to nucleotide positions that could be aligned unambiguously in all sequences. The phylogenetic tree was constructed from a matrix of pairwise genetic distances by the maximum-parsimony algorithm and the neighbour-joining method using Clustal X1.8[11].

2.5 Effect of temperature on growth

To evaluate the optimal growth temperature of the thermophilic bacteria, the isolates were cultured aerobically in Cotton-plugged 250mL Erlenmeyer flasks containing 100mL 2216E medium at 40℃, 45℃, 50℃, 55℃, 60℃, 65℃, 68℃, 70℃, 75℃, 80℃, 85℃, 90℃, 92℃ and 95℃, respectively. All cultivations were done in duplicate. After incubation for 16h, the optical density (OD_{600}) was measured using a spectrometer.

2.6 Transmission electron microscopy (TEM)

Cells from exponential-phase cultures were mounted on carbon-coated copper grids (200 meshes) and negatively stained with 2% (v/v) phosphotungstic acid[11]. The specimen was detected under a TEM (JEOL JEM-1010, Japan).

3 Results and Discussion

3.1 Isolation of thermophilic bacteria

The seawater and sediment samples were inoculated onto ZoBell plate, respectively. After incubation at 65℃, 75℃ and 85℃ for 1-3 days, several hundreds of colonies formed on the plates. Most of colonies were white, with a diameter of 1.5-2.5mm, and the remaining colonies, 1.0-2.5mm in diameter, were yellow or red. Further purification gave rise to 170 strains. Among them, 100 strains were isolated from deep-sea hydrothermal fields, and the others from the hot spring in Xiamen, China.

3.2 Electrophoretic analysis of whole-cell proteins and DNA fingerprinting

Whole-cell protein patterns of the mid-exponential cells were obtained by SDS-PAGE. The results indicated that, in total, there existed four different protein patterns among 170 strains. The profiles of nine representatives were shown in Fig. 1. The first 6 strains, the representatives of 139 strains, had the same protein patterns (Fig. 1, Lanes 2-7). However, the patterns of strains JH1 (Fig. 1, lane 8), JN2 (Fig. 1, lane 9) and W13 (Fig. 1, Lane 10) were distinctly different from each other, and also from the other six strains. The strains JH1, JN2 and W13 represented 3, 13 and 15 strains, respectively. The results suggested that there might be 4 species or genera among the 170 strains.

To further confirm the analysis by protein patterns, the DNA fingerprinting was performed by RAPD. The RAPD profiles were completely consistent with those of SDS-PAGE (Fig. 2). Strains BL1, TW1, TW2, E2711, E2712 and B31 had the same RAPD profiles (Fig. 2, Lanes 2-6 and 8), while the profiles of the remaining three strains were different (Fig. 2, Lanes 9, 10 and 11).

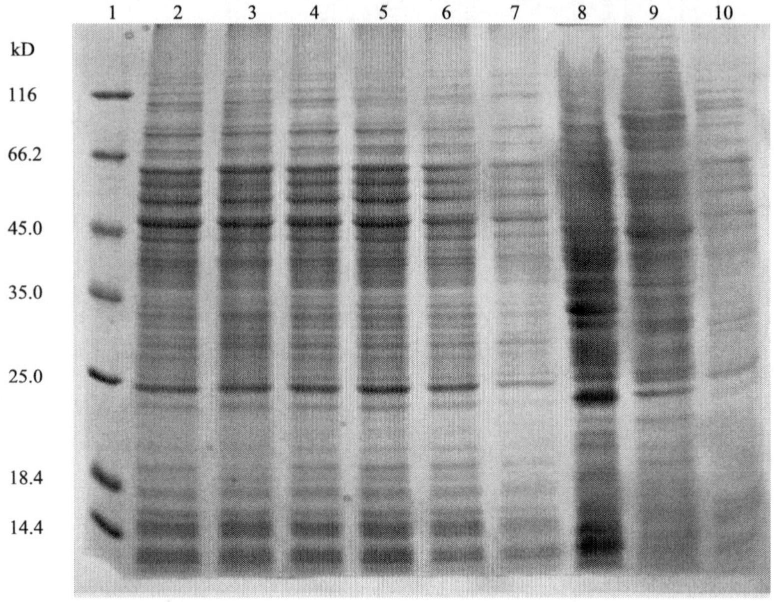

Fig. 1　SDS-PAGE of whole-cell proteins

1. protein marker (Bio-Rad); 2. strain BL1; 3. strain TW1; 4. strain TW2; 5. strain E2711; 6. strain E2712; 7. strain B3 1; 8. strain JH1; 9. strain JN2; 10. strain W13

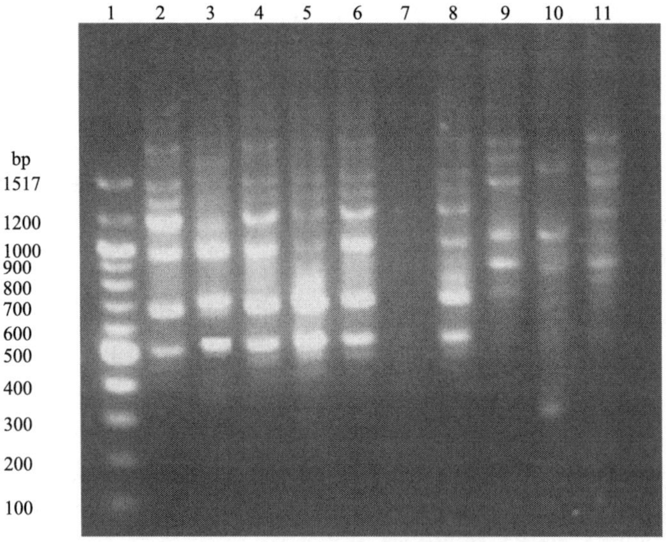

Fig. 2　Profiles of RAPD

1. 100bp DNA Ladder marker; 2. strain BL1; 3. strain TW1; 4. strain TW2; 5. strain E2711; 6. strain E2712; 7. H_2O; 8. strain B31; 9. strain JH1; 10. strain JN2; 11. strain W13

3.3　Phylogenetic analysis

Based on the neighbour-joining analysis of 16S rDNA sequence, the 9 strains fell into three different genera, *Bacillus*, *Geobacillus* and *Thermus* (Fig. 3). Strains TW1, B31, BL1, E2711, E2712 and TW2 were affiliated with the genus *Geobacillus*, while strains JH1 and W13 affiliated with the genus *Bacillus* and strain JN2 affiliated with the genus *Thermus*. The strain JN2 displayed 73% 16S rDNA sequence similarity with the other 8 strains, suggesting that they belonged to different genera. Sequence similarity values for 16S rDNA sequence of strains JH1 and W13 were 94%, which was low enough for the creation of two species. Strains BL1, TW1, TW2, E2711, E2712 and B31 had high similarity value (99%), suggesting that they might belong to the same species. Therefore, the phylogenetic analysis showed a consistent conclusion with that revealed by SDS-PAGE analysis.

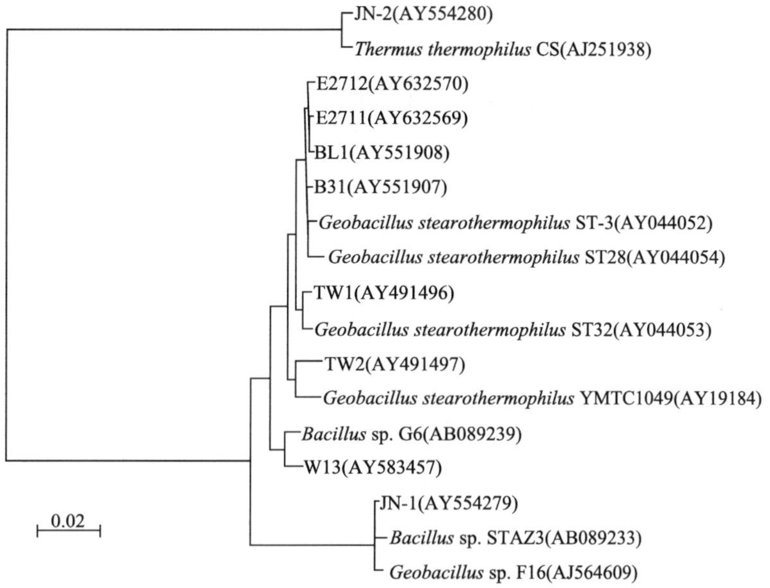

Fig. 3 Phylogenetic tree showing the positions of 9 isolated strains

The tree was constructed by the neighbour-joining method based on the 16S rDNA sequence. Nucleotide sequence accession numbers were given in parentheses. Bar, 2 substitutions per 100nt

3.4 Phenotypic properties

Except for strain JH1, the cells of the other 8 strains were bacilliform in shape (Fig. 4 and Table 1). The cells of strain JH1 were irregular short-bacilliform to cocci, about 1.0-1.5μm in diameter (Fig. 4 and Table 1). Besides, no flagellum was observed for strain JH1. These morphological properties indicated that the strain JH1 was very different from the others.

The results indicated that strain JH1 grew between 45℃ and 92℃ with optimum growth at 70℃, whereas no growth was observed below 45℃ or above 92℃ in a week (Table 1). The optimum growth temperatures for strain JN2 and W13 were 75℃ and 68℃, respectively. The remaining strains grew with optimum growth at 60℃. The effects of temperature on growth were showed in Table 1.

In this investigation, to differentiate the 170 thermophilic strains, SDS-PAGE of whole-cell proteins was conducted. In order to exclude the effect of temperature and medium on protein patterns, all the thermophilic strains were inoculated in the same medium and incubated at the same temperature. After growing for the same time, the cells of all thermophilic strains were collected and lysed in boiling water for 10min. Based on SDS-PAGE, the strains with different protein patterns were selected for further identification by 16S rRNA sequence analysis. Our results indicated that the protein pattern promised to be a rapid and simple method for the discrimination of thermophilic species prior to further species identification by 16S rRNA sequence analysis, DNA hybridization, denaturing gradient gel electrophoresis (DGGE), etc.

Acknowledgements

This investigation was financially supported by China Ocean Mineral Resources R & D Association (DY105-02-04-05) and National Natural Science Foundation of China (40576076).

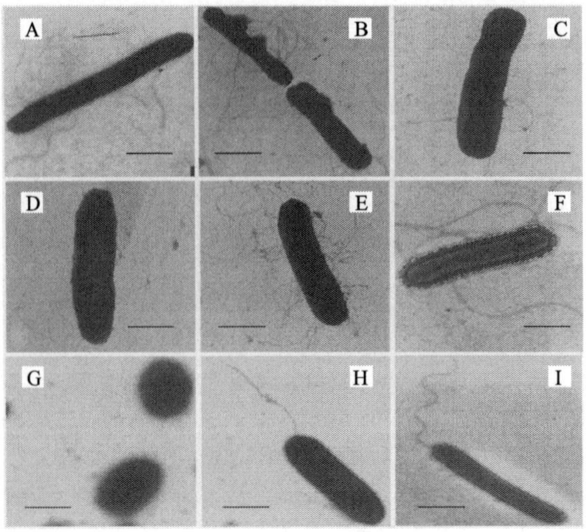

Fig. 4 Morphologic observation of thermophilic strains with TEM

A. strain BL1; B. strain TW1; C. strain TW2; D. strain E2711; E. strain E2712; F. strain B31; G. strain JH1; H. strain JN2; I. strain W13. Bars, 1μm (A, B, C, D, E, F, G and H) and 2.0μm (I)

Table 1 Some characteristics of 9 representative strains

Characteristic	Strain								
	BL1	TW1	TW2	E2711	E2712	W13	B31	JH1	JN2
Resource	Deep sea	hot spring	hot spring	Deep sea	Deep sea	Deep sea	Deep sea	hot spring	hot spring
Colony color	white	white	white	white	white	yellow	white	yellow	red
Cell length/μm	3. 0-5. 0	3. 1-3. 5	3. 5-5. 0	3. 0-5. 0	3. 0-5. 0	5. 0-10. 0	3. 0-5. 0	1. 5-1. 9	2. 0-3. 5
Cell diameter/μm	0. 5-0. 7	0. 5-0. 7	0. 5-0. 7	0. 6-0. 8	0. 6-0. 8	0. 8-1. 0	0. 5-0. 7	1. 0-1. 5	0. 5-0. 7
Flagella	multiple subpolar	multiple subpolar	multiple subpolar	multiple subpolar	multiple subpolar	single polar	multiple subpolar	no	single polar
Temperature for growth/℃ Range	41-85	41-85	41-85	41-85	41-85	43-87	41-85	45-92	45-92
Optimum	60	60	60	60	60	68	60	70	75

References

[1] George Garrity. Bergey's manual of systematic bacteriology. Vol 1: The archaea and the deeply branching and phototrophic bacteria. Berlin: Springer-Verlag, 2001

[2] Henne A, Bruggemann H, Raasch C, et al. The genome sequence of the extreme thermophile *Thermus thermophilus*. Nature Biotechnology, 2004, 22: 547-553

[3] Liebl W. Genomics taken to the extreme. Nature Biotechnology, 2004, 22: 524-525

[4] Brock TD, Freeze H. *Thermus aquaticus* gen. n, and sp. n, a nonsporulating extreme thermophile. J Bacteriol, 1969, 98: 289-297

[5] Brock TD, Brock KM, Belly RT, et al. *Sulfolobus*: a new genus of sulfur-oxidizing bacteria living at low pH and high temperature. Arch Mikrobiol, 1972, 84: 54-68

[6] Grogan D, Palm P, Zillig W. Isolate B12, which harbours a virus-like element, represents a new species of the archaebacterial genus *Sulfolobus*, *Sulfolobus shibatae*, sp. nov. Arch Microbiol, 1990, 154: 594-599

[7] Huber R, Wilharm T, Huber D, et al. *Aquifex pyrophilus* gen. nov, sp. nov, represents a novel group of marine hyperthermophilic hydrogen-oxidizing bacteria. Syst Appl Microbiol, 1992, 15: 340-351

[8] Sako Y, Nomura N, Uchida A, et al. *Aeropyrum pernix* gen. nov, sp. nov, a novel aerobic hyperthermophilic archaea growing at temperatures up to 100℃. Int J Syst Bacteriol, 1996, 46: 1070-1077

[9] Sako Y, Takai K, Ishida Y, et al. *Rhodothermus obamensis* sp. nov, a modern lineage of extremely thermophilic marine bacteria. Int J Syst Bacterial, 1996, 46: 1099-1104

[10] Sako Y, Nomura T, Nunoura T, et al. *Pyrobaculum oguniense* sp. nov, a novel facultatively aerobic and hyperthermophilic archaeon growing at up to 97℃. Int J Syst Evol Microbiol, 2001, 51: 303-309

[11] Sako Y, Nakagawa S, Takai K, et al. *Marinithermus hydrothermalis* gen. nov, sp. nov, a strictly aerobic, thermophilic bacterium from a deep-sea hydrothermal vent chimney. Int J Syst Evol Microbiol, 2003, 53: 59-65

[12] Blöchl E, Rachel R, Burggraf S, et al. *Pyrolobus fumarii*, gen. and sp. nov, represents a novel group of archaea, extending the upper temperature limit for life to 113℃. Extremophiles, 1997, 1: 14-21

[13] Reysenbach AL, Banta AB, Boone DR, et al. Microbial essentials at hydrothermal vents. Nature, 2000, 404:835

[14] Kreil DP, Ouzounis CA. Identification of thermophilic species by the amino acid compositions deduced from their genomes. Nucleic Acids Research, 2001, 29: 1608-1615

[15] Wichman RL, Hopkins DL. Differentiation of pathogenic groups of *Xylella fastidiosa* strains with whole-cell protein profiles. Plant Diseases, 2002, 86: 875-879

[16] Frette Lone Niels, Jørgensen OG, Irming H, et al. *Tenacibaculum skagerrakense* sp. nov, a marine bacterium isolated from the pelagic zone in Skagerrak, Denmark. Int J Syst Evol Microbiol, 2004, 54: 519-524

[17] Frederick MA, Brent R, Robert E, et al. Short protocols in molecular biology. Library of Congress Cataloging in Publication Data, USA, 1992

[18] Willians JG, Kubelik AR, Livak KJ, et al. DNA Polymorphisms amplified by arbitrary primers are useful as genetic markers. Nucleic Acids Res, 1990, 18: 6531-65

[19] Robb FT, Place AR. Arhaea: a laboratory manual. Thermophiles. New York: Cold Spring Harbor Laboratory, USA, 1995

[20] Cambon-Bonavita MA, Lesongeur F, Pignet P, et al. Extremophiles, thermophily section, species description *Thermococcus atlanticus* sp. nov, a hyperthermophilic Archaeon isolated from a deep-sea hydrothermal vent in the Mid-Atlantic Ridge. Extremophiles, 2003, 7: 101-109

[21] Takai K, Horikoshi K. Genetic diversity of archaea in deep-sea hydrothermal vent environments. Genetics, 1999, 152: 1285-1297

Characterization of a recombinant maltogenic amylase from deep sea thermophilic *Bacillus* sp. WPD616

LIU Bin[1,2], WANG Yi-qian[2,3], ZHANG Xiao-bo[2]

(1 Institute of Plant Virology and College of Food Science, Fujian Agriculture and Forestry University, Fuzhou 350002; 2 Key Laboratory of Marine Biogenetic Resources, Third Institute of Oceanography, State Oceanic Administration, Xiamen 361005; 3 College of Life Science, Xiamen University, Xiamen 361005)

Abstract: A maltogenic amylase-producing thermophilic strain WPD616, assigned to *Bacillus* sp. WPD616 based on 16S rRNA sequence, was isolated from a deep-sea hydrothermal field in west Pacific. Subsequently a maltogenic amylase gene encoding 588 amino acids from this isolate was cloned and expressed in *Escherichia coli* as a fusion protein with glutathione S-transferase (GST). The results showed that the recombinant maltogenic amylase had an activity optimum at 50℃ and pH at 6.0. It was active up to 70℃ at pH6.0 and stable at pHs ranging from 6.0 to 8.0. The recombinant enzyme was active when Chaps, DTT and Tween 20 (0.1% or 1%) were used. However, it can be partially inhibited by 1mM of EDTA, PMSF or SDS, as well as 0.1% of Triton X-100 or 2-ME, and completely inhibited by 10mmol/L of PMSF and SDS (10mmol/L). Its catalytic function was stable in the presence of Li^{+} and K^{+} (1mmol/L or 10mmol/L), but its activity decreased when Ba^{2+}, Ca^{2+}, Mg^{2+}, Mn^{2+} (1mmol/L or 10mmol/L) and Fe^{2+} (1mmol/L) were used. In the presence of Zn^{2+}, Cu^{2}, Fe^{3+} (1mmol/L and 10mmol/L) and Fe^{2+} (10mmol/L), no activity was detected.

Key words: maltogenic amylase; recombinant expression; characterization

1 Introduction

Starch, a ubiquitous and easily accessible source of energy, is composed exclusively of α-glucose units that are linked by α-1,4-or α-1,6-glycosidic bonds[1]. Due to the complex structure of starch, a number of amylases are needed for its degradation, which can be simply divided into endo-type and exo-type enzymes. Endo-type enzymes, such as the classical α-amylases (EC 3.2.1.1), catalyze the cleavage of the internal α-D-(1,4)-glycosidic bonds of starch, glycogen and various oligosaccharides. Exo-type enzymes including glucoamylases (EC 3.2.1.3), β-amylases (EC 3.2.1.2) and α-glucosidases (EC 3.2.1.20) can cleave glucose or maltose units, from the nonreducing end of starch based substrates by hydrolyzing α-D-(1,4)-glycosidic bonds. Enzymes capable of cleaving the internal α-D-(1,6)-glycosidic bonds in pullulan and amylopectin are defined as pullulanases (EC 3.2.1.41)[2,3]. Maltogenic amylases (EC 3.2.1.133), which are not secreted outside the cell, prefer cyclodextrins to starch or pullulan as a substrate, and exhibit both transglycosylation and hydrolysis activities on various substrates, are different from typical amylases[4]. The maltogenic amylase constitutes a sub-

Enzyme and Microbial Technology, 2006, 39: 805-810

Received 30 May 2005; received in revised form 29 December 2005; accepted 4 January 2006

family of amylolytic enzymes together with cyclomaitodextrinase, neopullulanase and *Thermoactinomyces vulgaris* amylase II[5-7]. These enzymes share similar characteristics of maltogenic amylase[8-10]. The maltogenic amylase can hydrolyze substrates having α-(1,4)-and α-(1,6)-glycosidic linkages and transfer the hydrolyzed sugar moiety to another sugar molecule, which makes them useful for the preparation of branched oligosaccharide mixtures and novel carbohydrates[11,12].

For enzymes used in industry, the thermostability is one of the most important properties. In this context, thermophiles are good candidates for screening of thermostable maltogenic amylases. But it is impractical to use them directly owing to the low yield of maltogenic amylases. A molecular approach by expression of foreign protein in prokaryotic systems, therefore, has become a good alternative to economically obtain bulk production of maltogenic amylases. In contrast with other amylases, only a few of maltogenic amylase genes and related enzymes have been cloned mainly from *Bacillus* and *Thermus*[13,14]. Especially, very few maltogenic amylase gene was cloned from deep-sea thermophiles. Up to date, no report is concerned about the characterization of recombinant maltogenic amylase from deep-sea thermophiles.

In our study, more than 100 thermophilic bacteria were isolated from deep-sea hydrothermal fields in east Pacific and west Pacific. Many isolates displayed amylase activities. Among them, a novel species identified as *Bacillus* sp. WPD616 based on 16S rRNA sequence, showed the highest amylase production. A maltogenic amylase gene, therefore, was cloned from the strain. The recombinant maltogenic amylase was further characterized.

2 Materials and Methods

2.1 Isolation and identification of thermophilic strain WPD616

The sediment (approximately 15g), collected from a deep-sea hydrothermal field in west Pacific (19°24′08″N, 148°44′79″E), at a depth of 5060m, was suspended with 30mL sterilized MJ synthetic seawater[15] in 100mL glass bottle. The suspension was cultured at 65℃ for 1-3 days in the medium containing (per liter): tryptone (BBI), 0.3g; yeast extract (BBI), 0.5g; starch (Sigma, USA), 10g and agar (BBI), 15g, pH7.6 for the screening of amylase-producing thermophiles. Amylolytic colonies were selected by flooding the agar plates with Gram's iodine solution (0.2% KI, 0.2% I_2). Colonies having a higher ratio of clear zone to colony size were purified in liquid culture for three times.

After amplification by PCR using primers 27F (5′-AGAGTTTGATCCTGGCTCAG-3′) and 1492R (5′-GGTTACCTTGTTACGACTT-3′)[16] with the genomic DNA[17] of strain WPD616, the 16S rRNA gene was cloned into pMD-18T vector (TaKaRa, China) and sequenced by Shanghai Sangon Biological Engineering Technology and Service in China. The PCR conditions were as follows: 94℃ for 3min, 30 cycles of 94℃ for 45s, 54℃ for 1min and 68℃ for 90s, and 68℃ for 7min. Homology was analyzed in GenBank with the Blast program.

2.2 Cloning of gene encoding amylolytic enzyme

Based on the available published sequences of maltogenic amylases (GenBank accession numbers AAC15072, 21730245, AAT94159 and AAC46346), the following degenerate primers were synthesized: sense primer Amy1 [5′-(AG) TGA (GT)-GAAAGAAGCCAT (CT) CACCAC-3′], antisense primer Amy2 [5′-T (TC) ACCA (GT)-CTTTCGACCGCG T (AG) AA-3′]. PCR was carried out with the genomic DNA of strain WPD616 using the degenerate primers. The PCR conditions were: 94℃/3min, 30 cycles at 94℃/1min, 55℃/1min, 72℃/90s, and 72℃/10min. The amplified fragment of 1767bp was cloned into pMD-18T vector and sequenced by Shanghai Sangon Biological Engineering Technology and Service in China. Homology searches were performed against the sequences in the GenBank database using the Blast program. Alignment of deduced amino acid sequence was generated with DNAMAN program.

2.3 Protein expression and purification

The amylolytic enzyme gene was expressed in *Escherichia coli* BL21 (DE3) as a fusion protein with glutathione S-transferase (GST). It was amplified using the forward primer: 5′-TGT*AGATCT*ATGAGGAAAGAAGCCATCC ACCAC-3′, with a *Bgl* Ⅱ site (italic), and the reverse primer: 5′ CTG*CTCGAG*TTACCAGCTTTCGACCGCGTAAA 3′, with an *Xho* Ⅰ site (italic). The PCR condition was as follows 94℃/3minutes, 30 cycles at 94℃/1 minute, 55℃/1 minute, 72℃/90 seconds, and 72℃/10minutes. Then the amplified DNA fragment was cloned into the pGEX-4T-2 vector (Amersham, Sweden) downstream of GST. The recombinant plasmid containing the amylolytic enzyme gene was confirmed by sequencing.

After incubation in Luria broth (LB) at 37℃ overnight, the bacterium containing the amylolytic enzyme gene and the control (vector only) were inoculated into new media at a ratio of 1 : 100. When the OD_{600} was 0.6-1.0, the bacteria were induced with 0.5mmol/L isopropyl-β-D-thioga-lactopyranoside (IPTG) (BBI) and grew for an additional 4h at 37℃. The whole cell protein of induced and non-induced bacteria was analyzed by SDS-PAGE.

The recombinant bacterium was inoculated and induced in 1000mL LB medium. The induced bacterium was spun down (4000*g*) at 4℃ and resuspended in ice-cold phosphate buffered saline (PBS) containing 0.1mmol/L PMSF (BBI), followed by sonication for 90s on ice. The sonicate was mixed with glutathione-agarose beads and incubated at 4℃ for 2h. After rinse with ice-cold PBS, the beads were incubated in reducing buffer (50mmol/L Tris-HCl, 10mmol/L reduced glutathione, pH8.0) at room temperature for 10min. The supernatant, after centrifugation at 1000*g* for 5min, was collected and analyzed by SDS-PAGE. Protein concentrations were measured by the Bradford method[18] with BSA as a standard.

2.4 Assay of amylolytic enzyme activity

The amylolytic enzyme activity was assayed at 50℃ in a 50mmol/L sodium-acetate buffer (pH6.0) with 3,5-dinitrosalicylic acid as described by Miller[19], in which the maltose was used as the reference. Briefly, the mixture containing 50mmol/L sodium-acetate buffer (pH6.0), 5mmol/L EDTA, 0.5% β-cyclodextrin or soluble starch or pullulan was pre-warmed at 50℃ for 5min. Subsequently the enzyme solution (0.125mg/mL) was added to the pre-warmed solution and incubated at 50℃ for 30min. The reaction was terminated by the addition of 3,5-dinitrosalicylic acid. After boiling for 5min in a water bath, absorbance was measured at 575nm. One unit of enzyme activity was defined as the amount of enzyme that formed reducing sugars to give an increase in absorbance at 575nm of 1.0 as described by Kim[20]. The relative enzymatic activity was determined[21].

2.5 Characterization of recombinant amylolytic enzyme

The effect of temperature on amylolytic activity was evaluated in a 50mmol/L sodium-acetate buffer (pH6.0) at different temperatures (20℃, 30℃, 40℃, 50℃, 60℃, 70℃ and 80℃). To evaluate the effect of temperature on the thermostability of amylolytic enzyme, the enzyme solution was pre-incubated in 50mmol/L potassium phosphate buffer (pH6.0) at 50℃, 60℃, 70℃ or 80℃ for 30min, respectively. Subsequently the residual enzymatic activity was determined by amylolytic enzyme activity assay.

The effect of pH on amylolytic activity was evaluated at 50℃ using the buffer solutions with different pH values (4.0, 5.0, 6.0, 7.0, 8.0, 9.0, 10.0 and 11.0). The following buffers (50mmol/L) were used: potassium phosphate (pH4.0-6.0), Tris-HCl (pH6.0-8.0), glycine (pH8.0-10.0) and Na_2HPO_3/NaOH buffer (pH11.0). The enzymatic stability on pH were determined by incubation of amylolytic enzyme in different pH buffers (pH4.0-11.0) at 50℃ for 30min, followed by enzyme activity assay.

The effects of various metal ions, additives and detergents on the amylolytic activity of recombinant enzyme were determined at 50℃ in a 50mmol/L sodium-acetate buffer (pH6.0) by the same procedure as described above. The metal ions used were KCl, $BaCl_2$, LiCl, $CaCl_2$, $MgCl_2$, $MnCl_2$, $CuCl_2$, $ZnSO_4$, $FeSO_4$ or $FeCl_3$ (1mmol/L or 10mmol/L). The additives and detergents were EDTA (ethylene diamine tetraacetic acid) (1mmol/L or 10mmol/L), SDS (sodium dodecyl sulfate) (1mmol/L or 10mmol/L), PMSF (1mmol/L or 10mmol/L), DTT (dithiothreitol) (1mmol/L or 10mmol/L), and Trion-100, 2-ME (β-mercaptoethanol), Chaps (3-[(3-cholamidopropyl) dimethy-lammonio]-1-propane sulfonate) or Tween 20 at a final concentration of 0.1% or 1% (w/v).

3 Results

3.1 Cloning and sequence analysis of a maltogenic amylase gene from *Bacillus* sp. WPD616

To facilitate the cloning of amylase gene, thermophiles with amylase activity were screened. Based on the ratio of clear zone to colony size, an isolate WPD616 showing the highest amylase production among them was obtained from a deep-sea hydrothermal field in west-Pacific. On the basis of 16S rRNA sequence analysis (GenBank accession number AY986796), the strain WPD616 was assigned to *Bacillus* sp. The *Bacillus* sp. WPD616 was an aerobic, rod-shaped and spore-forming thermophile, which could grow within a temperature range of 45-75℃ with an optimum at 65℃.

With the genomic DNA of *Bacillus* sp. WPD616, a 1767-bp fragment was obtained by PCR using degenerate primers designed from the conserved regions among various amylase sequences. This fragment contained an open reading frame (ORF) encoding 588 amino acids (GenBank accession number AY986797). The deduced amino acid sequence was subjected to BLAST in GenBank. The results showed that it was homologous to known maltogenic amylases. Therefore, this ORF was suggested to be a maltogenic amylase gene of *Bacillus* sp. WPD616. The amino acid sequence of *Bacillus* sp. WPD616 maltogenic amylase shared 99.3%, 99.1%, 71.9%, 69.6% and 55.8% identities with amylases from *Thermus* sp. IM6501, *Thermus* sp., *Bacillus thermoalkalophilus* ET2, *Geobacillus stearothermophilus* and *Bacillus acidopullulyticus*, respectively (Fig. 1).

3.2 Expression and purification of recombinant maltogenic amylase

To further characterize the maltogenic amylase from *Bacillus* sp. WPD616, the ORF was expressed as GST fusion protein in *E. coli*. After induction with IPTG, total proteins from the induced and non-induced bacteria containing the amylase gene and control bacteria (vector only) were analyzed by SDS-PAGE. A band (approximately 93kD) corresponding to the GST-maltogenic amylase fusion protein was observed in the induced recombinant bacteria (Fig. 2, lane 4). But no protein was found in the same positions in the induced and non-induced control (vector only). The results indicated that the maltogenic amylase gene was expressed. After purification by affinity chromatography, the GST-maltogenic amylase fusion protein was obtained at approximately 1.25mg/mL (Fig. 2, lane 5), which displayed maltogenic amylase activity as revealed by enzyme activity assay. By this one-step purification procedure, 56% of the expressed recombinant enzyme was recovered.

3.3 Characterization of recombinant maltogenic amylase

In order to determine the substrate specificity of the recombinant maltogenic amylase, β-cyclodextrin (0.5%), soluble starch and pullulan were used. The results of enzyme activity assays indicated that the relative activities using substrates of β-cyclodextrins, starch or pullulan were 100%, 9% or 9%, respectively. The relative activity of 100% corresponded to 16U/mL enzyme.

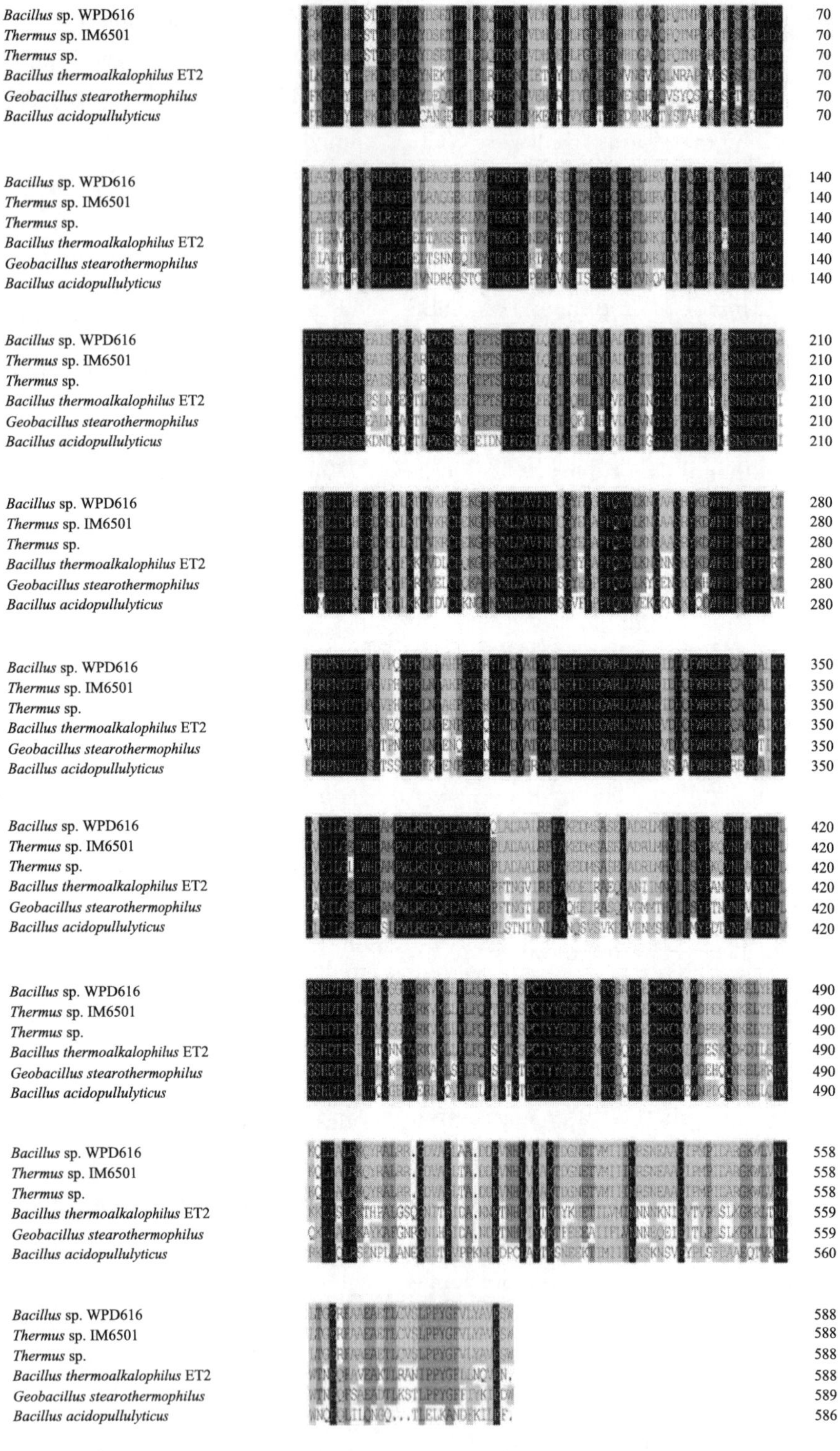

Fig. 1　Multiple alignments of representative maltogenic amylases from thermophiles

GenBank accession numbers: AY986796 (*Bacillus* sp. WPD616), AAC15072 (*Thermus* sp. IM6501), 21730245 (*Thermus* sp.), AAT94159 (*Bacillus thermoalkalophilus* ET2), AAC46346 (*Geobacillus stearothermophilus*) and CAA80246 (*Bacillus acidopullulyticus*)

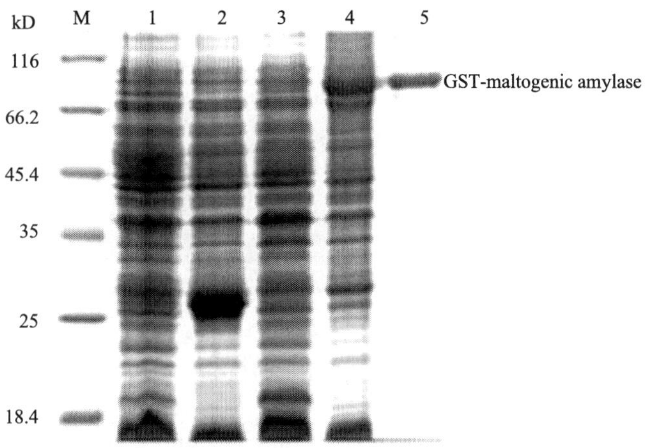

Fig. 2 SDS-PAGE of expressed and purified protein encoded by maltogenic amylase gene

Lanes M, protein marker; 1. total proteins from control bacterium (vector only), non-induced; 2. total proteins from control bacterium (vector only), induced; 3. total proteins from recombinant bacterium (containing maltogenic amylase gene), non-induced; 4. total proteins from recombinant bacterium (containing maltogenic amylase gene), induced; 5. purified GST-maltogenic amylase fusion protein

The effects of temperatures on the recombinant maltogenic amylase activity were evaluated. The results showed that the recombinant maltogenic amylase exhibited optimal activity at 50℃ (Fig. 3A). Their activities were decreased with higher temperatures above optimum. However, the recombinant maltogenic amylase was shown to be active until 70℃ (Fig. 3B).

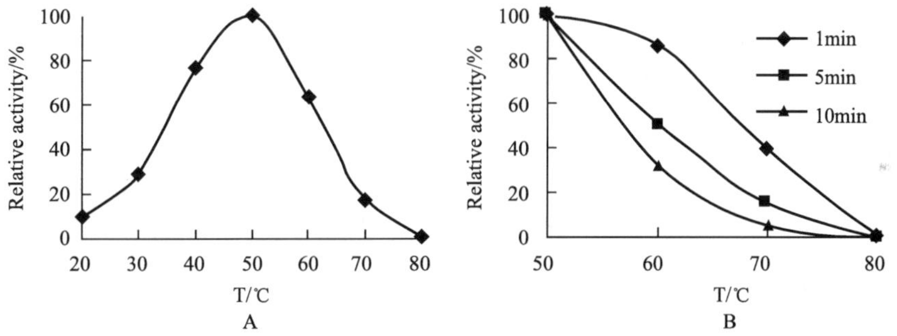

Fig. 3 Effects of temperature on maltogenic amylase activity A and stability B

A. The recombinant maltogenic amylase activity was respectively assayed in a 50mmol/L sodium-acetate buffer (pH 6.0) at various temperatures ranging from 20℃ to 80℃. B. For the stability, the recombinant maltogenic amylase activity was respectively evaluated after incubation at various temperatures for different time. The pH value was 6.0 under assays. The maximum enzymatic activity measured under the optimal condition (50℃, pH 6.0) was defined as the relative activity of 100%, corresponding to 16U/mL enzyme

The activity estimations of the maltogenic amylase at different pHs revealed that the optimum pH was 6.0 (Fig. 4A). The recombinant maltogenic amylase was active over a wide range of pH ranging from pH 5.0-10.0. Their activities were, however, very low at pHs below 5.0 and above 10.0. The recombinant maltogenic amylase was the most stable when held at pH 6.0-8.0, retaining 70%-100% of its initial activity (Fig. 4B).

As shown in Table 1, the recombinant maltogenic amylase from Bacillus sp. WPD616 was active when DTT (1mmol/L or 10mmol/L), Chaps (1mmol/L or 10mmol/L), Tween20 (0.1% or 1%) and Triton X-100 (0.1%) were used. However, it can be partially inhibited by EDTA (1mmol/L or 10mmol/L), PMSF (1mmol/L), SDS (1mmol/L) or 2-ME (0.1% or 1%), and completely inhibited by 10mmol/L of PMSF or SDS.

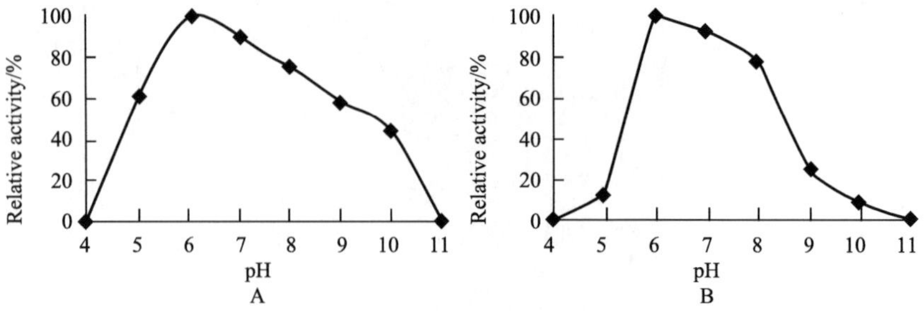

Fig. 4 Effects of pH on enzyme activity A and stability B

A. The optimum pH was assayed after incubation in various pH buffers at 50℃ for 30min. B. For pH stability experiments, the recombinant maltogenic amylase was respectively incubated in various pH buffers for 30min before enzymatic activity assay. The maximum enzymatic activity measured under the optimal condition (50℃, pH6.0) was defined as the relative activity of 100%, corresponding to 16U/mL enzyme

The effects of metal ions on the recombinant maltogenic amylase were evaluated (Table 1). Its catalytic function was stable in the presence of Li^{+} and K^{+} (1mmol/L or 10mmol/L). But its activity decreased when Ca^{2+}, Ba^{2+}, Mg^{2+}, Mn^{2+} (1mmol/L or 10mmol/L) or Fe^{2+} (1mmol/L) were used. In the presence of Cu^{2+}, Fe^{3+}, Zn^{2+} (1mmol/L or 10mmol/L) or Fe^{2+} (10mmol/L), no maltogenic amylase activity was detected.

Table 1 Effects of metal ions and additives on maltogenic amylase activity

Metal ion/ Additive	Concentration /(mmol/L/%)	Relative activity/%	Metal ion/ Additive	Concentration /(mmol/L/%)	Relative activity/%
None	0	100	$FeCl_3$	1	0
LiCl	1	99.2		10	0
	10	91.5	EDTA	1	80.3
KCl	1	95.9		10	71.1
	10	105.6	PMSF	1	46.0
$CaCl_2$	1	94.2		10	0
	10	61.2	DTT	1	98.9
$BaCl_2$	1	87.3		10	98.7
	10	86.0	SDS	1	58.2
$MgCl_2$	1	79.8		10	0
	10	64.8	Chaps	1	99.3
$MnCl_2$	1	63.4		10	93.1
	10	51.2	Tween 20	0.1	99.7
$ZnSO_4$	1	0		1	97.8
	10	0	2-ME	0.1	64.1
$CuCl_2$	1	0		1	56.1
	10	0	Triton X-100	0.1	95.4
$FeSO_4$	1	43.3		1	28.8
	10	0			

4 Discussion

Thermostable enzymes from thermophiles have found a number of commercial applications due to their inherent thermostability and resistance against chemical denaturants, such as extremely acidic and alkaline conditions, detergents, chaotropic agents, organic solvents and enzyme inhibitors. Of them, the maltogenic amylase is one of the most widely used amylases in industry. With the isolation of a large number of beneficial thermophiles and hyperthermophiles, advances in this area have been possible. In the last decade, a lot of thermophiles have been obtained from hot springs in the land as well as hydrothermal fields in the deep sea. Since the first discovery in 1977, numerous hydrothermal vents have been recorded at the bottom of the ocean, which are rich in thermophiles. Most of thermophiles from hydrothermal vents in the deep sea could grow optimally at temperatures above 90℃[22,23]. This makes them more useful for developing thermostable maltogenic amylases. Although thermophiles can be good candidates to develop thermostable maltogenic amylases, it is often impractical to employ them directly by fermentation due to low enzyme production. In our study, the crude maltogenic amylase was isolated from *Bacillus* sp. WPD616. Based on SDS-PAGE analysis, however, the amylase protein was too low to be further purified. As a consequence, foreign protein expression in prokaryote system is an alternative to achieve high-level expression of maltogenic amylases.

Deep-sea thermophiles are the good candidates for the cloning of thermostable maltogenic amylase genes. However, very few maltogenic amylase genes were obtained from thermophiles in deep-sea hydrothermal fields. The maltogenic amylases are highly conserved within the sequence of ORF and more variable upstream and downstream the ORF. Based on available maltogenic amylase sequences, in this investigation, a maltogenic amylase gene was successfully cloned from a novel deep-sea thermophile *Bacillus* sp. WPD616. To further characterize the maltogenic amylase gene, it was expressed in *E. coli* and purified. When β-cyclodextrin was used as a substrate, the recombinant maltogenic amylase was active over a wide range of temperatures between 20℃ and 70℃, and a wide range of pH between pH5.0 and pH10.0. Its optimum temperature was 50℃, which was similar to or different from those of *Bacillus subtilis* (45℃), *B. licheniformis* (50℃), *B. stearothermophilus* (55℃) and *Thermus* sp. IM6501 (60℃). But the effect of pH on the recombinant maltogenic amylase activity was the same as other reports. The results showed that the recombinant maltogenic amylase was resistant to additives, such as Tween 20, Chaps, DTT and EDTA. This was similar to that of *Thermus* sp. IM6501. These data suggested that the recombinant maltogenic amylase in our study was characteristic of thermostable enzymes. It is the first report that a recombinant maltogenic amylase is obtained from a deep-sea thermophile.

Our study revealed that the recombinant maltogenic amylase produced in the mesophilic host was stable to maintain its correct fold at low temperature, and not hydrolyzed by host proteases. In the future studies, the optimum temperature for the recombinant maltogenic amylase activity remained to be improved by site-directed mutagenesis, removal of GST fusion protein or expression in thermophiles. Our study, therefore, indicated that deep-sea thermophiles promised to be very important sources for developing enzymes.

Acknowledgements

This work was financially supported by China Ocean Mineral Resources R & D Association (DY105-02-04-05) and Hi-Tech Research and Development of China (2004AA 621010).

References

[1] Bertoldo C, Antranikian G. Starch-hydrolyzing enzymes from thermophilic archaea and bacteria. Curr Opin Chem Biol, 2002, 6: 151-6

[2] Cha HJ, Yoon HG, Kim YW, et al. Molecular and enzymatic characterization of novel maltogenic anylase that hydrolyzes and transglycosylates acarbose. Eur J Biochem, 1998, 253: 251-62

[3] Kim JS, Cha SS, Kim HJ, et al. Crystal structure of a maltogenic amylase provides insight into a catalytic versatility. J Biol Chem, 1999, 274: 26279-86

[4] Kim TJ, Kim MJ, Kim BC, et al. Modes of action of acarbose hydrolysis and transglycosylation catalyzed by a thermostable maltogenic amylase, the gene for which was cloned from a *Thermus* strain. Appl Environ Microbiol, 1999, 65: 1644-51

[5] Kim YK, Kim MJ, Park CS, et al. Modification of sorbitol by transglycosylation using *Bacillus stearothermophilus* maltogenic amylase. Food Sci Biotechnol, 2002, 11: 401-6

[6] Park KH, Kim MJ, Lee HS, et al. Transglycosylation reactions of *Bacillus stearothermophilus* maltogenic amylase with acarbose and various acceptors. Carbohydr Res, 1998, 313: 235-46

[7] Park KH, Kim TJ, Cheong TK, et al. Structure, specificity

and function of cyclomaltodextrinase, a multispecific enzyme of the α-amylase family. Biochim Biophys Acta, 2000, 1478: 165-85

[8] Lee HS, Auh JH, Yoon HG, et al. Cooperative action of α-glucanotransferase and maltogenic amylase for an improved process of isomaltooligosaccharide (IMO) production. J Agric Food Chem, 2002, 50: 2812-7

[9] Igarashi K, Ara K, Saeki K, et al. Nucleotide sequence of the gene that encodes a neopullulanase from an alkalophilic *Bacillus*. Biosci Biotechnol Biochem, 1992, 56: 514-6

[10] Oguma T, Matsuyama A, Kikuchi M, et al. Cloning and sequence analysis of the cyclomaltodextrinase gene from *Bacillus sphaericus* and expression in *Escherichia coli* cells. Appl Microbiol Biotechnol, 1993, 39: 197-203

[11] Kim TJ, Shin JH, Oh JH, et al. Analysis of the gene encoding cyclomaltodextrinase from alkalophilic *Bacillus* sp. I-5 and characterization of enzymatic properties. Arch Biochem Biophys, 1998, 535: 221-7

[12] Tonozuka T, Ohtsuka M, Mogi S, et al. A neopullulanase-type α-amylase gene from *Thermoactinomyces vulgaris* R-47. Biosci Biotechnol Biochem, 1993, 57: 395-401

[13] Cho HY, Kim YW, Kim TJ, et al. Molecular characterization of a dimeric intracellular maltogenic amylase of *Bacillus subtilis* SUH4-2. Biochim Biophys Acta, 1999, 1478: 333-40

[14] Kim YW, Choi JH, Kim JW, et al. Directed evolution of *Thermus* maltogenic amylase toward enhanced thermel resistance. Appl Environ Microbiol, 2003, 69: 4866-74

[15] Kreil DP, Ouzounis CA. Identification of thermophilic species by the amino acid compositions deduced from their genomes. Nucleic Acids Res, 2001, 29: 1608-15

[16] Robb FT, Place AR. Arhaea: a laboratory manual. Thermophiles. New York: Cold Spring Harbor Laboratory, 1995

[17] Ausubel FM, Brent R, Kingston RE, et al. Short protocols in molecular biology. 4th. New York: Library of congress Cataloging in Publication Data, 1992

[18] Bradford MM. A rapid and sensitive method for the quantitation microgram quantities of protein utilizing the principle of protein-dye binding. Anal Biochem, 1976, 72: 248-54

[19] Lee HS, Kim MS, Cho HS, et al. Cyclomaltodextrinas e, neopullulanase, and maltogenic amylase are nearly indistinguishable from each other. J Biol Chem, 2002, 277: 21891-7

[20] Kim IC, Cha JH, Kim JR, et al. Catalytic properties of the cloned amylase from *Bacillus licheniformis*. J Biol Chem, 1992, 267: 22108-14

[21] Jorgensent S, Vorgias CE, Antranikian G. Cloning, sequencing, characterization, and expression of an extracellular α-amylase from the hyperthermophilic archaeon *Pyrococcus furiosus* in *Escherichia coli* and *Bacillus subtilis*. J Biol Chem, 1997, 272: 16335-42

[22] Baek JS, Kim HY, Abbott TP, et al. Acarviosine-simmondsin, a novel compound obtained from acarviosineglucose and simmondsin by *Thermus* maltogenic amylase and its *in vivo* effect on food intake and hyperglycemia. Biosci Biotechnol Biochem, 2003, 67: 532-9

[23] Vieille C, Burdette DS, Zeikus JG. Thermozymes. Biotechnol Annu Rev, 1996, 2: 1-83

Ⅳ 植物源天然产物

植物病毒病有“植物癌症”之称，是农业生产上重要病害之一，造成的损失巨大。以天然植物活性物质为有效成分的植物源抗病毒剂具有环境兼容性好、安全、开发成本低等优点，符合未来农药发展的趋势与要求，因此福建农林大学植物病毒研究所以烟草花叶病毒（*Tobacco mosaic virus*，TMV）为供试病毒，对我国200多种常见药用植物的抗病毒活性进行了筛选，筛选出了具有明显抗病毒侵染或（和）抗病毒增殖活性的植物，其中以苦木科植物臭椿、鸦胆子的抗病毒活性最为显著，在此基础上，以生物活性跟踪为指导，对臭椿、鸦胆子等高活性植物中的抗病毒活性物质进行了的分离、纯化和结构鉴定，明确了鸦胆子中抗病毒有效成分，并深入探讨了抗病毒作用方式及分子机理。上述研究工作为植物源抗病毒剂的研制与开发提供了科学依据。

15种植物的单宁提取物对烟草花叶病毒(TMV)的抑制作用*

刘国坤，谢联辉，林奇英，吴祖建，陈启建

（福建农林大学植物病毒研究所，福建福州　350002）

摘　要：测定了15种植物的乙醇粗提物对TMV的体外抑制作用，其中11种具有明显效果，这11种植物粗提物经水/氯仿萃取，水萃取物具有明显抑制TMV效果，而氯仿萃取物抑制效果差。水萃取物用明胶去除单宁后，基本失去抑制TMV的能力，表明单宁在其中起着重要作用。从杠板归与假槟榔种子中提取的总单宁对TMV具有明显的抑制作用；病毒粒体样品在分别加入这2种植物总单宁后，电镜下表现为聚集结合；TMV分别与这2种植物的单宁混合后，通过透析，可恢复大部分侵染力，表明单宁对病毒并无直接毒害作用；TMV外壳蛋白（CP）与单宁混合后，在蛋白质的聚丙烯酰胺凝胶电泳中表现为结合现象；单宁对TMV体内抑制复制效果不明显；单宁在接种TMV前后施用并没有降低TMV侵染力；这些结果表明这2种植物单宁对TMV抑制作用可能是与TMV-CP结合而引起病毒侵染力下降或影响病毒CP对侵染位点的识别。

关键词：植物提取物；单宁；烟草花叶病毒（TMV）；杠板归；假槟榔；抑制；外壳蛋白（CP）

中图分类号：S432.41；S476　**文献标识码：**A　**文章编号：**0412-0914（2003）03-0279-05

Inhibition of the infectivity of TMV by tannins

LIU Guo-kun, XIE Lian-hui, LIN Qi-ying, WU Zu-jian, CHEN Qi-jian

(Institute of Plant Virology, Fujian Agriculture and Forestry University, Fuzhou 350002)

Abstract: The anti-TMV activities *in vitro* were determined with ethanol extracts from 15 species of plants. The extracts of 11 species of plants showed significant anti-TMV activity. The water phase showed strong anti-TMV activity while chloroform phase showed little inhibiting effect. The water phase lost most inhibitory effect by discarding tannins using gelatin. It showed that tannins may play roles in reducing infectivity. Tannins extracted from *Polygonum perfoliatum* or *Archontophoenix alexandrae* seeds strongly inhibited TMV infectivity. TMV virions seemed to be aggregated when incubated with the tannins. The fact that infectivity of TMV recovered by dialysis from incubations *in vitro* with tannins showed that the virus regained infectivity, and the tannins did not possess direct viricidal effect. It seems that TMV coat protein binds the tannins. The tannins did not affect multiplication of TMV in infected leaf discs. Tannins did not

植物病理学报，2003，33（3）：279-283

收稿日期：2002-03-14

* 基金项目：福建省科技厅重点项目资助（99-Z-193）

reduce infectivity when applied either before or after TMV inoculation. It is proposed that tannins from *P. perfoliatum* or *A. alexandrae* inhibit TMV by binding to TMV coat protein to reduce TMV activity or to interfere with recognition site for viral coat protein.

Key words: plant extracts; tannins; *Tobacco mosaic virus* (TMV); *Polygonum perfoliatum*; *Archontophoenix alexandrae*; inhibition; coat protein (CP)

植物病毒病给农业生产带来了很大的危害。由于植物病毒系活体寄生物，侵入寄主细胞后其增殖需借助于与寄主的代谢，至今尚无有效的治疗药剂[1]。从植物中筛选抗病毒物质是开发植物病毒抑制剂的重要途径之一。研究较为深入的植物源病毒抑制物主要局限于蛋白质类，如系统抗性诱导物、核糖体失活蛋白[2]，从植物中提纯的小分子物质抑制植物病毒的报道相对较少[3-5]，而许多用于植物病毒测试的植物成分大多为粗提物，含有非活性化学成分[6-8]，作者在试验过程中发现许多植物的粗提物对病毒具有较好的体外抑制作用。本文针对植物中的单宁物质抑制烟草花叶病毒（*Tobacco mosaic virus*，TMV）的作用做一报道。

1 材料与方法

1.1 主要仪器

RE52A旋转蒸发仪、SH2-Ⅲ型循环水真空泵、烘干箱、粉碎机、IS-1000数据成像系统（Alpha Innotech公司产品）。

1.2 供试毒源和寄主植物

提纯的烟草花叶病毒由福建农林大学植物病毒研究所提供，接种浓度为10μg/mL。枯斑寄主为心叶烟（*Nicotiana glutinosa*），系统侵染寄主为普通烟（*Nicotiana tobacum*）K326品种。

1.3 植物提取物制备及单宁的提取

新鲜植物采自福建农林大学校区，中草药购自福州回春药店。样品经30～40℃烘干、粉碎机粉碎后，用95%乙醇在常温下浸提，在45℃左右减压浓缩去除乙醇，浓缩物置于4℃冰箱中备用。

单宁的定性测定方法采用浓度0.3% $FeCl_3$ 检测试剂显色反应或用0.1%明胶试剂白色沉淀可证明单宁存在[9]。杠板归（*Polygonum perfoliatum*）与假槟榔（*Archontophoenix alexandrae*）种子的总单宁提取参照林启寿[9]方法。

1.4 体外抑制TMV效果的测定

试验在防虫温室内进行。取少量植物浸提浓缩物，用蒸馏水配制成5%水溶液，另以蒸馏水为对照，与TMV等体积混合10min，在心叶烟枯斑寄主上半叶法摩擦接种，每处理接种5片叶，3d后调查枯斑数目，计算抑制率。试验重复3次。

浸提浓缩物通过蒸馏水与氯仿多次萃取，收集的水层和氯仿层分别减压浓缩，分别配制成5%水溶液［其中氯仿层提取物加入6%二甲亚砜（DMSO）助溶］，以相同溶剂为对照，上述相同方法接种，计算抑制率，试验重复3次。

抑制率=［(对照枯斑数－处理枯斑数)/对照枯斑数］×100%，以平均抑制率进行评价。

1.5 去除单宁的水萃取物、提取的单宁对TMV体外钝化效果的测定

上述水萃取层浓缩物采用明胶沉淀法[9]去除单宁，配制成浓度5%水溶液，其溶液同1.4方法进行体外抑制TMV效果的测定。从杠板归与假槟榔中提取的总单宁配制成浓度0.2%水溶液，同法进行体外抑制TMV效果的测定。

1.6 TMV病毒粒体电镜观察

提纯的TMV粒体溶液（200μg/mL）以及相同浓度的病毒溶液中分别加入0.1%杠板归或假槟榔中提取的总单宁，采用负染法[10]进行TMV粒体电镜观察。

1.7 TMV外壳蛋白的制备及蛋白质的聚丙烯酰胺凝胶电泳

采用醋酸法[11]进行TMV外壳蛋白的制备，提纯的外壳蛋白溶于4℃ 0.033mol/L pH7.0的磷酸缓冲液中备用。

蛋白质的聚丙烯酰胺凝胶电泳参照郭尧君[12]的方法。杠板归与假槟榔中提取的单宁分别加入外壳蛋白溶液中，单宁浓度为0.1%，以不加单宁为对照，进行蛋白质的聚丙烯酰胺凝胶电泳，其中外

壳蛋白浓度为 20μg/mL，分离胶浓度为 8%，电压 120V。

1.8 单宁与 TMV 的透析处理

0.2%杠板归或假槟榔的单宁溶液中加入提纯的 TMV 粒体溶液（终浓度为 10μg/mL），混合 30min 后，置于透析袋中透析 3d（每天换水数次），另设相同浓度的 TMV 置于透析袋于 4℃透析，以及相同浓度的 TMV 与单宁混合后置于 4℃中静置，3d 后进行心叶烟半叶法接种，计算枯斑数。

1.9 叶圆片法[13]对抑制病毒复制作用测定

TMV 接种在系统侵染寄主普通烟 K326 叶片上，6h 后从接种叶切取直径为 15mm 的圆片，将接种面朝上放在培养皿的单宁溶液（浓度为 0.2%）中表面飘浮，设置不加单宁的蒸馏水为对照，48h 后叶片磨碎、离心、取上清采用半叶法接种心叶烟，每处理接种 5 片叶片，3d 后计算枯斑数，试验重复 3 次。

1.10 TMV 接种前、后用单宁处理叶片试验

处理 1：先用 0.2%单宁溶液喷施或摩擦心叶烟左（右）半叶，风干后用清水轻轻冲洗叶片表面去除叶表面多余单宁，风干后立即接种 TMV，另半叶以清水为对照。处理 2：TMV 接种心叶烟叶片，30s 后用 0.2%单宁溶液喷施或摩擦处理左（右）半叶，另半叶用清水为对照。每处理接种 5 片叶，3d 后记载枯斑数，计算抑制率。试验重复 3 次。

2 结果与分析

2.1 体外抑制 TMV 效果

不同植物乙醇提取物、氯仿萃取物、水萃取物、去除单宁水萃取物的 5%水溶液对 TMV 体外抑制率如表 1。其中 15 种植物乙醇提取物中有 11 种对 TMV 体外抑制作用可达 85%以上。这些植物粗提物经氯仿/水萃取后，氯仿层物质对 TMV 的抑制作用很小，而水层物质对 TMV 抑制作用很强，表明抑制物质可能位于水提取物中。通过单宁定性检测发现，抑制率高的植物如杠板归、假槟榔，其单宁试剂显色明显；而抑制率低的植物，如狗脊、红花，其单宁试剂显色很不明显。由于单宁不溶于氯仿，溶于水相[9]，因此推测植物中的单宁可能在抑制 TMV 中起着重要作用。水萃取物中的单宁用明胶去除后，其抑制 TMV 作用明显下降，与清水对照无明显差异，表明了植物中的单宁与 TMV 粒体中可能具有某种作用而抑制了病毒的侵染。

表 1 植物提取物及不同极性成分对 TMV 体外平均抑制率

植物种	植物部位	抑制率/%			
		乙醇粗提物	氯仿萃取相	水萃取相	水萃取相（除去单宁）
杠板归 *Polygonum perfoliatum*	全草	98.7	11.7	100.0	2.5
假槟榔 *Archontophoenix alexandrae*	种子	99.3	6.1	100.0	−2.7
老人葵 *Coccothrinu crinita*	种子	94.2	12.5	97.6	12.1
小飞扬 *Euphorbia thymfifolia*	全草	89.5	10.5	99.6	−3.8
大飞扬 *Euphorbia hirta*	全草	94.6	1.2	99.0	3.2
水蓼 *Polygonum hydropiper*	全草	93.6	7.9	97.8	6.9
杨梅 *Myreca rubra*	枝叶	87.6	8.2	92.3	−9.8
桃金娘 *Rhodomyrtus tomentos*	枝叶	90.6	15.9	100.0	11.6
叶下珠 *Phyllanthus urinaria*	全草	87.6	4.9	90.8	3.7
钩藤* *Uncaria rhynchophylla*	茎	91.9	12.2	97.8	6.5
鸡血藤* *Millettia dielsiana*	茎	88.8	15.8	92.8	6.8
菖蒲* *Acoruss gramineus*	叶	52.4	7.5	45.7	1.3
狗脊* *Cibotium barometz*	根	19.2	7.8	28.5	11.8
石斛* *Dendrobium nobile*	茎	43.6	21.0	45.0	−2.8
红花* *Carthamus tinctorius*	花	18.9	34.8	10.5	9.7

*购买的中药

2.2 TMV病毒粒体电镜观察

在电镜下观察，正常处理的TMV粒体多表现为分散、同一视野中数量少，而用假槟榔种子和杠板归总单宁处理的样品中的病毒粒体大多明显的表现为聚集现象，粒体数量多。表明这2种植物的单宁对粒体具有聚集结合作用（图1）。

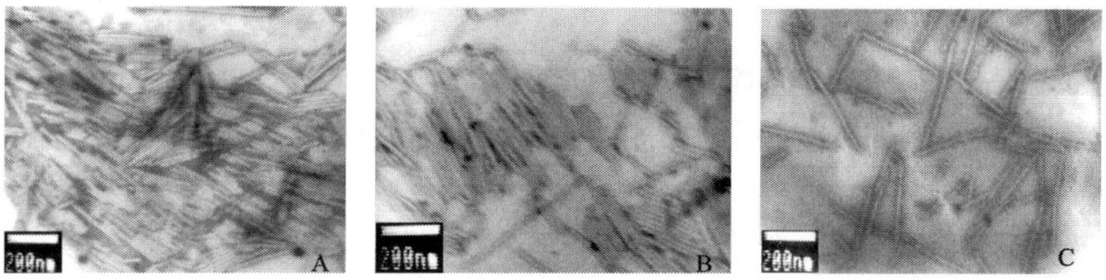

图1 单宁处理的烟草花叶病毒粒体电镜图（30 000×）
A. 加入假槟榔总单宁后聚集的TMV粒体；B. 加入杠板归总单宁后聚集的TMV粒体；
C. 对照的烟草花叶病毒粒体

2.3 单宁与TMV混合物的透析处理

从杠板归与假槟榔种子中提取的总单宁，与TMV混合30min后透析，透析后的溶液接种心叶烟，其枯斑数如表2，与对照透析的TMV的处理组相比，枯斑数部分下降；与对照TMV+单宁未透析处理组的100%抑制率相比，其抑制作用不明显，这表明单宁与TMV结合形成复合物，通过透析可将其分开，从而使病毒粒体侵染性大部分得以恢复，也表明单宁对病毒粒体或核酸并没有直接毒害作用。单宁与蛋白质发生结合作用是其重要性质，结合方式主要是氢键和疏水键，属可逆结合[14]，因此认为单宁是与病毒粒体外壳蛋白结合起作用。

表2 TMV与单宁混合物透析处理后接种心叶烟产生的平均枯斑数

用于提取单宁的植物	半叶枯斑数		
	单宁+TMV	单宁+TMV（透析处理）	TMV（透析处理）
杠板归	0	63	82
假槟榔	0	47	77

2.4 单宁与TMV外壳蛋白的作用

将提取的杠板归、假槟榔（种子）单宁与TMV外壳蛋白混合后，进行聚丙烯酰胺凝胶电泳，泳带如图2。从图中可看出，与对照相比，单宁与外壳蛋白相混合的泳带部分具有明显的滞后拖尾现象，表明其可能与外壳蛋白结合，但结合聚集度大小不一，导致外壳蛋白分子质量增大，或改变其表面电荷大小，致使泳带部分滞后。

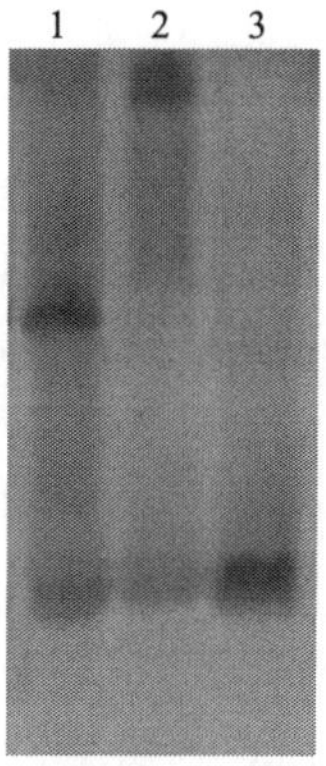

图2 TMV、TMV与杠板归总单宁、TMV与假槟榔总单宁混合后在聚丙烯酰胺凝胶电泳图
泳道1为TMV外壳蛋白+杠板归单宁；
泳道2为TMV外壳蛋白+假槟榔单宁；
泳道3为提纯的TMV外壳蛋白为对照

2.5 抑制病毒复制作用的结果分析

通过叶圆片法处理，从表3可看出，处理组的枯斑数与对照组相比，无明显差异，表明了杠板归与假槟榔的总单宁对植株体内的TMV粒体可能并没有抑制复制作用。

表3 受TMV侵染的普通烟叶圆片经单宁或清水处理后在心叶烟上的平均枯斑数

用于提取单宁的植物	半叶枯斑数		抑制率
	处理组	对照组	
杠板归	82	86	4.65
假槟榔	76	75	−1.33

2.6 TMV 接种前、后用单宁处理叶片的结果分析

从表 4 可以看出，处理 1（先用单宁喷施或摩擦处理，再接种 TMV）和处理 2（先接种 TMV，后用单宁喷施或摩擦处理）的半叶枯斑数都与对照半叶的枯斑数无明显的差异，表明单宁对心叶烟叶片表面病毒粒体的作用位点可能没有作用，并不影响 TMV 随后的侵入；TMV 粒体侵染成功后，单宁对其作用影响不大，或单宁渗透入叶片的能力不强。

表 4　TMV 接种前、后喷施单宁对枯斑数的影响

用于提取单宁的植物	半叶枯斑数			
	接种 TMV 前单宁处理	接种 TMV 前清水处理	接种 TMV 后单宁处理	接种 TMV 后清水处理
杠板归	87	91	78	73
假槟榔	93	85	76	82

3　讨论

植物源有效活性物质抗植物病毒的作用主要表现在 4 个方面[2,3]：①直接作用于病毒，如与病毒体外结合，降低了病毒粒体对寄主的识别能力，导致病毒失活；②作用于寄主上病毒侵染接受位点；③诱导植物产生抗性；④抑制病毒复制。从本试验结果来看，许多植物粗提物对于病毒初侵染的抑制可能是粗提物中的单宁与病毒外壳蛋白结合有关。在病毒侵染寄主时，病毒外壳蛋白特异性的作用于寄主表面未知受点而得以侵染成功[3]。杠板归与假槟榔的总单宁对 TMV 的抑制作用可能是其与病毒外壳蛋白结合，使病毒粒体聚集结合，降低外壳蛋白对寄主受点的识别能力，或导致病毒失去侵染力，而不是单宁单独作用于寄主上的病毒侵染位点或抑制病毒在植物体内的复制。

近年来利用植物源成分作为植物病毒抑制剂的研究较多，同时枯斑寄主半叶法也是筛选体外病毒抑制物常用的一种方法[2-4,6,8]，由于单宁是一类种类繁多的多酚型的天然有机物，广泛存在于植物中，一般中草药中都含有单宁[9]，因此从本试验结果来看，在植物或中草药中筛选体外病毒抑制物时，尤其在采用粗提成分或细分时，应考虑到其中可能存在单宁，即使浓度很低，也会与病毒外壳蛋白发生结合作用或受其干扰的影响。

单宁抑制植物病毒的研究报道很少，但在植物病毒的提纯或机械传播过程中，也会受到植物中单宁成分的影响，如在一些植物如蔷薇科植物中，由于单宁的大量存在可能是很难机械传播病毒的原因，这与单宁与病毒结合沉淀有关[15]。从植物中筛选活性大的单宁成分，利用其与病毒结合的特点，对于一些机械传播的病毒的防治是有可能的。在本试验中，只对杠板归和假槟榔的总单宁进行提取，并进行抑制 TMV 复制作用的研究，结果表明这 2 种植物单宁对植株体内的 TMV 的复制可能没有作用，但并不表明所有植物中的单宁没有抑制病毒复制的能力。近年来，国内外医学界对单宁的药理活性的研究很热，发现其具有许多生理活性，其中抗人与动物的病毒活性效果很好，其活性作用主要表现在单宁可阻止病毒在细胞上的吸附、直接杀灭病毒、抑制病毒的复制、抑制病毒蛋白酶[14,16]。单宁的种类很多，关于单宁对植物病毒的抑制作用或开发病毒抑制剂的研究值得更进一步深入。

参 考 文 献

[1] 江山，韩熹莱. 植物病毒病化学防治的研究进展. 中国病毒学，1995，10(1)：1-7

[2] Hadidi A，Khetarpal RK，Koganezawa H. Plant virus disease control. Paul Minnesola：The American Phytopathological Society，1998，154-162

[3] French CJ，Towers GHN. Inhibition of infectivity of *Potato virus X* by flavonoids. Phytochemistry，1992，31(9)：3017-3020

[4] 李重九，费菁. 丙酰紫草素对病毒的钝化作用. 中国农业大学学报，1997，2(5)：47-50

[5] 侯玉霞，李重九，马立新等. 中草药中抗植物病毒 TMV 活性物质 PZ1 作用机理研究. 中国农业大学学报，2000，5(1)：21-24

[6] 朱水方，裘维蕃. 几种中草药抽提物对黄瓜花叶病毒引起的辣椒花叶病治疗作用初步研究. 植物病理学报，1989，19(2)：123-128

[7] 秦淑莲，辛玉成，姜瑞敏等. 紫杉皮提取液对黄瓜花叶病毒作用机制初探. 莱阳农学院学报，1997，14(3)：200-202

[8] Hansen AJ. Antiviral chemicals for disease control. CRC Critical Reviews in Plant Sciences，1989，8(1)：45-88

[9] 林启寿. 中草药成分化学. 北京：科学出版社，1977，167-168

[10] 田波，裴美云. 植物病毒研究方法. 北京：科学出版社，1987，201-203

[11] 付鸣佳，高乔婉，范怀忠. 广东烟草花叶病毒株系的研究. 中国病毒学，1997，12(3)：254-259

[12] 郭尧君. 蛋白质电泳实验技术. 北京：科学出版社，2001，154-156
[13] 深见顺一，上杉康彦，石冢皓造等. 农药实验法—杀菌剂篇. 李树正，王笃枝，焦书梅等译. 北京：农业出版社，1991，94
[14] 石碧，狄莹，何有节等. 鞣质的药理活性. 中草药，1998，29(7)：487-490
[15] 史密斯 KM. 植物病毒. 朱本明译. 北京：科学出版社，1986，160-167
[16] 毕良武，吴在嵩，陈箭鸿等. 单宁在抗艾滋病研究中的应用. 林产化工通讯，1998，(2)：11-15

植物单宁对烟草花叶病毒（TMV）的抑制活性*

刘国坤，吴祖建，谢联辉，林奇英，陈启建

（福建农林大学植物病毒研究所，福建福州 350002）

摘 要：测试了从11种植物提取的单宁对烟草花叶病毒（TMV）的抑制活性。结果表明：①任一植物的单宁质量浓度为5.000mg/mL或2.500mg/mL时，与TMV混合10min后接种，其抑制率达80%以上。②单宁质量浓度为5.000mg/mL时，与TMV的混合后立即接种，其抑制效果均在80%以上，表明单宁与病毒粒体作用时间很短。③TMV与单宁混合后，透析3d后，可恢复大部分侵染力，混合3d但未透析处理，与混合10min的处理相比，抑制率下降，表明部分植物的单宁体外稳定性可能较差，与TMV粒体作用能力下降。④这11种植物的单宁对TMV体内抑制复制效果不明显。⑤大飞扬、杠板归、虎杖3种植物的单宁，在接种前先喷施心叶烟再接种TMV，可抑制病毒的初侵染；接种前喷施普通烟K326再接种TMV，烟株发病期推迟3～8d。

关键词：植物提取物；单宁；烟草花叶病毒（TMV）；抑制

中图分类号：S432.4^{+}1 **文献标识码**：A **文章编号**：1006-7817（2003）03-0292-04

The inhibition of infectivity of *Tobacco mosaic virus* by tannins extracted from plants

LIU Guo-kun，WU Zu-jian，XIE Lian-hui，LIN Qi-ying，CHEN Qi-jian

（Institute of Plant Virology，Fujian Agriculture and Forestry University，Fuzhou 350002）

Abstract：The anti-TMV activities of tannins extracted from 11 kinds of plants were determined. Infectivity of *Tobacco mosaic virus*（TMV）on *Nicotiana glutinosa* was strongly inhibited（more than 80%）by tannins（5.000mg/L or 2.500mg/mL）extracted from each kinds of plants incubated with TMV for 10mins. Strong inhibition（more 80%）was also showed when leaves were inoculated with TMV after incubated immediately with Tannins at 5.000mg/mL. The infectivity of TMV recovered by dialysis for 3 days from incubations *in vitro* with tannins，but inhibition was reduced for tannins extracted from some kinds of plants incubated with TMV for 3 days. Tannins of all plant species did not affect multiplication of TMV in infected leaf discs. Tannins extracted form *Euphorbia hirta*，*Polygonum perfoliatum*，*P. cuspidatum* reduced infectivity when applied immediately on *N. glutinosa* before TMV inoculation. It also retarded symptom expressed for 3-8 days in first leaves of *N. tobacum* cv. K326 when applied immediately before

福建农林大学学报（自然科学版），2003，32（3）：292-295

收稿日期：2003-02-25

* 基金项目：福建省科技厅重点资助项目（99-Z-193）

TMV inoculation.

Key words: plant extracts; tannins; *Tobacco mosaic virus*; inhibition

烟草普通花叶病是烟草生产中的一大病害，每年因此造成的经济损失惨重。植物病毒病的治疗剂的研究以化学防治剂为主，已取得了较大的进展[1,2]。近年来国内外学者从植物中筛选抗病毒活性物质做了较多的研究[3-6]。作者[7]在从植物中筛选抗植物病毒小分子物质时，发现许多植物的粗提液对 TMV 具有很好的体外抑制作用，主要原因是由于植物中普遍存在的单宁与病毒外壳蛋白发生结合而阻止病毒的侵染。本文对 11 种植物的总单宁对 TMV 的抑制活性进行研究，并在应用上做了初步探讨。

1 材料与方法

1.1 植物材料与单宁的提取

新鲜植物大飞扬（全草）（*Euphorbia hirta*）、杠板归（全草）（*Polygonum perfoliatum*）、假槟榔（种子）（*Archontophoenix alexandrae*）、老人葵（种子）（*Coccethrinut crinita*）、小飞扬（全草）（*Euphorbia thymifolia*）、水蓼（全草）（*Polygonum hydropiper*）、杨梅（枝、叶）（*Myreca rubra*）、叶下珠（全草）（*Phtllanthus urinaria*）采自福建农林大学校区，中草药虎杖（*Polygonum cuspidatum*）、石榴（皮）（*Punica granatum*）、贯众（*Dryopteris crassirhizoma*）购自福州回春药店。材料经 45～50℃烘干、粉碎机粉碎后备用。用文献［8］方法进行预试验定性测定，表明材料中存在较多单宁，单宁的提取参照林启寿[9]方法。单宁的定量方法采用 Folin-Denis 的方法[10]，以单宁酸为标样做工作曲线，760nm 最大吸收值定量测定单宁的含量。

1.2 供试毒源和抗血清

提纯的烟草花叶病毒（*Tobacco mosaic virus*，TMV）与 TMV 抗血清均由福建农林大学植物病毒研究所提供。

1.3 半叶枯斑法测定抗 TMV 的生物活性

枯斑寄主为心叶烟（*Nicotiana glutinosa*），试验在防虫温室内进行。单宁用蒸馏水配制成所需质量浓度，与 TMV 混合置所需时间，病毒接种质量浓度为 20μg/mL，以半叶法摩擦接种，每处理接种 5 个叶片的半叶，以蒸馏水处理对照半叶。3d 后计算枯斑数目，计算抑制率，试验重复 2 次，以平均抑制率进行评价。

抑制率＝［(对照枯斑数－处理枯斑数)/对照枯斑数］×100％

1.4 不同质量浓度的单宁与 TMV 的作用

将单宁配制成 5mg/mL、2.5mg/mL、1.25 mg/mL、0.625mg/mL 四个质量浓度梯度，与 TMV 混合 10min，采用半叶枯斑法分别测定其对 TMV 的作用。

1.5 单宁与 TMV 混合不同时间的抑制作用

单宁质量浓度设置为 5mg/mL，与 TMV 的混合时间分别设置为混合后立即接种、30s 后接种 2 个处理。采用半叶枯斑法测定单宁与 TMV 混合不同时间的抑制效果。

1.6 单宁与 TMV 的透析处理后接种

设置 3 个处理：处理 1：5mg/mL 的单宁与 TMV 混合 10min 后，置于透析袋中（4℃）中透析；处理 2：5mg/mL 的单宁与 TMV 混合，于 4℃中放置 3d；处理 3：TMV 置于透析袋（4℃）中透析。透析过程中每天换水数次，3d 后半叶法接种，以处理 3 的 TMV 为对照接种半叶，另半叶分别接种处理 1 和处理 2 的 TMV，计算枯斑及抑制率。

1.7 对抑制病毒复制作用的测定

采用叶圆盘法[11]测定。TMV 接种于普通烟（*Nicotiana tobacum*）K326 叶片上，6h 后从接种叶切取直径为 12mm 的圆片，将接种面朝上，让其漂浮在含 2.5mg/mL 单宁的培养皿中，48h 后磨碎叶片，用间接 ELISA 法检测其 D_{405}。分别设接种病毒的叶圆片和不接种病毒的健康叶圆片为阳性和阴性对照，每处理 6 个圆片。

1.8 3 种植物单宁对 TMV 初侵染的抑制作用

处理 1：大飞扬、杠板归、虎杖中提取的单宁在 5mg/mL 质量浓度下，先喷施在心叶烟的半叶上，阴干后接种 20μg/mL TMV，另半叶用相同质量浓度的 TMV 做接种对照，计算枯斑。处理 2：大飞扬、杠板归、虎杖中提取的单宁在 5mg/mL 质量浓度下，先均匀喷施在生长一致的 5 叶期普通烟 K326 的第 2 叶上，阴干后接种 20μg/mL TMV，试验设 5 个重复，另设清水对照组，观察植株心叶发病时间。

2 结果与分析

2.1 不同质量浓度的单宁对 TMV 抑制作用

从 11 种植物中提取的单宁在不同质量浓度下与 TMV 混合 10min 后，对 TMV 体外抑制效果（表 1）表明：任一植物的单宁质量浓度为 5mg/mL 时，其抑制率均达 90%以上，大飞扬、杠板归等 5 种植物单宁的抑制率达到 100%；质量浓度为 2.5mg/mL 时，有 3 种植物单宁抑制率达 90%以上；质量浓度为 1.25mg/mL 时，大飞扬、杠板归、虎杖、假槟榔单宁的抑制率达 80%以上；质量浓度为 0.625mg/mL 时，大多数植物单宁抑制率则相对较低。

表 1 不同浓度的单宁对 TMV 体外平均抑制率

植物材料	抑制率/%			
	ρ(单宁)/(mg/mL)			
	5	2.5	1.25	0.625
大飞扬（全草）	100	93.0	85.3	47.9
杠板归（全草）	100	89.2	80.2	33.8
假槟榔（种子）	100	93.6	84.4	25.5
老人葵（种子）	100	87.6	65.6	17.6
小飞扬（全草）	92.3	85.1	49.7	9.3
水蓼（全草）	96.7	81.7	55.9	16.4
杨梅（枝、叶）	100	85.2	55.4	31.1
叶下珠（全草）	94.1	80.9	44.4	12.4
虎杖（中药）	100	94.1	83.9	23.1
石榴皮（中药）	93.7	80.5	45.9	18.4
贯众（中药）	98.7	86.3	52.3	14.8

2.2 单宁对 TMV 混合不同时间对抑制率的影响

从表 2 可以看出，11 种植物单宁的质量浓度为 5mg/mL 时，与 TMV 混合后立即接种，其抑制效果均在 80%以上，大飞扬、假槟榔的单宁抑制率达到 100%；所有植物的单宁与 TMV 混合 30s 后，其抑制率与混合 10min 相当，表明单宁与病毒粒体作用时间很短。

表 2 单宁与 TMV 混合不同时间对抑制率的影响

植物材料	抑制率/%	
	混合后立即接种	混合 30s 后接种
大飞扬（全草）	100	100
杠板归（全草）	93.5	99.7
假槟榔（种子）	100	100
老人葵（种子）	87.5	99.0
小飞扬（全草）	82.5	90.6
水蓼（全草）	81.6	91.2
杨梅（枝、叶）	90.6	100
叶下珠（全草）	85.3	92.0
虎杖（中药）	93.8	100
石榴皮（中药）	83.9	92.4
贯众（中药）	82.2	93.5

2.3 单宁与 TMV 透析处理后接种结果

从表 3 可看出，TMV 与单宁混合，透析 3d 后，用半叶枯斑法接种，其枯斑数与对照相比，抑制率并不高，表明单宁与病毒粒体的结合属可逆结合，病毒粒体透析后脱离结合，使得侵染性大部分得以恢复，也表明单宁对病毒粒体或核酸并没有直接的毒害作用。单宁与 TMV 混合后 3d 后，其抑制率与混合 10min 的相比，多种植物单宁对 TMV 的抑制率表现明显下降，可能是由于这些植物的部分单宁稳定性差，发生氧化反应[10,11]，而使与病毒粒体结合发生部分脱离，病毒侵染性得以恢复，产生的枯斑数明显增多。

表 3 单宁与 TMV 透析处理对抑制率的影响

植物材料	抑制率/%	
	无透析	透析
大飞扬（全草）	98.1	25.8
杠板归（全草）	97.2	21.6
假槟榔（种子）	94.3	39.8
老人葵（种子）	67.5	12.3
小飞扬（全草）	58.7	8.8
水蓼（全草）	76.2	11.3
杨梅（枝、叶）	59.7	7.3
叶下珠（全草）	64.1	18.4
虎杖（中药）	87.9	31.7
石榴皮（中药）	64.8	17.6
贯众（中药）	79.3	8.5

2.4 单宁对病毒复制的抑制作用

从表 4 可看出，11 种植物的单宁对烟草 K326

圆片中的 TMV 粒体复制并没有抑制作用，其 D_{405} 与清水处理的阴性对照相比并没有显著差异，D_{405} 与阴性对照 D_{405} 的比值均在 4 左右。表明这些植物的单宁对病毒的复制抑制效果不明显。

表 4 单宁对烟草 K326 圆片中病毒的抑制效果

植物材料	D_{405}	D_{405}/阴性对照的 D_{405}
大飞扬（全草）	0.478	3.86
杠板归（全草）	0.472	3.65
假槟榔（种子）	0.493	3.82
老人葵（种子）	0.487	3.78
小飞扬（全草）	0.523	4.05
水蓼（全草）	0.479	3.71
杨梅（枝、叶）	0.571	4.43
叶下珠（全草）	0.525	4.06
虎杖（中药）	0.490	3.80
石榴皮（中药）	0.438	3.39
贯众（中药）	0.526	4.08
阳性对照	0.512	3.97
阴性对照	0.129	

2.5 单宁对病毒初侵染的抑制作用

在处理 1 中，用大飞扬、杠板归、虎杖中提取的单宁先喷施在心叶烟上，阴干后半叶接种 TMV，与对照半叶相比，枯斑数明显减少，抑制率在 80%左右（表 5）。在处理 2 中，用大飞扬、杠板归、虎杖中提取的单宁先喷施在普通烟 K326 上，阴干后接种 TMV，与对照株相比，其心叶发病时间推迟 3～8d，平均 5.4d。结果表明在叶面表面粘附的单宁可能与 TMV 粒体结合，使病毒粒体失去大部分侵染活力，但仍有部分病毒粒体侵染成功。

表 5 单宁先处理心叶烟后接种病毒的抑制效果

植物材料	处理半叶枯斑数	对照半叶枯斑数	抑制率/%
大飞扬	17	83	79.5
杠板归	18	82	78.0
虎　杖	14	79	82.3

3 讨论

本试验结果表明，11 种植物的单宁在较低质量浓度时对 TMV 具有很好的抑制效果，对病毒的体外抑制作用很快，单宁质量浓度为 5mg/mL 时，与 TMV 混合后立即接种大多对 TMV 具有很好的抑制效果，但不同植物间仍存在差异，与病毒外壳蛋白结合快慢的有关，由于不同植物提取的单宁，以及单宁中的单宁成分不同，与病毒外壳蛋白结合的快慢存在差异[12,13]。本试验还表明，11 种植物的单宁与病毒的结合是可逆的，同时多种植物的单宁与病毒结合放置一段时间后，病毒却表现出部分侵染性，可能与单宁的氧化反应，稳定性差[14]有关，使得结合的病毒粒体分离获得侵染性。11 种植物的单宁对 TMV 并无体内抑制复制作用，据报道，许多植物中的单宁对动物或人的动物病毒具有很好的抑制侵染与复制作用，如石榴皮[15]，可能在抑制复制的作用机制不同。

本试验结果表明，3 种植物大飞扬、杠板归、虎杖的单宁能降低病毒的初侵染且能推迟植株发病时间；如果能添加一些附着剂或增效剂，在实践中的用途可能更大。由于烟草主要是通过汁液传播感染 TMV，尤其是通过叶面相互摩擦或在人工打顶过程中传播。因此，可根据单宁与病毒作用时间很短的特点，喷施单宁或每次打顶前后用单宁液浸渍手指，使病毒发生钝化作用。

参考文献

[1] 谢联辉，林奇英，段永平等. 烟草花叶病的有效激抗剂的筛选. 福建农学院学报，1988，17(4)：371-372

[2] 江山，韩熹莱. 植物病毒化学防治的研究进展. 中国病毒学，1995，10(1)：1-7

[3] Hadidi A，Khetarpal RK，Koganezawa H. Plant virus disease control. Paul. Minnesola：The American Phytopathological Society，1998，154-162

[4] 陈启建，刘国坤，吴祖建等. 三叶鬼针草中黄酮甙对烟草花叶病毒的抑制作用. 福建农林大学学报(自然科学版)，2003，32(2)：181-184

[5] 林存銮，裘维蕃. 一些植物抽提液对番茄花叶病毒(TMV-T)病的治疗作用. 植物保护学报. 1987，14(4)：217-220

[6] 朱水方，裘维蕃. 几种中草药抽提物对黄瓜花叶病毒引起的辣椒花叶病治疗作用初步研究. 植物病理学报，1989，19(2)：123-128

[7] 刘国坤，谢联辉，林奇英等. 15 种植物的单宁提取物对烟草花叶病毒(TMV)的抑制作用. 植物病理学报，2003，33(3)：279-283

[8] 肖崇厚. 中药化学. 上海：上海科学技术出版社，1998，568-575

[9] 林启寿. 中草药成分化学. 北京：科学出版社，1977，167-168

[10] 张燕，吴谋成. 油菜籽饼中单宁的提取、分离与纯化制备. 华中农业大学学报，1998，17(3)：295

[11] 深见顺一，上杉康彦. 农药实验法——杀菌剂篇. 李树正，王笃枯，焦书梅译. 北京：农业出版社，1991，94

[12] 石碧，狄莹，何有节等. 鞣质的药理活性. 中草药，1998，29

(7)：487-490
[13] 马秀璟，王慧森，刘延泽. 对中药材鞣质的新认识. 中国中医药信息杂志，1999，6(11)：35
[14] 石碧，何先祺，爱德华等. 水解类植物鞣质性质及其与蛋白质反应的研究. Ⅴ水解类植物鞣质与明胶反应机理. 皮革科学与工程，1994，4(2)：4-9
[15] 张杰，詹炳炎，姚学军等. 中药石榴皮鞣质成分抗生殖器疱疹病毒作用. 中国中药杂志，1995，20(9)：556-558

丹皮酚对烟草花叶病毒（TMV）的抑制作用*

刘国坤，陈启建，吴祖建，林奇英，谢联辉

（福建农林大学植物病毒研究所，福建福州 350002）

摘　要：从牡丹皮中提纯的丹皮酚结晶（0.6mg/mL）与烟草花叶病毒（*Tobacco mosaic virus*，TMV）混合10min，对TMV的枯斑抑制率达80%以上；丹皮酚对叶圆片中的病毒复制具有抑制作用。丹皮酚与TMV混合，电镜下观察对粒体形态没有影响；丹皮酚与TMV混合后透析病毒可恢复侵染力，表明丹皮酚对病毒没有直接毒害作用；用丹皮酚喷施叶面不影响病毒随后侵染；低含量丹皮酚可阻碍TMV-CP的体外聚合；对TMV-RNA并无体外抑制侵染作用。据此推测，丹皮酚对TMV的抑制作用可能主要通过其与TMV-CP结合影响病毒粒体对叶片表面侵染位点的识别，或影响植株体内TMV-CP亚基的体内聚合。

关键词：丹皮酚；烟草花叶病毒；抑制；机理

中图分类号：S432.41，S476　**文献标识码**：A　**文章编号**：1671-5470（2006）01-0017-04

Inhibition of the infectivity of *Tobacco mosaic virus* by paeonol

LIU Guo-kun，CHEN Qi-jian，WU Zu-jian，LIN Qi-ying，XIE Lian-hui

（Institute of Plant Virology，Fujian Agriculture and Forestry University，Fuzhou 350002）

Abstract：The infectivity of *Tobacco mosaic virus*（TMV）in *Nicotiana glutinosa* was strongly inhibited（more than 80%）by 0.6mg/mL paeonol that was extracted from *Paconia suffruticoss* after mixing pheonol with TMV for 10min. The paeonol had inhibiting effect on the replication of TMV in infected leaf discs. There was no virion morphological change observed under electron microscope after TMV mixing with paeonol. The lost infectivity of TMV recovered by dialysising the virus-paeonol suspension *in vitro*，which showed that the paeonol had not direct viricidal effect. The paeonol with low content inhibited the polymerization of TMV coat protein *in vitro*. The paeonol did not decrease infectivity when it was applied before TMV inoculation，or inoculated with TMV-RNA *in vitro*. It suggested that the paeonol inhibited TMV by binding with TMV coat protein to interfere with recognition of a host receptor essential for infection or by interfering TMV-CP polymerization in plants.

Key words：pheonol；*Tobacco mosaic virus*；inhibition；mechanism

---

福建农林大学学报（自然科学版），2006，35（1）：17-21

收稿日期：2004-11-18　修回日期：2005-12-15

* 基金项目：福建省科技厅重大资助项目（99-Z-193）

植物病毒系活体寄生物，侵入寄主细胞后其增殖需借助于寄主的代谢，对其至今尚无有效的治疗药剂。从植物中筛选抗病毒小分子物质是寻找开发植物病毒抑制剂的研究热点[1-9]。在试验中作者发现毛茛科植物牡丹（*Paeonia suffruticoss*）干燥根皮（牡丹皮）的乙醇提取物对烟草花叶病毒（*Tobacco mosaic virus*，TMV）具有较好的抑制活性，经进一步研究发现其抗 TMV 的主要活性物质为丹皮酚，本文就丹皮酚对 TMV 抑制作用及机理作一报道。

1 材料与方法

1.1 材料

1.1.1 主要仪器与试剂

高速冷冻台式离心机（5471C）为 Eppendorf 公司的；UV-1100 紫外分光光度计为北京瑞利产品；酶标仪为 Bio-Rad 公司产品；

主要试剂有 TE-缓冲液、PCI（水饱和酚：氯仿：异戊醇=25：24：1）（上海生物工程技术服务有限公司产品）、无 RNA 酶的灭菌水、3mol/L NaAc（pH 5.2）以及乙醇、氯仿、石油醚等，所有试剂均为分析纯；病毒复制抑制对照物为三氮唑核苷酸（纯度>99.3%，河南新乡制药公司生产，由福建农林大学植物保护学院许文耀副教授提供）。

1.1.2 供试毒源和寄主植物

提纯 TMV 由福建农林大学植物病毒研究所提供，接种含量为 10μg/mL。枯斑寄主为心叶烟（*Nicotiana glutinosa*），系统侵染寄主为普通烟（*N. tobacum*）K326 品种。

1.2 方法

1.2.1 丹皮酚的提纯

丹皮酚结晶的提取参照蒸汽馏法[10]，经薄层层析、紫外光谱、质谱、红外（溴化钾压片法）等分析、测定丹皮酚纯度（由福建省物质结构研究所测定）。

1.2.2 丹皮酚对 TMV 的抑制作用

丹皮酚结晶用微量 DMSO 溶解后配制成 0.1mg/mL、0.2mg/mL、0.4mg/mL、0.6mg/mL、0.8mg/mL、1mg/mL 的水溶液，加入 TMV（终含量为 10μg/mL）。室温下混合 10min，半叶法摩擦接种心叶烟上左（右）半叶上；另设含同等微量 DMSO 的 TMV 溶液为对照，每处理接种 5 个叶片，3d 后记录枯斑数。

1.2.3 丹皮酚与 TMV 混合对 TMV 抑制作用

丹皮酚用微量 DMSO 溶解后配制成 0.6mg/mL 的水溶液，加入提纯的 TMV（终浓度为 10μg/mL）。室温下混合 1min、5min、10min、20min、30min，半叶法摩擦接种；另设相同含量的 TMV 溶液为对照，每处理接种 5 个叶片，3d 后计算平均抑制率。

1.2.4 丹皮酚对 TMV 复制的抑制作用

测定方法采用漂浮叶圆片法[11]。TMV 均匀接种于普通烟 K326 叶片，6h 后从接种叶切取直径为 12mm 的圆片，将其接种面朝上使其漂浮于丹皮酚溶液表面，丹皮酚质量浓度分别为 0.2mg/mL、0.4mg/mL、0.6mg/mL、0.8mg/mL、1mg/mL、1.2mg/mL；设接种叶漂浮于蒸馏水的阳性对照 CK_1，接种叶漂浮于 0.05mg/mL 三氮唑核苷酸水溶液的为阳性对照 CK_2，未接 TMV 的叶圆片漂浮于无菌水为阴性对照。每处理 5 个叶圆片。48h 后圆片磨碎、离心、取上清，采用间接 ELISA 法检测其 D_{405} 值。

预先已测定提纯 TMV 质量浓度在 0.3750～0.0117μg/mL 与 D_{405} 呈线性关系，TMV 浓度对数值（X）与 D_{405}（Y）的直线回归方程为 $Y=0.906+0.425X$（$r=0.995$）。设已知 TMV 浓度（0.1875μg/mL）为标准，当其 D_{405} 约为 0.600 时，采纳被测叶片的 D_{405} 值，测定叶片中病毒浓度。

1.2.5 TMV 与丹皮酚混合物经透析处理后致病性测定

处理 1：0.6mg/mL 的丹皮酚中加入 TMV，混合 30min 后置于透析袋中 4℃ 透析。处理 2：0.6mg/mL 丹皮酚与 TMV 混合，4℃ 中放置。处理 3：TMV 置于透析袋中 4℃透析。TMV 质量浓度均为 10μg/mL，透析处理每天换水数次，3d 后心叶烟半叶法接种，以处理 3 的 TMV 为对照接种半叶，另半叶接种处理 1 病毒或处理 2 病毒，计算枯斑及抑制率。

1.2.6 丹皮酚对 TMV 物理结构的影响

提纯的 TMV 粒体溶液（200μg/mL）中加入用微量 DMSO 溶解的丹皮酚（终含量为 0.6mg/mL），室温下混合 2h 后，负染法电镜下观察 TMV 的粒体形态。

1.2.7 丹皮酚对TMV-核酸初侵染的抑制作用

TMV-RNA的提取方法参照文献[12]。TMV-RNA提取后立即进行测试。丹皮酚对TMV-核酸初侵染的抑制作用参考French等[13]。灭菌处理无RNA酶的eppendorf管中装入TMV-RNA提取液(50μg/mL),加入丹皮酚结晶(终含量为0.6mg/mL),25℃放置20min后用无菌毛笔蘸取液体,采用半叶法接种,另半叶接种TMV-RNA提取液(50μg/mL)。每个样品处理5个叶片,3～4d后计算枯斑抑制率。

1.2.8 丹皮酚对TMV叶片侵染位点的影响

0.6mg/mL的丹皮酚水溶液轻轻摩擦心叶烟半叶,风干后用清水轻洗叶面多余物质,立即接种TMV;另半叶对照以清水处理叶片表面后接种TMV。每个样品处理5个叶片,3～4d后计算枯斑抑制率。

1.2.9 丹皮酚对TMV-CP体外聚合的影响

TMV外壳蛋白(CP)的制备采用醋酸法[14]。对TMV-CP体外聚合影响测定参考江山等[15]方法。TMV-CP溶于4℃、0.033mol/L、pH7.0的磷酸钾缓冲液中,配制0.8mg/mL丹皮酚溶液;丹皮酚用微量无水乙醇溶解加入TMV-CP溶液中,丹皮酚终含量为0.001mg/mL,由于丹皮酚在320nm下有吸收值,设置丹皮酚对照,另设置终浓度为0.001mg/mL的三氮唑核苷酸、0.8mg/mL的外壳蛋白为参照样本,在UV-1100紫外分光光度计下,从8℃到35℃,每隔3℃测算1次D_{320}。

2 结果与分析

2.1 不同浓度的丹皮酚对TMV的抑制作用

丹皮酚水溶液与TMV体外混合10min后,对TMV侵染抑制率随其含量的提高而提高。0.1mg/mL时抑制率只有15.0%,0.2mg/mL、0.4mg/mL、0.6mg/mL的抑制率分别为34.9%、53.4%、81.5%,但在大于0.6mg/mL后其抑制变化不大,0.8mg/mL、1.0mg/mL丹皮酚的抑制率分别为84.7%、86.3%。

2.2 丹皮酚与TMV混合对TMV抑制作用

0.6mg/mL丹皮酚溶液与TMV混合后立即接种,则其抑制率较低,仅有26.9%。丹皮酚溶液与TMV混合1min后其抑制率为53.6%;但混合5min、10min、20min、30min,则抑制率上升幅度不大,分别为72.9%、78.0%、79.1%、82.0%。结果表明丹皮酚与TMV混合一定时间后抑制率才能达到较高水平,但混合时间超过5min后,其抑制作用缓慢增大。

2.3 丹皮酚对植株体内TMV的抑制作用

从表1可看出丹皮酚对叶圆片中的TMV具有抑制作用,在0.2～0.6mg/mL质量浓度下,丹皮酚的随浓度升高其抑制作用明显上升,质量浓度大于0.6mg/mL其抑制作用缓慢增大。

表1 不同浓度的丹皮酚对圆叶中TMV的抑制作用

丹皮酚处理	D_{405}/(平均值)	ρ病毒浓度/(μg/mL)	抑制效果/%
0.2mg/mL	0.520	0.1236	20.4
0.4mg/mL	0.396	0.0631	52.1
0.6mg/mL	0.373	0.0557	64.1
0.8mg/mL	0.346	0.0481	69.0
1.0mg/mL	0.218	0.0289	81.4
1.2mg/mL	0.213	0.0190	87.8
空白阴性对照	0.115		
健叶阴性对照	0.120		
病叶对照(CK_1)	0.562	0.1552	
三氮唑核苷酸(CK_2)	0.312	0.0400	74.2

2.4 丹皮酚对TMV粒体物理结构的影响

在电镜下观察,与丹皮酚混合的TMV粒体与对照粒体无形态差异。表明丹皮酚对病毒粒体的形态未造成可见破坏,病毒粒体之间无聚集等现象。

2.5 透析处理后TMV的侵染性

TMV与丹皮酚混合后透析,其侵染力与对照TMV侵染性相比,枯斑数略有减少,平均抑制率为10.9%,无显著差异;而TMV与丹皮酚混合但未经透析,其侵染力明显受到抑制,平均抑制率为83.1%。表明丹皮酚可能对TMV粒体并没有直接毒害作用,通过多次换水透析,丹皮酚大部分透析出,病毒粒体恢复较高的侵染活性。

2.6 丹皮酚对TMV侵染位点的作用

丹皮酚先摩擦接种叶面后再接种TMV,未见显著的抑制作用,平均抑制率为8.84%,无显著差异。表明了预先处理叶面并没有对随后TMV的侵染造成影响,丹皮酚未影响TMV对心叶烟上侵染位点的识别。

2.7 对 TMV-CP 体外聚合的影响结果

丹皮酚、三氮唑核苷酸对 TMV-CP 体外聚合过程的影响见图 1。从图中可看出，对照 TMV 外壳蛋白随着温度的升高，尤其在 23～27℃时，D_{320} 值明显增强，表明在这一温度下 TMV-CP 的体外聚合作用明显。在三氮唑核苷酸与丹皮酚处理组的外壳蛋白中，随着温度的升高，D_{320} 值逐渐升高，但幅度远小于对照 TMV-CP。表明其聚集程度比对照 TMV-CP 低，而丹皮酚的 D_{320} 值随着温度升高以很小幅度减少。结果表明丹皮酚在含量很低的情况下对 TMV-CP 的体外聚合可能具有明显的影响。

2.8 对 TMV-RNA 侵染的影响

用枯斑半叶法测定丹皮酚在 0.6mg/mL 丹皮酚对 TMV 核酸的影响，在接种 5 个半叶中，处理组的枯斑数与对照组的枯斑数无显著差异，抑制率为 6.48%，表明丹皮酚对 TMV 核酸没有体外抑制侵染作用。

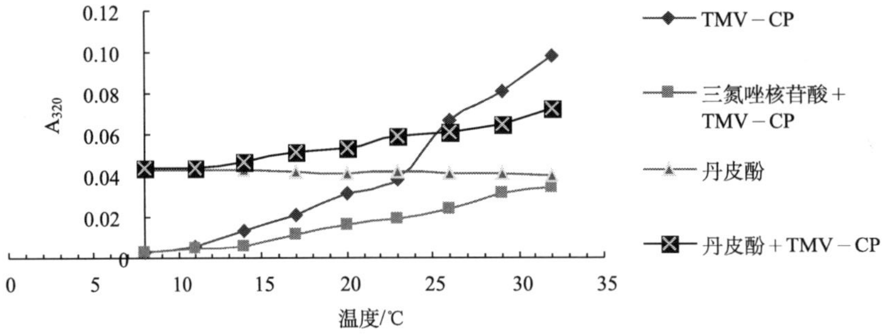

图 1　丹皮酚对 TMV 外壳蛋白体外聚合过程影响

3 讨论

牡丹皮中丹皮酚为中医药用有效成分，有多种生物活性[16]。本文首次发现丹皮酚对 TMV 具有较强的体外抑制作用。丹皮酚对 TMV 的体外抑制效果与丹皮酚含量有关，二者混合未造成粒体形态改变。透析后接种试验表明丹皮酚对粒体并没有直接毒害作用；丹皮酚预先处理叶面未影响粒体识别叶面特定侵染位点，这些结果与前人报道[13,17]的一些小分子物质对粒体直接造成损害或降低寄主表面细胞对病毒的敏感性不一致。

综上所述，丹皮酚对 TMV 的体外抑制可能是因为其与 TMV-CP 的结合，影响了病毒外壳蛋白对叶面特定侵染位点的识别，类似于一些小分子物质对植物病毒作用类型[1,2,13]，而这种结合具有可逆性，类似于抑制物质与病毒粒体组成复合体的反应平衡状态[18]。丹皮酚与病毒粒体结合一定时间后才能达到最佳的抑制效果，表明结合具有一定的饱和过程；而经透析的病毒恢复侵染性表明其结合作用可发生解离。结果表明丹皮酚对 TMV 核酸并没有直接抑制或降解作用，但很低含量的丹皮酚对 TMV 外壳蛋白的体外聚合具有明显的抑制作用，说明丹皮酚对病毒的体内复制的抑制作用是通过影响外壳蛋白与核酸的组装和增加了 RNA 酶的降解机会实现的。丹皮酚是否抑制 TMV 粒体复制的相关酶或通过影响寄主代谢而间接阻碍病毒增殖来实现抑制作用尚不清楚，需进一步研究。

参考文献

[1] 刘国坤，谢联辉，林奇英等. 15 种植物的单宁提取物对烟草花叶病毒(TMV)的抑制作用. 植物病理学报，2003，33(3)：279-283

[2] 刘国坤，吴祖建，谢联辉等. 植物单宁对烟草花叶病毒的抑制活性. 福建农林大学学报(自然科学版)，2003，32(3)：292-295

[3] 朱水方，裘维蕃. 几种中草药抽提物对黄瓜花叶病毒引起的辣椒花叶病治疗作用初步研究. 植物病理学报，1989，19(2)：123-128

[4] 李重九，费菁. 丙酰紫草素对病毒的钝化作用. 中国农业大学学报，1997，2(5)：47-50

[5] 陈启建，刘国坤，吴祖建等. 三叶鬼针草中黄酮甙对烟草花叶病毒的抑制作用. 福建农林大学学报(自然科学版)，2003，32(2)：181-184

[6] 陈启建，刘国坤，吴祖建等. 26 种植物提取物抗烟草花叶病毒的活性. 福建农林大学学报(自然科学版)，2004，33(4)：300-303

[7] 陈启建，刘国坤，吴祖建等. 大蒜精油对对烟草花叶病毒的抑制作用. 福建农林大学学报(自然科学版)，2005，34(1)：30-34

[8] 侯玉霞，李重九，马立新等. 中草药中抗植物病毒 TMV 活性物质 PZ1 作用机理研究. 中国农业大学学报，2000，5(1)：21-24

[9] Hansen AJ. Antiviral chemicals for disease control. CRC Criti-

cal Reviews in Plant Sciences，1989，8(1)：45-88
[10] 明东升，漆小梅，谢茵等. 提高丹皮酚提取液中丹皮酚含量的方法研究. 山西医学院学报，1994，20(3)：291-293
[11] 深见顺一，上杉康彦，石冢皓造等. 农药实验法—杀菌剂篇. 北京：农业出版社，1991，94
[12] 李德葆，周雪平，许建平等. 基因工程操作技术. 上海：上海科学技术出版社，1996，36-37
[13] French CJ，Towers GHN. Inhibition of infectivity of *Potato virus X* by flavonoids. Phytochemistry，1992，31(9)：3017-3020
[14] 付鸣佳，高乔婉，范怀忠. 广东烟草花叶病毒株系的研究. 中国病毒学，1997，12(3)：254-259
[15] 江山，郭雪柳，韩熹莱. 一些抗植物病毒剂对烟草花叶病毒衣壳蛋白体外聚合过程的影响. 中国病毒学，1996，11(1)：77-79
[16] 中华人民共和国卫生药典委员会. 中国药典一部，北京：人民卫生出版社，1995，145
[17] Baranwal VK，Verma HN. Localized resistance against virus infection by leaf extract of *Celosia cristata*. Plant Pathology，1992,(41)：633-638
[18] 铃木直治，高桥壮，大内成志等. 近代植物病理化学. 张际中，齐显章，许泳峰等译. 上海：上海科学技术出版社，1985，29-47

几种植物提取物对4种植物病原真菌的抑制作用*

刘国坤，陈启建，吴祖建，林奇英，谢联辉

（福建农林大学植物病毒研究所，福建福州 350002；福建农林大学教育部生物农药与化学生物学重点实验室，福建福州 350002）

摘　要：以链格孢菌、芭蕉炭疽菌、尖孢镰刀菌、灰葡萄孢菌等4种植物病原真菌为供试菌，对采自福建省福州地区16种植物乙醇提取物的抑菌活性进行测试，结果表明0.01g/mL下，有8种植物提取物对至少1种病原真菌孢子的萌发抑制率达60%以上，大飞扬草、杨梅、桃金娘3种植物的乙醇提取物对孢子萌发与菌丝生长都有较好的抑制效果。对这3种植物用极性从小至大的溶剂依次提取，提取物抑菌活性表明活性物质多只分布在其中1～3种极性溶剂层中，不同极性提取物在抑菌能力与抑菌范围存在较大差异。大飞扬草的丙酮提取物对芭蕉炭疽菌孢子可能具有毒害作用，乙酸乙酯提取物使芭蕉炭疽菌和链格孢菌孢子芽管生长不正常。

关键词：植物成分；植物病原真菌；抑制作用；筛选

中图分类号：S432.4^{+}1　**文献标识码**：A　**文章编号**：1006-7817（2004）03-0295-05

Inhibition of plant extracts against plant pathogenic fungi

LIU Guo-kun，CHEN Qi-jian，WU Zu-jian，LIN Qi-ying，XIE Lian-hui

(Institute of Plant Virology，Fujian Agriculture and Forestry University，Fuzhou 350002；Key Laboratory of Biopesticide and Chemical Biology，Ministry of Education，Fujian Agriculture and Forestry University，Fuzhou 350002)

Abstract：The inhibiting effects of the ethanol extracts from the 16 species of plants collected in Fuzhou，Fujian province on conidium germination or on mycelium growth of *Alternaria alternate*，*Colltotrichum musaram*，*Fusarium oxysporum*，*Botritis cierea* were determined. The results showed that ethanol extracts (0.01g/mL) from 8 species of plant have shown inhibition (more than 60%) conidium germination of one of the 4 kinds of fungi at least，but only a few plant ethanol extracts strongly inhibited mycelium growth. The ethanol extracts of *Euphorbia hirta*，*Myreca rubra* or *Rhodomyrtus tomentosa* greatly inhibited conidium germination or mycelium growth of all 4 kinds of fungi. Extraction of the three species of plants was made by different solvent from low to high polar solvent in turn. The active compounds were in one to three polar

福建农林大学学报（自然科学版），2004，33（3）：295-299

收稿日期：2004-03-01　修回日期：2004-05-09

* 基金项目：福建省科技厅资助项目（99-Z-193）

solvent in any plant species. There was difference of inhibiting activity or inhibiting range on fungi among different solvent extract of these three plants species. Acetone extract of *E. hirta* may be toxic to spores of *C. musaram*. Ethyl acetate extrate of *E. hirta* may have inhibiting effects on conidium germination and mycelium growth of *C. musaram*.

Key words: plant extracts; plant pathogenic fungi; inhibition; screening

目前植物真菌病害仍以有机合成的化学药剂防治为主，但是大量化学农药的使用，带来了很大的负面生态影响，如“三 R”问题等。当前与环境有较高和谐度的生物源农药研制与开发目前受到了很大的重视。从植物中筛选新的抑菌活性物质是当今开发无公害杀菌剂的重要研究方向之一。国内外研究已发现许多植物提取物中含有抑菌活性的成分[1-4]，有的已开发成产品[5]。

福建省地处亚热带，植物资源十分丰富，但有关植物源抑菌活性研究报道很少。本文以采自福建福州地区常见 16 种植物为材料，对蔬菜上四种重要病原真菌的抑菌作用进行离体生物活性筛选，旨在筛选具有抑菌作用的植物种类，研究其活性成分极性大小，为进一步分离活性物质提供线索。

1 材料与方法

1.1 供试植物材料及提取物的制备

16 种植物材料（表 1）均在福建福州采集，鉴定后 45℃烘干、粉碎，30 目筛后备用。部分植物样品用体积分数为 95％乙醇冷浸提、抽滤，滤液减压浓缩至膏状物，4℃冰箱中保存；试验前用蒸馏水温热溶解配成浓度为 0.01g/mL 的水溶液，进行抑菌活性的初步筛选；筛选出抑菌活性好的植物材料粉碎物置于脂肪提取器内，依次用极性从小至大的有机溶剂石油醚、氯仿、乙醚、乙酸乙酯、丙酮、90％乙醇回流提取，提取液减压浓缩、标记，4℃冰箱中保存，试验前配制水溶液进行测试。

1.2 供试菌种

供试病原真菌为蔬菜上重要病原菌链格孢菌（*Alternaria alternate*）、芭蕉炭疽菌（*Colletotrichum musaram*）、尖孢镰刀菌（*Fusarium oxysporum*）、灰葡萄孢菌（*Botritis cierea*）。所有菌种均由福建农林大学植物保护学院植物病理组提供。

1.3 抑菌活性测定方法

植物样品对病原菌分生孢子萌发抑制作用采用悬滴法[6]进行，计数前添加 0.1g/L 升汞抑制其萌芽，计数 100 个孢子以上。极性小不易溶于水的粗提物用微量二甲亚砜（DMSO）溶解后用水稀释成所需浓度进行测试，对照组水溶液中也加入同量 DMSO。

对病原菌丝生长的抑制作用采用生长速率法[6,7]。无菌条件下，用孔径为 0.8cm 的打孔器取菌落边缘生长旺盛的菌种移入含有提取物 0.01g/mL 的 PDA 培养平板上（极性小的粗提物先溶解在少量丙酮后再与 40～50℃琼脂培养基混合，以利分散均匀），于培养基内加等量无菌水为对照，每处理重复 3 次，26℃恒温培养，待对照菌落接近培养皿边缘时，测定菌落直径，计算抑制率。

孢子萌发抑制率＝[(对照孢子萌发数－处理孢子萌发数)/对照孢子萌发数]×100％

菌丝生长抑制率＝[(对照纯生长量－处理纯生长量)/对照菌落直径]×100％

2 结果与分析

2.1 供试植物乙醇提取物抑菌活性

在 0.01g/mL 水溶液浓度下，供试植物乙醇提取物对 4 种病原菌的分生孢子萌发与菌丝生长抑制率结果见表 1。供试植物中大飞扬草、杨梅（枝）、桃金娘（枝）、叶下珠乙醇提取物对 4 种病原菌的分生孢子萌发具有较好的抑制率，抑制效果均在 70％以上；一些植物提取物只对其中几种病原菌孢子萌发抑制效果较好，如胜红蓟提取物只对链格孢菌与芭蕉炭疽菌孢子萌发抑制效果好，小飞扬提取物对链格孢菌、尖孢镰刀菌、芭蕉炭疽菌分生孢子萌发抑制效果较好，但对灰葡萄孢菌分生孢子抑制效果很差；8 种植物提取物对病原菌孢子萌发抑制效果很差，有的处理甚至比对照萌发效果更快、更好，如竹柏、黄花菜乙醇提取物对链格孢菌与尖孢镰刀菌孢子萌发都具有促进作用，可能提取物中含有促进孢子萌发的物质。

对菌丝生长抑制试验中，所有植物的提取物对菌丝生长抑制率都在 80％以下。大多植物提取物对尖孢镰刀菌、葡萄孢菌菌丝抑制效果差。有的植物提取物对分生孢子萌发抑制率较高，但抑制菌丝生长能力很弱，如杠板归提取物抑制尖孢镰刀菌孢子萌发率为 86.4%，但抑制菌丝生长率为 2.6%。只有少数植物样品对 4 种病原菌孢子萌发和菌丝生长均表现较好的抑制效果，如大飞扬草、杨梅（枝）、桃金娘（枝）。

2.2 不同极性溶剂提取物的抑菌作用

选取对 4 种病原孢子萌发与菌丝生长都有较好抑制效果的大飞扬草、杨梅、桃金娘做试验材料，用从小至大的极性溶剂依次提取，提取物在 0.01g/mL 浓度下进行抑菌测定。

表 1 供试植物乙醇提取物对 4 种植物病原菌孢子萌发和菌丝生长的抑制率

供试植物	孢子萌发抑制率/%				菌丝生长抑制率/%			
	链格孢菌	尖孢镰刀菌	芭蕉炭疽菌	灰葡萄孢菌	链格孢菌	尖孢镰刀菌	芭蕉炭疽菌	灰葡萄孢菌
水蓼 *Polygonum hydropiper*	62.5	74.1	78.4	28.2	28.3	40.8	0	0
杠板归 *Polygonum perfoliatrm*	96.1	82.1	86.7	58.8	31.7	65.9	3.0	52.8
一点红 *Emilia sonchifolia*	2.20	11.5	−6.79	0	0	0	0	0
鸡血藤 *Paederia scandens*	1.88	2.35	2.46	6.12	0	0	0	0
小飞扬 *Euphorbia prostrata*	62.4	56.3	74.7	2.66	35.2	29.6	0	10.5
大飞扬 *Euphorbia hirta*	98.6	84.4	92.6	72.6	69.9	56.9	72.6	45.1
叶下珠 *Phyllanthus urinaria*	98.2	88.5	78.4	70.5	35.6	29.2	3.06	30.0
假连翘 *Duranta repens*	27.8	12.6	18.5	0	2.91	0	2.59	25.9
杨梅 *Myreca rubra*	96.5	86.5	92.6	78.5	61.0	76.3	59.6	62.1
豨莶草 *Siegesbeckia giabrescens*	19.2	2.40	−8.60	6.40	0	0	0	0
桃金娘 *Rhodomyrtus tomentosa*	94.6	87.8	96.3	71.2	76.5	45.7	33.3	62.6
胜红蓟 *Ageratum conyzoides*	91.0	86.4	22.2	16.5	20.7	0	0	18.9
黄花菜 *Cleome viscosa*	6.79	2.80	−13.6	6.90	0	0	0	0
竹柏 *Podocarpus nogi*	−8.42	2.60	−16.7	12.0	3.74	0	0	0
鬼针草 *Bidens pilosa*	0	42.2	22.8	4.00	28.6	13.0	0	0
乌蔹莓 *Cayratia japonica*	−2.71	6.80	15.8	6.38	0	0	0	5.99

2.2.1 大飞扬的不同极性成分抑菌作用

大飞扬不同极性萃取物对 4 种病原菌孢子萌发的影响结果见表 2，大飞扬的石油醚、氯仿、90% 乙醇提取物抑制效果差，而中等极性溶剂乙酸乙酯、丙酮、乙醚提取物对链格孢菌、尖孢镰刀菌孢子表现很好的抑制萌发作用，抑制率在 80% 以上；丙酮提取物对炭疽菌孢子萌发抑制效果好，而乙酸乙酯提取物对其抑制效果差。

表 2 大飞扬草不同极性成分对 4 种植物病原菌孢子萌发和菌丝生长的抑制率

提取溶剂	孢子萌发抑制率/%				菌丝生长抑制率/%			
	链格孢菌	尖孢镰刀菌	芭蕉炭疽菌	灰葡萄孢菌	链格孢菌	尖孢镰刀菌	芭蕉炭疽菌	灰葡萄孢菌
石油醚	3.29	2.03	3.21	3.83	0	2.38	0	2.59
氯仿	8.81	4.92	6.49	6.96	8.15	12.2	9.30	6.67
乙醚	84.9	82.7	55.8	58.5	12.6	22.4	17.4	13.3
乙酸乙酯	91.8	80.1	2.01	61.6	70.4	75.2	60.2	66.3
丙酮	95.2	91.4	89.9	15.1	38.4	59.9	22.8	38.3
90%乙醇	2.30	2.92	−3.28	4.60	0	2.44	0	0

对病原菌菌丝生长抑制试验中，乙酸乙酯提取物对 4 种病原菌都有较好的抑制效果，抑制率 60% 以上，而其他溶剂提取物抑制效果较差，表明抑制菌丝生长的活性物质可能主要集中在乙酸乙酯极性成分中。

试验中发现，大飞扬丙酮提取物使大部分芭蕉炭疽菌孢子变形、变小，内容物集中较小区域，不萌发芽管（图 1A），而乙酸乙酯提取物对芭蕉炭疽菌孢子作用表现为孢子大多数萌发芽管，但萌发的芽管膨大变形、内容物明显，24h 观察期内未能继续生长（图 1B）；而正常芭蕉炭疽菌孢子萌发芽管，生长产生附着孢（图 1C）。乙酸乙酯提取物对链格孢菌孢子作用也表现为孢子萌发的附着孢膨大变形，不能继续生长（图 2A），而对照孢子萌发正常（图 2B），这表明乙酸乙酯提取物可能含有对这 2 种真菌孢子芽管生长或菌丝生长具有抑制作用的活性物质。对菌丝生长抑制率较高的结果验证这一极性提取物中含有抑制菌丝生长物质。

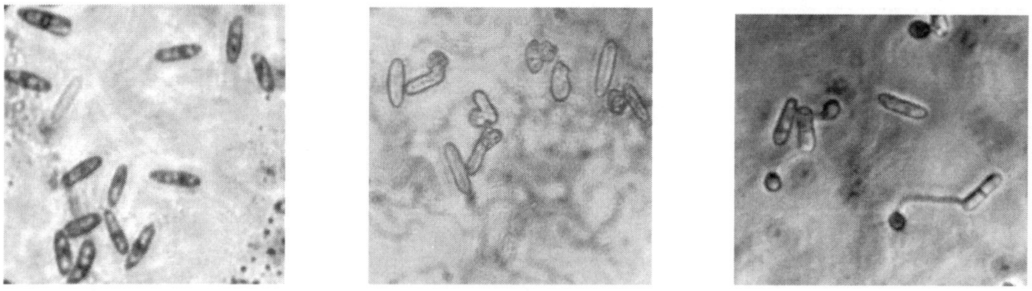

A　　　　B　　　　C

图 1　大飞扬丙酮和乙酸乙酯提取物对芭蕉炭疽菌分生孢子萌发抑制作用

A. 丙酮提取物对芭蕉炭疽菌分生孢子作用，表现不萌发，孢子变形；B. 乙酸乙酯提取物对芭蕉炭疽菌分生孢子作用表现芽管生长畸形，不生长；C. 为芭蕉炭疽菌分生孢子正常萌发情况

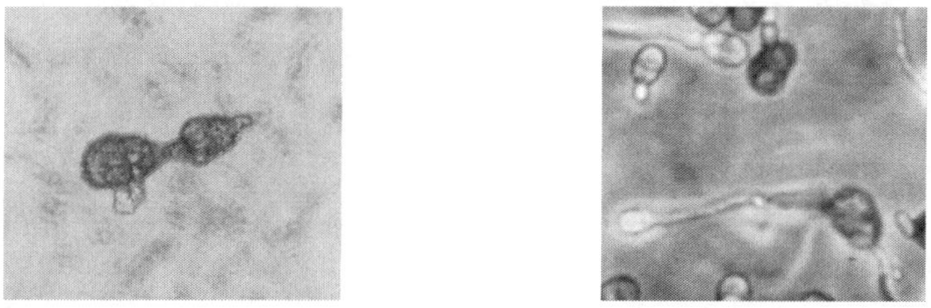

A　　　　B

图 2　大飞扬乙酸乙酯提取物对链格孢菌孢子萌发抑制作用

A. 乙酸乙酯提取物对链格孢子作用表现芽管生长畸形，不生长；B. 链格菌孢子正常萌发情况

2.2.2　杨梅不同极性成分的抑菌作用

杨梅的不同极性溶剂提取物对 4 种病原菌抑制作用见表 3。乙酸乙酯与丙酮提取物对链格孢菌孢子萌发表现较好的抑制作用，分别为 98.6%、75.8%，但对其菌丝生长抑制率高的物质存在乙醚提取物；对芭蕉炭疽菌孢子萌发抑制明显为丙酮提取物，但对其菌丝生长抑制高的物质在乙醚层、乙酸乙酯层。杨梅乙酸乙酯提取物对芭蕉炭疽菌孢子萌发抑制作用明显，抑制率为 92.6%，但各极性溶剂提取物对其菌丝抑制作用都不明显，抑制率最高为 45.2%。杨梅丙酮提取物对灰葡萄孢菌孢子萌发与菌丝生长都有较好的抑制作用。

表 3　杨梅不同极性成分对 4 种病原菌孢子萌发和菌丝生长的平均抑制率

提取溶剂	孢子萌发抑制率/%				菌丝生长抑制率/%			
	链格孢菌	尖孢镰刀菌	芭焦炭疽菌	灰葡萄孢菌	链格孢菌	尖孢镰刀菌	芭蕉炭疽菌	灰葡萄孢菌
石油醚	−6.16	2.84	9.84	13.7	0	2.24	0	0
氯仿	5.62	28.1	−15.8	8.04	2.59	11.4	0	0
乙醚	11.8	10.3	12.2	14.4	73.9	62.9	45.2	7.40
乙酸乙酯	98.6	28.1	92.6	16.7	12.7	77.4	38.2	14.1
丙酮	75.8	83.1	3.82	86.9	3.33	1.92	2.36	63.2
90%乙醇	−8.43	9.52	13.4	9.57	0	0	0	0

2.2.3 桃金娘不同极性成分的抑菌作用

桃金娘不同极性分离物对病原菌抑制作用见表 4。90%乙醇分离物对 4 种病原菌孢子萌发都有较好的抑制作用，但只对尖孢镰刀菌菌丝生长有抑制作用，抑制率为 54.6%。乙酸乙酯层对芭蕉炭疽菌、尖孢镰刀菌孢子萌发与菌丝生长都有较好的抑制作用，抑制率在 56%以上。

表 4 桃金娘不同极性成分对 4 种病原菌孢子萌发和菌丝生长的平均抑制率

提取溶剂	孢子萌发抑制率/%				菌丝生长抑制率/%			
	链格孢菌	尖孢镰刀菌	芭蕉炭疽菌	灰葡萄孢菌	链格孢菌	尖孢镰刀菌	芭蕉炭疽菌	灰葡萄孢菌
石油醚	−8.23	12.6	22.2	0	0	0	0	0
氯仿	11.1	8.69	18.3	16.3	51.2	74.1	0	3.41
乙醚	0	2.88	13.4	−4.47	3.70	2.78	7.66	0
乙酸乙酯	11.5	74.0	81.3	8.33	79.9	59.1	55.9	9.63
丙酮	36.6	16.0	8.80	27.0	68.9	11.3	10.8	66.3
90%乙醇	94.9	90.0	76.0	74.4	8.71	54.6	0	0

3 讨论

本研究发现，供试植物大多 90%乙醇粗提物中含有对植物病原菌孢子萌发具有抑制作用的物质，16 种植物有 8 种植物对至少 1 种以上的真菌孢子萌发抑制率达 60%以上，但对菌丝生长抑制率表现好的比例相对较少。植物乙醇提取物的抑菌能力与抑菌范围存在较大差别。但这些结果并不能总体反映植物提取物抑菌活性，在乙醇提取物中含有许多非活性物质，可能相互干扰影响其抑制效果，植物中的一些成分是很好的培养基成分，可促进病原菌的生长[6]。

在本试验中，抑菌效果较好的 3 种植物提取物所含活性物质大多只分布在其中 1～3 种极性溶剂提取物中，且在抑菌能力与抑菌范围存在较大差别。有些植物对同一病原菌孢子萌发与菌丝生长具抑制作用的活性物质有的存在同一极性部位，如大飞扬乙酸乙酯提取物中活性成分对芭蕉炭疽菌孢子芽管萌发和菌丝生长的抑制作用，但有的并不存在同一极性部位，杨梅乙酸乙酯提取物对尖孢镰刀菌孢子萌发抑制作用明显，但对菌丝抑制作用不明显。同一极性成分抑菌范围也有较大差异。因此，在筛选植物中活性成分时，要注意植物中可能存在着 2 种不同作用类型的活性成分，不能只通过孢子萌发抑制率这一指标来筛选，如现在一些药剂多不抑制孢子发芽，而是以某种形式抑制菌丝的生长[6]。另外也需考虑活性物质之间存在抑菌作用的协同性，试验中发现 95%乙醇粗提物比其中任何一种极性成分单一抑菌作用都高。

大飞扬草、杨梅、桃金娘在福建生长十分普遍，试验结果表明这些植物可能具有较好的开发价值。但上述试验结果是在粗提物成分和室内测试基础上获取的，存在漏筛等现象[6]，同时对其抑制活性的确切成分、抑制机理的测试都有待进一步研究。

参考文献

[1] Mahajan VM. Antimicrobial activity of berberine sulfate：an alkaloid for an indian medical herb. Sabouravdia，1982，(20)：19-81
[2] 孟昭礼，吴献忠，高庆霄等. 银杏提取液对四种植物病原菌的抑菌作用. 植物病理学报，1996，25(4)：357-360
[3] 冯俊涛，石勇强. 56 种植物抑菌活性筛选试验. 西北农林科技大学学报，2001，29(2)：65-68
[4] 张国珍，樊英，丁万隆等. 麻黄和细辛挥发油的抗真菌作用. 植物保护学报，1995，22(4)：373-374
[5] 孟昭礼，罗兰. 人工模拟杀菌剂绿蒂对 8 种植物病原菌的室内生测. 莱阳农学院学报，1998，15(3)：159-162
[6] 深见顺一，上杉康彦. 农药实验法——杀菌剂篇. 李树正，王笃枯，焦书梅译. 北京：中国农业出版社，1991，127
[7] 慕立义. 植物化学保护研究方法. 北京：中国农业出版社，1991，71-82

26种植物提取物抗烟草花叶病毒的活性*

陈启建，刘国坤，吴祖建，谢联辉，林奇英

（福建农林大学生物农药与化学生物学教育部重点实验室，福建福州 350002）

摘　要：对福建省常见的26种植物的乙醇提取物体外抑制烟草花叶病毒（*Tobacco mosaic virus*，TMV）的活性进行测定，发现抑制率达50%以上的有17种植物。依次用氯仿、正丁醇对这17种植物的乙醇提取物进行萃取，并分别测定各萃取物的抗病毒活性，结果表明，正丁醇萃取物的抗病毒活性最高，但去除其中鞣质后，其抗病毒活性明显降低。蟛蜞菊（*Wedelia chinensis*）、大蒜（*Allium sativum*）和决明（*Cassia tora*）3种植物的乙醇提取物对烟草叶片中的TMV增殖有明显的抑制作用。

关键词：植物提取物；烟草花叶病毒；活性筛选

中图分类号：S432.4^{+}1　**文献标识码**：A　**文章编号**：1006-7817（2004）03-0300-04

The anti-TMV activities of extracts from 26 plants

CHEN Qi-jian, LIU Guo-kun, WU Zu-jian, XIE Lian-hui, LIN Qi-ying

(Key Laboratory for Pesticide and Chemical Biology, Ministry of Education,
Fujian Agriculture and Forestry University, Fuzhou 350002)

Abstract: The anti-TMV activities of ethanolic extracts from 26 plants of Fujian Province were studied. The ethanolic extracts from 17 plants with the inhibition rate of more than 50% on *Tobacco mosaic virus* (TMV) *in vitro* were partitioned by use of chloroform and n-butanol respectively. The anti-TMV activity of each fraction was determined. The results were as follows: the inhibiting effect of n-butanol fraction on TMV was the best, which obviously decreased after tannin was removed from n-butanol extracts; the ethanolic extracts from *Wedelia chinensis*, *Allium sativum or Cassia tora* significantly suppressed TMV replication in the infected leaves.

Key words: extracts from plants; *Tobacco mosaic virus* (TMV); screening of activity

植物病毒病是农业生产中的重要病害，因其防治困难，给农业生产造成极大损失。为了防治植物病毒病，人们进行了多方面探索和研究，迄今为止，已发现了多种对植物病毒具有抑制作用的植物提取物[1-7]。植物中天然成分具有结构独特、功能各异且与环境相容等特点，近年来从植物中寻找抗病毒物质已成为人们研究和开发的热点。本研究对26种植物粗提物抗烟草花叶病毒的活性进行测定，

福建农林大学学报（自然科学版），2004，33（3）：300-303

收稿日期：2004-05-17　修回日期：2004-06-15

*　基金项目：福建省科技厅资助项目（99-Z-193）

现将主要结果报道如下。

1 材料与方法

1.1 供试植物材料

供试植物材料如表1所示，新鲜植物采自福建农林大学校园，经鉴定后分类编号；中草药样品购自福州东街回春药店。

1.2 供试烟草品种

病毒的枯斑寄主为心叶烟（*Nicotiana glutinosa*）；病毒的系统侵染寄主为普通烟（*Nicotiana tabacum* K326）。

表1 参试植物样品名录

样品	拉丁学名	科名	供试部位	样品	拉丁学名	科名	供试部位
旱莲草	*Eclipta prostrate*	菊科	全草	山姜	*Alpinia japonica*	姜科	叶
蟛蜞菊	*Wedelia chinensis*	菊科	花	车前	*Plantago asiatica*	车前草科	全草
三叶鬼针草	*Bidens pilosa*	菊科	全草	丛枝蓼	*Polygonum espitosum*	蓼科	全草
大蓟	*Cirsium japonicum*	菊科	全草	两面针	*Zanthoxylum nitidum*	云香科	叶
半边莲	*Lobelia chinensis*	菊科	全草	益母草*	*Leonurus heterophyllus*	唇形科	全草
牛蒡*	*Arctium lappa*	菊科	种子	黄芩*	*Scutellaria baicalensis*	唇形科	根
猪殃殃	*Galium aparine*	茜草科	全草	野苋菜	*Amaranthus ascendens*	苋科	叶
白花蛇舌草	*Oldenlandia diffusa*	茜草科	全草	苦丁茶	*Ilex latifolia*	冬青科	叶
茜草*	*Rubia cordifolia*	茜草科	全草	落地生根	*Bryophyllum pinnatus*	景天科	叶
芦荟	*Aloe vera*	百合科	叶	怀牛漆	*Achyranthes bidentata*	苋科	叶
大蒜	*Allium sativum*	百合科	鳞茎	细叶桉	*Eucalyptus tereticornis*	桃金娘科	种子
合欢	*Albizzia julibrissin*	豆科	叶	绞股蓝	*Gynostemma pentaphyllum*	葫芦科	全草
决明*	*Cassia tora*	豆科	种子	淫羊藿*	*Epimedium grandiflorum*	小蘖科	叶

*为购买的中草药

1.3 供试病毒毒源

由福建农林大学植物病毒研究所保存的烟草花叶病毒（*Tobacco mosaic virus*，TMV）普通株系（TMV-O）。

1.4 植物粗提取物的制备

新鲜植物材料在45℃下烘干，经粉碎机粉碎后在常温下经乙醇浸提，减压浓缩去除乙醇后的浸膏即为乙醇提取物。乙醇提取物依次经氯仿、正丁醇萃取及减压浓缩后分别形成氯仿萃取物和正丁醇萃取物，萃取后剩余的水层部分经浓缩后为水层提取物，各提取物置于－20℃冰箱中备用。

1.5 提取物体外抑制TMV活性的测定

该试验在防虫温室内进行。取待测植物提取物，用少量（终含量为10μg/mL）的二甲亚砜（DMSO）溶解后，加入蒸馏水配制成质量浓度为4mg/mL的水溶液；再加入提纯的TMV，使病毒终质量浓度为10μg/mL；混合10min后采用半叶法摩擦接种枯斑寄主心叶烟，以相同含量的二甲亚砜和TMV的蒸馏水溶液为对照。每处理接种5个半叶，待出现明显枯斑后，记录枯斑数，计算抑制率。抑制率/%＝[(对照枯斑数－处理枯斑数)/对照枯斑数]×100，以平均抑制率进行评价。

1.6 提取物中鞣质的去除

提取物去除鞣质参照明胶沉淀法[8]进行。提取液加入质量浓度为40mg/mL的明胶水溶液至沉淀完全后过滤，滤液减压浓缩至小体积，加入5倍量的无水乙醇，使过量的明胶沉淀，然后滤去沉淀，将滤液浓缩后再进行1次乙醇沉淀以完全去除溶液中的明胶。

1.7 乙醇提取物抑制TMV增殖作用的测定

采用叶圆片法[9]测定提取物对TMV增殖的抑制作用，选取生长良好的普通烟K326接种TMV，6h后从接种叶取直径约为15mm的圆片，漂浮于质量分数为4%的植物乙醇提取物水溶液中，并分别设漂浮于蒸馏水中接种病毒的圆片和不接种病毒的健康圆片为阳性对照（CK_1）和阴性对照（CK_2），每处理6个圆片；48h后将圆片用碳酸盐缓冲液包被（1mg叶片加入20μL缓冲液），采用间接ELISA法测定其D_{405}，重复2次，取其平均值。

2 结果与分析

2.1 植物乙醇提取物对 TMV 的体外抑制作用

4mg/mL 的植物乙醇提取物对 TMV 的体外抑制效果如表 2 所示，在 26 种植物样品中有 17 种植物乙醇提取物对 TMV 的体外抑制率在 50%以上，占所有参试植物的 65.4%，其中 9 种植物的乙醇提取物对 TMV 的抑制率在 80%以上，而落地生根和猪殃殃的乙醇提取物对 TMV 的枯斑抑制率为负数，分别为−23.7%和−16.6%。结果表明，参试植物中大多数植物的乙醇提取物中含有体外抑制 TMV 的物质，少数植物粗提物对 TMV 可能具有协生作用。

表 2 植物乙醇提取物对 TMV 体外平均抑制率

植物样品	抑制率/%	植物样品	抑制率/%	植物样品	抑制率/%
山姜	31.9	大蓟	25.4	半边莲	59.7
旱莲草	31.0	猪殃殃	−16.6	细叶桉	95.4
车前	38.7	白花蛇舌草	65.9	绞股蓝	82.9
蟛蜞菊	87.7	苦丁茶	78.5	茜草	58.9
三叶鬼针草	89.7	落地生根	−23.7	淫羊藿	97.1
丛枝蓼	95.5	大蒜	36.7	决明	80.1
两面针	18.1	怀牛漆	77.6	牛蒡	80.4
芦荟	47.2	合欢	98.5	黄芩	66.9
野苋菜	55.6	益母草	70.5		

2.2 不同极性溶剂萃取物对 TMV 的体外抑制作用

为进一步查明供试植物中抑制病毒活性成分的极性范围，将抑制率达 50%的植物乙醇提取物分别经氯仿和正丁醇萃取，得到氯仿、正丁醇萃取物和水层提取物。分别对这 3 种提取物的体外抑制 TMV 效果进行测定，结果（表 3）表明植物氯仿萃取物在 4mg/mL 质量浓度下，只有蟛蜞菊和决明 2 种植物对 TMV 的抑制效果在 50%以上，其余植物的氯仿萃取物对 TMV 的抑制率均低于 30%；所有植物的正丁醇萃取物对 TMV 有较好的抑制效果，抑制率均在 70%以上，其中抑制率在 90%以上的植物有 6 种；植物乙醇提取物经氯仿和正丁醇萃取后余下的水层部分提取物的质量浓度为 4mg/mL 时，对 TMV 的体外抑制效果均比同种植物的正丁醇萃取物的差，除丛枝蓼、三叶鬼针草、白花蛇舌草和细叶桉 4 种植物的水层部分提取物的抑制率在 70%以上外，其余的均低于 50%。结果表明参试植物中对 TMV 具有体外抑制作用的物质大多数存在于中等极性的正丁醇萃取层中，其次是水层，少数存在于极性较小的氯仿萃取层中。

表 3 不同极性溶剂萃取物对 TMV 体外平均抑制率

植物样品	平均抑制率/%		
	氯仿萃取物	正丁醇萃取物	水层提取物
蟛蜞菊	69.6	89.1	45.0
三叶鬼针草	19.3	98.4	77.5
丛枝蓼	13.1	99.1	79.5
野苋菜	24.0	76.0	46.7
白花蛇舌草	8.33	92.4	77.8
苦丁茶	27.5	82.7	44.6
黄芩	21.1	72.6	37.9
牛蒡	18.0	89.4	29.2
决明	53.1	89.5	28.0
淫羊藿	12.1	98.8	41.2
茜草	14.5	75.3	44.5
绞股蓝	22.9	77.6	46.5
细叶桉	15.2	99.7	78.3
半边莲	22.3	71.9	38.4
益母草	18.5	83.0	32.1
合欢	42.8	6.8	100
怀牛漆	21.3	77.4	45.2

2.3 去除鞣质后的正丁醇萃取物对 TMV 的体外抑制作用

预试验结果表明，植物乙醇提取物对 TMV 的体外抑制率在 50%以上的 17 种植物的正丁醇萃取物中均含有鞣质，采用明胶沉淀法去除鞣质后，质量分数为0.4%的正丁醇萃取物对TMV的体外抑制率如表4所示。17种植物中有2种植物的正丁醇萃取物去鞣质后对TMV的抑制效果在60%以上，它们分别是三叶鬼针草（抑制率为84.5%）和淫羊藿（抑制率为69.1%），其余的均低于30%。与去鞣质前相比，去鞣质后植物的正丁醇萃取物对TMV的体外抑制作用均有明显减弱。结果表明，鞣质对TMV具有体外抑制作用，供试植物的正丁醇萃取物中鞣质可能是对TMV产生体外抑制作用的主要成分，对TMV具有体外抑制作用的其他成分含量低。

表4　去除鞣质后的正丁醇萃取物对TMV的体外平均抑制率

植物样品	抑制率/%	植物样品	抑制率/%	植物样品	抑制率/%
蟛蜞菊	7.92	牛蒡	21.1	半边莲	21.9
三叶鬼针草	84.5	决明	16.5	细叶桉	12.6
丛枝蓼	19.0	淫羊藿	69.1	绞股蓝	10.2
野苋菜	9.9	怀牛漆	6.2	茜草	8.2
白花蛇舌草	11.8	合欢	5.5	苦丁茶	13.3
黄芩	11.8	益母草	22.9		

2.4　对TMV增殖的抑制作用

植物乙醇提取物的质量分数为0.4%时对烟草叶圆片中TMV的抑制效果如表5所示。从表5可以看出，蟛蜞菊、大蒜和决明3种植物的乙醇提取物的D_{405}均较低，与阴性对照的D_{405}接近，这3种植物的乙醇提取物的D_{405}与阴性对照的D_{405}的比值分别为1.67、1.26和1.61；其他植物的乙醇提取物的D_{405}值均接近于阳性对照值，且明显大于阴性对照值。这表明在40mg/mL质量浓度下，蟛蜞菊、大蒜和决明3种植物的乙醇提取物对烟草叶圆片中的TMV有明显的抑制作用，而其余植物的乙醇提取物对烟草叶圆片中TMV的影响不明显。

表5　植物乙醇提取物对K326圆片中TMV的抑制

植物样品	D_{405}	$D_{405}/D_{CK_2(405)}$	植物样品	D_{405}	$D_{405}/D_{CK_2(405)}$
山姜	0.482	3.65	落地生根	0.572	4.33
旱莲草	0.595	4.51	大蒜	0.166	1.26
车前	0.601	4.55	怀牛漆	0.490	3.72
蟛蜞菊	0.220	1.67	合欢	0.506	3.83
三叶鬼针草	0.528	4.00	益母草	0.615	4.70
丛枝蓼	0.538	4.08	半边莲	0.623	4.72
两面针	0.643	4.87	细叶桉	0.541	4.10
芦荟	0.534	4.05	绞股蓝	0.523	3.96
野苋菜	0.420	3.18	茜草	0.520	3.94
大蓟	0.597	4.52	淫羊藿	0.490	3.71
猪殃殃	0.589	0.443	决明	0.213	1.61
白花蛇舌草	0.443	3.57	牛蒡	0.530	4.02
苦丁茶	0.530	4.02	黄芩	0.497	3.77
阳性对照（CK_1）	0.617				
阴性对照（CK_2）	0.132				

3　讨论

对26种植物乙醇粗提物的抗烟草花叶病毒活性的测试结果表明，鞣质是植物乙醇提取物和正丁醇萃取物中抗病毒作用的主要成分，具有体外钝化病毒或抑制病毒初侵染作用，与前人研究结果[10]相似。由于鞣质广泛存在于植物中，对植物粗提物中除鞣质外其他抗病毒活性物质的筛选产生干扰，因此在采用病毒与提取物混合接种法筛选抗病毒活性成分时，应先通过明胶沉淀或聚酰胺柱等方法去除鞣质。

植物乙醇提取物依次用氯仿、正丁醇萃取后，生物碱、黄酮甙元等极性较小的物质大部分溶解在氯仿中，鞣质、黄酮甙、有机酸等极性较大的化合物大部分被分配到正丁醇中，通过萃取将不同极性的活性物质初步分开，有利于活性成分的进一步分离纯化。

植物乙醇提取物抑制 TMV 增殖的研究表明，蟛蜞菊、大蒜和决明 3 种植物的乙醇提取物对烟草叶圆片中的 TMV 增殖有明显的抑制作用，为进一步采用活性跟踪法对其中抗病毒活性物质进行分离纯化的研究奠定基础。植物中普遍存在抗 TMV 物质，既有生物碱、黄酮、萜类、有机酸等小分子的抗病毒物质[4-11]，也有蛋白质等大分子的抗病毒物质[12]，由于植物源小分子物质在环境中易降解，不易造成环境污染和残留毒性问题，且分子小，渗透性强，易在植物体内运输。因此，通过从植物中筛选抗病毒活性物质来研制开发抗病毒剂具有广阔的前景。

参 考 文 献

[1] 刘学端，肖启明．植物源农药防治烟草花叶病机理初探．中国生物防治，1997，13(3)：128-131

[2] 秦淑莲，辛玉成，姜瑞敏等．紫杉皮提取液对黄瓜花叶病毒作用机制初探．莱阳农学院学报，1997，14(3)：200-202

[3] 朱水方，裘维蕃．几种中草药抽提物对黄瓜花叶病毒引起的辣椒花叶病治疗作用初步研究．植物病理学报，1989，19(2)：123-127

[4] 姚宇澄，安天英，高俊等．牛心朴子草的化学与生物活性研究．第二届全国植物农药暨第六届毒理学术讨论会论文集．北京：中国农业出版社，2000，281-287

[5] French CJ，Nell GH. Inhibition of infectivity of *Potato virus X* by flavonoids. Phytochemistry，1992，31(9)：3017-3020

[6] Sadasivam S，Rajamaheswari S，Jeyrajan R. Inhibition of certain plant viruses by plant extracts. Journal of Ecobiology，1991，3(1)：53-57

[7] Prasad V，Srivastava S，Verma HN. Two basic protein isolated from *Clerodendrum inerma* Gaertn are inducers of systemic antiviral resistance in susceptible plants. Plant Science，1995，110：73-82

[8] 肖崇厚．中药化学．上海：上海科学技术出版社，1996，568-575

[9] 深见顺一，上衫康颜．农药实验法——杀菌剂篇．李树正，王笃枯，焦书梅译．北京：中国农业出版社，1991，93-94

[10] 刘国坤，吴祖建，谢联辉等．植物单宁对烟草花叶病毒的抑制活性．福建农林大学学报(自然科学版)，2003，32(3)：292-295

[11] 雷新云，裘维蕃，于振华等．一种病毒抑制物质 NS-83 的研制及其对番茄预防 TMV 初侵染的研究．植物病毒学报，1984，14(1)：1-7

[12] 张海燕，刘桂珍，陈正华．商陆抗病毒蛋白的 cDNA 的克隆、测序及其植物表达载体的构建．植物学报，1999，41(3)：38-40

三叶鬼针草中黄酮甙对烟草花叶病毒的抑制作用*

陈启建，刘国坤，吴祖建，林奇英，谢联辉

（福建农林大学植物病毒研究所，福建福州 350002）

摘 要：测试了从三叶鬼针草中提取的黄酮甙对烟草花叶病毒（*Tobacco mosaic virus*，TMV）的抑制作用。结果表明：黄酮甙对TMV具有明显的体外钝化作用，其质量浓度为100μg/mL时，对TMV的抑制率为91.3%，但对烟草体内病毒复制无显著的抑制效果；聚丙烯酰胺凝胶电泳显示黄酮甙与病毒外壳蛋白混合的泳带比对照明显滞后，表明黄酮甙可与TMV外壳蛋白结合，透析或萃取可使这种结合解离，使病毒恢复侵染力，说明黄酮甙对病毒无直接杀灭作用；用黄酮甙处理过的普通烟叶片，12h后接种病毒，可阻抑病毒初侵染，延迟病害症状的出现。

关键词：三叶鬼针草；黄酮甙；烟草花叶病毒；抑制

中图分类号：S432.4+1 **文献标识码**：A **文章编号**：1006-7817（2003）02-0181-04

The inhibition effect of flavonoids extracted from *Bidens pliosa* L. on TMV

CHEN Qi-jian，LIU Guo-kun，WU Zu-jian，LIN Qi-ying，XIE Lian-hui

（Institute of Plant Virology，Fujian Agriculture and Forestry University，Fuzhou 350002）

Abstract：The anti-TMV activities of flavonoids extracted from *Bidens pliosa* L. were determined. The results were as follows：infectivity of *Tobacco mosaic virus*（TMV）in *Nicotiana glutinosa* was strongly inhibited by flavonoids from *B. pliosa* L.；the inhibition rate was 91.3% after incubated with flavonoids at 100μg/mL，but it could not inhibit multiplication of TMV in the infected leaf discs；the flavonoids could bind TMV coat protein based on routine PAGE；the infectivity of TMV could be recovered by dialyzing from incubations with flavonoids or extracting flavonoids from virus particles；the flavonoids had no direct viricidal effect；flavonoids could reduce infectivity of TMV and retard symptom expression if sprayed in *N. tobacum* at the time of 12h before inoculation.

Key words：*Bidens pliosa* L.；flavonoids；*Tobacco mosaic virus*（TMV）；inhibition

植物病毒病害被称为植物的“癌症”，至今尚无良好的治疗剂，给农业生产带来很大危害。从植物中筛选抗病毒物质是开发植物病毒抑制剂的重要途径之一，国内外学者在这方面做了许多工作，并

福建农林大学学报（自然科学版），2003，32（2）：181-184

收稿日期：2003-04-01

* 基金项目：福建省科技厅重点资助项目（99-Z-193）

取得了一定成绩[1-4]。黄酮类是植物中具有生物活性的物质，有关其抗植物病毒的作用已有报道[1]。本文报道三叶鬼针草中黄酮甙对烟草花叶病毒的抑制作用。

1 材料与方法

1.1 试验材料

烟草花叶病毒（*Tobacco mosaic virus*，TMV）与病毒抗血清均由福建农林大学植物病毒研究所提供。三叶鬼针草（*Bidens pliosa* L.）采自福建农林大学校区，取地上部，经50℃烘干、粉碎后备用。黄酮甙的提取参照文献［5］的方法，所得提取物经定性测定，确定为黄酮类物质。其提取流程如下：三叶鬼针草干样→乙醇提取→滤液浓缩→氯仿萃取（去氯仿层)→水层（乙酸乙酯萃取)→合并乙酸乙酯层→过聚酰胺粉柱→水洗→体积分数为20％乙醇洗脱→体积分数为30％乙醇洗脱→浓缩。

1.2 不同含量黄酮甙对TMV抑制率的测定

以半叶枯斑法测定不同含量的黄酮甙抗TMV活性。枯斑寄主为心叶烟（*Nicotiana glutinosa*），配制200μg/mL、100μg/mL、50μg/mL和25μg/mL等不同质量浓度的黄酮甙，分别加入等量的TMV，使病毒终质量浓度为20μg/mL。以半叶法摩擦接种心叶烟，每处理接种5个叶片的半叶，以相同病毒含量的水溶液处理为对照，3d后计算枯斑数及抑制率。重复2次，以平均抑制率进行评价。

抑制率＝[(对照枯斑数－处理枯斑数)/对照枯斑数]×100％

1.3 作用时间对TMV抑制率的影响的测定

配制的黄酮甙质量浓度为100μg/mL，与TMV混合时间设置为3个处理：混合后立即接种，混合10min、30min后接种。采用半叶枯斑法测定其抑制效果。

1.4 黄酮甙与TMV外壳蛋白的聚丙酰胺凝胶电泳

TMV外壳蛋白采用醋酸法[6]制备，提纯的外壳蛋白溶于pH7.0、0.033mol/L的磷酸缓冲液中，置于4℃冰箱中备用。蛋白质的聚丙酰胺凝胶电泳方法参照文献［7］。在TMV外壳蛋白溶液中加入黄酮甙溶液，使黄酮甙质量浓度为100μg/mL，外壳蛋白质量浓度为20μg/mL；以不加黄酮甙的外壳蛋白液为对照，进行蛋白质聚丙酰胺凝胶常规电泳，分离胶体积分数为8％，电压为120V。

1.5 透析处理

黄酮甙与TMV混合后进行透析处理。于100μg/mL黄酮甙溶液中加入提纯的TMV（病毒终质量浓度为20μg/mL），将混合液置于透析袋中，4℃下透析48h，每天换水数次。另分别设相同质量浓度的黄酮甙与TMV混合，置于4℃下不透析，以及相同质量浓度的TMV于同等条件下进行透析为对照。以半叶法接种心叶烟，3d后计算枯斑数。

1.6 萃取处理

黄酮甙与TMV作用后进行萃取处理。100μg/mL黄酮甙溶液中加入提纯的TMV（病毒终质量浓度为20μg/mL），以相同质量浓度的TMV溶液为对照。试验分2组进行，一组为处理和对照不经萃取直接接种心叶烟；另一组为处理及对照分别用乙酸乙酯萃取后以半叶法接种心叶烟，3d后计算枯斑数。

1.7 抑制TMV增殖作用的测定

采用叶圆片法[8]测定黄酮甙对TMV的抑制作用，选取生长良好的普通烟K326接种TMV，6h后从接种叶取直径约为15mm的圆片，置于黄酮甙（质量浓度为100μg/mL）溶液中，并分别设接种病毒的叶圆片和不接种病毒的健康叶圆片为阳性对照和阴性对照，每处理6个圆片，48h后将圆片用碳酸盐包被缓冲液研磨，采用间接ELISA法检测其D_{405}。

1.8 对TMV初侵染的抑制作用

选取3～4叶期的普通烟草，分别于接种病毒前、后12h喷施200μg/mL的黄酮甙溶液，并分别以接种病毒且喷清水和不接种病毒的烟草为阳性对照和阴性对照。每处理9株，重复2次，处理后连续观察30d，记录发病情况。病情指数划分参照文献［9］的方法，分为0、1、2、3、4五个等级。0级：全株无病；1级：心叶明脉或轻微花叶；2级：1/2叶片花叶，少数叶片变形；3级：2/3叶片花叶变形，植株较健株矮1/2左右；4级：全株叶片花叶，叶片严重变形或坏死，植株严重矮化。

2　结果与分析

2.1　不同质量浓度的黄酮甙对 TMV 的抑制作用

三叶鬼针草中的黄酮甙的质量浓度为 200μg/mL、100μg/mL、50μg/mL 和25μg/mL 时，对 TMV 的体外抑制率分别为 97.5%、91.3%、67.8% 和 37.3%。表明三叶鬼针草中的黄酮甙的质量浓度高于 100μg/mL 时，其对病毒表现出很好的抑制作用，抑制率在 90%以上；随着黄酮甙质量浓度的降低，抑制效果也相应下降，当质量浓度为 25μg/mL 时，抑制率仅 37.6%。

2.2　不同作用时间对黄酮甙抑制作用的影响

质量浓度为 100μg/mL 的三叶鬼针草中的黄酮甙与 TMV 混合后，立即接种，抑制率为 87.6%；与 TMV 混合 10min、30min 后接种，抑制率分别为 91.0%和 89.2%，三者抑制效果相近。表明：若黄酮甙与 TMV 体外作用时间较短，则其体外钝化效果不受作用时间影响。

2.3　黄酮甙与 TMV 外壳蛋白的作用

从图 1 可以看出，TMV 外壳蛋白中加入黄酮甙的泳道与对照相比其条带明显滞后。这可能是黄酮甙与 TMV 外壳蛋白结合或外壳蛋白表面的电荷消减所致。

A　　B

图 1　黄酮甙与 TMV 外壳蛋白混合的聚丙烯酰胺凝胶电泳

A. 对照的 TMV 外壳蛋白；
B. 黄酮甙与 TMV 外壳蛋白混合

2.4　透析处理对 TMV 抑制作用的影响

由表 1 可知：用黄酮甙处理的枯斑数明显比对照减少；而混合物经透析处理的枯斑数与对照接近。其抑制病毒的原理可能是：黄酮甙与 TMV 病毒粒体相结合，形成病毒-化合物复合体，使病毒暂时失去侵染力，但这种结合可以通过透析分开，从而使病毒粒体恢复其侵染性，而黄酮甙本身没有杀灭病毒的作用。

表 1　透析、萃取处理前后的平均枯斑数

	透析前	透析后	萃取前	萃取后
处理（混合液）	0	47	2	28
对照（TMV）	81	63	96	37

2.5　萃取处理对 TMV 抑制作用的影响

从表 1 可知，萃取前处理的枯斑数比对照少，而萃取后处理的枯斑数与对照接近。表明通过萃取可将病毒-化合物的复合体部分或全部分开，使部分病毒粒体恢复侵染性；萃取后对照的枯斑数比萃取前对照的少，这可能是由于乙酸乙酯破坏了病毒粒体，其原因有待进一步研究。

2.6　抑制病毒增殖的作用

从表 2 可知：处理组 D_{405} 与清水处理的阳性对照相比无明显差异；处理的 D_{405} 与阳性对照的 D_{405} 的比值均在 1 左右。这表明黄酮甙在离体条件下对烟草中的病毒增殖没有显著的抑制作用。

表 2　黄酮甙对 K326 圆片中 TMV 的抑制

	D_{405}			D_{405}(处理) / D_{405}(阳性对照)
	处理	阳性对照	阴性对照	
重复 1	0.457	0.512	0.095	0.893
重复 2	0.466	0.524	0.098	0.889
重复 3	0.497	0.528	0.095	0.941
重复 4	0.513	0.539	0.097	0.952
重复 5	0.530	0.504	0.087	1.051
重复 6	0.520	0.534	0.088	0.974

2.7　黄酮甙对病毒初侵染的抑制作用

观察发现：处理后 13d，只接种不喷药和接种后喷药的 2 个处理的部分植株的新生叶出现轻微症状；处理后 16～17d，先喷药后接种处理组的部分植株也开始出现症状。连续观察 30d 发现，先喷药后接种处理组的部分植株出现明显症状，而对照组和先接种后喷药处理组的症状出现得早且严重。结果（表 3）表明，接种前以黄酮甙处理普通烟叶片，可抑制病毒的初侵染作用，相对防效为 55.8%，且使植株发病时间推迟 3～4d。

表 3 黄酮甙对病毒初侵染的抑制效果

处理	株数	病株级数					病情指数	相对防效/%
		0	1	2	3	4		
只接种不喷药	18	0	0	0	4	14	94.4	—
只喷药不接种	18	18	0	0	0	0	—	—
先喷药后接种	18	0	9	6	3	0	41.7	55.8
先接种后喷药	18	0	2	3	9	4	70.8	25.0

3 讨论

许多黄酮类物质具有抗植物病毒活性作用。French 等[1]报道，槲皮素、桑色素和 3-*O*-高姜良素既不会直接杀灭病毒也不能抑制叶圆片中病毒的复制，但在低质量浓度（1μg/mL）下可阻止 PVX 在昆诺藜上形成枯斑。这可能是由于它们削弱了病毒外壳蛋白亚基间的结合，使病毒 RNA 暴露，对寄主植物 RNA 酶的敏感性增强，导致病毒的侵染性降低。病毒与槲皮素混合液经透析处理后，病毒恢复了侵染性[1]。本试验研究结果显示的黄酮类的抗病毒特性与 French 等[1]报道的结果有许多相似之处，不同之处是三叶鬼针草中 25μg/mL 的黄酮甙对病毒的抑制率仅 37.6%，而 1μg/mL 的槲皮素对 PVX 的抑制率可达 80%，这可能是由于黄酮甙元分子中加入糖基后抗病毒活性减弱，有待进一步研究。由于三叶鬼针草中黄酮甙具有较好的体外钝化病毒作用，在病毒侵染前施用具有降低病毒初侵染和延迟病状出现的作用。且三叶鬼针草中所含的黄酮甙的亲水性大，易制成水溶液，因而具有一定的应用价值，但它对植物体内病毒的复制无明显的抑制作用。

参考文献

[1] French CJ，Towers GHN. Inhibition of infectivity of *Potato virus X* by flavonoids. Phytochemistry，1992，31(9)：3017-3020

[2] Hadid IA，Khetarpal RK，Koganezawa H. Plant virus disease control. Paul：APS Press，1998，154-158

[3] 侯玉霞，李重九，马立新等. 中草药中抗植物病毒 TMV 活性物质 PZI 作用机理研究. 中国农业大学学报，2000，5(1)：21-24

[4] 苏水方，裘维蕃. 几种中草药抽提物对黄瓜花叶病毒引起的辣椒花叶病治疗作用初步研究. 植物病理学报，1989，19(2)：123-128

[5] 马天波，李军林，袁九荣. 小花鬼针草中黄酮甙的分离与鉴定. 中草药，1991，22(12)：531-533

[6] 付鸣佳，高乔婉，范怀忠. 广东烟草花叶病毒株系的研究. 中国病毒学，1997，12(3)：254-259

[7] 郭尧君. 蛋白质电泳实验技术. 北京：科学出版社，2001，54-156

[8] 深见顺一，上杉康彦. 农药实验法 2 杀菌剂篇. 李树正，王笃祜，焦书梅译. 北京：中国农业出版社，1991，93-94

[9] 黄遵锡，陈文久，程隆藻等. "植毒灵"防治烟草花叶病研究初报. 西南农业学报，1997，10(2)：94-99

大蒜精油对烟草花叶病毒的抑制作用*

陈启建[1,2]，刘国坤[1,2]，吴祖建[1,2]，谢联辉[1,2]，林奇英[1,2]

（1 福建农林大学植物病毒研究所，福建福州 350002；
2 福建农林大学生物农药与化学生物学教育部重点实验室，福建福州 350002）

摘 要：采用水蒸气蒸馏法提取的大蒜精油经 GC-MS 测定，其主要成分为含硫化合物。高质量浓度（1mg/mL 以上）的大蒜精油对烟草花叶病毒（TMV）有一定的体外抑制作用，质量浓度小于 0.5mg/mL 的大蒜精油对 TMV 的体外抑制效果不明显。在离体条件下，大蒜精油对 TMV 的增殖有明显的抑制作用。在烟草上喷施大蒜精油可降低烟草体内病毒的含量，减轻病害症状。

关键词：大蒜；精油；烟草花叶病毒；抗病毒

中图分类号：S432.4⁺1 **文献标识码**：A **文章编号**：1006-7817（2005）01-0030-04

The inhibiting effect of volatile oil extracted from *Allium sativum* L. on *Tobacco mosaic virus*

CHEN Qi-jian[1,2], LIU Guo-kun[1,2], WU Zu-jian[1,2], XIE Lian-hui[1,2], LIN Qi-ying[1,2]

(1 Institute of Plant Virology, Fujian Agriculture and Forestry University, Fuzhou 350002;
2 Key Laboratory for Biopesticide and Chemical Biology, Ministry of Education, Fujian Agriculture and Forestry University, Fuzhou 350002)

Abstract: Volatile oil was extracted from *Allium sativum* by steam distillation and its main component detected by GC-MS was sulphide. Volatile oil could inhibit infectivity of *Tobacco mosaic virus* (TMV) at high mass concentration (above 1mg/mL), but its inhibiting effect was not apparent when its mass concentration was lower than 500μg/mL, it also could inhibit multiplication of TMV in infected leaf discs. Spraying volatile oil to *Nicotiana tabacum*, the mass concentration of TMV in the tobacco could be reduced and the symptom could be alleviated.

Key words: *Allium sativum*; volatile oil; *Tobacco mosaic virus*; anti-virus

大蒜（*Allium sativum* L.）为百合科植物，含有丰富的药理活性成分，研究表明其具有抗菌、抑制人类病毒、抗肿瘤等多种活性[1-4]，但有关其抑制植物病毒的研究很少。本文就大蒜中活性成分对烟草花叶病毒（*Tobacco mosaic virus*，TMV）的抑制作用进行了初步探讨，现将研究结果报道如下。

福建农林大学学报（自然科学版），2005，34（1）：30-33

收稿日期：2004-07-16 修回日期：2004-12-18

* 基金项目：福建省科技厅资助项目（99-Z-193）

1 材料与方法

1.1 供试材料

供试病毒烟草花叶病毒（TMV）普通株系保存于福建农林大学植物病毒研究所；TMV 抗血清从免疫家兔获得其效价为 1∶20 480。供试烟草：TMV 枯斑寄主为心叶烟（*Nicotiana glutinosa*），系统侵染寄主为普通烟（*N. tabacum*）K326。

1.2 病毒浓度标准曲线的制作

提纯的 TMV 质量浓度是由 1.50μg/mL 成倍稀释成 8 个不同的稀释度，采用间接 ELISA 方法测定其 D_{405}，重复 6 次，求其 D_{405} 平均值。结果表明，被测病毒质量浓度为 0.3750～0.0117μg/mL 时，被测病毒质量浓度（X）与相应的 D_{405} 平均值（Y）呈线性关系，将 X 转化为 lg$X$，求出 X 与 Y 的回归方程：$Y=0.906+0.425\lg X$，其相关系数 $r=0.995$。

1.3 大蒜精油的提取

取新鲜大蒜鳞茎 250g，切成碎片，用 500mL 无水乙醇浸泡 3d，过滤，残渣用无水乙醇再浸提 2 次，合并提取液；减压浓缩至膏状后置于蒸馏瓶中，加入 200mL 蒸馏水，100℃下加热蒸馏，收集蒸出液；蒸出液用乙醚萃取 4 次，合并乙醚萃取液，减压浓缩去除乙醚后即为大蒜精油。

1.4 大蒜精油成分的测定

采用气相色谱-质谱测定大蒜精油成分。气相色谱-质谱仪为 CP3800GC-MS，色谱柱为 30m×0.25mm 的弹性石英毛细管柱，柱温 50～250℃，升温速度为每分钟 5℃，汽化室、检测室温度 280℃；载气为高纯氦（纯度 99.999%），流速 1mL/min，分流比 10∶1；连接线温度 280℃，离子源温度 240℃，电离方式为 EI 源，电子能量 70eV；扫描速度为每全程 1s，扫描质量范围（m/z）为 20～500。

1.5 体外抑制 TMV 活性的测定

将待测样品用少量二甲亚砜溶解后，加入蒸馏水配制成不同含量梯度（二甲亚砜终质量分数为 3%），加入提纯的 TMV（病毒终质量浓度为 10μg/mL），以半叶法接种心叶烟，以加相同含量的 TMV 和二甲亚砜的蒸馏水溶液为对照，每处理接种 4 片叶，重复 2 次，3d 后计算其平均抑制率。

1.6 大蒜精油对 TMV 增殖的抑制作用的测定

1.6.1 局部病斑法

剪取长势良好的心叶烟对生叶片，将叶柄分别浸入质量浓度分别为 400μg/mL、200μg/mL、100μg/mL 和 50μg/mL 的大蒜精油溶液中，30min 后接种 TMV；以浸于水中接种 TMV 的相应对生叶为对照。于 26℃光照培养箱中光照培养，定时补充失去的水分，3d 后记载枯斑数，每处理 5 个叶片，重复 2 次，求其平均抑制率。

1.6.2 叶圆片法

选取长势良好的普通烟 K326 接种 TMV，6h 后从接种叶取直径约为 15mm 的圆片，漂浮于不同含量的待测样品溶液中，并设分别漂浮于蒸馏水中的接种病毒的叶圆片和不接种病毒的健康叶圆片为阳性对照和阴性对照；以 50μg/mL 的病毒唑作为对照药物。每处理 6 个圆片，48h 后将圆片用 0.05g/mL 碳酸盐包被缓冲液研磨，采用间接 ELISA 法检测其 D_{405}，根据病毒的标准曲线求出相应的病毒含量，计算其抑制率。

抑制率=[(阳性对照病毒浓度－处理病毒浓度)/阳性对照病毒浓度]×100%

1.7 喷施处理对烟草体内病毒浓度的影响

选取长势一致的普通烟 K326 5 叶期幼苗，于 4 叶位均匀接种病毒，接种后分别于 30min、2d、7d 喷施 50μg/mL 病毒唑和 1000μg/mL 的精油溶液（以二甲亚砜为助溶剂），以不喷药剂接种病毒的烟苗为阳性对照，以不接种病毒的健康烟苗为阴性对照。每处理 6 株，处理后 1d、2d、3d 分别于各接种叶相应处取直径 12mm 的圆片，将各圆片称重后，按 0.05g/mL 加入碳酸盐包被缓冲液，充分研磨，置－20℃保存。用间接 ELISA 方法测各圆片中 TMV 的含量，计算抑制效果。

抑制率=[(对照株病毒浓度－处理株病毒浓度)/对照株病毒浓度]×100%

1.8 喷施处理对烟草花叶病的相对防效

1.7 中各处理的烟草在接种 TMV 后连续观察 45d，记录发病情况。病情指数划分为 5 个等级[5]。0 级：无花叶；1 级：叶片出现个别深绿色斑点；2

级：个别叶片为轻花叶；3 级：1～2 片叶为较重花叶；4 级：多数叶片为重花叶。

相对防治效果＝[（阳性对照病情指数－处理病情指数）/阳性对照病情指数]×100％

2 结果与分析

2.1 大蒜精油的主要成分

通过检索 NIST 标准谱库，对大蒜精油的总离子流色谱图中各色谱峰相应的质谱图（图 1）进行定性分析，确定了 33 个组分中含量较多的 10 个组分（表 1），已确定的成分中均含硫化合物。

2.2 对 TMV 的体外抑制效果

对不同质量浓度的大蒜精油对 TMV 体外的抑制作用进行测定，结果表明：质量浓度为 2mg/mL、1mg/mL 和 0.5mg/mL 的大蒜精油对 TMV 的体外抑制率分别为 74.8％、57.2％和 33.7％；当大蒜精油质量浓度为 0.25mg/mL 时，其抑制率仅为 10.9％。表明质量浓度为 2mg/mL 的大蒜精油对 TMV 有一定的抑制作用，质量浓度小于 0.25mg/mL 的大蒜精油对 TMV 的体外抑制作用不明显。

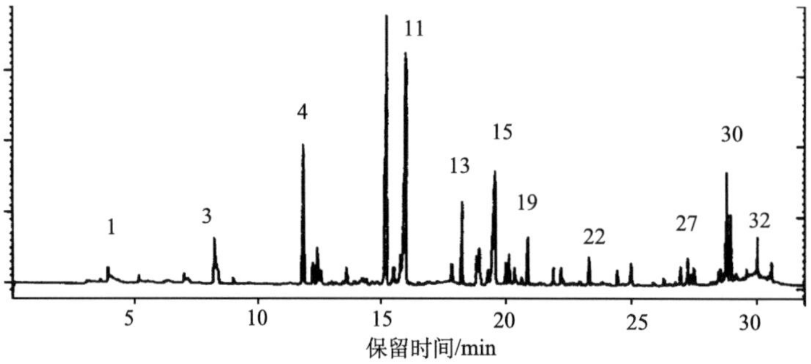

图 1 大蒜精油的总离子流色谱

表 1 大蒜精油某些化学成分

序号	保留时间/min	英文名称	中文名称	化学式
1	3.82	allylsulfide	烯丙基硫化物	$CH_2=CHCH_2S$
2	6.89	allylmethyldisulfide	烯丙基甲基二硫化物	$CH_2=CHCH_2S_2CH_3$
3	8.31	dimethyltrisulfide	二甲基三硫化物	$(CH_3)_2S_3$
4	11.80	diallyl disulphide	二烯丙基二硫化物	$(CH_2=CHCH_2S)_2$
6	13.64	allylmethyltrisulfide	烯丙基甲基三硫化物	$CH_2=CHCH_2S_3CH_3$
9	15.73	allicin	二烯丙基硫代亚磺酸酯	$(CH_2=CHCH_2S)_2O$
11	15.97	3-vinyl-1,2-dithiin	3-乙烯基-1,2 二噻英	$C_5H_8S_2$
13	17.92	2-vinyl-1,3-dithiin	2-乙烯基-1,3 二噻英	$C_5H_8S_2$
14	18.23	dimethyl tetrasulfide	二甲基四硫化物	$C_2H_6S_4$
15	18.79	allyltrisulfide	烯丙基三硫化物	$CH_2=CHCH_2S_3$

2.3 对病毒增殖的抑制

采用局部病斑法测定不同含量的大蒜精油对 TMV 增殖的抑制作用，结果表明，大蒜精油的质量浓度为 400μg/mL、200μg/mL、100μg/mL 和 50μg/mL 时，它对 TMV 增殖的抑制率分别为 82.6％、73.7％、62.3％和 20.2％；400μg/mL 的大蒜精油对 TMV 的增殖有很好的抑制作用，抑制率可达 80％以上；随着精油质量浓度的降低，其抑制作用逐渐减弱，当质量浓度为 50μg/mL 时，其抑制作用不明显，抑制率仅 20.2％。

不同含量的大蒜精油对烟草叶圆片中 TMV 复制的抑制效果见表 2。从表 2 可以看出：800μg/mL 的大蒜精油对 TMV 复制的抑制率达 80％以上；200μg/mL 的大蒜精油对圆片中 TMV 复制的抑制率与 50μg/mL 的病毒唑的抑制率相同；100μg/mL 的大蒜精油对 TMV 复制的抑制率仍在 60％以上；但 25μg/mL 的大蒜精油的抑制率明显下降，仅为 35.7％。结果表明，在离体条件下较低含量的大蒜精油对烟草叶圆片中 TMV 的增殖具有明显的抑制作用。

表 2 不同含量的大蒜精油对圆片中 TMV 含量的影响

处理	D_{405}	ρ(病毒)/(μg/mL)	抑制率/%
阳性对照	0.477	0.098	
病毒唑	0.237	0.027	72.4
处理 1	0.165	0.019	80.6
处理 2	0.213	0.023	76.5
处理 3	0.235	0.027	72.4
处理 4	0.304	0.039	60.2
处理 5	0.332	0.045	54.1
处理 6	0.383	0.063	35.7

处理 1：ρ(精油)＝800μg/mL；处理 2：ρ(精油)＝400μg/mL；处理 3：ρ(精油)＝200μg/mL；处理 4：ρ(精油)＝100μg/mL；处理 5：ρ(精油)＝50μg/mL；处理 6：ρ(精油)＝25μg/mL

2.4 大蒜精油对烟草体内病毒含量的影响

喷施大蒜精油后烟草接种叶内 TMV 含量如表 3 所示。从表 3 可以看出：普通烟草接种 TMV 后 2d 就可在接种叶内检测到病毒；而喷施 1000μg/mL 的大蒜精油及50μg/mL 的病毒唑的接种叶，2d 后 ELISA 检测的 D_{405} 尚不到阴性对照的 2 倍；接种 3d 后各处理接种叶 ELISA 检测的 D_{405} 均超过阴性对照的 2 倍，大蒜精油和病毒唑对烟草体内 TMV 的抑制率分别为 49.5%和 65.7%。表明喷施 1000μg/mL 的大蒜精油对烟草体内 TMV 的增殖具有抑制作用，但抑制效果不如病毒唑好。

表 3 喷施大蒜精油对烟草体内病毒的影响

接毒后时间/d	D_{405}				ρ(病毒)/(μg/mL)			抑制率/%	
	阳性对照	阴性对照	大蒜精油	病毒唑	阳性对照	大蒜精油	病毒唑	大蒜精油	病毒唑
1	0.169	0.120	0.171	0.126					
2	0.267	0.131	0.249	0.210	0.031				
3	0.478	0.127	0.353	0.280	0.099	0.050	0.034	49.5	65.7

当 $D_{405(处理)}/D_{405(阴性对照)}<2$ 时，判定为阴性，不计算其病毒质量浓度

2.5 对烟草花叶病的相对防效

观察发现，处理 45d 后，接种 TMV、不喷药的对照组植株全部出现典型的花叶症状；喷施药物的处理组也都出现了花叶症状，其中喷施病毒唑的植株花叶程度最轻，喷施大蒜精油的植株花叶程度比阳性对照轻，但略重于喷施病毒唑的植株，结果（表 4）表明，喷施 1000μg/mL 的大蒜精油具有减轻烟草花叶病花叶症状的作用，其相对防效为 36.4%。

表 4 喷施处理对烟草花叶病的防治效果

处理	发病率/%	病情指数	相对防治效果/%
阴性对照	0		
阳性对照	100	91.7	
喷施病毒唑	100	54.2	40.9
喷施大蒜精油	100	58.3	36.4

3 讨论

本研究采用 GC-MS 对大蒜精油成分进行检测，发现其中主要成分为大蒜素（二烯丙基硫代亚磺酸酯）及含硫衍生物，与前人研究[6]结果相似。大蒜素可以通过对巯基的氧化而使蛋白质变性[7]。本研究结果表明大蒜精油在较高含量下对 TMV 具有体外抑制作用，推测其体外抗病毒作用与大蒜素对病毒外壳蛋白的氧化作用有关。

大蒜中含有丰富的药理活性成分，研究表明大蒜提取物对人体免疫缺陷病毒（HIV），单纯疱疹病毒 1、单纯疱疹病毒 2 型（HSV-1 和 HSV-2），腺病毒 3、腺病毒 7 型（ADA3 和 ADA7），科萨奇病毒 B5、科萨奇病毒 B6 型（CoxsackieB5 和 CoxsackieB6），以及人巨细胞病毒（HCMV）等多种人体病毒具有良好的抑制作用，对多种病毒有直接杀灭的作用[8,9]。其中阿霍烯、二烯丙基硫代亚磺酸酯和二烯丙基二硫化物对病毒有抑制作用，尚未发现其他抗病毒成分[10]。由于大蒜精油含有多种活性成分，何种成分对 TMV 增殖具有抑制作用及其作用机制有待进一步研究。

参 考 文 献

[1] Robert V, Mouille B, Mayeur C, et al. Effects of the garlic compound diallyl disulfide on the metabolism, adherence and cell cycle of HT-29 colon carcinoma cells: evidence of sensitive and resistant sub-populations. Carcinogenesis, 2001, 22: 1155-1161

[2] Patya M, Muayad AZ, Vanichkin A, et al. Allicin stimulates lymphocytes and elicits an antitumor effect: a possible role of $p21^{ras}$. International Immunology, 2004, 16: 275-281

[3] Stephen CP, Keith DG. Interactions among drugs for HIV and opportunistic infections. New England Journal of Medicine,

2001，344：984-996

[4] 肖作奎，李爱萍．大蒜精油抗肾综合征出血热（HFRS）病毒的实验研究．山东预防医学，1996，16(1)：12-14

[5] 王启燕，王先彬．抗 TMV 增殖物质—板蓝根．病毒学杂志，1989，(1)：107-110

[6] Peter DP，Raymond JB，Forkert PG，et al. Inactivation of hepatic CYP2E1 by an epoxide of dially sulfone. Pharmacology，2000，293(3)：1112-1120

[7] 叶永康，唐纳-阿姆斯特朗．大蒜提取物与大蒜素抗深部真菌的实验研究．蚌埠医学院学报，1990，(2)：82-84

[8] 王满霞，卢长安，孙刚．大蒜 GO889 对 HIV 等病毒作用的实验研究．中国中医基础学杂志，1999，5(3)：35-36

[9] 孟月生，陆道培，郭乃榄等．大蒜中抗人巨细胞病毒成分的筛选．中国病毒学，1993，8(2)：147-150

[10] Shoji S，Furuishi K，Yanase R，et al. Allyl compounds selectively killed *Human immunodeficiency virus* (type 1) infected cells. Biochemical and Biophysical Research Communications，1993，194：610-621

大蒜挥发油抗烟草花叶病毒机理*

陈启建，刘国坤，吴祖建，谢联辉，林奇英

（福建农林大学植物病毒研究所，福建福州　350002）

摘　要：从新鲜大蒜中提取的挥发油与烟草花叶病毒（*Tobacco mosaic virus*，TMV）混合后可使完整的病毒粒体断裂，且对病毒衣壳蛋白的体外聚合过程有明显的抑制作用，而对病毒的核酸侵染力无显著影响，喷施大蒜挥发油可显著提高烟草体内过氧化物酶和多酚氧化酶的活性。

关键词：大蒜挥发油；烟草花叶病毒；抗病毒机理

中图分类号：S435.72　**文献识别码**：A

Anti-TMV mechanism of volatile oil extracted from *Allium sativum* L.

CHEN Qi-jian，LIU Guo-kun，WU Zu-jian，XIE Lian-hui，LIN Qi-ying

（Institute of Plant Virology，Fujian Agriculture and Forestry University，Fuzhou　350002）

Abstract：The volatile oil from *Allium sativum* splited the particles of *Tobacco mosaic virus*（TMV）after incubating with TMV. It strongly inhibited TMV-CP polymerization *in vitro*，but did not obviously influence the infectivity of TMV-RNA. The volatile oil also increased the *in vitro* activities of peroxidase（POD）and polyphenol oxidase（PPO）when sprayed in *Nicotiana tabacum*.

Key words：volatile oil extracted from *Allium sativum*；*Tobacco mosaic virus*（TMV）；anti-virus mechanism

植物病毒病给农业生产造成巨大的危害，仅烟草花叶病毒（*Tobacco mosaic virus*，TMV）引起的花叶病每年全世界损失高达1亿美元以上[1]，由于病毒在寄主体内的高度寄生，给植物病毒病的防治带来很大的困难，植物病毒病的防治迄今尚无理想的防治药剂。国内外在植物病毒病的药剂防治方面做了大量研究，发现了一些植物源物质对病毒病有较好的防治效果[2-5]。从植物中筛选抗病毒物质具有广阔的前景，笔者对26种植物提取物的抗病毒活性进行了测定，发现大蒜提取物对病毒有明显的抑制作用，进一步采用蒸馏法对大蒜提取物中的挥发性成分进行提取，并测定其抗病毒效果，结果表明其具有明显的抗病毒活性，本研究对其抗烟草花叶病毒机理进行初步探讨。

福建农业学报，2006，21（1）：24-27

收稿日期：2004-08-24　修回日期：2005-11-30

*　基金项目：福建省科技厅资助项目（99Z193）

1　材料与方法

1.1　供试材料

供试病毒为保存于福建农林大学植物病毒研究所的烟草花叶病毒普通株系，抗血清是由提纯的TMV经免疫家兔获得的，其效价为1∶20 480；供试烟草：TMV枯斑寄主为心叶烟（*Nicotiana glutinosa*），系统侵染寄主为普通烟（*Nicotiana tabacum*）K326。

1.2　大蒜挥发油的提取

取新鲜大蒜鳞茎切成碎片，用无水乙醇浸泡3d，过滤，残渣再用无水乙醇浸提2次，合并提取液，减压浓缩至膏状，加入适量的蒸馏水，于蒸馏瓶中，100℃下加热蒸馏，收集蒸出液，用乙醚萃取4次，合并乙醚萃取液，减压浓缩去除乙醚后即为大蒜挥发油。提取的挥发油经GC-MS检测，其主要成分为含硫化合物。

1.3　与TMV混合后病毒粒体的电镜观察

将提纯的TMV用蒸馏水稀释成250μg/mL的水溶液，加入用少量二甲亚砜（DMSO）溶解的大蒜挥发油（质量终浓度为2mg/mL），以加入含等量DMSO的TMV水溶液为对照，室温下充分混合2h后，于电镜下观察TMV的粒体形态。

1.4　对TMV核酸侵染力的影响测定

TMV-RNA的提取参照文献［6］方法。提纯病毒（20mg/mL）加等体积的TE（含1％SDS）和终浓度为20μg/mL的蛋白酶K，混匀，加等体积的水饱和酚，强振15min，4℃下10 000r/min离心5min，取水相，加1/10（v/v）体积的3mol/L NaAc（pH5.2）和2倍体积的无水乙醇，混匀，－20℃放置30min，4℃下10 000r/min离心15min，小心弃去上清液，用预冷的70％（v/v）乙醇洗涤沉淀，4℃下10 000r/min离心5min，小心弃去上清液，沉淀真空干燥，用少量无RNA酶的无菌水溶解。提取的TMV-RNA在紫外分光光度计下检测260nm的吸收值，以1 OD_{260}＝40μg/mL计算其浓度。将提取的病毒核酸用灭菌水配成浓度为50μg/mL，加入质量终浓度为1mg/mL大蒜挥发油，10min后，用高压灭过菌的毛笔蘸取混合液在心叶烟上进行半叶法接种，以相同浓度的TMV-RNA提取液为对照，3d后记录枯斑数并计算平均抑制率。抑制率＝［（对照枯斑数－处理枯斑数）/对照枯斑数］×100％。

1.5　对TMV衣壳蛋白体外聚合过程的影响测定

TMV外壳蛋白采用乙酸法[7]进行制备。经67％乙酸抽提后的病毒衣壳蛋白溶液，用pH 4.6的蒸馏水于4℃下进行透析，每24h换水一次，72h后，经9000r/min离心30min，所得沉淀即为TMV衣壳蛋白。提纯的衣壳蛋白溶于0.033mol/L、pH 7.0的磷酸缓冲液中，置于4℃冰箱中备用。

于病毒衣壳蛋白溶液中加入挥发油，并用磷酸缓冲液进行调配，使挥发油的终浓度为100μg/mL，衣壳蛋白的浓度为0.80mg/mL，以病毒唑作为对照药物，以等浓度的病毒衣壳蛋白溶液为对照，从8℃起每隔3℃分别测定其在不同温度下320nm处的吸收值。

1.6　对烟草体内多酚氧化酶及过氧化物酶活性的影响

选取长势一致的5叶期普通烟K326幼苗，于4叶位接种病毒，分别于接种后30min、2d、7d喷施1mg/mL的挥发油溶液（以二甲亚砜为助溶剂），以喷含相同浓度二甲亚砜水溶液接种TMV的烟草为对照，每处理6株，接种TMV后12d分别选取各处理烟草的3叶位，去除叶脉后将叶片剪成2mm宽的细条，称取叶片碎片1g，加入4mL 0.05mol/L、pH5.5的磷酸缓冲液，研磨成匀浆，将匀浆液全部转入离心管中，5000r/min离心10min，上清液即为待测酶液，置4℃下保存备用。

多酚氧化酶活性的测定按文献［8］的方法。取0.3mL酶液，加入分别于37℃保温的适量0.05mol/L、pH 5.5的磷酸缓冲液及1mL 0.1mol/L的儿茶酚，反应混合液于分光光度计下测量525nm处每分钟吸光度的变化值，以沸水中加热5min的酶液为对照，以每克新鲜叶片每分钟吸光度变化值表示酶活性大小，即$\triangle A_{525}(g\cdot min)^{-1}$。

过氧化物酶活性的测定参照文献［9］的方法。取15μL酶液，加3mL的反应混合液（0.1mol/L、pH 6.0的磷酸缓冲液50mL＋愈创木酚28μL＋30％过氧化氢19μL），于分光光度计上测量470nm波长每分钟吸光度的变化值，另设反应混合液3mL加15μL磷酸缓冲液为空白对照，以每克新鲜叶片每分钟吸光度的变化值表示酶活性大小，即$\triangle A_{470}(g\cdot min)^{-1}$。

2 结果与分析

2.1 对 TMV 粒体形态的影响

大蒜挥发油对 TMV 体外抑制作用测定结果表明，其对 TMV 具有一定的抑制作用。为进一步探讨挥发油体外抑制病毒的机理，将提纯病毒与大蒜挥发油混合 2h 后进行电镜观察（图 1），结果发现，与对照（CK）相比，经大蒜挥发油处理的 TMV 病毒粒体部分发生断裂现象，表明大蒜挥发油在体外对 TMV 病毒粒体具有一定程度的破坏作用，这种作用可能与挥发油中的含硫化合物对衣壳蛋白亚基的氧化有关，由于大蒜素等含硫化合物对衣壳蛋白的氧化，从而影响衣壳蛋白亚基间的作用力，导致病毒粒体发生断裂。

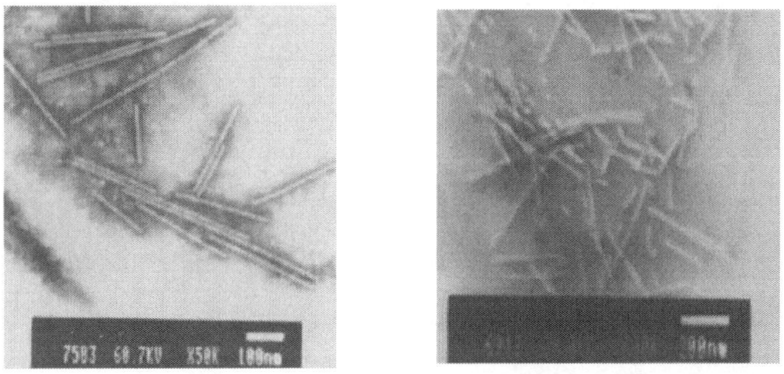

TMV (CK)　　TMV与大蒜挥发油混合

图 1 TMV 与大蒜挥发油混合后病毒粒体的电镜照片

2.2 对 TMV 核酸侵染力的影响

大蒜挥发油对 TMV 核酸侵染力的影响结果（表 1）可以看出，各处理的枯斑数与对照相差不大，1mg/mL 的大蒜挥发油对 TMV 核酸侵染力的平均抑制率为 15.1%，说明大蒜挥发油对 TMV 核酸侵染力的影响不明显。

表 1 对 TMV 核酸侵染抑制率

	重复				
	1	2	3	4	5
对照半叶枯斑数	26	33	21	34	22
处理半叶枯斑数	23	28	16	27	21
抑制率/%	11.5	15.1	23.8	20.6	4.5
平均抑制率/%	15.1				

2.3 对病毒衣壳蛋白体外聚合过程的影响

从大蒜挥发油和对照药物病毒唑对 TMV 衣壳蛋白体外聚合过程的影响结果（图 2）可看出，加入病毒唑、大蒜挥发油的 TMV 衣壳蛋白在 320nm 处的紫外吸收值随着温度升高而升高的趋势明显小于对照。根据史密斯 KM 等[10]研究结果（320nm 处的 TMV 衣壳蛋白的体外聚合程度成正比，且 TMV 衣壳蛋白的体外聚合程度与温度的变化也成正比），本试验认为，病毒唑、大蒜挥发油对 TMV 衣壳蛋白的体外聚合均具有明显的抑制作用。与病毒唑处理的衣壳蛋白相比，大蒜挥发油处理的衣壳蛋白在 320nm 处吸收值随温度的升高而升高的趋势较明显，表明大蒜挥发油对 TMV 衣壳蛋白的体外聚合作用的影响不如病毒唑明显。

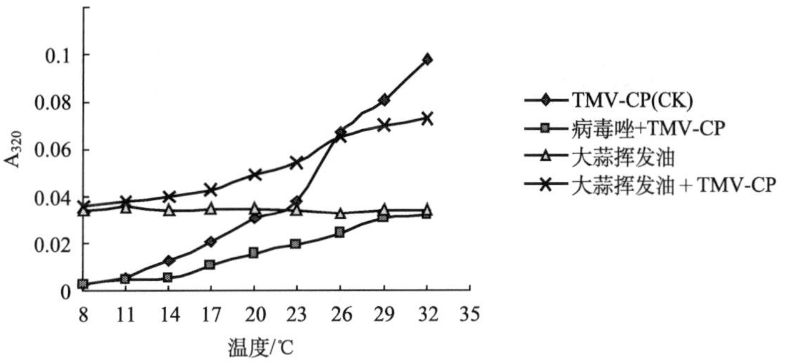

图 2 2 种药物对 TMV 衣壳蛋白体外聚合过程的影响

2.4 对烟草体内中过氧化物酶和多酚氧化酶活性的影响

喷施药物 12d 后，烟草叶片中过氧化物酶和多酚氧化酶活性变化情况（表 2）可以看出，与病株对照相比，喷施 50μg/mL 病毒唑的烟草叶片中过氧化物酶和多酚氧化酶活性变化不明显，提高率分别为 16.4%和 1.15%；喷施 1mg/mL 大蒜挥发油的烟草叶片中过氧化物酶和多酚氧化酶活性分别提高 96.9%和 51.7%；结果表明，喷施大蒜挥发油可以显著提高烟草叶片中过氧化物酶和多酚氧化酶活性，而对照药物病毒唑对烟草体内两种酶活性的影响不明显，由此可认为大蒜挥发油对烟草具有一定的诱导抗病作用。

表 2　对烟草叶片中过氧化物酶和多酚氧化酶活性的影响

处理	过氧化物酶		多酚氧化酶	
	平均酶活 [$\triangle A_{470}$(g · min)$^{-1}$]	酶活增率/%	平均酶活 [$\triangle A_{525}$(g · min)$^{-1}$]	酶活增率/%
对照（CK）	137.2		1.217	
病毒唑	159.7	16.4	1.231	1.15
大蒜挥发油	270.2	96.9	1.846	51.7

3 讨论

大蒜挥发油对 TMV 具有一定的体外抑制作用，其与 TMV 病毒粒体在体外混合后可使部分病毒粒体断裂，说明其体外抗病毒作用可能是通过某种作用影响病毒外壳蛋白亚基间的互作，导致病毒粒体断裂而使其核酸暴露来实现的。有报道大蒜提取物在体外对多种人体病毒有直接杀灭的作用[11,12]，但未见有关其杀灭作用机理的报道。由于大蒜挥发油含有多种活性成分，何种成分在起作用值得进一步研究。

喷施大蒜挥发油具有降低烟草体内病毒浓度，减轻烟草花叶病花叶症状的作用。本试验结果表明大蒜挥发油对 TMV 衣壳蛋白亚基的体外聚合作用具有明显的抑制作用，且可提高感病烟草叶片中多酚氧化酶和过氧化物酶的活性，说明大蒜挥发油对烟草体内 TMV 的抑制是多方面综合作用的结果，除影响病毒衣壳蛋白的聚合外，还可能与其具有诱导烟草提高抗病性作用有关。这些结果与已报道的许多植物源抗病毒剂对植物病毒的防治作用是多方面协同作用的结果[13,14]相一致。

参考文献

[1] 江山，韩熹莱. 植物病毒化学防治的研究进展. 中国病毒学，1995，10(1)：1-7

[2] French CJ，Towers GHN. Inhibition of infectivity of *Potato virus X* by flavonoids. Phytochemistry，1992，31(9)：3017-3020

[3] Alex MM，John PC. Salicylic acid has cell-specific effects on *Tobacco mosaic virus* replication and cell-to-cell movement. Plant Physiology，2002，128：552-563

[4] 苏水方，裘维蕃. 几种中草药抽提物对黄瓜花叶病毒引起的辣椒花叶病治疗作用初步研究. 植物病理学报，1989，19(2)：123-128

[5] 刘国坤，谢联辉，林奇英等. 15 种植物的单宁提取物对烟草花叶病毒(TMV)的抑制作用. 植物病理学报，2003，33(3)：279-283

[6] 李德保，周雪平，许建平等. 基因工程操作技术. 上海：上海科学技术出版社，1996，36-37

[7] 江山，郭雪柳，韩熹莱. 一些抗植物病毒剂对烟草花叶病毒衣壳蛋白体外聚合过程的影响. 中国病毒学，1996，11(1)：77-79

[8] 朱广廉. 植物生理学实验. 北京：北京大学出版社，1990，38-39

[9] 张志良. 植物生理学实验指导. 北京：高等教育出版社，1990，154-155

[10] 史密斯 KM. 植物病毒. 北京：科学出版社，1986，160-167

[11] 王满霞，卢长安，孙刚. 大蒜 GO889 对 HIV 等病毒作用的实验研究. 中国中医基础学杂志，1999，5(3)：35-36

[12] 孟月生，陆道培，郭乃榄等. 大蒜中抗人巨细胞病毒成分的筛选. 中国病毒学，1993，8(2)：147-150

[13] 侯玉霞，李重九，马立新等. 中草药中抗植物病毒 TMV 活性物质 PZI 作用机理研究. 中国农业大学学报，2000，5(1)：21-24

[14] 刘学端，肖启明. 植物源农药防治烟草花叶病机理初探. 中国生物防治，1997，13(3)：128-131

银胶菊（*Parthenium hysterophorus*）中抗 TMV 活性成分的分离及活性测定*

陈启建，欧阳明安，谢联辉，林奇英

（福建农林大学植物病毒研究所，福建福州 350002；
福建农林大学生物农药与化学生物学教育部重点实验室，福建福州 350002）

摘　要：采用活性跟踪法从银胶菊中分离获得抗病毒活性物质，经质谱和核磁共振分析，确定该物质为小白菊内酯。采用半叶枯斑法和叶圆盘法测定了该物质对烟草花叶病毒的抑制效果，结果表明：0.2mg/mL 的小白菊内酯在混合接种和药液浸泡两种处理中均表现出较好的体外抑制 TMV 活性，其抑制率分别为 69.0%和 72.1%；在离体条件下对烟草叶圆盘中的烟草花叶病毒复制也具有良好的抑制效果，抑制率为 72.3%。

关键词：银胶菊；小白菊内酯；活性物质的分离；抗 TMV 活性

中图分类号：S432.41　**文献标识码**：A　**文章编号**：1007-7146（2008）04-0000-00

Isolation and detection of anti-TMV activity constituent from *Parthenium hysterophorus*

CHEN Qi-jian，OUYANG Ming-an，XIE Lian-hui，LIN Qi-ying

（Institute of Plant Virology，Fujian Agriculture and Forestry University，Fuzhou 350002；
Key Laboratory of Biopesticide and Chemical Biology，Ministry of Education，
Fujian Agriculture and Forestry University，Fuzhou 350002）

Abstract：The constituent of anti-virus activity was isolated from *Parthenium hysterophorus* by bioassay. The compound was identified as parthenolide through MS and NMR technique. The activity of the compound against *Tobacco mosaic virus*（TMV）was investigated. The result indicated that parthenolide showed significant inhibition on TMV *in vitro*，with 69.0% inhibition of being incubated with TMV and 72.1% inhibition of leaf dipping at a concentration of 0.2mg/mL，respectively. For replication of TMV in tobacco leaf discs，parthenolide showed good inhibition too，with 72.3% inhibition while it was used at 0.2mg/mL.

Key words：*Parthenium hysterophorus*；parthenolide；isolation of activity constituent；activity against TMV

激光生物学报，2008，17（4）：544-548

收稿日期：2008-02-28

* 基金项目：国家自然科学基金项目（30770089）、福建省教育厅项目（2006F5017）

植物病毒病是农业生产上的一类重要病害，几乎所有植物都会受到一种或数种病毒病的侵染，其危害不仅造成农作物产量的严重损失，而且也使农作物的品质下降，给农业生产造成了极大损失。为了减少植物病毒病造成的损失，人们进行大量的研究，以期找到更为理想的抗病毒剂，其中，从植物中寻找抗植物病毒活性成分已愈来愈受青睐。[1-3]

银胶菊（*Parthenium hysterophorus*）为菊科银胶菊属植物，是民间用于治疗偏头痛、风湿病等多种疾病的一种传统草药。作者在对植物浸提物抗病毒活性筛选中发现，银胶菊浸提物对烟草花叶病毒（*Tobacco mosaic virus*，TMV）具有较好的抑制作用。为进一步探究该植物中抗病毒活性化学成分及其抗病毒活性，作者采用活性跟踪法对其中的抗病毒物质进行分离纯化，并对分离出的单体进行抗病毒活性测定，现将研究结果报道如下。

1 材料与方法

1.1 材料

银胶菊：购自福建省医药公司，经鉴定后粉碎，过 40 目筛，室温干燥保存备用。

烟草花叶病毒普通株系：保存于福建农林大学植物病毒研究所，其抗血清是由提纯的 TMV 经免疫家兔获得的，其效价为 1∶20 480；TMV 枯斑寄主为心叶烟（*Nicotiana glutinosa*），系统侵染寄主为普通烟草（*Nicotiana tabacum*）K326 品种。

1.2 仪器与试剂

VarianA-400MHz 核磁共振仪，内标为 TMS；Agilent5973 型气质联用仪；柱层析用 200 目～300 目硅胶（青岛海洋化工厂产品），薄层层析用 GF254 层析板（青岛海洋化工厂产品）；石油醚（60～90℃），丙酮（分析纯），95%乙醇（化学纯）。

1.3 方法

1.3.1 抗病毒成分的提取分离

取银胶菊地上部干样 1.0kg，粉碎并过 40 目筛后用 5000mL 体积分数为 95%的乙醇浸泡 3d，过滤，滤液减压浓缩并回收乙醇，残渣用回收乙醇继续浸泡 3d，过滤，滤液再次减压浓缩，如此反复三次，合并三次浓缩所得浸膏（73g）即为乙醇提取物。乙醇提取物依次经石油醚、氯仿、正丁醇萃取后减压浓缩后分别为石油醚萃取物（28g）、氯仿物萃取物（13g）和正丁醇萃取物（16g），萃取后剩余的水层部分经浓缩后为水层提取物，各提取物置于－20℃冰箱中备用。分别测定各萃取物的抗病毒活性，发现氯仿萃取物的抗病毒活性最好，故采用柱层析对氯仿萃取物进一步分离。取氯仿物萃取物 12g，以 200 目至 300 目硅胶为吸附剂，用石油醚∶丙酮（体积比从 9∶1 至 0∶1）梯度洗脱，分部收集，对各收集部分进行薄层分析，合并相同组分并测定其抗病毒活性，对活性最好的部分采用硅胶柱层析，以不同配比的石油醚-丙酮为洗脱剂分别进行多次柱层析，最终获得 1 个白色针状结晶。

1.3.2 提取物结构鉴定

采用 Agilent6890N/5973i 气质联用仪进行单体质谱分析。色谱柱为 HP-5MS（30m×0.25mm×0.25μm）；载气为氦气，纯度＞99.99%，流速 1mL/min；进样口温度为 280℃，分流比为 50∶1；进样量为 1μL；炉温：初始 80℃，以 20℃/min 上到 280℃；溶剂延迟 3min。质谱条件：电离方式为 EI，轰击能量 70eV，离子源温度 250℃；传输线温度为 280℃；质谱扫描范围为 50～500amu。核磁共振测定采用 Varian A-400MHz 核磁共振仪，内标为 TMS。

1.3.3 混合接种对 TMV 抑制作用测定

取分离获得的单体 10mg 充分溶解于 0.5mL 的二甲亚砜（DMSO）中，配制成20mg/mL 的母液备用。活性测定时取一定量的母液加蒸馏水配置成系列浓度，再分别加入提纯的 TMV，使病毒终浓度为 10μg/mL，混合 10min 后，采用半叶法摩擦接种枯斑寄主心叶烟，以含相同浓度的二甲亚砜和 TMV 的蒸馏水溶液为对照，每处理接种 5 个半叶，实验在防虫温室内进行。待出现明显的枯斑后，记录枯斑数目，计算抑制率。

抑制率＝[（对照组平均枯斑数－处理组平均枯斑数）/对照组平均枯斑数]×100%

1.3.4 药物浸泡对 TMV 的抑制作用

取 5～6 叶期生长良好的心叶烟中部叶片，摩擦接种 TMV（10μg/mL）后用水冲去接种叶表面残留物，用滤纸吸去叶面多余水分，沿叶片中脉对剖成左右 2 个半叶，分别浸入供试化合物溶液和灭菌水中，分别作为处理和对照，30min 后取出，于光照培养箱中 25℃下保湿培养，3～4d 后观察记录枯斑数。

1.3.5 抑制 TMV 增殖作用的测定

采用叶盘法测定提取物对 TMV 增殖的抑制作用，选取生长良好的普通烟 K326，接种 TMV 6h 后，从接种叶取直径约为 15mm 的圆片，分别飘浮于用母液配制成不同浓度的提取物水溶液中，并分别设飘浮于蒸馏水中接种病毒的圆盘和不接种病毒的健康烟草叶圆盘为阳性对照和阴性对照，每处理 6 个圆盘，处理 48h 后将圆盘用 1∶20（W/V）的碳酸盐缓冲液包被，间接 ELISA 法检测其 OD_{405}，实验重复两次，取其平均值。

2 结果与分析

2.1 提取物结构分析

提取物溶于丙酮后采用 GC-MS 进行质谱检测，其离子流（图 1）出现 1 个明显的尖峰，表明该提取物纯度较高；其质谱（图 2）经 NIST 谱库搜索并比对，与小白菊内酯有 64%的匹配率，且其特征碎片离子（M/Z190，105，91，79，53）和分子离子（m/z：248）和谱库中标准质谱一致。为进一步确证提取物的结构，采用核磁共振对其进行测定，^{1}HNMR（$CDCl_3$）δ6.34（d，J=3.6Hz，H-13$_\alpha$），5.62（d，J = 3.0Hz，H-13$_\beta$），5.21（dd，J = 2.7，12.0Hz，H-1），3.86（t，J = 8.4Hz，H-6），2.79（d，J = 9.0Hz，H-5），2.81（m，H-7），2.43（m，H-9$_\beta$），2.47（m，H-2$_\beta$），2.11to2.21（m，H-2$_\alpha$，H-3$_\beta$，H-8$_\alpha$，H-9$_\alpha$），1.72（s，H-14），1.76（m，H-8$_\beta$），1.31（s，H-15），1.27（m，H-3$_\alpha$）；^{13}CNMR（$CDCl_3$）δ169.3

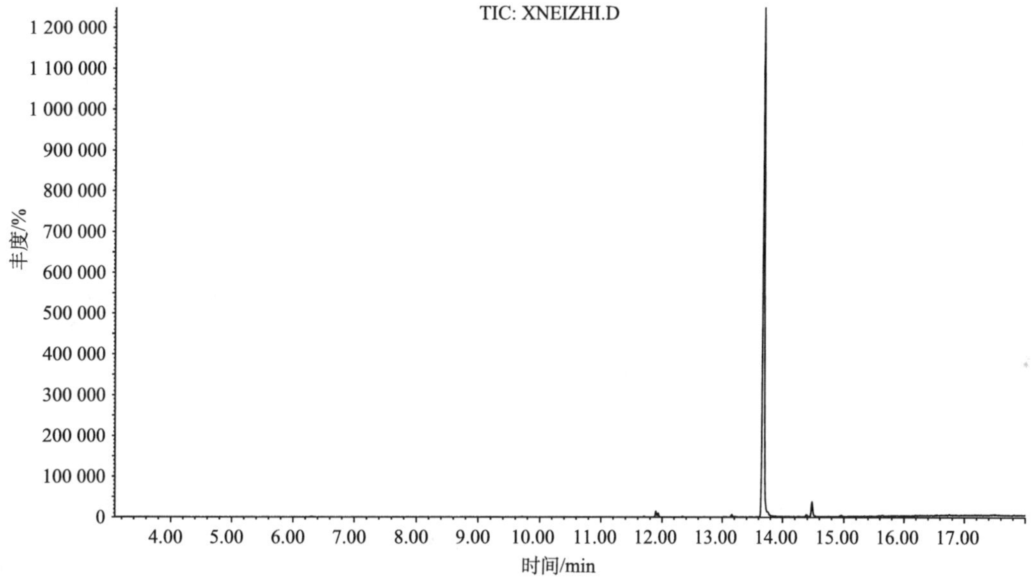

图 1 提取物的 GC-MS 总离子流色谱

（C-12），139.2（C-11），134.6（C-10），125.3（C-1），121.3（C-13），82.4（C-6），66.4（C-5），61.5（C-4），47.7（C-7），41.2（C-9），36.3（C-3），30.6（C-8），24.1（C-2），17.3（C-15），16.9（C-14）。上述数据与文献［4］报道的数据基本一致，由此可确定提取物为小白菊内酯（结构式见图 3）。

2.2 体外混合对 TMV 的抑制活性

采用半叶枯斑法测定小白菊内酯与提纯病毒混合后对病毒的抑制活性，不同浓度的小白菊内酯对 TMV 体外抑制作用测定结果（表 1）显示，质量浓度在 50μg/mL、100μg/mL、200μg/mL 和 400μg/mL 浓度时小白菊内酯对 TMV 的体外抑制率分别为 36.4%、56.8%、69.0%和 72.2%，当质量浓度为 25μg/mL 时，其抑制率仅为 7.3%。结

表 1 小白菊内酯对 TMV 的体外平均抑制率

提取物浓度/（μg/mL）	处理组平均枯斑数	对照组平均枯斑数	抑制率/%
25	30.6	33.0	7.3
50	20.6	32.4	36.4
100	12.0	27.8	56.8
200	9.0	29.0	69.0
400	7.4	26.6	72.2

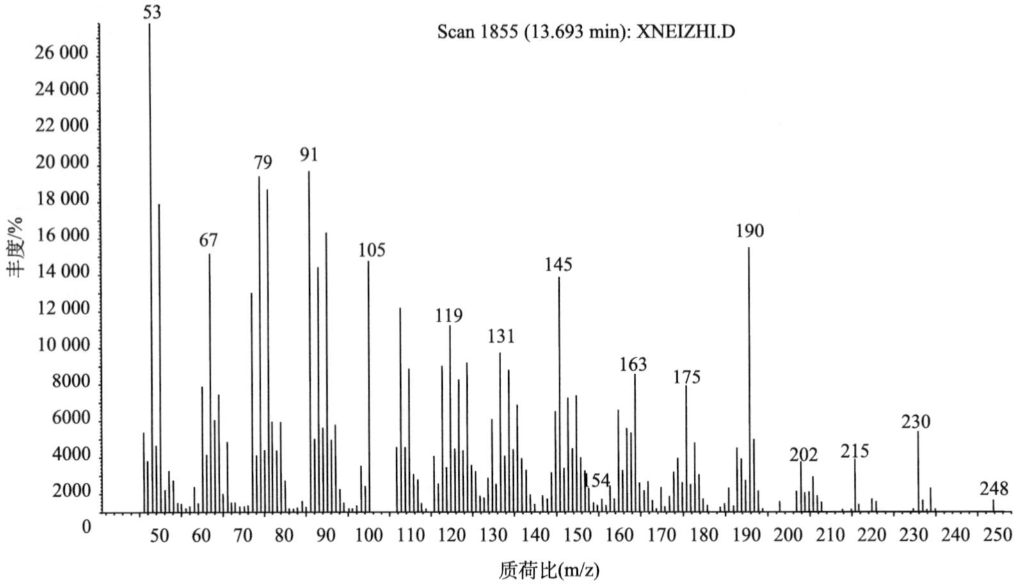

图 2　提取物的质谱

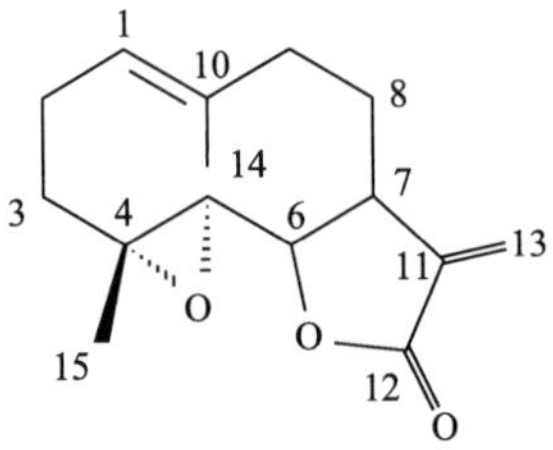

图 3　小白菊内酯化学结构式

果表明，小白菊内酯对 TMV 具有体外抑制作用，其抑制作用随浓度的增大而逐渐明显，具有浓度依赖性，其浓度在 50μg/mL 以上时对 TMV 有明显的抑制活性，大于 200μg/mL 浓度时其对 TMV 有良好的体外抑制作用。

2.3　药物浸泡对 TMV 的抑制作用

将接种 TMV 的心叶烟半叶分别浸入稀释的小白菊内酯系列溶液中，测定不同浓度的小白菊内酯对 TMV 侵染引起的枯斑的抑制作用，从测定结果（表 2）可以看出，药液浸泡 30min 后，除 25μg/mL 浓度下，药物处理对枯斑抑制率较小外，其余浓度

表 2　药物浸泡对 TMV 的抑制率

提取物浓度/(μg/mL)	处理组平均枯斑数	对照组平均枯斑数	抑制率/%
25	20.0	24.2	17.4
50	13.0	22.4	42.0
100	8.6	22.2	61.3
200	7.6	27.2	72.1
400	5.4	24.8	78.2

的药物对枯斑的抑制作用均较明显，100μg/mL 浓度下其抑制率可达 61.3%，200μg/mL 浓度下抑制率为 72.1%，结果表明，小白菊内酯溶液浸泡处理对 TMV 侵染心叶烟引起的枯斑有明显的抑制作用。

2.4　对 TMV 增殖的抑制作用

不同浓度的小白菊内酯对烟草叶圆盘中 TMV 复制的抑制效果（图 4）显示，在离体条件下，小白菊内酯对 TMV 复制的抑制作用随其浓度的增大而升高，质量浓度 25μg/mL 时对烟草叶圆盘中 TMV 复制的抑制率仅为 22.3%，100μg/mL 浓度时对 TMV 复制的抑制率为 57.1%，200μg/mL 浓度时其抑制率可达 72.3%，结果表明，在离体条件下小白菊内酯对 TMV 的增殖具有明显的抑制作用，其抑制效果具有浓度依赖性，随浓度的提高而增大。

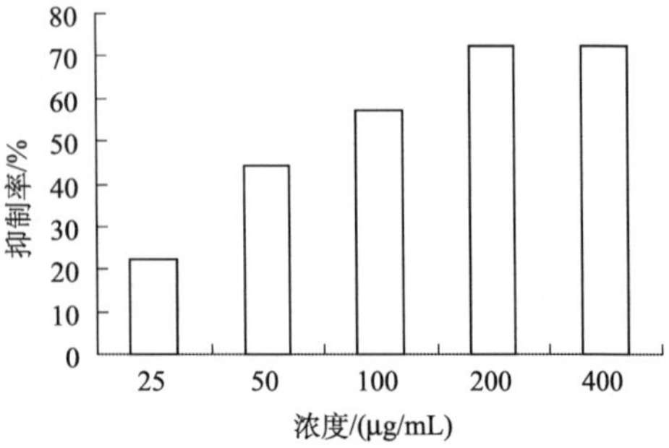

图 4　小白菊内酯对 TMV 增殖的抑制效果

3 讨论

通过对植物粗提取物的抗烟草花叶病毒活性筛选，发现银胶菊的乙醇提取物具有抗 TMV 活性，乙醇提取物经极性不同的有机溶剂萃取后，其抗病毒活性主要存在于氯仿萃取物部分，进一步采用活性跟踪法对氯仿萃取物中的抗病毒成分进行分离，最终获得抗 TMV 活性单体。该单体经质谱和核磁共振等测试，确定为小白菊内酯。国外已有从豚草属（*Ambrosia*）[5]、木兰属（*Magnolia*）[6]和茼蒿属（*Tanacetum*）[7]等植物中分离和鉴定小白菊内酯的报道。

小白菊内酯为倍半萜内酯类，已发现该物质具有抗肿瘤、抗真菌、抗细菌、和治疗偏头痛等一系列的生物活性，其抗肿瘤作用机制是通过增强半胱氨酸蛋白水解酶的活性[8]或抑制核因子-κB 活性[9]来实现的，但未见有关抗植物病毒的报道。本实验采用半叶枯斑法和叶圆盘法对小白菊内酯抗 TMV 活性进行测定，结果表明，在离体条件下，小白菊内酯对 TMV 具有抑制作用，其抗病毒机制正在研究中。

植物病毒的防治目前尚缺乏理想的药剂，植物中蕴藏着丰富的活性物质，从植物中分离抗病毒活性物质是开发新型抗病毒剂的重要途径之一。近年来已有一些结构不同的抗病毒物质从植物中被分离出来[3,10]，由此可见，从植物源中寻找新的抗病毒活性成分具有广阔的前景。从银胶菊中分离出的小白菊内酯在离体条件下表现出较好的抗 TMV 活性，是研制新型绿色抗病毒剂的候选物质之一。

参考文献

[1] 刘国坤，谢联辉，林奇英等. 15 种植物的单宁提取物对烟草花叶病毒(TMV)的抑制作用. 植物病理学报，2003，33(3)：279-283

[2] 沈建国，谢荔岩，张正坤等. 一种植物提取物对 CMV、PVY^N 及其昆虫介体的作用. 中国农学通报，2005，21(5)：341-343

[3] 姚宇澄，安天英，高俊等. 牛心朴子草植物农药的化学成分与生物活性研究. 有机化学，2001，21(11)：1024-1028

[4] Tiuman TS，Uedanakamura T，Cortezcda G，et al. Antileishmanial activity of parthenolide，a sesquiterpene lactone isolated from *Tanacetum parthenium*. Antimicro Agents Chemother，2005，49(1)：176-182

[5] Yoshioka H，Renold W，Fischer NH，et al. Sesquiterpene lactone isolated from *Ambrosia confertiflora*. Phytochemistry，1970，(9)：823-832

[6] Song Q，Gomez-Barrios ML，Fronczek FR，et al. Sesquiterpenes from Southern *Magnolia virginiana*. Photochemistry，1998，47：221-226

[7] Aljancic I，Vajs V，Bulatovic V，et al. Parthenolide from aerial parts of *Tanacetum larvatum*. Biochem Syst Ecol，2001，29：655-657

[8] 陈智超，李秋柏，邵菁等. 小白菊内酯对多发性骨髓瘤细胞的生长抑制及其凋亡诱导作用. 中华医学杂志，2006，86(28)：1993-1996

[9] Sheehan M，Wong HR，Hakep W，et al. Parthenolide，an inhibitor of the nuclear factor-κ B pathway，ameliorates cardiovascular derangement and outcome in endotoxic shock in rodents. Mol Pharmacol，2002，91：953-963

[10] 车海彦，吴云锋，杨英等. 植物源病毒抑制剂 WCT-Ⅱ控制烟草花叶病毒(TMV)的作用机理初探. 西北农业学报，2004，13(4)：45-49

药用植物提取物抗烟草花叶病毒活性的研究*

沈建国，谢荔岩，吴祖建，谢联辉，林奇英

（福建农林大学生物农药与化学生物学教育部重点实验室，福建福州　350002；
福建农林大学植物病毒研究所，福建福州　350002）

摘　要：目的：研究我国传统药用植物抗烟草花叶病毒（*Tobacco mosaic virus*，TMV）的作用，为从植物中开发抗病毒类生物农药提供依据。方法：采用局部枯斑法和叶碟法对我国 78 科 162 种药用植物提取物的抗 TMV 侵染和增殖作用进行测定。结果在 10mg/mL 水平下，19 种植物提取物可有效抑制 TMV 侵染，9 种植物提取物有明显抑制 TMV 增殖作用。结论：大多数药用植物提取物具有一定抗 TMV 侵染活性，仅少数药用植物提取物有较好的抗 TMV 增殖作用。

关键词：药用植物；烟草花叶病毒；抗病毒活性

中图分类号：R282.2　**文献标识码**：A　**文章编号**：0253-2670（2006）02-0259-03

Antiviral effect of medicinal plant extracts on *Tobacco mosaic virus*

SHEN Jian-guo，XIE Li-yan，WU Zu-jian，XIE Lian-hui，LIN Qi-ying

（Key Laboratory of Biopesticide and Chemical Biology of Ministry of Education，
Fujian Agriculture and Forestry University，Fuzhou　350002；
Institute of Plant Virology，Fujian Agriculture and Forestry University，Fuzhou　350002）

Abstract：**Objective** To study antiviral activities of medicinal plant extracts against *Tobacco mosaic virus*（TMV）and provide basis for exploitation of bio-pesticides from plant resource. **Methods** Using local lesion and leaf discs assay，extracts from 162 medicinal plant species belonging to 78 families in China were screened for antiviral activity against TMV. **Results** At a concentration of 10mg/L，extracts of 19 plant species could effectively inhibit TMV infection；nine plant extracts significantly inhibited the multiplication of TMV in infected leaf discs. **Conclusion** Most of the plant extracts exhibits certain antiviral activity of inhibiting TMV infection，but only a few have inhibitory effect on TMV multiplication.

Key words：medicinal plant；*Tobacco mosaic virus*（TMV）；antiviral activity

植物病毒病有“植物癌症”之称，是农业生产上重要病害之一。由于植物病毒属绝对内寄生生物，自身无能量代谢系统，对寄主植物细胞具有高度依赖性，因而植物病毒病的防治一直是植物病害

中草药，2006，37（2）：259-261

收稿日期：2005-06-25

* 基金项目：福建省科技厅重点资助项目（99-Z-193）、福建省教育厅项目（K04037）

防治中的一大难题。为控制植物病毒病造成的危害，人们对其防治进行了许多有益的尝试。其中，植物源抗病毒剂的应用为病毒病的防治开创了一条新途径。自1925年Duggert等首次从商陆中发现抗植物病毒商陆蛋白PAP以来，国内外学者对植物中的抗病毒活性物质进行了广泛研究[1-4]。

以天然植物活性物质为有效成分的植物源抗病毒剂具有环境兼容性好、安全、开发成本低等优点，符合未来农药发展的趋势与要求，有较好的开发和应用前景。近年来，植物源抗病毒剂的研究已日益受到人们重视。为此，本实验以烟草花叶病毒（*Tobacco mosaic virus*，TMV）为对象，对我国常见药用植物的抗病毒活性进行了研究，以期为我国传统药用植物资源的充分利用和新型植物源生物农药的研究与开发积累数据。

1 材料与方法

1.1 供试植物

78科162种植物，除部分采自福建农林大学校园外，其余购自福建省医药公司，由福建农林大学生命科学院植物教研室何可鐕副教授鉴定。经50℃烘干后，粉碎，过40目筛，室温保存备用。

1.2 供试寄主

TMV枯斑寄主心叶烟（*Nicotiana glutinosa*），TMV系统侵染寄主普通烟（*Nicotiana tabacum*）K326，防虫温室内培育。

1.3 供试毒源

烟草花叶病毒（TMV）普通株系，由本所保存于普通烟K326上。

1.4 仪器和试剂

UV-1600紫外分光光度计（北京瑞利公司），高速、超速离心机（Beckman公司），酶标仪（Bio-Rad公司），福氏不完全佐剂、碱性磷酸酶标记羊抗兔IgG（Sigma公司）。

1.5 植物提取物的制备

称取各植物材料50g，5倍量95％乙醇回流提取3次，每次30min，合并3次提取液、滤过、减压浓缩至膏状，称重并用少量二甲亚砜（DMSO）溶解后配成10mg/mL的水溶液，置于4℃冰箱备用。

1.6 病毒提纯及抗血清制备

（1）病毒提纯：参照Gooding等的方法[5]，略加修改。典型症状病叶经差速离心、PEG沉淀及10％～40％蔗糖不连续密度梯度离心后提纯病毒。提纯的病毒经紫外扫描和电镜观察确定质量浓度及质量分数。

（2）抗血清制备：用提纯的病毒免疫注射家兔5次，每次注射间隔1周，最后一次注射后10d颈动脉采血，制备的抗血清用间接ELISA法[6]测定效价。

1.7 病毒质量浓度标准曲线的建立

将提纯的病毒稀释成8个不同质量浓度梯度，间接ELISA法测定405nm波长处吸光度值（Y），建立病毒质量浓度（X）标准曲线$Y=0.8895X+0.1384$，$r=0.9648$。

1.8 抑制侵染作用测定

采用局部枯斑法[7]。选择健康、生长旺盛的6～8叶期心叶烟，左半叶接种提取物与病毒等体积混合液（病毒接种终质量浓度为10μg/mL），右半叶接种蒸馏水（含少量DMSO）与病毒等体积混合液作对照，接种后用水冲洗。每处理接种4～5个叶片，重复3次，3d后统计枯斑数目，计算抑制率。

抑制率＝[（对照枯斑数－处理枯斑数）/对照枯斑]×100％

1.9 抑制增殖作用测定

采用叶碟法[2,7]。在生长健康的系统侵染寄主（普通烟K326）叶片上接种病毒一定时间后，用打孔器从叶肉部分（避开叶脉）打取直径为12mm的圆片，分别以漂浮于供试提取物溶液和蒸馏水（含少量DMSO）中作为处理和阳性对照，同时设置以健康叶圆片漂浮于蒸馏水（含少量DMSO）中作为阴性对照。48h后叶圆片以碳酸盐缓冲液按质量体积比为1∶20包被，间接ELISA法测定吸光度，然后根据病毒浓度标准曲线求出病毒质量浓度，并计算抑制率。

2 结果与分析

2.1 病毒提纯及抗血清制备

提纯病毒经紫外扫描，呈典型的TMV核蛋白吸收曲线（$A_{260}/A_{280}=1.20$），病毒质量浓度为

20mg/mL；提纯病毒负染后电镜下观察，病毒粒体形态呈杆状。间接 ELISA 法测定的自制 TMV 抗血清效价为 1∶10240。

2.2 具有抑制病毒侵染作用植物的筛选

以局部枯斑法，对 162 种植物提取物抗病毒侵染作用进行测定。结果表明，在10mg/mL 供试液下，绝大多数植物提取物具有一定的抑制病毒侵染作用，仅猫须草和柳树两种植物提取物表现为促进病毒侵染作用；抑制率在 50%以上的有 83 种（占供试药用植物总数 51.2%），其中抑制率达 95%以上的有 19 种（表 1）。

表 1　19 种抗病毒侵染作用较高的植物

植物名称	科名	供试部分
麻黄 *Ephedra sinica*	麻黄科	茎
荔枝 *Litchi chinensis*	无患子科	种子
莲 *Nelumbo nucifera*	睡莲科	叶
木瓜 *Chaenomeles speciosa*	蔷薇科	果实
山楂 *Crataegus pinnatifida*	蔷薇科	果实
羊蹄 *Rumex japonicus*	蓼科	根
夜交藤 *Polygonum ultiflorum*	蓼科	根
杠板归 *P. perfoliatum*	蓼科	茎叶
火炭母 *P. chinense*	蓼科	全株
辣蓼 *P. flaccidum*	蓼科	全株
榕树 *Ficus microcarpa*	桑科	叶
柿 *Diospyros kaki*	柿树科	叶
水蜈蚣 *Kyllinga brevfolia*	莎草科	全株
金石榴 *Osbeckia chinensis*	野牡丹科	全株
雷公藤 *Tryperygium wilfordii*	卫矛科	根
哥兰叶 *Celastrus gemmatus*	卫矛科	根
石韦根 *Pyrrosia lingua*	水龙骨科	根
杨梅 *Myrica rubra*	杨梅科	叶
鼠尾粟 *Sporobolus poiretii*	禾本科	全株

2.3 具有抑制病毒增殖作用植物的筛选

在健康的普通烟上接种病毒 6～8h 后，叶碟法测定各植物提取物对病毒增殖的抑制作用。结果表明，大部分植物提取物在 10mg/mL 下抗病毒增殖活性不强，仅有六角仙、藿香、柴胡、寒草、海州常山、龙葵、匍匐滨藜、雍菜、决明 9 种植物的提取物对病毒增殖具有明显抑制作用（表 2）。其中提取物对病毒增殖抑制率在 90%以上的植物有六角仙、藿香和柴胡 3 种。

3 讨论

植物中含有极其丰富的活性物质，据统计，全世界约 1/3 的药物来自植物，通过植物获取的药品工业产值占药品总产值的 50%[8]。除作为医药外，许多植物在农业上应用也十分广泛。从植物中寻找具有抗病、杀虫和除草等活性的先导化合物是当前生物农药研究领域的热点之一。本实验对我国不同科属的 162 种药用植物提取物抗烟草花叶病毒活性进行了研究，结果表明，大多数药用植物提取物对烟草花叶病毒具有不同程度的抑制作用，有的具有抑制病毒侵染作用，有的具有抑制病毒增殖作用，其中以抑制病毒侵染的居多。

抑制侵染和抑制增殖是抗病毒活性物质抑制病毒的两种主要作用方式。本研究结果发现，19 种抑制 TMV 侵染作用强的植物，抑制 TMV 增殖活性不高。而 9 种抗 TMV 增殖作用强的植物却无明显抑制 TMV 侵染活性，这表明植物的抗 TMV 活性往往可能以某一种作用方式为主，而不一定对病毒同时表现为多种抑制作用；在供试植物中，5 种蓼科植物均表现出很高的抗 TMV 侵染作用，其作用机制及其他蓼科植物抗病毒活性有待进一步探讨。由于在植物病毒病的防治中，具有抑制病毒增殖作用的药剂更有实际应用价值。因此，本实验筛选出的几种具有较高抗 TMV 增殖活性的药用植物，其抗病毒活性成分及作用机制值得进一步研究。

表 2　9 种植物提取物对 TMV 增殖的抑制效果

植物名称	科名	供试部分	抑制率/%
六角仙 *Rostelluaria procumbens*	爵床科	全株	91.92
藿香 *Agastache rugosus*	唇形科	茎叶	90.06
柴胡 *Bupleurum chinense*	伞形科	根	90.01
寒草 *Wahlenbergia marginata*	桔梗科	全株	83.5
海州常山 *Clerodendrum trichotomum*	马鞭草科	全株	81.48
龙葵 *Solanum nigrum*	茄科	茎叶	81.19
匍匐滨藜 *Atriplex repens*	藜科	全株	74.68
雍菜 *Ipomoea aquatica*	旋花科	茎叶	83.22
决明 *Cassia obtusifolia*	豆科	种子	81.81

植物源农药的开发利用可分为直接利用和间接利用两个方面。考虑到植物病毒病的特殊性，筛选到对病毒有效而对寄主无害的高选择性化合物有很大的难度。因而可考虑一方面在寻找具有抗病毒活性先导化合物的同时，另一方面对那些粗提物抗病毒活性高，但活性成分一时难以明确的植物单独直接利用或者开发成复方制剂加以应用。在田间，TMV 主要是通过病株汁液接触传播的，特别以人为因素造成的这种传播较为严重。本实验筛选出的

具有抗 TMV 生物活性的药用植物提取物不仅原材料来源广、而且提取方法简单，因此可尝试将其中稳定性好的某些提取物加工成一定剂型后直接作为保护剂来使用，如在移栽、打顶等农事操作前后分别喷施抗病毒侵染和增殖的提取物药液，可能对 TMV 侵染烟草起到较好的预防作用，但这尚需进一步试验加以验证。

近年来，已有多种中草药被报道具有较好的抗人体病毒作用。研究表明，某些防治人体病毒的中草药同时也具有一定的抗植物病毒作用，如商陆、大黄、板蓝根、紫草等[9]。在本实验中，麻黄、山楂、雷公藤、水蜈蚣、杨梅、藿香、柴胡 7 种抗人体病毒药用植物，也表现出明显的抗植物病毒作用，对 TMV 分别具有显著的抑制侵染或抑制增殖活性。目前已报道的抗植物病毒植物大多集中在商陆科、藜科、苋科和紫茉莉科[9]，从本实验结果来看，除上述几科植物外，其他科一些植物也具有较好的抗植物病毒作用，如蓼科、蔷薇科、卫矛科、爵床科植物等。因此，在进行抗植物病毒活性植物的筛选时，应扩大筛选对象范围，以发现抗病毒作用强的活性植物，为进一步从活性植物中寻找抗病毒活性化合物奠定基础。此外，在本实验筛选到的具有明显抑制 TMV 侵染或抑制 TMV 增殖的活性植物中，除雷公藤和辣蓼作为植物源杀虫剂研究较多外，其余活性植物在植物源农药上的应用还较少，有待进一步研究和开发。

参考文献

[1] Zhu SF, Qiu WF. A primary study of the therapeutic effects of some medicinal herb-extracts on the pepper mosaic caused by CMV. Acta Phytopathol Sin, 1989, 19(2): 123-127

[2] French CJ, Towers GHN. Inhibition of infectivity of *Potato virus X* by flavonoids. Phytochemistry, 1992, 31(9): 3017-3020

[3] Verma HN, Baranwal VK, Srivastava S. Antiviral substances of plant origin. Paul, Minnesota, New York: APS Press, 1998

[4] Patel AB, Pandey SM, Patel J, et al. Effect of phyto-extracts on *Urdbean leaf crinkle virus*. J Mycol Plant Pathol, 2001, 31(1): 98

[5] Gooding gvjr, Hebert TT. A simple technique for purification of *Tobacco mosaic virus* in large quantities. Phytopathology, 1967, 57(11): 1285

[6] Xie LH, Lin QY. Plant virology. Beijing: China Agriculture Press, 2004

[7] Chen NC. Bioassay technology of pesticides. Beijing: China Agricultural University Press, 1990

[8] Chen HF. Dictionary of plant active compound. Beijing: China Medico-Pharmaceutical Science and Technology Publishing House, 2000

[9] Du CM, Wu YH, Zhao XX, et al. Recent development in research of natural antiphytoviral substances. Acta Tabacaria Sin, 2004, 10(1): 34-40

杨梅叶提取物抗烟草花叶病毒活性及其化学成分初步研究*

沈建国，谢荔岩，翟梅枝，林奇英，谢联辉

（福建农林大学植物病毒研究所，福建福州 350002；
福建农林大学生物农药与化学生物学教育部重点实验室，福建福州 350002）

摘 要：以烟草花叶病毒（*Tobacco mosaic virus*，TMV）为供试病毒，对杨梅叶提取物抗病毒活性进行测定。结果表明：杨梅叶提取物具有较强的体外钝化和抗病毒侵染作用；通过系统预试和含量测定，初步确定杨梅叶提取物中主要含有黄酮和鞣质2类成分，两者含量分别在水和体积分数为70%的乙醇提取物中较高。

关键词：杨梅；抗病毒活性；黄酮；鞣质

中图分类号：S432.4+1 **文献标识码**：A **文章编号**：1006-7817（2004）04-0441-03

Antiviral activity and chemical compositions of extracts from *Myrica rubra*

SHEN Jian-guo，XIE Li-yan，ZHAI Mei-zhi，LIN Qi-ying，XIE Lian-hui

（Institute of Plant Virology，Fujian Agriculture and Forestry University，Fuzhou 350002；
Key Laboratory of Biopesieide and Chemical Biology，Ministry of Education，
Fujian Agriculture and Forestry University，Fuzhou 350002）

Abstract：Antiviral effect of extracts from *Myria rubra* on *Tobacco mosaic virus*（TMV）was investigated. The results were as follows：the extracts had strong antiviral activity of preventing the infection of virus；by pre-testing the compositions and examining the content，it was showed that the extracts from *M. rubra* mainly contain flavonoids and tannim，and the contents of them were higher in water and 70% ethanol extract（v/v）respectively.

Key words：*Myrica rubra*；antiviral activity；flavonoid；tannin

杨梅（*Myria rubra*）是杨梅科常绿植物，我国栽培面积和产量居世界首位[1]；主要分布于我国南方，其果实酸甜可口，营养丰富，具有行气活血、通关开窍和消肿解毒等功效。本文以杨梅叶为材料，对其提取物抗烟草花叶病毒（TMV）活性进行测定，并对其化学成分进行了初步研究，为今后杨梅资源的充分利用和植物源抗病毒剂的开发提供科学依据。

福建农林大学学报（自然科学版），2004，33（4）：441-443

收稿日期：2003-12-26 修回日期：2004-05-12

* 基金项目：福建省科技厅资助项目（98-Z-178）

1 材料与方法

1.1 试验材料

供试植物杨梅叶于2001年采自福建农林大学植物园。供试毒源为烟草花叶病毒（*Tobacco mosaic virus*，TMV）普通株系，由本所保存。供试寄主为TMV局部枯斑寄主心叶烟（*Nicotiana glutinosa*），系统侵染寄主普通烟（*Nicotiana tabacum*）K326。供试药剂中的有机溶剂均为AR级；碱性磷酸酶标记羊抗兔IgG为Sigma公司产品；芦丁标准品购自福建省药品检验所；单宁酸标准品（AR级）购自中国医药（集团）上海化学试剂公司。

1.2 试验方法

1.2.1 提取物制备

杨梅叶洗净、风干后放置于50℃恒温烘箱内烘干，用微型植物粉碎机粉碎，过40目筛。称取杨梅叶干粉5g，置于索氏抽提器内用石油醚抽提8h，脱脂，待残渣挥尽石油醚后，分别用5倍量甲醇、体积分数为70%的乙醇、95%乙醇和水回流提取3次，每次30min，合并3次提取液，过滤、减压浓缩至膏状，称重提取物，并用少量二甲亚砜（DMSO）溶解配成0.01g/mL的母液，置于4℃冰箱备用。

1.2.2 病毒提纯及抗血清制备

病毒的提纯参照文献［2］的方法。将提取的病毒对家兔免疫注射5次后，颈动脉采血，制备TMV抗血清。

1.2.3 体外钝化作用测定

采用混合法[3]。选择健康、生长旺盛的6～8叶期心叶烟，以左半叶接种提取物与病毒等体积混合；以右半叶接种空白溶剂与病毒等体积混合液作对照，接种后用水冲洗。每个处理接种4～5个叶片，重复3次，3d后统计枯斑数目，计算抑制率取体外钝化效果较好的溶剂提取物，设置混合后立即接种，混合后15min、30min和60min接种4个处理，测定其对病毒直接作用不同时间后的抑制活性。抑制率=[(对照枯斑数－处理枯斑数)/对照枯斑数]×100%。

1.2.4 抑制侵染作用测定

接种前将提取物用涂布法处理心叶烟左半叶，右半叶用空白溶剂处理，分别于1h、2h、6h和12h后用TMV接种整个叶片。每个处理接种4～5个叶片，重复3次，3d后统计枯斑数目，计算抑制率。

1.2.5 抑制增殖作用测定

①局部枯斑寄主法：在心叶烟上接种病毒1h、2h、6h和12h后，摘取接种过的叶片，以叶中脉为界，将叶片分成两半，一半浸渍在提取物溶液中，另一半浸渍在空白溶剂中（对照），25℃恒温保湿培养。每处理接种4～5个叶片，重复3次，3d后统计枯斑数目，计算抑制率。②叶圆片法[3]：在生长健康的系统侵染寄主（普通烟K326）叶片上接种病毒6h后，用打孔器从叶肉部分（避开叶脉）打取直径为12mm的圆片，漂浮于供试提取物溶液中，同时设置阴性和阳性对照，6次重复。48h后采用间接ELISA法检测病毒浓度。

1.2.6 杨梅叶提取物活性成分的初步分析

①样品试液的制备：称取杨梅叶干粉10g，分别用石油醚、水、甲醇、乙醇和酸性乙醇浸泡过夜，过滤，得各提取液。②系统预试：采用分项试管预试和圆形滤纸层析预试相结合的方法[4,5]。③黄酮和鞣质含量测定：黄酮和鞣质含量分别采用硝酸铝一亚硝酸钠和Folin—Denis法测定[6,7]。

2 结果与分析

2.1 抗病毒活性测定

2.1.1 对病毒（TMV）的体外钝化作用

一定含量的杨梅提取物与TMV等体积混合后10min，用半叶法测定其体外钝化效果（表1）。从表1可以看出，4种不同溶剂的提取物对TMV均具有较好的体外钝化作用，在供试质量浓度为0.001g/mL时，以体积分数为95%的乙醇提取物对TMV的钝化作用较高。从图1可以看出，95%乙醇提取物与病毒混合15min后，抑制效果最好，混合15～60min，抑制率无明显变化。

表1 不同提取物对TMV的钝化效果

提取溶剂	平均枯斑数				抑制率/%	
	Ⅰ	Ck1	Ⅱ	Ck2	Ⅰ	Ⅱ
甲醇	0	54.8	16.3	77.8	100.0	79.0
70%乙醇	0	62.6	20.0	75.8	100.0	73.6
95%乙醇	0	52.2	10.5	70.2	100.0	85.0
水	0	61.4	28.6	87.0	100.0	67.1

Ⅰ：提取物供试浓度为0.01g/mL；Ⅱ：提取物供试浓度为0.001g/mL

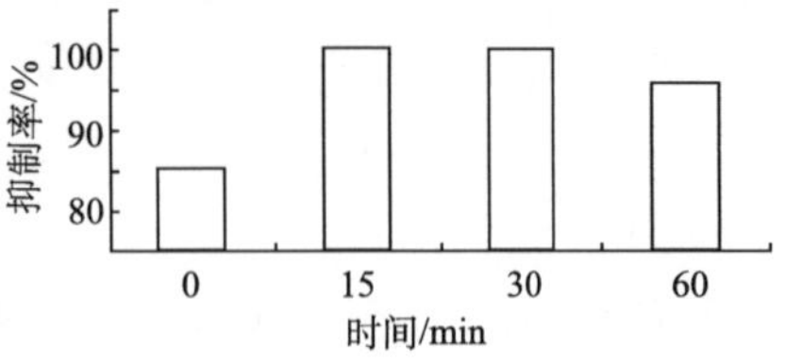

图 1 95%乙醇提取物（0.1g/mL）作用不同时间后的钝化效果

2.1.2 抑制病毒侵染作用

杨梅叶提取物抑制病毒侵染作用结果表明，在接种 2h 之前用体积分数为 95% 的乙醇提取物（0.01g/mL）处理，可完全控制病毒侵染。但随着时间的延长，抑制率逐渐降低，在接种 6～12h 前用提取物处理，与 2h 以前相比，抑制率降低 20% 以上（表 2）。

表 2 接种 TMV 前不同时间 95%（v/v）乙醇提取物（0.01g/mL）处理结果

时间/h	平均枯斑数		抑制率/%
	处理	对照	
1	0	21.4	100
2	0	14.2	100
6	4.3	19.5	77.9
12	3.3	12.5	73.6

2.1.3 抑制病毒增殖作用

局部病斑法测定结果表明，杨梅叶 95%乙醇提取物（0.01g/mL）对 TMV 在局部枯斑寄主体内的增殖无明显抑制作用（表 3）。仅在接种后 2h 内用提取物处理，抑制率达到 50%以上；当接种时间超过 6h 后用提取物处理，抑制率较低。从表 4 可以看出，杨梅叶 95%乙醇提取物对 TMV 在系统侵染寄主上的增殖也无明显抑制作用，提取物 0.01g/mL 与 0.005g/mL 2 个处理的 D_{405} 与阳性对照 D_{405} 的比值均接近 1。

表 3 局部病斑法测定结果

时间/h	平均枯斑数		抑制率/%
	处理	对照	
1	16.8	43.5	61.4
2	24.3	56.8	57.2
6	21.5	32.8	34.5
12	10.8	14.8	27.0

表 4 叶圆片法测定结果

处理	$\bar{D}_{405}$	$\bar{D}_{1(405)}/\bar{D}_{2(405)}$
Ⅰ	1.002	0.970
Ⅱ	1028	0.995
Ck（－）	0.108	0.105
Ck（＋）	1.033	1

$\bar{D}_{1(405)}$ 表示处理组平均光密度；$\bar{D}_{2(405)}$ 表示阳性对照组的平均光密度；Ⅰ表示 0.01g/mL 杨梅叶 95%乙醇提取物；Ⅱ表示杨梅叶 0.05g/L 杨梅叶 95%乙醇提取物

2.2 杨梅叶提取物活性成分的初步分析

对杨梅叶提取物的系统预试结果表明，杨梅叶中主要含有黄酮和鞣质 2 类成分（表 5）。以吸收度为纵坐标，含量为横坐标，对杨梅叶中 2 种主要成分建立的标准曲线：$Y=1.218X-0.0264$，$r=0.9993$（黄酮）；$Y=1.425X+0.0403$，$r=0.9980$（鞣质）。根据标准曲线，这 2 种主要成分含量测定的结果（表 6）表明，4 种不同溶剂提取物中，黄酮和鞣质含量分别在水和体积分数为 70%的乙醇提取物中较高。

表 5 黄酮和鞣质 2 类成分预试结果

成分	预试方法	结果
黄酮	盐酸-镁粉反应	红色
	三氯化铝显色	明显荧光
	浓氨水	明显荧光
鞣质	三氯化铁试验	墨绿色
	氯化钠明胶试验	浑浊、白色沉淀

表 6 2 种活性成分含量测定结果

提取溶剂	黄铜含量/(mg/g)	鞣质含量/(mg/g)
甲醇	4.28	31.35
70%乙醇	18.74	34.36
95%乙醇	13.08	30.08
水	20.32	13.80

3 讨论

目前农业上抗病毒药剂对病毒的作用方式主要有抑制病毒侵染、抑制病毒增殖和诱导作物产生抗性 3 种。本试验研究结果表明，杨梅叶提取物有明显的抗病毒（TMV）作用，不仅能较好地抑制病毒的侵染，而且对病毒在体外有很高的钝化作用。

从植物中寻找具有抗病毒作用的有效成分，是当前抗病毒药物研究领域中的一个重要方向。因此，若能将植物中抗病毒有效成分作为植物源农药进行植物病毒病的防治，则具有良好的开发和应用前景。为了能够有效地提取和分离杨梅叶中抗病毒成分，本实验对杨梅提取物中活性成分进行了初步研究，结果发现提取物中主要含有黄酮和鞣质两类成分。据报道，黄酮和鞣质类活性成分中有很多物质具有抗动物病毒和植物病毒的作用[8,9]，因而杨梅叶提取物抗病毒侵染有效成分可能主要与这两类成分有关。杨梅叶提取物抗病毒具体有效成分及其作用机理有待进一步研究。

参 考 文 献

[1] 李兴军，吕均良，李三玉. 中国杨梅研究进展. 四川农业大学学报，1999，17(2)：224-229

[2] Gooding GVJr，Hebert TT. A simple technique for purification of *Tobacco mosaic virus* in large quantities. Phytopathology，1967，57(11)：1285

[3] 深见顺一，上杉康彦，石冢皓造等. 农药实验法(杀菌剂篇). 李树正，王笃枝，焦书梅译. 北京：中国农业出版社，1991，93-84

[4] 上海药物研究所. 中草药有效成分的提取和分离. 上海：上海科学技术出版社，1976，9-20

[5] 肖崇厚. 中药化学. 上海：上海科学技术出版社，1999，431-436

[6] 谭仁祥. 植物成分分析. 北京：科学出版社，2002，604-605

[7] 董万超，宋润刚，李昌禹等. 山葡萄果单宁含量与酒质的关系. 食品科学，2002，13(3)：97-102

[8] French CJ，Towers GHN. Inhibition of infectivity of *Potato virus X* by flavonoids. Phytochemistry，1992，31(9)：3017-3020

[9] 石碧，狄莹. 植物多酚. 北京：科学出版社，2000，21

一种植物提取物对 CMV、PVY^N 及其昆虫介体的作用*

沈建国，谢荔岩，张正坤，谢联辉，林奇英

（福建农林大学生物农药与化学生物学教育部重点实验室，福建福州　350002；
福建农林大学植物病毒研究所，福建福州　350002）

摘　要：以植物 Pt 为材料，对其抗两种植物病毒——CMV（*Cucumber mosaic virus*，CMV）和 PVY^N（*Potato virus* Y^N，PVY^N）及其昆虫介体［蚜虫 *Myzus pesicae*（Suzer)］的作用进行研究。结果表明：①VT1 具有较高的抗病毒活性，1mg/mL 浓度下对 CMV 和 PVY^N 的抑制率分别为 91.6%和 96.2%；②VT1 对蚜虫有较强的触杀作用。24h 和 48h 的 LC_{50} 分别为 1.953mg/mL 和 0.8125mg/mL。生物活性跟踪发现，氯仿组分为植物 Pt 对蚜虫起触杀作用的有效部位；③VT1对蚜虫具有一定的忌避和内吸作用，但无明显熏蒸作用。

关键词：Pt；提取物；CMV；PVY^N；蚜虫

Effect of extracts from Pt on CMV, PVY^N and insect vector

SHEN Jian-guo, XIE Li-yan, ZHANG Zheng-kun, XIE Lian-hui, LIN Qi-ying

(Key Laboratory of Biopesticide and Chemical Biology, Ministry of Education,
Fujian Agriculture and Forestry University, Fuzhou　350002;
Institute of Plant Virology, Fujian Agriculture and Forestry University, Fuzhou　350002)

Abstract: The extracts of Pt were evaluated for biological activity against CMV (*Cucumber mosaic virus*), PVY^N (*Potato virus* Y^N) and *Myzus pesicae* (Suzer). The results were as follows: VT1 had high antiviral effect on CMV and PVY^N. The inhibition rate of VT1 (1mg/mL) for CMV and PVY^N was 91.6% and 96.2% respectively. VT1 showed strong contact action against *Myzus pesicae* (Suzer) and the LC_{50} value of 24h and 48h was 1.953mg/mL, 0.8125mg/mL respectively. The $CHCl_3$ fraction was found as the most active part for contact action against *Myzus pesicae* (Suzer). VT1 also exhibited repellency and systemic activity, but no obvious fumigation activity against *Myzus pesicae* (Suzer).

Key words: Pt; extract; *Cucumber mosaic virus* (CMV); *Potato virus* Y^N (PVY^N); *Myzus pesicae* (Suzer)

植物病毒病是农业生产上的一类重要病害，其危害程度仅次于真菌。目前已知的植物病毒种类有

中国农学通报，2005，21（5）：341-343，359
收稿日期：2004-12-10　修回日期：2005-01-14
* 基金项目：福建省教育厅项目（K04037），福建省科技厅重点项目（98-Z-178）

18个科76个属，近1000种病毒，几乎所有植物都会受到一种或数种病毒病的侵染[1]。为有效控制植物病毒病，抗病毒剂已成为近年来农药研究与开发的重点。其中，从植物中寻找抗植物病毒活性成分，开发植物源抗病毒剂正日益受到人们的重视[2-6]。

植物Pt是一种常用中草药，在中国大部分地区均有分布。笔者在对100多种药用植物抗病毒作用筛选中发现，植物Pt对烟草花叶病毒（*Tobacco mosaic virus*，TMV）具有很强的抑制作用。为进一步研究该植物对其他植物病毒及病毒传播介体的作用，笔者于2004年5～9月在福建农林大学植物病毒研究所，以植物Pt为材料，对其提取物抗CMV和PVY^N及其昆虫介体（蚜虫）的作用进行研究，以期为中国传统中草药在生物农药研制上的应用提供科学依据。

1 材料与方法

1.1 材料

供试植物：植物材料购自福建省医药公司，Pt为其简称。经鉴定后粉碎，过40目筛，室温保存备用。

供试毒源：黄瓜花叶病毒（*Cucumber mosaic virus*，CMV）、马铃薯Y病毒坏死株系（*Potato virus* Y^N，PVY^N）由福建农林大学植物病毒研究所保存。称取1g叶片，加10倍量0.01mol/L磷酸缓冲液（pH 7.0）充分研磨，离心后取上清作为接种液。

供试寄主：苋色藜（*Chenopodium amaranticolor*）为CMV和PVY^N局部枯斑寄主，防虫温室内培育。

供试昆虫：蚜虫［*Myzus pesicae*（Suzer）］采自福建农林大学植物病毒研究所所栽培的普通烟（*Nicotiana tabacum*）K326上，选择健康、虫龄相对一致的蚜虫作为供试昆虫。

1.2 方法

1.2.1 植物提取物制备

称取植物Pt干粉50g，用95%乙醇回流提取3次，每次30min，合并3次提取液、过滤、减压浓缩至膏状，得乙醇提取物（简称VT1）。另称取植物Pt干粉100g，按系统溶剂分离法[7]依次用石油醚、氯仿、乙酸乙酯、甲醇和水回流提取，分别得石油醚提取物、氯仿提取物、乙酸乙酯提取物、甲醇提取物和水提取物。将各提取物用少量二甲亚砜（DMSO）溶解后配成一定浓度的药液，供生物活性测定。

1.2.2 抗CMV、PVY^N作用

采用局部枯斑法[8]。选择健康的8～10叶苋色藜，左半叶接种提取物与病毒等体积混合液，右半叶接种清水与病毒等体积混合液作对照，接种后用水冲洗。每处理接种4～5个叶片，重复3次，7～10d后统计枯斑数目，计算抑制率。

抑制率=［（对照枯斑数－处理枯斑数）/对照枯斑数］×100%

1.2.3 触杀作用

采用浸玻片法[8]。将双面胶贴在载玻片的一端，选择健康的蚜虫用毛笔挑起并将其背部粘在双面胶上，恒温保湿培养4h后，用双目解剖镜检查，如有死亡个体则弃去，并重新粘上健康的蚜虫。将粘有蚜虫的玻片一端浸入药液中，轻轻摇动，5s后取出，吸去多余药液，然后放于瓷盘内（25±1)℃恒温保湿培养。于规定时间（24h，48h）在双目解剖镜下检查死亡数及存活数。试验以清水处理为对照，VT1设5mg/mL、2.5mg/mL、1.25mg/mL、0.625mg/mL、0.3125mg/mL 5个浓度，石油醚、氯仿、乙酸乙酯、甲醇和水五种溶剂提取物浓度设2.5mg/mL，每个浓度重复3次，每载玻片上粘蚜虫20头。死亡标准以毛笔轻触虫体，无任何反应即为死亡。

1.2.4 忌避作用

参照陆永跃等[9]方法。将叶碟（3cm×3cm）放入不同浓度的VT1溶液中浸泡5s后取出，用滤纸吸去多余药液，放入培养皿再接上健康的蚜虫，用保鲜膜密封皿口，(25±1)℃恒温保湿培养，每隔24h观察记录1次存活蚜虫数，停留在叶碟上的蚜虫数及死亡蚜虫数。试验以清水处理为对照，VT1设10mg/mL、0.5mg/mL、2.5mg/mL、1.25mg/mL、0.625mg/mL 5个浓度，每个浓度重复3次，每皿接蚜虫20头。

忌避作用控制指数=（停留于处理叶片上活虫量×对照总活虫量）/（停留于对照叶片上活虫量×处理总活虫量）。

1.2.5 内吸作用

采用叶柄法[10]。将普通烟K326叶片插入不同浓度VT1药液中培养48h后取出，剪取5cm×5cm的方形叶碟放入培养皿中，每皿接入健康蚜虫20头，密封后置于(25±1)℃下恒温保湿培养。试验以清水处理为对照，VT1设1mg/mL、0.5mg/mL、0.25mg/mL、0.125mg/mL、0.0625mg/mL 5个浓

度，每个浓度重复3次，48h后统计死亡率：以毛笔轻碰虫体，不动者为死亡。

1.2.6　熏蒸作用

在载玻片的中部贴上双面胶，并按1.2.3方法在其上粘蚜虫20头，放入100mL三角瓶内。向瓶底预先放置的圆形滤纸片（ϕ=1cm）上滴加不同浓度药液后立即密闭瓶口，置于（25±1)℃下，24h后检查试虫的死亡情况。试验以清水处理为对照，VT1设30mg/L、15mg/L、7.5mg/L、3.75mg/L、1.875mg/L 5个浓度，每个浓度重复3次。

2　结果与分析

2.1　抗病毒活性测定

VT1对两种植物病毒的抑制作用见表1。结果表明，VT1对CMV和PVY^N具有显著抑制作用，其中以对PVY^N的抑制作用较高。0.5mg/mL供试浓度时，VT1对两种病毒的抑制率分别为85.6%和89.1%；1mg/mL供试浓度时，抑制率分别为91.6%和96.2%（图1）。

表1　VT1对CMV和PVY^N的抑制作用

供试病毒	供试浓度/(mg/mL)	处理平均枯斑数	对照平均枯斑数	抑制率/%
CMV	1.0	6.5	77.5	91.6
	0.5	11.8	82.0	85.6
PVY^N	1.0	2.0	52.8	96.2
	0.5	5.5	50.3	89.1

A　　B

图1　VT1（1mg/mL）对两种病毒（CMV、PVY^N）的抑制作用

A. 对CMV的抑制作用　　B. 对PVP^N的抑制作用

左半叶：VT1处理；右半叶：无VT1处理　　左半叶：VT1处理；右半叶：无VT1处理

2.2　对蚜虫的触杀作用

用不同浓度VT1对蚜虫进行触杀作用测定，结果见表2。VT1对蚜虫具有较好的触杀作用，对蚜虫24h和48h的LC_{50}分别为1.953mg/mL和0.8125mg/mL。从图2可以看出，植物Pt的五种不同溶剂提取物对蚜虫的触杀毒力存在较大差异，其顺序依次为：氯仿提取物＞乙酸乙酯提取物＞甲醇提取物＞石油醚提取物＞水提取物，氯仿提取物触杀毒力作用最强，24h对蚜虫毒力回归方程为$Y=5.0056+1.7639X$（$r=0.9860$），LC_{50}为0.9919mg/mL；石油醚、乙酸乙酯、甲醇和水4种溶剂提取物对蚜虫的触杀作用相近，均显著低于氯仿提取物，处理24h后蚜虫死亡率最高不超过15%。

表2　不同浓度VT1的触杀作用

时间/h	毒力回归方程	相关系数	LC_{50}/(mg/mL)(95%置信区间)
24	$Y=4.4366+1.9382X$	0.9820	1.953(1.580～2.5516)
48	$Y=5.52665+2.9554X$	0.9446	0.8125(0.6412～0.9752)

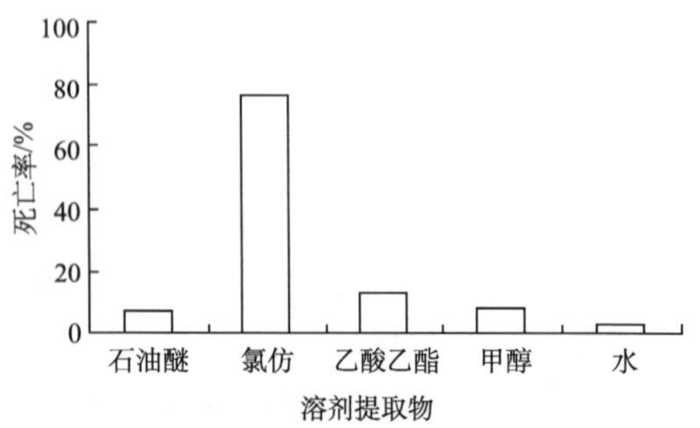

图2　不同溶剂提取物对蚜虫的触杀作用（24h）

2.3 对蚜虫的忌避作用

采用方形叶碟法测定VT1对蚜虫的忌避作用，结果见表3。VT1对蚜虫表现出一一定的忌避作用，VT1浓度越高，忌避作用越强。但随着时间的延长，不同浓度VT1的忌避作用均逐渐减弱。VT1在10mg/mL供试浓度下，24h和48h对蚜虫的忌避作用控制指数分别为0.226和0.338。

表3 不同浓度VT1的忌避作用

VT1浓度/(mg/mL)	忌避作用控制系数	
	24h	48h
10	0.226	0.338
5	0.468	0.655
2.5	0.517	0.755
1.25	0.621	0.806
0.625	0.798	0.872

2.4 对蚜虫的内吸作用

VT1对蚜虫的内吸作用测定结果表明（表4）。VT1在供试浓度下对蚜虫具有一定的内吸作用，且随着浓度的增加，效果逐渐增强。当VT1浓度为0.5mg/mL时，处理48h后蚜虫死亡率为31.67%；当VT1浓度为1mg/mL时，处理48h后蚜虫死亡率达60.0%。

表4 不同浓度VT1的内吸作用

VT1浓度/(mg/mL)	供试虫数/头	死亡数/头	死亡率/%
1	60	36	60.0^{a}
0.5	60	19	31.67^{b}
0.25	60	7	11.67^{c}
0.125	60	4	6.67^{d}
0.0625	60	2	3.33^{d}
CK	60	1	1.67^{d}

注：表中数据标有相同字母者，表示经方差分析（DMRT法）在0.05水平上无显著差异，下同

2.5 对蚜虫的熏蒸作用

熏蒸作用测定结果表明（表5），VT1对蚜虫无明显熏蒸作用。当VTl的浓度为15mg/L时，作用24h后蚜虫死亡率为23.33%；当浓度增加至30mg/mL时，作用24h后蚜虫死亡率也仅为25.0%。

表5 不同浓度VT1的熏蒸作用

VT1浓度/(mg/L)	供试虫数/头	死亡数/头	死亡率/%
30	60	15	25.0^{a}
15	60	14	23.33^{a}
7.5	60	6	10.0^{b}
3.75	60	5	8.33^{bc}
1.875	60	4	6.67^{bc}
CK	60	1	1.67^{c}

3 讨论

黄瓜花叶病毒（CMV）和马铃薯Y病毒（PVY^{N}）属两种不同类型的植物病毒。抗病毒测定结果表明，VT1对CMV和PVY^{N}两种病毒具有明显的抑制作用，VT1与这两种病毒直接混合时，对它们表现出较强的体外钝化作用，有关VT1抗病毒活性成分及具体作用机制有待进一步研究。

在自然条件下，植物病毒病害主要是通过昆虫、螨类、土壤线虫和土壤菌类等介体进行传播。因此，为了防止或减轻病毒危害，早期消灭传毒介体，将在生产中发挥重要作用。植物病毒的传播介体中最重要的是昆虫，其中又以蚜虫最为重要。蚜虫是CMV和PVY的有效传播介体，其数量的减少将大大降低这两种植物病毒被传播的几率。杀虫试验结果表明，VT1对蚜虫不仅具有较强的触杀作用，同时还有一定的忌避和内吸作用。生物活性跟踪发现，植物Pt对蚜虫起触杀作用的有效部位是氯仿组分（即氯仿提取物），表明其触杀活性成分可能主要存于脂溶性部位。但有关这一组分的杀虫作用机理、有效成分以及对其他昆虫介体的作用有待进一步探讨。

植物Pt作为中国一种传统中草药，不仅具有直接的抗植物病毒活性，而且对病毒传播介体也有一定的防治作用。因此，植物Pt对植物病毒病的综合防治具有重要意义。

参考文献

[1] 范在丰，李怀方. 植物病毒的分类与命名现状. 植物病理学报，2003，33(2)：112-115

[2] Sadasivam S，Rajamaheswari S，Jeyarajan R. Inhibition of certain plant viruses by plant extracts. Journal of Ecobiology，1991，3(1)：53-57

[3] Verma HN，Baranwal VK，Srivastava S. Antiviral substances of plant origin. *In*：Hadidi A，Khetarpal RK，Koganezawa H. Plant virus disease control. Paul，Minnesota：APS Press，

USA，1998，154-162

[4] 侯玉霞，李重九，马立新等. 中草药中抗病毒 TMV 活性物质 PZ1 作用机理研究. 中国农业大学学报，2000，5(1)：21-24

[5] 姚宇澄，安天英，高俊等. 牛心朴子草植物农药的化学成分与生物活性研究. 有机化学，2001，21(11)：1024-1028

[6] 刘国坤，谢联辉，林奇英等. 15 种植物的单宁提取物对烟草花叶病毒(TMV)的抑制作用. 植物病理学报，2003，33(3)：279-283

[7] 肖崇厚. 中药化学. 上海：上海科学技术出版社，1996，19

[8] 陈年春. 农药生物测定技术. 北京：北京农业大学出版社，1990，68-69，194-196

[9] 陆永跃，梁广文，梁剑浩. 机油乳剂对香蕉交脉蚜的控制作用研究，2001，27(3)：38-40

[10] 曹挥，李友莲，张慧荣等. 冰草提取物对桃蚜的杀虫活性及对体内两种酶活性的影响. 山西农业大学学报(自然科学版)，2002，22(4)：291-294

臭椿抗烟草花叶病毒活性物质的提取及其初步分离*

沈建国，张正坤，吴祖建，谢联辉，林奇英

（福建农林大学植物病毒研究所，福建福州 350002；
福建农林大学生物农药与化学生物学教育部重点实验室，福建福州 350002）

摘　要：以烟草花叶病毒为供试病毒，采用生物活性跟踪的方法对臭椿抗病毒活性物质进行了提取与初步分离。结果表明，臭椿乙醇提取物、甲醇提取物和丙酮提取物均有较好的抗烟草花叶病毒作用；通过系统溶剂提取、硅胶柱层析分离和活性筛选，从臭椿乙醇提取物的氯仿极性部位获得两个抗烟草花叶病毒活性组分 Fr3 与 Fr6；经硅胶柱层析进一步分离，氯仿/甲醇梯度洗脱，得到 4 种相对较纯的活性成分 C1、C2、C3、C4。生测结果显示，4 种活性成分对烟草花叶病毒具有一定程度的抑制作用，但效果均低于原乙醇提取物，在活体条件下对烟草花叶病毒系统侵染的防治作用不明显。

关键词：臭椿；烟草花叶病毒；抗病毒活性

中图分类号：S432.41；Q946.887　**文献标识码**：A　**文章编号**：1005-9261（2007）04-0348-05

Extraction and preliminary isolation of antiviral substances from *Ailanthus altissima* against TMV

SHEN Jian-guo，ZHANG Zheng-kun，WU Zu-jian，XIE Lian-hui，LIN Qi-ying

(Institute of Plant Virology，Fujian Agriculture and Forestry University，Fuzhou 350002；
Key Laboratory of Biopesieide and Chemical Biology of Ministry of Education，
Fujian Agriculture and Forestry University，Fuzhou 350002)

Abstract：To search for antiviral compounds from *Ailanthus altissima*，we were extracted and preliminarily isolated antiviral substances from *Ailanthus altissima* against TMV using bioassay-guided fractionation. The results indicated that ethanol，methanol and acetone extracts from *Ailanthus altissima* expressed a high inhibitory activity against TMV. The ethanol extract was partioned with systemic solvent and isolated on silica gel column chromatography in a bioassay-guided fractionation. Two active fractions (Fr3 and Fr6) were obtained from chloroform fraction of ethanolic extract. Fr3 and Fr6 were further chromatographed on a silica gel column，eluted with $CHCl_3$/MeOH solvent system to afford four active constituents (C1-C4) . The bioassay showed that antiviral effect of these constituents was not as strong as that of the ethanol extract，

中国生物防治，2005，23（4）：348-352

收稿日期：2006-12-06

* 基金项目：福建省教育厅项目（K04037）、福建省科技厅重点资助项目（99-Z-193）

and the inhibition of them on systemic infection by TMV was low.

Key words: *Ailanthus altissima*; *Tobacco mosaic virus* (TMV); antiviral activity

臭椿［*Ailanthus altissima*（Mill.）Swingle］作为我国传统药用植物，近年来在医学方面研究较多[1]，但有关其在农业上应用的研究还相对较少。曹兵等[2,3]研究发现，臭椿嫩枝叶水浸提取物对光肩星天牛（*Anoplophora glabripennis*）成虫的产卵、孵化有显著抑制作用，而其乙醚提取物不仅对光肩星天牛成虫取食、交尾、产卵等行为有很强的抑制作用，而且还有明显的驱避作用。吕建华等[4]研究表明，臭椿皮乙醚提取物对锯谷盗（*Oryzaephilus surinamensis*）成虫具有较强的驱避、熏蒸和种群抑制作用。关于臭椿的抗植物病毒作用，前人初步报道了其新鲜组织提取液对番茄花叶病毒的体外抑制作用[5]，但未进行深入研究。迄今为止，有关臭椿抗植物病毒活性物质的研究还未见报道。

从天然植物中寻找具有农药生物活性的次生代谢物质，对于新型植物源农药的开发和先导化合物的发现具有重要意义[6,7]。为此，本研究在课题组前期工作基础上，以生物活性跟踪为指导，对臭椿抗 TMV 活性物质进行了提取与分离，旨在为植物源抗病毒类生物农药的研制和臭椿的综合利用提供依据，并为臭椿抗植物病毒活性成分的进一步分离纯化和结构鉴定奠定基础。

1　材料与方法

1.1　供试病毒毒株和植物

臭椿根皮购自福建省医药公司，经鉴定后50℃烘干，粉碎、过 40 目筛。供试病毒为烟草花叶病毒（*Tobacco mosaic virus*，TMV）普通株系，由福建农林大学植物病毒研究所保存，心叶烟单斑分离后，繁殖于系统侵染寄主普通烟上，取叶片粗提液经差速离心、PEG 沉淀及 10%～40%蔗糖不连续密度梯度离心提纯；供试 TMV 局部枯斑寄主为心叶烟（*Nicotiana glutinosa*），TMV 系统侵染寄主为普通烟（*Nicotiana tabacum*）K326 品系，均在防虫温室内培育；ELISA 检测所用 TMV 抗血清由提纯的 TMV 免疫家兔获得（效价为 1∶10240），碱性磷酸酶标羊抗兔 IgG 为 Sigma 公司产品。

1.2　臭椿提取物的制备

称取臭椿根皮干粉适量，分别用 5 倍体积（质量浓度）95%乙醇、甲醇和丙酮回流提取 3 次，合并 3 次提取液，用旋转蒸发仪减压浓缩至膏状，得臭椿乙醇提取物、甲醇提取物和丙酮提取物，称重后 4℃保存备用。

1.3　抗病毒生物活性测定

1.3.1　抗 TMV 侵染作用

采用局部枯斑法[8]。将待测样品用少量二甲亚砜溶解后，配成一定浓度溶液。选择健康、生长旺盛的 6～8 叶期心叶烟，左半叶接种待测样品与病毒等体积混合液（病毒接种终浓度为 10μg/mL），右半叶接种空白溶剂与病毒等体积混合液作对照，接种后用水冲洗，置防虫温室内，3d 后统计枯斑数目，计算抑制率。

1.3.2　抗 TMV 增殖作用

采用叶碟法[8,9]。在生长健康的系统侵染寄主普通烟 K326 叶片上接种病毒 6h 后，用打孔器从叶肉部分（避开大叶脉）打取直径为 12mm 的圆片，分别以漂浮于供试提取物溶液和空白溶剂中作为处理和阳性对照，同时设置以健康叶圆片漂浮于空白溶剂中作为阴性对照，48h 后叶圆片以 1∶20（质量浓度）的碳酸盐缓冲液包被，间接 ELISA 法测定病毒含量[10]，计算抑制率。

1.3.3　温室盆栽试验

选取 5～6 叶期生长健康的普通烟 K326，分别于接种前 12h、接种后 24h 各喷施药液 1 次，同时以接种病毒而只喷清水和不接种病毒的烟草作为对照 1 和对照 2。病毒接种采用常规汁液摩擦接种方法，接种后 20d 观察、取样，进行间接 ELISA 检测。

1.4　臭椿抗 TMV 活性物质的提取及初步分离

以 95%乙醇回流提取臭椿根皮干粉（2.5kg）3 次，减压回收溶剂后，称取 300g 臭椿乙醇提取物，与适量硅胶（100～200 目）拌匀，经烘干（45℃）、粉碎后置于索氏提取器中，依次用石油醚（60～90℃）、氯仿、乙酸乙酯和甲醇回流提取至洗脱液近无色，各提取液减压回收溶剂至膏状。生物活性跟踪发现，氯仿极性部位抗病毒活性最强，继续对其进行分离。取 5g 氯仿浸膏用少量氯仿溶解，与适量硅胶充分吸附后上硅胶柱（柱高 60cm，柱径 6cm）进行吸附柱层析。采用湿法上柱，洗脱溶剂选用氯仿/甲醇系统（100∶0～0∶100）梯度洗脱，每 200mL 收集 1 份，各流分经薄层层析（TLC）检查后合并相同组分，并进行生物活性测定，对活性强的组分继续用硅胶柱层析（柱高 80cm，柱径 3cm）分离，所得流份经 TLC 检查合并后跟踪活性。在整个分离过程中，以测定各样品抗 TMV 增殖作用作为生物活性跟踪方法。

2　结果与分析

2.1　臭椿不同溶剂提取物的抗 TMV 活性

结果（表 1）可看出，臭椿的乙醇、甲醇提取物抗 TMV 侵染活性较高，枯斑抑制率分别为 83.73%和 84.87%，丙酮提取物次之，枯斑抑制率为 77.03%；臭椿 3 种溶剂提取物抗 TMV 增殖活性以乙醇提取物最强，其次为甲醇提取物和丙酮提取物。综合考虑抗 TMV 活性和溶剂安全因素，确定 95%乙醇为臭椿抗 TMV 活性物质的提取溶剂。

表 1　臭椿不同溶剂提取物的抗 TMV 活性

处理	浓度/(mg/mL)	抑制率/%	
		侵染	增殖
乙醇提取物	0.5	83.73a	82.97a
甲醇提取物	0.5	84.87a	79.23b
丙酮提取物	0.5	77.03b	69.40c

注：表中数据标有相同字母者，表示经方差分析（DMRT 法）在 0.05 水平上无显著差异，下同

2.2　臭椿乙醇提取物不同极性部位的抗 TMV 活性

将臭椿乙醇提取物用适量硅胶拌匀后，依次用石油醚、氯仿、乙酸乙酯和甲醇索氏提取，得到极性由小到大的 4 个部位。生物活性跟踪发现，氯仿极性部位、乙酸乙酯极性部位、甲醇极性部位对 TMV 均有抑制作用，其中以氯仿极性部位抗病毒活性最强（图 1），而石油醚极性部位则基本无活性，表明臭椿抗 TMV 活性物质可能主要存在于氯仿极性部位。

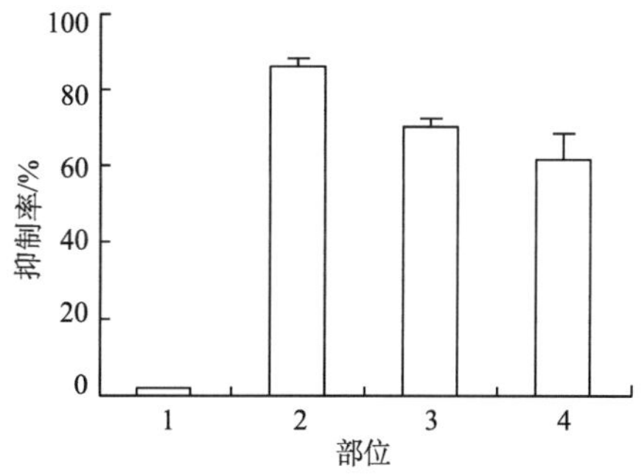

图 1　臭椿乙醇提取物不同极性部位的抗 TMV 活性
1. 石油醚；2. 氯仿；3. 乙酸乙酯；4. 甲醇

2.3　臭椿抗 TMV 活性物质的分离

通过硅胶柱层析对臭椿乙醇提取物抗 TMV 活性部位（氯仿极性部位）进行分离，氯仿/甲醇梯度洗脱，TLC 检查合并相同组分，共得到 9 个组分 Fr1～Fr9，各组分（供试浓度为 0.5mg/mL）活性跟踪结果见图 2。由图 2 可知，不同组分间抗病毒活性存在较大差异，其中第 3 组分（Fr3）和第 6 组分（Fr6）的抗病毒活性相近，均显著高于其他组分。为寻找抗病毒活性化合物，在生物活性跟踪指导下，对 Fr3、Fr6 两个活性组分用硅胶柱层析继续分离，以不同比例氯仿/甲醇梯度洗脱，最后得到 4 种相对较纯的活性成分（C1～C4），即从 Fr3 组分中分离纯化获得 C1（针状结晶）、C2（针状结晶）和 C3（颗粒状结晶），从 Fr6 组分分离纯化获得获得 C4（颗粒状结晶）。

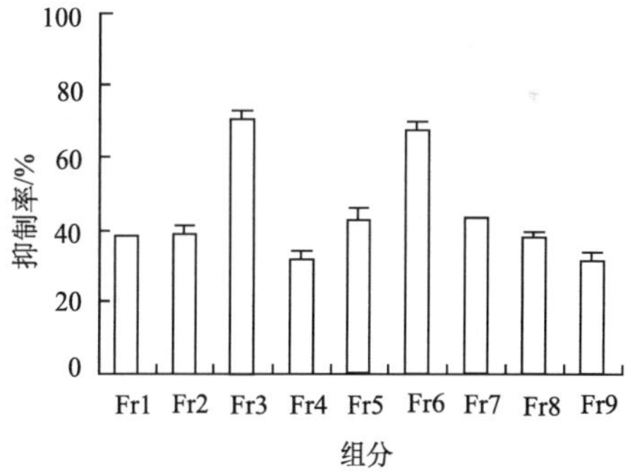

图 2　氯仿极性部位柱层析分离各组分的抗 TMV 活性

生测结果表明（表 2），在 0.5mg/mL 供试浓度下，4 种活性成分对 TMV 侵染和增殖具有一定程度的抑制作用，但抑制效果均低于原乙醇提取物。

表 2　四种活性成分的抗 TMV 活性

活性成分	浓度/(mg/mL)	抑制率/%	
		侵染	增殖
C1	0.5	31.5ab	48.7a
C2	0.5	24.5b	34.2b
C3	0.5	21.9b	32.3b
C4	0.5	49.9a	46.5a

2.4 活性成分对 TMV 系统侵染的防治作用

采用盆栽试验方法对 4 种活性成分（0.2mg/mL）防治 TMV 系统侵染作用进行了测定。结果（表 3）发现，4 种活性成分在活体条件下对 TMV 系统侵染的抑制作用不明显，接种后 20d，从各药液处理的普通烟中都检出病毒，且各处理 OD_{405} 与对照 1 相近，其比值均大于 0.9。

表 3 四种活性成分对 TMV 系统侵染的防治作用

处理	OD_{405}	处理 OD_{405}/对照 1 OD_{405}
C1	0.7206	0.9117
C2	0.7518	0.9512
C3	0.7342	0.9289
C4	0.7154	0.9051
对照 1	0.7904	
对照 2	0.1012	

3 讨论

天然产物抑制剂的开发和利用为研制抗病毒剂开辟了一条崭新的途径[11]。以植物中抗病毒活性物质为有效成分的植物源抗病毒剂，具有环境兼容性好、安全和开发成本低等优点，近年来已成为生物农药研究领域的热点之一。我们在抗病毒药用植物筛选过程中发现，苦木科植物臭椿具有显著的抗 TMV 生物活性。本研究在此基础上，以生物活性跟踪为指导，对臭椿抗 TMV 活性物质进行了提取及初步分离。结果表明，臭椿乙醇提取物、甲醇提取物和丙酮提取物，无论是对 TMV 侵染局部枯斑寄主，还是对 TMV 在系统侵染寄主内的增殖，均具有较强的抑制作用；臭椿乙醇提取物的 4 个不同极性部位中，以氯仿极性部位抗 TMV 作用最强，通过硅胶柱层析分离，从该部位获得两个活性组分和四种相对较纯的活性成分。

林存銮和裘维蕃[5]报道，臭椿新鲜组织水提液对番茄花叶病毒具有较强的体外抑制效果。本研究结果进一步表明，臭椿的抗植物病毒作用明显，不仅具有很强的体外抑制病毒侵染作用，同时还有较高的抗病毒增殖活性，由此推测，臭椿在植物病毒病防治方面可能具有潜在的应用前景。在本研究中，我们发现随着对臭椿乙醇提取物抗 TMV 活性物质的逐步分离，得到的组分抗病毒活性逐渐下降，最后获得的 4 种活性成分，对 TMV 虽有一定程度的抑制作用，但抑制效果均明显不及原乙醇提取物。分析其原因可能主要有：①臭椿乙醇提取物为粗提物，其化学成分复杂，不同的化学成分之间可能存在某种协同效应，因而抗病毒活性高；而活性成分在独自发挥作用时，则抗病毒效果不明显；②在活性跟踪过程中，活性成分经柱层析后有可能分散到几个洗脱组分中，而不是集中在某一个组分，使其有效含量降低，或活性成分含量本身就不高，导致抗病毒强的活性成分未分离出来或者发生丢失。臭椿的抗 TMV 活性成分，还有待进一步分离纯化和结构鉴定。据报道，臭椿的主要化学成分为苦木素类化合物，这些化合物具有杀虫、除草、抗菌、抗癌及抗动物病毒等多种生物活性[12-17]，但臭椿的抗 TMV 作用是否与该类化合物有关，尚需进一步研究加以证实。本研究结果为臭椿中抗植物病毒有效成分的进一步研究及其在植物源抗病毒剂上的开发利用提供了理论基础和科学依据。

参考文献

[1] 吕金顺，熊波，郭迈等. 臭椿中新苦木苦素的结构鉴定. 中山大学学报，2002，41(3)：37-40

[2] 曹兵，宋丽华，徐锡增. 臭椿内含物对光肩星天牛取食、产卵的抑制作用. 南京林业大学学报(自然科学版)，2004，28(5)：15-18

[3] 曹兵，李治中，姬学龙等. 臭椿提取物对光肩星天牛的驱避作用. 南京林业大学学报(自然科学版)，2004，28(1)：47-49

[4] 吕建华，鲁玉杰，谭永斌等. 3 种植物提取物对锯谷盗的控制作用. 河南工业大学学报(自然科学版)，2006，27(3)：17-20

[5] 林存銮，裘维蕃. 一些植物抽提液对番茄花叶病毒(ToMV-T)病的治疗作用. 植物保护学报，1987，14(4)：217-220

[6] 操海群，岳永德，彭镇华等. 毛竹提取物的抑菌活性及其有效成分的初步分离. 植物病理学报，2005，35(5)：428-433

[7] 张兴，杨崇珍，王兴林. 西北地区杀虫植物的筛选. 西北农业大学学报，1999，27(2)：21-27

[8] 陈年春. 农药生物测定技术. 北京：北京农业大学出版社，1990

[9] French CJ, Towers GHN. Inhibition of infectivity of *Potato virus* X by flavonoids. Phytochemistry, 1992, 31(9): 3017-3020

[10] 谢联辉，林奇英. 植物病毒学. 北京：中国农业出版社，2004

[11] 王利国，马祁. 天然产物对植物病毒的抑制作用. 中国生物防治，2000，16(3)：127-130

[12] Tsao R, Romanchuk FE, Peterson CJ, et al. Plant growth regulatory effect and insecticidal activity of the extracts of the tree of heaven (*Ailanthus altissima* L.). BMC Ecol, 2002, 2: 1-8

[13] Heisey RM. Identification of an allelopathic compound from *Ailanthus altissima* and characterization of its herbicidal activity. Amer J Bot, 1996, 83(2): 192-200

[14] Rahman S, Fukamiya N, Okano M, et al. Anti-tuberculosis activity of quassinoids. Chem Pharm Bull, 1997, 45(9): 1527-1529

[15] Rahman S, Fukamiya N, Ohno N, et al. Inhibitory effects of quassinoid derivatives on epstein-barr virus early antigen activation. Chem Pharm Bull, 1997, 45(4): 675-677

[16] Tamura S, Fukamiya N, Okano M, et al. Three new quassinoids, ailantinol E, F, and G, from *Ailanthus altissima*. Chem Pharm Bull, 2003, 51(4): 385-389

[17] Okano M, Fukamiya N, Tagahara K, et al. Anit-HIV activity of quassinoids. Bioorg Med Chem Lett, 1996, 6(6): 701-706

臭椿和鸦胆子抗烟草花叶病毒作用研究*

沈建国，张正坤，吴祖建，谢联辉，林奇英

（福建农林大学植物病毒研究所，福建福州　350002；
福建农林大学生物农药与化学生物学教育部重点实验室，福建福州　350002）

摘　要：目的： 研究臭椿和鸦胆子的抗植物病毒作用。**方法：** 以烟草花叶病毒（*Tobacco mosaic virus*，TMV）为供试病毒，采用局部枯斑法测定2种药用植物提取物对TMV侵染的抑制作用；叶碟法研究2种药用植物提取物的抗TMV增殖作用，并通过盆栽试验，测定2种药用植物提取物对烟草花叶病的防治作用。**结果：** 臭椿和鸦胆子提取物不仅能有效抑制TMV侵染，而且对TMV的增殖也有明显抑制作用，并对烟草花叶病具有较好的防治效果。**结论：** 臭椿和鸦胆子抗烟草花叶病毒作用显著，在抗植物病毒方面具有进一步研究和开发价值。

关键词： 臭椿；鸦胆子；烟草花叶病毒；抗病毒

中图分类号： S567　**文献标识码：** A　**文章编号：** 1001-5302（2007）01-0027-03

Antiviral effect of *Ailanthus altissima* and *Brucea javanica* on *Tobacco mosaic virus*

SHEN Jian-guo，ZHANG Zheng-kun，WU Zu-jian，XIE Lian-hui，LIN Qi-ying

（Institute of Plant Virology，Fujian Agriculture and Forestry University，Fuzhou　350002；
Key Laboratory of Biopesieide and Chemical Biology of Ministry of Education，
Fujian Agriculture and Forestry University，Fuzhou　350002）

Abstract：**Objective**：To study antiviral effect of two medicinal plant，i. e. *Ailanthus altissima* and *Brucea javanica* on *Tobacco mosaic virus*. **Method**：Using local lesion and leaf discs assay，extracts from *A. altissima* and *B. javanica* were evaluated for antiviral activity against TMV infection and replication，respectively. The therapeutic effect of two extracts on tobacco mosaic disease was also determinated by pottests. **Result**：*A. altissima* and *B. javanica* could not only inhibit TMV infection effectively，but also had a high inhibitory activity against TMV replication. The experimental results in greenhouse indicated that *A. altissima* and *B. javanica* had some certain therapeutic effect on tobacco mosaic disease caused by TMV. **Conclusion**：As showing strong inhibition of TMV，*A. altissima* and *B. javanica* have a potential value for research and development on antiviral activity against plant virus.

中国中药杂志，2007，32（1）：27-29

收稿日期：2006-03-22

*　基金项目：福建省教育厅项目（K04037）、福建省科技厅重点资助项目（99-Z-193）

Key words: *Ailanthus altissima*; *Brucea javanica*; *Tobacco mosaic virus* (TMV); antiviral activity

臭椿［*Ailanthus altissima*（Mill.）Swingle］和鸦胆子［*Brucea javanica*（L.）Merr.］分别为苦木科臭椿属和鸦胆子属药用植物，是我国民间常用中草药，具有清热、解毒、燥湿、杀虫等功效[1,2]。近年来，臭椿和鸦胆子的研究主要集中在抗肿瘤方面[2,3]，有关2种药用植物抗植物病毒作用的研究报道甚少。作者在对我国100多种药用植物提取物抗植物病毒作用系统筛选中发现，臭椿和鸦胆子具有较强的抗病毒活性。为进一步明确2种药用植物的抗植物病毒作用，本试验以烟草花叶病毒（TMV）作为供试病毒，对臭椿和鸦胆子提取物的抗病毒作用进行研究。

1 材料与方法

1.1 仪器、试剂及药材

高速、超速离心机（Beckman公司）；RE52A旋转蒸发仪（上海亚荣生化仪器厂）；酶标仪（Bio-rad公司）；碱性磷酸酶标羊抗兔IgG（Sigma公司）；TMV抗血清（提纯TMV免疫家兔获得，效价为1∶10 240）；95%乙醇（分析纯）；二甲基亚砜（分析纯）。臭椿、鸦胆子购自福建省医药公司，由福建农林大学生命科学院何可鐠副教授鉴定。

1.2 供试毒源和供试寄主

供试毒源：烟草花叶病毒（TMV）普通株系，由福建农林大学植物病毒研究所保存。心叶烟单斑分离后，繁殖于普通烟K326上，经差速离心、PEG沉淀及10%～40%蔗糖不连续密度梯度离心后提纯备用；供试寄主：TMV局部枯斑寄主心叶烟（*Nicotiana glutinosa*），TMV系统侵染寄主普通烟（*N. tabacum*）K326，防虫温室内培育。

1.3 植物提取物的制备

称取臭椿根皮、鸦胆子种子粗粉适量，95%乙醇回流提取3次，合并3次提取液，过滤，减压浓缩至膏状，分别得臭椿提取物和鸦胆子提取物，4℃保存。

1.4 抑制侵染作用测定

采用局部枯斑法[4]。选择健康、生长旺盛的6～8叶期心叶烟，左半叶接种提取物与病毒等体积混合液（病毒接种终浓度为10μg/mL），右半叶接种蒸馏水（含少量二甲基亚砜）与病毒等体积混合液作对照，接种后用水冲洗。每处理接种4～5个叶片，重复3次，3d后统计枯斑数目，计算抑制率。臭椿、鸦胆子提取物使用前分别用少量二甲基亚砜溶解后配成一定浓度溶液。

抑制率=[(对照枯斑数－处理枯斑数)/对照枯斑数]×100%

1.5 抑制增殖作用测定

采用叶碟法[4,5]。在健康的普通烟K326叶片上接种病毒一定时间后，用打孔器从叶肉部分（避开大叶脉）打取直径为12mm的圆片，分别以漂浮于供试提取物溶液和蒸馏水（含少量二甲基亚砜）中作为处理和阳性对照，同时设置以健康叶圆片漂浮于蒸馏水（含少量二甲基亚砜）中作为阴性对照。48h后叶圆片以1∶20的碳酸盐缓冲液包被，间接ELISA法[6]测定A_{405}，计算抑制率。臭椿、鸦胆子提取物使用前分别用少量二甲基亚砜溶解后配成一定浓度溶液。

抑制率=[(阳性对照病毒浓度—处理病毒浓度)/阳性对照病毒浓度]×100%

不同质量浓度提取物抑制病毒增殖作用测定：在普通烟K326上接种病毒24h后，分别以1mg/mL、0.5mg/mL、0.25mg/mL、0.125mg/mL、0.0625mg/mL 5个质量浓度提取物处理，以叶碟法进行生物测定。接种病毒不同时间后提取物抑制病毒增殖作用测定：在普通烟K326上接种病毒12h、24h、36h、48h后，分别用2种提取物处理，以叶碟法进行生物测定。臭椿、鸦胆子提取物质量浓度设为0.5mg/mL。

1.6 盆栽试验

参照姚宇澄等[7]方法测定臭椿、鸦胆子提取物对烟草花叶病的防效，试验在防虫温室内进行。选取5～6叶期健康、生长一致的普通烟K326，分别于接种前第6天、第1天和接种后第2天、第6天喷施提取物溶液，同时以不接种病毒和接种病毒而只喷清水的烟草作为阴性和阳性对照，每处理5株，重复3次。最后一次喷药后20d取样，取样部位为接种叶上第3叶。臭椿、鸦胆子提取物质量浓度设为0.1mg/mL。

2 结果与分析

2.1 抑制 TMV 侵染作用

不同质量浓度臭椿、鸦胆子提取物对 TMV 侵染心叶烟的抑制作用见表 1。由表 1 可见，2 种提取物均有很高的抗 TMV 侵染作用，在 1mg/mL 下，臭椿提取物对 TMV 侵染心叶烟的抑制率为 90.2%，鸦胆子提取物为 96.2%。此外，从表 1 中还可看出，2 种植物提取物对 TMV 侵染心叶烟的抑制效果呈明显的剂量-效应相关性，随着质量浓度降低，2 种植物提取物对 TMV 的抑制率逐渐降低。当降至 0.0625mg/mL 时，臭椿、鸦胆子提取物对 TMV 侵染心叶烟的抑制率分别仅为 48.0%、33.2%。

表 1 2 种提取物不同质量浓度对 TMV 侵染的抑制效果

质量浓度/(mg/mL)	抑制率/%	
	臭椿提取物	鸦胆子提取物
1	90.2	96.2
0.5	80.7	82.6
0.25	67.3	70.7
0.125	57.1	66.1
0.0625	48.0	33.2

2.2 抑制 TMV 增殖作用

以叶碟法测定不同质量浓度臭椿、鸦胆子提取物对 TMV 增殖的抑制作用。结果表明（表 2），臭椿、鸦胆子提取物对 TMV 在系统侵染寄主普通烟 K326 体内的增殖有很强的抑制活性，质量浓度为 1mg/mL 时，2 种提取物对 TMV 增殖的抑制率分别为 89.4%，90.9%。与抑制 TMV 侵染心叶烟一样，2 种提取物对 TMV 增殖的抑制作用也呈明显的剂量-效应相关性，浓度越低，抑制活性越弱。

表 2 2 种提取物不同质量浓度对 TMV 增殖的抑制效果

质量浓度/(mg/mL)	抑制率/%	
	臭椿提取物	鸦胆子提取物
1	89.4	90.9
0.5	81.5	88.6
0.25	51.1	76.2
0.125	45.4	52.6
0.0625	33.8	29.1

在接种病毒 12h、24h、36h、48h 后的抗病毒作用测定结果表明（图 1），2 种提取物（0.5mg/mL）在接种病毒后 12～36h 以内处理对病毒增殖均有明显的抑制作用，抑制率都在 70%以上。随着提取物处理与病毒接种之间时间的延长，2 种提取物对病毒增殖的抑制作用逐渐下降，在接种 48h 后处理，臭椿、鸦胆子提取物对病毒增殖的抑制率分别仅为 21.6%、35.1%。由此可见，臭椿、鸦胆子提取物可能主要作用于病毒增殖的早期阶段，对病毒增殖后期则抑制效果不理想。

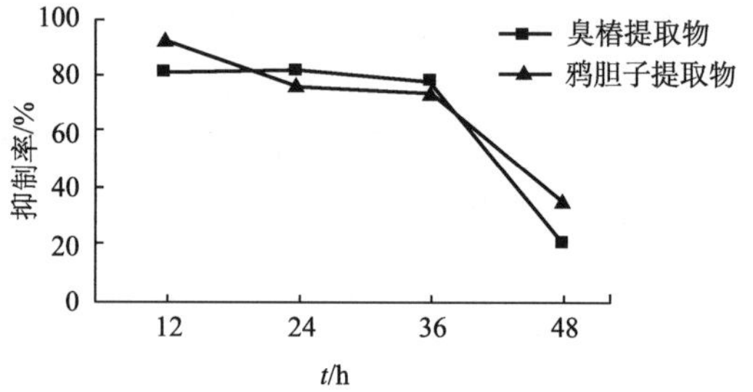

图 1 接种病毒不同时间后 2 种提取物抑制病毒增殖的效果

2.3 对烟草花叶病的防治作用

臭椿、鸦胆子提取物处理的 A_{405} 均显著低于阳性对照，表明 2 种提取物对 TMV 引起的烟草花叶病具有较好的防治作用，臭椿、鸦胆子提取物对 TMV 在烟草植株体内的抑制率分别为 76.8%、79.27%（表 3）。此外，与阳性对照相比，用 2 种提取物喷施的烟草发病时间均推迟 9～10d，这说明 2 种植物提取物能在一定程度上抑制 TMV 的侵染，具有延缓症状发生的作用。

表 3 臭椿、鸦胆子提取物对烟草花叶病的防治效果（$\bar{x}\pm s$，$n=5$）

处理	A_{405}	抑制率/%
臭椿提取物	0.3022±0.0139	76.80
鸦胆子提取物	0.2700±0.0150	79.27
CK（+）	1.3026±0.0575	—
CK（−）	0.2340±0.0071	—

3 讨论

本研究以 TMV 为供试病毒，分别对苦木科药用植物臭椿和鸦胆子的抗植物病毒作用进行了研究。结果表明，臭椿、鸦胆子不仅对 TMV 侵染心叶烟具有很强的抑制作用，而且对 TMV 在普通烟 K326 离体叶片内的增殖也有较高的抑制活性，在接种后12～36h，2种植物提取物处理对TMV在离体叶片内的增殖均有较强的抑制效果，但接种48h后用2种提取物处理，则抗TMV增殖作用均不明显。这表明2种提取物可能主要作用于病毒复制的早期，通过对病毒早期复制过程中某一环节的抑制，从而使病毒粒子无法正常增殖。此外，臭椿、鸦胆子提取物在活体条件下对TMV也具有较好的抑制作用，喷施2种植物提取物对TMV引起的烟草花叶病防治效果明显。

从植物中寻找抗植物病毒活性物质，是开发植物病毒抑制剂的重要途径之一[8]，近年来已成为人们研究的热点。寻找植物源抗病毒活性物质的前提是筛选到抗病毒作用强的植物，目前已报道的抗病毒植物大多仅有抑制病毒侵染作用，具有抑制病毒增殖作用的较少[8-10]。本研究结果发现，苦木科药用植物臭椿和鸦胆子不仅抑制病毒侵染作用显著，而且还有较高的抑制病毒增殖作用，因此2种药用植物在植物病毒病防治上具有较好的研究价值和应用前景。臭椿、鸦胆子中抗病毒有效成分的提取、分离、鉴定以及作用机制等进一步研究，可能对抗植物病毒先导化合物的发现具有重要意义。

参考文献

[1] 吕金顺，熊波，郭迈等. 臭椿中新苦木苦素的结构鉴定. 中山大学学报，2002，41(3)：37

[2] 谢慧媛，邓胡宁，黄淑霞等. 鸦胆子化学成分研究. 中药材，1998，21(8)：398

[3] Lin LZ，Cordell GA，Ni CZ，et al. Quassinoid from *Brucea javanica*. Phytochemistry，1990，29：2720

[4] 陈年春. 农药生物测定技术. 北京：北京农业大学出版社，1990，194

[5] French CJ，Towers GHN. Inhibition of infectivity of *Potato virus X* by flavonoids. Phytochemistry，1992，31(9)：3020

[6] 谢联辉，林奇英. 植物病毒学. 第二版. 北京：中国农业出版社，2004，156

[7] 姚宇澄，杨火召，高俊等. 牛心朴子草抗植物病毒组分的生物活性研究. 内蒙古工业大学学报，2002，21(1)：2

[8] 刘国坤，谢联辉，林奇英等. 15种植物的单宁提取物对烟草花叶病毒(TMV)的抑制作用. 植物病理学报，2003，33(3)：279

[9] 朱水芳，裘维蕃. 几种中草药抽提物对黄瓜花叶病毒引起的辣椒花叶病治疗作用初步研究. 植物病理学报，1989，19(2)：123

[10] 李重九，费菁. 丙酰紫草素对病毒的钝化作用. 中国农业大学学报，1997，2(5)：47

核桃叶抑菌成分的提取及其抑菌活性*

翟梅枝[1,2]，李晓明[3]，林奇英[1]，谢联辉[1]

（1 福建农林大学植物病毒研究所，福建福州 350002；2 西北农林科技大学林学院，陕西杨凌 712100；3 西北农林科技大学资源与环境学院，陕西杨陵 712100）

摘　要：对核桃叶乙醇提取物和其不同溶剂萃取部分及层析组分进行抑菌试验，结果显示：乙醇提取物和乙酸乙酯萃取物对金黄色葡萄球菌、枯草芽孢杆菌、蜡状芽孢杆菌、大肠杆菌和黑根霉有较强的抑制作用。且乙醇提取物的抑菌作用随浓度增大而增强。不同浓度处理时，提取物对金黄色葡萄球菌、枯草芽孢杆菌和黑根霉的抑菌作用均达差异极显著水平，对蜡状芽孢杆菌的抑菌作用差异显著。结果还显示：同一浓度提取物对不同细菌的抑菌作用亦不同。

关键词：核桃叶；提取物；抑菌活性

中图分类号：S792.130.8　**文献标识码**：A　**文章编号**：1001-7461（2003）04-0089-03

Extract of inhibiting composition and inhibitory activity from walnut leaves

ZHAI Mei-zhi[1,2]，LI Xiao-ming[3]，LIN Qi-ying[1]，XIE Lian-hui[1]

（1 Institute of Plant Virology，Fujian Agriculture and Forestry University，Fuzhou 350002；
2 College of Forestry，Northwest A & F University，Yangling 712100；
3 College of Resource and Environment，Northwest A & F University，Yangling 712100）

Abstract：The six different extracts from the walnut leaves were tested for antibacterial and antifungal activity. The results showed that the extract of alcohol and acetic easter had the remarkable bacteriostasis against the four bacteria and Fungun (*Rhizopus* sp.) tested，and the higher the concentration，the large the bacteriostasis was. The bacteriostasis treated with the different concentration of the alcohol extract was different significantly against *Staphylococcus aureus*，*Bacillus subtilis* and *Rhizopus* sp. The results also showed that the bacteriostasis of the different bacteria was different with the same concentration

Key words：walnut leaves；extract；inhibitory activity

随着生活水平和文化素养的提高，人们的保健意识逐渐增强，对天然无公害、无污染产品的需求越来越多，为了满足这种需要，国内外学者对天然产物提取成分在抗菌、抑菌方面做了许多工作[1-3]，

西北林学院学报，2003，18（4）：89-91

收稿日期：2003-02-24

* 基金项目：福建省科技厅重点项目（99-Z-193）

从资源丰富的植物中寻找高效、低毒的杀菌、抑菌成分，并由此开发无公害植物源杀菌剂，已成为该研究领域的方向和热点。

核桃（*Juglans regia* L.）是我国分布较广的重要树种，其青果皮、枝条可药用，具有杀菌、消炎、抗癌等作用[4,5]。据分析，核桃叶内含有胡桃醌、胡桃甙、柠檬烯、没食子酸及油酸等多种生物化学成分[6]，核桃叶提取物的杀虫活性[7]和抗油脂氧化作用[8]。已有报道。为了更全面地了解核桃叶提取物的多方面活性，笔者对其进行了抑菌试验研究，希望从中寻找到抗菌活性物质，为核桃叶资源的多途径，开发找到新的出路。

1 材料和方法

1.1 材料

供试细菌：金黄色葡萄球菌（*Staphylococcus aureus*）；枯草芽孢杆菌（*Bacillus subtilis*）；蜡状芽孢杆菌（*B. cerem*）；大肠杆菌（*Escherichia coli*）。供试真菌：青霉（*Penicillium* sp.）；毛霉（*Mucor* sp.）；黑根霉（*Rhizopus* sp.）。

供试菌种均由西北农林科技大学资源与环境学院微生物实验室提供。

1.2 方法

1.2.1 待测样品的制备

以 70% 乙醇为提取溶剂，回流提取 3 次（5h→3h→2h），合并提取液减压浓缩至浸膏状，留少部分醇提物稀释后直接用于抑菌试验；剩余部分依次用乙醚、乙酸乙酯和正丁醇萃取，各萃取液回收溶剂后得相应萃取物及萃余水相。取一定量的乙酸乙酯萃取物进行聚酰胺柱层析，水洗脱后，直接以 95% 乙醇洗脱，收集醇洗脱液并浓缩至干，得总黄酮组分。供抑菌试验的待测样品见表 1。

表 1 待测样品及编号

编号	待测样品
A	核桃叶 70% 乙醇提取物
A-1	A 样乙醚萃取物
A-2	A 样乙酸乙酯蒸取物
A-3	A 样正丁醇萃取物
A-4	A 样萃余水相
B	总黄酮组分

1）A 样品测试 4 个浓度，以无菌水稀释至 100mg/mL、50mg/mL、25mg/mL、12.5mg/mL，以无菌水作对照；2）B 样及各萃取物样品以二甲亚砜助溶（A-4 除外）。测试浓度 25mg/mL。以二甲亚砜作对照

1.2.2 菌悬液的制备

欲先将供试菌种用适宜的培养基进行活化，量取 10mL 无菌水于试管中，然后用接种环摩擦培养基表面；取出接种环，将菌苔放入无菌水中，充分振荡摇匀，得菌悬液。

1.2.3 抑菌实验

采用滤纸片法，将已灭菌培养基（细菌培养用牛肉膏蛋白胨琼脂培养基，真菌培养用马铃薯琼脂培养基）冷却至 45～50℃，在无菌条件下，将其倒入培养皿中，每皿10mL左右，冷却后每皿加入菌悬液 1mL，用刮铲涂抹均匀，然后取灭菌的圆片滤纸（d＝13mm），分别浸渍提取液 30s 后取出，滤干药液后贴于琼脂平板上，每皿放置 3 片，各纸片间的距离均等，每一样品重复 3 次，将细菌置 28℃恒温箱中培养 24h，真菌置 28℃培养 72h，用十字交叉法测量抑菌圈直径，取其平均值作为试验结果。

2 结果与分析

2.1 核桃叶不同提取物抑菌活性比较

由表 2 的抑菌结果可以看出：①6 个提取物样品中 A 和 A-2 对供试菌种中的金黄色葡萄球菌、枯草芽孢杆菌、蜡状芽孢杆菌、大肠杆菌和黑根霉 5 个菌种有较强的抑制作用，而 A-1、A-3 和 B 三个。样品对 4 种细菌和真菌中的黑根霉有不同程度的抑菌作用。说明核桃叶 70% 乙醇提取物和其乙酸乙酯萃取物含有活性较高的抑菌成分。②A-4 样除对金黄色葡萄球菌和蜡状芽孢杆菌有微弱的抑菌作用外，对其他 5 个供试菌无抑菌作用。这说明 70% 乙醇提取物经乙醚、乙酸乙酯和正丁醇萃取后，剩余水相中抑菌活性成分含量已相对较少，因而表现出较弱的抑菌作用或无作用。③6 个样品对供试真菌中的青霉和毛霉均无抑制作用。④A-2 样经柱层析得到的黄酮组分（B），其抑菌作用从总体上看较强，但不如 A-2。可能因 A-2 中的抗菌活性物质种类多，成分间有协同增效作用所致。

表 2 核桃叶提取物抑菌结果

样品编号	S. a	B. a	B. c	E. c	P. sp	Mu. sp	Ph. sp
A	+++	+++	+++	+++	−	−	+++
A-1	++	+	++	++	−	−	+
A-2	+++	+++	+++	++	−	−	+++
A-3	++	+	++	+	−	−	++
A-4	+	−	+	−	−	−	−
B	+++	+	++	++	−	−	++

1）－：无抑菌；＋：d＜15.0mm；＋＋：d＝15.0～20.0mm；＋＋＋：d＞20.00mm；

2）S. a 金黄色葡萄球菌；B. a 枯草芽孢杆菌；B. c 蜡状芽孢杆菌；E. c 大肠杆菌；P. sp 青霉；Mu. sp 毛霉；Ph. sp 黑根霉；

3）A 样的药液浓度 100mg/mL，其他样品的药液浓度 25mg/mL

2.2 不同浓度的醇提物对细菌的抑菌效果

以醇提物的不同浓度进行抑菌活性试验，由表 3 可看出：同一浓度醇提物对不同细菌的抑制作用不同，A_1 和 A_2 两处理对 4 种细菌的抑制作用顺序一致，即金黄色葡萄球菌＞枯草芽孢杆菌＞蜡状芽孢杆菌＞大肠杆菌；A_3 和 A_4 对大肠杆菌均无抑菌作用，但对其他 3 种细菌的抑菌作用大小顺序恰好相反，A_3 处理为：蜡状芽孢杆菌＞金黄色葡萄球菌＞枯草芽孢杆菌；A_4 处理为：枯草芽孢杆菌＞金黄色葡萄球菌＞蜡状芽孢杆菌。对不同浓度、不同菌种抑菌效果进行方差分析后得知：$F_{A1}=15.83$，$F_{A2}=9.44$，$F_{A3}=2.04$，$F_{A4}=1.34$，而 $F_{0.01}=8.02$，$F_{0.05}=5.14$。说明了 A_1、A_2 两处理对菌种间抑菌效果的影响达到极显著水平；A_3、A_4 两处理对菌种间抑菌效果的影响无显著差异。

表 3 不同浓度醇提物的抑菌效果

处理	B. a	S. a	B. c	E. c	Ph. sp
A1	25.10	25.57	23.57	21.83	26.80
A2	23.17	24.40	22.50	17.93	24.47
A3	19.30	20.00	21.55	—	19.20
A4	19.03	19.00	17.27	—	16.30

A1-A4 各处理浓度（mg/mL）为：100、50、25、12.5

不同浓度醇提物对同种细菌的抑制作用大小为：$A_1>A_2>A_3>A_4$，均呈现浓度越大，抑菌作用越强的趋势。对各菌种不同浓度处理后，抑菌效果进行方差分析，结果表明：$F_{枯}=13.55^{**}>F_{0.01}$（8.02）；$F_{金}=29.48^{**}>F_{0.01}$（8.02）；$F_{蜡}7.72>F_{0.05}$（4.26），即不同浓度提取物对枯草芽孢杆菌、金黄色葡萄球菌的抑菌作用存在极显著差异；对蜡状芽孢杆菌的抑菌作用差异显著。

2.3 不同浓度的醇提物对真菌（黑霉）的抑菌效果

从表 3 直观分析可知：随着浓度的增大，提取物对黑霉的抑菌作用逐渐增强。对不同浓度提取物的抑菌效果进行方差分析后知：$F=98.68^{**}>F_{0.01}$（8.02），由此说明不同浓度处理对黑根霉抑菌效果存在极显著差异。多重比较显示：A_1、A_2、A_3，与 A_4 处理间抑菌效果均达到极显著水平；A_1 与 A_3 处理间抑菌效果存在显著差异，其他处理间差异不显著。A_1、A_2 两处理对菌种间抑菌效果的影响达到极显著水平。

3 结论

6 种核桃叶提取物样品中乙醇提取物和乙酸乙酯萃取物对供试的 4 种细菌和黑根霉（真菌）有较强的抑制作用；乙醚萃取物、正丁醇萃取物和黄酮组分对这 5 种菌有不同程度的抑制作用；萃余水相仅对金黄色葡萄球菌、蜡状芽孢杆菌有微弱抑菌作用，对其他供试菌无作用。

核桃叶醇提物对供试细菌和黑根霉（真菌）的抑菌作用随浓度增大而增强。不同浓度处理对金黄色葡萄球菌、枯草芽孢杆菌和黑根霉的抑菌作用达差异极显著水平，对蜡状芽孢杆菌的抑菌作用差异显著；同一浓度处理对不同细菌的抑菌作用亦不同，A_1、A_2 两处理对菌种间抑菌效果的影响达到极显著水平；A_3 与 A_4 两处理则无显著差异。

由此可见，核桃叶提取物具有较好的抑菌活性，开发利用前景广阔。活性成分的确定和分离筛选工作正在进一步研究中。

参考文献

[1] 马慕英. 灵芝抑菌作用的实验研究. 食品科学，1993，1(5)：58-59

[2] 张伟，檀建民. 竹叶对食品致病菌的抑菌作用. 食品科学，1998，19(4)：41-46
[3] 马小军，赵玲，杜程芳等. 滇白珠提取物抗细菌活性的筛选. 中国中药杂志，2001，26(4)：223-226
[4] 张野平，杨志博. 胡桃醌抗肿瘤作用的研究. 沈阳药学院学报，1987，4(3)：166-169
[5] 张野平，杨志博. 胡桃醌对肿瘤细胞的增殖抑制作用和抗菌作用. 沈阳药学院学报，1993，10(4)：271-274
[6] 郄荣庭，张毅萍. 中国果树志·核桃卷. 北京：中国林业出版社，1991
[7] 翟梅枝，杨秀萍，刘路. 核桃叶提取物对蚜虫的触杀作用. 西北林学院学报，2001，16(4)：55-56
[8] 尉芹，马希汉，韩学文等. 核桃叶抗氧化作用的研究. 食品科学，2001，22(7)：81-83

核桃叶提取物对杨毒蛾生物活性的研究*

翟梅枝[1]，杨秀萍[2]，林奇英[1]，谢联辉[1]，刘路[2]

（1 福建农林大学植物病毒所，福建福州　350002；
2 西北农林科技大学林学院，陕西杨陵　712100）

摘　要：核桃叶提取物对杨毒蛾具有较强的胃毒作用，不同浓度处理对死亡率的影响达极显著水平。致死中时（LT_{50}）以稀释 5 倍液处理最短，杀虫效果与原液无显著差异。研究结果还表明，核桃叶提取物对杨毒蛾无拒食和触杀作用，但有一定的抑制发育的作用。

关键词：核桃叶提取物；杨毒蛾；毒力；药效

中图分类号：S763. 301　**文献标识码**：A　**文章编号**：1001-7461（2003）02-0065-03

A study on the bioactivity of walnut leaves against *Stilpnotia candida*

ZHAI Mei-zhi[1], YANG Xiu-ping[2], LIN Qi-ying[1], XIE Lian-hui[1], LIU Lu[2]

(1 Institute of Plant Virology, Fujian Agriculture and Forestry University, Fuzhou　350002;
2 College of Forestry, Northwest A & F University, Yangling　712100)

Abstract: The results of this study showed that the walnut leaves extract had a powerful stomach poisoning action on *Stilpnotia candida*. The death rate of *Stilpnotia candida* treated with different concentrations of the extract were different significantly. Among various concentrations of the extract, the 5 times dilution had the shortest LT_{50}, but its insecticidal effect had no obvious difference between the solution and the primary solution. The results also showed that the walnut leaves extract had no antifeeding and contacting effect, but it could inhibit development of *Stilpnotia candida*.

Key words: extract of walnut leaves; *Stilpnotia candida*; toxicity; drug efficacy

核桃（*Juglans regia*）又名胡桃，是我国分布较广的重要经济树种，其坚果在国际市场上与扁桃、腰果、榛子并列为世界四大干果，但其生物量较大的核桃叶尚未加以利用。据分析，核桃叶内含有胡桃醌、胡桃甙、金丝桃甙、挥发油等多种生物活性成分[1]。在化学农药带来的“3R”（Residue、Resistance 和 Resurgence）问题日益严重，且采用传统的人工合成药物盲目筛选新药已十分困难的今天，如何有效地利用植物中存在的化学物质防治病虫害，已成为探索新型生物合理性农药研究的热点

西北林学院学报，2003，18（2）：65-67
收稿日期：2002-07-29
* 基金项目：福建省科技厅重点项目（99-Z193）

和主要方向之一。杨毒蛾（*Stilpnotia candida*）为鳞翅目毒蛾科昆虫，在我国分布范围较广，主要危害山杨、黑杨、赤杨、小叶杨、柳树、白桦及榛子。大发生时，造成林木成片死亡，是我国主要森林害虫之一。本研究以核桃叶为材料，提取生物活性成分，以杨毒蛾为试虫进行提取物对杨毒蛾的生物活性研究，试图寻找防治这一森林害虫的新途径。

1　材料与方法

1.1　材料

试虫：杨毒娥幼虫采自陕西杨陵，挑选大小、颜色、活性基本一致的老龄幼虫供试。

核桃叶提取物制备[2,3]：核桃叶→烘干→粉碎→75%乙醇回流→过滤→滤液减压浓缩至膏状→稀释备用。

1.2　方法

叶片夹毒法[4]：试验设 5 个处理，即原液（1×）、稀释 2 倍（2×）、5 倍（5×）、10 倍（10×）和对照（以清水代替）。原液体积分数为 5%。

在 2 个直径为 1.3cm 的叶片中均匀地夹入 10μL 不同浓度的处理液，夹毒叶片用以饲喂试虫，供试液即随叶片被试虫取食。

胃毒作用测定：处理设置同叶片夹毒法，每处理重复 10 次。培养皿内先放入一片湿滤纸，纸上放入夹毒叶片 30 个，取已饥饿 48h 的试虫按随机区组法布置试验。每皿内接入试虫 5 只，每处理 50 只幼虫，观察 72h 内试虫死亡情况。

药效试验：包括，①拒食作用、触杀作用和抑制繁殖作用观察；②杨毒蛾食药量与死亡率的关系。

杨毒蛾幼虫的死亡标准：①和对照相比，处理试虫明显失常，如大量失水、不能正常爬行，易翻倒，但对外界刺激仍有反应；②试虫完全停止活动，对外界刺激没有任何反应。本试验中，中毒的幼虫最终均导致死亡（一般 7d），凡符合①、②两种特征的幼虫均统计为死亡。

2　结果与分析

2.1　核桃叶提取物对杨毒蛾的毒力作用

饲喂后 72h，不同处理对杨毒蛾的毒力测定结果（表 1）表明，试虫平均死亡率随浓度的增大而增大。原液（1×）、稀释 2 倍（2×）和 5 倍（5×）液处理的试虫，校正死亡率均在 70%以上。对表 1 数据进行回归分析，以浓度的对数为自变量，校正死亡率为因变量，建立毒力回归方程：$Y=21.0348+31.0435X$，$r=0.8939$。当死亡率为 50%时，$LC_{50}=0.43\%$，即将供试原液稀释 12 倍左右时，杨毒蛾死亡率为 50%。

表 1　不同处理与杨毒娥死亡率的关系

处　理	相对浓度	平均死亡率/%	校正死亡率/%
1×	100	82	79.55
2×	50	78	75.00
5×	20	74	70.45
10×	10	52	45.40
CK	0	12	0

校正死亡率采用 Abbort 公式计算[4]

2.2　杨毒蛾在不同时间的死亡情况

由表 2 可以看出，施药 2d 内平均死亡率较低，均在 20%以下，第 3 天死亡率显著增加，第 4 天时，药液处理的幼虫死亡率均在 80%以上，且稀释 5×、2×和原液处理的幼虫死亡率达 92%以上。稀释 2×液处理比原液处理的死亡率高出 2%，这可能是个体差异所致；第 7 天统计时，药液处理的幼虫死亡率均达 100%。

对表 2 中数据进行回归分析，结果表明（表 3），1×、2×、5×、10×处理的半致死中时分别为 64.3h、61.7h、60.2h、70.2h。结合幼虫在 96h 的死亡情况可知，杨毒蛾幼虫平均死亡率达 92%以上时，稀释 5×液处理的半致死中时最短，其次是稀释2×液处理，两者仅相差 1.5h，但后者幼虫平均死亡率高出前者 6%。

表 2　杨毒蛾平均死亡率的时间分布

处　理	时间/h							
	12	24	36	48	60	72	84	96
1×	0	0	8	14	18	82	86	96
2×	2	2	6	14	34	78	86	98
5×	0	0	2	18	62	74	86	92
10×	2	2	4	12	34	52	76	80
CK	0	0	2	10	12	18	18	18

表 3　施药时间与死亡率的回归分析

处　理	回归方程	相关系数	致死中时/h
1×	$Y=-35.6842+1.3316X$	0.9149	64.3
2×	$Y=-32.1429+1.3313X$	0.9517	61.7
5×	$Y=-29.7143+1.3234X$	0.9571	60.2
10×	$Y=-26.0000+1.0833X$	0.9570	70.2

2.3　室内药效试验

2.3.1　杨毒娥幼虫对核桃叶提取物的拒食作用

初试试验中，直接将试虫放入培养皿后，24h内不取食夹毒叶片，36h后，饥饿的幼虫开始取食少量的夹毒叶片。而试验设计中通常使用经过一定时间饥饿的试虫，因此在正式试验中使用饥饿48h的幼虫进行拒食试验。观察结果表明，饥饿幼虫放入培养皿后，立即取食夹毒叶片，说明提取物对杨毒蛾幼虫无拒食作用。

2.3.2　核桃叶提取物对杨毒蛾幼虫的触杀作用

将不同浓度核桃叶提取液涂于试虫体表，连续观察3d。结果表明，各浓度提取液均不具有任何触杀作用，即使虫体全身沾满药液也不能将其杀死。

2.3.3　核桃叶提取物对杨毒蛾幼虫生长发育的影响

由表4可以看出，杨毒蛾幼虫脱皮率和化蛹率均以对照最高，且各处理浓度越大，脱皮率和化蛹率越低。原液处理后，脱皮率和化蛹率均为2%，比对照分别低80%和30%。由此可见，核桃叶提取物具有抑制杨毒蛾幼虫正常生长发育的作用。

表 4　不同处理对杨毒蛾生长发育的影响

处理	总虫数/只	脱皮数/只	脱皮率/%	化蛹数/只	幼虫化蛹率/%
1×	50	1	2	1	2
2×	50	3	6	2	4
5×	50	6	12	3	6
10×	50	7	14	4	8
CK	50	41	82	16	32

2.3.4　食药量与杨毒蛾幼虫死亡率的关系

不同浓度处理72h时，幼虫食药量与死亡率的关系（表5）表明，随幼虫食药量的增多，平均死亡率增大。对不同处理的幼虫平均死亡率统计结果进行方差分析，结果表明，各处理间食药量对试虫死亡率的影响达极显著水平（$F=35.70>F_{0.01}=5.99$）。由多重比较可知，各处理与对照间差异性均达到极显著水平；1×、2×、5×各处理间差异不显著，即在原液不足时，可用稀释2×、5×液进行害虫防治，其防治效果与原液无显著差异。

表 5　食药量与平均死亡率的关系

处理	平均食药量/(μL·只)	平均死亡率/%	校正死亡率/%
1×	54.0716	82^{a}	79.55
2×	27.6101	$78a^{b}$	75.00
5×	11.4508	$74a^{b}$	70.45
10×	5.7327	52^{c}	45.45
CK	0	12^{d}	0

a、b、c、d为$P=0.05$时的多重比较结果

根据平均食药量-平均死亡率及平均食药量-校正死亡率的散点分布图，校正死亡率（Y）与平均食药量（X）之间的关系为幂函数（$Y=aX^{b}$）；而平均死亡率（Y）与平均食药量（X）之间的关系符合S型曲线［$Y=100/(a+be^{-X})$］。用$Y=aX^{b}$拟合校正死亡率，得回归方程：$\hat{Y}=34.5068X^{0.2263}$（对应的线性化回归方程的相关系数$r=0.8744$），用$Y=100/(a+be^{-X})$拟合平均死亡率，得回归方程：$\hat{Y}=100/(1.2835+197.5596e^{-X})$（对应的线性化回归方程的相关系数$r=0.9865$）。当$Y=50\%$时，由S型回归方程可得$X=5.6194$，即杨毒蛾幼虫平均食药量为5.6194μL/只时，试虫死亡率为50%。

3　结论与讨论

核桃叶提取物对杨毒蛾有较强的胃毒作用，毒力回归方程为$Y=21.0348+31.0435X$，$r=0.8939$。不同浓度处理对死亡率的影响达极显著水平，其中对照与1×、2×、5×处理间差异极显著；1×、2×、5×各处理间无显著差异。

不同浓度处理对杨毒蛾的致死中时的影响不同，依次为10×>1×>2×>5×，即稀释5×液处理致死中时最短，为60.2h。综合分析浓度对死亡率的影响后认为，用稀释5×液进行杨毒蛾防治，控制害虫的数量所需时间最短，用药量少，且杀虫效果与原液无显著差异。

杨毒蛾幼虫食药量与平均死亡率之间的回归方程为：$\hat{Y}=100/(1.2835+197.5596e^{-X})$，半致死食药量为5.6194μL/只。

核桃叶提取物对杨毒娥幼虫无拒食和触杀作用，但对正常发育有一定的抑制作用。

与核桃叶提取物对蚜虫的触杀作用[3]相比，半致死浓度：蚜虫>杨毒蛾，这可能是由于对2种农林害虫的毒杀形式不同，一般来说，触杀浓度高于胃毒浓度。

核桃叶提取物对2种农林害虫（蚜虫、杨毒蛾）的生物活性研究已显示将其直接用于生产实践防治农林害虫的广阔前景。因此，进一步的研究和开发将有助于找到害虫防治的新途径，同时有利于资源的合理利用。

参考文献

[1] 郗荣庭，张毅萍. 中国果树志. 核桃卷. 北京：中国林业出版社，1991

[2] 罗万春，李云寿，慕立义. 苦豆子种子抽提物对两种蔬菜害虫的活性. 植物保护学报，1996，23(3)：281-282

[3] 翟梅枝，杨秀萍，刘路. 核桃叶提取物对蚜虫的触杀作用. 西北林学院学报，2001，16(4)：55-56

[4] 吴文君. 植物化学保护试验技术导论. 西安：陕西科学技术出版社，1988

鸦胆子素D对烟草抗烟草花叶病毒的诱导抗性和保护作用*

张正坤[1,2]，沈建国[1,3]，谢荔岩[1]，谢联辉[1,2]，林奇英[1,2]

（1 福建农林大学植物病毒研究所，福建福州 350002；
2 福建农林大学生物农药与化学生物学教育部重点实验室，福建福州 350002；
3 福建省出入境检验检疫局，福建福州 350001）

摘　要：为明确植物源抗病毒化合物鸦胆子素D（Bruceine D）对烟草抗烟草花叶病毒（*Tobacco mosaic virus*，TMV）的诱导抗性及其对TMV感染后的保护作用；本研究分别设置清水处理作为阴性对照，接种TMV作为阳性对照，检测施用Bruceine D对烟草体内过氧化物酶（POD）、多酚氧化酶（PPO）、苯丙氨酸解氨酶（PAL）以及超氧化物歧化酶（SOD）活性的变化，并检测了Bruceine D对烟草感染TMV后体内叶绿素、丙二醛（MDA）、可溶性糖和可溶性蛋白含量的影响以及对烟草POD和PPO同工酶的诱导作用；结果表明，Bruceine D能够系统性地诱导烟草体内POD、PPO、PAL以及SOD活性的提高；能够抑制烟草因感染TMV造成的叶绿素含量的下降以及MDA含量的升高；诱导烟草产生新的POD和PPO的同工酶；阻止TMV造成的烟草体内可溶性糖和可溶性蛋白含量的降低；Bruceine D能够诱导烟草产生对TMV的抗性并对感染TMV的烟草起到保护作用。

关键词：鸦胆子素D；诱导抗性；TMV；防御酶；可溶性糖；可溶性蛋白

中图分类号：S432.2⁺6　**文献标识码**：A　**文章编号**：1000-7857（2208）08-0031-06

Systemic resistance and protection effect of bruceine D against *Tobacco mosaic virus*

ZHANG Zheng-kun[1,2], SHEN Jian-guo[1,3], XIE Li-yan[1], XIE Lian-hui[1,2], LIN Qi-ying[1,2]

(1 Institute of Plant Virology, Fujian Agriculture and Forestry University, Fuzhou 350002;
2 Key Laboratory of Biopesticide and Chemical Biology, Ministry of Education, Fujian Agriculture and Forestry University, Fuzhou 350002;
3 Fujian Entry-Exit Inspection and Quarantine Bureau, Fuzhou 350001)

Abstract: This paper studies the systemic resistance and protection effect of Bruceine D against *Tobacco mosaic virus* (TMV). Bruceine D is a kind of active component derived from *Brucea javanica* (L.) Merr., which shows a distinct induced effect of anti-TMV infection. In our tests,

科技导报，2008，26（8）：31-36

收稿日期：2008-03-07

* 基金项目：国家自然科学基金项目（30770089）、福建省教育厅科技三项费用项目（K04037）、福建省科技厅项目（K03005）

the negative control was treated with clean water and the positive control was and SOD, the effect of the compound on the contents of chlorophyll, MDA, soluble sugar and protein of TMV infected plant, and the influence on the expression of isoezymes of both POD and PPO. The results show that the compound has induced a systemic enhancement on POD, PPO, PAL and SOD; it has inhibited the decrease of chlorophyll content and the increase of MDA content in the diseased plant; it has also induced some new isoezymes of both POD and PPO, and has checked the deducing of soluble sugar and protein in TMV infected plant. Bruceine D had the ability to induce the systemic resistance on tobacco against TMV infection, and also could protect the virus infected host.
Key words: Bruceine D; induced resistance; TMV; defense enzymes; soluble sugar; soluble protein

烟草花叶病毒（*Tobacco mosaic virus*，TMV）是影响世界农业生产的重要植物病毒，给农业生产造成了巨大的经济损失。多年来科学界一直致力于TMV的药剂防治工作，筛选并发现了许多新的抗植物病毒剂。由于化学农药易产生环境问题，而植物来源的抗病毒活性物质具有环境兼容性好的特点，其已逐渐成为抗病毒剂研制的新方向[1,2]。同时，人们对药剂的抗病毒机制也进行了深入的研究，其作用机制主要包括抑制病毒侵染、抑制病毒增殖以及诱导寄主产生对病毒的抗性。研究表明，许多抗病毒剂的抗病毒活性可能是其中一种、也可能是多种机制共同起作用的结果[3-5]。鸦胆子素D（Bruceine D）是本实验室从中药植物鸦胆子［*Brucea javanica*（L.）Merr.］中分离到的一种苦木苦味素类（Quassinoid）化合物，该化合物不仅能够体外钝化TMV，阻止病毒侵染寄主，而且能够抑制病毒在寄主体内的增殖[6]。为了进一步明确该化合物是否具有诱导寄主植物对TMV的侵染产生系统抗性，以及其是否对已感染病毒的寄主产生保护作用等问题，本文通过研究经Bruceine D处理后，与系统抗病性的相关防御酶、同工酶谱、可溶性糖和可溶性蛋白等的变化，来探讨Bruceine D对烟草抗TMV的诱导抗性及保护作用。

1 材料与方法

1.1 供试材料

1.1.1 供试毒源

选用TMV普通株系TMV-U1，系福建农林大学植物病毒研究所病毒室保存。

1.1.2 供试寄主

TMV的系统侵染寄主普通烟（*Nicotiana tabacum*）K326，防虫温室内培育。

1.1.3 供试药剂

Bruceine D，本实验室分离，用少量二甲亚砜（DMSO）溶解，配制成1mg/mL母液，用时稀释到供试浓度。

1.2 试验方法

1.2.1 对烟草相关防御酶活性的影响

1.2.1.1 取样和处理

选取6～8叶期健康普通烟K326供试：①在底部第3叶片喷施Bruceine D（10μg/mL）溶液；②在底部第3叶片接种TMV（10μg/mL）；③喷施清水作为阴性对照共3个处理，处理后的试材置28～30℃温室内生长，每天早晚2次喷水保湿；每处理5株重复。分别于接种/喷药后的0.5d，1d，2d，3d，4d和5d用打孔器在接种/喷药叶片及其上部叶片取直径为12mm的叶圆片，每个处理中每株烟草取5个叶圆片，混匀，3次重复，结果取平均值。

1.2.1.2 酶活的测定

参照李靖等[7]的方法，制备过氧化物酶（POD）、多酚氧化酶（PPO）、苯丙氨酸解氨酶（PAL）和超氧化物歧化酶（SOD）测定液。应用愈创木酚法测POD活性[8]；邻苯二酚法测PPO活性[9]；根据李兴红等[10]的方法测定PAL和SOD的活性。

1.2.2 对寄主烟草叶绿素、丙二醛含量及同工酶的影响

1.2.2.1 处理和取样

选取6～8叶期健康普通烟K326，在接种TMV（10μg/mL）前第3天和接种后第3天分别喷施10μg/mL的Bruceine D溶液（含0.1% Tween-80），设只喷药不接毒烟草为药剂对照，以不接种病毒和接种病毒而只喷清水的烟草分别作为阴性和阳性对

照，每处理5次重复。在接种后第14天取样测定叶绿素和MDA含量及同工酶变化情况。

1.2.2.2 烟草叶绿素及MDA含量的测定

叶绿素含量的测定参考彭运生等[11]的方法；MDA含量的测定参照李兴红等[10]的方法。

1.2.2.3 POD和PPO同工酶电泳分析

①酶液制备：取0.5～1g样品，按W/V=1∶5加入2.5mL 0.125mol/L Tris-HCl缓冲液（pH 6.8），冰浴研磨，10 000g低温离心15min，取上清液置4℃冰箱中贮存备用。②电泳：采用垂直板不连续非变性聚丙烯酰胺凝胶电泳（PAGE），操作步骤基本同SDS-PAGE，但加样缓冲液中不含β-巯基乙醇，溶液及胶的制备过程不加SDS，样品不经加热处理。POD和PPO同工酶电泳用10%分离胶、4%浓缩胶和pH 8.3电极缓冲液（Tris-Gly）。取酶液50μL加样，在4℃下电泳，上层胶电压150 V、下层胶电压200 V，用溴酚蓝作指示剂。PPO染色液为邻苯二酚（0.01mol/L）-磷酸缓冲液（0.2mol/L，pH7.0）-对苯二胺（0.05% 100mL），染色10min。POD染色液为联苯胺溶液（0.2g联苯胺+1.5mL冰乙酸+8.5mL蒸馏水）10mL，5% EDTA溶液10mL，4%氯化铵溶液10mL和0.3%过氧化氢溶液10mL，反应5～10min。③迁移率R_f的计算公式为

R_f=样品带移动距离/溴酚蓝前沿移动距离

1.2.3 对寄主烟草的可溶性糖及可溶性蛋白含量的影响

选取6～8叶期健康普通烟K326，分别设置3种不同的处理，即底部第3叶片接种TMV（10μg/mL），全株喷施Bruceine D（10μg/mL）以及在接种前1天和接种后1天全株喷施Bruceine D，同时设置只喷施清水的阴性对照，每处理10株烟草。在接种后的第0天，第3天，第6天，第9天和第12天于接种叶的上部用12mm打孔器取样，对喷药植株在相同的叶位取样，每次每处理中每株烟草取2个叶圆片，混匀，测定，3次重复，结果取平均值。

用毛健民等[8]的方法测定可溶性糖和可溶性蛋白的含量。

1.3 数据统计分析

采用DPS2000数据处理系统分析软件，差异显著性检验水平P=0.05。

2 结果与分析

2.1 对烟草相关防御酶的影响

2.1.1 过氧化物酶活性的变化

Bruceine D对烟草POD酶活性的影响如表1所示。阴性对照的样品POD酶活性随着处理时间的延长呈缓慢上升趋势；接种TMV后，烟草的POD酶活性逐渐升高，不论是接种叶还是接种叶的上部叶片，在接种后第4天，POD的活性增加显著。在喷施Bruceine D的处理中，施药叶片及其上部叶片的POD活性在喷药后第4天达到最高，随后开始下降。这说明接种TMV和喷施Bruceine D都能够提高寄主体内POD酶的活性。这种诱导不仅表现在处理叶片上，而且是一种系统性的诱导，但在喷施Bruceine D的处理中，其酶活提高幅度显著高于接种TMV。

表1 接种TMV和Bruceine D处理后烟草植株POD酶活性的变化

处理方法	处理后时间/d					
	0.5	1	2	3	4	5
接种叶片	151.07^b	169.63^c	212.00^c	248.57^c	398.33^b	411.73^c
接种叶上部叶片	117.34^c	124.23^d	159.76^e	191.70^d	284.84^c	388.37^d
施药叶片	355.60^a	369.23^a	444.47^a	728.63^a	553.93^a	530.10^a
施药叶上部叶片	122.37^c	178.17^b	288.15^b	567.88^b	546.66^a	497.63^b
清水处理（阴性对照）	44.83^d	119.03^d	175.70^d	152.73^e	193.70^d	214.43^e

同一行中字母不同者为差异显著（P=0.05），相同者为不显著。表2至表6同此

2.1.2 多酚氧化酶活性的变化

Bruceine D对烟草PPO酶活性的影响如表2所示。接种叶及其上部叶片的PPO活性分别在接种后第2天和第3天出现一个峰值，而后趋于平缓；而喷施Bruceine D的处理中，不论是施药叶片还是其上部的叶片，其PPO活性出现较

高峰值的时间都早于接种病毒的处理，并且其酶活也显著高于接种TMV的处理，这说明喷施Bruceine D能够系统诱导寄主体内PPO活性的增强。

表2 接种TMV和Bruceine D处理后烟草植株PPO酶活性的变化

处理方法	处理后时间/d					
	0.5	1	2	3	4	5
接种叶片	414.46[b]	585.70[b]	506.43[c]	523.83[b]	565.66[c]	557.73[c]
接种叶上部叶片	356.58[c]	426.53[d]	497.52[d]	463.93[c]	526.45[d]	526.44[d]
施药叶片	447.70[a]	780.10[a]	645.73[a]	725.40[a]	706.26[a]	783.23[a]
施药叶上部叶片	342.10[d]	479.86[c]	587.02[b]	516.15[b]	650.12[b]	720.70[b]
清水处理（阴性对照）	319.93[e]	353.53[e]	303.06[e]	345.60[d]	393.67[e]	377.90[e]

2.1.3 苯丙氨酸解氨酶（PAL）活性的变化

Bruceine D对烟草PAL活性的影响如表3所示。各处理烟草的PAL活性在接种后均呈上升趋势，处理1天后的PAL活性均显著提高，尤其是喷施Bruceine D的处理，从施药后2～4d，其PAL活性显著增强，高于对照组及接种TMV组，然后开始趋于平稳；而接种TMV对于寄主体内PAL活性的影响不显著。可见，Bruceine D能够系统诱导寄主体内PAL活性的增加。

表3 接种TMV和Bruceine D处理后烟草植株PAL酶活性的变化

处理方法	处理后时间/d					
	0.5	1	2	3	4	5
接种叶片	4.160[a]	4.570[b]	5.430[b]	6.047[c]	6.843[c]	6.680[d]
接种叶上部叶片	3.670[c]	4.426[c]	4.710[d]	5.216[e]	6.116[d]	6.766[c]
施药叶片	3.980[b]	4.643[a]	5.816[a]	7.530[a]	9.073[a]	8.830[b]
施药叶上部叶片	3.536[d]	4.526[b]	5.453[b]	6.976[b]	8.843[b]	9.153[a]
清水处理（阴性对照）	3.470[e]	4.367[c]	4.900[c]	5.940[d]	6.170[d]	5.906[e]

2.1.4 超氧化物歧化酶活性的变化

Bruceine D对烟草SOD活性的影响，如表4所示。阴性对照的烟草中，SOD活性基本保持稳定，未发生显著变化；而经过Bruceine D，TMV处理的样品中，从第2天开始，SOD活性开始上升，三者之间的上升趋势基本一致。从接种/处理后第3天开始，施用Bruceine D叶片及其上部叶片中的SOD活性显著增加，而1d之后，接种TMV叶片及其上部叶片中的SOD活性也开始显著增加，这说明Bruceine D处理与接种TMV处理均能诱导寄主体内SOD活性的增加。

表4 接种TMV和Bruceine D处理后烟草植株SOD酶活性的变化

处理	处理后时间/d					
	0.5	1	2	3	4	5
接种叶片	3.790[c]	6.540[b]	5.590[e]	9.856[a]	13.237[b]	15.790[b]
接种叶上部叶片	3.623[d]	4.400[d]	6.943[b]	6.603[d]	9.676[c]	14.820[c]
施药叶片	4.416[a]	6.926[a]	6.513[c]	9.243[b]	14.796[a]	16.120[a]
施药叶上部叶片	4.257[b]	5.583[c]	7.586[a]	8.017[c]	9.917[c]	14.193[d]
清水处理（阴性对照）	4.183[b]	4.517[d]	5.820[d]	6.410[d]	7.617[d]	7.196[e]

2.2 对寄主烟草叶绿素、丙二醛含量及同工酶的影响

2.2.1 对叶绿素含量的影响

接种后第 14 天，普通烟 K326 叶片内叶绿素含量进行测定（图 1），结果表明，健康叶片中叶绿素含量（包括叶绿素 a、叶绿素 b 和叶绿素总量）最高，单独接种 TMV（阳性对照）后的叶片叶绿素含量最低。阳性对照的叶片内叶绿素 a、叶绿素 b 及总叶绿素含量比阴性对照分别下降 47%、43.3%和 43.6%；而接种并且喷施 Bruceine D 的烟草叶绿素 a、叶绿素 b 及总叶绿素含量比阴性对照（CK）分别只下降 8.8%、2.5%和 6.8%。只喷施 Bruceine D 的处理，与其他两个处理以及与阴性对照相比其差异都不显著。这表明喷施两种提取物对 TMV 侵染所造成的寄主叶绿素含量的降低有一定程度的减缓作用，能够阻止或延迟花叶症状的产生。

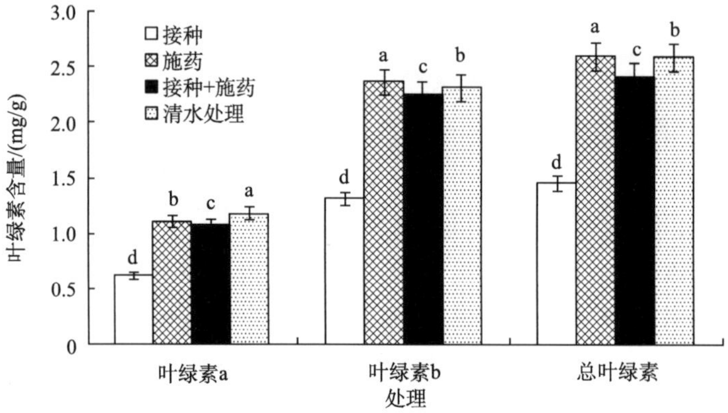

图 1　TMV 和 Bruceine D 处理对普通烟 K326 叶绿素含量的影响

图中各成分上标字母不同者为差异显著（$P=0.05$），相同者为不显著，图 2 示同

2.2.2 对 MDA 含量的影响

接种/处理 14d 后，对普通烟 K326 体内 MDA 含量进行测定（图 2）。结果表明，接种后，由于 TMV 的感染，普通烟 K326 细胞膜脂过氧化作用增强，使 MDA 不断积累。接种后第 14 天，只喷施 Bruceine D 对 MDA 含量影响不大，而阳性对照（接种）和接种后以鸦胆子处理的（接种＋喷药）的 MDA 含量分别为 12.752μmol/g FW 和 8.778μmol/g FW，比阴性对照（CK）MDA 含量（6.684μmol/g FW）分别高 90.8% 和 31.3%。由此可见，喷施 Bruceine D 后比接种 TMV，降低了对普通烟 K326 细胞膜脂过氧化的作用，抑制了 MDA 含量的增加，从而对寄主细胞表现出一定的保护作用。

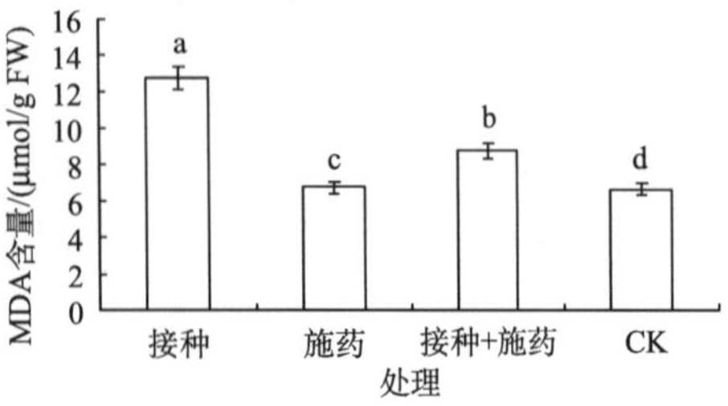

图 2　TMV 和 Bruceine D 对普通烟 K326 MDA 含量的影响

2.2.3 对 PPO 和 POD 同工酶的影响

在 Bruceine D（简称 B）处理/TMV 接种后第 14 天分别采样，比较喷施鸦胆子素 D 和接种后烟草 POD、PPO 两种酶同工酶谱的变化，结果见图 3。从 POD 同工酶谱（图 3A）来看，在接种后第 14 天，阴性对照（CK）共有 3～4 条谱带，而 Bruceine D 处理的谱带与阴性对照和阳性对照（TMV）相比有明显差异，比阳性对照多出 2 条谱带，R_f 分别约为 0.87 和 0.9；从 PPO 同工酶谱（图 3B）来看，喷施 Bruceine D 后烟草 PPO 同工酶的变化与 POD 同工酶基本相似，接种后第 14 天，喷施的谱带比阳性对照（TMV）多出 2 条（$R_f=0.74$，$R_f=0.79$）。这表明，Bruceine D 对烟草体内自身防御体系的启动可能有促进作用，能诱导受病毒感染烟草提前产生新的同工酶。

2.3 对寄主烟草可溶性糖及可溶性蛋白含量的影响

2.3.1 对寄主烟草可溶性糖含量的影响

作为烟草生长过程中的代谢产物和代谢原料，可溶性糖在烟草整个生长期中是用以维持烟叶中物

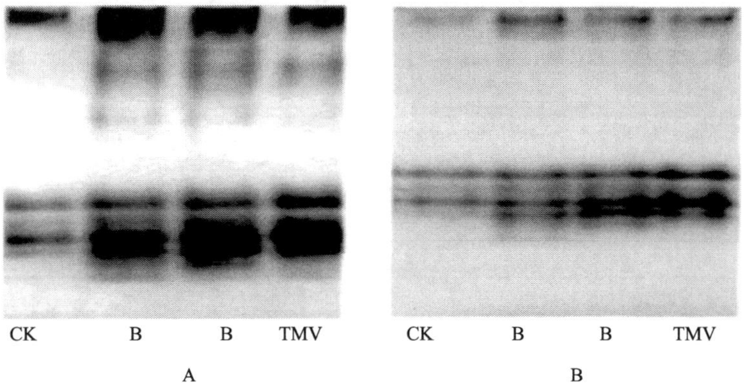

图 3 TMV 和 Bruceine D 处理后的 POD、PPO 同工酶谱
A. POD 同工酶谱；B. PPO 同工酶谱

质的转化和细胞渗透势的稳定，保证烟叶的品质。利用蒽酮法测定的烟草在经接种 TMV 和喷施 Bruceine D 等处理后对烟草可溶性糖含量的测定（表 5），结果表明，在阴性对照（CK）中，烟草中可溶性糖的含量没有变化，只是在处理后 3～6d 期间出现小的上升，随后又下降并保持稳定；而在接种 TMV 的阳性对照中，随着时间的增加，烟草中可溶性糖的含量逐渐下降，尤其是在接种后 3～6d 下降较快。在接种前后分别喷施 Bruceine D 的处理中，尽管可溶性糖含量相对阴性对照出现了下降的趋势，但显著高于阳性对照，而只喷施 Bruceine D 对烟草中可溶性糖含量影响不显著。这表明 Bruceine D 能够保持感染 TMV 的烟草中的可溶性糖含量的稳定，对烟草具有一定的保护作用。

表 5 TMV 和 Bruceine D 处理对烟草体内可溶性糖含量的影响

处理	处理后时间/d				
	0	3	6	9	12
接种	5.966^{a}	5.920^{b}	5.800^{c}	5.713^{c}	5.676^{c}
施药	5.970^{a}	5.967^{ab}	6.090^{a}	6.066^{a}	6.023^{a}
接种+施药	5.843^{a}	5.953^{ab}	5.903^{b}	5.890^{b}	5.860^{b}
清水处理（阴性对照）	5.970^{a}	5.990^{a}	6.120^{a}	6.053^{a}	6.017^{a}

2.3.2 对寄主烟草可溶性蛋白含量的影响

可溶性蛋白是构成细胞原生质的基本物质，外界刺激能够引起烟草体内可溶性蛋白含量的变化。在接种 TMV 和喷施鸦胆子 D 后不同时间内测定了烟草中可溶性蛋白含量（表 6）。结果表明，未经任何处理的阴性对照（CK）中可溶性蛋白在试验期中未发生变化，只在接种 TMV 后 0～6d，烟草的可溶性蛋白含量急剧下降，但在 6d 以后，差异不显著，分析其原因可能是由于 TMV 侵入烟草后表达了大量的病毒相关的结构蛋白和功能蛋白，以及与病程相关的蛋白（pathogenesis-related protein，PRP）。在接种前后喷施 Bruceine D 的处理中，烟草的可溶性蛋白含量在接种后的 0～6d 时间内略有上升，随后开始逐渐下降。在只喷施 Bruceine D 的处理中，随着时间的增加，烟草中可溶性蛋白含量也呈增加趋势，这种增加可能是由于 Bruceine D 诱导烟草产生的抗病蛋白。由此可见，Bruceine D 能够阻止 TMV 侵染造成的寄主可溶性蛋白含量的下降，并且可能诱导寄主产生抗病蛋白，但这需要在进一步的试验中证明。

表 6　TMV 和 Bruceine D 对烟草体内可溶性蛋白变化的影响

处理方法	处理后时间/d				
	0	3	6	9	12
接种	8.490[a]	8.236[c]	7.836[d]	7.766[d]	7.713[d]
施药	8.473[a]	8.553[a]	8.906[a]	9.093[a]	9.213[a]
接种＋施药	8.476[a]	8.496[b]	8.680[b]	8.547[c]	8.370[c]
清水处理（阴性对照）	8.473[a]	8.516[ab]	8.540[c]	8.640[b]	8.586[b]

3　讨论

植物的抗病性是建立在一系列物质代谢基础上的，是有关抗病性基因通过酶蛋白的表达，诱导有关抗病调控物质的产生来实现的。POD、PPO、PAL 和 SOD 等几种防御酶与寄主的抗病反应密切相关。刘学端等[3]报道，天然植物性农药 MH11-4 能显著提高烟草植株体内过氧化物酶的活性，对烟草有诱导抗病性作用；李兴红等[10]研究了植物源抗病毒剂 VA 的抗 TMV 作用机制，发现 VA 能诱导三生烟对 TMV 产生系统抗性，并提高 SOD、POD 和 PAL 等的防御酶活性，降低了 MDA 含量。本研究结果表明，Bruceine D 能够使烟草体内 POD、PPO、PAL 和 SOD 等酶活性均有不同程度的增强，而膜脂过氧化的产物 MDA 含量则相应降低，表明 Bruceine D 具有诱导抗性，能激发寄主产生与抗病有关的防卫反应，减缓由于病毒侵染而对寄主正常生理代谢平衡的破坏。植物同工酶与抗病性之间存在着一定联系，同工酶的变化是寄主对病原物感染的一种重要防卫反应。由于病原物的感染，使寄主体内代谢发生变化，常能诱导寄主产生多种新的同工酶。从本试验结果可以看出，喷施 Bruceine D，在接种后第 14 天即能诱导烟草 POD、PPO 等的同工酶产生 1～2 条阴性对照和阳性对照中所没有的谱带，表明 Bruceine D 对 POD、PPO 同工酶基因的表达可能具有诱导促进作用。本试验结果与已报道的上述几种抗病毒剂类似，由此初步推测 Bruceine D 可能具有相似的诱导抗病作用的机制。

TMV 侵染烟草后，烟草的叶绿体受到破坏，叶绿素含量明显降低，光合效率降低。以往研究表明，TMV 外壳蛋白存在于寄主叶绿体中，能特异地结合到光系统Ⅱ（PSⅡ）中，阻止电子传递，使氧原子不断积累，大量氧原子会降解叶绿素，破坏叶绿体结构和功能[12]。本试验研究表明，喷施 Bruceine D 后 14d 的叶绿素 a、叶绿素 b、叶绿素总量均比阳性对照（病叶）高，其原因可能是 Bruceine D 抑制了病毒外壳蛋白的合成及病毒在寄主体内的长距离运输，减轻了 TMV 对叶绿体的破坏，从而对寄主起到一定的保护作用。

烟草在整个生长过程中，产生了大量的可溶性糖和可溶性蛋白，用于调节自身代谢的平衡。病原物的入侵能造成寄主体内可溶性糖和可溶性蛋白的降低[8,13]，本研究发现，施用 Bruceine D 后能够阻止因 TMV 感染造成的可溶性糖和可溶性蛋白含量的降低，对寄主生理代谢起到保护作用。

4　结论

Bruceine D 能够通过提高寄主体内一系列与抗性相关的防御酶活性和诱导寄主产生新的同工酶谱，提高寄主抵御病毒侵害的能力，并且能够阻止因病毒感染而造成的寄主体内可溶性糖、可溶性蛋白以及叶绿素含量的下降，降低寄主因为感染 TMV 所造成的损伤，在一定程度上对寄主起到保护作用。

参考文献

[1] 樊兵，吴云锋，袁耀锋．植物源抗病毒活性物质的初步筛选．西北农林科技大学学报（自然科学版），2005，33（增刊 1）：167-170
[2] Hordanova A. Antiphytoviral activity of 1-morpholinomethl-tetrahydro pyrimidinone. Plant Pathology，1996，45(3)：547-551
[3] 刘学端，肖启明．植物源农药防治烟草花叶病机理初探．中国生物防治，1997，13(3)：128-131
[4] 车海彦，吴云锋，杨英等．植物源病毒抑制剂 WTC-II 控制烟草花叶病毒（TMV）的作用机理初探．西北农业学报，2004，13(4)：43-49
[5] 陈梅，邱德文，刘峥等．植物激活蛋白对烟草花叶病毒 RNA 复制及外壳蛋白合成的抑制作用．中国生物防治，2006，22(1)：63-66
[6] Shen JG，Zhang ZK，Wu ZJ，et al. Antiphytoviral activity of Bruceine-D from *Brucea javanica* seeds. Pest Management Science，2007，64(2)：191-196
[7] 李靖，利容千，袁文静．黄瓜感染霜霉病叶片中一些酶活性变

化. 植物病理学报，1991，21(4)：277-282

[8] 毛健民，郑爱珍，白岩等. 烟草叶片感染花叶病毒时的某些生理生化变化. 吉林农业大学学报，2002，24(4)：19-21

[9] 李保聚，李凤云. 黄瓜不同抗性品种感染黑星病菌后过氧化物酶和多酚氧化酶的变化. 中国农业科学，1998，31(1)：86-88

[10] 李兴红，贾月梅，商振清等. VA系统诱导烟草对TMV抗性与细胞内防御酶系统的关系. 河北农业大学学报，2003，26(4)：21-24

[11] 彭运生，刘恩. 关于提取叶绿素方法的比较研究. 北京农业大学学报，1992，18(3)：247-250

[12] Reinero A, Beachy RN. Association of TMV coat protein with chloroplast membranes in virus-infected leaves. Plant Mol Biol, 1986, 6(5)：291-301

[13] 邵碧英，吴祖建，林奇英等. 烟草花叶病毒强、弱毒株对烟草植株的影响. 中国烟草科学，2002，23(1)：43-46

Neolignan and lignan glycosides from branch bark of *Davidia involucrata*

OUYANG Ming-an[1,2], HUANG Jiang[1], TAN Qing-wei[1]

(1 Institute of Plant Virology, Fujian Agriculture and Forestry University, Fuzhou 350002
2 Department of Bio-Engineering & Technology, Huaqiao University, Quanzhou 362011)

Abstract: Two new neolignan glycosides, davidioside A (**1**) and davidioside B (**2**), have been isolated along with six known compounds from the branch bark of *Davidia involucrata*. Identification of their structures was achieved by 1D and 2D NMR experiments, including ^1H-^1H COSY, NOESY, HMQC, and HMBC methods as well as FAB mass spectral data.

Key words: *Davidia involucrata*; nyssaceae; branch bark; lignan glucosides; davidiosides A; davidiosides B

1 Introduction

Davidia involucrata is a famous chinese peculiar tree, which only grows in the west of China[1]. For our interest in the chemical constituents of chinese Nyssaceae species, we reported six flavones and flavonoid glycosides[2], seven caffeoyl derivatives from the leaves of *D. involucrata*[3], and seven phenolic glycosides from the stem bark of *D. involucrata*[4]. In this paper, we describe the isolation and structural elucidation of two new neolignan glycosides, davidioside A (**1**), davidioside B (**2**), and six known compounds: dihydrodehydrodiconiferyl alcohol-9-*O*-β-D-xylopyranoside (**3**)[5], dihydrodehydrodiconiferyl alcohol-40-*O*-β-D-glucopyranoside (**4**)[6], dihydrodehydrodiconiferyl alcohol-9-*O*-β-Dglucopyranoside (**5**)[7], glochidioboside (**6**)[8], dihydrodehydrodiconiferyl alcohol (**7**)[9] and isolariciresinol-9-*O*-β-D-glucopyranoside (**8**)[10] from the branch bark of the title plant (Fig. 1).

2 Results and discussion

Davidioside A (**1**) was obtained as a yellow amorphous powder, whose molecular formula was determined to be $C_{33}H_{38}O_{15}$ by observation of a quasi-molecular ion peak at *m/z* 673. 2128 [M-H]$^-$ in the negative ion HRFAB mass spectrum. The IR spectrum indicated the presence of hydroxyl group (3340cm^{-1}), conjugated ester (1682cm^{-1}), and benzene ring (1607cm^{-1} and 1500cm^{-1}). Acid hydrolysis of **1** with **2**mol/L TFA afforded glucose which was identified by HPTLC. The ^{1}H NMR spectrum of **1** showed an ABX spin system signals at δ_H 6. 99 (1H, d, J=2. 0Hz), 7. 04 (1H, d, J=8. 3Hz), 6. 79 (1H, dd, J=8. 3, 2. 0Hz), aromatic proton signals at δ_H 6. 70 (1H, br. s, overlap), 6. 71 (1H, br. s, overlap) and 7. 09 (2H, s), an anomeric proton signal at δ_H 4. 88 (1H, d, J=7. 8Hz), and two methoxyl signals at δ_H 3. 84 (6H, s, -OCH_3). The ^{13}C NMR spectrum of **1** gave a carbonyl signal at δ_C 168. 2 (ester group), 18 aromatic carbon signals, a hexose signals and two methoxyl signals (see Table 1). Evaluation of spin-spin coupling and chemical shifts of the hexose allowed the identification of one β-glucopyranosyl unit. The ^{1}H and ^{13}C NMR spectra of **1** suggested the presence of two primary alcohols, two characteristic signals

Journal of Asian Natural Products Research, 2007, 9 (6): 487-492

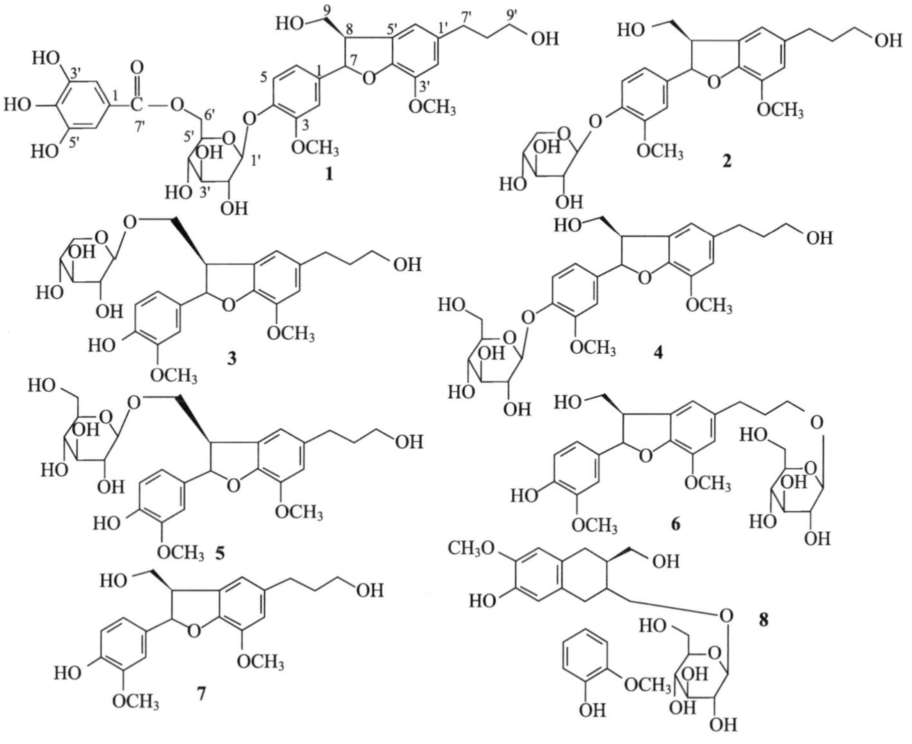

Fig. 1 The structures of compounds **1-8**

(δ_C 88.2 with δ_H 5.48 and 55.4 with a proton resonating at δ_H 3.89) for a benzofuran type neolignan, and a galloyl group due to the signals at δ_H 7.09 (2H, s) in the ^{1}H NMR spectrum and δ_C 168.2, 146.5×2, 139.8, 121.5, 110.4×2 in the ^{13}C NMR spectrum. Because the molecular elemental composition of **1** was 33 carbons, besides the galloyl group and the glucose, the compound **1** must be 20 carbons including 12 aromatic carbons (sp^2 carbons), six sp^3 carbons and two methoxy carbons. Comparing with the NMR data of **1** and the reported reference[9] revealed the aglycone of compound **1** was dihydrodehydrodiconiferyl alcohol. The cross-peaks in the HMBC experiments between H-2‴, H-6‴ and C-7‴, C-4‴, C-3‴, C-5‴, C-1‴, between H-6″ and C-7‴, between H-1″ and C-4, indicated that the gallic acid was linked at C-6″ of the glucose and the sugar linked at C-4 of the genin. On the basis of above evidences, **1** was determined to be 4-*O*-(6-galloyl)-β-D-glucopyranosyl dihydrodehydrodiconiferyl alcohol(Fig. 2).

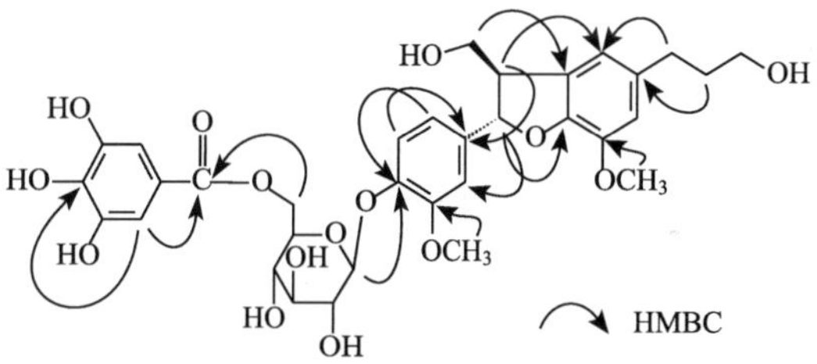

Fig. 2 HMBC correlations for **1**

Compound **2** exhibited the presence of hydroxyl group (3330cm^{-1}) and benzene ring (1606cm^{-1} and 1500cm^{-1}). Acid hydrolysis of **2** with 2 M TFA gave xylose which was identified by HPTLC. The HRFAB-MS of **2** exhibited a quasi-molecular ion peak at *m/z* 491.1914 [M-H]$^-$, which was consistent with the molecular formula $C_{25}H_{31}O_{10}$, representing ten degrees of unsaturation. The ^{1}H NMR spectrum of **2** showed a ABX spin system signals at δ_H 7.02 (1H, d, J = 1.7Hz), 6.70 (1H, d, J = 8.3Hz), 6.90 (1H, dd, J = 8.3, 1.7Hz), aromatic proton signal δ_H 6.72 (2H, br. s, overlap), an anomeric proton signal δ_H 4.85 (1H, d, J = 7.2Hz) and two methoxy signals δ_H 3.89 (3H, s, -OCH_3), 3.84 (3H, s, -OCH_3). Comparing with the NMR data of **2** and **7** showed that their data were similar except the positions C-

4, C-3, and C-5. This evidence indicated the structures of **2** and **7** were the same genin. The correlation of the HMBC experiment indicated that the xylose was linked at C-4, due to the cross-peak between H-1 of xylose and C-4. Thus, compound 2 was elucidated to be 4-*O*-β-D-xylopyranosyl dihydrodehydrodiconiferyl alcohol.

3 Experimental

3.1 General experimental procedures (Table 1)

Melting points were determined on a Yanaco MP-S3 apparatus and are uncorrected. UV spectra were recorded with a Backman DU-64 spectrometer. Optical rotations were measured with a Jasco DIP-180 digital polarimeter spectrophotometer. The IR spectrum was recorded with a Perkin-Elmer 1750 FTIR spectrometer. ^1H, ^{13}C, DEPT, ^1H-^1H COSY, NOESY, HMQC and HMBC NMR spectra were obtained on a Varian Unity Plus 400 instrument. FAB mass spectra were recorded on a Jeol JMS-HX 110 instrument. Chromatographic stationary phases were RP-8 (40-60μm, Merck), silica gel (160-200 mesh), Sephadex LH-20 (25-100μm, Pharmacia Fine Chemical Co., Ltd.) and MCI-gel CHP20P (75-150μm, Mitsubish Chemical Industries, Ltd.). The following solvent systems were a. $CHCl_3$-MeOH-H_2O (80 : 20 : 3), $CHCl_3$-MeOH-H_2O (70 : 30 : 5) and MeOH-H_2O (0~100%) for the glycosides; and b. $CHCl_3$-MeOH-H_2O (7 : 3 : 1) lower-layer 9mL + 1mL HOAc for sugars. Spot of TLC was detected by spraying with 5% H_2SO_4, then by heating. Sugars were detected by spraying with aniline-phthalate reagent.

3.2 Plant material

The branch bark of *Davidia involucrata* was collected on the Yun-Long Mountain, Gong-Shan county of Yunnan province, China in 1995. The plant was identified by Dr. Y. P. Yang, A voucher specimen (No. 12245) is deposited in the Herbarium of Kunming Institute of Botany, Chinese Academy of Sciences, Kunming, China.

Table 1 ^1H and ^{13}C NMR data of compounds* 1 and 2 (CD_3OD)

1		δH	δC	2		δH	δC
1	C		138.3	1	C		138.7
2	CH	6.99 (1H, d, J=2.0Hz)	111.1	2	CH	7.02 (1H, d, J=1.7Hz)	112.2
3	C		150.8	3	C		151.3
4	C		147.4	4	C		147.5
5	CH	7.04 (1H, d, J=8.3Hz)	118.0	5	CH	6.70 (1H, d, J=8.3Hz)	118.0
6	CH	6.79 (1H, dd, J=8.3, 2.0Hz)	119.7	6	CH	6.90 (1H, dd, J=8.3, 1.7Hz)	119.2
7	CH	5.48 (1H, d, J=5.9Hz)	88.2	7	CH	5.54 (1H, d, J=6.0Hz)	88.5
8	CH	3.89 (1H, m)	55.4	8	CH	3.90 (1H, m)	55.7
9	CH_2	3.81 (1H, m) 3.74 (1H, m)	65.0	9	CH_2	3.43 (2H, m, overlap)	65.1
3-OCH_3		3.84 (3H, s)	56.7	3-OCH_3		3.89 (3H, s)	56.7
1′	C		129.8	1′	C		129.6
2′	CH	6.70 (1H, br.s, overlap)	114.3	2′	CH	6.72 (1H, br.s, overlap)	114.2
3′	C		145.1	3′	C		145.2
4′	C		147.4	4′	C		147.3
5′	C		137.0	5′	C		137.1
6′	CH	6.71 (1H, br.s, overlap)	118.1	6′	CH	6.72 (1H, br.s, overlap)	118.5
7′	CH_2	2.60 (2H, t, J=7.9Hz)	32.9	7′	CH_2	2.61 (2H, t, J=7.7Hz)	32.9
8′	CH_2	1.80 (2H, m)	35.7	8′	CH_2	1.80 (2H, m)	35.8

续表

1		δ_H	δ_C	2		δ_H	δ_C
9′	CH_2	3.56 (2H, t, J=6.4Hz)	62.3	9′	CH_2	3.83 (2H, overlap)	62.2
3-OCH_3		3.84 (3H, s)	56.9	3-OCH_3		3.84 (3H, s)	56.7
1″	CH	4.88 (1H, d, J=7.8Hz)	102.7	1″	CH	4.85 (1H, d, J=7.2Hz)	103.5
2″	CH	3.50 (1H, t, J=7.8Hz)	74.9	2″	CH	3.42 (1H, overlap)	74.6
3″	CH	3.52 (1H, t, J=9.3Hz)	77.8	3″	CH	3.31 (1H, overlap)	77.4
4″	CH	3.42 (1H, t, J=9.3Hz)	71.8	4″	CH	3.55 (1H, t, J=6.4Hz)	71.0
5″	CH	3.70 (1H, m)	75.6	5″	CH_2	3.29 (2H, overlap)	66.8
6″	CH_2	4.53 (1H, br. d, J=12.0Hz) 4.41 (1H, dd, J=12.0, 7.2Hz)	64.8				
1‴	C		121.5				
2‴, 6‴	CH	7.09 (2H, s)	110.4				
3‴, 5‴	C		146.5				
4‴	C		139.8				
7‴	C		168.2				

* Measured in CD_3OD at 400 MHz for ^1H and 100 MHz for ^{13}C

3.3 Extraction and isolation

The dry branch bark of *Davidia involucrata* (10kg) were extracted (2×10L) with MeOH at room temperature (7 days×2). The extract was evaporated *in vacuo* to yield a residue, which was solubilized in water and then filtered. The water-soluble fraction was passed through a D_{101} macroporous adsorptive resin column and was eluted with water and methanol. Evaporation of the methanol eluate yielded 175g of a brown fraction (A). The fraction A was subjected to dry column chromatography (DCC) on silica gel (2.0kg), eluted with $CHCl_3/MeOH/H_2O$ (10 : 2 : 0.2) to get 13 fractions. Each fraction was purified by Sephadex LH-20, RP-8 gel column chromatography (solvent: MeOH-H_2O, 10%-70%) and finally purified repeatly by chromatography on a silica gel column with $CHCl_3/MeOH/H_2O$ (100 : 10 : 1-70 : 30 : 5) as eluent to yield **1** (59.9mg), **2** (16mg), **3** (12.7mg), **4** (40mg), **5** (74mg), **6** (56mg), **7** (48.7mg), **8** (60mg).

3.3.1 Davidioside A (**1**)

yellow amorphous powder, mp 136-138℃, HRFABMS m/z 673.2128 [M-H]$^-$ (calcd for $C_{33}H_{38}O_{15}$, 673.2132), $[\alpha]_D^{21}$ −21 (c 0.5, MeOH); IRν_{max} cm^{-1}: 3340, 1682, 1607, 1520, 1500; UV λ_{MeOH} nm (log ε): 229 (3.92), 281 (3.45), 310 (3.14); FABMS m/z 673 [M-H]$^-$; ^1H NMR and ^{13}C NMR (see Table 1).

3.3.2 Davidioside B (**2**)

cololess amorphous powder, mp 85-86℃, $[\alpha]_D^{21}$ −14 (c 0.16, MeOH); IRν_{max} cm^{-1}: 3330, 1606, 1519, 1500; UV λ_{MeOH} nm (log ε): 229 (4.02), 282 (3.65); FAB-MS m/z 491 [M-H]$^-$, 359 [M-H-132]$^-$; HR-FAB-MS$m/z$ 491.1914 [M-H]$^-$ (calcd for $C_{25}H_{31}O_{10}$, 491.1917); ^1H and ^{13}C NMR (see Table 1).

3.4 Acid hydrolysis

A solution of each compound (8mg) was heated at 100℃ in 2 M aqueous CF_3COOH (5mL) and refluxed on a water bath for 3h. After this reaction, the reaction mixture was diluted with H_2O (15mL) and extracted with CH_2Cl_2 (3×5mL). The CH_2Cl_2 extracts were washed with H_2O and then evaporated to dryness *in vacuo*. After evaporation of the aqueous layer with MeOH until neutral to dryness, the sugars were analyzed by comparison with authentic sample [solvent system $CHCl_3/MeOH/H_2O$ (7 : 3 : 1) lower-layer 9mL+1mL HOAc for sugars] on silica gel HPTLC.

Acknowledgments

This research was supported by the National

Natural Science Foundation of China (research project 20272015). We thank the staff of the analytical group of Kunming Institute of Botany, Chinese Academy of Sciences, for measurements of NMR and FAB-MS spectra.

References

[1] Institute of Botany, Chinese Academy of Sciences. Iconographia cormophytorum sinicorum, Vol. Ⅱ. Beijing: Science Press, 2002

[2] Ouyang MA, Zhou JN. 珙桐叶中的黄酮甙成分. Guihaia, 2003, 23: 568-570

[3] Ouyang MA, Zhou JN, Wang SB. New caffeoyl derivatives from the leaves of *Davidia involucrata*. Nat Prod Res, 2008, 22, 471-476

[4] Wu ZJ, Ouyang MA, Wang SB. Two new phenolic water-soluble constituents from branch bark of *Davidia involucrata*. Nat Prod Res, 2008, 22, 483-488

[5] Kouno Y, Yanagida S, Shimono M, et al. Neolignans and a phenylpropanoid glucoside from *Illicium difengpi*. Phytochemistry, 1993, 32: 1573-1577

[6] Christine K, Gerhard S. Comparison of phenolic compounds from galls and shoots of *Picea glauca*. Phytochemistry, 1997, 44: 59-67

[7] Wang CZ, Jia ZJ. Lignan, phenylpropanoid and iridoid glycosides from *Pedicularis torta*. Phytochemistry, 1997, 45: 159-166

[8] Yoshio T, Chieko M, Toshiya M, et al. Glochidioboside, a glucoside of (7S,8R)-dihydrodehydrodiconiferyl alcohol from leaves of *Glochidion obovatum*. Phytochemistry, 1998, 49: 2137-2139

[9] Pieters LAC, Vanden DA, Vlierinck AJ. A dihydrobenzofuran lignan from *Croton erythrochilus*. Phytochemistry, 1990, 29: 348-351

[10] Kaori Y, Toshinori I, Hideaki O, et al. Lignan and neolignan glycosides from stems of *Alangium premnifolium*. Phytochemistry, 1997, 45: 611-615

New caffeoyl derivatives from the leaves of *Davidia involucrata*

OUYANG Ming-an[1,2], ZHOU Jian-nin[1], WANG Shi-bin[1]

(1 Institute of Plant Virology, Fujian Agriculture and Forestry University, Fuzhou 350002
2 Department of Bio-Engineering & Technology, Huaqiao University, Quanzhou 362011)

Abstract: Three new caffeoyl galactoic acid derivatives, davidiosides A-C (**1-3**) together with four known caffeoyl derivatives such as: caffeic acid (**4**), methyl caffeate (**5**), chlorogenic acid (**6**), and methyl chlorogenate (**7**) were isolated from the leaves of *Davidia involucrata*. The new structures were determined by spectroscopic data and chemical evidence.

Key words: *Davidia involucrata*; Nyssaceae; leaves; caffeoyl derivatives

1 Introduction

Davidia involucrata (Nyssaceae) is a famous ornamental tree which only distributes the western China, such as Sichuan, Guizhou, western Hubei, and northern Yunnan[1-3]. To the chemical constituents of the Chinese plant species of the Nyssaceae, we have reported six flavones and their flavonoid glycosides, kaempferol, kaempferol-3-*O*-[3-D-glucopyranoside, kaempferol-3-*O*-[3-D-galactopyranoside, quercetin, quercetin-3-*O*-[3-D-arabinopyranoside, quercetin-3-*O*-[3-D-galactopyranoside from the leaves of *D. involucrata* collected from Yunnan province[4]. In this article, we described the isolation and structural elucidation of three new caffeoyl galactoic acid derivatives named as davidiosides A-C (**1-3**) along with four known caffeoyl derivatives such as, caffeic acid (**4**), methyl caffeate (**5**), chlorogenic acid (**6**), and methyl chlorogenate (**7**)[5] (Fig. 1).

2 Results and Discussion

Compound **1** was obtained as colorless powder, m. p. 187-190℃, $[\alpha]_D^{21}+36°$ (c 0.6, MeOH). The FAB-MS of **1** exhibited a quasi-molecular ion peak at m/z 339 $[M-H]^-$. The HRFAB-MS gave the molecular ion peak at m/z 339.0719, which was consistent with the molecular formula $C_{15}H_{16}O_9$, representing eight elements of unsaturation. The absorption bands at ν_{max} 3302cm^{-1}, 1715cm^{-1}, 1686cm^{-1}, 1627cm^{-1}, and 1602cm^{-1} in the IR spectrum were characteristic of hydroxyl, carbon-

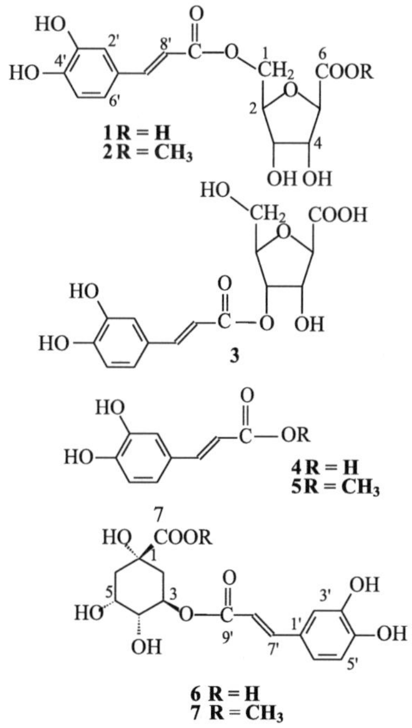

Fig. 1 Structures of compounds **1-7**

yl, conjugated carbonyl, double bond and aromatic group, respectively. The ^1H NMR spectrum of **1** in DMSO showed a ABX spin system at δ_H 7.04 (1H, d, $J=1.3Hz$, H-2′), 6.99 (1H, dd, $J=7.6, 1.3Hz$, H-6′), 6.75 (1H, d, $J=7.6Hz$, H-5′), suggesting a 1,3,4-trisubstituted phenyl moiety, a *trans*-double bond signals attributed to two olefinic protons at δ_H 7.47 (1H, d, $J=15.7Hz$, H-7′), 6.25 (1H, d, $J=15.7Hz$, H-8′), and six protons of bearing oxygen in the range δ_H 4.25-3.41. The ^{13}C NMR and DEPT spectra of **1** displayed fifteen carbon signals including nine sp^2 carbons of a caffeoyl aglycone, five sp^3 and one sp^2 carbons (δ_C 71.4, 70.1, 69.3, 67.0, 65.9, and 179.5) of a sugar-like moiety, which had no anomeric proton and carbon signal (see table I) . The H-H COSY and TOCSY experiments assigned H_1 to H_5. The long-range HMBC gave the correlations from H-1 to C-9′, H-2 to C-1, H-5 to C-6, and H-7′ to C-9′, C-1′, these correlations unequivocally established that a caffeoyl group was located at C-1 of the sugar-like moiety. By the NOESY experiment the relative configurations were exhibited H-1 to H-2, H-2 to H-5, H-3 to H-4, and H-4 to H-5 (Fig. 2) and due to the molecular formula of **1** was eight elements of unsaturation, so the unsaturation of sugar-like moiety must be two, which structure suggested an ether ring. Above the clues implied the sugar-like moiety was a galactoic acid. Therefore, compound **1** was assigned as 1-caffeoyl galactoic ester, named davidioside A.

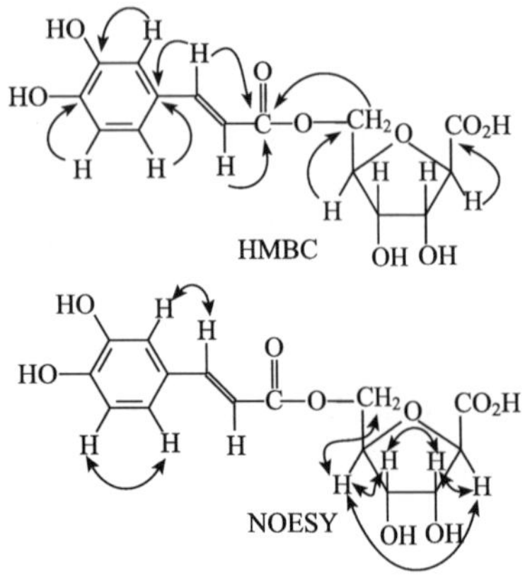

Fig. 2 HMBC and NOESY correlations of compound **1**

Compound **2** was a methylated davidioside A at C-6 position, maybe an artifical product. Its IR spectrum showed absorption bands for hydroxyl (3318), ester (1735), conjugated carbonyl (1690), conjugated double bond (1613), and aromatic ring (1600) . The FAB-MS spectrum exhibited a quasi-molecular ion peak at m/z 353 $[M-H]^-$. The ^1H and ^{13}C NMR spectra of **2** displayed similar structure except for methoxyl group. Accordingly, the structure of **2** was determined as 1-caffeoyl-6-methyl galactoic ester, and named davidioside B.

Compound **3** and **1** were isomer, the same FABMS spectra, similar IR spectra, and similar ^1H and ^{13}C NMR spectra except for ester linking position. 2D NMR experiments assigned all signals of the ^1H and ^{13}C NMR data. In the HMBC spectrum the key long-range correlation from H-3 to C-9′ was confirmed a caffeoyl linking at C-3 position of galactoic acid, so, **3** was determined as 3-caffeoyl galactoic acid, and named davidioside C.

3 Experimental

3.1 General experimental procedures (Table 1)

Melting points were determined on a Yanaco MP-S3 apparatus and were uncorrected. IR spectra were recorded with a Perkin Elmer-377 infracord spectrophotometer usingKBr pellets. Optical rotations were measured with a Jasco DIP-180 digital polarimeter spectrophotometer. ^1H, ^{13}C, DEPT, ^1H-^1H COSY, TOCSY, NOESY, HMQC and HMBC NMR spectra were obtained on a Varian Unity Plus 400 instrument. FAB mass spectra were recorded on a Jeol JMS-HX 110 instrument. Chromatographic stationary phase used RP-8 (40-60μm, Merck), silica gel (160-200 mesh), Sephadex LH-20 (25-100μm, Pharmacia Fine Chemical Co., Ltd.) and MCI-gel CHP20P (75-150μm, Mitsubish Chemical Industries, Ltd.) . The following solvent systems were used: $CHCl_3$-MeOH-H_2O (100 : 20 : 2), $CHCl_3$-MeOH-H_2O (80 : 20 : 3) and MeOH-H_2O (0-100%) for each fraction; Spot of TLC was detected by spraying with 5% H_2SO_4 followed by heating.

Table 1 ^{1}H and ^{13}C NMR spectral assignments of the davidiosides A-C (1-3) in DMSO

No.	DEPT	1		2		3	
1	CH_2	65.9	4.14 (1Ha, m), 4.06 (1Hb, m)	65.8	4.16 (1Ha, m), 4.05 (1Hb, m)	64.4	4.02 (1Ha, m), 3.92 (1Hb, m)
2	CH	67.0	3.96 (1H, dd, J=16.1, 5.2 Hz)	66.9	3.97 (1H, dd, J=16.0, 5.4 Hz)	65.5	3.83 (1H, dd, J=15.8, 5.2 Hz)
3	CH	69.3	3.41 (1H, dd, J=16.1, 7.8 Hz)	69.0	3.40 (1H, dd, J=16.0, 7.7 Hz)	79.5	4.61 (1H, dd, J=15.8, 6.7 Hz)
4	CH	71.4	3.81 (1H, dd, J=14.2, 7.8 Hz)	71.4	3.84 (1H, dd, J=14.5, 7.7 Hz)	73.9	3.78 (1H, dd, J=15.0, 6.7 Hz)
5	CH	70.1	4.25 (1H, br. s)	70.5	4.27 (1H, br. s)	71.5	4.22 (1H, br. s)
6	C	179.5		175.5		179.3	
	OCH_3			51.5	3.63 (3H, s)		
1′	C	125.6		125.6		125.6	
2′	CH	114.8	7.04 (1H, d, J=1.3 Hz)	114.4	7.04 (1H, d, J=1.8 Hz)	114.7	7.05 (1H, d, J=2.0 Hz)
3′	C			145.6		145.6	
4′	C			148.4		148.5	
5′	CH	115.8	6.75 (1H, d, J=7.6 Hz)	115.8	6.75 (1H, d, J=8.0Hz)	115.8	6.75 (1H, d, J=7.9 Hz)
6′	CH	121.4	6.99 (1H, dd, J=7.6, 1.3 Hz)	121.4	6.99 (1H, dd, J=8.0, 1.8 Hz)	121.5	7.00 (1H, dd, J=7.9, 2.0 Hz)
7′	CH	143.4	7.47 (1H, d, J=15.7 Hz)	145.5	7.48 (1H, d, J=15.9 Hz)	145.1	7.53 (1H, d, J=16.0 Hz)
8′	CH	114.1	6.25 (1H, d, J=15.7 Hz)	114.1	6.25 (1H, d, J=15.9 Hz)	114.1	6.29 (1H, d, J=16.0 Hz)
9′	C	166.6		166.4		166.6	

3.2 Plant material

The leaves of *D. involucrata* Baill. were collected on the Yun-Long Mountain, Gong-Shan County of Yunnan province, China in 1995. The plant was identified by Dr Y. P. Yang, A voucher specimen (No. 12245) was deposited in the Herbarium of Kunming Institute of Botany, Chinese Academy of Sciences, Kunming, China.

3.3 Extraction and isolation

The fresh leaves of *Davidia involucrate* (3kg) were extracted (5×5L) with MeOH at room temperature (7days×2). The extract was evaporated in *vacuo* to yield a residue, which was solubilized in water and then filtered. The water soluble fraction was passed through a D_{101} column and eluted with water and methanol. Evaporation of the methanol eluate yielded 25g of a brown fraction (A). The fraction (A) was subjected to dry column chromatography (DCC) on silica gel (1.0kg), eluted with $CHCl_3$-MeOH-H_2O (10 : 2 : 0.2) to get thirteen fractions. Each fraction by Sephadex LH-20, RP-8 gel column chromatograph (solvent: MeOH-H_2O, 5%-70%) and finally chromatographed on silica gel with $CHCl_3$-MeOH-H_2O (100 : 10 : 1-80 : 20 : 2) as eluate to yield **1** (15mg), **2** (21mg), **3** (37mg), **4** (64mg), **5** (34mg), **6** (11mg), **7** (35mg).

Davidioside A (1): colorless amorphous powder, m. p. 187-190℃, HRFABMS *m/z* 339.0719 (calcd for $C_{15}H_{15}O_9$, 339.0716), $[\alpha]_D^{21}$ +36 (c 0.6, MeOH); IR (KBr) ν_{max}: 3302 (OH), 1715 (COOH), 1686 (CO), 1627 (C=C), and 1602 (aromatic ring) cm^{-1}; FAB-MS *m/z* 339 $[M-H]^-$; ^1H NMR and ^{13}C NMR (table 1).

Davidioside B (2): amorphous powder, m. p. 132-133℃, HRFABMS *m/z* 353.0877 (calcd for $C_{16}H_{17}O_9$, 353.0872), $[\alpha]_D^{21}$ +15 (c 0.9, MeOH); IR (KBr) ν_{max}: 3318 (OH), 1735 ($COOCH_3$), 1690 (CO), 1613 (C=C), and 1600 (aromatic ring) cm^{-1}; FAB-MS *m/z* 353 $[M-H]^-$; ^1H NMR and ^{13}C NMR (table 1).

Davidioside C (3): colorless amorphous powder, m. p. 159-163℃, HRFABMS *m/z* 339.0717 (calcd for $C_{15}H_{15}O_9$, 339.0716), $[\alpha]_D^{21}$ +16 (c 1.3, MeOH); IR (KBr) ν_{max}: 3300 (OH), 1715 (COOH), 1683 (CO), 1624 (C=C), and 1600 (aromatic ring) cm^{-1}; FAB-MS *m/z* 339 $[M-H]^-$; ^1H NMR and ^{13}C NMR (table 1).

Chlorogenic acid (6): amorphous powder, $C_{16}H_{18}O_9$, FAB-MS *m/z* 353 $[M-H]^-$; ^{13}C NMR (C_5D_5N) δ_C 179.4 (C-7), 167.9 (C-9′), 147.7 (C-7′), 147.5 (C-3′), 146.0 (C-4′), 127.2 (C-1′), 122.3 (C-6′), 116.8 (C-2′), 115.9 (C-5′), 115.7 (C-8′), 77.2 (C-1), 74.3 (C-4), 72.5 (C-5), 72.1 (C-3), 40.3 (C-2), and 39.0 (C-6). ^1H NMR δ_H 7.44 (1H, d, *J*=15.8Hz, H-7′), 7.07 (1H, d, *J*=2.0Hz, H-2′), 6.97 (1H, dd, *J*=2.0, 8.0Hz, H-6′), 6.77 (1H, d, *J*=8.0Hz, H-5′), 6.20 (1H, d, *J*=15.8Hz, H-8′), 5.14 (1H, br. d, *J*=9.5Hz, H-3), 3.95 (1H, br. s, H-5), 3.52 (1H, br. d, *J*=10.0Hz, H-4), 2.00 (1H, d, *J*=15.1Hz, H-6a), 1.89 (1H, br. s, H-2), 1.75 (1H, d, *J*=15.1Hz, H-6b).

Methyl chlorogenate (7): white powder, $C_{17}H_{19}O_9$; FAB-MS *m/z* 367 $[M-H]^-$; ^{13}C NMR (CD_3OD) δ_C 175.4 (C-7), 168.3 (C-9′), 149.7 (C-7′), 147.2 (C-3′), 146.8 (C-4′), 127.7 (C-1′), 122.8 (C-6′), 116.5 (C-2′), 115.3 (C-5′), 115.2 (C-8′), 75.9 (C-1), 72.6 (C-4), 72.1 (C-5), 70.4 (C-3), 53.0 (7-OCH_3), 38.0 (C-2), and 37.8 (C-6). ^1H NMR δ_H 7.52 (1H, d, *J*=16.0Hz, H-7′), 7.05 (1H, d, *J*=2.0Hz, H-2′), 6.95 (1H, dd, *J*=2.0, 8.0Hz, H-6′), 6.76 (1H, d, *J*=8.0Hz, H-5′), 6.20 (1H, d, *J*=16.0Hz, H-8′), 5.26 (1H, br. d, *J*=5.5Hz, H-3), 4.11 (1H, br. s, H-5), 3.72 (1H, br. d, *J*=7.0Hz, H-4), 3.68 (3H, s), 2.20 (1H, m, H-6a), 2.20 (1H, m, H-2), 1.99 (1H, m, H-6b).

Acknowledgments

We thank the staff of the analytical group of Department of Chemistry, Taiwan University for measuring the NMR and FAB-MS spectra and this research was supported by a Chinese National Science Fund (research project 20272015).

References

[1] Institute of Botany, Chinese Academy of Sciences. Iconographia cormophytorum sinicorum, Vol. Ⅱ. Beijing: Science Press, 2002

[2] He JS, Lin J, Chen WL. The current status of endemic and endangered species *Davidia involucrata* and the preserving strategies. Chinese Biodiversity, 1995, 3: 213

[3] Li LY, Zhang DY, Bai FW. Research on camptothecine (CPT) and its derivative. J Dalian Nati Univer, 1971, 3: 17

[4] Ouyang MA, Zhou JN. Flavonoid glycosides from the leaves of *Davidia involucrata*. Guihaia, 2003, 23: 568

[5] Yang C, Shi JG, Mo SY, et al. Chemical constituents of *Pyrrosia petiolosa*. Asian Nat Prod Res, 2003, 5: 143

Antiphytoviral activity of bruceine D from *Brucea javanica* seeds*

SHEN Jian-guo[1,2], ZHANG Zheng-kun[1], WU Zu-jian[1], OUYANG Ming-an[1], XIE Lian-hui[1], LIN Qi-ying[1]

(1 Key Laboratory of Biopesticide and Chemical Biology, Ministry of Education, Fujian Agriculture and Forestry University, Fuzhou 350002; Institute of Plant Virology, Fujian Agriculture and Forestry University, Fuzhou 350002; 2 Institute of Animal and Plant Quarantine, Fujian Entry-Exit Inspection and Quarantine Bureau, Fuzhou 350001)

Abstract

Background: *Brucea javanica* L. is widely distributed throughout the southern parts of China and has been used in traditional medicine to treat a variety of diseases. The objective of the present study was to identify the active antiphytoviral compound in the seeds of *B. javanica* and evaluate the inhibitory activity of the compound against plant virus.

Results: Bioassay-guided fractionation of the most active extract from the seeds led to the isolation of an antiphytoviral compound, which was identified as Bruceine D by conventional spectroscopy methods. The compound exhibited significant inhibitory activity against the infection and replication of *Tobacco mosaic virus* (TMV) with a IC_{50} of 13. 98mg/L and 7. 13mg/L, respectively. The compound also showed a strong inhibitory effect on the infectivity of *Potato virus Y* (PVY) and *Cucumber mosaic virus* (CMV). Furthermore, the compound could effectively inhibit systemetic TMV infection in the host tobacco plant under glasshouse conditions.

Conclusion: The results suggested that Bruceine D from *Brucea javanica* may have the potential to be used as natural viricides, or a lead compound for new viricides.

Key words: *Brucea javanica*; Bruceine D; *Tobacco mosaic virus* (TMV); *Potato virus Y* (PVY); *Cucumber mosaic virus* (CMV); antiviral activity

1 Introduction

Plant viruses can cause disease in a very wide range of crop plants, giving rise to serious economic losses, second among the pathogens only to those caused by fungi[1]. *Tobacco mosaic virus* (TMV), a type member of the tobamovirus group of plant viruses, which is widespread in China, infects about 400 species belonging to 36 families and causes great damage[2]. To control TMV, many approaches, including chemical pesticides, breeding, cross-protection and transgenics, have been tried. Since the discovery of antiphytoviral activity of plant extracts, much attention has been devoted

Pest. Magement. Science, 2008, 64: 191-196

Received 24 January 2007; revised version received 3 June 2007; accepted 12 June 2007; Published online 2 October 2007; DOI: 10. 1002/ps. 1465

* Contract/grant sponsor: Fujian Provincial Education Programme; contract/grant number: K04037

Contract/grant sponsor: Fujian Provincial Key Scientific and Technological Programme; contract/grant number: 99-Z-193

Contract/grant sponsor: The Natural Science Foundation of Fujian Province of China; contract/grant number: 2006J0047

to antiviral substances of plant origin owing to their advantages over chemical pesticides, such as good environmental compatibility, a specific antiviral mechanism and rich resources.

Many crude extracts from plants have been screened to determine their antiviral activity against plant virus[3-7]. Bioassay-guided fractionation of some crude extracts showing inhibitory effect has been extensively studied and has led to the isolation of many active constituents. However, almost all of the virus-inhibiting substances from higher plants that have been studied have been recognized as basic proteins [3]. A variety of proteins with inhibitory activity against viral infection and/or replication have been isolated and purified [8-13]. In addition, studies have pointed out that some natural low-molecular-weight compounds such as flavonoids and alkaloids also show antiphytoviral effects[14-17].

Brucea javanica (L.) Merr., a plant in the family Simaroubaceae, is widely distributed in southern regions of China. Its seed has been used as a herbal medicine for the treatment of dysentery, malaria and cancer, and is known to be a promising resource of natural products with medicinal properties[18]. However, little is known about the antiviral activity of *B. javanica* against plant virus. As a part of their study on plant derived antiviral compounds from medicinal plants, the present authors screened hundreds of Chinese herbs for antiphytoviral activity and found that crude extracts from the seeds of *B. javanica* showed dramatic inhibitory activity against TMV[19]. The present paper reports on the bioassay-guided isolation, structural determination and antiphytoviral activity of an active compound from the seeds of *B. javanica*.

2 Materials and Methods

2.1 Sources of virus and plant

2.1.1 Virus

The common strain of TMV was propagated and maintained in the systemetic host *Nicotiana tabacum* L. cv. K326, purified as described by Gooding and Hebert[20]. Using 500-mesh carborundum as abrasive, the leaves of test plants were mechanically inoculated by rubbing with purified TMV at a concentration of 10mg/L. After inoculation, leaves were washed immediately with distilled water.

Potato virus Y (PVY) and cucumber mosaic virus (CMV) were propagated and maintained in *N. tabacum* cv. White Burley. Systemetically infected leaves were homogenized in water using a juice extractor and centrifuged at 8000 *g* for 10min. The clear supernatants were used as sources of inoculum.

2.1.2 Plant

Nicotiana tabacum cv. K326, *N. tabacum* cv. White Burley, *N. glutinosa* L. and *Chenopodium amaranticolor* Coste & Reynier were grown in an insect-free glasshouse at 25 ± 2℃ with a 16 : 8h light: dark photoperiod. *Nicotianum tabacum* cv. K326 and *N. glutinosa* were used for systemic and local lesion host of TMV respectively. *Chenopodium amaranticolor* was used as local lesion host of PVY, CMV and TMV. Plants of similar age and height were used for each experiment.

The seeds of *B. javanica* were collected from Fuzhou (Fujian Province, China) in December 2003 and identified by Prof KZ He, Department of Botany, Fujian Agriculture and Forestry University, Fujian, China. A voucher specimen was deposited at the Herbarium of the Key Laboratory of Biopesticide and Chemical Biology of the Ministry of Education, Fujian, China.

2.2 Chemicals

Goat antirabbit IgG alkaline phosphatase conjugate was obtained from Sigma Chemical Company, St Louis, MO, USA. Silica gel and silica-gel F254 were obtained from Qingdao Marine Chemical Ltd, Qingdao, China. The other chemicals used in the experiments were of analytical grade. Ethanol, petroleum ether, ethyl acetate, methanol, chloroform and dimethyl sulfoxide (DMSO) were obtained from Shanghai Reagent, Shanghai, China. Ribavirin (99.3% pure) was obtained from Xinxiang Pharmaceutical Company, Henan, China.

2.3 Extraction and isolation

Dried powders of *B. javanica* seeds (2kg) were extracted with 95% ethanol (20 L). The extract solution was concentrated with a rotary evaporator under reduced pressure to give the ethanol extract, which was exhaustively extracted with petroleum ether, ethyl acetate and methanol, successively. The extracts were evaporated under vacuum to afford corresponding extracts of petroleum ether, ethyl acetate and methanol. The ethyl acetate extract exhibited the highest inhibitory activity against TMV, based on antiviral assays.

Part of the ethyl acetate extract (10g) was subjected to column chromatography (CC), packed with silica gel (100-200 mesh) and eluted with petroleum ether, followed by a gradient solvent system of ethyl acetate and ethanol (0-100% ethanol). The fractions were collected by thin-layer chromatography (TLC). TLC analysis of fractions was performed on plates precoated with silica-gel F254, and the fractions having the same R_f value were combined to give seven fractions (Fr1-Fr7). Fraction 3 (Fr3), the most active fraction in the antiviral assay, was further chromatographed on a silica gel column, eluted with chloroform+methanol (gradient of 1%~33% v/v methanol in chloroform) to afford an active fraction which was submitted to repeated column chromatography (chloroform+methanol, 9+91 by volume) and then recrystallized from methanol. An active antiviral compound (compound **1**) was obtained as a crystalline product (15mg). In bioassay-guided fractionation, the extracts and fractions at each stage were used for the test of antiviral activity against TMV. Other ethyl acetate extract was isolated as described above.

2.4 Identification

UV spectra were recorded on a UV-1600 spectrometer (Raylei, China). IR spectra were obtained in potassium bromide pellets on an Avatar 360 FT-IR spectrophotometer (Nicolet, USA). MS spectra were measured with a Finnigan LCQ mass spectrometer (Finnigan, USA). ^{1}H NMR and ^{13}C NMR spectra were recorded in hexadeuterodimethylsulfoxide (DMSO-d_6) with tetramethylsilane (TMS) as internal standard using a Bruker AM-400 spectrometer (Bruker, Germany).

The compound (compound **1**) was identified on the basis of the following evidence: UVΛ_{max} nm (methanol): 240; IR V_{max} cm^{-1} (KBr): 3370 (OH), 1708 (C=O), 1654 (conjugate C=O and C=C), 1620 (C=C); positive ESI-MS m/z (%): 411 $[M+H]^+$ (14), 433 $[M+Na]^+$ (25), 843 $[2M+Na]^+$ (100); ^{1}H NMR (400 MHz, DMSO-d_6): δ1.03 (3H, s), 1.23 (3H, s), 1.66 (^{1}H, t, J=12.7Hz), 1.87 (3H, s), 2.12 (^{1}H, dt, J=11.6, 2.8Hz), 2.31 (^{1}H, d, J=4.6Hz), 2.88 (^{1}H, br. d, J=11.6Hz), 4.25 (^{1}H, d, J=3.2Hz), 4.27 (^{1}H, dd, J=6.8, 2.9Hz), 4.36 (^{1}H, t, J=5.3Hz), 4.89 (^{1}H, s), 4.94 (^{1}H, d, J=6.2Hz), 5.13 (^{1}H, s), 5.26 (^{1}H, d, J=3.2Hz), 5.97 (^{1}H, s); 13C NMR (100 MHz, DMSO-d_6): δ10.9, 18.3, 22.1, 27.1, 42.3, 43.7, 47.6, 48.7, 68.5, 69.0, 73.7, 78.6, 79.7, 80.8, 81.4, 83.1, 124.1, 163.4, 173.8, 198.3. The above data were identical to those reported in the literature[21,22].

2.5 Bioassays

2.5.1 Leaf discs assay

Each sample (extract, fraction, or compound) was dissolved in DMSO and diluted to required concentrations with distilled water. The maximum final concentration of DMSO was 0.5%, which did not interfere with the assay. Leaves of *N. tabacum* cv. K326 were mechanically inoculated with TMV at 10mg/L and then returned to the greenhouse. After 8h, 12-mm-diameter leaf discs were punched and floated on the solution of each sample, and then incubated at 25±1℃ for 48h. The discs treated with solvent only were used as the positive control while discs of healthy leaves as the negative control. Forty-eight hours later, leaf discs were ground in coating buffer (sodium carbonate buffer: 35mmol/L $NaHCO_3$, 15mmol/L Na_2CO_3, pH 9.6) and virus concentrations in them were measured by ELISA. The inhibition rate of virus replication was calculated according to the formula:

$$\text{inhibition rate} = (1 - C/C_0) \times 100,$$

where C is the virus concentration in the treated leaf discs and C_0 is the virus concentration in the positive control[16,23]. Virus concentration was calculated by the standard curve with the A_{405} value of ELISA. Purified virus solutions at a series of known concentrations were used to establish a standard curve. All assays were performed in triplicate. To investigate the post-inoculation effect of the tested compound on TMV, the compound was applied at 6h, 12h, 24h and 48h after inoculation. Ribavirin, a well-known antiviral agent, was used as a positive control.

2.5.2 Local lesion assay

Each sample was mixed with an equal volume of TMV solution (10mg/L final concentration), and the mixture was rubbed on right half leaves of *N. glutinosa*. The left halves were treated with a solution of 10mg/L TMV containing the same solvent as a control. Inhibition rate of virus infection was recorded and calculated according to the formula:

$$\text{inhibition rate} = (1 - T/C) \times 100,$$

where T is the mean lesion number of treated halfleaves and C is the mean lesion number of the control halves[24]. All assays were performed in triplicate.

To investigate the effect of the tested compound on the infectivity of PVY and CMV, the same method was used as described above, except that virus suspension of PVY and CMV instead of purified TMV was used as inoculum. The mixtures of viruses and tested compound were incubated for 0min, 15min, 30min and 60min at room temperature before inoculation. The number of local lesions on *C. amaranticolor* leaves was counted 14-15 days after inoculation.

2.5.3 Assay of the antiviral effect of the tested compound on TMV in a systemic host

Tobacco plants (*N. tabacum* cv. K326) were mechanically inoculated at the 5-6 leaf stage with TMV. The compound was sprayed twice (1 day before inoculation and 1 day after inoculation) at a concentration of 20mg/L. Plants treated with solvent only and subsequently inoculated with TMV were used as the positive control. Healthy plants without any pretreatment were used as the negative control. After 2 weeks of inoculation, the virus concentration in the upper leaves of tobacco plants was determined by the ELISA technique (section 2.6).

2.6 Enzyme-linked immunosorbent assay (ELISA)

Indirect ELISA was mainly performed as described by Xie and Lin[25]. Briefly, 100μL diluted antigen was added to each well of a micro-ELISA plate and incubated overnight at 4℃. After incubation, the antigen solution was discarded and the plates were washed 3 times with phosphate buffered saline (PBS), pH7.2, containing 0.5g/L Tween 20 (PBS-T). The rabbit polyclonal anti-TMV serum (1 : 2000 dilution) was added to the antigen-coated wells. The plates were incubated at 37℃ for 1h, and the wells were then washed 3 times as before. Goat antirabbit IgG alkaline phosphatase conjugate at a dilution of 1 : 30 000 was added (100μL per well), and a further incubation for 1h was carried out at 37℃. The plates were washed as previously described, followed by the addition of p-nitrophenyl phosphate (PNP) substrate (1000mg/L; 100μL). After sufficient colour development, the reaction was stopped by adding sodium hydroxide solution (3mol/L; 50μL) to each well. The absorbance at 450nm was measured with a microplate reader (Bio-Rad, America).

2.7 Statistical analysis

The data were analysed using the DPS data processing system[26]. The level of statistical significance was set at 0.05.

3 Results

3.1 Isolation and identification of the active compound

The ethanol extract of the seeds of *B. javani-*

ca was extracted with different organic solvents, and the inhibitory activity of each extract against TMV was investigated by means of leaf-disc assay. The active ethyl acetate fraction was subjected to silica gel column chromatography, and seven fractions were obtained according to thin-layer chromatography. The most active fraction (Fr3) was further purified by repeated silica gel column chromatography and recrystallization in a bioassay-guided manner to afford an active antiviral compound (compound **1**). Structural determination of compound **1** was made by spectral analysis, and it was characterized as Bruceine D. The chemical structure of compound 1 is shown in Fig. 1.

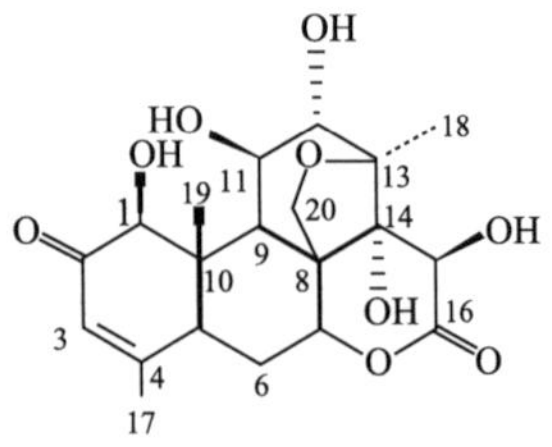

Fig. 1　Chemical structure of compound **1**

3.2　Inhibitory activity of Bruceine D against TMV

The effect of different concentrations of Bruceine D on the antiviral activity against TMV was evaluated. The results in Fig. 2 showed that Bruceine D inhibited the infection and replication of TMV in a dose-dependent manner within the range of concentrations tested. At a concentration of 200mg/L, Bruceine D almost completely inhibited the formation of local lesions induced by TMV infection on *N. glutinosa*, and produced 78.9% inhibition of viral replication in TMV-infected tobacco leaf discs. The IC_{50} values of Bruceine D for inhibitory activity against TMV infection and replication were 13.98mg/L and 7.13mg/L respectively. The results indicated that Bruceine D from *B. javanica* could not only significantly inhibit the infection of virus but also greatly inhibit virus replication.

The inhibitory activity of Bruceine D against

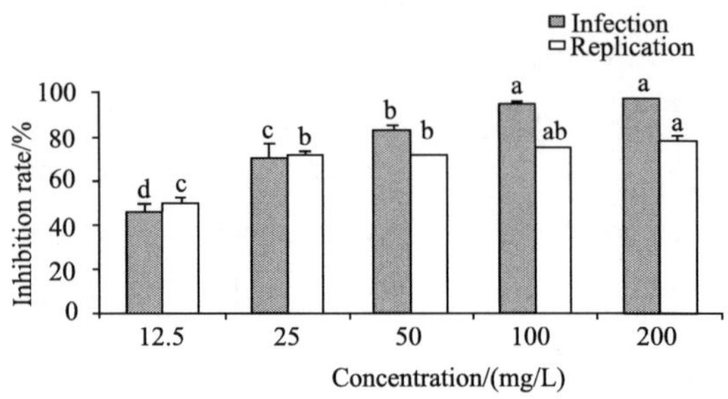

Fig. 2　Effect of Bruceine D on the inhibition of TMV infection and replication at different concentrations. Different letters above the error bars denote a significant difference ($P<0.05$). Error bar: SD

TMV infection was also assayed in another local lesion host, *C. amaranticolor*. A high level of inhibition was obtained, similar to that observed in *N. glutinosa* (data not shown). To determine the post-inoculation effect of Bruceine D, TMV was inoculated at different times prior to the application of Bruceine D. The results in Fig. 3 showed that there was significant difference in antiviral activity between Bruceine D and ribavirin. At a concentration of 100mg/L, Bruceine D could effectively suppress TMV replication in tobacco leaf discs by more than 70.0% at 24h after inoculation, whereas ribavirin (100mg/L) in the control only showed 39.5% inhibition under the same conditions. However, the inhibitory effect of Bruceine D gradually decreased as the time interval between treatment and inoculation increased, indicating that the inhibition of TMV replication by Bruceine D may result from stopping viral replication at an early stage.

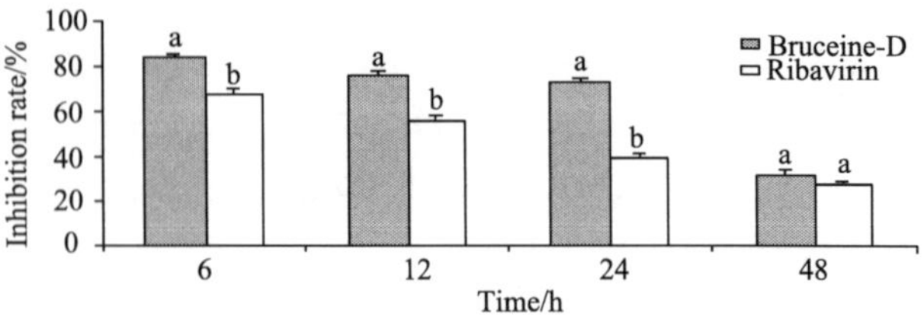

Fig. 3　Effect of applying Bruceine D at different times after inoculation on the replication of TMV in leaf discs, compared with that of ribavirin. Different letters above the error bars denote a significant difference ($P<0.05$) at 6h, 12h, 24h and 48h. Error bar: SD

3.3 Effect of Bruceine D on the infectivity of PVY and CMV

The effect of Bruceine D was investigated against PVY and CMV in their local lesion host, *C. amaranticolor*. Results of bioassays showed that the infectivity of each virus was inhibited by Bruceine D, as judged by the reduction in the number of local lesions (Table 1) . When Bruceine D and the virus were mixed and inoculated immediately, the viral inhibition was 57.9% for PVY and 28.3% for CMV. However, the inhibitory effect of Bruceine D rapidly increased when it was inoculated a short time after incubation of the virus with Bruceine D. At 15min after incubation, the infectivity of PVY and CMV for producing local lesions was decreased by 94.2% and 91.7% respectively.

Table 1 Effect of Bruceine D (100mg/L) on the infectivity of PVY and CMV in *Chenopodium amaranticolor*

Time of incubation prior to inoculation	PVY			CMV		
	Mean no. of lesions (±SE)		Inhibition /%	Mean no. of lesions (±SE)		Inhibition /%
	Control	Treatment		Control	Treatment	
0min	59.9 (±5.6)	25.2 (±4.5)	57.9	83.6 (±6.4)	59.9 (±4.3)	28.3
15min	53.1 (±3.7)	3.1 (±1.9)	94.2	73.2 (±2.8)	6.11 (±1.4)	91.7
30min	64.4 (±5.0)	3.8 (±1.4)	94.1	91.4 (±6.1)	7.3 (±2.3)	92.0
60min	45.7 (±3.7)	2.3 (±0.9)	95.0	110.7 (±6.6)	8.1 (±1.9)	92.7

3.4 Effect of Bruceine D on systemic TMV infection

To determine the effect of Bruceine D against TMV in a systemic-infected host, *N. tabacum* cv. K326 was used. The experiment was carried out by applying Bruceine D (20mg/L) as a foliar spray, and the plants were screened for virus presence by ELISA. As shown in Table 2, the tobacco plants treated with Bruceine D gave a 0.353 ELISA value as compared with 1.328 for the positive control. The ELISA value of treated plants was near to that of the negative control (0.282), suggesting that the virus concentration in treated plants was very low. Moreover, no visible mosaic symptoms were observed on uninoculated leaves of treatment plants, while the disease symptoms on the positive control were severe. The results indicated that Bruceine D was effective in controlling systemic infection of tobacco plants by TMV. Similar results were obtained in previous studies on the antiviral effect of *B. javanica* crude extract[19].

Table 2 Detection of TMV in tobacco plants using ELISA technique

Treatment	Average absorbance at 405nm (±SE)
Negative control	0.282 (±0.009)
Positive control	1.328 (±0.021)
Bruceine D	0.353 (±0.015)

4 Discussion

Plants are a natural source providing mankind with various secondary metabolites with biological activities such as insecticidal, fungicidal and antiviral activity. Although a number of plants have been reported to possess antiviral activity against TMV, only a minority of these showed potent inhibitory effect on viral replication of TMV[7]. In this study it was observed that the ethanol extract of *B. javanica* seeds exhibited a significant antiviral activity against TMV replication. To isolate the active constituent (s), the ethyl acetate fraction of the ethanol extract was subjected to bioassay-guided fractionation, purification and spectroscopic analysis. This process led to the identification of a pure active compound (Bruceine D) with marked antiviral activity against TMV, PVY and CMV. To the best of the authors' knowledge, this is the first report on the antiviral activity of Bruceine D against plant virus.

The seeds of *B. javanica* are known as "Ya dan zi" in Chinese folk medicine and contain predominantly quassinoids which refer to the group of compounds as the bitter principles of the Simaroubaceae family[21]. In the past few decades, much attention has been devoted to quassinoids because many of them display a wide range of biological activities including anticancer, antimalarial, anti-inflammatory, antileukemic, insecticidal, fungicidal and herbicidal activities[27,28]. However, reports about the antiphytoviral activity of quassinoids are limited. In the present work, the active compound isolated from *B. javanica* seeds against TMV was identified as a quassinoid constituent, Bruceine D, which could strongly inhibit not only viral infection but also viral replication. However, many previously reported plant-derived compounds with antiphytoviral activity only showed strong inhibition to virus infection or replication, and a few had high inhibitory activity against both viral infection and replication[16,17,29]. Moreover, compared with ribavirin, which has been regarded as an effective antiviral agent for inhibition of many plant viruses, Bruceine D presented a higher inhibitory effect on the replication of TMV (Fig. 3). Several previous reports have demonstrated that Bruceine D possesses anti-inflammatory and antimalarial activities[30,31]. The present study provides new evidence that this compound also has potent antiviral activity against plant virus. On the basis of the present results it may be speculated that the antiphytoviral activity of *B. javanica* seeds is due primarily to the presence of Bruceine D, which can prevent the host plant from initial infection by virus.

In this paper, the bioassay-guided isolation and antiphytoviral evaluation of an active compound, Bruceine D, from the seeds of *B. javanica* were mainly studied. The results suggested that Bruceine D may have the potential to be explored as a natural viricide, or be useful as a lead compound for the development of new antiphytoviral agents for controlling plant disease caused by TMV or other viruses. In the future, it would be worthwhile studying the spectrum of antiphytoviral activity and the mechanism of action of Bruceine D. It is also valuable to evaluate further the use of Bruceine D in the eradication of virus from tissue cultures.

Acknowledgements

The authors thank Professor MZ Zhai, Department of Plant Protection, Northwest Sci-Tech University of Agriculture and Forestry, for her valuable advice in the experiment. They also thank Professor G Wu and Dr ZJ Wu, Department of Plant Protection, Fujian Agriculture and Forestry University, for their revision of the manuscript. This work was jointly supported by research grants from the Fujian Provincial Education Programme (No. K04037), the Fujian Provincial Key Scientific and Technological Programme (No. 99-Z-193) and the Natural Science Foundation of Fujian Province of China (No. 2006J0047).

References

[1] Fraser RSS. Special aspects of resistance to viruses. *In*: Slusarenko AJ, Fraser RSS, van Loon LC. Mechanisms of resistance to plant disease. Dordrecht: Kluwer Academic Publishes, 2000, 479-520

[2] Liu LR. The control for disease and pest of tobacco. Beijing: Science Press, 1998, 31

[3] Verma HN, Baranwal VK, Srivastava S. Antiviral substances of plant origin. *In*: Hadidi A, Khetarpal RK, Koganezawa H. Plant virus disease control. Paul, Minnesota: APS Press, 1998, 154-162

[4] Sadasivam S, Rajamaheswari S, Jeyarajan R. Inhibition of certain plant viruses by plant extracts. J Ecobiol, 1991, 3: 53-57

[5] Louis V, Balakrishnan S. Effect of application of selected medicinal plant extracts on the incidence of pumpkin mosaic virus. Indian Phytopath, 1996, 49: 373-377

[6] Patel AB, Pandey SM, Patel JJ, et al. Effect of phyto-extracts on urdbean leaf crinkle virus. J Mycol Plant Pathol, 2001, 31: 98

[7] Shen JG, Xie LY, Wu ZJ, et al. Antiviral effect of medicinal plant extracts on *Tabacco mosaic virus*. Zhong Cao Yao, 2006, 37: 259-261

[8] Lin Y, Chen GQ, Wu ZJ, et al. Purification of a novel anti-TMV protein from *Gynostemma pentaphyllum* and sequence analysis of its partial DNA coding region. J Agr Biotechnol, 2003, 11: 365-369

[9] Dutt S, Narwa S, Kapoor HC, et al. Isolation and characterization of two protein isoforms with antiviral activity from *Chenopodium album* L. Leaves. J Plant Biochem Biotechnol, 2003, 12: 117-122

[10] Balasaraswathi R, Sadasivam S, Ward M, et al. An antiviral principle from *Bougainvillea spectabilis* roots; purification and characterization. Phytochem, 1998, 47: 1561-1565

[11] Verma HN, Srivastava S, Varsha, et al. Induction of systemiet resistance in plants against viruses by a basic protein from *Clerodendrum aculeatum* leaves. Phytopathol, 1996, 86: 485-492

[12] Kubo S, Ikeda T, Imaizumi S, et al. A potent plant virus inhibitor found in *Mirabilis jalapa* L. Ann Phytopathol Soc Japan, 1990, 56: 481-487

[13] Balasubrahmanyam A, Baranwal VK, Lodha ML, et al. Purification and properties of growth stage-dependent antiviral proteins from the leaves of *Celosia cristata*. Plant Sci, 2000, 154: 13-21

[14] Rusak G, Krajacic M, Plese N. Inhibition of tomato bushy stunt virus infection using a quercetagetin flavonoid isolated from *Centaurea rupestris* L. Antiviral Res, 1997, 36: 125-129

[15] French CJ, Elder M, Leggett F, et al. Flavonoids inhibit infectivity of *Tobacco mosaic virus*. Can J Plant Pathol, 1991, 13: 1-6

[16] French CJ, Towers GHN. Inhibition of infectivity of *Potato virus X* by flavonoids. Phytochem, 1992, 31: 3017-3020

[17] An T, Huang RQ, Yang Z, et al. Alkaloids from *Cynanchum komarovii* with inhibitory activity against the tobacco mosaic virus. Phytochem, 2001, 58: 1267-1269

[18] Pharmacopoeia Commission of People's Republic of China. Pharmacopoeia of People's Republic of China. Guangzhou: Guangdong Science and Technology Press, 1995, 222

[19] Shen JG, Zhang ZK, Wu ZJ, et al. Antiviral effect of *Ailanthus altissima* and *Brucea javanica* on *Tobacco mosaic virus*. Zhongguo Zhong Yao Za Zhi, 2007, 32: 27-29

[20] Gooding JGV, Hebert TT. A simple technique for purification of *Tobacco mosaic virus* in large quantities. Phytopathol, 1967, 57: 1285-1287

[21] Xie HY, Deng HN, Huang SX, et al. Studies on the chemical components of *Brucea javanica*. Zhong Yao Cai, 1998, 21: 398-400

[22] Yang ZQ, Xie HY, Wang JR, et al. Chemical studies of the active antitumor constituents from the fruit of *Brucea javanica* (L.) Merr. (Ⅱ). Nat Prod Res Dev, 1997, 14: 46-47

[23] Yordanova A, Karparov A, Stoimenova E, et al. Antiphytoviral activity of 1-mor-pholinomethyl-tetrahydro-2(^{1}H)-pyrimidinone (DD13). Plant Pathol, 1996, 45: 547-551

[24] Chen NC. Bioassay Technology of Pesticides. Beijing: China Agricultural University Press, 1990, 194

[25] Xie LH, Lin QY. Plant virology. Beijing: China Agriculture Press, 2004, 156

[26] Tang QY, Feng MG. DPS data processing system for practical statistics. Beijing: Science Press, 2002

[27] Guo Z, Vangapandu S, Sindelar RW, et al. Biologically active quassi-noids and their chemistry: potential leads for drug design. Curr Med Chem, 2005, 12: 173-190

[28] Dayan FE, Watson SB, Galindo JCG, et al. Phytotoxicity of quassinoids: physiological responses and structural requirements. Pestic Biochem Physiol, 1999, 65: 15-24

[29] Chen QJ, Liu GK, Wu ZJ, et al. The inhibition effect of flavonoids extracted from *Bidens pliosa* L. on TMV. J Fujian Agri and Fore Univ, 2006, 35: 17-20

[30] Hall IH, Lee KH, Imakura Y, et al. Anti-inflammatory agents Ⅲ: Structure-activity relationships of brusatol and related quassinoids. J Pharm Sci, 1983, 72: 1282-1284

[31] Saxena S, Pant N, Jain DC, et al. Antimalarial agents from plant sources. Curr Sci, 2003, 85: 1314-1329

Two new phenolic water-soluble constituents from branch bark of *Davidia involucrata*

WU Zu-jian[1], OUYANG Ming-an[1,2], WANG Shi-bin[2]

(1 Institute of Plant Virology, Fujian Agriculture and Forestry University, Fuzhou 350002;
2 Department of Bio-Engineering & Technology, Huaqiao University, Quanzhou 362011)

Abstract: Two new phenolic water-soluble constituents, involcranoside A (**1**) and involcranoside B (**2**) have been isolated along with five known phenolic compounds: 3, 4-dimethoxyphenyl-*O*-β-D-gluco-pyranoside (**3**), picein (**4**), and 1, 4-dihydroxy-3-methoxy-phenyl-4-*O*-β-D-glucopyranoside (**5**), leonuriside A (**6**), and 4-hydroxy-3-methoxybenzoic acid (**7**) from the branch bark of *Davidia involucrata*. Identification of their structures was achieved by 1D and 2D NMR experiments, including ^{1}H-^{1}H COSY, NOESY, HMQC, and HMBC methods and FAB mass spectral data.

Key words: Nyssaceae; *Davidia involucrata*; branch bark; phenolic compounds

1 Introduction

More than 25 flavones, flavonoid glycosides, tannins, caffeoyl derivatives, and neolignan glycosides have been isolated from the leaves and the branch bark of *Davidia involucrata*[1-4]. Our continued interest in the chemical constituents of the branch bark of Chinese Nyssaceae species has led to the isolation of seven phenolic glycosides. In this article, we describe the isolation and structural elucidation of two new phenolic water-soluble constituents, involcranoside A (**1**) and involcranoside B (**2**).

2 Results and Discussion

Chromatographic separation of a MeOH extract from the branch bark of *D. involucrata* yielded the new compounds 1 and 2 in addition to 3, 4-dimethoxy-phenyl-*O*-β-D-glucopyranoside (**3**), picein (**4**) [5], and 1,

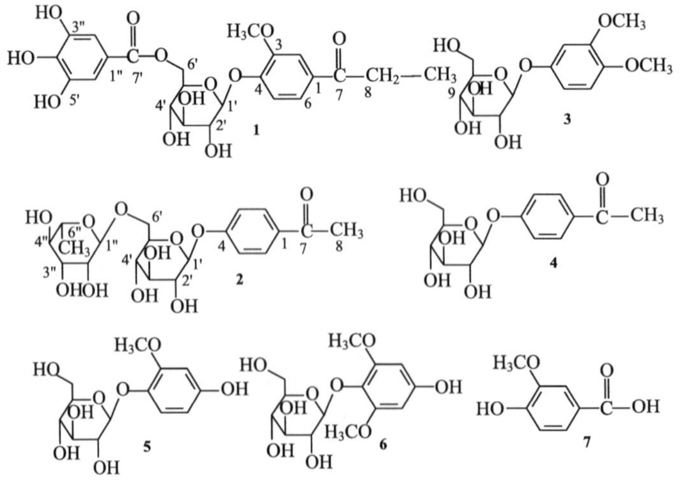

Natural Product Research, 2008, 22 (6): 483-488
Received 5 September 2005 in final form 11 May 2006

4-dihydroxy-3-methoxy-phenyl-4-*O*-β-D-glucopyranoside (**5**)[6], leonuriside A (**6**)[7], and 4-hydroxy-3-methoxybenzoic acid (**7**).

Compound **1** was obtained as a brown amorphous powder. The FAB-MS of 1 exhibited a quasi-molecular ion peak at *m/z* 493 [M-H]⁻. The HRFAB-MS indicated an *m/z* of 493.1342 for his peak, which was consistent with the molecular formula $C_{23}H_{26}O_{12}$ for **1** and representing eleven elements of unsaturation. The absorption bands at ν_{max} 3300cm^{-1}, 1701cm^{-1}, 1692cm^{-1}, 1615cm^{-1}, 1519cm^{-1} in the IR spectrum were characteristic of hydroxyl, conjugated carbonyl, and aromatic groups respectively. Acid hydrolysis of 1 with 2mol/L TFA afforded a sugar, which was identified as glucose by TLC. The ^{1}H NMR spectrum of **1** in CD_3OD showed ABX spin system signals at δ_H 7.71 (1H, d, $J=1.7$Hz), 7.65 (1H, d, $J=8.8$Hz), 7.93 (1H, dd, $J=8.8$, 1.7Hz), an aromatic proton signal at δ_H 7.91 (2H, s), an anomeric proton signal at δ_H 5.66 (1H, d, $J=7.2$Hz), a methoxy signal at δ_H 3.62 (3H, s, $-OCH_3$), and ethyl group signals at δ_H 3.15 (1H, m), 3.02 (1H, m), 1.11 (3H, t, $J=7.2$Hz). The ^{13}C NMR spectrum of 1 gave two carbonyl signals at δ_C 199.4 (ketone group) and 167.1 (ester group), 12 aromatic carbon signals, hexose signals, a methoxy signal and ethyl group signals (see Table 1). Evaluation of spin spin coupling and chemical shifts of the hexose allowed the identification of one β-glucopyranosyl unit. The ^{1}H and ^{13}C NMR spectra of 1 suggested a propiophenone moiety, and a galloyl group because of the signal at δ_H 7.91 (2H, s) in the ^{1}H NMR spectrum and the signals at δ_C 167.1, 147.6×2, 141.1, 121.2, 110.4×2 in the ^{13}C NMR spectrum. The cross-peaks in the HMBC experiments between signals δ_H 7.91 (H-2″, H-6″) and δ_C 167.1 (C-7″), 141.1 (C-4″), 147.6 (C-3″, C-5″), 121.2 (C-1″), between δ_H 5.27 (H-6′of Glc), 4.85 (H-6′of Glc) and 167.1 (C-7″), between δ_H 5.66 (H-1′ of glc) and 151.7 (C-4), between δ_H 7.71 (H-2), 7.92 (H-6), 1.11 (H-9) and δ_C 199.4 (C-7) indicated that the gallic acid was linked at C-6′ of the Glc and the sugar was linked at C-4 of the propiolphenone moiety. On the basis of above evidence, **1**, named involcranoside A, was determined to be 4-*O*-(6-galloyl)-β-D-glucopyranosyl propiophenone (Fig. 1).

Table 1 ^{13}C NMR spectral assignments of compounds 1-7 in CD_3OD

	1	2	3	4	5	6	7
1	131.9	162.9	151.5	132.5	145.9	155.9	108.5
2	111.2	131.7	103.1	117.2	104.7	106.2	113.9
3	149.9	117.3	148.0	131.6	151.0	154.6	148.4
4	151.7	132.6	141.7	162.9	153.8	129.5	152.8
5	115.2	117.3	114.8	131.6	109.3	154.6	125.0
6	123.5	131.7	108.8	117.2	113.9	106.2	116.2
7	199.4	199.7		199.3			169.2
8	31.6	17.9	3-OCH_3	26.7		3-OCH_3	
9	8.7		56.5		3-OCH_3	56.9	
	3-OCH_3		4-OCH_3		55.5	5-OCH_3	55.9
	55.6		57.3			56.9	
	4-Glc	4-Glc	1-Glc	4-Glc	4-Glc	4-Glc	
1′	102.0	101.4	102.6	101.6	103.5	94.5	
2′	74.7	74.7	73.9	74.9	75.0	75.1	
3′	78.6	77.9	77.0	78.0	78.1	77.8	
4′	71.7	71.4	70.5	71.3	71.6	71.3	

续表

	1	2	3	4	5	6	7
5′	75.9	77.1	77.1	78.3	78.3	78.3	
6′	64.8	67.8	61.6	62.5	62.7	62.6	
	6′-Galloyl-	6′-Rha-					
1″	121.2	102.1					
2″	110.4	72.1					
3″	147.6	72.4					
4″	141.1	73.9					
5″	147.6	69.9					
6″	110.4	18.1					
7″	167.1						

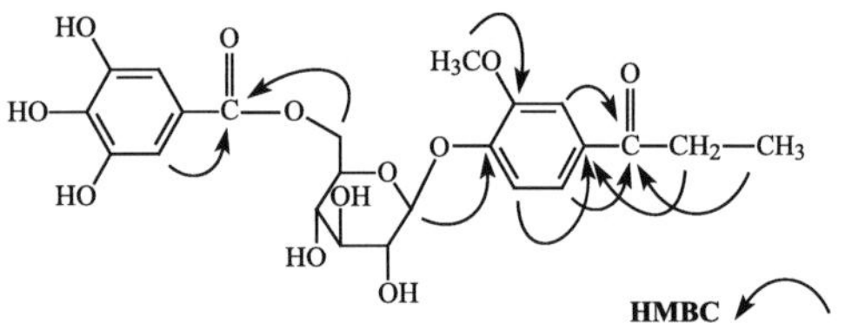

Fig. 1 HMBC Correlations for **1**

The negative FABMS of **2** showed a quasi-molecular ion peak at m/z 443 [M-H]$^-$, concluding from the HRFAB-MS data was indicative of the formula $C_{20}H_{28}O_{11}$ for **2** and representing seven elements of unsaturation. The absorption bands at ν_{max} 3340cm^{-1}, 1706cm^{-1}, 1609cm^{-1}, 1500cm^{-1} in the IR spectrum were characteristic of hydroxyl, conjugated carbonyl, and aromatic group respectively. Acid hydrolysis of **1** with **2**mol/L TFA afforded a mixture of sugars, which were identified as glucose and rhamnose by TLC. The ^1H NMR spectrum of **2** exhibited two aromatic proton signals at δ_H 7.97 (2H, d, J=8.8Hz), 7.14 (2H, d, J=8.8Hz), two anomeric proton signals at δ_H 5.00 (d, J = 7.6Hz), and at 4.68 (d, J = 1.5Hz), and a methyl signal at δ_H 2.55 (3H, s). These signals suggested that compound 2 had a disubstituted phenyl group and an acetyl group. This evidence was also supported by the ^{13}C NMR spectrum, which signals at δ_C 199.7, 162.9, 132.6×2, 131.7, 117.3×2, and 17.9. Thus the genin was assigned as an acetophenone. From the 2D NMR experiments, the proton and carbon data of **2** was assigned. The correlations revealed the Rha-1 linking at Glc-6, and Glc-1 linking to the acetophenone. Thus, **2**, named involcranoside B was identified as 4-*O*-α-L-rhamnopyranosyl (1→6)-β-D-glucopyranosyl acetophenone.

3 Experimental Section

3.1 General experimental procedures

Melting points were determined on a Yanaco MP-S3 apparatus and are uncorrected. UV spectra were recorded with a Backman DU-64 spectrometer. Optical rotations were measured with a Jasco DIP-180 digital polarimeter spectrophotometer. The IR spectrum was recorded with a Perkin-Elmer 1750 FTIR spectrometer. ^1H, ^{13}C, DEPT, ^1H-^1H COSY, NOESY, HMQC and HMBC NMR spectra were obtained on a Varian Unity Plus 400 instrument. FAB mass spectra were recorded on a Jeol JMS-HX 110 instrument. Chromatographic stationary phases were RP-8 (40-60μm, Merck), silica gel (160-200 mesh), Sephadex LH-20 (25-100μm, Pharmacia Fine Chemical Co., Ltd.) and MCI-gel CHP20P (75-150μm, Mitsubishi Chemical Industries, Ltd.). The following solvent systems were (a) $CHCl_3$-MeOH-H_2O (80 : 20 : 3), $CHCl_3$-MeOH-H_2O (70 : 30 : 5) and MeOH-H_2O (0-100%) for the glycosides; and (b) $CHCl_3$-MeOH-H_2O (7 : 3 : 1) lower-layer 9mL + 1mL HOAc for sugars. Compounds on TLC were detected by spraying with 5% H_2SO_4, then by heating. Sugars were detected by spraying with aniline-phthalate reagent.

3.2 Plant material

The branch bark of *D. involucrata* was collected on the Yun-Long Mountain, Gong-Shan county of Yunnan province, China in 1995. The plant was identified by Dr. Y. P. Yang, A voucher specimen (No. 12245) was deposited in the Herbarium of Kunming Institute of Botany, Chinese Academy of Sciences, Kunming, China.

3.3 Extraction and isolation

The dry branch bark of *D. involucrata* (10kg) were extracted (2×10L) with MeOH at room temperature (7 days×2). The extract was evaporated *in vitro* to yield a residue, which was solubilized in water and then filtered. The water soluble fraction was passed through a Diaion resin column and was eluted with water and methanol. Evaporation of the methanol eluate yielded a brown fraction (A) (175g). The fraction A was subjected to dry column chromatography (DCC) on silica gel (2.0kg), eluted with $CHCl_3$-MeOH-H_2O (10 : 2 : 0.2) to afford thirteen fractions. Each fraction was purified by Sephadex LH-20, RP-8 gel column chromatography (solvent: MeOH-H_2O, 10-70%) and finally purified by repeated chromatography on a silica gel column with $CHCl_3$-MeOH-H_2O (100 : 10 : 1-70 : 30 : 5) as eluent to yield **1** (21mg), **2** (13mg), **3** (11mg), **4** (30mg), **5** (15mg), **6** (26mg), **7** (38mg).

3.3.1 Involcranoside A (**1**)

Brown amorphous powder, mp 131-133℃, HRFABMS m/z 493.1342 (calcd for $C_{23}H_{25}O_{12}$, 493.1346), $[\alpha]_D^{21}$ −11 (c 0.3, MeOH); IRν_{max} cm^{-1}: 3300, 1701, 1692, 1615, 1519; FAB-MS m/z 493 [M-H]$^-$; ^{1}H NMR δ 7.71 (1H, d, J=1.7Hz, H-2), 7.65 (1H, d, J=8.8Hz, H-5), 7.93 (1H, dd, J=8.8, 1.7Hz, H-6), 3.15 (1H, dd, J=14.0, 7.2Hz, H-8), 3.02 (1H, dd, J=14.0, 7.2Hz, H-8), 1.11 (3H, t, J=7.2Hz, H-9), 3.62 (3H, s, 3-OCH_3), 5.66 (1H, d, J=7.2Hz, H-1′), 4.40 (1H, m, H-2′), 4.36 (1H, m, H-3′), 4.15 (1H, m, H-4′), 4.38 (1H, m, H-5′), 5.27 (1H, dd, J=9.2, 1.3Hz, H-6′), 4.85 (1H, dd, J=9.2, 6.2Hz, H-6′), 7.91 (2H, s, H-2″, 6″), and ^{13}C NMR (Table 1).

3.3.2 Involcranoside B (**2**)

Colorless amorphous powder, mp 145-146℃, $[\alpha]_D^{21}$ −17 (c 0.16, MeOH); IRν_{max} cm^{-1}: 3340, 1706, 1609, 1500; FAB-MS m/z 443 [M-H]$^-$, 297 [M-H-146]$^-$, 135 [M-H-146-162]$^-$; HR-FAB-MS m/z 443.1551 [M-H]$^-$ (Calcd for $C_{20}H_{27}O_{11}$, 443.1553); ^{1}H NMR δ 7.97 (2H, d, J=8.8Hz, H-2, 6), 7.14 (2H, d, J=8.8Hz, H-3, 5), 2.55 (3H, s, H-7), 5.00 (1H, d, J=7.6Hz, H-1′), 3.48 (1H, overlap, H-2′), 3.49 (1H, overlap, H-3′), 3.39 (1H, brd, H-4′), 3.62 (1H, overlap, H-5′), 4.02 (1H, dd, J=9.4, 4.6Hz, H-6′), 3.61 (1H, dd, J=4.6, 2.5Hz H-6′), 4.68 (1H, d, J=1.5Hz, H-1″), 3.83 (1H, dd, J=3.3, 1.5Hz, H-2″), 3.69 (1H, dd, J=9.5, 3.3Hz, H-3″), 3.35 (1H, t, J=9.5Hz, H-4″), 3.63 (1H, m, H-5″), 1.17 (3H, d, J=6.5Hz, H-6″), and ^{13}C NMR (Table 1).

3.3.3 3,4-Dimethoxy-1-hydroxylphenyl-*O*-β-D-glucopyranoside (**3**)

Colorless amorphous powder, FAB-MS m/z 315 [M-H]$^-$; ^{1}H NMR δ6.81 (1H, d, J=2.4Hz, H-2), 6.65 (1H, d, J=8.4Hz, H-5), 6.83 (1H, dd, J=8.4, 2.4Hz, H-6), 3.83 (3H, s, 3-OCH_3), 3.77 (3H, s, 4-OCH_3), 4.76 (1H, d, J=8.0Hz, H-1′), 3.18 (1H, dd, J=9.1, 8.0Hz, H-2′), 3.33 (1H, overlap, H-3′), 3.28 (1H, t, J=9.1Hz, H-4′), 3.21 (1H, m H-5′), 3.88 (1H, dd, J=12.0, 2.4Hz, H-6′), 3.66 (1H, dd, J=12.0, 2.45.6Hz, H-6′); and ^{13}C NMR (Table 1).

3.3.4 Picein (**4**)

Colorless amorphous powder, FAB-MS m/z 301 [M-H]$^-$; ^{1}H NMR δ7.96 (2H, d, J=8.8Hz, H-2, 6), 7.15 (2H, d, J=8.8Hz, H-3, 5), 2.55 (3H, s, H-7), 5.20 (1H, d, J=7.6Hz, H-1′), 3.49 (1H, overlap, H-2′), 3.48 (1H, overlap, H-3′), 3.39 (1H, t, J=9.1Hz H-4′), 3.69 (1H, m, H-5′), 3.91 (1H, dd, J=12.4, 2.0Hz, H-6′), 3.47 (1H, m, H-6′); and ^{13}C NMR (Table 1).

3.3.5 1,4-Dihydroxyl-3-methoxyphenyl-4-*O*-*β*-D-glucopyranoside (**5**)

Colorless amorphous powder, FAB-MS *m/z* 301 $[M-H]^-$, 239 $[M-H-162]^-$; ^1H NMR δ 6.79 (1H, d, $J=2.2Hz$, H-2), 6.68 (1H, d, $J=8.8Hz$, H-5), 6.57 (1H, dd, $J=8.8$, 2.2Hz, H-6), 3.82 (3H, s, 3-OMe), 4.73 (1H, d, $J=7.0Hz$, H-7), 3.33-3.48 (4H, m, H-2～H-5), 3.89 (1H, dd, $J=12.0$, 2.0Hz, H-6), 3.67 (1H, dd, $J=12.0$, 5.6Hz, H-6), and ^{13}C NMR (Table 1).

3.3.6 Leonuriside A (**6**)

Colorless amorphous powder, FAB-MS *m/z* 331 $[M-H]^-$; ^1H NMR δ 6.13 (2H, s, H-3, 5), 3.78 (6H, s, 2-OCH_3, 6-OCH_3), 4.65 (1H, d, $J=7.2Hz$, H-1′), 3.38-3.57 (4H, overlap, H-2～H-5), 3.85 (1H, dd, $J=11.8$, 2.1Hz, H-6′), 3.69 (1H, dd, $J=11.8$, 5.4Hz, H-6′); and ^{13}C NMR (Table 1).

3.3.7 4-Hydroxy-3-methoxybenzoic acid (**7**)

Colorless amorphous powder, FAB-MS *m/z* 167 $[M-H]^-$; ^1H NMR δ8.07 (1H, d, $J=2.0Hz$, H-2), 7.29 (1H, d, $J=8.2Hz$, H-5), 8.15 (1H, dd, $J=8.2$, 2.0Hz, H-6), 3.75 (3H, s, 3-OMe); and ^{13}C NMR (Table 1).

3.4 Acid hydrolysis

A solution of each compound (8mg) was heated at reflux at 100℃ in 2mol/L aqueous CF_3COOH (5mL) on a water bath for 3h. After this period, the reaction mixture was diluted with H_2O (15mL) and extracted with CH_2Cl_2 (3×5mL). The combined CH_2Cl_2 extracts were washed with H_2O and then evaporated to dryness *in vacuo*. After evaporation to dryness of the aqueous layer with MeOH until neutral, the sugars were analyzed by comparison with authentic samples (solvent system b) on silica gel HPTLC.

Acknowledgments

This research was supported by National Natural Science Foundation of China (Grant No. 20272015). We thank the staff of the analytical group of Kunming Institute of Botany, Chinese Academy of Sciences for measurements of NMR and FAB-MS spectra.

References

[1] Ouyang MA, Huang J, Tan QW. Neolignan and lignan glycosides from branch bark of *Davidia involucrata*. Journal of Asian Natural Product Research, 2007, 6: 487-492

[2] Ouyang MA, Zhou JN. Flavonoid glycosides from the leaves of *Davidia involucrata*. Guihaia, 2003, 23: 568-570

[3] Ouyang MA, Zhou JN, Wang SB. New caffeoyl derivatives from the leaves of *Davidia involucrata*. Journal of Natural Product Research, 22: 471-476. (2008)

[4] Xiang GQ, Lu XS. Flavonoid glycosides from the leaves of *Davidia involucrata*. Acta Biotanica Sinca, 1989, 31: 540

[5] Ushiyama M, Furuya T. Glycosylation of phenolic compounds by root culture of *Panax ginseng*. Phytochemistry, 1989, 28: 3009

[6] Pan H, Lundgren LN. Phenolic extractives from root bark of *Picea abies*. Phytochemistry, 1995, 39: 1423

[7] Otsuka H, Takeuchi M, Inoshiri S, et al. Phenolic compounds from *Coix lachryma-jobi* var. ma-yuen. Phytochemistry, 1989, 28: 883

Six new triterpenoid saponins from the leaves of *Ilex oblonga* and their inhibitory activities against TMV replication

WU Zu-jian[1], OUYANG Ming-an[1,2], WANG Cong-zhou[2], ZHANG Zheng-kun[1]

(1 Key Laboratory of Biopesticide and Chemical Biology, Ministry of Education, Fujian Agriculture and Forestry University, Fuzhou 350002; 2 Department of Bio-Engineering and Technology, Huaqiao University, Quanzhou 362011)

Abstract: Six new triterpenoid saponins of the ursane types were isolated from the MeOH extract of the leaves of *Ilex oblonga*. They were oblonganoside A (**1**), oblonganoside B (**2**), oblonganoside C (**6**), oblonganoside D (**8**), oblonganoside E (**9**), and oblonganoside F (**10**), together with three known triterpenoid saponins. The structures of these compounds were elucidated on the basis of spectroscopic analysis, and compound **1** showed appreciable inhibitory activity against TMV replication with EC_{50} value 0.074mmol/L.

Key words: Aquifoliaceae; *Ilex oblonga*; triterpenoid saponin; *Tobacco mosaic virus* (TMV)

1 Introduction

Ilex (Aquifoliaceae) species are distributed widely in the People's Republic of China, and some are used extensively in folk medicine. For example, *I. rotunda* is an antipyretic and antidote and used for the treatment of the common cold, tonsillitis, and stomach and intestinal ulcers. *I. pubescens* is used for the treatment of coronary disease, myocardial infarction, dysentery, and erysipelas. *I. cornuta* and *I. latifolia* are used for the treatment of headache, toothache, bloodshot eyes, and tinnitus. Many reports indicate that saponins are the major constituents of *Ilex* species[1-5], The occurrence of flavonoids[6], xanthines[7], aldehydes[8], hemiterpene glycosides[9,10], triterpenes and alkanes[11], anthocyanins[12], pentyl esters, hexyl esters, and other lipophilic compounds[13] were reported. Several biological activities were related to the compounds isolated from *Ilex* species, including hypocholesterolemic[14] and antioxidant[15,16] activities.

In a continuation of our study on the constituents of the medicinal plants of the Aquifoliaceae family[17,18]. We investigated the water-soulble fraction of *Ilex oblonga*. This plant is a well-known endemic herb to treat gumboil, eczema, rheumatism, scald and bruise in Guangxi province of China[19]. No previous phytochemical investigation on *I. oblonga* has been reported. In this paper, we describe the isolation and structure elucidation of ten triterpenoid saponins designated as oblonganoside A (**1**), oblonganoside B (**2**), oblonganoside C (**6**), oblonganoside D (**8**), oblonganoside E (**9**), oblonganoside F (**10**) along with four known triterpenoid saponins: 3β, 23-dihydroxyurs-12, 19 (20) -dien-28-oic acid 28-β-D-glucopyranosyl ester (**3**)[20], 3β, 23-dihydroxyursa-12, 18 (19) -dien-28-oic acid 28-β-D-glucopyranosyl ester (**4**)[20], 3-*O*-β-D-xylopyranosyl-3β-

Chem. Pharm. Bull., 55 (3): 422-427

Received November 3, 2006 accepted December 21, 2006

hydroxyurs-12, 18 (**19**) -dien-28-oic acid 28-β-D-glucopyranosyl ester (**5**)[21]. 3b, 23-Dihydroxyurs-12, 19 (**29**) -dien-28-oic acid 28-β-D-glucopyranosyl ester (**7**)[22] from the leaves of *I. oblonga*.

2 Results and Discussion

The leaves of *I. oblonga* were extracted with MeOH under reflux. The MeOH extract was subjected to Diaion HP-20column chromatography to give H_2O, MeOH, and acetoneeluted fractions. The MeOH eluted fraction was subjected to ordinary and reversed phase silica gel column chromatography and finally HPLC to furnish triterpenoid saponons **1-10** (Fig. 1).

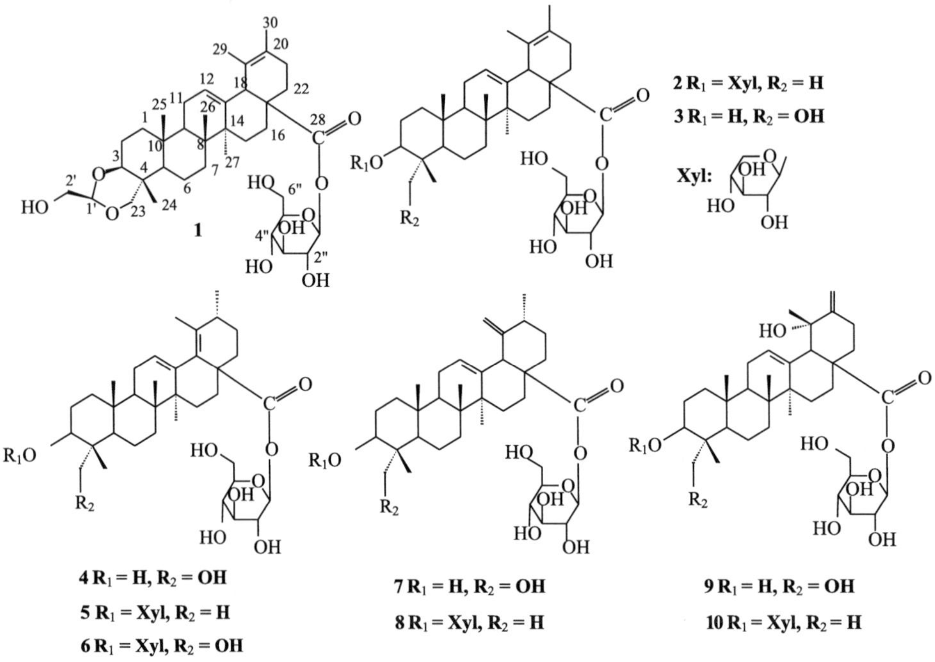

Fig. 1 Structures of compounds **1-10**

Compound 1 was obtained as a white powder and exhibited a negative specific rotation-29° (c= 0.24, MeOH). IRV_{max} (film) /cm: 3410, 2925, 1729, 1640, 1440, 1210, 1082, 995 were assignable to ester carbonyl and double bond. The negative FAB-MS of 1 showed a quasimolecular ion peak at m/z 673 $[M-H]^-$, indicating a molecular weight of 674, and HR-FAB-MS analysis revealed the molecular formula of 1 to be $C_{38}H_{58}O_{10}$. The other significant ion peak was at m/z 511 $[(M-H)-162]^-$, corresponded to the loss of one hexosyl unit. The ^{13}C-NMR spectrum and DEPT of 1 displayed six methyl, twelve methylene, eleven methine, and nine quarternary carbon signals, including one ester carbonyl at δ_C 177.8, four $sp2$ carbon signals at δ_C 138.5, 129.3, 128.5, and 125.0, one anomeric carbon signal at δ_C 95.7, and one methine carbon signal at δ_C 103.1. The ^{1}H-NMR spectrum of **1** exhibited six singlet methyl signals, an olefin proton signal at δ_C 5.47 (br s), one anomeric proton signal at δ_H 5.38 (d, J = 7.7Hz), and one methine proton signal at δ_H 4.64 (br s). Alkaline hydrolysis of **1** performed with 3% KOH yielded a prosaopgenin and glucose by confirmed HPTLC. The data of anomeric carbon signal at δ_C 95.7 and anomeric proton signal at δ_H 5.38 (d, J=7.7Hz) indicated glucose was β form and was bound to the aglycone by a glycosidic linkage at C-28. And all data of NMR spectra in **1** should be to imply an ursane type of the aglycone. Comparison with the NMR data of the aglycone and ursolic acid, triterpene of ursolic acid commonly was seven methyl groups and the methyl signal of C-19, C-20 were all a doublet peak in ^{1}H-NMR spectrum. But compound **1** was six singlet methyl signal, these data indicated the position of C-20 was changed to make a double bond, or bearing oxygen. In comparing the NMR data of ursolic acid and the aglycone of **1**, the position C-19, C-20, and C-23 were changed. The C-23 signal was at δ 79.1, and the methyl of C-24 was at δ13.9, whose the carbon signal was upfield due to this carbon by shielded of the methyl of C-25 and hydroxyl methylene of C-23 (Fig. 2a, b). The HBMC experiments confirmed the positions of double bonds and the C-23. The correlations were observed between H-30 and C-20, C-19, C-21, between H-29 and C-19, C-20, C-18, between H-23 and C-4, C-3, C-5 (Fig. 2). Thus, the aglycone was 3β, 23-dihydroxyurs-12, 19 (**20**)-dien-28-oic acid. The carbon signal at δ_C 103.1, a methine signal, should be an acetal carbon. The connection of the ethylidene group was confirmed by the HMBC and the ^{13}C-NMR spectra. The HMBC spectrum showed cross-peaks between H-1′of the ethylidene group and C-23, C-3 of the genin, and between H-2′ and C-1′ (Fig. 2). NOESY spectrum observed cross-peaks between H-1′ and H-3, H-23, H-2′. These observations indicated that the ethylidene group was attached to C-3 and C-23. However, the configuration of the ethylidene group was not determined. The structure of **1** was therefore defined as 3,23-*O*-hydroxyethylidene-3β, 23-dihydroxyurs-12, 19 (**20**)-dien-28-oic acid 28-β-D-glucopyranosyl ester, and named as oblonganoside A.

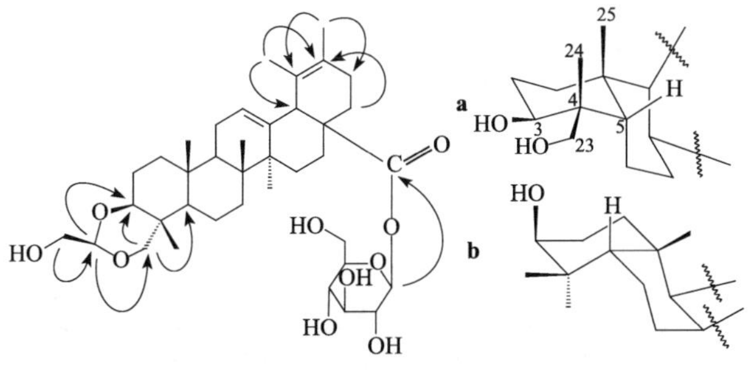

Fig. 2 The key HMBC correlations of compound **1**

The negative FAB-MS of 2 gave a quasimolecular ion peak at *m/z* 747 [M-H]$^-$, and the main fragment peak at *m/z* 585 [M-H-162]$^-$, 453 [M-H-162-132]$^-$. Acid hydrolysis of **1** afforded a mixture of sugars, which were identified as glucose and xylose by detected HPTLC. Alkaline hydrolysis of **1** performed with 3% KOH yielded glucose and a prosapogenin, which furnished xylose and a genin by acid hydrolysis subsequently. These chemical reactive results manifested that **1** must be a triterpene-bidesmosidic saponin in which xylose should link the aglycone as etheer bond and while the remaining sugar should be bound to the genin by a glycosidic ester compound **2** was derivative of **1**. They were main different from sugar moiety and methyl signals. In NMR spectra, the methyl signals were seven and all singlet peak, the prensence singles indicated C-23 of genin didn't be oxidated and C-19, C-20 positions were formed a double bond. The HBMC experiments confirmed the positions of double bonds and the sugars. The correlations were observed between H-30 and C-20, C-19,C-21, between H-29 and C-19,C-20, C-18, between H-1 [δ_H 4.25 (d, J=7.7Hz), Xyl] and C-3 (δ_C 90.6), between H-1 [δ_H 5.39 (d, J = 7.8Hz), Glc] and C-28 (δ_C177.8). Thus, compound **2** was determined to be 3-*O*-β-D-xylopyranosyl-3β-hydroxyurs-12,19 (**20**)-dien-28-oic acid 28-β-D-glucopyranosyl ester, and named oblonganoside B.

Compound **5** has the same molecular weight as compound **2** and **8**. The negative FAB-MS of 5, 2, 8 all showed a quasimolecular ion peak at *m/z* 747 [M-H]$^-$, HR-FAB-MS analysis revealed the molecular formula to be $C_{41}H_{64}O_{12}$. The other significant ion peaks were at *m/z* 585 [M-H-162]$^-$, 453 [M-H-162-132]$^-$, corresponded to the loss of one hexosyl and pentosyl units. The NMR data exhibited the same sugar moiety and the linkages of 2, 5, 8. The ^{1}H NMR spectrum of 5 gave seven methyl signals at δ1.66, 1.09, 1.04, 1.00, 0.98, 0.92, and 0.82 including a doublet peak at δ1.09 (3H, d, J=7.2Hz). The ^{13}C-NMR spectrum showed two double bonds at δ139.6, 137.5, 134.0, and 127.7. In the HMBC experiment of 5, long-range correlations were observed between the following proton and carbon pairs: between H-29 and C-18 (134.0), C-19 (137.5), C-20 (35.6); between H-30 and C-19 (137.5), C-20 (35.6); between H-

1′ and C-3; between H-1″ and C-28. Thus the positions of the double bond and *β*-glucopyranosyl and *β*-xylcopyranosyl moieties in **5** were clarified. On the basis of those findings, the structure of oblonganosides C was elucidated as 3-*O*-β-D-xylopyranosyl-3β-hydroxyurs-12, 18 (19) -dien-28-oic acid 28-β-D-glucopyranosyl ester[21].

The same reasoning, the ^{1}H NMR spectrum of 8 gave a terminal double bond signals [δ4.99 (1H, d, *J*=2.0Hz), 4.95 (1H, d, *J*=2.0Hz)] and six methyl signals at δ1.15, 1.12, 1.05, 0.98, 0.85, and 0.83 including a doublet peak at δ1.12 (3H, d, *J*=6.5Hz). The HMBC spectrum confirmed the terminal double bond position at C-19 (29). Thus oblonganosides E was determined as shown.

Comparison with the NMR data of 5 and 6 showed the same sugar moiety and linkages, the main difference from their methyl signals. In ^{1}H NMR spectrum of 6, six methyl signals were observed including a doublet peak at δ1.09 (3H, d, *J*=7.0Hz), these signals indicated one methyl group should be oxidated. The ^{13}C NMR spectrum gave the signal of methyl at δ13.5, which methyl signal was downfield 3-4 ppm, suggesting that C-23 of methyl was oxidated (see Fig. 1). The HBMC experiments confirmed the positions of the methylene and the sugars. The correlations were observed between H-23 and C-4, C-3, C-5, C-24, between H-1 [δ_H 4.33 (d, *J*=7.6Hz), Xyl] and C-3 (δ_C 83.3), between H-1 [δ_H 5.38 (d, *J*=7.8Hz), Glc] and C-28 (δ_C 176.6). Therefore, the structure of **6** was determined as shown and named as oblonganoside C.

The negative FAB-MS of **9** gave a quasimolecular ion peak at *m/z* 647 [M-H]$^-$, and main fragment peak at *m/z* 485 [M-H-162]$^-$. The molecular formula $C_{36}H_{56}O_{10}$ was as shown by HR-FABMS. The ^{1}H-NMR spectrum of **9** gave five singlet methyl signals (δ 1.40, 1.13, 1.00, 0.83, and 0.71), a terminal double bond proton signals [δ 5.29 (1H, d, *J*=1.9Hz) and 5.10 (1H, d, *J*=1.9Hz)], and an anomeric proton signal at δ 5.37 (1H, d, *J*=8.3Hz). The ^{13}C-NMR spectrum of **9** showed a characteristic carbon signal at δ 12.7 (C-24) and 67.7 (C-23). Comparing with the NMR data of the genin in 9 and pomolic acid, the characteristic signals of pomolic acid were presence in compound 9 such as C-19 (quarternary carbon δ84.4), C-12 (**13**) at δ 137.9 and 129.6. The main difference was their methyles. In the HMB C experiment, the correlations were observe between H-1″ and C-28. Thus, the position of the C-23, double bond C-20 (**30**), and the sugar moiety of **9** were elucidated. Consequently, the structure was assigned to be 3β,19α,23-trihydroxyurs-12,20(**30**)-dien-28-oic acid 28-β-D-glucopyranosyl ester, and name oblonganoside E.

Compound 10 was derivative as 9, and revealed a quasimolecular ion peak at *m/z* 763 [M-H]$^-$, main fragment ion peaks at *m/z* 601 [M-H-162]$^-$, 469 [M-H-162-132]$^-$ in the negative FAB-MS. Most NMR spectroscopic data of the aglycone moiety in 10 resemble those of 9, except for sugar moiety and methyl signals. But, the NMR data of sugar moiety in 10 and 2, 5, 6, 8 disclosed the same linkage and sugars. The ^{1}H-NMR spectrum of **10** presented six singlet methyl signals (δ 1.41, 1.12, 1.04, 0.97, 0.84 and 0.82), a terminal olefin proton signals [δ 5.35 (1H, d, *J*=1.4Hz) and 5.28 (1H, d, *J*=1.4Hz)], and two anomeric proton signal at δ 5.37 (1H, d, *J*=8.3Hz), 4.25 (1H, d, *J*=7.6Hz). So, the aglycone of 10 was 3β,19α-dihydroxyurs-12, 20 (30)-dien-28-oic acid. Based on the above evidences, the structure of 10 is elucidated as 3-*O*-β-D-xylo-pyranosyl-3β, 19α-dihydroxyurs-12, 20 (**30**)-dien-28-oic acid 28-β-D-glucopyranosyl ester, named oblong-anoside F.

The inhibitory activities of compounds **1-10** against *Tobacco mosaic virus* (TMV) were evaluated *in vitro*[24,25]. Of the ten compounds tested, at a concentration of 0.2mg/mL, compound **1** showed higher inhibitory activity against TMV replication with 80.3% than other compounds. The results of inhibitory effect of compound **1** at several concentrations are shown in Table 1. The straight line concentration-inhibition experiments showed a max inhibition to be close to 90% at 0.4mg/mL and this concentration may be not potency and efficacy. Otherwise, the EC_{50} value of compounds 1 was as high as 0.074mg/mL, which one was an important value to potency of anti-TMV. On the basis of the above results, it may be concluded that the triterpenoid saponin, namely, oblonganoside A (**1**) should be a major active component of leave extracts of *Ilex oblonga* against TMV replication. Further investigations are in progress to study the action mechanism of active components on inhibiting viral replication.

Table 1 The TMV multiplication inhibition of compounds 1-10

No.	−	+	**1**	**2**	**3**	**4**	**5**	**6**	**7**	**8**	**9**	**10**
TR[a]	0	1.0456	0.2060	0.4559	0.6159	0.5510	0.7006	0.6420	0.7361	0.6514	0.8208	0.6305
%[b]	100	0	80.3	56.4	41.1	47.3	33.0	38.6	29.6	37.7	21.5	39.7

a: Concentration of TMV in every treatment (ng)

b: Inhibition rate

"+" is positive control and "−" is negative control

The concentration of each compound is 0.2mg/mL

The TMV standard curve was $y=0.3276 \ln(x) + 0.6379$, in which the correlation coefficient was 0.9795, and the "x" was the value of OD_{405}. According the formula we obtained the inhibition rate of every compound.

3 Experimental Section

3.1 General experimental procedures

IR spectra were recorded with a Perkin-Elmer 1750 FT-IR spectrometer and the films of the all samples were measured on KBr disks. Optical rotations were measured with a Jasco DIP-180 digital polarimeter spectrophotometer. The ^1H, ^{13}C, DEPT, ^1H-^1H COSY, NOESY, HMQC and HMBC NMR spectra were performed using a Bruker AM-400 and a DRX-500 spectrometer. FAB mass spectra were recorded on a Jeol JMS-HX 110 instrument. Chromatographic stationary phase used RP-18 (40-60μm, Merck), silica gel (160-200 mesh), Sephadex LH-20 (25-100μm, Pharmacia Fine Chemical Co. Ltd.), MCI-gel CHP20P (75-150μm, Mitsubishi Chemical Industries, Ltd.). HPLC was P-230-UV-230 (Dalian Elite Analytical Instruments Co., Ltd.) and HPLC column (YMC-Pack ODS-A, S-5μm, 250×10mm). The following solvent systems were used: a. $CHCl_3$-MeOH-H_2O (80 : 20 : 3), $CHCl_3$-MeOH-H_2O (70 : 30 : 5) and MeOH-H_2O (0-100%) for the glycosides; and b. $CHCl_3$-MeOH-H_2O (7 : 3 : 1) lower-layer 9mL + 1mL HOAc for sugars. Compounds on TLC were detected by spraying with 5% H_2SO_4 followed heating. Sugars were detected by spraying with aniline-phthalate reagent.

3.2 Plant material

The leaves of *Ilex oblonga* C. J. Tseng were collected at the Plant Garden of Guangxi Institute of Botany, Chinese Academy of Sciences in July 1999. A voucher specimen (No. 13523) is deposited in the Herbarium of Guangxi Institute of Botany. The plant was identified by Prof. C. H. Li.

3.3 Extraction and isolation

The leaves of *Ilex oblonga* (690g) were extracted (2×4L) with MeOH at room temperature (7 days×2). The extract was evaporated *in vacuo* to yield a residue, which was dissolved in water and filtered. The water soluble fraction was passed through a Diaion column and eluted with water and methanol. Evaporation of the methanol eluate yielded 37g of a brown fraction (A). The fraction A was subjected to dry column chromatography (DCC) on silica gel (1.0kg), eluted with $CHCl_3$-MeOH-H_2O (10 : 2 : 0.2) to afford thirteen fractions. Each fraction was purified by Sephadex LH-20, RP-8 gel column chromatography (solvent: MeOH-H_2O, 10%-70%), then purified by a silica gel column with $CHCl_3$-MeOH-H_2O (100 : 10 : 1-70 : 30 : 5), and finally repeatedly purified by

RP-HPLC with $MeOH-H_2O$ (60%-80%) as solvent to yield **1** (24mg), **2** (14mg), **3** (11mg), **4** (26mg), **5** (84mg), **6** (22mg), **7** (15mg), and **8** (35mg), **9** (45mg), and **10** (25mg).

Compound (1): colorless amorphous powder, $C_{38}H_{58}O_{10}$; FABMS m/z 673 $[M-H]^-$; 511 $[M-H-162]^-$; HRFABMS m/z 673.39513; $[\alpha]_D^{21}$ −29° (c=0.24, MeOH); IRν_{max} (film) /cm^{-1}: 3410, 2925, 1729, 1640, 1440, 1210, 1082, 995; ^1H NMR and ^{13}C NMR (Table 1).

Compound (**2**): colorless amorphous powder, $C_{41}H_{63}O_{12}$; $[\alpha]_D^{21}$ −11° (c=0.12, MeOH); FABMS m/z 747 $[M-H]^-$, 585 $[M-H-162]^-$, 453 $[M-H-162-132]^-$; HRFAB-MS m/z 747.43192 $[M-H]^-$; IR ν_{max} (film) /cm^{-1}: 3380, 2927, 1726, 1644, 1442, 1248, 1062, 913; ^1H and ^{13}C NMR (Table 1).

Compound (**3**): amorphous powder, $C_{36}H_{55}O_9$; $[\alpha]_D^{21}$ −39° (c=0.26, MeOH); FABMS m/z 631 $[M-H]^-$, 469 $[M-H-162]^-$; IR ν_{max} (film) /cm^{-1}: 3320, 2921, 1728, 1642, 1430, 1278, 1032, 943; ^1H and ^{13}C NMR (Table 1).

Compound (**4**): amorphous powder, $C_{36}H_{55}O_9$; $[\alpha]_D^{21}$ +69° (c=0.16, MeOH); FABMS m/z 631 $[M-H]^-$, 469 $[M-H-162]^-$; IR ν_{max} (film) /cm^{-1}: 3360, 2925, 1730, 1653, 1622, 1446, 1386, 1366, 1258, 1072, 993; ^1H and ^{13}C NMR (Table 1).

Compound (**5**): colorless amorphous powder, $C_{41}H_{64}O_{12}$; $[\alpha]_D^{21}$ +41° (c=0.19, MeOH); FABMS m/z 747 $[M-H]^-$, 585 $[M-H-162]^-$, 453 $[M-H-162-132]^-$; HRFAB-MS m/z 747.43194 $[M-H]^-$; IR ν_{max} (film) /cm^{-1}: 3380, 2927, 1727, 1655, 1624, 1442, 1388, 1362, 1250, 996; ^1H and ^{13}C NMR (Table 1).

Compound (**6**): colorless amorphous powder, $C_{41}H_{64}O_{13}$; $[\alpha]_D^{21}$ +22° (c=0.07, MeOH); FABMS m/z 763 $[M-H]^-$, 601 $[M-H-162]^-$, 469 $[M-H-162-132]^-$; HRFAB-MS m/z 763.42684 $[M-H]^-$; IR ν_{max} (film) /cm^{-1}: 3389, 2929, 1728, 1627, 1439, 1368, 1342, 1260, 1002; ^1H and ^{13}C NMR (Table 1).

Compound (**7**): amorphous powder, $C_{36}H_{55}O_9$; $[\alpha]_D^{21}$ +11° (c=0.13, MeOH); FABMS m/z 631 $[M-H]^-$, 469 $[M-H-162]^-$; IR ν_{max} (film) /cm^{-1}: 3420, 2931, 1726, 1642, 1440, 1208, 1140, 1072, 843; ^1H and ^{13}C NMR (Table 1).

Compound (**8**): colorless amorphous powder, $C_{41}H_{63}O_{12}$; $[\alpha]_D^{21}$ −11° (c=0.12, MeOH); FABMS m/z 747 $[M-H]^-$, 585 $[M-H-162]^-$, 453 $[M-H-162-132]^-$; HRFAB-MS m/z 747.43189 $[M-H]^-$; IR ν_{max} (film) /cm^{-1}: 3420, 2937, 1730, 1644, 1442, 1208, 1138, 1062, 1002; ^1H and ^{13}C NMR (Table 1).

Compound (**9**): amorphous powder, $C_{36}H_{55}O_{10}$; $[\alpha]_D^{21}$ +39° (c=0.20, MeOH); FABMS m/z 647 $[M-H]^-$, 485 $[M-H-162]^-$; HRFAB-MS m/z 647.37949 $[M-H]^-$; IR ν_{max} (film) /cm^{-1}: 3440, 2940, 1732, 1639, 1455, 1378, 1082, 843; ^1H and ^{13}C NMR (Table 1).

Compound (**10**): amorphous powder, $C_{41}H_{63}O_{13}$; $[\alpha]_D^{21}$ +71° (c=0.10, MeOH); FABMS m/z 763 $[M-H]^-$, 601 $[M-H-162]^-$, 469 $[M-H-162-132]^-$; HRFAB-MS m/z 763.42681 $[M-H]^-$; IR ν_{max} (film) /cm^{-1}: 3440, 2920, 1730, 1630, 1435, 1388, 1086, 863; ^1H and ^{13}C NMR (Table 1).

3.4 Acid hydrolysis

A solution of each compound (10mg) was heated at reflux at 100° C in 2 M aqueous CF_3COOH (5mL) on a water bath for 3h. The reaction mixture was then diluted with H_2O (15mL) and extracted with CH_2Cl_2 (3×5mL). The combined CH_2Cl_2 extracts were washed with H_2O and then evaporated to dryness *in vacuo*. After evaporation to dryness of the aqueous layer then with MeOH until neutral, the sugars were analyzed by comparison with authentic sample (solvent system b) on silica gel HPTLC. The extract of sugars was derivatized with thiazolidine as reported method[23]. Monosaccharides were detected by GC and conditions: column, SupelcoSPB-1 0.25mm _ 27 m; column temperature, 230 C; carrier gas, N2; *t*R, L-xylose (7.4min), D-xylose (7.8min), L-glucose (13.3min), D-glucose (13.8min); D-glucose was detected in **1**, **3**, **4**, **7**, **9**. D-Glucose and D-xylosewere detected in **2**, **5**, **6**, **8**, **10**.

3.5 Material preparations

Nicotiana tabacum cv. K326 were cultivated in glasshouse without pest. Different compounds were weight precisely with electro-balance, dissolved with a small quantity of DMSO, and added water to dilute to be solutions which the concentration were 0.2mg/mL, all solutions were in Petri dishes.

3.6 Leaf disc method

Leaves of *Nicotiana tabacum* cv. K326 were mechanically inoculated with *Tobacco mosaic virus* (TMV) at 10μg/mL 10-mm-diameter. leaf discs were punched and floated on the solutions of different compounds solutions 7h after inoculation, and incubated at 25±1℃ for 48h. Discs were treated with solvent only as the positive control while discs of healthy leaves were used as the negative control. Forty-eight hours later, leaf discs were ground in coating buffer and virus concentrations in them were measured by Indirect ELISA, there were six repetitions in every treatment. A series of TMV solutions at known concentrations was incorporated into every microlitre plate to provide an internal calibration curve. Linearity of absorbance with TMV concentrations was obtained within a range of about 2 orders of magnitude (0.04888-12.5 ng of TMV).

The inhibition of virus replication was calculated as: [1- (virus concentration of compounds treated leaf disc) / (virus concentration of leaf disc of the positive control×100, where virus concentration was calculated by the TMV standard curve with OD_{405} value of Indirect ELISA.

3.7 Indirect ELISA procedure

One hundred microlitres of diluted antigen was added to each well of a micro-ELISA plate and incubated over night at 4℃. After incubation the antigen solution was discarded and the plates were washed three times in phosphate buffered saline (PBS) pH7.2 containing 0.001% Tween 20 (PBS-T). The rabbit anti-TMV serum (1 : 2000) was added to the antigen coated wells. The plates were incubated for 1h at 37℃ and then washed three times in PBS-T. Goat Anti-Rabbit Alkaline Phosphatase (Sigma) conjugate (1 : 30 000) in PBS-T, was then added and a further incubation for 1h carried out at 37℃. The plates were again washed three times, 100μL PNP solution per well was added, and after ten minutes, the reaction was stopped by adding 100μL of 3M sodium hydroxide. The intensity of color development was determined by measuring absorbance using a micro-ELISA reader equipped with a 405nm filter.

Acknowledgment

We thank the staff of the analytical group of Kunming Institute of Botany, Chinese Academy of Sciences for measuring the NMR and FABMS spectra and this research was supported by National Natural Science Foundation of China (Grant No. 20272015).

References

[1] Ouyang MA, Yang CR, Chen ZL, et al. Triterpenes and triterpenoid glycosides from the leaves of *Ilex kudincha*. Phytochemistry, 1996, 41: 871-877

[2] Taketa ATC, Schimittmann-Schalanger T, Guillaume D, et al. Triterpenoid glycosides and a triterpene from *Ilex brevicuspis*. Phytochemistry, 2000, 53: 901-904

[3] Tan NH, Zhou J, Zhao SX. Advances in structural elucidation of glucuronide oleanane-type triterpene carboxylic acid 3,28-O-bisdesmosides (1962-1997). Phytochemistry, 1999, 52: 153-192

[4] Ouyang MA, Liu YQ, Wang HQ, et al. Triterpenoid saponins from *Ilex latifolia*. Phytochemistry, 1998, 49: 2483-2486

[5] Pires VS, Guillaume D, Gosmann G, et al. Saponins from *Ilex dumosa*, an Erva-maté (*Ilex paraguariensis*) Adulterating plant. J Agric Food Chem, 1997, 45: 1027-1031

[6] Martrnez MAP, Pelotto JP, Basualdo N. Distribution of flavonoid aglycones in *Ilex* species (Aquifoliaceae) Biochem Syst Ecol, 1997, 25: 619-622

[7] Saldana MDA, Mohamed RS, Baer MG. Extraction of purine alkaloids from mat (*Ilex paraguariensis*) using from mat (*Ilex paraguariensis*) using supercritical CO_2. J Agric Food Chem, 2000, 47: 3804-3808

[8] Dong XW, Zhong LC. A dimeric sinapaldehyde glucoside from *Ilex rotunda*. Phytochemistry, 1996, 41: 657-659

[9] Jiang ZH, Wang JR, Li M, et al. Hemiterpene glucosides with anti-platelet aggregation activities from *Ilex pubescens*. J Nat

Prod, 2005, 68: 397-399

[10] Fuchino H, Tachibana H, Tanaka N. Three new hemiterpene glycosides from *Ilex macropoda*. Chem Pharm Bull, 1997, 45: 1533-1535

[11] Vangenderen HH, Jaarsma J. Triterpenes and alkanes in developing variegated and albino leaves of *Ilex aquifolium* L. (Aquifoliaceae). Plant Sci, 1990, 72: 165-172

[12] Ishikura N. A further survey of anthocyanins and other phenolics in *Ilex* and *Euonymus*. Phytochemistry, 1975, 14: 743-745

[13] Vangenderen HH, Jarsma J, Versluis C. Long chain pentyl- and hexyl-esters and other lipoids in leaf wax of *Ilex aquifolium* L. (Aquifoliaceae). Plant Sci, 1988, 55: 231-238

[14] Jahromi MAF, Gupta M, Manickam M, et al. Hypolipidemic activity of pedunculoside, a constituent of *Ilex doniana*. Pharm Biol, 1999, 37: 37-41

[15] Filip R, Lotito SB, Ferraro G, et al. Antioxidant activity of *Ilex paraguariensis* and related species. Nutr Res, 2000, 20: 1437-1446

[16] Schinella CR, Troiani G, Davila V, et al. Antioxidant effects of an aqueous extract of *Ilex paraguariensis*. Biochem Biophys Res Commun, 2000, 269: 357-360

[17] Ouyang MA, Wu CL. Three new saponins from the leaves of *Ilex hylonoma*. J Asian Nat Prod Res, 2003, 5: 89-94

[18] Ouyang MA, Glycosides from the Leaves of *Ilex hylonoma*. Nat Prod Res, 2003, 3: 183-188

[19] Zhu MW. Chinese medicinal handbook of guangxi. Nanning, Guangxi People Publishing House, 1973, 296-298

[20] Liu X, Cui YX, Yu Q, et al. Triterpenoids from *sanguisorba officinalis*. Phytochemistry, 2005, 66: 1671-1679

[21] Jiang ZF, Huang RX, Qing GW, et al. Zhongcaoyao, 1991, 22: 291-293

[22] Mimaki Y, Fukushima M, Yokosuka A, et al. Triterpene glycosides from the roots of *Sanguisorba officinalis* Phytochemistry, 2001, 57: 773-779

[23] Miyase T, Saitoh H, Shiokawa K. Six new presenegenin glycosides, reiniosides A-F, from *Polygala reinii* root. Chem Pharm Bull, 1995, 43: 466-472

[24] French CJ, Twoers G. HN. Inhibition of infectivity of *Potato virus X* by flavonoids. Phytochemistry, 1992, 31: 3017-3020

[25] Chen NC. Technology of biological mensuration in pesticides. Beijing: Agriculture University Publishing House, 1990, 194-196

Table 1 ^{13}C NMR (125 MHz, CD_3OD) data of compounds 1-10

No.	**1**	**2**	**3**	**4**	**5**	**6**	**7**	**8**	**9**	**10**
1	40.4	40.2	40.3	40.1	40.2	40.0	39.7	39.9	39.7	39.9
2	24.2	27.2	27.9	27.5	27.5	26.6	26.4	26.4	26.2	26.3
3	86.6	90.6	74.2	74.0	90.7	83.3	73.6	90.4	74.1	90.7
4	37.9	40.3	43.7	43.3	40.3	43.9	43.4	40.6	43.3	40.2
5	52.8	57.2	49.3	49.0	57.2	49.0	49.1	57.1	49.0	57.1
6	18.7	19.3	19.4	19.1	19.3	18.7	19.2	19.3	19.2	19.3
7	34.4	35.0	34.9	35.3	35.8	35.8	33.8	34.2	35.6	34.2
8	40.7	40.7	40.9	40.3	40.3	40.2	40.6	40.2	40.6	40.6
9	49.0	49.3	49.3	49.2	49.0	49.0	49.1	49.0	49.0	49.0
10	38.3	37.0	38.2	37.8	37.8	37.5	38.1	38.0	38.0	38.0
11	24.4	24.5	24.9	24.2	24.2	24.2	24.7	24.6	24.6	24.6
12	128.5	128.7	129.1	127.6	127.7	127.7	129.5	129.5	129.6	129.9
13	138.5	138.6	139.0	139.6	139.6	139.6	138.4	138.2	137.9	137.6
14	44.5	44.6	45.0	45.8	45.7	45.7	43.7	43.6	43.8	43.6
15	24.3	24.3	24.6	31.6	31.6	31.5	27.7	27.2	27.5	27.1
16	29.2	29.3	29.6	29.7	29.7	29.7	29.9	29.8	29.6	29.6
17	49.0	48.4	49.0	50.8	50.8	50.8	50.7	50.7	50.1	49.9
18	51.2	51.3	51.6	134.0	134.0	134.0	53.0	52.9	49.0	49.0
19	129.3	129.4	129.8	137.5	137.5	137.5	154.5	154.4	84.4	82.4
20	125.0	125.0	125.3	35.6	35.6	35.6	38.6	38.5	153.8	149.5
21	29.2	29.3	29.6	27.5	27.2	27.4	31.7	31.6	33.7	31.7
22	33.5	33.6	33.9	35.8	35.8	35.3	38.0	37.9	32.1	31.7
23	79.1	28.6	67.7	67.7	28.6	64.7	67.2	28.5	67.7	28.5
24	13.9	17.2	13.3	12.8	16.7	13.5	13.0	17.1	12.7	17.0
25	17.6	17.5	17.3	16.9	17.1	17.2	16.7	16.3	16.5	16.2
26	18.2	18.4	18.8	18.4	18.7	18.8	17.8	17.7	17.7	17.6
27	22.4	22.4	22.8	22.4	22.3	22.4	26.7	26.5	26.4	26.3
28	177.8	177.8	178.3	176.6	176.6	176.6	177.3	177.2	177.5	177.2
29	17.4	17.5	17.8	19.8	19.8	19.8	110.9	110.8	23.0	23.5
30	20.4	20.5	20.8	19.0	19.3	19.0	19.9	19.8	113.6	117.5
1′	103.1	107.4			107.4	106.6		107.5		107.5
2′	64.6	75.5			75.4	75.5		75.4		75.5
3′		78.0			78.0	78.1		78.0		78.0
4′		71.3			71.3	71.2		71.1		71.1
5′		66.7			66.7	66.8		66.8		66.7
1″	95.7	95.8	96.1	95.7	95.8	95.7	95.9	95.8	96.0	95.8
2″	73.8	74.0	74.3	74.1	74.0	74.0	73.9	73.8	73.9	73.9
3″	78.2	78.3	78.6	78.3	78.6	78.3	78.3	78.2	78.2	78.2
4″	71.1	71.3	71.5	71.2	71.3	71.1	71.2	71.2	71.3	71.2
5″	78.7	78.7	79.1	78.6	78.7	78.6	78.9	78.7	78.7	78.7
6″	62.4	62.6	62.8	62.6	62.6	62.5	62.4	62.3	62.6	62.4

Table 2 ^{1}H NMR (500 MHz, CD_3OD) data of compounds 1-10

No.	1	2	3	4	5	6	7	8	9	10
1	1.78, m	1.68, m	1.70, m	1.73, m	1.64, m	1.75, m	1.67, m	1.66, m	1.67, m	1.67, m
	1.12, m	0.99, m	1.00, m	1.01, m	1.01, m	1.02, m	1.05, m	1.04, m	1.04, m	1.02, m
2	1.97, m	1.96, m	1.94, m	1.95, m	1.97, m	1.92, m	1.77, m	1.80, m	1.77, m	1.81, m
	1.93, m	1.93, m	1.78, m	1.80, m	1.82, m	1.88, m	1.73, m	1.73, m	1.73, m	1.65, m
3	3.37, overlap	3.13, overlap	3.61, overlap	3.61, overlap	3.14, overlap	3.61, overlap	3.61, br. d, 11.3	3.13, overlap	3.60, overlap	3.13, overlap
5	0.83, br. d, 12.2	0.76, br. d, 12.2	1.13, br. d, 12.2	1.16, br. d, 13.0	0.89, br. d, 12.3	1.25, br. d, 12.0	1.18, br. d, 11.8	0.81, br. d, 12.1	1.17, br. d, 12.1	0.79, br. d, 12.0
6	1.42, m	1.52, m	1.39, m	1.74, m	1.53, m	1.45, m	1.40, m	1.52, m	1.40, m	1.53, m
	1.17, m	1.36, m	1.36, m	1.65, m	1.38, m	1.30, m	1.38, m	1.40, m	1.36, m	1.41, m
7	1.53, m	1.50, m	1.58, m	1.63, m	1.55, m	1.67, m	1.59, m	1.47, m	1.59, m	1.49, m
	1.35, m	1.39, m	1.33, m	1.43, m	1.40, m	1.45, m	1.30, m	1.32, m	1.30, m	1.33, m
9	1.53, m	1.43, m	1.48, m	1.47, m	1.43, m	1.42, m	1.44, m	1.46, m	1.74, m	1.71, m
11	1.95, m	1.93, m	1.93, m	1.95, m	1.94, m	1.95, m	1.99, m	1.98, m	1.99, m	1.98, m
12	5.47, br. s	5.4, t, 3.5	5.47, br. s	5.38, br. s	5.39, br. s	5.38, br. s	5.32, br. s	5.30, br. s	5.34, br. s	5.36, br. s
15	1.56, m	1.53, m	1.51, m	1.95, m	1.93, m	1.93, m	1.88, m	1.88, m	1.93, m	1.94, m
	1.21, m	1.26, m	1.22, m	1.14, m	1.19, m	1.14, m	1.07, m	1.14, m	1.20, m	1.20, m
16	1.61, m	1.79, m	1.69, m	1.90, m	1.83, m	1.65, m	1.63, m	1.63, m	1.71, m	1.71. m
	1.09, m	1.65, m	1.60, m	1.78, m	1.58, m	1.63, m	1.59, m	1.59, m	1.65, m	1.65, m
18	3.18, s	3.19, s	3.19, s				3.44, s	3.44, s	3.86, s	3.72, s
20				1.43, m	1.47, m	1.45, m	1.98, m	1.98, m		
21	2.25, m	2.22, m	2.23, m	2.21, m	2.24, m	2.24, m	1.63, m	1.84, m	2.07, m	2.06, m
	1.87, m	1.84, m	1.85, m	1.86, m	1.82, m	1.82, m	1.32, m	1.68, m	1.93, m	1.93, m
22	1.82, m	1.82, m	1.81, m	2.24, br. d, 13.1	2.24, br. d, 13.0	2.25, br. d, 13.0	1.88, m	1.88, m	1.56, m	1.63, m
	1.66, m	1.65, m	1.67, m	2.17, m	2.17, m	2.16, m	1.77, m	1.77, m	1.03, m	1.56, m
23	3.79, d, 10	1.04, s	3.51, d, 11.1	3.52, d, 11.0	1.04, s	3.61, d, 11.6	3.51, d, 10.8	0.85, s	3.52, d, 10.4	0.84, s
	3.27, d, 10		3.28, d, 11.1	3.30, d, 11.0		3.27, d, 11.6	3.27, d, 10.8		3.26, d, 10.4	
24	1.05, s	0.84, s	0.68, s	0.70, s	0.82, s	0.70, s	0.70, s	1.05, s	0.71, s	1.04, s
25	1.03, s	0.98, s	1.00, s	1.02, s	1.00, s	1.03, s	1.00, s	0.98, s	1.00, s	0.97, s
26	0.87, s	0.87, s	0.87, s	0.92, s	0.92, s	0.92, s	0.84, s	0.83, s	0.83, s	0.82, s
27	1.00, s	0.98, s	0.99, s	1.00, s	0.98, s	1.00, s	1.16, s	1.15, s	1.13, s	1.12, s
29	1.56, s	1.56, s	1.56, s	1.74, s	1.66, s	1.74, s	5.00, d, 2	4.99, d, 2	1.40, s	1.41, s
							4.96, d, 2	4.95, d, 2		

续表

No.	1	2	3	4	5	6	7	8	9	10
30	1.63, s	1.63, s	1.63, s	1.09, d, 7.0	1.09, d, 7.2	1.09, d, 7.0	1.13, d, 6.3	1.12, d, 6.5	5.29, d, 1.9	5.35, d, 1.4
									5.10, d, 1.9	5.28, d, 1.4
1′	4.64, br.s,	4.25, d, 7.7			4.26, d, 7.2	4.33, d, 7.6		4.26, d, 7.6		4.25, d, 7.6
2′	3.78, br.d, 7.2	3.19, m			3.17, m	3.14, m		3.17, m		3.19, m
	3.27, br.d, 7.2									
3′		3.26, m			3.28, m	3.27, m		3.26, m		3.26, m
4′		3.50, m			3.48, m	3.49, m		3.50, m		3.50, m
5′		3.81, br.d, 11.6			3.82, d, 11.5	3.82, d, 11.1		3.81, d, 11.4		3.81, d, 11.3
		3.17, overlap			3.17, overlap	3.19, overlap		3.17, overlap		3.17, overlap
1″	5.38, d, 7.7	5.39, d, 7.8	5.38, d, 7.6	5.38, d, 7.7	5.38, d, 7.7	5.38, d, 7.8	5.39, d, 7.9	5.38, d, 8.0	5.37, d, 8.3	5.37, d, 8.3
2″	3.31, m	3.30, m	3.30, m	3.28, m	3.30, m	3.30, m	3.30, m	3.30, m	3.30, m	3.30, m
3″	3.39, m	3.40, m	3.39, m	3.38, m	3.38, m	3.40, m	3.40, m	3.41, m	3.39, m	3.41, m
4″	3.25, m	3.24, m	3.25, m	3.24, m	3.24, m	3.24, m	3.25, m	3.24, m	3.25, m	3.24, m
5″	3.33, m	3.34, m	3.34, m	3.33, m	3.33, m	3.33, m	3.34, m	3.34, m	3.34, m	3.34, m
6″	3.80, br.d, 2.0	3.80, br.d, 11.6	3.80, br.d, 11.6	3.80, br.d, 12.0	3.79, br.d, 11.5	3.80, br.d, 12.1	3.80 br.d, 11.6	3.80, br.d, 11.3	3.80, br.d, 11.0	3.80, br.d, 9.8
	3.67, dd, 11.6,	3.66, dd, 11.6,	3.67, dd, 11.8,	3.67, dd, 12.0,	3.67, dd, 11.5,	3.67, br.d, 12.1	3.66, br.d, 11.3	3.67, dd, 11.3,	3.67, br.d, 11.6	3.67, br.d, 11.0
	3.2	4.0	4.3	3.9	3.9			3.2		

Anti-*Tobacco mosaic virus* (TMV) triterpenoid saponins from the leaves of *Ilex oblonga*

WU Zu-jian[1], OUYANG Ming-an[1,2], WANG Cong-zhou[2],
ZHANG Zheng-kun[1], SHEN Jian-guo[1]

(1 Key Laboratory of Biopesticide and Chemical Biology, Ministry of Education,
Fujian Agriculture and Forestry University, Fuzhou 350002;
2 Department of Bio-Engineering and Technology, Huaqiao University, Quanzhou 362011)

Abstract: Ten triterpene saponins have been isolated from a MeOH extract of the leaves of Ilex oblonga. In their structures, six new triterpene saponins were named as oblonganosides H-M (2, 4, 5, and 8-10), Ten triterpene glucosides have been isolated from a MeOH extract of the leaves of Ilex were new compounds. All structures were elucidated on the basis of spectroscopic analysis. Among the triterpenoid saponins, three compounds (7, 8, and 10) showed obvious activities in inhibiting multiplication of the tobacco mosaic virus (TMV).

Key words: Aquifoliaceae; *Ilex oblonga*; triterpenoid saponin; TMV

1 Introduction

In a continuation of our study on the constituents of the medicinal plants of the Aquifoliaceae family[1-4], we investigated the water-soulble fraction of *Ilex oblonga*. This plant is a well-known endemic herb to treat gumboil, eczema, rheumatism, scald and bruise in Guangxi province of China[5]. Recently, the occurrence of flavonoids[6], xanthines[7], aldehydes[8], hemiterpene glycosides[9,10], triterpenes and alkanes[11], anthocyanins[12], pentylesters, hexyl esters, and other lipophilic compounds[13] has been reported in *Ilex* species. Several biological activities were related to the compounds isolated from them, including hypocholesterolemic[14] and antioxidant[15,16] activities. In this paper, we describe the isolation, biological activity to inhibit multiplication of the *Tobacco mosaic virus* (TMV), and structure elucidation of six new triterpenoid saponins designated oblonganoside H[2], oblonganoside I[4], oblonganoside J[5], oblonganoside K[8], oblonganoside L[9], and oblonganoside M[10] (Fig. 1) along with four known triterpenoid saponins: pomolic acid-28-*O*-*O*-β-D-glucopyranosyl ester[1,17], rotundic acid-28-*O*-β-D-glucopyranosyl ester[3,18], nigaichigoside F1[6,19], and siaresinolic acid-28-*O*-β-D-glucopyranosyl lester[7,20] from the leaves of *I. oblonga*.

2 Materials and Methods

2.1 General experimental procedures

IR spectra were recorded with a Perkin-Elmer 1750 FTIR spectrometer, and the films of the all samples were measured on KBr disks. Optical rotations were measured with a Jasco DIP-180 digital polarimeter spectrophotometer. The ^{1}H, ^{13}C, DEPT, ^{1}H-^{1}H COSY, NOESY, HMQC and HMBC NMR spectra were performed using a Bruker AM-400 and a DRX-500 spectrometer. FAB mass spectra were recorded on a JEOL JMS-HX 110 instrument. Chromatographic stationary phase used

J Agric Food Chem, 2007, (55): 1712-1717

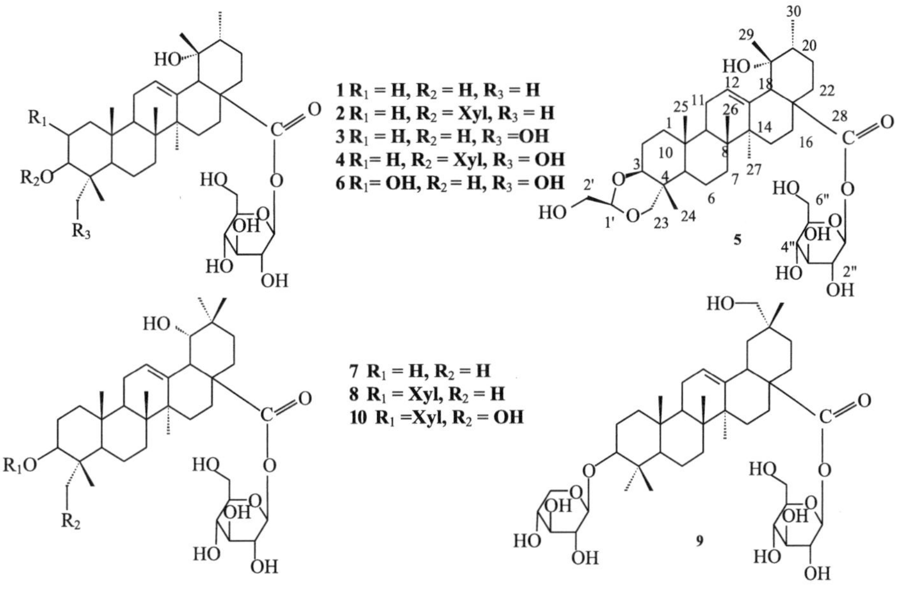

Fig. 1 Triterpene saponins **1-10**

RP-18 (40-60μm, Merck), silica gel (160-200 mesh), Sephadex LH-20 (25-100μm, Pharmacia Fine Chemical Co. Ltd.), and MCI-gel CHP20P (75-150μm, Mitsubishi Chemical Industries, Ltd.), HPLC was a P-230-UV-230 (Dalian Elite Analytical Instruments Co., Ltd.) and HPLC column (YMC-Pack ODS-A, S-5μm, 250×10mm). The following solvent systems were used: a. $CHCl_3/MeOH/H_2O$ (80 : 20 : 3), $CHCl_3/MeOH/H_2O$ (70 : 30 : 5) and $MeOH/H_2O$ (0-100%) for the glycosides; and b. $CHCl_3$-MeOH-H_2O (7 : 3 : 1) lower-layer 9mL + 1mL HOAc for sugars. Compounds on TLC were detected by spraying with 5% H_2SO_4 followed heating. Sugars were detected by spraying with aniline-phthalate reagent.

2.2 Plant material

The leaves of *I. oblonga* C. J. Tseng were collected at the Plant Garden of Guangxi Institute of Botany, Chinese Academy of Sciences in July 1999. A voucher specimen (No. 13523) is deposited in the Herbarium of Guangxi Institute of Botany. The plant was identified by Prof. CH Li.

2.3 Extraction and isolation

The leaves of *Ilex oblonga* (690g) were extracted (2×4L) with MeOH at room temperature (7 days (2). The extract was evaporated *in vacuo* to yield a residue, which was dissolved in water and filtered. The water-soluble fraction was passed through a Diaion column and eluted with water and methanol. Evaporation of the methanol eluate yielded 37g of a brown fraction (A). Fraction A was subjected to dry column chromatography (DCC) on silica gel (1.0kg), eluted with $CHCl_3/MeOH/H_2O$ (10 : 2 : 0.2) to afford 13 fractions. Each fraction was purified by Sephadex LH-20, RP-8 gel column chromatography (solvent: $MeOH/H_2O$, 10-70%), then purified by a silica gel column with $CHCl_3/MeOH/H_2O$ (100 : 10 : 1-70 : 30 : 5), and finally repeatedly purified by RP-HPLC with MeOH-H_2O (60%-80%) as solvent to yield **1** (44mg), **2** (21mg), **3** (13mg), **4** (16mg), **5** (14mg), **6** (17mg), **7** (65mg), and **8** (15mg), **9** (35mg), and **10** (17mg).

Compound (**1**): amorphous powder, $C_{36}H_{58}O_9$; $[\alpha]_D^{21}$ +7.3 (c 0.17, MeOH); FABMS *m/z* 633 $[M-H]^-$, 471 $[M-H-162]^-$; IR ν_{max} (film) / cm^{-1}: 3427, 2940, 1728, 1639, 1455, 1378, 1072, 1021; ^1H and ^{13}C NMR (see table 1).

Compound (**2**): amorphous powder, $C_{41}H_{66}O_{13}$; $[\alpha]_D^{21}$ +71 (c 0.10, MeOH); FABMS *m/z* 765 $[M-H]^-$, 603 $[M-H-162]^-$, 471 $[M-H-162-132]^-$;

HRFAB-MS, m/z 765.44249 [M-H]$^-$; IR ν_{max} (film) /cm^{-1} 3440, 2920, 1729, 1640, 1445, 1388, 1086, 1103; ^{1}H and ^{13}C NMR (see table 1).

Compound (**3**): amorphous powder, $C_{36}H_{58}O_{10}$; $[\alpha]_D^{21}$ −23.3 (c 0.24, MeOH); FABMS, m/z 649 [M-H]$^-$, 487 [M-H-162]$^-$; IR, ν_{max} (film) / cm^{-1} 3337, 2936, 1730, 1636, 1451, 1388, 1092, 1001; ^{1}H and ^{13}C NMR (Table 1).

Compound (**4**): amorphous powder, $C_{41}H_{66}O_{14}$; $[\alpha]_D^{21}$ −3.8 (c 0.30, MeOH); FABMS, m/z 781 [M-H]$^-$, 619 [M-H-162]$^-$, 487 [M-H-162-132]$^-$; HRFAB-MS, m/z 781.43738 [M-H]$^-$; IRν_{max} (film) /cm^{-1} 3430, 2923, 1729, 1640, 1449, 1398, 1046, 1003; ^{1}H and ^{13}C NMR (Table 1).

Compound (**5**): amorphous powder, $C_{38}H_{60}O_{11}$; $[\alpha]_D^{21}$ −72.3 (c 0.37, MeOH); FABMS, m/z 691 [M-H]$^-$, 529 [M-H-162]$^-$; HRFAB-MS, m/z 691.40572 [M-H]$^-$; IR ν_{max} (film) /cm^{-1} 3432, 2934, 1729, 1639, 1465, 1348, 1032, 1001; ^{1}H and ^{13}C NMR (Table 1).

Compound (**6**): amorphous powder, $C_{36}H_{58}O_{11}$; $[\alpha]_D^{21}$ +21 (c 0.11, MeOH); FABMS, m/z 665 [M-H]$^-$, 503 [M-H-162]$^-$, IR ν_{max} (film) /cm^{-1} 3341, 2930, 1729, 1631, 1475, 1418, 1026, 963; ^{1}H and ^{13}C NMR (Table 1).

Compound (**7**): amorphous powder, $C_{36}H_{58}O_9$; $[\alpha]_D^{21}$ +63.5 (c 0.39, MeOH); FABMS, m/z 633 [M-H]$^-$, 471 [M-H-162]$^-$; IR ν_{max} (film) /cm^{-1} 3357, 2916, 1730, 1641, 1471, 1418, 1292, 1101; ^{1}H and ^{13}C NMR (Table 1).

Compound (**8**): amorphous powder, $C_{41}H_{66}O_{13}$; $[\alpha]_D^{21}$ +25.3 (c 0.27, MeOH); FABMS, m/z 765 [M-H]$^-$, 603 [M-H-162]$^-$, 471 [M-H-162-132]$^-$; HRFAB-MS, m/z 765.44248 [M-H]$^-$; IR ν_{max} (film) /cm^{-1} 3336, 2903, 1730, 1642, 1469, 1328, 1016, 937; ^{1}H and ^{13}C NMR (Table 1).

Compound (**9**): amorphous powder, $C_{41}H_{66}O_{13}$; $[\alpha]_D^{21}$ +37.2 (c 0.14, MeOH); FABMS, m/z 765 [M-H]$^-$, 603 [M-H-162]$^-$, 471 [M-H-162-132]$^-$; HRFAB-MS, m/z 765.44250 [M-H]$^-$; IR ν_{max} (film) /cm^{-1} 3437, 2933, 1731, 1636, 1419, 1338, 1146, 903; ^{1}H and ^{13}C NMR (Table 1).

Compound (**10**): amorphous powder, $C_{41}H_{66}O_{14}$; $[\alpha]_D^{21}$ −2.9 (c 0.43, MeOH); FABMS, m/z 781 [M-H]$^-$, 619 [M-H-162]$^-$, 487 [M-H-162-132]$^-$; HRFAB-MS, m/z 781.43740 [M-H]$^-$; IR ν_{max} (film) /cm^{-1} 3350, 2913, 1729, 1636, 1469, 1398, 1266, 1120; ^{1}H and ^{13}C NMR (Table 1).

2.4 Acid hydrolysis

A solution of each compound was heated at 100℃ in 2 M aqueous CF_3COOH (5mL) refluxed on a water bath for 3h. After this period, the reaction mixture was then diluted with H_2O (15mL) and extracted with CH_2Cl_2 (3×5mL). The combined CH_2Cl_2 extracts were washed with H_2O and then evaporated to dryness in vacuo. After evaporation to dryness of the aqueous layer then with MeOH to wash until neutral, the sugars were analyzed silica gel HPTLC by comparison with standard sugars [solvent system $CHCl_3$/MeOH/H_2O (7∶3∶1) lower-layer 9mL+1mL of HOAc for sugars] on silica gel HPTLC.

2.5 Alkaline hydrolysis

The sample was refluxed with 5% KOH (10mL) for 1h. The reaction mixture was adjusted to pH 6 with dilute HCl and then extracted with H_2O-saturated n-BuOH (3×10mL). The combined n-BuOH extracts were washed by H_2O. Evaporation of the n-BuOH gave the progenin. Acid hydrolysis of progenin in 2mol/L CF3COOH for 2h at 120℃ furnished glucose (HPTLC with authentic sample).

2.6 Screening material preparations

Nicotiana tabacum cv. K326 were cultivated in a glasshouse without pest. Different compounds were weight precisely with an electrobalance, dissolved with a small quantity of DMSO, and diluted with water to provide solutions having a concentration were 0.2mg/mL; all solutions were in Petri dishes.

2.7 Leaf-disk method

Leaves of *N. tabacum* cv. K326 were mechanically inoculated with TMV at 10μg/mL. Leaf disks of 10-mm diameter were punched and floated on the solutions of different compound solutions 7h after inoculation and incubated at 25±1℃ for 48h. Disks were treated with solvent only as the positive control, whereas disks of healthy leaves were used as the negative control; 48h later, leaf disks were ground in coating buffer, and virus concentrations in them were measured by indirect ELISA. There were six repetitions in every treatment. A series of TMV solutions at known concentrations was incorporated into every microlitre plate to provide an internal calibration curve. Linearity of absorbance with TMV concentrations was obtained within a range of about **2** orders of magnitude (0.04888-12.5 ng of TMV).

The inhibition of virus replication was calculated as: [1− (virus concentration of compounds-treated leaf disc) / (Virus concentration of leaf disc of the positive control] ×100, where virus concentration was calculated by the TMV standard curve with OD_{405} value of Indirect ELISA.

2.8 Indirect ELISA procedure

One hundred microlitres of diluted antigen was added to each well of a micro-ELISA plate and incubated over night at 4℃. After incubation, the antigen solution was discarded and the plates were washed three times in phosphate-buffered saline (PBS) pH7.2 containing 0.001% Tween 20 (PBS-T). Rabbit anti-TMV serum (1∶2000) was added to the antigen coated wells. The plates were incubated for 1h at 37℃ and then washed three times in PBS-T. Goat Anti-Rabbit alkaline phosphatase (Sigma) conjugate (1∶30 000) in PBS-T was then added and a further incubation for 1h carried out at 37℃. The plates were again washed three times, 100μL of PNP solution per well was added, and after 10minutes, the reaction was stopped by adding 100μL of 3mol/L sodium hydroxide. The intensity of color development was determined by measuring absorbance using a micro-ELISA reader equipped with a 405nm filter.

3 Results and discussion

The leaves of *I. oblonga* were extracted with MeOH under reflux. The MeOH extract was subjected to Diaion HP-20 column chromatography to give H_2O, MeOH, and acetone-eluted fractions. The MeOH-eluted fraction was subjected to ordinary and reversed phase silica gel column chromatography and finally HPLC to furnish triterpenoid saponons **1-10**.

Compound **2** was obtained as amorphous powder and exhibited a positive specific rotation, $[\alpha]_D^{21}$ +71.0 (c 0.10, MeOH). $IR\nu_{max}$ (film) /cm^{-1} of 3440, 2920, 1729, 1640, 1445, 1388, 1086, 1103 assignable to ester carbonyl and double bond. The negative FABMS of **2** showed a quasimolecular ion peak at m/z 765 $[M-H]^-$, indicating a molecular weight of 766, and HRFABMS analysis revealed the molecular formula of **2** to be $C_{41}H_{66}O_{13}$. The other significant ion peak was at m/z 603 $[(M-H)-162]^-$ and 471 $[M-H-162-132]^-$, corresponded to the loss of one hexosyl and one pentosyl units. Acid hydrolysis of afforded a mixture of sugars, which were identified as D-glucose and D-xylose by detected HPTLC. Alkaline hydrolysis of **2** performed with 1mol/L KOH yielded glucose and a prosapogenin, which furnished xylose and a genin by subsequent acid hydrolysis. These chemical reactive results manifested that **2** must be a triterpene-bidesmosidic saponin in which xylose was bound to the aglycone by a glycosidic linkage at C-3, whereas the remaining sugar must be bound to the genin by a glycosidic ester linkage at C-28; these results were also confirmed by the carbon signals of **2** at δ_c 90.8 (downfield shift of C-3 of the aglycone) and δ_c 178.5 (upfield shift of C-28 of the aglycone). In comparing with the NMR data of pomolic acid[21] and the aglycone of **2**, they were the same triterpene. In the HMBC spectrum, the correlation crosspeaks were observed between H-1′ and C-3 and between H-1″ and C-28. Thus the structure of **2** was determined to be 3-*O*-β-D-xylopyranosyl-pomolic acid-28-*O*-β-D-glucopyranosyl ester, and named oblonganosides H.

The negative FAB-MS of **4** gave a quasimolecular ion peak at *m/z* 781 [M-H]$^-$, and main fragment peak at *m/z* 619 [M-H-162]$^-$, 487 [M-H-162-132]$^-$. The molecular formula $C_{416}H_{66}O_{14}$ was as shown by HRFABMS. The ^{1}H NMR spectrum of **4** gave five singlet methyl signals and one doublet signal [δ 1.30, 1.19, 0.94, 0.75, 0.70, and 0.94 (3H, d, *J*=6.8Hz)], and two anomeric proton signals at δ 5.34 (1H, d, *J*=7.9Hz) and 4.27 (1H, d, *J*=7.4Hz). The ^{13}C NMR spectrum of **4** presented a characteristic carbon signal at δ12.8 C-24 (by shielding of the hydroxyl of C-23) and 67.7 C-23 (bearing oxygen). Comparing with the NMR data of the genin (**4**) and pomolic acid, the characteristic signals of pomolic acid were presented in compound **4** such as C-19 (quarternary carbon δ 73.8), C-12 (13) at δ 139.6 and 129.6. In the HMBC experiment, the key correlations were observed between H-23 and C-3, C-4, C-5, between H-1 ¢ and C-3, and between H-1″ and C-28. Therefore, the position of the C-23 and the sugar moiety of **4** were elucidated, and the structure was assigned to be 3-*O*-β-D-xylopyranosyl-3β, 19α, 23-trihydroxyurs-12(13)-dien-28-oic acid-28-*O*-β-D-glucopyranosyl ester and named oblonganosides I.

Compound **5** was obtained as amorphous powder and exhibited a negative specific rotation $[\alpha]_D^{21}$ −72.3 (c 0.37, MeOH). IRν_{max} (film) /cm^{-1} of 3432, 2934, 1729, 1639, 1465, 1348, 1032, 1001 assignable to ester carbonyl and double bond. The negative FABMS of **5** showed a quasimolecular ion peak at *m/z* 691 [M-H]$^-$, and HRFABMS analysis revealed the molecular formula of **5** to be $C_{38}H_{60}O_{11}$. The other significant ion peak was at *m/z* 529 [(M-H) -162]$^-$, corresponded to the loss of one hexosyl unit. The ^{13}C NMR spectrum and DEPT of 5 exhibited 6 methyl, 12 methylene, 12 methine, and 8 quarternary carbon signals, including 1 ester carbonyl at δ_C 178.5, 2 sp^2 carbon signals at δ_C 139.6 and 129.4, and two anomeric carbon signals at δ_C 103.1 and 95.7. The ^{1}H NMR spectrum of 5 presented five singlet methyl signals and one doublet signal [δ_H 1.33, 1.19, 1.04, 1.00, 0.76, and (3H, d, *J*=6.7Hz)], an olefin proton signal at δ_H 5.29 (br s), and two anomeric proton signals at δ_H 5.31 (1H, d, *J*=7.7Hz) and 4.65 (1H, d, *J* = 5.6Hz). In comparing the NMR data of pomolic acid and the aglycone of 5, the position C-23 was changed. The HBMC experiment confirmed the position of C-23. The correlations were observed between H-23 and C-4, C-3, C-5. Thus the aglycone was 3β, 19α23-trihydroxyurs-12-dien-28-oic acid. Alkaline hydrolysis of **5** performed with **1** M KOH yielded a prosaopgenin and D-glucose by confirmed HPTLC. The data of anomeric carbon signal at δ_C 95.7 and anomeric proton signal at δ_H 5.31 (d, *J*=7.7Hz) suggestinged glucose was in the β form and was bound to the aglycone by a glycosidic linkage at C-28. The carbon signal at δ_C 103.1, a methine signal, should be an acetal carbon. The connection of the ethylidene group was confirmed by the HMBC and the ^{13}C-NMR spectra (see table 1). The HMBC spectrum exhibited cross-peaks between H-1′ of the ethylidene group and C-23 and C-3 of the genin and between H-2′ and C-1′. NOESY spectrum observed cross-peaks between H-1′ and H-3, H-23, H-2′. These observations indicated that the ethylidene group was attached to C-3 and C-23. The structure of **5** was therefore defined as 3,23-*O*-hydroxyethylidene-3β, 19α, 23-trihydroxyurs-12-dien-28-oic acid 28-*O*-β-D-glucopyranosyl ester, named oblonganosides J.

Compound **8-10** were all triterpenes of oleanane types because of their double bond signals of ^{13}C NMR data about δ 143 and 124, suggesting the oleanane types (see table 1), They also had the same sugars and linkages in NMR spectra. **8** was obtained as a white powder and exhibited a quasimolecular ion peak at *m/z* 765 [M-H]$^-$ and mian fragment ions at *m/z* 603 [M-H-162]$^-$, 471 [M-H-162-132]$^-$ in negative FABMS. HRFABMS analysis revealed the molecular formula of 8 to be $C_{41}H_{66}O_{13}$. The ^{1}H NMR spectrum of 8 gave seven singlet methyl signals at δ 1.28, 1.04, 0.93×3, 0.84, and 0.73, and two anomeric proton signals at δ 5.36 (1H, d, J=8.0Hz) and 4.26 (1H, d, J=7.6Hz). In the HMBC experiment of 8, long-range correlations presented the following proton and carbon pairs: between H-19 and C-13, C-17, C-18, C-20, C-29, and C-30; between H-1′ and C-3; and between H-1″ and C-28. Their cross-peaks disclosed the positions of hydroxyl in C-19 and two sugar linkages. The aglycone of 8 was identified as siaresinolic acid by comparison with the NMR data of published paper[14]. Therefore, **8** was determined to be 3-*O*-β-D-xylopyranosyliaresinolic acid-28-*O*-β-D-glucopyranosyl ester, and named oblonganosides K.

Compound **9** and **8** were isomers. They had the same oleanane type, sugars and their linkages. The main differences were hydroxyl position of the aglycone. In the ^{1}H NMR spectrum of 9, six singlet signals were observed at δ 1.14, 1.01, 0.92, 0.89, 0.81, and 0.77. The number of the methyls implied that a methyl was oxidated. The HMBC experiment showed the crosspeaks between H-29 (δ 3.30) and C-20 (δ 36.8) and C-30 (δ 19.5) and between H-30 (δ 0.89) and C-29 (δ 74.4). Consequentyl, the structure of 9 was assigned as 3-*O*-β-D-xylopyranosyl-3β, 29-dihydroxyoleanolic acid-28-*O*-β-D-glucopyranosyl ester and named oblonganosides L.

Although compound **10** was a derivative of **8**, **10** exhibited a quasimolecular ion peak at m/z 781 [M-H]$^-$ and main fragment peak at m/z 619 [M-H-162]$^-$ and 487 [M-H-162-132]$^-$. In the ^{1}H NMR spectrum of **10**, six singlet signals were also observed at δ 1.15, 0.93×3, 0.78, and 0.76. The number of the methyls implied that a methyl should be oxidated, and the ^{13}C NMR data gave the methyl signal at δ 12.9, for which the methyl could be C-24. This assignment was confirmed the HMBC experiment. Correlations were observed between H-23 (δ 3.52) and C-4 (δ 40.4), C-3 (δ 83.2), C-5 (δ 49.0). Therefore, the structure of **10** was assigned as 3-*O*-β-D-xylopyranosyl-3β, 19α, 23-trihydroxyloleanolic acid-28-*O*-β-D-glucopyranosyl ester and named oblonganosides M.

The inhibitory activities of compounds **1-10** against TMV were evaluated in vitro. Of the 10 compounds tested at a concentration of 0.2mg/mL, compounds **7**, **8**, and **10** showed higher inhibitory activity against TMV replication than other compounds, with 84.5%, 85.7%, and 78.5% inhibitions, respectively (Fig. 2). The results of inhibitory effect of compounds **7**, **8**, and **10** at several concentrations are shown in Table 4. The EC_{50} values of compounds **7**, **8**, and **10** were determined to be 0.08mg/mL, 0.076mg/mL, and 0.085mg/mL respectively. On the basis of the above results, it should concluded that the three triterpenoid saponins, namely, siaresinolic acid-28-*O*-β-D-glucopyranosyl ester[7], oblonganoside K[8], and oblonganoside M[10], were main active components of leaf extracts of *I. oblonga* against TMV replication. Further investigations are in progress to study the mechanism of active components in inhibiting viral replication.

Table 3 The TMV multiplication inhibition of compounds 1-10ᵃ

	−ᵇ	+ᵇ	1	2	3	4	5	6	7	8	9	10
TRᶜ	0	0.3262	0.2381	0.2042	0.1908	0.2228	0.2345	0.2450	0.0506	0.0466	0.1732	0.0701
%ᵈ	100	0	27.0	37.4	41.5	31.7	28.1	24.9	84.5	85.7	46.9	78.5

a The concentration of each compound is 0.2mg/mL. b "+" is positive control, and "−" is negative control. c Concentration of TMV in every treatment (ng). d Inhibition rate.

Acknowledgment

We thank the staff of the analytical group of Kunming Institute of Botany, Chinese Academy of Sciences for measuring the NMR and FABMS spectra and this research was supported by National Natural Science Foundation of China (Grant No. 20272015).

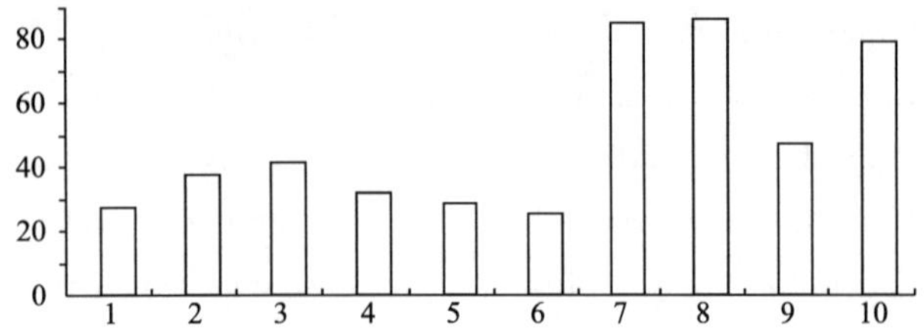

Fig. 2. Inhibitory activity of compounds **1-10** from the leaves of *I. oblonga* against TMV replication at 0. 2mg/mL

References

[1] Ouyang MA, Yang CR, Chen ZL, et al. Triterpenes and triterpenois glycosides from the leave of *Ilex kudincha*. Phytochemistry, 1996, 41: 871-877

[2] Ouyang MA, Wang HQ, Liu YQ, et al. Triterpenoid saponins from the leaves of *Ilex latifolia*. Phytochemistry, 1997, 45: 1501-1507

[3] Ouyang MA, Zhang X, Li DP. Aculeoside I, a novel 18, -19-seco-ursane saponin isolated from *Ilex aculeolata*. Nat Prod Lett, 2002, 16: 137-141

[4] Ouyang MA, Yang CR, Wu ZJ. Triterpenoid saponins from the leaves of *Ilex kudincha*. J Asian Nat Prod Res, 2001, 3: 31-42

[5] Zhu MW. Chinese medicinal handbook of guangxi. Nanning: Guangxi People Publishing House, 1973, 296-298

[6] Martinez MAP, Pelotto JP, Basualdo N. Distribution of flavonoid aglycones in *Ilex* species (Aquifoliaceae). Biochem Syst Ecol, 1997, 25: 619-622.

[7] Saldana MDA, Mohamed RS, Baer MG, et al. Extraction of purine alkaloids from mate (*Ilex paraguariensis*)-using supercritical CO_2. J Agric Food Chem, 2000, 47: 3804-3808

[8] Dong-xu W, Zhong-liang CA. Dimeric sinapaldehyde glucoside from *Ilex rotunda*. Phytochemistry, 1996, 41: 657-659

[9] Jiang Z, Wang JR, Li M, et al. Hemiterpene glucosides with anti-platelet aggregation activities from *Ilex pubescens*. J Nat Prod, 2005, 68, 397-399

[10] Fuchino H, Tachibana H, Tanaka N. Three new hemiterpene glycosides from *Ilex macropoda*. Chem Pharm Bull, 1997, 45: 1533-1535

[11] Vangenderen HH, Jaarsma J. Triterpenes and alkanes in developing variegated and albino leaves of *Ilex aquifolium* L. (Aquifoliaceae). Plant Sci, 1990, 72: 165-172

[12] Ishikura N. Distribution of anthocyanins in families Aquifoliaceae and Celastraceae. 2. Anthocyanin pattern in genera *Ilex* and *Evonymus*. Phytochemistry, 1975, 14: 743-745

[13] Vangenderen HH, Jaarsma J, Versluis C. Long-chain pentylesters and hexyl-esters and others lipoids in leaf wax of *Ilex aquifolium* L. (Aquifoliaceae). Plant Sci, 1988, 55: 231-238

[14] Jahromi MAF, Gupta M, Manickam M, et al. Hypolipidemic activity of pedunculoside, a constituent of *Ilex doniana*. Pharm Biol, 1999, 37: 37-41

[15] Filip R, Lotito SB, Ferraro G, et al. Antioxidant activity of *Ilex paraguariensis* and related species. Nutr Res, 2000, 20: 1437-1446

[16] Schinella CR, Troiani G, Davila V, et al. Antioxidant effects of an aqueous extract of *Ilex paraguariensis*. Biochem Biophys Res Commun, 2000, 269: 357-360

[17] Nakanishi T, Terai H, Nasu M, et al. Two triterpenoid glycosides from the leaves of *Ilex cornuta*. Phytochemistry, 1982, 21: 1373-1377

[18] Nakatani M, Miyazaki Y, Iwashita T, et al. Triterpenes from *Ilex rotunda* fruits. Phytochemistry, 1989, 52: 1479-1482

[19] Yano I, Nishiizimi C, Yoshikawa K, et al. Triterpenoid saponins from *Ilex integra*. Phytochemistry, 1993, 32: 417-420

[20] Mimakia Y, Fukushimaa M, Yokosukaa A, et al. Triterpene glycosides from the roots of *Sanguisorba officinalis*. Phytochemistry, 2001, 57: 773-779

[21] Inada A, Kobayashi M, Murata H, et al. Two new triterpenoid glycosides from *Ilex cheinensis* Sims. Chem Pharm Bull, 1987, 35: 841-845

Table 1 ^{13}C NMR spectral data (in ppm, J in Hz, in CD_3OH) for 1-10

No.	1	2	3	4	5	6	7	8	9	10
1	39.8	39.8	39.6	39.8	40.0	47.1	39.8	39.6	39.8	38.9
2	27.9	27.1	27.2	27.4	27.2	69.7	27.9	27.2	27.1	25.9
3	79.8	90.8	74.3	74.0	86.8	78.7	79.8	90.7	90.7	83.2
4	39.8	40.2	41.2	43.3	41.4	41.3	40.3	40.2	40.2	40.4
5	56.7	57.0	49.0	49.0	52.7	55.0	56.9	57.1	57.1	49.0
6	19.6	19.4	19.3	19.1	18.9	19.2	19.7	19.5	19.3	19.3
7	34.1	34.1	33.7	33.5	33.6	33.5	34.0	33.9	34.0	32.9
8	41.2	41.2	42.7	42.6	42.9	42.8	40.9	40.9	40.6	42.2
9	49.0	49.0	48.6	48.9	48.6	49.0	48.6	48.6	49.0	49.0
10	38.1	37.8	38.3	38.4	38.3	39.0	38.3	38.0	38.0	37.7
11	24.7	24.7	24.7	24.5	24.5	24.8	24.8	24.8	24.6	24.3
12	129.7	129.7	129.7	129.6	129.4	129.5	125.0	125.0	123.9	124.5
13	139.6	139.6	139.6	139.6	139.6	139.7	144.3	144.3	144.8	143.9
14	42.6	42.6	42.9	42.8	42.6	42.9	44.6	42.6	42.9	44.6
15	30.8	29.7	29.6	29.7	29.6	29.6	29.6	29.4	28.9	29.1
16	26.5	26.5	26.6	26.7	26.5	26.4	28.5	28.4	24.0	28.0
17	48.8	48.7	48.8	48.8	49.4	49.8	47.2	47.1	49.0	46.7
18	54.9	54.9	55.0	54.9	54.9	55.0	45.1	45.0	41.9	44.6
19	73.8	73.6	73.7	73.8	73.6	73.8	82.5	82.4	41.4	82.0
20	42.9	42.6	43.3	43.4	42.9	44.1	35.9	35.9	36.8	35.5
21	27.2	27.3	27.5	27.5	27.2	27.2	29.6	29.5	29.3	29.1
22	38.3	37.3	37.9	37.8	37.9	38.3	33.3	33.3	32.5	32.9
23	28.7	28.5	67.8	67.7	79.1	66.6	28.7	28.6	28.9	64.5
24	16.6	17.0	12.7	12.8	13.8	13.8	17.0	16.9	17.0	12.9
25	15.9	16.0	16.6	16.6	17.0	17.4	16.3	15.9	16.0	15.9
26	17.8	17.6	17.7	17.8	17.5	17.7	17.8	17.7	17.8	17.4
27	24.6	24.6	24.7	24.6	24.7	24.7	26.2	25.1	26.3	24.6
28	178.6	178.5	178.6	178.6	178.5	178.6	178.6	178.5	178.0	178.1
29	27.0	27.0	27.1	27.3	27.1	27.1	28.6	28.4	74.4	28.1
30	16.0	16.6	16.3	16.7	16.6	16.6	25.0	25.0	19.5	24.8
1′		107.5		107.4	103.1			107.4	107.4	106.0
2′		75.4		75.3	64.6			75.3	75.4	75.0
3′		78.0		78.2				78.0	78.0	77.6
4′		71.2		71.3				71.0	71.2	70.7
5′		66.7		66.7				66.7	66.7	66.3
1″	95.8	95.7	95.8	95.7	95.7	95.8	95.9	95.8	95.7	95.3
2″	73.8	73.8	73.8	73.7	73.8	73.9	74.0	73.9	73.9	73.5
3″	78.3	78.3	78.3	78.2	78.1	78.3	78.4	78.3	78.3	77.9
4″	71.1	71.2	71.2	71.2	71.1	71.2	71.2	71.0	71.3	70.9
5″	78.6	78.6	78.6	78.4	78.5	78.6	78.7	78.7	78.7	78.1
6″	62.4	62.4	62.5	62.6	62.4	62.5	62.5	62.3	62.5	62.0

Table 2 ¹H NMR spectral data (in ppm, J in Hz, in CD_3OH) for 1-10

No.	1	2	3	4	5	6	7	8	9	10
1	1.64, m	1.62, m	1.72, m	1.73, m	1.68, m	2.25, m	1.62, m	1.60, m	1.58, m	1.60, m
	0.99, m	0.98, m	1.15, m	1.11, m	1.10, m	2.02, m	1.00, m	0.99, m	0.94, m	0.98, m
2	1.87, m	1.86, m	1.86, m	1.85, m	1.87, m	3.42, m	1.77, m	1.81, m	1.79, m	1.80, m
	1.73, m	1.68, m	1.69, m	1.70, m	1.71, m		1.70, m	1.68, m	1.66, m	1.67, m
3	3.17, overlap	3.17, overlap	3.60, dd, 11.1, 4.5	3.61, overlap	3.33, overlap	3.67, overlap	3.11, br. d, 11.3	3.12, overlap	3.09, overlap	3.13, overlap
5	0.78, m	0.77, m	0.73, m	0.74, m	0.85, br. d, 11.6	0.80, m	0.78, br. d, 11.2	0.79, br. d, 11.0	0.75, m	0.80, br. d, 10.1
6	1.53, m	1.52, m	1.51, m	1.50, m	1.51, m	1.52, m	1.50, m	1.55, m	1.53, m	1.52, m
	1.38, m	1.38, m	1.39, m	1.38, m	1.44, m	1.40, m	1.38, m	1.42, m	1.38, m	1.40, m
7	1.52, m	1.52, m	1.53, m	1.53, m	1.53, m	1.57, m	1.49, m	1.47, m	1.46, m	1.47, m
	1.30, m	1.30, m	1.28, m	1.28, m	1.29, m	1.32, m	1.30, m	1.29, m	1.29, m	1.28, m
9	1.67, m	1.67, m	1.73, m	1.74, m	1.74, m	1.76, m	1.72, m	1.72, m	1.56, m	1.72, m
11	1.96, m	1.97, m	1.97, m	1.96, m	1.97, m	1.99, m	1.93, m	1.93, m	1.87, m	1.91, m
12	5.29, br. s	5.29, br. s	5.29, br. s	5.28, br. s	5.29, br. s	5.30, br. s	5.32, br. s	5.31, br. s	5.26, br. s	5.30, br. s
15	1.79, m	1.80, m	1.84, m	1.85, m	1.80, m	1.83, m	1.92, m	1.94, m	1.90, m	1.89, m
	1.27, m	1.28, m	1.30, m	1.27, m	1.00, m	1.09, m	1.17, m	1.20, m	1.20, m	1.19 m
16	2.61, m	2.60, dt, 13.3, 4.3	2.60, m	2.60, m	2.60, dt, 13.3, 4.3	2.60, m	2.33, m	2.31, t, 13.0	2.02, dt, 13.6, 3.0	2.03, m
	1.59, m	1.60, m	1.63, m	1.58, m	1.60, m	1.62, m	1.69, m	1.69, m	1.70, m	1.69, m
18	2.50, s	2.50, s	2.50, s	2.50, s	2.50, s	2.51, s	3.04, overlap	3.04, overlap	2.85, m	3.04, overalp
19							3.26, overlap	3.26, overlap	1.80, m	3.26, overlap
									1.08, m	
20	1.34, m	1.34, m	1.33, m	1.43, m	1.34, m	1.35, m				
21	2.23, m	2.22, m	2.23, m	2.21, m	1.69, m	2.24, m	1.23, m	1.24, m	1.27, m	1.24, m
	1.87, m	1.84, m	1.85, m	1.86, m	1.53, m	1.85, m	0.93, m	0.93, m	0.93, m	0, 93, m
22	1.78, m	1.78, m	1.79, m	1.78, m	1.76, m	1.78, m	1.78, m	1.78, m	1.72, m	1.78, m
	1.62, m	1.62, m	1.62, m	1.62, m	1.59, m	1.60, m	1.67, m	1.67, m	1.63, m	1.67, m
23	0.96, s	1.04, s	3.52, d, 11.1	3.55, d, 11.0	3.79, d, 10.7		0.96, s	1.04, s	1.01, s	3.52, d, 11.3
			3.28, d, 11.1	3.30, d, 11.0	3.28, d, 10.7					3.27, d, 11.3
24	0.77, s	0.84, s	0.70, s	0.70, s	1.04, s	0.69, s	0.77, s	0.84, s	0.81, s	0.78, s
25	0.94, s	0.95, s	0.97, s	0.94, s	1.00, s	1.03, s	0.94, s	0.93, s	0.92, s	0.93, s
26	0.78, s	0.77, s	0.74, s	0.75, s	0.76, s	0.77, s	0.73, s	0.73, s	0.77, s	0.76, s

续表

No.	1	2	3	4	5	6	7	8	9	10
27	1.31，s	1.32，s	1.32，s	1.30，s	1.33，s	1.33，s	1.28，s	1.28，s	1.14，s	1.15，s
29	1.19，s	1.19，s	1.19，s	1.19，s	1.19，s	1.19，s	0.93，s	0.93，s	3.30，d，10.7 3.16，d，10.7	0.93
30	0.92，d，6.8	0.92，d，6.8	0.92，d，6.8	0.94，d，6.8	0.92，d，6.7	0.92，d，6.5	0.93，s	0.93，s	0.89，s	0.93
1′		4.26，d，7.6		4.27，d，7.4	4.65，t，5.6			4.26，d，7.6	4.23，d，7.8	4.24，d，7.6
2′		3.18，m		3.15，m	3.57，br.d，5.6 3.50，br.d，5.6			3.17，m	3.15，m	3.16，m
3′		3.26，m		3.28，m				3.16，m	3.09，m	3.26，m
4′		3.45，m		3.47，m				3.45，m	3.43，m	3.52，m
5′		3.81，br.d，11.1 3.17，overlap		3.84 d，11.2 3.18，overlap				3.81，d，10.3 3.17，overlap	3.79，d，11.6 3.15，overlap	3.80，d，11.4 3.17，overlap
1″	5.31，d，7.7	5.31，d，7.9	5.31，d，7.8	5.34，d，7.9	5.31，d，7.7	5.31，d，8.0	5.36，d，7.7	5.36，d，8.0	5.35，d，8.0	5.37，d，8.0
2″	3.30，m	3.30，m	3.30，m	3.28，m	3.30，m	3.30，m	3.30，m	3.30，m	3.29，m	3.30，m
3″	3.39，m	3.38，m	3.39，m	3.38，m	3.39，m	3.39，m	3.390，m	3.39，m	3.37，m	3.40，m
4″	3.24，m	3.24，m	3.24，m	3.24，m	3.25，m	3.24，m	3.24，m	3.25，m	3.22，m	3.24，m
5″	3.32，m	3.35，m	3.33，m	3.33，m	3.34，m	3.33，m	3.34，m	3.33，m	3.31，m	3.34，m
6′	3.79，br.d，11.5 3.67，dd，11.5，4.2	3.79，br.d，12.3 3.67，dd，12.3，4.0	3.79，br.d，12.0 3.67，dd，12.0，4.7	3.80，br.d，11.0 3.67，dd，11.0，4.9	3.79，br.d，11.0 3.67，dd，11.0，3.9	3.79，br.d，10.0 3.67，br.d，10.0	3.81 br.d，11.6 3.67，br.d，11.6	3.80，br.d，11.0 3.67，br.d，11.0	3.80，br.d，11.0 3.65，br.d，11.6，4.1	3.83，br.d，11.3 3.67，dd，11.3，3.2

Structure-activity relationship of tireterpenes and triterpenoid glycosides against *Tobacco mosaic virus*

ZHANG Zheng-kun[1], OUYANG Ming-an[1,3], WU Zu-jian[1,2], LIN Qi-ying[1], XIE Lian-hui[1,2]

(1 Institute of Plant Virology, Fujian Agriculture and Forestry University, Fuzhou 350002;
2 Key Laboratory of Biopesticide and Chemical Biology, Ministry of Education, Fujian Agriculture and Forestry University, Fuzhou 350002;
3 Huaqiao University, Quanzhou 362011)

Abstract: A new activity of triterpenes and triterpenoid glycosides against phytovirus has been found. Based on the anti-TMV replication activitiy *in vivo*, 47 triterpenes and triterpenoid glycosides were screened through the leaf-disk method together with indirect-ELISA. Structure-activity relationships were analyzed according to the results of bio-activity screening. Besides, the EC_{50} values of those compound having higher activities were measured.

Key words: structure-activity relationship; tireterpenes; triterpenoid glycosides; *Tobacco mosaic virus*: (TMV); EC_{50}

Abbreviations: Cpd (s): Compound (s)

DMSO: dimethyl sulfoxide

EC_{50}: median effective concentration

ELISA: enzyme linked immunosorbent assay

SAR: structure-activity relationship

TMV: *Tobacco mosaic virus*

1 Introduction

The tobacco mosaic disease caused by TMV is a key agrarian diseases all over the world, lowering the quanlity as well as quality of host plant production. Since the discovery of antiphytoviral activity of plant extracts, much attention has been devoted to antiviral substances of plant origin due to their advantages over chemical pesticides such as good environment compatibility, unique antiviral mechanism and abundant resources. In recent years, many active components from plants have been isolated and screened, including high molecular weight and molecules like proteins or polysaccharides and low molecular weight molecules such as alkaloids, flavones, tannins, terpenes and others[1,2]. Triterpenoids and triterpenoid glycosides were found in many plants species. They were effective in medical treatment and structure-activity relationships (SAR) have been studied intensively and widely[3-7]. While the activities triterpenoids and triterpenoid glycosides have been studied in many aspects of medical applications, reports on their application in agriculture, especially on anti-

Planta Med, 2007, (73): 1457-1463
Received July 24, 2007 Revised September 27, 2007 Accepted October 5, 2007

phytovirus, remain scarce.

In previous research, triterpenoid glycosides were found to show inhibitory activity against TMV replication and the activity was closely related to the molecular structure of compounds. According to the structures of the compounds, we had also found that with the same main structure, but with transform of substitutent groups, the anti-TMV activity of the compounds varied over a wide range[8,9]. Here, the structure activity relationship of 47 triterpenes and triterpenoid glycosides, isolated and purified from plants by our laboratory during the past years, most of which have initially been reported by us, were studied according to their anti-TMV activity against TMV replication *in vivo* by indirect-ELISA. A well know antiviral pesticide, Ribavirin , was employed as a positive control.

2 Materials and Methods

2.1 Virus isolation and purification

The TMV-U1 strain, isolated and stored by the institut of plant virology, Fujian Agriculture and Forestry University, P. R. China, was serially passaged twice on leaves of the local lesion indicator host *Chenopodium amaranticolor* before inoculation to *Nicotiana tabacum* cv. Xanthi NN plants. Both species of tabacco were obtained from Fujian Datian tobacco coporation (Fujian, P. R. China) and cultivated in an insect-proof greenhouse. Systemically infected leaves were harvested four weeks after mechanically inoculation and the virus was purified in accordance with Padgett and Beachy[10].

2.2 Screening material preparations

N. tabacum cv. K326 was obtained aslo from Fujian Datian tobacco coporation, P. R. China and cultivated in a greenhouse free from insects. The tested compounds (purity ranged from 96% to 99%), were weighed precisely with an electrobalance, dissolved with a small quantity of dimethyl sulfoxide (DMSO), and diluted to 0.2mg/mL with distilled water. Ribavirin, purity 99.3%, obtained from Xinxiang Pharmaceutical Company (Xinxiang, P. R. China), was administered as a positive control at 0.2mg/mL (Fig. 1) .

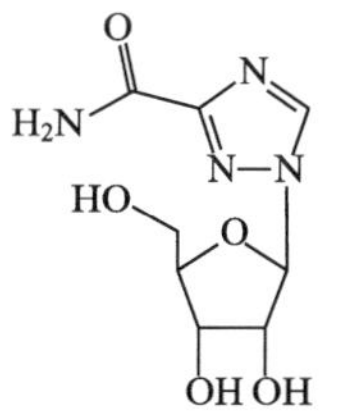

Fig. 1 The structure of ribavirin

2.3 Leaf-disk method and indirect-ELISA procedure

Refer to the method of Wu *et al.*[8]. Anti-TMV polyclonal antiserum was obtained by immunizing rabbit with purified TMV.

2.4 EC_{50} measurement

The EC_{50} values of compounds inhibiting TMV replication by more than 70% at 0.2mg/mL were measured by testing the average inhibitions at different concentrations by indirect ELISA. The concentrations were set at 0.4mg/mL, 0.2mg/mL, 0.1mg/mL, 0.05mg/mL and 0.025mg/mL respectively. The compounds, tested were 1, 2, 18, 20, 26, and 39.

An internal calibration curve was recorded and the linearity of absorbance with TMV concentrations was obtained within a range of about 2 orders of magnitude (0.04888- 6.25 ng of TMV) by using the the equation $y = 0.3276\mathrm{Ln}(x) + 0.6379$, in which "y" is the OD_{405} value and "x" stands for the TMV concentration. The TMV concentration in leaf disc was obtained, and the inhibition rate (%) was calculated with the formula [1-(virus concentration of compound-treated leaf disk) /virus concentration of leaf disk of the blank control]×100, in which the blank control was leaf discs treated with distilled water containing DMSO.

3 Results and Discussion

From the structures (Fig. 2) and activities (Table 1) of compounds **1-9**, β-kudinlactone (**1**) and kudinoside I (**2**) were more active than any other compound, achieved 89.4% and 82.0% inhibition respectively. Compounds 1-5 shared the same aglycone, they were only different from β-kudinlactone in terms of the linkage of sugars. Except for compound **1**, others were all saponins, whose substituted groups were different sequences of the sugars at C-3 position. From **2** to **5**, the sugar numbers changed from one to four. The higher the number of sugars, the lower was the inhibitory activities against TMV. Kudinoside A (**3**) was three sugars, 3-*O*-glucosyl (1→3)-[rhanmosyl (1→2)-]-arabinosyl-β-kudinlactone. Kudinoside B (**4**) also has three sugars, 3-*O*-glucosyl (1→2)-glucosyl (1→3)-arabinosyl-β-kudinlactone, but they were linked differently sugar resulting in decreased activity. The Four sugar saponin, kudinoside C (**5**), had almost no activity. Compounds 6-9 all had three or four sugar, kudinoside F (**6**) and kudinoside D (**7**) showed higher inhibitions than kudinoside E (**8**) and kudinoside K (**9**). The three compounds **3**, **6**, and **7** had the same number and linkages of sugars. They hydroxyl position and conjugated double bonds should have no influence on the inhibition against TMV. Compounds 5, 8 and 9 had four sugars, and were almost inactive. Regarding the relationship of structure and activity, it is suggested that arabinose at the position C-3 and lactone at the positions C-20 and C-28 were pivotal to activity.

Table 1　The TMV multiplication inhibition of compounds 1-47[a]

Compound	Ref.	%[b]	Compound	Ref.	%	Compound	Ref.	%
1	[11]	89.4 ± 1.8	18	[19]	78.0 ± 1.0	35	[16]	27.0 ± 1.6
2	[11]	82.0 ± 3.0	19	[20]	54.9 ± 1.4	36	[18]	22.1 ± 2.4
3	[12]	53.8 ± 3.2	20	[15]	81.9 ± 1.3	37	[25]	21.6 ± 0.8
4	[12]	31.1 ± 0.7	21	[16]	46.3 ± 1.6	38	[13]	10.2 ± 1.7
5	[12]	18.9 ± 0.7	22	[17]	62.1 ± 1.7	39	[26]	77.4 ± 0.9
6	[11]	62.1 ± 1.7	23	[11]	30.1 ± 2.2	40	[27]	55.4 ± 0.6
7	[11]	54.2 ± 1.3	24	[18]	—	41	[23]	46.3 ± 1.5
8	[11]	12.3 ± 1.7	25	[13]	18.7 ± 1.9	42	[23]	—
9	[13]	10.2 ± 1.2	26	[22]	74.1 ± 0.6	43	[28]	26.7 ± 1.7
10	[14]	38.6 ± 1.7	27	[21]	—	44	[28]	9.2 ± 1.1
11	[14]	25.0 ± 1.1	28	[16]	19.5 ± 1.4	45	[29]	43.1 ± 1.7
12	[14]	30.4 ± 1.7	29	[23]	41.9 ± 1.5	46	[11]	38.6 ± 0.8
13	[14]	18.4 ± 1.4	30	[23]	31.5 ± 1.7	47	[11]	—
14	[14]	18.7 ± 1.4	31	[16]	11.6 ± 1.4	Ribavirin		85.6 ±2.9
15	[14]	21.4 ± 0.8	32	[18]	—			
16	—	—[c]	33	[24]	50.8 ± 1.2			
17	[19]	—	34	[16]	29.1 ± 0.3			

a　The concenttaion of each compounds is 0.2mg/mL

b　inhibition rate

c　"—" no inbition rate

It is demonstrated that compounds **10**—**16** were only weakly inhibitory (Table 1). 3β-Palmitoyl-α-amyrin (**10**), the most activity one, showed an inhibition of 38.6%. Compounds **10**—**14** were derivatives of ursane (Fig. 3), and differed in substituted groups R^1, R^2 and R^3. Compound **10** and 3β-palmitoyl-**11**-carbonyl-urs-12-ene (**11**), a ketone, differed only in the substituted group R^2; and this resulted in decreased activity if compared to that of **10**; the difference between 3β, 28-dihydroxyl-urs-12-ene (**12**) and ursolic acid (**14**) was the functional group R^3, which were alcohol and carboxylic acid respectively, and the inhibition was reduced from 30.4% to 18.7%; The inhibitiory activities of both 3-oxo-urs-12-ene (**13**) and compound 14 were very low. In addition, 3β-hydroxyllup-20 (29) -24-methyl ester (**15**) gave a low inhibition as well, and compound 16 was completely inactivity at the measured concentrations.

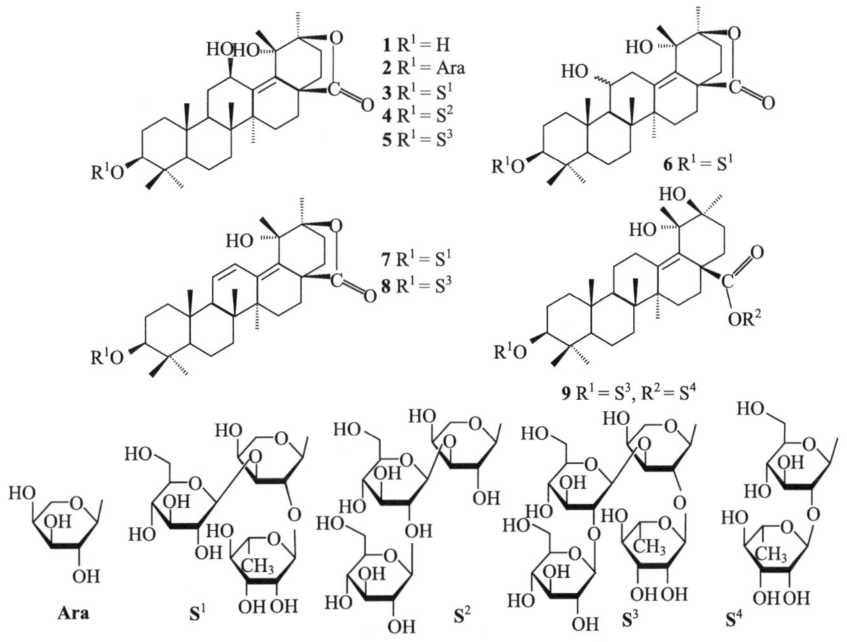

Fig. 2 The structures of compounds **1-9**

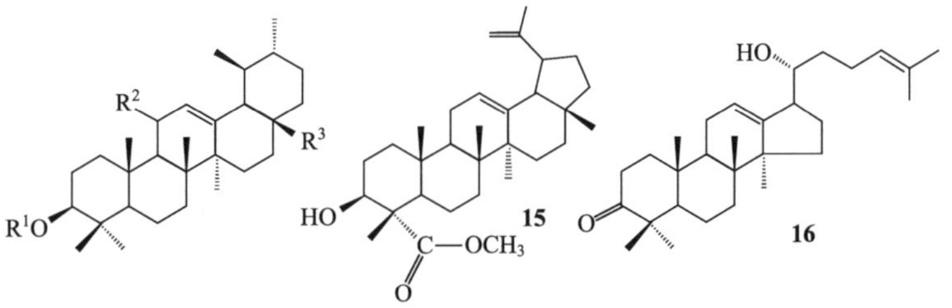

10 R^1 = palmitic acid, R^2 = H, R^3 = CH_3
11 R^1 = palmitic acid, R^2 = O, R^3 = CH_3
12 R^1 = H, R^2 = H, R^3 = CH_2OH
13 R^1 = O, R^2 = H, R^3 = CH_3
14 R^1 = H, R^2 = H, R^3 = COOH

Fig. 3 The structures of compounds **10-16**

Regarding the anti-TMV activities of compounds **17—27** (Fig. 4), compounds **20—25**, the same genin, pomolic acid, differed mainly in the substituted groups R^1 and R^2. Ziyuglucoside I (**20**), which showed an inhibitory activity 81.9%, showed an evidently higher activity compared to the other saponins, especially in contrast to that of latifoloside A (**21**), hylonoside I (**22**) and kudinoside G (**23**) . The functional group R^2 of all four saponins was a glucosyl, and the R_1 of ziyuglucoside I (**20**) had only one sugar, arabinose. The others had two or three sugars. Obviously, the activities decreased as the the number of sugars increased, which reconfirmed strongly our foregoing hypothesis that there was a negative relationship between the activities and the number of sugars in saponins. The hypothesis should be proved again by the activities of latifoloside F (**24**) and kudinoside N (**25**), because **24** and **25** demonstrated no inhibition and 19.8%, respectively.

Among the three compounds of **17**, **18** and **19**, 2α, 3β, 19α-trihydroxyurs-12-ene-23, 28-dioic acid (**17**) showed no measurable activity, possibly resulting from the absence of glucose at position C-

28. Meanwhile, ilexoside XXX (**18**) and suavissmoside R[1] (**19**) differed in the α-hydroxyl at C-2 position. It was found that absence of the hydroxyl group in **18** was better than **19** with a α-hydroxyl. Because of 18, 19-seco-ring in ursane, aculeoside I (**27**) was inactive.

The differences between 3-*O*-β-D-glucuronopyranosyl asiatic acid-28-*O*-β-D- glucopyranoside (**26**) and compounds **20—23** were a glucuronosyl at C-3 and a hydroxy at the position C-23 in **26**. The high activities of **20**, **22**, and **26** were caused by an arabinose or a glucuronose at the position C-3. So, arabinose or glucuronose at the position C-3 and glucose at the position C-28 were enhancing activity.

Table1 and Fig. 5 illustrated that the relationships between structures and activities among compounds **28—32** were similar to those of compounds **20—25**. Latifoloside D (**28**), latifoloside I (**29**), latifoloside J (**30**), latifoloside E (**31**), and latifoloside F (**32**) are distinguished by their sugar moieties and a β-methyl of the genin at position C-20, whose genin was ilexgenin B. The activities of compounds 20—25 were better than those of **28—32** (Fig. 5). This was caused by the genin, pomolic acid. Compounds 20—25 had an α-methyl at the position C-20; while the β-methyl at the position C-20 was changed to the β-methyl at the same position, the activity should be not satisfying. And at position C-3, the sugars of arabinoyl, glucuronosyl in pomolic acid should be increased activity; while the α-hydroxyl at the position C-2 and β-methyl at the position C-20 should decreased the activity.

Compounds **34—38** (Fig. 6) were weakly active in Table 1, except for cornutaside C (**33**) that showed a higher inhibition than the others, namely 50.8%. It should be noticed that there were arabniosyl and glucosyl at the position C-3 and C-28, respectively (Fig. 5), while more than three sugars presented in compounds **34—38.** This might be the reason why their bioactivities were lower than that of **33.** In the same way, latifoloside B (**34**), latifoloside C (**35**) and latifoloside H (**36**) shared the same genin, siaresinolic acid, just like 28, 31 and 32 in Fig. 5. In the ursane type, arabinose at the position C-3 increased activity, but in the oleanane type, this structure was not favorable. For example, compounds **33—38** are all triterpenes of oleanane type. Their activities were lower than compounds **20—25** (Fig. 4).

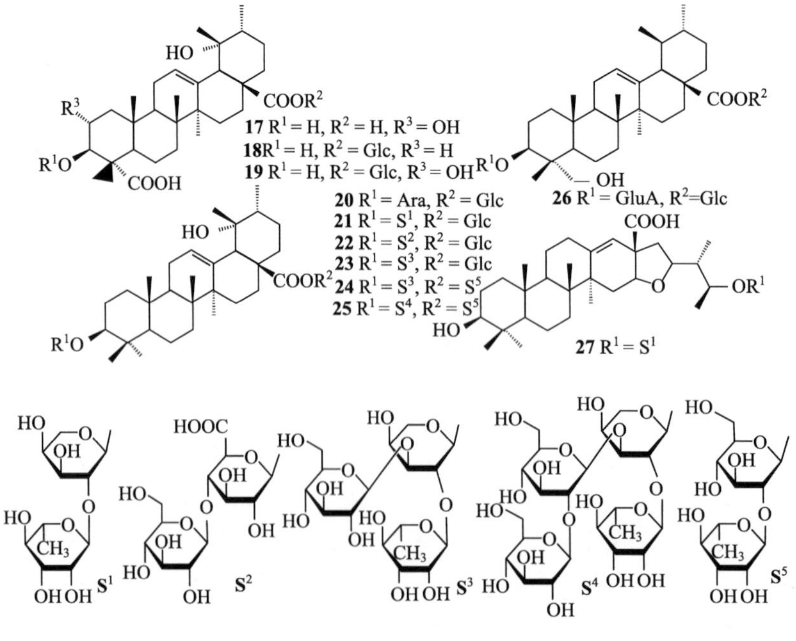

Fig. 4　The structures of compounds **17-27**

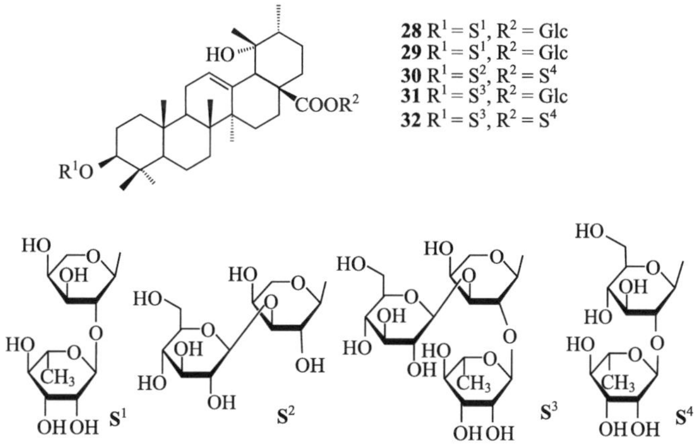

Fig. 5 The structures of compounds **28-32**

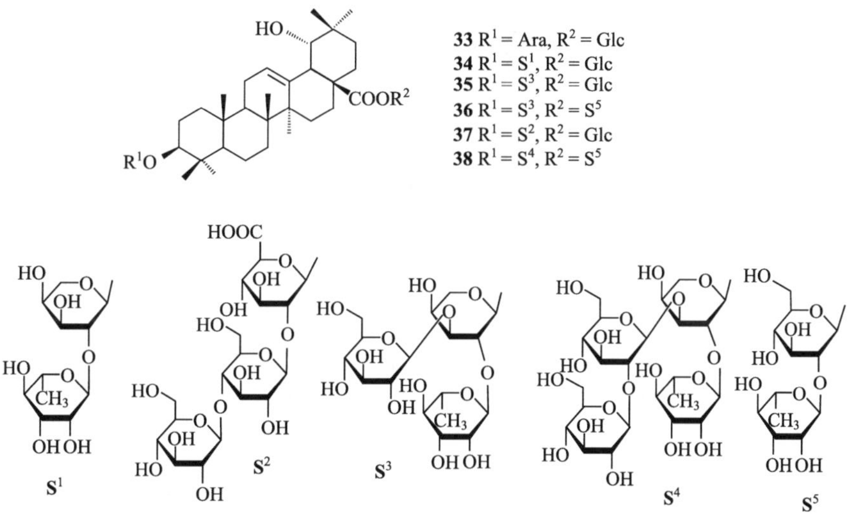

Fig. 6 The structures of compounds **33-38**

The anti-TMV activities of compounds **39**—**47** are displayed in Table 1. From Fig. 7, compounds **39**—**45** were similar genins and that compounds **46**, **47** were of the same genin. The activities measured followed the same pattern as observed before: the higher the number of sugars, the lower the activity. When comparing the substituted group at the position C-3 of godoside A (**43**) and godoside B (**44**), it should be noted that **44** had more than two sugars but 43 was only two, resulting in a lower inhibition of 44. The subsitituents at C-3 of **46** and **47** were both glucosyl, but at the position C-28, there were three sugars in **47** resulting in inactivity in the anti-TMV assay.

In conclusion, triterpenoids and triterpenoid glycosides demonstrated definite anti-TMV activity, with well-known antiviral pesticide Ribarivin as control *in vivo*. At 0.2mg/mL, the inhibitions of compounds **1**, **2**, **18**, **20**, **26** and **39** were over 70%, and the activities of all compounds were dose-dependent. The EC_{50} values of compounds **1**, **2**, **18**, **20**, **26**, **39** were 0.082mg/mL, 0.100mg/mL, 0.099mg/mL, 0.099mg/mL, 0.093mg/mL, and 0.117mg/mL, respectively, Ribarivin showed a lower inhibition 72.7% at 0.2mg/mL concentration, it exhibited a relative lower EC_{50}, just 0.087mg/mL (Fig. 8) . According to the analysis of the relationship between chemical structures and bioactivities, it is suggested that the activities of triterpenoids and triterpenoid glycosides are not only determined by the core structure but also by the substituents, which sometimes affected the activity dramatically. Based on the data and above discussions, we came up with the following conclusion: as for the triterpenes of the ursane type, a lactone at the position C-20 and C-28, an arabinosyl at the position C-3 and a glucosyl at the position C-28 all increased the anti-TMV activity, while for the ones of oleanane type, α-hydroxyl at C-19, xylosyl at C-3, and glucosyl at C-28 decreased the inhibition activity.

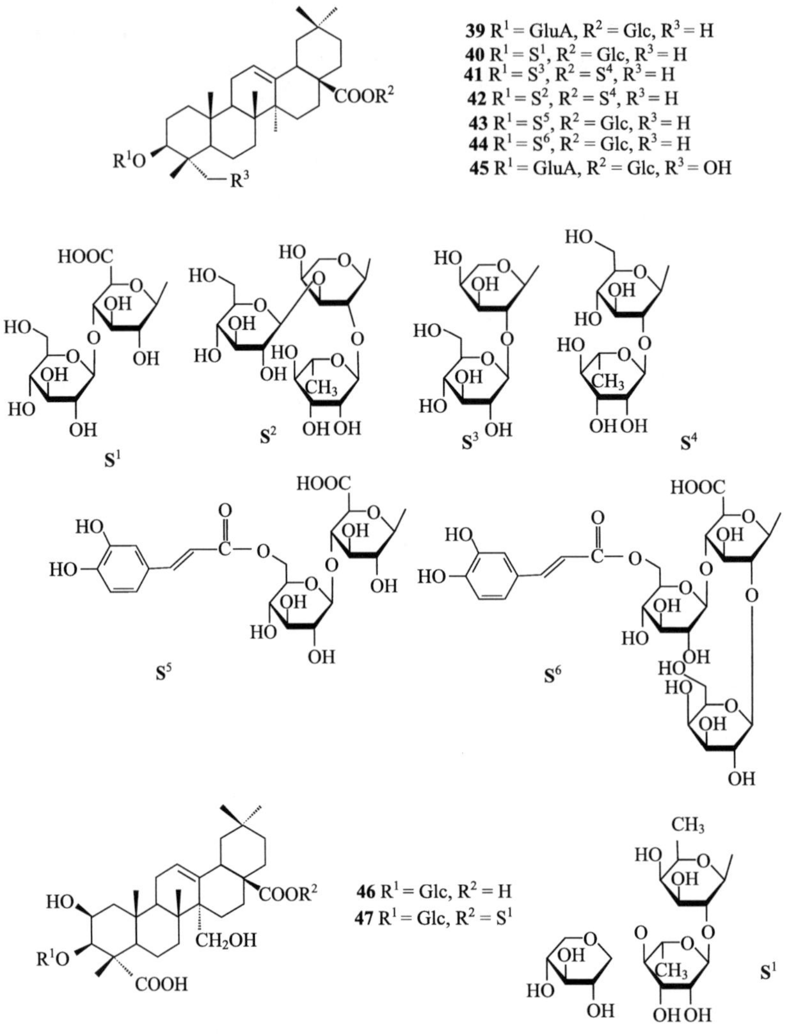

Fig. 7 The structures of compounds **39**-**47**

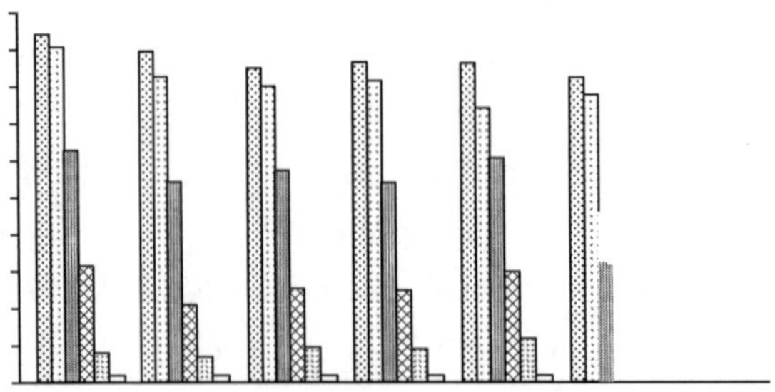

Fig. 8 The inhibition activity of the tested compounds

Acknowledgements

This research was supported by National Natural Science Foundation of China (Grant No. 20272015), Fujian Administration of Education (Grant No. 2006F5016, K04037), and Fujian Administration of Science and Technology (2003 L002).

References

[1] Cheplick SM, Agrios GN. Effect of injected antiviral compounds on apple mosaic, scar skin and dapple apple disease of apple trees. Plant Disease, 1983, 67: 1130-1133

[2] French CJ, Nell T. Inhibition of infectivity of potato virus X by flavonoids. Phytochemistry, 1992, 31: 3017-3020

[3] Connolly JD, Hill RA. Triterpenoids. Nat Prod Rep2000, 17: 463-482

[4] Connolly JD, Hill RA. Triterpenoids. Nat Prod Rep 2001, 18: 560-578

[5] Connolly JD, Hill RA. Triterpenoids. Nat Prod Rep 2001, 18: 131-147

[6] Connolly JD, Hill RA. Triterpenoids. Nat Prod Rep 2002, 19: 494-513

[7] Connolly JD, Hill RA. Triterpenoids. Nat Prod Rep 2005, 22: 230-248

[8] Wu ZJ, Ouyang MA, Wang CZh, et al. Anti tobacco mosaic virus (TMV) triterpenoid saponins from the leaves of *Ilex oblonga*. J Agric Food Chem, 2007, 55: 1712-1712

[9] Wu ZJ, Ouyang MA, Wang CZh, et al. Six new triterpenoid saponins from the leaves of *Ilex oblonga* and theirinhibitory activities against TMV replication. Chem Pharm Bull, 2007, 55: 422-427

[10] Padgett HS, Beachy RN. Analysis of a tobacco mosaic virus strain capable of overcoming N genemediated resistance. Plant Cell, 1993, 5: 577-586

[11] Ouyang MA, Yang CR, Chen ZL, et al. Triterpenes and triterpenoid glycosides from the leaves of *Ilex kudincha*. Phytochemistry, 1996, 41: 871-877

[12] Ouyang MA, Wang HQ, Chen ZL, et al. Triterpenoid glycosides from *Ilex kudincha*. Phytochemistry, 1996, 43: 443-445

[13] Ouyang MA, Wang HQ, Yang CR. Triterpenoid saponins from the leaves of *Ilex kudincha*. J Asian Nat Prod Res, 2001, 3: 31-42

[14] Ouyang MA, Wang HQ, Su JH. Triterpene esters and Triterpenes from *Ilex kudincha*. Chin Nat Prod Res and Dev 1997, 9: 19-23

[15] Kitagawa I. Soil bacterial hydrolysis leading to genuine aglycone. III. The structures of glycosides and genuine aglycone of sanguisorbae radix. Chem Pharm Bull, 1971, 19: 1700-1707

[16] Ouyang MA, Wang HQ, Liu YQ, et al. Triterpenoid saponins from the leaves of *Ilex latifolia*. Phytochemistry, 1997, 45: 1501-1505

[17] Ouyang MA. Glycosides from the leaves of *Ilex hylonoma*. Nat Prod Res, 2003, 17: 183-188

[18] Ouyang MA, Liu YQ, Wang HQ, et al. Triterpenoid saponins from *Ilex latifolia*. Phytochemistry, 1998, 49: 2483-2486

[19] Amimoto K, Yoshikawa K, Arihara S. Triterpenoid saponins of aquifoliaceous plants. VIII. Ilexosides XXIX-XXXII from the leaves of *Ilex rotunda* THUNB. Chem Pharm Bull, 1992, 40: 3138-3141

[20] Gao F, Chen FH, Tanaka T, et al. 19αhydroxyursanetype glucosylesters from the roots of *Rubus suavissimus* S. LEE. Chem Pharm Bull, 1985, 33: 37-39

[21] Ouyang MA, Zhang X, Li DP. Aculeoside I, a novel 18, 19secoursane saponin isolated from *Ilex aculeolata*. Nat Prod Lett, 2002, 16: 137-141

[22] Kojima H, Ogura H. Triterpenoids from *Prunella vulgaris*. Phytochemistry, 1986, 25: 729-733

[23] Ouyang MA. Glycosides from the leaves of *Ilex latifolia*. Chin J Chem, 2001, 9: 885-892

[24] Qing WJ, Zhao JJ. Chemical constituents from Ilex cornuta. Zhongcaoyao, 1988, 19: 2-8

[25] Ouyang MA, Wu CL. Three new saponins from the leaves of Ilex hylonoma. J Asian Nat Prod Res, 2003, 5: 89-94

[26] Yang CR, Jiang ZD, Wu MZ, et al. Studies on saponins of rhizomes of *Panax zingiberensis* Wu et Feng. Acta Pharm Sin 1989, 19: 232-236

[27] Takabe S, Takeda T, Chen YJ, et al. Triterpenoid glycosides from the roots of *Tetrapanax papyriferum* K. Koch. III: Structures of four new saponins. Chem Pharm Bull, 1985, 33: 4701-4706

[28] Ouyang MA, Li DP. Four new triterpenoid saponins from Ilex godajam. J Asian Nat Prod Res, 2002, 4: 25-31

[29] Annaev Ch, Isamukhmedov M, Abubakirov NK. Triterpene glycosides of *Climacoptera transoxana*. Chem Nat Comp, 1983, 4: 202-205

绞股蓝核糖体失活蛋白的分离、克隆与表达

林毅，林奇英，谢联辉

（福建农林大学植物病毒研究所，福建福州　350002）

摘　要：核糖体失活蛋白（ribosome-inactivating protein，RIP）具有抗肿瘤和抗病毒等医用价值，以及抗植物病毒和病原真菌等农用价值。它是一种多活性的物质，不同RIP具有各自独特的功能，其潜在活性还在不断发现之中。葫芦科（Cucurbitaceae）植物大多药食同源，其中蕴涵着极其多样的RIP，但多数已知的RIP其基因尚未被克隆，而目前仍无一套快速筛选RIP新基因的方法。葫芦科中的绞股蓝（*Gynostemma pentaphyllum*）具有抗癌和抗衰老等特殊功效，其中的皂甙和黄酮成分的研究已有大量报道，但其活性蛋白成分未见报道。为此，本研究开展绞股蓝RIP的分离纯化、基因克隆、原核表达以及转基因植物研究。

率先对绞股蓝活性蛋白成分进行研究，从中分离到一种新的核糖体失活蛋白（绞股蓝毒蛋白，Gynostemmin）。它具有很高的抗TMV活性。其分子质量约为27 kD。测得其N端19个氨基酸序列：DINFSLAGADGQTYNTFIA，与其他植物RIP的同源性为10%～73%，与葫芦科RIP的同源性为37%～73%。

根据葫芦科RIP上、下游两段高度保守的氨基酸序列设计简并引物对LY1/LY2，对基因组DNA进行PCR扩增，首次建立了RIP新基因快速筛选体系。从冬瓜和南瓜中分别获得了1个和5个RIP新基因，长度为408 bp，编码136个氨基酸，与其他葫芦科RIP对应区段的同源性约为35%～85%。

比较发现，19个葫芦科RIP的LY1/LY2区段上完全相同的氨基酸有29个，其中7个在其他科属来源的RIP中也完全保守，包括构成活性中心的3个残基E_{160}、R_{163}和W_{192}。根据LY1/LY2区段同源性构建的系统进化树表明，葫芦科RIP之间的进化关系与其来源植物间的亲缘关系大体一致。

通过DNA片段克隆、RACE扩增、cDNA克隆和DNA克隆，从绞股蓝中分离了13个RIP基因，其中10个为cDNA序列，3个是DNA序列（GP609、DNA-750和DNA-8001）。它们之间在碱基水平和氨基酸水平上的同源性都很高，可根据序列上发生缺失的有无及其类型将其分为4组：组1，发生6 bp缺失（535 GAAAAC 540，与574～579间的序列完全一样），包括Gynostemmin Ⅱ、GP609和CX8405A，编码275个氨基酸；组2，缺失87 bp（122～208），包括DNA-750和CX820，编码248个氨基酸；组3，包括5RACE和DNA-8001，不发生组2的87 bp缺失，但因其序列较短，无法确认是否具备组1的6 bp缺失；组4，包括Gynostemmin Ⅰ、Ⅲ、Ⅳ、Ⅴ以及EMUZW和RHXJB，既无87 bp缺失也不发生6 bp缺失，编码277个氨基酸。其中GP609与其他葫芦科RIP的LY1/LY2区段的同源性，碱基水平为47%～61%，氨基酸水平为37%～49%。5′RACE中包含了由23个氨基酸组成的信号肽“MRVARFCTVVAILLYFGFHIAEC”，同时包含有5′UTR序列，其中含有kozak序列“AAAAAA”。

对绞股蓝RIP基因家族及其编码氨基酸进行的比较分析发现，绞股蓝RIP前体成熟过程中可能发生C端切除，并因此造成等电点从弱酸性跃迁至强碱性，这种现象以前未见报道。分析

分子植物育种，2003，1（5）：759-761

结果进一步支持了 RIP 基因无内含子的观点。5 个含有 3′UTR 的成员中，Gynostemmin Ⅰ 比另外 4 个多了两个小的茎环结构和一富含 AU 的不稳定子元件 ARE（AU-rich element），其 mRNA 的稳定性可能因此受到影响。运用生物信息学软件对绞股蓝 RIP 前体进行碱基组成和密码子偏倚性、氨基酸组成特征、功能位点、亚细胞定位、跨膜结构、核酸结合基序以及空间结构等方面的分析。

分别将 GP609 和 RHXJB 转入 pGEX-2T 融合表达载体，在大肠杆菌 DH5α 菌株中实现融合表达。将 DNA-8001 连接到 pET-5α 表达载体上，在大肠杆菌 BL21（DE3）菌株中实现天然表达，表达产物对 TMV 的抑制效果很差，其原因可能是 C 端延伸序列的存在抑制了抗 TMV 活性的发挥。

分别构建了含有 GP609 和 EMUZW 的 pEmu-mcs-N 植物表达载体，同时构建了含有 RHXJB 的 pKYLX71：$35S^2$ 植物表达载体（ZW-pK）。采用三亲交配法将 ZW-pK 转入土壤农杆菌 LBA4404 中，用于转化烟草品种 K326，分子鉴定表明绞股蓝 RIP 基因已经整合到再生烟苗的基因组中并发生了转录。

重点讨论了绞股蓝 RIP 的应用前景、RIP 基因的内含子以及 RIP 的 C 末端及其延伸序列的修饰和功能等方面的问题。

研究结果为绞股蓝 RIP 的开发利用奠定了坚实基础，并对探讨其酶学活性、生理功能以及抗病毒机理等 RIP 研究的难点和热点问题具有一定的指导意义。

关键词：绞股蓝；核糖体失活蛋白；分离纯化；分子克隆；原核表达；转基因烟草

Purification, cloning and expression of ribosome inactivating protein from *gynostemma pentaphyllum*

LIN Yi, LIN Qi-ying, XIE Lian-hui

(Institute of Plant Virology, Fujian Agriculture and Forestry University, Fuzhou 350002)

Abstract: Many Cucurbitaceae plants were known to be Chinese medicine herbs and contain ribosome-inactivating proteins (RIP), a group of toxic proteins that have been proposed and demonstrated to play potential use as toxins in the therapy of a variety of human tumors and viruses including HIV. And much interest has been devoted to construct RIP transgenic crops for the protection from pathogen infection. RIP is a multi-activity protein, and different RIPs exhibit unique functions. Thus, a rapid screening method for novel RIP genes is in urgent need. *Gynostemma pentaphyllum*, a member of Cucurbitaceae family, is a kind of herb with great value of Chinese medicine and widely manufactured for health care in China. However, there were no reports on active proteins from *G. pentaphyllum*.

A novel RIP named Gynostemmin (27kD) was purified from the leaves and stems of *G. pentaphyllum*. It showed excellent anti-TMV activity. And the N-terminal 19 amino acid residues are "DINFSLAGADGQTYN TFIA" (accession number P83206 in SWISS-PROT), which shared 10%-73% identities to other RIPs from plants and 37%-73%to other RIPs from Cucurbitaceae.

Six novel RIP gene fragments (408bp), 1 from *Benincasa hispida* and 5 from *Cucurbita moschata*, were isolated from Cucurbitaceae by applying a PCR strategy termed "conserved regions cloning" using a pair of two degenerated primers deduced from the two blocks with strong amino acid conservation locating at the position 66-73 and 195-202 referring to the mature TCS sequence. Compared with the corresponding regions of 19 RIPs from Cucurbitaceae, 29 completely conserved amino acid residues were revealed, and 7 of them were also identical within other type Ⅰ and type Ⅱ RIPs from other families, including the proposed active amino acid residues (Glu_{160}, Arg_{163}, and W_{192} in TCS).

The partial coding region of Gynostemmin (609bp, accession number AY075115 in GenBank) was cloned from the genomic DNA by using a pair of degenerated primers based on its N-terminal amino acid sequence and the highly conserved amino acid residues in the downstream of most RIPs from Cucurbitaceae. 5′RACE extended 33bp upstream and revealed a signal peptide with 23 amino acid residues: MRVARFCTVVAILLYFGFHIAEC. Five cDNA sequences with 3′ UTR were identified by 3′RACE, the secondary structures of 3′UTR between Gynostemmin I and Gynostemmin Ⅱ ~ Ⅴ were remarkably different. And another 4 cDNA and 2 DNA sequences were obtained. They shared high homologies both at nucleotide acid level and amino acid level. According to the 6bp or 87bp deletion, the RIP multigene family from *G. pentaphyllum* could be divided into four groups. Group 1, including Gynostemmin II, GP609, and CX8405A, with the 6bp deletion at the position of 535—540, encoding 275aa. Group 2, including DNA-750 and CX820, with the 87bp deletion at the position of 122—208, encoding 248aa. Group 3, including 5RACE and DNA-8001, without the 87bp deletion, and the 6bp deletion were uncertain because of the incomplete sequence. And group 4, including Gynostemmin Ⅰ, Ⅲ ~ Ⅴ, EMUZW, and RHXJB, without the deletion of both 87bp and 6bp, encoding 277aa.

Bioinformatic analysis were performed to prepro-GynostemminI on the base composition, codon preference, amino acid composition, pI value, molecular weight, secondary structure, prosite scan, prediction of protein localization sites, blast the *Arabidopsis thaliana* genome, and 3D structure modeling.

GST-fusion and native RIP from *G. pentaphyllum* were expressed in *E. coli* by inserting the GP609 and RHXJB into the pGEX-2T vector, and DNA-8001 into the pET-5a vector, respectively. The native expressed product from *E. coli* BL21 (DE3) strain, however, showed weak activity against TMV.

GP609 and ZWEMU were inserted into pEmu-mcs-N, an expression vector for monocotyledon. And RHXJB was inserted into pKYLX71: $35S^2$, a suitable expression vector for dicotyledon, then introduced into Agrobacterium LBA4404 by triparental mating. Transgenic tobacco K326 infected by the recombinant *Agrobacterium* was demonstrated by PCR, sequencing, and Northern blot.

The discussion was mainly focused on the application perspective of Gynostemmin, the intron in RIP genomic DNA, and the functions of C-terminal and its extension of RIP.

The results presented in this paper made a solid foundation for the development related to RIP from *G. pentaphyllum*, and were helpful for further studies on the heat fields related to RIP, such as enzymatic activities, physiological functions, and antiviral mechanisms.

Key words: *Gynostemma pentaphyllum*; ribosome-inactivating protein; purification; molecular cloning; expression; transgenic tobacco

绞股蓝抗 TMV 蛋白的分离及编码基因的序列分析*

林毅，陈国强，吴祖建，林奇英，谢联辉

（福建农林大学植物病毒研究所，福建福州 35002；福建省植物病毒学重点实验室，福建福州 35002）

摘　要：以半叶法测定的抗烟草花叶病毒（*Tobacco mosaic virus*，TMV）活性为监控手段，采用 $(NH_4)_2SO_4$ 分级沉淀、阳离子交换及亲和层析等方法，从绞股蓝（*Gynostemma pentaphyllum*）中分离到一种抗 TMV 蛋白，其分子质量约为 27kD，N 端 19 个氨基酸残基为：DINFSLAGADGQTYNTFIA（SWISS-PROT 登录号为 P83206）。N 端序列分析表明它是一种新的核糖体失活蛋白（ribosome-inactivating proteins，RIPs），命名为 Gynostemmin。Gynostemmin 与其他植物 RIPs 的 N 端同源性介于 10%～73%之间，其中 $Y_{14}F_{17}$ 构成植物 RIPs N 端的"钉子"位点；Gynostemmin 与其他葫芦科 RIPs 的同源性为 31%～73%，其中 $F_4L_6A_9Y_{14}F_{17}I_{18}$ 6 个残基为葫芦科 RIPs N 端"钉子"位点。根据 N 端序列和葫芦科 RIPs 下游保守氨基酸序列设计简并引物，采用 PCR 扩增并克隆了编码 Gynostemmin 的基因，包含 609 个碱基，推导出的 203 个氨基酸残基约占成熟蛋白的 75%，软件分析表明它含有核糖体失活蛋白的活性位点区。

关键词：绞股蓝；抗烟草花叶病毒；核糖体失活蛋白；N-端序列；基因克隆

Purification of a novel anti-TMV protein from *Gynostemma pentaphyllum* and sequence analysis of its partial DNA coding region

Lin Yi，Chen Guo-qiang，Wu Zu-jian，Lin Qi-ying，Xie Lian-hui

（Institute of Plant Virology，Fujian Agriculture and Forestry University，Fuzhou 350002；
Key Laboratory of Plant Virology，Fujian Province，Fuzhou 350002）

Abstract：A novel anti-tobacco mosaic virus TMV protein designated as Gynostemmin was isolated from *Gynostemma pentaphyllum*. Its molecular mass was 27kD and the N-terminal 19 amino acid residues were DINFSLAGADGQTYNTFIA（SWISS-PROT accession number P83206）. Blast analysis revealed that Gynostemmin might be a new type I ribosome-inactivating protein（RIPs）. The comparison of N-terminal amino acid sequences of Gynostemmin and other RIPs showed that F4L6A9Y14F17I18 were completely conserved in RIPs from Cucurbitaceae and Y14F17 were completely conserved in RIPs from high plants. The partial DNA coding region of Gynostemmin was amplified by PCR using two degenerated primers based on the N-terminal sequence and the highly conserved amino acid residues in the downstream of RIPs from Cucurbitace-

农业生物技术学报，2003，11（4）：365-369
收稿日期：2002-09-16　接受日期：2002-11-03
* 基金项目：福建省科技厅重点项目（No：98-Z-178，99-Z-193）

ae. And the amplified fragment was cloned and sequenced. The 203 amino acid residues deduced from the partial DNA coding region was predicted to possess Shiga/ricin ribosomal inactivating toxins active site, DNA binding motif, and four potential N-glycosylation sites.

Key words: *Gynostemma pentaphyllum*; anti-TMV; ribosome-inactivating protein; N-terminal amino acid sequence; clone

植物病毒病害是农业生产中愈来愈突出的问题，几乎每种农作物和经济作物都受到2～3种病毒的危害[1]。烟草花叶病毒（*Tobacco mosaic virus*，TMV）引起的烟草花叶病因长期缺乏有效的药剂，一直是烟草生产中的一大难题[2]。为寻找理想的抗植物病毒药剂，从植物中发掘抗病毒有效成分是目前抗病毒新药研究的重要途径之一。

绞股蓝（*Gynostemma pentaphyllum*）是葫芦科多年生草质落叶藤本植物，是目前除人参属外含人参总甙类似物的唯一植物。目前对绞股蓝中的小分子类物质尤其是皂甙成分的研究非常活跃，已有多种绞股蓝保健品投放市场[3]。然而其抗病毒蛋白成分的研究还未见报道。本研究以半叶法为评价手段，对绞股蓝中的蛋白成分进行抗TMV筛选，从中分离到一种新的核糖体失活蛋白（ribosome-inactivating proteins，RIPs），并将其N端序列与其他RIPs进行了比较分析，然后利用N端序列和葫芦科RIPs下游保守氨基酸序列设计简并引物，获得了其编码基因片段。

1 材料和方法

1.1 材料

1.1.1 植物和毒源

绞股蓝采自福建农林大学校园；TMV枯斑寄主心叶烟（*Nicotiana glutionosa*）由本所病毒室提供。TMV普通株系由本所保存，经普通烟繁殖后，提纯病毒，接种浓度为10μg/mL。

1.1.2 菌株和质粒

克隆载体pMD18-T购自TaKaRa公司，大肠杆菌DH5α为本所保存。

1.1.3 层析介质及其他试剂

阳离子交换介质CM Sephorose Fast Flow和亲和层析介质Blue-Sepharose Fast Flow购自瑞典安法玛西亚公司，*Taq* DNA聚合酶和DNA限制性内切酶为上海博亚公司产品，其他试剂均为分析纯。

1.2 方法

1.2.1 抗TMV活性评价

采用紫外分光光度计进行蛋白提取液的定量，使各样品的待测蛋白浓度基本一致。待测样品、蒸馏水与病毒等体积混合后，分别摩擦接种心叶烟的左右半叶，每个处理接种2～3株，每株接种3～5片叶，3d后记录枯斑数并继续观察直至7d。抑制率(%)=(对照平均每叶枯斑数－处理平均每叶枯斑数)/对照平均每叶枯斑数×100%。

1.2.2 抗TMV蛋白的分离纯化

采集的绞股蓝新鲜茎叶，用自来水清洗干净后，置阴凉处晾干，剪碎后加入磷酸钠浸提缓冲液经反复搅拌捣碎后在4℃冰箱中放置1d，经4层纱布过滤，离心收集上清。以10%为梯度，进行30%～90% $(NH_4)_2SO_4$ 分级沉淀。随后的分离纯化过程利用阳离子交换介质（CM Sephorose Fast Flow）和亲和层析介质（Blue-Sepharose Fast Flow）进行。纯化过程中通过半叶法接种心叶烟来监控抗TMV活性，活性最佳者进入下一流程。

1.2.3 N端序列测定及其分析

纯化的蛋白经SDS-PAGE后，电转至PVDF膜上，由北京大学生命科学院蛋白质工程及植物基因工程国家重点实验室采用Edman降解法，在Applied Biosystems Procise-PROCISE上进行N端氨基酸残基组成的测定。序列分析利用NCBI（http://www.ncbi.nlm.nih.gov）上的Blast软件和EBI（http://www.ebi.ac.uk）上的Clustal W软件进行。

1.2.4 DNA片段克隆和序列分析

根据N端序列和葫芦科RIPs下游保守氨基酸序列设计简并引物（图1），以CTAB法提取的绞股蓝总DNA为模板进行Touchdown-PCR扩增（94℃ 1min，60～48℃ 1min，72℃ 2min；每2个循环降2℃，48℃下22个循环），PCR产物回收后与pMD18-T载体连接，转化大肠杆菌DH5α，酶切鉴定后从两个方向进行序列测定。序列分析利用

NCBI 上的 Blast 软件和 EBI 上的 PPsearch 软件 进行。

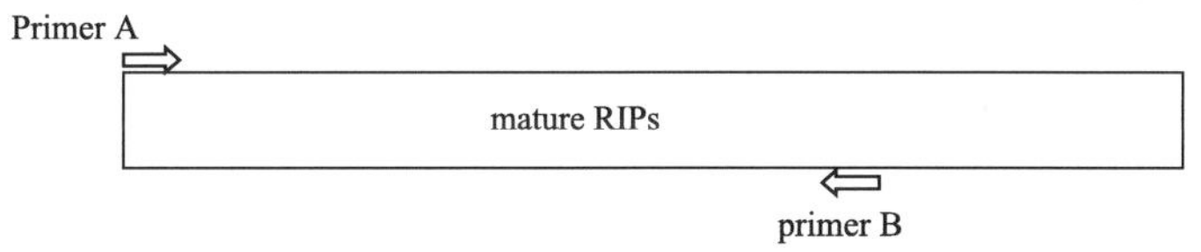

Primer A 5'-G A T A T A A A T T T T A G T C T I G C I G G-3'
C T C C C
C

Primer B 5'-T G C A A A A A A A A T T T G T T T G G A A A G-3'
G T T T G T C C G
C C C G C

图 1 Gynostemmin 编码基因的克隆策略示意图

Primer A 是根据 Gynostemmin 的 N 端氨基酸序列设计的简并引物，Primer B 是根据葫芦科 RIPs 下游的保守氨基酸序列设计的简并引物；Mature RIPs 指不含 N 端信号肽的 RIPs 形式

2 结果和分析

2.1 绞股蓝抗 TMV 蛋白的分离纯化

预实验结果表明绞股蓝茎叶中的 60%～70% 碱性蛋白组分对 TMV 的抑制率超过 90%，是层析分离的理想材料。利用阳离子交换和亲和层析从中分离到单一的抗 TMV 蛋白，抑制中浓度约为 0.21μg/mL。SDS-PAGE 表明其分子质量约为 27kD（图 2）。电转移后共测定 N 端 20 个氨基酸残基，除第 20 个残基无法确定外，前 19 个残基都很可靠，它们是 DINFSLAGADGQTYNTFIA。Blast 分析表明它可能是一种新的核糖体失活蛋白，将其命名为 Gynostemmin，并登录 SWISS-PROT，登录号为 P83206。

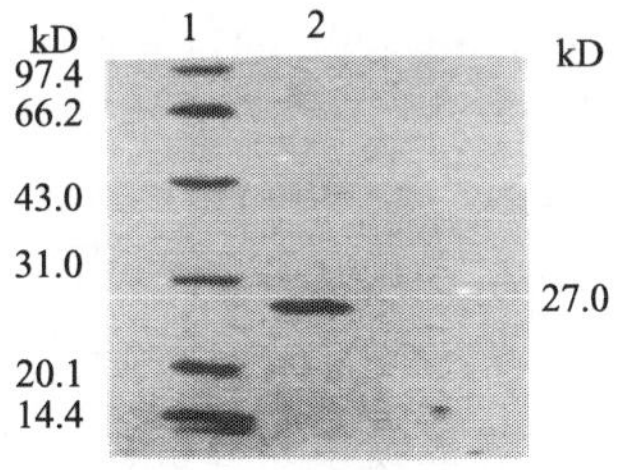

图 2 纯化 Gynostemmin 的 SDS-PAGE 分析

1. maker；2. 纯化的 Gynostemmin

2.2 Gynostemmin 与其他植物 RIPs N 端序列的比较

Gynostemmin 与其他植物 RIPs 的 N 端序列比较表明（表 1）：葫芦科 RIPsN 端具有 6 个共同的氨基酸残基 $F_4L_6A_9Y_{14}F_{17}I_{18}$（对应 GynostemminN 端的位置），其中 $Y_{14}F_{17}$ 在其他 6 个植物科别来源的 RIPs N 端序列中也完全保守，是植物 RIPsN 端区域的“钉子”位点。

Gynostemmin N 端序列与葫芦科的 Bryodin2 非常相似，具有 73% 的同源性，但它与苋科的 Amaranthin 差异很大，同源性仅为 10%。Gynostemmin 与其他植物来源 RIPs 的 N 端同源性介于二者之间。一般的，Gynostemmin N 端序列与其他葫芦科 RIPs 的同源性较其他科别来源的要高，但大戟科的 RicinA-chain 和葫芦科的 Bryodin1 例外；RicinA-chain 与 Gynostemmin 的同源性仅次于 Bryodin2，高达 52%，而 Bryodin1 与 Gynostemmin 的差异在葫芦科中是最大的，仅为 31%。

表 1 Gynostemmin 与其他植物 RIPs N 端序列的比较

蛋白	来源植物	所属科	登录号	序列	同源性/%
Gynostemmin	绞股蓝 *Gynostemma pentaphyllum*	葫芦科 Cucurbitaceae	P83206	DINFSLAGADGQTYNTFIA	
Bryodin 2	异株泄根 *Bryonia dioica*	葫芦科 Cucurbitaceae	P98184	DINFSLIGATGATYKTFIR	73
Ricin A-chain	蓖麻 *Ricinus communis*	大戟科 Euphorbiaceae	P02879	IINFTTAGATVQSYTNFIR	52

续表

蛋白	来源植物	所属科	登录号	序列	同源性/%
Beta-luffin	丝瓜 *Luffa cylindrica*	葫芦科 Cucurbitaceae	X62372	NVSFSLSGADSKSYSKFIT	47
Momordin Ⅰ	苦瓜 *Momordica charantia*	葫芦科 Cucurbitaceae	P16094	DVSFRLSGADPRSYGMFIK	47
Momordin Ⅱ	苦瓜 *Momordica charantia*	葫芦科 Cucurbitaceae	P29339	DVNFDLSTATAKTYTKFIE	47
TCS	栝楼 *Trichosanthes kirilowii*	葫芦科 Cucurbitaceae	AAM22782	DVSFRLSGATSSSYGVFIS	42
Pepocin	西葫芦 *Cucurbita pepo*	葫芦科 Cucurbitaceae	Yoshinari et al[4]	NVRFDLSGATSSSYKTFIK	42
Barley RIP Ⅱ	大麦 *Hordeum vulgare*	禾本科 Poaceae	P04399	TATFNVQASSADYATFIA	33
Bryodin 1	异株泄根 *Bryonia dioica*	葫芦科 Cucurbitaceae	L42298	DVSFRLSGATSTTSYGVFIK	31
PAP-I	美洲商陆 *Phytolacca americana*	商陆科 Phytolaccaceae	P10297	TITFDAGNATINKYATFME	31
CAP30A	藜 *Chenopodium album*	藜科 Chenopodiaceae	AAF66234	DITFKLEPKPTQNTYNTFLQ	26
Saporin-6	肥皂草 *Saponaria officinalis*	石竹科 Caryophyllaceae	X15655	SITLDLVNTAGQYSSFVD	22
Amaranthin	皱果苋 *Amaranthus viridis*	苋科 Amaranthaceae	AAD09240	TVGFELHKENSPNGYANFLR	10

TCS，Trichosanthin；PAP-I，*Phytolacca americana* antiviral protein Ⅰ；CAP30A，*Chenopodium album* antiviral protein

2.3 Gynostemmin 的 DNA 克隆和序列分析

将与预计大小相符的 PCR 产物回收后克隆到 pMD18-T 载体上进行序列测定，获得 609 个碱基。Blast 分析表明它是 RIPs 基因，编码 203 个氨基酸残基。203 个氨基酸残基约占成熟蛋白的 75%，与其他葫芦科 RIPs 对应区段的同源性为 37%～42%。推导的 N 端氨基酸序列与蛋白质 N 端序列测定的结果完全一致。PPsearch 分析表明（图 3），203 个氨基酸残基中含有核糖体失活蛋白活性位点区（156～172），近 N 端处(16～37)有一“螺旋-转角-螺旋”结构的 DNA 结合基序，在第 3、34、94 和 106 处有 4 个潜在的糖基化位点。

3 讨论

核糖体失活蛋白是一大类能抑制蛋白质生物合成的毒蛋白，广泛分布于高等植物中。根据结构的不同可分为Ⅰ型单链 RIPs 和Ⅱ型双链 RIPs 两种，其中Ⅰ型 RIPs 的研究和应用最为深入[5,6]。RIPs 具有非常广谱的植物病毒抗性，还能抵抗多种植物病原真菌以及农业害虫，具有很好的植物保护前景[7-11]。此外，RIPs 及其单链免疫毒素对肿瘤、骨髓移植、自身免疫及艾滋病（AIDS）等疾病的治疗有着潜在的应用前景，有的在临床应用试验中取得了令人瞩目的进展[12-17]。本研究从中草药绞股蓝中分离到的抗 TMV 蛋白（Gynostemmin）具有Ⅰ型 RIPs 的分子质量为 20～30kD 和等电点大于 8.0 这两大特性[5,6]，N 端序列分析、DNA 部分序列及其编码的氨基酸序列分析证实它是一种新的Ⅰ型 RIPs。因此，Gynostemmin 也可能具有上述应用前景。

迄今，对核糖体失活蛋白的抗病毒机理还无法达成共识[10]。已经证实有些病毒的核酸是 RIPs 的作用底物[6]。Gynostemmin 中存在 DNA 结合基序，表明它可能直接作用于病毒的核酸，发挥抗病毒活性。另外，多数已知的Ⅰ型 RIPs 不含糖[5,6]。Gynostemmin 至少有 4 个潜在的糖基化位点，但它是否为糖蛋白，尚需实验验证。

本研究分离的核糖体失活蛋白 Gynostemmin，是绞股蓝中首次报道的蛋白类活性物质。它的发现有助于加强绞股蓝研究和开发的力度。

1	GAC ATT AAC TTT AGC CTG GCG GGT GCT GAT GGA CAG ACT TAC AAC ACC TTC ATT GCA AAA
1	D I N F S L A G A D G Q T Y N T F I A K
61	CTT CGT CAA GAA CTC TCC ATT GGC ACT CAA AAA GTT GCC AAT ATA ACT GTG TTG AAG CAT
21	L R Q E L S I G T Q K V A N I T V L K H
121	CAC GTA TCG TCG AAT ACT CAA CGA TTC CTT TCG ATC AAT CTG TTT AAT TAC AAC AAT GCT
41	H V S S N T Q R F L S I N L F N Y N N A
181	AAG ATC ACT TTA GGA ATC GAT GTT TTC GAC GTT TAC GTT GTG GGA TTC CTT ACC GGT ACC
61	K I T L G I D V F D V Y V V G F L T G T
241	AAT TCC TAT ATA TTT AAA GAG GCT CCG GAT TTA GCA TAC AAC CAG TCT CTA CTC TTT CCT
81	N S Y I F K E A P D L A Y N Q S L L F P
301	GGT TCC GTA CGT GAG AAT CTT TCA TAT ACG GGA GGT TAT GAT GAT CTT GAA AGA GGA GGA
101	G S V R E N L S Y T G G Y D D L E R G G
361	GCT CGA AGA GAA GAT ATT CCT CTT GGA CTC TTA CCT TTA AAC ACA GCT ATT ACT AAC TTG
121	A R R E D I P L G L L P L N T A I T N L
421	TTT CAT AGA GAT TCG ACG TCT TTT CGC CGC TCG TTT ATC GTG ATC ATT CAA ATG GTT TCG
141	F H R D S T S F R R S F I V I I Q M V S
481	GAA GCG GCG AGA TTC AAA ATT ATT GAA GCG CAA ATT GCT AAA AAT CTT TAT GGA ACG TTT
161	E A A R F K I I E A Q I A K N L Y G T F
541	AAG CCA GAC CGA GCT ATC TTA AGT TTG GAA AAC AAC TGG GGT GCT CTC TCC AAA CAA ATC
181	K P D R A I L S L E N N W G A L S K Q I
601	CTT TTT GCC
201	L F A

图 3 编码 Gynostemmin 的 DNA 片段序列及其推导的氨基酸序列

下划线为 4 个潜在的 *N*-糖基化位点，方框为 Shiga/ricin 核糖体失活蛋白活性位点区，方括号为 DNA 结合基序

参 考 文 献

[1] An D R. Chemical control for the plant virus diseases: status and challenge. Life Science, 1994, 6(2): 15-17

[2] Wu Y F, Cao R, Wei N S, et al. Biopesicide against virus: screening and application. World Agriculture, 1995, (5): 35-36

[3] Ye N G, Li S J, Liao H M. Plant resource of *Gynostemma pentaphyllum* and evaluation of the development and utilization, 1996, 15(4): 39-43

[4] Yoshinari S, Yokota S, Sawamoto H, et al. Purification, characterization and subcellular localization of a type-1 ribosome-inactivating protein from the sarcocarp of *Cucurbita pepo*. Eur J Biochem, 1996, 242: 586-591

[5] Barbieri L, Battelli MG, Stirpe F. Ribosome-inactivating proteins from plants. Biochem Biophys Acta, 1993, 1154: 237-282

[6] Peumans WJ, Hao Q, Van Damme EJM. Ribosome-inactivating proteins from plants: more than RNA *N*-glycosidases? FASEB J, 2001, 15: 1493-1506

[7] Logemann J, Jach G, Tommerup H, et al. Expression of a barley ribosome-inactivating protein leads to increased fungal protection in transgenic tobacco plants. Bio/Technology, 1992, 10(3): 305-308

[8] Lodge JK, Kaniewski WK, Tumer NE. Broad-spectrum virus resistance in transgenic plants expressing pokeweed antiviral protein. PNAS, 1993, 90: 7089-7093

[9] Olivieri F, Prasad V, Valbonesi P, et al. A systemic antiviral resistance-inducing protein isolated from *Clerodendrum inerme* Gaertn. is a polynucleotide: adenosine glycosidase (ribosome-inactivating protein). FEBS Lett, 1996, 396(2-3): 132-134

[10] Wang P, Tumer NE. Virus resistance mediated by ribosome inactivating proteins. Adv Virus Res, 2000, 55: 325-355

[11] Zhou X, Li XD, Yuan JZ, et al. Toxicity of cinnamomin-a new typeII ribosome-inactivating protein to bollworm and mosquito. Insect Biochem Mol Biol, 2000, 30(3): 259-264

[12] McGrath MS. GLQ223：An inhibitor of human immunodeficiency virus replication in acutely and chronically infected cells of lymphocyte and mononuclear phagocyte lineage. PNAS，1989，86：2844-2848

[13] van Osterhout YV，van Emst JL，Bakker HH，et al. Trichosanthin-monoclonal antibody conjugate specifically cytotoxic to human hepatoma cells *in vitro*. Cancer Res，1991，51(13)：3353-3355

[14] Shaw PC，Chan WL，Yeung HW，et al. Minireview：trichosanthin，a protein with multiple pharmacological properties. Life Sci，1994，55：253-262

[15] Au TK，Collins RA，Lam TL，et al. The plant ribosome inactivating proteins luffin and saporin are potent inhibitors of HIV-1 integrase. FEBS Lett，2000，471(2-3)：169-172

[16] Witte T. Production of anti-CD3 and anti-CD7 ricin A-immunotoxins for a clinical pilot study. Int J Pharm，2001，221(1-2)：175-186

[17] Zhong RK，van De Winkel JG，Thepen T，et al. Cytotoxicity of anti-cd64-ricin a chain immunotoxin against human acutemyeloid leukemia cells *in vitro* and in scid mice. J Hematother Stem Cell Res，2001，10(1)：95-105

绞股蓝核糖体失活蛋白的信号肽和上游非编码区*

林毅，陈国强，吴祖建，谢联辉，林奇英

（福建农林大学植物病毒所，福建福州 350002）

摘 要：通过5′RACE获得绞股蓝（*Gynostemma pentaphyllum*）核糖体失活蛋白（ribosome-inactivating protein，RIP）Gynostemmin的N端信号肽序列和由33个碱基组成的上游非编码区（5′untranslated region，5′UTR）。信号肽由23个氨基酸构成：MRVARFCTVVAILLYFGFHIAEC。kozak序列为“AAAAAA”。采用生物信息学软件对信号肽的剪切位置、穿膜螺旋和亚细胞定位以及5′UTR的二级结构等进行了预测。

关键词：绞股蓝；核糖体失活蛋白；5′RACE；信号肽；5′UTR

The signal peptide and 5′untranslated region of ribosome-inactivating protein from *Gynostemma pentaphyllum*

LIN Yi，CHEN Guo-qiang，WU Zu-jian，XIE Lian-hui，LIN Qi-ying

（Institute of Plant Virology，Fujian Agriculture and Forestry University，Fuzhou 350002）

Abstract：The N-terminal signal peptide and 5′untranslated region（5′UTR）of ribosome-inactivating protein from *Gynostemma pentaphyllum* were isolated and charaterized. Twenty three amino acid residues，which is “MRVARFCTVVAILLYFGFHIAEC”，constitute the signal peptide. The kozak sequence was revealed as ‘AAAAAA’. And the signal peptide and its cleavage site，the transmembrane helix，subcellular location，and the secondary structure of 5′UTR were predicted by bioinformatics softwares.

Key words：*Gynostemma pentaphyllum*；ribosome-inactivating protein；5′RACE；signal peptide；5′UTR

核糖体失活蛋白（ribosome-inactivating protein，RIP）是一大类能抑制蛋白质生物合成的蛋白质超家族，广泛分布于高等植物中。除了具有抗肿瘤抗病毒等医用价值外，RIP还具有非常广谱的植物病毒抗性，并能抵抗多种植物病原真菌以及农业害虫，具有很好的植物保护前景[1-3]。

绞股蓝（*Gynostemma pentaphyllum*）是葫芦科多年生草质落叶藤本植物，是目前除人参属外含人参总甙类似物的唯一植物[4]。我们从绞股蓝中分离到的抗TMV蛋白是一种新型RIP，其编码基因片段已被克隆[5]。在此基础上，本研究利用5′RACE技术获得其信号肽和上游非编码区序列，并利用生物信息学软件对其进行了分析。

云南农业大学学报，2003，18（4）：63-66

* 基金项目：福建省科技厅重点项目（No：98-Z-178，99-Z-193）

1 材料和方法

1.1 材料

1.1.1 植物

绞股蓝（*Gynostemma pentaphyllum*）采自福建农林大学校园。

1.1.2 菌株和质粒

克隆载体 pMD18-T 购自 TaKaRa 公司，*E. coli* DH5α 为本所保存。

1.1.3 试剂

RACE 试剂盒购自 Clontech 公司，总 RNA 提取试剂盒、λDNA/*Eco*R Ⅰ＋*Hind* Ⅲ marker、氨苄青霉素（Amp）、IPTG、X-Gal 和核酸内切酶购自上海博亚公司，其他试剂均为分析纯。

1.2 方法

1.2.1 绞股蓝总 RNA 的提取

取绞股蓝幼嫩叶片 0.5g，超低温冰冻 2～3h 后研磨，然后按试剂盒的操作说明提取总 RNA。

1.2.2 5′RACE 模板的制备

利用试剂盒中的 5′-CDS primer 和 SMART II A oligo 制备绞股蓝 5′-RACE-Ready cDNA。

1.2.3 5′RACE 扩增

根据已知序列设计反向特异引物 609B（586～609）、5GSP2（259～290）和 5GSP（207～236）。以 5′-RACE-Ready cDNA 为模板，用 609B 和试剂盒中的 UPM 引物进行第一轮扩增；以 609B/UPM 扩增产物为模板，用 5GSP2 和试剂盒中的 NUP 引物进行第二轮全嵌套 PCR；以 5GSP2/NUP 产物为模板，用 5GSP 和 NUP 进行第三轮半嵌套 PCR。扩增反应在 T3 Thermocycler（BiometraR）基因扩增仪上进行，反应程序为：94℃变性 50s，68～60℃退火 50s（每 2 个循环降 2℃，60℃时 17 个循环），72℃延伸 2min。

1.2.4 克隆和序列测定

PCR 产物回收后与 pMD18-T 载体连接，转化大肠杆菌 DH5α，以 5GSP2 为测序引物对阳性重组克隆子进行序列测定。

1.2.5 生物信息学分析

核酸或氨基酸序列比较与同源性分析在 www.ncbi.nlm.nih.gov/blast 和 www.ebi.ac.uk/tools/clustal 上进行，基因及蛋白质理化性质分析在 DNATOOLS 生物学软件上进行，亚细胞定位在 http：//psort.nibb.ac.jp 上进行，5′UTR 二级结构的预测用 RNAdraw 生物学软件分析，信号肽剪切位置和穿膜螺旋的预测通过 www.cbs.dtu.dk/services 上的相应软件进行。

2 结果和分析

2.1 绞股蓝 RIP 5′RACE 扩增

根据已知的序列设计反向特异引物 609B、5GSP2 和 5GSP。以 5′-RACE-Ready cDNA 为模板，用 609B 和试剂盒中的 UPM 引物进行 PCR 扩增，电泳分析无可见扩增产物。以 609B/UPM 扩增反应液为模板，用 5GSP2 和试剂盒中的 NUP 引物进行全嵌套 PCR，产生约 1000bp 和 700bp 两种产物，分别回收并克隆到 pMD18-T 载体上进行序列测定，但序列分析表明它们都不是目的序列。之后，以 5GSP2/NUP 产物为模板，用 5GSP 和 NUP 进行半嵌套 PCR 扩增，得到约 1000bp、700bp、400bp 和 300bp 4 种不同大小的产物（图 1），分别将其克隆到 pMD18-T 载体上进行序列测定，BLAST 分析表明其中 300bp 大小的扩增产物为目的序列，命名为 5RACE。

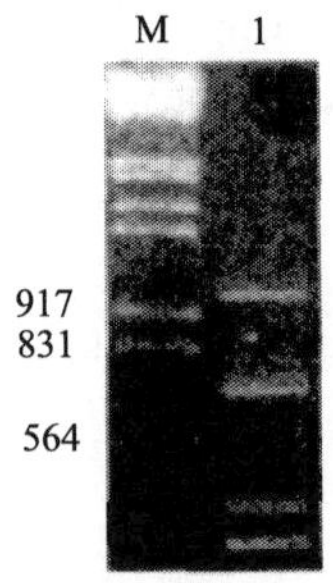

图 1　5′RACE 扩增产物

M. maker；1. 扩增产物

2.2 生物信息学分析

根据 5′RACE 序列（图 2）推导的 101 个氨基酸与根据 DNA 片段推导的氨基酸序列的对应部分完全相同。由 33 个碱基组成的 5′UTR 中，A＋T 含量为 64%，类似 TCS 的 72%。在起始密码子之前有一 kozak 序列“AAAAAA”，与酵母的完全

1 **GATAATTCTATCCCAATTCATATGGGG<u>AAAAAA</u>** ATG AGA GTT GCT AGA TTC TGC ACT GTT
1 M R V A R F C T V

61 GTT GCT ATT CTT CTC TAT TTT GGT TTC CAT ATC GCC GAA TGT GAT ATC AAC TTC TCA CTG
10 V A I L L Y F G F H I A E C D I N F S L

121 GCG GGT GCT GAT GGA CAG ACT TAC AAC ACC TTC ATT GCA AAA CTT CGT CAA GAA CTC TCC
30 A G A D G Q T Y N T F I A K L R Q E L S

181 ATT GGC ACT CAA AAA GTT GCC AAT ATA ACT GTG TTG AAG CAT CAC GTA TCG TCG AAT ACT
50 I G T Q K V A N I T V L K H H V S S N T

241 CAA CGA TTC CTT TCG ATC AAT CTG TTT AAT TAC AAC AAT GCT AAG ATC ACT TTA GGA ATC
70 Q R F L S I N L F N Y N N A K I T L G I

301 GAT GTT TTC GAC GTT TAC GTT GTG GGA TTC CTT ACC
90 D V F D V Y V V G F L T

图 2 5RACE 序列及其编码的氨基酸

下划线示 kozak 序列，加黑处示 5′UTR

一致，而 TCS 中为“AAAAAG”。

信号肽剪切位置预测表明前 23 个氨基酸残基构成绞股蓝 RIP 的信号肽：

MRVARFCTVVAILLYFGFHIAEC。这一结果与通过比较 5RACE 编码的 101 个氨基酸与分离的绞股蓝 RIP N 端氨基酸的结论一致。穿膜螺旋预测表明，N 端信号肽形成一个穿膜螺旋，这对信号肽功能的发挥是必需的。

对信号肽进行定位预测分析，发现它含有针对内质网膜（0.550）、过氧物酶体（0.320）、内质网腔（0.100）以及细胞外（0.100）的定位信号，其中内质网膜和过氧物酶体的信号很强。因此，N 端信号肽可能促使新生的绞股蓝 RIP 前体在内质网膜上合成，之后进入过氧物酶体进行加工和包装，然后信号肽序列被切除。

磷酸化预测表明，第 52 位氨基酸残基为苏氨酸磷酸化位点。蛋白 N 端结构域发生的磷酸化对其自身的亚细胞定位和 DNA 结合能力起着调控作用[6]。绞股蓝 RIP N 端（16～37）有一“螺旋-转角-螺旋”结构的 DNA 结合基序[5]。因此，第 52 位氨基酸残基的磷酸化与否可能影响着绞股蓝 RIP 的亚细胞定位和 DNA 结合能力。

二级结构预测显示绞股蓝 5′UTR 形成一茎环结构（图 3），对其调控作用的发挥具有重要意义。

图 3 5′UTR 的二级结构

（37℃，－5.82kcal）

3 讨论

研究绞股蓝 RIP 基因的 5′UTR，不仅对今后在外源植物中的特定发育阶段和特定的组织表达绞股蓝 RIP 具有重要意义，而且对研究 RIP 的生理功能也有着积极意义。

本研究获得的绞股蓝 RIP 基因的 5′UTR 仅 33bp，其原因可能是它的 mRNA 对应的 5′UTR 不稳定遭降解。因此，今后尚需进一步通过 5′RACE 或基因组 DNA Southern 杂交，分离出全长 5′UTR，并鉴定出顺式作用的 DNA 序列元件，研究其与反式作用的蛋白因子之间的相互作用，揭示 RIP 基因表达调控的分子机制。

郑洪刚等[7]发现 TCS 和 *Ricin* 基因的 5′UTR 的同源性很高，碱基组成也很相似，都含有 72％A＋T 以及数个 TATA 盒，并认为所有 RIP 基因的调控模式可能是保守的。绞股蓝 RIP 基因 5′UTR 的 33bp 中 A＋T 含量为 64％，类似 TCS 的 72％，其 kozak 序列“AAAAAA”与 TCS“AAAAAG”类似。因此，绞股蓝 RIP 基因的全长 5′UTR 中可能含有类似的 TATA 盒元件，可能采取类似的调控模式。

参考文献

[1] Zhou X, Li XD, Yuanj Z, et al. Toxicity of cinnamomin-a new typeII ribosome-inactivating protein to bollworm and mosquito. Insect Biochem Mol Biol, 2000, 30(3): 259-264

[2] Peumans WJ, Hao Q, van Damme EJM. Ribosome-inactivating proteins from plants: more than RNA *N*-glycosidases? FASEB J, 2001, 15:1493-1506

[3] 叶能干,李淑久,廖海民. 绞股蓝植物资源及其开发利用评价. 贵州农学院学报,1996,15(4): 39-43

[4] 林毅,陈国强,吴祖建等. 绞股蓝抗 TMV 蛋白的分离及编码基因的序列分析. 生物技术学报, 2003, 11(4): 365-369

[5] Reimer T, Weiwad M, Schierhorn A, et al. Phosphorylation of the N-terminal domain regulates subcellular localization and DNA binding properties of the peptidyl-prolyl cis/trans isomerase hPar14. J Mol Biol, 2003, 330(5): 955-966

[6] 郑洪刚,王斌,邵鹏柱等. 天花粉蛋白基因的克隆及序列分析. 遗传学报,1994,21(1): 42-51

[7] Wang P, Tumer NE. Virus resistance mediated by ribosome inactivating proteins. Adv Virus Res, 2000, 55: 325-355

快速获得葫芦科核糖体失活蛋白新基因*

林毅，陈国强，吴祖建，林奇英，谢联辉

（福建农林大学植物病毒所，福建福州　350002）

摘　要：根据葫芦科核糖体失活蛋白（ribosome-inactivating protein，RIP）上游、下游两段高度保守的氨基酸序列设计简并引物对 LY1/LY2，对基因组 DNA 进行 PCR 扩增，快速获得 3 种 RIP 新基因，分别是冬瓜（*Benincasa hispida*）来源的 benincasin（AF453777）、南瓜（*Cucurbita moschata*）来源的 moschatin Ⅰ（AF462349）和 moschatin Ⅱ（AF504011）。它们的编码区与葫芦科 6 个代表 RIP 对应区段的同源性分别为：trichosanthin（61%、69%和 55%）、α-momorcharin（63%、72% 和 69%）、α-luffin（72%、83% 和 72%）、RIP 来源于 *Cucumis figarei*（80%、69%和 79%）、sechiumin（43%、43%和 44%）以及 bryodin1（62%、65%和 58%）。葫芦科 RIP 的 LY1/LY2 区段存在 43 个完全一样的氨基酸残基，其中 8 个残基在其他科属来源的 8 个Ⅰ型和 3 个Ⅱ型 RIP 中也完全保守，包括构成活性中心的 4 个关键残基。

关键词：葫芦科；核糖体失活蛋白新基因；快速筛选

Rapid screening for novel genes of ribosome-inactivating protein from cucurbitacea

LIN Yi，CHEN Guo-qiang，WU Zu-jian，LIN Qi-ying，XIE Lian-hui

（Institute of Plant Virology，Fujian Agriculture and Forestry University，Fuzhou　350002）

Abstract：Three novel DNA fragments（408bp）coding for ribosome-inactivating protein（RIP），benincasin from *Benincasa hispida* and moschatin Ⅰ and moschatin Ⅱ from *Cucurbita moschata*，were isolated from Cucurbitaceae by applying a PCR strategy termed conserved regions cloning using a pair of two optimized degenerated primers deduced from the two blocks with strong amino acid conservation locating at position 66-73 and 195-202 referring to the mature TCS sequence. Compared with the corresponding regions of 6 typical RIP from Cucurbitaceae，the homologies of the deduced amino acid sequences of 3 novel RIP gene fragments were trichosanthin（61%，69% and 55%），α-momorcharin（63%，72% and 69%），α-luffin（72%，83% and 72%），RIPs from *Cucumis figarei*（80%，69% and 79%），sechiumin（43%，43% and 44%），and bryodin 1（62%，65% and 58%）. 43 completely conserved amino acid residues were revealed，and 8 of 43 were also identical within other type Ⅰ and type Ⅱ RIP from other families，including the amino acid residues at the proposed active site（Glu160 and Arg163 in TCS）. This might help

---

农业生物技术学报，2004，12（1）：8-12

收稿日期：2002-12-30　接受日期：2003-10-08

* 基金项目：福建省科技厅重点项目（No：98-Z-178，99-Z-193）

people in understanding structure-function relationship of RIP and give some hints to know the molecular evolution of RIP.

Key words: Cucurbitaceae; novel genes of ribosome-inactivating protein; rapid screening

核糖体失活蛋白（ribosome-inactivating proteins，RIP）是一大类具有 rRNA *N*-糖苷酶结构域的蛋白质，广泛存在于高等植物中。传统上，根据结构的不同将其分为Ⅰ型单链 RIP 和Ⅱ型双链 RIP 两种，其中Ⅱ型双链 RIP 的 A 链在结构和功能上与Ⅰ型单链 RIP 相似，其 B 链具有凝集素性质[1,2]。以 RIP 为“弹头”的免疫毒素在肿瘤、骨髓移植、自身免疫及艾滋病（AIDS）等疾病的治疗方面有着潜在的应用前景，有些在临床应用试验中取得了令人瞩目的进展[3-5]。此外，RIP 具有广谱的植物病毒抗性和抵抗多种植物病原真菌以及农业害虫的活性，在植物保护方面具有广阔的应用前景[6-11]。

葫芦科（Cucurbitaceae）植物大多药、食同源，具有非常诱人的开发价值。目前从葫芦科植物中分离到的 RIP 种类最多（表 1），其中具有抗 HIV 活性的就有 6 种[3,4]。

本研究在对已知的葫芦科 RIP 氨基酸序列进行系统比较的基础上，利用简并 PCR 进行葫芦科 RIP 新基因的快速筛选，得到了 3 种新基因，并将其编码区与葫芦科 6 个代表 RIP 对应区段进行了比较。这一结果为快速获得 RIP 新基因提供了新途径，并有助于更好地了解 RIP 的结构和功能关系以及 RIP 的分子进化。

1　材料和方法

1.1　材料

1.1.1　植物

冬瓜（*Benincasa hispida*）、南瓜（*Cucurbita moschata*）、西瓜（*Citrullus lanatus*）、黄瓜（*Cucumis sativus*）、苦瓜（*Momordica charantia*）、丝瓜（*Luffa cylindrical*）、棱角丝瓜（*Luffa acutangula*）、佛手瓜（*Sechium edule*）、罗汉果（*Momordica grosvenorii*）、哈密瓜（*Cucumis melo*）、蛇瓜（*Trichosanthes anguina*）11 种葫芦科植物采自福建农林大学校园。

表 1　葫芦科中核糖体失活蛋白及其基因的分布

属别	种名	RIP 和基因	缩写	登录号或参考文献
栝楼属 *Trichosanthes*	栝楼 *T. kirilowii*	trichosanthin	TCS	M34858
苦瓜属 *Momordica*	苦瓜 *M. charantia*	α-momorcharin	MOM1	X57682
丝瓜属 *Luffa*	丝瓜 *L. cylindrical*	α-luffin	LUF1	X62371
黄瓜属 *Cucumis*	*C. figarei*	RIP from C. figarei	CUC	AB045560
佛手瓜属 *Sechium*	佛手瓜 *S. edule*	sechiumin	SEC	[12]
泄根属 *Bryonia*	异株泄根 *B. dioica*	bryodin 1	BD1	L42298
冬瓜属 *Benincasa*	冬瓜 *B. hispida*	benincasin	BEN	AF453777
南瓜属 *Cucurbita*	南瓜 *C. moschata*	moschatin Ⅰ	MOS1	AF462349
南瓜属 *Cucurbita*	南瓜 *C. moschata*	moschatin Ⅱ	MOS2	AF504011

1.1.2　引物

根据葫芦科 RIP 上、下游两段高度保守的氨基酸序列（对应成熟 TCS 的 66-73 和 195-202 位置）及其密码子偏好设计简并引物对，提交上海生工生物工程技术服务有限公司合成，用以 RIP 新基因的快速筛选。序列如下：

LY1：5′-GT[A/G]AC[G/C/A]AA[C/T/G]T[C/T]TA[T/C]ITIATGGG-3′；

LY2：5′-[C/G/T]GC[A/T/C]A[A/T]I[A/T][G/A]IAT[T/C]TG[T/C]TTGGAIAG-3′。

1.2 方法

1.2.1 PCR 扩增

以 CTAB 法提取的绞股蓝总 DNA 为模板，在 T3 Thermocycler（Biometra[R]）基因扩增仪上进行 Touch-down PCR 扩增，反应程序为：94℃变性 50s，64～48℃退火50 s（每 2 个循环降 2℃，48℃时 17 个循环），72℃延伸 2min。

1.2.2 克隆和序列分析

回收纯化后的 PCR 产物与 pMD18-T 载体连接（TaKaRa 产品），转化大肠杆菌 DH5α，经重组鉴定后将阳性克隆子由上海生工生物工程技术服务有限公司进行序列测定。利用 NCBI 的 Blast 和 EBI 的 ClustalW 软件进行。

2 结果和分析

2.1 葫芦科 RIP 新基因的快速筛选

在对已知的葫芦科 RIP 氨基酸序列进行系统比较的基础上，选择设计了一对简并引物 LY1/LY2，以基因组 DNA 为模板进行 PCR 扩增，研究葫芦科中 RIP 基因的分布情况。结果表明，供试的 11 种葫芦科植物均出现目的扩增产物（图 1），其中 6 种未报道有 RIP 或其基因，暗示葫芦科中蕴藏着极其丰富的 RIP 新基因。将其中的冬瓜和南瓜的扩增产物与 pMD18-T 载体（TaKaRa 产品）连接，转化大肠杆菌 DH5α，酶切鉴定后（图 2）进行序列测定。Blast 分析表明，测定的 1 个冬瓜来源的克隆子和 2 个南瓜来源的克隆子均为新的 RIP 基因片段，长 408bp，编码 136 个氨基酸，分别命名为 Benincasin、Moschatin Ⅰ 和 Moschatin Ⅱ，GenBank 登录号分别是 AF453777、AF462349 和 AF504011。

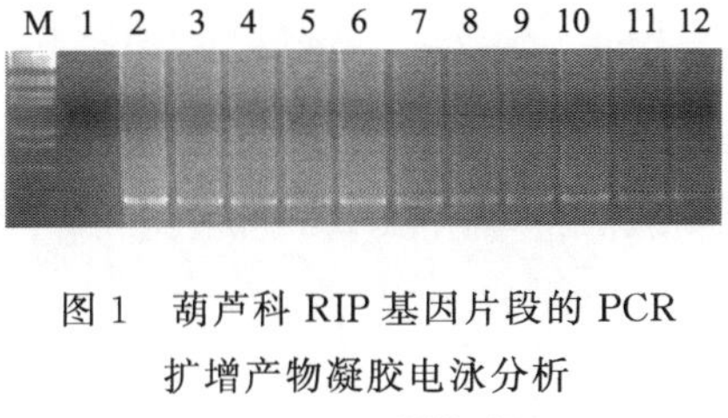

图 1 葫芦科 RIP 基因片段的 PCR 扩增产物凝胶电泳分析

M. maker；1. 阴性对照；2～12. 各种葫芦科植物

2.2 3 个 RIP 新基因片段的编码区与葫芦科 6 个代表 RIP 对应区段的比较

应用 ClustalW 软件对 3 个 RIP 新基因片段的编码区与葫芦科 6 个代表 RIP 对应区段进行了多序列比较（图 3），发现 9 个残基完全相同的有 43 个（＊），其中有带电荷的极性残基 $Arg_{122,163}$、Lys_{120} 和 $Glu_{160,168}$；有不带电荷的极性残基 $Tyr_{70,74,81,107,111}$、$Gln_{155,198,200}$、$Asn_{68,110,190}$、$Ser_{187,193,196}$ 和 Trp_{192}；以及非极性的残基 $Phe_{82,96}$、Gly_{128}、$Leu_{114,188,195}$、$Ala_{88,91,118,135,147,184,202}$、$Ile_{125,136,155,167,199}$、$Val_{66,69,153}$ 和 $Pro_{105,181}$。这 3 种类型的残基在 RIP 结构与功能的关系中所起的作用是不同的。其中 8 个残基在其他科属来源的 8 个 Ⅰ 型和 3 个 Ⅱ 型 RIP 中也完全保守[12]，包括 4 个构成活性中心的残基（Arg_{122}、Gln_{156}、Glu_{160}、Arg_{163} 和 Trp_{192}），而第 5 个可能参与构成活性中心的酸性残基 Glu_{189} 在 Sechiumin 中被不带电荷的极性残基 Gln 所替代。活性中心序列附近存在着几个保守的非极性氨基酸，它们对稳定活性中心起了一定的作用。8 个残基相同的有 29 个（＋），其中唯一不同的残基大多发生在 Sechiumin 上。

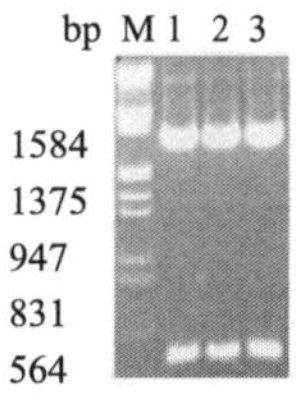

图 2 重组质粒的酶切分析

M，maker；1～3. 重组质粒的 *Pst* Ⅰ / *Bam*H Ⅰ 双酶切分析

对应成熟 TCS 的活性区段“IQSTSEAARYKFIEQQI”（155～171，阴影部分），6 个残基完全一样，其余 11 个残基高度同源。结合其他科属来源的 RIP，2 个残基（Glu_{160} 和 Arg_{163}）完全保守，另外 4 个非常保守[4,12]，最显著的变异发生在 Bryodin 1，第 161 位由疏水的 Ala 变成亲水的 Ser，这和 Gawlak 等[4]的报道一致。

序列同源性进一步证实，本研究所获得的 3 个序列是 RIP 新基因（表 2）。Benincasin 与葫芦科 6 个代表 RIP 的同源性为 43%～80%，Moschatin Ⅰ 为 43%～83%，Moschatin Ⅱ 为 44%～79%。同为南瓜来源的 Moschatin Ⅰ 和 Moschatin Ⅱ 之间的同源性并不高，仅为 69%，远低于 Moschatin

Ⅰ与 α-luffin 之间高达 83％的同源性，表明葫芦科　RIP 的演化与其来源植物的亲缘关系并不一致。

```
TCS    TNVYIMGYRAGDTSYFFNEASATEAAKYVFKDAMRKVTLPYSGNYERLQTAAGKI-REN    124
BEN    VTNVYVMGYLVNSTSYFFDETDAQTASKYVFQNT-KMITLPYSSNYQKLQNAARKD-RDS   58
MOS1   VTNVYVMGYLVNSTSYFFNESDAQLASKYVFKDS-TRITLPYSGNYEKLQNAAGKK-REK   58
MOS2   VTNVYVMGYLVNTTSYFFNEPAAQLASEFVFQGT-KHILLPYSGNYQKLQIAADKD-RDS   58
MOM1   VTNVYIMGYLADTTSYFFNEPAAELASQYVFRDARRKITLPYSGNYERLQIAAGKP-REK   59
LUF1   VTNVYIMGYLVNSTSYFFNESDAKLASQYVFKGS-TIVTLPYSGNYEKLQTAAGKI-REK   58
CUC    VTNVYIMGYLVNGTSYFFNETDAQLASKFVFQGT-KSITLPYSGNYQKLQSVARKE-RDS   58
SEC    VVNVYVVAYRAGNTAYFLNDASA-EANRVLFQGF--AHVTPYGGNYDGLETAAGRISREK   57
BD1    VTNVYIMGYLAGDVSYFFNEASATEAAKFVFKDAKKKVTLPYSGNYERLQTAAGKI-REN   59
                 *+*** + +*  + +**+ + +  *  *  +*     +**+ +**  *+ +* +  *

TCS    IPLGLPALDSAITTLFYYNA-NSAASALMVL IQSTSEAARYKFIEQQ GKRVDKTFLPSL   183
BEN    IPLGFKALDSAISTLYYYDA-KAAPAAFLVLIQSTAEASRFKYIEQLIIDGISENKLPSL   117
MOS1   IPLGFPALDNAITTLFHYDS-TAAAAAFIVVIQCTAEASRYRYIEAQMIKRISKDDVPSL   117
MOS2   IPLGFLALDAAISALYHYDT-KAAPAAFLVLIQTTAEASRFKYIEKQIIDRIGRNEVPSL   117
MOM1   IPIGLPALDSAISTLLHYDS-TAAAGALLVLIQTTAEAARFKYIEQQIQERAYRDEVPSL   118
LUF1   IPLGFPALDSAITTLFHYDS-TAAAAAFLVIIQTTAEASRFKYIEGQIIERISKNQVPSL   117
CUC    IPLGFMALDSAISTLYYYDS-RSAPIAFLVLIQTTAEAARYKYIEKQIIDRISVSKVPDL   117
SEC    IYLGFSEMSSAIGSMFHYTTGTSVPKAFIVIIQSVSEAARFKYIEQRVSENVETKFLPDP   117
BD1    IPLGLPALDSAITTLYYYTA-SSAASALLVLIQSTAESARYKFIEQQIGKRVDKTFLPSL   118
                  *+** + + + ** +  *   +  *  * ** + *+ * + **       * +

       TCS    AIISLENSWSALSKQIQIA    202
       BEN    AAISLENEWSLLSKQIQMA    136
       MOS1   AIISLENSWSALSKQIQFA    136
       MOS2   AAISLENEWSLLSKQILFA    136
       MOM1   ATISLENSWSGLSKQIQLA    137
       LUFI   ATISLENEWSALSKQIQLA    136
       CUC    AAISLENEWSLLSKQIQIA    136
       SEC    AFLSLQNRWSDLSEQIQIA    136
       BDI    ATISLENNWSALSKQIQIA    137
                * +**+* ** **+**+ *
```

图 3　葫芦科 RIP 新基因片段推导的氨基酸与其他 6 个代表的对应区段的比较

表 2　葫芦科 RIP 新基因片段推导的氨基酸与其他 6 个代表的对应区段的同源性

	TCS	*BEN*	*MOS*1	*MOS*2	*MOM*1	*LUF*1	*CUC*	*SEC*	*BD*1
TCS		61	69	55	70	69	62	51	90
BEN			70	79	63	72	80	43	62
*MOS*1				69	72	83	69	43	65
*MOS*2					69	72	79	44	58
*MOM*1						76	66	44	70
*LUF*1							72	50	69
CUC								45	65
SEC									47
*BD*1									

3 讨论

分离一种新型的 RIP 费时费力，而且植物体内 RIP 的含量一般偏低，无法满足以后大规模应用的需要。RIP 基因是构建抗病毒转基因植物和单链免役毒素的重要基因资源。因此，直接分离 RIP 新基因具有重大意义。原先设想设计一对“植物 RIP 通用引物”，用于筛选任一植物的 RIP 新基因。因不同科别的植物 RIP 差异很大，这一设想未能成功。而拥有众多成员的葫芦科植物 RIP 之间的同源性较高，可以从中选择设计一对“葫芦科 RIP 保守引物”，开展 RIP 新基因的快速筛选。应用这种方法，本研究成功地分离了 3 个 RIP 新基因。这一结果为快速获得 RIP 新基因提供了新途径，与以往先分离 RIP 后克隆其基因的路线正好相反[4,12]。

由于Ⅰ型 RIP 与Ⅱ型 RIP 的 A 链具有较高的同源性，因此尽管葫芦科中的Ⅱ型 RIP 还没有报道（http：//www.nibi.nlm.nih.gov)，但本法所获得的基因序列为Ⅱ型 RIP A 链编码区的可能性仍然存在。

结合限制性片段长度多态性（restriction fragment length polymorphism，RFLP）和单链构象长度多态性（single-strand conformation polymorphism，SSCP）技术，可对本研究建立的快速筛选方法加以进一步完善。根据同一植物来源的不同 RIP 基因 LY1/LY2 区段的 RFLP，建立 PCR-RFLP 鉴定系统，可鉴别已知的和新的 RIP 基因，快速分析该植物中的 RIP 基因家族组成。应用 PCR-SSCP 技术对扩增产物进行分析，可以确定植物中 RIP 家族的成员数，避免重复测序，降低成本。

南瓜中至少存在 2 个不同的 RIP 基因，这与一些 RIP 为多基因家族所编码现象一致[13]。植物采用多基因家族编码 RIP 可能具有进化上的优势，体现在：①适应多种生理功能的需要，家族的不同成员具有各自独特的酶学活性和功能[14]；②增强抗病力的需要，受侵染时，植物细胞可快速产生足够数量的 RIP；③便于宏观调控，有的组成型表达、有的应急（病原侵染或不良环境）时才表达，有的在特定的器官组织中表达、有的在整个植物体内表达。

LY1/LY2 区段约占成熟 RIP 的一半，是最为保守的部分。有报道表明 12 种不同来源的 RIP 中高度保守的 23 个氨基酸残基中有 20 个分布在 LY1/LY2 区段内，而且它们的分布具有一定的区域性[3]。所以对 LY1/LY2 区段进行的比较有助于更好地了解 RIP 的结构和功能关系、分子进化。

参考文献

[1] Stirpe F, Barbieri L, Battelli MG, et al. Ribosome inactivating proteins from plants. Bio/tech., 1992, 10: 405-412

[2] Barbieri L, Batelli GB, Stirpe F. Ribosome-inactivating proteins from plants. Biochim Biophys Acta, 1993, 1154: 237-282

[3] Wang Y, Jin SW. Trichosanthin. 2nd. Beijing: Science Press, 2000 (in Chinese)

[4] Gawlak SL, Neubauer M, Klei HE, et al. Molecular, biological, and preliminary structural analysis of recombinant bryodin 1, a ribosome-inactivating protein from the plant *Bryonia dioica*. Biochemistry, 1997, 36: 3095-3103

[5] Zarling JM, Moran PA, Haffar O, et al. Inhibition of HIV replication by pokeweed antiviral protein targeted to CD4C cells by monoclonal antibodies. Nature, 1990, 347: 92-95

[6] Chen Y, Peumans WJ, Van Damme EJ. The *Sambucus nigra* type-2 ribosome-inactivating protein SNA-I' exhibits in plants antiviral activity in transgenic tobacco. FEBS Lett, 2002, 516 (1-3): 27-30

[7] Hong Y, Saunders K, Hartley MR, et al. Resistance to geminivirus infection by virus-induced expression of dianthin in transgenic plants. Virology, 1996, 220(1): 119-27

[8] Lodge JK, Kaniewski WK, Tumer NE. Broadspectrum virus resistance in transgenic plants expressing pokeweed antiviral protein. PNAS, 1993, 90: 7089-7093

[9] He S-J, Xu Q-F, Tang Z-S, et al. *Trichosanthes kirilowii* thichosanthin confers to resistance to rice stem borers and rice planthoppers in transgenic rice. High Technology Letters, 2000, 10(5): 8-10 (in Chinese)

[10] Wang P, Zoubenko O, Tumer NE. Reduced toxicity and broad-spectrum resistance to viral and fungal infection in transgenic plants expressing pokeweed antiviral protein Ⅱ. Plant Mol Biol, 1998, 38: 957-964

[11] Zoubenko O, Uckun F, Hur Y, et al. Plant resistance to fungal infection induced by nontoxic pokeweed antiviral protein mutants. Nature Biotechnol, 1997, 15: 992-996

[12] Wu TH, Chow LP, Lin JY. Sechiumin, a ribosome-inactivating protein from the edible gourd, Sedhium edule Swartz-Purification, characterization, molecular cloning and expression. Eur J Biochem, 1998, 255: 400-408

[13] Yang Q, Liu RS, Gong ZZ, et al. Studies of three genes encoding cinnamomin (a type II RIP) isolated from the seeds of camphor tree and their expression patterns. Gene, 2002, 284 (1-2): 215-223

[14] Peumans WJ, Hao Q, van Damme EJM. Ribosome-inactivating proteins from plants: more than RNA *N*-glycosidases. ASEB, 2001, 15: 1493-1506

利用核糖体失活蛋白控制植物病虫害*

林毅，吴祖建，谢联辉，林奇英

（福建农林大学植物病毒研究所，福建福州　350002）

摘　要：核糖体失活蛋白（ribosome-inactivating protein，RIP）能够赋予植物对植物病毒和病原真菌的广谱抗性，还能抵抗一些农业害虫和植物病原细菌的为害。本文综述核糖体失活蛋白在体外和转基因植物中控制病虫害的研究进展，并结合其酶学活性探讨它的抗病虫机理。

关键词：核糖体失活蛋白；病虫害防治；酶活性；机理

核糖体失活蛋白（ribosome-inactivating protein，RIP）的研究历史可追溯到古代。19 世纪时，人们认识到蓖麻种子的毒性因子是一种蛋白质，称为蓖麻毒蛋白，这首次将生物功能与植物蛋白直接联系起来，在生物化学的研究上具有重要的里程碑意义[1]。后来，人们认识到蓖麻种子和相思树种子的高毒性，以及一些植物如栝楼和苦瓜的堕胎活性，是因为它们含有 RIP。大量研究已经证实，RIP 具有抗生育、抗肿瘤和抗病毒等诸多医药应用价值，有些在临床使用上取得了较好的效果；RIP 还具有抗植物病毒、病原菌和害虫等诸多植保应用价值[1-3]。因此，RIP 的研究具有重要意义。本文仅就利用 RIP 控制植物病虫害的研究进展作一综述。

1　利用核糖体失活蛋白控制植物病虫害

1.1　防治农业害虫

不同 RIP 具有不同的杀虫特异性。当食物中混有极其微量的 Ricin 或 Saporin-S6 时，就可以使鞘翅目的四纹豆象和棉铃象甲致死，但对鳞翅目的烟芽夜蛾和一种粘虫则无影响[4]。ricin、abrin 和 TCS 在体外可抑制昆虫翻译系统的蛋白质合成[5]。辛纳毒蛋白对棉铃虫（*Helicoverpa armigera*）和尖音库蚊（*Culex pipiens*）有明显的毒性[5,6]。转 TCS 基因番茄上传毒昆虫的数量明显减少[7]。转 TCS 水稻对水稻螟虫和稻飞虱的抗性大为增强[8]。转 restrictocin 基因曲霉菌（*Aspergillus nidulans*）可以抵制甲虫（*Carpophilus freemani*）的取食[9]。II 型 RIP 的 B 链和有些 I 型 RIP 具有凝集素活性，因此其抗虫性可能是因为它与昆虫细胞的某些特异性受体结合，使昆虫产生不良反应，阻止昆虫对植物的进一步侵害。

1.2　抵抗植物病原菌

从 *M. expansa* 根部分离的两种 I 型 RIP（ME1 和 ME2），对测定的 27 种土生细菌中的 8 种有抑制作用，包括非致病菌 *B. subtilis*、*R. leguminosarum* 和 *S. marcescens* 以及一些病原菌 *P. syringae*、*A. tumefaciens*、*A. rhizogenes* R100nal、*X. campestris* pv. *versicatoria* 和 *E. carotovora*。这是首次报道 RIP 对植物病原细菌的抗性[10]。大麦、黑麦、小麦、玉米的 RIP 对粗糙脉胞菌原生质体的生长有明显的抑制作用[11]。体外实验中 TCS 对 9 种不同的真菌都有抑制作用[12]。ME1 和 ME2 对不少病原真菌和非病原真菌具有很强的抑制作用，尤其对 hyphomycete 类真菌有效，如 *Erticillium dahliae*、*Alternaria solani*、*Fusarium oxysporum*、*F. proliferatum*、*Trichoderma reesei* 和 *T. harzianum*，经 ME1 和 ME2 处理后隔膜增多、菌丝变细、菌丝尖端膨大裂解[10]。Hypsin 可抑制不同种类真菌的菌丝体生长，如 *Mycosphaerella arachidicola*、*Physalospora piricola*、*F. oxysporum* 和 *Botrytis cinerea*[13]。Lyophyllin 对真菌（*Physalospora piricola* 和 *Copri-*

云南农业大学学报，2003，18（4）：52-56

收稿日期：2003-09-28

* 基金项目：福建省科学技术厅重点项目（No：98-Z-178，99-Z-193）

nus comatus）有抗性[14]。离体试验表明，RIP 与抑制真菌生长的几丁质酶和 β -1,3 -葡聚糖酶有协同抗菌作用[15]。

将大麦 RIP、玉米 b-32、商陆 PAP-Ⅱ、PAP 及其无毒突变体等 RIP 基因分别转入烟草，转基因烟株对立枯丝核菌（*Rhizoctonia solani*）的抗性有所增强[16-18]。转 TCS 水稻植株至少能延迟稻瘟病的发生[19]。不少研究者将 RIP 基因与几丁质酶和/或β-1,3 葡聚糖酶基因一起转入植物，转化植株的抗真菌能力更加明显[20-22]。

不少Ⅰ型和Ⅱ型 RIP 具有广谱的抗植物病原菌活性。研究表明Ⅱ型 RIP 的 B 链可结合真菌细胞，形成离子通道，使 A 链进入细胞发生作用。但缺乏结合链的Ⅰ型 RIP 是如何进入真菌细胞发挥抑制作用的，还不为人所知[1]。几丁质酶和 β -1,3-葡聚糖酶对真菌的细胞壁具有破坏作用，有利于Ⅰ型 RIP 进入真菌细胞发生作用[22]。

1.3 控制植物病毒

早在 1914 年，Allard 就发现 TMV 侵染商陆后不能接种到烟草上，其后又发现，CMV 侵染商陆后不能接种到黄瓜上，1925 年，Duggar 和 Arnustrong 发现商陆中存在着一种抗病毒物质[23]。从此，人们开始了一系列研究，证实 RIP 对植物病毒病具有很好的控制效果。

PAP 是一种广谱的病毒侵染抑制剂，可抑制 7 种植物病毒，包括 5 种 RNA 病毒和 2 种 DNA 病毒。它能够通过叶片下表面渗入细胞间隙从而抑制从上表面接种的病毒的侵染，还可以部分抑制蚜传 PVY 的传播。在病毒接种前喷施 PAP，甚至在喷施 48h 后接种，对心叶烟上 TMV 引起的枯斑的抑制率还能达到 70%；喷施与接种之间的间隔越短，抑制效果越好。在接种病毒后短时间内喷施 PAP，效果较差，50min 后喷施，没有抑制效果[24]。用转 PAP 突变体（C 端缺失）烟叶粗提液喷施，可抑制 PVX 对烟草的侵染[25]。

在供试植物 *Gomphrena blobosa*、*Chenopodium amaranticolor*、*Solanum tuberosum* 和 *Lycopersicon esculentum* 上，喷施含 MAP 的紫茉莉（*Mirabilis jalapa*）根部提取液，24h 后接种病毒或类病毒（TMV、PVX、PVY 以及马铃薯纺锤形块茎类病毒），抑制效果接近 100%。喷施该提取液可抑制马铃薯上经机械传播的病毒，但无法抑制蚜传病毒（PVY 和 PLRV），纯化的 MAP 与粗提液的抑制效果相当[10]。接种前喷施 *M. jalapa* 叶提取液于 *Solanum melongena* 上，可使 CMV 的侵染从对照的 94%降低到 0～56%，提取液在 25～30℃的室温下可存放 4d[26]。*M. expansa* 根提取液中的核糖体失活蛋白 ME1 和 ME2 可通过喷施于植株叶片上，实现对病毒的控制[27]。

Clerodendrum inerme 中的 CIP29 和 *Clerodendrum aculeatum* 中的 CA-SRI 两种 RIP 能在喷施后快速诱导系统抗性，使处理植株叶片中累积病毒抑制物，对整株植物提供保护[28,29]。

1993 年，Monsanto 公司成功地将 PAP 基因导入烟草和马铃薯，转基因植株及其后代获得了广谱的植物病毒抗性，对机械传播和蚜虫传播的多种病毒均有效[17]。ricin 前体（无活性单链蛋白）的 cDNA 已被导入烟草[30]。病毒诱导启动子调控下的香石竹毒蛋白（dianthins）转基因烟草可控制非洲木薯花叶病毒的危害[31]。转 PIP 基因马铃薯中对多种病毒（机械和蚜虫传播）具有抵抗作用，如 PVX、PVY 和 PLRV[32]。转 PAP 活性位点突变体 NT123-2（E176V）烟草的对 PVX 没有抗性，而转 PAP 片段突变体 NT124-3（W237stop）烟草抗 PVX，其原因可能是成熟 PAP 的 C 端 25 个氨基酸影响了亚细胞定位和空间结构的稳定性，无法失活植株的核糖体，PAP 抗病毒特性与其核糖体失活活性是分开的[25]。转 PAP-Ⅱ基因烟株可抵抗 TMV 和 PVX 的危害，抗性水平与 PAP-Ⅱ的累积量相一致[33]。转Ⅱ型 RIP SNA-Ⅰ′基因的烟草植株对 TMV 的抗性增强[34]。转 *TCS* 前体基因烟草可延迟 CMV 和 TMV 系统侵染症状的产生，并使局部枯斑数减少[35]。

在国内，北京大学最早开展了抗植物病毒转 RIP 基因工作，获得了具有自主知识产权的转 *TCS* 基因烟草[36]。随后，中国科学院遗传所进行了大量研究，克隆了具有广谱病毒抗性的 *TCS* 基因，并将其转入烟草获得表达，提高了对 TMV 的抗性，将 *TCS* 基因转入小麦，获得对小麦黄矮病毒表现抗性的植株，并构建了转 *TCS* 基因马铃薯；还进行了 PAP cDNA 的克隆和植物表达载体的构建，然后利用微束激光穿刺技术将 *PAP* 基因导入油菜获得抗病毒转基因植株，将创伤诱导启动子驱动的 PAP cDNA 导入马铃薯获得对 PVX 具有高度抗性的转基因植株[37-43]。莱阳农学院和中国科学院遗传与发育研究所合作将 *TCS* 基因转入番茄中，使番茄获得了对 TMV、CMV 和 TBRV 的较强抗性[7]。云南省农业生物技术重点实验室从美洲商陆中克隆了 *α-PAP* 基因，计划将其导入云南烟草优良品种中[44]。大连理工大学克隆了一新的玉米 RIP 基因，为抗植物病毒基因工程提供了宝贵的资源[45]。

2 酶学活性与抗病虫机理

迄今，至少有 50 个Ⅰ型 RIP 和 15 个Ⅱ型 RIP 的基因序列被测定。但是，人们对 RIP 的认识还处在起步阶段。早先，人们认识到 RIP 是一种 RNA *N*-糖苷酶，它能水解核糖体大亚基 RNA“GAGA 茎环结构”上特定位点的腺嘌呤，使核糖体失活，干扰核糖体与延伸因子的结合，从而抑制了蛋白质的合成[1]。随着研究的不断深入，逐渐发现 RIP 具有一些新的酶学活性（表 1）。从表 1 中可以看出，RIP 是一种具有多种酶学活性和多样化生物学功能的蛋白质，不同 RIP 具有各自独特的功能，其潜在活性还在不断发现之中[1]。RIP 的 RNA 酶和 DNA 酶活性曾经受到一些科学家的质疑，认为是分离的 RIP 中混杂的 RNA 酶和 DNA 酶所致。但是，MMC 等 RIP 确实具备 RNA 酶和 DNA 酶活性，只是十分微弱，但它确实是蛋白自身具有的酶活性。如果提供较为理想的作用环境如合适的金属离子以及合适的底物如单链 DNA 时，它们能够显示出较高的酶活性[46]。因此，随着 RIP 新蛋白的不断发现和实验设计的不断改进，人们对 RIP 酶学活性的认识将更加科学全面。

表 1 核糖体失活蛋白的酶活性[1]

酶活性	核糖体失活蛋白
RNA *N*-糖苷酶	所有
多聚核苷酸：腺苷糖苷酶	所有
RNA 酶	momorcharin
DNA 酶	Trichosanthin，saporin，gelonin
DNA 糖基化酶/AP 裂解酶	Ricin，gelonin and PAP
磷酸酯酶	Ricin，Trichosanthin
几丁质酶	Trichosanthes kirilowii RIP

探讨 RIP 的作用机理，首要的问题是要研究理想作用环境下 RIP 的各种酶学活性。最早的看法是，当病毒侵入植物细胞后，病变的细胞可以使 RIP 进入细胞质，失活自身的核糖体（RNA *N*-糖苷酶的作用），导致细胞死亡，从而阻止了病毒的繁殖及对周围其他细胞的扩大侵染。如 PAP 无法穿透健康的烟草原生质体的细胞膜，但可进入受 TMV 侵染的烟草原生质体细胞[47]。后来发现一些 RIP 能通过损害病毒的基因组或信使 RNA（DNA 酶或 RNA 酶的作用），直接抑制病毒的复制。已经证实 PAP 在靠近 N 端处有一结合 RNA 的结构域，能够识别 PVXRNA 并与之结合[48]。有的 RIP 具备几丁质酶活性，而几丁质是真菌细胞壁和昆虫中肠围食膜的主要成分，表明 RIP 的抗真菌和害虫的作用机理，除了 RIP 抑制细胞中的蛋白质合成外，还可能破坏真菌的细胞壁和昆虫的中肠围食膜。此外，一些 RIP 如 CIP29 可诱导系统抗性，通过激活植株的防御信号，启动植物自身的防御系统，使植物自身产生抗病毒物质，实现对入侵病毒的控制[28]。

3 展望

随着研究的深入，核糖体失活蛋白的植保价值正逐渐被人们所重视。10 多年来，分离克隆新型的 RIP 及其基因和构建转 RIP 基因植物的研究已成为一大热点。而近年科学家的目光更多地转向了 RIP 的酶学活性和抗病机理。如何应对“海量”的基因组序列、结构和功能信息，以及“强大”的生物芯片技术带来的莫大机遇和挑战，为开展 RIP 抗病虫的作用机理和信号传导网络等方面的研究服务，是下一步需要优先考虑的战略问题。

参 考 文 献

[1] Peumans WJ，Hao Q，van Damme EJM. Ribosome-inactivating proteins from plants：more than RNA *N*-glycosidases? . The FASEB Journal，2001，15：1493-1506

[2] Barbieri L，Battelli MG，Stirpe F. Ribosome-inactivating pro-

teins from plants. Biochim Biophys Acta, 1993, 1154: 237-282
[3] Shaw PC, Chan WL, Yeung HW, et al. Trichosanthin: a protein with multiple pharmacological properties. Life Sci, 1994, 55(4): 253-262
[4] 王莉江，安成才，陈章良. 核糖体灭火蛋白在植物中的作用. 生物技术通报，2000,2:1-4
[5] 李向东，刘望夷. 核糖失活蛋白及核糖体拓扑结构的研究进展. 生命的化学，1996，17(2)：15-18
[6] Zhou X., Li XD, Yuan JZ, et al. Toxicity of cinnamomin-a new type Ⅱ ribosome-inactivating protein to bollworm and mosquito. Insect Biochem Mol Biol, 2000, 30(3): 259-264
[7] 姜国勇，金德敏，翁曼丽. 天花粉蛋白基因转化番茄的研究. 植物学报，1999，41(3)：334-336
[8] 何锶洁，徐琼芳，唐祚舜等. 天花粉蛋白基因在水稻中转化及抗虫研究. 高技术通讯，2000，5：8-10
[9] Brandhorst T, Dowd PF, Kenealy WR. The effect of fungal ribosome inactivating proteins upon feeding choice in C. freemani, and indications of a mutualistic relationship with *A. restrictus*. Environmental mycology Mycopathologia, 2001, 152 (3): 155-158
[10] Vivanco JM, Savary BJ, Flores HE. Characterization of two novel type ribosome-inactivating proteins from the storage roots of the andean crop *Mirabilis expansa*. Plant Physiology, 1999, 119(4): 1447-1456
[11] 李巧丽，袁月星，黄详辉. 细胞生物学杂志，2002，24(2)：105－108
[12] 胡苹，安成才，李毅等. 原核的天花粉蛋白和另外两中蛋白具有体外抗真菌活性. 微生物学报，1999，39(3)：234-239
[13] Lam SK, Ng TB. Hypsin, a novel thermostable ribosome-inactivating protein with antifungal and antiproliferative activities from fruiting bodies of the edible mushroom *Hypsizigus marmoreus*. Biochem Biophys Res Commun, 2001a, 285 (4): 1071-1075
[14] Lam SK, Ng TB. First simultaneous isolation of a ribosome inactivating protein and an antifungal protein from a mushroom (*Lyophyllum shimeji*) together with evidence for synergism of their antifungal effects. Arch Biochem Biophys, 2001b, 393 (2): 271-280
[15] Leah R, Tommerup H, Svendsen I, et al. Biochemical and molecular characterization of three barley seed proteins with antifungal properties. J Biol Chem, 1991, 266(3): 1564-1573
[16] Logemann J, Jach G, Tommerup H, et al. Expression of a barley ribosome-inactivating protein leads to increased fungal protection in transgenic tobacco plants. Bio/technology, 1992, 10: 305-308
[17] Lodge JK, Kaniewski WK, Tumer NE. Broad-spectrum virus resistance in transgenic plants expressing pokeweed antiviral protein. PNAS, 1993, 90: 7089-7093
[18] Zoubenko O, Uckun F, Hur Y, et al. Plant resistance to fungal infection induced by nontoxic pokeweed antiviral protein mutants. Nat Biotechnol, 1997, 15(10): 992-996
[19] 明小天，王莉江，安成才等. 利用农杆菌将天花粉蛋白基因转入水稻植株并检测抗稻瘟病活性. 科学通报，2000，45(10)：1080-1084
[20] Jach G, Gornhardt B, Mundy J. Enhanced quantitative resistance against fungal disease by combinatorial expression of different barley antifungal proteins in transgenic tobacco. Plant J, 1995, 8(1): 97-109
[21] 李明，邱国华. 含多种抗真菌病基因植物表达载体的构建. 中山大学学报(自然科学版)，1999，38(5)：69-71
[22] 李文利，范琦，高晓蓉等. B-1,3 葡聚糖酶与糖体失活蛋白融合基因的制备及表达载体的构建. 生物技术，2001，11(3)：1-5
[23] 刘学端，张碧峰. 抗植物病毒剂的研究和应用. 国外农学-植物保护，1994，7(3,4)：8-11
[24] Chen ZC, White RF, Antoniw JF, et al. Effect of pokeweed antiviral protein (PAP) on the infection of plant viruses. Plant Pathology, 1991, 40: 610-612
[25] Tumer NE, Hwang D, Bonness M. C-terminal deletion mutant of pokeweed antiviral protein inhibits viral infection but does not depurinate host ribosomes. PNAS, 1997, 94(8): 3866-3871
[26] Bharathi M. Effect of plant extract and chemical inhibitors on cucumber mosaic virus of brinjal. Journal of Mycology and Plant Pathology, 1999, 29(1): 57-60
[27] Vivanco JM, Querci M, Salazar LF. Antiviral and antiviroid activity of map-containing extracts from *Mirabilis jalapa* roots. Plant Disease, 1999b, 83(12): 1116-1121
[28] Vivek P, Shalini S, Varsha. Two basic proteins isolated from *Clerodendrum inerme* Gaertn. are inducers of systemic antiviral resistance in susceptible plants. Plant Science, 1995, 110(1):73-82
[29] Verma HN, Srivastava S, Kumar D. Induction of systemic resistance in plants against viruses by a basic protein from *Clerodendrum aculeatum* leaves. Phytopathology, 1996, 86: 485-492
[30] Sehnke PC, Pedrosa L, Paul AL, et al. Expression of active, processed ricin in transgenic tobacco. J Biol Chem, 1994, 269 (36): 22473-22476
[31] Hong Y, Saunders K, Hartley MR, et al. Resistance to geminivirus infection by virus-induced expression of dianthin in transgenic plants. Virology, 1996, 220(1):119-127
[32] Moon YH, Song SK, Choi KW, et al. Expression of a cDNA encoding *Phytolacca insularis* antiviral protein confers virus resistance on transgenic potato plants. Mol Cells, 1997, 7(6): 807-815
[33] Wang P, Zoubenko O, Tumer NE. Reduced toxicity and broad spectrum resistance to viral and fungal infection in transgenic plants expressing pokeweed antiviral protein Ⅱ[J]. Plant Mol Biol, 1998, 38(6): 957-964
[34] Chen Y, Peumans WJ, Van Damme EJ. The *Sambucus nigra* type-2 ribosome-inactivating protein SNA-IP exhibits in planta antiviral activity in transgenic tobacco. FEBS Lett, 2002, 516(1-3): 27-30

[35] Krishnan R, McDonald KA, Dandekar AM. Expression of recombinant trichosanthin, a ribosome-inactivating protein, in transgenic tobacco. J Biotechnol, 2002, 97(1): 69-88
[36] 鲍一明，储瑞银，韩晋华等. 天花粉蛋白基因的克隆、序列测定及在大肠杆菌和烟草中的表达. 中国科学(B辑)，1992，14：944-950
[37] 郑洪刚，王斌，邵鹏柱. 天花粉蛋白基因的克隆及序列分析. 遗传学报，1994，21(1)：42-51
[38] 徐琼芳，金德敏，郭琼兆. 天花粉蛋白基因导人烟草获得植株的研究. 中国农业科学，1994，27(2)：8
[39] 徐琼芳，李连城，马有志等. 用天花粉蛋白基因转化小麦获得转基因植株遗传. 2001，23(2)：135-137
[40] 何洪智，李晓兵，傅荣昭等. *TCS* 基因转化马铃薯合适条件的研究. 农业生物技术学报，1999，7(2)：186，192
[41] 张海燕，刘桂珍，陈正华. 商陆抗病毒蛋白 cDNA 的克隆、测序及植物表达载体的构建. 植物学报，1999a，41(2)：226-228
[42] 张海燕，党本元，周奕华等. 用激光微束穿刺法将 PAP cDNA 导入油菜获得抗病毒转基因植株. 中国激光，1999b，26(11)：1053-1056
[43] 傅道林，王兰岚，张海燕等. 用微束激光穿刺技术将商陆抗病毒蛋白(PAP) cDNA 导入马铃薯的研究. 光子学报，2000，29(11)：970-974
[44] 赵扬，鄢波，张绍松. 美洲商陆核基因组抗病毒蛋白基因的克隆及序列分析云南植物研究. 1998，20(1)：67-70
[45] 范琦，高晓蓉，李文利等. 玉米核糖体失活蛋白基因的克隆及序列分析. 生物工程学报，2000，16(4)：457-460
[46] Fong WP, Mock WY, Ng TB. Intrinsic ribonuclease activities in ribonuclease and ribosome-inactivating proteins from the seeds of bitter gourd. Int J Biochem Cell Biol, 2000, 32(5): 571-577
[47] Watanabe K, Kawasaki T, Sako N, et al. Actions of pokeweed antiviral protein on virus-infected protoplasts. Biosci Biotechnol Biochem, 1997, 61(6): 994-997
[48] Bass HW, Webster C, OBrian GR, et al. A maize ribosome-inactivating protein is controlled by the transcriptional activator opaque-2. Plant Cell, 1992, 4(2): 225-234

抗病虫基因新资源：绞股蓝核糖体失活蛋白基因*

林毅[1,2]，吴祖建[1]，谢联辉[1]，林奇英[1]

（1 福建农林大学植物病毒研究所，福建福州 350002；
2 华侨大学生物工程与技术系，福建泉州 362011）

摘　要：核糖体失活蛋白（ribosome-inactivating protein，RIP）具有广谱的抗植物病毒活性和抵抗多种植物病原真菌以及农业害虫的活性，在植物保护上具有广阔的应用前景。从传统中草药绞股蓝中分离的 13 个核糖体失活蛋白基因序列，为培育抗病虫作物新品种提供了新资源。

关键词：抗病虫基因；绞股蓝；核糖体失活蛋白；转基因烟草

Novel gene resource against insect pests and diseases of plants: ribosome-inactivating protein genes from *Gynostemma pentaphyllum*

LIN Yi[1,2], WU Zu-jian[1], XIE Lian-hui[1], LIN Qi-ying[1]

(1 Institute of Plant Virology, Fujian Agriculture and Forestry University, Fuzhou 350002;
2 Department of Biotechnology, Huaqiao University, Quanzhou 362011)

Abstract: Much interest has been devoted to construct transgenic crops with gene coding for ribosome-inactivating protein (RIP) for the protection from pests infection. Thirteen novel RIP gene sequences isolated from *Gynostemma pentaphyllum*, a member of Cucurbitaceae family, would play potential use in the breeding of new crop varieties against plant diseases and insect pests.

Key words: *Gynostemma pentaphyllum*; ribosome-inactivating protein; anti-TMV; transgenic tobacco

核糖体失活蛋白（ribosome-inactivating proteins，RIP）是广泛存在于高等植物中的一大类具有 rRNA *N*-糖苷酶结构域的蛋白质，常见的有天花粉蛋白和商陆抗病毒蛋白[1]。目前的研究成果已经证实异源 RIP 基因是培育抗病虫作物品种的重要基因资源。转商陆抗病毒蛋白基因烟草对立枯丝核菌的抗性有所增强[2]。转天花粉蛋白基因水稻上的水稻螟虫和稻飞虱数量明显减少，稻瘟病的发病时间推迟[3,4]。转商陆抗病毒蛋白基因烟草和马铃薯的植株及其后代对机械传播和蚜虫传播的多种病毒均有抗性[5]。转天花粉蛋白前体基因烟草可延迟黄瓜花叶病毒和烟草花叶病毒系统侵染症状的产生，并使局部枯斑数减少[6]。中国科学院遗传所构建的转天花粉蛋白基因烟草对花叶病毒的抗性得以提高，获得的天花粉蛋白基因小麦对黄矮病毒表现抗性，并构建了转天花粉蛋白基因马铃薯，利用微束激光穿刺技术将商陆抗病毒蛋白基因导入油菜获得抗病毒转基因植株，将创伤诱导启动子驱动的商

分子植物育种，2003，1（5）：763-765

* 基金项目：福建省科技厅重点项目（98-2-1978，99-2-193）

陆抗病毒蛋白 cDNA 导入马铃薯获得对马铃薯 X 病毒具有高度抗性的转基因植株[7-12]。莱阳农学院和中国科学院遗传与发育研究所合作将天花粉蛋白基因转入番茄中，使番茄获得了对烟草花叶病毒和黄瓜花叶病毒的较强抗性，而且传毒蚜虫的数量明显减少[13,14]。

我们从绞股蓝（*Gynostemma pentaphyllum*）中分离的抗烟草花叶病毒蛋白是一种新型核糖体失活蛋白，其分子质量约为 27kD，N 端 19 个氨基酸序列与其他植物 RIP 的同源性为 10%～73%，与葫芦科 RIP 的同源性为 37%～73%。根据 N 端和葫芦科 RIP 下游保守序列设计简并引物，对绞股蓝总 DNA 进行 PCR 扩增，获得 609 个碱基，编码 203 个氨基酸[15]。在此基础上，通过 RACE 扩增、cDNA 克隆和 DNA 克隆，从绞股蓝中分离了 13 个 *RIP* 基因，其中 10 个为 cDNA 序列，3 个是 DNA 序列。它们与其他葫芦科 RIP 的同源性，碱基水平为 47%～61%，氨基酸水平为 37%～49%。根据序列上发生缺失的有无及其类型将其分为 4 组：组 1，发生 6bp 缺失（535 GAAAAC 540，与 574～579 间的序列完全一样），包括 AY134617、AY075115 和 AY279220，编码 275 个氨基酸；组 2，缺失 87bp（122 ～ 208），包括 AY279104 和 AY279106，编码 248 个氨基酸；组 3，包括 AY279107 和 AY279105，不发生组 2 的 87bp 缺失，但因其序列较短，无法确认是否具备组 1 的 6bp 缺失；组 4，包括 AY134616、AY160767、AY160768、AY160769 以及 AY279218 和 AY279219，既无 87bp 缺失也不发生 6bp 缺失，编码 277 个氨基酸。

研究结果为利用绞股蓝 *RIP* 基因培育抗病虫作物新品种奠定了坚实基础。

参 考 文 献

[1] Peumans WJ, Hao Q, van Damme EJM. Rlbosome-inactivating proteins ftom plants more than kNA *N*-glycosidases? The FASEB Journal, 2001, 15: 1493-1506

[2] Zoubenko O, Uckun F, Hur Y, et al. Plant resistance to fungal infection induced by nontoxic pokeweed antiviral protein mutants, Nat Biotechnol, 1997, 15(10): 992-996

[3] 明小天，王莉江，安成才等. 利用土壤农杆菌将天花粉蛋白基因转入水稻植株并检测抗稻瘟病活性. 科学通报，2000，45(10)：1080-1084

[4] 何锶洁，徐琼芳，唐祚舜等. 天花粉蛋白基因在水稻中转化及抗虫研究. 高技术通讯，2000，5：8-10

[5] Lodge JK, Kaniewski WK, Tumer NE. Broad-spectrum virus resistance in transgenic plants expressing pokeweed antiviral protein. PNAS, 1993, 90: 7089-7093

[6] Krishnan R, McDonald KA, Dandekar AM. Expression of recombinant trichosanthin, a ribosome-inactivating protein, in transgenic tobacco. J Biotechnol, 2002, 97(1): 69-88

[7] 郑洪刚，王斌，邵鹏柱. 天花粉蛋白基因的克隆及序列分析. 遗传学报，1994，21(1)：42-51

[8] 徐琼芳，金德敏，郭琼兆. 天花粉蛋白基因导入烟草获得植株的研究. 中国农业科学，1994，27(2)：8

[9] 徐琼芳，李连城，马有志等. 用天花粉蛋白基因转化小麦获得转基因植株. 遗传，2001，23(2)：135-137

[10] 何洪智，李晓兵，傅荣昭等. *TCS* 基因转化马铃薯合适条件的研究. 农业生物技术学报，1999，7(2)：186，192

[11] 张海燕，党本元，周奕华. 用微束激光穿刺技术将 PAP 导入油菜获得抗病毒转基因植株. 中国激光，1999，26(11)：1053-1056

[12] 傅道林，王兰岚，张海燕等. 用微束激光穿刺技术将商陆抗病毒蛋白(PAP)cDNA 导入马铃薯的研究. 光子学报，2000，29(11)：970-974

[13] 姜国勇，翁曼丽，金德敏. 番茄转 *TCS* 基因植株的生物学性状研究. 园艺学报，1998，25(4)：395-396

[14] 姜国勇，金德敏，翁曼丽等. 天花粉蛋白基因转化番茄的研究. 植物学报，1999，41(3)：334-336

[15] 林毅，陈国强，吴祖建等. 绞股蓝抗 TMV 蛋白的分离及编码基因的序列分析. 农业生物技术学报，2003，11(4)：365-369

绞股蓝 RIP 基因双子叶植物表达载体的构建及其对烟草叶盘的转化*

林毅，吴祖建，谢联辉，林奇英

（福建农林大学植物病毒研究所，福建福州　350002）

摘　要：将绞股蓝（*Gynostemma pentaphyllum*）核糖体失活蛋白（ribosome-inactivating protein，RIP）cDNA 序列（GenBank 登录号 AY279219）插入到 pKYLX713：$5S^2$ 植物表达载体的 *Hin*dⅢ/SacⅠ位点处，构建了适于在双子叶植物中表达的载体，并经三亲交配法转入土壤农杆菌 LBA4404，用于转化烟草品种 K326，分子鉴定表明绞股蓝 RIP 基因已经整合到再生烟苗的基因组中并发生了转录。

关键词：绞股蓝；核糖体失活蛋白；植物表达载体；转基因烟草

中图分类号：S482.292　**文献标识码**：A　**文章编号**：1000-2286（2004）04-0589-04

Construction of dicotyledon expression vector containing cDNA encoding ribosome-inactivating protein from *gynostemma pentaphyllum* and transformation into tobacco

LIN Yi，WU Zu-jian，XIE Lian-hui，LIN Qi-ying

（Institute of Plant Virology，Fujian Agricultural University，Fuzhou　350002）

Abstract：The cDNA sequence（825bp in length，GenBank accession number AY279219）encoding ribosome-inactivating protein from *Gynostemma pentaphyllum* were inserted into the *Hind*Ⅲ/*Sac* Ⅰ site of pKYLX713：$5S^2$，an expression vector for dicotyledon. The *Agrobacterium tumefaciens* LBA404 strain harboring the cDNA via trimated transformation was used to infect the tobacco variety K326. The results of molecular detection demonstrated that the target cDNA had been integrated into the genome of regenerated tobacco shoot and been transcripted.

Key words：*Gynostemma pentaphyllum*；ribosome-inactivating protein；plant expression vector；transgenic tobacoo

核糖体失活蛋白（ribosome-inactivating proteins，RIP）是一大类具有 rRNA *N*-糖苷酶结构域的蛋白质，广泛存在于高等植物中。传统上，根据结构的不同将其分为Ⅰ型单链 RIP 和Ⅱ型双链 RIP 两种，其中Ⅱ型双链 RIP 的 A 链在结构和功能上与Ⅰ型单链 RIP 相似，其 B 链具有凝集素性

江西农业大学学报，2004，26（4）：589-592

收稿日期：2004-04-21

* 基金项目：福建省科技厅重点项目（98-Z-178，99-Z-193）

质[1,2]。以 RIP 为“弹头”的免疫毒素在肿瘤、骨髓移植、自身免疫及艾滋病（AIDS）等疾病的治疗方面有着潜在的应用前景，有些在临床应用试验中取得了令人瞩目的进展[3-5]。此外，RIP 具有广谱的植物病毒抗性和抵抗多种植物病原真菌以及农业害虫的活性，在植物保护上具有广阔的应用前景[6-11]。

绞股蓝（*Gynostemma pentaphyllum*）是葫芦科多年生草质落叶藤本植物，是目前除人参属外含人参总甙类似物的唯一植物[12]。我们首次从绞股蓝中分离到 RIP，并克隆了其编码基因[13]。在此基础上，本研究构建了含绞股蓝 RIP 基因的植物表达载体，并通过农杆菌转化将其导入烟草品种 K326 中，以期获得广谱抗病毒的转基因烟草，为抗病毒烟草品种的选育提供新材料，并为利用转基因烟草生产绞股蓝 RIP 奠定基础。

1 材料和方法

1.1 材料与试剂

绞股蓝和普通烟（*Nicotiana tabacum*）K326 种植于福建农林大学病毒研究所温室内。*Taq* DNA 聚合酶、抗生素、Ultra clean™15 DNA Purification Kit 为 MOBIO Laboratories 公司产品；λDNA/*Eco*RⅠ＋*Hind*Ⅲ marker、IPTG、X-Gal、限制性内切酶购自上海博亚公司；总 RNA 提取试剂盒、T_4DNA 连接酶购自上海生物工程技术服务有限公司；琼脂糖为 Bio-Rad 公司产品；DIG DNA labeling mixture、抗碱性磷酸酶标记 Fab 片段、核酸杂交用封闭剂（Blocking reagent）为 Boehringer Mannheim（Roche）公司产品；NC 膜为 DuPont 公司产品。其余试剂均为国产分析纯。

1.2 菌株和载体

大肠杆菌 DH5α、含辅助质粒 pRK2013 的大肠杆菌以及农杆菌 LBA4404 由本所保存。克隆载体 pMD18-T 购自 TaKaRa 公司。植物表达载体 pKYLX713∶5 S^2 蒙美国佛罗里达州立大学段永平教授馈赠。

1.3 植物表达载体的构建

以绞股蓝 RIP 基因（GenBank 登录号 AY279219）融合表达质粒为模板，用 pK/ZW 引物对进行 PCR 扩增，产物回收后经 pMD18-T 克隆载体连接到 pKYLX713∶5 S^2 表达载体的 *Hind*Ⅲ/*Sac*Ⅰ位点处，转化大肠杆菌 DH5α，筛选含目的片段的重组克隆子。

1.4 三亲交配法转化农杆菌

参考傅荣昭等[14]的方法将上述重组载体转入农杆菌 LBA4404。

1.5 重组农杆菌对烟草品种 K326 的转化

参考王关林和方宏筠的《植物基因工程原理与技术》中的方法[15]，进行烟草叶盘的转化和再生。

1.6 转基因植物的 PCR 扩增和序列测定

提取再生烟苗叶片的总 DNA，以插入基因的特异引物进行 PCR 扩增，并将产物回收克隆后进行序列测定。

1.7 Northern 分析

以 GP609 克隆子的质粒为模板，609A/609B 为引物进行 PCR 合成地高辛标记的 cDNA 探针。所用的 dNTP 底物中，地高辛标记的 DIG-11-dUTP 与普通 dTTP 的分子数比例为 11∶2。PCR 扩增产物经琼脂糖凝胶电泳分析后回收纯化。提取总 RNA 进行 Northern 点杂交。

2 结果与分析

2.1 植物表达载体的构建和农杆菌转化

PCR 产物经 pMD18-T 克隆载体插入到 pKYLX713∶5S^2 表达载体的 *Hind*Ⅲ/*Sac*Ⅰ位点处，转化大肠杆菌 DH5α，筛选含目的片段的重组克隆子（图 1）。构建的载体中含有绞股蓝 RIP 基因和 *NPT*Ⅱ筛选基因以及 poly（A）信号，其中 RIP 基因由 35S^2 启动子驱动，*NPT*Ⅱ基因由 Nos 启动子调控（图 2）。

图 1 ZW-Pk 重组质粒酶切鉴定

2-3. 重组植物表达载体 *Hind*Ⅲ和 *Sac*Ⅰ完全双酶切

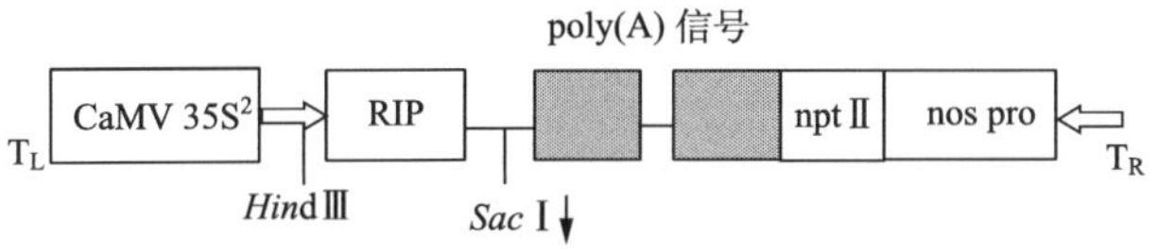

图 2 RIP-pK 载体线性示意图

采用三亲交配法将 ZW-pK 重组载体转入土壤农杆菌 LBA4404 中，将其命名为 ZW-pK-4404。

2.2 探针的制备和转基因烟苗的分子鉴定

从再生烟苗叶片中提取总 DNA，用绞股蓝 RIP 基因特异引物进行 PCR 扩增（图 3），产物大小与预期一致。将扩增产物克隆后以反向特异引物测定其前 258 个碱基，分析表明它与 RHXJB 对应部分的序列完全一致，证实外源基因已导入受体基因组中。

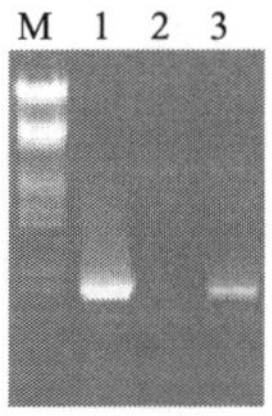

图 3 再生植株中外源片段的 PCR 鉴定

M. maker；1. 阳性对照，RHXJB 克隆子质粒 DNA；2. 阴性对照，非转化 K326 总 DNA；3. 再生烟苗总 DNA

以 GP609 克隆子质粒为模板，制备 DIG 标记的绞股蓝 RIP 基因探针。对再生烟苗叶片中总 RNA 进行的 Northern 点杂交结果为阳性（图 4），初步表明外源片段发生了转录。

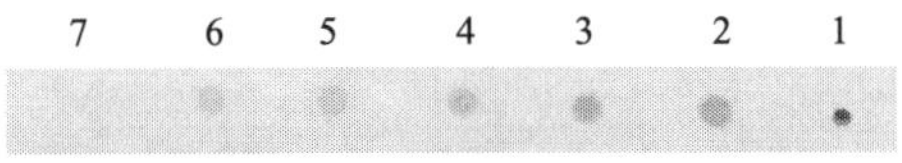

图 4 Northern 点杂交检测再生烟苗中外源 RIP 基因的转录

1. 阳性对照，GP609 克隆子总 RNA；2～6. 不同稀释度的再生烟苗总 RNA；7. 阴性对照，非转化 K326 总 RNA

3 讨论

绞股蓝 RIP 转基因烟草在 RIP 大规模生产和抗病毒烟草育种上都具有重要意义。烟草作为"活体发酵罐"，可源源不断地提供有活性的绞股蓝 RIP，对今后构建免疫毒素用于治疗肿瘤等顽固性疾病奠定了基础。同时，构建的绞股蓝 RIP 基因双子叶植物表达载体，为番茄、马铃薯、青椒等双子叶经济作物的抗病毒品系的培育提供了良好载体。

关于转 RIP 基因植株的鉴定。傅道林等[16]采用先分子鉴定后攻毒的策略，对筛选培养基上再生并移栽成活的马铃薯植株进行 PCR 扩增及 PCR-Southern 杂交分析，结果为阳性的认为是 PAP cDNA 已经稳定整合到马铃薯基因组中，同时进行的攻毒试验表明，多数转基因植株对 PVX 具有高度抗性。而徐琼芳等[17]采用先攻毒试验后分子鉴定的策略，用 *TCS* 基因转化小麦获得转基因植株，将在筛选培养基再生的植株接饲毒蚜虫进行黄矮病（BYDV）抗性鉴定，之后从对黄矮病表现抗性的植株中提取 DNA 进行 PCR 特异片段的扩增，并将扩增产物转移到 41 膜上，以 *TCS* 基因为探针进行 Southern 杂交，有杂交信号的即认为是 *TCS* 基因已整合到再生小麦植株中。本研究中，对筛选培养基上再生烟苗进行的 PCR 鉴定、序列测定和 Novthern 点杂交，证实绞股蓝 RIP 基因已经整合到再生烟草的基因组中并发生了转录。获得的转基因烟草植株，为抗病毒试验提供了材料，也为获得更多抗病转基因经济作物打下了基础。

参 考 文 献

[1] Peumans WJ, Hao Q, Van Damme EJM. Ribosome-inactivating proteins from plants: more than RNA *N*-glycosidases. The FASEB Journal, 2001, 15: 1493-1506

[2] Barbieri L, Batelli GB, Stirpe F. Ribosome-inactivating proteins from plants. Biochim Biophys Acta, 1993, 1154: 237-282

[3] 汪猷，金善伟. 天花粉蛋白. 第二版. 北京：科学出版社，2000

[4] Gawlak SL, Neubauer M, Klei HE, et al. Molecular, biological, and preliminary structural analysis of recombinant bryodin 1, a ribosome-inactivating protein from the plant *Bryonia dioica*. Biochemistry, 1997, 36: 3095-3103

[5] Zarling JM, Moran PA, Haffar O. Inhibition of HIV replication by pokeweed antiviral protein targeted to CD4C cells by monoclonal antibodies. Nature, 1990, 347: 92-95

[6] Chen Y, Peumans WJ, Van Damme EJ. The *Sambucus nigra* type-2 ribosome-inactivating protein SNA-I′ exhibits in plants antiviral activity in transgenic tobacco. FEBS Lett, 2002, 516 (1-3): 27-30

[7] Hong Y, Saunders K, Hartley MR, et al. Resistance to geminivirus infection by virus-induced expression of dianthin in transgenic plants. Virology, 1996, 220(1): 119-127

[8] Lodge JK, Kaniewski WK, Tumer NE. Broadspectrum virus resistance in transgenic plants expressing pokeweed antiviral protein. PNAS, 1993, 90: 7089-7093

[9] 何锶洁，徐琼芳，唐祚舜等. 天花粉蛋白基因在水稻中转化及

抗虫研究. 高技术通讯，2000，10(5)：8-10
[10] Wang P，Zoubenko O，Tumer NE. Reduced toxicity and broad-spectrum resistance to viral and fungal infection in transgenic plants expressing pokeweed antiviral protein Ⅱ. Plant Mol Biol，1998，38：957-964
[11] Zoubenko O，Uckun F，Hur Y，et al. Plant resistance to fungal infection induced by nontoxic pokeweed antiviral protein mutants. Nature Biotechnol，1997，15：992-996
[12] 叶能干，李淑久，廖海民. 绞股蓝植物资源及其开发利用评价. 贵州农学院学报，1996，15(4)：39-43
[13] 林毅，陈国强，吴祖建等. 绞股蓝抗 TMV 蛋白的分离及编码基因的序列分析. 农业生物技术学报，2003，11(4)：365-369
[14] 傅荣昭，孙勇如 贾士荣. 植物遗传转化技术手册. 北京：中国科学技术出版社，1994，88
[15] 王关林，方宏筠. 植物遗传工程原理与技术. 北京：科学出版社，1998
[16] 傅道林，王兰岚，张海燕等. 用微束激光穿刺技术将商陆抗病毒蛋白（PAP）cDNA 导入马铃薯的研究. 光子学报，2000，29(11)：970-974
[17] 徐琼芳，李连城，马有志等. 用天花粉蛋白基因转化小麦获得转基因植株. 遗传，2001，23(2)：135-137

绞股蓝核糖体失活蛋白家族编码基因的5个cDNA及其下游非编码区*

林毅，谢荔岩，陈国强，吴祖建，谢联辉，林奇英

（福建农林大学植物病毒研究所，福建福州 350002；福建农林大学生物农药与化学生物学教育部重点实验室，福建福州 350002）

摘　要：通过3′RACE克隆策略获得绞股蓝（*Gynostemma pentaphyllum*）核糖体失活蛋白（ribosome-inactivating protein，RIP）Gynostemmin的5个cDNA序列gynostemminⅠ～Ⅴ及其下游非编码区（3′untranslated region，3′UTR）。它们的编码区长度除gynostemminⅡ为825bp外，其余均为831bp。其下游非编码区的长度分别为279bp、174bp、170bp、161bp和171bp。在3′UTR中，gynostemminⅠ比另外4个多了两个小的茎环结构和一富含AU的不稳定子元件，其mRNA的稳定性可能因此受到影响。

关键词：绞股蓝；核糖体失活蛋白；3′RACE；3′UTR

Five cDNA sequences and their 3′untranslated region encoded ribosome-inactivating protein from *Gynostemma pentaphyllum*

LIN Yi，XIE Li-yan，CHEN Guo-qiang，WU Zu-jian，XIE Lian-hui，LIN Qi-ying

（Institute of Plant Virology，Fujian Agriculture and Forestry University，Fuzhou 350002；Key Laboratory of Biopesticide and Chemical Biology，Ministry of Education，Fujian Agriculture and Forestry University，Fuzhou 350002）

Abstract：Five cDNA sequences and their 3′untranslated region（3′UTR）of ribosome-inactivating protein from *Gynostemma pentaphyllum* were isolated and analyzed. The coding region of gynostemminⅡ is 825bp in length，and those of the other four are 831bp in length. Their 3′UTR are 279bp，174bp，170bp，161bp and 171bp in length，respectively. Two small stem-loop and one AU-rich element were only found in the 3′UTR of gynostemminⅠ.

Key words：*Gynostemma pentaphyllum*；ribosome-inactivating protein；3′RACE；3′UTR

核糖体失活蛋白（ribosome-inactivating protein，RIP）是一大类能抑制蛋白质生物合成的蛋白质超家族，广泛分布于高等植物中。根据结构的不同可分为Ⅰ型单链和Ⅱ型双链两种，其中Ⅰ型

植物学通报，2005，22（2）：163，168

收稿日期：2003-10-16　接受日期：2004-06-28

* 基金项目：福建省科技厅重点项目（No：99-Z-193）、福建省教育厅项目（K04037）

RIP 的研究和应用最为深入。RIP 具有非常广谱的植物病毒抗性，还能抵抗多种植物病原真菌以及农业害虫，具有很好的植物保护前景[1-3]。此外，RIP 及其单链免疫毒素对肿瘤、骨髓移植、自身免疫及艾滋病（AIDS）等疾病的治疗有着潜在的应用前景，有的在临床应用试验中取得了令人瞩目的进展[4-7]。

绞股蓝（*Gynostemma pentaphyllum*）是葫芦科多年生草质落叶藤本植物，是目前除人参属外含人参总甙类似物的唯一植物[8]。我们首次从绞股蓝中分离到核糖体失活蛋白，并克隆了其编码基因片段，对应的 203 个氨基酸与其他葫芦科 RIP 对应区段的同源性为 37%～42%[9]。为分离绞股蓝 RIP 的全长编码序列以构建抗病毒转基因植物，本研究应用 3′RACE 克隆策略从绞股蓝中获得了 5 个编码 RIP 的 cDNA 序列及其下游非编码区序列。

1　材料和方法

1.1　供试材料

1.1.1　植物

绞股蓝（*Gynostemma pentaphyllum*）采自福建农林大学校园。

1.1.2　菌株和质粒

克隆载体 pMD18-T 购自 TaKaRa 公司，大肠杆菌 DH5α 为本所保存。

1.1.3　试剂

SMART™ RACE cDNA Amplification Kit 试剂盒购自 Clontech 公司，总 RNA 提取试剂盒、λDNA/*Eco*RⅠ+*Hind*Ⅲ marker、氨苄青霉素（Amp）、IPTG、X-Gal 和核酸内切酶购自上海博亚公司；其他试剂均为分析纯。

1.2　方法过程

1.2.1　绞股蓝总 RNA 的提取

取绞股蓝幼嫩叶片 0.5g，冰冻 2～3h 后研磨，然后按试剂盒的操作说明提取总 RNA。

1.2.2　3′RACE 模板的制备

利用试剂盒中的 3′-CDS primer 制备 3′-RACE-Ready cDNA。

1.2.3　3′RACE 扩增

根据已知序列设计正向特异引物 609A（CGG-GATCC GACATTAACTTTAGCCTGGCGGGT）和 3GSP（GACATTAACTTTAGCCTGGCGGG），均对应成熟蛋白 N 端第一个氨基酸的密码子，不同的是 609A 的 5′端引入*Bam*HⅠ酶切位点，3GSP 的 5′端不含修饰碱基。以 3′-RACE-Ready cDNA 为模板，用 609A 和试剂盒中的 UPM 进行 PCR 扩增，进一步以 3GSP 和试剂盒中的 NUP 对前一扩增产物进行半嵌套扩增。扩增反应在 T3 Thermocycler（BiometraR）基因扩增仪上进行，反应程序为：94℃变性50 s，68～60℃退火 50 s（每 2 个循环降 2℃，60℃时 17 个循环），72℃延伸 2min。RACE 扩增采用试剂盒中的 Advantage2 Polymerase Mix，其中含有少量具有校正功能的聚合酶，因此扩增序列的保真性较好。

1.2.4　克隆和序列测定

PCR 产物回收后与 pMD18-T 载体连接，转化大肠杆菌 DH5α，以 5GSP2 为测序引物对阳性重组克隆子进行序列测定。

1.2.5　生物信息学分析

核酸或氨基酸序列比较与同源性分析在 www.ncbivnlm.nih.gov/blast 和 www.ebi.ac.uk/tools/clustal 上进行，基因及蛋白质理化性质分析在 DNATOOLS 生物学软件上进行，亚细胞定位在 http://psort.nibb.ac.jp 上进行，5′UTR 二级结构的预测用 RNAdraw 生物学软件分析，信号肽剪切位置和穿膜螺旋的预测通过 www.cbs.dtu.dk/services 上的相应软件进行。

2　结果分析

2.1　3′RACE 扩增和序列测定

以 3′-RACE-Ready cDNA 为模板，用 609A/UPM 进行 PCR 扩增，产生约 1100bp 和 1000bp

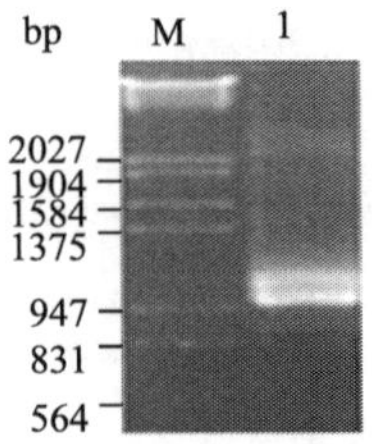

图 1　3′RACE 扩增产物

M. maker；Lane 1. PCR 产物

两种不同大小的产物。进一步以 3GSP/NUP 对前一扩增产物进行半嵌套 PCR，产物中除上述 2 个条带外，还有 2 个非常微弱的条带，约 900bp 和850bp（图 1）。分别将其克隆到 pMD18-T 载体上进行序

```
Gynostemmin Ⅰ    DINFSLAGADGQTYNTFIAKLRQELSIGTQKVANITVLKHHVSSNTQRFLSINLFNYNGD 60
Gynostemmin Ⅱ    DINFSLAGADGQTYNTFIAKLRQELSIGTQKVANITVLKHHVSSNTQRFLSINLFNYNNA 60
Gynostemmin Ⅲ    DINFSLAGADGQTYNTFIAKLRQELSIGTQKVANITVLKHHVSSNTQRFLSINLFNYNGD 60
Gynostemmin Ⅳ    DINFSLAGADGQTYNTRIAKLRQELSIGTQKVANITVLKHHVSSNTQRFLSINLFNYNGD 60
Gynostemmin Ⅴ    DINFSLAGADGQTYNTFIAKLRQELSIGTQKVANITVLKHHVSSNTQRFLSINLFNYNGD 60
                 *************** ********************************************

Gynostemmin Ⅰ    KITLGIDVFDVYVVGFLTGTNSYIFKEAPDLAYNKSLLFPGSVRENLSYTGGYDDLERRG 120
Gynostemmin Ⅱ    KITLGIDVFDVYVVGFLTGTNSYIFKEAPDLAYNQSLLFPGSVRENLSYTGGYDDLERGG 120
Gynostemmin Ⅲ    KITLGIDVFDVYVVGFLTGTNSYIFKEAPDLAYNKSLLFPGSVRENLSYTGGYDDLERRG 120
Gynostemmin Ⅳ    KIALGIDVFDVYVVGFLTGTNSYIFKEAPDLAYNKSLLFPGSVRENLSYTGGYDDLERRG 120
Gynostemmin Ⅴ    KITLGIDVFDVYVVGFLTGTNSYIFKEAPDLAYNKSLLFPGSVRENLSYTGGYDDLERRG 120
                 **.*******************************.*********************** *

Gynostemmin Ⅰ    AGREDIPLGLLPLDTAITNLFRRDSTSFRRSFIVIIQMVSEAARFKIIEAKIAKNLYGEN 180
Gynostemmin Ⅱ    ARREDIPLGLLPLNTAITNLFHRDSTSFRRSFIVIIQMVSEAARFKIIEAQIAKNLYG   178
Gynostemmin Ⅲ    AGREDIPLGLLPLDTAITNLFRRDSTSFRRSFIMIIQMVSEAARFKIIEAKIAKNLYGEN 180
Gynostemmin Ⅳ    AGREDIPLGLLPLDTAITNLLRRDSTSFRRSFIVIIQMVSEAARFKIIEAKIAKNLYGEN 180
Gynostemmin Ⅴ    AGREDIPLGLLPLDTAITNLFRRDSTSFRRSFIVIIQMVSEAARFKIIEAKIAKNLYGEN 180
                 * ***********:******: :***********:****************:*******

Gynostemmin Ⅰ    TFKTDQAIISLENNWGALSKQIQKAQDRGGVFPNLVTLTTSSGKPLIIRNDSDPLVQNGI 240
Gynostemmin Ⅱ    TFKPDRAILSLENNWGALSKQIQKAQGRGGVFPNPVTLTTSKGNSLIIRNDSDPLVQNGI 238
Gynostemmin Ⅲ    TFKPDQAIISLENNWGALSKQIQKAQDRGGVFPNLVTLTTSSGKPLIIRNDSDPLVQNGI 240
Gynostemmin Ⅳ    TFKPDQAIISLENNWGALSKQIQKAQDRGGVFPNLVTLTTSSGKPLIIRNDSDPLVQNGI 240
Gynostemmin Ⅴ    TFKPDQAIISLENNWGALSKQIQKAQDRGGVFPNLVTLTTSSGKPLIIRNDSDPLVQNGI 240
                 ***.*:**:*****************.******* ******.*: ***************

Gynostemmin Ⅰ    ALLKYMSERSVEYSITDDTVNESNGAFLEIMEIHDLM 277
Gynostemmin Ⅱ    ALLKSMSERSVEYSITDDTVNESNGAFLEIMEIHDLM 275
Gynostemmin Ⅲ    ALLKYMSERSVEYSITDDTVNESNGAFLEIMEIHDLM 277
Gynostemmin Ⅳ    ALLKYMSERSVEYSITDDTVNESNGAFLEIMEIHDLM 277
Gynostemmin Ⅴ    ALLKYMSERSVEYSITDDTVNESNGAFLEIMEIHDLM 277
                 **** ********************************
```

图 2 推导的 Gynostemmin Ⅰ～Ⅴ 氨基酸序列的比较

列测定。获得了 5 个 RIP 序列，分别命名为 gynostemmin Ⅰ（AY134616）、gynostemmin Ⅱ（AY134617）、gynostemmin Ⅲ（AY160767）、gynostemmin Ⅳ（AY160768）和 gynostemmin Ⅴ（AY160769）。它们的编码区长度除gynostemmin Ⅱ为 825bp 外，其余均为 831bp。其 3′UTR 的长度分别为 279bp、174bp、170bp、161bp 和 171bp。

2.2　5 个 cDNA 及其编码区的比较

根据序列中缺失的情况，将绞股蓝 RIP 的 5 个 cDNA 分为 2 组。组 1，发生 6bp 缺失（535 GAAAAC 540，与 574～579 间的序列完全一样），包含 gynostemmin Ⅱ，编码 275 个氨基酸，它与组 2 各成员的同源性为 93%～94%；组 2，包含 gynostemmin Ⅰ、Ⅲ～Ⅴ，不发生 6bp 缺失，编码 277 个氨基酸，成员间的氨基酸水平同源性为 98%～99%。

gynostemmin Ⅰ～Ⅴ之间共有 41 个碱基变异。其中 32 个发生在 gynostemmin Ⅱ 上（含 6bp 缺失），4 个在 gynostemmin Ⅳ 上，2 个在 gynostemmin Ⅰ 上，2 个在 gynostemmin Ⅴ 上，还有 1 个发生在 gynostemmin Ⅲ。41 个变异中，除 A-G_{729} 外，其余 40 个均只发生在 gynostemmin Ⅰ～Ⅴ中的一个成员上。

gynostemmin Ⅰ～Ⅴ 编码蛋白之间发生 23 个氨基酸残基变异（图 2）。其中 18 个发生在 Gynostemmin Ⅱ 上（包含 6bp 缺失编码的 E 和 N 两个残基），3 个在 Gynostemmin Ⅳ 上，1 个在 Gynostemmin Ⅰ 上，另有 1 个在 Gynostemmin Ⅴ 上。Gynostemmin Ⅳ 发生独一无二的变异：17（r-F），而其他植物 RIP 的相应位点处均为 F。Gynostemmin Ⅲ 与 Gynostemmin Ⅰ 有 2 个氨基酸发生差异：154（m-V）和 184（p-T）。Gynostemmin Ⅴ 与 Gynostemmin Ⅰ 之间只有 1 个氨基酸不同：184（p-T）。

2.3　绞股蓝 RIP 5 个 cDNA 的下游非编码区的比较

就 3′UTR 而言，C% 为 9.94%～11.49%、G+C%为 24.37%～26.71%，符合 3′UTR 的一般特征。gynostemmin Ⅰ 的长度为 279bp，而其余 4 个仅 161～174bp，其差别主要是因为 gynostemminI 的 poly（A）信号与 poly（A）之间的距离长达 123bp，而其余的仅为 14～24bp。和 α-luffin、β-luffin 和 trichoanguin 一样，绞股蓝 RIP 基因家族采用 TGA 为终止密码子，而 TCS、α-momorcharin 和 BD1 的终止密码子则为 TAG。绞股蓝 RIP 基因家族的 poly（A）信号为“AATAAATAAA”，不同于常见的‘AATAAA’。

gynostemmin Ⅱ～Ⅴ 的 3′UTR 其二级结构基本相似（图 3 A），而 gynostemmin Ⅰ 则多了两个小的茎环结构（图 3 B）。gynostemmin Ⅰ 的 3′UTR 中还含有不稳定子元件 ARE（AU-rich element）。两个小的茎环结构和 ARE 可能对其 mRNA 的稳定性有所影响，绞股蓝可能因此对 RIP 基因家族实施不同的调控策略。

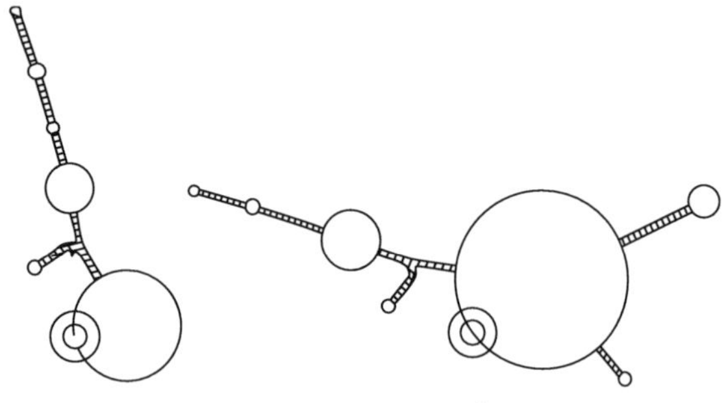

图 3　Gynostemmin Ⅰ～Ⅴ 的下游非编码区的二级结构比较

A. Gyntemmin Ⅱ～Ⅴ；B. Gyntemmin Ⅰ

绞股蓝 RIP 前体的加工，除了发生 N 端信号肽切除外，还可能在转运到目的地之后发生 C 端延伸序列切除。目前已证实发生 C 端延伸序列切除的 RIP 至少有 TCS（19aa）、Sechiumin（15aa）、PAP（29aa）、Bouganin（29aa）和 Saporin-6（22aa）[10-14]。迫切的任务是确定绞股蓝 RIP 的 C 端延伸序列的氨基酸个数，可通过测定 Gynostemmin 的 C 端氨基酸序列确认延伸序列的位置，或者应用相关的分析软件预测出大致的切除位置，并据此寻找合适的切除物质。

单碱基变异也可能造成重大影响。绞股蓝 RIP 基因家族成员间存在的天然变异，可能包含了大部分重要的变异位点，为今后利用点突变技术研究 RIP 的结构与功能指明了方向。

3′UTR 对 mRNA 表达的调控作用极其重要，它更多地决定特定 mRNA 的个性，调控特定 mRNA 在特定条件下能否正常表达或表达的效率。绞股蓝 RIP 基因家族中，3′UTR 的 poly（A）尾的长度、ARE 不稳定子元件以及二级结构等对 mRNA 稳定性的影响有待考察。可将其 3′UTR 与

GUS 基因融合，导入烟草原生质体，研究不同 3′ UTR 对翻译的调控作用。

本研究还获得了一个 RIP 基因相关序列，长 881bp，与 gynostemmin Ⅰ～Ⅴ的碱基序列高度同源（大于 90%）。但因为 6 次“二碱基插入”造成移码变异，导致翻译过早终止。这种异常 *RIP* 基因的 mRNA 可能很快就被降解，以避免异常产物的积累。

参 考 文 献

[1] Wang P, Tumer NE. Virus resistance mediated by ribosome inactivating proteins. Advances in Virus Research, 2000, 55: 325-355

[2] Zhou X, Li XD, Yuan JZ, et al. Toxicity of cinnamomin-a new typeII ribosome-inactivating protein to bollworm and mosquito. Insect Biochemistry and Molecular Biology, 2000, 30(3): 259-264

[3] Peumans WJ, Hao Q, Van Damme EJM. Ribosome-inactivating proteins from plants: more than RNA *N*-glycosidases. FASEB *Journal*, 2001, 15: 1493-1506

[4] McGrath MS. An inhibitor of human immunodeficiency virus replication in acutely and chronically infected cells of lymphocyte and mononuclear phagocyte lineage. PNAS, 1989, 86: 2844-2848

[5] Shaw PC, Chan WL, Yeung HW et al. Minireview: trichosanthin, a protein with multiple pharmacological properties. Life Sciences, 1994, 55: 253-262

[6] Au TK, Collins RA, Lam TL, et al. The plant ribosome inactivating proteins luffin and saporin are potent inhibitors of HIV-1 integrase. FEBS Letters, 2000, 471(2-3): 169-172

[7] Witte T. Production of anti-CD3 and anti-CD7 ricin A-immunotoxins for a clinical pilot study. International Journal of Pharmaceutics, 2001, 221(1-2): 175-186

[8] 叶能干，李淑久，廖海民. 绞股蓝植物资源及其开发利用评价. 贵州农学院学报，1996，15(4)：39-43

[9] 林毅，陈国强，吴祖建等. 绞股蓝抗 TMV 蛋白的分离及编码基因的序列分析. 农业生物技术学报，2003，11(4)：365-369

[10] Chow TP, Feldman RA, Lovett M, et al. Isolation and DNA sequence of a gene encoding alpha-trichosanthin, a type I ribosome-inactivating protein. Journal of Biological Chemistry, 1990, 265(15): 8670-8674

[11] Benatti L, Nitti G, Solinas M, et al. A saporin-6 cDNA containing a precursor sequence coding for a carboxyl-terminal extension. FEBS Letters, 1991, 291: 285-288

[12] Tumer NE, Hwang DJ, Bonness M. C-terminal deletion mutant of pokeweed antiviral protein inhibits viral infection but does not depurinate host ribosomes. PNAS, 1997, 94: 3866-3871

[13] Wu TH, Chow LP, Lin JY. Sechiumin, a ribosome-inactivating protein from the edible gourd, Sechium edule Swartz-purification, characterization, molecular cloning and expression. European Journal of Biochemistry, 1998, 255(2): 400-408

[14] den Hartog MT, Lubelli C, Boon L. Cloning and expression of cDNA coding for bouganin. European Journal of Biochemistry, 2002, 269(6): 1772-1779

Water-soluble phenylpropanoid constituents from aerial roots of *Ficus microcarpa*

OUYANG Ming-an[1,2], CHEN Pei-qing[1], WANG Si-bing[1]

(1 Department of Bio-Engineering and Technology, Huaqiao University, Quanzhou 362011;
2 Institute of Plant Virology, Fujian Agriculture and Forestry University, Fuzhou 350002)

Abstract: New water-soluble phenylpropanoid constituents, ficuscarpanoside A, guaiacylglycerol 9-*O*-β-D-glucopyranoside, and erythro-guaiacylglycerol 9-*O*-β-D-glucopyranoside, along with known guaiacylglycerol, erythro-guaiacylglycerol, 4-methoxy guaiacylglycerol 7-*O*-β-D-glucopyranoside, and 3-(4-hydroxy-3-methoxy phenyl) propan-1, 2-diol, have been isolated from the aerial roots of *Ficus microcarpa*. Their structures were elucidated on the basis of 1D and 2D NMR experiments.

Key words: *Ficus microcarpa*; Moraceae; aerial roots; phenylpropanoid and their glucosides

1 Introduction

Ficus plants, Moraceae family, are well-known overshadow plants in the southeast China and Taiwan. Twenty four species of *Ficus* are used in endemic herbs in China. The aerial roots[1], leaves[2], bark[3], and fruits[4] of *Ficus microcarpa* are all as Chinese herb to treat rheumatism-arthralgia, diarrhea, acariasis, and antimalarial[5]. In the present study, seven water-soluble phenylpropanoids were isolated from the aerial roots of *F. microcarpa*.

2 Results and Discussion

A water-soluble fraction of methanol extract of the aerial roots from *F. microcarpa* was subjected to Sephadex LH-20, RP-18, and silica gel column chromatography to afford seven phenylpropanoid compounds (**1-7**). The known guaiacylglycerol (**2**), erythro-guaiacylglycerol (**3**)[6], 4-methoxy guaiacylglycerol 7-*O*-β-D-glucopyranoside (6)[7], and 3-(4-hydroxy-3-methoxy phenyl) propan-1, 2-diol (**7**)[8] have already been isolated and elucidated, their structures were identified by comparing their spectral data with reported data.

ompound **1** was an amorphous powder. Its negative FAB-MS showed a quasi-molecular ion peak at m/z 357 [M-H]$^-$ and the HRFABMS was m/z 357.1191, indicating molecular formula $C_{16}H_{22}O_9$ and representing six elements of unsaturation. Acid hydrolysis of 1 with 2 N TFA afforded a sugar, which was identified as glucose. The ^{1}H NMR spectrum exhibited an aromatic ABX spin system [6.77 (1H, d, J = 8.4Hz), 6.85 (1H, dd, J = 8.4, 2.0Hz), 6.98 (1H, d, J = 2.0Hz)], a methoxy signal δ 3.85 (3H, s), and an anomeric proton δ 4.58 (1H, d, J= 7.6Hz). The ^{13}C NMR spectrum gave sixteen carbon signals including one methoxy, two methylene, ten methine, and three quaternary carbons. The nine sp^3 carbon signals at δ_H 99.8 (G-1), 82.7 (C-8), 80.9 (G-2), 80.3 (C-7), 79.8 (G-5), 75.1 (G-3), 71.9 (G-4), 62.7 (G-6), and 62.2 (C-9) indicated these carbons bearing oxygen. These NMR data suggested the structure of **1** have a sugar and a phenylpropane moiety. *In* the HMBC spectrum, the long-range correlations were observed between an anomeric proton δ 4.58 (1H, d, J = 7.6Hz)

Natural Product Research, 2007, 21 (9): 269-274

and C-8; between H-2′ of Glc δ 3.14 (1H, dd, J = 9.6, 7.6Hz) and C-7; between H-7 δ 4.43 (1H, d, J = 9.6Hz) and C-2′; between H-8 δ 3.83 (1H, m) and C-1; between H-7 δ 4.43 (1H, d, J = 9.6Hz) and C-2, C-6; between H-2 δ 6.98 (1H, d, J = 2.0Hz) and C-4, C-6; between H-6 δ 6.85 (1H, dd, J = 8.4, 2.0Hz) and C-2, C-4; and between H-5 δ 6.77 (1H, d, J = 8.4Hz) and C-1, C-3; (Fig. 2). These correlations indicated C-1′ of glucose linked the position C-7 of aglycone, and C-2′ of glucose linked the position C-8 of aglycone. The NOESY correlations of the H-7 with H-2′ of Glc, H-2 and H-6; H-1′ of Glc with H-8 and H-3′ of Glc were observed. The evidence implied the relative stereochemistry of H-7_β and H-8_α. Because of six elements of unsaturation in **1**, so except for arometic ring and sugar, the structure must be an epoxy ring. Therefore, compound **1** was assigned as 2′,7-epoxy-guaiacylglycerol 8-*O*-β-D-glucopyranoside, named ficuscarpanoside A.

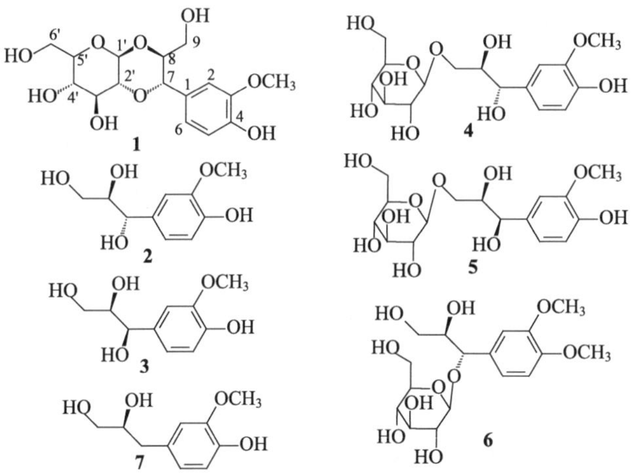

Fig. 1 The structures of compounds **1-7**

The mixture of compounds **4** and **5** were enantiomer (see Fig. 1), the integral proportion of the NMR data were approximately 3 : 1. They were the same molecular weight and molecular formula. The ^{1}H NMR spectrum exhibited two aromatic ABX spin systems, two methoxy signals, and two anomeric protons [4.19 (1H, d, J = 7.6Hz, H-1 of Glc) and 4.28 (1H, d, J = 7.6Hz, H-1 of Glc)]. Comparing with the aglycone of compound **4** and guaiacylglycerol found their NMR data were almost same except for C-9 position [C-9 (δ 64.3) of guaiacylglycerol and C-9 (δ 71.4) of 4]. The changing of chemical shift suggested that compound **4** be a glycoside and C-9 position linking a sugar. Thus, compound **4** was determined to be as guaiacylglcerol 9-*O*-β-D-glucopyranoside, and compound **5** was an enantiomer of **4**. They were difference at C-7 position, a chiral center. The aglycone of **4** was guaiacylglcerol and one of **5** was erythroguaiacylglycerol[9]. So the same reasoning, compound **5** was determined erythroguaiacylglycerol 9-*O*-β-D-glucopyranoside.

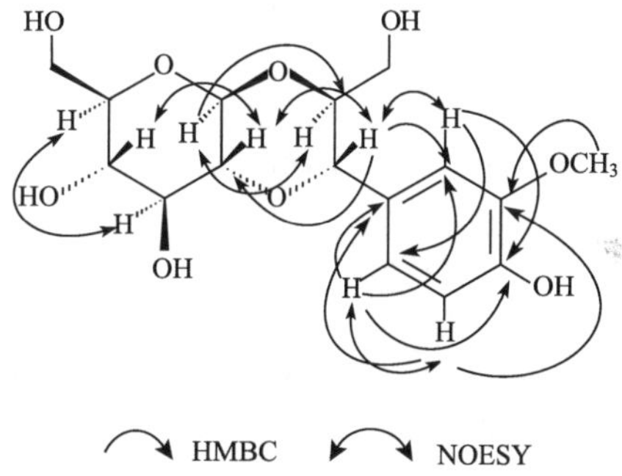

Fig. 2 HMBC and NOESY experiments correlations of ficuscarpanoside A

3 Experimental

3.1 General Procedure

Melting points were determined on a Yanaco MP-S3 apparatus (uncorrected). UV spectra were recorded with a Backman DU-64 spectrometer. Optical rotations were measured with a Jasco DIP-180 digital polarimeter spectrophotometer. ^{1}H, ^{13}C, DEPT, ^{1}H-^{1}H COSY, NOESY, HMQC and HMBC NMR spectra were obtained on a Varian Unity Plus 400 instrument. FAB mass spectra were recorded on a Jeol JMS-HX 110 instrument. Chromatographic stationary phase used RP-8 (40-60μm, Merck), silica gel (160-200 mesh), Sephadex LH-20 (25-100μm, Pharmacia Fine Chemical Co., Ltd.) and MCI-gel CHP20P (75-150μm, Mitsubish Chemical Industries Ltd.). The following solvent systems were used: a. $CHCl_3$-MeOH-H_2O (7 : 3 : 05), $CHCl_3$-MeOH-H_2O (65 : 35 : 9) and MeOH-H_2O (0-100%) for the glycosides; and b.

$CHCl_3$-MeOH-H_2O (7 : 3 : 1) lower-layer 9mL + 1mL HOAc for sugar. Spot of TLC was detected by spraying with 5% H_2SO_4 followed by heating. Sugars were detected by spraying with aniline-phthalate reagent.

3.2 Plant material

The aeria roots of *Ficus microcarpa* L. f. were collected on the campus of Taiwan University, Taipei in 2002. The plant was identified by Prof. M. T. Gun, Department of Botany, Taiwan University. A voucher specimen (No. 492330) was deposited in the Department of Botany, National Taiwan University.

3.3 Extraction and isolation

The dry aerial roots of *Ficus microcarpa* (18kg) were extracted (2×10L) with MeOH at room temperature (7days×2). The extract was evaporated *in vacuo* to yield a residue, which was solubilized in water and then filtered. The water soluble fraction was passed through a D_{101} column and eluted with water and methanol. Evaporation of the methanol eluate yielded 75g of a brown fraction (A). The fraction (A) chromatographed on silica gel to give five fractions. Each fraction by RP-8 g el column chromatograph (solvent: MeOH-H_2O, 10%-70%) and Si gel column chromatograph using $CHCl_3$-MeOH-H_2O (100 : 10 : 1-70 : 30 : 5) as elution to yield **1** (108mg), **2** and **3** (102mg), **4** and **5** (84mg), **6** (72mg), **7** (90mg).

3.3.1 Acid hydrolysis

A solution of each compound (10mg) was heated at 100℃ in 2mol/L aqueous CF_3COOH (5mL) refluxed on a water bath for 3h. After this period, the reaction mixture was diluted with H_2O (15mL) and extracts with CH_2Cl_2 (3×5mL). The combined CH_2Cl_2 extracts were washed with H_2O and then evaporated to dryness *in vacuo*. After evaporation of the aqueous layer with MeOH until neutral to dryness, the sugars were analyzed by comparison with authentic sample (solvent system b) on silica gel HPTLC.

3.3.2 *Ficus* carpanoside A (1)

White amorphous powder, mp 171-174℃, HR-FABMS *m/z* 357.1191 (calcd for 357.1186), $[\alpha]_D^{21}$ +26° (c 0.7, MeOH); UV λ_{MeOH} nm (log ε): 206 (4.02), 221 (3.75), 277 (3.34); FAB-MS *m/z* 357 $[M-H]^-$; ^1H NMR and ^{13}C NMR (see Table 1).

3.3.3 Guaiacylglycerol (2)

White liquid, $C_{10}H_{14}O_5$, FAB-MS *m/z* 213 $[M-H]^-$; ^1H NMR δ 6.96 (1H, d, *J* = 2.0Hz, H-2), 6.77 (1H, dd, *J* = 8.0, 2.0Hz, H-6), 6.71 (1H, d, *J* = 8.0Hz, H-5), 3.84 (3H, s, H-3-OCH_3), 4.50 (1H, d, *J* = 6.8Hz, H-7), 3.64 (1H, m, H-8), 3.45 (1H, dd, *J* = 11.6, 4.0Hz, H-9a), 3.33 (1H, dd, *J* = 11.6, 6.0Hz, H-9b). ^{13}C NMR δ148.7 (C-3), 146.9 (C-4), 134.7 (C-1), 120.6 (C-6), 115.8 (C-5), 111.5 (C-2), 77.6 (C-7), 75.5 (C-8), 64.3 (C-9), 56.5 (C-3-OCH_3).

3.3.4 Erythro-guaiacylglycerol (3)

White liquid, $C_{10}H_{14}O_5$, FAB-MS *m/z* 213 $[M-H]^-$; ^1H NMR δ 6.98 (1H, d, *J*= 2.0Hz, H-2), 6.80 (1H, dd, *J* = 8.0, 2.0Hz, H-6), 6.73 (1H, d, *J* = 8.0Hz, H-5), 3.84 (3H, s, H-3-OCH_3), 4.51 (1H, d, *J* = 6.0Hz, H-7), 3.72 (1H, m, H-8), 3.67 (1H, dd, *J* = 11.6, 4.2Hz, H-9a), 3.56 (1H, dd, *J* = 11.6, 6.8Hz, H-9b). ^{13}C NMR δ148.7 (C-3), 146.9 (C-4), 134.7 (C-1), 120.9 (C-6), 115.7 (C-5), 111.8 (C-2), 76.7 (C-7), 76.1 (C-8), 64.6 (C-9), 56.5 (C-3-OCH_3).

3.3.5 Guaiacylglycerol 9-*O*-β-D-glucopyranoside (4)

White powder, $C_{16}H_{24}O_{10}$, FAB-MS *m/z* 375 $[M-H]^-$, 213 $[M-H-162]^-$; ^1H NMR δ 6.98 (1H, d, *J*= 1.6Hz, H-2), 6.79 (1H, dd, *J* = 8.2, 1.6Hz, H-6), 6.73 (1H, d, *J* = 8.2Hz, H-5), 4.55 (1H, d, *J* = 6.4Hz, H-7), 3.85 (3H, s, H-3-OCH_3), 3.63 (1H, m, H-8), 3.44 (1H, dd, *J* = 11.4, 4.1Hz, H-9a), 3.32 (1H, overlapH-9b), 4.19 (1H, d, *J* = 7.6Hz, H-1 of Glc), 3.19 (1H, t-like, *J* = 9.0Hz, H-2 of Glc), 3.20-3.36 (H-3, H-4, H-5), 3.86 (1H, overlap, H-6a), 3.64 (1H, dd, *J* = 11.8, 4.6Hz, H-6b).

Table 1 ^{1}H and ^{13}C NMR data of ficus carpanoside A (1) (in CD_3OD)

No.	δ_H	δ_C
1		136.0 C
2	6.98 (1H, d, J = 2.0Hz)	112.3 CH
3		148.9 C
4		147.9 C
5	6.77 (1H, d, J = 8.4Hz)	116.1 CH
6	6.85 (1H, dd, J = 8.4, 2.0Hz)	121.8 CH
7	4.43 (1H, d, J = 9.6Hz)	80.3 CH
8	3.83 (1H, m)	82.7CH
9	3.45 (1H, br. d, J = 11.4Hz)	62.2 CH_2
	3.38 (1H, dd, J = 11.4, 5.2Hz)	
1′	4.58 (1H, d, J = 7.6Hz)	99.8 CH
2′	3.14 (1H, dd, J = 9.6, 7.6Hz)	80.9 CH
3′	3.68 (1H, t, J = 9.6Hz)	75.1 CH
4′	3.40 (1H, overlap)	71.9 CH
5′	3.47 (1H, m)	79.8 CH
6′	3.90 (1H, dd, J = 11.6, 1.6Hz)	62.7 CH_2
	3.71 (1H, dd, J = 11.6, 5.9Hz)	
3′, 5′-OCH_3	3.85 (3H, s)	56.6 CH_3

^{13}C NMR δ 147.5 (C-3), 145.8 (C-4), 133.2 (C-1), 119.5 (C-6), 114.6 (C-5), 110.6 (C-2), 75.1 (C-7), 74.3 (C-8), 71.4 (C-9), 55.4 (C-3-OCH_3), 103.7 (C-1 of Glc), 74.1 (C-2 of Glc), 76.8 (C-3 of Glc), 70.4 (C-4 of Glc), 76.7 (C-5 of Glc), 61.5 (C-6 of Glc).

3.3.6 Erythro-guaiacylglycerol 9-*O*-β-D-glucopyranoside (**5**)

White powder, $C_{16}H_{24}O_{10}$, FAB-MS m/z 375 [M-H]⁻, 213 [M-H-162]⁻; ^{1}H NMR δ 6.99 (1H, d, J= 1.6Hz, H-2), 6.81 (1H, dd, J = 8.4, 1.6Hz, H-6), 6.75 (1H, d, J= 8.4Hz, H-5), 4.56 (1H, d, J= 6.0Hz, H-7), 3.85 (3H, s, H-3-OCH_3), 3.71 (1H, m, H-8), 3.66 (1H, dd, J = 11.6, 4.1Hz, H-9a), 3.56 (1H, dd, J = 11.6, 6.8Hz, H-9b), 4.28 (1H, d, J = 7.6Hz, H-1 of Glc), 3.19 (1H, t-like, J = 9.0Hz, H-2 of Glc), 3.20-3.36 (H-3, H-4, H-5), 3.86 (1H, overlap, H-6a), 3.64 (1H, dd, J = 11.8, 4.6Hz, H-6b). ^{13}C NMR δ 147.6 (C-3), 145.9 (C-4), 133.3 (C-1), 119.8 (C-6), 114.7 (C-5), 110.5 (C-2), 74.5 (C-7), 74.4 (C-8), 71.4 (C-9), 55.4 (C-3-OCH_3), 103.8 (C-1 of Glc), 74.1 (C-2 of Glc), 76.8 (C-3 of Glc), 70.4 (C-4 of Glc), 76.7 (C-5 of Glc), 61.6 (C-6 of Glc).

3.3.7 4-Methoxy guaiacylglycerol 7-*O*-β-D-glucopyranoside (**6**)

Brown amorphous powder, $C_{17}H_{26}O_{10}$, $[\alpha]_D^{21}$ +37° (c 0.5, MeOH); FAB-MS m/z 389 [M-H]⁻, 227 [M-H-162]⁻; ^{1}H NMR δ 6.99 (1H, d, J = 1.6Hz, H-2), 6.80 (1H, dd, J = 8.4, 1.6Hz, H-6), 6.75 (1H, d, J = 8.4Hz, H-5), 4.65 (1H, d, J = 7.2Hz, H-7), 3.85 (3H, s, H-3-OCH_3), 3.84 (3H, s, H-4-OCH_3), 3.77 (1H, m, H-8), 3.64 (1H, dd, J = 11.0, 4.3Hz, H-9a), 3.53 (1H, dd, J = 11.0, 6.5Hz, H-9b), 4.40 (1H, d, J = 7.6Hz, H-1 of Glc), 3.16 (1H, dd, J = 9.0, 7.2Hz, H-2 of Glc), 3.31 (1H, overlap, H-3 of Glc), 3.28 (1H, br. d, J = 9.0Hz, H-4 of Glc), 3.86 (1H, overlap, H-6a), 3.64 (1H, dd, J = 12.1, 4.8Hz, H-6b). ^{13}C NMR δ 148.9 (C-4), 147.2 (C-3), 133.4 (C-1), 120.8 (C-6), 116.0 (C-5), 111.5 (C-2), 87.7

(C-7), 75.6 (C-8), 63.2 (C-9), 56.9 (C-4-OCH_3), 56.5 (C-3-OCH_3), 105.2 (C-1 of Glc), 75.0 (C-2 of Glc), 78.0 (C-3 of Glc), 71.5 (C-4 of Glc), 77.9 (C-5 of Glc), 62.6 (C-6 of Glc).

3.3.8 3-(4-Hydroxy-3-methoxy phenyl) propan-1, 2-diol (**7**)

White powder, $C_{10}H_{14}O_4$, $[\alpha]_D^{21}$ +4.2° (c 0.9, MeOH); FAB-MS *m/z* 198 [M-H]⁻; ^1H NMR δ 6.81 (1H, d, *J* = 2.0Hz, H-2), 6.71 (1H, d, *J* = 8.0Hz, H-5), 6.65 (1H, dd, *J* = 8.0, 2.0Hz, H-6), 3.85 (3H, s, H-3-OCH_3), 3.67 (1H, m, H-8), 3.49 (1H, dd, *J* = 11.0, 4.4Hz, H-9a), 3.42 (1H, dd, *J* = 11.0, 6.4Hz, H-9b), 2.72 (1H, dd, *J* = 13.6, 5.6Hz, H-7a), 2.59 (1H, dd, *J* = 13.6, 7.2Hz, H-7b). ^{13}C NMR δ 148.7 (C-3), 145.8 (C-4), 131.5 (C-1), 122.8 (C-6), 116.0 (C-5), 114.1 (C-2), 40.7 (C-7), 74.8 (C-8), 66.6 (C-9), 56.5 (C-3-OCH_3).

Acknowledgment

The authors thank the staff of the analytical group of Department of Chemistry, Taiwan University for measuring the NMR and FAB-MS spectra.

References

[1] Higa M, Yogi S, Hokama K. Studies on the constituents of *Ficus microcarpa* L. f. I. Triterpenoids from the leaves. Bull Coll Sci Univ Ryukyus, 1987, 44, 75-86

[2] Higa M, Yokota S, Ogihare K, Yogi S. Studies on the constituents of *Ficus miceocarpa* L. f. II. Bull Coll Sci, Univ Ryukyus, 1996, 62, 45-52

[3] Li YC, Kuo YH. Two new isoflavones from the bark of *Ficus microcarpa*. J Nat Prod, 1997, 60, 292-293

[4] Kuo YH, Chiang YM. Five new taraxastane-type triterpenes from the aerial roots of *Ficus Microcarpa*. Chem Pharm Bull, 1999, 47, 498-500

[5] Jiang-Su Medicinal College. Zhongyao dacidian (a dictionary of traditional chinese medicine). Shanghai: Shanghai Science and Technology Publishing House, 1979

[6] Ishimaru K, Nonaka G, Nishioka I. Phenolic glucoside gallates from *Quercus mongolica* and *Q. acutissima*. Phytochemistry, 1987, 26, 1147-1152

[7] Sugiyama M, Kikuchi M. Studies on the constituents of *Osmanthus* species. Chem Pharm Bull, 1992, 40, 325, 326

[8] kikuzaki H, Hara S, Kawai Y. Antioxidative phenylpropanoids from berries of *Pimenta dioica*. Phytochemistry, 1999, 52, 1307-1312

[9] Matsuura H, Miyazaki H, Asakawa C, et al. Isolation of α-glusosidase inhibitors from hyssop (*Hyssopus officinalis*). Phytochemistry, 2004, 65(1), 91-97

Water-soluble constituents from the leaves of *Ilex oblonga*

OUYANG Ming-an[1,2], WANG Cong-zhou[1], WANG Si-bing[1]

(1 Department of Bio-Engineering and Technology, Huaqiao University, Quanzhou 362011;
2 Institute of Plant Virology, Fujian Agriculture and Forestry University, Fuzhou 350002)

Abstract: Four new water-soluble constituents, oblongaroside A (**1**), oblongar ester A (**2**), oblongaroside B (**3**), and oblongaroside C (**4**) were isolated along with four known compounds: 4-*O*-β-D-glucopyranosyl-3-hydroxybenzalcohol (**5**), 7-methoxyl-4-*O*-β-D-glucopyranosyl-3-hydroxybenzalcohol (**6**), 4-*O*-β-D-glucopyranosyl-3-hydroxybenzoic acid (**7**), and 3, 4-dihydroxy-benzoic acid (**8**) from the leaves of *Ilex oblong a*. Identification of their structures were achieved by 1D and 2D NMR experiments, including ^1H-^1H COSY, NOESY, HMQC, and HMBC methods and FAB mass spectral data.

Key words: *Ilex oblonga*; Aquifoliaceae; hemiterpene; hemiterpenoid glucoside; phenolic glucosides;

1 Introduction

In a continuation of our study on the constituents of the medicinal plants of the Aquifoliaceae family[1-8], we investigated the water-soulble fraction of *Ilex oblonga*. This plant is a well-known endemic herb to treat gumboil, eczema, rheumatism, scald and bruise in Guangxi province of China [9]. No previous phytochemical investigation on *I. oblonga* has been reported. In genus *Ilex*, phytochemical studies mostly showed the presence of triterpenes, triterpenoid saponins, flavones and its glycosides in the leaves. Rarely other components have been isolated from it. In this paper, we describe the isolation and structure elucidation of a new hemiterpene, two new hemiterpenoid glucosides and a new phenolic ester glycoside designated as oblongaroside A (**1**), oblongar ester A (**2**), oblongaroside B (**3**), and oblongaroside C (**4**) along with four known phenolic acid and phenolic glycosides (**5-8**) from the leaves of *I. oblonga*.

2 Results and Discussion

A water-soluble fraction of methanolic extract of the leaves from *I. oblonga* was subjected to Sephadex LH-20, RP-18, and silica gel column chromatography to afford eight water-soluble compounds (**1-8**) (Fig. 1). The known 4-*O*-β-D-glucopyranosyl- 3-hydroxy-benzalcohol (**5**) [10], 7-methoxyl-4-*O*-β-D-glucopyranosyl-3-hydroxy-benzalcohol (**6**)[11], 4-*O*-β-D-glucopyranosyl-3-hydroxybenzoic acid (**7**) [12], and 3,4-dihydroxy-benzoic acid (**8**) [13] were isolated. Their structures were identified by comparing their spectral data with the reported data.

Compound 1 was isolated as a colorless amorphous powder. Its negative FABMS showed a quasi-molecular ion peak at m/z 263 $[M-H]^-$. The molecular formula was established as $C_{11}H_{20}O_7$ by HRFABMS representing two unsaturations. The IR spectrum of **1** presented hydroxyl groups (3310 cm^{-1}) and double bond (1643cm^{-1}, 3012 cm^{-1}). The ^1H and ^{13}C NMR (see table 1) gave two olefinic pro-

Journal of Asian Natural Products Research, 2007, 9 (4): 399-405

ton signals (δ 5.02 and 4.88), an oxygenated methine signal (δ 4.24), two oxygenated methylene signals (δ 3.97, 3.44), a methyl signal (δ 1.73), and an anomeric proton (δ 4.29). The ^{13}C NMR exhibited eleven carbon signals including six signals of a hexose, so the genin has only five carbon signals including one double bond (δ145.5 and 112.6), one oxygenated methine (δ 75.4), one oxygenated methylene (δ 74.3), and one methyl (δ 19.0). These signals implied the presence of a hemiterpene moiety as the genin in compound **1**. Its ^{1}H and ^{13}C NMR data (table 1) suggested the presence of a β-glucosyl moiety [anomeric proton at δ 4.29 (J = 7.7Hz) and anomeric carbon at δ 104.6]. The acid hydrolysis of **1** afforded glucose which was confirmed by HPTLC comparison with authentic samples. The HMBC spectra of **1** showed correlations between the two olefinic proton signals and the carbon signal at δ 75.4 (C-3), a methyl carbon signal at δ 19.0 (C-5), between the oxygenated methylene signals, the oxygenated methine signal, the methyl signal and the carbon signal at δ 145.5 (C-2), between the anomeric proton signal and the oxygenated methylene carbon signal at δ 74.3 (C-4) (Fig. 2). These correlations led to the elucidation of a 3, 4-dihydroxy-2-methyl-1-butene as the aglycone of **1** and the glucosylation position to be at C-4 of the aglycone. Thus the structure of **1** was established as 3-hydroxy-2-methyl-1-butene-4-*O*-β-D-glucopyranoside, named oblongaroside A.

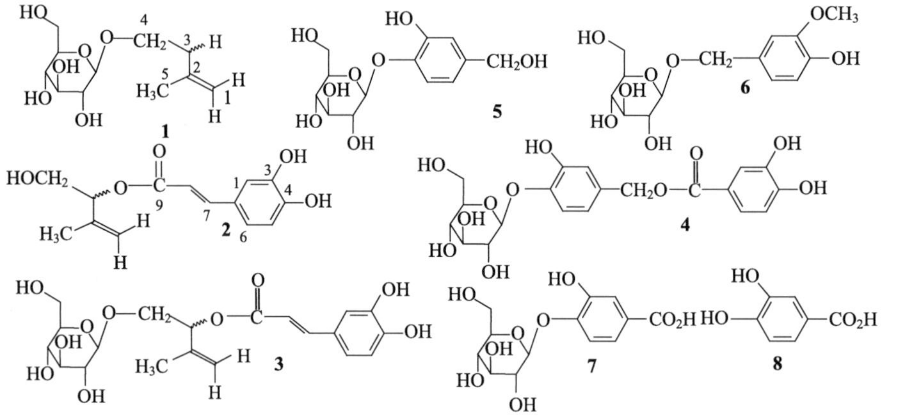

Fig. 1 The structures of compounds **1-8**

Compound **2** exhibited absorptions of hydroxyl (3820 cm^{-1}), conjugated ester (1680 cm^{-1}), conjugated double bond (1617 cm^{-1}), and aromatic ring (1600 cm^{-1}) in the IR spectrum. Its negative FA-BMS showed a quasi-molecular ion peak at m/z 263 $[M-H]^-$. The molecular formula was established as $C_{14}H_{16}O_5$ by HRFAB-MS representing seven unsaturations. Its ^{1}H and ^{13}C NMR (see table 1) gave the typical signals of hemiterpene moiety (similar signals of **1**), an ABX spin system signals [δ 7.02 (1H, d, J = 1.9Hz), 6.92 (1H, dd, J = 8.2, 1.9Hz), and 6.76 (1H, d, J = 8.2Hz)] in the aromatic ring, and *trans*-conjugated double bond signals [δ 7.57 (1H, d, J = 15.8Hz) and 6.26 (1H, d, J = 15.8Hz)]. These signals indicated the presence of caffeoyl moiety. The HMBC spectra of **2** offered the key correlations between the carbon [δ 169.1 (C-9′)] and the oxygenated methine signal (δ 4.30), two olefinic proton signals (δ 7.57 and 6.26). These correlations indicated that the caffeoyl moiety should be linked at C-3 of the hemiterpene moiety. On the above spectroscopic evidence, **2** was concluded to be 3-*O*-caffeoyl-2-methyl-1-butene, named oblongarester A.

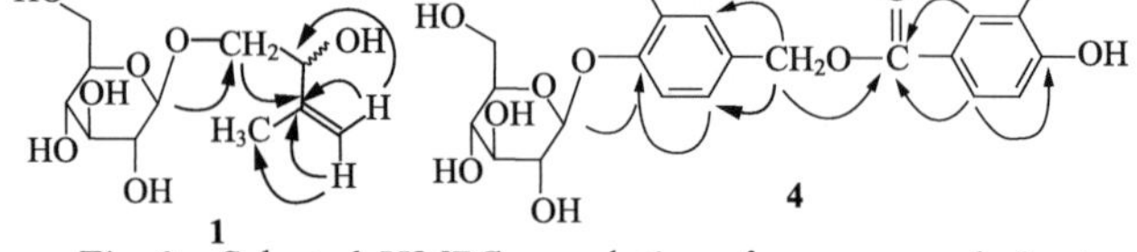

Fig. 2 Selected HMBC correlations for compounds **1**, **4**

Compound **3** was a derivative of **2**. The NMR signals of **3** were similar to those of **2** except for an additional sugar moiety (Table 1). The ^{1}H and ^{13}C NMR data of **3** suggested the presence of a β-glucosyl moiety including the anomeric proton at δ 4.34 (J = 7.7Hz) and anomeric carbon at δ 104.9. The HMBC spectra of **3** showed the key correlation between the anomeric proton (δ 4.34) and the methylene carbon (δ 71.6), this correlation indicated that the sugar should be linked at C-4 of the genin. So, compound **3** was identified as 3-*O*-caffeoyl-2-methyl-1-butene-4-*O*-β-D-glucopyranoside, named oblongaroside B.

Table 1 ^{1}H NMR and ^{13}C NMR data of compounds 1～3 (CD_3OD)*

No.	1		2		3	
1	112.6	5.02 (1H, br. s) 4.88 (1H, br. s)	112.9	5.05 (1H, br. s) 4.92 (1H, br. s)	113.7	5.03 (1H, br. s) 4.95 (1H, br. s)
2	145.5		145.7		142.6	
3	75.4	4.24 (1H, dd, J = 9.1, 6.0Hz)	74.2	4.30 (1H, dd, J = 7.3, 4.0Hz)	77.9	5.47 (1H, dd, J = 7.7, 3.0Hz)
4	74.3	3.97 (1H, dd, J = 10.0, 6.0Hz) 3.44 (1H, dd, J = 10.0, 9.1Hz)	67.7	4.23 (1H, dd, J = 11.3, 4.0Hz) 4.11 (1H, dd, J = 11.3, 7.3Hz)	71.6	4.01 (1H, dd, J = 11.1, 3.0Hz) 3.80 (1H, dd, J = 11.1, 8.0Hz)
5	19.0	1.73 (3H, s)	18.6	1.77 (3H, s)	19.4	1.79 (3H, s)
1′	104.6	4.29 (1H, d, J = 7.7Hz)			104.9	4.34 (1H, d, J = 7.7Hz)
2′	75.1	3.23 (1H, t-like, J = 9.0Hz)			74.9	3.19 (1H, t-like, J = 9.1Hz)
3′	77.7	3.38 (1H, t-like, J = 9.0Hz)			77.7	3.35 (1H, t-like, J = 9.1Hz)
4′	71.4	3.30 (1H, t-like, J = 9.0Hz)			71.5	3.29 (1H, t-like, J = 9.0Hz)
5′	77.8	3.28 (1H, m)			77.9	3.27 (1H, m)
6′	62.6	3.85 (1H, br. d, J = 11.8Hz) 3.66 (1H, dd, J = 11.8, 4.8Hz)			62.8	3.87 (1H, br. d, J = 11.5Hz) 3.66 (1H, dd, J = 11.5, 5.1Hz)
1″			127.7		127.7	
2″			115.0	7.02 (1H, d, J = 1.9 Hz)	115.1	7.05 (1H, d, J = 2.0Hz)
3″			146.8		146.8	
4″			149.6		149.6	
5″			116.5	6.76 (1H, d, J = 8.2 Hz)	116.6	6.70 (1H, d, J = 8.1Hz)
6″			122.9	6.92 (1H, dd, J = 8.2, 1.9Hz)	123.0	6.95 (1H, dd, J = 8.1, 2.0Hz)
7″			115.2	6.26 (1H, d, J = 15.8 Hz)	115.1	6.30 (1H, d, J = 15.9Hz)
8″			147.1	7.57 (1H, d, J = 15.8 Hz)	147.2	7.56 (1H, d, J = 15.9Hz)
9″			169.1		168.6	

* Measured in CD_3OD at 400 MHz for ^{1}H and 100 MHz for ^{13}C

Compound **4** was isolated as amorphous powder. Its negative FAB-MS showed a quasi-molecular ion peak at m/z 437 $[M-H]^-$. The molecular formula was established as $C_{20}H_{22}O_{11}$ by HRFAB-MS representing ten unsaturations. IR spectrum exhibited absorptions of hydroxyl (3338 cm^{-1}), conjugated carbonyl (1689 cm^{-1}) and aromatic ring (1602 cm^{-1}, 1595 cm^{-1}). The ^1H NMR gave two ABX spin system signals [δ 6.93 (1H, d, J = 2.0Hz), 7.16 (1H, d, J = 8.0Hz), 6.84 (1H, dd, J = 8.0, 2.0Hz), and 7.44 (1H, d, J = 2.0Hz), 6.79 (1H, d, J = 8.1Hz), 7.42 (1H, dd, J = 8.1, 2.0Hz)], two oxygenated methylene signals [δ 3.89 (1H, br. d, J = 12.0Hz), 3.72 (1H, br. d, J = 10.6Hz)], and anomeric proton signal [δ 4.78 (1H, d, J = 7.3Hz)]. By detailed analysis of the ^{13}C NMR data, the signals attributed to twenty carbon signals including a carbonyl signal, twelve aromatic carbon signals, six signals of glucosyl moiety, and an oxygenated methylene signals (Table 2). Comparing the NMR data of 4 with those of 5 showed similar signals of 4-*O*-β-D-glucopyranosyl-3-hydroxybenzalcohol moiety, and additional signals of an aromatic ring and a carbonyl, indicating the presence of a 3, 4-dihydroxy-benzoic acid. The HMBC spectra of **4** showed the key correlations between the H-1′ (δ 4.78) and C-4 (δ 148.3), between the H-7 (δ 5.15) and C-2 (δ 116.9), C-6 (δ120.8), C-7″ (δ 168.1), between the H-6″ (δ 7.24) and C-7″ (δ 168.1), C-4″ (δ 151.7). These correlations indicated the sugar should be linked at C-4 and the ester was located at C-7. On the basis of the above results, the structure of 4 was established as 4-*O*-β-D-glucopyranosyl-3-hydroxy-benzalcohol- 7-*O*-3, 4-dihydroxy-benzoic ester, named oblongaroside C.

Table 2 ^1H NMR and ^{13}C NMR data of compounds 4-8 (CD_3OD)*

No.	4		5[11]	6[12]	7[13]	8[14]
1	133.3		138.4	134.9	128.5	123.2
2	116.9	6.93 (1H, d, J= 2.0Hz)	115.9	116.8	116.5	115.8
3	146.6		146.0	146.3	147.0	146.0
4	148.3		148.3	148.3	150.7	151.5
5	118.6	7.16 (1H, d, J= 8.0Hz)	118.8	118.7	118.1	117.7
6	120.8	6.84 (1H, dd, J= 8.0, 2.0Hz)	119.6	120.6	125.7	123.9
7	67.0	5.15 (2H, s)	64.8	75.2	170.1	170.3
$-OCH_3$				58.0		
1′	104.1	4.78 (1H, d, J= 7.3Hz)	104.4	104.3	104.4	
2′	74.8	3.30 (1H, t, J= 8.9Hz)	74.8	74.8	74.9	
3′	77.5	3.53 (1H, t, J= 8.9Hz)	77.5	77.6	77.7	
4′	71.2	3.51 (1H, overlap)	71.2	71.2	71.5	
5′	78.2	3.48 (1H, overlap)	78.2	78.2	78.4	
6′	62.3	3.89 (1H, br. d, J= 12.0Hz) 3.72 (1H, br. d, J= 10.6Hz)	62.4	62.4	62.5	
1″	122.6					
2″	118.6	7.44 (1H, d, J= 2.0Hz)				
3″	146.1					
4″	151.7					
5″	115.9	6.79 (1H, d, J= 8.1Hz)				
6″	123.7	7.42 (1H, dd, J= 8.1, 2.0Hz)				
7″	168.1					

* Measured in CD_3OD at 400 MHz for ^1H and 100 MHz for ^{13}C

3 Experimental

3.1 General experimental procedures

IR spectra were recorded with a Perkin-Elmer 1750 FTIR spectrometer, the films of the all samples were measured on KBr disks. Optical rotations were measured with a Jasco DIP-180 digital polarimeter spectrophotometer. The ^{1}H, ^{13}C, DEPT, ^{1}H-^{1}H COSY, NOESY, HMQC and HMBC NMR spectra were performed using a Bruker AM-400 and a DRX-500 spectrometer. FAB mass spectra were recorded on a Jeol JMS-HX 110 instrument. Chromatographic stationary phase used RP-8 (40-60μm, Merck), silica gel (160-200 mesh), Sephadex LH-20 (25-100μm, Pharmacia Fine Chemical Co. Ltd.) and MCI-gel CHP20P (75- 150μm, Mitsubishi Chemical Industries Ltd.). The following solvent systems were used: (a) $CHCl_3$-MeOH-H_2O (80 : 20 : 3), $CHCl_3$-MeOH-H_2O (70 : 30 : 5) and MeOH-H_2O (0%-100%) for the glycosides; and (b) $CHCl_3$- MeOH-H_2O (7 : 3 : 1) lower-layer 9mL + 1mL HOAc for sugars. Compounds on TLC were detected by spraying with 5% H_2SO_4 followed heating. Sugars were detected by spraying with aniline-phthalate reagent.

3.2 Plant material

The leaves of *Ilex oblonga* C. J. Tseng were collected at the Plant Garden of Guangxi Institute of Botany, Chinese Academy of Sciences in July 1999. A voucher specimen (No. 13523) is deposited in the Herbarium of Guangxi Institute of Botany. The plant was identified by Professor C. H. Li.

3.3 Extraction and isolation

gThe leaves of *Ilex oblonga* (690g) were extracted (2×4L) with MeOH at room temperature (7days×2). The extract was evaporated *in vacuo* to yield a residue, which was dissolved in water and filtered. The water soluble fraction was passed through a Diaion column and eluted with water and methanol. Evaporation of the methanol eluate yielded 37 g of a brown fraction (A). The fraction A was subjected to dry column chromatography (DCC) on silica gel (1.0kg), eluted with $CHCl_3$-MeOH-H_2O (10 : 2 : 0.2) to afford thirteen fractions. Each fraction was purified by Sephadex LH-20, RP-8 gel column chromatography (solvent: MeOH-H_2O, 10%-70%) and finally repeatedly purified by a silica gel column with $CHCl_3$-MeOH-H_2O (100 : 10 : 1-70 : 30 : 5) as solvent to yield **1** (18mg), **2** (24mg), **3** (41mg), **4** (56mg), **5** (44mg), **6** (22mg), **7** (75mg), and **8** (35mg).

Oblongaroside A (1) colorless amorphous powder, FABMS *m/z* 263 $[M-H]^-$; HRFABMS *m/z* 263.1131 (calcd for $C_{11}H_{19}O_7$, 263.1131), $[\alpha]_D^{21}$ +22 (c 0.24, MeOH); IR v_{max} (liquid) /cm^{-1}: 3310, 3012, 2931, 1643, 1437, 1318, 1072, 895; ^{1}H NMR and ^{13}C NMR (Table 1).

Oblongar ester A (2) colorless amorphous powder, $[\alpha]_D^{21}$ +11 (c 0.12, MeOH); FAB-MS *m/z* 263 $[M-H]^-$; HRFAB-MS *m/z* 263.0919 $[M-H]^-$ (calcd for $C_{14}H_{15}O_5$, 263.0917); IR v_{max} (liquid) /cm^{-1}: 3280, 3012, 3004, 2927, 1680, 1641, 1617, 1600, 1470, 1410, 1348, 1002, 913; ^{1}H and ^{13}C NMR (Table 1).

Oblongaroside B (3) amorphous powder, $[\alpha]_D^{21}$ +39 (c 0.26, MeOH); FABMS *m/z* 425 $[M-H]^-$, 263 $[M-H-162]^-$, 262 $[M-H-C_9H_7O_3]^-$; HRFABMS *m/z* 425.1445 (calcd for $C_{20}H_{25}O_{10}$, 425.1448); IR v_{max} (liquid) /cm^{-1}: 3320, 3010, 3005, 2921, 1682, 1640, 1615, 1605, 1510, 1430, 1378, 1032, 1000; ^{1}H and ^{13}C NMR (see table 1).

Oblongaroside C (4) amorphous powder, $[\alpha]_D^{21}$-12 (c 0.63, MeOH); FABMS *m/z* 437 $[M-H]^-$; 301 $[M-H-C_7H_5O_3]^-$, and 275 $[M-H-162]^-$; HRFABMS *m/z* 437.1082 (calcd for $C_{20}H_{21}O_{11}$, 437.1084); IR v_{max}(liquid) /cm^{-1}: 3338, 2910, 2856, 1689, 1602, 1595, 1470, 1380, 1078, 1036, 968; 1H NMR and ^{13}C NMR(see table 2).

Acid hydrolysis A solution of each compound (10mg) was heated at reflux at 100℃ in 2mol/L aqueous CF_3COOH (5mL) on a water bath for 3h. The reaction mixture was then diluted with H_2O (15mL) and extracted with CH_2Cl_2 (3×5mL).

The combined CH_2Cl_2 extracts were washed with H_2O and then evaporated to dryness *in vacuo*. After evaporation to dryness of the aqueous layer then with MeOH until neutral, the sugars were analyzed by comparison with authentic sample (solvent system b) on silica gel HPTLC.

Acknowledgments

We thank the staff of the analytical group of Kunming Institute of Botany, Chinese Academy of Sciences for measuring the NMR and FABMS spectra and this research was supported by National Natural Science Foundation of China (Grant No. 20272015).

References

[1] Ouyang MA, Wang HQ, Chen ZL, et al. Triterpenoid glycosides from *Ilex kudincha*. Phytochemistry, 1996, 43, 443-445

[2] Ouyang MA, Wang HQ, Chen ZL, et al. Triterpenoid saponins from the leaves of *Ilex latifolia*. Phytochemistry, 1997, 45, 1507

[3] Ouyang MA, Wang HQ, Chen ZL, et al. Triterpenoid saponins from *Ilex latifolia*. Phytochemistry, 1998, 49, 2483-2486

[4] Ouyang MA, Yang CR, Wu ZJ. Triterpenoid saponins from the leaves of *Ilex kudincha*. J Asian Nat Prod Res, 2001, 3, 31

[5] Ouyang MA, Zhang X, Li DP. A novel 18,19-seco-ursane saponin isolated from *Ilex aculeolata*. Nat Prod Let, 2002, 16, 137-141

[6] Ouyang MA, Li DP. Four new triterpenoid saponins from *Ilex godajam*. J Asian Nat Prod Res, 2002, 4, 25

[7] Ouyang MA, Wu CL. Three new saponins from the leaves of *Ilex hylonoma*. J Asian Nat Prod Res, 2003, 5, 89-94

[8] Ouyang MA, Glycosides from the leaves of *Ilex hylonoma*. Nat Prod Res, 2003, 3, 183

[9] Zhu MW. Chinese medicinal handbook of guangxi. Nanning: Guangxi People Publishing House, 1973, 296-298

[10] Evans WC, Somanabandhua A. Nitrogen containing non steroidal secondary metabolites of *Solanum*, *Cyphomandra*, *Lycianthes* and *Margaranthus*. Phytochemistry, 1980, 19, 49-52

[11] Itokawa H, Oshida Y, Ikuta A, et al. In-beam electron impact, chemical ionization and negative ion chemical ionization of flavonoid glycosides. Phytochemistry, 1982, 21, 1935

[12] Frank C, Hans B. Lignans from the liverwort *Lepicolea ochroleuca*. Phytochemistry, 1999, 52, 1651-1656

[13] Draths KM, Frost JW. Conversion of D-glucose into catechol: the not-so-common pathway of aromatic biosynthesis. J Am Chem Soc. 1991, 113, 9361-9363

Two new cerebrosides and anthraquinone derivatives from the marine fungus *Aspergillus niger* *

WU Zu-jian[1], OUYANG Ming-an[1,2], SU Ren-kuan[3], KUO Yueh-hsiung [3]

(1 Institute of Plant Virology, Fujian Agriculture and Forestry University, Fuzhou 350002;
2 Key Laboratory of Biopesticide and Chemical Biology, Ministry of Education,
Fujian Agriculture and Forestry University, Fuzhou 350002;
3 Department of Chemistry, National Taiwan University, Taipei)

Abstract: Two new cerebrosides, asperiamide B (**1**) and C (**2**), and two known aflatoxins, averufin and nidurufin, have been isolated from a Quanzhou marine fungus *Aspergillus niger* (MF-16), and the structures were elucidated by spectroscopic data and chemical means. Among the compounds **5** and **6** showed moderate activities in inhibiting multiplication of the *Tobacco mosaic virus* (TMV) .

Key words: marine fungus; cerebroside; asperiamide B and C; anthraquinone; *Aspergillus niger*

1 Introduction

Marine microorganisms have become an important source of pharmacologically active metabolites. More specifically, fungi from the marine environment have shown great potential as suggested by the diversity of secondary metabolites. Cerebrosides, a family of glycosphingolipids, are important components of a wide variety of tissues and organs in biological systems. Chemically, cerebrosides are composed of a hexose and a ceramide moiety usually consisting of a long-chain aminoalcohol trivially called 'sphingoid base' (sphingosine or sphingol) and an amide-linked long-chain fatty acid. Chinese scientists isolated cerebrosides from fungi in as early as 1999[1,2]. A number of metabolites from marine fungi possess antimicrobial, antifungal[3], cytotoxic, antitumor[4,5], immunostimulatory[6], antiviral[7], kinase inhibiting activities[8]. During our continuing search for bioactive substances from marine organisms, we previously isolated a new cerebroside, asperiamide A, from a marine fungus[9], and a new adenosyl-alkaloid, ostrerine A from the marine mollusk, *Ostrea rivularis*[10]. Here we describe the isolation and structural elucidation of two new asperiamide B (**1**) and C (**2**), as well as two known aflatoxins, averufin (**5**) and nidurufin (**6**)[11], and two known lipids, long-chain fatty acid (**3**), glycerlipid (**4**) from the marine fungus *Aspergillus niger* (MF-16) (Fig. 1).

2 Experimental

2.1 General procedures

FAB-MS data were taken on a VG Autospec 3000 system spectrometer. ^{1}H and ^{13}C NMR spectra were obtained on a Bruker DRX-500 spectrometer and the solvent is $CDCl_3$ or CD_3OD. Optical rotations were taken on a JASCO-20C digital polarimeter, and the IR spectrum was recorded on a Perkin-Elmer 1750 FTIR spectrometer. Chromatographic sta-

Chinese Journal of Chemistry, 26 (4): 759-764

Received December 8, 2006 revised September 29, 2007 accepted December 20, 2007

* Project supported by the National Natural Science Foundation of China (No. 20272015)

tionary phase used RP-18 (40-60μm, Merck), silica gel (160-200 mesh), and Sephadex LH-20 (25-100μm, Pharmacia Fine Chemical Co. Ltd.). The following solvent systems were used: $CHCl_3$-MeOH (100 : 5 to 100 : 20) for silica gel column, MeOH-H_2O (0-100%) for Sephadex LH-20 column. Spot of TLC was detected by spraying with 5% H_2SO_4 followed by heating.

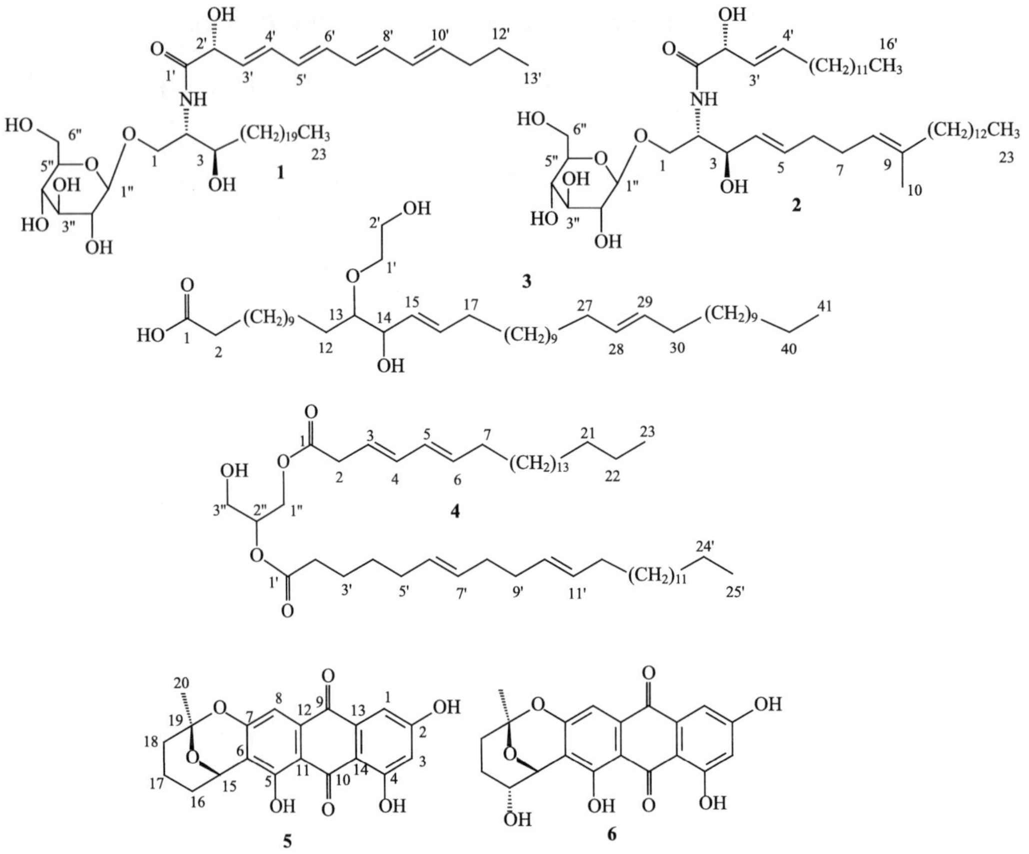

Fig. 1　Structures of compounds **1-6**

2.2　Fungal isolation and culture

The fungal strain (culture MF-16#) was isolated from the sea water collected in Quanzhou Gulf, Fujian Province, China, in 2002 and identified as an *Aspergillus niger* by Bi-E Chen of Huaqiao University. The fungus was cultured (20L) 25days at 24℃ in the medium: soluble starch (1%), yeast extract (0.2%), $MgSO_4 \cdot 7H_2O$ (0.05%), KH_2PO_4 (0.1%), and sea water (100%).

2.3　Extraction and isolation

The mycelium and broth were separated by filtration. The mycelial mat was extracted with MeOH. The combined extract (10.3g) was subjected to Diaion gel column and eluted with water and methanol. Evaporation of the methanol eluate yielded 3.6g of a brown fraction. The fraction was chromatographed on silica gel to give four fractions. Each fraction was chromatographed on an RP-18 gel column (solvent: MeOH-H_2O, 10%-70%) and a silica gel column using $CHCl_3$- MeOH (100 : 5—100 : 20) as solvent to yield **1** (64mg), **2** (31mg), **3** (24mg), **4** (13mg), **5** (47mg), and **6** (13mg).

2.4　Asperiamide B (1)

White powder, $C_{42}H_{75}NO_9$; $[\alpha]_D^{21}$ −5.0 (c 0.7, MeOH); HRFABMS m/z: 736.5363 (calcd for $C_{42}H_{74}NO_9$: 736.5364) $[M-H]^-$; IR ν_{max} (liquid): 3373, 3010, 2950, 2928, 1643, 1632 cm^{-1}; ^1H NMR and ^{13}C NMR data see Table 1.

Table 1 ^{1}H and ^{13}C NMR data of compounds 1-4 (in CD_3OD)

1	δC(ppm)	δH(ppm, J, Hz)	2	δC(ppm)	δH(ppm, J, Hz)	3	δC(ppm)	δH(ppm, J, Hz)	4	δC(ppm)	δH(ppm, J, Hz)
1	69.7	4.09 (m) 3.72 (dd, 10.2, 4.3)	1	69.7	4.14 (m) 3.71 (dd, 10.4, 4.0)	1	178.3		1	173.5	
2	54.7	3.97 (m)	2	54.7	4.19 (m)	2	34.1	2.39 (t, 7.6)	2	34.6	2.71 (t, 6.4)
3	72.8	4.14 (m)	3	72.9	4.11 (7.2, 4.4)	3-11	29.3-30.2	1.26-1.41 (overlap)	3	127.7	5.36 (m)
4	33.8	1.39 (m)	4	130.9	5.48 (dd, 15.0, 6.0)	12	29.3	2.10 (m)	4-6	129.7	5.34 (m)
5	26.5	1.24 (m)	5	134.4	5.70 (m)	13	74.9	3.40 (m)	5	129.6	5.19 (m)
6-20	29.5-31.1	1.21-1.40 (overlap)	6	34.0	2.00 (m)	14	71.1	4.19 (m)	6	130.0	5.29 (m)
21	29.0	1.26 (m)	7	28.9	2.04 (m)	15	133.0	5.56 (m)	7	32.0	2.00 (m)
22	24.1	1.26 (m)	8	124.8	5.13 (t, 6.8)	16	128.4	5.32 (m)	8-21	29.1-29.8	1.26-129 (overlap)
23	14.8	0.90 (t, 6.8)	9	136.6		17	32.5	1.91 (m)	22	22.7	1.32 (m)
1′	176.3		10	16.4	1.59 (s)	18-26	29.3-30.4	1.26-1.42 (overlap)	23	14.2	0.84 (t, 6.8)
2′	73.1	3.99 (d, 6.4)	11	41.0	1.97 (t, 7.6)	27	31.3	1.91 (m)	1′	173.2	
3′	134.0	5.76 (overlap)	12-21	29.3-30.9	1.22-1.50 (overlap)	28	131.0	5.38 (m)	2′	34.1	2.26 (m)
4′	129.5	5.36 (overlap)	22	24.0	1.25 (m)	29	131.0	5.38 (m)	3′	30.0	1.31 (m)
5′-9′	130.2-131.5	5.41-5.51 (overlap)	23	14.8	0.90 (t, 6.4)	30	31.2	1.91 (m)	4′	30.2	1.32 (m)
10′	133.9	5.70 (m)	1′	175.2		31-39	29.3-30.4	1.26-1.42 (overlap)	5′	31.6	1.98 (m)

续表

1	δ_C(ppm)	δ_H(ppm, J, Hz)	2	δ_C(ppm)	δ_H(ppm, J, Hz)	3	δ_C(ppm)	δ_H(ppm, J, Hz)	4	δ_C(ppm)	δ_H(ppm, J, Hz)
11′	36.1	1.95 (m)	2′	75.0	4.43 (d, 6.4)	40	23.3	1.31 (m)	6′	129.9	5.20 (m)
12′	24.1	1.27 (m)	3′	128.9	5.48 (15.0, 6.0)	41	14.2	0.84 (t, 6.5)	7′	129.5	5.20 (m)
13′	14.8	0.90 (t, 6.8)	4′	134.6	5.80 (m)	1′	72.2	3.59 (t, 4.8)	8′	31.6	2.02 (m)
1″	104.4	4.26 (d, 7.6)	5′	33.3	1.93 (m)	2′	61.5	3.77 (t, 4.8)	9′	31.6	2.02 (m)
2″	74.9	3.19 (t, 9.0)	6′-14′	29.0-30.9	1.20-1.48 (overlap)				10′	129.0	5.20 (m)
3″	77.9	3.35 (t, 9.0)	15′	24.0	1.25 (m)				11′	129.8	5.20 (m)
4″	71.5	3.29 (overlap)	16′	14.8	0.90 (t, 6.4)				12′	31.6	1.98 (m)
5″	77.8	3.32 (m)	1″	104.6	4.28 (d, 7.6)				13′-23′	29.1-29.8	1.28-1.30 (overlap)
6″	62.7	3.85 (br. d, 11.0) 3.66 (dd, 11.0, 5.1)	2″	74.1	3.20 (t, 9.6)				24′	22.7	1.31 (m)
			3″	77.9	3.36 (t, 9.6)				25′	14.2	0.84 (t, 6.8)
			4″	71.6	3.29 (overlap)				1″	63.0	4.30 (dd, 12.0, 7.6) 4.09 (dd, 12.0, 7.6)
			5″	77.8	3.30 (overlap)				2″	70.4	5.12 (m)
			6″	62.7	3.85 (br. d, 11.2) 3.65 (dd, 11.2, 5.2)				3″	63.6	3.88 (t, 9.2)

2.5 Asperiamide C (2)

White powder, $C_{45}H_{83}NO_9$; $[\alpha]_D^{21}$ −1.5 (c 0.05, MeOH); HRFABMS *m/z*: 780.5989 (calcd for $C_{45}H_{82}NO_9$: 780.5990) $[M-H]^-$; IR ν_{max} (liquid): 3392, 3005, 2934, 2913, 1657, 1624 cm^{-1}; ^1H NMR and ^{13}C NMR data see Table 1.

2.6 Compound (3)

Colorless oil, $C_{43}H_{82}O_5$, positive FAB-MS *m/z*: 679 $[M+H]^+$, 479 $[C_{31}H_{59}]^+$, 335 $[C_{24}H_{47}]^+$, and 223 $[C_{16}H_{31}]^+$; ^1H NMR and ^{13}C NMR data see Table 1.

2.7 Compound (4)

Colorless oil, $C_{51}H_{92}O_5$, positive FAB-MS *m/z*: 785 $[M+H]^+$, 601 $[C_{38}H_{65}O_5]^+$, 305 $[C_{22}H_{41}]^+$, 291 $[C_{21}H_{39}]^+$, 225 $[C_{16}H_{33}]^+$, 183 $[C_{16}H_{27}]^+$; ^1H NMR and ^{13}C NMR data see Table 1.

2.8 Averufin (5)

Yellow-orange crystals, $C_{20}H_{16}O_7$, positive FAB-MS *m/z*: 369 $[M+H]^+$; HRFABMS *m/z*: 369.0975 (calcd for $C_{20}H_{17}O_7$: 369.0973) $[M+H]^+$; IR ν_{max} (liquid): 3370, 2939, 2873, 1620, 1595 cm^{-1}; The UV_{max}: 450, 290, and 230 nm; ^1H NMR and ^{13}C NMR data see reference No. 11.

2.9 Nidurufin (6)

Yellow-orange powder, $C_{20}H_{16}O_8$, Positive FAB-MS *m/z*: 385 $[M+H]^+$; HRFABMS *m/z*: 385.0924 (calcd for $C_{20}H_{17}O_8$: 385.0923) $[M+H]^+$; IR ν_{max} (liquid): 3379, 2959, 2903, 1624, 1602 cm^{-1}; The UV_{max}: 450, 290, and 230 nm; ^1H NMR and ^{13}C NMR data see reference No. 11.

Acid Hydrolysis. A solution of each compound was reflixed at 100℃ in 2mol/L aqueous H_2SO_4 (5mL) on a water bath for 3h. After this period, the reaction mixture was diluted with H_2O (15mL) and extracted with CH_2Cl_2 (3×5mL). The combined CH_2Cl_2 extract was washed with H_2O and then evaporated to dryness in *vacuo*. After evaporation to dryness the aqueous layer was washed with MeOH until neutrality, the sugars were analyzed by silica gel HPTLC bycomparison with standard sugars [solvent system $CHCl_3/MeOH/H_2O$ (7 : 3 : 1) lower-layer (9mL) +1mL of HOAc for sugars] on silica gel HPTLC.

Screening Material Preparations. *Nicotiana tabacum* cv. K326 was cultivated in a glasshouse without pests. Different compounds were weighed precisely with electrobalance, dissolved with a small quantity of DMSO, and diluted with water to provide solutions having a concentration of 0.2 mg/mL, and all solutions were in Petri dishes.

Leaf-disk Method. Leaves of *N. tabacum* cv. K326 were mechanically inoculated with TMV at 10μg/mL. Leaf disks of 10-mm diameter were punched and floated on the solutions of different compounds 7h after inoculation, and incubated at 25±1℃ for 48h. The disks treated with solvent only used as the positive control whereas the disks of healthy leaves were used as the negative control. 48h later, the leaf discs were ground in coating buffer and the virus concentrations in them were measured by indirect ELISA. There were six repetitions in every treatment. A series of TMV solutions at known concentrations were incorporated into every microliter plate to provide an internal calibration curve. Linearity of absorbance with TMV concentrations was obtained within a range of about 2 orders of magnitude (0.04888-12.5ng of TMV).

The inhibition against virus replication was calculated as: [1 − (virus concentration of compound-treated leaf disk) / (virus concentration of leaf disk of the positive control] ×100, where the virus concentration was calculated by the TMV standard curve with OD_{405} value of indirect ELISA.

Indirect ELISA Procedure. One hundred microliters of diluted antigen were added to each well of a micro-ELISA plate and incubated overnight at 4℃. After incubation, the antigen solution was discarded and the plates were washed three times in phosphate-buffered saline (PBS), pH7.2, containing 0.001% Tween 20 (PBS-T). Rabbit anti-TMV serum (1 : 2000) were added to the antigen-coated wells. The plates were incubated for 1h at 37℃ and then washed three times in PBS-T. Goat anti-rabbit alkaline phosphatase (Sigma) conjugate

(1 ∶ 30 000) in PBS-T was then added and a further incubation for 1h carried out at 37℃. The plates were again washed three times, 100μL of PNP solution per well was added, and after 10min, the reaction was stopped by adding 100μL of 3mol/L sodium hydroxide. The intensity of color development was determined by measuring absorbance using a micro-ELISA reader equipped with a 405 nm filter.

3 Results and Discussion

Compound **1** was obtained as a white amorphous powder, and showed a molecular ion peak at *m/z* 736 [M-H]⁻ in the negative FAB-MS. Its molecular formula was determined as $C_{42}H_{75}NO_9$ on the basis of HRFAB-MS. There were six degrees of unsaturation in the molecule according to the molecular formula. The IR data of **1** indicate that it contains -OH, -NH (3373), vinyl C-H (3010, 3007), C-H ($-CH_2-$, $-CH_3$, 2950, 2928), carbonyl (1643), double bonds (1632). Furthermore, the negative FAB-MS of **1** showed a quasimolecular ion at *m/z* 736 $[M-H]^-$. The secondary amide position was assigned on the basis of typical fragment ions at *m/z* 516 and 220 which were formed by α-cleavage (Fig. 2), and fragment peak at *m/z* 574 $[M-H-162]^-$ and an aliphatic chain fragment peak at *m/z* 281 $[C_{20}H_{41}]^-$. The ^1H and ^{13}C NMR spectra of **1** (Table 1) were consistent with the presence of an amide group (δ_C 54.7, 176.3)[12-13], and a glucopyranosyl group [δ_C 104.4, δ_H 4.26 (1H, d, J = 7.6Hz)]. In the ^1H NMR spectrum, the signals between δ_H 4.50-3.20 were assigned to protons attached to the carbons bearing a heteroatom. Two aliphatic chains were suggested by the presence of signals for methylene groups in δ_H 1.20-1.48, and two methyl groups at δ_H 0.90 (6H, t, J = 6.8Hz). In the ^{13}C NMR spectrum, intense signals in δ_C 29-30 indicated methylene groups of aliphatic side-chains. Four disubstituted double bond signals were assigned at δ_C 134.0, 133.9, 131-130, and 129.0, and δ_H 5.75, 5.70, 5.51-5.41, 5.36. Compound **1** simultaneously showed an anomeric proton δ_H 4.26 (1H, d, J = 7.6Hz) and an anomeric carbon δ_C 104.4 suggesting β-configuration for the sugar, which was detected as glucose by acid hydrolysis later. In acidic hydrolysis, **1** produced a long chain fatty acid (**1a**), a long chain base (**1b**), and a sugar. These segments were confirmed indirectly by the fragment ion peaks (Fig. 2). The position of the sugar was confirmed by HMBC spectrum. The structural elucidation and assignments of complete proton and carbon signals were achieved by 2D NMR techniques and chemical methods. The carbonyl group position was assigned by the long-range HMBC between H-2′ at δ_H 3.99 and C-1′ at δ_C 176.3, and between H-3′ at δ_H 5.76 and C-1′; the positions of C-1, C-2, and C-3 were also confirmed by the HMBC spectrum: among H-1 at δ_H 4.09, 3.72 and C-3 at δ_C 72.8, C-1″ at δ_C 104.4, among H-2 at δ_H 3.97 and C-1′ at δ_C 176.3, C-3 at δ_C 72.8. Thus the structure of **1** was determined and named asperiamide B.

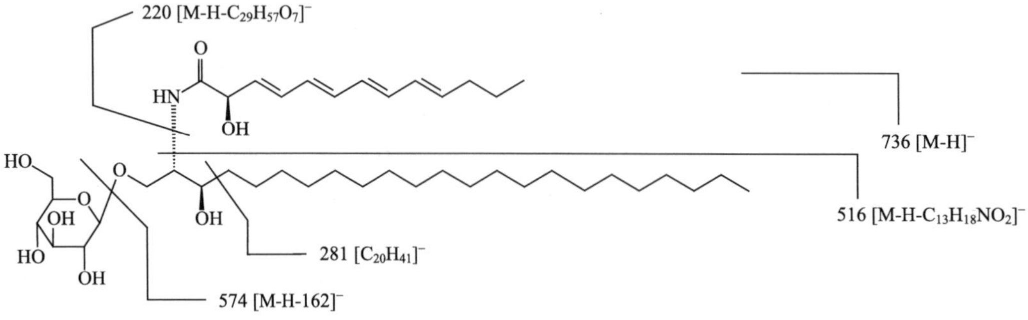

Fig. 2 Key negative FAB mass fragments of **1**

The absolute stereochemistry for sphingolipid is commonly characterized by the comparison of the NMR data with related literature reports [14-16]. For **1**, the configurations at C-1, C-2, and C-3 were determined based on the proton chemical shifts and coupling constants at δ4.09 (m, H-1a), 3.72 (dd, 10.2, 4.3, H-1b), 3.97 (m, H-2), 4.14 (m, H-3), and 3.99 (d, 6.4, H-2′), which were identical to those of the previously reported for (2*S*, 2′*R*, 3*R*, 3′*E*, 4*E*, 8*E*) -2- (2-hydroxy- 3′-octadecaenoamido) - 9-methyl-4, 8-octadecadiene-1, 3-diol (**7**), a sphingolipid previously isolated from *Penicillium funiculosum*[17]. Meanwhile, the specific optical rotation of **1** ($[\alpha]_D^{21}$ − 5.0) was also in agreement with that of **7** ($[\alpha]^{25}$ −8.2)[17]. Accordingly, the structure of **1** should be established as (2′*R*, 2*S*, 3*R*, 3′*E*, 5′*E*, 7′*E*, 9′*E*) -1-*O*-*β*-glucosyl-2- (2-hydroxy- 3, 5, 7, 9-tridecatetraenoamido) -tricosane-1, 3-diol, which was named asperamide B.

The molecular formula $C_{45}H_{83}NO_9$ for compound **2** was deduced on the basis of HRFAB-MS and ^{13}C NMR data. Compound **2** exhibited a deprotonated molecular ion at *m/z* 780 $[M-H]^-$ and a major fragment peak at *m/z* 618 $[M-H-162]^-$. The IR of **2** gave secondary amide (1657, 1624 cm^{-1}) and hydroxyl groups (3335 cm^{-1})[10]. ^{1}H and ^{13}C NMR data of **2** showed the presence of an amide linkage and two long chain aliphatic moieties. The ^{1}H and ^{13}C NMR spectral data of **2** gave that one of the long chain aliphatic units had two double bonds and was a branched chain. The presence of an anomeric proton δ_H 4.26 (1H, d, *J* = 7.6Hz) and an anomeric carbon δ_C 104.4 suggested β-configuration for the sugar, which was detected as glucose by acid hydrolysis later. The proton signal at δ_H 1.59 (3H, s) indicated that a methyl group was attached to one of the double bonds[18]. Analyses of the ^{1}H and ^{13}C NMR, IR, and FAB-MS spectral data of compound **2** clearly indicated that it was a cerebroside. Furthermore, the negative FABMS of **2** showed a quasimolecular ion at *m/z* 780 $[M-H]^-$. The 4, 5 and 8, 9-double bonds were assigned on the typical fragment ion at *m/z* 237 $[C_{17}H_{33}]^-$ and 169 $[C_{12}H_{25}]^-$, which were formed by elimination of dodecene through a McLafferty rearrangement (Fig. 3), and 3′, 4′-double bond was deduced by elimination of undecene, with the fragment peak being at *m/z* 155 $[C_{11}H_{23}]^-$. In the NMR HMBC experiment of **2** correlations were revealed between H-2′ at δ_H 4.43 and C-2′ at δ_C 175.2, and between H-3′ at δ_H 5.48 and C-1′; among H-1 at δ_H 4.14, 3.71 and C-3 at δ_C 72.9, C-1″ at δ_C 104.6, among H-2 at δ_H 4.19 and C-1′ at δ_C 175.2, C-3 at δ_C 72.9. These correlations manifested the positions including the secondary amide, 2′, 3-hydroxyls, and sugar linkage. Therefore, the structure of asperiamide C was determined to be (2′*R*, 2*S*, 3*R*, 3′*E*, 4*E*, 8*E*) -1-*O*-*β*-glucosyl-2- (2-hydroxy-3-hexa- decaenoamido) -9-methyl- 4, 8-tricosadiene-1, 3-diol (Fig. 1) .

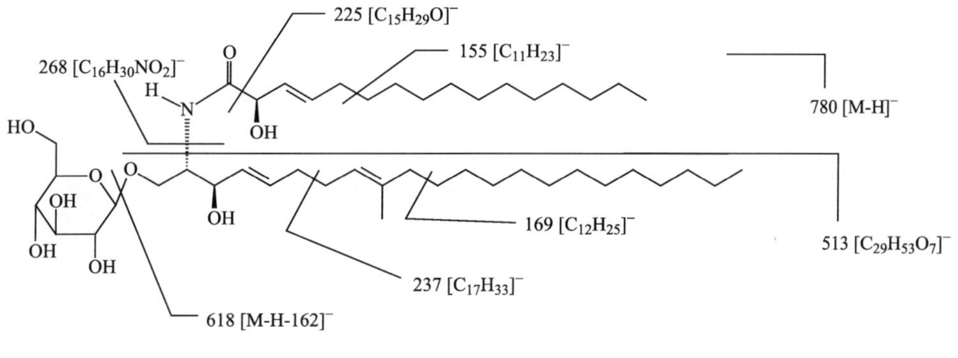

Fig. 3　Key negative FAB mass fragments of **2**

The inhibitory activities of compounds **1-6** against TMV were evaluated *in vitro* (Table 3). Of the 6 compounds tested at a concentration of 0.2mg/ml, compounds **5** and **6** showed higher inhibitory activity against TMV replication than other compounds, with 58.1%, and 64.9% inhibitivities, respectively (Fig. 4). The results of inhibitory effect of compounds **5** and **6** at several concentrations were shown in Table 4. The EC_{50} values of compounds **5** and **6** were determined to be 0.10mg/mL and 0.086mg/mL respectively. On the basis of the above results, it should be concluded that the two aflatoxins, averufin (**5**) and nidurufin (**6**), were main active components of marine fungus extracts of *Aspergillus niger* against TMV replication.

Table 2　The TMV multiplication inhibition of compounds 1-6

No.	—	+[c]	**1**[d]	**2**	**3**	**4**	**5**	**6**
TR[a]	0	0.3458	0.3081	0.3012	0.3049	0.3028	0.1345	0.1245
%[b]	100	0	12.0	17.2	11.5	13.7	58.1	64.9

a: Concentration of TMV in every treatment (ng)

b: Inhibition rate

c: +is positive control and—is negative control

d: The concentration of each compound is 0.2mg/mL

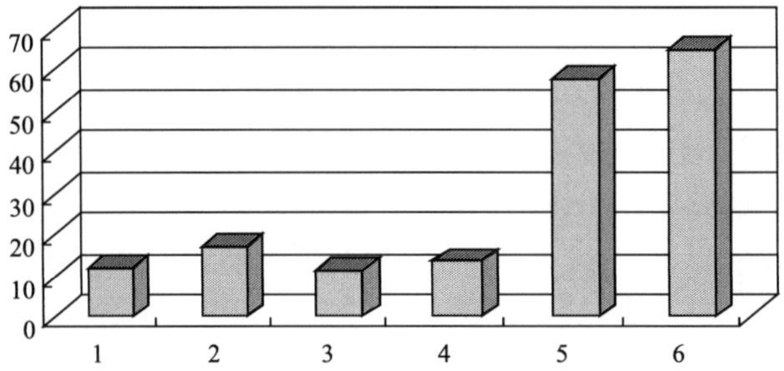

Fig. 4　Inhibitory activity of compounds 1-6 from the marine fungus of *Aspergillus* sp. against TMV replication at 0.2mg/mL

Table 3　Inhibitory activity of compounds 5 and 6 against TMV replication

Compound	Final concentration /(mg/mL)	Inhibition rate /%	EC_{50}
	0.4	67.3	
	0.2	58.1	
Averufin (**5**)	0.1	31.4	0.122
	0.05	13.1	
	0.025	4.4	
	0.4	71.5	
	0.2	64.9	
Nidurufin (**6**)	0.1	25.3	0.101
	0.05	7.6	
	0.025	4.2	

Acknowledgments

We thank the staff of the analytical group of Department of Chemistry, National Taiwan University for measurements of NMR and FAB-MS spectra.

References

[1] Chen XS, Chen DH, Si JY, et al. Chemical constituents of *Typhonium Giganteum* Engl. J Asian Nat Prod Res, 2001, 3: 277-283

[2] Zou ZM, Li LJ, Yu DQ, et al. Sphingosine derivatives from the seeds of *Allium tuberosum*. J Asian Nat Prod Res, 1999, 2: 55-61

[3] Li HY, Matsunaga S, Fusetani N. Halicylindrosides, antifungal and cytotoxic cerebrosides from the marine sponge *Halichondria cylindrata*. Tetrahedron, 1995, 51: 2273-2280

[4] Natori T, Koezuka Y, Higa T. Agelasphins, novel α-galacto-

sylceramides from marine sponge. Tetrahedron Lett, 1993, 34, 5591-5592

[5] Natori T, Morita M, Akimoto K, et al. Agelasphins, novel antitumor and immunostimulatory cerebrosides from the marine sponge *Agelas mauritianus*. Tetrahedron, 1994, 50: 2771-2784

[6] Seki M, Kayo A, Mori K. Synthesis of (2S, 3R, 11S, 12R, 2R, 11S, 12R)-plakoside A, a prenylated and immunosuppressive marine galactosphingolipid with cyclopropane-containing alkyl chains. Tetrahedron Lett, 2001, 42: 2357-2360

[7] Carter GT, Rinehart KL. Aplidiasphingosine, an antimicrobial and antitumor terpenoid from an *Aplidium* species (marine tunicate). J Am Chem Soc, 1978, 100: 7441,7442

[8] Bugni TS, Ireland CM. Marine-derived fungi: a chemically and biologically diverse group of microorganisms. Nat Prod Rep, 2004, 21: 143-163

[9] Ouyang MA, Liu R, Kuo YH. A new cerebroside, Asperiamide A, from the marine fungus *Asperllus* sp. J Asian Nat Prod Res, 2005, 7, 761-765

[10] Ouyang MA. A new adenosyl-alkaloid from *Ostrea rivularis*. Nat Prod Res, 2006, 20: 79

[11] Gerard JM, Raymond AM, Michael PC. Aflatoxin precursors: total synthesis of (. +—.)-averufin and (. +—.)-nidurufin. J Org Chem, 1985, 50: 5533-5537

[12] Kim SY, Choi Y, Huh H, et al. New antihepatotoxic cerebroside from *Lycium chinense* fruits. J Nat Prod 1997, 60: 274-276

[13] Chakrabarty M, Batabyal A, Barua AK. New ceramides from the hypotensive extract of a sea anemone, *Paracondylactis indicus*. J Nat Prod, 1994, 57: 393-395

[14] Gao JM, Hu L, Dong ZJ, et al. New glycosphingolipid containing an unusual sphingoid base from the basidiomycete *Polyporus ellisii*. Lipids, 2001, 36: 521-527

[15] Chen X, Wu Y. , Chen D. Structure determination and synthesis of a new cerebroside isolated from the traditional Chinese medicine *Typhonium giganteum* Engl. Tetrahedron Lett, 2002, 43: 3529-3532

[16] Chen JH. Cui GY, Liu JY, et al. Pinelloside, an antimicrobial cerebroside from *Pinellia ternate*. Phytochemistry, 2003, 64, 903-906

[17] Mori K. , Uenishi K. Synthesis of (2S, 2′R, 3R, 3′E, 4E, 8E)-1-*O*-(beta-D-glucopyranosyl)-*N*-(2′-hydroxy-3′- octadecenoyl)-9-methyl-4,8-sphingadienine (Pen Ⅱ), the major cerebroside isolated from *Penicillium funiculosum* as the fruiting-inducer against *Schizpphyllum commune*. Liebigs Ann Chem, 1996,1:1-6

[18] Sitrin RD, Chan G, Dingerdissen J, et al. Isolation and structure determination of pachybasium cerebrosides which potentiate the antifungal activity of aculeacin. J Antibiot, 1988, 41: 469-480

甘草乙醇浸提液诱导肝癌 SMMC-7721 细胞凋亡的研究*

林董[1,2]，连超超[2]，肖文艳[2]，谢荔岩[1]，吴祖建[1]，林奇英[1]

（1 福建农林大学植物病毒研究所，福建福州 350002；
2 福建师范大学福清分校，福建福清 350300）

摘　要：本实验进行了甘草乙醇浸提液诱导肝癌细胞 SMMC-7721 凋亡的研究。经 MTT 法测定表明甘草乙醇浸提液对肝癌细胞 SMMC-7721 的半数致死浓度（IC_{50}）为 1.246mg/mL，细胞生长抑制率与甘草乙醇浸提液浓度呈正相关。作用后的癌细胞在 Hoechst33342 荧光染料作用下呈现草蓝色荧光，在形态上具有明显的细胞凋亡现象。提取其 DNA 进行琼脂糖凝胶电泳，出现明显的梯状条带。因此，甘草乙醇浸提液对肝癌细胞具有显著的抗增殖作用，它能够诱导肝癌细胞的凋亡。

关键词：甘草乙醇浸提液；肝癌细胞 SMMC-7721；诱导凋亡；抗增殖

中图分类号：Q784；**文献标识码**：A　**文章编号**：1007-7146（2009）03-0000-00

The investigation of apoptosis of hepatoma cell line SMMC-7721 induced by ethanol soluble constituent of *Glycyrrhiza uralensis* Fisch. (ESCG)

LIN Dong[1,2], LIAN Chao-chao[2], XIAO Wen-yan[2], XIE Li-yan[1], WU Zu-jian[1]

(1 Institute of Plant Virology, Fujian Agriculture and Forestry University, Fuzhou 350002;
2 Fuqing Branch of Fujian Normal University, Fuqing 350300)

Abstract: Apoptosis of hepatoma cell line SMMC-7721 induced by ethanol soluble constituent of *Glycyrrhiza uralensis* Fisch. (ESCG) were investigated. The fifty percent of inhibition concentration (IC_{50}) of ESCG-treated cells is 1.246mg/mL using MTT. The inhibitory rate of cell growth was positively correlated with concentration of ethanol soluble constituent of ESCG. And obviously apoptosis in morphology and blue fluorescence turn up by Hoechst33342 staining. Also the apoptosis in SMMC-7721 cells was conformed by DNA ladder formation on gel electrophoresis. So ESCG exhibited a marked antiproliferative effect on liver cancer SMMC-7721 cells, and it can induce apoptosis *in vitro*.

Key words: ethanol soluble constituent of *Glycyrrhiza uralensis* Fisch. (ESCG); hepatoma cell line SMMC-7721; induce apoptosis; antiproliferative

---

激光生物学报，2009，18（3）：287-290

* 基金项目：福建省教育厅 A 类项目（项目编号：JA08054）

细胞凋亡（apoptosis）是多细胞生物为维持自身稳定，由基因控制的细胞自主有序的死亡[1]。传统中草药用途广泛，来源丰富，副作用小[2]。近年来，从中草药中提取活性成分，诱发细胞凋亡以对抗肿瘤恶性增殖已成为抗肿瘤药物治疗的重要策略，并开拓出广阔的前景[3]。豆科甘草属植物甘草（*Glycyrrhlza uralensis* Fisch.）是一种传统的中药材，具有一定的抗肿瘤和免疫活性[4]。现代研究表明，从甘草中提取的甘草甜素、异甘草素、甘草黄酮、18β-甘草次酸等活性成分能诱导多种不同类型的肿瘤细胞凋亡[5-8]。本实验以肝癌细胞SMMC-7721为靶标，较为系统地探讨了甘草乙醇浸提液诱导其凋亡的作用，为进一步开发提取甘草中诱导SMMC-7721细胞凋亡的活性成分提供一定理论依据和实验基础。

1 材料与方法

1.1 细胞、甘草及试剂

肝癌细胞株SMMC-7721由武汉大学中国典型生物保藏中心提供，RPMI1640购自GibcoBRL，UNIQ--10柱式DNA抽提试剂盒购自上海生物工程有限公司。MTT采用Fluka产品，Hochest33342为Sigma产品。甘草购自福州回春中药店。

1.2 甘草乙醇浸提液的配制与处理

甘草经充分干燥粉碎后，称取干样200g，按1∶5（W/V）加入95%乙醇（AR）充分浸提3次，冻干备用。

1.3 细胞接种和培养

37℃、5% CO_2及饱和湿度环境下，SMMC-7721肿瘤细胞株在含10%胎牛血清、100万单位青霉素、80万单位链霉素的RPMI 1640完全培养液中培养、传代（必要时冻存于液氮中）。继代接种时以0.125%胰酶消化液消化，加RPMI 1640培养液经震荡成单细胞悬液。接种的癌细胞母株浓度为（5～10）$\times10^4$个/mL，培养24h后，加入甘草乙醇浸提液，再隔24h后更换新鲜培养基。以95%4乙醇处理的癌细胞及未经处理的癌细胞作为对照。

1.4 细胞生长抑制测定

细胞接种于96孔培养板。加甘草乙醇浸提液处理后，间隔一定的时间，取出培养板，去除培养液，洗涤2～3次，每孔加100μL 0.2mg/mL MTT的37℃温育4h，去除MTT液，加200μL碱化DMSO（10%甘氨酸-NaOH缓冲液）37℃温育1h，并震荡，于酶标仪上570nm测定OD值。每实验安排3孔，取平均值。实验重复3次以上，以其中1次实验值为准，绘制曲线。

1.5 细胞形态学观察

细胞光镜样品制备与观察：细胞按5×10^4接种于24孔培养板，24h后加药物及活性物质至所需浓度（隔天换药及活性物质），按实验要求取样。

Hoechst 33342荧光染色：取出约200μL细胞，加入Hoechst 33342染色液2μL，37℃下染色15min，每样取出约20μL，在载玻片上观察，拍照。

1.6 细胞凋亡测定

选取形态学观察中出现异常形态细胞，按（5～10）$\times10^4$细胞/mL接种于含盖玻片的24孔培养板中。再加入95%甘草乙醇浸提液，37℃、5% CO_2及饱和湿度环境下培养，间隔不同时间取出玻片，洗涤3次，甲醇固定10min，常规Giemsa染色15min，流水漂洗，晾干后于光镜下观察、计算500个细胞中的凋亡细胞数。实验重复3次，结果基本一致，以其中一次实验值为准，绘制曲线。

1.7 凋亡细胞DNA提取及分析

根据UNIQ—10柱式DNA抽提试剂盒说明提取细胞DNA，并用TE溶解。取20μL样品上样于1%的琼脂糖凝胶中进行电泳，EB染色后观察，拍照。

2 结果

2.1 肿瘤细胞生长及甘草提液对其抑制曲线

经MTT法测定表明甘草乙醇浸提液对肝癌细胞SMMC-7721的半数致死浓度（IC_{50}）为1.246mg/mL。甘草乙醇浸提液对细胞生长的抑制作用具有浓度依赖性，随着甘草乙醇浸提液浓度加大，细胞生长受抑制程度越高（图 1）。

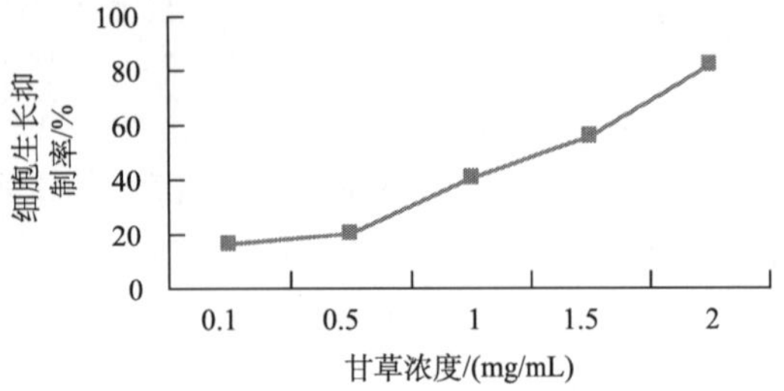

图 1　甘草乙醇浸提液对肝癌细胞 SMMC-7721 的生长抑制率

2.2　甘草乙醇浸提液诱导下细胞形态学观察

将处理后的细胞进行形态观察，结果表明与正常肿瘤细胞 SMMC-7721 相比（图 2A），在 1.5mg/mL 甘草乙醇浸提液诱导下细胞出现典型的凋亡形态：胞质浓缩，膜外出现凋亡小体，膜仍具完整性（图 2B）。细胞 Hoechst33342 是 DNA 活体荧光染料，在荧光显微镜下它能特异性的将细胞内染色质形态反映出来[6]。甘草乙醇浸提液作用后的细胞在用该染料处理后部分呈现出草绿色荧光，细胞中染色质明显凝集且分布不均（图 2C）；而其他细胞发出蓝色荧光，染色质分布均匀（图 2D）。因此，甘草能够引起肝癌细胞的调亡（图 2）。

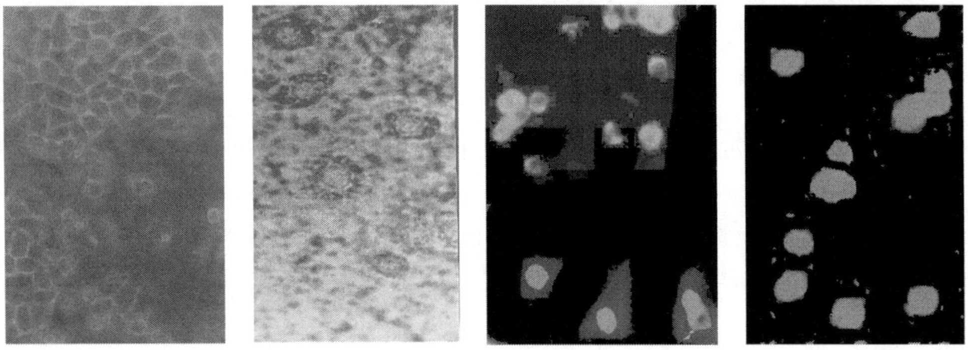

A　B　C　D

图 2　光镜下正常癌细胞和凋亡细胞颜色与形态的比较（200×1.0）

A. 正常 SMMC-7721 细胞；B. 凋亡细胞；C. Hoechst33342 染色下，凋亡细胞发出草绿色荧光；D. Hoechst33342 染色下，正常细胞发出蓝色荧光

2.3　细胞凋亡指数的测定

甘草乙醇浸提液作用于癌细胞后，细胞凋亡率随着甘草乙醇浸提液浓度的加大而呈上升趋势（图 3）。因此，不同浓度甘草乙醇浸提液能诱导细胞凋亡的数量不同。

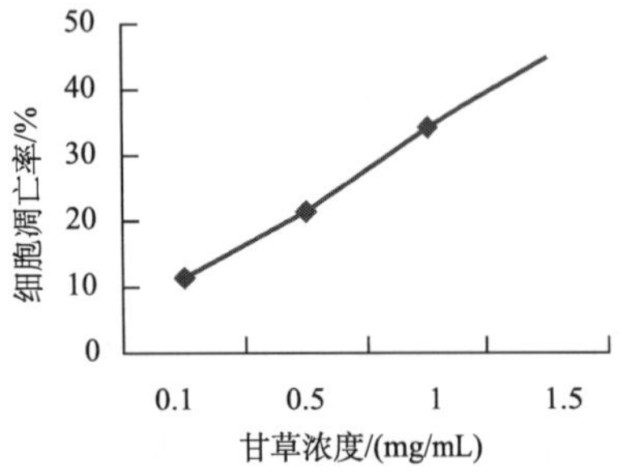

图 3　甘草乙醇浸提液对肝癌细胞凋亡指数的影响

2.4　甘草乙醇浸提液诱导下肿瘤细胞的 DNA 凝胶电泳结果

凋亡细胞内核酸内切酶被激活而使染色体 DNA 双链降解、断裂，断裂的部位恰在核小体区间，形成寡聚核小体，从而在琼脂糖电泳上显示核小体（180～200bp 对为基数）大小的梯状条带（DNA ladder）[9]。这是目前判断细胞凋亡的一种很可靠的手段[8]。提取肿瘤细胞 DNA 进行凝胶电泳，结果表明处理的肿瘤细胞出现特异性梯形条带（图 4B），而未处理的肿瘤细胞则呈现单一条带（图 4A）。处理后的细胞呈现的梯状条带进一步证实了甘草乙醇浸提液能够诱导肝癌细胞的凋亡。

3　讨论

细胞凋亡是细胞自发的程序性死亡。在癌症治疗中，诱导癌细胞凋亡可以避免药物治疗产生副作

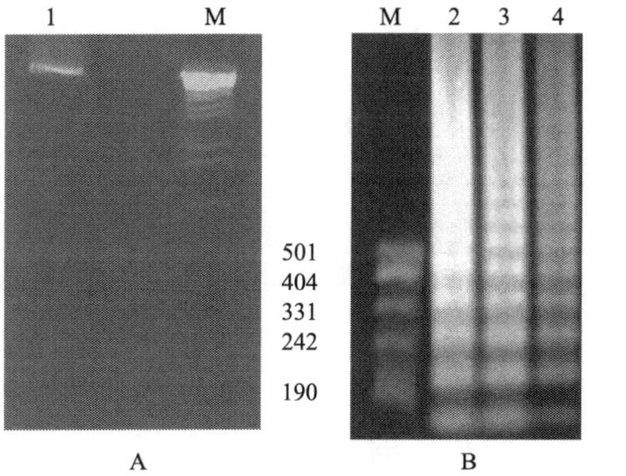

图 4 甘草乙醇浸提液诱导下细胞 DNA 片段化条带

M. mark；1. 正常癌细胞单一条带；2. 1.0mg/mL 甘草诱导 28h；3. 1.0mg/mL 甘草诱导 30h 后；4. 0.8mg/mL 甘草诱导 28h 后

用且难以根治的危害。因此，大量研发诱导细胞凋亡的药物已成为癌症治疗的关键。而类似甘草这样来源广泛的中草药，刚好为凋亡药物的研发提供了丰富的原料。目前，“细胞凋亡疗法”正逐步变成现实[9]。因此，确定甘草乙醇浸提液通过诱导肿瘤细胞凋亡抑制癌细胞生长的研究，具有重要的意义。

MTT 法是国际通用的筛选抗癌药物规程，它具有规模小、周期短的特点，适合用于体外大规模筛选[10]。这种方法有利于充分利用大量现成的原料进行快速筛选。本研究中运用 MTT 法初测甘草提液的 IC_{50} 为 1.246mg/mL，表明 ESCG 对 SMMC-7721 细胞有抗增殖作用。曲线抑制率的计算，证明了甘草乙醇浸提液提液在 1.0～1.5mg/mL 较低的浓度下就可以抑制肿瘤的生长，避免物质高浓度对生物体产生严重的副作用。活性物质抑制肿瘤细胞生长包括引起细胞坏死和诱导细胞凋亡[11]。常规肿瘤药物和放射性治疗通过引起细胞坏死抑制肿瘤增殖，但在癌细胞坏死同时，也引起正常细胞的变异或衰亡，对机体造成极大的损伤和副作用。“凋亡”是基因控制下诱发的细胞程序性死亡，凋亡细胞的细胞膜并不丧失完整性，提示了在体内“凋亡”不会导致炎症的发生[12]。这对抗癌药物的研发具有很大的现实意义，它将避免癌细胞的扩散和转移，克服癌治疗最根本的问题。目前，人们已发现许多“凋亡”基因，如 ICE 酶系家族、P_{53}蛋白和 c-*myc* 基因[13,14]。这些基因的损伤或缺失都会导致癌细胞的增殖。本实验中经 Hochest33342 荧光染色后，正常癌细胞和凋亡细胞形态学和所产生荧光的不同以及 ESCG 作用后癌细胞 DNA 琼脂糖凝胶电泳结果——染色体出现凋亡细胞所特有的片段化，这些现象都表明甘草提液在癌细胞基因水平上发生了作用。实验中我们还注意到当甘草的浓度低于 1.0mg/mL 时凝胶电泳梯形条带没有或不明显，这可能是因为凋亡细胞比例太小直接电泳观察不到核 DNA 变化，可以考虑通过接入 PCR 特异性接头，专一地扩增核小体的梯度片段。本实验通过曲线测定、形态观察、电泳检测等手段较有条理地验证了甘草乙醇浸提液能诱导肝癌细胞 SMMC-7721 凋亡从而抑制癌细胞增殖，但对其诱导凋亡的机制及成分还有待于深入探讨。

参 考 文 献

[1] 翟中和,王喜忠,丁明孝. 细胞生物学. 北京:高等教育出版社，2001，454

[2] 王兴强,叶建生,马甡等. 中草药制剂在对虾养殖中的应用. 海洋科学，2008，31(7)：80-84

[3] 丁宁,沈元月,冯永庆等. 植物细胞程序性死亡分子机制和信号转导. 生物技术通报，2008，1：25-29

[4] Woo Teak Chung，Seo Ho Lee，Jong Dai Kim，et al. Effect of the extracts from *Glycyrrhiza uralensis* Fisch. on the growth characteristics of human cell lines：Anti-tumor and immune activation activities. Cytotechnology，2001，37 (1)：55-64

[5] 马淼,周旭莉,户元林等. 乌拉甘草有效成分对人体 4 种肿瘤细胞增殖与凋亡的影响. 时珍国医国药，2008，19(1)：9-11

[6] 杨道科. 甘草甜素对胃癌细胞株 SGC-7901 凋亡影响的体外研究. 中国现代药物应用，2008，6(2)：32-34

[7] 冯薇,王文全,赵平然. 甘草活性成分和营养成分动态变化研究. 中国中药杂志，2008，33(10)：1206-1207

[8] Guy B，Faguet MD. Hematologic malignancies. New Jersey：Humana Press，2008

[9] Thompson CB. Apoptosis in the pathogenesis and treatment of disease. Science，1997：1456-1461

[10] 刘丽娜. 细胞凋亡分子机制. 世界华人消化杂志，2002，10(4)：422-423

[11] Simon P L. Cancer cell culture. New Jersey：Humana Press，2008

[12] Nu Zhang. The role of apoptosis in the development and function of T lympho. 生物技术通讯,2008,19(2):274-276

[13] Tusgu A，Sakai K，Dirks PB，et al. Expression of p53(KIP2) potently blocks the growth of human astrocytoma S and induces cell senescence. Am J Pathol，2000，157(3)：919-932

[14] Yu JH，Kim KH，Kim H. Nuclear loss of DNA repair Ku proteins and c-*myc* expression in apoptosis of cerulein-stimulated pancreatic acinar cells. Inflammopharmacology，2007，15(6)：282-287

New asperxanthone and asperbiphenyl from the marine fungus *Aspergillus niger* *

WU Zu-jian[1], OUYANG Ming-an[1,2], TAN Qing-wei[2]

(1 Institute of Plant Virology, Fujian Agriculture and Forestry University, Fuzhou 350002;
2 Key Laboratory of Biopesticide and Chemical Biology, Ministry of Education,
Fujian Agriculture and Forestry University, Fuzhou 350002)

Abstract: BACKGROUND: Marine fungi are of great importance as potential sources of agricultural leads. As continue of our work on new and biologically active metabolites from marine fungi, culture extracts of selected isolates were screened for inhibitory activity against tobacco mosaic virus (TMV), a type member of the tobamovirus group of plant viruses. RESULTS: A new difuranxanthone, asperxanthone (**1**) and a new biphenyl, asperbiphenyl (**2**) as well as seven known unsaturated fatty acid glycerol esters were isolated from a selected marine fungus, identified as *Aspergillus niger* (MF-93), collected in the Quan-Zhou Gulf. Two-dimensional NMR methods and FAB-MS established their structures of the new compounds. Among the compounds, **1** and **2** showed the moderate activity (inhibitory rate was 62.9% and 35.5% respectively) in inhibiting multiplication of the *Tobacco mosaic virus* (TMV), higher than that of the other seven known lipids separated from the extract, but much lower than that of the extract in the identical concentration of 0.2mg/mL. CONCLUSION: Two new compounds, asperxanthone (**1**) and asperbiphenyl (**2**) were identified as the prime active component from *Aspergillus niger*. (MF-93), and further study are in progress in order to illuminate the interactive mechanism.

Key words: marine fungus; *Aspergillus niger*; difuranxanthone; biphenyl; TMV

1 Introduction

Marine fungi are a rich source of bioactive secondary metabolites with unprecedented skeletons. Published reviews show the importance of these microorganisms as potential sources of pharmaceutical leads. A number of metabolites from marine fungi possess antimicrobial, antifungal [1], cytotoxic, antitumor [2,3], immunostimulatory [4], antiviral[5], kinase inhibitors[6]. In our search for new and biologically active natural products from marine organisms [7,8], we have isolated more than 300 fungal strains from marine molluscs and algae. Screening of culture extracts of selected isolates led to the discovery of several strains which showed significant activity in agar diffusion assays for antimicrobial activity [9-11]. Previous work resulted in the isolation of a new cerebroside, asperiamide A from an *Aspergillus* sp. strain (culture MF-34 #) [7]. Here we report the isolation and structural elucidation of two new antimicrobials from *Aspergillus niger* (culture MF-93 #) .

Pest Management Science, 2009, 65 (1): 60-65

* Contract/grant sponsor: Fujian Provincial Administration Education Program; contract/grant number: 2006F5016; Contract/grant sponsor: Fujian Provincial Scientific and Technological Program; contract/grant number: 2006NZ0002C4

2 Experimental

2.1 General procedures

FAB-MS were taken on a VG Autospec 3000 system spectrometer. ^1H and ^{13}C NMR spectra were obtained with a Bruker DRX-500 spectrometer and the solvent is $CDCl_3$ and CD_3OD. Optical rotations were taken on a JASCO-20C digital polarimeter, and the IR spectrum was recorded with a Perkin-Elmer 1750 FTIR spectrometer. Chromatographic stationary phase used RP-18 (40-60μm, Merck), silica gel (160-200 mesh), Dianion HP-20 (Mitsubishi Chemical Co. Ltd.) and Sephadex LH-20 (25-100μm, Pharmacia Fine Chemical Co. Ltd.). The following solvent systems were used: $CHCl_3$-MeOH (100 : 5 to 100 : 20) for silica gel column, MeOH-H_2O (0-100%) for Sephadex LH-20 column. Spot of TLC was detected by spraying with 5% H_2SO_4 followed by heating.

Asperxanthone (**1**): White amorphous powder, $C_{18}H_{12}O_6$, $[\alpha]_D^{21}$-32 (c 0.36, MeOH); Positive FAB-MS m/z 325 $[M+H]^+$; HRFABMS m/z 325.0714 (calcd 325.0712 for $C_{18}H_{13}O_6$) $[M+H]^+$; IR ν_{max} (liquid): 3397, 2939, 2873, 1653, 1607, 1587, 1468, 1235, 1129, 1090 cm^{-1}; ^1H NMR and ^{13}C NMR see Table 1.

Table 1 NMR data for Asperxanthone (1), 500 MHz; $CDCl_3$

No.	^{13}C		^1H	HMBC	NOESY	COSY
2	154.7	C				
3	105.7	CH	6.77 (1H, d, J = 8.0Hz)	C_2, C_5, C_7		H_4
4	135.5	CH	7.45 (1H, t, J = 8.0Hz)	C_2, C_6		H_5, H_3
5	111.1	CH	6.70 (1H, d, J = 8.0Hz)	C_3, C_6, C_7	HOH	H_4
6	162.0	C				
6-OH			13.2 (1H, s)	C_5, C_6, C_7	H_5	
7	108.8	C				
8	185.0	C				
9	105.8	C				
10	150.3	C				
11	114.4	C				
12	143.0	C				
12-OMe	56.8	CH_3	3.95 (3H, s)	C_{12}	H_{10}	
13	109.4	CH	6.68 (1H, s)	C_8, C_9, C_{11}, C_{12}, C_{14}	$HOCH_3$	
14	147.7	C				
15	48.1	CH	4.77 (1H, dt, J = 7.2, 2.4Hz)	C_{10}, C_{11}, C_{12}, C_{16}, C_{17}, C_{18}	H_{16}, H_{17}, H_{18}	H_{16}, H_{17}
16	113.1	CH	6.81 (1H, d, J = 7.2Hz)	C_{10}, C_{11}, C_{15}, C_{17}, C_{18}	H_{15}, H_{17}, H_{18}	H_{15}
17	102.4	CH	5.42 (1H, t, J = 2.4Hz)	C_{11}, C_{15}, C_{16}, C_{18}	H_{15}, H_{16}, H_{18}	H_{15}, H_{18}
18	145.1	CH	6.48 (1H, d, J = 2.4Hz)	C_{15}, C_{16}, C_{17}	H_{17}, H_{15}, H_{16},	H_{17}

Asperbiphenyl (**2**): Brown amorphous powder, $C_{24}H_{30}O_6$, $[\alpha]_D^{21}+0.12$ (c 0.26, MeOH), Positive FAB-MS *m/z* 415 $[M+H]^+$; HRFABMS *m/z* 415.2124 (calcd 415.2121 for $C_{24}H_{31}O_6$) $[M+H]^+$; IR ν_{max} (liquid): 3417, 2979, 2933, 1609, 1587, 1428, 1381, 1255, 1129 cm^{-1}; ^1H NMR and ^{13}C NMR see Table 2.

Table 2　NMR data for Asperdiphenyl (2), 500 MHz; CD_3OD

No	^{13}C		^1H	HMBC	NOESY	COSY
1, 1′	101.6	C				
2, 2′	156.0	C				
3, 3′	110.6	C				
4, 4′	142.6	C				
5, 5′	112.8	C				
6, 6′	159.1	C				
7, 7′	60.2	CH_2	4.62 (1H, d, *J* = 14.8Hz) 4.55 (1H, d, *J* = 14.8Hz)	C_2, C_3, C_4, C_8	H_{10}	
8, 8′	75.8	CH	3.88 (1H, qd, *J* = 6.8, 2.4Hz)	C_4, C_7, C_9, C_{10}, C_{11}	H_{11}	H_9, H_{10}
9, 9′	36.8	CH	2.64 (1H, qd, *J* = 6.8, 2.4Hz)	C_3, C_4, C_5, C_8, C_{10}, C_{11}	H_{10}, H_{12}	H_8, H_{11}
10, 10′	20.8	CH_3	1.21 (3H, d, *J* = 6.8Hz)	C_8, C_9	H_7, H_9	H_8
11, 11′	18.4	CH_3	1.19 (3H, d, *J* = 6.8Hz)	C_4, C_8, C_9	H_8	H_9
12, 12′	10.3	CH_3	2.02 (3H, s)	C_4, C_5, C_6	H_9	

Compound (**3**): Positive FAB-MS *m/z* 355 $[M+H]^+$, 281, 267, 207, 147; ^1H NMR δ_H 5.35 (4H, m), 4.35 (1H, dd, *J* = 11.6, 3.2Hz), 4.14 (2H, m), 3.68 (2H, t, *J* = 5.6Hz), 2.89 (2H, m), 2.31 (4H, m), 2.07 (4H, m), 1.60 (4H, m), 1.24-1.40 (-CH_2-, m), 0.89 (3H, t, *J*=6.5Hz); ^{13}C NMR δ_C 173.2 (C), 130.5 (CH), 130.4 (CH), 128.6 (CH), 128.5 (CH), 72.9 (CH), 63.2 (CH_2), 61.2 (CH_2), 34.8 (CH_2), 34.5 (CH_2), 29.5-30.0 (-CH_2-), 27.9 (CH_2), 26.3 (CH_2), 25.7 (CH_2), 23.3 (CH_2), 14.4 (CH_3).

Compound (**4**): Positive FAB-MS *m/z* 369 $[M+H]^+$, 339, 313, 263, 239, 207, 154, 136; ^1H NMR δ_H 5.33 (4H, m), 4.14 (2H, m), 3.90 (1H, m), 3.68 (1H, dd, *J* = 11.6, 4.0Hz), 3.56 (1H, dd, *J* = 11.6, 5.2Hz), 2.74 (2H, t, *J* = 6.8Hz), 2.32 (2H, t, *J* = 7.2Hz), 2.03 (4H, dd, *J* = 13.2, 6.8Hz), 1.60 (2H, m), 1.24-1.38 (-CH_2-, m), 0.87 (3H, t, *J* = 6.8Hz); ^{13}C NMR δ_C 174.1 (C), 130.1 (CH), 129.8 (CH), 127.9 (CH), 127.7 (CH), 70.3 (CH), 65.1 (CH_2), 63.4 (CH_2), 34.2 (CH_2), 31.6 (CH_2), 29.1-29.8 (-CH_2-), 27.3 (CH_2), 27.2 (CH_2), 25.7 (CH_2), 25.0 (CH_2), 22.7 (CH_2), 14.2 (CH_3).

Compound (**5**): Positive FAB-MS *m/z* 575 $[M+H]^+$, 367, 339, 261, 239, 207, 147; ^1H NMR δ_H 5.31 (8H, m), 4.26 (2H, dd, *J* = 12.4, 4.4Hz), 4.11 (3H, m), 2.74 (2H, t, *J*= 6.0Hz), 2.28 (4H, t, *J* = 7.6Hz), 2.04 (4H, m), 1.58 (4H, br. s), 1.20-1.40 (-CH_2-, m), 0.86 (3H, t, *J* = 6.7Hz); ^{13}C NMR δ_C 173.0 (C), 130.1 (CH), 129.8 (CH), 129.6 (CH), 129.3 (CH), 127.9 (CH), 127.7 (CH), 127.5 (CH), 127.0 (CH), 68.9 (CH), 65.0 (CH_2), 62.1 (CH_2), 34.2 (CH_2), 31.8 (CH_2), 28.5-29.8 (-CH_2-), 27.3 (CH_2), 25.7 (CH_2), 25.0 (CH_2), 24.9 (CH_2), 22.8 (CH_2), 14.2 (CH_3).

Compound (**6**): Positive FAB-MS *m/z* 313

[M+H]$^+$, 263, 239, 227, 154; ^{1}H NMR δ_H 5.34 (4H, m), 4.12 (5H, m), 2.75 (2H, t, J = 6.8Hz), 2.33 (2H, t, J = 7.2Hz), 2.02 (4H, dd, J = 14.0, 6.8Hz), 1.61 (2H, t, J = 7.6Hz), 1.24-1.35 (-CH_2-, m), 0.86 (3H, t, J = 7.0Hz); ^{13}C NMR δ_C 173.6 (C), 130.1 (CH), 129.9 (CH), 127.9 (CH), 127.8 (CH), 68.4 (CH), 65.1 (CH_2 × 2), 34.2 (CH_2), 31.6 (CH_2), 29.2-29.4 (-CH_2-), 27.3 (CH_2), 27.2 (CH_2), 25.8 (CH_2), 25.0 (CH_2), 22.7 (CH_2), 14.2 (CH_3).

Compound (**7**): Positive FAB-MS m/z 577 [M+H]$^+$, 339, 313, 265, 239, 229, 154, 95; ^{1}H NMR δ_H 5.32 (6H, m), 4.12 (5H, m), 2.78 (2H, t, J = 6.8Hz), 2.32 (4H, t, J = 7.2Hz), 2.03 (8H, m), 1.59 (8H, m), 1.24-1.38 (-CH_2-, m), 0.87 (3H, t, J = 6.8Hz); ^{13}C NMR δ_C 173.6 (C), 130.1 (CH), 129.9 (CH), 129.6 (CH), 127.9 (CH), 127.8 (CH), 127.6 (CH), 68.4 (CH), 65.1 (CH_2×2), 34.2 (CH_2), 31.6 (CH_2), 29.1-29.8 (-CH_2-), 27.3 (CH_2), 27.2 (CH_2), 25.7 (CH_2), 25.0 (CH_2), 22.7 (CH_2), 14.2 (CH_3).

Compound (**8**): Positive FAB-MS m/z 575 [M+H]$^+$, 377, 339, 313, 263, 239, 207, 147; ^{1}H NMR δ_H 5.35 (8H, m), 4.29 (1H, m), 4.14 (4H, dd, J = 11.6, 5.6Hz), 2.77 (2H, t, J = 6.8Hz), 2.30 (4H, t, J = 7.2Hz), 2.05 (4H, dd, J = 13.0, 6.7Hz), 1.60 (4H, m), 1.24-1.38 (-CH_2-, m), 0.87 (3H, t, J = 6.8Hz); ^{13}C NMR δ_C 173.0 (C), 130.0 (CH), 129.8 (CH), 129.7 (CH), 129.5 (CH), 127.9 (CH), 127.8 (CH), 127.7 (CH), 127.6 (CH), 68.9 (CH), 62.1 (CH_2×2), 34.2 (CH_2), 31.5 (CH_2), 29.0-29.7 (-CH_2-), 27.3 (CH_2), 25.7 (CH_2), 24.9 (CH_2), 22.7 (CH_2), 14.2 (CH_3).

Compound (**9**): Positive FAB-MS m/z 579 [M+H]$^+$, 337, 313, 263, 239, 207, 154, 136; ^{1}H NMR δ_H 5.31 (4H, m), 4.14 (5H, m), 2.74 (2H, t, J = 6.8Hz), 2.32 (4H, t, J = 7.2Hz), 2.02 (8H, m), 1.58 (2H, m), 1.24-1.38 (-CH_2-, m), 0.86 (3H, t, J = 6.8Hz); ^{13}C NMR δ_C 173.6 (C), 130.0 (CH), 129.8 (CH), 127.9 (CH), 127.7 (CH), 68.3 (CH), 65.0 (CH_2), 34.1 (CH_2), 31.9 (CH_2), 29.1-29.8 (-CH_2-), 27.3 (CH_2), 25.7 (CH_2), 25.0 (CH_2), 22.7 (CH_2), 14.2 (CH_3).

2.2 Fungal isolation and culture

The fungal strain (culture MF-93#) was isolated from the sea water collected in Quan-Zhou Gulf, Fujian province, China, in 2002 and identified as an *Aspergillus niger* by Prof. Chen Bi-E. The fungus was cultured (20L) 25days at 24℃ in the medium: soluble starch (1%), yeast extract (0.2%), $MgSO_4$ · 7H2O (0.05%), KH_2PO_4 (0.1%), sea water (100%).

2.3 Extraction and isolation

The mycelium and broth were separated by filtration. The mycelial mat was extracted with MeOH. The combined extract (10.3g) was subjected to Dianion HP-2gel column and eluted with water and methanol. Evaporation of the methanol eluate yielded 3.6g of a brown fraction. The fraction was chromatographed on silica gel to give 4 fractions. Each fraction was chromatographed on RP-18 gel column (solvent: MeOH-H_2O, 10%-70%) and silica gel column using $CHCl_3$-MeOH (100 : 5 -100 : 20) as solvent to yield **1** (34mg), **2** (16mg), **3** (14mg), **4** (10mg), 5 (9mg), **6** (21mg), **7** (13mg), **8** (17mg), and **9** (42mg).

2.4 *Tobacco mosaic virus* bioassay

The inhibitory activity against TMV multiplication of each compound was tested using indirect ELISA method as described in our previous study [12].

2.4.1 Screening material preparations

Nicotiana tabacum cv. K326 was cultivated in a glasshouse without pests. Different compounds were weighed precisely with an electrobalance, dissolved with a small quantity of DMSO, and diluted with water to provide solutions having a concentration of 0.2mg/mL; all solutions were in Petri dishes.

2.4.2 Leaf-disk method

Leaves of *N. tabacum* cv. K326 were mechanically inoculated with TMV at 10μg/mL. Leaf disks of 10-mm diameter were punched and floated on the solutions of different compound solutions 7h after inoculation and incubated at 25 ± 1℃ for 48h. Disks were treated with solvent only as the positive control, whereas disks of healthy leaves were used as the negative control; 48h later, leaf disks were ground in coating buffer, and virus concentrations in them were measured by indirect ELISA. There were six repetitions in every treatment. A series of TMV solutions at known concentrations was incorporated into every microliter plate to provide an internal calibration curve. Linearity of absorbance with TMV concentrations was obtained within a range of about 2 orders of magnitude (0.04888-12.5ng of TMV). The inhibition of virus replication was calculated as [1 - (virus concentration of compound-treated leaf disk) / (virus concentration of leaf disk of the positive control] × 100, where virus concentration was calculated by the TMV standard curve with OD_{405} value of indirect ELISA.

2.4.3 Indirect ELISA procedure

One hundred microliters of diluted antigen was added to each well of a micro-ELISA plate and incubated overnight at 4℃. After incubation, the antigen solution was discarded and the plates were washed three times in phosphate-buffered saline (PBS), pH7.2, containing 0.001% Tween 20 (PBS-T). Rabbit anti-TMV serum (1 : 2000) was added to the antigen-coated wells. The plates were incubated for 1h at 37℃ and then washed three times in PBST. Goat anti-rabbit alkaline phosphatase (Sigma) conjugate (1 : 30000) in PBS-T was then added and a further incubation for 1h carried out at 37℃. The plates were again washed three times, 100μL of PNP solution per well was added, and after 10min, the reaction was stopped by adding 100μL of 3mol/L sodium hydroxide. The intensity of color development was determined by measuring absorbance using a micro-ELISA reader equipped with a 405 nm filter.

3 Results and Discussion

3.1 Structure elucidation

Asperxanthone (**1**) was obtained as a white amorphous powder, whose molecular formula was determined to be $C_{18}H_{12}O_6$ (13 sites of unsaturation) by observation of a quasi-molecular ion peak at *m/z* 325.0714 $[M+H]^+$ in the positive ion HR-FAB mass spectrum and ^{13}C NMR data. The IR spectrum indicated the presence of hydroxyl group (3397 cm^{-1}), conjugated ketone (1653 cm^{-1}), and benzene ring (1607 and 1587 cm^{-1}). The ^1H NMR spectrum of **1** showed aromatic proton signals at δ_H 7.45 (1H, t, *J* = 8.0Hz), 6.77 (1H, d, *J* = 8.0Hz), 6.70 (1H, d, *J* = 8.0Hz), and 6.68 (1H, s); an acetal proton signal at δ_H 6.81 (1H, d, *J* = 7.2Hz), two vinyl proton signals at δ_H 6.48 (1H, t, *J* = 2.4Hz) and 5.42 (1H, t, *J* = 2.4Hz), a benzyl proton signal at δ_H 4.77 (1H, dt, *J* = 7.2, 2.4Hz) and a methoxyl signal at δ_H 3.95 (3H, s). The ^{13}C NMR spectrum of **1** gave an aryl ketone carbonyl signal at δ_C 185.0, an acetal carbon signal at δ_C 113.1, a benzyl carbon (sp^3) signal at δ_C 48.1, a methoxy signal at δ_C 56.8, two vinyl carbon signals at δ_C 102.4, 145.1 and twelve aromatic carbon signals (see Table 1). The ^1H NMR spectrum of **1** revealed the presence of an intramolecularly hydrogen-bonded phenolic OH group (δ_H 13.2) and, together with the ^{13}C NMR data, permitted assignment of tri-substituted and quint-substituted benzene rings. Because of the intramolecularly hydrogen-bonded phenolic OH group, the ketone should be presumed to be located *ortho* to the hydroxyl group of the aromatic ring. The ^1H NMR spectrum of **1** also showed two vinyl proton signals at δ_H 6.48 (1H, t, *J* = 2.4Hz) and 5.42 (1H, t, *J* = 2.4Hz), which were two vicinity-protons based on the ^1H-^1H COSY, and their coupling constants suggested the structure of furan ring. All of these features were verified by analysis of HMBC and NOESY experiments.

In the HMBC experiments, the hydrogen-bonded phenolic OH proton afforded all of the possible two- and three-bond correlations, leading to assignment of the carbon signals for C-5, C-6, C-7; and the aryl proton (H-3) correlated with C-2, C-4, C-5, C-7; the aryl proton (H-5) with C-3, C-4, C-6, C-7; the aryl proton (H-13) with C-8, C-9, C-11, C-12, C-14; the methoxy protons and C-12. There were the correlations between the acetal proton (H-16) and C-10, C-11, C-15, C-17, C-18; between the aliphatic proton (H-15) and C-10, C-11, C-12, C-16, C-17, and C-18; between the vinyl proton (H-17) and C-15, C-16, C-18, and the another vinyl proton (H-18) and C-15, C-16, C-17. These results required the aryl ring-C and furan ring-D to have a benzofuran, thus, the acetal carbon must be linked via an oxygen atom to C-10 and to C-18. The relative configuration based on the NOESY experiments (Fig. 2), the key correlations were between H-13 and H-OCH_3 at C-12, between H-15 and H-18, between H-16 and H-17, which correlations suggested H-15 and H-16 were the same orientation. Comparing with the NMR data of the known xanthone and sterigmatocystin[13,14], the NMR data of A, B rings were almost same as the part of asperxanthon, but the data of C and D rings were difference. The Fig. 4 was a biosynthesis route of xanthones. The key correlation was a cross-peak of the NOESY in the C-ring, which was between the aromatic proton (δ6.68) and the methoxy proton (δ3.95). This correlation was to exclude the structure of **1**′ (Fig. 4). Due to the data of the difference between sterigmatocystin and **1** obviously, thereby the structure of **1** was completing the assignment as shown in **1**.

Asperbiphenyl (**2**) was the molecular formula $C_{24}H_{30}O_6$ (10 sites of unsaturation) established by HRFABMS. Its IR spectrum contained absorption bands at 3417 (OH), 2979, 2933 (CH), 1605 (aromatic ring) cm^{-1}. The ^{13}C and ^1H NMR (Table 2) spectra only showed three methyls C-10 [20.8, 1.21 (H-10)], C-11 [36.8, 1.19 (H-11)], and C-12 [10.3, 2.02 (H-12)], one methylene (C-7), two sp^3-hybridized methines (C-8 and C-9), and a hexa-substituted benzene. Detailed analyses of 2D NMR spectra (^1H-^1H COSY, HMQC, HMBC, and NOESY) disclosed the presence of a pyran moiety in **2** (Fig. 1). ^1H-^1H COSY spectrum revealed the connective positions from H-8 to H-9, from H-8 to H-10, and from H-9 to H-11. Long-range correlations from two protons (H-7b, δ_H 4.62; H-7a, δ_H 4.55) to three sp^2 quaternary carbon (C-2, C-3, C-4) and one sp^3 methine carbon (C-8), respectively, were observed in the HMBC spectrum. These correlations suggested the position of C-7. The HMBC cross peaks from H-8 to methyls (C-10, C-11), C-4, C-7, C-9, and H-9 to methyls (C-10, C-11), C-8, C-4, C-3, C-5, indicated the ring of pyran. The methyl (C-12) in HMBC spectrum gave long-rang correlations from H-12 to C-4, C-5 and C-6, these cross peaks implied the methyl linking at C-5. The NOESY spectrum showed cross peaks for H-7a to H-10, H_8 to H_{11}, H_9 to H_{10}, and H_9 to H_{12}. The correlations suggested that the proton of H-7a and two methyl groups of H-10, H-11 be axial bonds. Other protons of H-7b, H-8, and H-9 were equatorial bonds, which coupling constant of $J_{8,9}$ = 2.4Hz also attested to two equatorial protons (see half structure of **2**, Fig. 1). Because of the hexa-substituted benzene in **2**, the position C-1, which was a quaternary carbon signal at δ101.6, should link to another carbon. This carbon signal should overlap the C-1. So, the structure of **2** suggested a biphenyl skeleton. It should be the presence of four carbon bearing oxygen signals [δ156.0 (C-2, C-2′) and 159.1 (C-6, C-6′)], and there were eight substituted benzene signals, these data also suggested that **2** were a symmetric compound. The relative configuration of two chiral carbons was shown Fig. 2. Because of the optical rotation in 2 was only + 0.12 and four hydroxyl groups at C-2, 2′ C-6, 6′ in aromatic rings were not quite big. The bond of two aromatic rings should be rotary, so compound **2** was not an atropisomer. On the basis of the above evidence, asperbiphenyl was completing the assignment of the structure as shown.

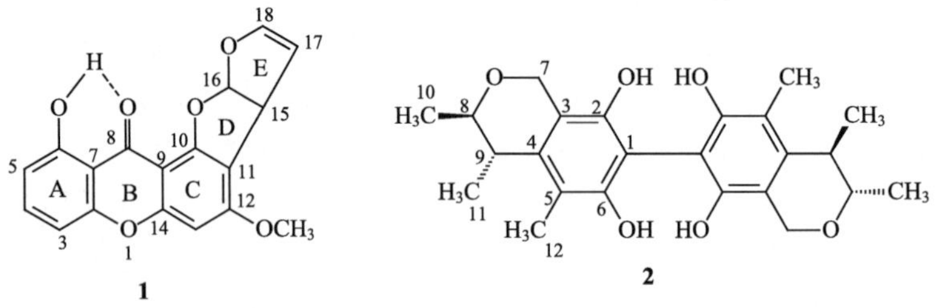

Fig. 1 Chemical structures of Asperxanthone (**1**) and Asperbiphenyl (**2**)

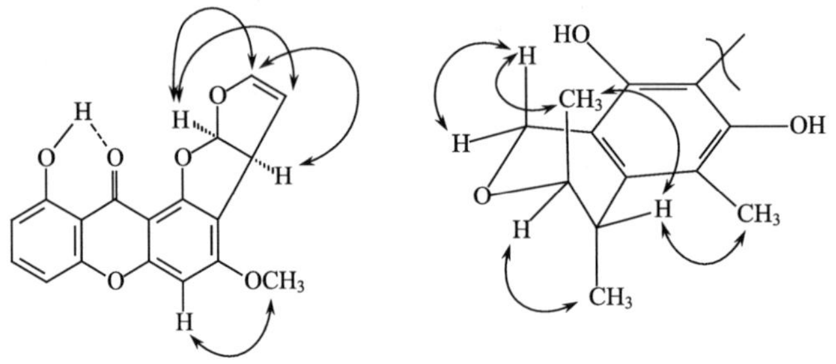

Fig. 2 Selected NOESY correlations for **1** and **2**

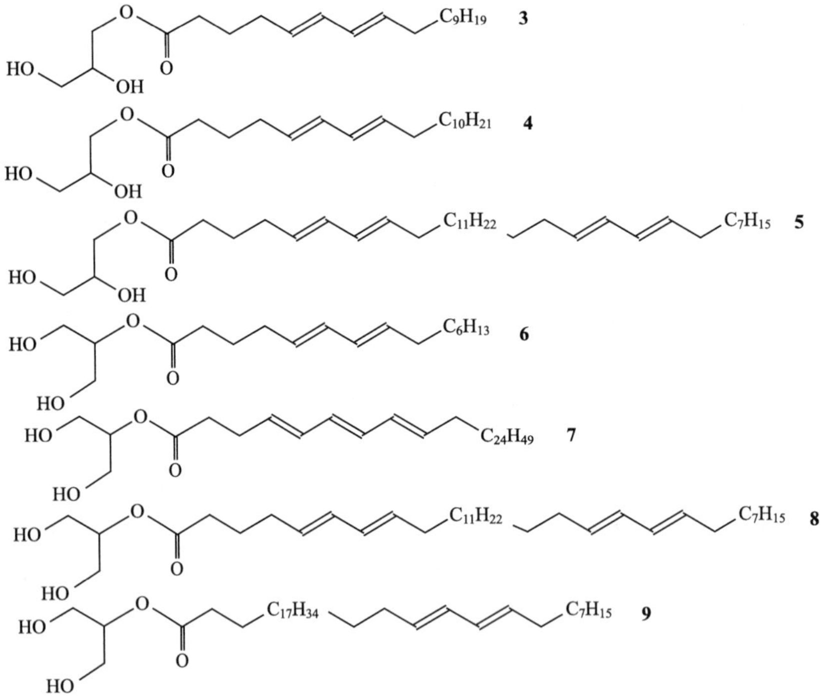

Fig. 3 Structures of unsaturated fatty acid glycerol esters **3-9**

3.2 Inhibitory activity against TMV of compounds 1-9

The inhibitory data of compounds **1-9**, together with the methanol extract of *Aspergillus niger* are listed in Table 3. The inhibitory activity against TMV of compounds **1** and **2** are higher than those of lipids **3-9**, but much lower than that of the methanol extract. Further research was in progress in order to illuminate the interactive mechanism of the compound **1** and **2**, and to make sure if two or more of the compounds were synergistic in any type of action.

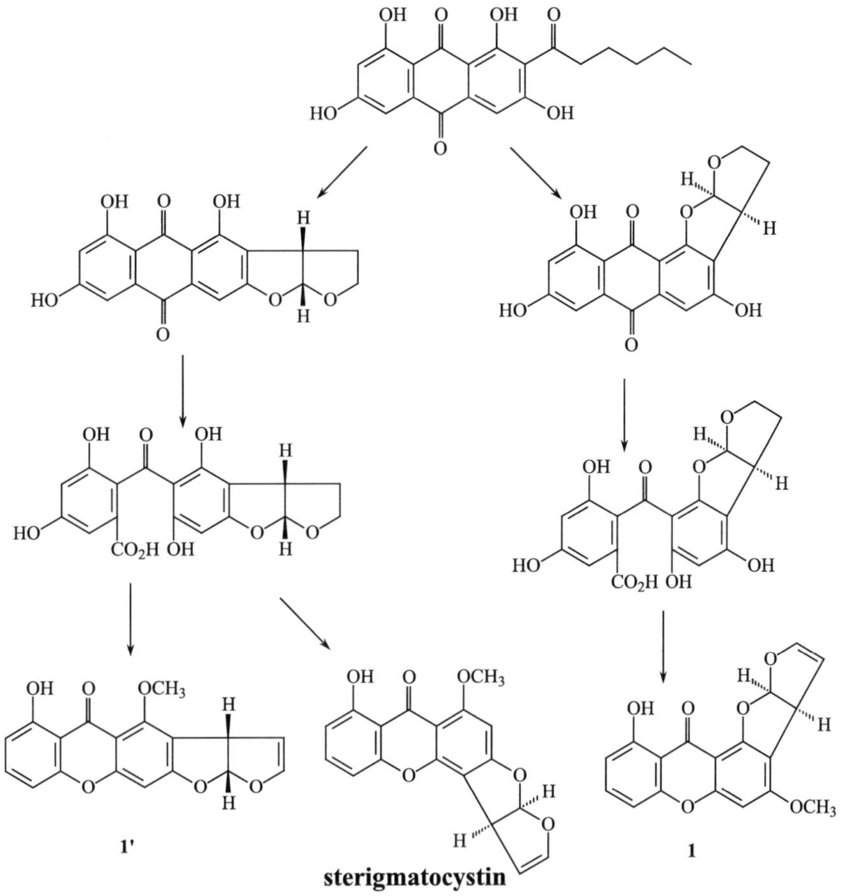

Fig. 4 Biosynthesis route of compound **1**, **1′**, and sterigmatocystin

Table 3 The TMV multiplication inhibition of cpds 1-9

No.	—[c]	+[d]	**1**	**2**	**3**	**4**	**5**	**6**	**7**	**8**	**9**	**Extr.**
TR[a]	0	0.3322	0.1232	0.2142	0.2908	0.2828	0.2745	0.2850	0.2860	0.2846	0.2781	0.0623
%[b]	100	0	62.9	35.5	12.5	14.9	17.4	14.2	13.9	14.3	16.3	81.2

a: Concentration of TMV in every treatment (ng)

b: Inhibition rate.

c: + is positive control and - is negative control

d: The concentration of each compound is 0.2mg/mL

Acknowledgements

This research was supported by National Natural Science Foundation of China (Grant No. 20272015) Fujian Provincial Administration of Education (Grant No. 2006F5016), and Fujian Provincial Scientific and Technological Program (Grant No. 2006NZ0002C4). We thank the staff of the analytical group of Department of Chemistry, Taiwan University for measurements of NMR and FAB-MS spectra.

References

[1] Li HY, Matsunaga S, Fusetani N. Halicylindrosides, antifungal and cytotoxic cerebrosides from the marine sponge *Halichondria cylindrata*. Tetrahedron, 1995, 51: 2273-2279

[2] Natori T, Koezuka Y, Higa T. Agelasphins, novel α - galactosylceramides from the marine sponge *Agelas mauritianus*. Tetrahedron Lett, 1993, 34: 5591-5595

[3] Natori T, Morita M, Akimoto K, et al. Agelasphins, novel antitumor and immunostimulatory cerebrosides from the marine sponge *Agelas mauritianus*. Tetrahedron, 1994, 50: 2771-2778

[4] Seki M, Kayo A, Mori K. Synthesis of (2*S*, 3*R*, 11*S*, 12*R*, 2*R*, 11*S*, 12*R*)-plakoside A, a prenylated and immunosuppres-

sive marine galactosphingolipid with cyclopropane-containing alkyl chains. Tetrahedron Lett, 2001, 42: 2357-2361

[5] Carter GT, Rinehart KL. Aplidiasphingosine, an antimicrobial and antitumor terpenoid from an *Aplidium* sp. (marine Tunicate). J Am Chem Soc, 1978, 100: 7441-7442

[6] Bugni TS, Ireland CM. Marine-derived fungi: a chemically and biologically diverse group of microorganisms. Nat Prod Rep, 2004, 21:143-163

[7] Ouyang MA, Liu R, Kuo YH, A new cerebroside, Asperiamide A, from the mairne fungus *Asperillus* sp. J Asian Nat Prod Res, 2005, 7: 761-765

[8] Ouyang MA. A new adenosyl-alkaloid from *Ostrea rivularis*. Nat Prod Res, 2006, 20: 79-83

[9] Chen BE, Zhang SL. Antimicrobial characteristics of marine fungi *Aspergillus* sp. MF134. Journal of Huaqiao University (Natural Science), 2006, 3: 307-309

[10] Chen BE, Ouyang MA, Wang LN. Growth characteristics and antibiotic action of marine fungi *Penicilliun* sp. W02A. Amino Acids and Biotic Resources, 2005, 2: 5-7

[11] Chen BE, Ouyang MA, Wang LN. Isolation of filamentous fungi from *Meretrix meretrix* L. Journal of Huaqiao University (Natural Science), 2006, 1: 86-88

[12] Wu ZJ, Ouyang MA, Wang CZ, et al. Anti-*Tobacco mosaic virus* (TMV) triterpenoid saponins from the leaves of *Ilex oblonga*. J Agric Food Chem, 2007, 55: 1712-1717

[13] Ayer WA, Taylor DR. Metabolites of bird's nest fungi. Part 5. The isolation of 1-hydroxy-6-methyl-8-hydroxymethylxanthone, a new xanthone, from *Cyathus intermedius*. Synthesis via photoenolisation. Can J Chem, 1976, 54: 1703-1706

[14] Chatterjee M, Townsend CA. Evidence for the probable final steps in aflatoxin biosynthesis. J Org Chem, 1994, 59: 4424-4429

Constituents from the seeds of *Brucea javanica* with inhibitory activity of *Tobacco mosaic virus*

CHEN Qi-jian [1], OUYANG Ming-an [1,2], TAN Qing-wei [2], ZHANG Zheng-kun [1], WU Zu-jian [1], LIN Qi-ying [1]

(1 Institute of Plant Virology, Fujian Agriculture and Forestry University, Fuzhou 350002; 2 Key Laboratory of Biopesticide and Chemical Biology, Ministry of Education, Fujian Agriculture and Forestry University, Fuzhou 350002)

Abstract: Three new constituents were obtained along with ten known compounds from the seeds of *Brucea javanica*. The structures of these compounds were determined based on spectral and chemical evidence. These new compounds included a monoterpenoid glycoside and two sesquiterpenes. Bio-activity screening of these constituents showed that compounds **1**, **3**, **8**, **9**, and **13** with obvious activities in inhibiting multiplication of the *Tobacco mosaic virus* (TMV).

Key words: Simaroubaceae; *Brucea javanica*; monoterpenoid glycoside; sesquiterpene; lignan; *Tobacco mosaic virus*

1 Introduction

Brucea javanica is a shrub of Simaroubaceae. It distributes from Southeast Asia to northern Australia, and grows in southern regions of China widely[1]. This plant has been deeply studied and found a rich source of quassinoids. Its seed has still been used for the treatment of dysentery, malaria and cancer in Chinese traditional medicine. Okano M. et al. had previously reviewed the bioactive quassinoids from Simaroubaceae plants during the period of 1972-2000, which showed cytotoxic antitumor, anti-tumor-promoter, anti-HIV, anti-tuberculosis, insect antifeedant, and other biological activities [1-3]. And *B. javanica* is still now an interesting resource for new quassinoids and bioactivity studies [4-6].

It is a part of our search for antiphytoviral natural products, a chloroform fraction from the seeds of *B. javanica* showed significant inhibitory activity against the infection and the replication of TMV *in vitro*. Previously, our institute reported the antiphytoviral activity of bruceine-D, a quassinoid isolated from the seeds of *B. javanica*[7]. It exhibited significant inhibitory activity against the infection and the replication of TMV, with IC_{50} values of 13.98μg/mL and 7.13μg/mL respectively. Bioassay-guided fractionation of the chloroform extract of the seeds of *B. javanica* using chromatography in silica gel and preparative HPLC led to the isolation of three new compounds. We report, herein, the structure elucidation and antiphytoviral activities of these new compounds and ten known compounds.

2 Results and Discussion

Chloroform extract of *B. javanica* was chromatographed on silica gel and eluted with 40% EtOAc-hexane to afford five fractions. The components were separated by preparative HPLC on silica gel developing with EtOAc-hexane (40 : 60). Thirteen compounds were obtained including the

Journal of Asian Natural Products Research, 2009, 11 (5): 1-9
Received 16 January 2009 final version received 30 March 2009

three new compounds, named as brucojavans **1**, **2** and **3**. The ten known compounds were identified to be pinoresinol (**4**)[8], cleomiscosin B (**5**)[9,10], 7, 8-epoxylignans (**6**) [11], dihydrodehydrodiconiferyl alcohol (**7**) [12], 7′-hydroxy-lariciresinol (**8**) [13], secoisolariciresinol (**9**) [14], 4-methoxy- guaiacylglycerol (**10**) [15,16], 7-carbonyl-guaiacylglycerol (**11**)[16], 4-hydroxy-3-methoxy-benzoic acid (**12**), and 3,4-dihydroxy-benzoic acid (**13**) by comparison of their NMR spectral data with those reported data in literature.

Brucojavan **1** was obtained as a white amorphous powder, whose molecular formula was determined to be $C_{16}H_{28}O_8$ by observation of a quasimolecular ion peak at m/z 347.1705 [M-H]$^-$ in the negative ion HRFAB mass spectrum. The IR spectrum indicated the presence of hydroxyl group (3310 cm^{-1}) and double bond (1652 cm^{-1}). Acid hydrolysis of **1** with 2 M trifluoroacetic acid afforded galactose which was identified by HPLC. The ^{1}H NMR spectrum of **1** showed three methyl signals at δ_H 1.34 (3H, s), 1.29 (3H, s), and 1.23 (3H, s), a terminal double bond signals at δ_H 6.14 (1H, dd, J = 15.8, 10.0Hz), 5.12 (1H, dd, J = 15.8, 1.7Hz), and 4.90 (1H, dd, J = 10.0, 1.7Hz), an anomeric proton signal at δ_H 4.57 (1H, d, J = 7.7Hz). The ^{13}C NMR spectrum of **1** gave a terminal double bond signal at δ_C 146.7 and 111.6, a ketal signal at δ_C 108.9, two quarternary carbon signals of bearing oxygen at δ_C 85.7 and 78.4, two methene signals at δ_C 36.4 and 34.4, three methyl signals at δ_C 24.8, 24.6, and 22.8, and a hexose signals (Table 1). Evaluation of spin-spin coupling and chemical shifts of the hexose allowed the identification of one β-galactopyranosyl unit [17]. The ^{1}H and ^{13}C NMR spectra of **1** suggested the presence of sixteen carbon signals including a galactose unit signals, so compound **1** were a monoterpenoid glycoside. In the HMBC spectrum, the key correlations were observed between the anomeric proton signal at δ_H 4.57 and the ketal signal at δ_C 108.9 (C-2), between the two olefinic proton signals at δ_H 5.12 (H-10), 4.90 (H-10) and the quarternary carbon of oxygen-bearing at δ_C 85.7 (C-5), between two methyl signals at δ_H 1.34 (H-7), 1.23 (H-6) and the ketal signal at δ_C 108.9 (C-2) (Fig. 1). Because of unsaturated degree of compound **1** was three, C-5 and C-2 had to form a furan ring, this ring was confirmed by the signal splittings (coupling constant) of H-4 and H-3 (Table 1) [18]. The relative stereochemistry of **1** was displayed by its NOESY spectrum, the correlations of which were between H_{up}-4 and H-8, between H_{down}-4 and H-9, between H_{down}-3 and H-6, H-7 (Fig. 2). On the basis of above evidences, **1** was determined to be 5-ethenyltetrahydro-2- hydroxyl-1, 1, 5-trimethyl-2-furanmethanol-2-*O*-β-D-galatcopyranoside, named brucojavan **1**.

Compound **2**, $[\alpha]_D^{21} = +74.0$, gave molecular formula, $C_{15}H_{26}O_3$, which based on HREIMS peak at m/z 254.1881 [M]$^+$. The IR spectrum showed the presence of hydroxy group (3302 cm^{-1}). The ^{1}H-NMR spectrum displayed three methyl proton signals at δ 1.00 (3H, s), 1.05 (3H, s), 1.07 (3H, s); two signals at δ 3.42 (1H, br. d, J = 8.3Hz), 3.91 (1H, m), the protons are on the carbon atom bonded to oxygen. The ^{13}C-NMR spectrum exhibited fifteen carbon signals including three methyl, five methene, four methine, and three quaternary carbons (Table 2). The ^{1}H and ^{13}C NMR spectral data of **2** suggested its structure rather similar to that of β-caryolanol (**2a**) or isocaryolanol (**2b**) [18]. Its HMBC experiment (Fig. 3) confirmed the correlations between H-12, H-13 and C-1; between H-2 and C-9, C-11; between H-9 and C-2, C-11; between H-14 and C-6, C-8; between H-4 and C-2, C-6; between H-10 and C-3, C-8; and between H-5 and C-7. These correlations indicated the existence of 6, 9-dihydroxy-β-caryolanol skeleton. Moreover, the NOESY experiment gave the correlations (Fig. 3) between H-14 and H-6, H-8, H-9, H-15; between H-12 and H-10, $H\text{-}1_{up}$; between H-6 and $H\text{-}4_a$, H-14. These correlations disclosed the axial H-6, $H\text{-}9_{up}$, and $H\text{-}10_{up}$. So, the two hydroxyl groups were all α form. Thus, the structure of compound **2** was elucidated as 6α, 9α-dihydroxy-β-caryolanol, and named brucojavan **2**.

Brucojavan **3** gave the same molecular formula, $C_{15}H_{26}O_3$ and similar NMR spectral data with those of **2**. Carefully comparing the data of compound **3** with those of compound **2** indicated the hydroxyl configurations of C-6 and C-9 position in **3** differed from **2**, which was confirmed by the NOESY correlations between H-9 and H-8, H-13, and between H-6 and H-5, H-8, H-14. The correlations also displayed two hydroxy groups were all β form. Thus, **3** was determined as 6β, 9β-dihydroxy-β-caryolanol.

Inhibitory replication and infection activities of compounds **1-13** against *Tobacco mosaic virus* (TMV) were tested *in vitro* using local lesion assay and leaf-disk method, and the data were listed in Table 3. The compounds were tested at a final concentration of 50μg/mL, five compounds (**1**, **3**, **8**, **9**, and **13**) showed a moderate inhibitory activity against TMV replication (Fig. 4), while the inhibitory activities of other compounds against TMV infection was much lower. Noticeably, compound **9** displayed an inhibitory rate of 73.5% and 52.7% against TMV replication and infection, respectively. The inhibitory activity of compound **9** was lower than bruceine-D at the equal concentration, but the chemical structure of **9** was simpler than that of bruceine-D. In this case it could be that these compounds were assistant agents in the antiphytoviral activity of the main active constituent, bruceine-D, in *B. javanica* to TMV.

3 Experimental

3.1 General experimental procedures

Optical rotations were measured with a Jasco DIP-180 digital polarimeter spectrophotometer. IR spectra were recorded with a Perkin-Elmer 1750 FTIR spectrometer as KBr disks. The ^1H, ^{13}C, DEPT, ^1H-^1H COSY, NOESY, HMQC and HMBC NMR spectra were performed using a Bruker AM-400 spectrometer. Mass spectra were recorded on a Jeol JMS-HX 110 instrument. Chromatographic stationary phases were RP-18 (40-60μm, Merck, Darmstadt, German), Silica gel (160-200 mesh, Qingdao, China), Sephadex LH-20 (25-100μm, Pharmacia Fine Chemical Co. Ltd., Japan), MCI-gel CHP20P (75-150μm, Mitsubishi Chemical Industries Ltd. Tokyo, Japan). HPLC was P-230-UV-230 (Dalian Elite Analytical Instruments Co. Ltd. Dalian, China) and HPLC column (YMC-Pack ODS-A, S-5μm, 250×10mm, Kyoto, Japan). The following solvent systems were used: a. $CHCl_3$-MeOH (50∶3), $CHCl_3$-MeOH-H_2O (80∶20∶3) and MeOH-H_2O (0-100%) for the glycosides; and b. $CHCl_3$-MeOH-H_2O (7∶3∶1) lower-layer 9mL+1mL HOAc for sugars. Compounds on TLC were detected by spraying with 5% H_2SO_4 followed heating. Sugars were detected by spraying with aniline-phthalate reagent.

3.2 Plant material

The seeds of *Brucea javanica* were collected from Fuzhou City, Fujian Province, China in 2003 and were identified by Prof. K. Z. He, who is Department of Botany, Fujian Agriculture & Forestry University, Fujian, China. A voucher specimen (no. 19720031) is deposited in the Herbarium of the Key Laboratory of Biopesticide and Chemistry & Biology of the Ministry of Education, Fujian, China.

3.3 Extraction and isolation

The seeds of *B. javanica* (2kg) were extracted (2×4L) with MeOH at room temperature (7days×2). The extract was concentrated to dryness under reduced pressure, and the residue (700g) was suspended in water (2.5L) and partitioned with ethyl acetate (3×3L). The water layer was subsequently extracted with *n*-butanol (3×3L). The *n*-butanol extract was evaporated *in vacuo* to give a residue of 13g. The residue was subjected to dry column chromatography on silica gel (1.0kg) and eluted with $CHCl_3$-MeOH (10∶1), producing 13 fractions. Each fraction was then separated on Sephadex LH-20 and RP-18 columns, eluted with methanol-water (10%-90%), and finally purified by a silica gel column with $CHCl_3$-EtOAc-MeOH (10∶10∶1) and $CHCl_3$-EtOH

(10 : 0.5-10 : 2) to yield **1** (34mg), **2** (14mg), **3** (11mg), **4** (26mg), **5** (84mg), **6** (22mg), **7** (15mg), and **8** (35mg), **9** (45mg), **10** (25mg), **11** (26mg), **12** (84mg), **13** (22mg) .

Compound (1): Colorless amorphous powder, $[\alpha]_D^{21}$ −29 (c 0.24, MeOH); IRν_{max} (film) /cm^{-1}: 3310, 2965, 1640, 1340, 1210, 965; ^1H NMR and ^{13}C NMR spectral data see (Table 1); FABMS *m/z* 347 [M-H]$^-$, 185 [M-H-162]$^-$; HRFABMS *m/z* 347.1705 [M-H]$^-$ (calcd for $C_{16}H_{27}O_8$, 347.1706).

Compound (2): Colorless amorphous powder, $[\alpha]_D^{21}$ = +74.0 (*c* = 0.13, acetone); IR ν_{max} (film) /cm^{-1}: 3380, 2927, 1248, 1062, 903; ^1H and ^{13}C NMR spectral data see (Table 1); EI-MS *m/z* 254 [M]; HREIMS *m/z* 254.1881 $[M]^+$ (calcd for $C_{15}H_{26}O_3$, 254.1882) .

Compound (3): Colorless amorphous powder, $[\alpha]_D^{21}$ = +12.0 (*c* = 0.21, acetone); IR ν_{max} (film) /cm^{-1}: 3367, 2947, 1221, 1042; ^1H and ^{13}C NMR spectral data see (Table 1); EI-MS *m/z* 254 [M]; HREIMS *m/z* 254.1881 $[M]^+$ (calcd for $C_{15}H_{26}O_3$, 254.1882) .

3.4 Acid hydrolysis

A solution of compound **1** (6mg) was heated and refluxed at 100℃ in 2mol/L aqueous CF_3COOH (3mL) on a water bath for 3h. The reaction mixture was then diluted with H_2O (15mL) and extracted with CH_2Cl_2 (3×5mL) . The aqueous layer was neutralized with Amberlite IR-45 and concentrated *in vacuo* to dryness. The form (D or L) of sugar was determined by using HPLC (Shodex RSpak DC-613, 75% CH_3CN, 1ml/min, 70℃) with refraction index (RI) detection and chiral detection (Shodex OR-1) to compare with authentic sugars (10mmol each D-glucose, D-galactose) . These sugars gave the following peaks: D-glucose 7.40min, D-galactose 8.01min. D-galactose was detected in compound **1**.

3.5 *Virus and host*

The common strain of TMV was propagated and maintained in the systemic host *Nicotiana tabacum* L. cv. K326, purified as described in our previous study (Shen *et al.*, 2008) . *Nicotiana tabacum* cv. K326 and *Nicotiana glutinosa* L. were cultivated in an insect-free glasshouse, using for systemic and local lesion host of TMV respectively.

3.6 Screening material preparations

Different compounds were dissolved in a small quantity of DMSO (final concentration <0.5%), and diluted with water to provide solutions having a concentration of 100μg/mL, and placed in a Φ35mm Petri dishes for the bioassay.

3.7 Local lesion assay

N. glutinosa of 6-leaf stage was used for local lesion assay. The compound solution was mixed with an equal volume of TMV solution to make a mixture (50μg/mL of test compound, and 10μg/mL of TMV, final concentration) using for inoculation. Half-leaves of *N. glutinosa* were mechanically inoculated with the test mixtures, the other half leaves were treated with a solution of 10μg/mL of TMV and an equal volume of solvent as control. The mixtures were incubated for 30min at room temperature before inoculation, and leaves were washed with distilled water at 5min after inoculation. All assays were performed in triplicate. Local lesion number was recorded 3d later and inhibition rate of virus infection was calculated according to the following formula:

Inhibition rate = $(1-T/C) \times 100\%$

T: the average lesion number of treated half leaves;

C: the average lesion number of the control.

3.8 Leaf-disk method

Leaves of *N. tabacum* were mechanically inoculated with TMV at 10μg/mL. Leaf disks of 10mm diameter were punched and floated on the solutions of different compound 7h after inoculation and incubated at 25±1℃ for 48h. Disks treated with solvent only were used as the positive control, whereas disks of healthy leaves were used as the negative control; 48h later, leaf disks were ground in coating buffer (sodium carbonate buffer: $NaHCO_3$

35mmol/L, Na_2CO_3 15mmol/L), and virus concentrations in them were measured by indirect ELISA. There were six repetitions in every treatment. A series of TMV solutions at known concentrations was incorporated into every microliter plate to provide an internal calibration curve. Linearity of absorbance with TMV concentrations was obtained within a range of about 2 orders of magnitude (0.04888-12.5ng of TMV). Virus concentration was calculated by the TMV standard curve with OD_{405} value of indirect ELISA, and the inhibition of virus replication was calculated as following:

Inhibitory rate = $(1-T_0/C_0)\times100\%$

T_0: virus concentration of compound-treated leaf disk;

C_0: virus concentration of leaf disk of the positive control.

3.9 *Indirect ELISA procedure*

One hundred microliters of diluted antigen was added to each well of a micro-ELISA plate and incubated overnight at 4℃. After incubation, the antigen solution was discarded and the plates were washed three times in phosphate-buffered saline (PBS), pH7.2, containing 0.001% Tween 20 (PBS-T). Rabbit anti-TMV serum (1:2000) was added to the antigen-coated wells. The plates were incubated for 1h at 37℃ and then washed three times in PBS-T. Goat anti-rabbit alkaline phosphatase (Sigma, Pool, dorset, UK) conjugate (1:30000) in PBS-T was then added and a further incubation for 1h carried out at 37℃. The plates were again washed three times, 100μL of *p*-nitrophenyl phosphate (PNP) substrate (1000mg/L) per well was added, and after 10min, the reaction was stopped by adding 100μL of 3mol/L sodium hydroxide. The intensity of color development was determined by measuring absorbance using a micro-ELISA reader equipped with a 405nm filter.

Acknowledgements

This research was supported by the National Natural Science Foundation of China (Grant No. 30770089) and Fujian Administration of Education (Grant No. 2006NZ0002C4, 2008J0073, 2006F5017). We thank the staff of the analytical group of Department of Chemistry, Taiwan University for measurements of NMR and FAB-MS spectra.

References

[1] Okana M, Fukamiya N, Lee KH. Biologically active compounds from Simaroubaceous plants. Studies in Natural Products Chemistry, 1990, 7: 369-404

[2] Okana M, Fukamiya N, Lee KH. Bioactive quassinoids. Studies in Natural Products Chemistry, 2000, 23: 285-333

[3] Fukamiya N, Lee KH, Muhammad I, et al. Structure-activity relationships of quassinoids for eukaryotic protein synthesis. Cancer Lett, 2005, 220: 37-48

[4] Kim IH, Takashima S, Hitotsuyanagi Y, et al. Quassinoid xylosides, javanicosides G and H, from seeds of *Brucea javanica*. Takeya. Heterocycles, 2004, 3: 691-697

[5] Subeki H, Matsuura K, Takahashi K, et al. Screening of Indonesian medicinal plant extracts for antibabesial activity and isolation of new quassinoids from *Brucea javanica*. J Nat Prod, 2007, 10: 1654-1657

[6] Kim IH, Takashima S, Hitotsuyanagi Y, et al. New quassinoids, javanicolides C and D and javanicosides B-F, from seeds of *Brucea javanica*. J Nat Prod, 2004, 67: 863-868

[7] Shen JG, Zhang ZK, Wu ZJ, et al. Antiphytoviral activity of burceine-D from *Brucea javanica* seeds. Pest Manag Sci, 2008, 64: 191-196

[8] Abe F, Yamauchi T. Lignan glycosides from *Parsonsia laevigata*. Phytochemistry, 1989, 28: 1737-1741

[9] Ray AB, Chattopadhyay SK, Kumar S, et al. Sturctures of cleomiscosins, courinolignoids of *Cleome viscosa* seeds. Tetrahedron, 1985, 41: 209-214

[10] Hernandez A, Pascual C, Valverde S. Neo-olivil, a new lignan from *Thymus longiflorus*. Phytochemistry, 1981, 1: 181-182

[11] Fonseca SF, Campello PJ, Barata LES, et al. ^{13}C NMR spectral analysis of lignans from *Araucaria angustifolia*. *Phytochemistry*, 1978, 17, 499-502

[12] Pieters LAC, Berghe DA, Vlierinck AJ. A dihydrobenzofuran lignan from *Croton erythrochilus*. Phytochemistry, 1990, 29: 348-349

[13] Ouyang MA, Wein YS, Kuo YH. Four new lariciresinol-based lignan glycosides from the roots of *Rhus javanica* var. *roxburghiana*. Helv Chim Acta, 2007, 6: 1099-1106

[14] Briggs LH, Cambie RC, Hoare JL. Chemistry of the podocarpaceae-Ⅲ, A new lignan, seco-isolariciresinol and further constituents of the hearwood of *Podocarpus spicatus*. Tetrahedron Lett, 1959, 3-4: 262-269

[15] Ishimaru K, Nonaka G, Nishioka I. Phenolic glucoside gallates from *Quercus mongolica* and *Quercus acutissima*. Phytochem-

istry, 1987, 26: 1147-1152
[16] Yu DQ, Yang JS. Analysis of NMR Spectroscopy. Beijing: Chemical Industry Press, 1999, 7: 496, 902
[17] Miyazawa M, Shimamura H, Kameoka H. Volatile components of the rhizomes of *Dioscorea japonica*. Nat Prod Lett, 1997, 10: 291-293
[18] Fitjer L, Malich A, Paschke C, et al. Rearrangement of (-)-beta-Caryophyllene. A product analysis and force field study. J Am Chem Soc, 1995, 117: 9180-9189

V　陆生拮抗菌微生物

生物防治作为防治植物病害的一项重要措施已日益受到人们的关注和重视。福建农林大学植物病毒研究所从植物根系靶向分离芽孢杆菌，从中筛选出一批对烟草赤星病、细菌性青枯病等具有较好防效的菌株。针对烟草赤星病菌（*Alternaria alternata*），从健康烟草根际分离到669株根际芽孢杆菌，进而筛选到9株活性较强的菌株，部分菌株的含菌发酵液和代谢产物具有较好的离体和田间小区防效，为拓展烟草赤星病生防资源做了有益的尝试。针对青枯雷尔氏菌（*Ralstonia solanacearum*），根据“主治青枯，兼防线虫”的青枯病害防治策略，获得能有效控制青枯病、根结线虫病及两种病原形成的复合病害的内生枯草芽孢杆菌，并对部分活性较强菌株抗菌活性物质及抗菌作用机理等进行了深入研究，为细菌性青枯病害的生物防治提供一条新的有效途径和有力的理论支持。

防治烟草赤星病拮抗根际芽孢杆菌的筛选*

方敦煌[1,2]，吴祖建[1]，邓云龙[2]，杨波[2]，林奇英[1]

（1 福建农林大学植物病毒研究所，福建福州 350002；福建农林大学生物农药与化学生物学教育部重点实验室，福建福州 350002；2 云南省烟草科学研究，云南玉溪 653100）

摘 要：从健康烟草根分离到669株根际芽孢杆菌，通过平板对峙培养、代谢产物活性检测，筛选到9株抑制烟草赤星病菌（*Alternaria alternata*）活性较强的菌株，其菌体及粗代谢产物产生的抑菌圈直径均在10mm以上；离体防效和田间小区防治试验表明，菌株B6、B75的含菌发酵液和粗代谢产物的离体防效分别为75.6%、76.9%和62.5%、64.7%，小区防效分别为70.3%、75.8%和60.3%、64.4%。粗代谢产物的抑菌作用试验发现，菌株B75的粗代谢产物在一定浓度范围内均能抑制赤星病菌孢子萌发、菌丝生长与产孢。

关键词：烟草赤星病；拮抗根际芽孢杆菌；筛选；抑制作用

中图分类号：S435.72；S476 **文献标识码**：A **文章编号**：0412-0914（2006）06-0555-07

Screening of antagonistic rhizospheric spore-producing bacilli against *Tobacco brown spot*

FANG Dun-huang[1,2]，WU Zu-jian[1]，DENG Yun-long[2]，YANG Bo[2]，LIN Qi-ying[1]

（1 Institute of Plant Virology，Fujian Agriculture and Forestry University，Fuzhou 350002；Key Laboratory of Biopesticide and Chemical Biology，Ministry of Education，Fujian Agriculture and Forestry University，Fuzhou 350002；2 Institute of Yunnan Tobacco Science，Yuxi 653100）

Abstract：669 rhizospheric spore-producing *Bacillus* were obtained from healthy tobacco roots. By dual culture on PDA plates and determining inhibition activity of antibiotic substances，it was found that 9 potential biocontrol isolates showed good antagonistic effects to *Alternaria alternata*，the pathogen of tobacco brown spot，and the diameter of inhibition zone of bacteria and crude antibiotic substances was up to 10mm. Inoculation of detached leaves of tobacco variety K326 with bacterial suspension and crude antibiotic substances of B6 and B75 resulted in control effect reaching 75.6%，76.9% and 62.5%，64.7%，respectively. Results in field experiment showed that preparation of B6 and B75 reduced the incidence of tobacco brown spot to 70.3%，75.8% and 60.3%，64.4%，respectively. Crude antibiotic substances of B75 could inhibit mycelium growth，sporulation and spore germination of tobacco brown spot pathogen.

植物病理学报，2006，36（6）：555-561

收稿日期：2006-01-16 修回日期：2006-07-20

* 基金项目：云南省科委“十五”攻关项目（2001NG08）、国家烟草专卖局招标项目（110200202001）、云南省烟草专卖局重点科研计划资助项目（01A06）、（03A02）

Key words: tobacco brown spot; antagonistic rhizospheric spore-producing bacilli from tobacco root; screening; inhibition

由烟草赤星病菌［*Alternaria alternata* (Fires) Keiler］引起的病害是烟草成熟期重要的叶斑类病害，在烟草产区发生较普遍，危害较重，生产实际中仍未有合适的抗耐赤星病的优良品种，防治上大多采用化学方法[1]。由于对烟草安全性的要求越来越高，使该类成熟期病害的防治不宜采用有残留的化学药剂，因此有必要探索生物防治等新途径。在烟草赤星病的生物防治研究中，已有利用拮抗细菌的报道[2-6]，但未见有从烟草根际定向筛选芽孢杆菌作为烟草生防因子的报道。

芽孢杆菌能产生耐热、抗逆的芽孢，有利于菌剂的生产、剂型加工及在环境中存活、定殖与繁殖。国外已有生防芽孢杆菌用于防治豆类、麦类、棉花和花生等根部病害及防治蔬菜、樱桃、葡萄、葫芦和胡桃的细菌和真菌等叶部病害的报道[7]。国内已开发出一批生防作用优良的枯草芽孢杆菌菌株如B916、B908、B903、B3、BL03、XMl6、蜡状芽孢杆菌（*Bacillus cereus*）R2、短小芽孢杆菌（*Bacillus pumilus*）A3和增产菌系列产品等[8-11]。

云南省各烟区的赤星病是烟草病害的重要监控对象，针对云南省各烟区赤星病的发生与防治现状，作者采集了云南省6个主要烟草种植区的根际土壤，并进行拮抗芽孢杆菌的筛选和抑菌作用测定，为防治烟草赤星病提供新的生防资源。

1　材料与方法

1.1　材料

供试烟草赤星病菌97Aa003系从烟草赤星病典型病斑上分离[12]，经离体叶片悬滴法、温室烟株悬滴法及大田喷雾法测定为强致病力的菌株。

供试培养基：NA培养基用于分离和保存根际芽孢杆菌；燕麦培养基用于培养烟草赤星病菌；PDA培养基用于对峙培养。

1.2　方法

1.2.1　烟草根际拮抗芽孢杆菌的分离与筛选

（1）烟草根际芽孢杆菌的分离：在烟株的成熟期，从云南省的昆明、玉溪、曲靖、红河、楚雄、大理烟区采集健康烟草的根，采样主要取粘有土壤颗粒、根毛较多的细侧根。分离时去掉浮土的细侧根，截成1cm小段，加磷酸缓冲液（pH6.8）和玻璃珠，150r/min振荡30min，提取根际细菌，80℃水浴30min，10倍倍比稀释，涂布分离。纯化的细菌经革兰氏染色和芽孢染色，菌体杆状、产芽孢、G^+的分离物为芽孢杆菌[13]。

（2）平皿拮抗初筛、复筛拮抗菌：采用点接法[14]。按文献[12]的方法制备烟草赤星病菌孢子液（约2.0×10^5个/mL），取孢子悬浮液200μL均匀涂布于PDA平板上。5点均匀点接待测细菌，26～28℃下培养3～4d，观察有无抑菌圈。复筛时，测定同初筛，每个初筛菌株重复5次，选择抑菌圈明显和重现性好的细菌，分别以B1～BN重新编号，进行保存。

（3）可产生代谢活性产物拮抗菌的筛选：采用管碟法[14]。将筛选的拮抗细菌活化后接种于NB液体中，150r/min、28℃振荡培养48h，4℃ 5000r/min离心30min除菌体，0.22μm滤膜抽滤，滤液即为拮抗菌粗代谢产物。制备带病菌孢子的平板，5点均匀放置管碟，加拮抗菌粗代谢产物20μL于杯碟中，重复5次，培养方法同2，进行测定。

1.2.2　拮抗菌的防治效果

（1）拮抗菌离体防治效果：活性较强的拮抗菌液体振荡培养48h后，调节菌液浓度约10^8 cfu/mL，再将每个菌株发酵液平分2份，1份直接喷雾成熟期K326中部离体叶片，另1份制备成拮抗菌粗代谢产物后喷雾。喷雾时，以叶面均匀布满雾点为度，4h后悬滴接种赤星病菌孢子液（约2.0×10^5个/mL），每滴25μL，每叶10滴，每个处理3张叶片，重复5次，26～28℃保湿培养7d。按Zhang等[15]的方法统计病情指数，计算防治效果。

（2）拮抗菌小区防治效果测定：选择离体防效较好的拮抗菌在云南省烟草科学研究所研和基地进行田间小区防治试验，品种为K326，株、行距为55cm×110cm，每个小区种植烟草50株，4次重复，小区随机排列，小区之间以双行保护隔离，常规栽培管理。待烟叶刚进入成熟期时，除病菌采用喷雾接种外，其余按离体防效法进行。用烟草赤星病行业标准调查病情，计算防治效果[16]。

（3）拮抗菌粗代谢产物对赤星病菌的抑制作用：选择防效最好的菌株，以终浓度分别为40%、

20%、10%粗代谢产物按文献［4，5］的方法测定对赤星病孢子萌发的抑制作用。采用菌丝干重法测定10倍、50倍的粗代谢产物对赤星病菌菌丝生长的抑制作用。

采用菌丝浸泡法测定1倍、10倍、20倍、40倍、80倍的粗代谢产物对赤星病菌产孢的抑制作用。涂布赤星病菌孢子于燕麦培养基平板，26℃培养2d，用粗代谢产物20mL浸泡菌丝平板1h，倒去多余的液体，无菌吹干，置26℃培养箱中继续培养，以NB培养液浸泡为对照，每个处理重复3次，7d、14d后，用2%灭菌葡萄糖液洗平板孢子，定容至20mL，分别计数产孢量，计算其抑制率。

2　结果与分析

2.1　烟草根际拮抗芽孢的筛选

采集烟草根际土样26份，分离芽孢杆菌669株，初筛拮抗菌214株，复筛发现其中75株的拮抗作用明显，抑菌圈直径在5mm以上。测定粗代谢产物发现，18个菌株能检测到活性，9个菌株的抑菌活性较强，抑菌圈直径在10mm以上（表1，图1）。从分离、筛选根际拮抗芽孢杆菌的结果来看，粗筛率为31.9%，复筛率为11.2%。比较发现粗筛细菌中仅约1/3的活性稳定，说明一些在原生境中具有拮抗活性的菌株在人工培养条件下逐渐失去活性。复筛细菌中，在液体培养时产生活性代谢产物的细菌占24.0%，表明固体与液体培养筛选产生活性代谢产物的细菌存在显著差异。

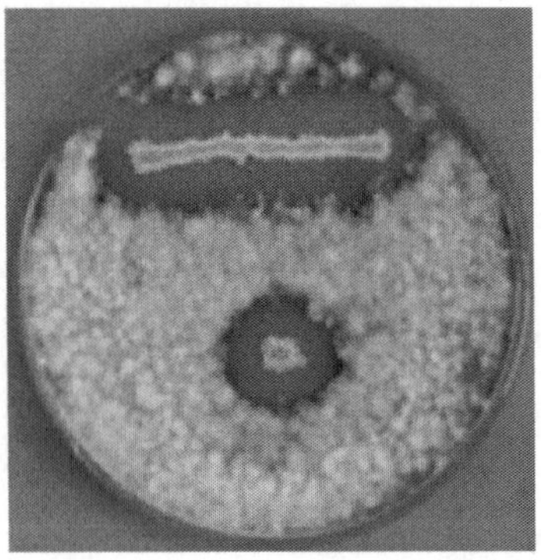

图1　拮抗菌B75对烟草赤星病致病菌的抑制作用

2.2　拮抗菌对病害的防治作用

2.2.1　离体防治效果

离体测定结果表明，3d后对照明显发病，产生带有黄色晕圈的赤星病斑，7d后形成直径达10mm的病斑，在测定的9个菌株中，不同菌株的防病效果存在较大差异（表1），B6、B75处理的叶片，部分位点发病，发病病斑直径小，防病效果达60%以上。

比较含菌发酵液与粗代谢产物的防治效果可发现，B6、B75含菌发酵液的防治效果分别为75.6%、76.9%，优于粗代谢产物（分别为62.5%、64.7%）；总的趋势是含菌发酵液效果较好的菌株，其粗代谢产物效果也较好，而且两者的防病效果相差不大，如B6、B75菌株含菌发酵液与粗代谢产物的防治效果分别相差13.1%、12.2%，表明活性粗代谢产物的产生是筛选拮抗菌的主要防病机制之一。

2.2.2　小区防治效果

B6、B75菌株含菌发酵液7d的防治效果均在70.0%以上，粗拮抗产物达60.0%以上。14d后B6菌株含菌发酵液的防治效果下降19.8%，粗拮抗产物下降22.9%；B75菌株含菌发酵液、粗拮抗产物的防治效果仍与7d的防治效果相当（表2）。

在小区防治效果测定中发现，拮抗菌处理刚进入成熟期的烟株后，可延缓成熟叶片病情发展，病情指数增加幅度明显小于清水对照，拮抗菌粗代谢产物比含菌发酵液的防治效果更稳定；B75菌株的持效期明显高于B6菌株。

表1　拮抗菌在离体叶片上对烟草赤星病致病的效果

菌株	抑菌效果		防治效果			
	拮抗菌的抑制圈的直径	粗代谢产物的抑制圈的直径	含菌发酵液		粗代谢产物	
			病害指数	对照效果/%	病害指数	对照效果/%
B6	39	33	24.4	75.6 BCbc	37.5	62.5 Cc
B19	24	19	67.2	32.8 Cc	71.7	28.3 Cc
B29	28	21	43.6	56.4 Cc	36.4	43.6 BCbc

续表

菌株	抑菌效果		防治效果			
	拮抗菌的抑制圈的直径	粗代谢产物的抑制圈的直径	含菌发酵液		粗代谢产物	
			病害指数	对照效果/%	病害指数	对照效果/%
B38	15	10	56.5	43.5 Dd	69.7	30.3 Dd
B42	22	16	69.2	30.8 Bb	78.6	21.4 Bb
B44	26	18	51.3	48.7 Aa	57.3	42.7 Aa
B49	18	12	82.1	17.9 Dd	96.4	3.6C Dcd
B69	36	30	78.8	21.2 Bb	83.3	16.7 Bb
B75	28	22	23.1	76.9 Aa	35.3	64.7 Aa
CK	—	—	100.0	—	100.0	—

防治效果＝（对照病害指数－处理病害指数）/对照病害指数。在同一行中数字后面相同的字母表示没有明显差异。（小写字母，$P<0.05$；大写字母，邓肯氏新多变域测定法）表 2 相同

表 2　拮抗菌在田间防治烟草烟草赤星病效果

处理	7d 病害指数的增加	7d 的防治效果	14d 病害指数的增加	14d 的防治效果
B6 含菌发酵液	6.5	70.3 C c	20.1	50.5 Cc
B6 粗拮抗产物	8.7	60.3 Bb	25.4	37.4 Bb
B75 含菌发酵液	5.3	75.8 Bb	11.9	70.7 Bb
B75 粗拮抗产物	7.8	64.4 Aa	15.3	62.3 Aa
CK	21.9	—	40.6	—

2.3　拮抗菌粗代谢产物对病原菌的抑制作用

2.3.1　拮抗菌粗代谢产物对赤星病菌孢子萌发的抑制作用

拮抗菌粗代谢产物对赤星病菌孢子萌发的抑制结果见表 3。从表 3 可以看出，不同的粗代谢产物终浓度对赤星病菌孢子萌发的抑制作用不同，浓度越增加，抑制作用越明显，浓度为 40%的抑制作用最强，6h 为 91.5%，12h 为 92.4%，24h 为 87.8%；浓度为 10%的抑制作用较弱，6h、12h、24h 分别为 17.4%、10.5%、12.8%。因此，采用拮抗菌粗代谢产物抑制赤星病菌孢子的萌发，以 20%以上的终浓度为宜。显微观察发现，10%的粗代谢产物中，病菌孢子可以萌发，但萌发的芽管膨大，液泡化而破裂，不能发育成菌丝体（图 2）。作者推测这种产物可能作用于病菌的细胞壁、细胞膜，导致细胞壁、细胞膜损伤，生物渗透膜功能丧失。

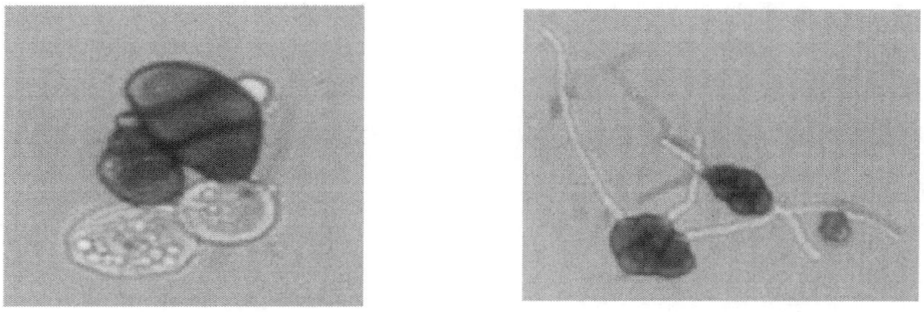

图 2　拮抗菌粗代谢产物抑制 *Alternaria alternata* 孢子萌发的效果

2.3.2 拮抗菌粗代谢产物对赤星病菌菌丝生长的抑制作用

拮抗菌粗代谢产物的50倍液2d、4d、6d对赤星病菌菌丝生长的抑制率分别为24.17%、25.66%、28.42%；10倍液2d、4d、6d的抑制率分别为70.00%、69.74%、70.00%（表4）。这表明，拮抗菌粗代谢产物对赤星病菌菌丝生长的抑制作用随浓度的增加，抑制作用增强。显微观察发现，粗代谢产物处理的菌丝呈念珠状，菌丝尖端膨大如球状，说明粗代谢产物更易作用于初生菌丝。

表3　拮抗菌粗代谢产物抑制 *Alternaria alternata* 孢子萌发的效果

粗代谢产物时浓度/(V/V,%)	培养时间					
	6h		12h		24h	
	萌发率/%	抑制率/%	萌发率/%	抑制率/%	萌发率/%	抑制率/%
CK	47.1	—	79.4	—	93.0	—
10	38.9	17.4	71.1	10.5	81.1	12.8
20	11.1	76.4	14.1	82.2	29.7	68.1
40	4.0	91.5	6.0	92.4	16.9	87.8

注：每个处理为200～250*Alternaria alternata* 的孢子

表4　拮抗菌粗代谢产物对 *Alternaria alternata* 菌丝体生长的抑制作用

粗代谢产物的浓度(V/V,%)	培养时间					
	2d		4d		6d	
	菌丝体干重/(mg/20mL)	抑制率/%	菌丝体干重/(mg/20mL)	抑制率/%	菌丝体干重/(mg/20mL)	抑制率/%
CK	150	—	182	—	220	—
50	121	24.17	143	25.66	166	28.42
10	66	70.00	76	69.74	87	70.00

注：重量是5次平均

2.3.3 拮抗菌粗代谢产物对赤星病菌产孢的抑制作用

拮抗菌粗代谢产物的1倍液7d、14d对赤星病菌产孢的抑制率分别为80.00%、74.55%；10倍液7d、14d的抑制率分别为70.91%、50.09%；20倍液7d、14d的抑制率分别为61.82%、47.27%；40倍液7d、14d的抑制率分别为33.64%、40.91%；80倍液7d、14d的抑制率分别为16.36%、10.91%（表5）。这表明，粗代谢产物对赤星病菌产孢的抑制作用随着稀释度的增加而降低。显微观察发现，粗代谢产物处理的产孢菌丝稀疏，其上的产孢量明显减少，孢子明显小于对照。

表5　拮抗菌粗提物抑制 *Alternaria alternata* 孢子产生

粗提物浓度/(V/V,%)	培养时间			
	7d		14d	
	孢子数/($\times 10^5$/mL)	抑制率/%	孢子数/($\times 10^6$/mL)	抑制率/%
CK	1.10	—	1.10	—
80	0.92	16.36	0.98	10.91
40	0.73	33.64	0.65	40.91
20	0.42	61.82	0.58	47.27
10	0.32	70.91	0.45	50.09
1	0.22	80.00	0.28	74.55

注：结果3次重复

3 讨论

已有从烟草叶围、叶内及茎内筛选烟草赤星病拮抗细菌获得较好防效的报道[4-6]，这些主要是基于病害自然发生的微生态环境考虑。但在叶部病害拮抗菌筛选上，Andrew[17]已指出叶围栖生菌与叶部病害的防治关系并不密切。如 Kloepper 等[18]从土壤中分离得到 1 株防治梨火疫病的细菌（*Erwinia amylovora*），取得与商品化杀菌剂相同的防效。因此，在进行叶部病害拮抗细菌筛选时，应广泛地从不同生境中进行，而不应局限于叶围。作者在不同的生育期采集叶与根，进行叶围、根际细菌的分离，发现烟草刚进入成熟期是分离细菌种类和数量最多的高峰期，初筛烟草赤星病拮抗细菌证实根际比叶围筛选拮抗细菌更有效。故选取刚进入成熟期的烟草根作为拮抗菌的筛选源，也是利用根际细菌防治叶部病害的一种新探索。

如前言所述，芽孢杆菌作为生防材料具有更大的潜力。一方面是利用芽孢杆菌耐热、杆状、产芽孢、G^+的特性，可对其进行定向分离；另一方面是防治效果好的芽孢杆菌绝大多数与筛选菌株产生强拮抗活性物质密切相关，尤其是以 *Bacillus subtilis*[19-23]为代表的芽孢杆菌。因此，本试验从分离根际芽孢入手，筛选时将平板拮抗筛选与活性代谢产物检测紧密地结合在一起，获得了具有较好防效的菌株，为拓展烟草赤星病生防资源做了有益的尝试，也为抑菌的分子机理奠定良好的基础。

与已报道的烟草赤星病拮抗细菌筛选相比，本试验首次采用了平板拮抗与代谢物质活性检测的双重筛选模式。不是利用菌丝块接种，而是病菌孢子涂布，2～3d 就可完成平板筛选，比菌丝块接种缩短了 4～5d。在试验中还利用离体叶片接种作初步筛选、小区人工接种验证，提高了效率。该方法是借助微培养测定快速获得稻瘟病菌拮抗细菌[24]的方法发展而来。对于在平板上菌丝生长缓慢，但可产孢的其他病原真菌，同样也可采用此方法筛选拮抗细菌；对于那些在平板上生长缓慢，又不易产孢的病原真菌，如疫霉菌（*Phytophthora* sp.），改用捣碎的菌丝（经平板培养获得）片段代替孢子，也证实能适用。

拮抗细菌对病原真菌的抑制作用一般采用孢子萌发和菌丝生长测定的方法进行，未见对菌丝产孢抑制作用测定的文献，可见本文是第一次报道拮抗细菌代谢产物抑制病原真菌产孢。作者认为在这方面应进一步测定拮抗细菌代谢产物处理后，病原真菌产生孢子的萌发和侵染等特性，以便更明确其抑制产孢的作用。在测定时，不宜采用带药平板接病原真菌菌丝块、再培养测定产孢量的方法，原因是测定即将产孢的菌丝生物学产量与对照存在显著差异。

本试验测定拮抗细菌对病原真菌的抑制作用发现，B75 菌株可抑制孢子的正常萌发、菌丝生长和产孢。后继的研究也发现，B75 产生的抗菌物质经过 121℃、30min 处理，活性基本不变。因此，从病害控制的角度推断，筛选菌株 B75 能有效减少病害的初侵染源，减缓病害的蔓延，避免病害的再流行。这些结果可为以拮抗活性物质为主要成分的微生物杀菌剂的研制提供新的思路。

参考文献

[1] Zhu XC, Wang XT, Wang ZF. Chinese tobacco disease. Beijing: China Agricultural Science Press, 2002, 64-75

[2] Fravel DR, Spurr HW. Biocontrol of tobacco brown-spot disease by *Bacillus cereus* subsp. *mycoides* in a controlled environment. Phytopathology, 1977, 67(7): 930-932

[3] Yang XY. Study of the biological control of non-pathogenic bacteria to brown spot. China Tobacco Science, 2000, 3: 47-48

[4] Yi L, Xiao CG, Ma GH, et al. Inhibition and screening of beneficial endophytic bacteria to control tobacco brown spot. Acta Microbiologica Sinica, 2004, 44(1): 19-22

[5] Yi L, Xiao CG. Screening of antagonistic bacteria for biocontrol against tobacco brown spot. Acta Phytophylacica Sinica, 2004, 31(1): 63-68

[6] Zhang CS, Kong FY, Li DC, et al. Screening of antagonistic bacteria from phylloshere and its resistance to *Alternaria alternata*. Journal of Chinese Tobacco, 2005, 11(4): 17-20

[7] Baker KF. Evolving concepts of biological control of plant pathogens. Ann Rev Phytopathol, 1987, 25: 67-85

[8] Tang WH. Advances in biological control of plant disease: proceeding of the international workshop on biological control of plant disease. Beijing: China Agricultural University Press, 1996

[9] Chen ZY. Studies on mechanisms of biocontrol for rice sheath blight with antagonistic bacterium B-916. Nanjing: Nanjing Agricultural University, 1998

[10] Xin YC, Qin SL, Liu ZG, et al. Control effects of *Bacillus subtilis* BL03 strain on *Alternaria alternata* and *Colletotrichum gossypii* in field. Chinese Journal of Biological Control, 2000, 16(1): 47

[11] Mei RH. Crops beneficial bacteria. Technology and Market, 1997, 7(1): 15-16

[12] Fang DH, Ma YK, Kong GH, et al. An investigation of differentiation of pathogenicity in tobacco brown spot (*Alternaria alternata*) in Yunnan. Journal of Southwest Agricultural Uni-

versity, 2000, 22(1): 42-44

[13] Claus D, Berkeley RCW. Bergey's manual of systemic bacteriology. Baltimore: Williams & Wilkins, 1986

[14] Lu SY. Biological control of plant disease. Beijing: China Agricultural University Press, 1993 (in Chinese)

[15] Zhang MH, Zhang JR, Jia WX, et al. The relationship between maturity of senescence of tobacco leaves and brown spot. Acta Phytopathologica Sinica, 1998, 28(1): 49-54

[16] State Tobacco Monopoly Administration. The principle of the agricultural standard in the people's republic of China YC/T40-1996. The method of testing agrochemicals control to tobacco disease. Bejing: China Standard Press, 1996

[17] Andrew JH. Biological control in the phyllosphere. Ann Rev Phytopathol, 1992, 30: 603-635

[18] Kloepper JW, Rodriguez-Kabana R, Zehnder GW. Plant root-bacterial interactions in biological control of soilborne diseases and potential extension to systemic and foliar diseases. Australasian Plant Pathology, 1999, 28(1): 21-26

[19] Peypoux F, Guinand M, Michel G, et al. Structure of iturin A, an antibiotic from *Bacillus subtilis*. Biochemistry, 1978, 17(19): 3992-3996

[20] Vanittanakom N, Loeffler W, Koch U, et al. Fengycin-A novel antifungal lipopeptide antibiotic produced by *Bacillus subtilis* F-29-3. J. Antibiotics, 1986, 39(7): 888-901

[21] Xie D, Peng J, Wang JH, et al. Purification and properties of antifungal protein X98Ⅲ from *Bacillus subtilis*. Acta Microbiologica Sinica, 1998, 38(1): 13-19

[22] Steller S, Vollenbroich D, Leenders F, et al. Structural and functional organization of the fengycin synthetase multienzyme system from *Bacillus subtilis* b213 and A1/3. Chem Biol, 1999, 6: 31-41

[23] Stover AG, Driks A. Secretion, localization and antibacterial activity of Tas A, a *Bacillus subtilis* spore-associated protein. J Bacteriol, 1999, 181: 1664-1672

[24] Lin FC, Xu H, Lin WT, et al. Screening of antagonistic bacteria to *Magnaporthe grisea*. Journal of Zhejiang Agricultural University, 1998, 24(6): 591-594

烟草赤星病拮抗菌株 B75 产生抗菌物质的条件*

方敦煌[1,2]，吴祖建[1]，邓云龙[2]，邓建华[2]，林奇英[1]

（1 福建农林大学植物病毒研究所，福建福州 350002；福建农林大学生物农药与化学生物学教育部重点实验室，福建福州 350002；2 云南省烟草科学研究，云南玉溪 653100）

摘 要：从烟草根际分离筛选到一株可产生抗烟草赤星病菌物质的枯草芽孢杆菌菌株 B75。在以 NB 培养液进行试验时发现，B75 在对数生长的中期开始产生抗菌物质，在生长的衰退期前存在一个产生抗菌物质的高峰期；在 25～50℃、pH4.0～8.5 范围内均可产生抗菌物质，其中 30℃ 和 pH6.0 的培养条件下最适。不同的装液量试验结果表明，在三角瓶装液量为 100mL/500mL 时，是 B75 菌株菌体生长及产生抗菌物质的最适宜量。不同的碳、氮源试验结果表明，甘露醇、酵母膏最有利于 B75 菌株菌体生长，且产生的抗菌物质抑菌活性较强。

关键词：烟草赤星病；拮抗菌；抗菌物质

中图分类号：S435.72；S476 **文献标识码**：A **文章编号**：1005-9261（2006）03-0244-04

Factors affecting production of antagonistic substance by *Bacillus subtilis* B75, a potential biocontrol agent against Tobacco brown spot

FANG Dun-huang[1,2], WU Zu-jian[1], DENG Yun-long[2], DENG Jian-hua[2], LIN Qi-ying[1]

(1 Institute of Plant Virology, Fujian Agriculture and Forestry University, Fuzhou 350002; Key Laboratory of Biopesticide and Chemical Biology, Ministry of Education, Fujian Agriculture and Forestry University, Fuzhou 350002; 2 Institute of Yunnan Tobacco Science, Yuxi 653100)

Abstract: An antagonistic strain B75, isolated from tobacco rhizosphere soil, began to produce antagonistic substance (AS) at logarithmic growth phase, and reached a peak before its growth stopped in NB medium. In 50～250mL NB medium of 500mL flask with pH4.0-8.5, B75 could produce AS at 25～50℃, while 100mL medium in 500mL flask, pH6.0 and 30℃ were the best conditions. Among 17 carbon and 6 nitrogen sources tested, mannitol and yeast extract were demonstrated to be more suitable for production of B75 AS.

Key words: tobacco brown spot; *Bacillus subtilis*; bio-control; antagonistic substance

拮抗菌株 B75 是一株枯草芽孢杆菌（*Bacillus subtilis*），其防治烟草赤星病［*Alternaria alterna-*

中国生物防治，2006，22（3）：244-247

收稿日期：2006-01-16

* 基金项目：云南省科委“十五”攻关项目（2001NG08）、国家烟草专卖局招标项目（110200202001）、云南省烟草专卖局重点科研计划资助项目（01A06，03A02）

ta (Fires)Keiler] 的机制主要是产生抗菌物质，抑制烟草赤星病菌孢子萌发、菌丝生长及产孢。离体、小区试验表明 B75 菌株粗抗菌物质对烟草赤星病的防效达 64.4%，接近含菌发酵液的防效。本文报道影响 B75 菌株产生抗菌物质的因素，为制备抗菌物质及工业化生产提供依据。

1　材料与方法

1.1　供试菌株

烟草赤星病菌株 Aa97003 是从典型病斑中分离获得的强致病力菌株[1]，所用培养基为燕麦培养基（CA）。拮抗菌株 B75 为本室从烟草根际土壤分离、筛选获得，所用培养基/液为 NA/NB、基础培养液[2]。

1.2　不同因素对拮抗菌株 B75 产生抗菌物质的影响

将拮抗菌株 B75 在 NA 平板上活化，24h 后挑取一环接入 20mL NB 培养液中，30℃、150r/min 培养 12h，作为种子菌液。不同培养时间（接种后每 2h 取样一次，至 40h 止）以 NB 为培养液；温度设 20℃、25℃、30℃、35℃、40℃、45℃、50℃共 7 个梯度；初始 pH 设 4.0、4.5、5.0、5.5、6.0、6.5、7.0、7.5、8.0、8.5、9.0 共 11 个梯度；不同通气量以装液量计，每 500mL 三角瓶分别分装 NB 培养液 50mL、100mL、150mL、200mL、250mL 灭菌。取 2mL 种子菌液分别接种，除不同温度处理的置于各自温度条件下外，其余均在 30℃条件下，150r/min 培养；不同培养时间每 2h 取样一次，截止至 36h，其他 36h 后取样。不同碳、氮源在基础培养液中分别加入碳/氮源，所试种类及浓度见表 1，30℃、150r/min 培养 36h 后取样。不同培养时间每处理重复 2 次，其他试验每处理 3 次重复，分别以不接菌的培养液作对照。

1.3　菌量的测定

取发酵液 1mL 在 Beckman DU 7500 紫外/可见光光度计中测定菌液 620 nm 处的吸光度。

1.4　抗菌物质的制备及抗菌活性测定

取发酵液样品 1mL 在 4℃下 5000r/min 离心 30min，去除菌体，0.22μm 的微孔滤膜抽滤，滤液即为粗抗菌物质。

抗菌活性测定采用管碟法[3]，制备带病菌孢子的平板，五点均匀放置管碟，加拮抗菌粗代谢产物 20μL 于杯碟中，重复 5 次。26～28℃培养 3～5d 后，测抑菌圈的大小。

2　结果与分析

2.1　不同培养时间对拮抗菌株 B75 生长及其抗菌物质活性的影响

拮抗菌株 B75 在 10h 内菌量明显增加，但没有检测到抗菌活性。在对数生长的中期（10h）开始产生抗菌物质，在生长的衰退期前（32h）存在一个产生抗菌物质的高峰期（图 1）。从图中可以看出，衰退期前，随着菌液浓度的增加，产生抗菌物质的活性也增强，但衰退期产生抗菌物质高峰期后，抗菌物质又随着菌液浓度的下降而减弱。

2.2　不同温度对拮抗菌株 B75 生长及其抗菌物质活性的影响

拮抗菌株 B75 在所试的 7 种温度下生长及产生抗菌物质的活性有显著的差别。20℃时菌体可生长，但检测不到拮抗活性；30℃最适宜菌体生长，且产生的抗菌物质活性最强（图 2）。从图中可以看出，菌体的生长温度与产生抗菌物质的温度要求基本一致。20℃以下，不利于菌体生长，不能产生抗菌物质；20～30℃，随着菌体浓度的增加，抗菌物质的活性也随着增强；30℃以上时，随着菌体浓度的下降，抗菌物质的活性也减弱。

2.3　不同 pH 对拮抗菌株 B75 生长及其抗菌物质活性的影响

在初始 pH4～8 的 NB 培养液中，B75 均可生长，并产生抗菌物质；但 pH9 时能生长，却检测不到活性。pH 对抗菌物质的影响远大于对菌体生长的影响。pH7.0～7.5 时，菌体生长量最大，pH6.0 时抗菌物质的活性最强（图 3）。

2.4　不同通气量对拮抗菌株 B75 生长及其抗菌物质活性的影响

不同通气量（装液量）试验结果发现，B75 随着通气量的减少（装液量的增加），菌体量减少，表明 B75 是好氧菌。抗菌物质的活性以装液量为 100mL/500mL 时最强（图 4）。

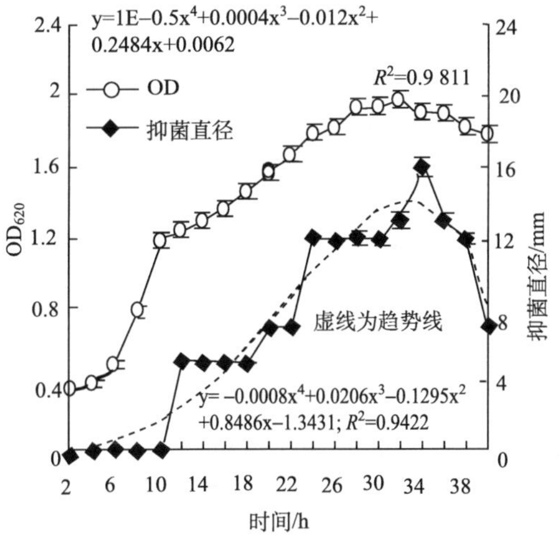

图 1　不同培养时间对 B75 菌量和抗菌物质活性的影响

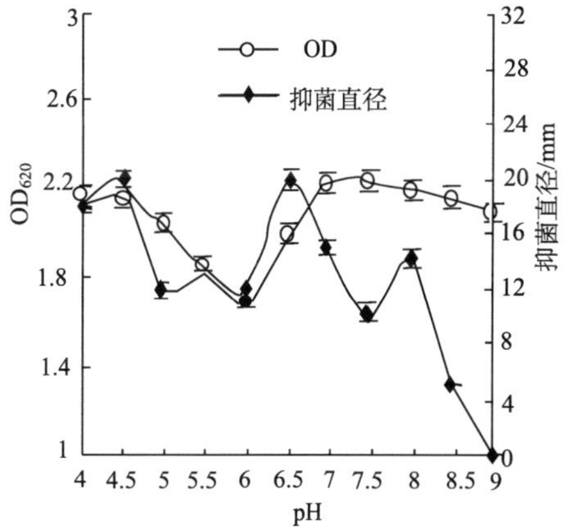

图 3　B75 在不同 pH 下的生长量及其抗菌物质的抑菌活性

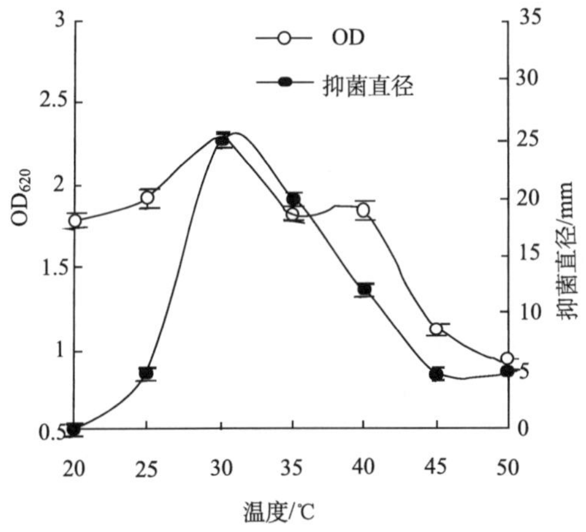

图 2　不同温度对 B75 生长量及其抗菌物质活性的影响

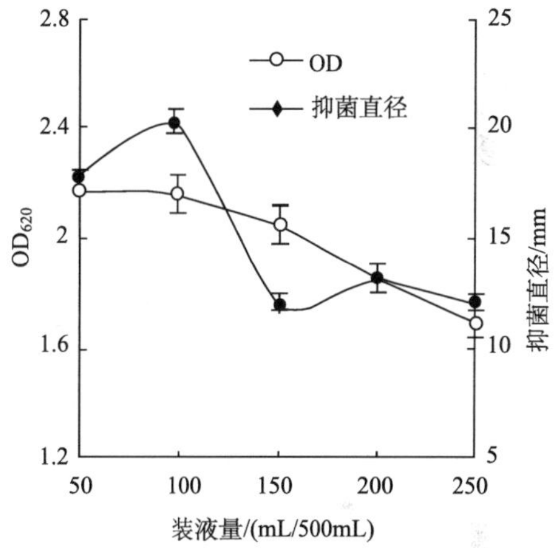

图 4　B75 在不同通气量下的生长量及其抑菌活性

2.5　不同碳、氮源对拮抗菌株 B75 生长及其抗菌物质活性的影响

在供试的碳、氮源中，甘露醇、酵母膏最有利于菌体生长，且产生的抗菌物质抑菌活性较强（表 1)。说明菌体生长与抗菌物质产生对碳、氮源的要求存在较大差异，如精氨酸有利于菌体的生长，但检测不到抗菌物质。从表中数据分析比较可发现抗菌物质的产生是建立在菌体生长良好的前提下，菌体生长过旺（如酪氨酸等）并不利于抗菌物质的产生。

表 1　碳、氮源对 B75 菌体生长及其抗菌物质抑菌活性的影响

碳源	吸光度 OD_{620}	抑菌圈直径/mm	氮源	吸光度 OD_{620}	抑菌圈直径/mm	氮源	吸光度 OD_{620}	抑菌圈直径/mm
葡萄糖	1.192	0	天冬氨酸	0.283	0	精氨酸	1.773	0
果糖	0.936	0	天冬酰胺	0.183	5	牛肉膏	0.971	12
乳糖	1.024	0	酪氨酸	2.877	5	蛋白胨	0.931	10
山梨糖	0.180	0	赖氨酸	0.134	0	酵母膏	1.154	12

续表

碳源	吸光度 OD_{620}	抑菌圈直径/mm	氮源	吸光度 OD_{620}	抑菌圈直径/mm	氮源	吸光度 OD_{620}	抑菌圈直径/mm
蔗糖	1.203	0	甘氨酸	0.009	0	干酪素	0.153	0
甘露醇	1.230	11	谷氨酸	0.719	5	氯化铵	0.301	0
肌醇	0.938	5	组氨酸	0.839	0	硝酸钾	0.356	0
苹果酸	0.170	5	半胱氨酸	0.017	0			

3 结论与讨论

根据上述研究，拮抗菌株 B75 产生抗菌物质的适宜条件为：在装液量 100mL/500mL、30℃下，pH6.0 的 NB 培养液中振荡培养 32h。

已有不少文献报道，培养条件可以影响拮抗菌生长量和抗菌物质的活性[4-8]。本研究也证实了这一点。与以往的研究相比，本研究更突出菌体生长与抗菌物质产生的相关性，证明了筛选细菌产生的抗菌物质为一种次生代谢产物。B75 产生抗菌物质的活性与其生长量有一定关系，但不呈正相关。说明 B75 生长与产抗菌物质对培养条件的要求不同，抗菌物质的产生是建立在菌体生产的前提下。拮抗菌生长衰退期后，抗菌物质的活性也随着下降，这种现象在以前的研究中也曾发现[5]，但没有对此作出解释。我们根据除去菌体的抗菌物质保存时间较长的事实，认为可能是拮抗菌分解了代谢产物所致，当然，这尚需进一步证实。

在基础培养液上，通过改变碳、氮源种类使抗菌物质的活性有所改变，对于这种抗菌物质的进一步研究和应用非常有价值。在利用碳、氮源的试验设计中，本研究试图通过碳、氮源利用以推测抗菌物质的一些性质，从寡糖到氨基酸，特别是对氨基酸的利用进行了重点考查。从试验结果可以看出抗菌物质的产生与氨基酸或蛋白质的利用密切相关。据此我们推测抗菌物质为蛋白质或多肽。这种推测后被证实，在分离、纯化该抗菌物质时发现，该抗菌物质可被 30%的硫酸铵溶液沉淀。这种试验设计或许可为相关的研究提供一些借鉴。

参 考 文 献

[1] 方敦煌，马永凯，孔光辉等. 云南烟草赤星病菌致病力分化研究. 西南农业大学学报，2000，22(1)：42-44
[2] 王兰珍，陈延熙. 影响作物产量的芽孢杆菌的鉴定及基本生物学特性的研究. 植物病理学报，1991，21(1)：15-19
[3] 鲁素云. 植物病害生物防治学. 北京：北京农业大学出版社，1993，247-251
[4] 张学君，刘焕利，藩小玫等. 小麦纹枯病生防菌株 B3 产生抗菌物质条件的研究. 南京农业大学学报，1995，18(1)：26-30
[5] 胡剑，林心怡，张九一等. 拮抗菌 BS-98 分泌抗菌蛋白的条件及其发酵液特性. 微生物学通报，1996，23(6)：323-326，335
[6] 童蕴慧，纪兆林等. 灰葡萄孢拮抗细菌的种类鉴定及生长条件研究. 扬州大学学报(农业与生命科学版)，2002，23(2)：67-70
[7] 李俊，纪明山，刘浩强等. 番茄灰霉病拮抗细菌 R26 抗菌物质产生条件的研究. 沈阳农业大学学报，2004，35(2)：105-108
[8] 肖爱萍，游春平，陈金明等. 稻瘟病拮抗细菌发酵配方与培养条件的研究. 江西农业大学学报，2004，26(4)：499-502

芽孢杆菌三种抗菌素基因的杂交检测*

连玲丽[1,3]，谢荔岩[1]，林奇英[1,2]，谢联辉[1,2]

（1 福建农林大学植物病毒研究所，福建福州　350002；福建农林大学生物农药与化学生物学教育部重点实验室，福建福州　350002；2 福建农林大学生命科学学院，福建福州　350002）

摘　要：以三对特异引物 PCR 合成表面活性素（surfactin）、伊枯草菌素（iturin）和抗菌蛋白 TasA 的地高辛标记探针，采用斑点杂交技术对 24 个菌株的相关基因加以检测，并用竞争酶联免疫吸附法（enzyme-linked immunosorbent assay，ELISA）分析阳性菌株中表面活性素基因的表达情况。结果表明，以阳性质粒为模板，获得 1200bp、1479bp 和 790bp 的 3 个特异性探针，其检测灵敏度分别为 2ng、20ng 和 0.1ng；从 24 个菌株中检测到 10 个菌株含有表面活性素合成相关基因，10 个菌株含有伊枯草菌素合成相关基因和 4 个菌株中存在 *tasA* 基因；ELISA 结果表明，从 10 个阳性菌株的 KMB 发酵液中均检测到表面活性素，其中菌株 EN1 和菌株 SB1 的产量较高，分别达 32.9mg/L 和 41.0mg/L。

关键词：斑点杂交；酶联免疫吸附试验；表面活性素；伊枯草菌素；检测

中图分类号：Q78　**文献标识码**：A　**文章编号**：1007-7146（2008）

Hybridization detection of three antibiotics related genes from *Bacillus* spp.

LIAN Ling-li[1,3], XIE Li-yan[1], LIN Qi-ying[1,2], XIE Lian-hui[1,2]

(1 Institute of Plant Virology, Fujian Agriculture and Forestry University, Fuzhou　350002; Key Laboratory of Biopesticide and Chemical Biology, Ministry of Education, Fujian Agriculture and Forestry University, Fuzhou　350002; 2 College of Life Science, Fujian Agriculture and Forestry University, Fuzhou　350002)

Abstract: Three digoxigenin-labeled probes for specific detection of surfactin, iturin and TasA were developed by PCR with three pairs of primers and were submitted to dot-blotting hybridization detection of 24 bacterial strains, in addition, competition ELISA was used to evaluate surfactin yields of the positive strains harbouring surfactin gene. Results showed that three probes (1200bp, 1479bp and 790bp respectively) were obtained with the positive plasmids as templates, the detection sensitivities of three probes were 2 ng, 20 ng and 0.1 ng, respectively; and ten strains with surfactin gene, ten strains with iturins gene and four strains with *tasA* gene were detected from twenty-four bacterial strains. Competition ELISA results indicated that surfactin was detected from the KMB cultures of ten strains with surfactin gene, among them, strain EN1 and SB1have high yield of surfactin, with the output of 32.9mg/L and 41.0mg/L respectively.

Key words: dot blotting ; enzyme-linked immunosorbent assay (ELISA) ; surfactin ; iturin; detection

---

激光生物学报，2008，17（1）：81-85

收稿日期：2007-10-05

* 基金项目：福建省发改委资助项目（2002153）、福建省植物病毒学重点实验室开放基金

芽孢杆菌是一类重要的产芽孢耐热细菌，可产生多种活性代谢物质，这些活性物质不仅用于医药和工业生产，还在植物病害控制中起着重要作用[1,2]。芽孢杆菌产生的抗菌物质主要包括脂肽类、肽类、细菌素和抗菌蛋白类，其中非核糖体途径合成的脂肽类抗生素是芽孢杆菌分泌的一类主要抗菌素，包括表面活性素（surfactin）、伊枯草菌素（iturin）和芬枯草菌素（fengycin）三大类群。表面活性素具有抗菌、抗病毒、抗肿瘤和表面活性等多种作用，是一类由亲脂的 C_{14}-β-羟基脂肪酸通过内酯键与 7 个氨基酸残基形成的环肽[3]。伊枯草菌素，与表面活性素有着较大的相似性，是由 β-胺基脂肪酸和肽以酰胺键结合而成的七元肽，具有强烈的抗真菌活性[4]。这些脂肽类抗生素均由多酶体系合成，近年来的研究报道了 *srf* 操纵子（负责 surfactin 生物合成）、*itu* 操纵子（负责 iturin A 生物合成）和 *fen* 操纵子（负责 fengycin 合成）等多种脂肽合成相关基因的序列[5]。抑菌蛋白（TasA）是另一种重要的功能蛋白，它参与孢子的正确组装，在整个芽孢产生过程中都会在膜内连续形成，对多种动物和植物病原菌有抑制活性[6]，其核酸序列由氨基酸序列与枯草芽孢杆菌基因组文库比对而得。这些遗传信息的获得使抗菌素的快速检测成为可能。

在芽孢杆菌抗菌素的检测方面，谢奉家等[7]曾利用 PCR 技术初步筛选产表面活性素芽孢杆菌。而对表面活性素、伊枯草菌素的同时检测只局限于高效液相色谱法（high performance liquid chromatography，HPLC）和核磁共振（nuclear magnetic resonance，NMR）等较为昂贵和繁琐的分析手段，至于伊枯草菌素和抑菌蛋白 Tas A 的基因检测尚未见报道。常规的 PCR 检测受模板 DNA 和试剂的影响较大，易出现假阴性结果，且同时处理的样品数较少。而核酸杂交检测技术具有一次可完成大量样品的同时检测、所需仪器简单、灵敏度较高、易于推广使用等优点。因此，在本研究中，我们探讨了斑点杂交法在表面活性素合成必需基因 *srfA*、伊枯草菌素合成基因 *ituB* 及抑菌蛋白基因 *tasA* 检测中的应用，并结合竞争 ELISA 法对表面活性素基因斑点杂交结果加以验证，以期为获得高产抗菌素的芽孢杆菌及进一步的生产应用打下基础。

1 材料与方法

1.1 实验材料

EN 系列菌株参照内生细菌分离方法[8]分离自受根结线虫侵染的番茄根系；S 系列菌株分离自番茄根表。

1.2 主要试剂

Ex *Taq* DNA 聚合酶，dNTP 为 TaKaRa 公司产品，NBT、BCIP、二乙醇胺、二甲基甲酰胺购自上海生工生物工程有限公司；聚偏二氟乙烯（PVDF）膜为 Du Pont 公司产品；抗 DIG 碱性磷酸酶标记 Fab 片段、核酸杂交用封闭剂（blocking reagent）为 Boehringer Mannheim 公司产品；碱性磷酸酶标记的羊抗兔 IgG，标准品表面活性素（surfactin）为 Sigma 公司产品。

1.3 引物

参考 GenBank 中枯草芽孢杆菌的表面活性素和伊枯草菌素合成相关基因序列，经生物软件 Primer 3 和 Oligo 6.5 评估，分别设计了引物对 SF/SR（用于表面活性素合成必需基因 *srfA* 扩增）和 IF/IR（用于 Iturin 家族合成必需基因 *ituB* 扩增），抑菌蛋白基因 *tasA* 的扩增引物参考文献[9]，以上引物均由 TaKaRa 公司合成，见表 1。

表 1 三种抗菌素基因的扩增引物特性

编号	引物序列（5′-3′）	产物大小	文献
TF	5′-CACCATGGGTATGAAAAAGAAATTGAG -3′	790bp	[9]
TR	5′-TTAATTTTTATCCTCGCTATGCGCTT-3′		
IF	5′-ATCCAGAATATCCGCAAGAC-3′	1479bp	本文
IR	5′-GCTCGATATGCGGACTCAAT-3′		
SF	5′-GGAGCAAAGGTGCTTCTCAC-3′	1200bp	本文
SR	5′-GAAACGTTGGCATCAGGAAT-3′		

1.4　细菌基因组 DNA 的提取

接一环斜面活化的菌株于 50mL LB 培养基中，28℃振荡培养 24h 后，以 12 000r/min 离心 5min，弃上清液，沉淀用 500μL TE（Tris-EDTA，pH8.0）缓冲液重悬菌体，加入 1mg/mL 溶菌酶，37℃温浴 30min。加入 1/10 体积的 10% SDS 和适量的蛋白酶 K，混匀后 37℃温浴 1h。然后用等体积的饱和酚-氯仿-异戊醇（体积比：25 ∶ 24 ∶ 1）抽提三次。取上清液加入 30μL 3mol/L 乙酸铵和两倍体积的无水乙醇，过夜沉淀 DNA，12 000r/min 离心 15min，最后用 70% 乙醇洗涤一次，于室温自然干燥。将沉淀溶于适量的含 10μg/mL RNaseA 的 TE（Tris-EDTA，pH8.0）缓冲液中，于 −20 ℃保存备用。

1.5　地高辛标记 DNA 探针的制备

以含有目的 DNA 片段的质粒为模板，PCR 扩增合成地高辛标记的三种核酸探针。PCR 扩增反应体系总体积 25μL，包括 DNA 模板 2μL，引物（10pmol/L）各 1μL、dNTP（每份 10mmol/L）0.5μL、dUTP 0.5μL、10 × Buffer 2.5μL、H_2O 17.0μL、Ex *Taq* DNA 聚合酶（2.5U/μL）0.5μL。PCR 扩增条件为：95℃ 预变性 5min，94℃变性 60s，61℃退火 60s，72℃延伸 90s，共 30 个循环，最后一个循环结束后，72℃最终延伸 10min。反应于 T3 热循环仪内完成。PCR 产物经 1%琼脂糖凝胶电泳（80V，1h），TAE 缓冲液体系。电泳后，凝胶用溴化乙锭染色，染色后的凝胶在 IS-1000 数据成像系统中观察成像。并用超纯 TM 15 DNA 纯化试剂盒回收 DNA 片段。操作均按产品的使用说明进行。标记好的探针经梯度稀释后，加 2μL 于 PVDF 膜上点样，以检测探针效价。

1.6　斑点杂交检测

取 24 份 DNA 样品按图 2-A 的顺序点于 PVDF 膜上，室温晾干后，置于 80℃烘箱中固定 2h，42℃预杂交液处理 2h，加入热变性的 DNA 探针于 42℃杂交 16h，探针终浓度约为 0.1μg/mL。室温下洗膜、封闭、结合抗体和显色等具体步骤参照文献［10］。

1.7　表面活性素多克隆抗体的制备

参照文献［11］的方法进行表面活性素多克隆抗体的制备。将 0.8mg 表面活性素溶于 500μL PBS 缓冲液，加入 3.0mg 牛血清白蛋白使之完全溶解，再缓慢滴入预冷的 5% 戊二醛 400μL，边滴加边搅拌，然后置于 4℃冰箱偶联 1h，用 PBS 缓冲液透析过夜。偶联物与等量福氏完全佐剂混合，皮下和肌肉多点注射家兔。每隔 7 天加强免疫一次，共免疫五次。最后一次免疫后 10 天，收集血样，4000r/min 离心 20min 获得抗血清。

1.8　竞争 ELISA 检测样品

采用间接竞争 ELISA 法对斑点杂交试验中显示为阳性的菌株进行表面活性素产量的初步检测。具体步骤参考文献［12］。

2　结果与分析

2.1　探针的制备和分析

电泳分析（图 1-A）伊枯草菌素基因（*ituB*）、表面活性素基因（*srfA*）和 *tasA* 基因的地高辛标记探针，它们分别为 1479bp、1 200bp 和 790bp 的特异扩增条带，表明已获得三种标记探针。探针 *ituB* 和 *srfA* 的效价可达 5×10^4，而 *tasA* 探针在稀释至$1:10^5$时仍有杂交信号产生，说明三种标记探针均有较高的检测效价。分别取三种探针对应的阳性质粒进行 1000ng/μL 、200ng/μL、20ng/μL、2ng/μL、0.1ng/μL 系列稀释，各取 1μL 点于 PVDF 膜上，杂交结果显示（图 1B），*tasA* 探针的灵敏度最高，达 0.1ng；*srfA* 和 *ituB* 探针分别在质粒 DNA 量为 2ng 和 20ng 时出现明显斑点，它们的检测灵敏度分别为 2ng 和 20ng。*srfA* 和 *ituB* 探针的效价和检测灵敏度均低于*tasA*探针，可能因为两探针的长度较大（大于 1kb），在一定程度上影响了杂交灵敏性。图 1C 为三个探针的特异性检测结果，可以看出，三个探针均与其对应的阳性质粒产生明显的杂交信号，说明探针之间不发生交叉反应，具有较高的特异性。

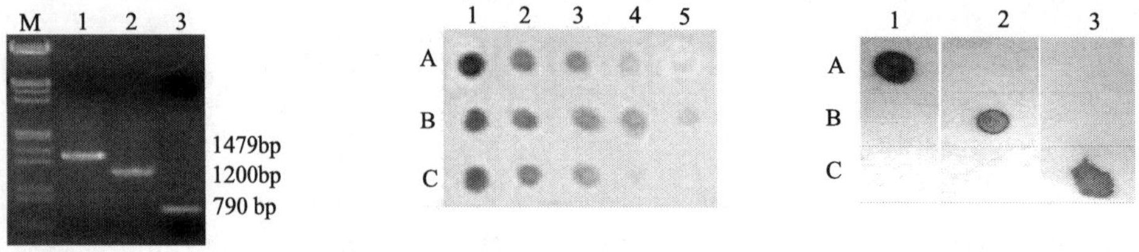

M:标准分子量(λDNA/*Hind*Ⅲ+*Eco*RⅠ);
1:*ituB*基因; 2:*srfA*基因; 3:*tasA*基因

A

A:*srfA*探针, B:*tasA*探针, C:*itu*B探针;
1-5:1000ng/μL,200ng/μL,20ng/μL,
2 ng/μL, 0.1ng/Ml

B

1-3:*srfA*,*tasA*和*ituB*的检测;
A-C:带有*srfA*,*tasA*和*ituB*基因的质料

C

图 1　三个探针的制备与分析

A. PCR 制备探针；B. 探针的灵敏性；C. 探针的特异性检测

2.2　斑点杂交检测

取 24 株芽孢杆菌的 DNA 样本，分别用 3 种探针进行杂交检测，结果显示（图 2），*srfA* 探针的杂交膜中，有 10 份样品呈明显的阳性反应，在 *ituB* 基因的检测中，也有 10 份样品产生较强的杂交信号，而 *tasA* 基因检测膜中，仅 4 个菌株的 DNA 样本呈阳性反应。比较三张杂交膜，可以看出，菌株 EN6、EN9、EN15、EN01、SB1 和 SB2 中同时含有 *srfA* 基因和 *ituB* 基因，而菌株 EN1、SAB 和 SV3 同时含有 *srfA* 基因和 *tasA* 基因，菌株 EN17 含 *ituB* 和 *tasA* 两种基因，少部分菌株只检测到一种基因。相比而言，EN 系列的菌株带有抗生素相关基因的概率明显大于 S 系列菌株。

EN1	EN3	EN4	EN5	EN6	EN9
EN15	EN16	EN17	EN01	EN02	EN03
EN04	SB1	SB2	SW1	SAB	SV3
SN8	SN9	SV5	SV6	SV7	SV8

A

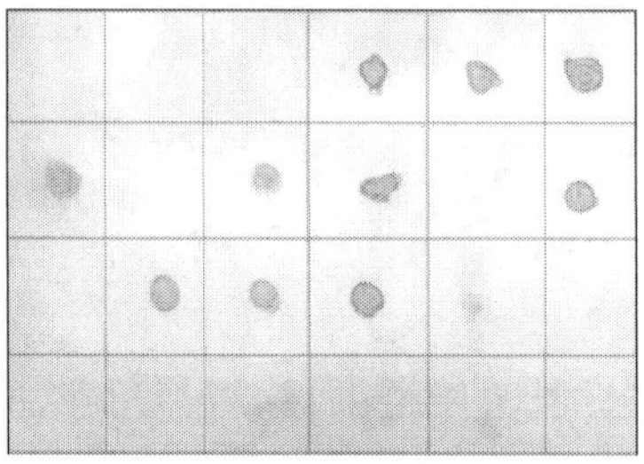

C

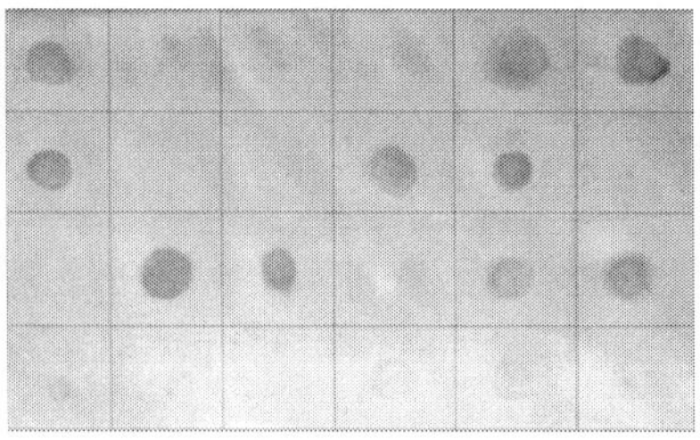

B

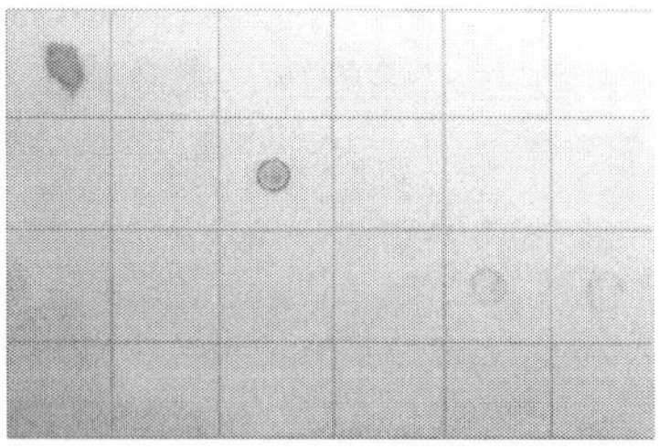

D

图 2　24 株芽孢杆菌的 DNA 样本中三种抗菌素基因的斑点杂交检测结果

A. 样品排序；B. *srfA* 基因检测；C. *ituB* 基因检测；D. *tasA* 基因检测

2.3　ELISA 检测产表面活性素菌株

由于表面活性素分子质量小，免疫原性差，且与微孔板的结合力低，因此试验利用醛化偶联的方法制备其多克隆抗体，并采用竞争 ELISA 检测样品。选取杂交实验中出现明显反应信号的 10 个菌株，分别于 KMB 发酵液中培养，分析其中表面活性素的分泌情况，结果显示（表 2），各菌株均不同程度地产生表面活性素，且随着发酵时间的延长呈先增强后减弱的趋势，其中菌株 EN1 和 SB1 的产量较大，分别为 32.9mg/L（发酵 48h）和 41.0mg/L（发酵 72h）。

表 2 ELISA 检测不同发酵时期菌株分泌表面活性素的情况（mg/L）

发酵时间/h	菌株									
	EN1	EN6	EN9	EN15	EN01	EN02	SB1	SB2	SAB	SV3
36	27.9	12.6	3.8	9.7	16.8	2.2	33.6	19.7	0.8	6.2
48	30.5	13.2	3.9	11.8	19.1	2.3	39.2	26.0	0.9	6.5
60	32.9	14.9	4.0	10.1	17.9	2.0	40.3	23.7	1.2	7.1
72	27.2	14.1	4.2	10.2	18.3	2.0	41.0	16.2	1.0	7.2
84	26.8	13.7	4.0	10.4	18.2	1.9	41.0	14.6	0.8	7.4

表中数值代表表面活性素产量

3 讨论

伊枯草菌素和表面活性素均是分离自芽孢杆菌发酵代谢物的肽类物质，它们不仅是有效的生物表面活性剂，具备无毒、生物可降解性、热稳定性等优势，被用于石油工业、环境工程，也是重要的抗微生物药剂，用于医疗卫生中疾病的控制和植物病害的生物防治。虽然这两种生物表面活性剂早在几十年前就已被发现，但由于缺乏高产菌株，纯品制备成本高，价格昂贵，一直难以实现大规模生产应用。因此，建立快速可靠、合理有效的筛选方法，已成为获取高产生物表面活性剂菌株，加快表面活性剂生产应用的重要前提之一。在前期实验中，我们试图采用多重 PCR 同时检测 *srfA*、*ituB* 和 *tasA* 三个基因，但由于存在非特异扩增条带干扰、反应条件不一致等问题，难以得到理想结果。本试验采用地高辛标记探针杂交法，同时对 24 个菌株中的三个抗菌素基因进行了快速检测。斑点杂交检测具有较高的特异性，与前期试验的 PCR 检测结果基本一致，且能用于大量样品的同时检测，不失为一种有效的快速初筛方法。此外对斑点杂交检测为阳性的菌株的抗微生物活性进行测定，发现 EN1、EN6、EN15、EN17、SB1 和 SB2 等菌株对多种植物病原真菌、病原细菌和卫生细菌均有明显抑制效果。因此在下一步试验中，将尝试分析阳性菌株抗菌素的理化性质和生物功能的机制。

由于 PCR 和杂交技术只能检测到菌株是否存在抗菌素基因，无法判断这些基因的表达情况，因此，为了验证杂交的结果并了解阳性菌株的抗菌素产量，在杂交初筛后，采用 ELISA 法分析了 10 株含有表面活性素基因的菌株产抗菌素的情况。结果表明 10 个阳性菌株的 KMB 发酵液中均有表面活性素，但表面活性素的产量存在较大的差别。通过 ELISA 检测的复筛试验，获得了 2 株高产表面活性素的菌株，使后期的分离纯化及生产应用成为可能。与 HPLC 相比，ELISA 检测手段存在抗体制备中标准样品消耗量大的不足，但它无需通过样品前处理及色谱条件的反复摸索来排除杂峰的干扰，操作也较为简单，便于在硬件设备缺乏的地区使用。后期实验中将应用这种方法对含有伊枯草菌素和 *tasA* 基因的菌株进行复筛，为进一步的应用奠定基础。

参考文献

[1] Jitendra DD, Ibrahim MB. Microbial production of surfactants and their commercial potential. Microbial Molec Biol Reviews, 1997, 61(1): 47-64

[2] Harsh PB, Ray F, Jorge MV. Biocontrol of *Bacillus subtilis* against infection of *Arabidopsis* roots by *Pseudomonas syringae* is facilitated by biofilm formation and surfactin production. Plant Physiology, 2004, 134: 307-319

[3] Kluge B, Vater J, Salnikow J, et al. Studies on the biosynthesis of surfactin, a lipopeptide antibiotic from *Bacillus subtilis* ATCC21332. FEBS Letters, 1988, 231: 107-110

[4] Maget-Dana R, Peypoux F. Iturins, a special class of spore-forming lipopeptides: biological and physicochemical properties. Toxicology, 1994, 87: 151-174

[5] Tsuge K, Akiyama T, Shoda M. Cloning, sequencing, and characterization of the Iturina operon. Journal of Bacteriol, 2001, 183(21): 6265-6273

[6] Monica S, Rita ZO, Ezio R, et al. A *Bacillus subtilis* secreted protein with a role in endospore coat assembly and function. Bacteriology, 1999, 181(12): 3632-3643

[7] Hsieh FC, Li MC, Lin TC, et al. Rapid detection and characterization of surfactin-producing *Bacillus subtilis* and Closely related species based on PCR. Current Microbiology, 2004, 49(33): 186-191

[8] 何红. 辣椒内生枯草芽孢杆菌(*Bacillus subtilis*)防病促生作用的研究. 福州：福建农林大学，2003

[9] 许曼琳. 芽孢杆菌(*Bacillus* spp.)的抑菌作用和抗菌蛋白基因

tasA 的克隆和表达. 福州:福建农林大学,2005
[10] 吴兴泉. 福建马铃薯病毒的分子鉴定与检测技术. 福州:福建农林大学,2002
[11] 马卫明. 猪小肠抗菌肽分离鉴定及其生物活性研究. 北京:中国农业大学,2004
[12] Lin SC, Minton MA, Sharma MM, et al. Structural and immunological characterization of a biosurfactant produced by *Bacillus licheniformis* JF-2. Appl Environ Microbiol, 1994, 60: 31-38

线虫寄生菌巴斯德杆菌遗传多样性分析*

连玲丽[1,2]，谢荔岩[1]，段永平[1]，林奇英[1]，吴祖建[1]

（1 福建农林大学植物病毒研究所，福建福州　350002；
2 福建农林大学生命科学学院，福建福州　350002）

摘　要：应用16S rDNA-PCR技术快速检测不同根系样品中的巴斯德杆菌（*Pasteuria* spp.），并采用PCR-RFLP和PCR-SSCP法初步分析这些样品中巴斯德杆菌群体的遗传多样性，结果表明，来自福建、广东的30份感染根结线虫病的根系中，有9份样品含有巴斯德杆菌；PCR-RFLP分析表明，克隆子的*Eco*HⅠ酶切带型分为5类，其中2类占相对优势，PCR-SSCP带型分类的情况与PCR-RFLP的基本一致，但表现出更大的差异性。选取12个克隆子进行测序分析，结果显示，克隆子的16S rDNA序列与穿刺巴斯德杆菌(*Pasteuria penetrans*）的相应序列具有较高的同源性(97.8%～99.7%)；系统进化关系分析进一步表明，不同根系样品中的巴斯德杆菌（*Pasteuria* spp.）16S rDNA序列与GenBank已收录的穿刺巴斯德杆菌（*P. penetrans*）序列形成1个主要分支和7个独立分支，具有一定的遗传差异。

关键词：巴斯德杆菌，16S rDNA；PCR-RFLP；PCR-SSCP；遗传多样性

Genetic diversity of nematode parasitic bacteria *Pasteuria* spp.

LIAN Ling-li[1,2], XIE Li-yan[1], DUAN Yong-ping[1], LIN Qi-ying[1], WU Zu-jian[1]

(1 Institute of Plant Virology, Fujian Agriculture and Forestry University, Fuzhou　350002;
2 College of Life Science, Fujian Agriculture and Forestry University, Fuzhou　350002)

Abstract: *Pasteuria* spp. was one of the highly potential biocontrol agents of plant-parasitic nematodes. Based on their 16S rDNA sequences, we developed simple PCR, PCR-RFLP (polymerase chain reaction-restriction fragment length polymorphism) and PCR-SSCP (polymerase chain reaction-single strand conformation polymorphism) methods for rapid detecting the genetic diversities of *Pasteuria* spp. in root samples. Using simple PCR, we detected *Pasteuria* spp. from nine out of thirty nematode-infected samples collected from different crops in Fujian and Guangzhou of China. The genetic diversities of *Pasteuria* spp. in root samples were examined by PCR-RFLP and PCR-SSCP. Two of the five variant RFLP patterns were predominant among the clones when they were digested by restriction enzyme *Eco*HⅠ. The results from PCR-SSCP analysis were con-

微生物通报，2008，35（7）：1039-1044
收稿日期：2007-12-03　接受日期：2008-02-19
* 基金项目：福建省发改委资助项目（No. 2002153）、福建省植物病毒学重点实验开放基金（No. 2007L2002）

sistent with those of PCR-RFLP and showed greater gene diversities. Twelve clones were chosen and sequenced. The results indicated the sequences of clones shared 97.8%～99.7% similar identity with those of previously reported *P. penetrans*, and the clones were further divided into one major clades and seven individual clades in the phylogenetic tree.

Key words: *Pasteuria* spp.; 16S rDNA; PCR-RFLP; PCR-SSCP; genetic diversity

根结线虫病是一类重要的植物根部病害，为害茄科、瓜类等多种经济作物，给农业生产带来巨大的经济损失[1]。近年来，在根结线虫病的综合治理中，生物防治为这类病害的控制开辟了一条新的途径，生防因子的开发和利用成为研究的热点之一。巴斯德杆菌（*Pasteuria* spp.）作为根结线虫的一类专性寄生细菌，能有效减少线虫群体数量，具有良好的生防前景。国外学者就这类细菌的生活史、分类地位、寄主范围、纯化培养及防病效果开展了大量研究[2]，国内的相关研究起步较晚，主要采用显微镜技术调查细菌资源，盆栽测定巴斯德杆菌的防线虫效果[3-5]，而对巴斯德杆菌资源多样性的研究尚未见报道。研究表明，不同来源的巴斯德杆菌在寄主亲和性方面存在较大差别[6]，有些巴斯德杆菌对多个根结线虫小种均有较强的亲和性，有些则专性侵染一个根线线虫小种，这种对寄主亲和力的差别直接影响这些细菌的防病效果和应用范围。因而，明析我国巴斯德杆菌资源的多样性程度，对于进一步筛选广谱寄生且高效防病的菌源具有重要意义。基于此，本试验利用巴斯德杆菌 16S rRNA 基因的特异引物检测感病作物根系，同时采用 PCR-RFLP 和 PCR-SSCP 方法分析阳性样品的遗传差异，旨在揭示此类细菌的群体遗传多样性，明确我国巴斯德杆菌的系统发育地位，并为其资源的开发利用奠定理论基础。

1 材料与方法

1.1 感病根系样品

感染根结线虫病的植物根系分别采自福建省南平顺昌（PS）、漳州（PZ）、龙岩（PL）和福州（PF）等地区的线虫多发地，分别编号（括号内为寄主植物）为 PS1（包菜）、PS2（南瓜）、PS3（黄瓜）、PS4（苦瓜）、PS5（丝瓜）、PS6（白菜）、PS7（芹菜）、PS8（香菜）、PS9（茄子）、PS10（番茄）、PS11（蜜橘）、PS12（雪柑）、PS13（玉米）；PZ1（苦瓜）、PZ2（黄瓜）、PZ3（四季豆）、PZ4（香蕉）、PZ5（芦柑）、PZ6（麦冬）、PZ7（朱顶红）；PL1（菜豆）、PL2（姜）、PL3（丝瓜）、PL4（空心菜）；PF1（白菜）、PF2（菜豆）、PF3（黄瓜）、PF4（番茄）、PF5（烟草）。样品 P3 来自广州市竹料镇人和村，寄主植物为丝瓜。

1.2 引物

参考 Duan 等[7]和 GenBank 收录的序列，设计并合成了 2 对引物，A1 引物对 39F/1166R 用于巴斯德杆菌 16S rDNA 基因的扩增克隆和 PCR-RFLP 分析，A2 引物对 40F/423R 用于 PCR-SSCP 分析（表 1），引物均由上海博亚生物技术有限公司合成。

表 1 巴斯德杆菌 16S rDNA 序列扩增引物

编号	引物	产物长度	参考文献
A1	39F：5′- GCGGCGTGCCTAATACA-3′ 1166R：5′-CGCCGGCTGTCTCTCCAA-3′	1100bp	[7]
A2	40F：5′-GCGGCGTGCCTACTACA-3′ 423R：5′-CTTCCCGATGAACAGGG-3′	400bp	本文

1.3 根系总 DNA 提取

称取 0.2g 根样，剪碎后于液氮中充分研磨，加入 1mL 抽提缓冲液（7mol/L 脲，0.35mol/L NaCl，50mmol/L Tris-HCl pH8.0，20mmol/L EDTA，1% sarkosyl），移入 2mL 离心管中，加入 1mL 酚：氯仿：异戊醇（25：24：1，*V/V/V*）混合溶液，充分混匀，6000r/min 室温离心 5min；取上清用等体积氯仿：异戊醇（24：1，*V/V*）混合溶液抽提，9000r/min 室温离心 5min；取上清，移

入新管，加入等体积异丙醇，－20℃保存 1h，12 000r/min离心 20min（可见 DNA 沉淀），弃上清；加入 1mL 70% 乙醇，12 000r/min 离心 1min；弃上清，真空干燥，用 50μL TE 缓冲液溶解沉淀，－20℃保存备用。

1.4 PCR 扩增与克隆

以根系总 DNA 为模板，采用 A1 引物对扩增巴斯德杆菌 16S rDNA 基因。PCR 扩增反应体系为总体积 25μL，包括 DNA 模板 2μL，引物（10pmol/L）各 1μL、dNTP（每份 10mmol/L）0.5μL、0.5μL 牛血清白蛋白 BSA（10μg/μL）、10×Buffer 4μL、H_2O 15.5μL、*Taq* DNA 聚合酶（2.5U/μL）0.5μL。扩增条件为：94℃ 预变性 7min；94℃ 变性 60s，61℃ 退火 60s，72℃ 延伸 60s，共 37 个循环；72℃延伸 10min。反应于 T3 热循环仪内完成。

PCR 产物用 UltraClean 15 DNA Purification Kit（Mo Bio Labs 产品）回收后，与 pMD-18T 载体（TaKaRa 公司产品）连接，转化大肠杆菌 DH5α 感受态细胞，挑取白斑，用双酶切法进行鉴定，所有鉴定为阳性的克隆子全部保存备用。

1.5 阳性克隆子的 PCR-RFLP 分析

以鉴定为阳性的克隆子为模板，采用 A1 引物对扩增获得 1100bp 的目的片段（扩增条件同 1.4），分别用 *Hha* Ⅰ、*Hae* Ⅲ 和 *Eco*H Ⅰ内切酶（Promega 公司产品）酶切目的片段。反应体系为 20μL，其中扩增产物和酶分别为 17.5μL 和 5U，37℃温育 3～4h 或过夜后，2%的琼脂糖凝胶电泳分析酶切产物。

1.6 阳性克隆子的 PCR-SSCP 分析

以鉴定为阳性的克隆子为模板，采用 A2 引物对扩增获得 400bp 的目的产物，扩增条件为：94℃预变性 4min，94℃变性 30s，65℃退火 45s，72℃延伸 45s，共 35 个循环；72℃延伸 10min。反应体系同 1.4。

取扩增产物 4μL，加入 8μL DNA 变性剂（95%去离子甲酰胺、0.5%溴酚蓝、0.5%二甲苯氰 FF）；混匀后，95℃变性 10min，冰浴 5min，迅速上样至 8%非变性聚丙烯酰胺凝胶（丙烯酰胺∶二甲叉双丙烯酰胺＝30∶0.8，w/w）中电泳，4℃条件下，以 150V 电泳 4h，经银染后观察拍照。

1.7 序列处理和系统进化树构建

根据 RFLP 和 SSCP 分析结果，从中选择具有不同酶切图谱或带型的 12 个克隆子，进行测序分析。阳性克隆子送交上海博亚生物技术有限公司测定序列。所获序列经 DNAMAN 编辑，去除末端的不完整碱基片段，对序列同源性进行初步分析；再利用 ClustalW 软件（Version 1.83）[8] 进行序列对位排列，ClustalW 软件参数设置为：slow/accurate，gap opening penalty：15.00，gap extension penalty：6.66，delay divergent sequences：30%，DNA transitions weight：0.50，negative matrix：off，DNA weight matrix：IUB，序列以 phy 格式输出。输出文件导入 tree-puzzle（5.2）[9] 软件构建 Maximum-likelihood（ML）。

进化树，各项参数设置如下：Tree search procedure：Quartet puzzling，Number of puzzling steps：10000，Display as outgroup：*Thermoactinomyces dichotomicus*，Parameter estimation：accurate（slow），Parameter estimation uses：neighbor-joining tree[10]，Model of substitution：HKY[11]，Transition/transversion parameter and Nucleotide frequencies：Estimated from data set，Model of rate heterogeneity：uniform rate，由此生成的 outtree 文件，在 TreeView 软件中编辑输出。

2 结果与分析

2.1 PCR 扩增

采用巴斯德杆菌 16S rDNA 的特异引物 39F 和 1166R，对 30 份根系 DNA 样品进行 PCR 扩增，经电泳后，9 份样品的扩增产物中出现约 1100bp 的目的片段（图 1），说明这些样品中含有巴斯德杆菌。其中，采自南平顺昌的样品 PS1、PS2、PS3、PS4、PS7 和 PS9 中均检测到目的片段，采自其他

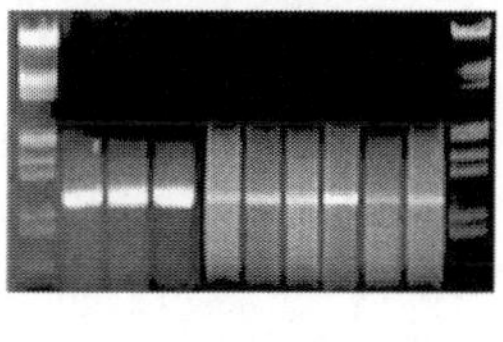

图 1 根样 16S rDNA 的 PCR 扩增结果

M. marker（λDNA/*Hind*Ⅲ＋*Eco*RⅠ）；
1. PS1；2. PS2；3. PS3；4. PS4；
5. PS7；6. PS9；7. P3；8. PZ2；9. PZ4

地区的样品中只有1～2个样品为阳性，分别是采自漳州的PZ2样品、采自福州市的PF4样品及采自广州市的P3样品。检测为阳性的根系样品多属瓜类和茄科类作物，可能与这些寄主植物易受根结线虫侵染有关。

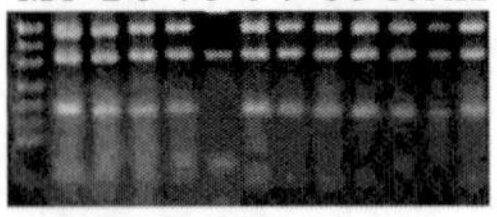

图2　部分克隆子的*Hha*Ⅰ酶切电泳图谱

M. marker（501，404，331，242，190，147，110bp）；1. PS1-A4；2. PS1-E19；3. PS1-G16；4. PS4-B7；5. PS4-K19；6. PS4-I2；7. PS7-A47；8. PS7-C39；9. PS7-D5；10. PS9-E9；11. PS9-E36；12. PS9-H22

2.2　PCR-RFLP分析

采用PCR-RFLP法分析PS1、PS2、PS4、PS7、PS9和P3等6份根样中巴斯德杆菌的遗传差异。以A1引物扩增阳性克隆子，再分别用*Hha*Ⅰ、*Hae*Ⅲ和*Eco*HⅠ三种内切酶酶切PCR扩增产物，结果显示（图2），经*Hha*Ⅰ酶切后，大多数克隆子得到约500bp、350bp和170bp的3个片段，少数克隆得到600bp和350bp的2个片段，如克隆子PS4-K19（图2泳道5）；经*Hae*Ⅲ酶切后，多数克隆子得到的酶切条带为500bp、250bp和170bp；极少数克隆子的酶切带型较为特殊，如PS7-C39（图3泳道5），这些结果说明*Hha*Ⅰ和*Hae*Ⅲ的酶切图谱所表现的多态性比较有限。相比而言，*Eco*HⅠ的酶切图谱表现出5种不同的带型（图4，表2），较好地反映根样中巴斯德杆菌群体的多态性。

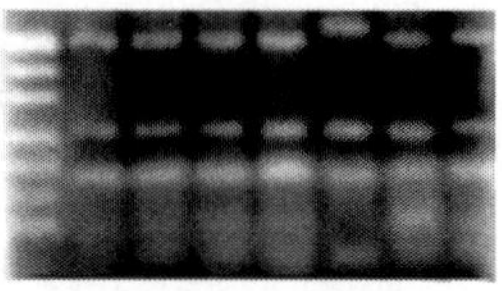

图3　部分克隆子的*Hae*Ⅲ酶切电泳图谱

M. marker；1. PS1-A25；2. PS1-E19；3. PS1-G16；4. PS7-A47；5. PS7-C39；6. PS7-D5；7. PS9-E9

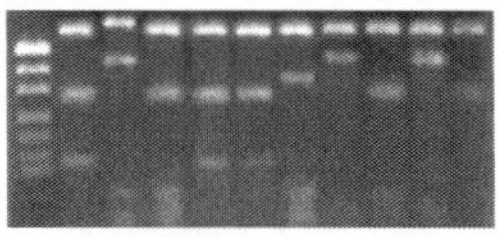

图4　部分克隆子的*Eco*HⅠ酶切电泳图谱

M. marker；1. PS1-A4；2. PS1-E19；3. PS1-G16；4. PS4-B7；5. PS4-K19；6. PS7-C39；7. P3-4；8. PS2-D12；9. PS2-E42；10. PS9-E9

表2　PCR-RFLP的*Eco*HⅠ酶切结果和PCR-SSCP结果比较

*Eco*HⅠ酶切结果			SSCP电泳结果	
类型	谱带	样品	类型	样品
1	600bp、300bp和120bp	PS1和PS4的克隆子，如PS1-A4（lane1）、PS1-G25、PS4-A32、PS4-B7（lane4）、PS4-D4、PS4-K19（lane5）和P3-11	Ⅰ	PS1和PS4的多数克隆子，如PS1-A4（lane 2）、PS1-E6（lane 4）、PS1-E19（lane 5）、PS1-G36（lane 7）、P3-11（lane 10）、PS4-A32（lane 11）、PS4-B7和PS4-K19
2	600bp、450bp和50bp	PS2、PS7、PS9和P3的绝大多数克隆子，P3-4（lane 7）、P3-15、PS2-E42（lane 9）	Ⅱ	P3、PS2、PS7和PS9克隆子P3-4（lane 8）、P3-15（lane 9）、PS2-A22（lane 13）、PS2-E42（lane14）、PS2-E43（lane 15）及部分PS1克隆子，如PS1-B5（lane 3）
3	600bp、300bp、70bp和50bp	PS1-G16（lane 3）和PS9-E9（lane 8）	Ⅲ	PS9-E9（lane 1）和PS1-G16
4	600bp、350bp和50bp	PS7-C39（lane 6）	Ⅳ	PS1-G25（lane 6）、PS7-C39（lane 16）
5	620bp和450bp	PS1-E19（lane 2）、PS1-A25	Ⅴ	PS4-D4（lane 12）

2.3　PCR-SSCP 分析

SSCP 技术适合于短片段的多态性分析，因此本试验采用 A2 引物扩增阳性克隆子，获得约 400bp 的目的片段，用于 SSCP 电泳分析。结果显示（图 5），目的片段呈现出 5 种不同的电泳带型。总的看来（表 2），SSCP 分析结果与 RFLP 中 *Eco*H Ⅰ 酶切结果基本相符，但表现出更大的差异，如有些 *Eco*H Ⅰ 酶切位点相同的 PS1 克隆子（类型Ⅰ）经 SSCP 分析后，得到两组不同的带型（类型Ⅰ和类型Ⅴ）。

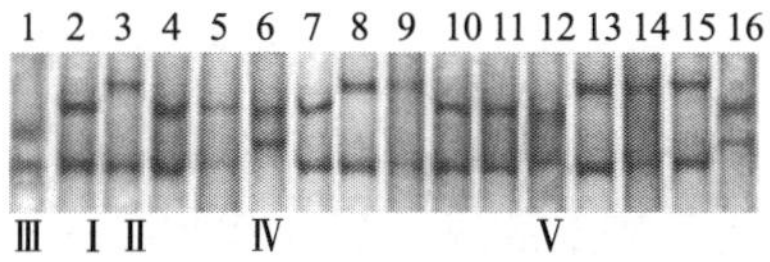

图 5　部分克隆子的 SSCP 电泳带型

1. PS9-E9；2. PS1-A4；3. PS1-B5；4. PS1-E6；5. PS1-E19；6. PS1-G25；7. PS1-G36；8. P3-4；9. P3-15；10. P3-11；11. PS4-A32；12. PS4-D4；13. PS2-A22；14. PS2-E42；15. PS2-E43；16. PS7-C39

从 PCR-RFLP 和 PCR-SSCP 分析结果可以看出，6 份根系样品中的巴斯德杆菌群体可以归为两个大类，第一大类由 PS2、PS7、PS9 和 P3 绝大多数克隆子组成，它们所表现的酶切带型（类型Ⅱ）及 SSCP 泳动带型（类型Ⅱ）一致；第二大类由根样 PS1 和 PS4 的多数克隆子组成，其带型（RFLP 类型Ⅰ和 SSCP 类型Ⅰ）一致。其中，第一大类在根系样品中所占比例较大，是本试验检测到的巴斯德杆菌的主要类群。比较不同根系样品，可以看出，PS1 的巴斯德杆菌遗传变异最大，群体内存在丰富的多样性，而其他 5 个根系的细菌遗传变异较小，种类较为单一。

2.4　序列分析

根据 RFLP 和 SSCP 分析结果，选择 12 个来自不同根样的阳性克隆子进行测序分析，应用 DNAMAN 软件分析序列的同源性，结果表明 12 条序列均与穿刺巴斯德杆菌（*Pasteuria penetrans*）的同源性最高（97.8%～99.7%）。系统进化分析中，序列对位排列后的片段长度为 1142bp，序列中 A、T、C 和 G 碱基的平均含量分别为 22.5%、18.6%、23.2% 和 35.7%，G/C 含量较高。在所有特征值中，包括 840 个恒定位点（Constant site，占总数的 73.6%），总位点模式达 193 个，恒定位点模式仅 4 个。从构建的进化树图（图 6）可以看出，12 条序列和 GenBank 中已收录的穿刺巴斯德杆菌序列（AF375881，AF077672；寄主为根结线虫）共同组成一个大分支（置信度达 92），与巴斯德杆菌（*Pasteuria nishizawae*）（寄主为胞囊线虫）相邻，而与其他种如 *P. goettingianae*（AF515699）和 *P. ramosa*（DEU34688）等遗传距离较远，表明本实验检测到的巴斯德杆菌群体中穿刺巴斯德杆菌小种占绝对优势。

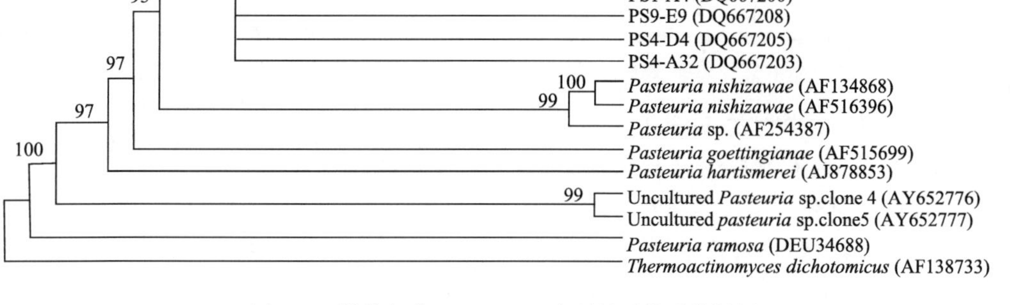

图 6　巴斯德杆菌 16S rDNA 序列的系统进化树图

根据进化树图，又可将本实验检测的穿刺巴斯德杆菌小种分为1个主要类群和7个独立分支，主要类群Ⅰ与前述*Eco*HⅠ内切酶的RFLP类型2及SSCP类型Ⅱ基本相符；P3-11和PS4-B7位于同一小分支，PS7-C39、PS4-D4、PS9-E9分别形成独立分支，这些均与SSCP显示出特异带型的结果一致；而RFLP和SSCP分析中归为同一类型的PS1-A4、PS4-A32和PS4-K19也分别形成了独立分支，说明这些克隆子序列中存在RFLP和SSCP没有检测出来的差异特征。

3 讨论

本试验通过PCR法从PS系列的6个样品及其他采集地的PZ2、PF4和P3样品中检测到巴斯德杆菌的存在。其中，南平顺昌采集地的多个样品呈阳性，而其他4个采集地除了零星几个样品外，多数检测为阴性，这可能是因为南平顺昌PS1～PS10样品采自同一片长年受根结线虫侵害的大田，而其他几个采集地的线虫病是近年内发生的。

本试验进一步对阳性样品进行PCR-RFLP、PCR-SSCP及序列分析，可以看出，南平顺昌采集地的多个样品，尤其是PS1和PS4样品内巴斯德杆菌16S rDNA电泳带型或序列存在较大差别，仅PS3样品和PZ2、PF4样品一样，它们的克隆子电泳带型高度一致（结果未显示），没有明显差别，P3样品克隆子之间电泳带型表现出一定的差别，表明PS系列多数样品的巴斯德杆菌群体遗传多样性较其他样品的更为丰富，这一情况可能也与几个采集地根结线虫的种类及为害期长短不同有关。Sayre和Starr[12]研究分析巴斯德杆菌形态与其寄主的相关性，说明了细菌与其寄主之间存在形态上的适应性进化。研究还表明[13]，巴斯德杆菌的生理生化多样性与其寄主群体异质性有关。基于此，推测南平顺昌采集地的巴斯德杆菌遗传多样性可能是在细菌与寄主长期共存相互适应的过程中产生的，也可能与当地土壤或根系内根结线虫种类的多样性较大有关。

对巴斯德杆菌群体多样性的RFLP分析中，Duan等[7]曾利用*Hha*Ⅰ内切酶检测出土壤和线虫内巴斯德杆菌群体的多样性，本试验采用*Hha*Ⅰ、*Hae*Ⅲ和*Eco*HⅠ三种内切酶分析根样中巴斯德杆菌的差异，结果发现，克隆子的*Hha*Ⅰ和*Hae*Ⅲ酶切图谱基本相同，仅*Eco*HⅠ酶切图谱存在较多的变化，这说明不同地域的巴斯德杆菌群体可能在酶切位点的分布和保存性上存在差别，是否我国分离物的*Eco*HⅠ酶切位点存在较大变异性，值得深入研究。

根据本试验中PCR-RFLP和PCR-SSCP结果来比较两种遗传差异的分析手段，不难看出，RFLP虽能针对性地鉴别出酶切位点的变化，但需多次试验寻找合适的限制性内切酶，较为耗时费力。相对而言，PCR-SSCP更能灵敏、简便且较为充分地检测出克隆子间的差异，适合于大批量样品的分析。因此，PCR-SSCP作为一种快速检测遗传差异的方法，优于PCR-RFLP，对于大批量样品的基因变异研究，在测序之前以此法初步筛选差异基因，不失为一种经济有效的分析手段。

巴斯德杆菌具有较强的寄主专化性，即一个种通常只寄生于特定的线虫属。例如，*P. penetrans*主要寄生根结线虫属（*Meloidogyne* spp.），*P. nishizawae*则分离自胞囊线虫属（*Heterodera* spp.）等。本试验中，所得序列与*P. penetrans*高度同源，这可能与我们采集的样品均为带有根结的根系（其中根结线虫为主要寄生线虫）有关。从系统发育关系来看，这些序列也与已报道的*P. penetrans*共同形成一个大的分支，这与同源性分析结果一致；同时，在大分支内又形成若干小分支，同份根样的克隆子序列分布于不同的分支中，如PS4-B7和PS4-K19，这与PCR-SSCP的多样性分析结果略有不同，进一步说明了根样中穿刺巴斯德杆菌群体的遗传多样性。

后期实验对巴斯德杆菌寄主群体的多样性及巴斯德杆菌专化寄生性加以分析，将进一步为筛选广谱寄生的巴斯德杆菌菌株提供实践基础；同时为明析巴斯德杆菌寄主专化性的生理生化及分子机制，进而为解决巴斯德杆菌寄主专化性这一制约其生防应用的关键问题提供一些信息。

参考文献

[1] 张绍升. 植物线虫病害诊断与治理. 福州：福建科学技术出版社，1999，101-102

[2] Chen ZX, Dickson DW. Review of *Pasteuria penetrans*: biology, ecology, and biological control potential. Journal of Nematology, 1998, 30(3): 313-340

[3] 韩平，高学彪. 穿刺巴氏杆菌在我国自然发生的初步调查. 植物病理学报，2001，31(2)：189-190

[4] 张拥华，李世东，刘杏忠. 在中国发现巴氏杆菌寄生柑橘根线虫. 植物病理学报，2002，32(3)：284

[5] 樊荣. *Pasteuria penetrans*生活史和生物学特性的研究. 华中农业大学硕士学位论学，2000

[6] Davies K. Spore attachment and host specificity in the bacterium *Pasteuria penetrans*. http://www.iacr.bbsrc.ac.uk，2001-06-14

[7] Duan YP，Castro HP，Hewlett TE，et al. Detection and characterization of *Pasteuria* 16S rRNA gene sequences from nematodes and soils. International Journal of Systematic and Evolutionary Microbiology，2003，53(1)：105-112

[8] Thompson JD，Higgins DG，Gibson TJ. Clustal W：Improving the sensitivity of progressive multiple sequence alignment through sequence weighting，position-specific gap penalties and weight matrix choice. Nucleic Acids Res，1994，22(22)：4673-4680

[9] Strimmer K，von Haeseler A. Quartet puzzling：a quartet maximum likelihood method for reconstructing tree topologies. Mol Biol Evol，1996，13(7)：964-969

[10] Saitou N，Nei M. The neighbor-joining method：a new method for reconstructing phylogenetic trees. Mol Biol Evol，1987，4(4)：406-425

[11] Hasegawa M，Kishino H，Yano K. Dating of the human-ape splitting by a molecular clock of mitochondrial DNA. J Mol Evol，1985，22(2)，160-174

[12] Sayre RM，Starr MP. *Pasteuria penetrans* (ex Thorne，1940) nom. rev，comb. n，sp. n，a mycelial and endospore- forming bacterium parasitic in plant-parasitic nematodes. Proceedings of the Helmin Thological Society of Washington，1985，52(2)：149-165

[13] Chen SY，Charnecki J，Preston JF，et al. Antibodies from chicken eggs as probes for antigens from *Pasteuria penetrans* endospores. Journal of Nematology，1997，29(3)：268-275

附　　录

1. 教材与专著

[1] 林传光，曾士迈，褚菊澂，李学书，谢联辉．植物免疫学．北京：农业出版社，1961

[2] 梁训生，谢联辉．植物病毒学．北京：农业出版社，1994

[3] 谢联辉．水稻病害．北京：中国农业出版社，1997

[4] 谢联辉，林奇英，吴祖建．植物病毒名称及其归属．北京：中国农业出版社，1999

[5] 谢联辉．水稻病毒：病理学与分子生物学．福州：福建科学技术出版社，2001

[6] 谢联辉，林奇英．植物病毒学（第二版）．北京：中国农业出版社，2004

[7] 谢联辉．普通植物病理学．北京：科学出版社，2006

[8] 谢联辉．植物病原病毒学．北京：中国农业出版社，2008

2. 参编书目

[1] 谢联辉．水稻病毒病测报方法．农作物主要病虫测报办法．农业部作物病虫测报总站．北京：农业出版社，1981，27-39

[2] 谢联辉，林奇英．我国水稻病毒病的发生和防治．中国水稻病虫综合防治进展．曾昭慧．杭州：浙江科学技术出版社，1988，255-264

[3] 张学博，谢联辉．甘蔗病害．见：金善宝．中国农业百科全书・农作物卷．北京：农业出版社，1991，182-183

[4] 谢联辉，林奇英．水稻病毒病．见：方中达．中国农业百科全书・植物病理学卷．北京：农业出版社，1996，427-430

[5] 徐学荣，张巨勇，谢联辉．见：汪同三、张守一、王崇举．第十章可持续发展通道与预警，21 世纪数量经济学．重庆：重庆出版社，2005，69-80

[6] 孙恢鸿，沈瑛，许志刚，谢联辉，林含新．水稻品种抗病性及其利用．见：李振歧、商鸿生．中国农作物抗病性及其利用．北京：中国农业出版社，2005，263-327

[7] 陈启建，谢联辉．植物病毒疫苗的研究与实践．见：邱德文．植物免疫与植物疫苗——研究与实践．北京：科学出版社，2008，19-32

[8] 郭银汉．对虾病毒病的诊断检测．见：苏永全．虾类的健康养殖．北京：海洋出版社，1998，192-197

[9] 孙慧，吴祖建，林奇英，谢联辉．大型真菌抗烟草花叶病毒（TMV）活性的初步筛选．见：喻子牛．微生物农药及其产业化．北京：科学出版社，2000，199-206

[10] 蒋继宏，吴祖建，谢荔岩，谢联辉，林奇英．双稠哌啶类生物碱的高效毛细管电泳分离．见：喻子牛．微生物农药及其产业化．北京：科学出版社，2000，219-223

3. 论文目录

[1] 谢联辉，林德槛．引起水稻瘟兜的一种细菌性病害——稿头瘟．福建农业科技，1977，2：37-39

[2] 谢联辉，林奇英．水稻黄矮病中长期预测简报．农业科技简讯，1977，4：13-16

[3] 陈昭炫，谢联辉，林奇英，胡方平．水稻类普矮病研究初报．中国农业科学，1978，3：79-83

[4] 谢联辉，林奇英．水稻黄矮病的流行预测和验证．植物保护，1979，5（5）：33-37

[5] 谢联辉，陈昭炫，林奇英．水稻簇矮病研究 Ⅰ．簇矮病——水稻上的一种新的病毒病．植物病理学报，1979，9（2）：93-100

[6] 谢联辉，陈昭炫，林奇英．水稻病毒病化学治疗试验初报．病毒学集刊，1979，44-48

[7] 谢联辉，林奇英．锯齿叶矮缩病在我国水稻上的发现．植物病理学报，1980，10（1）：59-64

[8] 谢联辉．水稻病毒病流行预测研究的几个问题．福建农学院学报，1980，9（1）：43-50

[9] Xie Lianhui，Lin Qiying. Studies on bunchy stunt disease of rice，a new virus disease of rice plant. Chinese Science Bulletin，1980，25（9）：785-789

[10] Xie Lianhui，Lin Qiying. Rice ragged stunt disease，a new record of rice virus disease in China. Chinese Science Bulletin，1980，25（11）：960-963

[11] 谢联辉，林奇英. 水稻黄叶病和矮缩病流行预测研究. 福建农学院学报，1980，9（2）：32-43
[12] 谢联辉，林奇英，黄金星. 水稻矮缩病的两个新特征. 植物保护，1981，7（6）：14
[13] Xie LH，Lin QY，Guo JR. A new insect vector of *Rice dwarf virus*. Int Rice Res Newsl，1981，6（5）：14
[14] 谢联辉，林奇英. 水稻品种对病毒病的抗性研究. 福建农学院学报，1982，11（2）：15-18
[15] 谢联辉，林奇英. 水稻东格鲁病（球状病毒）在我国的发生. 福建农学院学报，1982，11（3）：15-23
[16] 谢联辉，林奇英，郭景荣. 传带水稻矮缩病毒的二点黑尾叶蝉. 福建农业科技，1982，3：24，50
[17] 谢联辉，林奇英，朱其亮. 水稻簇矮病的研究Ⅱ. 病害的分布、损失、寄主和越冬. 植物病理学报，1982，12（4）：16-20
[18] Xie LH，Lin QY. Properties and concentratations of *Rice bunchy stunt virus*. Int Rice Res Newsl，1982，7（2）：6-7
[19] 谢联辉，林奇英. 水稻簇矮病的研究Ⅲ. 病毒的体外抗性及其在寄主体内的分布. 植物病理学报，1983，13（3）：15-19
[20] 谢联辉，林奇英. 福建水稻病毒病的诊断鉴定及其综合治理意见. 福建农业科技，1983，5：26-27
[21] 林奇英，谢联辉，朱其亮. 水稻橙叶病的研究. 福建农学院学报，1983，12（3）：195-201
[22] 谢联辉，林奇英，朱其亮，赖桂炳，陈南周，黄茂进，陈时明. 福建水稻东格鲁病发生和防治研究. 福建农学院学报，1983，12（4）：275-284
[23] 谢联辉. 近年来我国新发现的水稻病毒病. 植物保护，1984，10（3）：2-3
[24] 谢联辉，林奇英，刘万年. 福建甘薯丛枝病的病原体研究. 福建农学院学报，1984，13（1）：85-88
[25] 谢联辉，林奇英，谢黎明，赖桂炳. 水稻簇矮病的研究Ⅳ. 病害的发生发展和防治试验. 植物病理学报，1984，14（1）：33-38
[26] 林奇英，谢联辉，王桦. 水稻品种对东格鲁病及其介体昆虫的抗性研究. 福建农业科技，1984，4：34-35
[27] 林奇英，谢联辉，郭景荣. 光照和食料对黑尾叶蝉生长繁殖及其传播水稻东格鲁病能力的影响. 福建农学院学报，1984，13（3）：193-199
[28] 谢联辉，林奇英，王少峰. 水稻锯齿叶矮缩病毒抗血清的制备及其应用. 植物病理学报，1984，14（3）：147-151
[29] 谢联辉，林奇英. 我国水稻病毒病研究的进展. 中国农业科学，1984，6：58-65
[30] 林奇英，谢联辉，陈宇航，谢莉妍，郭景荣. 水稻齿矮病毒寄主范围的研究. 植物病理学报，1984，14（4）：247-248［研究简报］
[31] 林奇英，谢联辉. 水稻黄萎病的病原体研究. 福建农学院学报，1985，14（2）：103-108
[32] 林奇英，谢联辉，谢莉妍. 水稻黄萎病的发生及其防治. 福建农业科技，1985，4：12-13
[33] 谢联辉，林奇英，曾鸿棋，汤坤元. 福建烟草病毒病病原鉴定初报. 福建农学院学报，1985，14（2）：116［研究简报］
[34] Xie LH. Research on rice virus diseases in China. Tropical Agriculture Research Series，1986，19：45-50
[35] 林奇英，谢联辉. 福建番茄病毒病的病原鉴定. 武夷科学，1986，6：275-278
[36] 林奇英，谢联辉，谢莉妍，陶卉. 烟草扁茎簇叶病的病原体. 中国农业科学，1986，3：92［研究通讯］
[37] 林奇英，谢莉妍，谢联辉，黄白清. 甘薯丛枝病的化疗试验. 福建农业科技，1986，3：25
[38] 谢联辉，林奇英. 热带水稻和豆科作物病毒病国际讨论会简介. 病毒学杂志，1987，1：85-88
[39] 谢联辉，林奇英，黄如娟. 水仙病毒病原鉴定初报. 云南农业大学学报，1987，2：113［研究简报］
[40] 谢联辉，林奇英，段永平. 我国水稻病毒病的回顾与前瞻. 病虫测报，1987，1：41
[41] 林奇英，谢联辉，黄如娟，谢莉妍. 烟草品种对病毒病的抗性鉴定. 中国烟草，1987，3：16-17
[42] 周仲驹，林奇英，谢联辉，王桦. 甘蔗褪绿线条病研究Ⅰ. 病名、症状、病情和传播. 福建农学院学报，1987，16（2）：111-116
[43] 周仲驹，林奇英，谢联辉，彭时尧. 我国甘蔗白叶病的发生及其病原体的电镜观察. 福建农学院学报，1987，16（2）：165-168
[44] 周仲驹，谢联辉，林奇英，蔡小汀，王桦. 福建蔗区甘蔗斐济病毒的鉴定. 病毒学报，1987，3（3）：302-304
[45] 范永坚，周仲驹，林奇英，谢联辉，难波成任，山下修一，土居养二. 中国几种水稻病毒病超薄切片的电镜观察. 日本植物病理学会报，1987，53（3）：24-25［摘要］
[46] Duan YP，Hibino H. Improved method of purifying *Rice tungro spherical virus*. IRRN，1988，13（5）：30-31
[47] Xie LH，Lin QY，Zhou ZJ，Song XG，Huang LJ. The pathogen of rice grassy stunt and its strains in China. 5th International Congress of Plant Pathology Abstracts of Papers，Kyoto，Japan，1988，383
[48] 陈宇航，周仲驹，林奇英，谢联辉. 甘蔗花叶病毒株系研究初报. 福建农学院学报，1988，17（1）：44-48

[49] 谢联辉，林奇英，段永平. 烟草花叶病的有效激抗剂的筛选. 福建农学院学报，1988，17 (4)：371-372

[50] 周仲驹，林奇英，谢联辉. 甘蔗病毒病及其类似病害的研究现状及其进展. 四川甘蔗，1988，2：28-34

[51] 林奇英，唐乐尘，谢联辉. 水稻暂黄病流行预测与通径分析. 福建农学院学报，1989，18 (1)：37-41

[52] 林奇英，谢莉妍，谢联辉. 百合扁茎簇叶病的病原体观察. 植物病理学报，1989，19 (2)：78 [研究简报]

[53] 周仲驹，黄如娟，林奇英，谢联辉，陈宇航. 甘蔗花叶病的发生及甘蔗品种的抗性. 福建农学院学报，1989，18 (4)：520-525

[54] 彭时尧，周仲驹，林奇英，谢联辉. 甘蔗叶片感染甘蔗花叶病毒后 ATPase 活性定位和超微结构变化. 植物病理学报，1989，19 (2)：69-73

[55] 谢联辉，林奇英. 中国水仙病毒病的病原学研究. 中国农业科学，1990，23 (2)：89-90 [研究通讯]

[56] 谢联辉，郑祥洋，林奇英. 水仙潜隐病毒病病原鉴定. 云南农业大学学报，1990，5 (1)：17-20

[57] 郑祥洋，林奇英，谢联辉. 水仙上分离出的烟草脆裂病毒的鉴定. 福建农学院学报，1990，19 (1)：58-63

[58] 林奇英，谢联辉，周仲驹，谢莉妍，吴祖建. 水稻条纹叶枯病的研究 Ⅰ. 病害的分布和损失. 福建农学院学报，1990，19 (4)：421-425

[59] 周仲驹，林奇英，谢联辉. 甘蔗花叶病毒株系研究现状. 四川甘蔗，1990，3：1-7

[60] Lin Xing，Wang Youyi，Zhang Wenzhen，Xu Jinyui，Lin Qiying，Xie Lianhui. Amino acid component in protein of *Rice dwarf virus* (RDV) and laser Raman spectrum. ICLLS' 90，1990，452-454

[61] 林奇英，谢联辉，谢莉妍，周仲驹，宋秀高. 水稻条纹叶枯病的研究 Ⅱ. 病害的症状和传播. 福建农学院学报，1991，20 (1)：24-28

[62] 谢联辉，周仲驹，林奇英，宋秀高，谢莉妍. 水稻条纹叶枯病的研究 Ⅲ. 病害的病原性质. 福建农学院学报，1991，20 (2)：144-149

[63] 谢联辉，郑祥洋，林奇英. 水仙病毒血清学研究 Ⅰ. 水仙黄条病毒抗血清的制备及其应用. 中国病毒学，1991，6 (4)：344-348

[64] 林奇英，谢联辉，谢莉妍. 水稻簇矮病毒的提纯及其性质. 中国农业科学，1991，24 (4)：52-57

[65] 王明霞，张谷曼，谢联辉. 福建长汀小米椒病毒病的病原鉴定. 福建农学院学报，1991，20 (1)：34-40

[66] 周仲驹，施木田，林奇英，谢联辉. 甘蔗花叶病在钾镁不同施用水平下对甘蔗产质的影响. 植物保护学报，1991，18 (3)：288 [研究简报]

[67] 周仲驹，林奇英，谢联辉，彭时尧. 甘蔗褪绿线条病的研究 Ⅱ. 病原形态及其所致甘蔗叶片的超微结构变化. 福建农学院学报，1991，20 (3)：276-280

[68] 唐乐尘，林奇英，谢联辉，吴祖建. 植物病理学文献计算机检索系统研究. 福建农学院学报，1991，20 (3)：291-296

[69] 施木田，周仲驹，林奇英，谢联辉. 受甘蔗花叶病毒侵染后甘蔗叶片及其叶绿体中 ATPase 活性的变化. 福建农学院学报，1991，20 (3)：357-360

[70] 周仲驹，林奇英，谢联辉. 水稻东格鲁杆状病毒在我国的发生. 植物病理学报，1992，22 (1)：15-18

[71] 周仲驹，林奇英，谢联辉，彭时尧. 水稻条纹叶枯病的研究 Ⅳ. 病叶细胞的病理变化. 福建农学院学报，1992，21 (2)：157-162

[72] 周仲驹，谢联辉，林奇英，陈启建. 香蕉束顶病的病原研究. 福建省科协首届青年学术年会—中国科协首届青年学术年会卫星会议论文集. 福州：福建科学技术出版社，1992，727-731

[73] Zhou ZJ，Xie LH，Lin QY. Epidemiology of *Banana bunchy top virus* in China's continent. 5th International Plant Virus Epidemiology Symposium，Virus，Vectors and the Environment，Valenzano (BARI)，Italy，27-31 July，1992，149-150

[74] Xie LH，Lin QY，Wu ZJ. Diagnosis，monitoring and control strategy of rice virus diseases in China's continent. 5th International Plant Virus Epidemiology Symposium，Virus，Vectors and the Environment，Valenzano (BARI)，Italy，27-31 July，1992，235-236

[75] 谢联辉. 面向生产实际，开展病害研究. 中国科学院院刊，1993，8 (1)：61-62

[76] 胡翠凤，谢联辉，林奇英. 激抗剂协调处理对烟草花叶病的防治效应. 福建农学院学报，1993，22 (2)：183-187

[77] 谢联辉. 水稻病毒与检疫问题. 植物检疫，1993，7 (4)：305

[78] Lin QY，Xie LH，Chen ZX. *Rice bunchy stunt virus*，a new member of Phytoreovirus group. 6th International Congress of Plant Pathology Abstrcts of Papers，Montreal，Quebec，Canada (July 28-August 6，1993)，1993，303

[79] Xie LH，Lin QY，Zheng XY，Wu ZJ. The pathogen identification of narcissus virus diseases in China. 6th International Congress of Plant Pathology Abstrcts of Papers，Montreal，Quebec，Canada (July 28-August 6，1993)，1993，303

[80] Zhou ZJ, Xie LH, Lin QY, Chen QJ. A study on banana virus diseases in China. 6th International Congress of Plant Pathology Abstrcts of Papers, Montreal, Quebec, Canada (July 28-August 6, 1993), 1993, 303
[81] 谢联辉，林奇英，谢莉妍，赖桂炳. 水稻簇矮病的研究Ⅴ. 病害的年际变化. 植物病理学报，1993，23 (3)：253-258
[82] 周仲驹，林奇英，谢联辉，陈启建，郑国璋，吴黄泉. 香蕉束顶病的研究Ⅰ. 病害的发生、流行与分布. 福建农学院学报，1993，22 (3)：305-310
[83] 周仲驹，陈启建，林奇英，谢联辉. 香蕉束顶病的研究Ⅱ. 病害的症状、传播及其特性. 福建农学院学报，1993，22 (4)：428-432
[84] Zhou Zhongju, Xie Lianhui, Lin Qiying. An introduction of studies on *Banana bunchy top virus* in Fujian, current banana research and development in China. Collected papers submitted to the 3rd Meeting of the INIBAP/ASPNET Regional Advisory Comittee and China and INIBAP/ASPNET RAC Meeting, September 6-9, SCAU, Guangzhou, China, 1993, 14-18
[85] 林奇英，谢联辉，谢莉妍. 水稻簇矮病的研究Ⅵ. 水稻种质对病毒的抗性评价. 植物病理学报，1993，23 (4)：305-308
[86] Zhou ZJ, Xie LH. Status of banana diseases in China. Fruits, 1992, 47 (6)：715-721
[87] 林奇英，谢联辉，谢莉妍，吴祖建，周仲驹. 中菲两种水稻病毒病的比较研究Ⅱ. 水稻草状矮化病的病原学. 农业科学集刊，1993，1：203-206
[88] 林奇英，谢联辉，谢莉妍，王明锦. 中菲两种水稻病毒病的比较研究Ⅲ. 水稻草状矮化病毒的株系. 农业科学集刊，1993，1：207-210
[89] 林奇英，谢联辉，谢莉妍，林金嫩. 中菲两种水稻病毒病的比较研究Ⅳ. 水稻东格鲁病毒的株系. 农业科学集刊，1993，1：211-214
[90] 吴祖建，林奇英，谢联辉，谢莉妍，宋秀高. 中菲两种水稻病毒病的比较研究Ⅴ. 水稻种质对病毒及其介体的抗性. 福建农业大学学报，1993，23 (1)：58-62
[91] 林奇英，谢联辉，谢莉妍，吴祖建. 烟草带毒种子及其脱毒处理. 福建烟草，1994，2：27-29
[92] 林奇英，谢联辉，谢莉妍，吴祖建，周仲驹. 中菲两种水稻病毒病的比较研究Ⅰ. 水稻东格鲁病的病原学. 中国农业科学，1994，27 (2)：1-6
[93] 林奇英，谢联辉，谢荔石，林星，王由义. 水稻簇矮病的研究Ⅶ. 病毒的光谱特性. 植物病理学报，1994，24 (1)：5-9
[94] Zhou ZJ, Peng SY, Xie LH. Cytochemical localization of ATPase and ultrastructural changes in the infected sugarcane leaves by mosaic virus. Current Trends in Sugarcane Pathology, 1994, 289-296
[95] 谢联辉，林奇英，吴祖建，周仲驹，段永平. 中国水稻病毒病的诊断，监测和防治对策. 福建农业大学学报，1994，23 (3)：280-285
[96] 谢联辉，林奇英，谢莉妍，段永平，周仲驹，胡翠凤. 福建烟草病毒种群及其发生频率的研究. 中国烟草学报，1994，2 (1)：25-32
[97] 吴祖建，林奇英，谢联辉. 农杆菌介导的病毒侵染方法在禾本科植物转化上研究进展. 福建农业大学学报，1994，23 (4)：411-415
[98] 周仲驹，林奇英，谢联辉，陈启建. 香蕉束顶病的研究Ⅲ. 传毒介体香蕉交脉蚜的发生规律. 福建农业大学学报，1995，24 (1)：32-38
[99] 徐平东，谢联辉. 黄瓜花叶病毒分子生物学研究进展. 山东大学学报（自然科学版），1995，29 (增刊)：30-36
[100] 吴祖建，林奇英，李本金，张丽丽，谢联辉. 水稻品种对黄叶病的抗性鉴定. 上海农学院学报，1995，13 (增刊)：58-64
[101] 吴祖建，林奇英，林奇田，肖银玉，谢联辉. 水稻矮缩病毒的提纯和抗血清制备. 福建省科协第二届青年学术年会-中国科协第二届青年学术年会卫星会议论文集. 福州：福建科学技术出版社，1995，600-604
[102] 谢莉妍，吴祖建，林奇英，谢联辉. 植物呼肠孤病毒的基因组结构和功能. 福建省科协第二届青年学术年会-中国科协第二届青年学术年会卫星会议论文集. 福州：福建科学技术出版社，1995，605-608
[103] 张广志，谢联辉. 香蕉束顶病毒的提纯. 福建省科协第二届青年学术年会—中国科协第二届青年学术年会卫星会议论文集. 福州：福建科学技术出版社，1995，609-612
[104] 林含新，吴祖建，林奇英，谢联辉. 应用 F (ab)$'_2$-ELISA 和单克隆抗体检测水稻条纹病毒. 福建省科协第二届青年学术年会—中国科协第二届青年学术年会卫星会议论文集. 福州：福建科学技术出版社，1995，613-616

[105] 鲁国东，黄大年，陶全洲，杨炜，谢联辉. 以 Cosmid 质粒为载体的稻瘟病菌转化体系的建立及病菌基因文库的构建. 中国水稻科学，1995，9 (3)：156-160
[106] 吴祖建，谢联辉，大村敏博，石川浩一，日比启野行. 中国福建省产イネ萎缩ウイルス（RDV-F）と日本产普通系（RDV-O）の性状の比较. 日本植物病理学会报，1995，61 (3)：272 [摘要]
[107] 周仲驹，林奇英，谢联辉，徐平东. 香蕉束顶病株系的研究. 植物病理学报，1996，25 (1)：63-68
[108] 周仲驹，林奇英，谢联辉，陈启建，吴祖建，黄国穗，蒋家富，郑国璋. 香蕉束顶病的研究Ⅳ. 病害的防治. 福建农业大学学报，1996，25 (1)：44-49
[109] 林含新，谢联辉. RFLP 在植物类菌原体鉴定和分类中的应用. 微生物学通报，1996，23 (2)：98-101
[110] 杨文定，吴祖建，王苏燕，刘伟平，叶寅，谢联辉，田波. 表达反义核酶 RNA 的转基因水稻对矮缩病毒复制和症状的抑制作用. 中国病毒学，1996，11 (3)：277-283
[111] Xie Lianhui，Lin Qiyin，Xie Liyan，Chen Zhaoxuan. *Rice bunchy stunt virus*：a new member of *Phytoreoviruses*. Journal of Fujian Agricultural University，1996，25 (3)：312-319
[112] 林含新，林奇英，谢联辉. 水仙病毒病及其研究进展. 植物检疫，1996，10 (4)：227-229
[113] 徐平东，张广志，周仲驹，李梅，沈春奇，庄西卿，林奇英，谢联辉. 香蕉束顶病毒的提纯和血清学研究. 热带作物学报，1996，17 (2)：42-46
[114] 王宗华，陈昭炫，谢联辉. 福建菌物资源研究与利用现状、问题及对策. 福建农业大学学报，1996，25 (1)：446-449
[115] 李尉民，Roger Hull，张成良，谢联辉. RT-PCR 检测南方菜豆花叶病毒. 中国进出口动植检，1997，30 (1)：28-30
[116] 徐平东，李梅，林奇英，谢联辉. 我国黄瓜花叶病毒及其病害研究进展. 见：刘仪. 植物病毒与病毒病防治研究. 北京：中国农业科学技术出版社，1997，13-22
[117] 李尉民，张成良，谢联辉. 植物病毒分类的历史、现状与展望. 见：刘仪. 植物病毒与病毒病防治研究. 北京：中国农业科学技术出版社，1997，131-137
[118] 周仲驹，谢联辉，林奇英，陈启建. 我国香蕉束顶病的流行趋势与控制对策. 见：刘仪. 植物病毒与病毒病防治研究. 北京：中国农业科学技术出版社，1997，161-167
[119] 林含新，吴祖建，林奇英，谢联辉. 水稻品种对水稻条纹病毒的抗性鉴定及其作用机制研究初报. 见：刘仪. 植物病毒与病毒病防治研究. 北京：中国农业科学技术出版社，1997，188-192
[120] 周仲驹，Liu H，Boulton MI，Davis JW，谢联辉. 玉米线条病毒 V1 基因产物的检测及其在大肠杆菌中的表达. 见：刘仪. 植物病毒与病毒病防治研究. 北京：中国农业科学技术出版社，1997，272-277
[121] 李尉民，Roger Hull，张成良，谢联辉. 南方菜豆花叶病毒菜豆株系在非寄主植物豇豆中的运动. 见：刘仪. 植物病毒与病毒病防治研究. 北京：中国农业科学技术出版社，1997，310-315
[122] 鲁国东，王宗华，谢联辉. 稻瘟病菌分子遗传学研究进展. 福建农业大学学报，1997，26 (1)：56-63
[123] 徐平东，李梅，林奇英，谢联辉. 应用 A 蛋白夹心酶联免疫吸附法鉴定黄瓜花叶病毒血清组. 福建农业大学学报，1997，26 (1)：64-69
[124] 徐平东，李梅，林奇英，谢联辉. 西番莲死顶病病原病毒鉴定. 热带作物学报，1997，18 (2)：77-84
[125] 周仲驹，黄志宏，郑国璋，林奇英，谢联辉. 香蕉束顶病的研究Ⅴ. 病株的空间分布型及其抽样. 福建农业大学学报，1997，26 (2)：177-181
[126] 鲁国东，黄大年，谢联辉. 稻瘟病菌的电击转化. 福建农业大学学报，1997，26 (3)：298-302
[127] 王宗华，郑学勤，谢联辉，张学博，陈守仁，黄俊生. 稻瘟病菌生理小种 RAPD 分析及其与马唐瘟的差异. 热带作物学报，1997，18 (2)：92-97
[128] 周仲驹，杨建设，陈启建，林奇英，谢联辉，刘国坤. 香蕉束顶病无公害抑制剂的筛选研究. 全国青年农业科学学术年报（A 卷）. 北京：中国农业科学技术出版社，1997，304-308
[129] 徐平东，谢联辉. 黄化丝状病毒属（*Closterovirus*）病毒及其分子生物学研究进展. 中国病毒学，1997，12 (3)：193-202
[130] 林含新，林奇英，谢联辉. 水稻条纹病毒分子生物学研究进展. 中国病毒学，1997，12 (3)：203-209
[131] Hu FP，Young JM，Triggs CM，Wilkie JP. Pathogenic relationships of subspecies of *Acidovorax avenae*. Australasian Plant Pathology，1997，26：227-238
[132] Hu FP，Young JM，Stead DE，Goto M. Transfer of *Pseudomonas cissicola*（Takimoto 1939）Burkholder 1984 to the *Genus Xanthomonas*. International Journal of Systematic Bacteriology，1997，47 (1)：228-230

[133] Young JM, Garden I, Ren XZ, Hu FP. Genomic and phenotypic characterization of the bacterium causing bright of kiwifruit in New Zealand. Plant Pathology, 1997, 48: 857-864
[134] 徐平东，李梅，林奇英，谢联辉. 黄瓜花叶病毒两亚组分离物寄主反应和血清学性质比较研究. 植物病理学报，1997，27（4）：353-360
[135] 王宗华，鲁国东，谢联辉，单卫星，李振岐. 对植物病原真菌群体遗传研究范畴及其意义的认识. 植物病理学报，1998，28（1）：5-9
[136] 周仲驹，徐平东，陈启建，林奇英，谢联辉. 香蕉束顶病毒的寄主及其在病害流行中的作用. 植物病理学报，1998，28（1）：67-71
[137] 王宗华，王宝华，鲁国东，谢联辉. 稻瘟病菌侵入前发育的生物学及分子调控机制. 见：刘仪. 植物病理学研究. 北京：中国农业科学技术出版社，1998，65-69
[138] 周仲驹，谢联辉，林奇英，王桦. 我国甘蔗病毒及类似病害的发生、诊断和防治对策. 见：刘仪. 植物病理学研究. 北京：中国农业科学技术出版社，1998，40-43
[139] 徐平东，谢联辉. 黄瓜花叶病毒亚组研究进展. 福建农业大学学报，1998，27（1）：82-91
[140] 陈启建，周仲驹，林奇英，谢联辉. 甘蔗花叶病毒的提纯及抗血清的制备. 甘蔗，1998，5（1）：19-21
[141] 徐平东，沈春奇，林奇英，谢联辉. 黄瓜花叶病毒亚组Ⅰ和Ⅱ分离物的形态和理化性质研究. 见：刘仪. 植物病害研究与防治. 北京：中国农业科学技术出版社，1998，201-203
[142] 周叶方，胡方平，叶谊，谢联辉. 水稻细菌性条斑菌胞外产物的性状. 福建农业大学学报，1998，27（2）：185-190
[143] 胡方平，方敦煌，Young John，谢联辉. 中国猕猴桃细菌性花腐病菌的鉴定. 植物病理学报，1998，28（2）：175-181
[144] 李尉民，Roger Hull，张成良，谢联辉. 南方菜豆花叶病毒（SBMV）两典型株系特异 cDNA 和 RNA 探针的制备及应用. 植物病理学报，1998，28（3）：243-248
[145] 林奇田，林含新，吴祖建，林奇英，谢联辉. 水稻条纹病毒外壳蛋白和病害特异蛋白在寄主体内的积累. 福建农业大学学报，1998，27（3）：322-326
[146] 王宗华，鲁国东，赵志颖，王宝华，张学博，谢联辉，王艳丽，袁筱萍，沈瑛. 福建稻瘟病菌群体遗传结构及其变异规律. 中国农业科学，1998，31（5）：7-12
[147] 鲁国东，王宗华，郑学勤，谢联辉. cDNA 文库和 PCR 技术相结合的方法克隆目的基因. 农业生物技术学报，1998，6（3）：257-262
[148] 鲁国东，郑学勤，陈守才，谢联辉. 稻瘟病菌 3-磷酸甘油醛脱氢酶基因（*gpd*）的克隆及序列分析. 热带作物学报，1998，19（4）：83-89
[149] Lu Guodong, Wang Zonghua, Xie Lianhui, Zheng Xueqin. Rapid cloning full-length cDNA of the glyceraldehyde-3-phosphate dehydrogenase gene (*gpd*) from *Magnaporthe grisea*. Journal of Zhejiang Agricultural University, 1998, 24 (5): 468-474
[150] Wang Zonghua, Lu Guodong, Wang Baohua, Zhao Zhiying, Xie Lianhui, Shen Ying, Zhu Lihuang. The homology and genetic lineage relationship of *Magnaporthe grisea* defined by POR6 and MGR586. Journal of Zhejiang Agricultural University, 1998, 24 (5): 481-486
[151] 林丽明，吴祖建，谢荔岩，林奇英，谢联辉. 水稻草矮病毒与品种抗性的互作. 福建农业大学学报，1998，27（4）：444-448
[152] Hu FP, Young JM, Fletcher MJ. Preliminary description of biocidal (syringomycin) activity in fluorescent plant pathogenic *Pseudomonas* species. J Appl Microbiol, 1998, 85 (2): 365-371
[153] Hu FP, Young JM. Biocidal activity in plant pathogenic *Acidovorax*, *Burkholderia*, *Herbaspirillum*, *Ralstonia* and *Xanthomonas* spp. J Appl Microbiol, 1998, 84 (2): 263-271
[154] 王海河，谢联辉. 植物病毒 RNA 间重组的研究现状. 福建农业大学学报，1999，28（1）：47-53
[155] 王海河，周仲驹，谢联辉. 花椰菜花叶病毒（CaMV）的基因表达调控. 微生物学杂志，1999，19（1）：34-40
[156] 方敦煌，胡方平，谢联辉. 福建省建宁县中华猕猴桃细菌性花腐病的初步调查研究. 福建农业大学学报，1999，28（1）：54-58
[157] 张春嵋，吴祖建，林奇英，谢联辉. 植物抗病基因的研究进展. 生物技术通报，1999，15（1）：22-27
[158] 张春嵋，王建生，邵碧英，吴祖建，林奇英，谢联辉. 鳖病原细菌的分离鉴定及胞外产物的初步分析. 福建农业大学学报，1999，28（1）：90-95

[159] 徐平东，李梅，林奇英，谢联辉. 侵染西番莲属（*Passiflora*）植物的五个黄瓜花叶病毒分离物的特性比较. 中国病毒学，1999，14（1）：73-79

[160] 刘利华，林奇英，谢华安，谢联辉. 病程相关蛋白与植物抗病性. 福建农业学报，1999，2（4）：53-56

[161] 徐平东，周仲驹，林奇英，谢联辉. 黄瓜花叶病毒亚组Ⅰ和Ⅱ分离物外壳蛋白基因的序列分析与比较. 病毒学报，1999，15（2）：164-171

[162] 林丽明，吴祖建，谢荔岩，林奇英，谢联辉. 水稻草矮病毒特异蛋白抗血清的制备及其应用. 植物病理学报，1999，29（2）：126-131

[163] Hu FP, Young JM, Jones DS. Evidence that bacterial blight of kiwifruit, caused by a *Pseudomonas* sp., was introduced into New Zealand from China. J Phytopathology, 1999, 147: 89-97

[164] Lin Hanxin, Lin Qitian, Wu Zujian, Lin Qiying, Xie Lianhui. Purification and serology of disease- specific protein of *Rice stripe virus*. Virologica Sinica, 1999, 14 (3): 222-229

[165] Lin Hanxin, Wei Taiyuan, Wu Zujian, Lin Qiying, Xie Lianhui. Molecular variability in coat protein and disease-specific protein genes among seven isolates of *Rice stripe virus* in China. Abstracts for the Ⅺth International Congress of Virology. 1999. 8. Australia. Sydney: 1999, 235-236

[166] 张春嵋，吴祖建，林奇英，谢联辉. 纤细病毒属病毒的分子生物学研究进展. 福建农业大学学报，1999，28（4）：445-451

[167] Lin Hanxin, Lin Qitian, Wu Zujian, Lin Qiying, Xie Lianhui. Characterization of proteins and nucleic acid of *Rice stripe virus*. Virologca Sinica, 1999, 14 (4): 333-352

[168] 郑耀通，林奇英，谢联辉. 水体环境的植物病毒及其生态效应. 中国病毒学，2000，15（1）：1-7

[169] 魏太云，林含新，吴祖建，林奇英，谢联辉. 应用 PCR-RFLP 及 PCR-SSCP 技术研究我国水稻条纹病毒 RNA4 基因间隔区的变异. 农业生物技术学报，2000，8（1）：41-44

[170] Guo Yinhan, Lin Shifa, Yang Xiaoqiang, Xie Lianhui. 对虾白斑病的流行病学. 中山大学学报（自然科学版），2000，39（增刊）：190-194

[171] 鲁国东，王宝华，赵志颖，郑学勤，谢联辉，王宗华. 福建稻瘟菌群体遗传多样性 RAPD 分析. 福建农业大学学报，2000，29（1）：54-59

[172] 郭银汉，林诗发，杨小强，谢联辉. 福州地区对虾暴发性白斑病的病原鉴定. 福建农业大学学报，2000，29（1）：90-94

[173] 魏太云，林含新，吴祖建，林奇英，谢联辉. 水稻条纹病毒两个分离物 RNA4 基因间隔区的序列比较. 中国病毒学，2000，15（2）：156-162

[174] 张春嵋，吴祖建，林奇英，谢联辉. 水稻草矮病毒核衣壳蛋白基因克隆及在大肠杆菌中的表达. 中国病毒学，2000，15（2）：200-203

[175] 王海河，蒋继宏，吴祖建，林奇英，谢联辉. 黄瓜花叶病毒 M 株系 RNA3 的变异分析及全长克隆的构建. 农业生物技术学报，2000，8（2）：180-185

[176] 魏太云，林含新，吴祖建，林奇英，谢联辉. PCR-SSCP 技术在植物病毒学上的应用. 福建农业大学学报，2000，29（2）：181-186

[177] 林尤剑，Rundell PA，谢联辉，Powell CA. 感染柑橘速衰病毒的墨西哥酸橙病株中病程相关蛋白的检测. 福建农业大学学报，2000，29（2）：187-192

[178] 王宝华，鲁国东，张学博，谢联辉，王宗华，袁筱萍，沈英. 福建省稻瘟菌的育性及其交配型. 福建农业大学学报，2000，29（2）：193-196

[179] 林尤剑，谢联辉，Rundell PA，Powell CA. 应用改进的多克隆抗体 Western blot 技术研究柑橘速衰病毒蛋白（英文）. 植物病理学报，2000，30（3）：250-256

[180] 李利君，周仲驹，谢联辉. 利用斑点杂交法和 RT-PCR 技术检测甘蔗花叶病毒. 福建农业大学学报，2000，29（3）：342-345

[181] Lin Youjian, Rundell PA, Xie Lianhui, Powell CA. *In situ* immunoassay for detection of *Citrus tristeza virus*. Plant Disease, 2000, 84 (9): 937-940

[182] Han Shengcheng, Wu Zujian, Yang Huaiyi, Wang Rong, Yie Yin, Xie Lianhui, Tien Po. Ribozyme-mediated resistance to *Rice dwarf virus* and the transgene silencing in the progeny of transgenic rice plants. Transgenic Research, 2000, 9 (2): 195-203

[183] 郭银汉，林诗发，杨小强，张诚，谢联辉. 福州地区对虾白斑病病毒的超微结构. 中国病毒学，2000，15（3）：277-284

[184] 于群，魏太云，林含新，吴祖建，林奇英，谢联辉. 水稻条纹病毒北京双桥（RSV-SQ）分离物 RNA4 片段序列分析. 农业生物技术学报，2000，8（3）：225-228

[185] 刘利华，吴祖建，林奇英，谢联辉. 水稻条纹叶枯病细胞病理变化的观察. 植物病理学报，2000，30（4）：306-311

[186] 张春嵋，林奇英，谢联辉. 水稻草矮病毒血清学和分子检测方法的比较. 中国病毒学，2000，15（4）：361-366

[187] 林含新，林奇田，魏太云，吴祖建，林奇英，谢联辉. 水稻品种对水稻条纹病毒及其介体灰飞虱的抗性鉴定. 福建农业大学学报，2000，29（4）：453-458

[188] 吴刚，吴祖建，谢联辉. 水稻东格鲁病研究进展. 福建农业大学学报，2000，29（4）：459-464

[189] Wang Haihe，Xie Lianhui，Lin Qiying，Xu Pingdong. Complete nucleotide sequences of RNA3 from *Cucumber mosaic virus*（CMV） isolates PE and XB and their transcription *in vitro*. The 1st Asian Conference on Plant Pathology. Beijing：China Agricultural Scientech Press，2000，104

[190] Zhang Chunmei，Lin Qiying，Xie Lianhui. Construction of plant expression vector containing nucleocapsid protein genes of *Rice grassy stunt virus* and transformation of rice. The 1st Asian Conference on Plant Pathology. Beijing：China Agricultural Scientech Press，2000，124

[191] 林含新，魏太云，吴祖建，林奇英，谢联辉. 我国水稻条纹病毒一个强致病性分离物的 RNA4 序列测定与分析. 微生物学报，2001，41（1）：25-30

[192] 林含新，魏太云，吴祖建，林奇英，谢联辉. 水稻条纹病毒外壳蛋白基因和病害特异性蛋白基因的克隆和序列分析. 福建农业大学学报，2001，30（1）：53-58

[193] 林尤剑，谢联辉，Powell CA. 橘蚜传播柑橘衰退病毒的研究进展. 福建农业大学学报，2001，30（1）：59-66

[194] 王海河，林奇英，谢联辉，吴祖建. 黄瓜花叶病毒三个毒株对烟草细胞内防御酶系统及细胞膜通透性的影响. 植物病理学报，2001，31（1）：43-49

[195] 李利君，周仲驹，谢联辉. 甘蔗花叶病毒 3′端基因的克隆及外壳蛋白序列分析比较. 中国病毒学，2001，16（1）：45-50

[196] 张春嵋，谢荔岩，林奇英，谢联辉. 水稻草矮病毒 *NS6* 基因在大肠杆菌中的表达及植物表达载体的构建. 病毒学报，2001，17（1）：90-92

[197] 孙慧，吴祖建，谢联辉，林奇英. 杨树菇（*Agrocybe aegetita*）中一种抑制 TMV 侵染的蛋白质纯化及部分特征. 生物化学与生物物理学报，2001，33（3）：351-354

[198] 林含新，魏太云，吴祖建，林奇英，谢联辉. 应用 PCR-SSCP 技术快速检测我国水稻条纹病毒的分子变异. 中国病毒学，2001，16（2）：166-169

[199] 魏太云，林含新，吴祖建，林奇英，谢联辉. 水稻条纹病毒 RNA4 基因间隔区的分子变异. 病毒学报，2001，17（2）：144-149，203

[200] 王海河，谢联辉，林奇英. 黄瓜花叶病毒西番莲分离物 RNA3 的 cDNA 全长克隆及序列分析. 福建农业大学学报，2001，30（2）：191-198

[201] 吴丽萍，吴祖建. 农杆菌介导的遗传转化在花生上的应用及前景. 福建农业科技，2001，2：16-18

[202] 谢联辉，魏太云，林含新，吴祖建，林奇英. 水稻条纹病毒的分子生物学. 福建农业大学学报，2001，30（3）：269-279

[203] 邵碧英，吴祖建，林奇英，谢联辉. 烟草花叶病毒弱毒株的筛选及其交互保护作用. 福建农业大学学报，2001，30（3）：297-303

[204] 王海河，谢联辉，林奇英. 黄瓜花叶病毒香蕉株系（CMV-Xb）RNA3 cDNA 的克隆和序列分析. 中国病毒学，2001，16（3）：217-221

[205] 王盛，吴祖建，林奇英，谢联辉. 甘薯羽状斑驳病毒研究进展. 福建农业大学学报，2001，30（增刊）：2-9

[206] 林芩，吴祖建，林奇英，谢联辉. 甘薯脱毒研究进展. 福建农业大学学报，2001，30（增刊）：10-14

[207] 邵碧英，吴祖建，林奇英，谢联辉. 烟草花叶病毒弱毒株的致弱机理及交互保护作用机理. 福建农业大学学报，2001，30（增刊）：19-28

[208] 郑杰，吴祖建，周仲驹，林奇英，谢联辉. 香蕉束顶病毒研究进展. 福建农业大学学报，2001，30（增刊）：32-38

[209] 张铮，吴祖建，谢联辉. 植物细胞程序性死亡. 福建农业大学学报，2001，30（增刊）：45-53

[210] 方芳，吴祖建. 类病毒的分子结构及其复制. 福建农业大学学报，2001，30（增刊）：61-66

[211] 林芩，吴祖建，林奇英，谢联辉．甘薯分生组织培养配方的筛选．福建农业大学学报，2001，30（增刊）：81-83
[212] 明艳林，吴祖建，谢联辉．水稻条纹病毒 CP、SP 进入叶绿体与褪绿症状的关系．福建农业大学学报，2001，30（增刊）：147（简报）
[213] 魏太云，林含新，吴祖建，林奇英，谢联辉．寄主植物与昆虫介体中水稻条纹病毒的检测．福建农业大学学报，2001，30（增刊）：165-170
[214] 吴兴泉，吴祖建，谢联辉，林奇英．核酸斑点杂交检测马铃薯 X 病毒．福建农业大学学报，2001，30（增刊）：191-193
[215] 林毅，张文增，林奇英．13 种（科）植物种蛋白质提取物的抗 TMV 活性．福建农业大学学报，2001，30（增刊）：211-212
[216] 林毅，吴祖建，林奇英，谢联辉．核糖体失活蛋白及其对植物病毒病的控制．福建农业大学学报，2001，30（增刊）：222-227
[217] 欧阳迪莎，谢联辉，施祖美，吴祖建．植物病害与持续农业．福建农业大学学报（社会科学版），2001，4（增刊）：5-9
[218] 张春嵋，吴祖建，林丽明，林奇英，谢联辉．水稻草状矮化病毒沙县分离株基因组第六片断的序列分析．植物病理学报，2001，31（4）：301-305
[219] 魏太云，林含新，谢联辉．PCR-SSCP 分析条件的优化．福建农业大学学报（自然科学版），2002，31（1）：22-25
[220] 沈建国，翟梅枝，林奇英，谢联辉．我国植物源农药研究进展．福建农业大学学报（自然科学版），2002，31（1）：26-31
[221] 付鸣佳，吴祖建，林奇英，谢联辉．美洲商陆抗病毒蛋白研究进展．生物技术通讯，2002，13（1）：66-71
[222] 林琳，何志勇，杨冠珍，谢联辉，吴松刚，吴祥甫．人胎盘 TRAIL 基因的克隆和在大肠杆菌中的表达．药物生物技术，2002，9（1）：12-15
[223] 邵碧英，吴祖建，林奇英，谢联辉．烟草花叶病毒强、弱毒株对烟草植株的影响．中国烟草科学，2002，1：43-46
[224] 林琳，谢必峰，杨冠珍，施巧琴，林奇英，谢联辉，吴松刚，吴祥甫．扩展青霉 PF898 碱性脂肪 cDNA 的克隆及序列分析．中国生物化学与分子生物学报，2002，18（1）：32-37
[225] 翟梅枝，沈建国，林奇英，谢联辉．中药生物碱成分的毛细管电泳分析．西北林学院学报，2002，17（1）：55-59
[226] 林含新，魏太云，吴祖建，林奇英，谢联辉．我国水稻条纹病毒 7 个分离物的致病性和化学特性比较．福建农林大学学报（自然科学版），2002，31（2）：164-167
[227] 金凤媚，林丽明，吴祖建，林奇英．纤细病毒属病毒病害特异蛋白的研究进展．福建农业大学学报，2002，17（1）：26-28
[228] 孙慧，吴祖建，林奇英，谢联辉．小分子植物病毒抑制物质研究进展．福建农林大学学报（自然科学版），2002，31（3）：311-316
[229] 吴兴泉，吴祖建，谢联辉，林奇英．马铃薯 S 病毒外壳蛋白基因的克隆与原核表达．中国病毒学，2002，17（3）：248-251
[230] 付鸣佳，吴祖建，林奇英，谢联辉．榆黄蘑中一种抗病毒蛋白的纯化及其抗 TMV 和 HBV 的活性．中国病毒学，2002，17（4）：350-353
[231] 王盛，吴祖建，林奇英，谢联辉．珊瑚藻藻红蛋白分离纯化技术及光谱学特性．福建农林大学学报（自然科学版），2002，31（4）：495-499
[232] 付鸣佳，林健清，吴祖建，林奇英，谢联辉．杏鲍菇抗烟草花叶病毒蛋白的筛选．微生物学报，2003，43（1）：29-34
[233] 魏太云，林含新，谢联辉．酵母双杂交系统在植物病毒学上的应用．福建农林大学学报（自然科学版），2003，32（1）：50-54
[234] 徐学荣，吴祖建，林奇英，谢联辉．不同类型土壤作物混合种植布局优化模型．农业系统科学与综合研究，2003，19（1）：63-65
[235] 魏太云，王辉，林含新，吴祖建，林奇英，谢联辉．我国水稻条纹病毒 RNA3 片断序列分析——纤细病毒属重配的又一证据．生物化学与生物物理学报，2003，35（1）：97-102
[236] 刘国坤，谢联辉，林奇英，吴祖建．介体线虫传播植物病毒专化性的研究进展．福建农林大学学报（自然科学版），2003，32（1）：55-61
[237] 林丽明，吴祖建，林奇英，谢联辉．水稻草矮病毒基因组 vRNA3 *NS3* 基因的克隆、序列分析．农业生物技术学报，2003，11（2）：187-191
[238] 徐学荣，吴祖建，张巨勇，谢联辉．可持续发展通道及预警研究．数学的实践与认识，2003，33（2）：31-35

[239] 刘国坤，谢联辉，林奇英，吴祖建，陈启建. 15种植物的单宁提取物对烟草花叶病毒（TMV）的抑制作用. 植物病理学报，2003，33（3）：279-283

[240] 刘国坤，吴祖建，谢联辉，林奇英，陈启建. 植物单宁对烟草花叶病毒的抑制活性. 福建农林大学学报（自然科学版），2003，32（3），292-295

[241] 陈启建，刘国坤，吴祖建，林奇英，谢联辉. 三叶鬼针草中黄酮甙对烟草花叶病毒的抑制作用. 福建农林大学学报（自然科学版），2003，32（2）：184-191

[242] 翟梅枝，李晓明，林奇英，谢联辉. 核桃叶抑菌成分的提取及其抑菌活性. 西北林学院学报，2003，18（4）：89-91

[243] 魏太云，林含新，吴祖建，林奇英，谢联辉. 我国水稻条纹病毒种群遗传结构初步分析. 植物病理学报，2003，33（3）：284-285

[244] 魏太云，林含新，吴祖建，林奇英，谢联辉. 水稻条纹病毒 *NS2* 基因遗传多样性分析. 中国生物化学与分子生物学报，2003，19（5）：600-605

[245] 魏太云，林含新，吴祖建，林奇英，谢联辉. Comparison of the RNA2 segments between Chinese isolates and Japanese isolates of *Rice stripe virus*. 中国病毒学，2003，18（4）：381-386

[246] 魏太云，林含新，吴祖建，林奇英，谢联辉. 水稻条纹病毒 RNA4 基因间隔区序列分析——混合侵染及基因组重组证据. 微生物学报，2003，43（5）：577-585

[247] 翟梅枝，杨秀萍，林奇英，谢联辉，刘路. 核桃叶提取物对杨毒蛾生物活性的研究. 西北林学院学报，2003，18（2）：65-67

[248] 顾晓军. 谢联辉. 21世纪我国农药发展的若干思考. 世界科技研究与发展，2003，25（2）：13-20

[249] 徐学荣，俞明，蔡艺，谢联辉. 福建生态省建设的评价指标体系初探. 农业系统科学与综合研究，2003，19（2）：89-92

[250] 徐学荣，林奇英，施祖美，谢联辉. 科学组织农药使用确保生态环境安全. 农业现代化研究，2003，24（增刊）：127-129

[251] 林琳，施巧琴，郭小玲，吴松刚，吴祥甫，谢联辉. 扩展青霉碱性脂肪酶的纯化及 N 端氨基酸序列分析. 厦门大学学报（自然科学版），2003，30（5）：600-604

[252] 邵碧英，吴祖建，林奇英，谢联辉. 烟草花叶病毒及其弱毒株基因组的 cDNA 克隆和序列分析. 植物病理学报，2003，33（4）：296-301

[253] 林光美，侯长红. 太子参生产质量管理规范（GAP）的初步探讨. 福建农林大学学报（哲学社会科学版），2003，6（2）：51-54

[254] 林丽明，张春嵋，谢荔岩，吴祖建，谢联辉. 农杆菌介导的水稻草矮病毒 *NS6* 基因的转化. 福建农林大学学报（自然科学版），2003，32（3）：288-291

[255] 明艳林，李梅，郑国华，吴祖建. RT-PCR 检测齿兰环斑病毒技术的建立. 福建农林大学学报（自然科学版），2003，32（3）：345-347

[256] 邵碧英，吴祖建，林奇英，谢联辉. 烟草花叶病毒复制酶介导抗性的研究进展. 生物技术通讯，2003，14（5）：416-418

[257] 徐学荣，姜培红，林奇英，施祖美，谢联辉. 整合农药企业与资源利用效率问题的博弈分析. 运筹与管理，2003，12（5）：81-84

[258] 谢联辉. 21世纪我国植物保护问题的若干思考. 中国农业科技导报，2003，27（5）：5-7

[259] 刘振宇，林奇英，谢联辉. 环境相容性农药发展的必然性和可能途径. 世界科技研究与发展，2003，5：11-16

[260] 林毅，陈国强，吴祖建，林奇英，谢联辉. 绞股蓝抗 TMV 蛋白的分离及编码基因的序列分析. 农业生物技术学报，2003，11（4）：365-369

[261] 林毅，林奇英，谢联辉. 绞股蓝核糖体失活蛋白的分离、克隆与表达. 分子植物育种，2003，1（5/6）：759-761

[262] 林毅，吴祖建，谢联辉，林奇英. 抗病虫基因新资源：绞股蓝核糖体失活蛋白基因. 分子植物育种，2003，1（5/6）：763-765

[263] 欧阳迪莎，施祖美，吴祖建，林卿，徐学荣，谢联辉. 植物病害与粮食安全. 农业环境与发展，2003，6：24-26

[264] 林毅，陈国强，吴祖建，谢联辉，林奇英. 利用核糖体失活蛋白控制植物病虫害. 云南农业大学学报，2003，18（4）：52-56

[265] 林毅，陈国强，吴祖建，谢联辉，林奇英. 绞股蓝核糖体失活蛋白的信号肽和上游非编码区. 云南农业大学学报，2003，18（4）：63-66

[266] 魏太云，林含新，谢联辉．植物病毒分子群体遗传学研究进展．福建农林大学学报（自然科学版），2003，32（4）：453-457
[267] 吴丽萍，吴祖建，林奇英，谢联辉．毛头鬼伞（*Coprinus comatus*）中一种碱性蛋白的纯化及其活性．微生物学报，2003，43（6）：793-798
[268] 吴兴泉，陈士华，吴祖建，林奇英，谢联辉．马铃薯 A 病毒 CP 基因的克隆与序列分析．植物保护，2003，29（5）：25-28
[269] 孙慧，吴祖建，林奇英，谢联辉．小分子植物病毒抑制物质研究进展．福建农林大学学报（自然科学版），2003，32（3）：311-316
[270] 姜培红，徐学荣，谢联辉．县级植保站绩效综合评价．福建农林大学学报（哲学社会科学版），2003，6（增刊）：85-88
[271] 王盛，钟伏弟，吴祖建，谢联辉，林奇英．抗病虫基因新资源：海洋绿藻孔石莼凝集素基因．分子植物育种，2004，2（1）：153-155
[272] 王盛，钟伏弟，吴祖建，林奇英，谢联辉．一种新的藻红蛋白的亚基组成分析．福建农林大学学报（自然科学版），2004，33（1）：68-71
[273] 刘振宇，吴祖建，林奇英，谢联辉．羊栖菜多酚氧化酶特性．福建农林大学学报（自然科学版），2004，33（1）：56-59
[274] 林丽明，吴祖建，林奇英，谢联辉．农杆菌介导获得转水稻草矮病毒 *NS3* 基因水稻植株．福建农林大学学报（自然科学版），2004，33（1）：60-63
[275] Wang Sheng，Zhong Fu-di，Zhang Yong-jiang，Wu Zu-jian，Lin Qi-ying，Xie Lian-hui. Molecular characterization of a new lectin from the marine alga *Ulva pertusa*. Acta Biochimica et Biophysica Sincia，2004，36（2）：111-117
[276] 林毅，陈国强，吴祖建，林奇英，谢联辉．快速获得葫芦科核糖体失活蛋白新基因．农业生物技术学报，2004，12（1）：8-12
[277] 陈宁，吴祖建，林奇英，谢联辉．灰树花中一种抗烟草花叶病毒蛋白质的纯化及其性质．生物化学与生物物理进展，2004，31（3）：283-286
[278] 程兆榜，杨荣明，周益军，范永坚，谢联辉．关于水稻条纹叶枯病防治策略的思考．江苏农业科学，2003，（增刊）：3-5
[279] 魏太云，林含新，吴祖建，林奇英，谢联辉．水稻条纹病毒中国分离物和日本分离物 RNA1 片断序列比较．植物病理学报，2004，34（2）：141-145
[280] 金凤媚，林丽明，吴祖建，林奇英．转 RGSV-SP 基因水稻植株的再生．中国病毒学，2004，19（2）：146-148
[281] 郑耀通，林奇英，谢联辉．天然砂与修饰砂对病毒的吸附与去除．中国病毒学，2004，19（2）：163-167
[282] 徐学荣，林奇英，谢联辉．绿色食品生产经营中的风险及其管理．农业系统科学与综合研究，2004，20（2）：103-106
[283] 徐学荣，欧阳迪莎，林奇英，施祖美，谢联辉．农产品的价格和需求对无公害植保技术使用的影响．农业系统科学与综合研究，2004，20（1）：16-19
[284] 王盛，钟伏弟，吴祖建，林奇英，谢联辉．R-藻红蛋白免疫荧光探针标记方法的探索．福建农林大学学报（自然科学版），2004，33（2）：206-209
[285] 欧阳迪莎，徐学荣，林卿，谢联辉．优化有害生物管理，提升我国农产品竞争力．中国农业科技导报，2004，6（3）：54-56
[286] 魏太云，林含新，吴祖建，林奇英，谢联辉．中国水稻条纹病毒两个亚种群代表性分离物全基因组核苷酸序列分析．中国农业科学，2004，37（6）：846-850
[287] 林丽明，吴祖建，金凤媚，谢荔岩，谢联辉．水稻草矮病毒在水稻原生质体中的表达．微生物学报，2004，44（4）：530-532
[288] 欧阳迪莎，徐学荣，林卿，谢联辉．农作物有害生物化学防治的外部性思考．农业现代化研究，2004，25（增刊）：78-80
[289] 王盛，钟伏弟，吴祖建，林奇英，谢联辉．珊瑚藻 R-藻红蛋白 *repA* 和 *repB* 基因全长 cDNA 克隆与序列分析．中国生物化学与分子生物学报，2004，20（4）：428-433
[290] 郑耀通，林奇英，谢联辉．TMV 在不同水体与温度条件下的灭活动力学．中国病毒学，2004，19（4）：315-319
[291] 祝雯，林志铿，吴祖建，林奇英，谢联辉．河蚬中活性蛋白 CFp-a 的分离纯化及其活性．中国水产科学，2004，11

(4)：349-353

[292] 林毅，吴祖建，谢联辉，林奇英. 绞股蓝 RIP 基因双子叶植物表达载体的构建及其对烟草叶盘的转化. 江西农业大学学报，2004，26 (4)：589-592

[293] 林毅，陈国强，吴祖建，谢联辉，林奇英. C 端缺失和完整的绞股蓝核糖体失活蛋白在大肠杆菌中的表达. 江西农业大学学报，2004，26 (4)：593-595

[294] 翟梅枝，高芳銮，沈建国，林奇英，谢联辉. 抗 TMV 的植物筛选及提取条件对抗病毒物质活性的影响. 西北农林科技大学学报，2004，32 (7)：45-49

[295] 刘国坤，陈启建，吴祖建，林奇英，谢联辉. 13 种植物提取物对烟草花叶病毒的活性. 福建农林大学学报（自然科学版），2004，33 (3)：295-299

[296] 陈启建，刘国坤，吴祖建，谢联辉，林奇英. 26 种植物提取物抗烟草花叶病毒的活性. 福建农林大学学报（自然科学版），2004，33 (3)：300-303

[297] 吴兴泉，陈士华，魏广彪，吴祖建，谢联辉. 福建马铃薯 A 病毒的分子鉴定及检测技术. 农业生物技术学报，2004，12 (1)：90-95

[298] 周莉娟，郑伟文，谢联辉. *gfp/luxAB* 双标记载体在抗线虫菌株 BC2000 中的转化及表达检测. 农业生物技术学报，2004，12 (5)：573-577

[299] Wang Sheng，Zhong Fu-di，Wu Zu-jian Lin Qi-ying，Xie Lian-hui. Cloning and sequencing the γsubunit of R-phycoerythrin from *Corallina officinalis*. Acta Botanica Sinica，2004，46 (10)：1135-1140

[300] Lin Li-ming，Wu Zu-jian，Xie Lian-hui，Lin Qi-ying. Gene cloning and expression of the *NS3* gene of *Rice grassy stunt virus* and its antiserum preparation. Chinese Journal of Agriculture Biotechnology，2004，1 (1)：49-54

[301] 吴丽萍，吴祖建，林奇英，谢联辉. 一种食用菌提取物 y3 对烟草花叶病毒的钝化作用及其机制. 中国病毒学，2004，19 (1)：54-57

[302] 郑耀通，林奇英，谢联辉. PV_1、B. fp 在不同水样及温度条件下的灭活动力学. 应用与环境生物学报，2004，10 (6)：794-797

[303] 王盛，钟伏弟，吴祖建，林奇英，谢联辉. 珊瑚藻藻红蛋白 α 亚基脱辅基蛋白基因克隆与序列分析. 农业生物技术学报，2004，12 (6)：733-734

[304] 沈建国，谢荔岩，翟梅枝，林奇英，谢联辉. 杨梅叶提取物抗烟草花叶病毒活性及其化学成分初步研究. 福建农林大学学报（自然科学版），2004，33 (4)：441-443

[305] 杨小山，欧阳迪莎，徐学荣，吴祖建，金德凌. 可持续植保对消除绿色壁垒的可行性分析及对策. 福建农林大学学报（社会哲学版），2005，8 (1)：65-68

[306] 沈建国，谢荔岩，张正坤，谢联辉，林奇英. 一种植物提取物对 CMV、PVY^N 及其昆虫介体的作用. 中国农学通报，2005，21 (5)：341-343

[307] 付鸣佳，谢荔岩，吴祖建，林奇英，谢联辉. 抗病毒蛋白抑制植物病毒的应用前景. 生命科学研究，2005，9 (1)：1-5

[308] 林毅，谢荔岩，陈国强，吴祖建，谢联辉，林奇英. 绞股蓝核糖体失活蛋白家族编码基因的 5 个 cDNA 及其下游非编码区. 植物学通报，2005，22 (2)：163-168

[309] 付鸣佳，吴祖建，林奇英，谢联辉. 金针菇中蛋白质含量的变化和其中一个蛋白质的生物活性. 应用与环境生物学报，2005，11 (1)：40-44

[310] 刘振宇，谢荔岩，吴祖建，林奇英，谢联辉. 孔石莼质体蓝素氨基酸序列分析和分子进化. 分子植物育种，2005，3 (2)：203-208

[311] 刘振宇，谢荔岩，吴祖建，林奇英，谢联辉. 孔石莼（*Ulva pertusa*）中一种抗 TMV 活性蛋白的纯化及其特性. 植物病理学报，2005，35 (3)：256-261

[312] 陈启建，刘国坤，吴祖建，谢联辉，林奇英. 大蒜精油对烟草花叶病毒的抑制作用. 福建农林大学学报（自然科学版），2005，34 (1)：30-33

[313] 连玲丽，吴祖建，段永平，谢联辉. 线虫寄生菌巴斯德杆菌的生物多样性研究进展，福建农林大学学报（自然科学版），2005，34 (1)：37-42

[314] 欧阳迪莎，何敦春，王庆，林卿，谢联辉. 农业保险与可持续植保. 福建农林大学学报（哲学社会学科版），2005，8 (2)：26-29

[315] 林白雪，黄志强，谢联辉. 海洋细菌活性物质的研究进展. 微生物学报，2005，45 (4)：657-660

[316] 吴兴泉，陈士华，魏广彪，吴祖建，谢联辉．福建马铃薯S病毒的分子鉴定及发生情况．植物保护学报，2005，32（2）：133-137
[317] 李凡，杨金广，谭冠林，吴祖建，林奇英，陈海如，谢联辉．云南水稻条纹病毒病害特异性蛋白基因及基因间隔趋序列分析．中国食用菌，2005，24（增刊）：14-18
[318] 王盛，钟伏弟，吴祖建，林奇英，谢联辉．珊瑚藻藻红蛋白β亚基脱辅基蛋白基因克隆与序列分析，福建农林大学学报（自然科学版），2005，34（3）：334-338
[319] 欧阳迪莎，何敦春，杨小山，林卿，谢联辉．植物病害管理中的政府行为．中国农业科技导报，2005，7（3）：38-41
[320] 范国成，吴祖建，黄明年，练君，梁栋，林奇英，谢联辉．水稻瘤矮病毒基因组S9片断的基因结构特征．中国病毒学，2005，20（5）：539-542
[321] 谢联辉，林奇英，徐学荣．植病经济与病害生态治理．中国农业大学学报，2005，10（4）：39-42
[322] 何敦春，王林萍，欧阳迪莎．植保技术与食品安全．中国农业科技导报，2005，7（6）：16-19
[323] 范国成，吴祖建，林奇英，谢联辉．水稻瘤矮病毒基因组S8片断全序列测定及其结构分析．农业生物技术学报，2005，13（5）：679-683
[324] 陈来，吴祖建，傅国胜，林奇英，谢联辉．灰飞虱胚胎组织细胞的分离和原代培养技术．昆虫学报，2005，48（3）：455-459
[325] 何敦春，王林萍，欧阳迪莎．闽台植保合作的若干思考．台湾农业探索，2005，4：15-17
[326] 张居念，林河通，谢联辉，林奇英．龙眼焦腐病菌及其生物学特性．福建农林大学学报（自然科学版），2005，34（4）：425-429
[327] 周丽娟，郑伟文，谢联辉．线虫拮抗菌BC2000的分子鉴定及其GFP标记菌的生物学特性．福建农林大学学报（自然科学版），2005，34（4）：430-433
[328] 李凡，杨金广，吴祖建，林奇英，陈海如，谢联辉．水稻条纹病毒病害特异性蛋白基因克隆及其与纤细病毒属成员的亲缘关系分析．植物病理学报，2005，35（增刊）：135-136
[329] 林娇芬，林河通，谢联辉，林奇英，陈绍军，赵云峰．柿叶的化学成分、药理作用、临床应用及开发利用．食品与发酵工业，2005，31（7）：90-96
[330] 章松柏，吴祖建，段永平，谢联辉，林奇英．单引物法同时克隆RDV基因组片段S11、S12及其序列分析．贵州农业科学，2005，33（6）：27-29
[331] 章松柏，吴祖建，段永平，谢联辉，林奇英．水稻矮缩病毒的检测和介体传毒能力初步分析．安徽农业科学，2005，33（12）：2263-2264，2287
[332] 章松柏，吴祖建，段永平，谢联辉，林奇英．一种实用的双链RNA病毒基因组克隆方法．长江大学学报（自然科学版），2005，2（2）：71-73
[333] 沈建国，谢荔岩，吴祖建，谢联辉，林奇英．药用植物提取物抗烟草花叶病毒活性的研究．中草药，2006，37（2）：259-261
[334] 刘振宇，吴祖建，林奇英，谢联辉．孔石莼质体蓝素的柱色谱纯化及其对其N端氨基酸序列的分析测定．色谱，2006，24（3）：275-278
[335] 刘振宇，谢荔岩，吴祖建，林奇英，谢联辉．海藻蛋白质提取物对香蕉炭疽病的抑制作用．福建农林大学学报（自然科学版），2006，35（1）：21-23
[336] 刘国坤，陈启建，吴祖建，林奇英，谢联辉．丹皮酚对烟草花叶病毒的抑制作用．福建农林大学学报（自然科学版），2006，35（1）：17-20
[337] 何敦春，王林萍，欧阳迪莎，谢联辉．休闲经济与海峡西岸经济区建设．福建农林大学学报（社会科学版），2006，9（1）：21-25
[338] 李凡，杨金广，吴祖建，林奇英，陈海如，谢联辉．水稻条纹病毒云南分离物*CP*基因克隆及序列比较分析．云南农业大学学报，2006，21（1）：48-51
[339] 沈硕，谢荔岩，林奇英，谢联辉．组织培养技术在植物病理方面的应用研究进展．中国农学通报，2006，22（增刊）：150-155
[340] 杨彩霞，贾素平，刘舟，林奇英，谢联辉，吴祖建．从福建省杂草赛葵上检测到粉虱传双生病毒．中国农学通报，2006，22（增刊）：156-159
[341] Youjian Lin，Phyllis A Rundell，Lianhui Xie，Charles A Powell. Prereaction of *Citrus tristeza virus*（CTV）specific antibodies and labeled secondary antibodies increases speed of direct tissue blot immunoassay for CTV. Plant Disease,

2006，90：675-679

[342] Youjian Lin，Charles A Powell. Visualization of the distribution pattern of *Citrus tristeza virus* in leaves of Mexican Lime. Hortscience，2006，41（3）：725-728

[343] 王林萍，林奇英. 跨国农药公司企业社会责任的特点及对中国的启示. 科技与产业，2006，6（10）：11-16

[344] 陈启建，刘国坤，吴祖建，谢联辉，林奇英. 大蒜挥发油抗病毒花叶病毒机理. 福建农业学报，2006，21（1）：24-27

[345] 何敦春，张福山，欧阳迪莎，杨小山，王林萍. 植保技术与食品安全中政府与农户行为的博弈分析. 中国农业科技导报，2006，8（6）：71-75

[346] Liu Bin，Wang Yiqian，Zhang Xiaobo. Characterization of a recombinant maltogenic amylase from deep sea thermophilic *Bacillus* sp. *WPD616*. Enzyme and Microbial Technology，2006，39：805-810

[347] Liu Bin，Wu Sujie，Song Qing，Zhang Xiaobo，Xie Lianhui. Two novel bacteriophages of thermophilic bacteria isolated from deep-sea hydrothermal fields. Current Microbiology，2006，53：163-166

[348] Liu Bin，Li Hebin，Wu Sujie，Song Qing，Zhang Xiaobo，Xie Lianhui. A simple and rapid method for the differentiation and identification of thermophilic bacteria. Can J Microbiol，2006，52：753-758

[349] 李凡，林奇英，陈海如，谢联辉. 幽影病毒属病毒的研究现状与展望. 微生物学报，2006，46（6）：1033-1037

[350] 刘伟，谢联辉. 芽孢杆菌对感染蔓割病甘薯活性氧代谢的效应. 福建农林大学学报（自然科学版），2006，35（6）：569-572

[351] Huang HN，Hua YY，Bao GR，Xie LH. The quantification of monacolin K in some red yeast rice from Fujian province and the comparison of the other product. Chem Pharm Bull，2006，54（5）：687-689

[352] 李凡，林奇英，陈海如，谢联辉. 幽影病毒引起的几种主要植物病害. 微生物学通报，2006，33（3）：151-556

[353] 方敦煌，吴祖建，邓云龙，扬波，林奇英. 防治烟草赤星病拮抗根际芽孢杆菌的筛选. 植物病理学报，2006，36（6）：555-561

[354] 方敦煌，吴祖建，邓云龙，邓建华，林奇英. 烟草赤星病拮抗菌株 B75 产生抗菌物质的条件. 中国生物防治，2006，22（3）：244-247

[355] 吴兴泉，谭晓荣，陈士华，谢联辉. 马铃薯卷叶病毒福建分离物的基因克隆与序列分析. 河南农业大学学报，2006，40（4）：391-393

[356] 黄宇翔，吴祖建，柯昉，刘金燕. 组织培养技术筛选香石竹低玻璃化无性系初报. 中国农学通报，2006，22（8）：88-90

[357] 陈爱香，吴祖建. 水稻条纹病毒云南分离物 NS2 蛋白基因的分子变异. 河南农业科学，2006，7：54-58

[358] 张居念，林河通，谢联辉，林奇英，王宗华. 龙眼果实潜伏性病原真菌的初步研究. 热带作物学报，2006，27（4）：78-82

[359] 张福山，徐学荣，林奇英，谢联辉. 植物保护对粮食安全的影响分析. 中国农学通报，2006，22（12）：505-510

[360] 王林萍，林奇英，谢联辉. 化工企业的社会责任探讨. 商业时代，2006，28：84-86

[361] 侯长红，林光美，施祖美，谢联辉. 植病经济的内涵与研究方法评述. 福建农林大学学报（哲学社会科学版），2006，9（4）：33-36

[362] 李凌绪，翟梅枝，林奇英，谢联辉. 海藻乙醇提取物抗真菌活性. 福建农林大学学报（自然科学版），2006，35（4）：342-345

[363] 黄志强，林白雪，谢联辉. 产碱性蛋白酶海洋细菌的筛选与鉴定. 福建农林大学学报（自然科学版），2006，35（4）：416-420

[364] 王林萍，徐学荣，林奇英，谢联辉. 论农药企业的社会责任. 科技和产业，2006，6（2）：17-20

[365] 沈建国，张正坤，吴祖建，谢联辉，林奇英. 臭椿抗烟草花叶病毒活性物质的提取及其初步分离. 中国生物防治，2006，23（4）：348-352

[366] Chun Yukang，Tadashi Miayata，Wu Gang. Xie Lianhui. Effects of enzyme inhibitors on acetylcholinesterase and detoxification enzymes in *Propylaea japonica* and *Lipaphis erysimi*. Proceedings of 5th International Workshop on Management of the Diamondback Moth and Other Crucifer Insect Pest，Beijing，2006

[367] 吴艳兵，谢荔岩，谢联辉，林奇英. 毛头鬼伞（*Coprinus comatus*）多糖的理化性质及体外抗氧化活性. 激光生物学报，2007，16（4）：438-442

[368] 谢东扬，祝雯，吴祖建，林奇英，谢联辉. 灵芝金属硫蛋白基因的克隆及序列分析. 中国农学通报，2007，23（5）：

87-90

[369] 王林萍，徐学荣，林奇英，谢联辉. 农药企业社会责任认知度调查分析. 商业时代，2007，15：62-64

[370] 张福山，徐学荣，林奇英，谢联辉. 培育植保生态文化促进可持续农业发展. 福建农林大学学报（哲学社会科学版），2007，10（2）：64-66，114

[371] 沈建国，张正坤，吴祖建，谢联辉，林奇英. 臭椿和鸦胆子抗烟草花叶病毒作用研究. 中国中药杂志，2007，32（1）：27-29

[372] 何敦春，王林萍，欧阳迪莎. 植保技术使用对食品安全的风险. 农业环境与发展，2007，24（1）：54-56，74

[373] 王林萍，施婵娟，林奇英. 农药企业社会责任指标体系与评价方法. 技术经济，2007，26（9）：98-102，122

[374] 连玲丽，谢荔岩，许曼琳，林奇英. 芽孢杆菌对青枯病菌-根结线虫复合侵染病害的生物防治. 浙江大学学报：农业与生命科学版，2007，33（2）：190-196

[375] 王林萍，林奇英. 化工行业的社会责任关怀. 环境与可持续发展，2007，2：37-39

[376] 胡志坚，陈华，庞春艳，郑玲，林奇英. 微囊藻毒素 LR 促肝癌过程 p53、p16 基因 mRNA 表达. 福建医科大学学报，2007，41（1）：36-38，65

[377] 胡志坚，陈华，庞春艳，林奇英. 微囊藻毒素对肝细胞凋亡相关基因表达的影响. 中华预防医学杂志，2007，41（1）：13-16

[378] 谢东扬，祝雯，吴祖建，林奇英，谢联辉. 灵芝中一种新的脱氧核糖核酸的纯化及特征. 福建农林大学学报（自然科学版），2007，36（5）：486-490

[379] 路炳声，黄志强，林白雪，谢联辉. 海洋氧化短杆菌 15E 产碱性蛋白酶的发酵条件. 福建农林大学学报（自然科学版），2007，36（6）：591-595

[380] 杨小山，徐学荣，谢联辉，林奇英. 农药管理能力和水平的综合评价指标体系与评价方法. 福建农林大学学报（哲学社会科学版），2007，10（5）：57-60

[381] 何敦春. 科学家秘书的艺术. 福建教育学院学报，2007，10：21-23

[382] 庄军，林奇英. 泊松分布在生物学中的应用. 激光生物学报，2007，16（5）：655-658

[383] Xu You-ping，Zheng Lu-ping，Xu Qiu-fang，Wang Chang-chun，Zhou Xue-ping，Wu Zu-jian，Cai Xin-zhong. Efficiency for gene silencing induction in *Nicotiana* species by a viral satellite DNA vector. Journal of Integrative Plant Biology，2007，49（12）：1726-1733

[384] Wu Zu-jian，Ouyang Ming-an，Wang Cong-zhou，Zhang Zheng-kun，Shen Jian-guo. Anti-*Tobacco mosaic virus*（TMV）triterpenoid saponins from the leaves of *Ilex oblonga*. J Agric Food Chem，2007，55（5）：1712-1717

[385] Wu Zu-jian，Ouyang Ming-an，Wang Cong-zhou，Zhang Zheng-kun. Six new triterpenoid saponins from the leaves of *Ilex oblonga* and their inhibitory activities against TMV replication. Chem Pharm Bull，2007，55（3）：422-427

[386] Zhang Zheng-kun，Ouyang Ming-an，Wu Zu-jian，Lin Qi-ying，Xie Lian-hui. Structure-activity relationship of triterpenes and triterpenoid glycosides against *Tobacco mosaic virus*. Planta Med，2007，73：1457-1463

[387] Ouyang Ming-an，Huang Jiang，Tan Qing-wei. Neolignan and lignan glycosides from branch bark of *Davidia involucrata*. J Asian Nat Prod Res，2007，9（6）：487-492

[388] Ouyang Ming-an，Chen Pei-qing，Wang Si-bing. Water-soluble phenylpropanoid constituents from aerial roots of *Ficus microcarpa*. Nat Prod Res，2007，21（9）：269-274

[389] Ouyang Ming-an，Wang Cong-zhou，Wang Si-bing. Water-soluble constituents from the leaves of *Ilex oblonga*. J Asian Nat Prod Res，2007，9（4）：399-405

[390] Wu Gang，Tadashi Miyata，Chun Yukang，Xie Lianhui. Insecticide toxicity and synergism by enzyme inhibitors in 18 species of pest insects and natural enemies in crucifer vegetable crops. Pest Management Science，2007，63：500-510

[391] Zhang Yihui，Tadashi Miyata，Wu Zhujian，Wu Gang，Xie Lianhui. Hydrolysis of acetylthiocholine iodide and reactivation of phoxim-inhibited acetylcholinesterase by pralidoxime chloride，obidoxime chloride and trimedoxime. Arch Toxicol，2007，81：785-792

[392] 鹿连明，秦梅玲，谢荔岩，林奇英，吴祖建，谢联辉. 利用酵母双杂交系统研究水稻条纹病毒三个功能蛋白的互作. 美国农业科学与技术，2007，1（1）：5-11

[393] 丁新伦，谢荔岩，林奇英，吴祖建，谢联辉. 水稻条纹病毒胁迫下抗、感病水稻品种胼胝质的沉积. 植物保护学报，2008，35（1）：19-22

[394] 连玲丽，谢荔岩，林奇英，谢联辉. 芽孢杆菌三种抗菌素基因的杂交检测. 激光生物学报，2008，17（1）：81-85

[395] 程兆榜，任春梅，周益军，范永坚，谢联辉. 水稻条纹病毒不同地区分离物的致病性研究. 植物病理学报，2008，38 (2)：126-131

[396] 林白雪，黄志强，谢联辉. 海洋氧化短杆菌 15E 碱性蛋白酶的酶学性质. 福建农林大学学报（自然科学版），2008，37 (2)：158-161

[397] 胡树泉，徐学荣，周卫川，张辉，宁昭玉. 红火蚁在中国的潜在地理分布预测模型. 福建农林大学学报（自然科学版），2008，37 (2)：205-209

[398] 杨小山，刘建成，林奇英. 中国农业面源污染的制度根源及其控制对策. 福建论坛，2008，3：25-28

[399] Liu Fang，Tadashi Miyata，Li Chunwei，Wu Zhujian，Wu Gang，Zhao Shixi，Xie Lianhui. Effects of temperature on fitness costs，insecticide susceptibility and heat shock protein 70 in insecticide-resistant and susceptible *Plutella xylostella*. Pesticide Biochemistry Physiology，2008，91：45-52

[400] Roy B Mugiira，吴剑丙，吴祖建，李桂新，周雪平. 从福建分离的广东赛葵曲叶病毒的分子特征. 植物病理学报，2008，38 (3)：258-262

[401] 林董，郑璐平，谢荔岩，吴祖建，林奇英，谢联辉. GFP 与水稻条纹病毒病害特异蛋白的融合基因在 sf9 昆虫细胞中的表达. 植物病理学报，2008，38 (3)：271-276

[402] 林董，何柳，谢荔岩，吴祖建，林奇英，谢联辉. RSV 编码的 4 种蛋白在“AcMNPV-sf9 昆虫细胞”体系中的重组表达. 福建农林大学学报（自然科学版），2008，37 (3)：269-274

[403] 陈启建，欧阳明安，谢联辉，林奇英. 银胶菊（*Parthenium hysterophorus*）中抗 TMV 活性成分的分离及活性测定. 激光生物学报，2008，17 (4)：544-548

[404] 丁新伦，张孟倩，谢荔岩，林奇英，吴祖建，谢联辉. 实时荧光定量 PCR 检测 RSV 胁迫下抗病、感病水稻中与脱落酸相关基因的差异表达. 激光生物学报，2008，17 (4)：464-469

[405] 高芳銮，范国成，谢荔岩，黄美英，吴祖建. 呼肠孤病毒科的系统发育分析. 激光生物学报，2008，17 (4)：486-490

[406] 鹿连明，林丽明，谢荔岩，林奇英，吴祖建，谢联辉. 水稻条纹病毒 CP 与叶绿体 Rubisco SSU 引导肽融合基因的构建及其原核表达. 农业生物技术学报，2008，16 (3)：530-536

[407] 鹿连明，秦梅玲，王萍，兰汉红，牛晓庆，谢荔岩，吴祖建，谢联辉. 利用免疫共沉淀技术研究 RSV CP、SP 和 NSvc4 三个蛋白的互作情况. 农业生物技术学报，2008，16 (5)：891-897

[408] 吴艳兵，颜振敏，谢荔岩，林奇英，谢联辉. 天然抗烟草花叶病毒大分子物质研究进展. 微生物学通报，2008，35 (7)：1096-1101

[409] 杨金广，方振兴，张孟倩，徐飞，王文婷，谢荔岩，林奇英，吴祖建，谢联辉. 应用 real-time RT-PCR 鉴定 2 个水稻品种（品系）对水稻条纹病毒的抗性差异. 华南农业大学学报，2008，29 (3)：25-28

[410] 杨金广，王文婷，丁新伦，郭利娟，方振兴，谢荔岩，林奇英，吴祖建，谢联辉. 水稻条纹病毒与水稻互作中的生长素调控. 农业生物技术学报，2008，16 (4)：628-634

[411] 张晓婷，谢荔岩，林奇英，吴祖建，谢联辉. Pathway tools 可视化分析水稻基因表达谱. 激光生物学报，2008，17 (3)：371-377

[412] 张正坤，沈建国，谢荔岩，谢联辉，林奇英. 鸦胆子素 D 对烟草抗烟草花叶病毒的诱导抗性和保护作用. 科技导报，2008，26 (8)：31-36

[413] 张正坤，吴祖建，沈建国，谢联辉，林奇英. 烟草花叶病毒运动蛋白的表达及特异性抗体制备. 福建农林大学学报（自然科学版），2008，37 (3)：265-268

[414] 祝雯，谢东扬，林奇英，谢联辉，吴祖建. 杨树菇中一种脱氧核糖核酸酶的纯化及其性质. 中国生物制品学杂志，2008，21 (10)：869-872

[415] Wu Gang，Lin Yongwen，Tadashi Miyata. Jiang Shuren，Xie Lianhui. Positive correlation of methamidophos resistance between *Lipaphis erysimi* and *Diaeretilla rapae*（M'Intosh）and effects of methamidophos ingested by host insect on the parasitoid. Insect Science，2008，15：186-188

[416] Yang JG，Dang YG，Li GY，Guo LJ，Wang WT，Tan QW，Lin QY，Wu ZJ，Xie LH. Anti-viral activity of *Ailanthus altissima* crude extract on *Rice stripe virus* in rice suspension cells. Phytoparasitica，2008，36 (4)：405-408

[417] Shen Jianguo，Zhang Zhengkun，Wu Zujian，Ouyang Mingan，Xie Lianhui，Lin Qiying. Antiphytoviral activity of bruceine-D from *Brucea javanica* seeds. Pest Manag Sci，2008，64：191-196

[418] Wu Zujian，Ouyang Mingan，Wang Shibin. Two new phenolic water soluble constituents from branch bark of *Davidia*

involucrate. Nat Prod Res，2008，22（6）：483-488

[419] Yang CX，Cui GJ，Zhang J，Weng XF，Xie LH，Wu ZJ. Molecular characterization of a distinct begomovirus species isolated from *Emilia sonchifolia*. Journal of Plant Pathology，2008，90（3）：475-478

[420] Yang C，Jia S，Liu Z，Cui G，Xie L，Wu Z. Mixed Infection of two *Begomoviruses* in *Malvastrum coromandelianum* in Fujian，China. J Phytopathology，2008，156：553-555

[421] Wu Zujian，Ouyang Mingan，Su Renkuan，Kuo Yuehhsiung. Two new *Cerebrosides* and anthraquinone derivatives from the marine fungus *Aspergillus niger*. Chinese Journal of Chemistry，2008，26（4）：759-764

[422] Yang Yuan-ai，Wang Hong-qing，Wu Zu-jian，Cheng Zhuo-min，Li Shi-fang. Molecular variability of hop stunt viroid：identification of a unique variant with a tandem 15-nucleotide repeat from naturally infected plum tree. Biochem Genet，2008，46：113-123

[423] Zhu Yue-hui，Jiang Jian-guo，Chen Qian. Characterization of cDNA of lycopene β-cyclase responsible for a high level of β-carotene accumulation in *Dunaliella salina*. Biochem Cell Biology，2008，86：285-292

[424] Zhu Yue-hui，Jiang Jian-guo，Chen Qian. Influence of daily collection and culture medium recycling on the growth and β-carotene yield of *Dunaliella salina*. J Agric Food Chem，2008，56：4027-4031

[425] 吴丽萍，吴祖建，林奇英，谢联辉. 毛头鬼伞（*Coprinus comatus*）中一种抗病毒蛋白 y3 特性和氨基酸序列分析. 中国生物化学与分子生物学报，2008，24（7）：597-603

[426] 郑璐平，谢荔岩，姚锦爱，钟伏弟，林奇英，吴祖建，谢联辉. 孔石莼凝集素蛋白基因的克隆与表达. 激光生物学报，2008，17（6）：762-767

[427] 连玲丽，谢荔岩，段永平，林奇英，吴祖建. 线虫寄生菌巴斯德杆菌遗传多样性分析. 微生物学通报，2008，35（7）：1039-1044

[428] 徐学荣，张福山，谢联辉. 植物保护的风险及其管理. 农业系统科学与综合研究，2008，24（2）：148-152

[429] 谭庆伟，吴祖建，欧阳明安. 臭椿化学成分及生物活性研究进展. 天然产物研究与开发，2008，4：748-755

[430] 韩芳，张颖滨，吴祖建，吴云锋. 菜豆荚斑驳病毒的 RT-PCR 检测及其传毒介体研究. 西北农业学报，2008，17（5）：94-97

[431] Wu Zu-jian，Ouyang Ming-an，Su Ren-kuan，Kuo Yueh-hsiung. Two new cerebrosides and anthraquinone derivatives from the marine fungus *Aspergillus niger*. Chinese Journal of Chemistry，2008，26（4）：759-764

[432] J. G. Yang，Y. G. Dang，G. Y. Li，L. J. Guo，W. T. Wang，Q. W. Tan，Q. Y. Lin，Z. J. Wu，L. H. Xie. Anti-viral activity of *Ailanthus altissima crude extract on Rice stripe virus* in rice suspension cells. Phytoparasitica，2008，36（4）：405-408

[433] Z. Liu，C. X. Yang，S. P. Jia，P. C. Zhang，L. Y. Xie. L. H. Xie，Q. Y. Lin，Z. J. Wu. First Report of Ageratum yellow vein virus causing tobacco leaf curl disease in Fujian province，China. Plant Disease，2008，92（1）：177

[434] Yuan-ai Yang，Hong-qing Wang，Zu-jian Wu，Zhuo-min Cheng，Shi-fang Li. Molecular variability of *Hop stunt viroid*：identification of a unique variant with a tandem 15-nucleotide repeat from naturally infected plum tree. Biochem Genet，2008，46：113-123

[435] 林董，连超超，肖文艳，谢荔岩，吴祖建. 甘草乙醇浸提取液诱导肝癌 SMMC-7721 细胞凋亡的研究. 激光生物学报，2009，18（3）：287-290

[436] Dongmei Jiang，Shan Peng，Zujian Wu，Zhuomin Cheng，Shifang Li. Genetic diversity and phylogenetic analysis of *Australian grapevine viroid*（AGVd）isolated from different grapevines in China. Virus Genes，2009，38：178-183

[437] Zu-jian Wu，Ming-an Ouyang，Qing-wei Tan. New asperxanthone and asperbiphenyl from the marine fungus *Aspergillus* sp. Pest Manag Sci，2009，65（1）：60-65

[438] Wan-ying Hou，Teruo Sano，Feng Li，Zu-jian Wu，Li Li，Shi-fang Li. Identification and characterization of a new coleviroid（CbVd-5）. Arch Virol，2009，154（2）：315-320

[439] Qi-jian Chen，Ming-an Ouyang，Qing-wei Tan，Zheng-kun Zhang，Zu-jian Wu，Qi-ying Lin. Constituents from the seeds of *Brucea javanica* with inhibitory activity of *Tobacco mosaic virus*. Journal of Asian Natural Products Research，2009，11（5）：1-9

[440] Tai-yun Wei，Jin-guang Yang，Fu-long Liao，Fang-luan Gao，Lian-ming Lu，Xiao-ting Zhang，Fan Li，Zu-jian Wu，Qi-yin Lin，Lian-hui Xie，Han-xin Lin. Genetic diversity and population structure of *Rice stripe virus* in China. Journal of General Virology，2009，90，1025-1034

[441] Dongmei Jiang, Zhixiang Zhang, Zujian Wu, Rui Guo, Hongqing Wang, Peige Fan, Shifang Li. Molecular characterization of *Grapevine yellow speckle viroid*-2 (GYSVd-2). Virus Genes, 2009, 38 (3): 515-520
[442] Lianming Lu, Zhenguo Du, Meiling Qin, Ping Wang, Hanhong Lan, Xiaoqing Niu, Dongsheng Jia, Liyan Xie, Qiying Lin, Lianhui Xie, Zujian Wu. Pc4, a putative movement protein of *Rice stripe virus*, interacts with a type Ⅰ DnaJ protein and a small Hsp of rice. Virus Genes, 2009, 38: 320-327

4. 博士后

[1] 蒋继宏（谢联辉，林奇英）. 植物中抗病毒活性物质的分离及其作用机制研究，2000
[2] 张巨勇（谢联辉，林奇英）. IPM采用的经济学分析〔专著：有害生物综合治理（IPM）的经济学分析. 北京：中国农业出版社，2004〕，2001
[3] 李凡（谢联辉，林奇英）. 烟草丛顶病的病原物及其分子生物学，2006
[4] 林河通（谢联辉，林奇英）. 真菌侵染所致龙眼果实采后病害的研究，2008
[5] 吴刚（谢联辉，林奇英）. 菜田害虫和天敌抗药性进化趋势，2008

5. 博士

[1] 周仲驹（谢联辉）. 香蕉束顶病的生物学、病原学、流行学和防治研究，1994
[2] 吴祖建（谢联辉）. 水稻病毒病诊断、监测和防治系统的研究，1996
[3] 鲁国东（谢联辉）. 稻瘟病菌转化体系的建立及三磷酸甘油醛脱氢酶基因的克隆，1996
[4] 徐平东（谢联辉）. 中国黄瓜花叶病毒的亚组及其性质研究，1997
[5] 李尉民（谢联辉）. 南方菜豆花叶病毒株系特异性检测、互补运动研究和菜豆株系5′端的克隆②，1997
[6] 王宗华（谢联辉）. 福建稻瘟菌的群体遗传规律，1997
[7] 胡方平（谢联辉）. 非荧光植物假单胞菌的分类和鉴定②，1997
[8] 林含新（谢联辉）. 水稻条纹病毒的病原性质、致病性分化及分子变异①②，1999
[9] 张春媚（林奇英，谢联辉）. 水稻草状矮化病毒基因组RNA4-6的分子生物学②，1999
[10] 刘利华（林奇英，谢联辉）. 三种水稻病毒病的细胞病理学，1999
[11] 王海河（谢联辉，林奇英）. 黄瓜花叶病毒三个株系引起烟草的病生理、细胞病理和RNA3的克隆，2000
[12] 孙慧（林奇英，谢联辉）. 抗植物病毒（TMV）活性的大型真菌的筛选和抗病毒蛋白的纯化及其性质，2000
[13] 郭银汉（谢联辉）. 福州地区对虾病毒病的病原诊断及流行病学，2001
[14] 林琳（谢联辉）. 扩展青霉PF898碱性脂肪酶基因的克隆与表达②，2001
[15] 邵碧英（林奇英，谢联辉）. 烟草花叶病毒弱毒疫苗的研制及其分子生物学，2001
[16] 林丽明（谢联辉，林奇英）. 水稻草矮病毒基因组RNA1-3的分子生物学②，2002
[17] 郑耀通（林奇英，谢联辉）. 闽江流域福州区段水体环境病毒污染、存活规律与灭活处理（专著：环境病毒学. 北京：化学工业出版社，2006），2002
[18] 吴兴泉（谢联辉，林奇英）. 福建马铃薯病毒的分子鉴定与检测技术，2002
[19] 傅鸣佳（林奇英，谢联辉）. 食用菌抗病毒蛋白特性、基因克隆，2002
[20] 王盛（林奇英，谢联辉）. 珊瑚藻藻红蛋白分离纯化及相关特性，2002
[21] 魏太云（谢联辉，林奇英）. 水稻条纹病毒的基因组结构及其分子群体遗传②，2003
[22] 翟梅枝（林奇英，谢联辉）. 植物次生物质的抗病活性及构效分析，2003
[23] 刘国坤（谢联辉，林奇英）. 植物源小分子物质对烟草花叶病毒及四种植物病原真菌的抑制作用，2003
[24] 林毅（林奇英，谢联辉）. 绞股蓝核糖体失活蛋白的分离、克隆与表达，2003
[25] 何红（胡方平，谢联辉）. 辣椒内生枯草芽孢杆菌（*Bacillus subtilis*）防病促生作用的研究，2003
[26] 徐学荣（谢联辉，林奇英）. 植保生态经济系统的分析与优化②，2004
[27] 吴丽萍（林奇英，谢联辉）. 两种食用菌活性蛋白的分离纯化及其抗病特性，2004
[28] 刘振宇（林奇英，谢联辉）. 海藻中两种与植物抗病相关铜结合蛋白的分离、特性和基因特征，2004
[29] 祝雯（谢联辉，林奇英）. 河蚬（*Corbicula fluminea*）活性糖蛋白和多糖的分离纯化及其抗病特性，2004

① 全国百篇优秀博士学位论文
② 福建省优秀博士学位论文

[30] 欧阳迪莎（谢联辉，林卿）. 可持续农业中的植物病害管理②，2005
[31] 洪荣标（谢联辉，林奇英）. 滨海湿地入侵植物的生态经济和生态安全管理，2005
[32] 周莉娟（谢联辉）. GTP 在根结线虫（*Meloidogyne incogita*）拮抗菌 *Alcaligenes faecalis* 研究中的应用，2005
[33] 沈建国（林奇英，谢联辉）. 两种药用植物对植物病毒及三种介体昆虫的生物活性，2005
[34] 刘伟（谢联辉）. 芽孢杆菌（*Bacillus* spp.）拮抗菌株的筛选及 TasA 基因研究，2006
[35] 刘斌（谢联辉，章晓波）. 高温噬菌体分子特征及热稳定麦芽糖基淀粉酶的性质，2006
[36] 黄宏南（谢联辉，林奇英）. 福建红曲的活性物质及其医疗保健效应，2006
[37] 郑冬梅（赵士熙，谢联辉）. 中国生物农药产业发展研究〔专著：中国生物农药产业发展研究. 北京：海洋出版社，2006〕，2006
[38] 林董（谢联辉，林奇英）. RSV 五个基因及 GFP-CP、GFP-SP 融合基因在 sf9 昆虫细胞中的表达，2007
[39] 王林萍（谢联辉，林奇英）. 农药企业社会责任体系之构建，2007
[40] 张福山（林奇英，谢联辉）. 植物保护对中国粮食生产安全影响的研究，2007
[41] 连玲丽（谢联辉，林奇英）. 芽孢杆菌的生防菌株筛选及其抑病机理，2007
[42] 方敦煌（谢联辉，林奇英）. 防治烟草赤星病根际芽孢杆菌的筛选及其抗菌物质研究，2007
[43] 吴艳兵（林奇英，谢联辉）. 毛头鬼伞（*Coprinus comatus*）多糖的分离纯化及其抗烟草花叶病毒（TMV）作用机制，2007
[44] 陈启建（林奇英，谢联辉）. 金鸡菊（*Coreopsis drummondii*）和小白菊（*Parthenium hysterophorus*）抗烟草花叶病毒活性研究，2007
[45] 张晓婷（谢联辉，林奇英）. 水稻感染水稻条纹病毒后的基因转录谱和蛋白质表达谱，2008
[46] 丁新伦（谢联辉，林奇英）. 脱落酸在水稻条纹病毒与寄主水稻互作的研究，2008
[47] 杨金广（谢联辉，林奇英）. 水稻条纹病毒与寄主水稻互作中的生长素调控，2008
[48] 鹿连明（谢联辉，林奇英）. 利用酵母双杂交系统研究水稻条纹病毒与寄主水稻间的互作，2008
[49] 范国成（谢联辉，林奇英）. 水稻瘤矮病毒病毒样颗粒组装及 Pns12 蛋白的亚细胞定位，2008
[50] 杨小山（谢联辉，林奇英）. 农药环境经济管理的主体行为及政策构思，2008
[51] 张正坤（林奇英，谢联辉）. 鸦胆子活性物质抗烟草花叶病毒的作用机理及构效关系，2008

6. 硕士

[1] 陈宇航（谢联辉）. 甘蔗花叶病毒株系的研究，1986
[2] 周仲驹（谢联辉）. 甘蔗褪绿线条病和斐济病的初步研究，1986
[3] 郑祥洋（谢联辉）. 福建水仙病毒病的类型及其病原鉴定，1988
[4] 胡翠凤（谢联辉）. 应用激抗剂防治烟草花叶病的研究，1988
[5] 王明霞（张谷曼，谢联辉）. 福建省小米椒病毒病原的初步鉴定及品种抗性初测，1989
[6] 徐平东（柯冲）. 福建省西番莲病毒病的研究，1989
[7] 宋秀高（谢联辉）. 我国水稻条纹叶枯病的研究，1990
[8] 吴祖建（谢联辉）. 水稻病毒病诊断咨询专家系统的研究，1991
[9] 林含新（林奇英）. 我国水稻条纹病毒的两个分离物，1995
[10] 张广志（谢联辉）. 香蕉束顶病毒的提纯与检测，1995
[11] 周叶方（谢联辉，胡方平）. 水稻细菌性条斑病菌（*Xanthomonas oryzae* pv. *oryzicola*），1996
[12] 方敦煌（谢联辉，胡方平）. 中国猕猴桃细菌性花腐病，1996
[13] 林丽明（谢联辉，林奇英）. 水稻草矮病 S-蛋白与品种抗性的互作，1998
[14] 林奇田（林奇英，谢联辉）. 水稻条纹病毒病特异蛋白和病毒外壳蛋白及其血清学，1998
[15] 权立宏（林奇英，谢联辉）. 丝瓜花叶病害的研究，1998
[16] 林芩（林奇英，谢联辉）. 甘薯茎尖脱毒培养技术，1999
[17] 王盛（谢联辉，林奇英）. 福建甘薯羽状斑驳病毒的鉴定，1999
[18] 李利君（谢联辉，周仲驹）. 甘蔗花叶病毒 3′端基因克隆及病毒分子检测，1999
[19] 张铮（谢联辉，吴祖建）. TMV 诱导心叶烟细胞程序性死亡，2000
[20] 吴刚（谢联辉）. 烟草花叶病毒灭活因子的初步研究，2000
[21] 魏太云（林奇英）. 我国水稻条纹病毒 RNA4 基因间隔区的分子变异，2000

[22] 郑杰（吴祖建）. 香蕉束顶病毒基因克隆及病毒分子检测，2000
[23] 祝雯（谢联辉）. 马铃薯 Y 病毒的核酸点杂交检测试剂盒的研制，2001
[24] 张晓鹏（林奇英）. 闽江福州段水体病毒的检测，2001
[25] 明艳林（吴祖建）. 水稻条纹病毒在原生质体内的复制与表达，2001
[26] 于群（吴祖建）. 水稻条纹病毒 *CP*、*SP* 基因转化水稻及 RNA4 序列分析，2002
[27] 张永江（谢联辉）. 海藻凝集素的筛选、纯化及其性质，2002
[28] 陈宁（林奇英）. 灰树花中一种抗病毒蛋白的纯化及其性质，2002
[29] 金凤媚（林奇英）. 水稻草矮病毒 *SP* 基因转化水稻及其在水稻原生质体内的转录和表达，2003
[30] 王辉（谢联辉）. 水稻条纹病毒 *NS3* 基因的分子变异及其抗血清的制备，2003
[31] 侯长红（施祖美，谢联辉）. 植病经济与可持续发展——兼论福建省植病经济建设，2003
[32] 陈启建（谢联辉）. 植物源抗烟草花叶病毒活性物质的筛选及其作用机制，2003
[33] 方芳（吴祖建）. 杏鲍菇和云柚菇中抗病毒蛋白的分离纯化、理化性质及其生物活性，2003
[34] 钟伏弟（吴祖建）. 珊瑚藻 R-藻红蛋白的分子生物学，2003
[35] 陈爱香（谢联辉）. 水稻条纹病毒 *NS2* 基因的分子变异及其原核表达，2004
[36] 林健清（谢联辉）. 水稻草矮病毒 *SP* 基因转化水稻及其抗性分析，2004
[37] 廖富荣（林奇英）. 水稻条纹病毒及其介体灰飞虱的遗传多样性，2004
[38] 陈来（吴祖建）. 灰飞虱（*Laodelphax Striatellus Fallen*）四种组织原代培养及其 cDNA RAPD 分析，2004
[39] 范国成（吴祖建）. 水稻瘤矮病毒部分基因组片段的克隆及序列分析，2004
[40] 章松柏（段永平）. 水稻矮缩病毒的检测及部分基因的比较分析，2004
[41] 陈国强（谢联辉）. 绞股蓝（*Gynostemma pentaphyllum*）核糖体失活蛋白转基因水稻的表达，2004
[42] 李凌绪（林奇英）. 海藻提取物的制备与抗病活性，2004
[43] 林董（吴祖建）. 抗肿瘤活性物质体外筛选及其机制初探，2004
[44] 丁新伦（段永平）. 水稻齿叶矮缩病毒基因组 S8 和 S10 片段的原核表达及抗血清制备，2005
[45] 程文金（吴祖建）. 水稻条纹病毒 RNA4 基因间隔区分子变异与致病性关系，2005
[46] 邱美强（吴祖建）. 水稻条纹病毒代表分离物致病性与部分基因分子变异，2005
[47] 魏广彪（谢联辉）. 马铃薯卷叶病毒的分子鉴定与检测技术，2005
[48] 黄宇翔（吴祖建）. 无病毒香石竹组培玻璃化控制研究，2005
[49] 姜培红（徐学荣）. 影响农药使用的经济因素分析——以福建省为例，2005
[50] 王庆（谢联辉，林卿）. 加入 WTO 后植物病虫害防治的生态经济分析，2005
[51] 于敬沂（林奇英）. 几种海藻多糖的提取及其抗氧化、抗病毒（TMV）活性研究，2005
[52] 许曼琳（谢联辉，段永平）. 枯草芽孢杆菌抑菌作用及编码蛋白 TasA 的基因克隆及表达，2005
[53] 陈良华（谢联辉）. 藻红蛋白荧光标记技术及在烟草花叶病毒检测上的应用，2005
[54] 刘振国（谢联辉）. 赛葵上双生病毒的分子鉴定，2006
[55] 季英华（谢联辉）. 水稻品种对水稻条纹病毒及其介体的抗性机制，2006
[56] 黄梓奇（段永平）. 利用水稻矮缩病毒研发核酸分子量 MARKER，2006
[57] 林宇巍（段永平）. 水稻矮缩病毒 *Pns10* 和 *Pns11* 基因的原核表达及抗血清制备，2006
[58] 肖冬来（吴祖建）. 不同传毒能力灰飞虱群体的 mRNA 差异分析，2006
[59] 高芳銮（吴祖建）. 水稻瘤矮病毒 *P8*、*Pns10* 基因的原核表达及生物信息学分析，2006
[60] 韩凤英（谢联辉）. 抗烟草花叶病毒海洋细菌的分离鉴定及发酵产物的活性，2006
[61] 黄小恩（谢联辉）. 番木瓜环斑病毒 *HC-Pro*、*NIb* 和 *CP* 基因的原核表达及其抗体制备，2006
[62] 林志铿（吴祖建）. 两种植物病毒胶体金免疫层析检测试剂盒的研制，2006
[63] 陈雅明（吴祖建）. 三种植物病毒 ELISA 检测试剂盒的研制及其应用，2006
[64] 王小婷（徐学荣）. 农药企业绩效及其综合评价，2006
[65] 王昌伟（林奇英）. 紫孢侧耳漆酶同工酶的生物化学与分子生物学研究，2006
[66] 王强（林奇英）. 鸦胆子加工制剂的初步研制及其在植物上的残留动态，2006
[67] 黄志强（谢联辉）. 产碱性蛋白酶海洋细菌的筛选及其基因克隆，2006
[68] 陈衡（吴祖建）. R-藻红蛋白介导的 PDT 对肿瘤的作用，2006
[69] 蔡桂琴（谢联辉）. 福州养殖鲍一种病毒的初步鉴定，2007

[70] 刘舟（吴祖建）. 胜红蓟黄脉病毒福建烟草分离物 F2 及其编码的 *C5* 基因的分子鉴定，2007
[71] 黄美英（吴祖建）. 水稻瘤矮病毒 *P8* 和 *Pns10* 基因在 sf9 昆虫细胞中的表达，2007
[72] 贾素平（吴祖建）. 福建省四种双联病毒的分子鉴定，2007
[73] 张颖滨（吴祖建）. 菜豆荚斑驳病毒的鉴定和传毒介体的研究，2007
[74] 吴建国（吴祖建）. 水稻矮缩病毒胁迫下的水稻基因表达谱分析，2007
[75] 罗金水（谢联辉）. 两种兰花病毒的生物学特性及其抗血清的制备与应用，2007
[76] 方振兴（吴祖建）. 水稻条纹病毒侵染水稻悬浮细胞后的植物生长素检测，2007
[77] 蒋丽娟（吴祖建）. 水稻矮缩病毒在水稻悬浮细胞中的表达动态，2007
[78] 党迎国（吴祖建）. 臭椿粗提物对水稻条纹病毒在水稻悬浮细胞中的作用机制，2007
[79] 郑璐平（吴祖建）. 番茄抗叶霉菌相关基因的鉴定及 TRV 16K 基因的功能分析，2007
[80] 何敦春（王林萍）. 植保技术与农产品质量案例中主体行为的博弈分析，2007
[81] 谭庆伟（吴祖建）. 臭椿抗烟草花叶病毒活性物质的分离与结构鉴定，2007
[82] 秦梅玲（谢联辉）. 水稻条纹病毒 NSvc4 与两个水稻蛋白的互作研究，2008
[83] 吴美爱（谢联辉）. 水稻齿叶矮缩病毒三个分离物 S6-S10 片段的基因结构特征分析，2008
[84] 赵萍（谢联辉）. OsRac1 的抗体制备及其在水稻感染 RSV 前后表达变化研究，2008
[85] 杜振国（吴祖建）. RDV 侵染后水稻 miRNA 转录谱的研究和对两个核仁基因的定量，2008
[86] 潘贤（吴祖建）. 大豆花叶病毒外壳蛋白基因扩增及病害调查，2008
[87] 郭利娟（吴祖建）. 水稻条纹病毒基因在寄主体内的 mRNA 表达分析，2008
[88] 邓凤林（吴祖建）. 中国番茄黄化曲叶病毒及其卫星 DNAβ 编码的 RNA 沉默抑制子的作用机理，2008
[89] 宁昭玉（魏远竹）. 桔小实蝇对福建省危害的经济损失评估与风险评价，2008
[90] 胡树泉（徐学荣）. 外来生物红火蚁在福建危害的风险及损失评估，2008
[91] 陈路劼（吴祖建）. 降解纤维素噬热菌的筛选及其功能基因克隆，2008
[92] 许星（林奇英）. 三种食用菌的抗烟草花叶病毒（TMV）活性研究，2008
[93] 毕燕（吴祖建）. 鸦胆子粗提物、臭椿粗提物和 Y-D 对 TMV、CMV-RNA 的抑制作用，2008
[94] 何灿兵（吴祖建）. 六角仙［*Rostellularia procumbens*（L.）Nees］抗烟草花叶病毒生物活性，2008